D O C U M E N T O S

IMPRENSA DA UNIVERSIDADE DE COIMBRA
COIMBRA UNIVERSITY PRESS

EDIÇÃO

Imprensa da Universidade de Coimbra
Email: imprensa@uc.pt
URL: http//www.uc.pt/imprensa_uc
Vendas online: http://livrariadaimprensa.uc.pt

COORDENAÇÃO EDITORIAL

Imprensa da Universidade de Coimbra

COORDENAÇÃO CIENTÍFICA

RIMADEL - Rede Ibero-Americana de Nuevos
Materiales para el Diseño de Sistemas Avanzados de Liberación de
Fármacos en Enfermidades de Alto Impacto Socioeconómico

CONCEÇÃO GRÁFICA

António Barros

INFOGRAFIA

Mickael Silva

IMAGEM DA CAPA

Penso para ferida de ácido hialurónico contendo um extracto bioactivo de Jucá
(*Libidibia ferrea*)
de Ana M. A. Dias

PRINT BY

CreateSpace

ISBN

978-989-26-0880-8

ISBN DIGITAL

978-989-26-0881-5

DOI

http://dx.doi.org/10.14195/978-989-26-0881-5

DEPÓSITO LEGAL

394254/15

# B
IOMATERIAIS APLICADOS AO DESENVOLVIMENTO DE SISTEMAS TERAPÊUTICOS AVANÇADOS

IOMATERIALES APLICADOS AL DISEÑO DE SISTEMAS TERAPÉUTICOS AVANZADOS

Hermínio C. de Sousa
Mara E. M. Braga
Alejandro Sosnik
(editores)

IMPRENSA DA UNIVERSIDADE DE COIMBRA
2015

# CONTRIBUIÇÕES / CONTRIBUCIONES

**Alejandro Sosnik**
BIONIMED, Departmento de Tecnología
Farmacéutica, Facultad de Farmacia y
Bioquímica, Universidad de Buenos Aires,
Buenos Aires, Argentina.
CONICET, Buenos Aires, Argentina.

**Ana Catarina Pinto**
Bluepharma, Indústria Farmacêutica S.A.,
São Martinho do Bispo, Coimbra, Portugal.

**Ana M. A. Dias**
CIEPQPF, Departamento de Engenharia
Química, FCTUC, Universidade de
Coimbra, Rua Sílvio Lima, Pólo II – Pinhal
de Marrocos, 3030-790 Coimbra, Portugal.

**Angel Concheiro**
Departamento de Farmacia y Tecnología
Farmacéutica, Facultad de Farmacia,
Universidad de Santiago de Compostela,
15782-Santiago de Compostela, España.

**Angel Contreras-García**
Laboratorio de Investigación y Desarrollo,
Signa S.A. de C.V. Av. Industrial
Automotriz 301, Zona Industrial, 50071,
Toluca, Estado de México, México.

**Ângela M. Moraes**
Departamento de Engenharia de Materiais
e de Bioprocessos, Faculdade de
Engenharia Química, Universidade
Estadual de Campinas, Campinas, Brasil.

**Carlos Peniche Covas**
Centro de Biomateriales (BIOMAT),
Universidad de La Habana, La Habana, Cuba.

**Carmen Alvarez Lorenzo**
Departamento de Farmacia y Tecnología
Farmacéutica, Facultad de Farmacia,
Universidad de Santiago de Compostela,
15782-Santiago de Compostela, España.

**Cecília Z. Bueno**
Departamento de Engenharia de Materiais
e de Bioprocessos, Faculdade de
Engenharia Química, Universidade
Estadual de Campinas, Campinas, Brasil.

**Edward Suesca**
Grupo de Trabajo en Ingeniería de Tejidos,
Laboratorio 318, Departamento de Farmacia,
Universidad Nacional de Colombia. Avda
Carrera 30 # 45-03, Bogotá, Colombia.

**Emilio Bucio**
Departamento de Química de Radiaciones
y Radioquímica, Instituto de Ciencias
Nucleares, Universidad Nacional
Autónoma de México, Circuito Exterior,
Ciudad Universitaria, 04510 México DF,
México.

**Fábio L. Oliveira**
Departamento de Físico-Química, Instituto
de Química, Universidade Estadual de
Campinas (UNICAMP). Rua Josué de
Castro S/N, 13083-970, Campinas, Brasil.

**Florencia Montini Ballarin**
Instituto de Investigaciones en Ciencia y
Tecnología de Materiales, INTEMA
(UNMDP- CONICET). Av. Juan B. Justo
4302, B7608FDQ, Mar del Plata, Argentina.

**Franklin Muñoz-Muñoz**
Centro de Nanociencias y Nanotecnología,
Universidad Nacional Autónoma de
México, Km. 107 Carretera Tijuana-
Ensenada, Baja California, México.

**Gabriela Bevilaqua**
Departamento de Físico-Química, Instituto de Química, Universidade Estadual de Campinas (UNICAMP). Rua Josué de Castro S/N, 13083-970, Campinas, Brasil.

**Guillermina Burillo**
Departamento de Química de Radiaciones y Radioquímica, Instituto de Ciencias Nucleares, Universidad Nacional Autónoma de México, Circuito Exterior, Ciudad Universitaria, 04510 México DF, México.

**Gustavo A. Abraham**
Instituto de Investigaciones en Ciencia y Tecnología de Materiales, INTEMA (UNMDP- CONICET). Av. Juan B. Justo 4302, B7608FDQ, Mar del Plata, Argentina.

**Gustavo Gotelli**
BIONIMED, Departmento de Tecnología Farmacéutica, Facultad de Farmacia y Bioquímica, Universidad de Buenos Aires, Buenos Aires, Argentina.
CONICET, Buenos Aires, Argentina.

**Héctor I. Meléndez Ortiz**
Centro de Investigación en Química Aplicada, Saltillo, México.

**Hermínio C. de Sousa**
CIEPQPF, Departamento de Engenharia Química, FCTUC, Universidade de Coimbra, Rua Sílvio Lima, Pólo II – Pinhal de Marrocos, 3030-790 Coimbra, Portugal.

**Itiara G. Veiga**
Departamento de Engenharia de Materiais e de Bioprocessos, Faculdade de Engenharia Química, Universidade Estadual de Campinas, Campinas, Brasil.

**João Nuno Moreira**
Laboratório de Tecnologia Farmacêutica, Faculdade de Farmácia, Universidade de Coimbra, Coimbra, Portugal.
Centro de Neurociências e Biologia Celular, Coimbra, Portugal.

**José F. Rosa Dos Santos**
Departamento de Farmacia y Tecnología Farmacéutica, Facultad de Farmacia, Universidad de Santiago de Compostela, 15782-Santiago de Compostela, España.

**Juan J. Torres Labandeira**
Departamento de Farmacia y Tecnología Farmacéutica, Facultad de Farmacia, Universidad de Santiago de Compostela, 15782-Santiago de Compostela, España.

**Liliam Becherán Marón**
Instituto de Ciencia y Tecnologia de Materiales (IMRE), Universidad de La Habana, La Habana, Cuba.

**Luís Almeida**
Luzitin, SA, S. Martinho do Bispo, 3045-016 Coimbra, Portugal.

**Luís B. Rocha**
Luzitin, SA, S. Martinho do Bispo, 3045-016 Coimbra, Portugal.
Bluepharma – Indústria Farmacêutica, SA, S. Martinho do Bispo, 3045-016 Coimbra, Portugal.

**Luís G. Arnaut**
Luzitin, SA, S. Martinho do Bispo, 3045-016 Coimbra, Portugal
Departamento de Química, Universidade de Coimbra, 3004-535 Coimbra, Portugal.

**Mara E. M. Braga**
CIEPQPF, Departamento de Engenharia Química, FCTUC, Universidade de Coimbra, Rua Sílvio Lima, Pólo II – Pinhal de Marrocos, 3030-790 Coimbra, Portugal.

**Márcia Z. Bellini**
Departamento de Engenharia de Materiais e de Bioprocessos, Faculdade de Engenharia Química, Universidade Estadual de Campinas, Campinas, Brasil.

**Maria B. C. de Matos**
CIEPQPF, Departamento de Engenharia Química, FCTUC, Universidade de Coimbra, Rua Sílvio Lima, Pólo II – Pinhal de Marrocos, 3030-790 Coimbra, Portugal.

**Mariana Landín**
Departamento de Farmacia y Tecnología Farmacéutica, Facultad de Farmacia, Universidad de Santiago de Compostela, 15782-Santiago de Compostela, España.

**Mariette M. Pereira**
Luzitin, SA, S. Martinho do Bispo, 3045-016 Coimbra, Portugal.

Departamento de Química, Universidade de Coimbra, 3004-535 Coimbra, Portugal.

**Marta R. Fontanilla**
Grupo de Trabajo en Ingeniería de Tejidos, Laboratorio 318, Departamento de Farmacia, Universidad Nacional de Colombia. Avda Carrera 30 # 45-03, Bogotá, Colombia.

**Pablo C. Caracciolo**
Instituto de Investigaciones en Ciencia y Tecnología de Materiales, INTEMA (UNMDP- CONICET). Av. Juan B. Justo 4302, B7608FDQ, Mar del Plata, Argentina.

**Pablo R. Cortez Tornello**
Instituto de Investigaciones en Ciencia y Tecnología de Materiales, INTEMA (UNMDP- CONICET). Av. Juan B. Justo 4302, B7608FDQ, Mar del Plata, Argentina.

**Paulo de Tarso Vieira e Rosa**
Departamento de Físico-Química, Instituto de Química, Universidade Estadual de Campinas (UNICAMP). Rua Josué de Castro S/N, 13083-970, Campinas, Brasil.

**Priscila S. C. Sacchetin**
Departamento de Engenharia de Materiais e de Bioprocessos, Faculdade de Engenharia Química, Universidade Estadual de Campinas, Campinas, Brasil.

**Sergio Casadiegos**
Grupo de Trabajo en Ingeniería de Tejidos, Laboratorio 318, Departamento de Farmacia, Universidad Nacional de Colombia. Avda Carrera 30 # 45-03, Bogotá, Colombia.

**Sérgio Simões**
Luzitin, SA, S. Martinho do Bispo, 3045-016 Coimbra, Portugal.
Bluepharma – Indústria Farmacêutica, SA, S. Martinho do Bispo, 3045-016 Coimbra, Portugal.
Centro de Neurociências e Biologia Celular, Coimbra, Portugal.

# SUMÁRIO

10

11

# PREFACIO

El contenido de este libro reúne las experiencias de muchos investigadores iberoamericanos destacados en el campo de los Biomateriales aplicados al diseño de sistemas terapéuticos avanzados, los cuales describen el estado del arte y las perspectivas en algunos temas dentro de tres grandes áreas: Biomateriales, Tecnologías aplicadas al diseño y producción de sistemas terapéuticos y Transferencia de tecnología para la aplicación clínica.

Los capítulos elaborados por especialistas no solo brindan información sino que incluyen evaluaciones críticas y referencias bibliográficas que permiten orientar al lector que desee profundizar en los temas abordados.

El disponer de un libro de esta naturaleza en los idiomas español y portugués resulta valioso para facilitar el acceso de estudiantes, profesionales, industriales y responsables políticos o sanitarios iberoamericanos a la consideración y análisis de los avances científico-tecnológicos potencialmente transferibles a los sistemas productivos y al servicio de salud. Esta publicación constituye un aporte innegable a la difusión del conocimiento y a la promoción del desarrollo e implementación de nuevas técnicas terapéuticas y quirúrgicas.

Por mi parte entonces he decidido en principio hacer referencia a ciertos aspectos científicos-tecnológicos de interés actual, logros recientes, cuestiones pendientes de análisis y desafíos asociados a estas tres áreas en un contexto mundial complejo que cambia en forma vertiginosa generando diferentes frentes simultáneos de conflicto. Por último planteo el análisis de algunos indicadores que permiten visualizar el marco socioeconómico y político en el que desarrollamos las actividades de investigación y desarrollo sobre terapias avanzadas.

Aunque los biomateriales fueron usados inicialmente en dispositivos médicos las aplicaciones se expandieron rápidamente en base a la evolución del conocimiento científico en disciplinas afines y el impulso impuesto por el incremento constante de profesionales y científicos interesados en este campo. Con el avance de las investigaciones estos materiales se incorporaron en soportes para cultivo de células, sistemas de manipuleo de proteínas en laboratorios clínicos, equipamiento para procesamiento de biomoléculas, implantes para regular la fertilidad del ganado, sistemas híbridos destinados a ingeniería de tejidos, etc.

La definición de biomaterial acordada en 1987, la cual hacia referencia a un *material no vivo* usado en dispositivos médicos que *intenta interaccionar* con el sistema biológico, debió adecuarse a los cambios conceptuales y la ampliación de aplicaciones. Actualmente se hace referencia a un "material desarrollado para ser usado, solo o como parte de un dispositivo complejo, para promover y direccionar el curso de un procedimiento terapéutico o de diagnóstico, en medicina humana o veterinaria, mediante el control de la interacción del mismo con los componentes de sistemas biológicos" [1]. La nueva definición considera al biomaterial en el contexto de forma final fabricada y esterilizada e incluye no solo objetos tangibles sino también arreglos supramoleculares, nanopartículas bioactivas, agentes de contraste solubles, etc. Esto ha llevado a la adecuación de reglamentaciones vigentes, al desarrollo de nuevas normativas y al análisis de aspectos legales y económicos en el campo de tecnología médica a nivel mundial.

Dado que el costo para cumplir con los estándares e implementar los ensayos requeridos, materiales, biológicos y clínicos, son enormes y varían significativamente según el encuadre del producto en la reglamentación y el mercado de destino, debería tenerse en cuenta la categorización del producto en los inicios de todo proyecto de desarrollo que pretenda alcanzar la etapa de aplicación clínica.

Del mismo modo, el concepto de biocompatibilidad ha sido extendido en el enfoque amplio de "ingeniería de tejidos" en el cual los procesos fisiopatológicos *in vitro* e *in vivo* son orientados mediante la cuidadosa selección de células, materiales, condiciones metabólicas y biomecánicas para la regeneración exitosa de tejidos funcionales.

Algunos tópicos de innovación destacados dentro de los campos abordados en este libro que constituyen verdaderos desafíos científico-tecnológicos incluyen: nanotecnología, formulación de nuevos biomateriales, métodos avanzados de análisis y caracterización de biomateriales, técnicas de análisis de la interacción biomaterial-sistema biológico, procedimientos terapéuticos y quirúrgicos menos invasivos, sistemas híbridos involucrando materiales naturales o sintéticos junto a drogas y componentes biológicos y nuevas tecnologías aplicadas al procesamiento de los biomateriales.

Un problema relevante por resolver para el avance de la investigación e innovación en el campo de los biomateriales es la falta de disponibilidad de estándares. El Instituto Nacional de Estándares y Tecnología de EEUU (NIST), ha establecido objetivos prioritarios en el marco del programa de "Desarrollo de materiales de referencia y métodos de testeo para la caracterización de estructura-propiedades de materiales de ingeniería a nanoescala para aplicaciones biomédicas". Entre ellos figura la obtención de materiales de referencia usados para calibrar instrumentos que realizan mediciones a nanoescala y para la validación de protocolos de testeo en la búsqueda de alcanzar reproducibilidad entre los diferentes laboratorios y repetibilidad de los métodos.

La tecnología de dispositivos médicos está asociada cada vez más a la tecnología de suministro de drogas (stents con recubrimientos poliméricos dosificados con drogas, sistemas de monitoreo de glucosa incorporado en bombas de insulina, etc.). El interés creciente en investigación sobre células madres, nanotecnología y regeneración de tejidos originará, a corto plazo, cambios significativos en la industria y ampliará la oferta de sistemas terapéuticos para aplicación clínica.

El diseño de biomateriales destinados a ingeniería de tejidos requiere también el desarrollo de estándares asociados tanto a investigación básica como a experiencia clínica. La disponibilidad de materiales de referencia y métodos de ensayos validados constituye una condición fundamental para acelerar la innovación y transferencia al sector productivo al proveer una base común para comparar resultados de grupos de investigación, establecer criterios de control de calidad y facilitar el desarrollo de normativa para la regulación correspondiente de la aplicación clínica de estos productos médicos. En relación a este tema vale mencionar que ya se encuentran disponibles en el mercado soportes tridimensionales de poli(epsilon-caprolactona) estándar para ingeniería de tejidos obtenidos mediante depósito aditivo por extrusión de precisión [2] y que ASTM ha organizado un Taller denominado "Standards and Measurements for Tissue Engineering scaffolds" en Indianapolis (IN, EEUU), el cual se llevó a cabo en Mayo de 2013 [3].

La investigación de formulaciones nuevas de biomateriales enfrenta muchas preguntas aún sin respuesta que requiere el análisis simultáneo de variables múltiples. Por ejemplo, es común en la etapa de diseño del material la búsqueda de un cierto valor de módulo elástico pero un desafío mayor sería por ejemplo, ajustar además la relación de Poisson. En algunas aplicaciones biológicas se requiere una estructura con relación de Poisson negativa (NPR, el material se engrosa cuando se estira). Con este fin, Fozdar y colaboradores han utilizado una técnica de estereolitografía para fabricar soportes multicapa de polietilenglicol donde la propiedad buscada es el resultado de la estructura de poros con geometrías y mecanismos de deformación especiales [4].

Aspectos a dilucidar en el área de ingeniería de tejidos son la influencia de la topografía del sustrato y de las solicitaciones mecánicas impuestas por el medio sobre la definición del tipo de respuesta del material bio-lógico resultado de la interacción.

Numerosos trabajos científicos han demostrado el rol de la topografía del sustrato en determinar la función celular (proliferación o diferen-ciación). Con el objeto de acelerar el testeo de nuevas topografías la empresa Materiomics ha desarrollado una nueva modalidad para evaluar la interacción biomaterial-medio biológico. Dos mil topografías diferentes, seleccionadas entre millones disponibles, son representadas en un chip (TopoChips) con un arreglo en forma de grilla. La topografía es diseña-da matemáticamente usando tres formas primitivas, círculo, rectángulo y triángulo y puede ser construida, empleando métodos litográficos, en base a polímeros degradables, fosfato de calcio o titanio. Se pueden sem-brar células madres sobre estos chips evaluando la respuesta mediante técnicas de microscopía. Esta tecnología posibilita una rápida evaluación simultánea de la interacción con superficies en función de la variación de los parámetros topográficos [5].

En el área de la medicina regenerativa se evalúa el diseño de soportes fabricados en base a matrices poliméricas con memoria de forma capaces de controlar el comportamiento celular o capaces de proveer el entorno apropiado para el estudio de la respuesta mecánico-biológica de las células frente a cambios dinámicos en dos y tres dimensiones del entorno extracelular. Baker y colaboradores han realizado el sembrado de células sobre un polímero plano con memoria de forma a 30°C que al ser calentado a 37°C se transforma en un sustrato contraído generando de este modo un cambio hacia células altamente orientadas con el diámetro menor en la dirección de la contracción [6].

Otro aspecto bajo análisis en el campo de ingeniería de tejidos es el efecto de la composición de la matriz extracelular sobre la función de las células incorporadas al sistema. Los tejidos cultivados *in vitro* son importantes en el campo de la medicina regenerativa y de la biología no solo porque pueden ser utilizados como implantes para reemplazo de tejidos dañados sino porque pueden servir como sistemas donde se pueden manipular variables extracelulares que influencian los procesos de diferenciación, migración y adhesión. Karpiak y colaboradores enfocaron su trabajo en la fabricación de microgeles multicapa de poliacrilamida para cultivo y generación de tejidos complejos. Desarrollaron de una técnica fácil y económica para la fabricación de sistemas con un gradiente de propiedades bioquímicas y estructurales, que produce interfases continuas entre capas, denominada Polimerización Multicapa con Gradiente de Densidad (del inglés DGMP). En el proceso de fabricación se usan modificadores de densidad acuosa para mantener soluciones estratificadas de polímeros y componentes biológicos (ej. factores de crecimiento) previo a la fotopolimerización. Los componentes bioquímicos son conjugados a hidrogeles precursores acrilados o metacrilados para minimizar difusión. Además, el método puede ser adaptado para la obtención de soportes usando otros materiales como colágeno, agarosa o polímeros de ingeniería basados en péptidos, múltiples geometrías o escalas y otros tipos de células. Los autores del método lo están explorando para la creación de estructuras neuronales organizadas [7].

También cabe mencionar que debido a una transferencia efectiva de conocimiento y un fructífero trabajo multidisciplinario ya hay desarrollos exitosos en el mercado y dispositivos que transitan la etapa de prueba clínica. Por ejemplo, en noviembre de 2011 se ha informado el inicio en EEUU de experiencias clínicas de implante de la primera traquea sintética hecha de nanofibras sembradas con células autólogas y cultivadas previo al implante, siendo el receptor un paciente de 32 años con cáncer de tráquea. El dispositivo nanofibroso de polietilen-tereftalato fue moldeado mediante electro-hilado por Nanofiber Solutions. Según se informó no fue necesario el uso de drogas inmunosupresoras y se observó el desarrollo de vasos sanguíneos en la estructura del dispositivo lo que demuestra la importancia de la tecnología de biomateriales y biorreactores para la generación de tejidos sintéticos [8].

En relación a la transferencia tecnológica, patentamiento e incorporación de productos biomédicos al mercado, los organismos responsables de la regulación y control de tecnología médica así como el sector científico o industrial de Argentina enfrentan la dificultad de no contar con suficientes laboratorios acreditados requeridos para la realización de ensayos bajo norma. Por ejemplo, no existe una entidad que puede certificar la biocompatibilidad (Norma ISO 10993) de biomateriales en la etapa primaria de un desarrollo o en la condición de producto final que pretende incorporarse al mercado.

En el ámbito de Latinoamérica, Brasil es el país que lidera el campo de biomateriales y dispositivos en cuanto a su organización, disponibilidad de materia prima, desarrollo de reglamentaciones, capacidad de desarrollo y producción de dispositivos. Además de acuerdo a la encuesta realizada en 2010 por Emergo Group de EEUU a 1140 profesionales de la industria de dispositivos médicos consultados sobre la intención de ingresar sus productos en otros mercados, el 30% de ellos respondió afirmativamente, eligiendo como destino a Brasil [9]. Lo mismo se observa con compañías asiáticas que han decidido incrementar sus actividades en Latinoamérica, en particular en Brasil, evitando así la complejidad del mercado europeo.

El interés de concretar acciones de transferencia al sector productivo obliga a estar actualizados acerca de los cambios acelerados que experimenta el campo de los biomateriales y dispositivos biomédicos en todas las áreas por efecto de la globalización. Por ejemplo en cuanto a reglamentaciones: (a) el compromiso de la Unión Europea adhiriendo al Documento elaborado por la Fuerza de Tareas de armonización global para llevar adelante la Implementación de un "Sistema único de identificación de dispositivos" (asociando dispositivo y productor) mediante un código de aceptación internacional que facilite el seguimiento global de los artículos médicos, (b) los acuerdos bilaterales firmados por China con EEUU y la Unión Europea que obligan, tanto a la Industria como a los Organismos Nacionales de regulación de Control, al análisis de la situación para la adecuación rápida al cambiante contexto mundial y (c) los cambios introducidos en el 2010 en la normativa de la comunidad europea, con el objeto de aumentar la seguridad de la cadena de suministro, que complican el registro de nuevas formulaciones de biomateriales y la evaluación clínica de dispositivos a introducir al mercado. Tanto EEUU como Europa exigen ahora un Informe de evaluación clínica acompañado de un trabajo de revisión acerca de las publicaciones realizadas en el curso de los ensayos clínicos de los dispositivos y la comercialización de los mismos basados en búsquedas en costosas bases de datos.

Por último, dado que este libro hace referencia a sistemas terapéuticos avanzados propongo el ejercicio de repensar nuestros proyectos, objetivos y posibilidades en el campo de la salud en base a un análisis más amplio y profundo del marco de la realidad socio-económica y política de Latinoamérica y su ubicación en el contexto mundial. Para visualizar la situación hay que recurrir a indicadores cuyos valores son el resultado de las decisiones políticas tomadas por los diferentes países a lo largo de la historia. Se podrían analizar aspectos tales como: modelos de sistema de salud, rol del sector público y el privado, inversión anual en salud expresado como porcentaje del producto bruto interno por habitante, índice de pobreza, inversión en salud vs. esperanza de vida de la población, etc. En total acuerdo con lo expresado por el Dr. J. Rachid considero que en la Argentina es necesario reformular el sistema de salud. El esquema de consulta médica de nivel primario está colapsado y en vez de la prevención se ocupa preferentemente de tratar la enfermedad, en base a estudios basados en tecnología médica, deficiente u obsoleta en muchos casos, que ofrece como respuesta a la prestación una receta de medicamentos. "La inversión en salud se plantea como gasto y la enfermedad como negocio. Las políticas agresivas sobre modalidad de tratamiento de patologías nuevas hace que la inversión en medicamentos represente un porcentaje alto (32%= $40 mil millones en 2011) del gasto total en salud" [10]. Además, el estado debería promover la producción pública de vacunas y medicamentos respetando los perfiles epidemiológicos y aprovechando la capacidad científica e institucional de calidad existente en el país. El 90 % de la población de Argentina reciben atención de cuatro fuentes no integradas que podrían optimizar los gastos mediante la compra unificada de insumos: PAMI, obras sociales sindicales, institutos provinciales y sector público hospitalario, lo cual representa el 60% del total de inversión en salud. El 43 % de la población argentina no cuenta con cobertura médica y depende de la atención en centros estatales los cuales reciben el 28% de los recursos totales del sistema de salud. La dependencia municipal o provincial del Hospital Público ha generado desigualdades en el tratamiento de los pacientes como consecuencia de las asimetrías de las economías regionales.

En el mundo globalizado existe inequidad, tanto en los ingresos de la población como en la inversión en el sector salud. En las naciones desarrolladas la relación de ingresos entre el 10% más rico y el 10% más pobre es 11,64. Estos países reúnen 1/8 de la población mundial, y dedican al servicio de salud el equivalente a las ¾ partes de la Inversión total en este sector. En el 5% de los países que más invierten en salud por individuo, cada habitante recibe 44 veces más que aquel de los países ubicados entre el 20% de las naciones que menos aportan.

En cuanto a la inequidad de ingresos en Argentina vemos que la relación entre los ingresos del 10% más rico y el 10% más pobre alcanzó el valor 25 en 2010, luego de haber registrado el valor 40 en el año 2002. La inversión anual en salud por habitante en 2012 fue 742 U$S (10% PBI). Si bien este último valor está muy lejos del que registraron países desarrollados como EEUU (8.362 U$S, 16 % PBI), Suiza (7.812 U$S, 11% PBI) o Japón (4.065 U$S, 9% PBI) es mayor que el promedio de Latinoamérica que fue 436 U$S, donde el 20 % de la población más pobre recibe solo el 3% de los ingresos totales.

Sin embargo la tasa de mortalidad infantil de niños menores a 5 años de Argentina es alta (13 por 1000) valor que duplica las de Chile y Brasil. La relación entre inversión y esperanza de vida no es lineal. En Argentina la expectativa es 76 años. Por encima de los 2.000 U$S la pendiente de la curva esperanza de vida vs. inversión en diferentes países disminuye notablemente alcanzando una pendiente muy baja donde EEUU registra 78,5 años mientras Japón supera los 83 años. Dejo al lector la discusión sobre modelos de sistemas de salud y validez de los distintos indicadores, observando las diferencias profundas existentes entre sistemas tales como el estadounidense y el inglés, para rescatar aquellos aspectos e ideas que serían de utilidad para la reformulación del nuestro.

En conclusión, los desafíos científico-tecnológicos para el diseño de sistemas terapéuticos avanzados no parecen tan grandes ni tan complejos frente a los problemas socio-políticos y económicos por resolver que nos impone este mundo globalizado, y sin dudas estos últimos requieren una atención importante y urgente, tanto por parte del mundo científico como de la sociedad en su conjunto, para complementar las mejoras logradas en la calidad de vida de los pacientes mediante la implementación de sistemas terapéuticos novedosos.

**Teresita R. Cuadrado**
Profesor Titular, Facultad de Ingeniería
Universidad Nacional de Mar del Plata, Argentina
Investigador Independiente de CONICET
INTEMA, UNMdP-CONICET

## Referencias

1. D.F. Williams, Biomaterials 2009, 30(30), 5897-5909.

2. Website: NIST, National Institute of Standards and Technology, USA, http://ts.nist.gov/measurementservices/referencematerials/index.cfm, (accessed April 15, 2014).

3. Website: ASTM International, American Society for Testing and Materials International, http://www.astm.org/F04Wrshhp0513.htm, (accessed April 15, 2014).

4. D.Y. Fozdar, P. Soman, J.W. Lee, L.H. Han, S. Chen, Adv. Funct. Mater. 2011, 2712-2720.

5. H.V. Unadkat, M. Hulsman, K. Cornelissen, B.J. Papenburg, R.K. Truckenmmuller, G.F. Post, M. Uetz, M.J. Reinders, D. Stamatialis, C.A. van Blitterswijk, J. de Boer, Proc. Natl. Acad. Sci. USA 2011, 108(40), 16565-16570; C. Simon Jr., Biomater. Forum 2011, 33(4), 13.

6. R. Baker, P. Yang, J. Henderson, P. Mather, Biomater. Forum 2012, 34(2), 1.

7. J.V. Karpiak, Y. Ner, A. Almutairi, Adv. Mater. 2012, 24(11), 1466-1470.

8. T. Farooque, Biomater. Forum 2012, 34 (1), 10.

9. Website: MD+DI, Medical Device and Diagnostic Industry, H. Thompson, Industry bullish in 2010, says Medtech survey, http://www.mddionline.com/article/industry-bullish-2010-says-medtech-survey, (accessed April 15, 2014).

10. Website: J. Rachid, La salud, una batalla constante, http://www.elmensajerodiario.com.ar/contenidos/salud-batalla-constante_31449.html, (accessed April 15, 2014).

# PREFÁCIO

A área dos biomateriais é muito abrangente, envolvendo várias ciências como engenharia de matérias, nanotecnologia, e engenharia de tecidos. Todo o processo de fabricação engloba várias etapas importantes desde a seleção do material até a possíveis reações do organismo com o mesmo. O número de artigos relacionados com a área dos Biomateriais tem crescido muito, ao longo dos últimos anos, parcialmente devido à complementaridade de áreas como a química, biologia, engenharia e medicina.

Este livro resulta da contribuição de experiências de investigadores ibero-americanos, na área dos biomateriais, que, deste modo, contribuíram para divulgar a investigação existente nesta comunidade científica. Há que realçar a divisão do livro em três grandes tópicos: 1) biomateriais; 2) tecnologias aplicadas ao desenho e produção de sistemas terapêuticos e 3) transferência para aplicações clínicas, que, por sua vez contêm vários capítulos.

Cada capítulo contém um resumo muito completo que permite ao leitor contextualizar-se com cada tópico. No que se refere aos biomateriais (Módulo I), existe uma descrição abrangente sobre a aplicação deciclodextrinas na produção de hidrogéis, o uso de outros polissacarídeos na produção de curativos e a aplicação de quitosano para produção de produtos em aplicações dérmicas. Descrevem também a utilização de poliuretanos em biomedicina e o desenvolvimento de micelas para encapsulação de fármacos. Neste módulo existe ainda um capítulo sobre engenharia de tecidos.

O Módulo II reporta uma descrição muito atual e pormenorizada sobre as várias técnicas para a preparação de sistemas terapêuticos, salientando--se entre outras, a utilização de fluidos supercríticos, electrofiação e radiação gama. Aqui, os autores dão especial ênfase ao desenvolvimento de novas formulações farmacêuticas, como por exemplo sistemas de libertação controlada de fármacos.

Finalmente, no Módulo III, os autores referem-se à transferência clínica dos biomateriais, dando realce a temas muito atuais como a terapia totodinâmica, a quimioterapia combinada no tratamento do cancro, os desafios para a implementação clínica de produtos de engenharia de tecidos nos países latino-americanos e finalmente nos aspetos económicos do desenvolvimento de produtos para aplicações biomédicas.

Este livro constitui um trabalho exemplar de colaboração entre cientistas Ibero-Americanos, com grande impacto informativo e qualidade científica na área dos biomateriais, merecendo ser consultado por todos os Investigadores interessados no desenvolvimento de um tema tão importante como este, nos nossos dias. Além disso, atendendo à profundidade e à variedade dos temas abordados, este trabalho constitui uma excelente base de apoio para os alunos universitários de graduação e de pós-graduação do espaço Ibero-Americano interessados nestas áreas.

**Maria Helena Mendes Gil**
Professora Catedrática, Departamento de Engenharia Química
Faculdade de Ciências e Tecnologia
Universidade de Coimbra, Portugal

# PARTE I
# BIOMATERIAIS / BIOMATERIALES / BIOMATERIALS

# CAPÍTULO 1.
# HIDROGELES DE CICLODEXTRINAS
# PARA ADMINISTRACIÓN DE FÁRMACOS

José F. Rosa Dos Santos, Juan J. Torres Labandeira,
Carmen Alvarez Lorenzo, Angel Concheiro
*Departamento de Farmacia y Tecnología Farmacéutica, Facultad de Farmacia, Universidad de Santiago de Compostela, 15782-Santiago de Compostela (España)*

**Resumen:**

Las ciclodextrinas (CDs) son oligosacáridos cíclicos constituidos por anillos de seis a ocho unidades de glucosa ligadas por enlaces $\alpha(1-4)$, de manera que forman un toroide en el que los grupos hidrofílicos quedan expuestos hacia el exterior. Esta conformación determina que puedan formar complejos de inclusión con fármacos de naturaleza diversa, que presenten en su estructura grupos poco polares. Tradicionalmente, las CDs se han utilizado dispersas de manera individualizada para mejorar las propiedades fisicoquímicas y biofarmacéuticas de gran número de fármacos. Esta aproximación tiene la limitación de que la dilución en medio fisiológico suele desencadenar una rápida decomplejación, con el consiguiente riesgo de precipitación. La incorporación de CDs en entramados poliméricos conduce a sinergias que incrementan considerablemente sus prestaciones. Las CDs permiten modular las propiedades del entramado y dotarlo de un nuevo mecanismo de incorporación del fármaco y de control del proceso de cesión; por su parte, el confinamiento de las CDs en un entramado que, cuando se administra al organismo, se disgrega lentamente hace que se mantenga una elevada

DOI: http://dx.doi.org/10.14195/978-989-26-0881-5_1

concentración local de CDs que ralentiza la decomplejación del fármaco. En este capítulo se revisan las posibilidades que ofrece la incorporación en entramados poliméricos de CDs libres, la formación de poli(pseudo) rotaxanos con CDs químicamente unidas, y la incorporación de CDs al esqueleto del entramado polimérico o como estructuras colgantes, en los campos de la tecnología farmacéutica y la medicina regenerativa.

**Palabras clave:** ciclodextrina; polipseudorotaxano; gel físicamente reticulado; hidrogel químicamente reticulado; monómero de ciclodextrina; cesión controlada.

**Abstract:**
Cyclodextrins (CDs) are cyclic oligosaccharides consisting of six to eight ring glucose units linked by $\alpha(1-4)$ bonds, so as to form a toroid in which the hydrophilic groups are exposed to the outside. This arrangement determines that CDs can form inclusion complexes with a variety of drugs bearing low polar groups. Traditionally, CDs have been used individually dispersed to improve the physicochemical and biopharmaceutical properties of many drugs. This approach has the limitation that the dilution in physiological medium triggers rapid rupture of the complexes, with the risk of drug precipitation. Incorporation of CDs into polymeric networks leads to synergies that greatly increase their performance. CDs enable tuning of network properties and endow it with a new mechanism of drug incorporation and control of release; on the other hand, the confinement of the CDs in a network which, when administered to the body, slowly disintegrates provides a high local concentration of CDs which slows down decomplexation. In this chapter the possibilities of incorporation into polymer networks of free CDs, the formation of poly(pseudo)rotaxanes with chemically bonded CDs, grafting of CDs to the polymer backbone or as pendant structures, are reviewed in the context of pharmaceutical technology and regenerative medicine.

**Keywords:** cyclodextrin; poly(pseudo)rotaxane; physical gel; chemically cross-linked hydrogel; cyclodextrin monomer; controlled release.

## 1.1. Introducción

Para que un fármaco se absorba y pueda alcanzar su lugar de acción debe presentar un adecuado balance entre su solubilidad en medio acuoso y su capacidad para atravesar las membranas biológicas. La mayoría de los fármacos considerados como esenciales por la Organización Mundial de la Salud, y de las nuevas moléculas candidatas a convertirse en fármacos, presentan un carácter marcadamente lipofílico y, consecuentemente, una baja hidrosolubilidad [1,2]. También es frecuente que los fármacos planteen problemas de estabilidad y de toxicidad. Todo ello dificulta el desarrollo de formas de dosificación eficaces y seguras, y obliga a buscar estrategias que permitan alcanzar las concentraciones requeridas en el lugar de acción sin comprometer la seguridad de los tratamientos [3,4]. La posibilidad de incorporar ciclodextrinas (CDs) a una gran variedad de estructuras poliméricas abre interesantes perspectivas para el desarrollo de sistemas hidrofílicos capaces de incorporar, formando complejos de inclusión, fármacos hidrofóbicos o hidrofílicos para cederlos de manera controlada [5-7].

## 1.2. Estructura y propiedades de las ciclodextrinas

Las CDs son oligosacáridos cíclicos constituidos por anillos de seis a doce unidades de glucosa ligadas por enlaces $\alpha(1\text{-}4)$ (Figura 1.1). Desde el descubrimiento, hace más de 100 años, de las CDs naturales $\alpha$ (6 unidades), $\beta$ (7 unidades) y $\gamma$ (8 unidades), se han puesto a punto nuevas técnicas de producción y purificación y numerosos métodos de preparación de derivados, lo que ha permitido incrementar sus aplicaciones en el campo farmacéutico [8]. La $\beta$-CD se disuelve en agua con dificultad debido a su tendencia a formar puentes de hidrógeno intramoleculares. La sustitución de algunos grupos hidroxilo por otros grupos, hidrofílicos o hidrofóbicos, conduce a la formación de derivados más hidrosolubles [9,10]. La solubilidad, la capacidad de la CD para formar complejos con otras sustancias y otras propiedades de interés práctico dependen de la naturaleza del sustituyente y del grado de sustitución [6,10-12]. La α-, β- y γ-CD y los derivados 2-hidroxipropil-β-CD (HP-β-CD), la sulfobutil-β-CD y la metil-β-CD (M-β-CD) cuentan con la aprobación de las agencias reguladoras para ser utilizadas como excipientes farmacéuticos. El grado de sustitución de las CD de calidad farmacéutica es 4.5-7 para la HP-β-CD (0.65-1 grupos hidroxipropilo por unidad de glucosa), 7 para la sulfobutil-β-CD, y 4-12 para la M-β-CD (0.57-1.8 grupos metilo por unidad de glucosa).

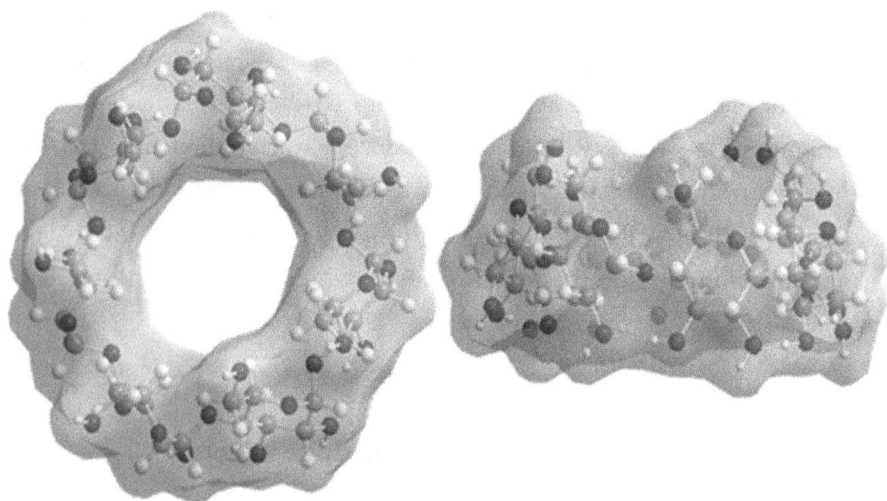

**Figura 1.1.** Representación espacial esquemática de la β-ciclodextrina (vista frontal y lateral).

Las CDs tienen forma de cono truncado hueco de 7.9 Å de altura y diámetro máximo comprendido entre 4.7 y 8.3 Å (Figura 1.1). La cara externa de la cavidad es hidrofílica, mientras que la cara interna es hidrofóbica. Las CDs pueden formar complejos de inclusión con moléculas poco polares capaces de penetrar total o parcialmente en su cavidad, produciéndose la complejación por sustitución de las moléculas de agua inicialmente en el interior de las CDs. En la complejación intervienen interacciones hidrofóbicas, electrostáticas y de van der Waals, así como puentes de hidrogeno y cambios conformacionales, estableciéndose un rápido equilibrio entre las moléculas que se encuentran libres en el medio y las que están alojadas en el interior de la cavidad [13]. La adición de cosolventes o polímeros y los cambios de pH o de temperatura pueden desplazar el equilibrio hacia la complejación o la decomplejación [14-17]. La formación de complejos con CDs puede ser útil para corregir las propiedades organolépticas, incrementar la solubilidad aparente y mejorar la estabilidad de los fármacos [12,18,19]. En estado sólido, los complejos suelen presentar estructura amorfa, con lo que la velocidad de disolución del fármaco se incrementa considerablemente.

Por su elevado tamaño e hidrofilia, las CD y los complejos CD-fármaco no atraviesan las membranas biológicas [20]. No obstante, los complejos pueden actuar en la proximidad de la membrana como reservorios que proporcionan elevadas concentraciones aparentes de fármaco, lo que facilita el paso del fármaco libre por difusión. Además, los complejos difunden mejor que las moléculas de fármaco libre a través de las capas acuosas asociadas a la superficie de la mucosa. Para que se mantenga el equilibrio de complejación, a medida que el fármaco va atravesando la membrana, se produce una progresiva decomplejación. Además, la complejación puede estabilizar el fármaco evitando su degradación en la zona de absorción. Las CDs pueden actuar como promotores de la absorción, extrayendo componentes lipófilos de la membrana [21] (Figura 1.2). Los complejos también se pueden utilizar para prevenir efectos secundarios locales, como irritación ocular, gastrointestinal o dérmica [22].

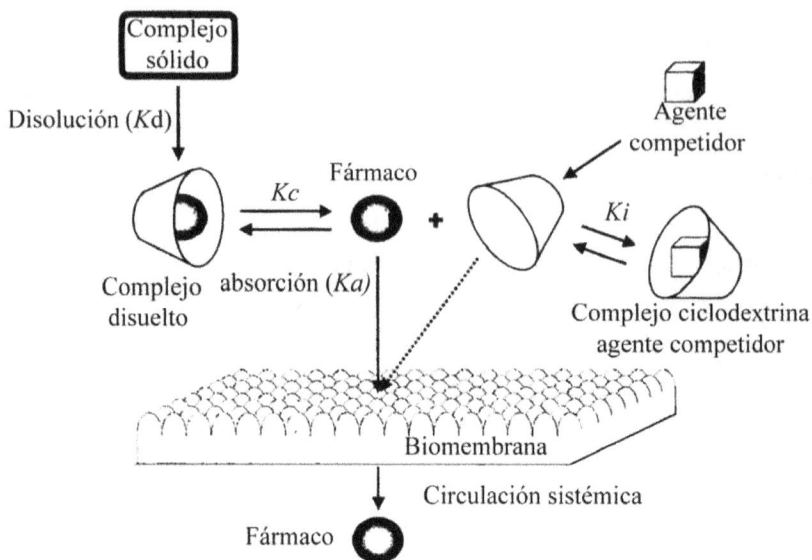

**Figura 1.2.** Esquema del proceso de disolución y absorción de un fármaco a partir de un complejo de inclusión, y competencia por la complejación de los componentes de la membrana. Adaptado de referencia [23] con permiso de Pharmaceutical Society of Japan.

Esta variedad de funcionalidades y aplicaciones junto con la amplia disponibilidad de datos que prueban la seguridad de las CDs [20] y la progresiva reducción que se está produciendo en los precios de estos excipientes, explican que el número de medicamentos que las incorporan se haya incrementado en los últimos años de una manera muy notable [5,12,23-26]. En la actualidad, están comercializados en el mundo unos cuarenta medicamentos basados en complejos con CDs, para administración oral, sublingual, nasal, ocular, tópica y parenteral [8,12,27]. Además, el interés por las CDs se ha visto potenciado por la adopción por la FDA y la EMA del Sistema de Clasificación Biofarmacéutica (SCB) de fármacos que se administran por vía oral [28]. El SCB distingue cuatro clases de fármacos en función de la solubilidad y la velocidad de disolución de la dosis terapéutica y de la capacidad para atravesar las membranas biológicas [29,30] (Figura 1.3). Las CDs pueden incrementar la solubilidad y la permeabilidad de fármacos de Clase II y de Clase IV, desplazándolos a la Clase I [28].

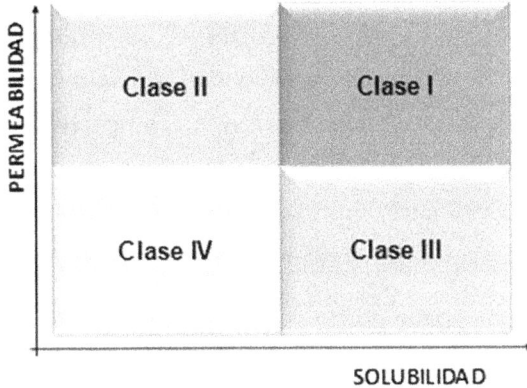

**Figura 1.3.** Sistema de Clasificación Biofarmacéutica (SCB) de fármacos que se administran por vía oral.

Los fármacos que se encuentran formando complejos de inclusión con CDs experimentan una cesión rápida cuando se administran al organismo, ya sea en forma líquida o sólida, al diluirse los complejos en los fluidos biológicos [31-33]. Esta rápida decomplejación puede resultar ventajosa para desarrollar sistemas de liberación inmediata, facilitando la absorción de glucósidos cardiotónicos, analgésicos o antiepilépticos en situaciones de emergencia [34]. Las CDs con sustituyentes anfifílicos dan lugar a agregados supramoleculares o nanosferas que pueden incorporar fármacos hidrofóbicos en proporciones elevadas. El fármaco también se libera rápidamente hacia el medio acuoso a partir de estas nanoestructuras [35-37]. Por otra parte, las CDs se pueden modificar con grupos ionizables o hidrofóbicos para dotarlas de capacidad para modificar la cesión [6]. Por ejemplo, la solubilidad de CDs modificadas con grupos ácido carboxílico, como la O-(carboximetil)-O-etil-β-CD, depende del pH por lo que resultan útiles para preparar formas entéricas [38]. Los conjugados CD-fármaco tienen también un gran potencial en el desarrollo de formas de liberación colónica [39]. Para conseguir una liberación lenta con fármacos de elevada hidrosolubilidad se puede acudir a CDs con sustituyentes alquílicos o acilados, si bien su capacidad para regular la cesión se ve limitada por la decomplejación relativamente rápida que se produce como consecuencia de la dilución de las formulaciones [40,41]. Puesto que el equilibrio depende fundamentalmente de la concentración local de CD, una estrategia muy atractiva para controlar la cesión consiste en incorporar el complejo a una estructura que minimice la dilución.

A diferencia de lo que ocurre en los sistemas en los que los complejos CD-fármaco no tienen restringida su movilidad, que ceden el fármaco a una velocidad dependiente del proceso de dilución, la incorporación de CDs a entramados poliméricos o hidrogeles permite controlar la liberación regulando la difusión y/o la afinidad del fármaco por las CDs inmovilizadas [5]. Los hidrogeles son materiales biocompatibles muy versátiles que encierran un gran potencial como componentes de sistemas de liberación de medicamentos para la práctica totalidad de las vías de administración [42]. Los hidrogeles físicamente reticulados controlan la cesión por el efecto que ejerce la viscosidad sobre la difusión, pero su capacidad de regulación no es tan elevada como cabría esperar de los altos valores de macroviscosidad (viscosidad aparente) que presentan, puesto que la variable crítica es la viscosidad del microentorno a través del que debe difundir el fármaco [43,44]. Como consecuencia de ello, es frecuente que no se consiga un control eficaz de la cesión con hidrogeles muy viscosos. La incorporación de CDs hace que el mayor volumen hidrodinámico del complejo ralentice la difusión. Los hidrogeles químicamente reticulados ofrecen mayores posibilidades de control de la cesión. El tamaño de malla del entramado se puede mantener inalterado en el transcurso del proceso o bien modificarse por efecto de estímulos o por reacciones de degradación enzimática [45]. Desde un punto de vista práctico, la utilidad de los hidrogeles se ve limitada por su escasa afinidad hacia los fármacos lipofílicos, que impide que se incorporen en cantidad suficiente, y por el deficiente control de la liberación de los fármacos hidrofílicos. La unión covalente de CDs a hidrogeles químicamente reticulados puede dotar al entramado de afinidad por ciertos fármacos. En la figura 1.4 se esquematizan diferentes formas de incorporación de CDs a entramados poliméricos.

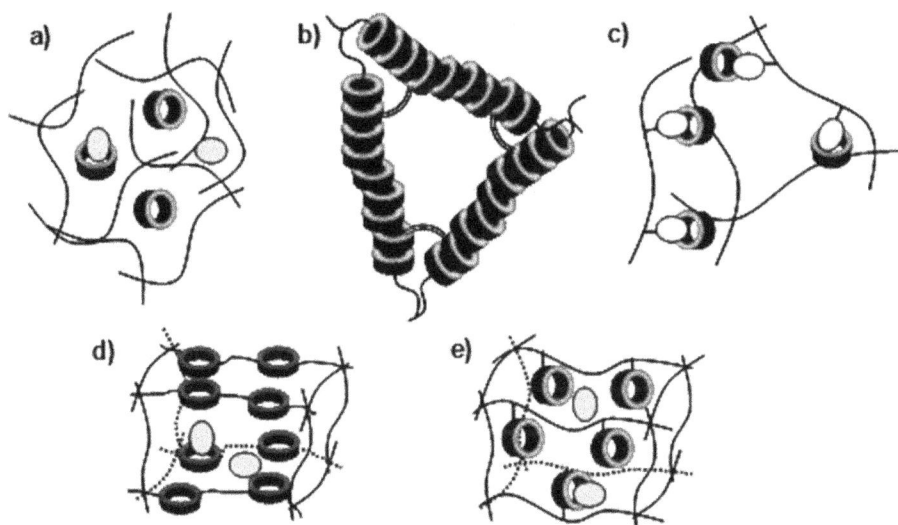

**Figura 1.4.** Distintas formas en las que se pueden encontrar las CDs formando parte de entramados poliméricos: a) CDs libres; b) poli(pseudo)rotaxanos con las CDs químicamente unidas; c) CDs formando parte de las cadenas poliméricas y actúando como agentes reticulantes que unen varias cadenas poliméricas; d) CDs formando parte del entramado tridimensional del hidrogel; y e) CDs "colgantes" de la estructura del entramado.

## 1.3. CDs libres en entramados poliméricos

La dispersión de CDs en matrices sólidas o semisólidas (Figura 1.4a) es un recurso muy útil para modificar la velocidad de cesión y modular la biodisponibilidad. Si el fármaco se incorpora en cantidades muy altas, las CDs pueden promover la cesión, incrementando la proporción de fármaco disuelto y en condiciones de difundir. Por el contrario, si el fármaco se encuentra en proporciones bajas, de manera que una vez que el sistema se hidrata la concentración sea inferior a su coeficiente de solubilidad, la complejación reduce la concentración de fármaco libre y dificulta la difusión como consecuencia del mayor tamaño de los complejos [46]. Por ejemplo, la incorporación de un 1% de HP-β-CD o M-β-CD a hidrogeles físicos de hidroxipropilmetilcelulosa (HPMC 4000 cPs) facilita la solubilization de melatonina y promueve su absorción a través de la mucosa nasal. Si la CD se incorpora en proporciones más elevadas (5-10%), se forman complejos estables que difunden con dificultad con lo que la absorción nasal disminuye [47]. La incidencia de otros mecanismos, como el impedimento estérico o la interacción de la CD o el fármaco con otros componentes de la formulación, explican los resultados aparentemente contradictorios recogidos en la bibliografía [48,49].

Como regla general, si se forma un complejo estable entre un fármaco hidrofóbico y la CD, la velocidad de difusión dentro del entramado es menor que la que presenta el fármaco libre [50,51]. La aplicación de modelos matemáticos que permiten estimar la difusividad del fármaco libre y del complejo CD-fármaco en sistemas ternarios fármaco/CD/polímero, pone de manifiesto una progresiva reducción de la velocidad de cesión del fármaco a medida que se incrementa la proporción de CD [52]. Esta tendencia no se manifiesta en las dos situaciones siguientes:

a) cuando la formación del complejo incrementa significativamente la solubilidad y facilita la disolución y la salida del fármaco del entramado polimérico [53]. En este caso, un elevado gradiente de concentración de fármaco permite mejorar significativamente la absorción oral y transdérmica [54]. Especialmente ilustrativos son los resultados obtenidos con HP-β-CD y γ-CD y con ibuprofeno, ketoprofeno y prednisolona en hidrogeles de polivinilpirrolidona (PVP) reticulada con ácido polietilenglicoldimetacrilico [55]. La incorporación de los fármacos se llevó a cabo sumergiendo hidrogeles secos en una disolución saturada de fármaco (hidrogeles control) o en una disolución de complejo CD-fármaco. La relación molar CD:fármaco en la disolución de carga varió entre 6 y 50, solubilizándose la totalidad de la dosis al encontrarse la CD en exceso. Con HP-β-CD se consiguió incrementar, con respecto al hidrogel control, 6, 9 y 3 veces la carga de ibuprofeno, ketoprofeno y prednisolona. Con γ-CD se duplicó la cantidad de prednisolona cargada, pero no se mejoró la carga de ibuprofeno o ketoprofeno debido a la baja solubilidad de los complejos. La HP-β-CD incrementó la velocidad de cesión de los tres fármacos, mientras que la γ-CD no solo no alteró la liberación de ibuprofeno, que tiene una baja tendencia a formar complejos, sino que retrasó la cesión de ketoprofeno y de prednisolona. Este último efecto se explica por el gran tamaño y el bajo coeficiente de difusion de los complejos que forma la γ-CD. Si la constante de afinidad CD-fármaco es suficientemente alta, no se necesario preparar previamente el complejo ya que este puede formarse de forma espontánea una vez que se hidrata el entramado [49].

b) cuando el fármaco interacciona fuertemente con el entramado polimérico, como ocurre en el caso del hidrocloruro de propanolol y el ácido poliacrílico (Carbopol®). El fármaco, catiónico, forma agregados insolubles con las cadenas poliméricas y reduce de manera significativa el grado de hinchamiento y la bioadhesividad de los microgeles. La complejación con β-CD minimiza las interacciones fármaco-polímero, devolviendo a los microgeles su comportamiento característico e incrementando la velocidad de cesión [56].

Cuando no se forman complejos, las CDs hidrosolubles pueden aumentar la velocidad de cesión formando, a medida que se disuelven y abandonan la matriz del hidrogel, canales por los que puede salir el fármaco. Las CDs menos hidrofílicas aumentan la tortuosidad, dificultan la difusión y retrasan la cesión [46]. Una buena prueba de la complejidad de los efectos de las CDs sobre la cesión de fármaco a partir de entramados físicamente reticulados, es el comportamiento que se observó al incorporar β-CD e HP-β-CD a geles y comprimidos matriciales de hidroxipropilmetilcelulosa (HPMC K4M) junto con un fármaco hidrosoluble (diclofenaco sódico) o un fármaco de reducida solubilidad (sulfametizol). Los dos fármacos forman complejos de constantes de estabilidad de 100.6 y 115.2 $M^{-1}$ (diclofenaco sódico) y 651.8 y 563.9 $M^{-1}$ (sulfametizol) con β-CD y HP-β-CD, respectivamente [57,58]. En geles preparados con HPMC al 2%, una relación molar CD:fármaco 0.5:1 dio lugar a un incremento en la velocidad de difusión al minimizarse las interacciones hidrofóbicas entre el polímero y el fármaco. En cambio, un exceso de CD, en especial de la variedad más voluminosa (HP-β-CD), dificultó la difusión de los complejos a través de la malla relativamente estrecha del entramado. En comprimidos matriciales preparados con relaciones

CD/lactosa elevadas se observó un incremento marcado de la velocidad de cesión de sulfametizol, mientras que la cesión de diclofenaco sódico se ralentizó, lo que prueba que el predominio de uno u otro efecto depende de la hidrofília del fármaco [59].

Otro aspecto a tener en cuenta es la posibilidad de que se produzca una complejación parcial de algún componente polimérico con la CD, en particular de un copolímero anfifílico o de un polímero con grupos hidrofóbicos [60]. Por ejemplo, las CDs se pueden utilizar para modular la viscosidad y la respuesta a la luz de polímeros funcionalizados con grupos azobenceno, que experimentan cambios de conformación trans/cis cuando se irradian con luz UV. En la oscuridad los isómeros trans, hidrofóbicos, se asocian y actúan como puntos de unión a lo largo de la cadena polimérica, con lo que aumenta la viscosidad del gel. Bajo irradiación, la transición de la forma trans a cis (más hidrofílica) hace que las uniones se rompan. El isómero trans del azobenceno puede formar complejos con α-CD, inhibiendo su autoasociación e incluso revirtiendo el efecto de la radiación UV sobre la viscosidad [61]. A su vez, el isómero cis se puede complejar con HP-β-CD. Cuando los sustituyentes azobenceno están anclados sobre las cadenas de un copolímero anfifílico, como el poli(N,N-dimetilacrilamida-co-metacriloiloxiazobenceno) (DMA-MOAB), y se añade HP-β-CD, su capacidad para interaccionar con otros copolímeros anfifílicos y dar lugar a micelas se puede alterar considerablemente modificando las condiciones de irradiación. Este fenómeno puede ser útil para modular la difusión de solutos hidrofílicos a través de hidrogeles [62].

Las CDs también pueden formar complejos de estequiometria muy superior a 1:1 con copolímeros bloque, dando lugar a estructuras en forma de collar denominadas polipseudorotaxanos [63]. Las CDs se ensartan en las cadenas de polímero acumulándose en las regiones más favorables para la complejación (por ejemplo, en los bloques polióxido de etileno la α-CD o en los bloques polióxido de propileno la β-CD) [64-66]. Si los extremos del polímero se bloquean con grupos voluminosos de manera que las CDs no puedan abandonar el polímero, se obtienen estructuras conocidas como polirotaxanos. Las interacciones intermoleculares entre unidades de CD incorporadas a polirotaxanos pueden dar lugar a la formación de superestructuras en forma de nanotubos. También se ha propuesto la reticulación de las CDs de polirotaxanos adyacentes [67] (Figura 1.4b) y para unir químicamente las CDs que ocupan los extremos de las cadenas poliméricas [68] con el fin de obtener geles con puntos de reticulación deslizantes. Un diseño adecuado de los polirotaxanos permite una amplia modulación de las propiedades del hidrogel, lo que abre interesantes posibilidades en el ámbito biomedicina [63,69,70]. Aunque el número de estudios sobre las posibilidades que ofrecen los polirotaxanos para incrementar la solubilidad y modificar la difusividad de los fármacos es todavía reducido, los resultados de los que se dispone indican que la complejación espontánea de copolímeros bloque con CDs eleva la concentración crítica micelar del copolímero y reduce el número de micelas y de cavidades de CD libres para albergar moléculas de fármaco [71-73]. Esto hace que la eficacia de solubilización de fármacos hidrófobicos se reduzca. Además, en el caso de los copolímeros bloques de óxido de polietileno/óxido de polipropileno sensibles a cambios de temperatura, como los PEO-PPO-PEO (poloxamer o Pluronic®), se producen modificaciones importantes en la viscoelasticidad de los geles y en la temperatura de transición sol-gel [72,74,75]. La adición de HP-β-CD o M-β-CD (5% p/v) a dispersiones de Pluronic F127 (15% p/v) da lugar a un incremento de 5 y 15°C, respectivamente, de la temperatura de gelificación y reduce marcadamente el módulo elástico o de almacenamiento (G´) y el módulo viscoso o pérdida (G´´). Además, el Pluronic F127 desplaza fácilmente las moléculas huésped de la cavidad de las CDs, aumentando la proporción de fármaco libre en el medio [76]. Estos hechos llaman la atención sobre la necesidad de identificar la naturaleza y la estequiometria de los complejos cuando se preparan sistemas ternarios fármaco-polímero-CD, una práctica habitual en tecnología farmacéutica.

Un paso adelante en el campo de los sistemas ternarios es la preparación de geles estables usando un mecanismo "llave-cerradura" o "cremallera", en el que CDs unidas covalentemente a la cadena polimérica reconocen ciertos grupos de otros polímeros, originando un entramado tridimensional (Figura 1.4c). La reticulación mediada por CD da lugar a entramados que exhiben propiedades intermedias entre las de los hidrogeles físicos, en los que las interacciones son reversibles, y las de los hidrogeles reticulados químicamente que son estables frente a la dilución. Este fenómeno se ha observado al mezclar: i) un polímero con CDs "colgantes" con un polímero con cadenas laterales hidrofóbicas de 4-tert-butilanilida [77]; ii) un conjugado de quitosano-CD con quitosano con grupos adamantilo o polietilenglicol [78]; iii) poli(acrilamida)-CD con poli(acrilamida) con anillos aromáticos [79]; y iv) polímeros de β-CD con poli(N-isopropilacrilamida) con grupos adamantilo o dodecilo [80]. Por ejemplo, se produce un autoensamblaje espontáneo entre polímeros de β-CD (poli-β-CD) y dextranos con cadenas alquílicas o grupos adamantilo colgantes (Figura 1.5). Cuando se mezclan disoluciones acuosas de ambos polímeros en concentraciones de 6.6–7.5% p/p se observa una inmediata separación de fases. La fase gel presenta una alta concentración de ambos polímeros, con valores de G′ y G′′ 400-500 Pa y 1200-1400 Pa, respectivamente [81,82]. Si las concentraciones de polímeros son más bajas (0.1-1% p/p) se forman partículas nanométricas de tamaño variable según el grado de sustitución del polímero con grupos que forman complejos con las CDs [83,84]. Si los polímeros cuentan con grupos ionizables, se pueden conseguir geles de viscosidad variable en función del pH del medio. Los hidrogeles se pueden cargar con moléculas que formen complejos con poli-β-CD, incorporándolas a sus disoluciones antes de mezclar con la disolución de dextrano (Figura 1.5). Las cavidades que no contengan fármaco estarán disponibles para albergar las cadenas alquílicas y actuar como puntos de unión entre ellas. Estos geles proporcionan perfiles de liberación sostenida de benzofenona y tamoxifeno durante más una semana. Además, la reversibilidad de la complejación polímero-CD hace posible la administración del gel mediante inyección a través de agujas relativamente finas. Una ligera presión causa la decomplejación y un descenso de la viscosidad, y el sistema fluye fácilmente. Al cesar la presión, los geles recuperan rápidamente los valores iniciales de G′ y G′′ [81]. Estas propiedades junto con una excelente biocompatibilidad permiten augurar a estos sistemas de gelificación *in situ* un futuro muy prometedor en el campo de la biomedicina.

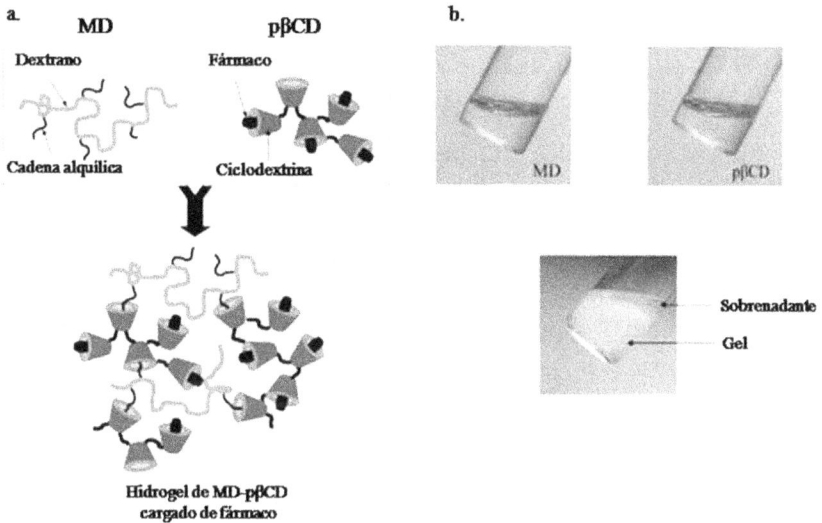

**Figura 1.5.** (a) Interacción espontánea de un dextrano alquil-modificado (MD) con poli-β-CD para dar lugar a un gel. Algunas cadenas alquílicas del MD forman complejos con las CDs del poli-β-CD. Las CDs libres pueden formar complejos de inclusión con fármacos hidrofóbicos. (b) Aspecto de las disoluciones de MD y da poli-β-CD y de la mezcla de ambas transcurridos 5 segundos. Adaptado de referencia [81] con permiso de John Wiley and Sons.

## 1.4. Hidrogeles con CD integradas en su estructura

Se pueden preparar hidrogeles químicamente reticulados con CDs integradas en el esqueleto polimérico, acudiendo a alguno de los procedimientos siguientes: a) reticulación directa de las CDs (condensación con un agente reticulante), b) copolimerización de las CDs con comonómeros acrílicos o vinílicos, y c) anclaje de las CDs a entramados preformados. Cuando los entramados entran en contacto con un medio acuoso, las CDs no se diluyen, a diferencia de lo que ocurre con las disoluciones de CDs individuales y con los hidrogeles reticulados físicamente. El volumen de agua que puede entrar en un hidrogel reticulado químicamente está limitado por el propio entramado y, dado que las CDs se encuentran covalentemente unidas, el hidrogel hincha sin disolverse y sin perder componentes. Esto genera un microambiente rico en CD con cavidades disponibles para interaccionar con moléculas de fármaco. En estas estructuras, la afinidad CD-fármaco se convierte en el principal factor responsable del control de la liberación. Cuando una molécula de fármaco se decompleja de una cavidad de CD, encuentra en su entorno otras cavidades disponibles para formar un nuevo complejo. El desplazamiento del fármaco a través del hidrogel será más o menos rápido dependiendo del grado de ocupación de las cavidades del entramado y de su afinidad por ellas (Figura 1.6). A medida que avanza el proceso de cesión, el número de cavidades disponibles para formar complejos con el fármaco se va incrementando. Ello ralentiza la cesión e incluso hace posible que algunas moléculas que se habían liberado previamente puedan ser recaptadas si permanecen en torno al hidrogel. En consecuencia, los hidrogeles de CD poseen características únicas para retener fármacos y pueden resultar muy útiles en el desarrollo de sistemas de liberación controlada. Es importante destacar que las CD covalentemente unidas al entramado no ven reducida su capacidad para formar complejos, sino que incluso se puede incrementar, en especial con compuestos de gran tamaño molecular que requieren varias unidades de CD por molécula para formar el complejo [85-91]. En las secciones siguientes se describen las estrategias a seguir para el desarrollo de entramados de CDs reticuladas.

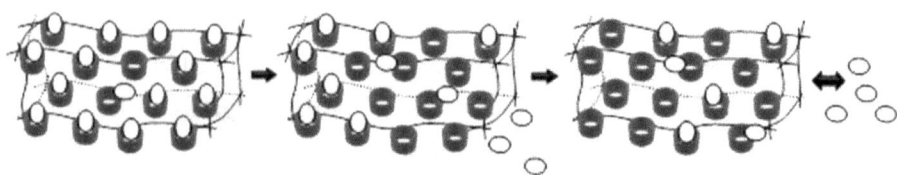

**Figura 1.6.** Liberación de un fármaco a partir de un hidrogel de CDs químicamente reticuladas. El fármaco va ocupando cavidades sucesivas hasta llegar a la superficie del entramado.

### 1.4.1. Reticulación directa

Los primeros polímeros e hidrogeles de CDs se prepararon por reacciones de condensación de los grupos hidroxilo de CDs naturales o de los grupos amino o ácido carboxílico de CDs funcionalizadas, utilizando agentes reticulantes di- o multifuncionales tipo aldehído, cetona, isocianato o epóxido (epichlorhidrina) [92]. Aunque la reacción transcurre de manera espontánea, normalmente se incorpora un catalizador para incrementar la velocidad del proceso [93]. El agente reticulante más utilizado es la epiclorhidrina (EPI). En medio alcalino, sus dos grupos funcionales pueden reaccionar entre sí o con grupos hidroxilo de las CDs, para dar lugar a una mezcla de CDs reticuladas unidas por cadenas cortas de EPI polimerizada (Figura 1.7) [94,95]. Los hidrogeles de EPI-CD (generalmente microgeles) pueden hinchar en medio acuoso. Controlando la reacción (por ejemplo, parando la reticulación en una determinada etapa) es posible obtener polímeros de CD hidrosolubles [88]. La relación EPI:β-CD determina la proporción de cavidades de CD disponibles para interaccionar con el fármaco; alcanzándose el máximo con hidrogeles que contienen un 50% de β-CD [96].

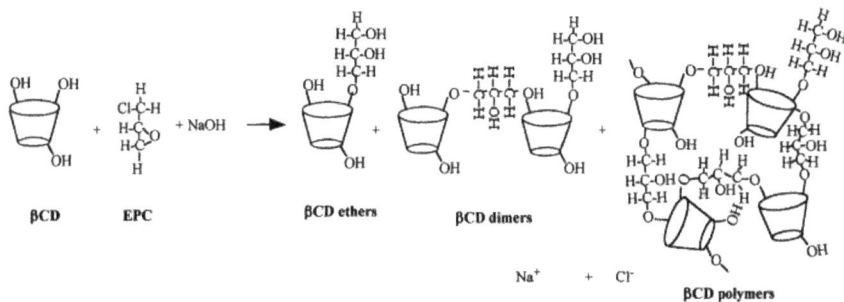

**Figura 1.7.** Hidrogel de EPI-CD. Reproducido de referencia [94] con permiso de Elsevier.

Los microgeles de EPI-CD se han evaluado como adsorbentes para extraer fármacos y moléculas hidrofóbicas del agua [97-99], para separar compuestos en matrices complejas [100-103] o en cromatografía [104,105] y para separar enantiómeros a partir de mezclas racémicas [106-108]. Las propiedades mecánicas de los microgeles se pueden modular incorporando polímeros hidrofílicos (por ejemplo, PVA) y otros agentes reticulantes [109, 110]. También se les puede dotar de sensibilidad a cambios de temperatura, uniendo poli(N-isopropilacrilamida) (PNIPA) a β-CDs previamente reticuladas [111] o preparando entramados interpenetrados (IPN) o semiinterpenetrados (semi-IPN) de EPI-CD y PNIPA [112]. Estos sistemas permiten regular la velocidad de cesión de los fármacos en función no sólo de la afinidad por las CDs sino también de las condiciones de temperatura de su entorno [112, 113]. También se han preparado microgeles sensibles a cambios de pH, interpenetrando microgeles de EPI-CD-PVA con poli(ácido metacrílico) (PMAA) [114]. Por otra parte, el elevado número de grupos hidroxilo de las CDs las hace muy útiles para desarrollar entramados EPI-CD sensibles a campos eléctricos. Estos materiales inteligentes experimentan cambios rápidos y reversibles en sus propiedades reológicas bajo la acción de pequeños campos eléctricos; sin embargo, no resisten un fuerte campo eléctrico durante un tiempo prolongado y la polarización se ve limitada por la rigidez y la alta densidad de CDs [115]. La co-reticulación con almidón permite obtener entramados que, mezclados con aceite de silicona, presentan unas buenas propiedades electroreológicas [116].

Algunos hidrogeles de EPI-CD muestran una elevada capacidad de retención de solutos debido, no sólo a la formación de complejos de inclusión, sino también al establecimiento de interacciones específicas con los numerosos grupos hidroxilo de las CD. Sacando partido de este mecanismo se han desarrollado hidrogeles selectivos para creatinina [117]. Los hidrogeles se preparan a pH alcalino dado que en estas condiciones los OH-6 están ionizados y pueden interaccionar electrostáticamente con los grupos amino de la creatinina. Una vez formado el hidrogel y eliminada la creatinina, se mantiene la conformación de las CDs, lo que permite la recaptación selectiva de creatinina de medios acuosos. La máxima selectividad se manifiesta con proporciones molares β-CD:creatinina 3:2 y β-CD-EPI 1:10. Los entramados de EPI-CD también se pueden funcionalizar con grupos amonio cuaternario para que actuen como trampas de sales biliares [118].

La utilización de diisocianatos como agentes reticulantes también permite elaborar macro y microhidrogeles de CDs (Figura 1.8) [119-121].

Los hidrogeles de β-CD y diaminopoli(etilenglicol), reticulados con hexametilendiisocianato son muy hidrofílicos, biocompatibles y capaces de cargar y ceder de forma controlada estradiol, quinina o lisozima [122].

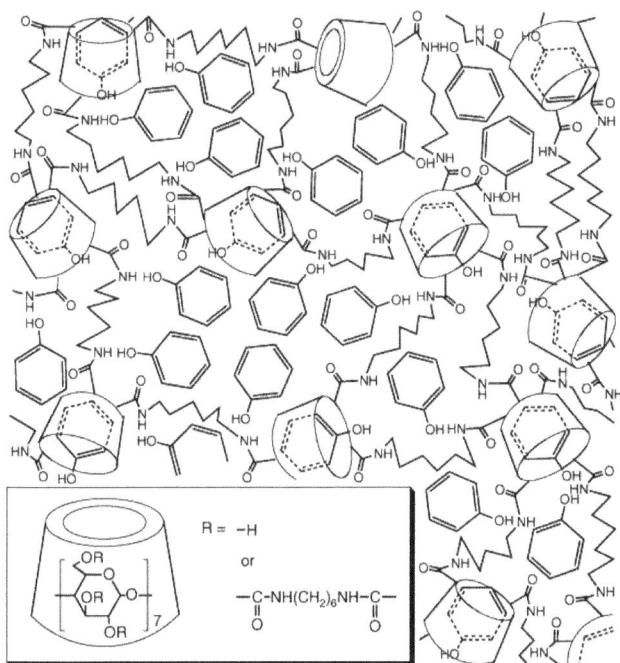

**Figura 1.8.** Estructura de un entramado de β-CDs reticuladas con hexametilendiisocianato en proporción 1:8 y formación de complejos de inclusión con fenol. Reproducido de referencia [120] con permiso de John Wiley and Sons.

Los diisocianatos también se han empleado para obtener polímeros hidrofílicos de CDs hiperramificados con capacidad para formar complejos [123] y partículas nanoporosas de CDs para captar solutos de medios acuosos y cederlos a fases orgánicas [124]. La combinación de esta aproximación con la tecnología de moldeado molecular (*molecular imprinting*) permite mejorar la selectividad de la carga y conseguir un mejor control de la cesión [125]. El grupo de Asanuma y Komiyama ha evaluado ampliamente las posibilidades que ofrece el moldeado molecular, para potenciar la capacidad de los entramados de β-CD reticulados con tolueno-2,4-diisocianato en la separación selectiva de moléculas con actividad biológica y en la extracción de contaminantes de efluentes líquidos [126]. La reticulación en presencia de colesterol o estigmasterol conduce a la formación de entramados en los que dímeros o trímeros de β-CD actúan cooperativamente para atrapar cooperativamente moléculas esteroídicas de gran tamaño. Una vez completada la polimerización y retiradas las moléculas que han servido como moldes, los hidrogeles imprinted (MIP) pueden captar de un medio acuoso colesterol y estigmasterol, mostrando una afinidad mucho menor por otras estructuras químicamente relacionadas (Figura 1.9) [127,128]. En general, la reticulación de β-CD con diisocianatos conduce a la obtención de hidrogeles con menor tamaño de malla y grado de hinchamiento, en comparación con los obtenidos con EPI, y en los que las interacciones hidrofóbicas inespecificas se producen con más facilidad [129,130].

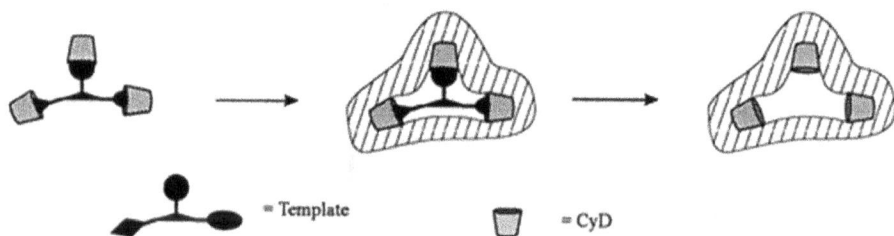

**Figura 1.9.** Esquema de un MIP de CD obtenido utilizando diisociantos como agentes reticulantes. Reproducido de referencia [127] con permiso de la American Chemical Society.

Para desarrollar microcápsulas recubiertas con β-CD reticuladas se ha utilizado una técnica de emulsión-polimerización con cloruro de diacilo [131]. Las moléculas huésped acceden rápidamente a las cavidades de las CDs, completandose la carga en pocos minutos. Las microcápsulas sostienen la cesión de propanolol durante varias horas [132]. Los reticulantes con grupos carbonilo activos también se han aplicado a la obtención de nanoesponjas de 350-600 nm de diámetro y grados de prorosidad variables, potencialmente útiles como transportadores de fármacos muy diversos [133-134]. Por su parte, la condensación con ácidos policarboxílicos, como ácido cítrico, ácido 1,2,3,4-butanotetracarboxilico o poli(ácido acrílico) (PAA) (Figura 1.10), constituye una aproximación limpia para obtener de entramados de CD, aunque tiene el inconveniente de que hay que eliminar el agua que se genera en la reacción de esterificación, aplicando vacío o temperaturas superiores a 140°C [135].

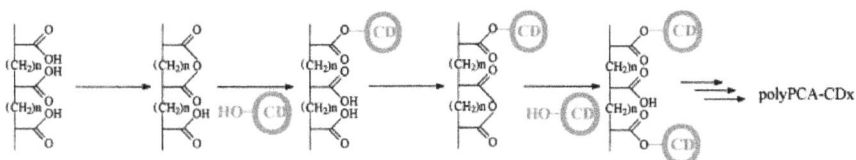

**Figura 1.10.** Estructura de un entramado de CDs reticuladas por condensación con poli(ácido carboxílico)s. Reproducido de referencia [135] con permiso de John Wiley and Sons.

Por último, la capacidad de las CDs para reaccionar con grupos epóxido en condiciones suaves ha llevado a desarrollar procedimientos que permiten unir las CDs en un solo paso [136]. El etilenglicoldiglicidileter (EGDE) cuenta en su estructura con dos grupos epoxido de reactividad similar, capaces de reaccionar simultáneamente con los grupos hidroxilo de una CD o de un polisacárido lineal, dando lugar a hidrogeles viscoelásticos de elevada biocompatibilidad [7,136-138]. Para que se formen hidrogeles de HP-β-CD se requiere como mínimo un 10% p/p de HP-β-CD y un 14.28% p/p de EGDE. Estas proporciones permiten que 2/3 de los grupos hidroxilo de cada CD reaccionen con el agente reticulante. Los hidrogeles de HP-β-CD y de M-β-CD se comportan con superabsorbentes (incorporan hasta 1000% p/p de agua) y pueden incorporar cantidades de diclofenaco sódico y de estradiol de 2 a 500 veces superiores a las que se conseguirían si el fármaco se alojase únicamente en la fase acuosa del hidrogel. La afinidad del entramado por los fármacos durante la etapa de incorporación como el control de cesión al entrar en contacto con medio acuoso muestran una estrecha correlación con el valor de la constante de complejación fármaco-CD [139] (Figura 1.11).

47

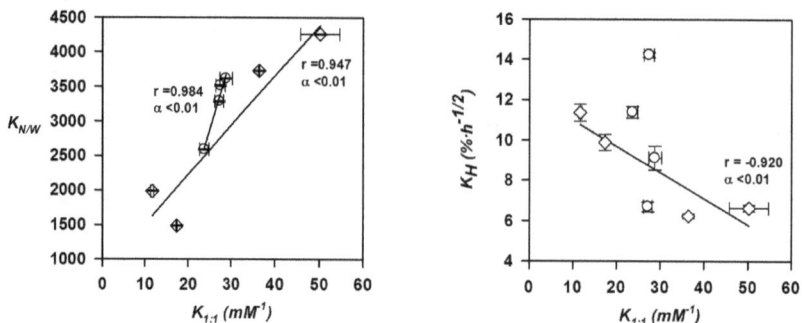

**Figura 1.11.** Dependencia del coeficiente de reparto entramado/agua ($K_{N/W}$) y de la constante de liberación ($K_H$) del estradiol a partir de hidrogeles de HP-β-CD (◊) y M-β-CD (○) respecto de las constantes de estabilidad de los complejos ($K_{1:1}$) [139].

En el caso del estradiol, se consiguieron perfiles de cesión sostenida durante una semana [139]. La carga y la liberación de fármaco están controladas principalmente por la constante de afinidad fármaco/CD, y la incorporación de los éteres de celulosa dota a los hidrogeles de mayor flexibilidad y acelera ligeramente el proceso de cesión (Figura 1.12).

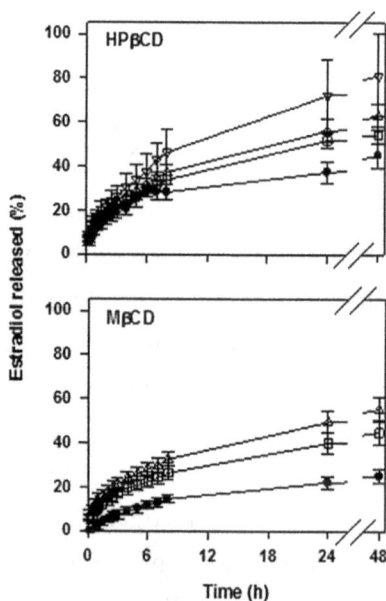

**Figura 1.12.** Cesión del estradiol a partir de hidrogeles de HP-β-CD or M-β-CD preparados con 20% de CD (•), 20% CD – 0.25% HPMC (□), 25% CD – 0.25% HPMC (Δ), y 30% CD – 0.25% HPMC (▽). Reproducido de referencia [139] con permiso de Elsevier.

El procedimiento de reticulación con EGDE permite obtener macrogeles y nanogeles mixtos de HP-β-CD o γ-CD y diversos polímeros relacionados estructuralmente, como HPMC, metilcelulosa (MC), hidroxipropilcelulosa (HPC), carboximetilcelulosa sódica (CMCNa), dextrano o agar-agar [140-142]. Estos hidrogeles presentan un microambiente rico en cavidades de CD muy adecuado para incorporar eficazmente fármacos antifúngicos como el sertaconazol [140], antibióticos como el ciprofloxacino [141], o antiinflamatorios como la dexametasona [142]. En general, la aplicación de una etapa de calefacción en autoclave (121°C, 20 min) promueve la incorporación del fármaco sin afectar a las propiedades mecánicas del hidrogel.

Aplicando un procedimiento similar, se prepararon hidrogeles de HP-β-CD con dominios interpenetrados de poli(ácido acrílico) (PAA, Carbopol®) con el objetivo de combinar la capacidad de respuesta frente a cambios de pH y las propiedades mucoadhesivas del Carbopol con la capacidad de formación de complejos de las CDs reticuladas [143]. Estos hidrogeles presentan un entramado contínuo de CDs y dominios discontínuos de carbopol, resultando en un IPN a microescala (ms-IPN). Estos ms-IPNs tienen las siguientes ventajas: i) para su obtención no se requiere la preparación previa de monómeros acrílicos de CD; ii) cuando se hidratan no pierden componentes, como ocurre con los semi-IPNs convencionales; iii) la presencia de PAA reticulado comunica bioadhesividad y capacidad de respuesta a cambios de pH (Figura 1.13); iv) la estructura descontinúa puede facilitar la movilidad de los entramados lo que los dota de excelentes propiedades mecánicas; y v) el producto final se obtiene en un solo paso.

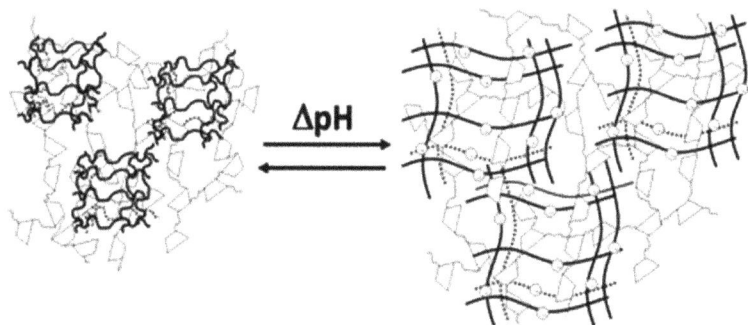

**Figura 1.13.** Hinchamiento de un ms-IPN de HP-β-CD y carbopol en respuesta a cambios de pH. Reproducido de referencia [143] con permiso de Elsevier.

Los ms-IPNs han mostrado un gran potencial como vehículos de estradiol y ketaconazol, incorporando hasta 2000 veces más fármaco que el que se puede disolver en la fase acuosa [143]. El carbopol contribuye a incrementar la capacidad de incorporación de fármaco haciendo que, a pH neutro, los entramados tengan una malla más abierta, a través de la que el fármaco difunde con mayor facilidad y puede entrar en contacto más fácilmente con las CDs para formar complejos. Estos IPNs sostienen la cesión durante varios días, a una velocidad que depende del pH y que se puede modular modificando la proporción de carbopol (Figura 1.14).

### 1.4.2. Hidrogeles preparados por copolimerización de monómeros de CD

Una alternativa a la reticulación directa de las CDs consiste en preparar monómeros de CD (Figura 1.15) que puedan copolimerizar con los monómeros vinílicos o acrílicos utilizados habitualmente en la preparación de hidrogeles. La mayoría de las síntesis de monómeros de CD se centran en los grupos hidroxilo del anillo glucopiranósico. Teniendo en cuenta que las CDs presentan 18 (α-CD), 21 (β-CD) ó 24 (γ-CD) grupos hidroxilo susceptibles de ser sustituidos, el número de derivados posibles es muy elevado. Por otra parte, el hecho de que un elevado número de grupos hidroxilo tenga una reactividad similar, hace que la preparación de monómeros monofuncionalizados resulte difícil.

Se pueden preparar monómeros monofuncionalizados haciendo reaccionar α-CD o β-CD con un éster de m-nitrofenilo en medio alcalino (Figura 1.15a). Los ésteres de nitrofenilo forman complejos con las CDs y provocan una transesterificación selectiva de uno de los grupos hidroxilo secundarios, reduciendo las posibilidades de formar derivados multifuncionales [144, 145]. La copolimerización de acriloil-β-CD con N-isopropilacrilamida (NIPA) da lugar a hidrogeles porosos que experimentan rápidas transiciones de fase en medio acuoso [146]. Además, acriloil-α-CD y acriloil-(6-O-α-D-glucosil)-β-CD resultan útiles para preparar partículas imprinted con afinidad por moléculas que pueden formar complejos con varias CDs simultáneaments, como es el caso de la vancomicina, cefazolina, feneticilina y algunos dipéptidos [147]. La combinación de bisacriloil-β-CD y monómeros iónicos (ácido sulfónico 2-acriloilamido-2,2´-dimetilpropano) conduce a entramados con gran afinidad por moléculas anfifílicas como la fenilalanina, discriminando incluso sus enantiómeros [148,149].

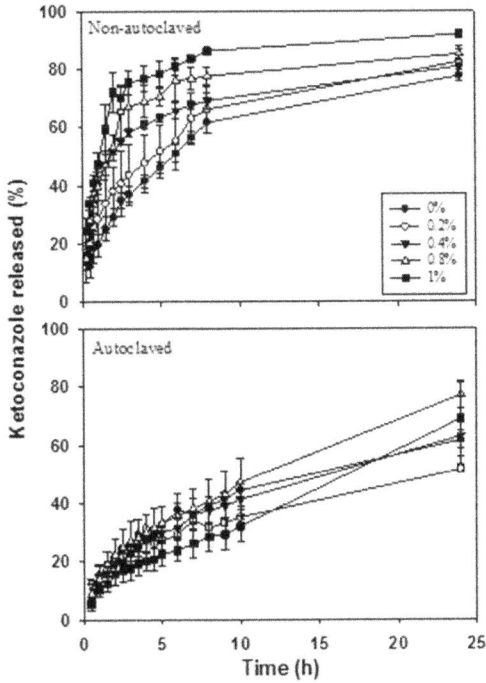

**Figura 1.14.** Perfiles de cesión de ketoconazol, en una disolución de dodecilsulfato sódico al 0.3% (pH 7.8), a partir de hidrogeles HP-β-CD/carbopol preparados con distintas proporciones de carbopol. Reproducido de referencia [143] con permiso de Elsevier.

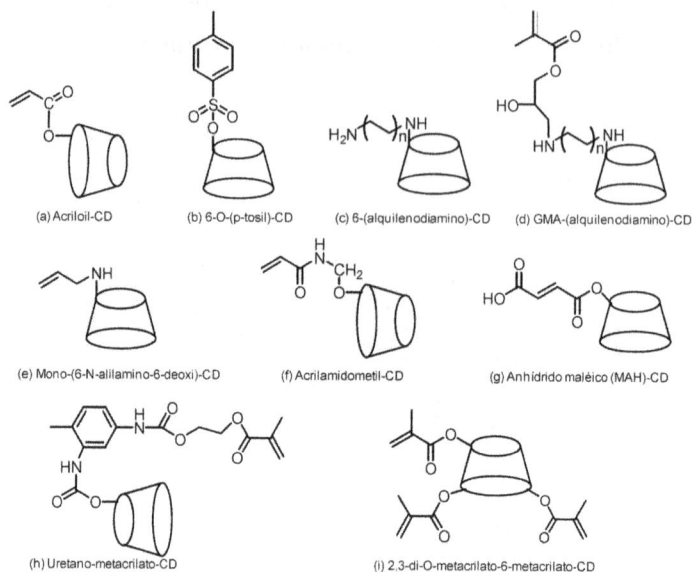

**Figura 1.15.** Estructura de algunos monómeros de ciclodextrina que se han ensayado como componentes de entramados poliméricos.

Los derivados monotosilo de la β-CD (Figura 1.15b) se pueden obtener haciendo reaccionar un grupo hidroxilo C6 primario con el cloruro de tosilo [150-152]. Para preparar nuevos monómeros monofuncionalizados con grupos amino primario, se hace reaccionar etilenodiamina (EDA) o 1,6-hexanodiamina (HAD) con mono-6-Ots-β-CD [153]. A continuación, el grupo amino reacciona con glicidilmetacrilato (GMA) y se obtienen GMA-EDA-β-CD y GMA-HAD-β-CD, que son monómeros monometacrilato de β-CD (Figura 1.16).

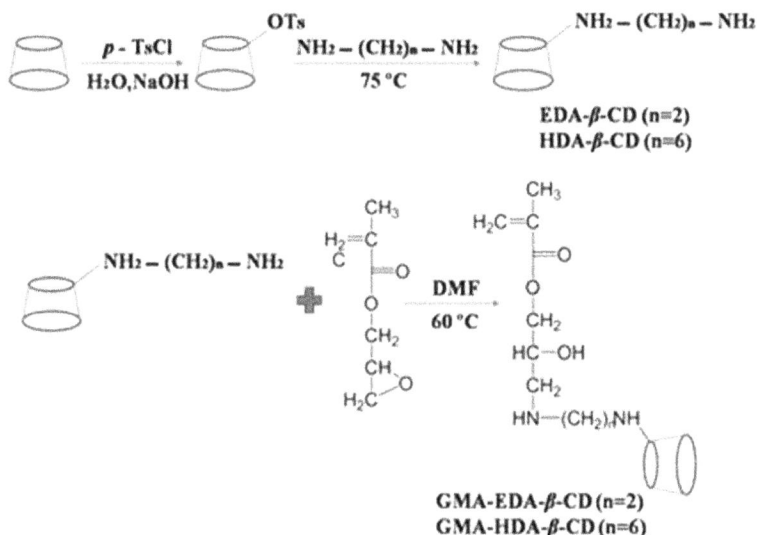

**Figura 1.16.** Ruta de síntesis de monómeros monometacrilato de β-CD (GMA-EDA-β-CD y GMA-HDA-β-CD) a partir de mono-6-OTs-β-CD y etilenodiamina (EDA) ó 1,6-hexanediamina (HAD). Reproducido de referencia [153] con permiso de John Wiley and Sons.

Los monómeros derivados de la acrilamida, como la acrilamidometil-CD (Figura 1.15f) [154], combinados con acrilato sódico se han mostrado útiles para preparar hidrogeles sensibles a cambios de pH, que regulan la carga y cesión de fármaco por un doble mecanismo de afinidad por las CDs y de respuesta del entramado al pH [155]. Estos monómeros también se han utilizado para peparar entramados capaces de captar selectivamente aminoácidos u oligopéptidos en medio acuoso [156-158].

La condensación de CDs con anhidrido maleico (MAH) conduce a la formación de monómeros que combinan la capacidad complejante de las CDs con la capacidad de respuesta frente a cambios de pH de los grupos ácido carboxílicos (Figura 1.15g) [159]. Los hidrogeles de PNIPA (91-64% p/p)-co-MAH-β-CD (9-36% p/p) responden a estímulos térmicos, al pH y a la fuerza iónica y se pueden utilizar para cargar clorambucilo y cederlo a distinta velocidad en función del pH del medio [160]. Los cambios en el grado de hinchamiento son reversibles y reproducibles después de varios ciclos [159] (Figura 1.17). MAH-β-CD también se puede copolimerizar con copolímeros bloque sensibles a cambios de temperatura, como los poloxamer o Pluronic® [161], o biodegradables como el poli(D,L-ácido láctico) [162].

Para preparar monómeros multifuncionales de uretano-metacrilato-β-CD (Figura 1.15h) se suele acudir a un procedimiento que consta de dos etapas: en primer lugar se sintetiza un derivado de uretano-metacrilato a partir de hidroxietilmetacrilato (HEMA) y tolueno-2,4-diisocianato y, a continuación, se hace reaccionar este derivado con β-CD [163]. La copolimerización del monómero de β-CD con HEMA conduce a hidrogeles que presentan una elevada capacidad de carga de ácido salicílico, sulfatiazol, rifampicina y naranja de metilo. El efecto sobre la velocidad de cesión resultó ser dependiente de la hidrofilia del fármaco, ralentizándose ligeramente la liberación de naranja de metileno y ácido salicílico, y acelerándose la del fármaco hidrofóbico sulfatiazol (Figura 1.18). Las diferencias en la solubilidad y en la afinidad de los fármacos por las CDs explican los efectos contrapuestos que se derivan de la incorporación del monómero de β-CD al hidrogel.

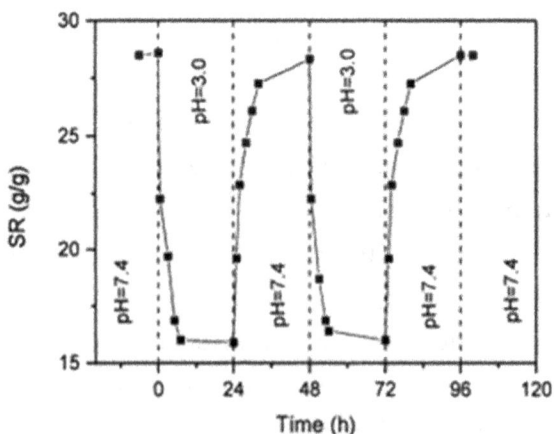

**Figura 1.17.** Respuesta al pH de hidrogeles PNIPA-co-MAH-β-CD. Reproducido de referencia [159] con permiso de Elsevier.

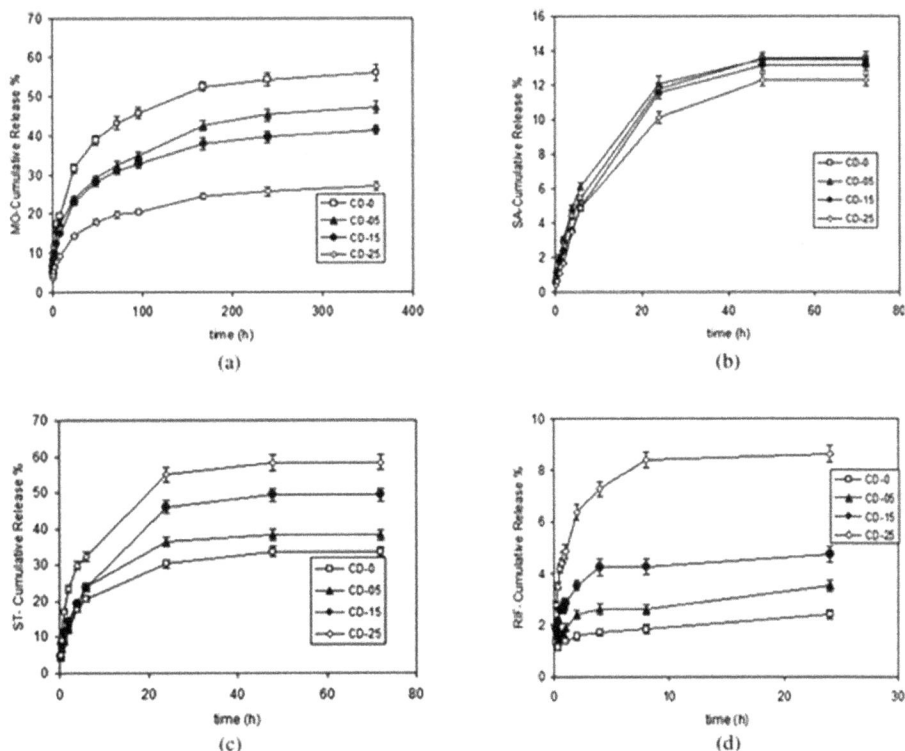

**Figura 1.18.** Perfiles de liberación de naranja metilo (a), ácido salicílico (b), sulfatiazol (c) y rifampicina (d) a partir de hidrogeles de β-CD-UM. Reproducido de referencia [163] con permiso de John Wiley and Sons.

Los monómeros metacrílicos de CDs despiertan un gran interés por las posibilidades que ofrecen en una gran variedad de campos. Se pueden obtener monómeros de CDs con 6 dobles enlaces en una sola etapa, haciendo reaccionar β-CD con anhídrido metacrílico [164], y monómeros de CD con grupos metacrílicos en las posiciones 2 y 3 en dos etapas que comprenden la acetilación de los grupos hidroxilo primarios y la posterior esterificación de los grupos hidroxilo secundarios con anhídrido metacrílico [165]. La esterificación completa de los grupos hidroxilo primarios (7) y secundarios (14) permite preparar el monómero (2,3-di-O-metacrilato-6-metacrilato)-β-CD [166] (Figura 1.15i). Al contar con numerosos grupos reactivos, el monómero metacrilato-βCD actúa como agente reticulante, incrementando la rigidez de entramados de HEMA, lo que limita su capacidad para incorporar agua [167]. Estos hechos determinan que sólo cuando se incorpora el monómero metacrilato-βCD en proporciones bajas se pueda manifestar una mejora en la carga de fármacos como hidrocortisona o acetazolamida [167].

Los monómeros de metacrilato también se pueden utilizar como rellenos para obturación/reconstrucción dental. Algunos fotoiniciadores, como la camforquinona y el etil-4-dimetilaminobenzoato, forman complejos de inclusión con los monómeros, alterando sustancialmente la fuerza de adhesión y el grado de conversión durante la consolidación del relleno [168,169]. Ajustando la relación grupos metacrilato polimerizables/grupos hidroxilo se pueden obtener monómeros de CD adhesivos que promueven el anclaje del empaste a la dentina. Las resinas preparadas con un 33% de β-CD metacrilada, 30% HEMA y 37% acetona ofrecen una resistencia a la fuerza de cizalla similar a la de empastes comercializados [170].

## 1.5. Funcionalización de entramados preformados con CDs

La funcionalización de materiales preformados es un área en la que se está desarrollando una investigación cada vez más intensa. Los biomateriales deben combinar propiedades estructurales y superficiales aptas para la aplicación a la que se destinan. Ciertas propiedades estructurales, como la resistencia física y la estabilidad química, determinan la durabilidad del material, al tiempo que las características superficiales condicionan la naturaleza y la intensidad de las interacciones cuando el material entra en contacto con otros materiales o con tejidos vivos. La funcionalización superficial con CDs abre un abanico de posibilidades a la hora de modular la afinidad de la superficie por determinadas moléculas. Por ejemplo, se pueden anclar CDs a materiales textiles para que retengan colores, esencias, repelentes de insectos o agentes antimicrobianos [171-174]. La modificación superficial de materiales que se utilizan en la fabricación de dispositivos médicos con CDs reduce la adsorción de proteínas, los hace más hemocompatibles y abre la posibilidad de incorporar fármacos [175-177].

El anclaje de CDs a hidrogeles preformados permite dotarlos de capacidad para formar complejos con moléculas activas sin alterar otras propiedades. Este aspecto es particularmente relevante porque, como se mencionó anteriormente, los monómeros de CD suelen presentar varios dobles enlaces reactivos y actúan como agentes reticulantes modifcando las propiedades viscoelásticas, mecánicas y de hinchamiento del hidrogel. Se han diseñado hidrogeles capaces de experimentar de forma autónoma transiciones de volumen (ciclos de hinchamiento/contracción) en los que la β-CD actúa como sensor de una sustancia y la NIPA se comporta como actuador [178]. Para ello, se copolimerizó NIPA (20 g) con p-nitrofenolacrilato (3.4 g) en N,N´-dimetilformamida y, a continuación, se incorporaron CDs aminadas a los grupos p-nitrofenilacrilato (Figura 1.19).

La complejación de la CD con ácido 8-anilino-1-naftaleno-sulfónico altera el equilibrio hidrofílico/hidrofóbico, reduce la temperatura de transición y hace posible que se contraiga el entramado polimérico (Figura 1.19a). La contracción desestabiliza el complejo provocando la decomplejación, con lo que se restablece la temperatura de transición y el hidrogel se hincha. La coordinación de estos dos efectos (complejación/contracción) a una temperatura intermedia entre la de transición del hidrogel cuando las CDs están formando complejos, y la de transición cuando las CDs se encuentran libres, conduce a cambios autónomos de volumen (Figura 1.19b). Estos hidrogeles podrían ser útiles como sensores.

También se han incorporado CDs a hidrogeles preformados de HEMA copolimerizados con glicildilmetacrilato (GMA). Este último monómero presenta un grupo epóxido capaz de formar enlaces éter con los grupos hidroxilo de las CDs [179, 180]. De este modo se obtiene un entramado en el que las CDs no forman parte de su estructura primaria, sino que se encuentran unidas por 2-3 enlaces éter (Figura 1.20).

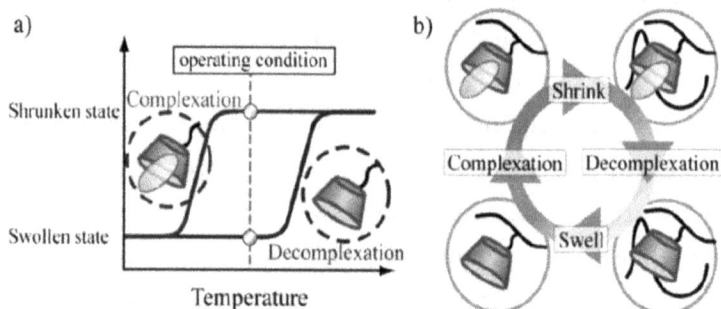

a) 

operating condition

Shrunken state | Complexation

Swollen state

Decomplexation

Temperature

b) 

Shrink

Complexation  Decomplexation

Swell

**Figura 1.19.** (a) Cambios de volumen inducidos por modificaciones en la temperatura de un hidrogel de poli(NIPA-co-CD) en presencia de 8-anilino-1-naftaleno-sulfónico, y (b) esquema del fenómeno oscilatorio autónomo: contracción del polímero, decomplejación del 8-anilino-1-naftaleno-sulfonico, hinchamiento del polímero, y formación del complejo con el 8-anilino-1-naftaleno-sulfonico. Reproducido de referencia [178] con permiso de la American Chemical Society.

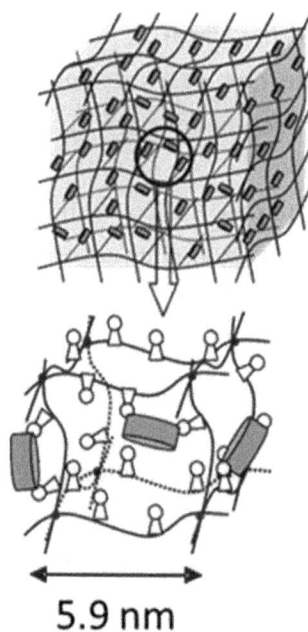

5.9 nm

**Figura 1.20.** Esquema de un hidrogel de pHEMA-co-GMA con βCDs colgantes. Reproducido de referencia [180] con permiso de Elsevier.

Este procedimiento permite desarrollar lentes de contacto blandas medicadas que desempeñan su función primaria de correctores de la visión y al mismo tiempo actúan como depots de fármaco sobre la superficie ocular. La incorporación de β-CDs colgantes permitió incrementar 15 veces la afinidad por diclofenaco y los hidrogeles sostuvieron la cesión en fluido lacrimal durante 2 semanas [180]. Por otra parte parte, hidrogeles similares con γ-CDs ancladas incorporaron cantidades de nitrato de miconazol suficientes para inhibir el crecimiento de *Candida albicans* [181].

## 1.6. Conclusiones

Las CDs ofrecen grandes posibilidades para modular la velocidad de cesión de fármacos a partir de hidrogeles físicos o covalentemente reticulados. Su capacidad para formar complejos de inclusión permite formular fármacos hidrofóbicos en sistemas hidrofílicos. Cuando las CDs se encuentran libres en el sistema, la complejación tiene como resultado, además, una modificación del tamaño hidrodinámico de las especies que difunden y de las interacciones del fármaco con las cadenas poliméricas. El balance de estos efectos determina la velocidad de cesión. Por otra parte, la reticulación directa de CDs, su incorporación a entramados acrílicos formando parte del esqueleto polimérico o su anclaje a entramados preformados conduce a hidrogeles con dominios de CDs con una concentración local que no se modifica significativamente al entrar en contacto con los fluidos biológicos. Esto permite maximizar la capacidad de las CDs para formar complejos de inclusión y, por lo tanto, dota a los entramados de capacidad de control de la cesión por afinidad. La versatilidad de los procedimientos de preparación de hidrogeles, tanto a escala macro como nanoscópica, abre unas perspectivas muy favorables para incorporar CDs en estructuras muy diversas y con capacidad de carga y de control de la cesión adecuadas para hacer frente a necesidades especificas tanto en el desarrollo de nuevos sistemas de liberación de fármacos como de sistemas de combinación fármaco-producto sanitario.

# 1.7. Bibliografía

[1] C.A. Lipinski, J. Pharmacol. Toxicol. Meth. 2000, 44, 235-249.

[2] T. Takagi, C. Ramachandran, M. Bermejo, S. Yamashita, L.X. Yu, G.L. Amidon, Mol. Pharm. 2006, 3, 631-643.

[3] K.Y. Lee, S.H. Yuk, Prog. Polymer Sci. 2007, 32, 669-697.

[4] C. Alvarez-Lorenzo, A. Concheiro, Mini-Rev. Med. Chem. 2008, 8, 1065-1074.

[5] M.E. Davis, M.E. Brewster, Nature Rev. 2004, 3, 1023-1035.

[6] K. Uekama, F. Hirayama, T. Irie, Chem. Rev. 1998, 98, 2045-2076.

[7] C. Rodriguez-Tenreiro, C. Alvarez-Lorenzo, A. Rodriguez-Perez, A. Concheiro, J.J. Torres-Labandeira, Pharm. Res. 2006, 23, 121-130.

[8] T. Loftsson, D. Duchene, Int. J. Pharm. 2007, 329, 1-11.

[9] A.A. Hincal, H. Eroglu, E. Bilensoy, in: Cyclodextrins in Pharmaceutics, Cosmetics and Biomedicine. Current and future industrial applications, E. Bilensoy (Ed.), John Wiley and Sons, Hoboken, NJ, 2011, 123-130.

[10] J. Szejtli, Chem. Rev. 1998, 98, 1743-1753.

[11] J. Blanchard, S. Proniuk, Pharm. Res. 1999, 16, 1796-1798.

[12] M.E. Brewster, T. Loftsson, Adv. Drug Deliv. Rev. 2007, 59, 645-666.

[13] L. Liu, Q.X. Guo, J. Incl. Phenom. Macro. 2002, 42, 1-14.

[14] D.O. Thompson, Crit. Rev. Therap. Drug Carrier Syst. 1997, 14, 1-104.

[15] T. Loftsson, M. Másson, J.F. Sigurjónsdótirr, STP Pharma. Sci. 1999, 9, 237-242.

[16] T Loftsson, M. Másson, Int. J. Pharm. 2001, 225, 15-30.

[17] G.L. Perlovich, M. Skar, A. Bauer-Brandl, Eur. J. Pharm. Sci. 2003, 20, 197-200.

[18] T. Loftsson, D. Hreinsdóttir, M. Másson, Int. J. Pharm. 2005, 302, 18-28.

[19] J. Szejtli, L. Szente, Eur. J. Pharm. Biopharm. 2005, 61, 115-125.

[20] E. Irie, K. Uekama, J. Pharm. Sci. 1997, 86, 147-162.

[21] H.W. Frijlink, A.C. Eissens, A.J.M. Schoonen, C.F. Lerk, Int. J. Pharm. 1990, 64, 195-205.

[22] D. Amdidouche, P. Montassier, M.C. Poelman, D. Duchene. Int. J. Pharm. 1994, 111, 111-116.

[23] K. Uekama, Chem. Pharm. Bull. 2004, 52, 900-915.

[24] V.J. Stella, R.A. Rajewski, Pharm. Res. 1997, 14, 556-567.

[25] J. Szejtli, Pure Appl. Chem. 2004, 76, 1825-1845.

[26] T. Loftsson, P. Jarho, M. Másson, T. Jarvinen, Expert Opin. Drug Deliv. 2005, 2, 335-351.

[27] R. Challa, A. Ahuja, J. Ali, R.K. Khar, AAPS PharmSciTech 2005, 6, Article 43, E329-E357.

[28] T. Loftsson, M.E. Brewster, M. Másson, Am. J. Drug Deliv. 2004, 2, 261–275.

[29] G.L. Amidon, H. Lennernäs, V.P. Shah, J.R. Crison, Pharm. Res. 1995, 12, 413-420.

[30] E. Gupta, D.M. Barends, E. Yamashita, Eur. J. Pharm Sci. 2006, 29, 315-324.

[31] H.M. Cabral Marques, Rev. Port. Farm. 1994, 44, 77-84.

[32] K. Uekama, F. Hirayama, T. Irie, Drug Target. Del. 1994, 3, 411-456.

[33] V.J. Stella, V.M. Rao, E.A. Zannou, V.Zia, Adv. Drug Del. Rev. 1999, 36, 3-16.

[34] T. Jarvinen, K. Jarvinen, N. Schwarting, V.J. Stella, J. Pharm. Sci. 1995, 84, 295-299.

[35] A. Géze, S. Aous, I. Baussanne, J.L. Putaux, J.Defaye, D. Wouessidjewe, Int. J. Pharm. 2002, 242, 301-305.

[36] A. Magnusdottir, M. Másson, T. Loftsson, J. Incl. Phenom. Macro. 2002, 44, 213-218.

[37] T. Loftsson, M. Másson, M.E. Brewster, J. Pharm. Sci. 2004, 93, 1091–1099.

[38] K. Uekama, T. Horikawa, Y. Horiuchi, F. Hirayama, J. Control. Release 1993, 25, 99-106.

[39] F. Hirayama, K. Uekama, Adv. Drug Del. Rev. 1999, 36, 125-141.

[40] T. Horikawa, F. Hirayama, K. Uekama, J. Pharm. Pharmacol. 1995, 47, 124-127.

[41] Y. Ikeda, K. Kimura, F. Hirayama, H. Arima, K. Uekama, J. Control. Release 2000, 66, 271-280.

[42] N.A. Peppas, P. Bures, W. Leobandung, H. Ichikawa, Eur. J. Pharm. Biopharm. 2000, 50, 27-46.

[43] C. Alvarez-Lorenzo, J.L. Gomez-Amoza, R. Martinez-Pacheco, C. Souto, A. Concheiro, Int. J. Pharm. 1999, 180, 91-105.

[44] R. Barreiro-Iglesias, C. Alvarez-Lorenzo, A. Concheiro, J. Control. Release 2001, 77, 59-75.

[45] T.R. Hoare, D.S. Kohane, Polymer 2008, 49, 1993-2007.

[46] D.C. Bibby, N.M. Davies, I.G. Tucker, Int. J. Pharm. 2000, 197, 1-11.

[47] R.J. Babu, P. Dayal, M. Singh, Drug Del. 2008, 15, 381-388.

[48] F. Quaglia, G. Varricchio, A. Miro, M.I. La Rotonda, D. Mensitieri, G. Mensitieri, Acta Technol. Legis. Medicam. 2001, 12, 215-224.

[49] V.M. Rao, J.L. Haslam, V.J. Stella, J. Pharm. Sci. 2001, 90, 807-816.

[50] U. Werner, C. Damgé, P. Maincent, R. Bodmeier, J. Drug Del. Sci. Tech. 2004, 14, 275-284.

[51] I. Orienti, V. Zecchi, G. Ceschel, A. Fini, Eur. J. Drug Metab. Ph. 1991, 466-472.

[52] F. Quaqlia, G. Varrichio, A. Miro, M.I. La Rotonda, D. Larobina, G. Mensitieri, J. Control. Release 2001, 71, 329-337.

[53] L.S. Koester, C.R. Xavier, P. Mayorga, V.L. Bassani, Eur. J. Pharm. Biopharm. 2003, 55, 85-91.

[54] A. Doliwa, S. Santoyo, P. Ygartua, Drug Dev. Ind. Pharm. 2001, 27, 751-758.

[55] H.S. Woldum, F. Madsen, K.L. Larsen, Drug Del. 2008, 15, 69-80.

[56] H. Blanco-Fuente, B. Esteban-Fernandez, J. Blanco-Mendez, F.J. Otero-Espinar, Chem. Pharm. Bull. 2002, 50, 40-46.

[57] B. Pose-Vilarnovo, L. Santana-Penin, M. Echezarreta-Lopez, M.B. Perez-Marcos, J.L. Vila-Jato, J.J. Torres-Labandeira, STP Pharma Sci. 1999, 9, 231-236.

[58] B. Pose-Vilarnovo, M. Echezarreta-Lopez, P. Schroth-Pardo, E. Estrada, J.J. Torres-Labandeira, Eur. J. Pharm. Sci. 2001, 13, 325-331.

[59] B. Pose-Vilarnovo, C. Rodriguez-Tenreiro, J.F. Rosa dos Santos, J. Vazquez-Doval, A. Concheiro, C. Alvarez-Lorenzo, J.J. Torres-Labandeira, J. Control. Release 2004, 94, 351-363.

[60] A.E. Tonelli, Polymer 2008, 49, 1725-1736.

[61] P. Zheng, X. Hu, X. Zhao, L. Li, K.C. Tam, L.H. Gan, Macromol. Rapid Commun. 2004, 25, 678-682.

[62] C. Alvarez-Lorenzo, S. Deshmukh, L. Bromberg, T.A. Hatton, I. Sandez-Macho, A. Concheiro, Langmuir 2007, 23, 11475-11481.

[63] S. Loethen, J.M. Kim, D.H. Thompson, Polymer Rev. 2007, 47, 383-418.

[64] M. Okada, M. Kamachi, A. Harada, J. Phys. Chem. B 1999, 103, 2607-2613.

[65] M. Kidowaki, C. Zhao, T. Kataoka, K. Ito, Chem. Commun. 2006, 39, 4102-4103.

[66] A. Kikuzawa, T. Kida, M. Akashi, Macromolecules 2008, 41, 3393-3395.

[67] K. Karaky, C. Brochon, G. Schlatter, G. Hadziioannou, Soft Mater. 2008, 4, 1165-1168.

[68] K. Tamura, K. Hatanaka, N. Yoshie, Polymer Int. 2007, 56, 1115-1121.

[69] F. Huang, H.W. Gibson, Prog. Polym. Sci. 2005, 30, 982–1018.

[70] A. Yamashita, D. Kanda, R. Katoono, N. Yui, T. Ooya, A. Maruyama, H. Akita, K. Kogure, H. Harashima, J. Control. Release 2008, 131, 137-144.

[71] T. Ooya, N. Yui, Crit. Rev. Therap. Drug Carrier Syst. 1999, 16, 289-330.

[72] A.I. Rodriguez-Perez, C. Rodriguez-Tenreiro, C. Alvarez-Lorenzo, A. Concheiro, J.J. Torres-Labandeira, J. Nanosci. Nanotechnol. 2006, 6, 3179-3186.

[73] A.I. Rodriguez-Perez, C. Rodriguez-Tenreiro, C. Alvarez-Lorenzo, A. Concheiro, J.J. Torres-Labandeira, J. Incl. Phenom. Macro. 2007, 57, 497-501.

[74] G. Gonzalez-Gaitano, W. Brown, G. Tardajos, J. Phys. Chem. B 1997, 101, 710-719.

[75] J. Li, X. J. Loh, Adv. Drug Del. Rev. 2008, 60, 1000–1017.

[76] L. Nogueiras-Nieto, C. Alvarez-Lorenzo, I. Sandez-Macho, A. Concheiro, F.J. Otero-Espinar, J. Phys. Chem. B 2009, 113, 2773-2782.

[77] G. Wenz, M. Weickenmeier, J. Huff, ACS Symposium Series 2000, 765, 271-283.

[78] R. Auzely-Velty, M. Rinaudo, Macromolecules 2002, 35, 7955-7962.

[79] A. Hashidzume, F. Ito, I. Tomatsu, A. Harada, Macromol. Rapid Commun. 2005, 26, 1151-1154.

[80] V. Wintgens, M. Charles, F. Allouache, C. Amiel, Macromol. Chem. Phys. 2005, 206, 1853-1861.

[81] S. Daoud-Mahammed, J.L. Grossiord, T. Bergua, C. Amiel, P. Couvreur, R. Gref, J. Biomed. Mater. Res. 2007, 86A, 736-748.

[82] V. Wintges, S. Daoud-Mahammed, R. Gref, L. Bouteiller, C. Amiel, Biomacromolecules 2008, 9, 1434-1442.

[83] R. Gref, C. Amiel, K. Molinard, S. Daoud-Mahammed, B. Sébille, B. Gillet, J.C. Beloeil, C. Ringard, V. Rosilio, J. Poupaert, P. Couvreur, J. Control. Release 2006, 111, 316-324.

[84] V. Wintgens, T.T. Nielsen, K.L. Larsen, C. Amiel, Macromol. Biosci. 2011, 11, 1254-1263.

[85] J. Szeman, E. Fenyvesi, J. Szejtli, H. Ueda, Y. Machida, T. Nagai, J. Incl. Phenom. 1987, 5, 427-31.

[86] G. Crini, S. Bertini, G. Torri, A. Naggi, D. Sforzini, C. Vecchi, L. Janus, Y. Lekchiri, M. Morcellet, J. Appl. Polym. Sci. 1998, 68, 1973-1978.

[87] A.M. Layre, N.M. Gosselet, E. Renard, B. Sebille, C. Amiel, J. Incl. Phenom. Macro. 2002, 43, 311-317.

[88] J. Li, H. Xiao, J. Li, Y.P. Zhong, Int. J. Pharm. 2004, 278, 329-342.

[89] Y. Liu, Y.W. Yang, E.C. Yang, X.D. Guan, J. Org. Chem. 2004, 69, 6590-6602.

[90] C. Gazpio, M. Sanchez, J.R. Isasi, I. Velaz, C. Martin, C. Martinez-Oharriz, A. Zornoza, Carbohyd. Polym. 2008, 71, 140-146.

[91] L. Qian, Y. Guan, H. Xiao, Int. J. Pharm. 2008, 357, 244-251.

[92] G. Crini, M. Morcellet, J. Sep. Sci. 2002, 25, 789-813.

[93] W. L. Xu, J.D. Liu, Y.P. Sun, Chinese Chem. Lett. 2003, 14, 767-770.

[94] A. Yudiarto, S. Kashiwabara, Y. Tashiro, T. Kokugan, Sep. Pur. Tech. 2001, 24, 243–253.

[95] G. Crini, C. Cosentino, S. Bertini, A. Naggi, G. Torri, C. Vecchi, L. Janu, M. Morcellet, Carbohydr. Res. 1998, 308, 37-45.

[96] I. Velaz, J.R. Isasi, M. Sánchez, M. Uzqueda, G. Ponchel, J. Incl. Phenom. Macro. 2007, 57, 65-68.

[97] R. Orprecio, C.H. Evans, J. Appl. Polym. Sci. 2003, 90, 2103-2110.

[98] G. Crini, Prog. Polym. Sci. 2005, 30, 38-70.

[99] G. Crini, Dyes Pigm. 2008, 77, 415-426.

[100] C.H. Su, C.P. Yang, J. Sci. Food Agric. 1991, 54, 635-643.

[101] E. Schneiderman, A.M. Stalcup, J. Chromatogr. B 2000, 745, 83-102.

[102] G.K.E. Scriba, J. Sep. Sci. 2008, 31, 1991-2011.

[103] N. Morin-Crini, G. Crini, Prog. Polym. Sci. 2013, 38, 344-368.

[104] N. Wiedenhof, J.N.J.J. Lammers, C.L. Van Panthaleon van Eck, Starch-Stärke 1969, 21, 119-123.

[105] J.L. Hoffman, J. Macro. Sci. Chem. 1973, A7, 1147-1157.

[106] A. Harada, M. Furue, S. Nozakur, J. Polym. Sci- Polym. Chem. Ed. 1978, 16, 189-196.

[107] N. Thuaud, B. Sebille, E. Renard, J. Biochem. Bioph. Meth. 2002, 54, 327-337.

[108] H.D. Wang, L.Y. Chu, H. Song, J.P. Yang, R. Xie, M. Yang, J. Membr. Sci. 2007, 297, 262-270.

[109] J. Szejtli, E. Fenyvesi, B. Zsadon, Starch/Stärke. 1978, 30, 127-131.

[110] E. Fenyvesi, A. Ujhazy, J. Szejtli, S.Pütter, T.G. Gan, J. Inclus. Phenom. Mol. 1996, 25, 443-447.

[111] T. Nozaki, Y. Maeda, H. Kitanao, J. Polym. Sci. Pol. Chem. 1997, 35, 1535-1541.

[112] J.T. Zhang, S.W. Huang, F.Z. Gao, R.X. Zhuo, Colloid Polym. Sci. 2005, 283, 461-464.

[113] J.T. Zhang, Y.N. Xue, F.Z. Gao, S.W. Huang, R.X. Zhuo, J. Appl. Polym. Sci. 2008, 108, 3031-3037.

[114] Y.Y. Liu, X.D. Fan, T. Kang, L. Sun, Macromol. Rapid Comm. 2004, 25, 1912-1916.

[115] Z.W. Gao, X.P. Zhao, Polymer 2003, 44, 4519-4526.

[116] Z.W. Gao, X.P. Zhao, J. Appl. Polym. Sci. 2004, 93, 1681-1686.

[117] H.A. Tsai, M.J. Syu, Biomaterials. 2005, 26, 2759-2766.

[118] W.E. Baille, W.Q. Huang, M. Nichifor, X.X. Zhu, J. Macromol. Sci. A 2000, 37, 677-690.

[119] G. Mocanu, D. Vizitiu, A. Carpov, J. Bioact. Compatible Polym. 2001, 16, 315-342.

[120] H. Yamasaki, Y. Makihata, K. Fukunaga, J. Chem. Technol. Biotechnol. 2008, 83, 991-997.

[121] E. Y. Ozmen, M. Sezgin, A. Yilmaz, M. Yilmaz. Bioresour. Technol. 2008, 99, 526-531.

[122] S. Salmaso, A. Semenzato, S. Bersani, P. Matricardi, F. Rossi, P. Caliceti, Int. J. Pharm. 2007, 345, 42-50.

[123] L. Chen, X. Zhu, D. Yan, X. He, Polym. Prepr. 2003, 44, 669-670.

[124] M. Ma, D.Q. Li, Chem. Mater. 1999, 11, 872-874.

[125] C. Alvarez-Lorenzo, A. Concheiro, J. Chromatogr. B 2004, 804, 231-245.

[126] H. Asanuma, T. Hishiya, M. Komiyama. J. Incl. Phenom. Macro. 2004, 50, 51-55.

[127] T. Hishiya, M. Shibata, M. Kakazu, H. Asanuma, M. Komiyama, Macromolecules 1999, 32, 2265-2269.

[128] T. Hishiya, H. Asanuma, M. Komiyama, J. Am. Chem. Soc. 2002, 124, 570-575.

[129] I.X. Garcia-Zubiri, G. Gonzalez-Gaitano, J.R. Isasi, J. Colloid Interf. Sci. 2007, 307, 64-70.

[130] A. Romo, F.J. Penas, J.R. Isasi, I.X. Garcia-Zubiri, G. Gonzalez-Gaitano, React. Funct. Polym. 2008, 68, 406-413.

[131] N. Pariot, F. Edwards-Levy, M.C. Andry, M.C. Levy, Int. J. Pharm. 2000, 211, 19-27.

[132] N. Pariot, F. Edwards-Levy, M.C. Andry, M. C. Levy, Int. J. Pharm. 2002, 232, 175-181.

[133] F. Trotta, R. Cavalli, Compos. Interface. 2009, 16, 39-48.

[134] K.A. Ansari, P.R. Vavia, F. Trotta, R. Cavalli, AAPS PharmSciTech. 2011, 12, 279-286.

[135] B. Martel, D. Ruffin, M. Weltrowski, Y. Lekchiri, M. Morcellet, J. Appl. Polym. Sci. 2005, 97, 433-442.

[136] C. Alvarez-Lorenzo, C. Rodriguez-Tenreiro, J.J. Torres-Labandeira, A. Concheiro, PCT Int. Appl. 2006, WO 2006089993.

[137] N. Yui, T. Okano, J. Control. Release 1992, 22, 105-116.

[138] L.L.H. Huang, P.C. Lee, L.W. Chen, K.H. Hsieh, J. Biomed. Mater. Res. 1998, 39, 630-636.

[139] C. Rodriguez-Tenreiro, C. Alvarez-Lorenzo, A. Rodriguez-Perez, A. Concheiro, J.J. Torres-Labandeira, Eur. J. Pharm. Biopharm. 2007, 66, 55-62.

[140] E. Lopez-Montero, C. Alvarez-Lorenzo, J.F. Rosa dos Santos, J.J. Torres-Labandeira, A. Concheiro, Open Drug Deliv. J. 2009, 3, 1-9.

[141] B. Blanco-Fernandez, M. Lopez-Viota, A. Concheiro, C. Alvarez-Lorenzo, Carbohydr. Polym. 2011, 85, 765-774.

[142] M.D. Moya-Ortega, C. Alvarez-Lorenzo, H.H. Sigurdsson, A. Concheiro, T. Loftsson, Carbohydr. Polym. 2011, 87, 2344-2351

[143] C. Rodriguez-Tenreiro, L. Diez-Bueno, A. Concheiro, J.J. Torres-Labandeira, C. Alvarez-Lorenzo, J. Control. Release 2007, 123, 56-66.

[144] A. Harada, M. Furue, S. Nozakura, Macromolecules 1976, 9, 701-704.

[145] A. Harada, M.Furue, S. Nozakura, Macromolecules 1976, 9, 705-710.

[146] J.T. Zhang, S.W. Huang, R.X. Zhuo, Macromol. Chem. Phys. 2004, 205, 107-113.

[147] H. Asanuma, T. Akiyama, K. Kajiya, T. Hishiya, M. Komiyama, Anal. Chim. Acta 2001, 435, 25-33.

[148] S.A. Piletsky, H.S. Andersson, I.A. Nicholls, Macromolecules 1999, 32, 633-636.

[149] S.A. Piletsky, H.S. Andersson, I.A. Nicholls, Polymer J. 2005, 37, 793-796.

[150] T. Seo, T. Kajihara, T. Iijima, Macromol. Chem. 1987, 188, 2071-2082.

[151] G. Crini, G. Torri, M. Guerrini, B. Martel, Y. Lekchiri, M. Morcellet, Eur. Polym. J. 1997, 33, 1143-1151.

[152] H.L. Ramirez, R. Cao, A. Fragoso, J.J. Torres-Labandeira, A. Dominguez, E.H. Schacht, M. Baños, R. Villalonga, Macromol. Biosci. 2006, 6, 555-561.

[153] Y.Y. Liu, X.D. Fan, L. Gao, Macromol. Biosci. 2003, 3, 715-719.

[154] M.H. Lee, K.J. Yoon, S.H. Ko, J. Appl. Polym. Sci. 2001, 80, 438-446.

[155] U. Siemoneit, C. Schmitt, C. Alvarez-Lorenzo, A. Luzardo, F. Otero-Espinar, A. Concheiro, J. Blanco-Mendez, Int. J. Pharm. 2006, 312, 66-74.

[156] T. Osawa, K. Shirasaka, T.Matsui, S. Yoshihara, T. Akiyama, T. Hishiya, H. Asanuma, M. Komiyama, Macromolecules 2006, 39, 2460-2466.

[157] S.H. Song, K. Shirasaka, Y. Hirokawa, H. Asanuma, T. Wada, J. Sumaoka, M. Komiyama, Supramol. Chem. 2010, 22, 149-155.

[158] S. Song, K. Shirasaka, M. Katayama, S. Nagaoka, S. Yoshihara, T. Osawa, J. Sumaoka, H. Asanuma, M. Komiyama, Macromolecules 2007, 40, 3530-3532.

[159] Y.Y. Liu, X.D. Fan, Polymer 2002, 43, 4997–5003.

[160] Y.Y. Liu, X.D. Fan, H. Hu, Z.H. Tang, Macromol. Biosci. 2004, 4, 729-736.

[161] D. Ma, L.M. Zhang, C. Yang, L. Yan, J. Polym. Res. 2008, 15, 301-307.

[162] D. Lu, L. Yang, T. Zhou, Z. Lei, Eur. Polym. J. 2008, 44, 2140-2145.

[163] S. Demir, M.V. Kahraman, N. Bora, N.K. Apohan, A. Ogan, J. Appl. Polym. Sci. 2008, 109, 1360-1368.

[164] S.A. Zawko, C.E. Schmidt, Polym. Mater. Sci. Eng. 2006, 95, 1022-1023.

[165] R. Saito, Y. Okuno, H. Kobayashi, J. Polym. Sci. A 2001, 39, 3539-3576.

[166] R. Saito, K. Yamaguchi, Macromolecules 2003, 36, 9005-9013.

[167] J.F. Rosa dos Santos, R. Couceiro, A. Concheiro, J.J. Torres-Labandeira, C. Alvarez-Lorenzo, Acta Biomater. 2008, 4, 745-755.

[168] L.A. Hussain, S.H. Dickens, R.L. Bowen, Dent. Mater. 2004, 20, 513-521.

[169] L.A. Hussain, S.H. Dickens, R.L. Bowen, Dent. Mater. 2005, 21, 210-216.

[170] L.A. Hussain, S.H. Dickens, R.L. Bowen, Biomaterials 2005, 26, 3973-3979.

[171] E. Hiriart-Ramírez, A. Contreras-García, M.J. Garcia-Fernandez, A. Concheiro, C. Alvarez-Lorenzo, E. Bucio, Cellulose, 2012, 19, 2165-2177.

[172] R. Romi, P. Lo Nostro, E. Bocci, F. Ridi, P. Baglioni, Biotechnol. Prog. 2005, 21, 1724-1730.

[173] A. Hebeish, M.M.G. Fouda, I.A. Hamdy, S.M. El-Sawy, F.A. Abdel-Mohdy, Carbohyd. Polym. 2008, 74, 268-273.

[174] C.X. Wang, S.L. Chen, Appl. Surf. Sci. 2006, 252, 6348-6352.

[175] X. Zhao, J.M. Courtney, J. Biomed. Mater. Res. 2007, 80A, 539-553.

[176] C.A.B. Nava-Ortiz, C. Alvarez-Lorenzo, E. Bucio, A. Concheiro, G. Burillo, Int. J. Pharm. 2009, 382, 183-191

[177] C.A.B. Nava-Ortiz, G. Burillo, A. Concheiro, E. Bucio, N. Matthijs, H. Nelis, T. Coenye, C. Alvarez-Lorenzo, Acta Biomater. 2010, 6, 1398-1404.

[178] H. Ohashi, Y. Hiraoka, T. Yamaguchi, Macromolecules 2006, 39, 2614-2620.

[179] T. Shan, J. Chen, L. Yang, S. Jie, Q. Qian, J. Radioanal. Nucl. Chem. 2009, 279, 75-82.

[180] J.F. Rosa dos Santos, C. Alvarez-Lorenzo, M. Silva, L. Balsa, J. Couceiro, J.J. Torres-Labandeira, A. Concheiro, Biomaterials 2009, 30, 1348-1355.

[181] J.F. Rosa dos Santos, J.J. Torres-Labandeira, N. Matthijs, T. Coenye, A. Concheiro, C. Alvarez-Lorenzo, Acta Biomater. 2010, 6, 3919-3916.

# CAPÍTULO 2. APLICAÇÃO DE POLISSACARÍDEOS PARA A PRODUÇÃO DE CURATIVOS E OUTROS BIOMATERIAIS

Cecilia Z. Bueno, Itiara G. Veiga, Priscila S. C. Sacchetin, Márcia Z. Bellini, Ângela M. Moraes
*Departamento de Engenharia de Materiais e de Bioprocessos, Faculdade de Engenharia Química, Universidade Estadual de Campinas, Campinas, Brasil.*

**Resumo:**

Neste capítulo, são inicialmente discutidas, em caráter introdutório, definições conceituais acerca dos biomateriais e dos tipos de compostos que os constituem (metais, cerâmicas, polímeros sintéticos e naturais e compósitos), abordando-se também aspectos relativos a suas aplicações e a seu mercado. Na sequência, em razão de sua atratividade decorrente de características como renovabilidade, citotoxicidade baixa ou inexistente, biodegradabilidade e, em alguns casos, atividade biológica, a classe dos polímeros naturais do tipo polissacarídeos é enfocada de forma pormenorizada. Aspectos relativos à estrutura química e à organização molecular tridimensional desta categoria de compostos são enfocados e algumas de suas principais limitações em termos de aplicações tecnológicas são apresentadas. Características específicas de alguns dos polissacarídeos utilizados com maior frequência para a obtenção de produtos destinados à área de saúde são abordadas, como a quitosana, o alginato, a xantana e a pectina, em maior nível de detalhamento, e a celulose, o ácido hialurônico, o amido, a agarose, a carragena, a gelana, a goma guar, a galactomanana, a heparina e a dextrina, de forma menos abrangente. Em seguida, quatro diferentes tipos de aplicações de polissacarídeos na

DOI: http://dx.doi.org/10.14195/978-989-26-0881-5_2

constituição de biomateriais são descritos: o desenvolvimento de curativos para aplicação em lesões de pele, a obtenção de matrizes úteis como suporte celular na engenharia de tecidos, a produção de dispositivos para a prevenção de adesões peritoneais e desenvolvimento de nano e micropartículas para utilização na liberação controlada de agentes bioativos.

**Palavras-chave:** polímeros naturais; polissacarídeos; quitosana; alginato; xantana; pectina.

**Abstract:**

In this chapter, conceptual definitions of biomaterials and the types of compounds used in their constitution (metals, ceramics, natural and synthetic polymers and composites) are initially discussed, as well as aspects related to the biomaterials application and market. Due to the attractiveness of polysaccharides, a class of natural polymers, attributed to characteristics such as renewability, low or no cytotoxicity, biodegradability and, in some cases, biological activity, these particular compounds are focused in more detail. Aspects related to their chemical structure and three-dimensional molecular organization are discussed and some of their key limitations in terms of technological applications are presented. Some of the polysaccharides most frequently used to obtain products for health care and their specific features are addressed, such as chitosan, alginate, xanthan gum and pectin, covered in greater detail, and cellulose, hyaluronic acid, starch, agarose, carrageenan, gellan gum, guar gum, galactomanan, heparin and dextrin, focused in a less comprehensive way. Finally, four different applications of polysaccharides in the constitution of biomaterials are described: the development of dressings for skin lesions, the production of matrices applicable as scaffolds for cell culture in tissue engineering, production of devices for the prevention of peritoneal adhesions and development of nano- and microparticles for use in the controlled release of bioactive agents.

**Keywords:** natural polymers; polysaccharides; chitosan; alginate; xanthan; pectin.

## 2.1. Biomateriais: conceitos, aplicações e mercado

Os biomateriais são utilizados há mais de 2000 anos para o tratamento de tecidos e partes do corpo humano danificadas. Os primeiros exemplos do uso dos biomateriais são implantes dentários produzidos a partir de ouro ou madeira e próteses oculares feitas de vidro. Ao final da Segunda Guerra Mundial, materiais de alto desempenho originalmente desenvolvidos para fins militares, como metais inertes, cerâmicas e principalmente polímeros como o poli(metil metacrilato) (PMMA), começaram a ser utilizados por cirurgiões. Um dos exemplos mais inspiradores do início do uso de materiais de alto desempenho é o desenvolvimento da primeira prótese de quadril, à base de polietileno de alta massa molar e PMMA, em 1961. Após estes primeiros passos, criou-se um novo campo de pesquisa na década de 60, focado no desenvolvimento de novos biomateriais com desempenho biológico melhorado [1].

Atualmente, os biomateriais são utilizados em aplicações complexas, como a liberação controlada de fármacos e de genes, a engenharia de tecidos, a terapia celular, o desenvolvimento de órgãos tridimensionais e os sistemas de imagem e diagnóstico baseados em microeletrônica e nanotecnologia [2].

Devido aos constantes avanços neste campo de pesquisa, que ampliou a cada ano as possibilidades de aplicações dos materiais na medicina, a definição do termo "biomaterial" tem sido motivo de debates e discussões. Até 1986, quando se realizou a 1ª Conferência de Consenso sobre Definições em Ciência dos Biomateriais, não se havia estabelecido uma definição consistente deste termo. Foi somente nesta conferência que um biomaterial foi definido como "um material não viável usado em dispositivos biomédicos destinados a interagir com sistemas biológicos". No entanto, ao longo dos anos, o termo *não-viável* foi excluído desta definição [2].

Em 1991, durante a 2ª Conferência de Consenso sobre Definições em Ciência dos Biomateriais, o seguinte significado foi proposto para biomateriais: "materiais destinados a fazer contato com sistemas biológicos para avaliar, tratar, aumentar ou substituir qualquer tecido, órgão ou função do corpo" [1].

Mais tarde, no ano de 2009, Williams redefiniu o termo biomaterial: "Um biomaterial é uma substância projetada para tomar uma determinada forma tal que, sozinha ou como parte de um sistema complexo, é utilizada para direcionar, pelo controle das interações com componentes de sistemas vivos, qualquer procedimento terapêutico ou diagnóstico, na medicina humana ou veterinária" [2].

O desenvolvimento e aplicação de um biomaterial envolvem várias áreas do conhecimento, sendo necessário que haja colaboração entre profissionais de diferentes especialidades, como a engenharia, a biologia e as ciências clínicas. No campo da engenharia, é necessário ter conhecimento da ciência dos materiais, ou seja, da relação estrutura-propriedade dos materiais sintéticos e biológicos. No campo da biologia, é necessário o conhecimento da organização celular e molecular, da anatomia e fisiologia humana e animal, além da imunologia. Já no campo das ciências clínicas, dependendo da aplicação do biomaterial, as especialidades de odontologia, neurocirurgia, ginecologia e obstetrícia, oftalmologia, ortopedia, otorrinolaringologia, cirurgia plástica e reconstrutiva, cirurgia torácica e cardiovascular, medicina veterinária e cirurgia geral podem estar envolvidas [3].

Dentre os fatores que governam a escolha de um material para a produção de determinado dispositivo biomédico, a biocompatibilidade está entre os mais importantes. A biocompatibilidade refere-se à capacidade do material de não despertar respostas biológicas indesejáveis que poderiam culminar, por exemplo, na rejeição do material pelos tecidos que o circundam e pelo corpo como um todo. Materiais biocompatíveis não irritam as estruturas biológicas que os cercam, não provocam respostas inflamatórias, não incitam reações alérgicas ou imunológicas e não causam câncer [3].

Outros fatores importantes relacionados à seleção do material a ser utilizado na produção de um dispositivo para aplicações biomédicas são as propriedades mecânicas (como a dureza e a elasticidade), químicas (como, por exemplo, a degradabilidade) e óticas (como a transparência), a facilidade de processamento, o custo, as regulações federais promovidas por órgãos como a FDA (*Food and Drug Administration*, EUA), a

EMA (*European Medicines Agency*, Europa), a ANMAT (*Administración Nacional de Medicamentos, Alimentos y Tecnología Médica*, Argentina) e a ANVISA (Agência Nacional de Vigilância Sanitária, Brasil), seu comportamento frente à esterilização e a possibilidade de armazenamento por longos períodos de tempo [3-5].

Componentes das categorias dos metais, cerâmicas, polímeros (sintéticos e naturais) e compósitos podem ser empregados na constituição de biomateriais [3], conforme exemplificado na Tabela 2.1.

**Tabela 2.1.** Exemplos de aplicações de compostos sintéticos e naturais modificados ou não na composição de diferentes tipos de biomateriais [3,4].

| Aplicação | Tipo de material | Exemplos |
|---|---|---|
| **Sistema ósseo** | | |
| Implante de articulação (quadril, joelho) | Metal | Ti, liga de Ti-Al-V, aço inoxidável |
| Placa óssea | Metal | Aço inoxidável, liga de Co-Cr |
| Cimento ósseo | Polímero | Polimetilmetacrilato |
| Reparo de defeito ósseo | Cerâmica | Hidroxiapatita |
| Tendão e ligamento artificial | Polímero | Teflon, Dacron |
| Implante dentário | Metal e cerâmica | Titânio, alumina, fosfato de cálcio |
| ***Sistema cardiovascular*** | | |
| Prótese de veias sanguíneas | Polímero | Dacron, Teflon, poliuretano |
| Coração artificial | Polímero | Poliuretano |
| Válvula cardíaca | Metal | Aço inoxidável |
| Catéter | Polímero | Silicone, Teflon, poliuretano |
| ***Órgãos*** | | |
| Reparo de pele | Compósito | Compósito de silicone e colágeno |
| Rim artificial | Polímero | Celulose, poliacrilonitrila |
| Máquina coração-pulmão | Polímero | Silicone |
| ***Órgãos dos sentidos*** | | |
| Implante de cóclea | Metal | Eletrodos de platina |
| Lentes intraoculares | Polímero | Polimetilmetacrilato, silicone, hidrogéis |
| Lentes de contato | Polímero | Silicone-acrilato, hidrogel |
| Curativo de córnea | Polímero | Colágeno, hidrogel |

Os metais podem ser utilizados na substituição passiva de tecidos duros, devido às suas excelentes condutividade elétrica e térmica, propriedades mecânicas e resistência à corrosão. Alguns exemplos de aplicações dos metais são os implantes dentários, de quadril e de joelhos, placas e pinos ósseos e dispositivos de fixação da espinha dorsal. Algumas ligas metálicas podem desempenhar papéis mais ativos, compondo endopróteses vasculares (*stents*), catéteres guia, arcos ortodônticos e implantes de cóclea [3].

As cerâmicas são compostos refratários e policristalinos, normalmente inorgânicos. Estes materiais são muito biocompatíveis, inertes e resistentes à compressão, podendo ser empregados na cobertura de implantes dentários e ortopédicos, por exemplo [3].

Os polímeros apresentam vantagens se comparados aos metais e cerâmicas, como a manufaturabilidade, podendo tomar diversas formas como látex sintético (emulsão de micropartículas poliméricas em meio aquoso), filmes, folhas, fibras e partículas, dentre outras. Polímeros podem ser utilizados na constituição de instrumentos médicos descartáveis, próteses, implantes, curativos, *scaffolds* (suportes para crescimento celular), dispositivos extracorpóreos, agentes encapsulantes e sistemas de liberação de fármacos. Vários polímeros biodegradáveis têm se destacado no campo dos biomateriais devido à sua processabilidade e boa biocompatibilidade [3], gerando produtos não citotóxicos durante sua degradação.

Diferentes categorias de substâncias podem ser também utilizadas de forma simultânea na produção de biomateriais, como os compósitos. Os materiais compósitos são sólidos que contêm dois ou mais constituintes distintos ou fases distintas, por exemplo, um polímero reforçado com fibras. As propriedades de um material compósito podem ser significativamente distintas das características dos materiais homogêneos que o formam, buscando-se, normalmente melhores propriedades mecânicas. Compósitos podem ser utilizados, por exemplo, na composição de implantes articulares e de válvulas cardíacas [3].

O mercado global dos biomateriais vem crescendo a cada ano. Em 2008, este mercado foi de US\$ 25,6 bilhões. De acordo com uma projeção realizada por especialistas da *Markets and Markets*, uma companhia especializada em pesquisa de mercado, até 2015 é prevista uma taxa de crescimento anual de 15%, elevando o valor do mercado global para US\$ 64,7 bilhões [6].

O crescimento constante da indústria dos biomateriais é um reflexo do envelhecimento da população, o que faz com que o número de indivíduos que necessitam de cuidados médicos aumente. A geração de *baby boomers* nascidos entre 1946 e 1964 são atualmente os principais consumidores dos biomateriais, mas prevê-se que, em 2050, mais de 20% da população global terá idade acima dos 60 anos, ou seja, será possivelmente verificado um aumento significativo no número de usuários de tais dispositivos. Assim, o mercado dos biomateriais representa uma oportunidade significativa para produtos e processos inovadores, de forma que maiores investimentos em pesquisa são necessários a fim de se desenvolver produtos inéditos e mais eficazes a preços competitivos [6].

Os biomateriais ortopédicos, compostos principalmente por metais e cerâmicas, representam um grande destaque de vendas, tendo atingido o recorde de receitas de US$ 12 bilhões em 2010, equivalente a 37,5% do mercado global desta categoria de produtos [6]. As vendas anuais de biomateriais para aplicações em medicina regenerativa também vêm se destacando no mercado mundial, tendo excedido US$ 240 milhões no ano de 2007 [7,8]. Alguns dos dispositivos mais fabricados mundialmente são os catéteres, os sacos de diálise, as lentes de contato, as lentes intraoculares, os *stents* coronários e os implantes dentários [5].

Neste crescente mercado dos biomateriais, os polissacarídeos aparecem com grande destaque devido à sua estrutura química, aliada a propriedades atraentes como toxicidade reduzida ou inexistente, hidrofilicidade, biocompatibilidade, biodegradabilidade, multiquiralidade e multifuncionalidade [9], podendo ser empregados com sucesso como matérias-primas na produção de uma extensa gama de dispositivos biomédicos.

## 2.2. Polissacarídeos mais comumente empregados

Os polissacarídeos são biopolímeros constituídos de monossacarídeos (normalmente hexoses) unidos através de ligações glicosídicas [10], sendo normalmente obtidos pela biossíntese em plantas, em algas, ou em animais; alguns também podem ser produzidos por microorganismos [11]. Esta classe de polímeros apresenta grupos químicos reativos característicos, como hidroxila, amino, acetamido, carboxila e sulfato, que lhe conferem propriedades únicas [9]. Além disso, possuem alta massa molar com ampla distribuição de tamanhos. Do ponto de vista de cargas elétricas, os polissacarídeos podem ser divididos em polieletrólitos (positivamente e negativamente carregados) e não-polieletrólitos [12]. A presença de um grande número de grupos –OH nos polissacarídeos leva à tendência à formação de pontes de hidrogênio intra e intercadeias, que, por sua vez, podem resultar na redução da solubilidade, com consequente formação de agregados em solução, contribuindo positivamente também no aspecto de formação de filmes. O leve caráter hidrofóbico decorrente da presença de grupos –CH leva à formação de estruturas estereorregulares de caráter semi-rígido e com conformação helicoidal em solução. Além disso, a estabilidade estrutural é dependente, com frequência, da temperatura e da presença de íons [11].

Os polissacarídeos desempenham papel importante como agentes espessantes, gelificantes, emulsificantes, hidratantes e de suspensão, constituindo uma classe de materiais com importantes aplicações nas indústrias de alimentos, cosmética, biomédica e farmacêutica. A propriedade de formar gel sob condições termodinamicamente bem definidas tem especial relevância [11].

Ainda que apresentem algumas limitações, como a variabilidade entre lotes, as propriedades mecânicas por vezes inadequadas e dificuldades de processamento, as características de biocompatibilidade e biodegradabilidade dos polissacarídeos, além do baixo custo aliado à alta disponibilidade, os tornam bons candidatos para aplicações na obtenção de biomateriais [11,13]. Uma vez que a variabilidade na composição e no tamanho das cadeias é inerente aos polímeros obtidos de fontes naturais, é recomendado que, ao se relatar resultados experimentais obtidos pelo uso de polissacarídeos, sua fonte, fornecedor e número do lote, dentre outras especificações relevantes, sejam claramente apontados.

Alguns polissacarídeos têm atraído a atenção de pesquisadores das áreas de bioquímica e farmacologia por apresentarem atividades biológicas relacionadas às suas estruturas químicas, como a lentinana, a heparina [14], a quitosana e o ácido hialurônico [15]. Três fatores contribuíram para o reconhecimento da aplicabilidade dos polissacarídeos nestas áreas

[16]. O primeiro foi o aumento do número de informações que apontam o papel fundamental de frações sacarídeas como marcadores celulares, particularmente na área de imunologia. O segundo foi o desenvolvimento de técnicas eficazes para automatizar a síntese de oligossacarídeos biologicamente ativos. E o terceiro fator foi o rápido crescimento das pesquisas em engenharia de tecidos e a necessidade de novos materiais com atividade biológica e biodegradabilidade controláveis.

No campo da liberação controlada, os polissacarídeos naturais têm sido cada vez mais empregados devido às suas propriedades diferenciadas, tornando-se, talvez, os materiais poliméricos mais populares nesta área [12]. Os polissacarídeos naturais podem agir como excipientes na liberação controlada, protegendo o fármaco, aumentando a estabilidade da preparação farmacêutica, aumentando a biodisponibilidade do fármaco e a sua aceitação pelo paciente, sendo degradados pelo organismo enquanto o fármaco é liberado. Com o uso de polissacarídeos no campo da liberação controlada, tem-se tornado possível manter a concentração de fármaco constante no organismo durante períodos relativamente longos de tratamento, de modo que o mesmo atinja o efeito desejado sem causar efeitos colaterais [17]. Alguns exemplos de sistemas de liberação controlada obtidos a partir de polissacarídeos são as partículas, os hidrogéis e os curativos de pele contendo fármacos.

A incorporação de fármacos e outros compostos bioativos pode ser feita por simples mistura física ou por imersão do dispositivo em uma solução contendo o agente ativo. Apesar de simples, tais métodos possuem desvantagens como, por exemplo, o uso de solventes orgânicos, possível ocorrência de reações indesejáveis e/ou degradação do material, baixo rendimento de incorporação, dispersão heterogênea do fármaco no dispositivo e a possível necessidade de secagem do material após o processo de impregnação. Neste contexto, o uso de $CO_2$ supercrítico como veículo de impregnação possui diversas vantagens, como o fato de ser de baixo custo, não tóxico e não inflamável, não deixar resíduos após o processamento, eliminando a etapa final de processamento ou secagem do dispositivo [18,19]. A impregnação de agentes ativos com fluidos supercríticos é abordada em detalhes no Capítulo 8.

Alguns exemplos de polissacarídeos comumente empregados na constituição de biomateriais são a quitosana, o alginato, a xantana, a pectina, a celulose, a dextrina, o ácido hialurônico, a galactomanana, a carragena, a agarose, a gelana, a goma guar, a heparina e o amido, sendo os de maior relevância abordados detalhadamente nos próximos itens.

## 2.2.1. Quitosana

A quitina, o segundo polissacarídeo mais abundante na natureza, é encontrada no exoesqueleto de animais, especialmente de crustáceos, moluscos e insetos, sendo também o principal polímero fibrilar constituinte da parede celular de alguns fungos. Pela desacetilação alcalina da quitina, em que ligações N-acetil são rompidas formando D-glicosamina com um grupo amino livre, obtém-se a quitosana, um copolímero catiônico formado por β(1-4)-glicosamina e N-acetil-d-glicosamina [20,21]. O grau de desacetilação da quitosana, geralmente de 50 a 90%, é um parâmetro estrutural que influencia propriedades como a massa molar, o alongamento e a tensão na ruptura, além de propriedades biológicas como a adesão e proliferação celular [16,22].

A quitosana é um polímero biocompatível, biodegradável e bioativo, com estrutura linear semelhante à das glicosaminoglicanas presentes na cartilagem [21,23], sendo sua estrutura mostrada na Figura 2.1. É insolúvel em água e solúvel em soluções ácidas fracas, possuindo massa molar entre 10 e 1000 kg/mol e pKa em torno de 6,3 [13]. Seu processamento é relativamente simples, podendo ser moldada em diversas formas, possibilitando a formação de estruturas com diferentes tamanhos [25]. Por estes motivos, a quitosana vem sendo comumente estudada em diversas aplicações na área de biomateriais. Diferentes tipos de materiais produzidos à base de quitosana para diversas aplicações biomédicas são relatados na literatura, como hidrogéis, membranas, nanofibras, cápsulas, micro e nanopartículas, *scaffolds* e esponjas [21]. Testes clínicos comprovam que tais materiais não resultam em reações alérgicas ou inflamatórias após o implante, a injeção, a aplicação tópica ou a ingestão por humanos [22]. Se combinada com materiais condutores como carbono, partículas metálicas e polímeros, a quitosana pode ser também empregada na produção de biossensores e imunossensores, úteis como ferramentas de diagnóstico [9,26].

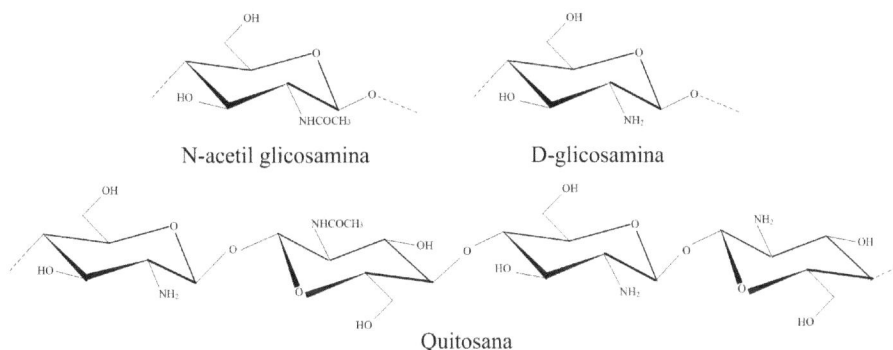

N-acetil glicosamina          D-glicosamina

Quitosana

**Figura 2.1.** Estrutura da quitosana (adaptada de Wiegand e Hipler [24]).

A quitosana pode ser encontrada na composição de curativos dérmicos já disponíveis comercialmente, atuando como agente hemostático [27]. Uma vez colocados sobre a lesão, o filmes de quitosana são capazes de aderir aos fibroblastos e favorecer a proliferação de queratinócitos, ajudando na regeneração epidérmica [22]. Diversos tipos de lesões tratadas com quitina e quitosana em diferentes tipos de animais apresentam diminuição no tempo de tratamento, com formação mínima de cicatrizes [28].

Grande parte do potencial atribuído à quitosana em aplicações na área de saúde humana deve-se à sua natureza catiônica e à sua alta densidade de cargas quando em solução. Esta característica possibilitou a entrada da quitosana no mercado de nutracêuticos como um agente hipocolesterolêmico e hipolipidêmico capaz de capturar lipídios negativamente carregados, impedindo sua absorção pelo sistema digestório [29]. Entretanto, para aplicações biomédicas, apreciável foco é dado à capacidade de interação da quitosana com polímeros de carga oposta para formação de complexos polieletrólitos [16]. Diversos estudos indicam uma variedade de polímeros aniônicos capazes de formar complexos iônicos insolúveis com a quitosana, dentre eles pode-se citar a dextrana

[30], a carboximetildextrana [31], o alginato [32-36], alguns poliésteres [23,37], as fibras de seda [38], a gelatina [39] e a xantana [40-42].

Atualmente a quitosana tem sido amplamente utilizada na produção de materiais destinados à aplicação na engenharia de tecidos. Combinada com proteínas (fibroína, gelatina ou colágeno), polímeros sintéticos como o poli(óxido de etileno), o poli(succinato de butileno), a poli(caprolactona) e o poli(ácido lático), dentre outros, e com polímeros naturais (como o alginato e a xantana), a quitosana permite o desenvolvimento de matrizes tridimensionais para adesão e crescimento celular, aplicáveis na reparação e regeneração de diversos tipos de tecidos como cartilagens, ossos e pele [16,23,27,42-44].

Verifica-se assim, que a quitosana, isolada ou em conjunto com outros materiais, possui vasta aplicabilidade no campo dos biomateriais, especialmente na engenharia de tecidos.


## 2.2.2. Alginato

O alginato é habitualmente extraído da parede celular de três espécies de algas marrons comuns em regiões costeiras: *Laminaria hyperborean*, *Ascophyllum nodosum* e *Macrocystis pyrifera*, podendo ser também isolado a partir de bactérias [45] como *Azotobacter* e *Pseudomonas*, rota esta ainda não economicamente viável para aplicações comerciais, sendo portanto restrita a estudos em escala laboratorial [46]. O alginato é responsável por garantir que não ocorra o ressecamento das algas durante a maré baixa, sendo obtido originalmente na forma de um sal sódico do ácido algínico. Constitui-se em um polissacarídeo solúvel em água à temperatura ambiente, composto por blocos homopoliméricos de $\beta$-D-ácido manurônico (Figura 2.2-a) e de epímeros C-5 de $\alpha$-L-ácido gulurônico (Figura 2.2-b), sendo estes ligados covalentemente em diferentes sequências e blocos [49]. Tais blocos poliméricos podem consistir de resíduos consecutivos de ácido gulurônico e manurônico ou de grupamentos alternados de ambos (Figura 2.2-c), sendo que a quantidade e a distribuição de cada monômero dependem da espécie, localização e idade das algas a partir das quais o alginato é extraído [50].

Recentemente, um processo enzimático foi desenvolvido visando à obtenção de cadeias com sequências de proporções conhecidas de ácido manurônico e gulurônico, impactando na distribuição conformacional das cadeias e possibilitando a predição das propriedades de gelificação do alginato [45]. De acordo com Cook *et al.* [52], o alginato comercialmente disponível atualmente apresenta cadeias com uma ampla faixa de tamanhos, variando de poucas dezenas a centenas de quilodáltons. A presença de grupos carboxila com resíduos de ácido gulurônico conferem ao alginato uma carga global negativa em pH 7,0, usualmente compensada pelo uso de cátions de $Na^+$ [53]. A viscosidade das soluções de alginato tende a aumentar com a redução do pH, sendo que valores máximos de viscosidade são encontrados em pH em torno de 3,0 a 3,5, uma vez que nestes valores de pH observa-se a protonação dos grupos carboxila, permitindo, desta forma, a formação de pontes de hidrogênio [54].

Há diversos métodos de formação do hidrogel usado na obtenção de dispositivos biomédicos comumente empregados; dentre eles destacam-se: a reticulação iônica, a reticulação covalente e a gelificação térmica [54]. A escolha do método a ser usado é dependente das características do processo, do agente ativo a ser incorporado nas matrizes poliméricas e das propriedades finais do gel obtido, bem como do local e da forma de veiculação do dispositivo de liberação controlada constituído a partir deste material.

A formação de gel de alginato por reticulação iônica resulta de ligações que ocorrem entre as carboxilas do polissacarídeo e cátions divalentes, de modo que estes se alojam entre as cadeias do polímero, levando à produção de uma estrutura na forma de rede. Como blocos ricos em ácido gulurônico são capazes de se ligar aos cátions divalentes como $Ba_2^+$, $Ca_2^+$, $Sr_2^+$ e $Zn_2^+$, comumente usados na reticulação deste polímero [52], dependendo da composição e sequência dos blocos da cadeia polimérica, o alginato pode apresentar diferentes preferências conformacionais ou mesmo comportamentais [49]. As interações entre os cátions divalentes e os resíduos de ácido gulurônico são responsáveis pela formação de uma estrutura regular e similar a uma caixa de ovos (Figura 2.2-d,e). A cinética de formação do gel é rotineiramente muito rápida e o gel resultante é forte o suficiente para ser utilizado em diversas aplicações biomédicas e industriais [45]. O número de reticulações, assim como as propriedades mecânicas e o tamanho do poro dos géis reticulados ionicamente podem ser facilmente manipuladas através da variação das proporções entre os resíduos de ácido manurônico e gulurônico e a massa molar da cadeia polimérica [50].

A formação de gel de alginato pelo uso de íons $Ca_2^+$ pode ser realizada por procedimentos simples como o gotejamento da solução polissacarídica diretamente em soluções ricas neste cátion. Alternativamente, a rede de gel pode ser formada pelo método de reticulação interna, em que se adiciona diretamente à solução de alginato um sal insolúvel de cálcio. Neste caso, após a formação de partículas de alginato, por exemplo, por emulsão, adiciona-se uma solução ácida que solubiliza o sal de cálcio, tornando os íons $Ca_2^+$ disponíveis para efetuar interações iônicas e, consequentemente, reticular o alginato [55]. Em qualquer um dos métodos, a quantidade de íons $Ca_2^+$ presente no sistema tende a influenciar a estabilidade destas redes poliméricas, podendo se estabelecer associações inter-cadeias do tipo temporárias ou até mesmo permanentes [34]. Quando os níveis de cálcio no gel são baixos o suficiente para formar um hidrogel, observam-se formações do tipo temporárias que posteriormente transformam-se em soluções altamente viscosas e tixotrópicas, ou seja, géis que facilmente se liquefazem quando submetidos a determinada quantidade de calor ou tensão mecânica, como cisalhamento e/ou vibrações. Já quando a quantidade de íons cálcio é elevada, ocorrem associações de cadeias do tipo permanente, observando-se a formação de um gel mais rígido ou mesmo de um precipitado. Alternativamente, observa-se a formação de géis de ácido algínico pela redução do pH da solução de alginato.

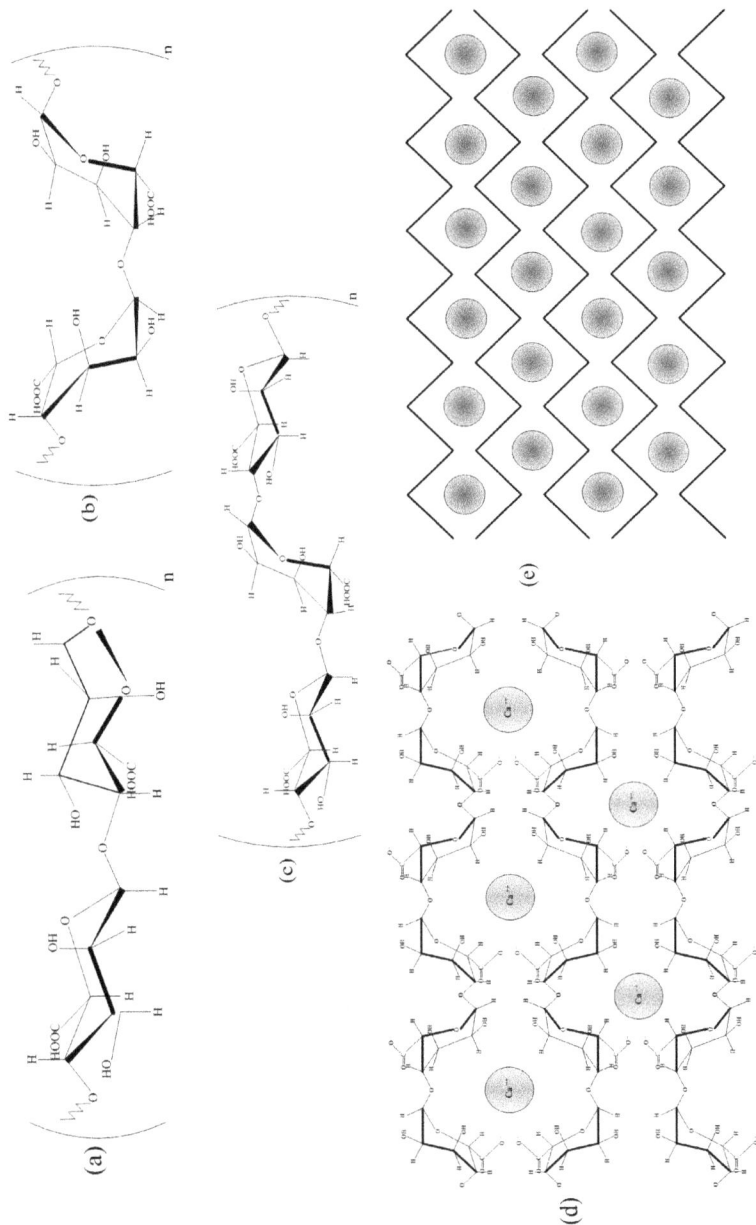

Figura 2.2. Estrutura química do alginato: cadeia de resíduos de ácido manurônico (a); cadeia de resíduos de ácido gulurônico (b); cadeia de resíduos alternados de ácidos manurônico e gulurônico (c). Formação da rede de gel de alginato de cálcio: ligação entre as cadeias poliméricas através dos íons cálcio situados entre os grupos de carga negativa (d); formação da rede de gel pelas cadeias de polissaca-rídeos unidas pelos íons cálcio (e), com estrutura similar à de uma caixa de ovos (adaptado de Kawaguti e Sato [47] e Sacchetin [48]).

81

Diversos estudos têm demonstrado que fatores como a estrutura química e o tamanho da molécula de alginato, assim como a cinética de formação do gel, aliada ao tipo de íon empregado e os arranjos dos resíduos uronatos são determinantes de propriedades como porosidade, capacidade de intumescimento, biodegradabilidade, estabilidade, resistência do gel, biocompatibilidade e características imunológicas [34,46]. Géis à base de alginato podem ser facilmente dissolvidos através de um processo envolvendo a perda de íons divalentes para o meio, devido às reações de troca com cátions monovalentes, tais como os íons de sódio [54,56]. Apesar das cadeias de alginato isoladas serem bastante estáveis em condições fisiológicas, pode ocorrer sua lenta despolimerização através da clivagem das ligações glicosídicas em condições ácidas ou básicas, não se tendo evidências, contudo, da ocorrência em humanos de enzimas que degradem o alginato. Alternativamente, tem-se desenvolvido estratégias para melhorar os processos de degradação do alginato quando em meios fisiológicos, pelo uso da oxidação parcial das cadeias do polímero, uma vez que, em meio aquoso, estas cadeias fracamente oxidadas seriam facilmente degradadas, permitindo o uso deste material como veículo biodegradável na liberação controlada de drogas [54].

O alginato possui variadas aplicações na ciência biomédica e engenharia devido às suas propriedades favoráveis, como biocompatibilidade e capacidade de gelificação. Os hidrogéis de alginato têm aplicação como curativos de pele, na liberação controlada de fármacos e na engenharia de tecidos, uma vez que estes géis possuem estrutura similar à de matrizes extracelulares de tecidos e podem ser manipulados de forma a desempenhar diferentes papéis. Em particular, os curativos à base de alginato podem ser empregados com sucesso no tratamento de feridas crônicas, minimizando possíveis infecções bacterianas, promovendo um ambiente úmido que facilita o processo de cicatrização [54]. Tal abordagem foi usada, por exemplo, para a produção de curativos de alginato contendo fator 1 derivado de células tronco capazes de acelerar o processo de cicatrização [57] e incorporando prata como agente antimicrobiano [58]. Géis de alginato podem ser também usados com sucesso para a liberação de proteínas usadas na engenharia e regeneração de tecidos e órgãos, como no trabalho desenvolvido por Jay e Saltzmann [59], que empregaram géis de alginato para liberar fatores de crescimento capazes de promover o desenvolvimento de vasos sanguíneos. Além disso, géis de alginato têm sido empregados para incorporar substâncias que necessitem ser protegidas da ação do pH, por exemplo, antibióticos como a amoxicilina usada na erradicação de *Helicobacter pylori* [60].

### 2.2.3. Xantana

A goma xantana é um exopolissacarídeo hidrossolúvel produzido por bactérias do gênero *Xantomonas*, com grande destaque no mercado de biopolímeros devido a suas características funcionais, como: capacidade de emulsificar, estabilizar, flocular e suspender soluções aquosas, formando assim géis e membranas [61]. Economicamente, a xantana é o polissacarídeo microbiano mais importante, com produção mundial estimada para o ano 2015 de 80 mil toneladas e movimentação de 400 milhões de dólares ao ano [62].

Com massa molar média aproximada de $2.10^6$ g/mol, podendo apresentar de $13.10^6$ a $50.10^6$ g/mol dependendo das condições de fermentação utilizadas para sua obtenção [63] e pKa de 2,87 [64], a xantana apresenta estrutura química constituída por uma cadeia linear principal formada por grupos de β-D-glicose unidos por ligações 1→4, similar à da celulose, contendo ramificações trissacarídicas laterais em glicoses alternadas, na posição C(3). Tais ramificações são constituídas por grupos β-D-manose--1,4-β-D-ácidoglicurônico-1,2-α-D-manose, como mostrado na Figura 2.3. É possível a existência de grupos *O*-acetil na posição C(6) da α-D-manose interna e 4,6-ácido pirúvico na β-D-manose terminal [66,67].

Propriedades reológicas importantes, como alta viscosidade mesmo em baixas concentrações, elevado grau de pseudoplasticidade, estabilidade em amplas faixas de pH (2 a 11), em temperaturas elevadas (acima de 90°C) e em altas concentrações de eletrólitos (150g/L NaCl), além da factibilidade de produção em grande escala em curto espaço de tempo por processo fermentativo [63], conferem à xantana ampla utilização em diversos segmentos industriais, como na indústria alimentícia, petrolífera, farmacêutica, cosmética, têxtil, de tintas e de produtos agrícolas.

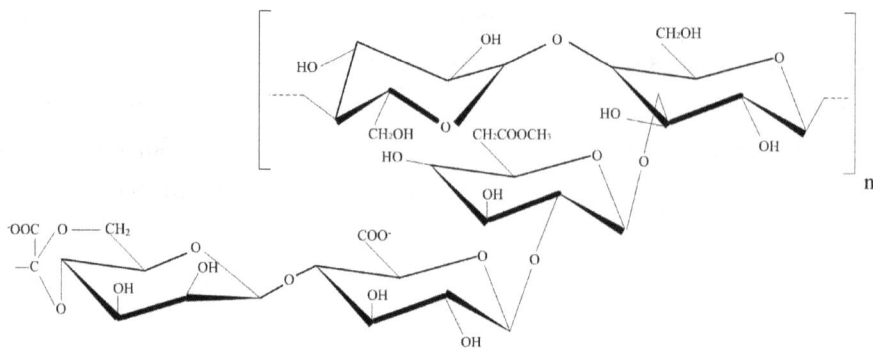

**Figura 2.3.** Estrutura química da xantana (baseado em García-Ochoa *et al.* [65]).

Nos últimos anos, o emprego da goma xantana na produção de biomateriais poliméricos destinados a diversas aplicações na área da medicina vem crescendo consideravelmente, como por exemplo em sistemas de liberação controlada de fármacos [61,68-70], oftalmologia [71,72]; implantes [73] e engenharia de tecidos [42,74]. A preferência por biopolímeros de origem microbiana ao invés daqueles oriundos de plantas, algas ou animais fundamenta-se na vantagem da produção independente de regiões ou condições climáticas específicas, permitindo sua obtenção em condições controladas, em lotes mais homogêneos e com qualidade mais assegurada e menos variável.

Recentes estudos comprovam que a utilização deste biopolímero na biomedicina pode ser considerada como segura. Popa *et al.* [75], através de ensaios *in vitro* e *in vivo*, comprovaram a biocompatibilidade de comprimidos produzidos a partir do complexo poliônico xantana-quitosana para a liberação controlada de teofilina. Vacinas lipossomais contra o vírus H5N3 contendo goma xantana como polissacarídeo bioadesivo foram testadas em galinhas mostrando-se atóxicas, não sendo verificada qualquer anormalidade morfológica de macrófagos provenientes do baço das aves expostas a este dispositivo [68].

A atividade antitumoral da xantana também é mencionada na literatura. Takeuchi *et al.* [76] administraram células de melanoma B16K[b] em camundongos submetidos a uma dieta contendo goma xantana. Os pesquisadores observaram a supressão do crescimento das células tumorais e o aumento da sobrevida dos animais, assim como maior atividade de células *natural killer* (NK) e de resposta tumor-específica de células T CD8 do grupo tratado com xantana quando comparados ao grupo controle livres do polissacarídeo.

A capacidade de complexar-se com a quitosana, através de interações entre os grupos amino da quitosana e carboxil da xantana, possibilita a obtenção de matrizes que apresentam elevada absorção de soluções aquosas e com estabilidade comprovada em fluidos biológicos [41,42]. Tais características são fundamentais na aplicação como curativos e suportes tridimensionais para o cultivo celular na área de engenharia de tecidos.

Desta forma, a biocompatibilidade da goma xantana, aliada a suas características funcionais e comprovada atividade antitumoral, sinalizam o impacto da administração, de forma segura e profilática, deste biopolímero como agente ativo na composição de biomateriais.

## 2.2.4. Pectina

A pectina é um polissacarídeo complexo encontrado na natureza como constituinte da parede celular de plantas, sendo geralmente extraída de frutas cítricas. É uma macromolécula ramificada de alta massa molar (50 a 1000 kg/mol) com pKa variando de 2,9 a 3,2, composta por extensas regiões de homogalacturonana intercaladas com regiões de ramnogalacturonana [77,78], como mostrado na Figura 2.4. A razão de resíduos metil esterificados em relação às unidades totais de ácidos carboxílicos é chamada de grau de esterificação e classifica a pectina como de baixa metoxilação quando abaixo de 50%, e como de alta metoxilação quando acima de 50% [77-79]. O uso de pectina em biomateriais está associado à sua capacidade de formação de gel, e esta depende fortemente do grau de esterificação [77,78]. Pectinas muito esterificadas formam gel em meios levemente ácidos na presença de sacarose como cossoluto, e esta gelificação ocorre, provavelmente, em decorrência da formação de pontes de hidrogênio e de interações hidrofóbicas [78]. Pectinas com baixa esterificação formam gel na presença de íons divalentes e trivalentes como o cálcio e o alumínio, respectivamente, que são capazes de formar pontes entre grupos carboxílicos pertencentes a cadeias diferentes de pectina próximas fisicamente [78,79].

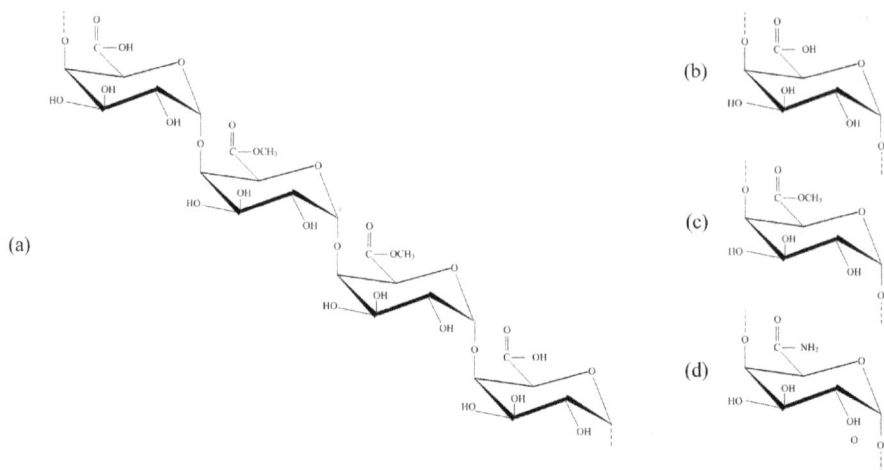

**Figura 2.4.** Segmento repetitivo na molécula de pectina (a) e grupos funcionais carboxila (b); éster (c); amida (d) na cadeia de pectina (adaptação de Sriamornsak [79]).

A pectina, devido a seu caráter aniônico, é capaz de formar complexos polieletrólitos com outros polímeros catiônicos como a quitosana [78,80], a etilcelulose [81] e a gelatina [82].

As aplicações biomédicas da pectina são atribuídas à facilidade de se ajustar suas propriedades físicas, a sua alta capacidade de intumescimento e a sua habilidade de imobilização de células, genes, proteínas, fármacos e fatores de crescimento [78], de maneira similar ao que se verifica para o alginato. Comercialmente já estão disponíveis curativos dérmicos que utilizam pectina em sua formulação, como os hidrocolóides adesivos Combiderm®, Duoderm®, Granuflex®, Hydrocoll® e Tegasorb® [78]. Ainda em fase de pesquisa encontram-se diversos trabalhos sobre seu uso na regeneração de tecidos, como *scaffolds*, principalmente de tecidos ósseos [83-86]. Entretanto, a aplicação deste polissacarídeo em dispositivos de liberação de fármacos é a mais explorada, devido a propriedades tais como mucoadesividade, capacidade de dissolução em meio básico e habilidade de formação de gel em meios ácidos e na presença de íons di e trivalentes [78]. Dispositivos desenvolvidos para a aplicação por via nasal [87], oral [80,81], ocular [88], gastrointestinal [89,90], e para o tratamento de câncer [91] já foram descritos.

O aumento recente do número de estudos envolvendo a pectina e as diversas aplicações citadas evidenciam o potencial deste versátil polissacarídeo no futuro dos biomateriais.

## 2.2.5. Outros

Muitos outros polissacarídeos podem ser constituintes de biomateriais, como a celulose, o ácido hialurônico, o amido, a agarose, a carragena, a gelana, a goma guar, a galactomanana, a heparina e a dextrina. As características, aplicações e propriedades de alguns destes polissacarídeos serão abordadas a seguir.

A celulose, o biopolímero mais abundante na natureza, é composta de uma cadeia linear de unidades de D-glicose unidas por ligações β-D-1,4. Em geral, é utilizada na composição de biomateriais devido às propriedades mecânicas elevadas em comparação com outros polissacarídeos e a sua alta estabilidade térmica [92]. Em sua forma nativa apresenta alta cristalinidade e rigidez, sendo insolúvel em água e soluções aquosas, implicando na necessidade de derivatização de sua estrutura [93]. Seus derivados têm sido amplamente estudados para aplicação em diálise, na encapsulação de agentes ativos, em suturas e curativos [94]. Aquacel® (ConvaTec) e Curatec® Hidrocolóide (LM Farma), compostos de carboximetilcelulose, e Promogran™ (Johnson & Johnson), composto de celulose regenerada oxidada e colágeno, são exemplos de curativos obtidos a partir de derivados da celulose [93].

O ácido hialurônico (HA) é um mucopolisacarídeo natural, inicialmente extraído do humor vítreo bovino, de cordões umbilicais e da crista de galináceos, produzido hoje por fermentação bacteriana em larga escala e com alto grau de pureza [95,96]. O HA desempenha um papel importante na reparação de tecidos [95] e sua estrutura consiste de resíduos alternados de ácido D-glicurônico e N-acetil-D-glicosamina. Uma promissora aplicação do HA refere-se ao campo da viscossuplementação. Neste caso, este composto pode ser empregado como agente lubrificante e absorvedor de impactos, sendo injetado diretamente no líquido interno das juntas de pacientes com osteoartrite, melhorando o desempenho das articulações [97]. Este polímero também tem sido utilizado em cirurgias oftalmológicas para prevenir o ressecamento da córnea e em injeções intravítreas em, por exemplo, perfurações do globo ocular [98]. Por este motivo, seu uso tem sido bastante explorado para a preparação de géis visando à liberação controlada de fármacos para utilização ocular, mas aplicações também em outras cavidades como nasal, vaginal, pulmonar e parenteral [98] são relatadas. Na engenharia de tecidos, sua aplicação é dirigida principalmente a cartilagens e ossos [13]. Entretanto, este polímero apresenta baixas propriedades biomecânicas em sua forma nativa e diversas modificações químicas têm sido desenvolvidas visando à obtenção de materiais mais robustos do ponto de vista mecânico e químico [93]. Na área de curativos há também aplicações deste composto. Hyalofill®, Hyalogran®, e Ialuset® são exemplos de curativos impregnados com soluções de HA.

O amido é o principal polissacarídeo de reserva das plantas e é composto de uma mistura de dois homopolímeros de unidades de D-glicopiranosil unidas por ligações ⊠-D-1,4 e ⊠-D-1,6 chamados amilose (20-30%) e amilopectina (70-80%) [13,99,100]. O amido puro apresenta desvantagens como a baixa resistência mecânica e a dificuldade de processamento, visto que este é um polímero sensível à umidade. Por este motivo é geralmente estudado na formação de blendas com outros polímeros [101]. Sua aplicação em biomateriais é relatada na produção de partículas, microcápsulas e *scaffolds* e frequentemente são empregados seus derivados como hidroxietilamido, carboximetilamido e acetilamido [99,100].

A agarose é um polissacarídeo linear extraído de algas capaz de formar géis termorreversíveis em água [102]. Sua estrutura consiste em unidades (1→3)-β-D-galactopiranosila e (1→4)-3,6-anidro-α-L-galactopiranosila ligadas alternadamente [13]. Este polissacarídeo apresenta estrutura tridimensional na forma de dupla hélice estabilizada por múltiplas pontes de hidrogênio, que contribuem para a rigidez das cadeias poliméricas. É utilizada na engenharia de tecidos como suporte de crescimento de condrócitos e células-tronco para reparação de cartilagens [102,103].

A carragena, extraída de algas vermelhas, é formada por poliga-lactanos, que são polímeros sulfatados de moléculas de D-galactose e 3,6-anidro-D-galactose [104,105]. Em função do conteúdo e distribuição dos grupos de ésteres sulfatados, a carragena pode ser classificada em iota, kappa e lambda [13]. O uso de carragena em materiais biocompatíveis vem sendo estudado devido a sua capacidade de gelificação, estabilidade em variados solventes e atoxicidade. Este polissacarídeo é usado para a liberação de fármacos e também em engenharia de tecidos [13,105].

Existem ainda outros tipos de polissacarídeos, com diferentes estruturas químicas e propriedades físicas, que também apresentam potencialidade de aplicação na constituição de biomateriais para as áreas de engenharia de tecidos, liberação controlada e viscossuplementação, dentre outras aplicações terapêuticas. Alguns exemplos específicos de aplicações dos polissacarídeos de uso mais comum serão detalhados a seguir.

## 2.3. Exemplos de aplicação

Neste item serão abordados alguns exemplos de aplicações dos polis-sacarídeos na produção de dispositivos biomédicos, como curativos para aplicação em lesões de pele, matrizes úteis como suporte na engenharia de tecidos, dispositivos de prevenção de adesão peritoneal, nano e mi-cropartículas para encapsulamento de agentes ativos.

### 2.3.1. Desenvolvimento de curativos para aplicação em lesões de pele

Atualmente são conhecidos diversos tipos de curativos para o tratamen-to de lesões de pele, desde curativos tradicionais como gaze, pomadas e ataduras, aos curativos bioativos, que liberam substâncias ativas durante a cicatrização da ferida e agem diretamente nas camadas da pele, acele-rando o processo de recuperação do tecido.

Curativos convencionais atuam apenas como cobertura passiva da ferida, mantendo-a protegida do ambiente. Entretanto, idealmente um curativo deve não apenas proteger a lesão, mas também promover o processo de cicatrização, proporcionando um microambiente adequado, hidratado e com isolamento térmico, removendo o excesso de exsudato e promovendo as trocas gasosas [21,106]. Neste contexto, propostas de terapias alternativas que busquem o restabelecimento mais rápido e efetivo da pele lesada são de grande relevância.

O uso de polissacarídeos naturais, isolados ou combinados entre si ou com materiais de origem sintética, como matéria-prima de curativos dérmicos tem sido uma escolha bastante comum nos últimos anos, uma vez que estes materiais apresentam numerosas variações em sua estrutura, composição e função [93]. Vários tipos de curativos encontram-se disponíveis atualmente no mercado, muitos deles contendo polissacarídeos naturais, como os indicados na Tabela 2.2.

**Tabela 2.2.** Exemplos de curativos disponíveis comercialmente constituídos de polissacarídeos.

| Polissacarídeo | Nome comercial do curativo | Fabricante |
|---|---|---|
| Quitosana e derivados | Tegasorb ® | 3M Healthcare |
| | Tegaderm® | 3M Healthcare |
| | HemCon Bandage™ | HemCon |
| | Chitodine® | IMS |
| | Trauma dex® | Medafor |
| Quitina e derivados | Syvek-Patch® | Marine Polymer Tech |
| | Chitopack C® | Eisai Co. |
| | Chitopack S® | Eisai Co. |
| | Beschitin® | Unitika Co. |
| Alginato e derivados | Algicell™ | Derma Sciences |
| | AlgiDERM ® | Bard |
| | AlgiSite M™ | Smith & Nephew |
| | Algosteril® | Systagenix |
| | Comfeel Plus™ | Coloplast |
| | Curasorb® | Kendall Healthcare |
| | Curasorb Zinc® | Kendall Healthcare |
| | FyBron® | B. Braun Medical Inc. |
| | Gentell Calcium Alginate | Gentell |
| | Kalginate® | DeRoyal |
| | Kaltostat™ | ConvaTec |
| | Maxorb® Extra AG | Medline |
| | Seasorb® | Coloplast Sween Corp. |
| | Sorbsan™ | UDL Laboratories |
| | Tegagen™ | 3M Healthcare |
| Pectina | Combiderm® | ConvaTec Ltd. |
| | Duoderm® | ConvaTec Ltd. |
| | Granuflex® | ConvaTec Ltd. |
| | Hydrocoll® | Hartmann |
| | Granugel® paste | Convatec Ltd. |
| | CitruGel® | Advances medical |

Visando a obtenção de um dispositivo a ser usado em terapias de lesões de pele, Wang *et al.* [107] propuseram a preparação de filmes flexíveis, insolúveis em água e com efetivo controle na liberação de materiais nele incorporados, a partir da mistura de soluções quitosana e alginato e posterior reticulação com cloreto de cálcio.

Rodrigues *et al.* [35], empregando condições controladas de adição e agitação durante a mistura de soluções poliméricas, propuseram uma metodologia escalonável de preparação de membranas de quitosana e alginato complexados a partir da estratégia utilizada por Wang *et al.* [107]. Fazendo parte do mesmo grupo de pesquisa, Bueno e Moraes [36] obtiveram membranas porosas de quitosana e alginato através da adição dos surfatantes Pluronic®F68 e Tween® 80 aos polímeros, sem a necessidade do uso de liofilização ou outros métodos onerosos.

Buscando substitutos poliméricos para o alginato na produção de tais membranas, Veiga e Moraes [41] propuseram o uso da goma xantana, relatando a obtenção de filmes estáveis e homogêneos sem necessidade de uso de agentes reticulantes. Os filmes obtidos, além de serem finos e transparentes, apresentaram maior capacidade de absorção de soluções fisiológicas (40 g de água por grama de filme).

Uma alternativa terapêutica promissora para o tratamento de lesões de pele tem sido o desenvolvimento de curativos dérmicos que associam filmes poliméricos com células dérmicas e epidérmicas provenientes de biópsias ou de células multipotentes. As membranas densas obtidas através da complexação entre quitosana e xantana, assim como as porosas, obtidas dos mesmos biopolímeros em mistura com o tensoativo Pluronic®F68, apresentam características físico-químicas e biológicas favoráveis para a cobertura de lesões de pele e adequada arquitetura para o cultivo de fibroblastos e células multipotentes, atributos tidos como ideais para um curativo bioativo avançado [42]. O aspecto típico destas e de algumas das membranas obtidas pela combinação de quitosana com diferentes polissacarídeos aniônicos são mostrados na Figura 2.5.

Uma técnica que tem recebido atenção na produção de curativos dérmicos e sido fundamental na terapia de infecções é a incorporação de agentes bioativos às matrizes poliméricas. Estes agentes podem ser incorporados aos biomateriais em várias etapas do processo de produção, utilizando diferentes estratégias, podendo estar ligados, dispersos ou dissolvidos na estrutura dos filmes [108]. Os agentes podem ser adicionados isolados ou em conjunto, durante o processo de mistura dos polímeros ou previamente em uma das soluções poliméricas, ou ainda, após a complexação dos polímeros. Agentes ativos podem ainda serem incorporados nas matrizes utilizando fluidos supercríticos [109], um processo que recentemente começou a receber mais atenção dos pesquisadores e que será mais detalhadamente abordado no Capítulo 8.

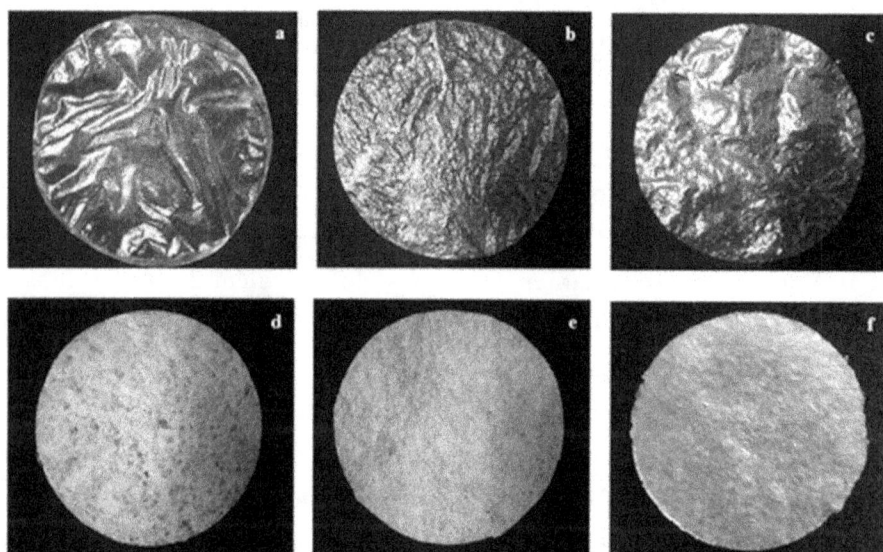

**Figura 2.5.** Aspectos típicos de membranas obtidas pela combinação de quitosana com diferentes polissacarídeos aniônicos: (a) alginato; (b) pectina; (c) xantana; (d) alginato/ Pluronic®F68 0,1%; (e) alginato/ Pluronic®F68 0,02%; (f) xantana/ Pluronic®F68 0,75%.

Diversos outros processos de desenvolvimento de curativos bioativos e coberturas dérmicas a partir de polissacarídeos têm sido descritos na literatura [110-113]. A busca contínua por biomateriais alternativos para a composição destes dispositivos tem, seguramente, contribuído para os avanços e para a maior eficácia do tratamento de lesões de pele nos últimos anos.

## 2.3.2. Obtenção de matrizes úteis como suporte celular na engenharia de tecidos

O desenvolvimento de terapias alternativas para a reparação e regeneração tecidual e a busca pelo restabelecimento da capacidade funcional de tecidos lesados são os principais objetivos da engenharia de tecidos [114]. Baseada em conhecimentos das áreas das ciências biológicas e médicas, e da engenharia e ciência de materiais, a engenharia de tecidos oferece ótimas perspectivas para a obtenção de tecidos complexos em laboratório, através da utilização de matrizes porosas tridimensionais (*scaffolds*), que servem como moldes estruturais para o crescimento celular direto [115,116].

Diversas técnicas promissoras de produção de *scaffolds* têm sido descritas. Biomateriais porosos podem ser produzidos por liofilização, por gaseificação a alta pressão, pela adição de agentes porogênicos como, glicose, NaCl e os tensoativos Pluronic® F68 e Tween® 80 [34] e ainda por processos assistidos por $CO_2$ supercrítico, sendo este último uma alternativa interessante aos métodos convencionais, uma vez que não requer uso de grandes quantidades de solventes orgânicos e os processos podem ser conduzidos a temperaturas moderadas [117,118].

A seleção do material a ser usado na preparação dessas matrizes é um dos principais passos a ser considerado. Alguns critérios devem ser atendidos, como não toxicidade, biodegradabilidade, biocompatibilidade, resistência mecânica compatível com a do tipo de tecido lesado, tamanho e formato adequado de poros, além de sua favorável interação com as células, de modo a permitir sua adesão, crescimento, migração e diferenciação, caso sejam requeridas [119,120].

Diferentes materiais encontram-se disponíveis para a obtenção desses suportes teciduais. No entanto, estes materiais devem ser avaliados visando averiguar seu potencial de mimetizar o ambiente extracelular, sendo este um aspecto relevante para o sucesso da reparação tecidual. Neste sentido, vários polímeros têm sido avaliados como constituintes de matrizes para o crescimento de células animais. Dentre os principais polissacarídeos empregados para este fim destacam-se a celulose e seus derivados [106,120], a pectina [121], a heparina [122], a dextrana [30], o alginato [32-34,123], a xantana [42,74] e a quitosana, que têm despertado especial interesse na composição de *scaffolds* para regeneração de diferentes tipos de tecidos, tais como ossos [124-126], cartilagens [25,127,128], músculos [129] e pele [42,130-133].

*Scaffolds* porosos de quitosana [134] e quitosana combinada a polímeros naturais como gelatina [133], colágeno [131,132] e xantana [42], oferecem potencial uso como substitutos dérmicos, apresentando elevada estabilidade, biocompatibilidade e adequada estrutura para adesão e proliferação celular quando expostos a culturas de fibroblastos e queratinócitos cultivados isoladamente ou em co-cultura. Testes *in vivo* indicam ainda que tais matrizes podem favorecer a regeneração da pele. *Scaffolds* porosos de quitosana e colágeno implantados em orelhas de coelhos foram capazes de conferir apoio e proporcionar a infiltração de fibroblastos a partir do tecido lesado [135].

A engenharia de tecidos tem apresentado grandes avanços nos últimos anos, no entanto, um longo caminho ainda deve ser percorrido a fim de se alcançar seu objetivo final: a geração total ou parcial, *ex vivo*, de um órgão, em curto prazo e com fisiologia a mais próxima possível da normal [136]. Neste contexto, a produção e o desenvolvimento de novos biomateriais, fazendo uso de polímeros naturais, certamente contribuirão para a aceleração deste processo do conhecimento científico.

### 2.3.3. Produção de dispositivos para a prevenção de adesão peritoneal

Uma das aplicações de importância dos biomateriais na medicina é a contenção de hérnias abdominais. Diversos tipos de materiais podem ser empregados com sucesso para esta finalidade, como por exemplo, telas de poli(propileno) e de poli(tetrafluoretileno) expandido. No entanto, o uso destes dispositivos pode ocasionar a aderência indesejada entre tecidos e/ou entre órgãos como o fígado e os intestinos e a tela, resultando em dores abdominais, obstrução intestinal, infertilidade e até mesmo a morte [137,138].

Um dos tipos de adesão mais comumente verificado é o que ocorre na região peritoneal. Lesões no peritônio, resultantes, por exemplo, de intervenções cirúrgicas, podem desencadear uma resposta inflamatória local, aumentando a permeabilidade vascular e induzindo a formação de exsudatos ricos em fibrinogênio, fatores estes que predispõem a adesão do tecido no biomaterial [139].

Diferentes recursos têm sido investigados para se evitar tal complicação cirúrgica. Dentre as estratégias empregadas, pode-se citar o uso de agentes farmacológicos aliados a sistemas de barreiras físicas, com resultados altamente promissores, reduzindo a formação de aderências em vários graus em estudos pré-clínicos ou clínicos [140,141].

Sistemas de barreiras têm sido testados ou comercializados em diversas formas, incluindo o uso de soluções poliméricas [142,143], membranas [137] e hidrogéis [144,145]. Idealmente, um dispositivo de barreira deve ser fácil de usar tanto em rotinas laparoscópicas quanto em cirurgias convencionais, deve fornecer cobertura eficaz do peritônio afetado, e ainda permanecer no tecido durante todo o processo de cura [146].

Diversos polissacarídeos são utilizados para este fim, dentre eles podem ser citados a dextrana [147], a celulose e seus derivados [138], o ácido hialurônico [148-150] e a quitosana [137,145,151], que é particularmente atrativa devido a suas propriedades biológicas, como a não toxicidade e alta biocompatibilidade, além de apresentar caráter não imunogênico, podendo ser lentamente degradada após sua implantação através da ação de lisozima [23,152].

Implantes de gel de quitosana exibem comprovado efeito preventivo sobre aderências peritoneais isquêmicas ou traumáticas em animais submetidos a métodos distintos de indução de adesão peritoneal [141,144]. A aspersão de solução de N,O-carboximetil quitosana a 2% por sobre todo o peritônio antes do fechamento de cirurgias abdominais em ratas possibilita a diminuição do tamanho, número e intensidade de adesões peritoneais [153], havendo relato de sucesso também na redução da ocorrência de adesão peritoneal em coelhos submetidos a laparostomia mediante tratamento com gel e solução do mesmo composto [145], decorrente da não adesão de fibroblastos na superfície do peritônio, inibindo, assim, a formação de matriz de fibrina.

A característica de baixa adesão celular de membranas de quitosana [154] forneceu embasamento teórico para a utilização deste polímero em tratamentos que visam minimizar a formação de aderências peritoneais induzidas por telas de polipropileno. O efeito de barreira de filmes de quitosana foi confirmado em ensaios *in vivo* de indução experimental de aderências em ratos Wistar, não se observando a formação de aderências nos sistemas que associavam os filmes às telas de polipropileno [137]. Verificou-se não somente o efeito protetor dos filmes de quitosana, mas também a não exacerbação da inflamação associada às lesões peritoneais.

Nesta mesma linha de recobrimento de dispositivos biomédicos com polissacarídeos tendo-se por meta o aumento de sua biocompatibilidade pode ser citado o uso da heparina, um polissacarídeo aniônico sulfatado que, se depositada sobre biomateriais que interagem diretamente com o sangue, é capaz de evitar a coagulação sanguínea e a adesão de plaquetas. Filmes multicamadas obtidos a partir de quitosana e ácido hialurônico podem desempenhar papel semelhante, sendo utilizados no recobrimento de vasos sanguíneos danificados, inibindo a formação de coágulos na parede do tecido e promovendo reparo tecidual, tendo também atividade na redução da adesão de bactérias. O recobrimento de superfícies com O-carboximetilquitosana pode fornecer resultados similares, com a redução da adesão de proteínas e a melhoria das propriedades antitrombogênicas [155].

## 2.3.4. Desenvolvimento de nano e micropartículas

Nos últimos anos, tem-se observado o desenvolvimento de carreadores biodegradáveis de drogas, modificadores de textura e clareadores constituídos à base dos mais diversos polissacarídeos, conforme revisado recentemente por Jones e McClements [156]. Tais carreadores podem encapsular e proteger agentes bioativos quimicamente instáveis, tais como vitaminas, carotenóides e ácidos graxos conjugados [156]. Segundo Lemarchand *et al.* [157], carreadores polissacarídicos são vantajosos em comparação a outros tipos de dispositivos de incorporação e liberação de drogas devido ao seu grande potencial de proteção dos ativos da degradação química ou enzimática *in vivo* [156], à sua boa estabilidade e à habilidade de controlar a liberação de drogas encapsuladas. No entanto, estes dispositivos apresentam como principal limitação o fato de não interagirem de forma específica com células e proteínas, o que pode acarretar na acumulação da droga em outros tecidos, que não os de interesse [157,158]. Desta forma, observa-se que pesquisas têm sido dirigidas ao estudo da melhora do binômio tipo de carreador/velocidade de liberação das drogas [159], estendendo-se também à modificação da superfície das partículas [157], visando o aumento da seletividade de liberação da droga no tecido-alvo. Outras áreas em avaliação enfocam o aumento da capacidade de incorporação e liberação da droga, metodologias de produção em escala industrial, estudos *in vivo* da interação das partículas com o sangue, tecido-alvos e com órgãos específicos e estudos clínicos [159].

Diversas são as estratégias para a obtenção de partículas, destacando-se os métodos que envolvem gotejamento, a formação de emulsões, a operação de *spray drying* e o uso de fluidos supercríticos seguidos por métodos de reticulação covalente, iônica e que envolvem também a complexação de polieletrólitos [159], como pode ser observado na Tabela 2.3. Dentre os polímeros mais usados na formação de partículas via reticulação covalente destaca-se a quitosana, sendo o glutaraldeído o principal agente reticulante deste polímero. No entanto, este agente reticulante tem sido substituído por compostos tais como ácido málico, tartárico, cítrico, di e tricarboxílicos, que apresentam menor toxicidade [159]. Gupta e Kumar [183] usaram tal abordagem para produzir micropartículas de quitosana reticuladas com glutaraldeído incorporando uma potente droga anti-inflamatória, o diclofenaco de sódio, que apresenta ação analgésica e antipirética. Estudos de liberação da droga em diferentes condições de pH demonstram que em pH neutro, observa-se menor liberação da droga quando comparada à liberação da droga em pH 2,0, notando-se também diferentes perfis de intumescimento do dispositivo.

Na técnica de reticulação iônica comumente usada na formação de partículas observa-se que as condições brandas de preparação de partículas aliadas às metodologias relativamente simples têm ampliado muito o uso deste método. Dentre os poliânions mais utilizados destaca-se o cloreto de cálcio como o agente reticulante mais amplamente usado quando se faz uso de polissacarídeos carregados negativamente. Tal abordagem foi eficientemente utilizada visando a aplicação na formação de partículas de alginato para vacinação de peixes por via oral, partículas estas produzidas por emulsão seguida de reticulação com cloreto de cálcio incorporando *Aeromonas hydrophila* [161] e *Flavobacterium columnare* [165] inativadas. Tais dispositivos foram produzidos visando incorporar e proteger os antígenos das condições adversas do trato gastrointestinal de tilápias do Nilo. No primeiro trabalho, as partículas produzidas apresentaram diâmetros da ordem de 50 µm, com eficiência de incorporação de até 100%. Já no segundo estudo, observou-se que partículas de até 35 µm foram efetivamente produzidas, como pode ser observado na Figura 2.6, sendo estáveis em uma faixa de pH de 2 a 9, por até 12 horas. A associação da reticulação iônica ao processamento por *spray-dryer* pode resultar na produção de partículas ainda menores, da ordem de 10 µm [173]. Tais dispositivos foram capazes de incorporar albumina de soro bovino com eficiência de 76% e de 29% para a bacitracina, tendo características apropriadas para o uso na administração de drogas por rota pulmonar.

Partículas de quitosana contendo antioxidantes polifenólicos como a catequina foram produzidas através da reticulação com tripolifosfato de sódio [185]. Forte tendência de agregação foi observada quando as partículas foram liofilizadas, no entanto, análises de calorimetria exploratória diferencial (DSC) e espectroscopia no infravermelho (FTIR) indicaram a presença de fracas interações estruturais entre a droga e a matriz da quitosana. Apesar disso, a eficiência de incorporação foi considerada satisfatória, entre 27 a 40%, obtendo-se partículas cujos tamanhos variaram de 4 para 6 µm ao se incorporar o agente ativo. Os estudos de liberação da droga em condições simulando as do trato gastrointestinal mostraram forte dependência das interações entre a droga e a matriz, visto que a quantidade de droga liberada máxima foi de 40%.

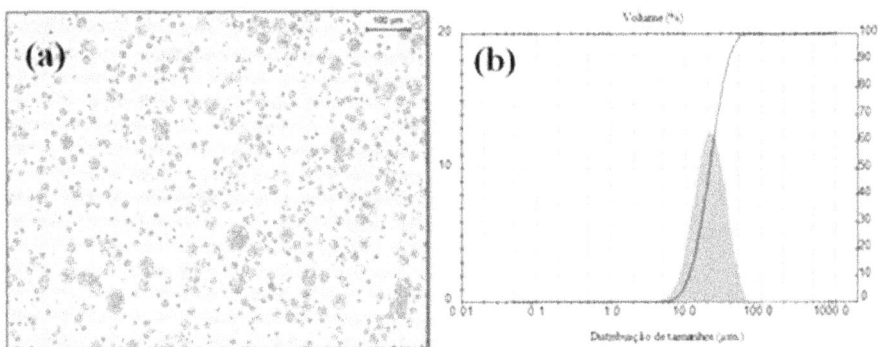

**Figura 2.6.** Aspecto morfológico típico de partículas de alginato contendo *Flavobacterium columnare* formadas através do método de emulsão (a) e o perfil típico de distribuição de tamanhos destas partículas (b) [48]

Partículas de polissacarídeos também podem ser obtidas com sucesso pela técnica de complexação de polieletrólitos, em que se observa a interação eletrostática intermolecular de polímeros de carga oposta, sendo que a formação destas matrizes é restrita ao uso de polímeros solúveis em água. Lucinda-Silva *et al.* [174] fizeram uso de tal estratégia para produzir cápsulas de alginato e quitosana contendo triancilona para ser administrada na região do cólon. Tais partículas apresentaram diâmetros de aproximadamente 1,6 mm, com baixo grau de intumescimento e pouca liberação da droga em pH 1,2. Por outro lado, quando em pH neutro, o grau de intumescimento foi muito maior, observando-se erosão do dispositivo, com liberação total da droga dentro de 6 horas. Curiosamente, ensaios *in vivo* mostraram que as partículas passaram praticamente intactas pela região do estômago, não se verificando a mesma taxa de intumescimento observada nos ensaios *in vitro*.

O efeito da massa molar da quitosana na formação de nanopartículas de 70,6 nm pelo método de complexação foi demonstrado através do trabalho de Yang e Hon [187]. Observou-se que o diâmetro das nanopartículas diminuiu à medida que os valores de viscosidade da solução polimérica também foram reduzidos. Apesar disso, foi possível incorporar o composto em estudo (fluorouracil) com eficiência de até 66%. Similarmente, pode-se também realizar a formação de partículas de alginato pela complexação

99

simultânea com quitosana para a incorporação de ácido 5-aminosalicílico [191]. A quitosana apresentou forte tendência de se alojar predominantemente na parede externa das partículas, enquanto que o alginato apresentou uma distribuição mais homogênea na estrutura da matriz formada. Estudos de liberação *in vitro* em condições simuladas relativas ao pH, quantidade de sal e enzimas *in vivo* produziram expoentes difusionais da equação de liberação exponencial anômalo, ou seja, não Fickiano, para o transporte da droga liberada.

A estratégia de coacervação simultânea de polissacarídeos foi já também empregada para a complexação de quitosana e pectina, visando à incorporação de triamcinolone, observando-se que a droga não foi prematuramente liberada no meio [193]. A adição de polímeros gástrico-resistentes como o ftalato de hidroxipropilmetil celulose e ftalato acetato de celulose resulta em alto controle da liberação da droga no meio (1,33%), enquanto que para partículas formadas sem o uso destes componentes verifica-se maior liberação da droga (45,52%), em pH ácido, após duas horas.

Com base em tais resultados, nota-se o crescente emprego de polissacarídeos na formação de dispositivos nano e microparticulados incorporando diferentes ativos usados nas mais variadas rotas de administração, o que dá ainda maior sustentação à possibilidade de uso comercial destes sistemas.

**Tabela 2.3.** Estratégias de obtenção e características de sistemas particulados à base de polissacarídeos incorporando agentes bioativos.

| Polissacarídeo | Método de obtenção das partículas | Agente ativo | Eficiência de incorporação (%) | Diâmetro (um) | Referência |
|---|---|---|---|---|---|
| Alginato | Emulsão seguida de gelificação com CaCl$_2$ | BSA ou BSA marcada com FITC | 70-100 | 13 | 160 |
| | | *Aeromonas hydrophila* inativada | 100 | 50 | 161 |
| | | Óleo de açafrão | 0,78-10 | 0,263-0,677 | 162 |
| | | Isoniazida | 91 | 1-14 | 163 |
| | | Paclitaxel | 35-61 | 5 | 164 |
| | | *Flavobacterium columnare* inativado | 99 | 35 | 165 |
| | | Lactoglobulina | NM | 2000 | 166 |
| | Emulsão seguida de reticulação de alginato pelos métodos de ajuste interno e difusão com CaCO$_3$ | - | - | 75-547 | 167 |
| | Gotejamento seguido de gelificação ionotrópica com CaCl$_2$ | Sulfonato de poliestireno de sódio | 2 | 1000-2000 | 168 |
| | | Íons metálicos | NM | 1200-3000 | 169 |
| | | Óleo de girassol | NM | 3000 | 170 |
| | Gelificação ionotrópica com CaCl$_2$ seguida de reticulação com poli-L-lisina | Oligonucleotídeo | 33-49 | 0,13-143 | 171 |
| | Spray drying | Trandrolapril | NM | - | 172 |
| | | BSA e bacitracina | 76 (BSA) e 29 (bacitracina) | 8 | 173 |
| Alginato/Quitosana | Coacervação complexa e gelificação ionotrópica com CaCl$_2$ | Triancilona | 5-40 | 1600 | 174 |
| Pectina | Gotejamento seguido de reticulação com NaOH | Hesperidina | NM | - | 175 |
| | Emulsão seguida de reticulação com CaCl$_2$ | Diclofenaco de sódio | 63-80 | 1000-2000 | 176 |
| | Tratamento térmico de complexos eletrostáticos proteína/polissacarídeo | β-lactoglobulin | NM | - | 177 |
| | Complexação por interação eletrostática em emulsão | Lactoferrina | NM | 0,110 | 178 |
| Pectina | Gotejamento de pectina tiolada seguido de gelificação ionotrópica com MgCl$_2$ | Maleato de timolol | 94% | 0,237 | 88 |

**Tabela 2.3.** Estratégias de obtenção e características de sistemas particulados à base de polissacarídeos incorporando agentes bioativos (continuação).

| Polissacarídeo | Método de obtenção das partículas | Agente ativo | Eficiência de incorporação (%) | Diâmetro (um) | Referência |
|---|---|---|---|---|---|
| Pectina/Quitosana | Reticulação com $CaCl_2$ e recobrimento com quitosana por gotejamento | Indometacina e sulfametoxazol | 82–98 para a indometacina e 67 e 82 para o sulfametoxazol | 2000 | 179 |
| | Gotejamento e reticulação com quitosana e $CaCl_2$ | BSA | NM | - | 180 |
| Pectina/Alginato/ Quitosana | Gotejamento seguido de reticulação com $CaCl_2$ ou tripolifosfato de sódio | BSA | 18-52 | 200 | 181 |
| Pectina | Tratamento térmico de complexos eletrostáticos proteína/polissacarídeo | β-lactoglobulina | NM | 0,1-0,43 | 182 |
| Pectina/Quitosana | Gotejamento seguido de reticulação com zinco | Resveratrol | 96-98 | - | 80 |
| | Gotejamento e reticulação com NaOH e glutaraldeído | Diclofenaco de sódio | NM | 100-500 | 183 |
| | Coacervação complexa com NaOH | DNA plasmidial marcado com proteína verde fluorescente | NM | 0,1-0,3 | 184 |
| Quitosana | Emulsão seguida de gelificação com tripolifosfato de sódio | Antioxidantes polifenólicos | 27-40 | 1-7 | 185 |
| | *Spray-drying* | Sulfato de terbutalina | NM | 4-8 | 186 |
| | Emulsão acoplada a reticulação com tripolifosfato de sódio | Fluorouracil | 28-66 | 0,07-0,11 | 187 |
| Quitosana/Ácido hialurônico | Evaporação do solvente | Gentamicina | 13-46 | 20-30 | 188 |
| | Extrusão | Sulfatiazol | NM | 1000-2000 | 189 |
| Quitosana/Alginato | Precipitação/coacervação | Ovalbumina | 40-80 | 0,64-0,96 | 190 |
| | *Spray-drying* associado com complexação/ gelificação com $CaCl_2$ | Ácido 5-aminossalicílico | 55-76 | 6-8 | 191 |
| Quitosana/ Hidroxipropilmeticelulose | *Spray-drying* | Ácido 5-aminossalicílico | NM | - | 192 |
| Quitosana/Pectina | Coacervação complexa | - | NM | 2000 | 193 |
| Quitosana/Ácido metacrílico | Gotejamento seguido de reticulação com tripolifosfato de sódio | Paclitaxel | 16 | - | 194 |
| Quitosana/Argila | Sonicação e liofilização | Cloridrato doxorrubicina | 75-79 | 0,15 | 195 |
| Quitosana/Poli ácido lático | Evaporação do solvente | Paclitaxel | 25 | - | 196 |
| Quitosana/Ciclodextrina | Emulsão seguida de gelificação com NaOH | Cloridrato doxorrubicina | 67 | - | 197 |

BSA - Albumina de soro bovina; FITC: isoticianato de fluoroceína; NM: não mencionado.

102

## 2.4. Considerações finais

Os biomateriais modernos estão evoluindo rapidamente: de simples implantes a dispositivos mais complexos, que não apenas desempenham papéis estruturais e mecânicos no corpo, mas também podem interagir com ele, e até mesmo direcionar a resposta fisiológica em relação a determinada deficiência. Esta grande evolução deve-se, em parte, ao ganho de conhecimento sobre o corpo humano ao nível celular, em particular, sobre as interações dos tecidos com diferentes materiais [198].

Apesar dos avanços obtidos no campo dos biomateriais, grande parte dos produtos desenvolvidos em laboratório ainda não são produzidos em larga escala. Para este fim, a comunicação interdisciplinar entre diferentes campos do conhecimento aparentemente não relacionados deve ser ainda mais intensificada [1].

Além disso, a história da indústria dos biomateriais mostra que o fornecimento de produtos eficazes não é suficiente para garantir sucesso comercial. Além de bom desempenho clínico, a complexidade do dispositivo deve ser a mínima possível, de modo a diminuir os custos de produção e a relação custo-benefício [7].

No futuro, o desenvolvimento destes materiais, em particular os oriundos de polissacarídeos, abrirá ainda novas perspectivas de aplicação devido às suas propriedades específicas como renovabilidade, biodegradabilidade e, em alguns casos, atividade biológica [11].

## 2.5. Bibliografia

[1] S. C. G. Leeuwenburgh, J. A. Jansen, J. Malda, W. A. Dhert, J. Rouwkema, C. A. van Blitterswijk, C. J. Kirkpatrick, D. F. Williams, Biomaterials. 2008, 29, 3047-3052.

[2] D. F. Williams, Biomaterials. 2009, 30, 5897-5909.

[3] J. B. Park, J. D. Bronzino, Biomaterials: Principles and applications, CRC Press: Boca Raton, Florida, EUA, 2003.

[4] B. D. Ratner, A. S. Hoffman, F. J. Schoen, J. E. Lemons, Biomaterials science - an introduction to materials in medicine. Academic Press: San Diego, California, EUA, 1996.

[5] B. D. Ratner, A. S. Hoffman, F. J. Schoen, J. Lemons, Biomaterials science, 2nd Edition. Elsevier Academic Press: San Diego, California, EUA, 2004.

[6] Markets and Markets. Global biomaterials market (2010-2015), 2011 (disponível em www.marketsandmarkets.com. Último acesso em 05/09/2012).

[7] E. S. Place, N. D. Evans, M. M. Stevens, Nat. Mater. 2009, 8, 457-470.

[8] M. J. Lysaght, A. Jaklenec, E. Deweerd, Tissue Eng. Part A. 2008, 14(2), 305-315.

[9] Y. Habibi, L. A. Lucia, Polysaccharide building blocks. A sustainable approach to the development of renewable biomaterials, John Wiley & Sons: Hoboken, New Jersey, EUA, 2012.

[10] T. H. Silva, A. Alves, B. M. Ferreira, J. M. Oliveira, L. L. Reys, R. J. F. Ferreira, R. A. Sousa, S. S. Silva, J. F. Mano, R. L. Reis, Int. Mater. Rev. 2012, 57(5), 276-306.

[11] M. Rinaudo, Polym. Int. 2008, 57, 397-430.

[12] Z. Liu, Y. Jiao, Y. Wang, C. Zhou, Z. Zhang, Adv. Drug Delivery Rev. 2008, 60, 1650–1662.

[13] P. B. Malafaya, G. A. Silva, R. L. Reis, Adv. Drug Delivery Rev. 2007, 59, 207-233.

[14] L. Yang , L. M. Zhang, Carbohydr. Polym. 2009, 76, 349-361.

[15] M. Rinaudo, Macromol. Symp. 2006, 245–246, 549–557.

[16] J. K. F. Suh, H. W. T. Matthew, Biomaterials. 2000, 21, 2589-2598.

[17] K. M. Manjanna, T. M. P. Kumar, B. Shivakumar, Int. J. Chem. Tech. Res. 2010, 2(1), 509-525.

[18] A. M. A. Dias, M. E. M. Braga, I. J. Seabra, H. C. de Sousa, In: R. M. N. Jorge, J. M. R. S. Tavares, M. P. Barbosa, A. P. Slade, Lecture notes in computational vision and biomechanics. Technologies for medical sciences. Volume 1. Springer, 2012.

[19] M. Bhamidipati, A. M. Scurto, M. S. Detamore, Tissue Eng. Pt. B-Rev. 2013, 19(3), 221-232.

[20] R. A. A. Muzzarelli, Natural chelating polymers: Alginic acid, chitin and chitosan, Pergamon Press Ltda: Oxford, 1973.

[21] R. Jayakumar, M. Prabaharan, P. T. Sudheesh Kumar, S. V. Nair, H. Tamura, Biotechnol. Adv. 2011, 29, 322–337.

[22] C. Chatelet, O. Damour, A. Domard, Biomaterials. 2001, 22, 261-268.

[23] M. L. Alves da Silva, A. Crawford, J. M. Mundy, V. M. Correlo, P. Sol, M. Bhattacharya, P. V. Hatton, R. L. Reis, N. M. Neves, Acta Biomater. 2010, 6, 1149-1157.

[24] C. Wiegand, U. C. Hipler, Macromol. Symp. 2010, 294-II, 1-13.

[25] G. R. Ragetly, D. J. Griffon, H. B. Lee, L. P. Fredericks, W. Gordon-Evans, Y. S. Chung, Acta Biomater. 2010, 6, 1430-1436.

[26] D. W. Kimmel, G. LeBlanc, M. E. Meschievitz, D. E. Cliffel, Anal. Chem. 2012, 84, 685–707.

[27] R. A. A. Muzzarelli, F. Greco, A. Busilacchi, V. Sollazzo, A. Gigante, Carbohydr. Polym. 2012, 89, 723-739.

[28] W. Paul, C. P. Sharma, Trends Biomater. Artif. Organs. 2004, 18, 18-23.

[29] M. N. V. R. Kumar, React. Funct. Polym. 2000, 46, 1-27.

[30] Y. Kikuchi, H. Fukuda, Makromol. Chem. 1974, 175, 3593-3596.

[31] H. Fukuda, Y. Kikuchi, Bull. Chemical Soc. Japan. 1978, 51, 1142-1144.

[32] L. Wang, E. Khor, A. Wee, L.Y. Lim, J. Biomed. Mater. Res. 2002, 63, 610-618.

[33] H. L. Lai, A. Abu'khalil, D. Q. M. Craig, Int. J. Pharm. 2003, 251, 175-181.

[34] M. George, T. E. Abraham, J. Controlled Release. 2006, 114,1-14.

[35] A. P. Rodrigues, E. M. S. Sanchez, A. C. Costa, A. M. Moraes, J. Appl. Polym. Sci. 2008, 109, 2703-2710.

[36] C. Z. Bueno, A. M. Moraes, J. Appl. Polym. Sci. 2011, 122, 624-631.

[37] Y. Wan, Q. Wu, S. Wang, S. Zhang, Z. Hu, Macromol. Mater. Eng. 2007, 292, E598-E607.

[38] Z. She, C. Jin, Z. Huang, B. Zhang, Q. Feng, V. Xu, J. Mater. Sci.: Mater. Med. 2008, 19, E3545-E3553.

[39] Y. Yin, Z. Li, Y. Sun, K. Yao, J. Mater. Sci. 2005, 40, E4649-E4652.

[40] A. F. Eftaiha, M. I. El-Barghouthi, I. S. Rashid, M. M. Al-Remawi, J. Mater. Sci. 2009, 44, 1054-1062.

[41] I. G. Veiga, A. M. Moraes, J. Appl. Polym. Sci. 2012, 124, E154-E160.

[42] M. Z. Bellini, A. L. R. Pires, M. O. Vasconcelos, A. M. Moraes, Appl. Polym. Sci. 2012, 125, E421-E431.

[43] T. Jiang, S. P. Nukavarapu, M. Deng, E. Jabbarzadeh, M. D. Kofron, S. B. Doty, W. I. Abdel-Fattah, C. T. Laurencin, Acta Biomater. 2010, 6, 3457-3470.

[44] C. L. Salgado, E. M. S. Sanchez, J. F. Mano, A. M. Moraes, J. Mater. Sci. 2012, 47, 659--667.

[45] T. Coviello, P. Matricardi, C. Marianecci, F. Alhaique, J. Controlled Release. 2007, 119, 5–24.

[46] C. H. Goh, P. W. S. Heng, L. W. Chan, Carbohydr. Polym. 2012, 88, 1–12.

[47] H. Y. Kawaguti; H. H. Sato, Quim. Nova 2008, 31, 134-143.

[48] P. S. C. Sacchetin, Incorporação de Flavobacterium columnare inativado em micropartículas de alginato e quitosana para a imunização de tilápia do Nilo (Oreochromis niloticus) por via oral. Faculdade de Engenharia Química, Universidade Estadual de Campinas, 2009.

[49] R. Censi, P. Di Martino, T. Vermonden, W. E. Hennink, J. Controlled Release. 2012, 161, 680-692.

[50] J. L. Drury, D. J. Mooney, Biomaterials. 2003, 24, 4337–4351.

[51] M. Hartmanna, M. Dentinib, K. I. Drageta, G. Skjåk-Bræk, Carbohydrate Polymers 2006, 63, 257–262.

[52] M. T. Cook, G. Tzortzis, D. Charalampopoulos, V. V. Khutoryanskiy, J. Controlled Release. 2012, 162, 56–67.

[53] C. A. García-González, M. Alnaief, I. Smirnova, Carbohydr. Polym. 2011, 86, 1425– 1438.

[54] K. Y. Lee, D. J. Mooney, Prog. Polym. Sci. 2012, 37, 106–126.

[55] D. Poncelet, V. Babak, C. Dulieu, A. Picot, Colloid Surface A. 1999, 155, 171-176.

[56] K. Y. Lee, S. H. Yuk, Prog. Polym. Sci. 2007, 32, 669–697.

[57] S. Y. Rabbany, J. Pastore, M. Yamamoto, T. Miller, S. Rafii, R. Aras, M. Penn, Cell Transplant. 2010, 19, 399-408.

[58] C. Wiegand, T. Heinze, U.C. Hipler, Wound Repair Regener. 2009, 17, 511-521.

[59] S. M. Jay, W. M. Saltzman, J. Controlled Release. 2009, 134, 26-34.

[60] C. H. Chang, Y. H. Lin, C. L. Yeh, Y. C. Chen, S. F. Chiou, Y. M. Hsu, Y. S. Chen, C. C. Wang, Biomacromol. 2010, 11, 133-142.

[61] A. Bejenariu, M. Popa, D.L. Cerf, L. Picton, Polym. Bull. 2008, 61, 631–641.

[62] C. R. R. Carignatto, K. S. M. Oliveira, V. M. G. Lima, P. Oliva-Neto, Indian J. Microbiol. 2011, 51(3), 283-288.

[63] S. Rosalam, R. England, Enz. Microb. Technol. 2006, 39, 197-207.

[64] A. B. Rodd, D. E. Dunstan, S. B. Ross-Murphy, D. V. Boger, Rheologica Acta. 2001, 40, 23-29.

[65] F. García-Ochoa, V. E. Santos, J. A. Casas, E. Gómez, Biotechnol. Adv. 2000, 18, 549-579.

[66] P. E. Jansson, L. Kenne, B. Lindberg, Carbohydr. Res. 1975, 45, 275-282.

[67] J. D. Stankowski, B. E. Mueller, S. G. Zeller, Carbohydr. Res. 1993, 241, 321-326.

[68] C. J. Chiou, L. P. Tseng, M. C. Deng, P. R. Jiang, S. L. Tasi, T. W. Chung, Y. Y. Huang, D. Z. Liu, Biomaterials. 2009, 30, 5862-5868.

[69] H. Santos, F. Veiga, M. E. Pina, J. J. Sousa, Euro. J. Pharm. Sci. 2004, 21, 271-281.

[70] C. W. Vendruscolo, I. F. Andreazza, J. L. Ganter, C. Ferrero, T. M. Bresolin, Int. J. Pharm. 2005, 296, 1-11.

[71] A. Ludwig, Adv. Drug Delivery Rev. 2005, 57, 1595-1639.

[72] J. Ceulemans, I. Vinckier, A. Ludwig, J. Pharm. Sci. 2002, 91, 1117-1127.

[73] A. S. Kumar, K. Mody, B. Jha, J. Basic Microbiol. 2007, 47, 103-117.

[74] G. A. Silva, P. Ducheyne, R. L. Reis, J. Tissue Eng. Regen. Med. 2007, 1, 4-24.

[75] N. Popa, O. Novac, L. Profire, C. E. Lupusoru, M. I. Popa, J. Mater Sci.: Mater. Med. 2010, 21, 1241-1248.

[76] A. Takeuchi, Y. Kamiryou, H. Yamada, M. Eto, K. Shibata, K. Haruna, S. Naito, Y. Yoshikai, Int. Immunopharm. 2009, 9, 1562-1567.

[77] A. Fellah, P. Anjukandi, M. R. Waterland, M. A. K. Williams, Carbohydr. Polym. 2009, 78, 847-853.

[78] F. Munarim, M.C. Tanzi, P. Petrini, Int. J. Biol. Macromol. 2012, 51, 681-689.

[79] P. Sriamornsak, Silpakorn Univ. Inter. J. 2003, 3, 206-228.

[80] S. Das, A. Chaudhury, K. Y. Ng, J. Pharm. 2011, 406, 11-20.

[81] C. Dhalleine, A. Assifaoui, B. Moulari, Y. Pellequer, P. Cayot, A. Lamprecht, O. Chambin, Int. J. Pharm. 2011, 414, 28-34.

[82] M. Saravanan, K. P. Rao, Carbohydr. Polym. 2010, 80, 808–816.

[83] P. Coimbra, P. Ferreira, H. C. de Sousa, P. Batista, M. A. Rodrigues, M. H. Gil, Int. J. Biol. Macromol. 2011, 48, 112-118.

[84] A. Plewa, W. Niemiec, J. Filipowska, A. M. Osyczka, R. Lach, K. Szczubiałka, M. Nowakowska, Eur. Polym. J. 2011, 47, 1503-1513.

[85] X. Ma, R. Wei, J. Cheng, J. Cai, J. Zhou, Carbohydr. Polym. 2011, 86, 313-319.

[86] F. Munarim, P. Petrini, M.C. Tanzi, M. A. Barbosa, P. L. Granja, Soft Matter. 2012, 8, 4731-4739.

[87] B. Luppi, F. Bigucci, A. Abruzzo, G. Corace, T. Cerchiara, V. Zecchi, Eur. J. Pharm. Biopharm. 2010, 75, 381-387.

[88] R. Sharma, M. Ahuja, H. Kaur, Carbohydr. Polym. 2012, 87, 1606-1610.

[89] A. Ghaffari, K. Navaee, M. Oskoui, K. Bayati, M. Rafiee-Tehrani, Eur. J. Pharm. Biopharm. 2007, 67, 175-186.

[90] E. Hagesaether, M. Hiorth, S. A. Sande, Eur. J. Pharm. Biopharm. 2009, 71, 325-331.

[91] V. V. Glinsky, A. Raz, Carbohydr. Res. 2009, 344, 1788-1791.

[92] N. Lavoine, I. Desloges, A. Dufresne, J. Bras. Carbohydr. Polym. 2012, 90, 735-764.

[93] A. Burd, L. Huang, Carbohydrates and cutaneous wound healing. In. II. G. Garg, M. K. Cowman, C. A. Hales, Carbohydrate chemistry, biology and medical applications. Elsevier Ltd., Amsterdam, 2008.

[94] S. Dumitriu, Polymeric biomaterials, Marcel Dekker, Inc.: New York, 2002.

[95] W. Y. J. Chen, G. Abatangelo, Wound Rep. Reg. 1999, 7, 79-89.

[96] M. Milas, M. Rinaudo, Characterization and properties of Hyaluronic Acid (Hyaluronan). In: S. Dumitriu. Polysaccharides structural diversity and functional versatility, Marcel Dekker, Inc.: New York, 2005.

[97] A.W.S. Rutjes, P. Jüni, B.R. da Costa, S. Trelle, E. Nüesch, and S. Reichenbach, Ann. Intern. Med. 2012, 157, 180-191.

[98] R. D. Price, M. G. Berry, H. A. Navsaria, J. Plast. Reconstr. Aesthet. Surg. 2007, 60, 1110-1119.

[99] C. J. Knill, J. F. Kennedy, Starch: commercial sources and derived products In: S. Dumitriu. Polysaccharides structural diversity and functional versatility, Marcel Dekker, Inc.: New York, 2005.

[100] A. Rodrigues, M. Emeje, Carbohydr. Polym. 2012, 87, 987-994.

[101] I. Pashkuleva, P. M. López-Pérez, H. S. Azevedo, R. L. Reis, Mater. Sci. Eng. C. 2010, 30, 981-989.

[102] H. Y. Cheung, K. T. Lau, T. P. Lu, D. Hui, Compos. Part B. 2007, 38, 291-300.

[103] S. M. Willerth, S. E. Sakiyama-Elbert, Combining stem cells and biomaterial scaffolds for constructing tissues and cell delivery, The Stem Cell Research Community, StemBook, ed. 2008.

[104] S. Keppeler, A. Ellis, J.C. Jacquier, Carbohydr. Polym. 2009, 78, 973-977.

[105] A. C. Pinheiro, A. I. Bourbon, M. A.C. Quintas, M. A. Coimbra, A. A. Vicente, Innov. Food. Sci. Emerg. 2012, 16, 227-232.

[106] S. Wittaya-Areekul, C. Prahsarn, Int. J. Pharm. 2006, 313, 123-128.

[107] L. Wang, E. Khor, L.Y. Lim, J. Pharm. Sci. 2001, 90, 1134-1142.

[108] D. M. Wang, C. Y. Wang, C.Y. Chu, H. M. Yeh, AICHE Journal. 2000, 46, 2383-2394.

[109] T. Garg, O. Singh, S. Arora, R. S. R. Murthy, Crit. Rev. Ther. Drug. 2012, 29, 1-63.

[110] R. Krishnan, R. Rajeswari, J. Venugopal, S. Sundarrajan, R. Sridhar, M. Shayanti, S. Ramakrishna, J. Mater. Sci. 2012, 23, 1511-1519.

[111] K. Murakami, H. Aoki, S. Nakamura, M. Takikawa, M. Hanzawa, S. Kishimoto, H. Hattori, Y. Tanaka, T. Kiyosawa, Y. Sato, M. Ishihara, Biomaterials. 2010, 31, 83-90.

[112] C. Yang, L. Xu, Y. Zhou, X. Zhang, X. Huang, M. Wang, M. Zhai, S. Wei, J. Li, Carbohydr. Polym. 2010, 82, 1297-1305.

[113] R. A. A. Muzzarelli, Carbohydr. Polym. 2009, 76, 167-182.

[114] I. O. Smith, X. H. Liu, P. X. Ma, WIREs Nanomed. Nanobiotechnol. 2009, 1, 226-236.

[115] Y. Hou, C. A. Schoener, K. R. Regan, D. Munoz-Pinto, M. S. Hahn, M. A. Grunlan, Biomacromol. 2010, 11, 648-656.

[116] C. Liu, Z. Xia, J. T. Czernuska, Chem. Eng. Res. Des. 2007, 85, 1051-1064.

[117] A. R. C. Duarte, V. E. Santo, A. Alves, S. S. Silva, J. Moreira-Silva, T. H. Silva, A. P. Marques, R. A. Sousa, M. E. Gomes, J. F. Mano, R. L. Reis, J. Supercrit. Fluids. 2013, 79, 177-185.

[118] E. Reverchon, S. Cardea, J. Supercrit. Fluids. 2012, 69, 97-107.

[119] S. H. Barbanti, C. A. C. Zavaglia, E. A. R. Duek, Polímeros: Ciência e tecnologia. 2005, 15(1), 13-21.

[120] D. W. Hutmacher, Biomaterials. 2000, 21, 2529-2543.

[121] G. S. Macleod, J. H. Collett, J. T. Fell, J. Controlled Release 1999, 58, 303–310.

[122] Y. Kikuchi, A. Noda, J. Appl. Polym. Sci. 1976, 20, 2561-2563.

[123] Y. Ikada, In: S. Dumitriu. Polysaccharides in medical applications. Ed. Marcel Dekker, New York, 1996.

[124] Y. Kuo, C. Yeh, J. Yang, Biomaterials. 2009, 30, 6604–6613.

[125] J. Liuyun, L. Yubao, X. Chengdong, J. Biomed. Sci. 2009,16, 1-10.

[126] L. Jiang, Y. Li, X. Wang, L. Zhang, J. Wen, M. Gong, Carbohydr. Polym. 2008, 74, 680–684.

[127] C. R. Correia, L. S. Moreira-Teixeira, L. M. R. L. Reis, C. A. van Blitterswijk, M. Karperien, J. F. Mano, Tissue Eng. C. 2011, 17, 717-730.

[128] Y. C. Kuo, Y. R. Hsu, J. Biomed. Mater. Res. A. 2009, 91A, 277-287.

[129] E. Zakhem, S. Raghavan, R. Glimont, K. Bitar, Biomaterials. 2012, 33, 4810-4817.

[130] T. Yang, Int. J. Mol. Sci. 2011, 12, 1936-1963.

[131] K. Y. Chen, W. J. Liao, S. M. Kuo, F. J. Tsai, Y. S. Chen, C. Y. Huang, C. H. Yao, Biomacromol. 2009, 10, E1642-E1649.

[132] S. R. Pajoum-Shariati, M. A. Shokrgozar, M. Vossoughi, A. Eslamifar, Iran Biomed. J. 2009, 13(3), 169-177.

[133] H. Liu, J. Mao, G. Yao, L. Cui, Y. Cao, J. Biomat. Sci. Polymer Ed. 2004, 15(1), 25-40.

[134] J. Ma, H. Wang, B. He, J. Chen, Biomaterials. 2001, 22, 331-336.

[135] L. Ma, C. Gao, Z. Mao, J. Zhou, J. Shen, X. Hu, C. Han, Biomaterials. 2003, 24, 4833-4841.

[136] H. Silva Junior, R. Borojevic, In: A. M. Moraes, E. F. P. Augusto, J. R. Castilho (Eds) Tecnologia do cultivo de células animais: de biofármacos a terapia gênica. Editora Roca, São Paulo, 2008.

[137] N. M. Paulo, M. S. B. Silva, A. M. Moraes, A. P. Rodrigues, L. B. Menezes, M. P. Miguel, F. G. Lima, A. M. Faria, M. L. Lima, J. Biomed. Mater. Res. B. 2009, 91B, 221-227.

[138] T. Ito, Y. Yeo, C. B. Highley, E. Bellas, C. Benitez, D. S. Kohane, Biomaterials. 2007, 28(6), 975-983.

[139] G. DiZerega, J. D. Campeau, Human Reprod. 2001, 7(6), 547-555.

[140] H. M. Atta, World J. Gastroenterol. 2011, 17, 5049-5058.

[141] Y. Yeo, D. Kohane, Eur. J. Pharm. Biopharm. 2008, 68(1), 57-66.

[142] J. Bae, K. Jim, K. Jang, J. Vet. Med. Sci. 2004, 66(10), 1205-1211.

[143] M. P. J. Reijnen, E.M. Skrabut, V. A. Postma, H. V. Goor, J. Surg. Res. 2001, 101(2), 248-253.

[144] Z. Zhang, S. Xu, X. Zhou, World J. Gastroenterol. 2006, 12(28), 4572-4577.

[145] J. Zhou, C. Elson, T. D. G. Lee, Surgery. 2004, 135(3), 307-312.

[146] D. Al-Musawi, J. N. Thompson, Gynaecol. Endosc. 2001, 10, 123-130.

[147] T. Liakakos, N. Thomakos, P. M. Fine, C. Dervenis, R. L. Young, Dig. Surg. 2001, 18, 260-273.

[148] G. Bajaj, M.R. Kim, S.I. Mohammed, Y. Yeo, J. Controlled Release. 2012, 158(3), 386-392.

[149] Y. Yeo, T. Ito, L. Dallas, C.D. Highley, R. Marini, D. C. Kohane, Ann. Surg. 2007, 245(5), 819-824.

[150] X. Jia, G. Colombo, R. Padera, R. Langer, D.S. Kohane, Biomaterials. 2006, 25, 4797–4804.

[151] C. Wei, C. Hou, Q. Gu, L. Jiang, B. Zhu, A. Sheng, Biomaterials. 2009, 30, 5534-5540.

[152] J. Berger, M. Reist, J.M. Mayer, O. Felt, N.A. Peppas, R. Gurny, Eur. J. Pharm. Biopharm. 2004, 57, 19-34.

[153] R. Kennedy, D.J. Constain, W.C. McAlister, T.D.G. Lee, Surgery. 1996, 120(5), 866-870.

[154] P. R. M. Dallan, P. L. Moreira, L. Petinari, S. M. Malmonge, M. M. Beppu, S. C. Genari, A. M. Moraes, J. Biomed. Mater. Res. B. 2007, 80, 394-405.

[155] V. K. Vendra, L. Wu, S. Krishnan, Polymer thin films for biomedical applications. In: C. Kumar. Nanomaterials for the life sciences Vol.5: Nanostructured thin films and surfaces, Wiley-VCH, Weinheim, Germany, 2010.

[156] O. G. Jones, D. J. McClements, Adv. Colloid Interface Sci. 2011, 167, 49–62.

[157] C. Lemarchand, R. Gref, P. Couvreur, Eur. J. Pharm. Biopharm. 2004, 58, 327–341.

[158] M. R. Kulterer , V. E. Reichel , R. Kargl , S. Köstler , V. Sarbova, T. Heinze , K. Stana-Kleinschek, V. Ribitsch, Adv. Funct. Mater. 2012, 22, 1749–1758.

[159] K. H. Liu, T. Y. Liu, S. Y. Chen, D. M. Liu, Acta Biomater. 2008, 4, 1038–1045.

[160] M. Leonard, M. R. Boisseson, P. Hubert, F. Dalencon, E. Dellacherie, J. Controlled Release. 2004, 98, 395–405.

[161] P. Rodrigues, D. Hirsch, H. C. P. Figueiredo, P. V. R. Logato, A. M. Moraes, Process. Biochem. 2006, 41, 638-643.

[162] P. Lertsutthiwong, K. Noomun, N. Jongaroonngamsang, P. Rojsitthisak, U. Nimmannit, Carbohydr. Polym. 2008, 74, 209–214.

[163] R. Rastogi, Y. Sultana, M. Aqil, A. Ali, S. Kumar, K. Chuttani, A.K. Mishra, Int. J. Pharm. 2007, 334, 71–77.

[164] S. Alipour, H. Montaseric, M. Tafaghodia, Colloids Surf. B. 2010, 81, 521–529.

[165] P. S. C. Sacchetin, A. M. Moraes, C. A. G. Leal, H. C. P. Figueiredo, Quim. Nova. 2010, 33, 263-268.

[166] Y. Li, M. Hu, Y. Du, H. Xiao, D. J. McClements, Food Hydrocolloids. 2011, 25, 122-130.

[167] M. Alnaief, M. A. Alzaitoun, C. A. García-González, I. Smirnova, Carbohydr. Polym. 2011, 84, 1011-1018.

[168] I. Rousseau, D. Le Cerf, L. Picton, J. F. Argillier, G. Muller, Eur. Polym. J. 2004, 40, 2709-2715.

[169] R. Lagoa, J. R. Rodrigues, Biochem. Eng. J. 2009, 46, 320–326.

[170] C. Hoad, P. Rayment, V. Risse, E. Cox, E. Ciampi, S. Pregent, L. Marciani, M. Butler, R. Spiller, P. Gowland, Food Hydrocolloids. 2011, 25, 1190-1200.

[171] M. G. Ferreiro, L. Tillman, G. Hardee, R. Bodmeier, Int. J. Pharm. 2002, 239, 47–59.

[172] Z. Makai, J. Bajdik, I. Eros, K. Pintye-Hodi, Carbohydr. Polym. 2008, 74, 712–716.

[173] A. Schoubben, P. Blasi, S. Giovagnoli, C. Rossi, M. Ricci, Chem. Eng. J. 2010, 160, 363–369.

[174] R. M. Lucinda-Silva, H. R. N. Salgado, R. C. Evangelista, Carbohydr. Polym. 2010, 81, 260–268.

[175] N. Ben-Shalom, R. Pinto, Carbohydr. Polym. 1999, 38, 179-182.

[176] S. S. Badve, P. She, A. Korde, A. P. Pawar, Eur. J. Pharm. Biopharm. 2007, 65, 85–93.

[177] O. G. Jones, E. A. Decker, D. J. McClements, Food Hydrocolloids. 2009, 23, 1312–1321.

[178] C. Bengoechea, O. G. Jones, A. Guerrero, D. J. McClements, Food Hydrocolloids. 2011, 25, 1227-1232.

[179] O. Munjeri, J.H. Collett, J.T. Fell, J. Controlled Release. 1997, 46, 273–278.

[180] K. L. B. Chang, J. Lin, Carbohydr. Polym. 2000, 43, 163-169.

[181] C. Y. Yu, B. C. Yina, W. Zhang, S. X. Cheng, X. Z. Zhang, R. X Zhuo, Colloids Surf. B. 2009, 68, 245–249.

[182] O. Jones, E. A. Decker, D. J. McClements, Food Hydrocolloids. 2010, 24, 239–248.

[183] K. C. Gupta, M. N. V. R. Kumar, Biomaterials. 2000, 21, 1115-1119.

[184] X. Zhao, S. B. Yu, F. L. Wu, Z. B. Mao, C. L. Yu, J. Controlled Release. 2006, 112, 223–228.

[185] L. Zhang, S. L. Kosaraju, Eur. Polym. J. 2007, 43, 2956–2966.

[186] T. P. Learoyd, J. L. Burrows, E. French, P. C. Seville, Eur. J. Pharm. Biopharm. 2008, 68, 224–234.

[187] H. C. Yang, M. H. Hon, Microchem. J. 2009, 92, 87–91.

[188] S. T. Lim, B. Forbes, D. J. Berry, G. P. Martin, M. B. Brown, Int. J. Pharm. 2002, 231, 73–82.

[189] T. W. Wong, L. W. Chan, S. B. Kho, P. W. S. Heng, J. Controlled Release. 2002, 84, 99-114.

[190] O. Borges, G. Borchard, J. C. Verhoef, A. Sousa, H. E. Junginger, Int. J. Pharm. 2005, 299, 155–166.

[191] K. Mladenovska, R.S. Raicki, E.I. Janevik, T. Ristoski, M.J. Pavlova, Z. Kavrakovski, M.G. Dodov, K. Goracinova, Int. J. Pharm. 2007, 342, 124–136.

[192] J. Nunthanid, K. Huanbutta, M. Luangtana-anan, P. Sriamornsak, S. Limmatvapirat, S. Puttipipatkhachorn, Eur. J. Pharm. Biopharm. 2008, 68, 253–259.

[193] G. F. Oliveira, P. C. Ferrari, L. Q. Carvalho, R. C. Evangelista, Carbohydr. Polym. 2010, 82, 1004–1009.

[194] M. R. Saboktakin, R. M. Tabatabaee, A. Maharramov, M. A. Ramazanov, Carbohydr. Polym. 2010, 82, 466–471.

[195] Q. Yuan, J. Shah, S. Hein, R.D.K. Misra, Acta Biomater. 2010, 6, 1140–1148.

[196] R. Nanda, A. Sasmal, P.L. Nayak, Carbohydr. Polym. 2011, 83, 988–994.

[197] J. Wang, J. Y. Zong, D. Zhao, R. X. Zhuo, S. X. Cheng, Colloids Surf. B. 2011, 87, 198-202.

[198] V. Dusastre, Nat. Mater. 2009, 8, 439.

# CAPÍTULO 3. QUITOSANO COMO PLATAFORMA TECNOLÓGICA EN PRODUCTOS BIOFARMACÉUTICOS Y APLICACIONES DÉRMICAS

Carlos Peniche Covas, Liliam Becherán Marón

*Centro de Biomateriales (BIOMAT), Universidad de La Habana, La Habana, Cuba.*

*Instituto de Ciencia y Tecnologia de Materiales (IMRE), Universidad de La Habana, La Habana, Cuba.*

## Resumen:

El quitosano es un aminopolisacárido lineal presente en algunas especies de hongos. No obstante, el quitosano comercial se obtiene industrialmente por desacetilación extensiva de la quitina, polisacárido ampliamente distribuido en la naturaleza y segundo en abundancia después de la celulosa. En este capítulo se presentan brevemente los métodos de obtención de la quitina y el quitosano y se mencionan las técnicas comúnmente empleadas para determinar sus dos principales características: el grado de acetilación y el peso molecular, los cuales tienen gran incidencia en sus propiedades. Se describen sus propiedades fisicoquímicas (polímero semicristalino, soluble en disoluciones acuosas ácidas, policatiónico, acomplejante de iones metálicos, formador de complejos con polianiones) y biológicas (biocompatible, biodegradable, no-tóxico, mucoadhesivo, hemostático, inmunoadyuvante). Se muestra que por sus extraordinarias propiedades, el quitosano presenta múltiples aplicaciones en diversos campos: industrias del papel, textil y alimentaria, agricultura, cosmética, medicina y farmacia. En medicina, se hace especial énfasis en exponer las aplicaciones en el

DOI: http://dx.doi.org/10.14195/978-989-26-0881-5_3

tratamiento de heridas dérmicas y en la ingeniería de tejidos (reparación de cartílago, hueso y nervio periférico y la encapsulación celular). En farmacia, se revisan sus aplicaciones como excipiente en tabletas de compresión, películas, membranas e hidrogeles, sistemas micro y nanoparticulados, liposomas y dispositivos de liberación transdérmica.

**Palabras clave:** quitosano; heridas dérmicas; ingeniería de tejidos; hidrogeles; micropartículas; nanopartículas.

**Abstract:**
Chitosan is a linear aminopolysaccharide that occurs in some species of fungi. However, commercial chitosan is usually obtained industrially by extensive deacetylation of chitin, polysaccharide widely distributed in nature and second in abundance after cellulose. In the present chapter the methods for chitin and chitosan obtaining are briefly presented, and the commonly used techniques for evaluating the two main characteristics of chitosan: its molecular weight and deacetylation degree are summarized. These two characteristics have important incidence on the properties of chitosan. The physicochemical properties of chitosan (semi-crystalline polymer, soluble in dilute aqueous solutions, polycationic character, metal ions complexing polymer, complex formation with polyanions) and its biological properties (biocompatible, biodegradable, non-toxic, mucoadhesive, haemostatic, immunoadjuvant) are described. Due to its extraordinary properties chitosan exhibits multiple applications in diverse fields: paper, textile and food industries, agriculture, cosmetics, medicine and pharmacy. In medicine, special emphasis is made in reviewing chitosan applications in the treatment of dermal wounds and tissue engineering (cartilage, bone and peripheral nerve repairing and cell encapsulation). In pharmacy, its applications as excipient in compression tablets, films, membranes and hydrogels, micro and nanoparticulated systems, liposomes and transdermal release devices are reviewed.

**Keywords:** chitosan; dermal wounds; tissue engineering; hydrogels; microparticles; nanoparticles.

## 3.1. Introducción

El quitosano es un polisacárido lineal que se encuentra presente en cantidades significativas en algunos hongos tales como el *Mucor rouxii* (30 por ciento) y *Choanephora cucurbitarum* (28 por ciento), asociado a otros polisacáridos. Está compuesto por dos tipos de unidades estructurales distribuidas de manera aleatoria (distribución de Bernoulli) a lo largo de la cadena, la *N*-acetil-D-glucosamina (*N*-acetil-2-amino-2-desoxi-D-glucosa) y la D-glucosamina (2-amino-2-desoxi-D-glucosa), las cuales se encuentran unidas entre sí por enlaces glicosídicos del tipo β(1→4). En la Figura 3.1(a) se muestra la estructura de un quitosano totalmente desacetilado.

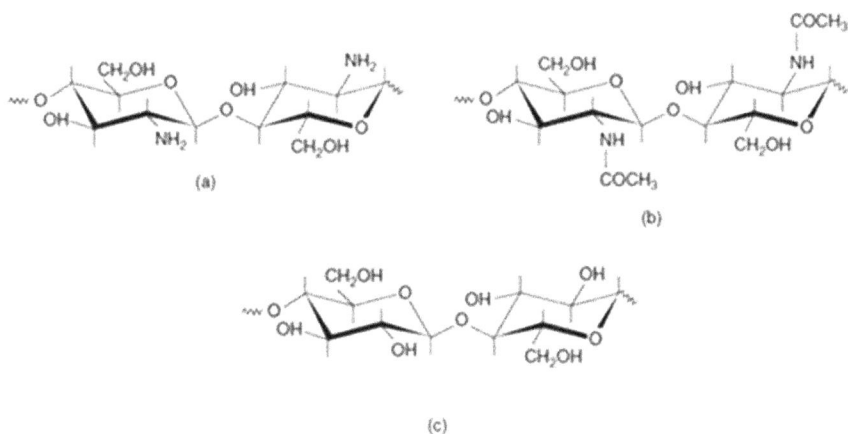

**Figura 3.1.** Representación esquemática de (a) quitosano totalmente desacetilado; (b) quitina totalmente acetilada y (c) celulosa. La similitud estructural entre ellas resulta evidente.

Con independencia de su origen natural, la fuente fundamental de obtención de quitosano es la desacetilación de la quitina, polisacárido ampliamente distribuido en la naturaleza, tanto en el reino animal como en el vegetal. De hecho, la quitina es el segundo polisacárido natural más abundante, sólo superado por la celulosa. Este polímero está compuesto por aminoazúcares unidos entre sí por enlaces glicosídicos β(1→4) formando una cadena lineal de unidades de *N*-acetil-D-glucosamina (Figura 3.1(b)). Aunque se ha argumentado que una proporción de esas unidades

113

estructurales está desacetilada en la quitina natural, ello no ha sido probado de forma convincente. La gran similitud estructural existente entre la quitina, el quitosano y la celulosa se aprecia en la Figura 3.1. La diferencia entre ellas radica en que el carbono 2 contiene un grupo hidroxilo en la celulosa (Figura 3.1(c)), un grupo acetamida en la quitina y un grupo amino en el quitosano. Tanto la quitina como la celulosa son biopolímeros que desempeñan roles semejantes en los organismos que los contienen, pues actúan en ellos como materiales de soporte y defensa.

La quitina se encuentra presente en artrópodos, insectos, arácnidos, moluscos, hongos y algas, entre otros organismos. En los animales aparece asociada a otros constituyentes, tales como lípidos, colorantes, carbonato de calcio y proteínas. Se estima que solamente la cantidad de quitina de crustáceos presente en el medio marino asciende a 1 560 millones de toneladas [1].

### 3.1.1. Métodos de obtención y caracterización

La quitina comercial se extrae a partir de desechos de crustáceos de la industria pesquera y sus principales fuentes son los caparazones de cangrejo, camarón, langostino y langosta. Las técnicas de extracción reportadas son muy variadas, pues dependen en gran medida de las características de la fuente, ya que la composición del material de partida varía notablemente de una especie a otra. Por ejemplo, el contenido de cenizas del exoesqueleto de la langosta común (*Panulirus argus*) es del 55 por ciento, mientras que el de la cáscara del camarón es inferior al 10 por ciento, lo que reclama condiciones de extracción mucho más rigurosas para la primera [2], con la consecuente variación en las características del material final, lo cual resulta relevante con vistas a la aplicación posterior del polímero. En general, los procesos de obtención de quitina consisten en los siguientes pasos consecutivos: acondicionamiento de la materia prima (lavado y molienda), extracción de la proteína (desproteinización, tratamiento con disolución acuosa diluida de NaOH a 65-100°C), elimina-ción de las impurezas inorgánicas (desmineralización, con disoluciones ácidas diluidas a temperatura ambiente) y decoloración de la quitina obtenida (extracción con disolventes orgánicos). Estos métodos utilizan generalmente grandes cantidades de agua y energía, y con frecuencia dan lugar a desechos corrosivos. En la actualidad se investigan tratamientos enzimáticos como una alternativa promisoria, pero aún sin la eficiencia de los métodos químicos, fundamentalmente en lo que respecta a la eliminación del material inorgánico [3].

La desacetilación de la quitina, que conduce a la obtención del quitosano, se lleva a cabo mediante hidrólisis de los grupos acetamida en medio fuertemente alcalino y a altas temperaturas. Generalmente la reacción se realiza en fase heterogénea, empleando disoluciones concentradas de NaOH o KOH (40-50%) a temperaturas superiores a 100°C, preferiblemente en atmósfera inerte o en presencia de sustancias reductoras como el borohidruro de sodio o el tiofenol. No obstante, con un solo tratamiento alcalino, el máximo grado de desacetilación alcanzado no consigue sobrepasar del 75 al 85%. Tratamientos prolongados suelen provocar la degradación del polímero sin lograr un aumento sensible del grado de desacetilación [4-5].

Al igual que la celulosa, la quitina es un polímero semicristalino, y cuando la desacetilación se realiza en fase heterogénea, la reacción tiene lugar fundamentalmente en las regiones amorfas. Por otra parte, la reacción en condiciones homogéneas permite una modificación más uniforme del polímero y se realiza sobre álcali quitina. El álcali quitina se obtiene sometiendo una suspensión alcalina de quitina a tratamientos de congelación y descongelación hasta producir una disolución acuosa de quitina en hidróxido de sodio [6]. La desacetilación homogénea se lleva a cabo a concentraciones de álcali más moderadas (alrededor del 30%) a 25-40°C, por tiempos de 12 a 24 horas [7].

Se ha podido demostrar que los quitosanos obtenidos en el proceso heterogéneo presentan polidispersión en cuanto al grado de acetilación de sus cadenas, mientras que los obtenidos por vía homogénea tienen todos la misma composición [8]. Una descripción más detallada de los métodos de obtención de quitina - y de quitosano - se puede encontrar en las referencias [9-11].

Tanto la composición de las cadenas de estos polímeros como sus dimensiones suelen variar en dependencia del material de partida y de la rigurosidad del método de obtención, por lo que el grado de acetilación y el peso molecular son dos parámetros de obligatorio conocimiento para caracterizar una muestra de estos polisacáridos, pues ambos tienen gran incidencia en sus propiedades. Otras características, tales como la polidispersión del peso molecular, el contenido de humedad, la solubilidad y el por ciento de cenizas son fundamentales también para describir estos polímeros. Además, para las aplicaciones en la alimentación, así como también en medicina y farmacia, deben ser objeto de determinación el contenido de metales pesados, endotoxinas y proteínas, entre otros.

### 3.1.1.1. Determinación del grado de acetilación

El grado de acetilación se define como la fracción (o el por ciento) de unidades glucosídicas $N$-acetiladas en la quitina o en el quitosano. Se designa indistintamente como FA o DA (aunque el DA se presente algunas veces en por ciento). También se acostumbra a expresar este parámetro como grado de desacetilación (1-FA, o también DD=100-DA (por ciento)).

Como se mencionó anteriormente, el valor del grado de acetilación influye sobre algunas propiedades del quitosano que resultan de interés para su aplicación, tales como la flexibilidad de sus cadenas, las propiedades mecánicas y el tamaño de los poros de sus membranas y microcápsulas, su capacidad inmunoadyuvante, su efecto bactericida, su capacidad de enlazar enzimas y acomplejar iones metálicos, y su biodegradabilidad, entre otras.

Se han desarrollado numerosos métodos para determinar el grado de acetilación de la quitina y el quitosano mediante diversas técnicas, entre las que se pueden mencionar la espectroscopia infrarroja [12], la espectroscopia de RMN de protón [13], la potenciometría [11] y la espectroscopia UV primera derivada [14-15]. Otras técnicas alternativas incluyen el análisis elemental [9], el análisis térmico [16], la cromatografía de permeación en gel [17-18] y el dicroísmo circular [18]. Estas técnicas se encuentran bien descritas en las referencias señaladas, además de estar revisadas en diversos libros [9, 15, 19] por lo que no serán tratadas aquí.

### 3.1.1.2. Determinación del peso molecular

El peso molecular y su distribución también afectan las propiedades físicas, químicas y biológicas del quitosano, específicamente las propiedades mecánicas de sus hidrogeles, el tamaño de los poros de sus membranas, andamiajes (scaffolds) y microcápsulas, el tamaño de partícula y las propiedades de liberación de sus nanopartículas, así como también sus actividades antimicrobiana y cicatrizante, entre otras [20]. Por lo tanto, estos parámetros afectan directamente el empleo del quitosano en aplicaciones vinculadas con la biotecnología, la alimentación, la farmacia y la biomedicina.

Los principales métodos empleados para determinar el peso molecular de la quitina y el quitosano son los mismos que se emplean para cualquier polímero, principalmente la viscosimetría, la dispersión de la luz, la cromatografía de permeación en gel, la osmometría y la ultracentrifugación por equilibrio de sedimentación. Estos métodos no se detallarán aquí, pero una descripción de las técnicas más empleadas se puede encontrar en otras fuentes [19-20].

### 3.1.2. Propiedades químico-físicas y biológicas

El quitosano en estado sólido (al igual que su pariente, la quitina) presenta regiones ordenadas y cristalinas inmersas en una fase amorfa. Esta cristalinidad puede modificarse según las condiciones experimentales. Por ejemplo, el quitosano de tendón de cangrejo presenta una forma hidratada, que puede convertirse en anhidra mediante un tratamiento de templado. Se han obtenido monocristales de quitosano a partir de quitina de bajo peso molecular. El patrón de difracción corresponde a una celda unitaria ortorrómbica ($P2_12_12_1$) con las siguientes dimensiones: a=0,807 nm, b = 0,844 nm y c = 1,034 nm. Esta celda unitaria contiene dos cadenas de quitosano antiparalelas, pero no contiene agua [21]. El grado de cristalinidad es un factor clave para explicar la solubilidad, la fortaleza mecánica y otras propiedades funcionales del quitosano.

El quitosano no es soluble en agua, pero se disuelve en disoluciones acuosas ácidas debido a la protonación de los grupos amino que presenta a lo largo de su cadena, formando la sal correspondiente. Así, el quitosano en disolución se comporta como un polielectrolito catiónico que a pH 6,5 presenta una considerable densidad de carga ($pK_0 = 6,0 \pm 0,1$) [21], lo que provoca la expansión de sus cadenas y le confiere alta viscosidad a sus disoluciones. A partir de las disoluciones de quitosano es posible preparar películas, membranas y fibras que encuentran aplicaciones en campos muy diversos.

Por su carácter policatiónico, el quitosano forma complejos polielectrolitos (CPEs) con polianiones. Así, existen reportes de CPEs entre el quitosano y el alginato, el poli(ácido acrílico), la pectina, la heparina y los carragenanos, entre otros. Una revisión de estos sistemas se puede consultar en la referencia [22]. La reacción de formación de un CPE entre el quitosano y un polianión se puede representar como:

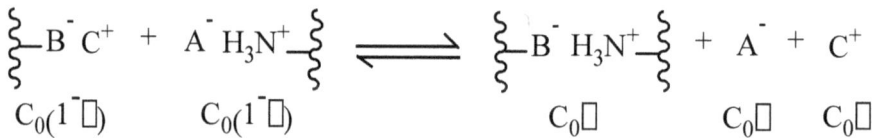

$$\sim\!\!\text{B}^- \text{C}^+ \ + \ \text{A}^- \text{H}_3\text{N}^+\!\!\sim \ \rightleftharpoons \ \sim\!\!\text{B}^- \text{H}_3\text{N}^+\!\!\sim \ + \ \text{A}^- \ + \ \text{C}^+$$

$$C_0(1-\theta) \qquad C_0(1-\theta) \qquad\qquad C_0\theta \qquad\quad C_0\theta \quad C_0\theta$$

donde B$^-$ es el grupo cargado del polianión y C$^+$ y A$^-$ son los contraiones. El grado de conversión del complejo, $\theta$, expresa la relación entre la concentración de los enlaces salinos formados y la concentración inicial de cualquiera de los polielectrolitos, $C_0$. El grado de conversión es un parámetro que tiene gran influencia sobre las propiedades del CPE. Los complejos polielectrolitos (también llamados complejos coacervados o polisales) pueden prepararse en forma de películas, membranas, cápsulas y sistemas de multicapas que encuentran numerosas aplicaciones en la industria, la agricultura y en los campos biomédico y farmacéutico, como se podrá apreciar más adelante.

Otra propiedad importante del quitosano es su capacidad para formar complejos con iones metálicos, en particular con los iones de metales de transición y post-transición. Los grupos amino de las unidades estructurales del polímero son los principales responsables de su capacidad para acomplejar, la cual depende del metal en cuestión. Mientras unos autores [23] ordenan su capacidad para acomplejar según la serie:

Cr(III) < Co(II) < Pb(II) < Mn(II) < Cd(II) < Ag(I) < Ni (II) < Fe(II) < Cu (II) < Hg(II)

otros la ordenan según [9]:

Cr(III) < Fe(II) < Mn(II) < Co(II) < Cd(II) < Cu (II) < Ni (II) < Ag(I) < Pb(II) < Hg(II)

Lo cierto es que la elevada capacidad de adsorción de iones metálicos que presenta el quitosano también resulta de interés para diversas aplicaciones, tales como la recuperación de iones metálicos a partir de sus disoluciones, la descontaminación de residuales industriales, en la cromatografía inorgánica o como soporte de catalizadores, entre otras. Más información se puede encontrar en las referencias [24-25].

La presencia de los grupos funcionales amino e hidroxilo en el quitosano posibilita la obtención de numerosos derivados que permiten diversificar sus propiedades y ampliar su empleo en distintas aplicaciones. Así, el glicolquitosano, el succinilquitosano y el fructosilquitosano son ejemplos de derivados solubles en agua, mientras que el quitosano entrecruzado con glutaraldehído es insoluble aún en medio ácido. El N-carboximetilquitosano y el N-(2-hidroxi-3-mercaptopropil) quitosano son derivados con una capacidad de secuestro de iones metálicos superior a la del quitosano (Figura 3.2).

El quitosano es un polímero biocompatible, biodegradable, no-tóxico (en administración oral en ratas el $LD_{50}>16g/kg$) y mucoadhesivo, por lo que resulta atractivo para su aplicación en medicina y farmacia [24, 26]. Este polisacárido se degrada por la acción de la lizosima y la quitosanasa. La primera está presente en los mamíferos, y la segunda se encuentra en los insectos y plantas. La lipasa, una enzima presente en la saliva y en los fluidos gástrico y pancreático humanos, también degrada al quitosano [27]. Además, los productos de la degradación enzimática del quitosano no son tóxicos. Por otra parte, el quitosano es un buen hemostático, pero sus derivados sulfatados exhiben actividad anticoagulante [28]. Se sabe además que el quitosano es hipocolestémico e hipolipidémico [29], posee actividad antimicrobiana [30], antiviral [31] y antitumoral [32]. La actividad inmunoadyuvante del quitosano también ha sido reconocida [33]. Todas estas interesantes características conducen al desarrollo de numerosas aplicaciones de este polímero y sus derivados en diversas esferas de actividad, algunas de las cuales se relacionan en la Tabla 3.1.

## 3.2. Aplicaciones del quitosano en biomedicina y farmacia

En la última década se ha observado un incremento sostenido en la cantidad de patentes concedidas en el mundo que involucran el empleo del quitosano para diferentes usos, en campos tan diversos como la cosmética, la agricultura y la industria alimentaria, así como también la medicina y la farmacia (Figura 3.3). En particular en cosmética, las propiedades más explotadas del quitosano son su carácter policatiónico, fungistático y bacteriostático, su capacidad de formar películas y su retención de humedad. Así, encuentra aplicaciones en el cuidado del cabello (lociones, tintes), cremas, colorantes (sombra de ojos, lápiz labial, pintura de uñas) productos de limpieza (leche limpiadora, tonificador facial, jabón), cuidado dental (pasta de dientes, gel dental, enjuague bucal), productos desodorizantes (desodorantes, talco para los pies) y encapsulación de agentes activos. Más información se puede encontrar en la referencia [35].

La gran variedad de aplicaciones del quitosano en biomedicina y farmacia se debe a sus excelentes propiedades al interactuar con el cuerpo humano: bioactividad, actividad antimicrobiana, inmunoestimulación, acción quimiotáctica, biodegradabilidad enzimática, mucoadhesividad y permeabilidad epitelial.

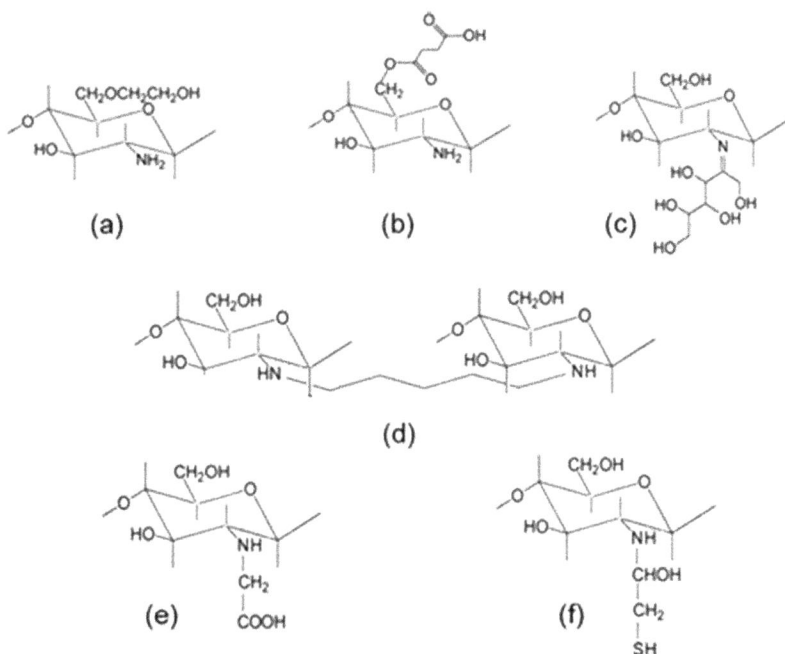

**Figura 3.2.** Algunos de los muchos derivados del quitosano obtenidos para potenciar sus propiedades: (a) glicolquitosano; (b) succinilquitosano; (c) fructosilquitosano; (d) quitosano entrecruzado con glutaraldehído; (e) N-carboximetilquitosano, y (f) N-(2-hidroxi-3-mercaptopropil)quitosano.

**Tabla 3.1.** Algunas aplicaciones del quitosano en diversos campos [34].

| Esfera de actividad | Propiedades - Aplicaciones |
| --- | --- |
| Industria del papel | Imparte al papel brillo, resistencia mecánica y resistencia al agua. |
| Agricultura | Estimulador del crecimiento y del mecanismo defensivo de las plantas, recubrimiento de semillas, crioprotector, encapsulación de fertilizantes y nutrientes. Tratamiento post-cosecha para aumentar la conservación de los frutos. Formulación de nematicidas e insecticidas. |
| Industria textil | Formación de fibras, estabilización del color, impermeabilización de fibras y tejidos. |
| Tratamiento de agua y residuales | Floculante para clarificar agua (agua de beber, piscinas), remoción de iones metálicos, tintes, colorantes y pesticidas. Polímero ecológico (susti-tuye el empleo de polímeros sintéticos). |
| Industria alimentaria | Fibra dietética, atrapa los lípidos (reduce el colesterol). Preservante, espesante y estabilizador en salsas, clarificación de bebidas, encapsulación de nutracéuticos. Como recubrimiento de alimentos, los protege del ataque de hongos, disminuye las pérdidas por transpiración y prolonga su conservación. |
| Cosmética | Mantiene la humedad y tonifica la piel. Mejora la flexibilidad del cabello y reduce su electricidad estática. Cuidado oral (pasta dental, goma de mascar). |
| Medicina | Suturas quirúrgicas, implantes dentales, piel artificial, reconstitución ósea, lentes de contacto. Recubrimientos para curación de heridas. |
| Farmacia | Dosificación de fármacos (tabletas, microesferas, microcápsulas, sistemas de liberación transdérmica, dosificación de vacunas y terapia génica). |

A continuación se presentan algunas de las aplicaciones del quitosano vinculadas con la biomedicina y la farmacia, haciendo referencia a otros trabajos en los cuales el lector interesado puede profundizar sobre las mismas.

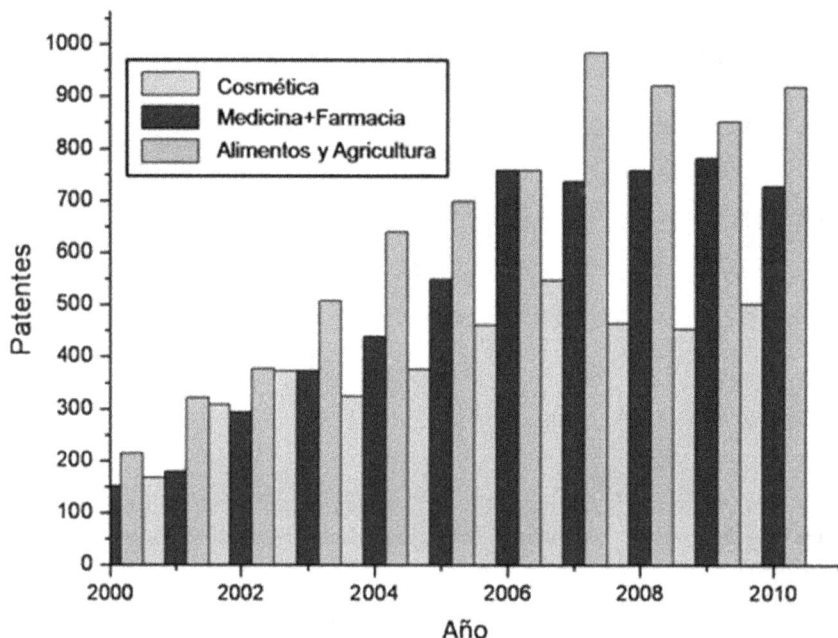

**Figura 3.3.** Patentes que utilizan quitosano concedidas en los años 2000 a 2010 en los campos de cosmética, medicina y farmacia, y en agricultura y alimentación. Fuente: WIPO: http://www.wipo.int/portal/en/news/2011.

### 3.2.1. Aplicaciones biomédicas

El quitosano ha sido empleado en oftalmología como recubrimiento y material de lentes de contacto o líquido de lágrimas artificiales [36], en la reparación ósea [37], como adhesivo tisular para aplicaciones quirúrgicas, para evitar la adhesión bacteriana, en hilos de sutura, y en odontología [38], entre otras [39-40]. Este biopolímero ha sido investigado a fondo principalmente en dos campos biomédicos: (a) en el tratamiento de heridas, úlceras y quemaduras debido a sus propiedades hemostáticas y efecto acelerador de la curación de las heridas y (b) en la regeneración y restauración tisular, incluyendo su empleo como material estructural en ingeniería de tejidos, dada su afinidad celular y biodegradabilidad.

### 3.2.1.1. Aplicaciones dérmicas

Las heridas de la piel constituyen un importante problema de salud debido a su gran incidencia en la población. Su reparación es una compleja serie dinámica de eventos que incluyen la coagulación, la inflamación, la formación de tejido de granulación, la epitelización, la neovascularización, la síntesis de colágeno y la contracción de la herida. La curación de las heridas en los mamíferos superiores conduce a la formación de una cicatriz, que no restituye totalmente la funcionalidad del tejido dañado y se caracteriza además por una pobre estética. Por ello, el desarrollo de materiales que permitan la curación de las heridas dérmicas, promoviendo la regeneración tisular en lugar de la cicatrización, es uno de los retos más importantes de la ingeniería de tejidos.

Desde tiempos remotos, el hombre ha utilizado con mayor o menor éxito distintos materiales para cubrir las heridas cutáneas, con el fin de aislarlas del medio circundante para prevenir la deshidratación, evitar infecciones y promover la curación de la herida. Las heridas de la piel que más reclaman el empleo de estos sustitutos dérmicos son las heridas crónicas, es decir, aquellas que no se curan o lo hacen muy lentamente, poniendo al paciente en alto riesgo de infección y que, en ocasiones, llegan a provocar la amputación del miembro interesado.

Sin embargo, hay que señalar que aún no existe un sustituto de piel ideal, el cual debería reunir las siguientes características: tener una adherencia rápida y sostenida a la superficie de la herida, ser impermeable a las bacterias exógenas, tener una permeabilidad al vapor de agua semejante a la piel, poseer una estructura interna que permita la migración, la proliferación y el crecimiento celular, ser flexible para permitir un buen contorno en las superficies y lo suficientemente elástico para admitir el movimiento de los tejidos subyacentes, ser resistente a la fricción y a las fuerzas lineales y tensoras, debe evitar la proliferación bacteriana en la superficie de la herida, ser biodegradable, no presentar antigenicidad ni transmitir enfermedades y no producir toxicidad local ni sistémica. Además, debe ser fácil de usar, tener una sobrevida indefinida, cumplir requisitos mínimos de almacenamiento y preservación y ser económicamente asequible [41]. Este conjunto de requisitos ofrece una clara idea de la magnitud del reto que implica el desarrollo de un sustituto de piel ideal.

Dentro del grupo de heridas de la piel, las quemaduras son las de mayor incidencia, por lo que en lo adelante nos referiremos fundamentalmente a las mismas. En atención a su profundidad, estas pueden ser de primer grado (hasta 25 µm), interesando la epidermis y la parte superior de la dermis; de segundo grado (hasta 90 µm), interesando casi la mitad del grosor de la dermis; y de tercer grado, llegando a abarcar en profundidad casi toda la dermis.

Cuando la extensión de la quemadura lo permite, se puede cubrir con un autoinjerto. Los autoinjertos son tejidos injertados en una nueva posición dentro de un mismo individuo. Sin embargo, la limitación fundamental del autoinjerto radica en la reducida fuente de suministro, por lo que no puede ser aplicado en quemaduras de gran extensión. Otra dificultad que presenta es que, al extraer la capa de piel sana para el autoinjerto, se le ocasiona una nueva herida al individuo. Por estas razones, es necesario acudir a otras soluciones para el tratamiento de quemaduras, como es el caso de las coberturas obtenidas a partir de otros materiales.

Transitando de las coberturas de heridas o sustitutos de piel más simples a los más complejos, se pueden mencionar en primer lugar las coberturas temporales, tales como los apósitos convencionales (gasas de algodón), las membranas sintéticas (películas transparentes y esponjas de poliuretano, hidrogeles e hidrocoloides basados en carboximetilcelulosa (CMC), alginatos biodegradables) y los apósitos biológicos (aloinjertos de piel, xenoinjertos, membrana amniótica). En segundo lugar se encuentran los sistemas desarrollados como coberturas permanentes, como son los análogos epidérmicos (queratinocitos autogénicos cultivados para luego ser trasplantados al paciente), los análogos dérmicos, para quemaduras más profundas (emplean cultivos de fibroblastos neonatales -los hay unilaminares y bilaminares) y los análogos dérmico-epidérmicos, para las quemaduras de gran espesor (también emplean cultivos de fibroblastos neonatales). Una descripción de estos sistemas, sus principales ventajas y desventajas se puede encontrar en la referencia [41].

El quitosano resulta un polímero apropiado para estas aplicaciones, por su capacidad hemostática y su efecto demostrado en la aceleración de la curación de las heridas [42], así como también por su acción analgésica y antimicrobiana, que se debe a la capacidad de este polisacárido para interactuar inespecíficamente con los receptores del dolor y la pared celular de los microorganismos [43]. El quitosano posee también la capacidad de fomentar una formación adecuada del tejido de granulación, acompañada por angiogénesis y deposición regular de fibras finas de colágeno, lo que incrementa la reparación correcta de las lesiones dérmica y epidérmica [44-45]. En este contexto, se señala que los principales efectos del quitosano y su pariente, la quitina, son la activación de fibroblastos, la producción de citoquinas, la migración de células gigantes y la estimulación de la síntesis de colágeno tipo IV [40]. A partir de estas singulares propiedades del quitosano y la quitina, se han realizado numerosos trabajos para desarrollar coberturas de heridas basadas en estos biopolímeros. A continuación se hará referencia, a modo de ejemplo, a varios trabajos que evidencian el potencial del quitosano como material de cobertura de heridas y señalan algunos factores (fuente natural de origen, peso molecular, grado de acetilación, tipo de formulación: gel, membrana, esponja, tejido, polvo) que deben ser tenidos en cuenta en la selección del tipo de quitosano a emplear, por su incidencia en el resultado final.

I. A. Alsarra [46] preparó un gel tópico de quitosano con el cual estudió el efecto del peso de molecular (PM) y del grado de acetilación (DA) del polímero sobre su capacidad para influir en la curación de las heridas. Los geles consistieron esencialmente en disoluciones al 2% p/v de quitosano en ácido acético acuoso al 1% v/v, preparadas con quitosanos de alto peso molecular (CH-H, PM 2 x $10^6$ g/mol, DA 8%), peso molecular medio (CH-M, PM 7,5 x $10^5$ g/mol, DA 25%) y bajo peso molecular (CH-L, PM 7,0 x $10^4$ g/mol, DA 37%). En las experiencias se aplicaron diariamente las disoluciones a grupos de ratas Wistar, a las cuales se les realizó previamente una herida de 1 cm de diámetro en la región dorsal. Las heridas se cubrieron con una venda no adhesiva que era renovada cada dos días y el estudio se llevó a cabo durante 12 días. Como control positivo se utilizó el ungüento Fucidin® y como control negativo se observaron ratas sin tratamiento. Para comparar los grupos se estudió la reducción del tamaño de la herida, el comportamiento histológico y la actividad colagenasa, que está relacionada con el proceso de remodelación del tejido. Como resultado de la investigación se observó que las heridas que mostraron mayor re-epitelización y cerraron más rápidamente fueron las del grupo tratado con CH-H, además de que la actividad colagenasa resultó también superior en estas muestras con respecto al resto de los grupos. El autor concluyó que estos resultados indican la potencialidad del quitosano de mayor peso molecular y menor grado de acetilación para su empleo en el tratamiento de quemaduras dérmicas.

Por su parte, Mohamdar y cols. [47] proponen una "piel líquida" filmogénica de quitosano para la curación de heridas, utilizando un quitosano de grado farmacéutico de alto peso molecular (PM $3,0 \times 10^5$ g/mol, DA 1,5-2%, índice de polidispersión IP < 2) obtenido a partir de la pluma de calamar. Los autores argumentan que el quitosano proveniente de la quitina de calamar (β-quitina) es más beneficioso que el que procede de los caparazones de crustáceos (α-quitina), pues esta última puede contener astaxantina asociada a lipoproteínas, así como también metales pesados (Hg, Cd) provenientes del agua de mar, componentes que pueden provocar alergia. En la patente se describe el método de obtención del quitosano de grado farmacéutico, el cual disuelven en una disolución acuosa de ácido láctico con glicerol como plastificante. Para lograr la disolución final, los autores indican que la viscosidad debe mantenerse entre 500 y 5000 cps y debe filtrarse varias veces hasta un tamaño de poro del filtro de 22 μm. La formulación resultó ser ventajosa en su aplicación clínica, pues se comprobó que es una modalidad de tratamiento costo-efectiva y amigable con el paciente (cubierta tipo "hágalo usted mismo"), reduce la frecuencia de las visitas hospitalarias, es una cubierta transparente lavable que se ajusta a la profundidad irregular de la herida y la curación es rápida y estética. Además, se observó que el tratamiento indujo factor de crecimiento durante la curación de la herida, en la mayoría de los casos no se requirió injerto de piel y evitó la amputación en el 60-70% de los casos, con posible regeneración nerviosa.

Otros autores desarrollaron películas porosas de quitosano con fucoidan (un polisacárido sulfatado extraído de algas que incrementa la expresión de integrina y la actividad de la heparina) e investigaron su utilidad para el tratamiento de quemaduras dérmicas en conejos [48]. Para ello emplearon quitosano de pluma de calamar (PM 7,5 x $10^5$ g/mol, DA ≤ 15%) y las películas se prepararon a partir de disoluciones del mismo (1-2% p/v) en ácido láctico (1- 2% p/v) con propilenglicol (2,5% p/v), a las cuales se incorporó fucoidan al 0,25 y 0,75% en peso. De este modo se obtuvieron películas con un grosor entre 29,7 y 64,0 µm. Para los estudios *in vivo* se provocaron quemaduras en conejos blancos de Nueva Zelandia y se estudiaron varios grupos según el tratamiento aplicado (películas de quitosano con fucoidan, disolución de fucoidan, películas de quitosano, sin tratamiento). A los 7, 14 y 21 días se realizaron biopsias para la evaluación macroscópica e histopatológica de la curación de las quemaduras y se observó que la formación papilar dérmica regenerada, la mejor re-epitelización y el cierre más rápido de las heridas después de 14 días se encontró en el grupo tratado con la película de quitosano-fucoidan, en comparación con los resultados del resto de los grupos estudiados.

Para la regeneración de piel en quemaduras de tercer grado, Boucart y cols. [49] desarrollaron hidrogeles bicapa de quitosano "bioinspirados", con el objetivo principal de lograr una regeneración permanente de la piel con buenas características funcionales y estéticas en los tejidos epidérmico y dérmico. La primera capa del material (capa externa protectora) consiste en un gel rígido con buenas propiedades mecánicas, que permite el intercambio de gases, mientras que la segunda capa (capa interna) es blanda y flexible para ajustarse a la geometría de la herida y garantizar un buen contacto superficial. La formación del gel bicapa se produjo en dos pasos (Figura 3.4). En un primer paso se generó una capa de gel rígido (L1) por evaporación del agua de una disolución de quitosano (pluma de calamar, PM 5,4 x $10^5$ g/mol, DA = 26%) en un medio hidroalcohólico (1,2 propanodiol). Dicha capa se cubrió con una disolución de hidrocloruro de quitosano (3% p/v), lo que originó la redisolución parcial de la superficie (hasta una profundidad no mayor de 0,5 mm) para permitir la difusión y la interacción de los segmentos de las cadenas de ambas capas. Luego, el sistema se introdujo en un recipiente saturado con vapores de amoniaco para neutralizar los grupos amino libres protonados de ambas capas. El gel bicapa obtenido se lavó profusamente con agua para eliminar el alcohol, el cloruro de amonio y el amoniaco remanentes.

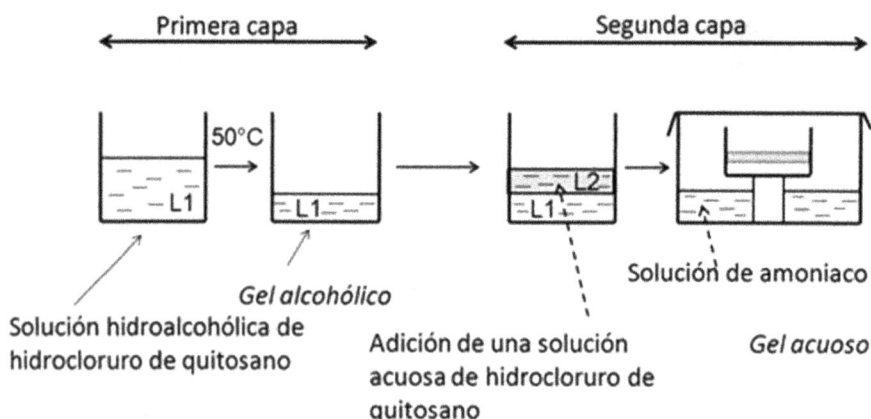

**Figura 3.4.** Esquema de la preparación del hidrogel bicapa "bioinspirado" (modificado de [49]).

Los ensayos *in vivo* se realizaron en cerdos pequeños (20 kg), a cada uno de los cuales se le infligieron cuatro quemaduras de tercer grado. Dos días después, las heridas se limpiaron y se les aplicaron los geles bicapa. Para comparar los resultados, se realizaron experimentos similares utilizando, por una parte, una disolución viscosa de hidrocloruro de quitosano al 3% p/v y, por la otra, Tulle Gras[TM] (tejido impregnado con 98 partes de parafina , una parte de bálsamo del Perú y una parte de aceite de oliva, utilizado para cubrir heridas). Las quemaduras se observaron cada 3 días, en los cuales se añadió más disolución de hidrocloruro de quitosano y se reemplazó el Tulle Gras[TM], mientras que el gel bicapa no fue renovado. Las biopsias realizadas a los días 9, 17, 22, 100 y 293 se analizaron por histología e inmuno-histoquímica y como resultado se observó que los materiales fueron bien tolerados y promovieron una buena regeneración del tejido, pues indujeron la migración de células inflamatorias y la actividad angiogénica, favoreciendo una elevada vascularización. En los dos tratamientos realizados con quitosano (disolución y gel bicapa) el nuevo tejido era muy similar al de la piel original luego de 100 días, especialmente en lo que respecta a su estética y flexibilidad.

Existen muchos otros reportes en la literatura del empleo del quitosano y sus derivados en distintas formulaciones, y su combinación con otros polímeros naturales, como los glucosaminoglicanos, el colágeno, los alginatos, entre otros, promoviendo la obtención de materiales con propiedades funcionales incrementadas para su empleo en la curación de heridas y quemaduras. Una reciente revisión de estos sistemas, con mención a materiales para curación de heridas basados en estos polímeros y que se encuentran asequibles en el mercado, se puede consultar en las referencias [43, 50-51]. Algunos de ellos se relacionan en la Tabla 3.2.

**Tabla 3.2.** Algunos materiales de curación y sustitutos de piel comerciales basados en quitosano.[a]

| Producto | Características | Empleo |
|---|---|---|
| Chitodine® IMS | Polvo de quitosano con yodo elemental absorbido | Desinfección y limpieza de la piel herida y para vendaje quirúrgico |
| Chitoflex® HemCon | Vendaje antibacteriano biocompatible | Relleno de heridas para controlar el sangramiento |
| Chitopack C® Eisai | Fibras tipo algodón | Reconstrucción completa del tejido corporal, regeneración de piel |
| Chitopoly® Fuji spinning | Quitosano y Polynosic Junlon (poliacrilato) | Ropajes antimicrobianos. Apropiado para evitar dermatitis |
| Chitosan Skin® Hainan Xinlong non-wovens | Cubierta de fibras no tejidas | Sustituto de piel |
| HemCon® HemCon | Acetato de quitosano liofilizado | Detener sangramientos en emergencias |
| Tegasorb® 3M | Material con partículas de quitosano que absorben el exudado produciendo un gel suave | Úlceras en piernas y heridas crónicas |

[a]Ejemplos tomados de la referencia [40]

### 3.2.1.2. El quitosano en ingeniería de tejidos

La ingeniería de tejidos (también conocida como medicina regenerativa) es una ciencia interdisciplinaria que aplica los principios de la ingeniería, la biología y la medicina para lograr la regeneración de los tejidos (por ejemplo: hueso, cartílago, válvula cardiaca, vejiga, etc.). Ello implica no sólo la restauración de la estructura, sino también de la función, del comportamiento mecánico y del comportamiento metabólico y bioquímico. En esencia, se basa en provocar el crecimiento y multiplicación de células soportadas en un andamiaje determinado, generalmente de naturaleza polimérica, para luego (a) separar el tejido formado del andamiaje e implantarlo en el sitio dañado del paciente o (b) implantar directamente el andamiaje con las células cultivadas.

El andamiaje polimérico debe ser biocompatible y biodegradable, debe poseer las propiedades mecánicas adecuadas para la aplicación específica en cuestión, tener una estructura porosa para facilitar la penetración de las células migrantes y la difusión de los nutrientes (la porosidad, el tamaño de poro, su orientación, y la estructura fibrosa son características importantes para el diseño de los andamiajes) y debe permitir la adsorción de proteínas adhesivas o contener unidades que contribuyan a la adhesión celular bioespecífica y a la migración.

El quitosano es un excelente candidato para este fin, por las características biológicas antes mencionadas y la posibilidad de ser moldeado en estructuras con diferente grado de porosidad y buenas propiedades mecánicas, por ejemplo, mediante congelación y liofilización de una disolución del biopolímero. El tamaño de poro del andamiaje puede ser controlado durante el proceso de congelación. Luego de la liofilización se suele proceder a una etapa de estabilización de la estructura mediante lavado con disoluciones hidroalcohólicas o disoluciones acuosas básicas y, en ocasiones, se procede además a entrecruzar el quitosano para lograr una estructura más resistente. El tipo de quitosano empleado (grado de acetilación, peso molecular, cristalinidad) y el tamaño de poro determinarán las propiedades del soporte final.

También se pueden preparar andamiajes a base de complejos polielectrolitos del quitosano con glucosaminoglicanos (por ejemplo, sulfato de condroitina, ácido hialurónico) o colágeno, buscando una mayor similitud del material con la matriz extracelular natural [52-53]. En la Figura 3.5 se muestran algunas matrices porosas basadas en quitosano obtenidas por liofilización.

A continuación se mencionarán algunos ejemplos de aplicaciones del quitosano en ingeniería de tejidos.

### 3.2.1.2.1. Reparación de cartílago

El cartílago está compuesto básicamente por condrocitos y matriz extracelular. Es un tejido conectivo no vascularizado, que posee poca capacidad de auto-regeneración. La reparación natural da lugar a un tejido poco organizado, sin la resistencia necesaria para restablecer la funcionalidad del cartílago y suele ocasionar osteoartritis. El tratamiento convencional de la lesión consiste simplemente en la limpieza y retirada de los restos del cartílago y la rebaja del tejido remanente, lo que disminuye el dolor, pero no conduce a la regeneración tisular. Otras opciones quirúrgicas, como por ejemplo, el autoinjerto osteocondrial, también presentan limitaciones a largo plazo.

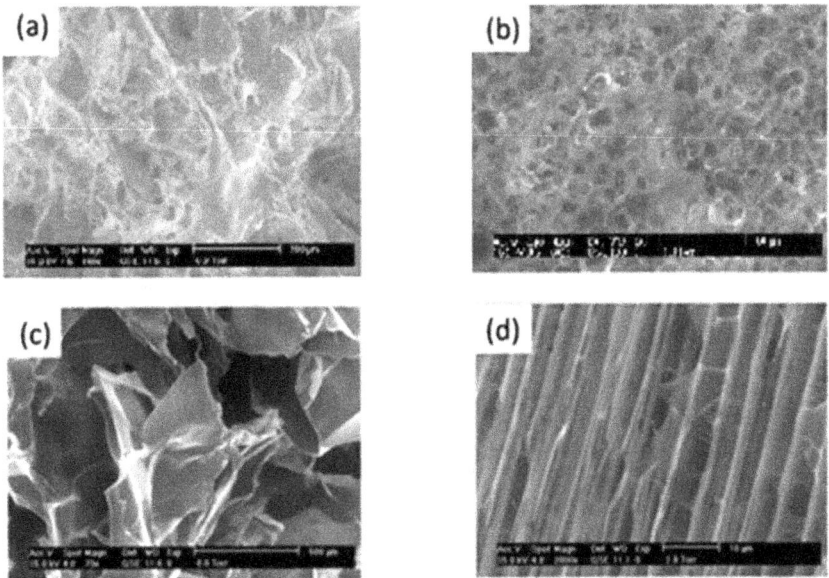

**Figura 3.5.** Fotos de microscopía electrónica de barrido de matrices basadas en quitosano con distintas estructuras obtenidas por liofilización: (a) quitosano/sulfato de condroitina; (b) quitosano/poli(ácido acrílico-co-acrilamida); (c) quitosano/poli(ácido acrílico); (d) quitosano/poli(ácido acrílico-co-$N$-isopropilacrilamida).

Una alternativa que está dando buenos resultados consiste en el trasplante de condrocitos autólogos. A partir de una biopsia de cartílago sano se cultivan *in vitro* condrocitos del propio paciente para después inyectarlos en la zona lesionada y cubrirlos con el propio periostio. El próximo paso es el empleo de tejido preformado mediante el cultivo de condrocitos en andamiajes temporales en los que se pueden incorporar factores de crecimiento para promover el crecimiento y la diferenciación celular. El quitosano y sus complejos polielectrolitos con el sulfato de condroitina y el ácido hialurónico son algunas de las matrices que han sido exploradas como andamiaje para este tipo de aplicación, ya que se ha demostrado la eficacia del quitosano como soporte para la unión y proliferación de condrocitos, así como también en la biosíntesis de componentes de la matriz cartilaginosa, dando como resultado la formación de un nuevo tejido cartilaginoso tipo hialino [54-55].

### 3.2.1.2.2. Reparación de hueso

El quitosano y la quitina han sido descritos como promotores de la formación de hueso [56]. Los materiales compuestos de quitosano con sustancias inorgánicas como el fosfato tricálcico, ($\beta$-TCP) y la hidroxiapatita estequiométrica (HAp) o no (CDHAp), son excelentes candidatos para la reparación ósea, específicamente, para la reconstrucción ósea guiada, pues pueden incorporar propiedades favorables de ambos componentes. La HAp proporciona bioactividad y osteoconductividad, mientras que el quitosano aporta biodegradabilidad y flexibilidad, entre otras. Además, debido a la naturaleza viscoelástica del quitosano, se evita la migración de partículas de HAp y la textura suave del material compuesto (composite) evita daños a los tejidos blandos próximos al implante [57-58]. Se han obtenido avances impresionantes con el empleo de composites osteogénicos de quitosano en el tratamiento de defectos óseos, particularmente con osteoblastos de células madre mesenquimales en matrices porosas de quitina-hidroxiapatita [40]. Una revisión reciente de los composites de quitosano e hidroxiapatita como sistemas para el soporte de tejido óseo, los principales métodos de preparación, las propiedades físico-químicas y biológicas, y las técnicas de ingeniería de tejidos que se emplean con estos materiales se puede consultar en la referencia [59].

### 3.2.1.2.3. Reparación de nervio periférico

Las heridas de los nervios periféricos pueden sanar satisfactoriamente cuando las células nerviosas tienen que cubrir una brecha menor de 6 mm. Para distancias mayores se puede acudir a un autoinjerto de nervio a partir de otro sitio del cuerpo, lo cual tiene varios inconvenientes, como son la limitada disponibilidad del tejido y la morbilidad del sitio donante, entre otras. Una alternativa para unir defectos nerviosos mayores de 6 mm consiste en construir conductos o guías nerviosas empleando materiales biorresorbibles (Figura 3.6).

El material empleado debe ser biocompatible y biodegradable (debe degradarse gradualmente después de funcionar como andamiaje temporal para la regeneración nerviosa) y poseer actividad celular en una superficie e impedir el movimiento transversal de las células circundantes.

El quitosano y materiales basados en este polímero han resultado apropiados como matrices para el crecimiento de células nerviosas, lo cual ha permitido su empleo en el desarrollo de guías para la regeneración de tejidos nerviosos con muy buenos resultados. Así, se ha desarrollado una metodología sencilla para preparar tubos de quitosano acetilado (quitina) y quitosano mediante el vaciado de una disolución de quitosano que contiene etanol y anhídrido acético en un molde, consistente en un tubo sellado de vidrio de 4 mm de diámetro interno con un núcleo central fijo de vidrio cuyo diámetro externo es de 1,7 mm. La gelificación se produjo a los pocos minutos y el tubo de quitina resultante se extrajo a las 24 horas y se lavó. Para obtener tubos de quitosano, los tubos de quitina se hidrolizaron con NaOH. Además, se obtuvieron tubos de quitina reforzados incorporando un enrollado de poli(D,L-lactida-co-glicolida) (PLGA) en el proceso de vaciado de la disolución de quitosano en el molde [60]. Este tipo de materiales ha presentado resultados satisfactorios para unir terminales del nervio ciático de perros Beagle separados a una distancia de 30 mm [61]. Posteriormente, se reportó un ensayo clínico con este injerto para reparar un defecto de 35 mm de largo en el nervio mediano en el codo de un paciente humano. Durante un periodo de seguimiento de 3 años se observó la recuperación funcional del nervio mediano herido [62].

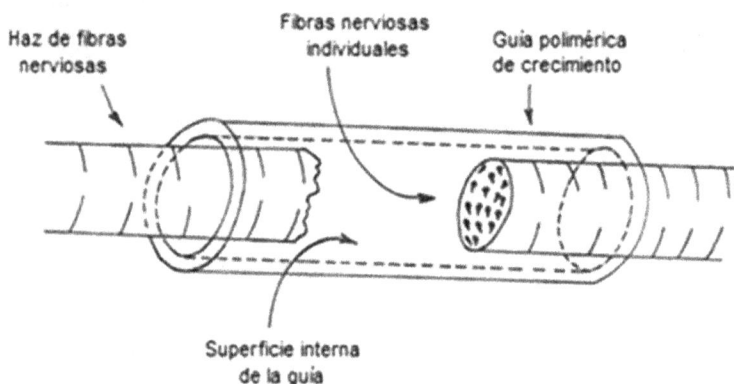

Haz de fibras nerviosas

Fibras nerviosas individuales

Guía polimérica de crecimiento

Superficie interna de la guía

**Figura 3.6.** Representación esquemática de una guía de crecimiento nervioso.

Con vistas a incrementar las cualidades del quitosano para estas aplicaciones, se han preparado diversos conductos y materiales compuestos de quitosano con otros polímeros, proteínas y factores de crecimiento. Entre ellos se pueden mencionar la obtención de hidrogeles de quitosano termosensibles funcionalizados con poli-D-lisina [63], así como también la mezcla de quitosano con factor de crecimiento nervioso derivado de línea de células gliales (GDNF) y laminina [64]. Asimismo, se reporta la elaboración de tubos bicapa de quitosano, compuestos por una película externa de quitosano y una capa interna de quitosano no tejido obtenido por hilado electrostático. A esta capa interna se le unieron covalentemente péptidos con espaciadores intercalados en la secuencia CYIGSR, dando como resultado secuencias de aminoácidos CGGYIGSR y CGGGGGGYIGSR. La eficacia de la regeneración nerviosa en los tubos de quitosano con péptidos CGGGGGGYIGSR inmovilizados resultó similar a la del isoinjerto [65-66].

### 3.2.1.2.4. Encapsulación celular

La microencapsulación de líneas celulares específicas productoras de moléculas bioactivas de alto interés terapéutico para su liberación *in situ* es otra de las estrategias empleadas para restaurar la funcionalidad de un tejido dañado, o suplir su deficiente funcionamiento. Estas líneas celulares productoras de moléculas bioactivas no se pueden administrar libremente al paciente, debido a que el sistema inmunológico de éste las identificaría y destruiría, por lo que tienen que ser protegidas antes de su inoculación. Una forma de lograr esto es la microencapsulación con el empleo de matrices poliméricas (Figura 3.7). Son requisitos primordiales de estas cápsulas su biocompatibilidad, una determinada fortaleza mecánica, la preservación del funcionamiento de las células y permitir la entrada de oxígeno y nutrientes del medio y la salida de los productos secretados por las células.

En este sentido, los estudios llevados a cabo con islotes de Langerhans para el desarrollo de páncreas artificial son especialmente relevantes. El método empleado tradicionalmente consiste en encerrar el material deseado en cápsulas de alginato de calcio. El alginato es un polímero natural que se extrae de las algas pardas, compuesto por unidades salinas de ácido manurónico y ácido gulurónico. El ácido manurónico presenta afinidad por los iones calcio, que conduce a la gelificación del alginato en presencia de este ion. De esta forma, al gotear una disolución de alginato de sodio conteniendo el material a encapsular sobre una disolución de $CaCl_2$ se produce la gelificación instantánea de las gotas en las que queda atrapado dicho material. Por este sencillo método de coacervación simple se pueden encapsular células, enzimas, anticuerpos, proteínas y diferentes fármacos.

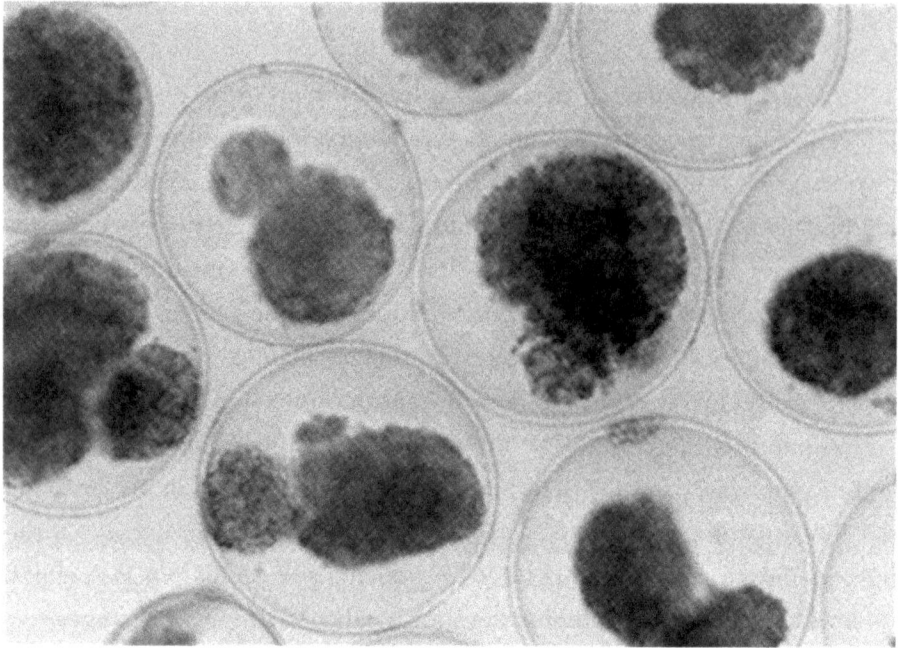

**Figura 3.7.** Microcápsulas de quitosano y alginato de sodio preparadas por coacervación compleja en inmovilización de hepatocitos de cerdo (micrografías tomadas con un microscopio óptico a 60 aumentos). Reproducido de [67].

Sin embargo, las cápsulas de alginato son deficientes en ciertas propiedades para la encapsulación e inmunoaislamiento de células de mamíferos, fundamentalmente en la resistencia mecánica y la permeabilidad. Estos parámetros se pueden controlar mediante la formación de complejos polielectrolitos entre el polianión alginato y policationes como la polilisina y el quitosano. En este sentido, las combinaciones más estudiadas desde la descripción de estos sistemas por Lim y Sun en 1980 [68] son el sistema quitosano/alginato y el sistema quitosano/alginato/Ca [69].

### 3.2.2. Aplicaciones en farmacia

Gracias a sus extraordinarias propiedades, mencionadas en el epígrafe 3.1.2, el quitosano ha sido objeto de numerosas propuestas para aplicaciones farmacéuticas como excipiente en tabletas de compresión, películas, membranas e hidrogeles y sistemas micro o nanoparticulados (Tabla 3.3).

Debido a su carácter básico, el quitosano posee actividad antiácida y antiulcerativa, por lo que ha encontrado amplia aplicación como excipiente en tabletas de compresión directa, para lo que ha mostrado poseer además buenas propiedades, pues reduce la fricción durante la formación de la tableta, produce tabletas mecánicamente más estables, tiene buena capacidad desintegrante y con fármacos aniónicos permite preparar tabletas de liberación controlada [70-71]. El uso de mezclas de polímeros quitosano/CMC sódica, quitosano/pectina, quitosano/alginato de sodio, quitosano/ácido cítrico y quitosano/carbomer 934P permiten utilizar una menor cantidad del polímero en la formulación y regular más adecuadamente la velocidad de liberación del fármaco [72-75].

Debido a que el quitosano es un excelente formador de películas, se han realizado estudios para explorar su aplicación en la liberación controlada de fármacos a través de la mucosa oral, aprovechando también su carácter mucoadhesivo y sus cualidades para incrementar la adsorción [76]. Por ejemplo, se han obtenido y caracterizado películas de quitosano/gelatina para la liberación bucal de hidrocloruro de propranolol. En el estudio realizado se apreció que la presencia de mayores cantidades de quitosano en las películas ocasionó la disminución de la sorción de agua y un incremento en el tiempo de residencia *in vivo* de las películas en la cavidad bucal (máximo: 240 ± 13 min). Además, la inclusión de manitol en la formulación posibilitó una permeabilidad del 80% del fármaco a través de la mucosa bucal porcina luego de 5 h. Como resultado de la investigación, los autores concluyeron que algunas de estas películas cargadas con 5 mg de hidrocloruro de propranolol podrían ser adecuadas para alcanzar la dosis diaria propuesta en el tratamiento de la hipertensión y la fibrilación atrial. Por otro lado, las películas de quitosano/gelatina resultaron ser compatibles con la microflora bucal cuando no estaban cargadas con el fármaco, mientras que en presencia del mismo mostraron su capacidad para inhibir el crecimiento de bacterias patógenas, sin afectar las especies probióticas [77].

**Tabla 3.3.** Algunas aplicaciones del quitosano en farmacia

| | Formulación | Fármaco |
|---|---|---|
| Peroral | Perlas, gránulos | Nifedipina, Insulina, Péptidos, Calcitonina |
| Bucal | Tabletas mucoadhesivas, películas | Dexametasona, Ketoprofeno, Nicotina, Clorexidina, Nifedipina |
| Periodontal | Películas monocapa y multicapa | Metronidazol, Ipriflavona |
| Nasal | Polvo, disolución, micro/nanopartículas | Vacunas, péptidos de ADN, Pentazocina, Insulina, Morfina |
| Oftálmica | Películas, geles, micro/nanopartículas | Indometacina, Aciclovir, Pilocarpina, Ciclosporina, Prednisona |
| Gastrointestinal | Gránulos, microesferas, microcápsulas | Prednisolona, Metoclopramida, Indometacina, Melatonina |
| Intestinal | Microesferas, microcápsulas | Acioclovir, Insulina |
| Liberación en el colon | Microesferas, microcápsulas | 5-Fluorouracilo, Insulina, Prednisolona |
| Vaginal | Tabletas vaginales | Metronidazol, Acriflavina, Clotrimazol |
| Transdérmica | Geles de quitosano, películas | Ibuprofeno, Gentamicina, Prednisolona, Propanolol |

También se han propuesto películas basadas en quitosano para la liberación controlada de antimicrobianos en empaquetamiento de alimentos [78]. Se han reportado numerosos trabajos para mejorar las propiedades físicas de las películas de quitosano mediante la formación de mezclas con otros polímeros, complejos polielectrolitos, entrecruzamiento u obtención de materiales compuestos con otros aditivos, lo que aumenta sus posibilidades para estas y otras aplicaciones [78-80]. Sin embargo, a pesar de lo anterior, las películas de quitosano han sido relativamente poco estudiadas como sistemas de liberación de fármacos en comparación con otras matrices más versátiles, como son los hidrogeles.

Los hidrogeles son sistemas compuestos por polímeros hidrofílicos, capaces de absorber grandes cantidades de agua sin llegar a disolverse. Ello se debe a que las cadenas del polímero se encuentran entrecruzadas, formando una red tridimensional cuya densidad de entrecruzamiento regula la magnitud de la absorción. Estos entrecruzamientos pueden ser covalentes (uniones químicas entre las cadenas) o físicos (entrelazamientos, puentes de hidrógeno, enlaces iónicos). Una de las ventajas de los hidrogeles radica en su sensibilidad a algunos parámetros externos, tales como el pH, la temperatura, la fuerza iónica, la composición del disolvente y los campos eléctricos [81]. La capacidad de absorción de agua del quitosano es limitada, por lo que para obtener hidrogeles de quitosano se pueden preparar mezclas con polímeros hidrofílicos, tales como la polivinilpirrolidona o el alcohol polivinílico; complejos polielectrolitos con polianiones (CMC, alginato, pectina, poli(ácido acrílico)); redes poliméricas semi-interpenetradas o interpenetradas; o entrecruzar químicamente derivados solubles del quitosano (glicolquitosano, N-trimetilquitosano). De esta manera se pueden obtener matrices con respuesta al pH [82-83] o a la temperatura [84-86].

El desarrollo de formulaciones solubles de biopolímeros capaces de gelificar *in situ* para servir como implantes terapéuticos ha ganado gran atención en los últimos años. En este sentido resultan de mucho interés las disoluciones de quitosano con β-glicerofosfato (β-GP), que dan lugar a sistemas termosensibles [87] que gelifican a la temperatura corporal, de gran aplicabilidad como vehículos inyectables para la liberación de fármacos [88]. La temperatura de gelificación de las disoluciones de quitosano con β-glicerofosfato varía con el pH y el grado de acetilación del polímero [87]. Una variante de este tipo de sistemas es el propuesto por Chen y col. a partir de quitosano y la sal disódica de la α-D-glucosa-1-fosfato (DGP) para su empleo en un sistema de liberación de fármacos por vía ocular. Los geles fueron caracterizados respecto al tiempo y temperatura de gelificación y su morfología. El comportamiento de la transición de fase de sol a gel dependió de las concentraciones de quitosano, de la DGP y del fármaco modelo, el dihidrocloruro de levocetirizina (LD). En los estudios cinéticos se observó una liberación inicial rápida del fármaco, seguida de un comportamiento sostenido, además de un incremento considerable de la penetración del LD en la córnea. Los resultados de la irritación ocular demostraron la excelente tolerancia al hidrogel y su tiempo de residencia en el ojo fue significativamente largo comparado con el de las gotas oculares. Además, el hidrogel cargado con el medicamento resultó ser más eficaz contra la conjuntivitis alérgica que la disolución acuosa de LD. Los autores concluyeron que este sistema resulta ideal para la liberación de fármacos por vía ocular tanto por su temperatura de transición sol-gel como por sus condiciones moderadas de pH y la ausencia de disolventes orgánicos en su formulación [89].

Existen numerosos artículos científicos y patentes dedicados a la preparación de micropartículas y nanopartículas de quitosano para liberación de fármacos, incluyendo varias revisiones sobre el tema [90-91]. Las técnicas empleadas para encapsular en micropartículas de quitosano incluyen la gelificación ionotrópica [92], el secado por atomización [93], la emulsión-separación de fases [94], la coacervación simple [95] y la coacervación compleja (formación de complejo polielectrolito) [96], entre otras. También se suelen emplear combinaciones entre ellas para obtener micropartículas con propiedades y prestaciones específicas. Por ejemplo, Guerrero y col. prepararon microesferas de quitosano cargadas con ketotifeno (KT) para lograr la liberación controlada de este antihistamínico. Las microesferas se obtuvieron mediante secado por atomización y se entrecruzaron utilizando una disolución de glutaraldehído en etanol. Como resultado se obtuvieron partículas de pequeño tamaño (1,0-1,3 µm) con una alta carga de ketotifeno (92 ± 6 µg KT/mg). Los autores atribuyeron la liberación incompleta del fármaco a su interacción con el quitosano. Por otra parte, al administrar las microesferas en la cavidad intraperitoneal de ratas se observó que los agregados de microesferas se adhirieron al músculo subyacente al tegumento y al tejido adiposo, y no se apreciaron signos evidentes de rechazo. La liberación del fármaco a partir de las microesferas resultó ser más lenta, pues se detectó ketotifeno en la sangre luego de 24 h (0,37-0,25 µg/mL), mientras que al administrar el fármaco en disolución por la misma vía, luego de 2,4 horas la concentración del fármaco ya era muy baja [97].

Se ha señalado que las nanopartículas presentan varias ventajas sobre las micropartículas, entre las que se encuentra la posibilidad de mejorar parámetros tales como la encapsulación del fármaco, su farmacocinética, la biodisponibilidad y la eficacia terapéutica [98]. Los métodos empleados para generar nanopartículas de quitosano incluyen la gelificación ionotrópica, la coacervación compleja, las técnicas de emulsión y microemulsión y el autoensamblaje de quitosanos modificados hidrofóbicamente, los cuales han sido objeto de varias revisiones [99-100]. Recientemente, S. Al-Qadi y col. desarrollaron nanopartículas de quitosano en polvo para el transporte de proteínas. Los autores investigaron las potencialidades de este sistema para administrar insulina a través de los pulmones con vistas a su distribución posterior en la circulación sistémica. Las nanopartículas cargadas se prepararon mediante gelificación ionotrópica, luego se secaron con manitol por atomización y se obtuvo un polvo con cualidades aerodinámicas apropiadas para su deposición en los pulmones. Los experimentos *in vivo* realizados en ratas mostraron que, luego de la administración de las nanopartículas de quitosano con insulina a través de la tráquea, el descenso en los niveles plasmáticos de glucosa fue más pronunciado y más prolongado con respecto a lo que se observó en los grupos control. Por tanto, los autores concluyeron que este sistema constituye una alternativa promisoria para la administración sistémica de macromoléculas a través de los pulmones, aunque también podrían ser utilizadas para lograr un efecto local [101]. En general, las micro y nanopartículas de quitosano encuentran gran aplicabilidad en la administración de fármacos por vía oral, a través de las mucosas (bucal, nasal, pulmonar), por vía ocular, para el suministro de vacunas y en la terapia génica, donde constituyen prometedores portadores no virales de genes [102].

Existen también numerosos reportes de liposomas recubiertos con quitosano, lo que resulta en un incremento en su estabilidad y biodisponibilidad [103]. Mehanna y col. prepararon liposomas por emulsión en fase reversa, los cuales se cargaron con hidrocloruro de ciprofloxacino y se recubrieron con quitosanos de diferentes pesos moleculares. Los autores reportaron que los liposomas recubiertos con quitosano de alto peso molecular resultaron de menor tamaño como consecuencia de la disminución de la agregación por el recubrimiento con el polímero. No obstante, no se observaron diferencias morfológicas entre los liposomas recubiertos (quitosomas) y sin recubrir. Los estudios de liberación *in vitro* mostraron que el fármaco se liberó más lentamente de los quitosomas con respecto a los liposomas sin recubrir, y la liberación tuvo lugar mediante un mecanismo de difusión. Por otra parte, al emplear los quitosomas cargados en estudios de permeabilidad *ex vivo* realizados en córnea aislada de conejo, la permeabilidad con respecto al fármaco libre resultó ser 1,74 veces mayor, lo cual atribuyeron a la capacidad promotora de absorción del quitosano. Asimismo, se observó una mayor actividad antimicrobiana de los quitosomas cargados con ciprofloxacina contra bacterias Gram-positivas y Gram-negativas, con respecto a la formulación comercial. Los autores sugirieron que este comportamiento se debe a la interacción electrostática del quitosano cargado positivamente con la pared celular de las bacterias. Por último, se realizó un estudio *in vivo* empleando un modelo de conjuntivitis bacteriana en conejos, el cual reveló que los quitosomas inhibieron el crecimiento de *Pseudomonas aeruginosa* durante 24 h. Al comparar los resultados con la formulación comercial (Clioxan), se observó que ésta última requiere administración frecuente y resultó ser menos efectiva [104].

Por último, cabe señalar que las películas y geles de quitosano se han empleado en la elaboración de dispositivos de liberación transdérmica [105] y se ha confirmado la eficiencia del quitosano y sus derivados para incrementar la penetración del fármaco en este tipo de dispositivos [106]. Thein-Han y col. diseñaron un dispositivo transdérmico para liberación de fármacos utilizando una membrana de quitosano para controlar la velocidad de la liberación y un hidrogel de quitosano como reservorio del medicamento. Los autores utilizaron hidrocloruro de lidocaína como fármaco modelo. En los estudios *in vitro*, la permeabilidad de membranas de quitosano con diferentes grados de desacetilación se investigó utilizando una celda de difusión de Franz y se apreció que la liberación del fármaco fue más lenta a través de las membranas obtenidas con quitosano de mayor grado de desacetilación (95%) y con mayor grosor. Además, la liberación de la lidocaína tuvo lugar mediante un mecanismo de transporte no fickiano. Para evaluar el efecto anestésico en los estudios *in vivo* se aplicaron los dispositivos en el antebrazo de voluntarios humanos y se observó que los dispositivos con membranas de quitosano de 70% y 95% de desacetilación retardaron el efecto anestésico, incrementando el tiempo de retardo al aumentar el grado de desacetilación. Por ello, los autores concluyeron que el sistema propuesto puede ser utilizado en la liberación controlada de fármacos y que, en el caso de la lidocaína, el comportamiento *in vitro* permite predecir el efecto anestésico que se observa en los experimentos *in vivo* [107].

## 3.3. Referencias

[1] H.M. Cauchie, An attempt to estimate crustacean chitin production in the hydrosphere, in: Advances in Chitin Science, A. Domard, G.A.F. Roberts and K.M. Vårum, edsVol. II, Jacques André Publisher: Lyon, 1998.

[2] F. Goycoolea, Taller "Química de quitina y quitosanos y su aplicación en control ambiental", Bahía Blanca, Argentina, 2001, p. 70.

[3] P. Beaney, J. Lizardi-Mendoza, M. Healy, J. Chem. Technol. Biotechnol. 2005, 80, 145-150.

[4] C. Peniche, J.M. Nieto, I. García, J.R. Fernández, Bioorg. Khimia 1984, 1, 1248-1252.

[5] M.L. Tsaih, R.H. Chen, J. Appl. Polym. Sci. 2003, 88, 2917-2923.

[6] R.A.A. Muzzarelli, Natural Chelating Polymers, New York, 1973.

[7] T. Sannan, K. Kurita, Y. Iwakura, Makromol. Chem. 1976, 177, 3589-3600.

[8] G.A.F. Roberts, Chitosan production routes and their role in determining the structure and properties of the product, in: Advances in Chitin Science, A. Domard, G.A.F. Roberts, K.M. Vårum, edsVol. II, Jacques André Publisher: Lyon, 1998.

[9] G.A.F. Roberts, Chitin Chemistry, The Macmillan Press Ltd., London, 1992.

[10] H.K. No, P. Meyers, Preparation of chitin and chitosan, in: Chitin Handbook, R.A.A. Muzarelli, M.G. Peter, eds, European Chitin Society, Grottammare, 1997.

[11] R.A.A. Muzzarelli, Chitin, Pergamon Press, Oxford, 1977.

[12] J. Brugnerotto, J. Lizardi, F.M. Goycoolea, W. Argüelles-Monal, J. Desbrieres, M. Rinaudo, Polymer 2001, 42, 3569-3580.

[13] Y. Inoue, NMR Determination of the Degree of Acetylation, in: Chitin Handbook, R.A.A. Muzzarelli, M.G. Peter, eds, European Chitin Society, Grottammare, 1997.

[14] R.A.A. Muzzarelli, Chitin, Academic Press, New York, 1985.

[15] R.A.A. Muzzarelli, R. Rochetti, V. Stanic, M. Wekx, Methods for the Determination of the Degree of Acetylation of Chitin and Chitosan, in: Chitin Handbook, R.A.A. Muzzarelli, M.G. Peter, eds, European Chitin Society, Grottammare, 1997.

[16] I. García, C. Peniche, J.M. Nieto, J. Therm. Anal. 1983, 28, 189-193.

[17] S.-I. Aiba, Int. J. Biol. Macromol. 1986, 8, 173-176.

[18] A. Domard, Int. J. Biol. Macromol. 1987, 9, 333-336.

[19] W. Argüelles, A. Heras-Caballero, N. Acosta, G. Galed, A. Gallardo, B. Miralles, C. Peniche, J.S. Román, Caracterización de quitina y quitosano, in: Quitina y Quitosano: Obtención, Caracterización y Aplicaciones, A. Pastor, ed, Pontificia Universidad Católica de Perú/ Fondo Editorial 2004, Lima, 2004.

[20] C. Peniche, W. Argüelles-Monal, F.M. Goycoolea, Chitin and chitosan: major sources, properties and applications, in: Monomers, Polymers and Composites from Renewable Resources, M.B.y.A. Gandini, ed, Elsevier, 2008.

[21] M. Rinaudo, Prog. Polym. Sci. 2006, 31, 603-632.

[22] C. Peniche, W. Argüelles-Monal, Macromol. Symp. 2001, 168, 103-116.

[23] T. Koshijima, R. Tanaka, E. Muraki, A. Yamada, F. Yaku, Cell. Chem. Technol. 1973, 7, 197.

[24] R.A.A. Muzzarelli, R. Rochetti, Carbohyd. Polym. 1985, 5, 461-472.

[25] A.J. Varma, S.V. Deshpande, J.F. Kennedy, Carbohyd. Polym. 2004, 55, 77-93.

[26] T. Chandi, C.P. Charma, Artif. Cells Artif. Org. 1990, 18, 1-24.

[27] D. Pantaleone, M. Yalpani, M. Scollar, Carbohyd. Res. 1992, 237, 325-332.

[28] S. Hirano, Y. Noshiki, J. Kinugawa, H. Higashijima, T. Hayashi, Chitin and chitosan for use as novel biomedical materials, in: Advances in Biomedical Polymers, L.G. Gebelein, ed, Plenum, New York, 1987.

[29] M. Sugano, T. Fujikawa, Y. Hiratsuji, K. Nakashima, N. Fukuda, Y. Hasegawa, Am. J. Clin. Nutr. 1980, 33, 787-793.

[30] K.W. Kim, R.L. Thomas, C. Lee, H.J. Park, J. Food Prot. 2003, 66, 1495-1498.

[31] C. Ishihara, K. Yoshimatsu, M. Tsuji, J. Arikawa, I. Saiki, S. Tokura, I. Azuma, Vaccine 1993, 11, 670-674.

[32] C. Qin, D. Du, L. Xiao, Z. Li, X. Gao, Int. J. Biol. Macromol. 2002, 31, 111-117.

[33] J. Marcinkiewicz, A. Polewska, J. Knapczyk, Arch. Immunol. Ther. Ex. 1991, 39, 127-132.

[34] W. Paul, C.P. Sharma, STP Pharma Sci. 2000, 10, 5-22.

[35] L. Calderón, E. Lucumberri, R. Expósito, M.A. López, N. Acosta, A.M. Heras, Chemical properties of chitosan as a marine cosmeceutical, in: Marine Cosmeceuticals. Trends and prospects, Se-Kwon Kim, ed, CRC Press Boca Raton, Florida, 2011.

[36] V. Hartmann, S. Keipert, Pharmazie 2000, 55, 440-443.

[37] J.Y. Lee, S.H. Nam, S.Y. Im, Y.I. Park, Y.M. Lee, Y.J. Seol, C.P. Chung, S.J. Lee, J. Control. Release 2002, 78, 187-197.

[38] H.H. Xu, J.B. Quinn, S. Takagi, L.C. Chow, J. Dent. Res. 2002, 81, 219-224.

[39] A.K. Sing, M. Chaw, J. Pharm. Pharmacol. 2001, 53, 1047-1067.

[40] R.A.A. Muzzarelli, Carbohyd. Polym. 2009, 76, 167-182.

[41] J.C.N. Atehrtúa, L.G. Serrano, N.F. Pérez, Revista Colombiana de Cirugía Plástica y Reconstructiva 2003, 9.

[42] S.F. Antonov, E.V. Kryzhanovskaya, Y.I. Filippov, S.M. Shinkarev, M.A. Frolova, Russ. Agric. Sci. 2008, 34, 426-427.

[43] T. Dai, M. Tanaka, Y.-Y. Huang, M.R. Hamblin, Expert Rev. Anti Infect. Ther. 2011, 9, 857-879.

[44] C.M. Shi, Y. Zhu, X.Z. Ran, M. Wang, Y. Su, T.M. Cheng, J. Surg. Res. 2006, 133, 185-192.

[45] W. Paul C.P. Sharma, Trends Biomater. Artif. Organs 2004, 18, 18-23.

[46] I.A. Alsarra, Int. J. Biol. Macromol. 2009, 45 16-21.

[47] M.V. Mojamdar, D.M. Patel, A.P. Vyas, D.S. Gillet, Liquid filmogenic chitosan skin for wound healing and a method for preparation thereof, Pat. WO 2011004399 A4, 2011.

[48] A.D. Sezer, F. Hatipoğlu, E. Cevher, Z. Oğurtan, A.L. Baş, J. Akbuğa, AAPS PharmSciTech 2007, 8, E94-E101.

[49] N. Boucard, C. Viton, D.Agayb, E. Mari, T. Roger, Y. Chancerelle, A. Domard, Biomaterials 2007, 28, 3478-3488.

[50] T.G.S. Denis, T. Dai, Y.-Y. Huang, M.R. Hamblin, Wound-healing properties of chitosan and its use in wound dressing biopharmaceuticals, in: Chitosan-Based Systems for Biopharmaceuticals: Delivery, Targeting and Polymer Therapeutics, B. Sarmento and J.D. Neves, eds, John-Wiley & Sons Ltd, Chichester, 2012.

[51] A. Francesco, T. Tsanov, Adv. Biochem. Eng. Biot. 2011, 125, 1-27.

[52] S.V. Vlierberghe, P. Dubruel, E. Schacht, Biomacromolecules 2011, 12 1387-1408.

[53] S. Hein, K. Wang, W.F. Stevens, J. Kjems, Mater. Sci. Tech. 2008 24, 1053-1061.

[54] V.F. Sechriest, Y.J. Miao, C. Niyibizi, A. Westerhausen-Larson, H.W. Matthew, C.H. Evans, F.H. Fu, J.K. Suh, J. Biomed. Mater. Res. 2000, 49, 534-541.

[55] R.A.A. Muzzarelli, F. Greco, A. Busilacchi, V. Sollazzo, A. Gigantea, Carbohyd. Polym. 2012, 89 723-739.

[56] R.A.A. Muzzarelli, C. Zucchini, P. Ilari, A. Pugnaloni, M. Mattioli-Belmonte, G. Biagini, Biomaterials 1993, 4, 925-929.

[57] R. Murugan, S. Ramakrishan, Biomaterials 2004, 25, 3829-3835.

[58] A. Gallardo, M.R. Aguilar, C. Elvira, C. Peniche, J.S. Román, Chitosan based microcomposites from biodegradable microparticles to self-curing hydrogels, in: Biodegradable Systems in Tissue Engineering, R. Reis and J.S. Román, eds, CRC Press, Boca Ratón, 2005.

[59] C. Peniche, Y. Solís, N. Davidenko, R. García, Biotecnología Aplicada 2010, 27, 202-210.

[60] T. Freier, R. Montenegro, H.S. Koh, M.S. Shoichet, Biomaterials 2005, 26, 4624-4632.

[61] X. Wang, W. Hu, Y. Cao, J. Yao, J. Wu, X. Gu, Brain 2005, 128, 1897-1910.

[62] W. Fan, J. Gu, W. Hu, A. Deng, Y. Ma, J. Liu, F. Ding, X. Gu, Microsurg. 2008, 28, 238-242.

[63] K.E. Crompton, J.D. Goud, R.V. Bellamkonda, T.R. Gengenbach, D.I. Finkelstein, M.K. Horne, J.S. Forsythe, Biomaterials 2007, 28, 441-449.

[64] M. Patel, L. Mao, B. Wu, P.J. VandeVord, J. Tissue Eng. Regen. M. 2007, 1, 360-367.

[65] W. Wang, S. Itoh, A. Matsuda, T. Aizawa, M. Demura, S. Ichinose, K. Shinomiya, J. Tanaka, J. Biomed. Mater. Res. A 2008, 85A, 919-928.

[66] J. Wang, J. DeBoer, K. DeGroot, J. Dent. Res. 2008, 87, 650-654.

[67] C. Peniche, W. Argüelles, A. Gallardo, C. Elvira, J.S. Román, Rev. Plast. Mod. 2001, 81, 81-91.

[68] F. Lim, A.M. Sun, Science 1980, 210, 908-910.

[69] W. Yu, H. Song, G. Zheng, X. Liu, Y. Zhang, X. Ma, J. Membrane Sci. 2011, 377, 214-220.

[70] R. Hejazi, M. Amiji, J. Control. Release 2003, 89, 151-165.

[71] V. García, J. Heinämäki, O. Antikainen, O. Bilbao, A. Iraizoz, O.M. Nieto, J. Yliruusi, Eur. J. Pharm. Biopharm. 2008, 69, 964-968.

[72] A. Nigalaye, P. Adsumilli, S. Bolton, Drug. Dev. Ind. Pharm. 1990, 16, 449-467.

[73] S. Miyazaki, A. Nakayama, M. Oda, M. Takada, D. Attwood, Biol. Pharm. Bull. 1994, 17, 745-747.

[74] T. Kristmundsdóttir, K. Ingvarsdóttir, G. Saemundsdóttir, Drug Dev. Ind. Pharm. 1995, 21, 1591-1598.

[75] M.J. Fernández-Hervás, J.T. Fell, Int. J. Pharm. 1998, 169, 115-119.

[76] C. Remuñán-Lopez, A. Portero, J.L. Vila-Jato, M.J. Alonso, J. Control. Release 1998, 55 143-152.

[77] A. Abruzzo, F. Bigucci, T. Cerchiara, F. Cruciani, B. Vitali, B. Luppi, Carbohyd. Polym. 2012, 87, 581-588.

[78] P.K. Dutta, S. Tripathi, G.K. Mehrotra, J. Dutta, Carbohyd. Polym. 2007, 69, 41-49.

[79] S.C.M. Fernandes, C.S.R. Freire, A.J.D. Silvestre, C.P. Neto, A. Gandini, L.A. Berglund, L. Salmén, Carbohyd. Polym. 2010, 81, 394-401.

[80] E.A. El-hefian, M.M. Nasef, A.H. Yahaya, Austr. J. Basic Appl. Sci. 2011 5, 670-677.

[81] J.R. Khurma, A.V. Nand, Polym. Bull. 2008, 59, 805-812.

[82] A. Vashist, Y.K. Gupta, S. Ahmad, Carbohyd. Polym. 2012, 87, 1433-1439.

[83] A. Islam and T. Yasin, Carbohyd. Polym. 2012, 88, 1055-1060.

[84] M. Temtem, T. Barroso, T. Casimiro, J.F. Mano, A. Aguiar-Ricardo, J. Supercrit. Fluids 2012, 66, 398-404.

[85] A.S. Carreira, F.A.M.M. Gonçalves, P.V. Mendonça, M.H. Gil, J.F.J. Coelho, Carbohyd. Polym. 2010, 80, 618-630.

[86] A.S. Carreira, F.A.M.M. Gonçalves, P.V. Mendonça, M.H. Gil, J.F.J. Coelho, Carbohyd. Polym. 2010, 80, 618-630.

[87] A. Chenite, C. Chaput, D. Wang, C. Combes, M.D. Buschmann, C.D. Hoemann, J.C. Leroux, B.L. Atkinson, F. Binette, A. Selmani, Biomaterials 2000, 21, 2155-2161.

[88] S. Kim, S.K. Nishimoto, K. Satoru, J.D. Bumgardner, W.O. Haggard, M.W. Gaber, Y. Yang, Biomaterials 2010, 31, 4157-4166.

[89] X. Chen, X. Li, Y. Zhou, X. Wang, Y. Zhang, Y. Fan, Y. Huang, Y. Liu, J. Biomater. Appl. 2011, 27(4), 391-402.

[90] A. Domard, M. Domard, Chitosan-Based Delivery Systems: Physicochemical Properties and Pharmaceutical Applications, in: Polymeric Biomaterials, S. Dumitriu, ed, Marcel Dekker Inc., New York, 2002.

[91] M. Dash, F. Chiellini, R.M. Ottenbrite, E. Chiellini, Prog. Polym. Sci. 2011, 36 981-1014.

[92] N.S. Barakat, A.S. Almurshedi, J. Pharm. Pharmacol. 2011, 63, 169-178.

[93] J. Cai, Y. Zhan, W. Du, K. Nan, J. Control. Release 2011, 152 (Suppl. 1), e70-e71.

[94] S. Pregent, C.L. Hoad, E. Ciampi, M. Kirkland, E.F. Cox, L. Marciani, R.C. Spiller, M.F. Butler, P. Gowland, P. Rayment, Food Hydrocolloid. 2012, 26, 187-196.

[95] D. Leonardi, C.J. Salomón, M.C. Lamas, A.C. Olivieri, Int. J. Pharm. 2009, 367 140-147.

[96] M.L. Tan, A.M. Friedhuber, D.E. Dunstan, P.F.M. Choong, C.R. Dass, Biomaterials 2010, 31, 541-551.

[97] S. Guerrero, C. Teijón, E. Muñiz, J.M. Teijón, Carbohyd. Polym, 2010, 79, 1006-1013.

[98] R. Pandey, G.K. Khuller, Curr. Drug Deliv. 2004, 1, 195-201.

[99] K. Nagpal, S.K. Singh, D.N. Mishra, Chem. Pharm. Bull. 2010, 58, 1423-1430.

[100] H. Peniche, C. Peniche, Polym. Int. 2011, 60, 883-889.

[101] S. Al-Qadi, A. Grenha, D. Carrión-Recio, B. Seijo, C. Remuñán-López, J. Control. Release 2012, 157, 383-390.

[102] A. Masotti, G. Ortaggi, Mini-Rev. Med. Chem. 2009, 9, 463-469.

[103] I. Vural, C. Sarisozen, S.S. Olmez, J. Biomed. Nanotechnol. 2011, 7, 426-430.

[104] M.M. Mehanna, H.A. Elmaradny, M.W. Samaha, Drug Dev. Ind. Pharm. 2010, 36, 108-118.

[105] H.O. Ammar, H.A. Salama, S.A. El-Nahhas, H. Elmotasem, Curr. Drug Deliv. 2008, 5, 290-298.

[106] W. He, X. Guo, L. Xiao, M. Feng, Int. J. Pharm. 2009, 382, 234-243.

[107] W.W. Thein-Han, W.F. Stevens, Drug Dev. Ind. Pharm. 2004, 30, 397-404.

# CAPÍTULO 4. POLIURETANOS BIOMÉDICOS: SÍNTESIS, PROPIEDADES, PROCESAMIENTO Y APLICACIONES

Pablo C. Caracciolo, Gustavo A. Abraham
*Instituto de Investigaciones en Ciencia y Tecnología de Materiales, INTEMA (UNMDP- CO-NICET). Av. Juan B. Justo 4302, B7608FDQ, Mar del Plata, Argentina.*

**Resumen:**

Los poliuretanos segmentados son copolímeros en bloque que se emplean ampliamente como biomateriales debido a su buena biocompatibilidad y a la versatilidad química y estructural, características que posibilitan una enorme variedad de propiedades. En el campo biomédico, se aplican principalmente como elastómeros en implantes bioestables y diversos dispositivos biomédicos. Sin embargo, ciertos poliuretanos son susceptibles a degradación hidrolítica y oxidativa en condiciones fisiológicas, propiedad que permite el desarrollo de aplicaciones temporales en medicina regenerativa. En este capítulo se presentan los principales aspectos que muestran la complejidad y al mismo tiempo la versatilidad de los poliuretanos biomédicos con respecto a su síntesis, propiedades fisicoquímicas y superficiales, procesamiento y aplicaciones. Algunas aplicaciones proporcionan a la comunidad médica dispositivos comerciales que han evolucionado a lo largo de medio siglo acompañando el avance de la ciencia y tecnología de biomateriales y las técnicas modernas de caracterización. Sin embargo, aún existe un extenso camino por recorrer para satisfacer los requerimientos de la ingeniería de tejidos y la medicina regenerativa, donde se requiere el desarrollo

DOI: http://dx.doi.org/10.14195/978-989-26-0881-5_4

de poliuretanos degradables no tóxicos con propiedades adecuadas para regenerar tejidos y órganos. La constante aparición de nuevas formulaciones y diversas técnicas de procesamiento demuestran que los poliuretanos poseen un futuro interesante en aras de perseguir el éxito en las diversas aplicaciones específicas que irán surgiendo.

**Palabras clave:** Poliuretanos segmentados; elastómeros; relación propiedades-estructura; aplicaciones biomédicas.

**Abstract:**

Segmented polyurethanes (SPU) are block copolymers widely used as biomaterials due to their good biocompatibility and chemical and structural versatility, characteristics that allow a broad range of properties. In the biomedical field, SPU elastomers are mainly used in biostable implants and several biomedical devices. However, polyurethanes are susceptible to hydrolytic and oxidative degradation in physiological conditions, allowing the development of temporary constructs for regenerative medicine. In this chapter, the main aspects showing the complexity and versatility of biomedical polyurethanes respect to their synthesis, physicochemical and surface properties, processing and applications are presented. Nowadays, some applications provide the medical community with commercial devices that have evolved over half a century accompanying the advance of science and technology of biomaterials and modern characterization techniques. However, there is still a long way to go to meet the requirements of tissue engineering and regenerative medicine, where the development of non-toxic biodegradable polyurethanes with suitable properties for tissue and organ regeneration is required. The constant appearance of new formulations and diverse processing techniques show that polyurethanes have an interesting future in order to pursue success in the various specific applications that will emerge.

**Keywords:** Segmented polyurethanes; elastomers; structure-property; relationships; biomedical applications.

## 4.1. Síntesis de poliuretanos

### 4.1.1. Estructura química del grupo uretano

El término poliuretano se refiere genéricamente a una extensa familia de polímeros que contiene el grupo funcional *uretano o carbamato* en la unidad repetitiva de la cadena principal. El grupo uretano se obtiene generalmente a partir de la reacción entre un isocianato y un alcohol (Figura 4.1) [1,2].

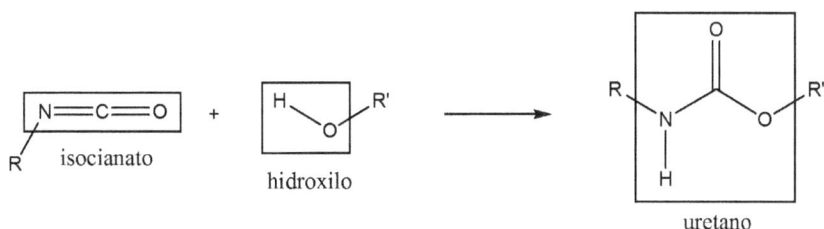

**Figura 4.1.** Reacción de formación de un grupo funcional uretano.

Además, el empleo de reactivos con grupos funcionales amino conduce a la formación de ureas, ampliando la versatilidad química de los polímeros obtenidos a partir de isocianatos (Figura 4.2). Estos polímeros se incluyen comúnmente dentro de la denominación genérica de poliuretanos.

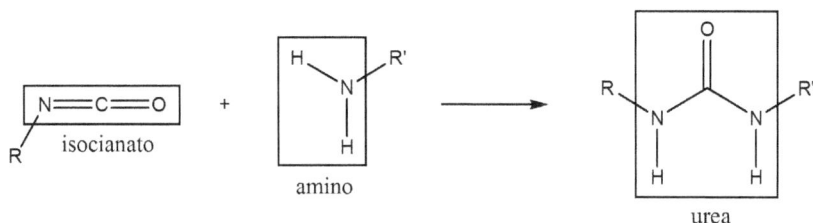

**Figura 4.2.** Reacción de formación de un grupo funcional urea.

También es posible sintetizar poliuretanos mediante la reacción de diaminas con carbonatos cíclicos. Esta ruta sintética permite incorporar funcionalidades hidroxilo en su estructura, lo cual los hace intermediarios interesantes para una gran variedad de aplicaciones.

## 4.1.2. Reactivos

En la formulación de poliuretanos generalmente se emplean tres componentes básicos:

- un poliisocianato (di o polifuncional) aromático o alifático;
- un poliol (di o polifuncional) de cadena larga y flexible;
- un monómero de cadena corta, denominado extendedor de cadena si es difuncional o entrecruzante si su funcionalidad es superior a 2;

Dependiendo de la naturaleza química (longitud y tipo de cadena, funcionalidad, etc.) de los reactivos es posible obtener polímeros lineales o entrecruzados, con un amplio rango de estructuras y propiedades. Pueden ser elastómeros con alta elongación o plásticos rígidos, espumas flexibles o rígidas, fibras, recubrimientos o adhesivos [1,2].

Si los reactivos son difuncionales se obtienen poliuretanos lineales termoplásticos que pueden procesarse en fundido o solución. Por otra parte si al menos un reactivo posee una funcionalidad superior a dos, se obtiene una red poliuretánica termorrígida (Figura 4.3) que no puede procesarse empleando las técnicas usuales para termoplásticos.

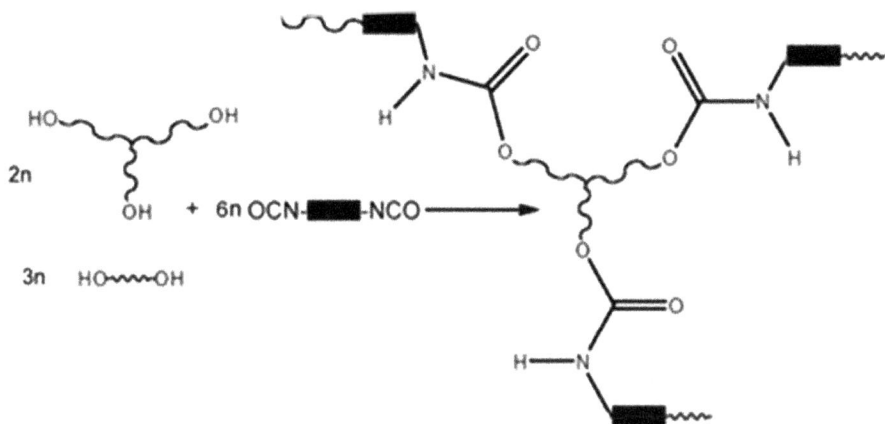

**Figura 4.3.** Síntesis de una red poliuretánica empleando polioles difuncionales y trifuncionales.

La toxicidad de los productos de degradación constituye uno de los principales problemas que limitan el empleo en aplicaciones biomédicas temporales de numerosos compuestos ampliamente utilizados en la química de poliuretanos.

### 4.1.2.1. Polioles

Los polioles convencionales empleados en la síntesis de materiales biomédicos son usualmente poliéteres o poliésteres alifáticos terminados en grupos hidroxilo, con pesos moleculares comprendidos entre 400 y 5000 Da (Figura 4.4). Dependiendo de los grupos funcionales presentes en la unidad repetitiva y de la longitud de cadena se pueden obtener estructuras con diferente flexibilidad. La función del poliol es proporcionar flexibilidad y regular la biodegradabilidad o bioestabilidad del material [2, 3].

Los poliéteres más ampliamente utilizados son los de óxido de propileno (PPO). Debido a que sus grupos hidroxilo son secundarios, se suelen terminar con óxido de etileno para obtener así grupos hidroxilo primarios de mayor reactividad. Los poliéteres de óxido de etileno (PEO), debido a su carácter hidrofílico, sólo se emplean en algunas aplicaciones médicas muy especiales, aunque también se copolimerizan con óxido de propileno para formar copoliéteres. También se emplean poliéteres como poli(óxido de tetrametileno) (PTMO), o poli(óxido de hexametileno) (PHMO), más estables a la degradación oxidativa. Los polioles de policarbonato y polidimetilsiloxano (PDMS) incrementan aún más la estabilidad hidrolítica y oxidativa.

Por otra parte, el empleo de poliésteres incorpora segmentos hidrolíticamente inestables en la cadena polimérica principal, que pueden degradarse con mayor o menor velocidad dependiendo de la composición. La biorreabsorbabilidad de los poliésteres alifáticos puede explotarse para el diseño de poliuretanos para aplicaciones temporarias en las que se busca la degradación o eliminación total del material una vez implantado en el organismo. Entre los poliésteres comúnmente utilizados se encuentran poli($\varepsilon$-caprolactona) (PCL), poli(ácido láctico) (PLLA), poli(ácido glicólico) (PGA) y sus copolímeros. Por otra parte, los copolímeros en bloque de PCL con segmentos centrales hidrofílicos de PEO, o las mezclas PCL/PEO permiten controlar la hidrofobicidad/ hidrofilicidad de los poli(éster éter uretanos) a partir de la longitud de cadena de los bloques, y en consecuencia, la captación de agua y la degradación.

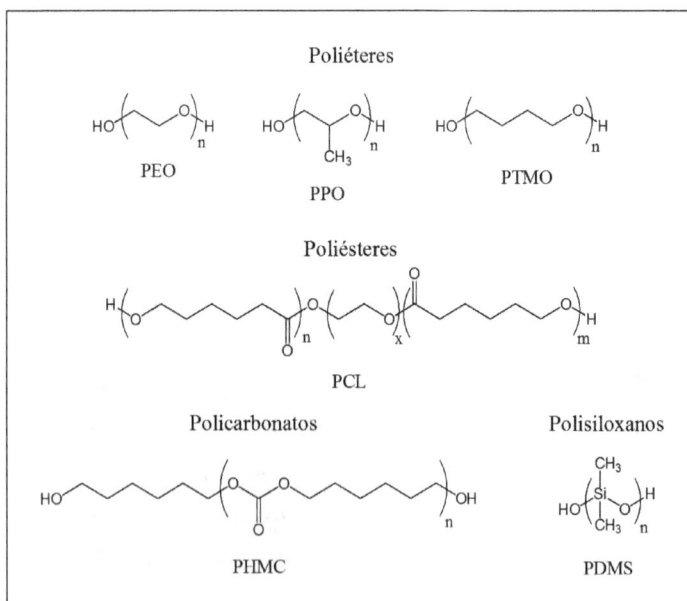

**Figura 4.4.** Estructura química de algunos polioles comúnmente empleados en la síntesis de poliuretanos.

## 4.1.2.2. Poliisocianatos

La reactividad de los isocianatos depende de su estructura química, siendo en general los aromáticos más reactivos que los alifáticos (Figura 4.5). Además, los isocianatos aromáticos promueven la separación de fases de manera más eficiente que los alifáticos. Por ello, el MDI (difenilmetano 4,4'-diisocianato) y el TDI (tolueno diisocianato, mezcla de isómeros 2,4 y 2,6) son los diisocianatos más importantes en la industria de los poliuretanos. Sin embargo, en la formulación de poliuretanos biorreabsorbibles se evita el uso de isocianatos aromáticos debido a que forman aminas aromáticas de elevada toxicidad como subproductos de degradación. Las diaminas 4,4'-metilendianilina (MDA) y 2,4-diaminotolueno (TDA) son potencialmente carcinogénicas y mutagénicas. Por lo tanto, estos isocianatos son recomendables para aplicaciones permanentes.

En las formulaciones de poliuretanos biorreabsorbibles se prefieren los isocianatos alifáticos. El diisocianato de L-lisina (LDI, metil- o etiléster de diisocianato de L-lisina) ha permitido la síntesis de poliuretanos completamente biorreabsorbibles [4-6], formando como subproducto de degradación el aminoácido L-lisina. Otros isocianatos alifáticos que al degradarse generan diaminas alifáticas de baja toxicidad son diisocianato de isoforona (IPDI), hexametilen 1,6-diisocianato (HDI), butano 1,4-diisocianato (BDI), diciclohexilmetano 4,4'-diisocianato (H12MDI), ciclohexano 1,4-diisocianato (CHDI) y otros preparados por fosgenación de diaminas, como diisocianato de arginina, glutamina e histidina. El producto de degradación de BDI es butano 1,4-diamina (BDA, putrescina), una diamina no tóxica esencial para el crecimiento y diferenciación celular. Dado que los isocianatos alifáticos poseen mayor compatibilidad química con las cadenas de poliol, su incorporación en la formulación de poliuretanos favorece el mezclado de fases. Por ello, en el caso de los poliuretanos biorreabsorbibles, los extendedores de cadena adquieren un rol más determinante en el proceso de separación fases.

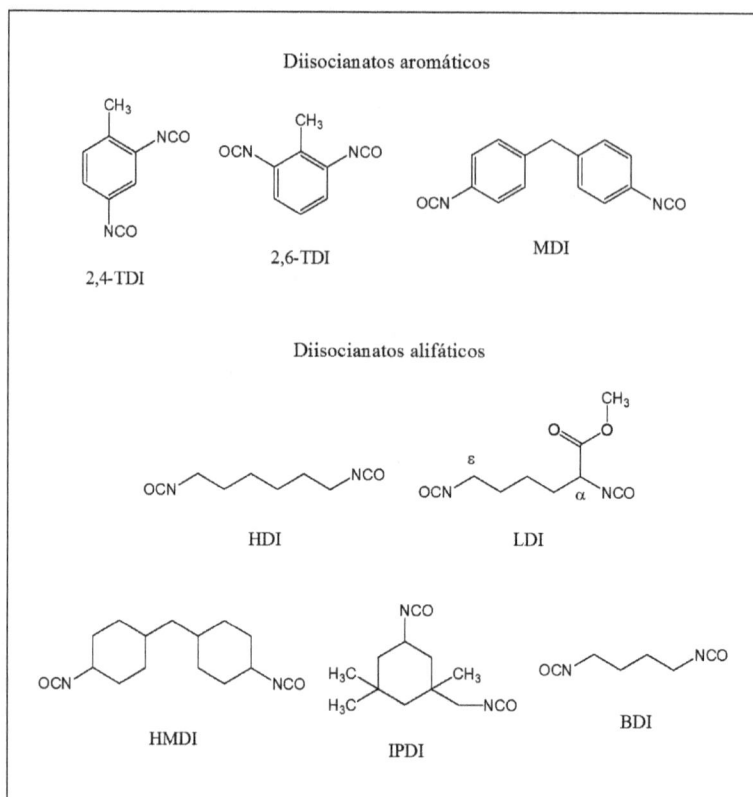

**Figura 4.5.** Estructura química de algunos diisocianatos aromáticos y alifáticos comúnmente empleados en la síntesis de poliuretanos.

### 4.1.2.3. Extendedores de cadena

La reacción de un macrodiol con un diisocianato genera un elastómero blando de baja resistencia mecánica. Sin embargo, sus propiedades pueden mejorarse drásticamente mediante la adición de un extendedor de cadena en la formulación. Este compuesto permite la formación de secuencias extendidas de segmentos duros que se separan de los segmentos blandos generando dominios diferentes. De este modo, los extendedores de cadena poseen un rol clave en la formación de fases separadas, dando origen a los poliuretanos segmentados (SPU). Por lo tanto, su estructura y naturaleza química son de crucial importancia en el proceso de separación de fases.

Los extendedores de cadena son dioles o diaminas de bajo peso molecular (Figura 4.6). Los dioles generan poliuretanos, mientras que las diaminas producen poli(uretano ureas). Prácticamente cualquier di- o poliol, di- o poliamina, o hidroxilamina, alifático o aromático, puede emplearse como extendedor de cadena o entrecruzante. El uso de uno u otro compuesto está limitado por su capacidad de generar materiales con fases separadas, la toxicidad, la facilidad de procesado (líquido de punto de ebullición y presión de vapor relativamente altos o sólido de bajo punto de fusión; solubilidad en los otros componentes de la formulación) y el costo. El 1,4-butanodiol (BDO) es uno de los dioles más empleados como extendedor de cadena, aunque también pueden emplearse 1,3-propanodiol, 1,6-hexanodiol y neopentilglicol; mientras que el glicerol y el pentaeritritol pueden utilizarse como entrecruzantes. La diaminas más comúnmente empleadas en aplicaciones biomédicas son la etilendiamina (EDA) y la BDA.

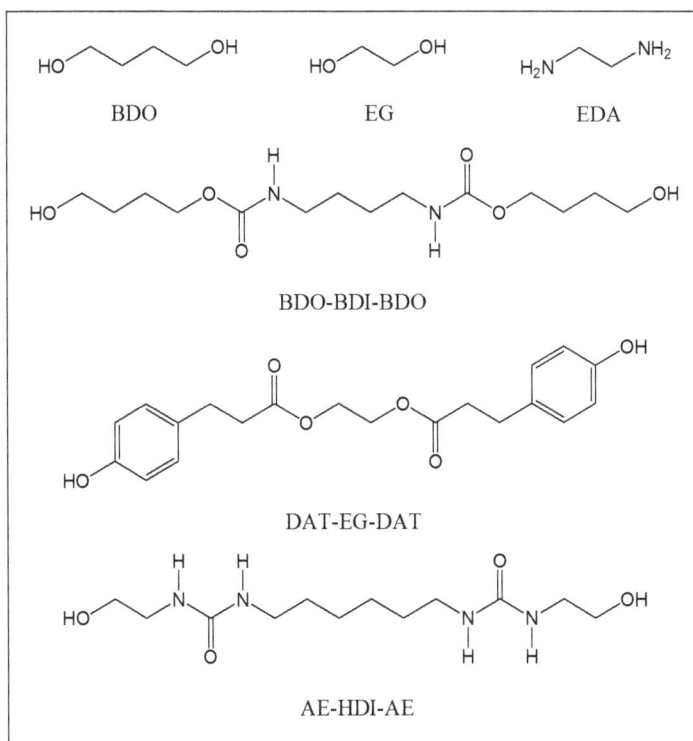

**Figura 4.6.** Estructura química de algunos extendedores de cadena comúnmente empleados en la síntesis de poliuretanos.

#### 4.1.2.4. Catalizadores

Normalmente se emplean aminas terciarias y compuestos organometálicos como catalizadores de la reacción de poliadición. La actividad catalítica depende de la basicidad y la estructura de los compuestos. Las nuevas regulaciones limitan el contenido de materia orgánica volátil en los productos. Por lo tanto, la tendencia actual se dirige a emplear catalizadores que sean reactivos, integrándose en la estructura polimérica, o al menos que carezcan de volatilidad y toxicidad. Como catalizadores organometálicos, tradicionalmente se emplean compuestos de estaño (dibutildilaurato de estaño o 2-etilhexanoato de estaño) pero también son efectivos los catalizadores de zinc, bismuto, hierro, y otros metales. Del mismo modo que estos catalizadores aceleran la reacción de formación de poliuretanos, también aceleran su descomposición a altas temperaturas, por lo que se evita su uso en aplicaciones en las que el producto se someta a temperaturas relativamente altas durante el procesamiento o la esterilización. Se pueden emplear mezclas de catalizadores para equilibrar las reacciones, sobre todo en la formación de espumas.

#### 4.1.2.5. Aditivos

Los aditivos normalmente se incorporan a la solución de monómeros o al polímero durante las etapas de síntesis, mezclado, procesamiento u operaciones de componentes poliméricos para facilitar los procesos de fabricación, modular propiedades físicas y químicas del producto y/o para mejorar la estabilidad del material polimérico, aspecto crucial en su fabricación, prestación y durabilidad. Los principales aditivos empleados en poliuretanos de grado médico son:

- Antioxidantes: previenen la degradación oxidativa que puede tener lugar durante las diferentes etapas del proceso de fabricación y exposición al agresivo medio biológico.

- Lubricantes: disminuyen la fricción interna y externa, mejorando el flujo del polímero durante el procesamiento.
- Plastificantes: mejoran la flexibilidad del material, disminuyendo la temperatura de transición vítrea. La posible toxicidad producida por la migración de estos compuestos al medio biológico está actualmente en discusión.
- Compuestos con grupos funcionales: se emplean para modificar las características superficiales (por ejemplo, para mejorar la tromboresistencia). En los últimos años ha surgido una tendencia hacia la aplicación de métodos de modificación superficial previos a la formación del dispositivo, eliminando la necesidad de costosos tratamientos superficiales posteriores [7]. El uso de aditivos modificadores de superficies involucra la difusión del aditivo hacia la superficie y su reorientación para minimizar la energía interfacial, y en general se emplean moléculas con naturaleza anfifílica, es decir que poseen estructuras hidrofóbicas e hidrofílicas en la misma molécula (por ejemplo, copolímeros silicona-PEO). Esta estrategia posee varias limitaciones asociadas al tiempo para alcanzar el equilibrio, la potencial erosión de la superficie y la técnica de inmersión de piezas que emplean una solución con una concentración elevada de aditivos en superficie. Estas limitaciones llevaron al desarrollo de SPU con diferentes modificadores de extremo de cadena (macromoléculas fluoradas, siliconadas o hidrocarbonadas) para mejorar la bioestabilidad (resistencia a la degradación y respuesta biológica) de poliuretanos empleados en la fabricación de dispositivos cardiovasculares.

### 4.1.3. Métodos de síntesis de poliuretanos

Los métodos de síntesis de poliuretanos se diferencian principalmente de acuerdo al medio en el cual se llevan a cabo las reacciones (masa o solución) y al número de etapas (una o dos etapas).

El método de una etapa, tanto en masa como en solución, involucra el mezclado simultáneo de todos los reactivos. Por ello, deben emplearse catalizadores adecuados para compensar las diferencias en la reactividad. Esta vía de síntesis es la forma más rápida, simple y económica para la obtención de poliuretanos, en particular materiales espumados flexibles. Sin embargo, existen también aspectos negativos a tener en cuenta. La reacción de formación de poliuretanos es un proceso altamente exotérmico. Por lo tanto, en el método de una etapa, el calor total liberado produce un incremento considerable en la temperatura del sistema. Este efecto es mayor aún en ausencia de solvente. Si la temperatura supera un valor crítico, pueden ocurrir reacciones secundarias indeseadas. Las reacciones de transesterificación (en el caso de emplear poliésteres como macrodioles), así como la formación de alofanatos y biurets disminuyen las propiedades de los poliuretanos. En el caso de la síntesis de SPU, pueden obtenerse materiales con propiedades mecánicas inadecuadas para muchas aplicaciones en las que se requieran elevados valores de módulo elástico y resistencia al desgarro. En general, las propiedades de los poliuretanos obtenidos por esta ruta sintética son inferiores a las de los poliuretanos lineales sintetizados por el método de dos etapas.

El método de dos etapas, también denominado método del prepolímero, permite un mayor control de la reactividad, estructura, propiedades y procesabilidad de SPU (Sección IV-2) [1, 2]. Este método involucra la reacción de un macrodiol lineal con un ligero exceso de diisocianato para formar un macrodiisocianato o prepolímero, el cual normalmente es un líquido altamente viscoso o un sólido de bajo punto de fusión. El paso siguiente consiste en la reacción con un compuesto difuncional (extendedor de cadena) para incrementar el peso molecular y promover la separación en microfases. Si la reacción se lleva a cabo en solución se tiene un mayor control de la reacción, reproducibilidad y procesabilidad.

Debido a la naturaleza de la síntesis, ambos métodos producen inevitablemente una distribución estadística de longitudes de segmentos blandos y duros, aunque ésta es más estrecha en el método de dos etapas.

Si bien los materiales preformados se emplean ampliamente en determinados dispositivos biomédicos, hay aplicaciones en las que se requiere la formación del material *in situ*, inyectando sus precursores a través de un orificio de pequeño diámetro. Esta estrategia no invasiva tiene importantes consecuencias clínicas. Los poliuretanos inyectables y autocurables se preparan a partir de dos componentes (método del quasiprepolímero) que se mezclan en determinadas cantidades exactas. En general un componente contiene poliol mezclado con isocianato y otro componente contiene el resto del poliol y otros constituyentes. La mezcla comienza a incrementar su viscosidad debido al proceso de polimerización o curado que tiene lugar, situación que obliga a la inyección inmediatamente posterior al mezclado. Dado que la reacción se lleva a cabo *in situ* en el cuerpo humano, deben minimizarse dos riesgos potenciales: la liberación de calor que acompaña la reacción durante el tiempo que ésta trascurre y la migración al sistema biológico en cantidades mínimas de componentes que eventualmente no hayan reaccionado (Figura 4.7). Tanto la temperatura alcanzada como el contenido final de componentes residuales dependen de cada formulación en particular, las condiciones de preparación y el sitio de aplicación.

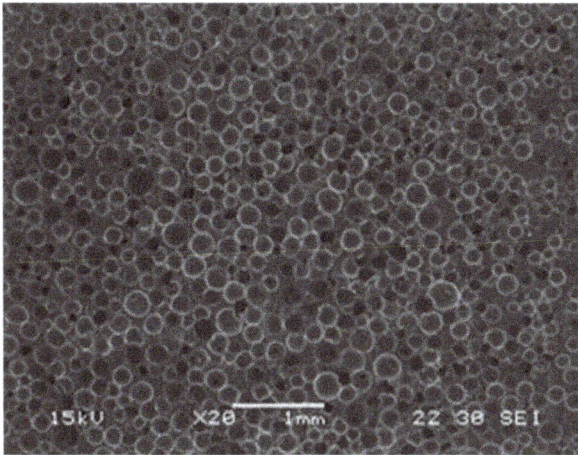

**Figura 4.7.** Espuma poliuretánica con poros cerrados obtenida por inyección y curado *in situ* (No publicado)

## 4.2. Poliuretanos segmentados: microestructura multifase

Los poliuretanos segmentados (SPU) son copolímeros en bloque, compuestos por segmentos blandos que se agrupan formando domi-

159

nios blandos con temperatura de transición vítrea por debajo de la temperatura ambiente (fase viscosa o gomosa), y bloques o segmentos duros que forman dominios duros con temperatura de transición (ya sea vítrea o de fusión) por encima de la temperatura ambiente (fase vítrea). Los segmentos blandos están constituidos por cadenas de macrodiol, mientras que los segmentos duros están formados por una distribución de unidades [diisocianato – extendedor de cadena] $_n$ – diisocianato (Figura 4.8). Los dominios blandos pueden tener una morfología amorfa o semicristalina, dependiendo de la longitud de cadena, geometría y estructura química del macrodiol. El punto de fusión de la fase cristalina es relativamente bajo. Los dominios duros también pueden ser amorfos o semicristalinos.

Los segmentos blandos (poliéteres, poliésteres, poli(éster-éter-éster), policarbonatos o polisiloxanos) proporcionan flexibilidad, mientras que los segmentos duros (bloques con unidades uretano, urea, amida o anillos aromáticos) actúan como puntos de entrecruzamiento físico reversible por cristalización y/o asociación molecular [8]. La morfología de los sistemas poliuretánicos es un factor clave en las propiedades finales de los materiales.

Entre los principales factores que promueven la formación de fases o dominios, e influyen en el grado de separación en microfases en los SPU se encuentran [1, 2, 11]:

- Estructura química y simetría del diisocianato y extendedor de cadena;
- Estructura química, longitud de cadena promedio y distribución de longitudes de cadena de los segmentos duros y blandos;
- Proporción de segmentos duros y blandos en el copolímero;
- Cristalizabilidad de los dominios duros y blandos;
- Extensión de las interacciones puente de hidrógeno entre segmentos duros y entre segmentos duros y blandos;
- Solubilidad inherente entre segmentos blandos y duros;
- Procedimiento de polimerización y método de procesamiento;

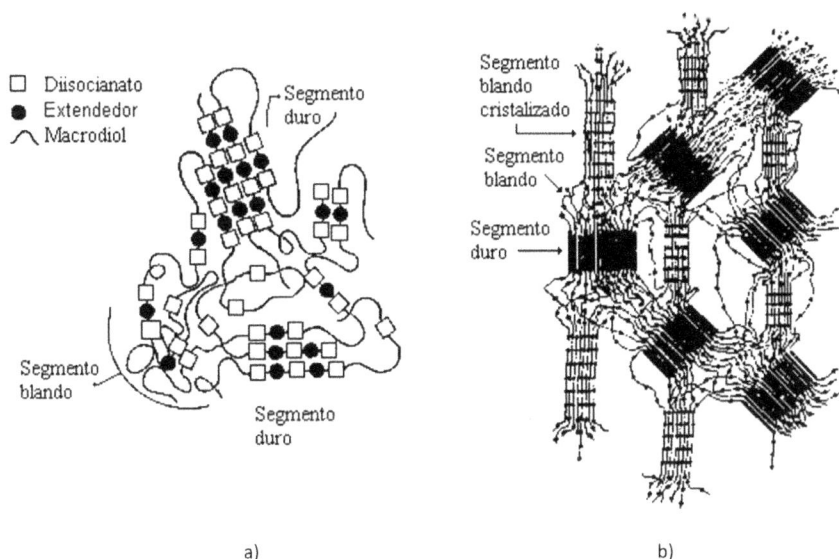

□ Diisocianato
● Extendedor
∧ Macrodiol

Segmento duro

Segmento blando

Segmento duro

Segmento blando cristalizado

Segmento blando

Segmento duro

a)                                        b)

**Figura 4.8.** Representaciones de un SPU. (a) Esquema de la microestructura en un SPU (Adaptado con permiso de [9] y (b) formación de dominios semicristalinos separados (Adaptado con permiso de [10]).

Las fuerzas de atracción entre los segmentos blandos son del tipo de van der Waals, mientras que los segmentos duros interaccionan principalmente por puente de hidrógeno entre grupos funcionales uretano y apilamiento $\pi$ entre anillos aromáticos de cadenas adyacentes. El carácter cooperativo de todas estas interacciones se relaciona directamente con la energía cohesiva de los grupos funcionales y determina la microestructura, propiedades fisicoquímicas y comportamiento mecánico del poliuretano.

Cuando se emplean diisocianatos alifáticos, los extendedores de cadena toman un rol preponderante en la separación de fases. El diseño apropiado de su estructura química permite incorporar grupos funcionales específicos con un interés particular, como por ejemplo incrementar las fuerzas de atracción entre cadenas adyacentes del poliuretano, o introducir enlaces que contribuyan a la degradación hidrolítica o enzimática. En el primer caso, la incorporación de grupos urea incrementa la interacción entre los segmentos duros de cadenas adyacentes a través de la formación de puentes de hidrógeno. La presencia de grupos aromáticos aumenta la rigidez de la cadena principal y contribuye a conformar la estructura supramolecular, mientras que

161

la atracción entre las nubes electrónicas π de anillos aromáticos adyacentes también favorece la formación de dominios duros. En el segundo caso, la introducción de grupos funcionales hidrolizables en los segmentos duros, como por ejemplo grupos éster u otros grupos funcionales atacables por enzimas específicas, favorece el aumento de la velocidad de degradación. También se emplean como extendedores de cadena, aminoácidos o derivados de aminoácidos (que pueden contener anillos aromáticos), compuestos formados por tribloques como BDO-BDI-BDO, diurea-difenoles y diéster difenoles derivados de aminoácidos [12], y amino-dioles de cadena corta. Incluso se ha empleado agua para producir segmentos duros de diferentes longitudes a través de la formación de enlaces urea.

## 4.3. Breve desarrollo histórico de los poliuretanos

Con la producción de fibras de celulosa en 1899 y poli(cloruro de vinilo) (PVC) en 1913, Alemania se posicionó a la vanguardia de la tecnología de fibras sintéticas durante algo más de 30 años. Sin embargo, en el año 1935 W. Carothers descubrió el nylon 6,6, una poliamida obtenida a partir de la policondensación de hexametilen 1,6-diamina y ácido adípico. E.I. du Pont de Nemours & Co. (EEUU) encontró en el nylon un material versátil y práctico para la obtención de fibras con gran potencial en la industria textil. La barrera de patentes de protección para el nylon llevó a algunos grupos alemanes a comenzar una búsqueda de rutas alternativas para la producción de materiales con propiedades similares. En 1937, Otto Bayer en I.G. Farbenindustrie (Leverkusen, Alemania), desarrolló el proceso de poliadición entre diisocianatos y dioles, obteniendo polímeros lineales de elevado peso molecular, llevando este proceso a su explotación comercial. Estos polímeros, llamados desde entonces poliuretanos, presentaban propiedades interesantes para la producción de fibras y plásticos. El primer poliuretano (Perlon U) se obtuvo a partir de hexametilen 1,6-diisocianato y 1,4-butanodiol [13]. Durante la Segunda Guerra Mundial Alemania dedicó mucho esfuerzo al desarrollo de poliuretanos, produciendo espumas Troporit M para la industria aeronáutica mediante la adición de agua a mezclas de diisocianatos y poliésteres. La generación de dióxido de carbono se empleó como agente espumante. Sin embargo, DuPont saltó también al primer plano de la tecnología de poliuretanos en 1942, obteniendo patentes que cubrían las reacciones de diisocianatos con glicoles, diaminas, poliésteres y otros compuestos con hidrógenos activos. Dada su versatilidad y su gran capacidad para sustituir materiales, los poliuretanos fueron ampliando rápidamente sus aplicaciones. Farbenfabriken Bayer, una rama de la ex I.G. Farbenindustrie, comenzó en la década de 1950 a desarrollar elastómeros, espumas flexibles, recubrimientos y adhesivos basados en poliésteres, con interesantes propiedades pero elevados costos. Al mismo tiempo Dow Chemical Co. (EEUU) comenzó a desarrollar poliéteres de menor costo que los poliésteres, ampliando además la gama de propiedades de los poliuretanos, incluyendo una mayor estabilidad hidrolítica.

La ciencia y tecnología de poliuretanos ha seguido avanzando desde entonces, incorporando una amplia variedad de reactivos y métodos de procesamiento y encontrando numerosos campos de aplicación. Sin embargo, el potencial comercial de los poliuretanos de interés biomédico resulta muy inferior al de otros mercados. En consecuencia, la investigación y desarrollo de nuevos poliuretanos se lleva a cabo principalmente por pequeñas empresas con apoyo gubernamental, o bien de los fabricantes de dispositivos interesados en asegurar el suministro de polímeros necesarios para la fabricación de sus productos nuevos.

## 4.3.1. Evolución de los poliuretanos en aplicaciones biomédicas

Como la mayoría de los biomateriales, los poliuretanos fueron diseñados inicialmente con fines muy distintos a las aplicaciones biomédicas. Sin embargo, sus excelentes propiedades mecánicas (elevada flexibilidad, resistencia a la fatiga y resistencia al desgarro) impulsaron también su empleo como materiales biomédicos, aún sin considerar su respuesta biológica [14, 15]. En consecuencia, la falta de conocimiento de su comportamiento *in vivo*, generó la falla de los primeros dispositivos. En 1958, con el desarrollo de una prótesis mamaria cubierta con una espuma de poli(éster uretano), y una espuma rígida (Ostamer™) para fijación ósea in situ, los materiales poliuretánicos se introdujeron por primera vez en aplicaciones biomédicas. También se empleó un poli(éster uretano) (Estane®) como componente de válvulas y cámaras cardíacas, e injertos aórticos. Poco después se encontró que los poli(éster uretanos) eran susceptibles a hidrólisis y severa degradación *in vivo*, causando la falla de los dispositivos. Increíblemente, a pesar de que la inestabilidad hidrolítica de los grupos funcionales éster era bien conocida en ese momento, los fabricantes no repararon en este hecho. Luego de estos sucesos comenzó a pensarse que los poliuretanos no eran materiales adecuados para aplicaciones biomédicas, confirmando el bajo nivel de conocimiento que se tenía sobre esta familia de polímeros. Sin embargo, con el desarrollo posterior de los poli(éter uretanos) hidrolíticamente más estables, resurgió el interés en el empleo de poliuretanos como biomateriales.

En 1967 se empleó por primera vez en dispositivos biomédicos un poli(éter uretano urea) segmentado de excelentes propiedades mecánicas y resistencia a la degradación. Este poliuretano, desarrollado por DuPont bajo el nombre comercial de Lycra® para el mercado textil, se utilizó como componente elastomérico de una bomba de asistencia cardíaca y su cánula arterial. En 1971 ingresó al mercado el primer poliuretano diseñado específicamente para usos médicos, Avcothane-51™, un híbrido de poliuretano / silicona. En 1972 se le sumó Biomer™, una versión de Lycra® (Ethicon Corp.). Ambos polímeros sólo podían procesarse a partir de sus soluciones. Avcothane™, que luego cambió su nombre a Cardiothane-51®, se utilizó en el primer balón de contrapulsación intraaórtico. Biomer™ fue empleado en el desarrollo del primer corazón artificial (Jarvik), implantado en 1982. Estos materiales parecían poseer una combinación de tromboresistencia, bioestabilidad y propiedades mecánicas adecuadas para desarrollar dispositivos de asistencia cardiaca seguros y eficaces. Antes de su introducción no existían otros materiales con el perfil de propiedades requerido, lo cual impidió el progreso en el desarrollo de dispositivos de asistencia cardíaca y corazones artificiales durante la década de 1960. En 1977 Upjohn Chemical comercializó un poli(éter uretano) aromático llamado Pellethane™, el primer poliuretano termoplástico de grado mé-

164

dico. Aún estando en fase experimental, este poliuretano se empleó por primera vez en el catéter de un balón de contrapulsación intraaórtico.

Si bien los poliuretanos empleados en esta etapa estaban diseñados para aplicaciones biomédicas, los mecanismos de control para evitar su falla eran todavía muy poco rigurosos. Mientras la industria empleaba poliuretanos como componentes críticos de dispositivos biomédicos, los estudios sobre su toxicidad y estabilidad *in vivo* se llevaban a cabo en paralelo. En 1978 se reportó por primera vez la presencia de diaminas aromáticas de elevada toxicidad luego de autoclavar poliuretanos basados en diisocianatos aromáticos. A partir de este hecho, el potencial carcinogénico de estos poliuretanos ha sido causa de gran controversia. Sin embargo, hasta el momento no se han reportado en humanos casos de cáncer inducido por poliuretanos.

Con la introducción de Tecoflex® en 1978, los poli(éter uretanos) se afianzaron en el mercado como los materiales de elección para aplicaciones permanentes. El Tecoflex®, un poli(éter uretano) alifático termoplástico con segmentos blandos de PTMO, comenzó a emplearse en implantes permanentes de bombas sanguíneas debido a su excelente flexibilidad en flujo sanguíneo en tiempos prolongados. Sin embargo, un estudio realizado en 1981 sobre Pellethane™ reveló que los poli(éter uretanos) también eran susceptibles a degradación. De este modo, se descubrió que existían dispositivos y prótesis implantables permanentes con distintos requerimientos. Particularmente los cables de marcapasos provocaban la degradación de su recubrimiento de poli(éter uretano) a través del segmento de poliéter mediante mecanismos conocidos luego como oxidación por iones metálicos o agrietamiento por estrés ambiental. Algunos productores intentaron resolver este problema mediante una mejora en el control de las condiciones de procesamiento, buscando minimizar las tensiones residuales. Por otra parte, muchos investigadores comenzaron a explorar nuevas formulaciones. En esta etapa surgió la estrategia de emplear policarbonatos o PDMS, eliminando o minimizando la presencia de enlaces éster y éter. El PDMS, polímero estable e hidrofóbico, fue incluido por primera vez en una formulación poliuretánica en 1988. Paralelamente, a finales de la década de 1970 comenzaron a desarrollarse poliuretanos que incorporaban dos o más polioles en su formulación. Una de las primeras series de polímeros con estas características, obtenida por The Polymer Technology Group, contenía PTMO y PEO. Estos materiales presentaban una amplia gama de permeabilidades dependiendo de la relación de PEO hidrofílico a PTMO hidrofóbico empleada, actuando además como barrera microbiana. Posteriormente se reemplazó el PEO por PDMS, incrementando su estabilidad (PurSil®). A partir de 1991 se introdujo el CarboSil®, que reemplazó el PTMO por poli(hexametilen carbonato), aumentando la tenacidad y evitando la degradación oxidativa inducida por iones metálicos.

A principios de la década de 1990, en paralelo con la introducción de nuevos materiales biomédicos al mercado, muchos proveedores modificaron su política relativa a la fabricación y venta de poliuretanos de calidad médica preexistentes, restringiendo sus aplicaciones a cortos períodos de implantación, como en el caso de Pellethane™, o bien eliminando sus productos del mercado, como ocurrió con Biomer™. Paralelamente, otras compañías tomaron el riesgo y comenzaron a producir materiales denominados "clones" de éstos, químicamente equivalentes. Así, BioSpan® reemplazó a Biomer™ y Elasthane™ hizo lo propio con Pellethane™. Este fue un resultado directo de los problemas de responsabilidad de productos a los que se enfrentaron no sólo los productores de materias primas poliuretánicas, sino también los de Teflon® y siliconas de grado médico. Al mismo tiempo comenzaron a introducirse en el mercado poli(carbonato uretanos) como Chronoflex® y su análogo aromático (Corethane™ y luego Bionate®), los cuales representan otra alternativa a los poli(éter uretanos), particularmente cuando la oxidación mediada por iones metálicos es el principal mecanismo de degradación. Chronoflex® fue luego mejorado, y posteriormente en 2007 se patentó una modificación de esta familia logrando una capacidad antimicrobial libre del empleo de antibióticos. Esta nueva generación de materiales contiene iones plata, los cuales no se liberan al medio biológico debido a que son agregados antes de finalizar el proceso de polimerización, logrando evitar los riesgos asociados a la infección de dispositivos médicos.

A fines de la década de 1990 Elastomedic desarrolló una serie de poliuretanos denominada Elast-Eon™. La estrategia inicial buscaba reducir la degradación oxidativa propia de poli(éter uretanos) mediante el empleo de poliéteres con un menor contenido de enlaces éter que PTMO. Posteriormente, se introdujeron polisiloxanos en la formulación, obteniendo materiales con una mayor bioestabilidad y flexibilidad. En 2008 Cardiotech (AdvanSource Biomaterials Co.) introdujo en el mercado una nueva familia de poli(carbonato uretanos) con segmentos de siloxano, denominados ChronoSil®. Estos materiales, de mayor estabilidad que los poli(éter uretanos) basados en PTMO o poli(carbonato uretanos), están ganando mucho terreno en el mercado de los biomateriales para aplicaciones permanentes.

Mientras los dispositivos implantables permanentes requieren poliuretanos con una elevada bioestabilidad para evitar su falla, las matrices extracelulares sintéticas para ingeniería de tejidos son temporales y se requieren polímeros biorreabsorbibles cuyos productos de degradación se reabsorban *in vivo* mediante eliminación completa por rutas metabólicas sin efectos laterales residuales. Los poli(éster uretanos) sufren degradación hidrolítica, la cual puede ser explotada para el diseño de biomateriales para aplicaciones temporarias en las que se busca la eliminación del material una vez implantado en el organismo vivo, como por ejemplo, matrices o soportes tridimensionales para ingeniería de tejidos.

## 4.4. Caracterización de materiales poliuretánicos

### 4.4.1. Caracterización de propiedades en masa

En este tipo de polímeros, la caracterización está dirigida principalmente a evaluar el grado de separación de fases y su ordenamiento, dado que la cadena primaria queda establecida por los monómeros seleccionados. Como se mencionó anteriormente, la separación de fases depende de la estructura química de las cadenas y en menor medida de las condiciones de procesamiento, por lo que se trata de establecer las relaciones que existen entre la estructura y las propiedades resultantes.

La termogravimetría (TGA) permite obtener información acerca de la estabilidad térmica del polímero, la estabilidad diferencial de los segmentos y la cuantificación de aditivos (plastificantes, modificadores de superficie, etc).

La calorimetría diferencial de barrido (DSC) resulta de suma utilidad en la determinación del grado de mezclado de segmentos así como de la proporción de ambos [2]. Las transiciones térmicas que podrían observarse son: i) transición vítrea ($T_g$), cristalización ($T_c$) y fusión ($T_m$) de dominios blandos; ii) transición vítrea, cristalización y fusión de dominios duros; y iii) degradación. El termograma obtenido permite determinar en forma directa las entalpías de fusión y cuantificar la proporción de fases cristalinas. El valor de la $T_g$ depende de la estructura química de la cadena primaria, pero la segregación de fases o un tratamiento térmico pueden modificarlo significativamente. Cuando el sistema no reacciona demasiado rápido, esta técnica es útil para seguir la reacción de formación del polímero.

Los ensayos mecánico-dinámicos (DMA) se realizan como complemento de las medidas calorimétricas, dado que detectan transiciones térmicas a partir de la variación del módulo de elasticidad con la temperatura. Desde el punto de vista práctico, esta técnica permite determinar el rango de temperatura de uso del material, que es el intervalo donde el módulo permanece casi constante y el polímero posee características elastoméricas. Por último, esta técnica indica el umbral de máxima temperatura de uso del material, determinado por la $T_g$ o la $T_m$ de los segmentos duros.

La microscopía electrónica de transmisión (TEM) permite la visualización directa de las fases, siempre y cuando exista suficiente contraste entre ellas en forma natural o mediante tinción selectiva. También se puede determinar el tamaño medio de los dominios, así como observar el tipo de ordenamiento.

La difracción de rayos X a altos ángulos (WAXS) se emplea para estudiar la cristalinidad, mientras que la técnica a bajos ángulos (SAXS) brinda información sobre la separación de fases. En los últimos años el desarrollo de fuentes de radiación sincrotrón posibilita la obtención de espectros con una rapidez de adquisición que hace posible el seguimiento en tiempo real de la evolución del sistema multifásico con la temperatura.

La espectroscopía infrarroja de transformada de Fourier (FTIR) se utiliza ampliamente para determinar en forma semicuantitativa la separación de fases y grupos funcionales presentes en la formulación. Para ello se analiza la banda de vibración del carbonilo de los grupos uretano o urea, la cual varía según éste se encuentre libre o unido a otros grupos mediante puentes de hidrógeno. Esta técnica resulta muy simple y no presenta los inconvenientes en la preparación de muestras y altos costos que suele tener el análisis por resonancia magnética nuclear (RMN). La aplicación de la técnica de espectroscopía fotoacústica infrarroja (PAS-FTIR) provee una forma eficaz y no destructiva para el análisis de superficies poliuretánicas.

Los ensayos mecánicos (estáticos, cíclicos o de impacto) proporcionan información importante sobre el comportamiento del material sometido a esfuerzo. Mediante la variación de la estructura química y proporción de los reactivos se puede controlar la flexibilidad y orientación de segmentos, entrecruzamiento, rigidez de cadenas, interacciones vía puentes de hidrógeno, etc.

Dureza y rigidez son dos propiedades importantes en dispositivos biomédicos, como por ejemplo los catéteres. La dureza de un material no debe confundirse con la rigidez. En términos mecánicos la dureza se refiere a la resistencia a la penetración, mientras que la rigidez es una medida del módulo de elasticidad (pendiente de la curva tensión-deformación dentro del límite elástico). Los catéteres poliuretánicos poseen características ideales para modificar la rigidez una vez insertados, favoreciendo el ablandamiento cuando se alcanza la temperatura corporal y el equilibrio con el medio acuoso fisiológico.

La Figura 4.9 muestra una curva de tensión-deformación de un SPU sometido a distintos niveles de carga. En un sistema multifásico el comportamiento del ciclo de carga y descarga (histéresis) está relacionado con la morfología de los dominios, la composición química y la separación de fases. El grado de histéresis se calcula como el cociente entre el área limitada por el ciclo de carga y descarga y el área del ciclo de carga. La histéresis se atribuye a la disrupción con la deformación del sistema de puentes de hidrógeno presente en las regiones de dominios duros, conduciendo a una disminución en el refuerzo de la matriz gomosa y promoviendo una deformación permanente. Los niveles elevados de histéresis a bajas deformaciones pueden resultar de la deformación plástica de la estructura vítrea o semicristalina y/o disrupción de los dominios de segmentos duros interconectados. Por otro lado, un comportamiento más gomoso con una recuperación relativamente alta sugiere una morfología consistente de dominios duros aislados, dispersos en una matriz de segmentos blandos amorfa. Las mejores propiedades elastoméricas se obtienen en poliuretanos con un contenido de 25 % de segmentos duros, formando dominios duros aislados.

Para ciertas aplicaciones en ingeniería de tejidos, por ejemplo válvulas cardíacas, el análisis de las deformaciones plásticas (inelásticas) resulta de importancia, dado que estas deformaciones pueden causar la falla catastrófica del dispositivo, en este caso en la apertura y oclusión de las válvulas. Por otra parte, cuando se requiere de la sutura de un material o tejido resulta de interés el estudio de su comportamiento al desgarro.

Debido a que las propiedades mecánicas dependen fuertemente de las condiciones del ensayo (velocidad de deformación, tipo de mordazas, temperatura y condiciones ambientales, etc.) estas condiciones deben tenerse en cuenta al comparar los resultados observados con los reportados en literatura para polímeros con estructura similar.

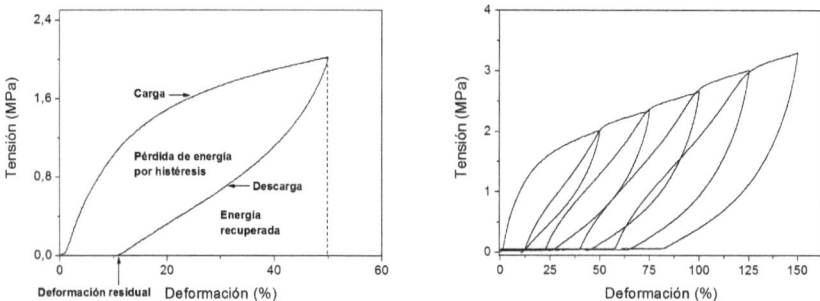

**Figura 4.9.** Comportamiento mecánico típico en tracción de un elastómero poliuretánico (SPU) (No publicado).

## 4.4.2. Caracterización de propiedades superficiales

La mayoría de los polímeros sintéticos empleados en aplicaciones biomédicas se han desarrollado en base a sus propiedades en masa y su procesabilidad, con escasa o ninguna consideración de sus propiedades superficiales, las cuales son las principales responsables de la respuesta biológica del material (biocompatibilidad). Esta situación ha llevado al desarrollo de diferentes tratamientos de la superficie poliuretánica (mediante injertos de cadenas poliméricas, inmovilización de heparina u otros agentes antitrombogénicos, recubrimientos o impregnación) para modificar sus características superficiales, teniendo en cuenta que la química superficial determina la hemocompatibilidad del material [15].

**Tabla 4.1.** Características de algunos métodos comunes para el análisis de superficies de poliuretanos (adaptado de [16]).

| Método | Principio | Profundidad analizada | Resolución espacial | Sensibilidad analítica |
|---|---|---|---|---|
| Ángulo de contacto | La energía superficial se estima a partir del mojado de líquidos sobre superficies | 3 – 20 Å | 1 mm | Depende de la composición química |
| Espectroscopía electrónica para análisis químicos (ESCA o XPS) | Los rayos X producen la emisión de electrones de energía característica | 10 – 250 Å | 8 –150 µm | 0,1 % (atómica) |
| Espectrometría de masas de iones secundarios (SIMS) | Un bombardeo de iones lleva a la emisión de iones secundarios desde la superficie | 10 Å (estático) a 1 µm (dinámico) | 500 Å | Muy alta |
| Espectroscopía infrarroja (FTIR) | La radiación infrarroja es absorbida por moléculas que cambian sus estados vibracionales | 1 – 5 µm (reflectancia total atenuada, ATR) | 10 µm | 0,01 mol |
| Microscopía de fuerza atómica (AFM) | Medida de la deflexión de una punta metálica debido a la repulsión de la nube electrónica entre el átomo en la punta de la sonda y los átomos de la superficie | Topografía superficial | Menor a 1 nm | Átomos individuales |
| Espectroscopía electrónica de barrido (SEM, ESEM) | Se mide y visualiza espacialmente la emisión de electrones secundarios causada por un haz de electrones enfocado hacia la superficie | Menor a 5 µm | 40 Å (usualmente) | Alta, no cuantitativa |

Por lo tanto, la selección de materiales para dispositivos médicos y órganos artificiales involucra requerimientos tanto de las propiedades en masa como de las propiedades superficiales. La composición química de la superficie polimérica es siempre diferente de la composición del interior y depende de la temperatura, el tiempo y el medio en el cual el material está inmerso. Por ejemplo, un contaminante de silicona presente en partes por millón puede producir, debido a su baja tensión superficial, una capa superficial casi completamente formada por silicona en contacto con aire.

La Tabla 4.1 presenta los principales métodos disponibles para el análisis de superficies de poliuretanos (composición superficial y topografía del material). Para construir una imagen completa de la superficie y extraer conclusiones definitivas acerca de la naturaleza de la misma deben emplearse un conjunto de métodos de análisis que aportan información complementaria y coherente. Las interacciones entre las proteínas y superficie de poliuretanos pueden estudiarse mediante técnicas espectroscópicas vibracionales no lineales (SFG) y resonancia de plasmón superficial (SPR), las que permiten efectuar un seguimiento de la adsorción de proteínas y cambios conformacionales, de particular interés en superficies poliuretánicas empleadas en biosensores.

## 4.5. Técnicas de procesamiento de poliuretanos para la fabricación de dispositivos biomédicos

Los poliuretanos están disponibles en forma de soluciones o granulados conocidos como *pellets*. Las técnicas de procesamiento poseen una influencia muy importante en las propiedades mecánicas, químicas y biológicas finales, dado que la concentración de segmentos blandos en superficie depende de la técnica empleada. Los procesos de fabricación de componentes poliuretánicos de dispositivos biomédicos pueden agruparse en tres categorías: moldeo a partir de fundidos, moldeo a partir de soluciones y otros procesos. Las ventajas y condiciones de cada proceso se discuten en detalle en la literatura [1, 14, 15].

El moldeo a partir de fundidos incluye las técnicas de moldeo por inyección, extrusión, soplado y compresión. La técnica de inyección involucra el llenado de un molde bajo presión y temperatura. Los límites de temperatura dependen de la naturaleza y estructura química del material y deben tenerse en cuenta para evitar su degradación. El moldeo por inyección reactiva (*RIM*) se basa en el mezclado de dos corrientes reactivas con alta presión, seguida por inyección en un molde cerrado a baja presión. La extrusión involucra el calentamiento del material con un perfil de temperatura y el mezclado por medio de un tornillo helicoidal y forzado del material fundido a través de una boquilla en su forma final.

El moldeo a partir de soluciones emplea reactivos líquidos o soluciones de solventes orgánicos específicos. Las técnicas incluyen: colada de soluciones (*solution casting*), embebido, moldeo por inmersión (*dipping*) y spray de soluciones. La primera técnica es la más simple para la obtención de un filme polimérico. Normalmente se vierte una solución a determinada temperatura en una superficie acondicionada y se deja evaporar el solvente. Posteriormente se realiza un secado adicional del filme bajo vacío para asegurar la eliminación completa del solvente [17]. Una variante de esta técnica consiste en verter la solución en una superficie que posee una determinada velocidad de rotación (*spin-casting*) que permite obtener filmes uniformes y de pequeño espesor. En el embebido se recubre un objeto que permanece rodeado y protegido por el polímero. La técnica de inmersión se basa en la inmersión a velocidad controlada de moldes de distinta naturaleza (normalmente metálicos o de cera) en una solución poliuretánica, para generar en sucesivas etapas un filme uniforme que posteriormente es secado por evaporación del solvente y removido del molde. Los parámetros de procesamiento, tanto en la etapa de moldeo o desmolde, afectan fuertemente las propiedades fisicoquímicas de las piezas finales. La concentración de la solución, ciclos de inmersión y temperatura de secado, tipo de molde (material y geometría), presencia de aditivos y tiempos de secado entre capas, definen las propiedades superficiales y en masa del material procesado. La producción por esta técnica de piezas complejas de dispositivos biomédicos críticos (cámaras sanguíneas y cámaras compensadoras para dispositivos de asistencia ventricular izquierda y diafragmas para dispositivos de asistencia neumática) tiene en la actualidad un carácter artesanal y la calidad de las piezas está fuertemente condicionada a la habilidad del técnico operario. El pulverizado o spray de soluciones permite realizar recubrimientos en dispositivos con geometría compleja, como los stents cardiovasculares.

Existen además otros procesos, tales como métodos para elastómeros que permiten la formación de láminas o filmes e incluyen mezclado intensivo, calandrado y laminación, y métodos para la formación de fibras en fundido, seco o húmedo (*spinning*).

Los procesos para la fabricación de dispositivos biomédicos e implantes poliuretánicos dependen de la configuración determinada por el uso final, la que comúnmente puede ser en forma de espuma, pieza tridimensional, tubo, balón, recubrimiento, adhesivo, fibra, lámina o filme (Figura 4.10) [14].

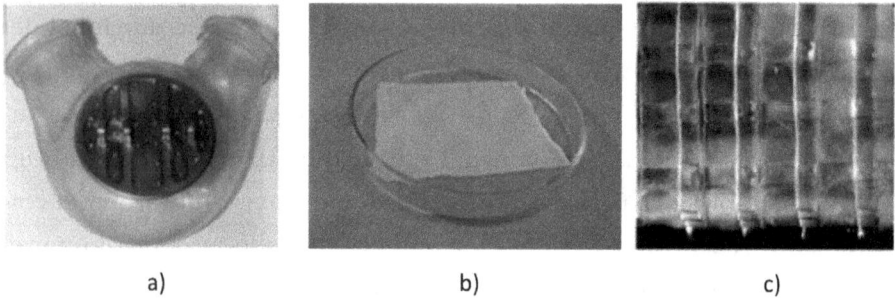

a)          b)          c)

**Figura 4.10.** a) Cámara sanguínea componente de dispositivo de asistencia ventricular izquierda obtenida por inmersión en solución (No publicado); b) Filme obtenido por colada de solución (No publicado); c) Estructura poliuretánica obtenida deposición de fundido sembrada con fibroblastos (tecnología de PolyNovo Biomaterials Pty Ltd. con permiso de [18]).

### 4.5.1. Procesamiento de poliuretanos para la formación de matrices porosas

La necesidad de disponer de matrices extracelulares poliméricas para ingeniería de tejidos requiere del desarrollo de diferentes tecnologías de producción, las que dependen del comportamiento viscoso de los polímeros por encima de su temperatura de transición vítrea o temperatura de fusión y su solubilidad en ciertos solventes orgánicos [19]. No existe una forma universal de obtener matrices porosas y la elección de la técnica más apropiada resulta entonces crítica, y depende de cada material polimérico y la aplicación específica. En la Figura 4.11 se muestran algunos ejemplos y en la Tabla 4.2 se mencionan algunas de las principales técnicas disponibles.

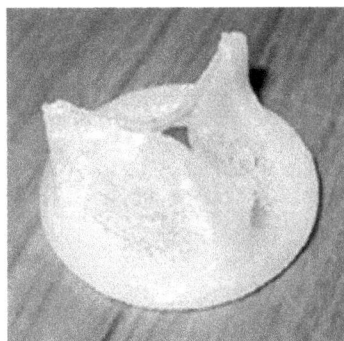

a)

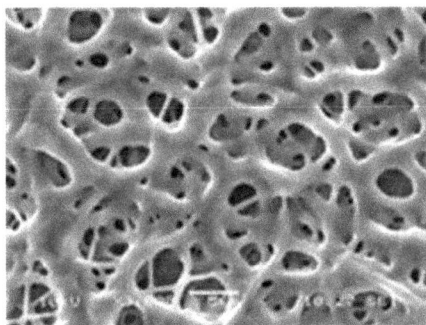

b)

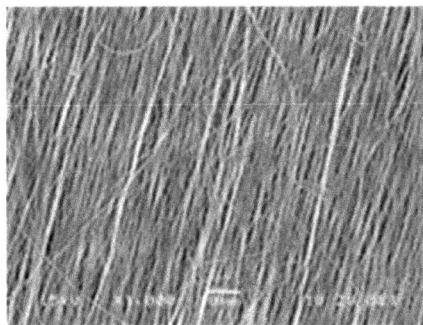

c)

**Figura 4.11.** Ejemplos de estructuras poliuretánicas porosas: a) válvula cardíaca tricúspide obtenida por deposición de fundido (tecnología de PolyNovo Biomaterials Pty Ltd. con permiso de [18]); b) micrografía SEM de matriz micro/nanofibrosa obtenida por electrohilado de solución poliuretánica (x3000) [26]; c) micrografía SEM de membrana poliuretánica con nanofibras alineadas (x1000) [27].

**Tabla 4.2.** Técnicas para obtención de matrices poliuretánicas porosas.

| Técnicas | Ejemplos | Denominación en inglés |
|---|---|---|
| Procesado de fibras | Mallas de fibras no tejidas<br>Fibras unidas | Non-woven fiber felts or mesh<br>Fiber bonding |
| Disolución de partículas | Colada de soluciones / lixiviación de partículas<br>Extracción de hidrocarburos porógenos | Solvent casting / particulate leaching<br>Hydrocarbon templating |
| Separación de fases | Separación de fases inducida térmicamente<br>Liofilización / lixiviación de partículas<br>Inversión de fases / lixiviación de partículas<br>Separación de fases inducida por polimerización | Thermally-induced phase separation<br>Freeze-drying / particulate leaching<br>Phase inversion / particulate leaching<br>Polymerization-induced phase separation |
| Otras técnicas | Moldeo en fundido<br>Agregación de micropartículas<br>Espumado polímero-cerámico<br>Espumado por gas a alta presión | Melt holding<br>Microparticle aggregation<br>Polymer-ceramic composite foam<br>High-pressure gas foaming |
| Tecnologías de procesamiento mediante de prototipado rápido | Laminación<br>Impresión tridimensional<br>Sinterizado por láser<br>Fotopolimerización<br>Deposición de fundidos | Sheet lamination<br>Adhesion bonding, 3DP<br>Laser sintering<br>Photopolymerization<br>Fused-deposition modelling |
| Matrices nanoestructuradas | Electrohilado<br>Autoensamblado molecular<br>Separación de fases | Electrospinning<br>Molecular self-assembly<br>Phase separation |

Las matrices nanofibrosas han resultado de notable interés en los últimos años debido a la generación de estructuras altamente porosas de elevada relación área/volumen [20-23]. Una propiedad inherente de las nanofibras es su capacidad de imitar la matriz extracelular de los tejidos y órganos, un complejo sistema formado por proteínas fibrosas, proteínas solubles y otras moléculas bioactivas que permiten la adhesión y el crecimiento celular. Sin embargo, se debe profundizar el estudio de las interacciones célula-nanofibra, así como el entendimiento completo de la influencia de las nanofibras en las rutas bioquímicas y los mecanismos de las señales que regulan el comportamiento celular. Se pueden obtener matrices nanofibrosas con geometrías determinadas para el relleno de defectos anatómicos, y con arquitecturas que conduzcan a las propiedades mecánicas necesarias para soportar el crecimiento, proliferación, diferenciación y movilidad celular. Asimismo, pueden contener factores de crecimiento, drogas, principios activos y genes para estimular la regeneración de tejidos. El creciente avance de este campo de investigación a nivel mundial se refleja en los trabajos que están siendo publicados en Latinoamérica [24].

La morfología de las estructuras micro/nanofibrosas obtenidas por electrohilado produce tamaños de poros que son generalmente menores (< 50 µm) y más tortuosos que los producidos por otros métodos. Por lo tanto, los métodos de sembrado de altas densidades de células no resultan efectivos para obtener una distribución uniforme en matrices de espesor elevado. Existen diversas aproximaciones para sobrellevar el problema de la microintegración en las que la matriz fibrosa se genera al mismo tiempo que se depositan las células [25].

## 4.6. Métodos de esterilización

Los materiales biomédicos deben tener la capacidad de ser esterilizados sin perder su integridad ni sus propiedades. Existen tres grandes clases de procesos de esterilización: mediante la aplicación de calor, gas o radiación [28]. La eficiencia del proceso de esterilización depende principalmente del método empleado y del material a esterilizar. El proceso de esterilización por calor puede llevarse a cabo en un medio seco o húmedo. El método seco es muy efectivo, pero su uso es restrictivo para poliuretanos, ya que afecta principalmente los dominios blandos. El autoclavado, por su parte, puede generar estrés residual, así como modificar la superficie o favorecer la hidrólisis o descomposición de poliuretanos. La esterilización por gas puede llevarse a cabo empleando óxido de etileno, un efectivo bactericida inofensivo para la mayoría de los materiales poliméricos. Sin embargo, dado que es un gas altamente tóxico, debe emplearse bajo el control de varios parámetros. El proceso de aireación posterior es fundamental para eliminar el gas residual, ya que el óxido de etileno reacciona con las proteínas y produce hemólisis. La esterilización por radiación presenta ventajas, tales como la ausencia de un proceso de aireación posterior y la posibilidad de esterilizar varios materiales herméticamente cerrados a la vez. Si bien es un método efectivo, puede generar radicales libres, conduciendo al entrecruzamiento y la ruptura de cadenas. Este método puede llevarse a cabo sometiendo al material a radiación gamma o haces de electrones. La radiación gamma se emplea para muchos materiales biomédicos, siendo la dosis de irradiación mínima recomendada de 2,5 Mrad para la eliminación de la población microbiana más resistente. Sin embargo, dependiendo de la clasificación del dispositivo (definido por el riesgo biológico) del protocolo de fabricación y de los materiales involucrados, la dosis óptima puede ser menor que el valor antes mencionado. Dado que la radiación es acumulativa, la decisión de re-esterilización de dispositivos debe ser cuidadosamente analizada teniendo en cuenta el daño producido en los materiales. En los dispositivos complejos, el material menos resistente establecerá el valor máximo de la dosis admisible. La esterilización por haces de electrones emplea dosis mayores de radiación, lo cual reduce los tiempos de exposición. A diferencia de la radiación gamma, esta tecnología resulta inadecuada para esterilizar dispositivos cuyo espesor supere unos pocos centímetros.

Los procesos de esterilización introducen cambios superficiales y estructurales específicos dependiendo de la formulación química del poliuretano [17], por lo que es necesario definir los métodos de control de calidad adaptados a las formulaciones elegidas.


### 4.7. Aplicaciones de poliuretanos en dispositivos biomédicos y medicina regenerativa

Los poliuretanos se encuentran entre los materiales más versátiles para su aplicación en dispositivos biomédicos. Con el fin de ilustrar esta variedad, se listan a continuación algunas aplicaciones de sistemas poliuretánicos más relevantes en distintos campos [14, 29]:

- Cirugía cardiovascular (principalmente poliuretanos bioestables): recubrimiento para aislamiento de cables de marcapasos, dispositivos de asistencia cardiaca, corazón artificial total, injertos vasculares de diámetro pequeño (menor a 6 mm), membranas para reparación de pericardio y miocardio, catéteres intravenosos y multilumen, válvulas cardíacas, balones intraaórticos, recubrimiento de stents con agentes antitumorales.
- Cirugía ortopédica y traumatología: substitutos de hueso esponjoso, tejidos para reparación de cartílago articular, reconstrucción de ligamentos, formulaciones inyectables para corrección de defectos óseos, regeneración ósea y para reemplazo de núcleo pulposo en disco intervertebral, cementos inyectables para el tratamiento de fracturas compresivas de vértebras con osteoporosis cifoplastía), matrices para regeneración o reemplazo de meniscos.
- Cirugía reconstructiva: apósitos para heridas y úlceras, adhesivos tisulares, implantes mamarios.
- Ginecología y obstetricia: condones y esponjas con anticonceptivos.
- Ingeniería de tejidos (principalmente poliuretanos biorreabsorbibles): piel artificial, membranas para el tratamiento de peridontitis, prótesis de esófago y traquea, canales para regeneración de nervios.
- Terapia génica: vectores no virales (policationes que forman complejos con ADN).
- Liberación controlada de agentes bioactivos: recubrimientos poliuretánicos funcionales (hidrofílicos, hidrofóbicos, antimicrobiales, no-trombogénicos, lubricantes, liberadores de fármacos, heparinizado de catéteres).
- Aplicaciones en suministros médicos: encapsulado de membranas en filtros de hemodiálisis, oxigenadores, y hemoconcentradores, recubrimiento de sondas y guantes.


## 4.8. Comentarios finales

En este capítulo se presentan los principales aspectos que muestran la complejidad y al mismo tiempo la versatilidad de los poliuretanos biomédicos con respecto a su síntesis, propiedades fisicoquímicas y superficiales, procesamiento y aplicaciones. Teniendo en cuenta la variedad de parámetros que determinan las propiedades finales de estos materiales, resulta difícil obtener formulaciones con propiedades completamente reproducibles. Esta situación torna aún más complejo el estudio y el desarrollo de poliuretanos para aplicaciones biomédicas, que conforman una amplia familia de polímeros. Los poliuretanos comerciales han evolucionado a lo largo de medio siglo acompañando el avance que han tenido la ciencia y tecnología de biomateriales y las técnicas modernas de caracterización. La necesidad de caracterizar y modificar las superficies, seleccionar métodos apropiados de esterilización, y considerar los efectos de las técnicas de procesamiento en las propiedades finales de estos materiales son algunos aspectos a considerar para relacionar su comportamiento y su respuesta frente al medio biológico.

Algunas aplicaciones proporcionan a la comunidad médica dispositivos indispensables que se producen comercialmente en la actualidad. Los desafíos principales provienen de la ingeniería de tejidos y la medicina regenerativa, en donde aún existe un extenso camino por recorrer para desarrollar poliuretanos degradables no tóxicos con propiedades adecuadas para regenerar tejidos y órganos [30]. Como es el caso de la mayoría de los biomateriales, el diseño previo y control de la síntesis y procesamiento resulta fundamental para garantizar el éxito de las aplicaciones específicas que irán surgiendo. Los poliuretanos tienen aún un futuro interesante por delante como lo demuestra la constante aparición de nuevas formulaciones y aplicaciones.

## 4.9. Referencias

[1] G. Oertel, Polyurethane Handbook, 2$^{nd}$ ed. Munich, Hanser Publishers, 1993.

[2] P. Król, Linear Polyurethanes. VSP, Leiden, The Netherlands. 2008.

[3] M.C. Tanzi, D. Mantovani, P. Petrini, R. Guidoin, G. Laroche, J. Biomed. Mater. Res. 1997, 36(4), 550-559.

[4] G.A. Abraham, A. Marcos-Fernández, J. San Román, J. Biomed. Mater. Res. Part A 2006, 76(4), 729-736.

[5] P.C. Caracciolo, F. Buffa, V. Thomas, Y.K. Vohra, G.A. Abraham, J. Appl. Polym. Sci. 2011, 121(6), 3292-3299.

[6] A. Marcos-Fernández, G.A. Abraham, J.L. Valentín, J San Román, Polymer 2006, 47(3), 785-798.

[7] R.S. Ward, Med. Plast. Biomater. 1995, 2, 34-41.

[8] M. Szycher, High Perfomance Biomaterials. M. Szycher, C.P. Sharma, Eds., Technomic, 1991. Chapter 4.

[9] R.E. Camargo, C.W. Macosko, M. Tirrell, S.T. Wellinghoff, Polymer 1985, 26, 1145-1154.

[10] R. Bonart, J.Macromol. Sci. Part B – Phys. 1968, 2, 115-138.

[11] N. Hasirci, High perfomance biomaterials, M. Szycher (Ed.), Technomic, Lancaster PA, 1991. Chapter 5. pp. 71-90.

[12] P.C. Caracciolo, F. Buffa, G.A. Abraham, J. Mater. Sci.: Mater. Med. 2009, 20, 145-155.

[13] O. Bayer, Angew. Chem. 1947, 59, 257-272.

[14] P. Vermette, H.J. Groesser, G. Laroche, R. Guidoin, Biomedical Applications of Polyurethanes. Eurekah.com Landes Bioscience. Georgetown, Texas, USA. 2001.

[15] M.D. Lelah, S.L. Cooper, Polyurethanes in Medicine, CRC Press, Boca Raton, FL, USA, 1986.

[16] B.D. Ratner, Characterization of biomaterial surfaces. Cardiovasc. Pathol. 1993, 2, 87S-100S.

[17] G.A. Abraham, P.M. Frontini, T.R. Cuadrado, J. Appl. Polym. Sci. 1997, 65(6), 1193-1203.

[18] T. Moore, Design and synthesis of biodegradable thermoplastic polyurethanes for tissue engineering. Ph.D. Thesis. Swinburne University of Technology, Australia. 2005.

[19] P.X. Ma, J. Elisseeff, Scaffolding in tissue engineering. CRC Press. Boca Raton, FL 2005.

[20] N. Bhardwaj, S.C. Kundu, Biotech. Adv. 2010, 28, 325-347.

[21] S. Ramakrishna, K. Fujihara, W.-E. Teo, T. Yong, Z. Ma, R. Ramaseshan, Materials Today 2006, 9, 40-50.

[22] A. Greiner, J.H. Wendorff, Angew. Chem. Int. Ed. 2007, 46, 2-36.

[23] L.A. Bosworth, S. Downes, Electrospinning for tissue regeneration, Woodhead publishing, Oxford-Cambridge-Philadelphia-New Delhi, 2011.

[24] P.C. Caracciolo, P.R. Cortez Tornello, F. Montini Ballarin, G.A. Abraham, J. Biomater. Tissue Eng. 2013, 3(1), 39-60.

[25] J.J. Stankus, J. Guan, K. Fujimoto, W.R. Wagner, Biomaterials 2006, 27(5), 735-744.

[26] P.C. Caracciolo, Matrices poliuretánicas biorreabsorbibles para ingeniería de tejidos. Tesis doctoral. Universidad Nacional de Mar del Plata, Argentina. 2010.

[27] F. Montini Ballarin, Nanofibras poliuretánicas y compuestas de interés biomédico. Proyecto Final Ingeniería en Materiales, Universidad Nacional de Mar del Plata, Argentina. 2009.

[28] M. Szycher, Blood Compatible Materials and Devices. M. Szycher, C. P. Sharma, Eds., Technomic, 1991. Chapter 5.

[29] J.I. Wright, Med. Dev. Diag. Ind. 2006, 3, 98-109.

[30] R.J. Zdrahala, I. Zdrahala, J. Biomater. Appl. 1999, 14, 67-90.

# CAPÍTULO 5. MICELAS POLIMÉRICAS PARA ENCAPSULACIÓN, VECTORIZACIÓN Y CESIÓN DE FÁRMACOS.

**Carmen Alvarez Lorenzo, Angel Concheiro, Alejandro Sosnik**
*Departamento de Farmacia y Tecnología Farmacéutica, Facultad de Farmacia,*
*Universidad de Santiago de Compostela, Santiago de Compostela, España.*
*The Group of Biomaterials and Nanotechnology for Improved Medicines (BIONIMED),*
*Departmento de Tecnología Farmacéutica, Facultad de Farmacia y Bioquímica,*
*Universidad de Buenos Aires, Buenos Aires, Argentina.*
*Consejo Nacional de Investigaciones Científicas y Técnicas (CONICET), Buenos Aires,*
*Argentina.*

**Resumen:**

En los últimos años se ha intensificado el desarrollo de formas de dosificación que permitan mejorar el perfil de eficacia/seguridad de fármacos disponibles en el mercado y de nuevas entidades químicas. En este capítulo se analizan las posibilidades que ofrecen las micelas poliméricas en la formulación de fármacos de baja solubilidad, insuficiente permeabilidad, baja estabilidad y elevada toxicidad. Se describen los copolímeros de bloque más utilizados y los procedimientos de preparación y de caracterización de micelas poliméricas, resaltando sus principales ventajas e inconvenientes desde el punto de vista de sus prestaciones en la encapsulación de fármacos para ser administrados por diversas vías y como nanotransportadores para vectorización pasiva y activa. Finalmente, se discuten algunas aplicaciones recientes de micelas poliméricas sensibles a estímulos, como cambios de pH, temperatura o potencial redox o la aplicación de luz o de ultrasonidos,

DOI: http://dx.doi.org/10.14195/978-989-26-0881-5_5

para cesión selectiva en tejidos o células específicas. Todas estas propiedades junto con la capacidad de algunos copolímeros de bloque para inhibir bombas de eflujo hacen que las micelas poliméricas despierten un interés creciente en el tratamiento del cáncer y de otras patologías que requieren que el fármaco alcance concentraciones eficaces en estructuras poco accesibles.

**Palabras clave:** Micelas poliméricas; copolímeros de bloque; nanotransportador; solubilización; sensibilidad a estímulos; vectorización de fármacos.

**Abstract:**
Last years have witnessed a remarkable intensification of research on development of dosage forms aimed to improve efficacy/safety profile of both already marketed drugs and new chemical entities. In this chapter the suitability of polymeric micelles for the formulation of drugs showing poor solubility in water, low permeability, limited stability and high toxicity is discussed. Commonly used block copolymers and methods of preparation and characterization of polymeric micelles are described, highlighting their main advantages and disadvantages from the point of view of their performance in the encapsulation of drugs to be administered by various routes and as nanocarriers for passive and active targeting. Last sections focus on recent applications of polymeric micelles that are sensitive to stimuli, such as changes in pH, temperature or redox potential or the application of light or ultrasound, for selectively drug release into specific tissues or cells. All these properties along with the ability some block copolymers to inhibit efflux pumps make polymeric micelles particularly attractive for treatment of cancer and other diseases that require the drug to achieve effective concentrations in hardly accessible structures.

**Keywords:** Polymeric micelles; block copolymers; nanocarrier; solubilization; stimuli responsiveness; drug targeting.

## 5.1. Sistemas nanométricos para transporte de fármacos

El diseño racional de nuevos fármacos ha incorporado en las últimas décadas herramientas computacionales que permiten limitar el número de moléculas que ingresan a las etapas preclínicas y clínicas y de esta manera reducir de forma sustancial el coste involucrado en el proceso de desarrollo [1]. Sin embargo, la eficiencia alcanzada en la transferencia a la clínica (en inglés *bench-to-bedside translation*) continúa siendo relativamente baja en relación con el crecimiento de la inversión [2], contribuyendo a mantener las altas tasas de atrición, que son del orden de 95% en cáncer [3].

Los costes dependen del tipo de fármaco, de las posibilidades de fracaso del proyecto, del tiempo requerido para el desarrollo y también de si la nueva entidad química se basa o no en la modificación de una molécula ya empleada en algún producto farmacéutico. Por ejemplo, en el caso de los fármacos innovadores, el desarrollo demanda aproximadamente 12 años y el coste asociado se estima en US$800 millones [4]. Es interesante destacar, que el porcentaje de falla en ensayos clínicos ha aumentado en los últimos años debido a los criterios cada vez más exigentes que se aplican para su aprobación y a la creciente predisposición a ensayar moléculas que encierran mayores riesgos. Por otro lado, las compañías farmacéuticas más grandes han desplazado su interés hacia el desarrollo de fármacos destinados al tratamiento de dolencias crónicas, y los ensayos clínicos resultan más costosos que los que se llevan a cabo con fármacos empleados en enfermedades agudas. Los fármacos modificados incrementalmente son aquellos cuya manufactura se ha modificado para mejorar algún aspecto como seguridad, efectividad o facilidad de uso. El desarrollo de fármacos modificados incrementalmente es, generalmente, menos oneroso, aunque esto depende de que sea necesario o no llevar a cabo ensayos clínicos y de la envergadura de éstos. Los fármacos modificados comprenden el 66% de los aprobados por la US-Food and Drug Administration (US-FDA) pero sólo representan un 33% de los gastos en Investigación y Desarrollo (I+D) de la industria farmacéutica [5].

Otro obstáculo relevante es que las diferentes moléculas con acción farmacológica despliegan diversas desventajas biofarmacéuticas que afectan a su eficiencia. Entre ellas, cabe mencionar la baja solubilidad en agua, la inestabilidad fisicoquímica en el entorno biológico, el tiempo de vida media corto y los efectos adversos graves, entre otros. Por ejemplo, más del 50% de los fármacos actualmente comercializados y aproximadamente el 70% de las nuevas entidades químicas son hidrofóbicas y, en consecuencia, pobremente solubles en agua [6-8], lo cual plantea desafíos en el desarrollo de formulaciones farmacéuticas que aseguren la adecuada disolución y biodisponibilidad.

El Sistema de Clasificación Biofarmacéutica agrupa a los fármacos hidrofóbicos en dos clases, Clase II y Clase IV [9,10]. Los de Clase II presentan alta permeabilidad a través de mucosas, mientras que la permeabilidad de los de Clase IV es baja. Un aumento de la solubilidad puede resultar en una mejora de la biodisponibilidad oral, sobre todo en el caso de los fármacos de Clase II.

La nanotecnología ha generado la capacidad de manipular, controlar y caracterizar de forma exhaustiva las estructuras a nivel nanométrico. En este contexto, se han desarrollado diversas estrategias de formulación para optimizar las propiedades biofarmacéuticas de fármacos y de nuevas entidades químicas [11-14] y así alcanzar la adecuada liberación temporal y espacial de los fármacos, reduciendo la exposición sistémica a agentes tóxicos y la aparición de efectos adversos, mejorando el índice terapéutico. Por ejemplo, gracias a su pequeño tamaño, los nanotransportadores se pueden acumular de forma preferente en tumores sólidos altamente vascularizados; un fenómeno que se conoce como efecto de permeación y retención aumentadas (EPR, del inglés *enhanced permeation and retention effect*) [15,16]. Desde los primeros trabajos sobre liposomas publicados hace casi cuatro décadas [17] se han diseñado, desarrollado y evaluado preclínica y clínicamente una gran variedad de nanotransportadores lipídicos, poliméricos y metálicos [18-22]. Unos pocos han alcanzado ya el mercado [18-22].

Entre los nanotransportadores poliméricos más populares destacan las nanopartículas poliméricas [23,24], los dendrímeros [25,26] y sistemas auto-ensamblables como micelas poliméricas [27,28] y más recientemente vesículas poliméricas o polimersomas [29,30]. Esta explosión en el desarrollo de sistemas transportadores de fármaco innovadores ha dado lugar a una extensa propiedad intelectual, expresada por el aumento pronunciado en el número de solicitudes de patente durante el último decenio [20].

Las micelas poliméricas combinan características únicas que las convierten en nanotransportadores de fármacos muy versátiles. Sin embargo, y a pesar de sus aplicaciones potenciales en el desarrollo de medicamentos innovadores, todavía son escasamente utilizadas y sólo unos pocos productos han alcanzado las etapas clínicas avanzadas [31]. Este capítulo se inicia con la descripción de los aspectos fundamentales de producción y caracterización de micelas poliméricas, señalando sus principales ventajas e inconvenientes. A continuación, se discuten las aplicaciones más recientes de micelas poliméricas sensibles al pH, la temperatura y otros estímulos, incluyendo sistemas multisensibles, para cesión controlada y vectorización de fármacos.

## 5.2. Micelas poliméricas

Las micelas poliméricas son estructuras que se forman espontáneamente mediante auto-ensamblado de moléculas poliméricas anfifílicas (generalmente copolímeros bloque), una vez que se supera la concentración micelar crítica (CMC), y pueden alcanzar tamaños de hasta varios cientos de nanómetros [27]. Los bloques hidrofóbicos se asocian para formar un dominio interno denominado núcleo micelar, que es capaz de solubilizar y albergar fármacos liposolubles, mientras que los bloques hidrofílicos conforman una corona que se encuentra en contacto directo con el medio externo, usualmente acuoso, estabilizando físicamente la micela [28]. Además, la encapsulación del fármaco dentro de la micela previene su interacción con el medio externo, aumentando su estabilidad fisicoquímica. La corona también constituye la interfase entre el reservorio de fármaco y el medio. Por ello, dependiendo de propiedades como micro-viscosidad, espesor y porosidad y de la interacción fármaco/núcleo, la cesión del fármaco encapsulado será más o menos rápida. La CMC, el número de agregación (número de moléculas de polímero por micela), el tamaño micelar, el tamaño del núcleo y la morfología de la micela dependen de la longitud de los bloques y del balance hidrofilia-lipofilia (HLB). La molécula de polímero anfifílico puede ser diseñada para ajustar estas propiedades a requerimientos específicos.

Además, el pequeño tamaño de las micelas poliméricas determina que se acumulen en tumores altamente vascularizados por el efecto EPR (vectorización pasiva) [31]. La superficie de la micela se puede "decorar" con ligandos con el fin de que puedan ser reconocidas por receptores celulares específicos y captadas selectivamente por células concretas. Esta aproximación se conoce como vectorización activa [32,33]. Finalmente, algunos polímeros pueden disminuir, cuando se encuentran individualiza-dos (unímeros), la expresión de genes que codifican para la producción de bombas de eflujo de la superfamilia ABC (del inglés *ATP-binding cassette*) [34] y consecuentemente inhibir su actividad [35-38]. Estas bombas expulsan moléculas de fármaco en contra del gradiente de concentración y están asociadas a fenómenos de multi-resistencia a fármacos (MDR, del inglés *multidrug resistance*). La capacidad para inhibir las bombas de eflujo está gobernada por propiedades como peso molecular, HLB y arquitectura molecular y no todos los copolímeros anfifílicos formadores de micelas la despliegan. Además, existen al menos 48 transportadores ABC, siendo algunos copolímeros efectivos sobre unos pero no sobre otros.

Las micelas poliméricas se pueden administrar por vía oral [39,40], ocular [41,42] y más comúnmente parenteral [27] y presentan una toxici-dad más baja que las micelas de tensoactivos comunes [43]. También, son físicamente más estables frente a la dilución, manteniéndose agregadas aún después de ser diluidas hasta concentraciones finales por debajo de la CMC. Esto contribuye a que mantengan su integridad durante un tiempo más prolongado cuando se encuentran en el torrente circulatorio. Por el contrario, las micelas de tensoactivos comunes se desagregan con facilidad, liberando instantáneamente el fármaco encapsulado al medio. La estabilidad física de las micelas poliméricas frente a la dilución depende de la diferencia entre la CMC y la concentración final, el peso molecular

y el HLB del polímero, y también de la naturaleza del fármaco encap
sulado. Por ejemplo, etavirenz (EFV) [44] e ibuprofeno [45] favorecen la
auto-agregación del copolímero y disminuyen la CMC.

### 5.2.1. Encapsulación de fármacos en micelas poliméricas

La capacidad de las micelas poliméricas para encapsular un fármaco
determinado se puede expresar de diversas formas. Las más comunes son:

(i) La relación entre las cantidades de fármaco dentro y fuera de la
micela, denominada coeficiente de reparto micela-agua; en este
caso, la cantidad de fármaco no encapsulado se estima a partir de
la solubilidad intrínseca en el mismo medio sin las micelas [46,47].

(ii) El número de moles de fármaco solubilizados por gramo de bloque hidrofóbico.

(iii) La relación de solubilización molar (MSR, del inglés *molar solubilization ratio*) que es la relación molar fármaco/copolímero.

Algunos copolímeros en concentraciones inferiores a la CMC aumentan
levemente la solubilidad acuosa de fármacos a través de interacciones electrostáticas, hidrofóbicas, etc., pero su contribución es muy inferior a la de
las micelas [48]. La incorporación de una molécula al núcleo micelar es un
proceso complejo que depende de parámetros moleculares y fisicoquímicos
tanto de la micela como del fármaco. En lo que se refiere al copolímero,
las propiedades más relevantes son el peso molecular y el HLB. Para pesos
moleculares similares, los copolímeros más hidrofóbicos generan núcleos
de mayor tamaño y con mayor capacidad de encapsulación. Si los valores
de HLB similares, los copolímeros de mayor peso molecular son los más
eficientes. La arquitectura molecular y el ordenamiento de los bloques
hidrofílicos e hidrofóbicos a lo largo de la cadena polimérica también pueden afectar a la encapsulación. Por último, propiedades del fármaco como
peso molecular, volumen, lipofilia (coeficiente de reparto, logP), punto
de fusión, tendencia a la agregación y presencia de grupos funcionales

específicos que puedan interaccionar con la micela también condicionan su incorporación a la misma. En cualquier caso, el comportamiento de cada copolímero debe ser investigado para cada fármaco en particular.

La intensidad de las interacciones entre las moléculas de fármaco afecta considerablemente a su solubilidad. Cuando las fuerzas intermoleculares son muy intensas, los sólidos presentan temperaturas de fusión ($T_f$) elevadas. La solubilización requiere el establecimiento de interacciones soluto-disolvente de mayor intensidad que las fuerzas soluto-soluto. En el caso particular de la solubilización micelar, las interacciones fármaco-micela desempeñan un papel fundamental. Cuanto más intensas sean éstas, mayor será la capacidad de solubilización de las micelas. En general, fármacos con $T_f$ baja se encapsulan más eficientemente. Este fenómeno se puso claramente de manifiesto con dos fármacos antibacterianos, triclosano (289,5 g/mol; $T_f$ = 55-57°C) y triclocarban (315,6 g/mol; $T_f$ = 255°C), que se encapsularon en micelas de diferentes copolímeros ramificados de poli(óxido de etileno)-poli(óxido de propileno) (PEO-PPO) de la familia de las poloxaminas [49,50]. Los sistemas cargados con triclosano fueron muy estables físicamente manteniéndose en estado coloidal durante más de tres meses [49], mientras que en los cargados con triclocarban, el fármaco experimentó un proceso de cristalización y precipitó parcialmente al cabo de un mes debido a la formación de intensas uniones intermoleculares [50].

### 5.2.2. Preparación y caracterización de micelas poliméricas

Dependiendo de las propiedades del polímero y del fármaco, se puede acudir a diferentes técnicas de preparación (Figura 5.1) [51,52].

El método directo o de equilibrio simple consiste en preparar primero las micelas disolviendo el copolímero en agua, estabilizar la suspensión micelar a una temperatura adecuada y por último añadir el fármaco al medio, para que se incorpore a las micelas dando lugar a un sistema generalmente translúcido. El tiempo necesario para alcanzar el equilibrio suele estar comprendido entre 48 y 72 h. Cuando la capacidad de encapsulación de un determinado fármaco no se conoce, el fármaco se añade en exceso para facilitar la saturación de las micelas. El fármaco no solubilizado se elimina por filtración. La carga de fármaco dentro de las micelas se determina por una técnica analítica adecuada como espectrofotometría UV-visible o cromatografía líquida de alta resolución (HPLC). El método directo es el más simple y se suele utilizar en el caso de copolímeros con bloques de hidrofobicidad intermedia, como por ejemplo PPO, y fármacos de peso molecular medio o bajo, pues no requiere el uso de disolventes orgánicos que deben ser posteriormente eliminados. Sin embargo, en el caso de copolímeros con bloques hidro-fóbicos más insolubles que no pueden ser solubilizados directamente en agua, hay que disolver inicialmente el copolímero y el fármaco en un medio orgánico miscible con el agua y a continuación mezclar esta disolución con una fase acuosa. Una vez formadas las micelas se eli-mina el disolvente orgánico por diálisis o evaporación. En este caso, la concentración máxima de copolímero que se puede alcanzar es relativa-mente baja (1 a 2%) ya que a concentraciones altas el copolímero tiende a precipitar. También se pueden aplicar metodologías más innovadoras para producir micelas poliméricas como la microfluídica [53], si bien pequeños cambios en el procedimiento pueden dar lugar a modifica-ciones notables en la carga de fármaco y en el tamaño y la distribución de tamaños y la estabilidad fisicoquímica de las micelas [54,55]. Para seleccionar el procedimiento más adecuado, hay que prestar también atención a las posibilidades de escalado.

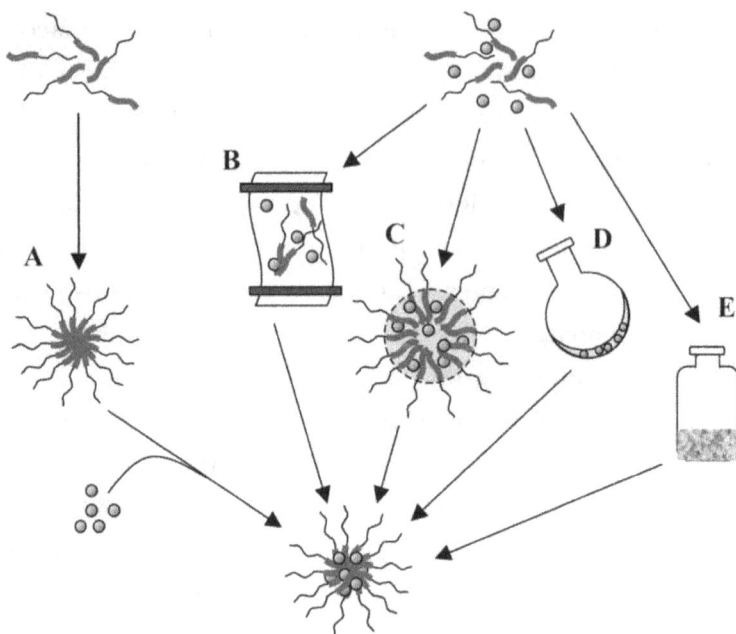

Figura 5.1. Métodos de preparación de micelas poliméricas cargadas con fármaco: (A) equilibrio simple (método directo), (B) diálisis, (C) emulsión aceite-en-agua, (D) hidratación de película y (E) liofilización. Reproducido de la Referencia 52 con permiso de Elsevier.

El estudio de los fenómenos de agregación y de propiedades de las micelas poliméricas prístinas y cargadas con fármaco, como número de agregación, tamaño hidrodinámico, distribución de tamaños (polidispersión) y morfología, constituye un aspecto crucial para comprender el comportamiento fisicoquímico y biológico de estos nanotransportadores. La CMC se puede determinar empleando diferentes técnicas como medidas de tensión superficial, cambios en los patrones de emisión de colorantes fluorescentes como pireno, difracción dinámica de luz láser (DLS, del inglés *dynamic light scattering*) o calorimetría diferencial de barrido (DSC, del inglés *differencial scanning calorimetry*) [56-58]. Cada una de estas técnicas se basa en la medida de un fenómeno diferente y su sensibilidad es también distinta, con lo que se suelen obtener valores de CMC no coincidentes [59]. No obstante, en general, los valores están en el mismo orden de magnitud, independientemente del método que se use. Además, cambios en las condiciones en que se lleva a cabo la determinación, como temperatura, pH, presencia de moléculas orgánicas pequeñas y electrolitos, pueden afectar al resultado de las determinaciones [60], por lo que los estudios de caracterización deben ser lo más amplios que sea posible para permitir futuras comparaciones entre diferentes sistemas micelares. Otro parámetro útil para caracterizar para anfolitos poliméricos termosensibles es la temperatura micelar crítica (CMT, del inglés *critical micellar temperature*) que se define como la temperatura mínima a la que se forman micelas para una concentración de copolímero determinada. Este parámetro se suele determinar por DSC, observándose la transición endotérmica que se produce en el momento de la autoagregación [61] o por DLS en equipos que permiten un adecuado control de la temperatura.

El número de agregación es el número de moléculas de copolímero anfifílico que conforman una micela una vez superada la CMC y su valor determina el tamaño del núcleo, de la corona y en consecuencia de la micela. En general, el número de agregación se mantiene constante bajo condiciones determinadas y si aumenta la concentración de copolímero, se incrementa el número de micelas en la dispersión. Sin embargo, en algunos casos, se pueden producir fenómenos de agregación secundaria o fusión micelar que dan lugar a micelas de mayor número de agregación y tamaño. Si bien una de las técnicas más difundidas para su determinación es la difracción estática de luz láser (SLS, del inglés *static light scattering*) [59,62], también se han reportado estudios empleando colorantes fluorescentes como por ejemplo 1,6-difenil-1,3,5-hexatrieno [63]. Además, se puede acudir a equipos más sofisticados que permiten cuantificar el número de nanoestructuras por unidad de volumen, como NanoSight® con *Nanoparticle Track Analysis* (NTA, NanoSight®) [64], aunque sus capacidades y limitaciones han sido aun poco exploradas. Por otro lado, la carga superficial de las micelas se puede estimar a través de medidas de potencial zeta.

El tamaño hidrodinámico y la polidispersión pueden afectar la estabilidad física, la interacción con células y la biodistribución de las micelas en el organismo. Para evaluar este aspecto, una de las técnicas más versátiles y rápidas es el DLS [65]. La microscopía electrónica de transmisión

(TEM, del inglés *transmisión electrón microscopy*) puede complementar dicho análisis y además aportar información sobre la morfología de las mismas. El contraste entre las micelas y el medio dispersante debe ser suficientemente intenso para permitir la visualización, por lo que se puede requerir la tinción negativa de las micelas con acetato de uranilo o ácido fosfotúngstico. Por otro lado, el estudio de las muestras en condiciones criogénicas (cryo-TEM) en torno a -196°C permite en algunos casos la visualización detallada de subestructuras (por ejemplo, la corona y el núcleo) dentro de la micela (Figura 5.2) [66].

La estabilidad física de las micelas se puede monitorizar midiendo el tamaño hidrodinámico y la distribución de tamaños a distintos tiempos. Los fenómenos de inestabilidad se manifiestan por un aumento del tamaño y de la polidispersión. Una metodología complementaria que permite determinar el peso molecular de micelas poliméricas y a partir de él, el número de agregación es la cromatografía de permeación de geles (GPC, del inglés *gel permeation chromatography*) [67-69].

Otras técnicas han sido menos utilizadas a pesar de que aportan información valiosa sobre las cualidades de las micelas, entre las que destacan las medidas de (i) punto de enturbiamiento (del inglés *cloud point*), (ii) microfluidez y micropolaridad de la corona y del núcleo, que pueden condicionar la capacidad de encapsulación y la cinética de liberación del fármaco, y (iii) difusión. La resonancia de espín electrónico (ESR, del inglés *electrón spin resonance*) permite evaluar cambios en la fluidez y la polaridad del microentorno de un marcador que cuenta con un radical libre que se incorpora a la micela [70-72]. Chiappetta y colaboradores emplearon esta técnica para estudiar la formación y las propiedades de micelas poliméricas puras y mixtas de diferentes copolímeros lineales y ramificados de PEO-PPO [72]. En este estudio se seleccionó inicialmente el marcador hidrosoluble 2,2,6,6-tetrametilpiperidina 1-oxil (TEMPO) pero no se incorporó a las micelas. En consecuencia, se reemplazó por marcadores anfifílicos derivados del ácido esteárico que presentan el radical libre en diferentes posiciones a lo largo de la cadena del ácido graso; 5-doxil ácido esteárico (5DSA) y 16-doxil ácido esteárico (16DSA) con el radical libre cerca de la cabeza polar y la cola hidrofóbica, respectivamente (Figura 5.3) [73].

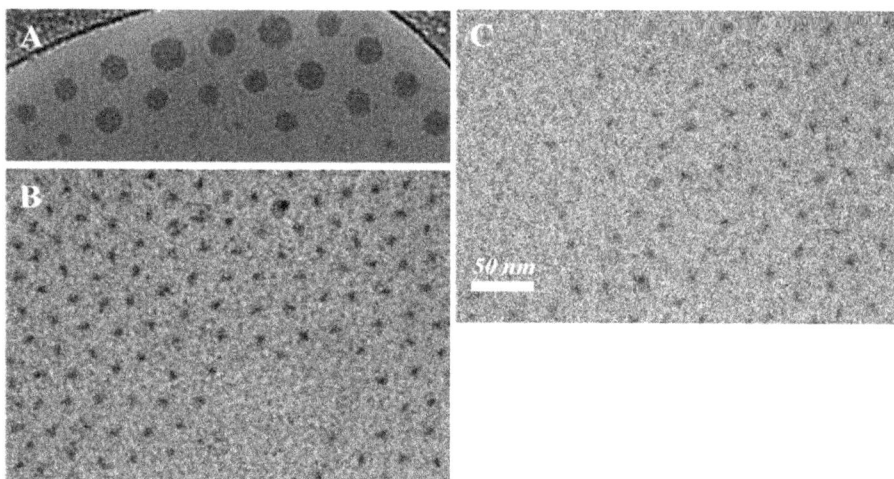

Figura 5.2. Micrografías Cryo-TEM de micellas poliméricas de copolímeros poli(etilenglicol) y ácido poli(láctico) sin fármaco (A,B) y cargadas con haloperidol (C). Reproducido de la Referencia 66 con permiso de American Chemical Society.

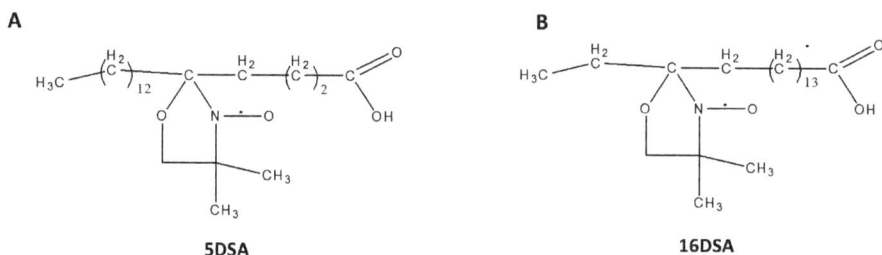

**A**      5DSA

**B**      16DSA

Figura 5.3. Estructura molecular de (A) 5-doxil ácido esteárico (5DSA) y (B) 16-doxil ácido esteárico (16DSA) [73].

Los cambios en la fluidez de la micela se manifestaron por el ensanchamiento de los tres picos de resonancia simétricos que son característicos del marcador en agua (donde la molécula se mueve libremente) y dieron lugar a modificaciones del valor del parámetro $2T_L$ que indicaron una pérdida de movilidad. Por otra parte, los cambios en la polaridad modificaron la constante de acoplamiento hiperfina, $a_N$ (Figura 5.4) [72]. La interacción entre la micela y la molécula de marcador no se debe alterar por la posición del radical libre. No obstante, la sensibilidad del método no siempre es adecuada para revelar cambios en las propiedades de las micelas [73].

El punto de enturbiamiento es la temperatura a la que se insolubiliza el copolímero en un medio acuoso, separándose como una segunda fase y precipitando [74,75]. Este fenómeno da lugar a la aparición de una turbidez que se puede detectar visual o espectrofotométricamente a 550-600 nm [75]. Finalmente, una técnica que puede evidenciar cambios en fenómenos estructurales, de dinámica de difusión desde y hacia la micela y de localización del fármaco encapsulado es la espectroscopía de resonancia magnética nuclear de protones ($^1$H-NMR) convencional y en su modalidad de difusión (del inglés *self-diffusion*) [76-78]. La desaparición parcial o total de las señales del fármaco en el espectro cuando las determinaciones se realizan en $D_2O$ revela que el fármaco se ha incorporado al núcleo micelar. Por el contrario, si la molécula de fármaco se aloja en la corona, la desaparición de las señales es menos pronunciada o no ocurre. La interacción del fármaco con el copolímero también se puede caracterizar a través de los cambios que se producen en las isotermas de presión *versus* área molecular (π-A) utilizando una balanza de tensiones superficiales [79]. La Tabla 5.1 resume los métodos más comunes para la caracterización de micelas poliméricas.

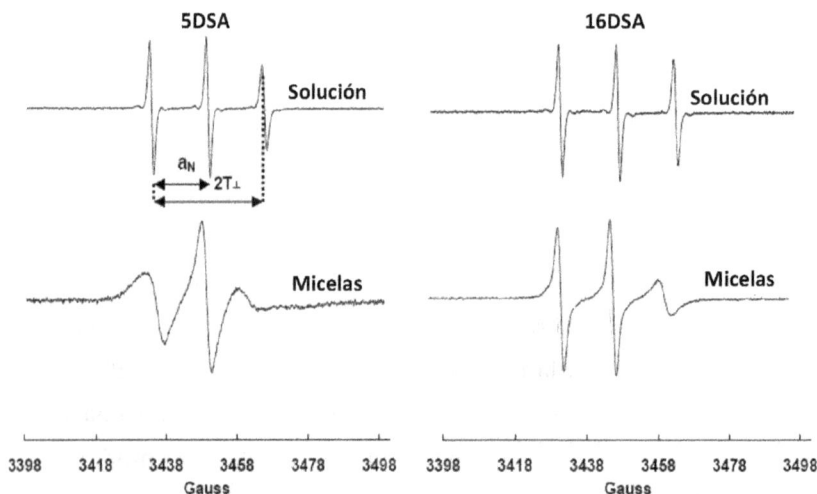

Figura 5.4. Espectros ESR de 5DSA y 16DSA en disolución tampón y en micelas poliméricas del derivado lineal de PEO-PPO-PEO Pluronic® F127. Reproducido y adaptado de la Referencia 72 con permiso de Elsevier.

Tabla 5.1. Técnicas más comunes de caracterización de micelas poliméricas.

| Técnica | Parámetro |
|---|---|
| DLS | Tamaño hidrodinámico, polidispersión, CMC, |
| SLS | Número de agregación, tamaño de núcleo, corona y micela |
| Análisis térmico (DSC, micro-DSC) | CMC, CMT |
| NTA | Tamaño hidrodinámico, polidispersión, cantidad por unidad de volumen |
| ESR | Microfluidez y micropolaridad |
| GPC | Peso molecular y número de agregación |
| Espectrofotometría visible | Punto de enturbiamiento |
| Espectrofotometría de fluorescencia | CMC |
| $^1$H-NMR | Encapsulacion de farmaco |
| TEM, cryo-TEM | Morfología, tamaño |
| Tensión superficial | CMC |
| Potencial zeta | Carga superficial |
| Balanza de tensión superficial | Conformación de los unímeros e interacción con el fármaco en la interfase, y predicción de la localización del fármaco en las micelas. |

## 5.2.3. Estabilidad física y estabilización de las micelas poliméricas

Una de las limitaciones más importantes de las micelas poliméricas es su tendencia a desagregarse cuando se diluyen en el medio biológico. Este fenómeno es independiente de la vía de administración, excepto en lo que se refiere al volumen en que se produce la dilución. Una vez desagregadas, las micelas liberan el fármaco encapsulado, que podría llegar a precipitar. Si bien el sistema es termodinámicamente inestable por debajo de la CMC, la cinética de desagregación depende de propiedades del copolímero tales como peso molecular, HLB, cristalinidad del núcleo micelar y cohesión [80,81]. Como ya se ha señalado, algunos fármacos inducen la agregación del copolímero a concentraciones menores que las observadas en sistemas libres de fármaco [44,45]. Para un peso molecular similar, la estabilidad de micelas de copolímeros hidrofílicos es menor que la de los más hidrofóbicos. Esto se debe a que la diferencia entre la concentración final y la CMC luego de la dilución suele ser mayor. Con el objetivo de disminuir la CMC y aumentar la estabilidad física en dilución, algunos grupos han desarrollados derivados anfifílicos más hidrofóbicos sustituyendo bloques de hidrofobicidad intermedia (PPO) por otros altamente hidrofóbicos como poli(óxido de estireno), poli(óxido de butileno) y poli(glicidil éter) [82-87]. Sin embargo, el diseño y el ajuste de las propiedades moleculares no es un proceso simple, ya que un aumento excesivo de la hidrofobicidad puede dificultar notablemente la dispersión coloidal. Además, hay que tener en cuenta las propiedades intrínsecas del fármaco, que puede desestabilizar [49,50,88] o estabilizar [44] la micela una vez encapsulado. Por ello, es importante estudiar las características de la micela en el momento de la preparación y también en el transcurso del tiempo bajo condiciones de temperatura y dilución relevantes para las aplicaciones clínicas (por ejemplo, pH ácido y neutro si se trata de una formulación para vía oral).

Para preparar micelas con mayor estabilidad física y prevenir la desagregación causada por la dilución, se puede modificar químicamente el copolímero o entrecruzar física o químicamente el núcleo o la corona [89]. Ambas aproximaciones cuentan con ventajas y desventajas. El entrecruzamiento del núcleo conserva la funcionalidad de los grupos terminales en la superficie de la micela y permite la conjugación de ligandos de reconocimiento útiles para la vectorización activa a células y tejidos específicos [90-94]. Sin embargo, este procedimiento reduce de forma pronunciada la porosidad del núcleo y en consecuencia la capacidad para cargar de fármacos. El entrecruzamiento de la corona requiere la presencia de grupos terminales reactivos en el bloque hidrofílico que permitan su acoplamiento con agentes bifuncionales o a través de reacciones de polimerización de radicales libres. En este caso, el entrecruzamiento modifica la porosidad y la permeabilidad de la corona, lo que también puede afectar a la capacidad de encapsulación y la cinética de liberación [95-98]. Este aspecto es particularmente interesante ya que ofrece la posibilidad de preparar micelas con una corona capaz de controlar la liberación. El entrecruzamiento covalente es más estable, pero puede comprometer la eliminación del nanotransportador una vez cumplida su función, por lo que en el diseño se debe prestar atención a los posibles problemas de biocompatiblidad y acumulación en el organismo que pueden plantearse [81]. Esta limitación se puede salvar utilizando sistemas biodegradables [99-102]. Por otro lado, es importante señalar que la estabilización de las micelas y la prolongación del tiempo de circulación no implican necesariamente un aumento de la eficacia del tratamiento, como se explica en el apartado siguiente [103].

### 5.2.4. Micelas poliméricas sensibles al pH

Si se pretende que las micelas dirijan el fármaco y lo cedan en un determinado tejido o en el interior de células afectadas por una determinada patología, no deben ceder el fármaco prematuramente durante su desplazamiento por el organismo; es decir, deben actuar como barreras eficaces que impidan la salida del fármaco de su interior. Por el contrario, cuando llegan al órgano diana (por efecto EPR o por vectorización activa) deben ceder el fármaco a una velocidad suficientemente rápida para que se alcancen concentraciones terapéuticas. Una cesión de fármaco muy lenta puede no sólo resultar ineficaz, sino que puede dar lugar a la aparición de células resistentes (no sensibles) al fármaco, principalmente en el caso de tumores y de procesos infecciosos. Para compatibilizar las premisas "mínima pérdida de fármaco antes de alcanzar el tejido diana" y "cesión rápida una vez que haya llegado a él", la micela debe incorporar componentes que causen una desestabilización muy rápida en el tejido diana. Esto se consigue con polímeros que incorporar grupos sensibles a ciertas variables internas (temperatura, pH, iones) o externas (luz, campo magnético, ultrasonidos) al organismo (Figura 5.5) [104]. La cesión se puede completar en una única descarga o ajustarse a secuencias pulsátiles, dependiendo de las necesidades terapéuticas. Los nanotransportadores que responden a estímulos de una manera predecible y reproducible se denominan inteligentes por su capacidad para reproducir, en mayor o en menor medida, el comportamiento propio de los sistemas biológicos, haciendo posible que se active o se module la liberación del fármaco en respuesta a señales emitidas desde el exterior o por efecto de cambios en el entorno biológico. El nivel de desarrollo que han alcanzado los procedimientos de síntesis y las técnicas analíticas permite obtener y caracterizar exhaustivamente polímeros con capacidad para desempeñar funciones que hasta hace pocos años eran difíciles de imaginar [105].

Como se comentó en apartados anteriores, las micelas poliméricas se forman espontáneamente en medio acuoso por autoasociación de copolímeros anfifílicos (unímeros). La autoasociación se debe, sobre todo, a las interacciones hidrofóbicas que se establecen entre los grupos apolares de diferentes cadenas cuando se supera la CMC, si bien las interacciones electrostáticas y la formación de estereocomplejos también pueden tener una intervención relevante. La introducción de grupos con funcionalidades específicas en los unímeros puede conducir a la obtención de micelas inteligentes, que mantienen el fármaco atrapado en su interior hasta que, por efecto de un cambio en las condiciones fisiológicas o fisiopatológicas del entorno o por un estímulo externo, se altera la hidrofilia o la conformación de los unímeros. El número de micelas que se desagregan o se desestabilizan, y consecuentemente el perfil de liberación, depende de la intensidad del estímulo. Una vez que el estímulo cesa, se reconstituyen las micelas y se interrumpe la cesión.

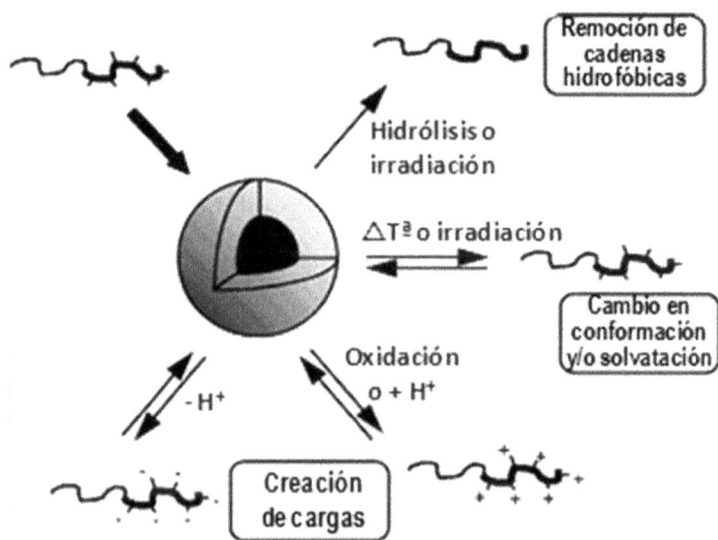

Figura 5.5. Esquema de una micela sensible a diferentes estímulos y mecanismo de respuesta que da lugar a la separación de los unímeros. La hidrofobicidad de los segmentos de polímero que forman el núcleo micelar se puede alterar por diversos mecanismos: modificación del grado de ionización inducida por un cambio de pH o del estado de oxidación, rotura o formación de puentes de hidrógeno inducida por un cambio de temperatura, o alteración conformacional inducida, por ejemplo, por la luz. También se puede producir un cambio de polaridad por una reacción de hidrólisis, si bien en este caso el proceso es irreversible.

Un los estímulos internos que resulta particularmente útil para regular la cesión del fármaco son los cambios de pH. Además de las diferencias características del tracto gastrointestinal, en otras zonas del organismo existen marcados gradientes de pH. Por ejemplo, el pH extracelular de los tejidos tumorales (7,0) es ligeramente inferior al de la sangre y los tejidos sanos (7,4) [106]. Además, en el interior de la célula las diferencias de pH entre el citosol (7,4), el endosoma (5,5-6,0) y los lisosomas (5,0) son considerables. Para dotar a las micelas poliméricas de propiedades de liberación modulables por cambios de pH, se incorporan a su estructura polímeros con grupos ionizables. Una modificación del pH, en torno al p$K_a$ de uno de estos grupos, afectará de una manera muy importante a su grado de ionización y a su estado de hidratación. La ionización genera fuerzas electrostáticas repulsivas que pueden conducir a la desestabilización del núcleo de la micela. El pH crítico desencadenante de la respuesta se puede ajustar a las necesidades de cada aplicación concreta modificando el p$K_a$ de los grupos ionizables mediante la incorporación de co-monómeros hidrofóbicos [107]. Por ejemplo, para conseguir una liberación selectiva en tejidos tumorales, se han ensayado micelas constituidas por copolímeros anfifílicos que contienen grupos amino en uno de sus bloques. Estas micelas pueden responder a cambios de pH en un intervalo muy estrecho. En un medio de pH superior al p$K_a$, los bloques no están ionizados y se comportan como hidrofóbicos, pudiendo formar el núcleo micelar. Cuando el pH baja y los grupos se protonizan, se incrementa la hidrofilia y la micela se rompe. Así, poli(2-vinilpiridina)-b-poli(óxido de etileno) P2VP-b-PEO, poli(2-(dimetilamino)etil metacrilato)-b-poli(óxido de etileno) PEO-DMAEMA, poli(óxido de etileno)-b-poli(L-histidina) PEG-b-PLH, y PEG-b-poli(ácido aspártico) se autoagregan en medios de pH mayor o igual a 7 y experimentan una desmicelización reversible cuando el medio se hace ligeramente ácido. Las micelas de estos polímeros retienen el fármaco mientras se encuentran en el torrente circulatorio (pH 7,4), se acumulan en los tejidos tumorales por efecto EPR, penetran en las células por endocitosis y ceden el fármaco en los endosomas o en los lisosomas (pH 5-6) [107], como se esquematiza en la Figura 5.6. La cesión selectiva que se consigue con estos sistemas micelares puede contribuir a mejorar la eficacia de los tratamientos antineoplásicos, reduciendo al mismo tiempo sus efectos secundarios. Así, en un ensayo *in vivo* llevado a cabo con micelas de PEG metilester-b-poli(β-amino ester) MPEG-PAE, se comprobó que las micelas podían solubilizar y proteger eficazmente el agente antitumoral camptotecina en su interior y dar lugar a una acumulación del fármaco en el tejido tumoral mucho más alta que la que proporcionan micelas que no responden a cambios de pH [108]. En comparación con los liposomas que están ya comercializados como portadores de estos fármacos, las micelas poliméricas son más estables frente a la dilución y, por su menor tamaño, penetran más eficazmente en pequeños tumores sólidos y zonas avasculares, como las áreas cerebrales isquémicas que se caracterizan por presentan un ambiente ácido [109,110].

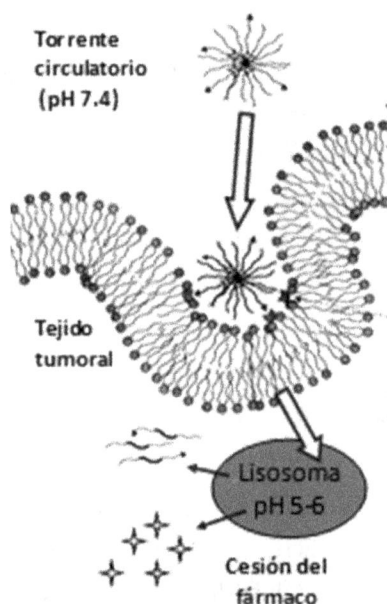

Figura 5.6. Acumulación de micelas en tejido tumoral, penetración en las células por endocitosis y cesión del fármaco en los endosomas o en los lisosomas.

Las micelas de copolímeros con grupos ionizables también tienen un gran potencial como vectores en terapia génica. ADN y ARN de interferencia (conocido como siRNA) pueden interaccionar con los grupos amino del copolímero, formando un complejo hidrofóbico que es englobado en las micelas (miceliplejo), que lo protegen de la acción degradativa de las enzimas. Por ejemplo, las micelas de copolímeros PEG-b-PMPA-b-PLL constituidos por un bloque de poli(etilenglicol), otro de poli(3-morfolinopropil) aspartamida de $pK_a$ bajo, y un tercer bloque de poli(l-lisina) de $pK_a$ más alto para condensar ADN, mostraron una excelente capacidad para cargar material genético y cederlo en el interior de las células respondiendo a los cambios de pH del microentorno (Figura 5.7) [111]. Recientemente, micelas de dimetilaminoetil metacrilato (DMAEMA), ácido acrílico y butilmetacrilato conteniendo siRNA mostraron mayor eficacia de transfección y menor toxicidad que los poliplejos convencionales [112].

Por otra parte, para dotar a las micelas de comportamiento inverso frente al pH, es decir, para que mantengan su estabilidad en medio ácido y se desagreguen en medio básico, se pueden incorporar grupos ácido débil a la estructura del copolímero. Estos sistemas pueden ser útiles para administrar por vía oral fármacos hidrofóbicos con problemas de estabilidad en el entorno gástrico o para conseguir una cesión selectiva en zonas específicas del aparato digestivo. Por ejemplo, se ha conseguido incrementar considerablemente la biodisponibilidad del fenofibrato incorporándolo a micelas de poli(etilenglicol)-*b*-poli(alquil acrilato-co-ácido metacrílico) [113].

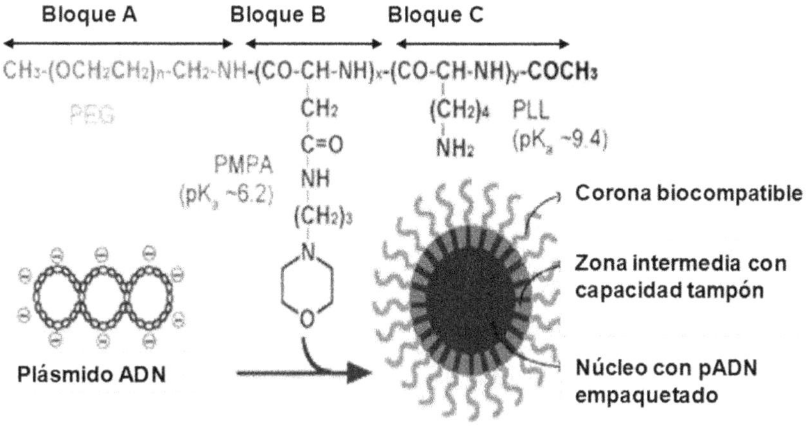

Figura 5.7. Copolímero útil para formar miceliplejos que responden a cambios de pH. Adaptado de la referencia 111 con permiso. Copyright (2005) American Chemical Society.

## 5.2.5. Micelas poliméricas sensibles a la temperatura

La hidrosolubilidad de los polímeros convencionales se incrementa a medida que sube la temperatura. En cambio, los polímeros termosensibles que se utilizan para preparar sistemas inteligentes se mantienen hidratados y con las interacciones intra- e interpoliméricas minimizadas por debajo de su Temperatura Crítica de Disolución (LCST, del inglés *Lower Critical Solution Temperature*). Cuando se supera este valor crítico, los puentes de hidrógeno polímero-agua se destruyen, se intensifican las interacciones hidrofóbicas entre las cadenas, y el agua se expulsa del entramado. La LCST es característica de cada polímero pero se puede incrementar o reducir introduciendo en su estructura grupos hidrofílicos o grupos hidrofóbicos. La transición de fases inversa -que fue puesta de manifiesto experimentalmente por primera vez en 1978 por Toyoichi Tanaka con poli(N-isopropilacrilamida), PNIPAAm [114]- se debe a un cambio conformacional en las cadenas que, de una disposición espacial expandida (estado soluble), pasan a otra contraída (conformación globular o estado insoluble). Para obtener micelas poliméricas sensibles a cambios de temperatura, se utilizan copolímeros anfifílicos con PNIPAAm o algún componente de la larga lista de polímeros con LCST de la que se dispone en la actualidad, entre los que cabe destacar poli(metil vinil eter) (PMVE), poli-N-vinilcaprolactama (PVCL), y copolímeros bloque de poli(óxido de etileno)-poli(óxido de propileno) (PEO-PPO) [115-117]. Por ejemplo, se ha diseñado un copolímero constituido por bloques de poli(ácido láctico) y de PNIPAAm copolimerizado con dimetilacrilamida, PLA-b-(PNIPA-co-DMAAm), que presenta una LCST próxima a 40°C. Las micelas de este copolímero cargadas con doxorubicina ceden muy lentamente el fármaco a 37°C, pero lo liberan con rapidez si la temperatura se eleva hasta 42°C [118]. Estas micelas pueden servir para desarrollar sistemas inteligentes útiles en la liberación sistémica de fármacos inducida por una hipertermia generalizada y también para conseguir una liberación localizada en procesos que cursen con hipertermia en un área específica (por ejemplo, un órgano inflamado o un tumor). La liberación también se puede desencadenar aplicando calor en una zona delimitada con ayuda de una fuente externa.

Para modular externamente la cesión, sin que influyan en el proceso los cambios de temperatura que se producen en el organismo, se han desarrollado micelas poliméricas que incorporan partículas de oro. Cuando se someten a irradiación local utilizando una fuente de luz laser, las partículas metálicas absorben la radiación infrarroja (1064 nm) y la temperatura del microentorno se eleva. De esta manera se puede conseguir una liberación pulsátil de fármacos convencionales o de proteínas [119].

### 5.2.6. Micelas poliméricas sensibles a otros estímulos

Un estímulo interno que ofrece grandes posibilidades para cesión selectiva en el interior de las células es la concentración de glutatión (GSH). Los compartimentos intracelulares (citosol, mitocondrias y núcleo) presentan niveles de GSH mucho más altos que el fluido extracelular (2-10 mM *versus* 2-20 µM) [120]. Los copolímeros bloque que contienen enlaces disulfuro (-S-S-) experimentan reacciones de reducción en presencia de GSH, dando lugar a grupos -SH terminales [121]. La ruptura del polímero puede dar lugar a la desintegración de la micela [122] (Figura 5.8). Los puentes disulfuro también se pueden utilizar para reticular el núcleo o la corona de las micelas o para preparar coronas removibles, de manera que en el interior de la célula se rompan y conduzcan a la desestabilización de las micelas y a una rápida cesión del fármaco [123,124]. Para liberar fármacos en tejidos inflamados, se ha propuesto el uso de micelas con componentes cuya oxidación pueda ser inducida por moléculas secretadas por los macrófagos. Los sistemas sensibles a agentes oxidantes también pueden servir para desarrollar sistemas pulsátiles en los que el proceso de oxido-reducción se modula aplicando corrientes eléctricas [125].

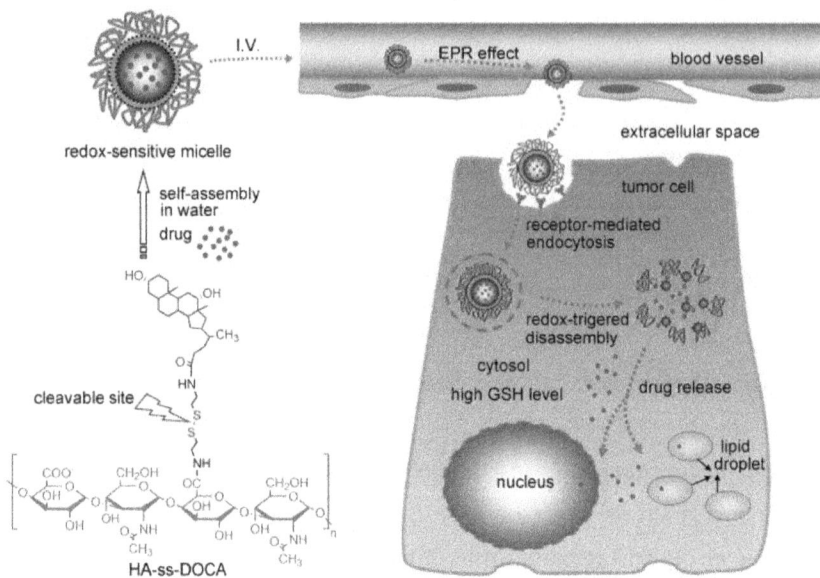

Figura 5.8. Autoagregación, acumulación en el tejido tumoral y evolución en el interior de las células de micelas de conjugados de ácido hialurónico y ácido deoxicólico (HA-ss-DOCA) sensibles a concentración de glutatión. Reproducido de la referencia 122 con permiso de Elsevier.

En lo que se refiere a los estímulos externos, la aplicación de radiación electromagnética en el intervalo del ultravioleta al infrarrojo cercano (NIR, del inglés *Near InfraRed*) permite regular a demanda e independientemente del estado del paciente, a cesión de fármaco en zonas muy bien delimitadas del organismo [126]. La luz ultravioleta o luz azul, utilizada habitualmente en terapia fotodinámica, tiene una baja capacidad de penetración en el organismo por lo que resulta útil para desestabilizar micelas que se utilizan en el tratamiento de patologías de la piel o las mucosas. Cuando la liberación se tiene que producir en áreas de más difícil acceso, resultan muy útiles las radiaciones de mayor longitud de onda (650-900 nm; NIR) que presentan una elevada capacidad de penetración y además son inocuas. Esto se debe a que la hemoglobina (principal absorbente de la luz visible) y el agua y los lípidos (que absorben en el infrarrojo) presentan coeficientes de absorción muy bajos en la región NIR [127,128]. Para preparar micelas poliméricas fotosensibles se utilizan copolímeros con grupos fotoactivos que, cuando se exponen a la luz, sufren transformaciones que causan alteraciones reversibles del HLB. En este fenómeno pueden intervenir mecanismos muy diversos dependiendo de la estructura del grupo fotoactivo. Así, los grupos azobenceno cambian su momento dipolar al pasar de conformación trans a cis (Figura 5.9a), los grupos cinamoil se isomerizan en especies más hidrofílicas (por generación de cargas eléctricas) o forman dímeros (Figura 5.9b), los grupos espirobenzopirano dan lugar a la formación de zwiteriones (Figura 5.9c), y los grupos 2-diazo-1,2-naftoquinona experimentan un reordenamiento de Wolff (Figura 5.9d).

Entre los polímeros fotosensibles, los que contienen grupos azobenceno son los que han despertado mayor interés para desarrollar sistemas sensibles a luz UV. Cuando se irradian a 365 nm se produce rápidamente el paso de la forma trans (hidrófoba) a la cis (hidrófila) sin que tengan lugar reacciones químicas secundarias. Además, si se incorporan sustituyentes adecuados al cromóforo, se puede modificar la longitud de onda que induce la isomerización. La forma cis es inestable a la temperatura corporal de manera que, en la oscuridad o expuesta a luz de longitud de onda más alta, revierte a la forma trans. Por lo tanto, se pueden conseguir ciclos de desestabilización/reconstitución micelar mediante la aplicación de pulsos de luz [129]. Los copolímeros anfifílicos con grupos azobenceno en sus cadenas laterales tienen tendencia a formar micelas por efecto de las interacciones que se establecen entre estos grupos cuando se mantienen en la oscuridad (conformación trans).

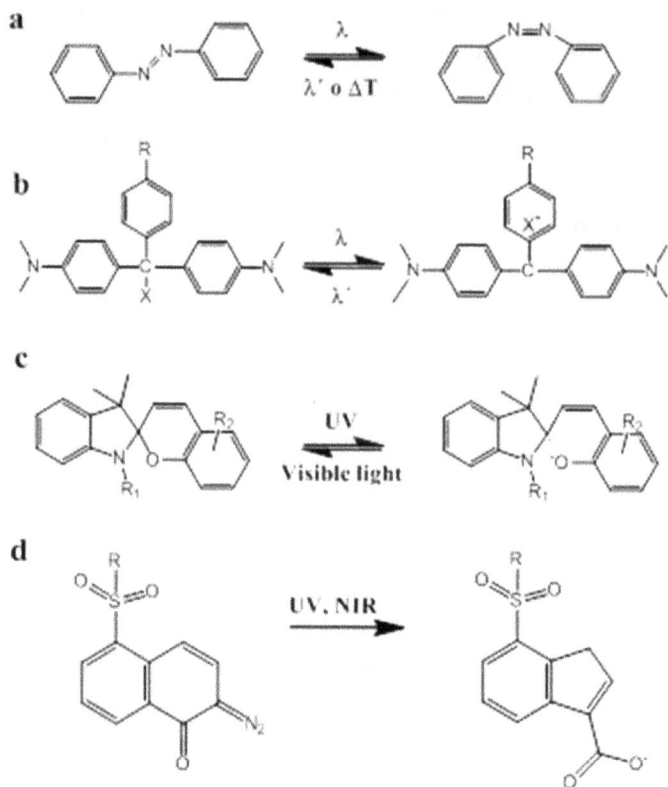

Figura 5.9. Efecto de la irradiación sobre la estructura de algunos grupos foto-sensibles: (a) transición trans-cis, (b) ionización, (c) formación de un zwitterion y (d) reordenamiento de Wolff.

Como consecuencia de ello, las dispersiones de estos copolímeros presentan una viscosidad elevada. La conformación de los grupos azobenceno también resulta determinante para el establecimiento de interacciones entre estos copolímeros y los restos hidrofóbicos de otras macromoléculas. Por ejemplo, las dispersiones de micelas de copolímero de ácido poliacrílico y 1,2-aminoundecilamido-4-fenilazobenceno, a las que se ha incorporado seroalbúmina, mantienen una viscosidad elevada mientras el sistema se mantiene en la oscuridad debido a las interacciones intra-e intermicelares. En estas condiciones, la proteína no se cede al medio. Al irradiar con luz ultravioleta, los grupos azo se isomerizan a la forma cis, las micelas se desagregan, la viscosidad cae y la proteína se cede. Si el sistema se lleva de nuevo a la oscuridad o se expone a luz visible

(436 nm), los grupos azo recuperan la conformación trans, la viscosidad recobra su valor inicial y la cesión se interrumpe. También se han preparado micelas sensibles a NIR a partir de dextrano modificado con grupos naftoquinona. La aplicación de un laser NIR provoca un cambio conformacional en la naftoquinona que la vuelve más hidrofílica y desencadena la separación de los unímeros y la cesión del fármaco [130].

Los ultrasonidos también se pueden utilizar como fuente externa de estímulos para facilitar la penetración de micelas en tejidos profundos del organismo y desencadenar el proceso de cesión. Utilizando equipos similares a los que se emplean en fisioterapia es posible provocar fenómenos de cavitación e incrementos locales de temperatura que dan lugar a la disgregación de las micelas [131-133]. Esta técnica se ha ensayado para la cesión específica de fármacos en tejidos tumorales. Las micelas cargadas con el fármaco se administran por vía intravenosa y se espera unas horas a que se acumulen en el tejido tumoral por efecto EPR (por ejemplo, 4-8 horas en el caso de micelas de Pluronic P105 cargadas con doxorrubicina) [134]. La cantidad de fármaco que se cede en cada pulso se puede modular ajustando la frecuencia, la potencia, la duración de los pulsos de ultrasonidos y el tiempo entre pulsos [135]. En modelos de ratón con tumores trasplantados se ha observados que el tratamiento con micelas cargadas con doxorrubicina seguido de la aplicación de ultrasonidos permite alcanzar concentraciones de fármaco nueve veces más altas que cuando se administra la doxorrubicina libre y tres veces mayores que cuando se formula en las micelas pero no se aplican ultrasonidos. Además, los niveles de fármaco en tejido sano fueron más bajos que los que se alcanzaron cuando se administró el fármaco libre [136].

### 5.2.7. Micelas poliméricas multisensibles

Para conseguir un ajuste muy fino de la liberación o una amplificación de la respuesta, se están desarrollando nuevos materiales con sensibilidad a dos (respuesta dual) o a más estímulos (respuesta múltiple o multiestímulo). Estos materiales pueden servir también para controlar la liberación simultánea de varios fármacos respondiendo a diferentes señales del entorno biológico. Así, se han preparado micelas poliméricas con respuesta dual a temperatura y radiaciones utilizando un copolímero formado por NIPAAm y monómeros con grupos azobenceno. Mientras que no se irradia, el sistema muestra el comportamiento propio de un material sensible a cambios de temperatura. En cambio cuando se irradia, la hidrofilia del copolímero se incrementa como consecuencia de la fotoisomerización trans a cis de los grupos azobenceno, y el valor de la LCST se eleva. Bajo irradiación y a la temperatura corporal, el copolímero se vuelve muy hidrofílico y las micelas se rompen [137]. Con este mismo objetivo, se han preparado micelas mixtas que combinan copolímeros con grupos azobenceno y copolímeros tribloque termosensibles (Pluronic). Los grupos azobenceno modifican la temperatura a la que se produce la gelificación inducida por calor de las micelas de Pluronic, de manera que es posible preparar sistemas fluidos que presentan una baja viscosidad en la oscuridad pero que, cuando se irradian a 365 nm, se transforman en sistemas micelares con consistencia de gel (Figura 5.10). Estos cambios de consistencia encierran un gran potencial para modular la velocidad de liberación de fármacos [138].

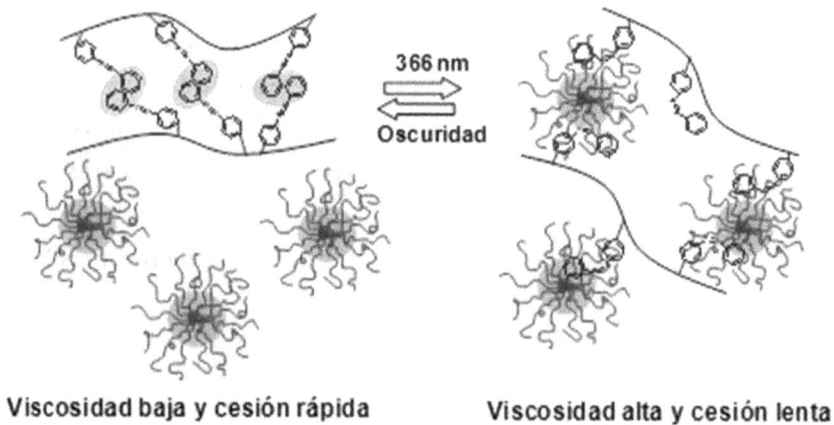

**Viscosidad baja y cesión rápida**          **Viscosidad alta y cesión lenta**

Figura 5.10. Respuesta a la luz de mezclas de poli(N,N-dimetilacrilamida-co-metacriloiloxiazobenzeno) (DMA-MOAB) y Pluronic F127. Reproducido de la referencia 138 con permiso. Copyright (2007) American Chemical Society.

También se ha conseguido producir ciclos reversibles de micelización/demicelización en respuesta a cambios en el pH y la temperatura utilizando copolímeros bloque de Pluronic injertado en ambos extremos con poli(2-dietilaminoetil-metil metacrilato) ($PDEAEM_{25}$-$PEO_{100}$-$PPO_{65}$-$PEO_{100}$-$PDEAEM_{25}$) [139] y con copolímeros de NIPAAm, N,N-dimetilacrilamida y N-acriloilvalina [140]. Con poli(dimetilaminoetil metacrilato) funcionalizado con pireno se han diseñado micelas que responden simultáneamente a luz, temperatura y pH [141]. Por otra parte, copolímeros de poli[N-isopropilacrilamida-*b*-sodio-2-(acrilamido)-2-metilpropano sulfonato] marcados con dímeros de espiropirano permiten preparar micelas sensibles a luz, temperatura, iones metálicos y pH [142].

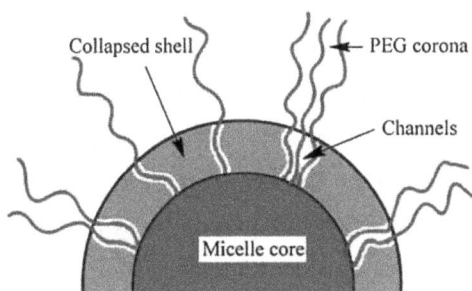

Figura 5.11. Esquema de la formación de canales en la corona de una micela polimérica. Reproducido de la Referencia 145 con permiso de John Wiley & Sons.

En los últimos años la aplicación de principios biomiméticos al diseño de sistemas de liberación de fármacos que puedan ofrecer prestaciones más avanzadas está adquiriendo una importancia creciente [143]. En esta línea se están evaluando las posibilidades que ofrece el desarrollo de micelas poliméricas con coronas que imiten la estructura de las membranas celulares y, en particular, su capacidad para regular la transferencia de sustancias a través de canales en los que participan proteínas transmembrana. Se ha ensayado ya la inserción de proteínas canal naturales en la corona micelar [144] y también la formación de mímicos artificiales obtenidos a partir de copolímeros que comparten el mismo bloque hidrofóbico pero presentan diferentes bloques hidrofílicos (Figura 5.11) [145]. Estos últimos copolímeros dan lugar a coronas que experimentan fenómenos de separación de fases cuando se aplica el estímulo. La separación de fase genera poros a través de los que el fármaco puede abandonar la micela [146]. Se cuenta ya con prototipos de micelas con canales sensibles a temperatura, pH y fuerza iónica capaces de modular los perfiles de cesión [145].

## 5.3. Estado del arte en la clínica y perspectivas futuras

Aunque se dispone de abundante bibliografía científica sobre aspectos fundamentales de las micelas poliméricas como estrategia nanotecnológica para la encapsulación, vectorización y cesión de fármacos, la transferencia clínica avanza a un ritmo sustancialmente más lento. Actualmente existen seis medicamentos a base de micelas poliméricas comercializados o en fases avanzadas de evaluación clínica, todos ellos para el tratamiento del cáncer por vía intravenosa [31]. La mayor parte de estos medicamentos explotan el efecto EPR, aunque las micelas poliméricas cumplen también la función de incrementar la solubilidad de fármacos pobremente solubles, como paclitaxel, o de inhibir la actividad de la ABC glicoproteína P para evitar o revertir MDR. La gran versatilidad de los copolímeros empleados, la buena capacidad de encapsulación y la alta estabilidad física con respecto a micelas de tensoactivos convencionales han llevado a explorar otras vías de administración como la oral, la ocular y la intranasal. Aunque el tratamiento del cáncer lidera la innovación en el desarrollo farmacéutico, el conocimiento generado sobre micelas ha empezado a utilizarse en el desarrollo de medicamentos para el tratamiento de otras patologías como Alzheimer, Parkinson y enfermedades infecciosas. La utilidad terapéutica y la aceptación de los productos innovadores ya aprobados por la agencias regulatorias por los pacientes y médicos serán decisivos para dictar el futuro de esta aproximación tecnológica en el ámbito de otras afecciones menos extendidas. La viabilidad de la transferencia debe ser cuidadosamente evaluada en cada caso teniendo en cuenta las posibilidades de los pacientes para acceder a los productos innovadores.

# 5.4. Referencias

[1] J.T.L. Mah, E.S.H. Low, E. Lee. Drug Discov. Today 2011,16, 800-809.

[2] S.M. Paul, D.S. Mytelka, C.T. Dunwiddie, C.C. Persinger, B.H. Munos, S.R. Lindborg, A.L. Schacht. Nat. Rev. Drug Discov. 2010, 9, 203-214.

[3] L. Hutchinson, R. Kirk. Nat. Rev. Clinic. Oncol. 2011, 8, 189-190.

[4] J A. DiMasi, R.W. Hansen, H.G. Grabowski. J. Health Econom. 2003, 22, 151-185.

[5] Research and Development in the Pharmaceutical Industry, The Congress of the United States, Congressional Budget Office, October 2006.

[6] C. Lipinski. Am. Pharm. Rev. 2002, 5, 82-85.

[7] P. Van Arnum. Pharm. Technol. 2011, 34, 50–56.

[8] M. Lindenberg, S. Kopp, J.B. Dressman. Eur. J. Pharm. Biopharm. 2004, 58, 265-278.

[9] G.L. Amidon, H. Lennernäs, V.P. Shah, J.R. Crison. Pharm. Res. 1995, 12, 413-420.

[10] M. Lindenberg, S. Kopp, J.B. Dressman. Eur. J. Pharm. Biopharm. 2004, 58, 265-278.

[11] J. Hu, K.P. Johnston, R.O. Williams III. Drug Dev. Ind. Pharm. 2004, 30, 233-245.

[12] K.A. Overhoff, J.D. Engstrom, B. Chen, B.D. Scherzer, T.E. Milner, K.P. Johnston, R.O. Williams 3rd. Eur. J. Pharm. Biopharm. 2007, 65, 57-67.

[13] R.H. Müller, C. Jacobs, O. Kayser, Adv. Drug Deliver. Rev. 2001, 47, 3-19.

[14] J.R. Kipp. Int. J. Pharm. 2004, 284, 109-122.

[15] K. Greiesh, A.K. Iyer, J. Fang, M. Kawasuji, H. Maeda. In: V.P. Torchilin (Ed.), Delivery of protein and peptide drugs in cancer, Imperial College Press, London, 2006, pp. 37-52.

[16] V. Torchilin. Adv. Drug Deliver. Rev. 2011, 63, 131-135.

[17] G. Gregoriadis, E.J. Wills, C.P. Swain, A.S. Tavill. Lancet 1974, 1, 1313-1316.

[18] P. Couvreur, C. Vauthier. Pharm. Res. 2006, 23, 1417-1450.

[19] J. Szebeni, F. Muggia, A. Gabizon, Y. Barenholz. Adv. Drug Deliver. Rev. 2011, 63, 1020-1030.

[20] A. Sosnik, A. Carcaboso, D.A. Chiappetta. Recent Pat. Biomed. Eng. 2008, 1, 43-59.

[21] C.S.S.R. Kumar, F. Mohammad. Adv. Drug Deliver. Rev. 2011, 63, 789-808.

[22] V.P. Torchilin. Nat. Rev. Drug Discov. 2005, 4, 145-160.

[23] L. Brannon-Peppas. Int. J. Pharm. 1995, 116, 1-9.

[24] K.S. Soppimath, T.M. Aminabhavi, A.R. Kulkarni, W.E. Rudzinski. J. Control. Release 2001, 70, 1-20.

[25] S. Svenson, D.A. Tomalia. Adv. Drug Deliver. Rev. 2005, 57, 2106-2129.

[26] S. Svenson, D.A. Tomalia. Adv. Drug Deliver. Rev. 2012, 64 (suppl.), 102-115.

[27] K. Kataoka, A. Harada, Y. Nagasaki. Adv. Drug Deliver. Rev. 2001, 47, 113-131.

[28] S.R. Croy, G.S. Kwon. Curr. Pharm. Design 2006, 12, 4669-4684.

[29] D.E. Discher, F. Ahmed. Ann. Rev. Biomed. Eng. 2006, 8, 323-341.

[30] D.E. Discher, V. Ortiz, G. Srinivas, M.L. Klein, Y. Kim, D. Christian, S. Cai, P. Photos, F. Ahmed. Prog. Polym. Sci. 2007, 32, 838-857.

[31] C. Alvarez-Lorenzo, A. Sosnik, A. Concheiro. Curr. Drug Targets 2011, 12, 1112-1130.

[32] M.A. Moretton, D.A. Chiappetta, F. Andrade, J. das Neves, D. Ferreira, B. Sarmento, A. Sosnik. J. Biomed. Nanotechnol., 2013, 9, 1076-1087.

[33] M.L. Cuestas, R.J. Glisoni, V.L. Mathet, A. Sosnik. J. Nanopart. Res., 2013, 15, Art. 1389.

[34] M.L. Cuestas, A. Castillo, A. Sosnik, V.L. Mathet. Bioorg. Med. Chem. Lett. 2012, 22, 6577-6579.

[35] A.V. Kabanov, E.V. Batrakova, V.Y. Alakhov. Adv. Drug Deliver. Rev. 2002, 54, 759-779.

[36] A.V. Kabanov, E.V. Batrakova, D.W. Millar. Adv. Drug Deliver. Rev. 2003, 55, 151-165.

[37] C. Alvarez-Lorenzo, A. Rey-Rico, J. Brea, M.I. Loza, A. Concheiro, A. Sosnik, Nanomedicine (Lond.) 2010, 5, 1371-1383.

[38] M.L. Cuestas, A. Sosnik, V.L. Mathet. Mol. Pharmaceut. 2011, 8, 1152-1164.

[39] L. Bromberg. J. Control. Release 2008, 128, 99-112.

[40] G. Gaucher, P. Satturwar, M.C. Jones, A. Furtos, J.C. Leroux. Eur. J. Pharm. Biopharm. 2010, 76, 147-158.

[41] R.C. Nagarwal, S. Kant, P.N. Singh, P. Maiti, J.K. Pandit. J. Control. Release 2009, 136, 2-13.

[42] A. Ribeiro, A. Sosnik, D.A. Chiappetta, F. Veiga, A. Concheiro, C. Alvarez-Lorenzo. J. Royal Soc. Interface 2012, 9, 2059-2069.

[43] R.G. Strickley. Pharm. Res. 2004, 21, 201-230.

[44] D.A. Chiappetta, C. Alvarez-Lorenzo, A. Rey-Rico, P. Taboada, A. Concheiro, A. Sosnik. Eur. J. Pharm. Biopharm. 2010, 76, 24-37.

[45] B. Foster, T. Cosgrove, B. Hammouda, Langmuir 2009, 25, 6760-6766.

[46] R. Nagarajan. Polym. Adv. Tech. 2001, 12, 23-43.

[47] G. Riess. Prog. Polym. Sci. 2003, 28, 1107-1170.

[48] I.F. Paterson, B.Z. Chowdhry, S.A. Leharne. Langmuir 1999, 15, 6187-6192.

[49] D.A. Chiappetta, J. Degrossi, S. Teves, M. D´Aquino M, C. Bregni, A. Sosnik. Eur. J. Pharm. Biopharm. 2008, 69, 535-545.

[50] D.A. Chiappetta, J. Degrossi, R.A. Lizarazo, D.L. Salinas, F. Martínez, A. Sosnik. In Polymer Aging, Stabilizers and Amphiphilic Block Copolymers, Eds. L. Segewicz and M. Petrowsky, Nova Publishers, Hauppauge, NY, 2010, p. 197.

[51] M.C. Jones, J.C. Leroux. Eur. J. Pharm. Biopharm. 1999, 48, 101-111.

[52] G. Gaucher, M.H. Dufresne, V.P. Sant, N. Kang, D. Maysinger, J.C. Leroux. J. Control. Release 2005, 109, 169-188.

[53] L. Capretto, S. Mazzitelli, E. Brognara, I. Lampronti, D. Carugo, M. Hill, X. Zhang, R. Gambari, C. Nastruzzi. Int. J. Nanomedicine. 2012, 7, 307-324.

[54] V.P. Sant, D. Smith, J.C. Leroux. J. Control. Release 2004, 97, 301-312.

[55] P. Vangeyte, S. Gautier, R. Jerome. Colloids Surf. A, 2004, 242, 203-211.

[56] A Patist, SS Bhagwat, KW Penfield, P Aikens, DO Shah. J. Detergent. Surf. 2000, 3, 53-58.

[57] M. Bohorquez, C. Koch, T. Trygstad, N. Pandit. J. Colloid Interf. Sci. 1999, 216, 34-40.

[58] S.C. Lee, Y. Chang, J.S. Yoon, C. Kim, I.C. Kwon, Y.H. Kim, S.Y. Jeong. Macromolecules 1999, 32, 1847-1852.

[59] J. Gonzalez-Lopez, C. Alvarez-Lorenzo, P. Taboada, A. Sosnik, I. Sandez-Macho, A. Concheiro. Langmuir 2008, 24, 10688-10697.

[60] D.A. Chiappetta, A. Sosnik. Eur. J. Pharm. Biopharm. 2007, 66, 303-317.

[61] Q. Wang, L. Li, S. Jiang. Langmuir 2005, 21, 9068-9075.

[62] K. Khougaz, I. Astafieva, A. Eisenberg. Macromolecules 1995, 28, 7135-7147.

[63] P.J. Tummino, A. Gafni. Biophys. J. 1993, 64, 1580-1587.

[64] V. Filipe, A. Hawe, W. Jiskoot. Pharm. Res. 2010, 27, 796-810.

[65] S.W. Provencher. Makromol. Chem. 1979, 180, 201–209.

[66] M. Hans, K. Shimoni, D. Danino, S.J. Siegel, A. Lowman. Biomacromolecules 2005, 6, 2708–2717.

[67] S.B. La, T. Okano, K. Kataoka. J. Pharm. Sci. 1996, 85, 85–90.

[68] H. Inoue, G. Chen, K. Nakamae, A.S. Hoffman. J. Control. Release 1998, 51, 221–229.

[69] L. Yang, X. Qi, P. Liu, A. El Ghzaoui, S. Li. Int. J. Pharm. 2010, 394, 43-49.

[70] D.J. Lurie, K. Mäder. Adv. Drug Deliver. Rev. 2005, 57, 1171-90.

[71] S. Kempe, H. Metz, K. Mäder. Eur. J. Pharm. Biopharm. 2010, 74, 55–66.

[72] D.A. Chiappetta, G. Facorro, E. Rubin de Celis, A. Sosnik. Nanomedicine NMB 2011, 7, 624-637.

[73] M.A. Moretton. Tesis doctoral, Facultad de Farmacia y Bioquímica, Universidad de Buenos Aires, 2013.

[74] A. Ramzi, C.J.F. Rijcken, T.F.J. Veldhuis, D. Schwahn, W.E. Hennink, C.F. van Nostrum. J. Phys. Chem. B 2008, 112, 784–792.

[75] R. Obeid, F. Tanaka, F.M. Winnik. Macromolecules 2009, 42, 5818–5828.

[76] O. Söderman, P. Stilbs. Prog. Nucl. Magn. Reson. Spectrosc. 1994, 26, 445-482.

[77] E. Petterson, D. Topgaard, P. Stilbs, O. Söderman. Langmuir 2004, 20, 1138-1143.

[78] B.V.N. Phani Kumar, S. Umayal Priyadharsini, G.K.S. Prameela, A.Baran Mandal. J. Colloid Interf. Sci. 2011, 360, 154–162.

[79] J. Gonzalez-Lopez, I. Sandez-Macho, A. Concheiro, C. Alvarez-Lorenzo. J. Phys. Chem. C 2010, 114, 1181-1189.

[80] D. Maysinger, J. Lovrić, A. Eisenberg, R. Savić. Eur. J. Pharm. Biopharm. 2007, 65, 270-281.

[81] X.B. Xiong, A. Falamarzian, S.M. Garg, A. Lavasanifar. J. Control. Release 2011, 155, 248-261.

[82] C. Booth, D. Attwood. Macromol. Rap. Comm. 2000, 21, 501-527.

[83] C. Booth, D. Attwood, C. Price. Phys. Chem. Chem. Phys. 2006, 8, 3612-3622.

[84] C.J. Rekatas, S M. Mai, M. Crothers, M. Quinn, J.H. Collett, D. Attwood, F. Heatley, L. Martini, C. Booth. Phys. Chem. Chem. Phys. 2001, 3, 4769-4773.

[85] M. Crothers, Z. Zhou, N.M.P.S. Ricardo, Z. Yang, P. Taboada, C. Chaibundit, D. Attwood, C. Booth. Int. J. Pharm. 2005, 293, 91-100.

[86] P. Taboada, G. Velasquez, S. Barbosa, V. Castelletto, S.K. Nixon, Z. Yang, F. Heatley, I.W. Hamley, M. Ashford, V. Mosquera, D. Attwood, C. Booth. Langmuir 2005, 21, 5263-5271.

[87] P. Taboada, G. Velasquez, S. Barbosa, Z. Yang, S.K. Nixon, Z. Zhou, F. Heatley, M. Ashford, V. Mosquera, D. Attwood, C. Booth. Langmuir 2006, 22, 7465-7470.

[88] M.A. Moretton, R.J. Glisoni, D.A. Chiappetta, A. Sosnik. Colloids Surf. B 2010, 79, 467-479.

[89] N. Rapoport. Colloids Surf. B 1999, 16, 93-111.

[90] S.H. Kim, J.P. Tan, F. Nederberg, K. Fukushima, J. Colson, C. Yang, A. Nelson, Y.Y. Yang, J.L. Hedrick. Biomaterials 2010, 31, 8063-8071.

[91] M. Iijima, Y. Nagasaki, T. Okada, M. Kato, K. Kataoka. Macromolecules 1999, 32, 1140-1146.

[92] J.Q. Jiang, B. Qi, M. Lepage, Y. Zhao. Macromolecules 2007, 40, 790-792.

[93] P. Petrov, M. Bozukov, C.B. Tsvetanov. J. Mater. Chem. 2005, 15, 1481-1486.

[94] J.D. Pruitt, G. Husseini, N. Rapoport, W.G. Pitt. Macromolecules 2000, 33, 9306-9309.

[95] J. Rodríguez-Hernández, F. Chécot, Y. Gnanou, S. Lecommandoux. Prog. Polym. Sci. 2005, 30, 691-724.

[96] K.H. Bae, S.H. Choi, S.Y. Park, Y. Lee, T.G. Park. Langmuir 2006, 22, 6380-6384.

[97] T.F. Yang, C.N. Chen, M.C. Chen, C.H. Lai, H.F. Liang, H.W. Sung. Biomaterials 2007, 28, 725-734.

[98] K.H. Bae, Y. Lee, T.G. Park. Biomacromolecules 2007, 8, 650-656.

[99] Q. Jin, X. Liu, G. Liu, J. Ji. Polymer 2010, 51, 1311-1402.

[100] Y. Kakizawa, A. Harada, K. Kataoka, J. Am. Chem. Soc. 1999, 121, 11247-11248.

[101] M.J. Heffernan, N. Murthy, Ann. Biomed. Eng. 2009, 37, 1993-2002.

[102] S.M. Garg, X.B. Xiong, C. Lu, A. Lavasanifar, Macromolecules 2011, 44, 2058-2066.

[103] A.V. Kabanov, V.Yu. Alakhov, Crit. Rev. Ther. Drug Carrier Syst. 2002, 19, 1-72.

[104] D. Schmaljohann. Adv. Drug Deliver. Rev. 2006, 58, 1655-1670.

[105] C. Alvarez-Lorenzo, A. Concheiro. Mini-Rev. Med. Chem. 2008, 8, 1065-1074.

[106] A.S.E. Ojugo, P.M.J. Mesheedy, D.J.O. McIntyre, C. McCoy, M. Stubbs, M.O. Leach, I.R. Judson, J.R. Griffiths. NMR Biomed. 1999, 12, 495-504.

[107] N. Nishiyama, Y. Bae, K. Miyata, S. Fukushima, K. Kataoka. Drug Discov. Today: Technol. 2005, 2, 21-26.

[108] K.H. Min, J.H. Kim, S.M. Bae, H. Shin, M.S. Kim, S. Park, I.S. Kim, K. Kim, I.C. Kwon, S.Y. Jeong, D.S. Lee. J. Control. Release 2010, 144, 259-266.

[109] Y. Bae, N. Nishiyama, S. Fukushima, H. Koyama, M. Yasuhiro, K. Kataoka. Bioconjug. Chem. 2005, 16, 122-130.

[110] G.H. Gao, J.W. Lee, M.K. Nguyen, G.H. Im, J. Yang, H. Heo, P. Jeon, T.G. Park, J.H. Lee, D.S. Lee. J. Control. Release 2011, 155, 11-20.

[111] S. Fukushima, K. Miyata, N. Nishiyama, N. Kanayama, Y. Yamasaki, K. Kataoka. J. Am. Chem. Soc. 2005, 127, 2810-2811.

[112] A.J. Convertine, C. Diab, M. Prieve, A. Paschal, A.S. Hoffman, P.H. Johnson, et al. Biomacromolecules 2010, 11, 2904-2911.

[113] V. P. Sant, D. Smith, J.C. Leroux. J. Control. Release 2005, 104, 289-300.

[114] T. Tanaka. Phys. Rev. A 1978, 17, 763-766.

[115] I.Y. Galaev, B. Mattiasson. Enzyme Microbiol. Technol. 1993, 15, 354-366. .

[116] J.E. Chung, M. Yokoyama, T. Okano. J. Control. Release 2000, 65, 93-103.

[117] T.Y. Liu, S.H. Hu, D.M. Liu, S.Y. Chen, I.W. Chen. Nano Today 2009, 4, 52-65.

[118] F. Kohori, K. Sakai, T. Aoyagi, M. Yokoyama, M. Yamato, Y. Sakurai, T. Okano. Colloids Surf. B 1999, 16, 195-205.

[119] S.R. Sershen, S.L. Westcott, N.J. Hallas, J.L. West. J. Biomed. Mater. Res. 2000, 5, 293-298.

[120] F.Q. Schafer, G.R. Buettner. Free Radic. Biol. Med. 2001, 30, 1191-1212.

[121] R. Cheng, F. Feng, F. Meng, C. Deng, J. Feijen, Z. Zhong. J. Control. Release, 2011, 152, 2-12.

[122] J. Li, M. Huo, J. Wang, J. Zhou, J.M. Mohammad, Y. Zhang, Q. Zhu, A Y Waddad, Q. Zhang. Biomaterials 2012, 33, 2310-2320.

[123] L.Y. Tang, Y.C. Wang, Y. Li, J.Z. Du, J. Wang. Bioconjugate Chem. 2009, 20, 1095-1099.

[124] L.P. Lv, J.P. Xu, X.S. Liu, G.Y. Liu, X. Yang, J. Ji. Macromol. Chem. Phys. 2010, 211, 2292-2300.

[125] A. Napoli, M. Valentini, N. Tirelli, M. Muller, J.A. Hubbel. Nat. Mater. 2004, 3, 183-189.

[126] J. Jiang, X. Tong, D. Morris, Y. Zhao. Macromolecules 2006, 39, 4633-4640.

[127] C.P. McCoy, C. Rooney, C.R. Edwards, D.S. Jones, S.P. Gorman. J. Am. Chem. Soc. 2007, 129, 9572-9573.

[128] C. Alvarez-Lorenzo, L. Bromberg, A. Concheiro. Photochem. Photobiol. 2009, 85, 848-860.

[129] X. Tong, G. Wang, A. Soldera, Y. Zhao. J. Phys. Chem. B 2005, 109, 20281-20287.

[130] L. Gong-Yan, C. Chao-Jian, L. Dan-Dan, S.S. Wang, J. Ji. J. Mater. Chem. 2012, 22, 16865-16871.

[131] N. Rapoport. Int. J. Hypertherm. 2012, 28, 374-385.

[132] S. Hernot, A.L. Klibanov. Adv. Drug Deliver. Rev. 2008, 60, 1153-1166.

[133] R. Deckers, C.T.W. Moonen. J. Control. Release 2010, 148, 25-33

[134] N. Rapoport. In Smart Nanoparticles in Nanomedicine. R. Arshady, K. Kono, Eds.; Kentus Books, London, 2006, pp. 305-362

[135] A.H. Ghaleb, D. Stevenson-Abouelnasr, W.G. Pitt, K.T. Assaleh, L.O. Farahat, J. Fahadi. Colloids Surf A 2010, 359, 18–24

[136] H. Hasanzadeh, M. Mokhtari-Dizaji, S. Z. Bathaie, Z. M. Hassan. Ultrason. Sonochem. 2011, 18, 1165-1171.

[137] K. Sugiyama, K. Sono. J. Appl. Polym. Sci. 2000, 81, 3056-3063.

[138] C. Alvarez-Lorenzo, S. Deshmukh, L. Bromberg, T.A. Hatton, I. Sández-Macho, A. Concheiro. Langmuir 2007, 23, 11475-11481.

[139] M.D. Determan, J.P. Cox, S.K. Mallapragada. J. Biomed. Mater. Res. 2007, 81A, 326-333.

[140] B.S. Lokitz, A.W. York, J.E. Stempka, N.D. Treat, Y. Li, W.L. Jarrett, C.L. McCormick. Macromolecules 2007, 40, 6473-6480.

[141] J. Dong, Y. Wang, J. Zhang, X. Zhan, S. Zhu, H. Yang, G. Wang. Soft Matter 2013, 9, 370-373.

[142] S. Guragain, B.P. Bastakoti, M. Ito, S. Yusa, K. Nakashima. Soft Matter 2012, 8, 9628-9634.

[143] C. Alvarez-Lorenzo, A. Concheiro. Curr. Opin Biotech. 2013, 24, 1167-1173.

[144] P. Broz, S. Driamov, J. Ziegler, N. Ben-Haim, S. Marsch, W. Meier, P. Hunziker. Nano Lett. 2006, 6, 2349-2353.

[145] R. Ma, L. Shi. Macromol. Biosci. 2010, 10, 1397-1405.

[146] H.C. Chiu, Y.W. Lin, Y.F. Huang, C.K. Chuang, C.S. Chern. Angew. Chem. Int. Ed. 2008, 47, 1875-1878.

# CAPÍTULO 6. INGENIERÍA DE TEJIDOS: SUSTITUTOS ARTIFICIALES PARA USO EN PIEL Y MUCOSA ORAL

Marta R. Fontanilla, Edward Suesca, Sergio Casadiegos
*Grupo de Trabajo en Ingeniería de Tejidos, Laboratorio 318, Departamento de Farmacia, Universidad Nacional de Colombia. Avda Carrera 30 # 45-03, Bogotá, Colombia.*

**Resumen:**

En el mundo la investigación y desarrollo de tejido artificial ha crecido rápidamente en las dos últimas décadas. Al igual que el injerto de tejido natural, el objetivo del injerto de tejido artificial es promover la formación de tejido morfológica y funcionalmente similar al perdido. Aunque el uso de tejidos artificiales no evita totalmente la cicatrización fibrótica y la contractura, en muchos casos su aplicación ha contribuido a mejorar los resultados del cierre de heridas de piel o mucosa oral. En los países Latinoamericanos las ventajas y desventajas del tratamiento de heridas de piel y de mucosa oral con tejidos artificiales son conocidas solamente por el grupo reducido de científicos que investigan en el tema y por los pocos clínicos interesados en su aplicación. Por esta razón, es importante divulgar los principios básicos de la ingeniería de tejidos, los sustitutos de piel y mucosa oral producidos con ésta tecnología así como los beneficios y perjuicios de su aplicación clínica. Éste capítulo revisa el origen de los tejidos artificiales, algunos fundamentos biológicos de la ingeniería de tejidos, sustitutos de piel y mucosa oral aprobados para uso humano y las indicaciones de su aplicación clínica.

DOI: http://dx.doi.org/10.14195/978-989-26-0881-5_6

**Palabras clave**: Sustitutos de tejido; tejido artificial; sustitutos de piel; sustitutos de mucosa oral; ingeniería de tejidos; medicina regenerativa.

**Abstract:**

Research in developing artificial tissue has emerged during the two last decades around the world. In the same manner that surgical grafting of natural tissue, artificial tissue grafting aims to promote the replacement of lost tissue by one that has similar morphology and function. Artificial tissue does not completely prevent fibrotic scarring and wound contracture. However, in many cases its use has proved to result in better healing. Currently, in the Latin America region the advantages and disadvantages of skin and oral wound therapies based on grafting artificial tissue are only known by a reduced group of scientists working in the field and by the few clinicians willing to use them. For that reason, it is important to inform on skin and oral mucosa tissue engineered products and the advantages and disadvantages of applying them. This chapter surveys the origin of artificial tissue manufacturing, some biological bases of tissue engineering, skin and oral mucosa tissue substitutes approved for human use, and their clinical application.

**Keywords:** Tissue substitutes; artificial tissue; skin substitutes; oral mucosa substitutes; tissue engineering; regenerative medicine.

## 6.1. Reseña histórica de la ingeniería de tejidos

La creación de órganos y tejidos *in vitro* para uso humano y animal, hoy es posible gracias a la confluencia de las ciencias básicas, biomédicas y las ingenierías en una nueva disciplina: la ingeniería de tejidos. Su origen está asociado con la búsqueda de fuentes alternativas de tejido, ocasionada por la escasez de material para injerto en pérdidas de continuidad de la piel. De hecho, fueron los resultados de los tratamientos clínicos que aplicaron los sustitutos de piel principalmente en quemaduras, los que rápidamente impulsaron el desarrollo de sustitutos de otros tejidos y órganos. Hoy se reconoce que la ingeniería de tejidos al proporcionar sustitutos con características funcionales y morfológicas similares a las de los órganos y tejidos naturales, puede ser una fuente alternativa de material para implante cuando hay escases de donantes.

El órgano más grande del cuerpo es la piel, barrera protectora que impide la deshidratación y la infección; de ahí que, su pérdida pueda llegar a ser fatal. Por eso, una vez se contó en los años 70 con la metodología para cultivar *in vitro* láminas epiteliales estratificadas a partir de queratinocitos aislados de biopsias de piel humana [1], sus sustitutos fueron los primeros en ser investigados y desarrollados. Las láminas de queratinocitos humanos, fueron los primeros tratamientos basados en células cultivadas *in vitro* que se utilizaron para tratar pacientes quemados [2, 3]. Sin embargo, debido a la fragilidad y variabilidad en la integración de estas láminas epiteliales a los diferentes tipos de herida, se hizo evidente la necesidad de buscar nuevas aproximaciones.

Reconociendo la importancia del componente dérmico de la piel, John Burke y Ioanis Yannas desarrollaron un reemplazo dermal compuesto por un soporte biodegradable de colágeno I y glicosaminoglicanos (GAGs), cubierto por una membrana delgada de silicona diseñada para controlar la pérdida de fluidos y la entrada de microorganismos. Este producto fue evaluado con éxito en un ensayo clínico que incluyó 10 pacientes con quemaduras severas [4] y en 1996 fue aprobado con el nombre de Integra® por la Agencia de Alimentos y Medicamentos de los Estados Unidos de Norteamérica (FDA), como templete de regeneración dérmica para el tratamiento de quemaduras que comprometieran la vida [5]. En trabajos paralelos dirigidos por Eugene Bell del Instituto Tecnológico de Massachusetts (MIT), se desarrolló un equivalente de piel conformado por epitelio y dermis, el cual originalmente se denominó Graftskin [6]. En el año 2000 este producto fue autorizado por la FDA [7], para ser usado en el tratamiento de úlceras de piel de diferente etiología; se denomina Apligraf® y es elaborado y distribuido por la compañía norteamericana Organogenesis.

La investigación en el desarrollo de otros órganos, fue iniciada por Joseph Vacanti y Robert Langer a mediados de los años 80. Estos investigadores fueron los primeros en diseñar y elaborar soportes de materiales sintéticos biocompatibles y biodegradables, con propiedades químicas y físicas que se podían manipular para permitir el crecimiento y diferenciación celular requeridos para obtener tejido vivo en el laboratorio [8].

La aplicación de los principios de la ingeniería en el diseño y construcción de tejidos vivos empezó a consolidarse en un encuentro de la Sociedad Nacional para la Ciencia de los Estados Unidos (National Science Foundation-NSF), realizado en Octubre de 1987. Allí, se utilizó el término ingeniería de tejidos para referirse a una nueva actividad interdisciplinaria cuyo fin era crecer órganos o tejidos a partir de células tomadas de un individuo [9]. En 1988 la NSF hizo otro encuentro, hoy conocido como el "Granlibakken Workshop" en el que se definió a esta disciplina como "la aplicación de los principios y métodos de la ingeniería y las ciencias de la vida para entender los fundamentos de las relaciones estructura-función en tejidos mamíferos normales y patológicos y para el desarrollo de sustitutos biológicos que restauren, mantengan o mejoren la función de los tejidos" [10].

La definición de ingeniería de tejidos que conocemos fue universalizada en un resumen escrito por Robert Langer y Joseph P Vacanti, en el que se estableció que "La ingeniería de tejidos es un campo interdisciplinario que aplica los principios de la ingeniería y de las ciencias de la vida para el desarrollo de sustitutos biológicos que restauren, mantengan y mejoren la función de un tejido" [11]. Hasta el momento, el paradigma central de la ingeniería de tejidos sigue siendo la posibilidad de obtener tejido nuevo a partir de células vivas y soportes tridimensionales, con características similares a las que exhiben los tejidos u órganos que se quieren sustituir.

El creciente interés en la ingeniería de tejidos condujo a que en 1992 en un simposio de la Universidad de California, Los Ángeles (UCLA), se definieran sus metas, como: i) Proveer partes del cuerpo y prótesis celulares; ii) Proporcionar reemplazos acelulares que puedan inducir regeneración; iii) Suministrar tejidos o modelos de órganos para investigación básica; iv) Aportar vehículos para la entrega de células modificadas genéticamente; v) Cubrir superficies no biológicas [12]. Posteriormente en el año 2001, en el simposio "Creciendo Órganos y Tejidos" organizado por los Institutos Nacionales de Salud de los Estados Unidos (NIH), se mencionó que "La medicina reparativa, algunas veces llamada medicina regenerativa o ingeniería de tejidos, es la regeneración y remodelamiento de los tejidos *in vivo* con el propósito de reemplazar, mantener o aumentar la función de un órgano, y la ingeniería y crecimiento de sustitutos de tejido funcionales *in vitro* para su implantación *in vivo* como sustituto biológico de órganos y tejidos enfermos". Esta definición de medicina reparativa tomó los conceptos de ingeniería de tejidos establecidos en el "Granlibakken Workshop" y los hizo sinónimos de la medicina regenerativa; sin embargo, el término medicina reparativa rápidamente cayó en desuso.

En las últimas décadas los estudios en células madre o troncales y su aplicación terapéutica, la ingeniería de tejidos y muchas otras disciplinas científicas, han confluido en el campo de la medicina regenerativa. Sin embargo, muchos científicos todavía consideran que la ingeniería de tejidos y la medicina regenerativa son equivalentes, por eso, es importante aclarar su diferencia. El objetivo general de la ingeniería de tejidos es construir órganos y tejidos a partir de soportes, células y señales fisicoquímicas del ambiente (medios de cultivo, lecho de la herida, etc.). Por otra parte, el objetivo general de la medicina regenerativa es estimular la regeneración de órganos y tejidos con componentes bioactivos que pueden ser, o no, productos de ingeniería de tejidos [13]. En razón a lo anterior, la medicina regenerativa es considerada como un área multidisciplinaria en la que confluyen saberes provenientes de campos diversos como ingeniería de tejidos, medicina de trasplantes, biomateriales, ciencias biológicas, ciencias básicas e ingenierías.

## 6.2. Reparación y regeneración

Cuando un órgano o tejido de un individuo se daña o lesiona, se activa un proceso inflamatorio que inicia la respuesta fisiológica encargada de reconstruir la arquitectura y función de la zona afectada. Dependiendo del tejido u órgano, el cuerpo responde restaurando al tejido perdido con dos procesos que conducen a desenlaces muy diferentes: regeneración o reparación [14].

En la regeneración, los tejidos u órganos son reemplazados por unos idénticos, morfológica y funcionalmente, a los originales. Dentro de los vertebrados, las familias del orden *Caudata* son capaces de regenerar en razón a que poseen la capacidad de dediferenciar sus células y hacer morfogénesis durante toda su vida [15]. Conocidos como salamandras, estos anfibios regeneran espontáneamente sus extremidades, cola y muchos de sus órganos después de que han sufrido un daño. Cuando cierran una lesión, en el sitio afectado se forma un conglomerado de células dediferenciadas denominado blastema. Las células del blastema, mantienen memoria de sus tejidos de origen y tienen la capacidad de remodelar extensivamente la matriz extracelular lesionada, reemplazándola por tejido con las mismas características del original [16, 17]. Ahora bien, aunque los mamíferos conservan el potencial de regenerar [18, 19], antes de nacer dejan de regenerar espontáneamente la mayoría de los tejidos [20-22]. Sin embargo, mantienen el recambio permanente de tejidos epiteliales y óseos debido a la presencia de poblaciones de células madre, también conocidas como células trocales, que al dividirse asimétricamente generan poblaciones diferenciadas del linaje celular requerido y poblaciones de células madre que se auto renuevan [19].

La reparación ocurre cuando la respuesta al daño desemboca en la formación de cicatriz. Aunque depende de la interacción dinámica de todos los elementos que forman el tejido: matriz extracelular, células sanguíneas, células del lecho de la herida y mediadores solubles producidos por ellas [23], conduce a la formación de áreas cicatrízales en las que predominan el tejido fibroso y la contracción [24, 25]. El producto de éste proceso es un tejido disfuncional, morfológicamente diferente al tejido original y con menor elasticidad y resistencia a la tensión.

La reparación puede ser intervenida para disminuir sus efectos negativos. Una forma de lograrlo es modular la inflamación, pues ha sido demostrado que en ausencia de células inflamatorias (Neutrófilos y macrófagos) la reparación ocurre con poca cicatrización [26]. Otra, es suministrar células con la capacidad de recrear la complejidad de las señales biológicas que promueven la regeneración en lugar de la reparación. El uso de soportes bioactivos también puede inducir la regeneración, proporcionando señales mecánicas, microestructurales, químicas, etc., que estimulan la capacidad regeneradora de las células [12].

El estudio de la participación de las células madre o troncales y de las células progenitoras en el cierre de heridas, sugiere que cuando ocurre un daño el balance entre reparación o regeneración determina cuál de estos dos procesos predomina [20]. Los productos exitosos de ingeniería de tejidos y medicina regenerativa inducen mecanismos regenerativos que conducen a mejorar la cicatrización (ver Figura 6.1).

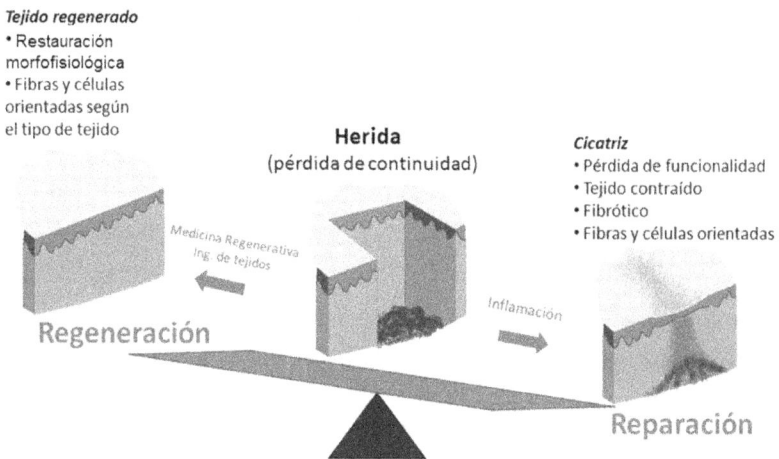

**Figura 6.1.** Papel de la Ingeniería de Tejidos y de la Medicina Regenerativa en la curación de lesiones de órganos y tejidos. Cuando son utilizados para el tratamiento de lesiones de tejidos que cicatrizan con contracción, los productos de ingeniería de tejidos y otras aproximaciones de la medicina regenerativa favorecen los procesos regenerativos en lugar de los procesos reparativos.

## 6.3. Tratamiento convencional de pérdidas de continuidad de piel y mucosa oral

Tradicionalmente, los órganos y tejidos que dejan de funcionar debido a una lesión son tratados quirúrgicamente. Cuando el procedimiento quirúrgico empleado utiliza tejido del mismo paciente para reconstruir una lesión, se denomina autotrasplante y el tejido trasplantado autoinjerto [27]. En el caso de las heridas de piel y de mucosa oral, el tratamiento más seguro y efectivo es el autoinjerto del mismo tipo de tejido; sin embargo, la limitación de áreas donantes y la morbilidad que se causa en ellas al tomar el tejido han restringido su aplicación. Para superar este inconveniente, los cirujanos acuden al autoinjerto de tejido diferente al perdido. Por ejemplo, la mucosa oral ha sido utilizada para la reparación de mucosa conjuntival del ojo [28], cirugía reconstructiva orofaríngea [29], reconstrucción de defectos vaginales y uretroplastia [30, 31]; del mismo modo, la piel y mucosa intestinal han sido usadas para injertar lesiones de mucosa oral [32]. El inconveniente principal de esta aproximación es que el tejido transferido retiene sus características originales y las expresa en el área injertada; por eso, aparecen anexos y vellosidades en regiones de mucosa oral injertadas con piel [33]. El trasplante de células, tejidos u órganos entre miembros de la misma especie se denomina alotrasplante y el material trasplantado trasplante alogénico, aloinjerto u homoinjerto. En el mundo, los homoinjertos son los procedimientos más utilizados, ya que el trasplante de órganos completos (riñón, pulmón, corazón, hígado, páncreas, etc.) y de médula ósea son tratamientos de uso frecuente. La fuente de los homoinjertos son donantes humanos vivos o cadavéricos; por esta razón, las mayores desventajas del alotrasplante, además de la falta de donantes, son la trasmisión de agentes infecciosos no detectados durante la donación y el rechazo inmunológico que obliga a la inmunosupresión permanente [34]. El tratamiento de lesiones de piel y mucosa oral con homoinjertos, se ha visto favorecido por el desarrollo de técnicas de descelularización que eliminan el componente celular del tejido dejando intacta, en composición y estructura, su matriz extracelular. La eliminación de las células, hace que el tejido descelularizado no sea rechazado y evita la administración de medicamentos supresores de la respuesta inmune del organismo receptor [35].

Gracias a su baja inmunogenicidad, capacidad de reducir la respuesta inflamatoria y actividad pro-epitelizante, la membrana amniótica es ampliamente empleada como homoinjerto o como cobertura en lesiones de la superficie ocular y en lesiones de piel [36, 37]. En 1910, se hizo su primera aplicación como trasplante de piel y en 1940 comenzó a usarse para la reparación de defectos conjuntivales [38]; hoy se sigue empleando con estas indicaciones y en reconstrucción ginecológica [39, 40], urológica [41] y para el tratamiento de úlceras venosas [42]. Además de ser un material conductor efectivo en la regeneración de nervios periféricos [43], es considerada una fuente importante de células madre para terapias regenerativas de diferentes tejidos [44].

El trasplante de células, tejidos u órganos entre especies diferentes, es conocido como xenotrasplante y el material trasplantado se denomina xenoinjerto, que al igual que los homoinjertos, inducen rechazo inmunológico y pueden ser portadores de agentes infecciosos. Su utilización ha sido promovida por las técnicas de descelularización, empleadas para obtener soportes de composición y microestructura similar a las de los tejidos naturales. Este hecho y el procesamiento de la matriz descelularizada resultante para eliminar completamente el antígeno α-Gal, expresado en células de animales diferentes a los primates y el humano, han permitido disminuir la respuesta inmune del receptor al xenoinjerto [45]. Actualmente, la especie porcina es la más empleada como fuente de xenoinjertos de válvulas cardiacas, piel, hueso y submucosa intestinal [46].

## 6.4. Aproximaciones investigativas y terapéuticas en ingeniería de tejidos y medicina regenerativa

Aunque los primeros autoinjertos de piel conocidos fueron realizados por Sushruta, considerado el primer cirujano plástico de la historia, en la India hace más de 2400 años [47], existen registros de su uso en Europa desde el siglo XV. En la actualidad, los autoinjertos de piel y mucosa, son los tratamientos más empleados para restaurar la continuidad perdida. Sin embargo, la limitación de tejido disponible para injerto es uno de los mayores obstáculos que enfrenta la realización de éste procedimiento. La elaboración de tejido propuesta por la ingeniería de tejidos constituye una alternativa cada vez más real; por eso, uno de sus mayores desafíos es desarrollar sustitutos que al ser aplicados permitan la regeneración de las zonas u órganos tratados [48].

En general, las estrategias terapéuticas más empleadas por la ingeniería de tejidos y la medicina regenerativa para inducir regeneración de piel, mucosa y otros órganos y tejidos, se pueden clasificar en cinco grandes grupos:

- Soportes o matrices acelulares naturales o artificiales que actúan como sustitutos acelulares del tejido conectivo;
- Cultivos (mono- o co-cultivos) tridimensionales de células en soportes o matrices que después de su incubación producen tejido;
- Láminas celulares;
- Terapias celulares basadas en la aplicación directa de células (madre o trocales, progenitoras y diferenciadas), en la zona tratada;
- Aplicación directa o mediante el uso de sistemas de liberación de factores puros (factores de crecimiento, citoquinas, quimoquinas, etc), factores presentes en medios condicionados o en el plasma rico en plaquetas

Los componentes principales de las estrategias mencionadas son los soportes, las células, combinaciones de células con soportes y factores con actividad auto y paracrina secretados por estas. Por esta razón, a continuación haremos una breve descripción de cada uno de ellos:

**Soportes:** Son estructuras tridimensionales hechas de materiales biocompatibles y biodegradables, que facilitan la adhesión, crecimiento y diferenciación celular que se necesita para formar nuevo tejido. Su composición y su estructura (a nivel macro, micro y nano), señalizan mecánica y molecularmente a las células que contienen y/o a las células presentes en el sitio intervenido sin inducir efectos indeseados locales o sistémicos en el paciente [49-51]. Los soportes para ingeniería de tejidos se hacen con materiales naturales (colágeno, fibrina, ácido hialurónico, alginato, etc.), sintéticos (ácido poliglicólico, ácido poliláctico, ácido poliláctico-poliglicólico) y tejidos descelularizados (dermis y submucosa intestinal descelularizados). Dependiendo de sus características microestructurales, proporcionan rutas migratorias a las células provenientes del lecho de la herida, permiten la adhesión y proliferación celular y señalizan para que las células secreten factores con actividad autocrina y paracrina [52]; por eso, son considerados como análogos de la matriz extracelular [53]. La evidencia ha demostrado que cuando se implantan, dependiendo de su bioactividad, pueden promover la regeneración o la reparación [54].

En humanos los soportes sin células se utilizan en el tratamiento de lesiones pequeñas. Conductos como la uretra, se han reconstruido quirúrgicamente colocando soportes obtenidos de submucosa de vejiga porcina entre las dos porciones sanas de tejido circundante a la lesión, con el fin de permitir que células del tejido sano migren, lo pueblen y lo remodelen [55, 56]. Se afirma que el éxito de esta aproximación está limitado por el tamaño de la lesión, ya que independientemente del biomaterial que se utilice, lesiones mayores a 1 cm no regeneran con facilidad [57].

La validés del valor del tamaño crítico a partir del cual una lesión de piel deja de regenerar, depende del tipo de tejido lesionado, de la naturaleza de la lesión y del tratamiento que reciba. Actualmente, se considera que heridas de espesor total de piel mayores a 1 cm de diámetro requieren injertos de piel para prevenir la formación excesiva de cicatrices; igualmente, que los injertos disponibles no promueven la regeneración completa en las lesiones en que se aplican [58]. De hecho, nuestro grupo ha usado en pacientes con consentimiento informado, soportes de colágeno tipo I en heridas de piel (de espesor parcial y total, agudas y crónicas) de tamaños mayores, que a pesar de cerrar con buenos resultados no muestran regeneración completa (ver Figura 6.2).

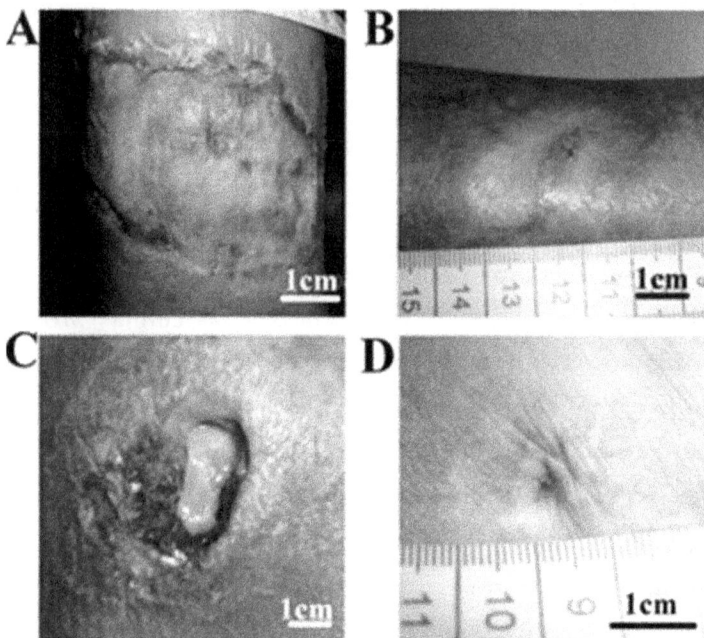

Figura 6.2. Soportes de colágeno I para el tratamiento de pérdidas de continuidad de la piel. Se muestran dos pacientes, antes y después de haber recibido tratamiento. Úlcera venosa crónica en miembro inferior en paciente de edad avanzada (A); imagen de la zona tratada con soportes de colágeno a los 11 meses, en donde se observa cierre total de la lesión (B); úlcera por presión (grado IV/VI) en región trocantérica en paciente de edad avanzada (C); aspecto del área lesionada luego de 5 meses de tratamiento del paciente postrado en cama (D).

**Soportes sembrados con células:** Las propiedades mecánicas y funcionales de los soportes mejoran, cuando en ellos se siembran células [59]. Generalmente, las células son aisladas del tejido que se quiere reemplazar, por disgregación enzimática o a partir de pequeñas fracciones del tejido denominadas explantes. Después de sembrar las células en los soportes e incubar, se obtiene tejido nuevo gracias a la síntesis de proteínas de matriz extracelular y al recambio que estas hacen del biomaterial del soporte. Luego, cuando el tejido es injertado en la lesión, éste también es degradado y reemplazado por tejido regenerado [60].

El desarrollo de tejidos artificiales ha avanzado mucho más rápido que el de órganos, debido a que la estructura tridimensional de estos últimos es más compleja y requieren vascularización [61]. Sin embargo, el principio de sembrar las células en soportes tridimensionales y cultivar en medios que proporcionen los nutrientes y estímulos necesarios para su crecimiento y diferenciación, se mantiene. El primer órgano hueco construido *in vitro* y evaluado clínicamente fue la vejiga. El ensayo clínico se realizó con siete pacientes con mielomeningocele, entre los 4 y los 19 años de edad, que requerían cistoplastia. A cada uno de ellos se le tomó una biopsia de la vejiga con el fin de aislar células uroteliales y de musculatura lisa, las cuales fueron cultivadas durante cuatro semanas con el propósito de aumentar la población. Basados en información proporcionada por imágenes diagnósticas de los pacientes, se dieron forma a soportes de diferente naturaleza (Submucosa de vejiga homóloga descelularizada, colágeno tipo I o colágeno-ácido poliglicólico), luego estos soportes fueron sembrados en su interior con las células uroteliales y en su exterior con las células musculares. Después de incubar durante un mes, las vejigas artificiales obtenidas fueron trasplantadas con éxito en las personas tratadas [62].

**Láminas celulares:** Además de servir como sustitutos de piel, se han empleado láminas de queratinocitos estratificados como sustitutos de mucosa oral en estudios preclínicos y clínicos [63, 64] y en modelos celulares utilizados en pruebas de biocompatibilidad [65], investigación en biología oral [66, 67] y estudio de la cicatrización de heridas [68]. Como sustitutos de piel y mucosa, las láminas epiteliales pueden ser difíciles de manipular debido a su fragilidad; la cual, también resulta en formación de ampollas y rasgaduras del injerto. Aunque en sus comienzos las láminas celulares fueron obtenidas sembrando células epiteliales disgregadas enzimáticamente de los tejidos de origen, hoy se pueden elaborar láminas celulares sembrando células sobre superficies cubiertas con polímeros inteligentes, que responden a cambios de temperatura. Después de que las células crecen y forman monocapas confluentes, estas se pueden desprender bajando la temperatura del cultivo sin necesidad de usar enzimas que pueden afectar su integridad. Esta tecnología, denominada ingeniería de láminas celulares, ha permitido elaborar multicapas de queratinocitos, fibroblastos, condrocitos y mioblastos sin necesidad de emplear soportes.

El grupo japonés pionero de la tecnología de láminas celulares, liderado por Teruo Okano, demostró que organizaciones tridimensionales de multicapas de cardiomiocitos transmiten el impulso eléctrico que les permite latir simultáneamente [69]. Co-cultivos laminares de células endoteliales sobre láminas de fibroblastos, al ser evaluados en un modelo murino de infarto de miocardio promovieron la regeneración cardiaca [70] y el trasplante de capas de láminas de mioblastos autólogos en un hombre de 56 años con una cardiomiopatía dilatada, enfermedad del músculo cardiaco que conduce a la falla cardiaca, logró que el paciente no volviera a presentar arritmia después del tratamiento [71]. También, se han producido láminas de epitelio corneal para colocar directamente sobre la córnea que no necesitan suturarse [72]. Aunque muchas de las iniciativas desarrolladas por el grupo de Okano para tratar diversas patologías con cultivos de láminas celulares están siendo evaluadas preclínicamente y su aplicación en humanos sigue siendo limitada, este método puede llegar a ser una alternativa para promover la regeneración de tejidos y órganos dañados. Como todos los productos de ingeniería de tejidos, necesita enfrentar la aplicación clínica para establecer sus verdaderos alcances y limitaciones.

**Terapia celular:** La aplicación de células solas sobre las lesiones con el fin de promover la regeneración de tejido perdido o dañado, constituye la base de la terapia celular. Las células pueden ser indiferenciadas (células madre de diferentes orígenes) o células diferenciadas constituyentes del tejido que se quiere regenerar [62, 73, 74]; las células madre se utilizan debido a que al ser cultivadas *in vitro* en condiciones apropiadas, pueden ser inducidas a diferenciarse al tipo celular requerido [75]. Dependiendo de su potencialidad, las células madre se clasifican en: totipotentes, capaces de diferenciarse en todos los tipos celulares de un organismo adulto, formar los tejidos extraembrionarios y por ende de crear un organismo completo; pluripotentes, capaces de formar todos los tipos celulares de un organismo adulto y en consecuencia, de crear tejidos de las tres capas embrionarias (Endodérmico, mesodérmico y exodérmico); multipotentes, capaces de diferenciarse en todos los tipos celulares presentes en un tejido; unipotentes, presentes en algunos tejidos que contienen un solo tipo de células madre, capaces de diferenciarse en un solo tipo celular [76, 77]. Las células unipotentes con frecuencia son consideradas como células progenitoras, sin embargo, ha sido sugerido que esta denominación se aplique a las células que han dejado de ser madre y aún conservan capacidad proliferativa y de mayor diferenciación [78]. Las células madre totipotentes se encuentran en el zigoto; las multipotentes en el blastocisto, epiblasto, embrión tardío/feto temprano; mientras que, las multipotentes y unipotentes constituyen las células madre del adulto, presentes en tejidos maduros.

En terapia celular también se ha evaluado la posibilidad de usar células madre pluripotentes obtenidas por dediferenciación de células somáticas adultas (Induced pluripotent stem cells- iPSC) [79, 80]. Las primeras iPSC fueron derivadas de células de ratón [81]; en el 2012 el Premio Nobel en Fisiología o Medicina, fue otorgado a Shinya Yamanaka y John B. Gurdon por el descubrimiento de que las células diferenciadas se pueden reprogramar para que se dediferencien y se conviertan en pluripotentes.

El primer ensayo clínico de células madre en humanos fue aprobado a la compañía Geron Corporation, por la Food and Drug Administration (FDA) de los Estados Unidos en el año 2009 [82]. El estudio clínico fase I, fue diseñado para evaluar la seguridad de inyectar progenitores de oligodendrocitos derivados de células madre embrionarias humanas (hESC) en individuos con lesiones completas de médula espinal grado A, 7 a 14 días después de sufrir la lesión. En el 2011, la compañía informó que después de inyectar dos millones de células en el sitio lesionado no se observaron efectos adversos relacionados con su aplicación. Sin embargo, manifestó la ocurrencia de efectos adversos relacionados con el inmunosupresor administrado después de la terapia celular. Aunque la fecha estimada por la compañía para completar los datos de la evaluación sobre la función neurológica fue octubre de 2012, en noviembre de 2011 se publicó la decisión de esta compañía de no continuar con el estudio clínico, con el fin de enfocarse en su programa de oncológicos [83].

El estudio de Geron Corporation ha sido seguido por otros llevados a cabo en varios países del mundo entre los que se encuentran ensayos clínicos fase I/ fase II de tratamientos basados en células madre para tratar patologías como diabetes mellitus tipo 1, colitis ulcerativa, cirrosis, síntomas inducidos por anticancerígenos, cardiomiopatía dilatada idiopática, anemia refractaria aplásica severa, neuropatía diabética, lesiones medulares, esclerosis múltiple, tumores del sistema nervioso central, distrofia macular de stargardt, etc. [84]. En Canadá fue aprobado Prochymal® el primer medicamento basado en células madre para uso humano, a la compañía Osiris Therapeutics Inc., en mayo 2012. Es la única terapia de células madre actualmente designada como medicamento huérfano y está indicada en el tratamiento de la enfermedad de injerto contra huésped y en el tratamiento de la enfermedad de Crohn [85, 86].

La sangre de cordón umbilical humana, la aplicación de células diferenciadas solas o sembradas en soportes y de bacterias, también son consideradas por la FDA como terapia celular [87]. Los productos de ésta naturaleza autorizados para uso humano por ésta agencia regulatoria, se describen a continuación:

- **Allocord, HPC cord blood**. SSM Cardinal Glennon Children's Medical Center. Sangre de cordón umbilical; indicada en el trasplante de células progenitoras hematopoyéticas provenientes de donadores no relacionados.
- **Allogenic Hematopoietic Progenitor Cells, Cord Blood**. Hemacord, New York Blood Center. Sangre de cordón umbilical; indicada en el trasplante de células progenitoras hematopoyéticas provenientes de donadores no relacionados.
- **Autologous Cellular Immunotherapy**. Provenge (Sipuleucel-T), Dendreon Corporation. Inmunoterapia celular autóloga, indicada para el tratamiento del cáncer de próstata (refractario a hormonas), asintomático o mínimamente asintomático.
- **Autologous Cultured Fibroblasts**. Laviv (Azficel-T), Fibrocell Technologies. Fibroblastos autólogos, indicados para el tratamiento de arrugas nasolabiales moderadas a severas en adultos.
- **Autologous Cultured Chondrocytes**. Carticel, Genzyme BioSurgery. Aprobado por la FDA en 1997, se convirtió en la primera terapia

celular autorizada para uso humano. Son condrocitos autólogos expandidos *in vitro*, que se aplican intraarticularmente en defectos sintomáticos del cartílago del cóndilo femoral cuando los otros tratamientos quirúrgicos de reparación no han dado buenos resultados.

- **BCG Live (Intravesical).** TheraCys, Sanofi Pasteur Limited Lic#1726. Micobacterias atenuadas vivas para aplicación intravesical. El producto está indicada para la profilaxis y tratamiento intravesical de carcinoma in situ de vejiga y para la profilaxis de tumores papilares (Ta/T1) recurrentes o primarios.

- **GINTUIT (Allogenic Cultured Keratinocytes and Fibroblasts in Bovine Collagen**). Fibroblastos y queratinocitos homólogos, sembrados en soportes de colágeno I. Está indicado para aplicación tópica en el lecho vascularizado de heridas mucosas creadas quirúrgicamente.

- **Hematopietic Progenitor Cell. Ducord, HPC Cord Blood. Duke University School of Medicine**. Sangre de cordón umbilical; indicada en el trasplante de células progenitoras hematopoyéticas provenientes de donadores no relacionados.

- **HPC, Cord Blood. Clinimmune Labs, University of Colorado Cord Blood Bank**. Sangre de cordón umbilical; indicada en el trasplante de células progenitoras hematopoyéticas provenientes de donadores no relacionados.

- **HPC, Cord Blood BLA 125432. LifeSouth Community Blood Centers, Inc**. Sangre de cordón umbilical; indicada en el trasplante de células progenitoras hematopoyéticas provenientes de donadores no relacionados.

**Medios condicionados:** Los medios condicionados son medios provenientes de cultivos celulares o de cultivos de tejido, que contienen las proteínas secretadas por las células. También denominados secretoma, involucran todas las sustancias solubles que las células secretan al medio usado para soportar su proliferación [88]. Están constituidos por factores de crecimiento, enzimas, citoquinas, quimoquinas, etc., los cuales tienen actividad biológica, ya que median quimiotaxis, inflamación, reposición y remodelación de la matriz extracelular y angiogenesis [60]. Como los medios son producidos por células metabólicamente activas, su composición varía dependiendo de las condiciones empleadas; entre las que se encuentran el tiempo, el tipo de cultivo (Tridimensional vs bidimensional, etc.) y las condiciones ambientales proporcionadas por los medios empleados para cultivar las células [52]. Los desarrollos en este tipo de productos actualmente se centran en liberarlos en el sitio de la herida en concentraciones y tiempos que les permitan ser eficaces, ya que estos factores son muy inestables [89-91].

Estudios de nuestro grupo realizados para determinar la presencia y concentración de factores secretados al medio de cultivo por tejido conectivo elaborado con soportes de colágeno y fibroblastos aislados de mucosa oral, indican variación diaria de la concentración de los factores evaluados. Lo anterior indica que antes de cualquier aplicación terapéutica de los medios condicionados, se deben conocer los factores presentes y su concentración en los medios. Además, es necesario correlacionar estos datos con resultados de estudios preclínicos de su aplicación, en los que se haya tenido en cuenta que el perfil de secreción varía diariamente [92].

## 6.5. Productos de ingeniería de tejidos de piel y mucosa oral

### 6.5.1. Sustitutos de piel

Los productos de ingeniería de tejidos que sustituyen a la piel, han sido evaluados en quemaduras severas, reconstrucción de cicatrices y úlceras de extremidades inferiores de diferente etiología. Como ya se mencionó, fueron los primeros tejidos artificiales aprobados para uso humano. Su aplicación reduce los riesgos de infección y ayuda a mejorar la cicatrización, ya que dependiendo de su bioactividad, disminuyen la contracción de la lesión [93]. Constituyen un grupo heterogéneo de productos que han sido diseñados para reemplazar epitelio, dermis o dermis y epitelio.

Aunque este capítulo se orienta a la ingeniería de tejidos con aplicación clínica, también es importante mencionar que existe una rama de este campo dedicada a desarrollar sustitutos de tejidos que sirvan para estudios de evaluación *in vitro* de diversos compuestos. En piel existen productos como EpiSkin®, SkinEthic® y EpiDerm® que han sido empleados en estudios de fototoxicidad, irritación, corrosividad y transporte de sustancias [94-96]:

**Epitelio:** Los autoinjertos de láminas de queratinocitos cultivadas *in vitro*, conforman el grupo de sustitutos epiteliales. Se usan como coberturas biológicas de heridas y el único producto de esta naturaleza aprobado por la FDA como dispositivo de uso humanitario, es Epicel®, para el tratamiento de heridas profundas de piel o de heridas de espesor total por quemaduras que comprometen áreas mayores o iguales a 30% de la superficie corporal. Puede ser empleado en combinación con autoinjertos de espesor parcial o solo, cuando estos no pueden ser obtenidos debido a la severidad de las lesiones. Aunque se produce con células aisladas de biopsias de piel del paciente, la FDA lo considera como un xenotrasplante debido a que los queratinocitos son cultivados sobre capas alimentadoras de fibroblastos murinos 3T3, las cuales secretan factores proteicos requeridos por estas células para crecer y formar las láminas epiteliales. El producto está indicado solamente para uso autólogo y entre sus desventajas se encuentran el tiempo prolongado requerido para su manufactura, su fragilidad que puede resultar en el desgarramiento del injerto después de que ha sido colocado y la formación de cicatrices con contracturas [97].

Existe otra aproximación basada en el uso de queratinocitos autólogos, para el tratamiento de pacientes quemados denominada CellSpray® (Desarrollada por Fiona Wood). CellSpray® está siendo usada en el tratamiento de lesiones de piel que comprometen epitelio y en lesiones de espesor parcial. En quemados en los que se ha perdido la dermis, esta técnica solamente puede ser utilizada después de haber realizado un injerto tradicional con tejido autólogo o con sustitutos artificiales de la dermis. Las células del epitelio son obtenidas a partir de biopsias de espesor parcial de piel tomadas en el momento del procedimiento, las cuales se colocan en un sistema denominado ReCell® kit en el que se lleva a cabo la disgregación enzimática de las células. Al finalizar el proceso, el sistema proporciona un aerosol de una suspensión de queratinocitos y melanocitos la cual se rosea sobre la piel lesionada [98].

**Sustitutos de dermis acelulares:** Como se mencionó, los sustitutos dérmicos fueron los primeros productos de ingeniería de tejidos aprobados para sustituir la piel. En marzo de 1996, la FDA autorizó la distribución en los Estados Unidos de Integra®, para el tratamiento de quemaduras; en el 2002, se concedió permiso para su uso en cirugías reconstructivas de cicatrices con contracturas [99]. Integra® es una matriz de colágeno bovino y glicosaminoglicanos, cubierta con una capa de silicona semipermeable. Al ser injertada, la matriz de colágeno-GAG es poblada y remodelada por las células que migran del lecho de la herida para producir neodermis. Su uso requiere dos procedimientos quirúrgicos, uno para injertar el producto y otro para remover la capa de silicona no biodegradable, que inicialmente sustituye al epitelio [100].

Otro sustituto de dermis disponible para el tratamiento de quemaduras superficiales y de espesor parcial es Biobrane®, constituido por una película fina de silicona en la que se encuentra parcialmente embebida una malla de nailon enlazada químicamente con colágeno I aislado de dermis porcina [79]. Biobrane®, es una cubierta temporal sugerida para el tratamiento de quemaduras de espesor parcial y de sitios donantes.

AlloDerm® es dermis de donante cadavérico descelularizada, con membrana basal completa, procesada para eliminar todos los componentes celulares responsables del rechazo inmunológico. Al ser injertada proporciona una matriz dérmica natural que promueve angiogénesis, migración celular y recambio tisular. Este producto está indicado en la preparación del lecho de la herida para posteriores injertos y en lesiones distintas a las de piel en las que se necesite promover la formación de tejido blando, como en la reconstrucción del seno post-mastectomía y en la reconstrucción de la pared abdominal.

Con el advenimiento de técnicas de descelularización de tejidos y órganos, se ha popularizado la utilización de dermis cadavérica y submucosa intestinal de otras especies, especialmente porcinos. Los xeno-sustitutos tienen la ventaja de aportar la estructura característica del tejido natural y de no generar respuesta inmunológica, debido a que carecen de células y a que los tejidos después de ser descelularizados son procesados para eliminar antígenos característicos de otras especies animales como el α-Gal [35]. Utilizando las estrategias mencionadas, se han desarrollado productos que están en el mercado del Reino Unido y los Estados Unidos, como Permacol® y Oasis®. El primero fue aprobado para ser aplicado en el tratamiento de lesiones de cabeza y cuello y el segundo, para el tratamiento de lesiones crónicas de la piel de extremidades inferiores.

**Sustitutos de dermis celulares:** Este tipo de sustitutos se elaboran sembrando fibroblastos en soportes de biomateriales naturales o sintéticos. El producto más representativo de este grupo es TransCyte®, que en marzo de 1997 recibió aprobación de la FDA para comercialización [101]. Se obtiene sembrando fibroblastos criopreservados de prepucio de neonato en una malla de nailon recubierta con colágeno I, la cual se encuentra unida a una membrana de silicona. Cuando los fibroblastos sembrados proliferan secretan todos los constituyentes de la matriz extracelular que es conservada durante el proceso de congelamiento. Debido a que el nailon que contiene no es biodegradable, es considerado como una cubierta temporal que debe ser removida. Es un producto que por su transparencia permite el monitoreo del lecho de la herida en que se injerta [102].

**Sustitutos bicapa (Piel artificial):** Hasta el momento, *in vitro* no se ha desarrollado un sustituto de piel que contenga glándulas sebáceas, vellosidades, vasos sanguíneos y todos los tipos celulares presentes en el epitelio y dermis naturales. Existen sustitutos bicapa, conformados por dermis y epitelio artificial, como Apligraf®; aprobado en los Estados Unidos por la FDA, como dispositivo clase III para el tratamiento de úlceras venosas y úlceras de pie diabético. Es un tejido vivo, que cuenta con una capa dérmica elaborada a partir de fibroblastos homólogos sembrados en un soporte de colágeno tipo I y una capa epitelial, obtenida sembrando queratinocitos sobre la dermis formada. El epitelio es diferenciado y posee estrato córneo; los fibroblastos y los queratinocitos, son aislados de prepucio de neonato [103]. En la Tabla 6.1, se presenta un resumen de algunos de los sustitutos de piel aprobados por la FDA o la Agencia Europea de Medicamentos (EMA), su composición y aplicación.

### 6.5.1. Sustitutos de mucosa oral

Las lesiones de mucosa oral cierran más rápido y cicatrizan mejor que las de piel [118, 119]; sin embargo, el tratamiento de daños grandes de la mucosa sin que se origine cicatriz con contracción sigue siendo un desafío [120]. El autoinjerto de mucosa oral de espesor parcial, es el tratamiento ideal; al igual que sucede con la piel, su uso puede verse limitado por el tejido mucoso disponible para injerto. Por esta razón, diferentes productos usados para sustituir mucosa oral han tenido acogida dentro de diferentes especializaciones de la odontología; a continuación se describen los más comunes.

**Láminas epiteliales:** Los primeros sustitutos evaluados preclínica y clínicamente, fueron las láminas de queratinocitos [63, 64]. Por su fragilidad, difícil manejo y en algunos casos incapacidad de prevenir la contracción y mejorar la cicatrización, han sido desplazadas por productos con mejores propiedades mecánicas, mayor adherencia y bioestabilidad [63, 121]. Hoy en día, el uso más frecuente de las láminas de queratinocitos es en pruebas de biocompatibilidad [122], investigación en biología oral [65, 67, 123] y estudio de la cicatrización de heridas [68].

**Tabla 6.1.** Productos de ingeniería de tejidos empleados como sustitutos de piel aprobados por agencias regulatorias (FDA y EMA).

| Producto | Compañía | Composición | Aplicación Aprobada por FDA |
|---|---|---|---|
| Integra® | Integra Life Science | Soporte de colágeno I bovino y condroitin sulfato, cubierta con una capa de silicona. | Quemaduras y reconstrucción de cicatrices de quemaduras [104] |
| TransCyte ® | Advanced BioHealing | Fibroblastos criopreservados de prepucio de neonato sembrados en una malla de nailon, cubierta con colágeno porcino unida a una membrana de silicona. | Cobertura temporal de heridas de espesor total y de espesor parcial de pacientes quemados antes de hacer un autoinjerto [105] |
| Epicel® | Genzyme | Láminas de queratinocitos autólogos. | Cobertura permanente de heridas térmicas de espesor total [106, 107] |
| Dermagraft® | Shire Regenerative Medicine | Fibroblastos de prepucio de neonato sembrados y criopreservados en una malla de poliglactina | Indicado en el tratamiento de úlceras por pie diabético [108] |
| Apligraf® (Graftskin) | Organogenesis | Soporte de colágeno I bovino, sembrado con fibroblastos y queratinocitos de neonato (Dermis y epidermis) | Tratamiento de úlceras venosas y úlceras neuropáticas de espesor total [93] |
| AlloDerm© | LifeCell | Dermis de donante cadavérico descelularizada, con membrana basal completa. | Preparación del lecho de la herida para injerto [109, 110] |
| Permacol™ | Tissue Science Laboratories | Dermis porcina descelularizada | Reforzar tejido blando en procedimientos quirúrgicos [111] |
| OASIS® | Cook Biotech | Submucosa intestinal descelularizada | Heridas de espesor parcial y total, úlceras de diferente etiología, heridas de sitio donante, laceraciones, quemaduras [112] |
| OrCel® | Forticell Bioscience | Soporte de colágeno I bovino, sembrado con fibroblastos y queratinocitos de neonato (Dermis y epidermis) | Tratamiento de sitios donantes de espesor parcial en pacientes con quemaduras [113] |
| EpiDex® | Euroderm | Queratinocitos autólogos estratificados provenientes de células progenitoras epiteliales de folículo piloso | Tratamiento de heridas crónicas y áreas de piel despigmentadas [114] |
| Nevelia | Symatése | Soporte de colágeno I bovino, cubierto con una capa de silicona | Regeneración dérmica en quemaduras, cirugía plástica reconstructiva y traumatología [115] |
| Matriderm | Skin & Health Care AG | Soporte liofilizado de colágeno I, III y V bovino con elastina | Tratamiento de defectos dermales profundos en combinación con injerto de piel de espesor parcial [116, 117] |

**Soportes acelulares:** Como hemos mencionado, las propiedades mecánicas y funcionales de los sustitutos artificiales de tejido incrementan cuando en su elaboración se utilizan soportes tridimensionales [59]. Dentro de los compuestos naturales empleados para desarrollar sustitutos de mucosa oral se encuentran gelatina, fibrina, quitosan y colágeno;

siendo éste último uno de los más utilizados [60, 124-127]; también, se han usado mezclas de colágeno y glicosaminoglicanos, colágeno y quitosan, colágeno y elastina [128]. Los compuestos de origen sintético más comunes son el ácido poliláctico, el ácido poliglicólico y su mezcla en diferentes porcentajes [129]. También, se conocen combinaciones de materiales de origen natural y sintético, como la mezcla de colágeno y ácido poliláctico y poliglicólico, y la mezcla de benzil éster y colágeno. Dentro de los soportes acelulares se encuentran tejidos animales y humanos descelularizados como la dermis cadavérica (Alloderm® y Puros®), la membrana amniótica y la submucosa intestinal porcina, que son los más utilizados [125, 126, 128, 130].

**Tejido conectivo artificial:** Se obtiene sembrando fibroblastos orales o de otro origen en soportes de diferentes biomateriales [60, 131-133]. Funciona como reservorio de factores proteicos secretados por las células que contiene, los cuales actúan sobre el componente celular e intervienen en la modulación de procesos que subyacen el cierre de heridas [52, 134, 135]. Los fibroblastos al proliferar y diferenciarse dentro del soporte, recambian la matriz extracelular formando nuevo tejido [136]. El crecimiento de los fibroblastos en los soportes se ve influenciado por el sitio anatómico del cual provienen, el número de pases o subcultivos, la edad del donante, el subtipo de fibroblasto, el tipo de sustrato y la presencia de factores de crecimiento y citoquinas. El tejido conectivo artificial ha sido utilizado como injerto en modelos animales de heridas de espesor parcial [60, 137] y en modelos de heridas muco-perióstica para aumento de tejido conectivo oral [127, 138, 139]. Nuestro grupo de investigación estableció la metodología para obtener tejido conectivo mucoso a partir de fibroblastos orales y soportes de colágeno I. La evaluación preclínica de este tejido, mostró que su utilización en el tratamiento de heridas mucosas que cierran con contractura mejora la cicatrización estimulando la regeneración tisular [52, 60]. Una vez suturado en el lecho de la herida, las células que lo conforman permanecen viables durante las etapas iniciales de la reparación, convirtiéndose en fuente de señales químicas que no exacerban la respuesta inflamatoria, no inducen fibrosis y promueven la angiogenesis, el recambio y la epitelización de la herida; después, son sustituidas por células provenientes del lecho de la herida [52].

**Mucosa oral artificial.** Se consideran mucosa oral artificial a los sustitutos bicapa compuestos por tejido conectivo y epitelio estratificado, obtenidos co-cultivando queratinocitos sobre soportes sembrados con fibroblastos [140, 141]. La presencia de fibroblastos estimula la diferenciación epitelial [142] y modula el recambio y la reparación del tejido conectivo [143]. En este tipo de sustitutos también se incluyen aquellos elaborados con soportes acelulares sobre los que se colocan láminas de queratinocitos [74]; el soporte acelular funciona como tejido conectivo ya que facilita la migración de células provenientes de los bordes de la herida, después de haber sido injertado [144-147].

A nivel intraoral la mucosa oral artificial se ha evaluado en estudios pre-clínicos y clínicos, para procedimientos de reconstrucción periodontal y maxilofacial [120, 128, 141, 144, 147-151]. También ha sido usada para la reconstrucción de otros sitios anatómicos del cuerpo, entre los que se encuentran: reconstrucción ocular [152], tratamiento de quemaduras [153] y reconstrucción de defectos uretrales [154]. Hasta el momento, solamente dos sustitutos celulares de mucosa oral han sido reportados y tiene aprobación terapéutica oficial para ser distribuidos comercialmente. Bioseed-M® que consiste en un soporte de fibrina cultivado con células autólogas de mucosa oral [155] y GINTUIT$^{TM}$ compuesto por fibroblastos y queratinocitos homólogos de prepucio de neonato en un soporte de colágeno [156]. Al igual que ocurre con los sustitutos de piel, también se han elaborado sustitutos orales para ser empleados como modelos *in vitro* en estudios de biocompatibilidad y estudios de procesos biológicos como la cicatrización [126].

**Tabla 6.2.** Tejido oral artificial, aplicación y composición.

| Aplicación | Soporte | Tipo celular | Ref. |
|---|---|---|---|
| Modelo para estudios *in vitro* | Malla de nylon | Fibroblastos y queratinocitos orales | [163] |
| | Filtros de policarbonato | Línea celular oral TR146 | [160] |
| | Membrana de colágeno | Queratinocitos orales | [164] |
| | Colágeno de piel bovina | Queratinocitos orales | [165] |
| | Membrana de colágeno | Queratinocitos orales | [66, 166, 167] |
| Para uso clínico (en estado de evaluación pre-clínica) | Gel de colágeno | Fibroblastos y queratinocitos gingivales | [168] |
| | Gel y membrana de colágeno | Fibroblastos y queratinocitos gingivales | [169] |
| | Dermis de-epidermizada | Queratinocitos de paladar | [147] |
| | Membrana de colágeno-GAG | Queratinocitos orales | [170] |
| | Colágeno de piel bovina | Queratinocitos orales | [171] |
| | Dermis de-epidermizada, colágeno tipo I, colágeno-elastina y colágeno-GAG | Queratinocitos orales | [172] |
| | Mucosa de lengua bovina de – epitelizada | Queratinocitos epiteliales normales | [173] |
| Para uso clínico (en estado de evaluación clínica) | Dermis de-epidermizada | Fibroblastos y queratinocitos orales | [74, 146, 174] |
| | Membrana amniótica Humana | Células de mucosa oral | [175] |
| | Dermis de-epidermizada | Queratinocitos orales y fibroblastos | [176] |
| | Dermis de-epidermizada | Células de mucosa oral | [153] |

Los equivalentes de tejido epitelial Epioral™/Epigingival™ (MatTek Corporation, Ashland, MA, USA), HOE / HGE Oral Epithelium (SkinEthic Laboratories, Lyon, France), se utilizan en la evaluación de la toxicidad e irritación inducida por productos de uso común en la cavidad oral [157, 158]; así como, en análisis de proliferación de epitelio de mucosa oral en presencia de compuestos químicos [159], análisis de mecanismos anti-inflamatorios de productos de cuidado de la cavidad oral [160], análisis de mecanismos de invasión de microorganismos asociados con infecciones en mucosa oral [67, 161] y estudios de permeabilidad y metabolismo de la mucosa oral [162]. La Tabla 6.2, agrupa sustitutos orales que se encuentran en desarrollo y los divide de acuerdo a su aplicación, tipo de soporte y células empleadas en su elaboración.

## 6.6. Conclusiones

Cuando son extensas, las pérdidas de continuidad de piel y mucosa oral dejan cicatrices con contractura que afectan la funcionalidad del tejido reparado e impactan física y emocionalmente al paciente que las sufre, a su núcleo familiar y a los sistemas de salud. Debido a las limitaciones de tejido autólogo disponible para injerto, los tratamientos convencionales se demoran, lo cual repercute en la calidad de la cicatrización y por ende, en la calidad de vida de las personas afectadas. El campo de la ingeniería de tejidos y la medicina regenerativa, ha desarrollado una amplia gama de productos que una vez aplicados promueven el cierre sin contractura y la regeneración de un tejido morfológica y funcionalmente más parecido al original. Su poder regenerador está basado en la capacidad de señalizar a las células del lecho de la herida en que se aplican, para que sinteticen el tejido perdido. No todos los productos de este tipo actúan igual y es probable que por su bioactividad, los resultados de su aplicación varíen de paciente a paciente y de lesión a lesión.

Es importante tener en cuenta que aunque la mayoría de ellos han sido aprobados por agencias regulatorias como dispositivos médicos, los productos que contienen células son tejidos artificiales vivos y por tanto tienen una bioactividad que depende de las señales que las células que los constituyen reciben del medio ambiente en que se encuentran (Químicas, físicas, mecánicas, etc.). En la aplicación de sustitutos vivos también se debe considerar que al igual que en los injertos naturales, los mejores son aquellos elaborados con células propias porque no generan rechazo. A pesar de que *in vitro* todavía no se ha elaborado piel y mucosa oral iguales a los tejidos naturales, muchos reemplazos desarrollados por diferentes investigadores han servido para reconstruir y mejorar los resultados de la cicatrización de los sitios tratados.

En Latinoamérica, lo cierto es que estos productos apenas empiezan a ser conocidos por los médicos, odontólogos y veterinarios que los deben prescribir y aplicar. Este desconocimiento, la imposibilidad de generalizar el uso de cada uno de ellos para todos los casos de pérdidas de continuidad de piel y mucosa oral, los costos y el hecho de que los mejores sustitutos son los autólogos, son los inconvenientes más grandes que han encontrado para su popularización como procedimientos de rutina en centros de tratamiento de heridas agudas y crónicas de los tejidos blandos que comprometen la estabilidad de los pacientes. En la medida en que la tecnología y el conocimiento de la génesis de los tejidos se perfeccionen, imitaremos mejor los procesos regenerativos. Tal vez, eso redunde en una masificación de las terapias basadas en productos de ingeniería de tejidos y medicina regenerativa.

## 6.7. Agradecimientos

Los autores expresan su agradecimiento al Doctor Julio César Ríos Camacho, por las imágenes presentadas en la Figura 6.2. A la red CYTED "RIMADEL" por crear el espacio de colaboración que hizo posible la existencia de este capítulo. A Colciencias-SENA y a la División de Investigación de la Sede Bogotá de la Universidad Nacional de Colombia (DIB) por financiar la investigación que hemos adelantado y a los estudiantes de Doctorado en Ciencias Farmacéuticas Edward Suesca (Proyectos Colciencias 1101-521-28661 y 1101-452-21387) y Sergio Casadiegos (Proyectos DIB 9339 y 14704).

## 6.8. Bibliografía

[1] J.G. Rheinwald, H. Green, Cell. 1975, 6, 331-43.

[2] M.J. O'Connor NE, Banks-Schlegel S, Kehinde O, Green H, Lancet. 1981, 1, 75-8.

[3] G.G. Gallico, N.E. O'Connor, C.C. Compton, O. Kehinde, H. Green, N Engl J Med. 1984, 311, 448-51.

[4] J.F. Burke, I.V. Yannas, W.C. Quinby, Jr., C.C. Bondoc, W.K. Jung, Ann Surg. 1981, 194, 413-28.

[5] Website: Integralife, http://www.integralife.com, (accessed June 13, 2014).

[6] E. Bell, H.P. Ehrlich, D.J. Buttle, T. Nakatsuji, Science. 1981, 211, 1052-4.

[7] Website: FDA, U.S. Food and Drug Administration, USA, http://www.accessdata.fda.gov/scripts/cdrh/cfdocs/cfTopic/pma/pma.cfm?num=p950032s016, (accessed May 4, 2014).

[8] J.P. Vacanti, M.A. Morse, W.M. Saltzman, A.J. Domb, A. Perez-Atayde, R. Langer, J Pediatr Surg. 1988, 23, 3-9.

[9] Website: National Science Foundation, http://www.nsf.gov/pubs/2004/nsf0450/start.html, (accessed June 20, 2014).

[10] F.G. Heineken, Skalak, R. , J. Biomech. Eng. 1991, 113.

[11] R. Langer, J.P. Vacanti, Science. 1993, 260, 920-6.

[12] E. Bell, (Eds.), "Tissue Engineering, an Overview", Birkhäuser Boston, 1993.

[13] C.A. Vacanti, Tissue Eng. 2006, 12, 1137-42.

[14] I.V. Yannas, Ann N Y Acad Sci. 1997, 831, 280-93.

[15] A. Kumar, J.W. Godwin, P.B. Gates, A.A. Garza-Garcia, J.P. Brockes, Science. 2007, 318, 772-7.

[16] E.V. Yang, D.M. Gardiner, M.R. Carlson, C.A. Nugas, S.V. Bryant, Dev Dyn. 1999, 216, 2-9.

[17] I.S. Park, W.S. Kim, Mol Cells. 1999, 9, 119-26.

[18] K.J. Riehle, Y.Y. Dan, J.S. Campbell, N. Fausto, J Gastroenterol Hepatol. 2011, 26 Suppl 1, 203-12.

[19] B.M. Carlson, Anat Rec B New Anat. 2005, 287, 4-13.

[20] G.C. Gurtner, S. Werner, Y. Barrandon, M.T. Longaker, Nature. 2008, 453, 314-21.

[21] C. McCusker, D.M. Gardiner, Gerontology. 2011, 57, 565-71.

[22] S. Roy, S. Gatien, Exp Gerontol. 2008, 43, 968-73.

[23] A.D. Widgerow, Aesthetic Plast Surg. 2011, 35, 628-35.

[24] A.J. Singer, R.A. Clark, N Engl J Med. 1999, 341, 738-46.

[25] M. Harty, A.W. Neff, M.W. King, A.L. Mescher, Dev Dyn. 2003, 226, 268-79.

[26] P. Martin, D. D'Souza, J. Martin, R. Grose, L. Cooper, R. Maki, S.R. McKercher, Curr Biol. 2003, 13, 1122-8.

[27] C.C. Lai, C.Y. Su, Laryngoscope. 2007, 117, 1368-72.

[28] C.R. Leone, Jr., Arch Ophthalmol. 1995, 113, 113-5.

[29] C.T. Yarington, Jr., Laryngoscope. 1980, 90, 202-6.

[30] M.R. Markiewicz, M.A. Lukose, J.E. Margarone, 3rd, G. Barbagli, K.S. Miller, S.K. Chuang, J Urol. 2007, 178, 387-94.

[31] M.R. Markiewicz, J.L. DeSantis, J.E. Margarone, 3rd, M.A. Pogrel, S.K. Chuang, J Oral Maxillofac Surg. 2008, 66, 739-44.

[32] A. Chaine, P. Pitak-Arnnop, M. Hivelin, K. Dhanuthai, J.C. Bertrand, C. Bertolus, Oral Surg Oral Med Oral Pathol Oral Radiol Endod. 2009, 108, 488-95.

[33] F.J. Conroy, P.J. Mahaffey, J Plast Reconstr Aesthet Surg. 2009, 62, e421-3.

[34] K.J. Wood, Immunol Lett. 1991, 29, 133-7.

[35] S.F. Badylak, T.W. Gilbert, Semin Immunol. 2008, 20, 109-16.

[36] D.J. Loeffelbein, C. Baumann, M. Stoeckelhuber, R. Hasler, T. Mucke, L. Steinstrasser, E. Drecoll, K.D. Wolff, M.R. Kesting, J Biomed Mater Res B Appl Biomater. 2012, 100, 1245-56.

[37] M.R. Kesting, K.D. Wolff, B. Hohlweg-Majert, L. Steinstraesser, J Burn Care Res. 2008, 29, 907-16.

[38] H.S. Dua, J.A. Gomes, A.J. King, V.S. Maharajan, Surv Ophthalmol. 2004, 49, 51-77.

[39] J.D. Trelford, M. Trelford-Sauder, Am J Obstet Gynecol. 1979, 134, 833-45.

[40] I. Sarwar, R. Sultana, R.U. Nisa, I. Qayyum, J Ayub Med Coll Abbottabad. 2010, 22, 7-10.

[41] A. Koziak, A. Marcheluk, T. Dmowski, R. Szczesniewski, P. Kania, A. Dorobek, Ann Transplant. 2004, 9, 21-4.

[42] I. Mermet, N. Pottier, J.M. Sainthillier, C. Malugani, S. Cairey-Remonnay, S. Maddens, D. Riethmuller, P. Tiberghien, P. Humbert, F. Aubin, Wound Repair Regen. 2007, 15, 459-64.

[43] E.O. Johnson, P.N. Soucacos, Injury. 2008, 39 Suppl 3, S30-6.

[44] S. Diaz-Prado, E. Muinos-Lopez, T. Hermida-Gomez, C. Cicione, M.E. Rendal-Vazquez, I. Fuentes-Boquete, F.J. de Toro, F.J. Blanco, Differentiation. 2011, 81, 162-71.

[45] M. Tanemura, D. Yin, A.S. Chong, U. Galili, J Clin Invest. 2000, 105, 301-10.

[46] O. Bloch, P. Golde, P.M. Dohmen, S. Posner, W. Konertz, W. Erdbrugger, Tissue Eng Part A. 2011, 17, 2399-405.

[47] S. Saraf, R. Parihar, The Internet Journal of Plastic Surgery. 2006 4 2.

[48] D. Druecke, E.N. Lamme, S. Hermann, J. Pieper, P.S. May, H.U. Steinau, L. Steinstraesser, Wound Repair Regen. 2004, 12, 518-27.

[49] J. Velema, D. Kaplan, Adv Biochem Eng Biotechnol. 2006, 102, 187-238.

[50] B.D. Ulery, L.S. Nair, C.T. Laurencin, J Polym Sci B Polym Phys. 2011, 49, 832-864.

[51] D. Williams, Med Device Technol. 2003, 14, 10-3.

[52] M.R. Fontanilla, L.G. Espinosa, Tissue Eng Part A. 2012, 18, 1857-66.

[53] K.S. Vasanthan, A. Subramanian, U.M. Krishnan, S. Sethuraman, Biotechnol Adv. 2012, 30, 742-52.

[54] I.V. Yannas, E. Lee, D.P. Orgill, E.M. Skrabut, G.F. Murphy, Proc Natl Acad Sci U S A. 1989, 86, 933-7.

[55] F. Chen, J.J. Yoo, A. Atala, World J Urol. 2000, 18, 67-70.

[56] J.J. Yoo, J. Meng, F. Oberpenning, A. Atala, Urology. 1998, 51, 221-5.

[57] R.E. De Filippo, J.J. Yoo, A. Atala, J Urol. 2002, 168, 1789-92; discussion 1792-3.

[58] F. Groeber, M. Holeiter, M. Hampel, S. Hinderer, K. Schenke-Layland, Adv Drug Deliv Rev. 2011, 63, 352-66.

[59] F. Rosso, G. Marino, A. Giordano, M. Barbarisi, D. Parmeggiani, A. Barbarisi, J Cell Physiol. 2005, 203, 465-70.

[60] L. Espinosa, A. Sosnik, M.R. Fontanilla, Tissue Eng Part A. 2010, 16, 1667-79.

[61] S.F. Badylak, D. Taylor, K. Uygun, Annu Rev Biomed Eng. 2011, 13, 27-53.

[62] A. Atala, S.B. Bauer, S. Soker, J.J. Yoo, A.B. Retik, Lancet. 2006, 367, 1241-6.

[63] G. Lauer, J Craniomaxillofac Surg. 1994, 22, 18-22.

[64] C.Y. Tsai, M. Ueda, K. Hata, K. Horie, Y. Hibino, Y. Sugimura, K. Toriyama, S. Torii, J Craniomaxillofac Surg. 1997, 25, 4-8.

[65] C.D. Little, W.T. Chen, J Cell Sci. 1982, 55, 35-50.

[66] Y. Mostefaoui, I. Claveau, M. Rouabhia, Cytokine. 2004, 25, 162-71.

[67] E. Andrian, Y. Mostefaoui, M. Rouabhia, D. Grenier, J Cell Physiol. 2007, 211, 56-62.

[68] S. Kuroki, S. Yokoo, H. Terashi, M. Hasegawa, T. Komori, Kobe J Med Sci. 2009, 55, E5-E15.

[69] T. Shimizu, M. Yamato, A. Kikuchi, T. Okano, Biomaterials. 2003, 24, 2309-16.

[70] H. Kobayashi, T. Shimizu, M. Yamato, K. Tono, H. Masuda, T. Asahara, H. Kasanuki, T. Okano, J Artif Organs. 2008, 11, 141-7.

[71] Y. Sawa, S. Miyagawa, T. Sakaguchi, T. Fujita, A. Matsuyama, A. Saito, T. Shimizu, T. Okano, Surg Today. 2012, 42, 181-4.

[72] T. Kobayashi, K. Kan, K. Nishida, M. Yamato, T. Okano, Biomaterials. 2013, 34, 9010-7.

[73] R.S. Tuan, G. Boland, R. Tuli, Arthritis Res Ther. 2003, 5, 32-45.

[74] K. Izumi, S.E. Feinberg, A. Iida, M. Yoshizawa, Int J Oral Maxillofac Surg. 2003, 32, 188-97.

[75] L.A. Fortier, Vet Surg. 2005, 34, 415-23.

[76] Y.C. Hsu, E. Fuchs, Nat Rev Mol Cell Biol. 2012, 13, 103-14.

[77] F.M. Watt, R.R. Driskell, Philos Trans R Soc Lond B Biol Sci. 2010, 365, 155-63.

[78] C.S. Potten, M. Loeffler, Development. 1990, 110, 1001-20.

[79] B. Walia, N. Satija, R.P. Tripathi, G.U. Gangenahalli, Stem Cell Rev. 2012, 8, 100-15.

[80] G. Amabile, A. Meissner, Trends Mol Med. 2009, 15, 59-68.

[81] K. Takahashi, S. Yamanaka, Cell. 2006, 126, 663-76.

[82] J. Alper, Nat Biotechnol. 2009, 27, 213-4.

[83] D. Brindley, C. Mason, Regen Med. 2012, 7, 17-8.

[84] Website: http://clinicaltrials.gov., (accessed June 20, 2014).

[85] V.K. Prasad, K.G. Lucas, G.I. Kleiner, J.A. Talano, D. Jacobsohn, G. Broadwater, R. Monroy, J. Kurtzberg, Biol Blood Marrow Transplant. 2011, 17, 534-41.

[86] Website: Osiris, http://www.osiris.com, (accessed June 20, 2014).

[87] Website: http://www.fda.gov/BiologicsBloodVaccines/CellularGeneTherapyProducts/ApprovedProducts/, (accessed June 20, 2014).

[88] P. Dowling, M. Clynes, Proteomics. 2011, 11, 794-804.

[89] Y.M. Elcin, V. Dixit, G. Gitnick, Artif Organs. 2001, 25, 558-65.

[90] A.E. Elcin, Y.M. Elcin, Tissue Eng. 2006, 12, 959-68.

[91] J.E. Tengood, R. Ridenour, R. Brodsky, A.J. Russell, S.R. Little, Tissue Eng Part A. 2011, 17, 1181-9.

[92] D. Nieto, MSc Thesis, National University of Colombia, 2014.

[93] C.S. Hankin, J. Knispel, M. Lopes, A. Bronstone, E. Maus, J Manag Care Pharm. 2012, 18, 375-84.

[94] M. Schafer-Korting, U. Bock, W. Diembeck, H.J. Dusing, A. Gamer, E. Haltner-Ukomadu, C. Hoffmann, M. Kaca, H. Kamp, S. Kersen, M. Kietzmann, H.C. Korting, H.U. Krachter, C.M. Lehr, M. Liebsch, A. Mehling, C. Muller-Goymann, F. Netzlaff, F. Niedorf, M.K. Rubbelke, U. Schafer, E. Schmidt, S. Schreiber, H. Spielmann, A. Vuia, M. Weimer, Altern Lab Anim. 2008, 36, 161-87.

[95] F. Netzlaff, C.M. Lehr, P.W. Wertz, U.F. Schaefer, Eur J Pharm Biopharm. 2005, 60, 167-78.

[96] H. Wagner, K.H. Kostka, C.M. Lehr, U.F. Schaefer, J Control Release. 2001, 75, 283-95.

[97] Website: Epicel, http://www.epicel.com/hcp/about/epicel.aspx., (accessed May 4, 2014).

[98] C.J. Zweifel, C. Contaldo, C. Kohler, A. Jandali, W. Kunzi, P. Giovanoli, J Plast Reconstr Aesthet Surg. 2008, 61, e1-4.

[99] Website: FDA, U.S. Food and Drug Administration, USA, http://www.accessdata.fda.gov/cdrh_docs/pdf/p900033s008a.pdf., (accessed May 4, 2014).

[100] E. Bar-Meir, D. Mendes, E. Winkler, Isr Med Assoc J. 2006, 8, 188-91.

[101] Website: FDA, U.S. Food and Drug Administration, USA, http://www.accessdata.fda.gov/cdrh/cfdocs/cfpma/pma.cfm?id=19093., (accessed May 4, 2014).

[102] R.J. Kumar, R.M. Kimble, R. Boots, S.P. Pegg, ANZ J Surg. 2004, 74, 622-6.

[103] M. Carlson, K. Faria, Y. Shamis, J. Leman, V. Ronfard, J. Garlick, Tissue Eng Part A. 2011, 17, 487-93.

[104] I. Gonzalez Alana, J.V. Torrero Lopez, P. Martin Playa, F.J. Gabilondo Zubizarreta, Ann Burns Fire Disasters. 2013, 26, 90-93.

[105] C. Pham, J. Greenwood, H. Cleland, P. Woodruff, G. Maddern, Burns. 2007, 33, 946-57.

[106] Website: FDA, U.S. Food and Drug Administration, USA, http://www.accessdata.fda. gov/cdrh_docs/pdf/H990002a.pdf., (accessed May 4, 2014).

[107] C. De Bie, Regen Med. 2007, 2, 95-7.

[108] H. Lev-Tov, C.S. Li, S. Dahle, R.R. Isseroff, Trials. 2013, 14, 8.

[109] G.A. Gholami, A. Saberi, M. Kadkhodazadeh, R. Amid, D. Karami, Dent Res J (Isfahan). 2013, 10, 506-13.

[110] S.L. Spear, S.R. Sher, A. Al-Attar, T. Pittman, Plast Reconstr Surg. 2013.

[111] Website: FDA, U.S. Food and Drug Administration, USA, http://www.accessdata.fda. gov/cdrh_docs/pdf5/K050355.pdf., (accessed May 4, 2014).

[112] Website: FDA, U.S. Food and Drug Administration, USA, http://www.accessdata.fda. gov/cdrh_docs/pdf6/K061711.pdf., (accessed May, 2014).

[113] Website: FDA, U.S. Food and Drug Administration, USA, http://www.accessdata.fda. gov/cdrh_docs/pdf/P010016a.pdf., (accessed May 4, 2014).

[114] N. Ortega-Zilic, T. Hunziker, S. Lauchli, D.O. Mayer, C. Huber, K. Baumann Conzett, K. Sippel, L. Borradori, L.E. French, J. Hafner, Dermatology. 2010, 221, 365-72.

[115] Website: Symatese, http://www.symatese.com/nevelia/, (accessed June 20, 2014).

[116] C. Philandrianos, L. Andrac-Meyer, S. Mordon, J.M. Feuerstein, F. Sabatier, J. Veran, G. Magalon, D. Casanova, Burns. 2012, 38, 820-9.

[117] Website: Medskin, http://www.medskin-suwelack.com/en/matriderm.html, (accessed June 20, 2014).

[118] A.M. Szpaderska, J.D. Zuckerman, L.A. DiPietro, J Dent Res. 2003, 82, 621-6.

[119] L. Hakkinen, V.J. Uitto, H. Larjava, Periodontol 2000. 2000, 24, 127-52.

[120] K. Izumi, J. Song, S.E. Feinberg, Cells Tissues Organs. 2004, 176, 134-52.

[121] P.A. Clugston, C.F. Snelling, I.B. Macdonald, H.L. Maledy, J.C. Boyle, E. Germann, A.D. Courtemanche, P. Wirtz, D.J. Fitzpatrick, D.A. Kester, et al., J Burn Care Rehabil. 1991, 12, 533-9.

[122] M.C. Little, R.E. Watson, M.N. Pemberton, C.E. Griffiths, M.H. Thornhill, Br J Dermatol. 2001, 144, 1024-32.

[123] Y. Mostefaoui, C. Bart, M. Frenette, M. Rouabhia, Cell Microbiol. 2004, 6, 1085-96.

[124] M. Fujioka, T. Fujii, Cleft Palate Craniofac J. 1997, 34, 297-308.

[125] R. Ophof, J.C. Maltha, J.W. Von den Hoff, A.M. Kuijpers-Jagtman, Wound Repair Regen. 2004, 12, 528-38.

[126] K. Moharamzadeh, I.M. Brook, R. Van Noort, A.M. Scutt, M.H. Thornhill, J Dent Res. 2007, 86, 115-24.

[127] R.G. Jansen, A.M. Kuijpers-Jagtman, T.H. van Kuppevelt, J.W. Von den Hoff, J Craniofac Surg. 2008, 19, 599-608.

[128] K. Moharamzadeh, I.M. Brook, R. Van Noort, A.M. Scutt, K.G. Smith, M.H. Thornhill, J Mater Sci Mater Med. 2008, 19, 1793-801.

[129] S. Ekanki, M.A.Sc., UNIVERSITY OF TORONTO, 2008.

[130] R. Ophof, L.M. van der Loo, J.C. Maltha, A.M. Kuijpers-Jagtman, J.W. Von den Hoff, Am J Orthod Dentofacial Orthop. 2010, 138, 58-66.

[131] F. Simain-Sato, J. Lahmouzi, G.K. Kalykakis, E. Heinen, M.P. Defresne, M.C. De Pauw, T. Grisar, J.J. Legros, R. Legrand, J Periodontol. 1999, 70, 1234-9.

[132] M.K. McGuire, Int J Oral Maxillofac Implants. 2003, 18, 327-8.

[133] A.Z. Rodrigues, P. Tambasco de Oliviera, A.B. Novaes Jr., L.P. Maia, S.L. Scombatti de Souza, D.B. Palioto, Brazilian Dental Journal (2010) 21(3): 179-185. 2010, 21, 179-185.

[134] E.N. Lamme, R.T. van Leeuwen, A. Jonker, J. van Marle, E. Middelkoop, J Invest Dermatol. 1998, 111, 989-95.

[135] E.N. Lamme, R.T. Van Leeuwen, K. Brandsma, J. Van Marle, E. Middelkoop, J Pathol. 2000, 190, 595-603.

[136] T. Wong, J.A. McGrath, H. Navsaria, Br J Dermatol. 2007, 156, 1149-55.

[137] C.M. Chen, C.F. Yang, Y.S. Shen, I.Y. Huang, C.F. Wu, J Surg Oncol. 2008, 97, 291-3.

[138] M.K. McGuire, D.L. Cochran, J Periodontol. 2003, 74, 1126-35.

[139] T.G. Wilson, Jr., M.K. McGuire, M.E. Nunn, J Periodontol. 2005, 76, 881-9.

[140] C. Luitaud, C. Laflamme, A. Semlali, S. Saidi, G. Grenier, A. Zakrzewski, M. Rouabhia, J Biomed Mater Res B Appl Biomater. 2007, 83, 554-61.

[141] S. Sauerbier, R. Gutwald, M. Wiedmann-Al-Ahmad, G. Lauer, R. Schmelzeisen, Clin Oral Implants Res. 2006, 17, 625-32.

[142] A. El Ghalbzouri, E. Lamme, M. Ponec, Cell Tissue Res. 2002, 310, 189-99.

[143] H.J. Wang, J. Pieper, R. Schotel, C.A. van Blitterswijk, E.N. Lamme, Tissue Eng. 2004, 10, 1054-64.

[144] J.H. Chung, K.H. Cho, D.Y. Lee, O.S. Kwon, M.W. Sung, K.H. Kim, H.C. Eun, Arch Dermatol Res. 1997, 289, 677-85.

[145] K. Izumi, G. Takacs, H. Terashi, S.E. Feinberg, J Oral Maxillofac Surg. 1999, 57, 571-7; discussion 577-8.

[146] K. Izumi, H. Terashi, C.L. Marcelo, S.E. Feinberg, J Dent Res. 2000, 79, 798-805.

[147] K.H. Cho, H.T. Ahn, K.C. Park, J.H. Chung, S.W. Kim, M.W. Sung, K.H. Kim, P.H. Chung, H.C. Eun, J.I. Youn, J Dermatol Sci. 2000, 22, 117-24.

[148] T. Hotta, S. Yokoo, H. Terashi, T. Komori, Kobe J Med Sci. 2007, 53, 1-14.

[149] J. Liu, E.N. Lamme, R.P. Steegers-Theunissen, I.P. Krapels, Z. Bian, H. Marres, P.H. Spauwen, A.M. Kuijpers-Jagtman, J.W. Von den Hoff, J Dent Res. 2008, 87, 788-92.

[150] B. Kinikoglu, C. Auxenfans, P. Pierrillas, V. Justin, P. Breton, C. Burillon, V. Hasirci, O. Damour, Biomaterials. 2009, 30, 6418-25.

[151] J. Liu, Z. Bian, A.M. Kuijpers-Jagtman, J.W. Von den Hoff, Orthod Craniofac Res. 2010, 13, 11-20.

[152] M. Yoshizawa, S.E. Feinberg, C.L. Marcelo, V.M. Elner, J Oral Maxillofac Surg. 2004, 62, 980-8.

[153] T. Iida, Y. Takami, R. Yamaguchi, S. Shimazaki, K. Harii, Scand J Plast Reconstr Surg Hand Surg. 2005, 39, 138-46.

[154] I.A. Mungadi, V.I. Ugboko, Ann Afr Med. 2009, 8, 203-9.

[155] B. Hüsing, B. Bührlen, S. Gaisser, Franhofer. Institute Systems and Innovation Research. 2013.

[156] Website: Organogenesis Inc, http://www.organogenesis.com/products/oral-regeneration. html, (accessed June 20, 2014).

[157] M. Klausner, S. Ayehunie, B.A. Breyfogle, P.W. Wertz, L. Bacca, J. Kubilus, Toxicol In Vitro. 2007, 21, 938-49.

[158] B. Vande Vannet, J.L. Hanssens, H. Wehrbein, Eur J Orthod. 2007, 29, 60-6.

[159] Website: Mattek, http://www.mattek.com/pages/abstracts/450, (accessed May 15, 2014).

[160] G. Schmalz, H. Schweikl, K.A. Hiller, Eur J Oral Sci. 2000, 108, 442-8.

[161] D.W. Williams, K.L. Bartie, A.J. Potts, M.J. Wilson, M.J. Fardy, M.A. Lewis, Gerodontology. 2001, 18, 73-8.

[162] L. Selvaratnam, A.T. Cruchley, H. Navsaria, P.W. Wertz, E.P. Hagi-Pavli, I.M. Leigh, C.A. Squier, D.M. Williams, Oral Dis. 2001, 7, 252-8.

[163] G. Schmalz, D. Arenholt-Bindslev, K.A. Hiller, H. Schweikl, Eur J Oral Sci. 1997, 105, 86-91.

[164] Y. Mostefaoui, I. Claveau, G. Ross, M. Rouabhia, J Clin Periodontol. 2002, 29, 1035-41.

[165] E. Andrian, D. Grenier, M. Rouabhia, Infect Immun. 2004, 72, 4689-98.

[166] I. Claveau, Y. Mostefaoui, M. Rouabhia, Matrix Biol. 2004, 23, 477-86.

[167] F. Tardif, J.P. Goulet, A. Zakrazewski, P. Chauvin, M. Rouabhia, Med Sci Monit. 2004, 10, BR239-49.

[168] I. Masuda, Kokubyo Gakkai Zasshi. 1996, 63, 334-53.

[169] T. Moriyama, I. Asahina, M. Ishii, M. Oda, Y. Ishii, S. Enomoto, Tissue Eng. 2001, 7, 415-27.

[170] F.A. Navarro, S. Mizuno, J.C. Huertas, J. Glowacki, D.P. Orgill, Wound Repair Regen. 2001, 9, 507-12.

[171] M. Rouabhia, N. Deslauriers, Biochem Cell Biol. 2002, 80, 189-95.

[172] R. Ophof, R.E. van Rheden, H.J. Von den, J. Schalkwijk, A.M. Kuijpers-Jagtman, Biomaterials. 2002, 23, 3741-8.

[173] H.C. Hildebrand, L. Hakkinen, C.B. Wiebe, H.S. Larjava, Histol Histopathol. 2002, 17, 151-63.

[174] K. Izumi, S.E. Feinberg, H. Terashi, C.L. Marcelo, Tissue Eng. 2003, 9, 163-74.

[175] T. Nakamura, K. Endo, L.J. Cooper, N.J. Fullwood, N. Tanifuji, M. Tsuzuki, N. Koizumi, T. Inatomi, Y. Sano, S. Kinoshita, Invest Ophthalmol Vis Sci. 2003, 44, 106-16.

[176] S. Bhargava, C.R. Chapple, A.J. Bullock, C. Layton, S. MacNeil, BJU Int. 2004, 93, 807-11.

# PARTE II
## TECNOLOGIAS APLICADAS À CONCEPÇÃO E PRODUÇÃO DE SISTEMAS TERAPÊUTICOS/ TECNOLOGÍAS APLICADAS AL DISEÑO Y PRODUCCIÓN DE SISTEMAS TERAPÉUTICOS / APPLIED TECHNOLOGIES FOR THE DESIGN AND PRODUCTION OF THERAPEUTIC SYSTEMS

# CAPÍTULO 7. APLICACIONES DE LA TECNOLOGÍA DE RADIACIÓN DE MICROONDAS EN LA SÍNTESIS DE BIOMATERIALES

**Alejandro Sosnik, Gustavo Gotelli**
*The Group of Biomaterials and Nanotechnology for Improved Medicines (BIONIMED), Departmento de Tecnología Farmacéutica, Facultad de Farmacia y Bioquímica, Universidad de Buenos Aires, Argentina.*
*Consejo Nacional de Investigaciones Científicas y Técnicas (CONICET), Argentina.*

**Resumen:**

El escalado industrial de la producción de biomateriales poliméricos sintéticos y semi-sintéticos enfrenta desafíos relevantes como la limitada reproducibilidad y difícil estandarización de los procesos sintéticos. Dicho escalado demanda del ajuste de las variables de proceso, etapa que en muchos casos es crítica y que se encuentra asociada al aumento de los costos de producción. Además, muchas de las reacciones de síntesis de los polímeros más comunes involucran el uso de solventes orgánicos volátiles, inflamables o tóxicos que son aparentemente viables en pequeña escala pero que se tornan inviables a la hora de la producción industrial, fundamentalmente porque aumentan de forma drástica el costo del producto final y tienen un efecto nocivo sobre el medio ambiente. Estas desventajas han reducido notablemente el número de biomateriales que han sido implementados en la clínica. Así la mayoría de los desarrollos emplean biomateriales que ya han ganado extenso reconocimiento en el mercado. La tecnología de radiación de microondas ha demostrado ventajas importantes que han hecho que en los

DOI: http://dx.doi.org/10.14195/978-989-26-0881-5_7

últimas dos décadas su empleo en síntesis orgánica se haya extendido mucho en la escala de laboratorio. Entre ellas, tiempos de reacción más cortos, rendimientos de reacción más elevados, formación más limitada de subproductos y escalado más o menos directo con ajustes moderados de las condiciones reacción. Esto ha dado lugar también, más recientemente, a su implementación en la síntesis de polímeros y materiales cerámicos para aplicaciones terapéuticas. El presente capítulo presenta el Estado-del-Arte de las aplicaciones más destacadas de esta tecnología en la síntesis de biomateriales poliméricos orgánicos e inorgánicos y discute el potencial de la misma para optimizar la transferencia a la clínica de nuevos biomateriales.

**Palabras clave:** Síntesis de biomateriales poliméricos asistida por radiación de microondas; polimerización de apertura de anillo; polimerización de injerto molecular; hidrogeles; micropartículas y nanopartículas; materiales compuestos.

**Abstract:**
The industrial scale-up of the production of synthetic and semi-synthetic polymeric biomaterials faces challenges due to the limited reproducibility and difficult standardization of the synthetic methods. The scale-up demands the adjustment of the process variables, a phase that is crucial and that is associated with the growth of the production costs. In addition, several common synthetic pathways involve the use of organic solvents that are volatile, flammable or toxic that are apparently viable at small scale but that become inviable under an industrial setting, especially because they increase the final price of the product and have a detrimental effect on the environment. These drawbacks have substantially reduced the spectrum of biomaterials that have been succesfully implemented in clinics. Thus, a majority of developments employ biomaterials with a long experience in the market. The technology of microwave radiation has demonstrated a number of advantages that, in the last two decades, have promoted its application in organic synthesis at the laboratory scale. Among them,

shorter reaction times, greater yields, the generation of smaller amounts of by-products and relatively straightforward scale-up. This has open the application of this technology in the synthesis of polymers and ceramic materials for biomedical applications.

This chapter presents a State-of-the-Art of the most relevant applications of microwave radiation for the synthesis of organic and inorganic polymeric biomaterials and discusses its potential to optimize the bench-to-bedside translation of new biomaterials.

**Keywords:** Microwave-assisted synthesis of polymeric biomaterials; ring opening polymerization; graft polymerization; hydrogels; microparticles and nanoparticles; composites.

## 7.1. Introducción

El escalado industrial de la producción de biomateriales poliméricos sintéticos y semi-sintéticos enfrenta desafíos importantes como la limitada reproducibilidad y la difícil estandarización de los procesos de síntesis que en muchos casos impiden la implementación de los mismos en diferentes aplicaciones clínicas, como por ejemplo sistemas de liberación de fármacos e ingeniería de tejidos y medicina regenerativa [1]. Las vías sintéticas empleadas a escala laboratorio en general requieren de tiempos prolongados y del uso de solventes orgánicos volátiles y nocivos para el medio ambiente que se convierten en inviables al aumentar la escala o que implican un alto consumo energético que va en detrimento de la relación costo-beneficio a escalas mayores. Esto ha dificultado la transferencia de nuevos biomateriales a la clínica.

Hace algunas décadas surgió la filosofía de la química verde o sustentable cuyos objetivos principales son: (i) reducir el uso de recursos no renovables y solventes orgánicos, (ii) limitar la generación de productos secundarios tóxicos que impliquen procesos complejos de desecho y (iii) disminuir el consumo energético y la emisión de gases perjudiciales para el medio ambiente [2,3].

La síntesis orgánica asistida por radiación de microondas conocida como *MAOS* (del inglés microwave-assisted organic synthesis) se reportó por primera vez a finales de los 80 [4,5]. La misma se basa en la aplicación de radiación de microondas como fuente de energía para llevar a cabo reacciones químicas. Las microondas son un tipo de radiación electromagnética con una frecuencia entre 0,3 y 300 GHz. Sin embargo, el rango empleado en equipos domésticos y para síntesis química oscila en general entre 0,8 y 8 GHz. Por ejemplo, la mayoría de los hornos domésticos funcionan con una frecuencia de 2,45 GHz. Gracias a características únicas como por ejemplo la posibilidad de acelerar y aumentar el rendimiento de diferentes reacciones, limitar la producción de productos secundarios, y permitir el escalado directo sin el ajuste de las condiciones de reacción, esta tecnología ha atraído a numerosos investigadores [6]. La velocidad de calentamiento y la posibilidad de alcanzar temperaturas más elevadas y de trabajar bajo condiciones de alta presión han posibilitado la concreción de reacciones químicas que no tenían lugar en condiciones convencionales [6]. Por ejemplo, metanol es un solvente de uso común en síntesis cuya temperatura de ebullición (64.7°C) condiciona la temperatura máxima que puede ser alcanzada en una reacción a reflujo. Bajo condiciones de alta presión y radiación de microondas, la temperatura máxima que puede alcanzarse está en torno a los 160°C [6]. La reducción del tiempo de reacción de la escala de días u horas a la de minutos, y en algunos casos a segundos ha impulsado áreas de investigación como por ejemplo la química combinatoria [7,8] y el desarrollo de nuevos fármacos, ya que permite la obtención sistemática de un gran número de compuestos y bibliotecas de compuestos en tiempos relativamente cortos [9,10]. En este contexto, esta tecnología ha mejorado las capacidades de los químicos sintéticos. Además, cuando al menos uno de los reactivos es líquido, el mismo puede cumplir el rol de solvente, permite llevar a cabo las reacciones en medio libre de solvente [6,11]. Este punto es crítico cuando se minimiza el uso de solventes inflamables o tóxicos. Las diferencias más importantes entre las reacciones convencionales y las reacciones asistidas por radiación de microondas se resumen en la Tabla 7.1.

Muchos autores destacan la mayor reproducibilidad de las síntesis que emplean radiación de microondas. Sin embargo, este aspecto depende del equipamiento empleado y es alta cuando el equipo es un reactor de síntesis profesional y baja en un horno doméstico [6]. Por otro lado, la comparación entre ambos tipos de calentamiento es controvertida y ha sido objetada ya que en el caso de usar microondas involucraría además otros efectos térmicos como el sobrecalentamiento del solvente a presión normal, el calentamiento selectivo de catalizadores heterogéneos o de reactivos que se encuentran dispersos en un medio de reacción menos absorbente, la formación de "radiadores moleculares" por el acoplamiento directo de las radiaciones a reactivos específicos que están disueltos y la eliminación de los efectos de pared [6]. Algunos autores han también descrito efectos no térmicos o atérmicos que no pueden ser racionalizados a través efectos térmicos y cinéticos puros [6]. Estos efectos resultan de la interacción directa del campo eléctrico con algunas moléculas en el medio de reacción. En este contexto, se ha argumentado que dicho campo provoca la orientación de moléculas bipolares y esto modifica la energía de activación (término de la entropía) en la ecuación de Arrhenius. Este punto es aún controvertido y se requieren investigaciones adicionales para entenderlos en profundidad.

**Tabla 7.1.** Diferencias más importantes entre el calentamiento térmico y de microondas.

| Propiedad | Calentamiento convencional | Calentamiento por microondas |
|---|---|---|
| Velocidad de calentamiento | Lento | Rápido |
| Temperatura máxima de reacción | Limitada por el punto de ebullición del solvente | Permite sobrecalentamiento entre 40°C y 100°C por encima del punto de ebullición del solvente en reacciones en recipiente abierto y cerrado, respectivamente |
| Tiempo de la reacción | Más prolongado | Más corto |
| Presión | Las reacciones a alta presión son peligrosas por tiempos prolongados | Las reacciones a alta presión son menos peligrosas por tiempos más cortos |
| Homogeneidad de calentamiento | Baja por efecto de pared | Alta por falta de efecto de pared |
| Rendimiento | Más bajo | Más alto |
| Generación de subproductos | Más alta | Más baja |
| Uso de solvente | Dificultoso sin el uso de solventes | Fácil en condiciones sin solvente |
| Reproducibilidad* | Baja | Alta |

*La reproducibilidad depende de la sofisticación del equipo y es mayor cuando se emplean reactores de síntesis profesionales. En hornos domésticos la reproducibilidad es baja.

Inicialmente se emplearon hornos de microondas domésticos debido a su bajo costo y alta asequibilidad. Por ello, los mismos constituyen una herramienta valiosa para el trabajo exploratorio preliminar. Por otro lado, estos equipos trabajan a potencia constante y el nivel de potencia se regula por medio de ciclos de encendido y apagado. Así, la homogenidad de calentamiento, que es una de las ventajas que se reivindica para esta tecnología tampoco es muy alta y la radiación se concentra en determinadas zonas de la cavidad o aplicador [12]. Si bien esto puede ser mejorado incorporando un reflector giratorio, aún así, la homogeidad es pobre en la mayoría de los casos. Por ello, se deben establecer dichas zonas y colocar la mezcla de reacción en las mismas para maximizar la incidencia de las radicaciones. Esto provoca que los resultados obtenidos con un equipo específico no puedan ser extrapolados a otros y el escalado no sea directo ni sencillo. Más recientemente, se han diseñado reactores de microondas profesionales que permiten condiciones de reacción más controladas y reproducibles que son más apropiadas para aumentar la escala, al menos de los miligramos a los gramos, sin modificar las condiciones [6]. Dichos equipos no permiten el escalado piloto o industrial ya que han sido diseñados para su uso en el laboratorio de síntesis. En este contexto, se puede escalar mediante procesos por lote o semi-continuos y continuos [13-15]. Además, si bien el costo de estos reactores se ha reducido de forma significativa, aún constituye una limitación para grupos de investigación en países emergentes donde aún se emplean hornos domésticos en algunos casos modificados para permitir el empleo de reflujo.

La capacidad del material de absorber la radiación de microondas y convertirla en calor está relacionada con sus propiedades dieléctricas. Para ello se establece la tangente de pérdida (tan δ) que es un parámetro calculado a partir de la relación entre la parte imaginaria ($\varepsilon''$) y la parte real ($\varepsilon'$) de la permisividad dieléctrica relativa. Así, $\varepsilon''$ describe la eficiencia de la conversión de la energía electromagnética en calor, mientras que $\varepsilon'$ expresa la capacidad de un material dieléctrico para almacenar energía potencial cuando es expuesto a un campo eléctrico. En base a este parámetro, los compuestos se clasifican en tan δ elevada (tan δ > 0,5), media (0,1 < tan δ < 0,5) y baja (tan δ < 0,1). Es importante destacar que solventes que presentan similar capacidad de disolución de un soluto determinado y punto de ebullición pueden ser distinguidos en base a una interacción diferente con las microondas. Un caso claro son dimetilsulfóxido y *N,N*-dimetilformamida cuyos puntos de ebullición son 189 y 153°C, respectivamente, y que a menudo se intercambian como solventes polares apróticos. Los valores de tan δ son 0,825 y 0,165, respectivamente [6]. Por ello, la elección del solvente es crucial ya que el empleo de un solvente de tan δ menor puede permitir un mejor control de la temperatura de la mezcla de reacción y prevenir su sobrecalentamiento. También se pueden emplear mezclas de solventes y líquidos iónicos y así ajustar dichas condiciones [16]. Los líquidos iónicos son sales orgánicas que presentan un punto de fusión inferior a 100°C y a la vez buena capacidad de disolución de los reactivos [17]. Otra estrategia para aumentar el calentamiento de mezclas con baja capacidad de absorción de la radiación de microondas es el uso de viales de carburo de silicio, los cuales absorben las microondas y transfieren la energía a la mezcla de reacción [18].

El desarrollo de biomateriales innovadores con propiedades optimizadas o ajustadas a una aplicación específica se ha convertido en un área de gran importancia en la investigación biofarmacéutica [19]. El diseño sistemático de biomateriales por medio de la química combinatoria se basa en la capacidad de sintetizar un gran número de derivados de una manera rápida, eficaz y reproducible [20,21]. Sin embargo, alcanzar dicho objetivo es complejo si se emplean vías sintéticas convencionales que demandan tiempos prolongados. La tecnología de radiación de microondas ha surgido como una alternativa interesante que permite alcanzar dicha capacidad de producción de forma más rápida y reproducible. Igualmente, la transferencia de desarrollos tecnológicos del ámbito académico a la industria es muy compleja en el caso de reacciones térmicas por la dificultad de reproducir las condiciones experimentales y mantener los costos bajos. Una de las ventajas que se suelen reivindicar de los biomateriales sintéticos es la mayor reproducibilidad de sus propiedades entre los diferentes lotes de producción. Sin embargo, la variabilidad existe y esto refleja que la reproducibilidad de los procesos de síntesis está lejos de ser óptima [22,23]. Independientemente de las ventajas de esta tecnología, el uso de la misma en la síntesis de materiales poliméricos y cerámicos presenta facetas aún inexploradas [24-28].

La búsqueda de los términos "microwave + biomaterials" en el buscador Scopus® arrojó un número relativamente pequeño de artículos científicos (aproximadamente 200 artículos). Sólo durante los últimos 10 años, existe un interés mayor por investigar los aspectos básicos de la síntesis de biomateriales cerámicos [26-28] y poliméricos [24,25] empleando esta tecnología.

En el año 2009, el Instituto Nacional de Ciencia Industrial Avanzada y Tecnología (AIST) de Japón reportó la construcción de la primera planta para la producción de ácido poli(láctico) (PLA) de bajo peso molecular a escala industrial [29]; este poliéster alifático es uno de los biomateriales poliméricos más extensamente usados en el desarrollo de sistemas de liberación de fármacos e ingeniería de tejidos. Según lo indicado, se logran acortar notablemente los tiempos de fabricación y se prevé reducir la emisión de $CO_2$ al ambiente en 70% [29].

El presente capítulo revisa las aplicaciones más importantes de la tecnología de radiación de microondas en la síntesis de biomateriales poliméricos orgánicos e inorgánicos y discute el potencial de la misma para mejorar la transferencia a la clínica.

## 7.2. Síntesis de biomateriales poliméricos de naturaleza orgánica

La tecnología de radiación de microondas para la síntesis de polímeros ha ganado mucha atención durante la última década y esto ha promovido la exploración de la misma en aplicaciones biomédicas.

### 7.2.1. Poliésteres alifáticos y sus copolímeros de bloque

Los poliésteres alifáticos como por ejemplo ácido poli(glicólico) (PGA), PLA y poli(ε-caprolactona) (PCL), sus combinaciones como poli(glicolida-co-lactida) (PLGA) y sus copolímeros de bloque con poli(etilenglicol) (PEG) se encuentran entre los biomateriales sintéticos biocompatibles más populares [30-40] (Figura 7.1).

En general existen dos vías sintéticas diferentes para obtenerlos, la policondensación de hidroxi-ácidos como ácido láctico y ácido glicólico o la polimerización por apertura de anillo (ring opening polymerization o ROP) de lactonas como lactida (LA), glicolida (GA) y ε-caprolactona (CL) y mezclas de ellas. En ambos casos se requiere del agregado de un catalizador, aunque en la policondensación, la necesidad de desplazar el equilibrio de la esterificación hacia la formación de uniones químicas éster requiere de la eliminación gradual del agua producida, caso contrario, resultan productos de peso molecular relativamente bajo.

## 7.2.1.1. Ácido poli(glicólico), ácido poli(láctico) y sus copolímeros.

PGA y PLA son los poliésteres alifáticos más ampliamente empleados en aplicaciones biomédicas. PGA es el derivado lineal más simple, presenta en general alto grado de cristalinidad lo cual reduce la solubilidad en solventes orgánicos comunes y altas temperaturas de transición vítrea ($T_g$) y de fusión ($T_m$). El PGA se empleó para la producción del primer hilo de sutura sintético biorreabsorbible (Dexon[tm] S, Covidien) [41]. La síntesis se lleva a cabo mediante la ROP de GA. Es relativamente hidrofílico por lo que la hidrólisis transcurre durante 2 a 4 semanas. Para aumentar la hidrofobicidad del biomaterial y ampliar el espectro de propiedades fisicoquímicas, térmicas y mecánicas, GA es copolimerizado con LA, un derivado más hidrófobico que presenta un C asimétrico que le confiere estereoisomería. Por ello, dependiendo del precursor empleado, PLA puede ser semi-cristalino o completamente amorfo; L-LA y D-LA darán lugar a productos cristalizables, mientras que el precursor meso D,L-LA y la mezcla racémica L-LA:D-LA (1:1) darán lugar a productos amorfos.

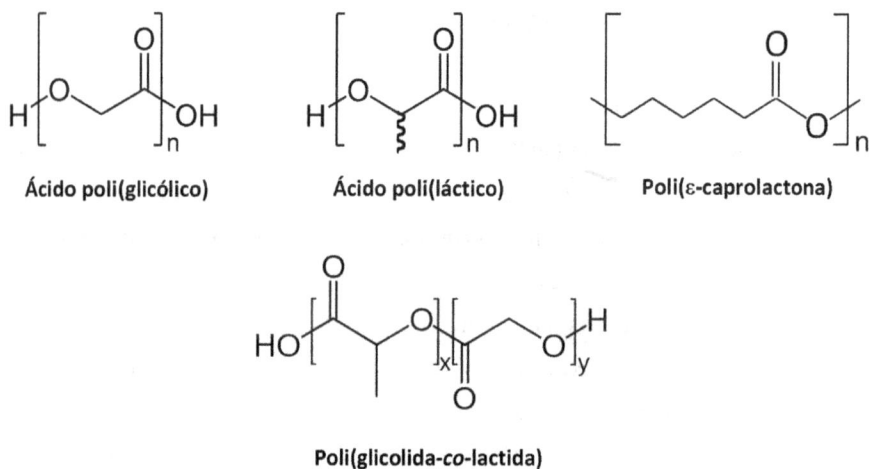

Ácido poli(glicólico)     Ácido poli(láctico)     Poli(ε-caprolactona)

Poli(glicolida-*co*-lactida)

**Figura 7.1.** Estructura química de PGA, PLA, PCL y PLGA.

Así, la combinación de ambos derivados permitió ajustar las propiedades de degradación y liberación de fármacos [42,43]. Pero la síntesis a escala industrial se realiza sólo por ROP. En el ámbito académico, las microondas han sido empleadas para la obtención de copolímeros. Por ejemplo, Pandey y colaboradores sintetizaron diferentes derivados de PLGA empleando cloroformo como solvente, el cual presenta un valor de tan δ de 0,091 y por lo cual confirió un efecto de enfriamiento de la mezcla de reacción [44]. Las caracterizaciones química y térmica sugirieron un mecanismo de transesterificación para generar un copolímero homogéneo [44]. En un trabajo más reciente, se reportó la síntesis de PLGA a partir de mezclas de GA y L-LA a 120°C en presencia de octadecanol como el iniciador y el 2-etil-hexanoato de estaño (SnOct) como el catalizador, con rendimientos entre 31,1% y 56,7% luego de 5 minutos de irradiación [45]. Este catalizador es uno de los más ampliamente utilizados porque ha sido aprobado por la Administración de Alimentos y Drogas de EEUU (US-FDA) para uso como aditivo en alimentos [46]. La irradiación excesiva y el sobrecalentamiento de la mezcla de reacción mostraron un efecto deletéreo y provocó la degradación térmica del copolímero. Este aspecto es sumamente relevante y destaca la necesidad de explorar y optimizar las condiciones de reacción. PLA es el homopoliéster más estudiado. Por ello, la bibliografía disponible sobre su síntesis empleando microondas es más profusa que en el caso de PGA. La mayor parte de los reportes emplearon ROP debido a que esta vía permite alcanzar pesos moleculares más elevados. El primer trabajo sobre la síntesis de P(D,L) LA reportó la obtención de derivados de peso molecular relativamente alto entre 39 y 67 kg/mol y baja polidispersión de peso molecular entre 1,3 y 1,7 en tiempos relativamente cortos de 15 a 60 minutos [45]. Más tarde, el mismo grupo de investigación optimizó la reacción y mediante el empleo de potencia de radiación levemente superior de 255 W logró pesos moleculares aún mayores (100 kg/mol) con rendimientos superiores a 90% en 10 minutos [47]. Por el contrario, el aumento adicional de la potencia favoreció la degradación térmica del homopolímero y la caída del peso molecular final. En otro trabajo se lograron resultados más notables como por ejemplo peso molecular de 200 y 300 kg/mol en tiempos del orden de 6 a 30 minutos [48,49]. Una ventaja adicional de esta tecnología es que dado que las reacciones son muy rápidas (en el orden de pocos minutos), las mismas pueden llevarse a cabo en atmósfera no inerte sin efectos deletéreos. En este contexto, Zhang y colaboradores modificaron un horno doméstico para permitir irradiación continua de la mezcla de reacción a potencia de 90W, lo cual aceleró el calentamiento con respecto al horno no modificado con irradiación intermitente y permitió completar la reacción en 10 minutos con un rendimiento de 81,8% [50]. Otra área de desarrollo ha sido el estudio de catalizadores novedosos [51]. Sin embargo, el uso de productos de biocompatibilidad dudosa e incluso potencialmente tóxicos constituye una limitación fundamental para su implementación en la síntesis de materiales de uso biomédico ya que su eliminación completa del producto final es compleja.

La policondensación de ácido láctico presenta ventajas y desventajas respecto de la ROP. Por un lado el precursor de síntesis (ácido láctico) es más barato que la lactida. Por el otro, el monómero comercial contiene al menos 10% de agua y además el agua producida durante la condensación debe ser eliminada para desplazar el equilibrio de la reacción hacia la formación de nuevos enlaces éster. Por ello, las reacciones de policondensación son más prolongadas y el peso molecular obtenido es sustancialmente menor con respecto a la ROP. Los primeros estudios de la síntesis de PLA a partir de ácido láctico con microondas dieron lugar a oligómeros de peso molecular extremadamente bajo entre 500 y 1000 g/mol [52,53]. Nagahata y colaboradores reemplazaron SnOct por una mezcla de $SnCl_2$ y ácido $p$-toluensulfónico y llevaron a cabo la reacción bajo presión reducida de aproximadamente 30 mmHg, lo cual permitió eliminar gradualmente el agua generada por la condensación [54]. Así, se obtuvo PLA de peso molecular significativamente mayor (16 kg/mol) en 30 minutos. Mediante el empleo de superácidos sólidos (por ejemplo $SO_4^{2-}/ZrO_2$-$CeO_2$) como catalizadores heterogéneos verdes que tienen por objetivo reducir el daño al medio ambiente, se alcanzaron pesos moleculares de 20 kg/mol luego de una hora de irradiación [55]. Estos pesos moleculares son compatibles con la producción de micro y nanopartículas así como también de andamiajes para ingeniería de tejidos (del inglés *scaffolds*). Un aspecto de interés económico es que estos catalizadores heterogéneos permitieron su reciclado hasta cinco veces sin pérdida importante de la eficacia. Además, esta técnica permite ahorrar aproximadamente 90% de la energía empleada en la reacción térmica, lo cual sería importante en el caso de producción masiva de los mismos. El desarrollo de protocolos de síntesis más sofisticados mediante el uso de rampas de calentamiento y de eliminación progresiva del agua empleando vacío permitió la obtención de pesos moleculares aún mayores (30 kg/mol) en dos a tres horas en lugar de 24-48 h como en el método convencional (Tabla 7.2) [56].

Tabla 7.2. Rampa de calentamiento para la policondensación de ácido láctico en ausencia y en presencia de SnOct empleando un horno de potencia 1300 W con diez niveles de potencia (Reproducido y adaptado de Ref. 56).

| Etapa | Nivel de potencia (W) | Intervalo de calentamiento (min) | Tiempo total (min) |
|---|---|---|---|
| Deshidratación | P1 (aprox. 130 W) | 5 x 1 | 5 |
| Polimerización a baja potencia | P1 (aprox. 130 W) | 11 x 5 | 55 |
| Polimerización a alta potencia | P3 (aprox. 400 W) | 5 x 3 | 15 |
| Extensión de cadena a baja potencia | P1 (aprox. 130 W) | 2 x 60 (sin catalizador) 2 x 30 (con catalizador) | 120 (sin catalizador) 60 (con catalizador) |

Para monitorear el progreso de la reacción, Nakamura y colaboradores midieron las propiedades dieléctricas de la mezcla de reacción y mostraron que las mismas disminuyen con el tiempo debido al consumo de moléculas de monómero [57]. Un trabajo más reciente describió el gran potencial de las microondas para la síntesis del precursor D,L-LA a partir de ácido láctico racémico en dos etapas, aunque el rendimiento fue relativamente bajo [58]. El precursor obtenido pudo ser luego polimerizado para obtener PLA de alto peso molecular empleando la misma tecnología. Por otro lado, el ácido láctico enantiopuro expuesto a microondas podría ser racemizado, dando lugar a productos menos cristalinos [59]. Estos resultados subrayan la necesidad de una cuidadosa puesta a punto de las variables del proceso y de la caracterización exhaustiva de las propiedades de los productos obtenidos.

## 7.2.1.2. Poli(ε-caprolactona)

Poli(ε-caprolactona) (PCL) es un poliéster altamente hidrofóbico y semicristalino que debido a su buena biocompatibilidad se ha utilizado en diferentes dispositivos biomédicos [30,31,60]. PCL es permeable a fármacos tanto hidrofílicos como hidrofóbicos y se ha empleado en la producción de implantes sólidos e inyectables, micro y nanopartículas, hilos de sutura y andamiajes para cultivo celular. PCL resiste mejor la hidrólisis que PGA, PLA y sus copolímeros y sostiene la liberación de los fármacos encapsulados durante tiempos más prolongados. La $T_g$ es relativamente baja (-60°C) y la $T_m$ no suele superar 60-65°C, por lo que se pueden producir implantes empleando procesos poco drásticos tales como el moldeo en estado fundido y la compresión, sin comprometer la estabilidad química del fármaco encapsulado y del polímero [61,62].

La síntesis de PCL presenta una ventaja fundamental sobre la de PGA y PLA ya que CL es más barata que GA y LA. Esto ha motivado que la síntesis de PCL sea una de las más profusamente estudiadas en esta tecnología. En un trabajo preliminar que comparó la síntesis de PCL por métodos térmicos y de microondas se sugirió que los resultados no permitieron sustentar las ventajas relacionadas a esta nueva tecnología [63]. Sin embargo, todos los trabajos posteriores indican de forma sólida lo contrario [64-77]. En general, dado que CL es líquida, de baja viscosidad y puede disolver un espectro amplio de iniciadores y catalizadores, las reacciones se llevan a cabo en medio libre de solvente y el catalizador más común es SnOct. Dicho esto, unos pocos estudios fueron llevados a cabo en líquidos iónicos [68]. Los resultados indican de manera consistente que las microondas reducen el tiempo de la reacción y aumentan la eficiencia sintética, fenómenos que se sustentan en la buena capacidad de CL de absorber la radiación (tan δ = 0,35) y el rápido calentamiento de las mezclas de reacción [69].

Un aspecto que merece una discusión aparte es la potencia empleada en la síntesis, sobre todo en aquellos trabajos pioneros en los cuales se emplearon hornos domésticos, ya que como fuera descrito los mismos irradian una potencia fija constante y regulan dicho nivel mediante el apagado y encendido del magnetrón. Así, en general, la potencia de irradiación reportada se calculó como la relación entre el nivel de potencia y la potencia constante del horno [56]. Por ejemplo, si un horno de potencia 1300 W presenta diez niveles de potencia y se emplea durante la síntesis el nivel 1, la potencia de irradiación promedio reportada es 130 W [56]. Esto hace que las condiciones de reacción sean difícilmente reproducibles de un horno a otro. En las últimas décadas, MAOS experimentó una transición del horno doméstico a un reactor profesional y hoy en día las investigaciones realizadas con los primeros son de dificultosa publicación. Un proceso similar se puede esperar en los próximos años en el área de polímeros y biomateriales. Los iniciadores empleados en la síntesis de PCL han sido diversos, entre ellos ácidos orgánicos y alcoholes [72-74,78]. También se han explorado fosfonatos de hidrógeno, aunque en este caso particular el mecanismo de reacción es más complejo [79,80]. En algunos casos, el grupo de investigación empleó reactores de diseño propio que permitieron potencias más elevadas y el escalado de la síntesis hasta 2,5 kg de producto, sin detrimento del rendimiento (Figura 7.2) [75].

En general, los resultados indicaron que tanto la combinaciones de nivel de potencia elevado con tiempos de irradiación cortos como los de nivel de potencia bajo con tiempos más prolongados son efectivos para la síntesis de PCL. Así, los derivados obtenidos son adecuados para un amplio espectro de aplicaciones biomédicas.

### 7.2.2. Copolímeros de bloque poliéster-poli(óxido de etileno)

Como se describiera anteriormente, los poliésteres son biomateriales relativamente hidrofóbicos y esta característica no sólo limita su biodegradabilidad en el medio biológico, sino también su uso en aplicaciones donde se requiera mayor solubilidad acuosa, como por ejemplo la producción de hidrogeles. Para aumentar la afinidad de estos compuestos por el agua se ha copolimerizado GA, LA y CL con bloques altamente hidrofílicos de poli(etilenglicol) (PEG) o poli(óxido de etileno) (PEO), donde estos últimos juegan el rol de iniciador de la ROP [81-85]. PEG y PEO presentan estructura química idéntica sólo que el precursor y la vía sintética son diferentes lo cual resulta en derivados de bajo (PEG) y alto peso molecular (PEO) (Figura 7.3).

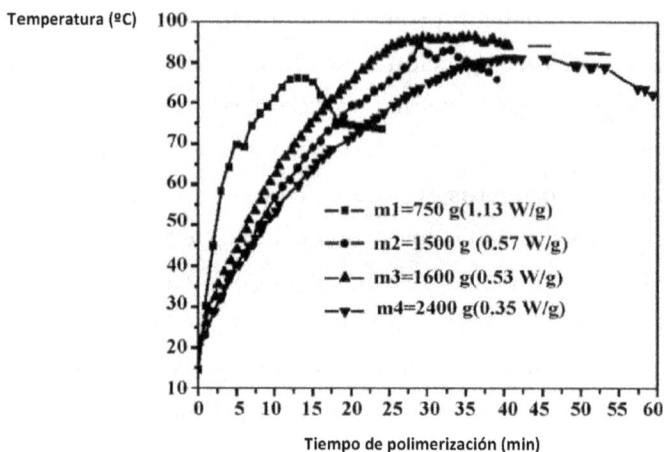

**Figura 7.2.** Efecto de la masa de monómero en la ROP de CL asistida por microondas a gran escala (850W; 0,1% de SnOct). (Reproducido y adaptado de Ref. 75 con permiso de Elsevier).

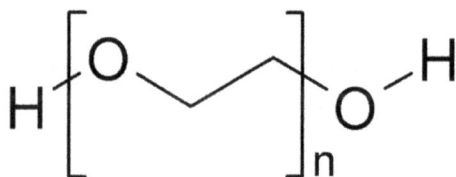

**Figura 7.3.** Estructura química de PEG y PEO. La diferencia entre ambos reside en el precursor y la vía sintética empleada.

Las propiedades y las aplicaciones de PEG y PEO se describen brevemente a continuación. Dependiendo de las propiedades moleculares de los derivados, se pueden emplear estos compuestos anfifílicos para la producción de micelas y vesículas poliméricas e hidrogeles sensibles a la temperatura [86-88]. Por ejemplo, tribloques de PCL-*b*-PEG-*b*-PCL de peso molecular de aproximadamente 20 kg/mol fueron sintetizados mediante radiación de microondas e investigados para encapsular y liberar el fármaco antiinflamatorio ibuprofeno durante más de 24 días [89]. Nuestro grupo estudió las implicancias moleculares que gobiernan la encapsulación del fármaco antituberculoso rifampicina dentro de micelas poliméricas de "tipo flor" de PCL-*b*-PEG-*b*-PCL [90]. Para ello se emplearon tres iniciadores de PEG con pesos moleculares promedio entre 6 y 20 kg/mol y se ajustó la relación molar entre las unidades de etilenglicol (EO) y CL para la obtención de copolímeros con diferente peso molecular y balance hidrofílico-hidrofóbico (Tabla 7.3) [90].

Las micelas poliméricas de 3700-10000-3700 y 4500-10000-4500 demostraron buena capacidad de encapsulación de rifampicina, aumentando su solubilidad acuosa más de 5,4 veces. Además, permitieron estabilizarla en medio ácido y en presencia de isoniazida, otro fármaco antituberculoso de primera línea que cataliza su degradación en el estómago [91]. A diferencia de la mayor parte de los trabajos, en este caso, la radiación de microondas fue utilizada como una herramienta de soporte para permitir la síntesis rápida y reproducible de los biomateriales. Así se redujo el tiempo de reacción de 2,5 horas a 15 minutos. De igual manera, mediante el empleo de iniciadores de PEG de muy bajo peso molecular (400 g/mol) se sintetizaron diferentes derivados de PCL diol que conservaron las propiedades intrínsecas (por ejemplo alta hidrofobicidad) de PCL puro [92]. Un aspecto interesante de dicho trabajo fue que si bien se empleó un horno doméstico, se evaluó la distribución de la radiación en la cavidad para establecer las zonas de máxima irradiación (Figura 7.4A) [92]. Además, se estudió la reacción en recipiente abierto y cerrado (Figura 7.4B,C).

Tabla 7.3. Copolímeros PCL-b-PEG-b-PCL sintetizados por ROP asistida por radiación de microondas empleando tres iniciadores de PEG de peso molecular creciente entre 6 y 20 kg/mol (Reproducido y adaptado de Ref. 90).

| PCL-*b*-PEG-*b*-PCL | Relación CL/EO[a] | $M_n{}^a$ (g/mol) | $M_n{}^b$ (g/mol) | $M_w{}^b$ (g/mol) | PDI[b] |
|---|---|---|---|---|---|
| 1050-6000-1050 | 0,14 | 8100 | 12.250 | 13.400 | 1,10 |
| 1450-6000-1450 | 0,19 | 8900 | 11.000 | 15.200 | 1,38 |
| 2550-6000-2550 | 0,33 | 11.100 | 13.000 | 15.000 | 1,16 |
| 1300-10000-1300 | 0,10 | 12.600 | 15.400 | 16.950 | 1,10 |
| 2600-10000-2600 | 0,20 | 15.200 | 16.700 | 19.700 | 1,18 |
| 3700-10000-3700 | 0,29 | 17.400 | 18.300 | 23.200 | 1,27 |
| 4500-10000-4500 | 0,35 | 19.000 | 16.000 | 19.000 | 1,19 |
| 1500-20000-1500 | 0,06 | 23.000 | 21.600 | 25.950 | 1,20 |
| 3800-20000-3800 | 0,15 | 27.600 | 21.600 | 26.200 | 1,21 |
| 7850-20000-7850 | 0,30 | 35.700 | 24.850 | 26.850 | 1,08 |

[a] Calculado por $^1$H-RMN; [b] Calculado por Cromatografía de Permeación de Geles (GPC); PDI: Polidispersión calculada como $M_w/M_n$.

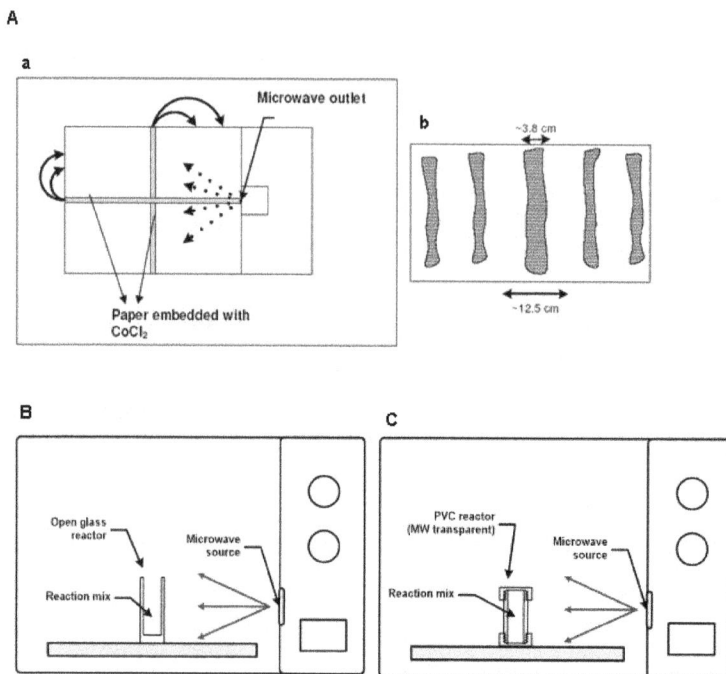

**Figura 7.4.** (A) Determinación de la distribución de la radiación de microondas en la cavidad de un horno doméstico mediante el método del papel embebido en CoCl$_2$. (a) Vista superior y (b) patrón de irradiación. Las áreas oscuras representan las de temperatura máxima donde CoCl$_2$ se torna de color azul. (B) Disposición experimental en reacción de recipiente abierto de vidrio. (C) Disposición experimental en reacción de recipiente cerrado de poli(cloruro de vinilo). (Reproducido y adaptado de Ref. 92 con permiso de Wiley & Sons).

Además se estudió el efecto de diferentes solventes como DMF y DMSO, el tiempo de irradiación y la concentración de catalizador (Figura 7.5). Se obtuvieron productos de peso molecular de hasta 66 kg/mol con tiempo de irradiación de 14 minutos. Por otro lado, cuando se intentó aumentar el peso molecular mediante el aumento de la relación CL/PEG se favoreció la vía de la homopolimerización iniciada por residuos de agua del catalizador (SnOct), lo cual disminuyó el peso molecular promedio. El reemplazo de moléculas de PEG bifuncionales por derivados monofuncionales como por ejemplo monometil-PEG resultó en dibloques del tipo MPEG-PCL [93]. Del mismo modo, se sintetizaron dibloques del tipo MPEG-PLA de pesos moleculares entre 7,3 y 116,7 kg/mol [93].

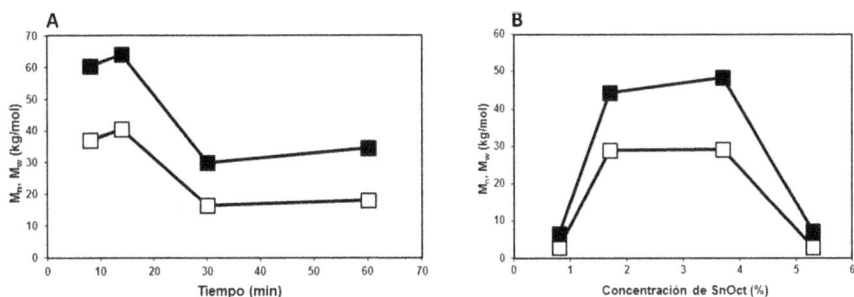

**Figura 7.5.** (A) Efecto de tiempo de irradiación sobre el peso molecular. (B) Efecto de la concentración de SnOct sobre el peso molecular. (Reproducido y adaptado de Ref. 92 con permiso de Wiley & Sons).

Como fuera comentado anteriormente la extensión del tiempo de irradiación no mejoró la conversión y resultó en la escisión de la cadena polimérica y la disminución del peso molecular final.

### 7.2.3. Poli(2-oxazolina)s

Las poli(oxazolinas) (POs) se sintetizan mediante reacciones de polimerización de apertura de anillo catiónicas (CROP) de 2-oxazolina prístina o substituida [94]. Estos biomateriales no son muy populares pero gracias a su versatilidad química y buena biocompatibilidad, han ido ganando atención en los últimos años [95,96] para la producción de vesículas [97,98], micelas poliméricas [99-104], matrices inyectables [105] y geles dependientes de pH [106] para la liberación sostenida de fármacos y de genes [107]. Su inclusión en el presente capítulo se sustenta en que es una de las familias de biomateriales cuya síntesis mediante radiación microondas ha sido más extensamente estudiada por el grupo de Schubert. Las POs han sido exploradas también como sustitutos de PEG en procesos de PEGilación [108-110], que es la conjugación de bloques de PEG a moléculas con actividad biológica para alterar las propiedades biofarmacéuticas de las mismas o a superficies para modificar la interacción con el entorno biológico y la adsorción de proteínas de la sangre.

Schubert y colaboradores desarrollaron también métodos para aumentar la escala de trabajo [111-114] (Figura 7.6).

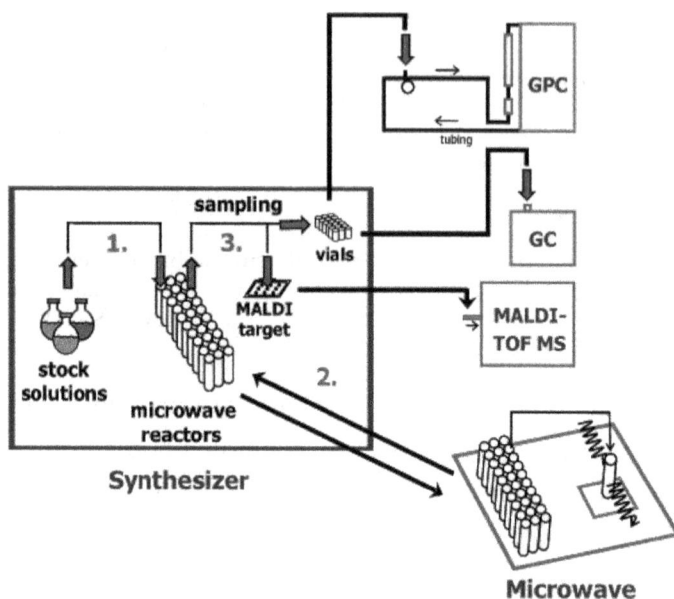

Figura 7.6. Esquema de un sintetizador de microondas ASW2000 y el equipamiento de caracterización asociado. Las flechas indican etapas manuales del proceso. (Reproducido de Ref. 111 con permiso de American Chemical Society).

Es importante destacar que la contribución de este grupo no se limitó a la síntesis de esta familia específica de biomateriales, sino que también permitió entender aspectos fundamentales de esta tecnología en la síntesis de otros grupos de polímeros. Por otro lado, constituye probablemente una de las producciones más extensas y exhaustivas llevadas a cabo hasta el día de hoy en la temática del uso de microondas en síntesis de biomateriales poliméricos.

### 7.2.4. Poliuretanos

Los poliuretanos (PUs) se encuentran entre los biomateriales más hemocompatibles y debido a su química muy versátil, las propiedades fisicoquímicas, térmicas y mecánicas pueden ser ajustadas de manera muy fina [115,116]. Los PUs combinan segmentos rígidos que alternan diferentes diisocianatos aromáticos o alifáticos con extensores de cadena y segmentos flexibles tales como dioles lineales. Dependiendo de la naturaleza del extensor de cadena empleado para la síntesis, los materiales obtenidos pueden ser termoplásticos o termorígidos [117,118]. Los primeros comprenden extensores bifuncionales, mientras que los segundos derivados de funcionalidad superior a dos. La capacidad de adaptar la composición y el rendimiento ha permitido el desarrollo de derivados con una amplia gama de propiedades. Por ejemplo, se han obtenido desde materiales altamente bioestables e inertes utilizados en catéteres vasculares, injertos vasculares y corazón artificial total hasta matrices completamente biodegradables útiles para la administración de fármacos y aplicaciones en ingeniería de tejidos [116,119]. Los primeros son muy hidrofóbicos y resisten la hidrólisis por tiempos prolongados. Por el contrario, los últimos son más hidrofílicos, pueden absorber fluidos biológicos en diferentes grados y biodegradarse o biorreabsorberse de manera controlada *in vivo*. Parrag y Woodhouse reportaron la síntesis de PUs que contienen la secuencia glicina-leucina, el sitio de escisión selectiva de varias metaloproteinasas, las cuales son secretadas en el entorno biológico durante procesos inflamatorios [120]. Otros investigadores también reportaron la síntesis de PUs biorreabsorbibles usando extensores de cadena novedosos [121-123]. A pesar de su rol central, la síntesis de PUs asistida por esta tecnología ha sido estudiada de forma muy limitada y la mayoría de los estudios se centraron principalmente en los aspectos químicos de la vía de síntesis y las características moleculares obtenidas. Por otro lado, estos trabajos probablemente constituirán una plataforma para futuros desarrollos. El primer trabajo en la interfase PU/microondas estudió la reticulación de resinas de poliuretano con prepolímeros de diisocianato y polieter triol [124]. En un trabajo posterior, se obtuvieron PUs con actividad óptica [125] y pigmentados [126]. Al igual que en el caso de los poliésteres, los tiempos de reacción fueron sustancialmente más cortos (10 a 15 minutos) a los demandados por la reacción térmica (varias horas). En algunos casos se han incorporado líquidos iónicos para mejorar el rendimiento [127]. Sin embargo, la toxicidad de estos aditivos no es conocida aún, por lo que esto puede constituir un obstáculo importante para su aplicación en la síntesis de productos biomédicos. Incluso siendo más tóxicos, los límites superiores aceptables de los solventes orgánicos más comunes están bien definidos por las agencias regulatorias y además presentan puntos de ebullición más bajos que los líquidos iónicos por lo cual su eliminación es más sencilla [128]. Otra ventaja de esta tecnología es que se logra aumentar el porcentaje de polimerización y el peso molecular del producto [129]. Una limitación importante de los PUs es su difícil procesamiento (por ejemplo baja solubilidad en diferentes solventes) por la formación de uniones de puente de hidrógeno. La radiación de microondas podría facilitar dicha etapa facilitando la ruptura de dichas uniones, aunque no existen aún estudios en este sentido.

### 7.2.5. Poli(alquil carbonato)s

Los poli(alquil carbonato)s (PACs) son una familia muy versátil de biomateriales normalmente sintetizados por la ROP de carbonato de trimetileno y sus derivados sustituidos en presencia de catalizadores metálicos [130,131]. Las propiedades más interesantes de estos materiales son buena biocompatibilidad, baja toxicidad y propiedades mecánicas ajustables de acuerdo a la aplicación [132]. Las reacciones convencionales se llevan a cabo a temperaturas entre 100 y 120°C durante al menos 24 horas [131]. Por ello, la implementación de una tecnología que permita acortar el tiempo de reacción aparece como muy atractiva. Los PACs comunes son altamente hidrofóbicos y se degradan muy lentamente. Es importante destacar que los productos de degradación no son ácidos y de esta manera se previene el efecto autocatalítico y el daño tisular asociado a la degradación de poliésteres como PLA y PLGA [133]. Estos materiales también son susceptibles de degradación enzimática [130]. Para aumentar la velocidad de degradación, se han desarrollado derivados más hidrofílicos que contienen bloques terminales de PEG [134-137]. Otros autores sintetizaron PACs modificados con grupos funcionales amina para ser empleados en transfección génica no viral [138].

El número de estudios que reportó la síntesis de poli(trimetilencarbonato) es escaso [139-142]. Por ejemplo, Zhang y colaboradores sintetizaron un derivado de peso molecular 80 kg/mol con un rendimiento de 83% en 10 minutos [139]. Esto representó un aumento de la velocidad de reacción de 120 veces [139]. Más recientemente, se sintetizó el mismo polímero usando etilenglicol como iniciador en ausencia de catalizador [140]. En general, los porcentajes de conversión reportados fueron superiores a 90% y mucho mayor que en reacciones térmicas [141,142]. También aquí, la irradiación por tiempo muy prolongado o a temperatura muy elevada favoreció la escisión de la cadena y la caída del peso molecular (Figura 7.7) [142].

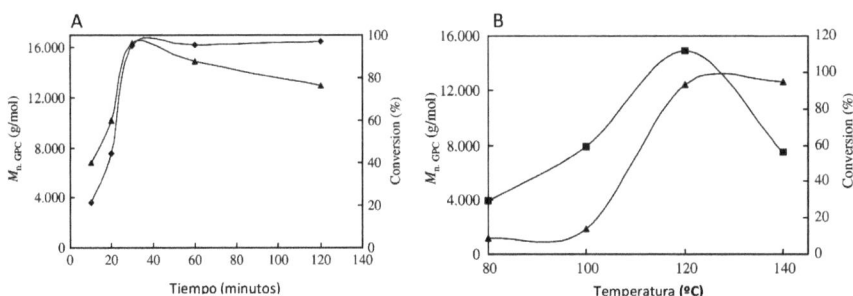

Figura 7.7. (A) Efecto del tiempo de irradiación sobre la masa molar (▲) y el porcentaje de conversión (♦) y (B) efecto de la temperatura sobre la masa molar (■) y el porcentaje de conversión (▲) de carbonato de trimetileno empleando PEG de peso molecular 2000 g/mol como iniciador en una relación molar 1000:1, a 120°C (Reproducido y adaptado de Ref. 142 con permiso de Elsevier).

Dependiendo del catalizador empleado y el tiempo de reacción, se obtuvieron derivados de peso molecular de hasta 75,4 kg/mol [143].

## 7.2.6. Polipéptidos

Polipéptidos con diferentes arquitecturas han encontrado múltiples aplicaciones biomédicas, no sólo debido a su diversa actividad biológica, sino también como vehículos de fármacos y genes y andamiajes para cultivo de células en ingeniería de tejidos. La síntesis normalmente comprende la reacción secuencial de aminoácidos protegidos para la formación del enlace peptídico. Un inconveniente de esta metodología de síntesis es la fuerte tendencia de las secuencias peptídicas en formación a agregarse, fenómeno que da a lugar a reacciones de protección y desprotección incompletas que impiden el progreso de la reacción y la obtención de productos de estructura química homogénea [144].

La tecnología de radiación de microondas ha sido explorada en la síntesis de oligo y polipéptidos y otras moléculas peptidomiméticas, sobre todo en el caso de derivados con tendencia alta a la agregación [145]. Por ejemplo, la exposición de una mezcla equimolar de glicinamida, L-alaninamida, L-valinamida, L-ácido aspártico α-amida, y L-histidinamida a ciclos repetidos de hidratación y deshidratación dio lugar a polipéptidos con buenos rendimientos [146]. En un estudio más reciente, se reportó la síntesis en fase sólida de amilina, un polipéptido amieloide que forma agregados en los islotes de Langerhans de pacientes que sufren diabetes tipo II [147]. En general, las reacciones fueron notablemente más rápidas que con el método convencional.

El objetivo del presente capítulo es centrarse en péptidos empleados como matriz para la liberación de fármacos o el cultivo de células. En este contexto, Tantry y colaboradores demostraron que el empleo de las microondas permitió acelerar cada etapa sintética de 15-30 minutos a 30-45 segundos, lo cual representa un avance dramático en vías sintéticas que demandan numerosos pasos [148]. Así, luego de una serie de acoplamientos y una desprotección final, se obtuvo un pentapéptido presente en la molécula de elastina con un rendimiento de 67%. Los oligopéptidos auto-ensamblables derivados de elastina han ganado popularidad en aplicaciones como recubrimientos no trombogénicos [149] y matrices para ingeniería de tejidos [150]. De igual manera se han sintetizado homo y hereropolímeros de acido poliaspártico [151] y ácido poliglutámico [152], los cuales se emplean en la producción de diferentes tipos de nanotransportadores [153,154]. De igual manera se ha reportado la síntesis de poli(epsilon-lisina) en un tiempo de 30 minutos, la cual puede emplearse para la remoción selectiva de endotoxinas [155]. En los últimos años han surgido sintetizadores automatizados de radiación de microondas diseñados para la síntesis de péptidos, los cuales permiten llevar a cabo todas las etapas del proceso sintético en fase sólida [156].

## 7.2.7. Poliéteres

El PEG es uno de los poliéteres más biocompatibles y uno de los biomateriales más extensamente empleados en clínica [157,158]. Esto se debe a una combinación de características únicas tales como muy buena solubilidad tanto en solventes acuosos como orgánicos y toxicidad e inmunogenicidad limitada. Debido a ello, diferentes derivados mono, bi y multifuncionales han sido utilizados para modificar superficies, partículas y moléculas biológicamente activas en un proceso conocido como PEGilación [159]. También ha sido combinado con polímeros hidrofóbicos para aumentar la afinidad por el agua y acelerar procesos de degradación hidrolítica y en el desarrollo de micelas poliméricas e hidrogeles físicos y químicos [81,82,84,85,90,91].

La síntesis de PEG comprende la policondensación de etilenglicol en presencia de ácidos o bases. Este proceso no es muy eficiente y resulta en derivados de peso molecular relativamente bajo (<6 kg/mol) [160]. El PEO es producido por la polimerización de óxido de etileno y da lugar a derivados de alto peso molecular (1000 kg/mol). No se ha estudiado aún la síntesis asistida por microondas de PEG o PEO aunque se han comenzado algunos trabajos incipientes de polimerización de óxido de etileno y $CO_2$ para la obtención de poli(éter-cabonato)s [161]. La síntesis asistida por microondas de poliéteres lineales de isosorbide y isoidida mostraron rendimientos similares a los observados con el método térmico pero los tiempos de reacción disminuyeron de 1-30 días a 0,5-1 horas, lo cual representa una mejora notable [162,163].

## 7.2.8. Poli(anhídrido)s

Los poli(anhídrido)s se exploraron por primera vez como matrices para la liberación sostenida de fármacos por Langer y colaboradores a comienzos de los años 80 [164]. Su singularidad reside en la capacidad de ajustar el proceso de bioerosión superficial desde unos pocos días hasta varios años mediante modificaciones químicas (Figura 7.8) [165]. Esta versatilidad ha allanado el camino para su aplicación más masiva en el desarrollo de productos farmacéuticos innovadores [166]. La síntesis convencional de PAs es la policondensación en estado fundido de pre-polímeros acetilados de ácidos dicarboxílicos. En general, se obtienen polímeros de alto peso molecular con alto rendimiento luego de reacciones que demandan entre 1,5 y 3 horas. Sin embargo, el proceso completo de síntesis y purificación puede demandar varios días de trabajo. Gliadel® es probablemente el sistema de liberación de fármacos a base de PAs más exitoso [167,168]. El mismo libera de forma localizada el antitumoral carmustina en el tratamiento del glioblastoma multiforme luego de la resección quirúrgica del tumor. El único estudio en la interfase de PAs y microondas fue reportado por Vogel y colaboradores, quienes policondensaron ácido sebácico y 1,6-bis-(p-fenoxi)-hexano [169]. El aspecto más sobresaliente de este trabajo fue que los tiempos de reacción se redujeron a 6-20 minutos.

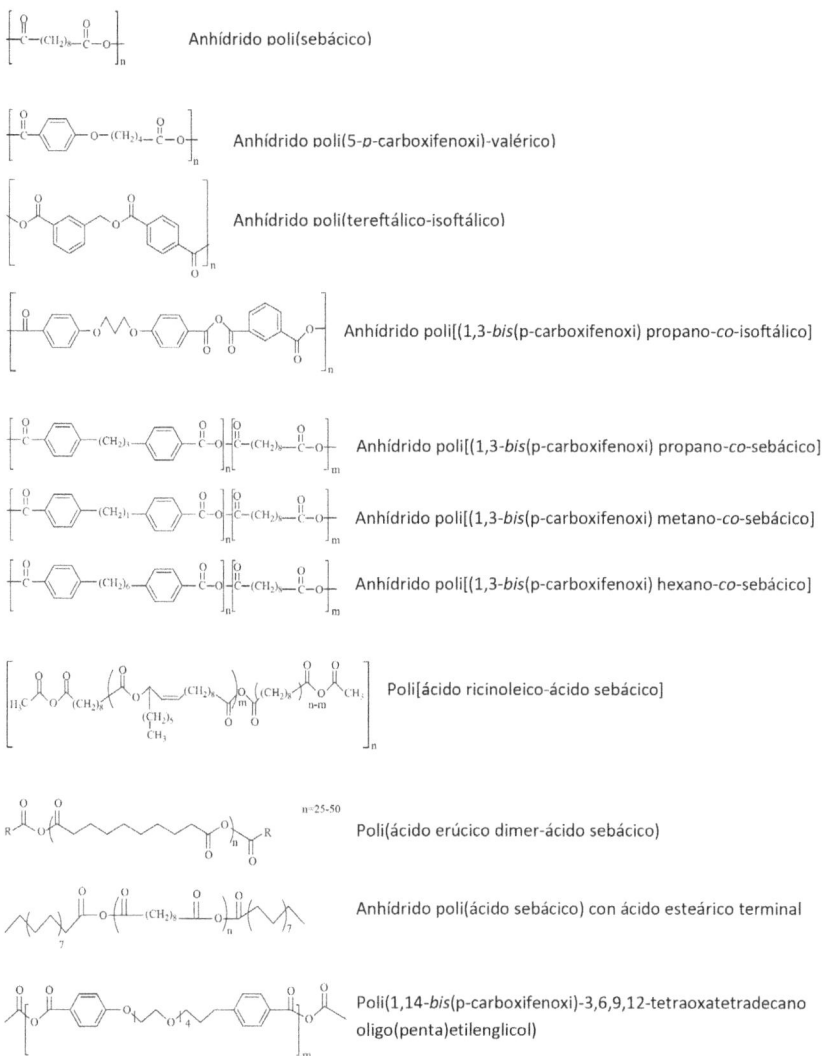

Anhídrido poli(sebácico)

Anhídrido poli(5-*p*-carboxifenoxi)-valérico)

Anhídrido poli(tereftálico-isoftálico)

Anhídrido poli[(1,3-*bis*(p-carboxifenoxi) propano-*co*-isoftálico]

Anhídrido poli[(1,3-*bis*(p-carboxifenoxi) propano-*co*-sebácico]

Anhídrido poli[(1,3-*bis*(p-carboxifenoxi) metano-*co*-sebácico]

Anhídrido poli[(1,3-*bis*(p-carboxifenoxi) hexano-*co*-sebácico]

Poli[ácido ricinoleico-ácido sebácico]

Poli(ácido erúcico dimer-ácido sebácico)

Anhídrido poli(ácido sebácico) con ácido esteárico terminal

Poli(1,14-*bis*(p-carboxifenoxi)-3,6,9,12-tetraoxatetradecano oligo(penta)etilenglicol)

Figura 7.8. Estructura de PAs representativos y sus copolímeros empleados en sistemas de liberación de fármacos (Reproducido y adaptado de Ref. 165 con permiso de Elsevier).

## 7.3. Polimerización por injerto molecular

La modificación química de macromoléculas de origen natural y sintético que presentan un número elevado de grupos funcionales en la cadena lateral, como por ejemplo los polisacáridos o los polioles, mediante la polimerización por injerto (*graft polymerization*) es un área de investigación de gran interés ya que permite la obtención de productos que combinan arquitecturas moleculares novedosas con características fisicoquímicas, térmicas, mecánicas y biológicas únicas y ajustables a una aplicación biomédica específica [170]. En la presente sección se discutirán diferentes estrategias sintéticas que emplearon esta tecnología en reacciones de polimerización por injerto molecular mediante diferentes mecanismos.

### 7.3.1. Polimerización por radicales libres

La polimerización lineal por radicales libres comprende la generación de radicales libres derivados de grupos funcionales alcohol primario y la posterior reacción de dichos radicales con monómeros reactivos que contienen grupos insaturados del tipo alilo. Singh y colaboradores reportaron la polimerización de acrilamida en goma guar [171]. Las velocidades de reacción y los rendimientos por microondas fueron sustancialmente mayores que en condiciones térmicas. Además, en el segundo caso fue indispensable el empleo del par redox de ácido ascórbico y persulfato de potasio como iniciador y $AgNO_3$ como catalizador. La eficiencia y el porcentaje de injerto fueron 66,66% y 190%, respectivamente, después de irradiar 0,22 minutos, mientras que fueron 49,1% y 140% luego de 80 minutos por el método convencional. Cuando la polimerización se llevó a cabo en ausencia de iniciador/catalizador, la reacción mostró eficiencia y porcentaje de injerto de 42,1% y el 120%, respectivamente, después de 0,33 minutos De igual manera, se injertaron poli(acetonitrilo) y poliacrilamida en quitosano [172,173]. En el primer caso, la reacción térmica resultó en 105% de injerto en una hora, mientras que con las microondas en 170% en 1,5 minutos [172]. En el segundo caso, las microondas aumentaron el porcentaje de injerto de 82% a 169% y en un tiempo considerablemente más corto, 1,2 en lugar de 60 minutos [173]. Lo mismo se observó cuando se injertó metacrilato de metilo en quitosano [174]. Estos resultados sugirieron que sería la radiación la que induce la formación de los radicales libres a lo largo de la cadena del polisacárido por sustracción de radicales H• de los grupos -OH y la generación de radicales -O• que atacan el monómero reactivo iniciando la polimerización. Otros trabajos emplearon otros polisacáridos como por ejemplo almidón [175], xiloglucano [176] y goma gellan [177]. A pesar de la utilidad de este enfoque sintético, la contribución de esta tecnología en aplicaciones biofarmacéuticas no fue explotada convenientemente.

### 7.3.2. Polimerización de apertura de anillo

Este mecanismo de injerto se basa en el uso de polisacáridos y otras moléculas multifuncionales como iniciadores de la ROP de lactonas tales como GA, LA y CL [170]. Los bloques de poliéster producidos son más cortos que los que habitualmente se obtienen en reacciones de polimerización lineal y los productos finales menos cristalinos y más hidrofílicos. A menudo, esta alteración arquitectónica no sólo afecta al comportamiento térmico y la biodegradabilidad sino que también facilita el procesamiento del producto [178]. Como se mencionara arriba, la ROP lineal demanda varias horas. Liu y colaboradores emplearon quitosano como iniciador para polimerizar CL usando SnOct como catalizador bajo condiciones suaves [179]. Los copolímeros mostraron alto porcentaje de injerto (hasta 232%) en aproximadamente 15 minutos. Para restringir la etapa de iniciación (apertura de CL) sólo a los grupos -OH, los grupos amina se protegieron y más tarde se regeneraron con monohidrato de hidrazina ($N_2H_4.H_2O$) en agua a 100°C (Figura 7.9).

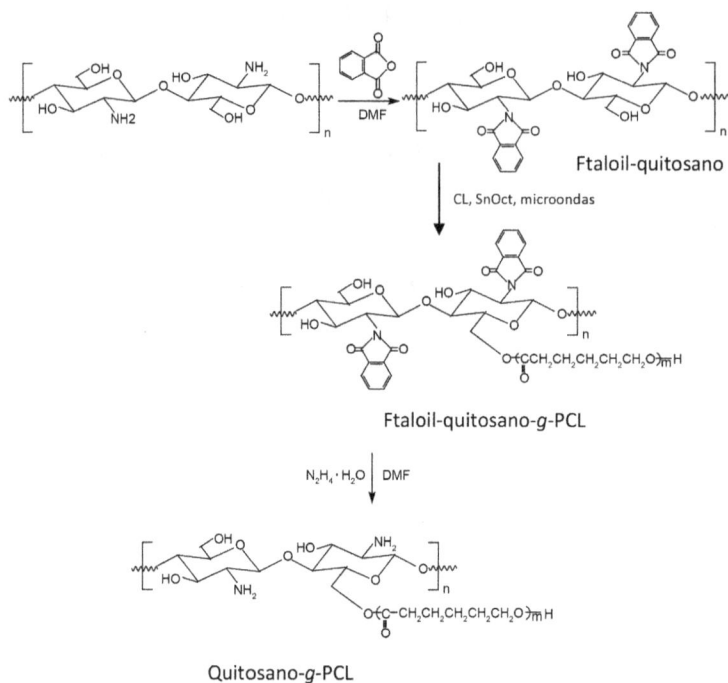

Figura 7.9. Síntesis de quitosano-g-PCL (Reproducido y adaptado de Ref. 179 con permiso de Elsevier).

El tiempo requerido para lograr porcentaje elevado de injerto fue 15 minutos (Figura 7.10).

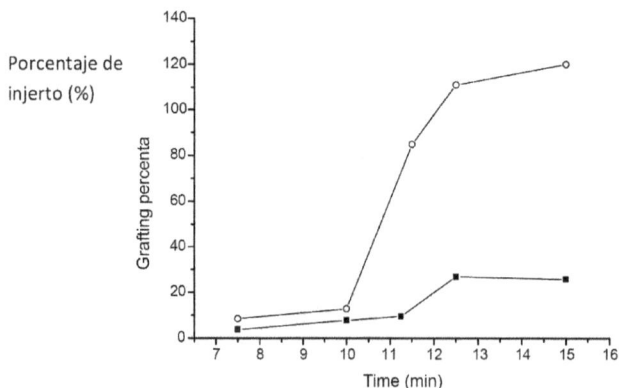

Figura 7.10. Efecto del tiempo de irradiación (450 W) sobre el porcentaje de injerto de CL en quitosano con relación en peso de ftaloil-quitosano:CL de 1:1 (■) y 1:2 (○) (Reproducido y adaptado de Ref. 179 con permiso de Elsevier).

Por otro lado, el aumento de la potencia por encima de 450 W aumentó la degradación térmica y disminuyó el porcentaje de injerto. De igual manera, quitosano se evaluó iniciador de la polimerización de D,L-LA, lográndose porcentajes de injerto entre 323% y 632% [180]. También se estudió la polimerización de CL empleando alcohol de polivinilo [181] y almidón [182] como iniciadores de la ROP. Siguiendo el mismo concepto, micro y nanopartículas inorgánicas y orgánicas modificadas en la superficie fueron utilizadas para iniciar la polimerización de CL y LA en la obtención de materiales compuestos.

## 7.4. Producción de hidrogeles

Los hidrogeles son redes poliméricas tridimensionales generadas por la reticulación física o química de las cadenas poliméricas [183,184]. Dada la alta capacidad de absorber agua, los hidrogeles naturales y sintéticos se emplean como matrices para la liberación sostenida de fármacos solubles e insolubles, de moléculas biológicamente activas como proteínas [183,184], y el cultivo celular y la ingeniería de tejidos [185]. El uso de la radiación de microondas en la síntesis de hidrogeles para aplicaciones biomédicas se circunscribe a los últimos años. Así, antes de 2004, esta tecnología fue fundamentalmente usada para la desinfección de lentes de contacto blandas [186].

El primer trabajo que previó expresamente el uso polisacáridos modificados químicamente con esta tecnología en el campo biomédico describió geles de agar y κ-carragenano injertados con poli(vinilpirrolidona) (PVP) mediante reacciones radicalarias de injerto molecular [187]. Las reacciones se completaron en 2 minutos. Estudios de hinchamiento indicaron que el agar-g-PVP y el carragenano-g-PVP absorbieron mayor cantidad de agua que los azúcares no modificados. Por otro lado, los polisacáridos modificados presentaron propiedades mecánicas más pobres. En este contexto, estos derivados podrían ser ventajosos para el desarrollo de apósitos absorbentes, matrices de ingeniería de tejidos y sistemas de liberación para administración de fármacos en forma tópica. Siguiendo una línea conceptual similar, se sintetizaron adhesivos de κ-carragenano-g-poli(acrilamida) con diferente contenido de nitrógeno, parámetro que gobierna las propiedades adhesivas [188]; a mayor contenido, mayor adhesión.

Las microondas también se estudiaron en la modificación de ácido poli(acrílico) con adamantilo a través de grupos amina libre [189]. La reacción se completó en 20 minutos sin solventes ni agentes de acoplamiento. La incorporación de estos grupos hidrofóbicos en la cadena lateral permitió reticular físicamente la matriz.

Las redes reticuladas de PEG y ricas en PEG han sido ampliamente investigadas para diferentes aplicaciones biofarmacéuticas [190-194]. Lin-Gibson y colaboradores emplearon por primera vez la radiación de microondas para la reticulación química de geles [195]. Sin embargo, la tecnología de microondas sólo se aplicó a la síntesis primaria del derivado fotopolimerizable PEG-dimetacrilato [195]. La reacción térmica demandó cuatro días, mientras que la asistida por microondas sólo 10 minutos. Dado que los hidrogeles se destinaron a la encapsulación de condrocitos, la reticulación de células por microondas produciría muerte celular total. Esta es una limitación seria cuando compara con otros métodos de reticulación más citocompatibles [190-194].

Poli($N$-isopropilacrilamida) genera hidrogeles termosensibles cuya reticulación es física y que son líquidos a temperatura ambiente y que solidifican a la temperatura fisiológica. Así, estos materiales se utilizan ampliamente como matrices "inteligentes" para el suministro de fármacos y como andamios de ingeniería de tejidos que pueden ser inyectados por técnicas mínimamente invasivas [196]. Para polimerizar $N$-isopropilacrilamida, Shi y Liu emplearon PEG de peso molecular 600 g/mol como solvente, agente absorbente de la radiación y porógeno [197]. El tamaño de poro y la capacidad de hinchamiento generado se pudieron modificar mediante ajustes de la relación de $N$-isopropilacrilamida y PEG. Zhao y sus colaboradores compararon la síntesis de poli($N$-isopropilacrilamida) reticulada por métodos térmicos y microondas [198,199]; $N,N'$-metilenbisacrilamida y azobis(isobutironitrilo) se utilizaron como agente de reticulación e iniciador, respectivamente. Cuando se empleó el método térmico a 70, 80 y 90°C, la reacción demandó 24 h, lográndose un rendimiento de aproximadamente 73%. Cuando se emplearon microondas, requirieron entre 5 y 30 minutos y el rendimiento fue entre 87 y 100% [198]. Además la microestructura de los productos obtenidos por ambas metodologías de síntesis fue diferente, siendo aquellos por microondas más porosos y con mayor capacidad de hinchamiento [198,199]. Estos resultados indicaron que la reticulación por microondas fue más completa.

La cinética de producción de hidrogeles reticulados de ácido poli(acrílico) se investigó recientemente [200]. La velocidad de reacción se incrementó entre 32 y 43 veces con las microondas. Además, el proceso demostró cinética de primer orden, mientras que térmicamente la cinética fue de segundo orden.

La "química rápida" (click-chemistry) es una nueva estrategia sintética introducida hace aproximadamente una década y que se basa en la síntesis rápida de compuestos mediante la reacción de pequeños grupos funcionales [201]. Por ejemplo, la incorporación de grupos colgantes de cistamina en cadenas de poli(metilmetacrilato) se realizó a 80 W durante 10 minutos [202]. A continuación, este derivado se hizo reaccionar con el mismo polímero modificado con grupos funcionales alilo que por reacciones tiol-ene formaron redes reticuladas químicamente. Sin embargo, las microondas no se emplearon en la etapa de reticulación, la cual demando 2 horas bajo condiciones convencionales.

Los datos globales sustentan que la radiación de microondas es el método más rápido y más eficiente para la producción de matrices ricas en agua. Sin embargo, los trabajos reportados aparecen aún como esfuerzos relativamente aislados y, por tanto, el potencial de esta área permanece virgen.

## 7.5. Producción de micro y nanopartículas por polimerización *in situ*

La encapsulación de fármacos dentro de micro (MPs) y nanopartículas (NPs) se encuentra entre las aproximaciones tecnológicas más eficientes para mejorar su solubilidad acuosa, su estabilidad fisicoquímica y su biodisponibilidad, así como también para sostener su liberación, independientemente de la vía de administración [203]. Un método ampliamente utilizado para producir partículas poliméricas cargadas con fármaco es la polimerización *in situ* de una emulsión aceite-en-agua (O/W) de derivados vinílicos reactivos como por ejemplo ácido metacrílico y estireno mediante reacciones mediadas por radicales libres, procedimiento que resulta en la generación de las comúnmente denominadas "partículas de látex" [204,205]. Puesto que los productos no son biodegradables, estos sistemas de liberación de fármacos están principalmente previstos para la administración por diferentes vías no parenterales tales como la oral y la mucosa [206,207]. Además, pueden ser empleadas para aplicaciones diagnósticas *in vitro* [208,209].

En este contexto, se ha intentado capitalizar la mayor velocidad de polimerización por radicales libres y el calentamiento más homogéneo de la radiación de microondas para producir NPs con una polidispersión de tamaño especialmente estrecha. Por ejemplo, Zhang y sus colaboradores produjeron nanoesferas casi monodispersas de poliestireno y poli(metilmetacrilato) bajo irradiación leve (80 W) en 1 hora [210]. La conversión de monómero se completó en 40 minutos, mientras que bajo calentamiento convencional se requirieron 10 horas de reacción. El tamaño de las NPs fue entre 60 y 120 nm (Figura 7.11); el aumento de la concentración de monómero resultó en el aumento del tamaño. Otro aspecto interesante fue la disminución dramática de la polidispersión de tamaños observada cuando se emplearon las microondas. Otros grupos de investigación también reportaron que las microondas aceleran notablemente la polimerización en emulsión [211,212]. La propiedad fundamental que conduce a una distribución de tamaño más uniforme está probablemente relacionada con el calentamiento rápido y más homogéneo de la gota formada por los monómeros reactivos. Otros monómeros tales como metacrilato de metilo [213,214], *n*-butil metacrilato [215], *N*-isopropilacrilamida [216,217], precursores de silicona [218] e incluso mezclas de monómeros [219,220] han sido empleados para producir este tipo de sistemas. Es importante mencionar que el mecanismo también depende del tipo de monómero y su concentración y las generalizaciones no son siempre apropiadas [211]. Por otro lado, el confinamiento de la reticulación dentro de cada gota favorece la obtención de poblaciones de tamaños menos dispersas. Además, vías alternativas como la polimerización por adición, fragmentación y transferencia reversible también han sido ensayadas para la obtención de nanogeles [221]. Una ventaja de esta vía es que constituye una polimerización viva por lo que las NPs presentan grupos funcionales reactivos sobre la superficie que pueden ser empleados para conjugar diferentes ligandos de reconocimiento y direccionar activamente fármacos.

El tamaño de las partículas puede ser ajustado variando parámetros de composición del sistema reactivo tales como la química de los monómeros, el surfactante que estabiliza la emulsión y su concentración, la concentración de iniciador y la fuerza iónica [222,223] y parámetros del reactor como por ejemplo la potencia de irradiación [224]. Resumiendo, los resultados reportados hasta el momento sustentan la versatilidad de esta tecnología para el desarrollo de sistemas particulados de diversos polímeros biocompatibles.

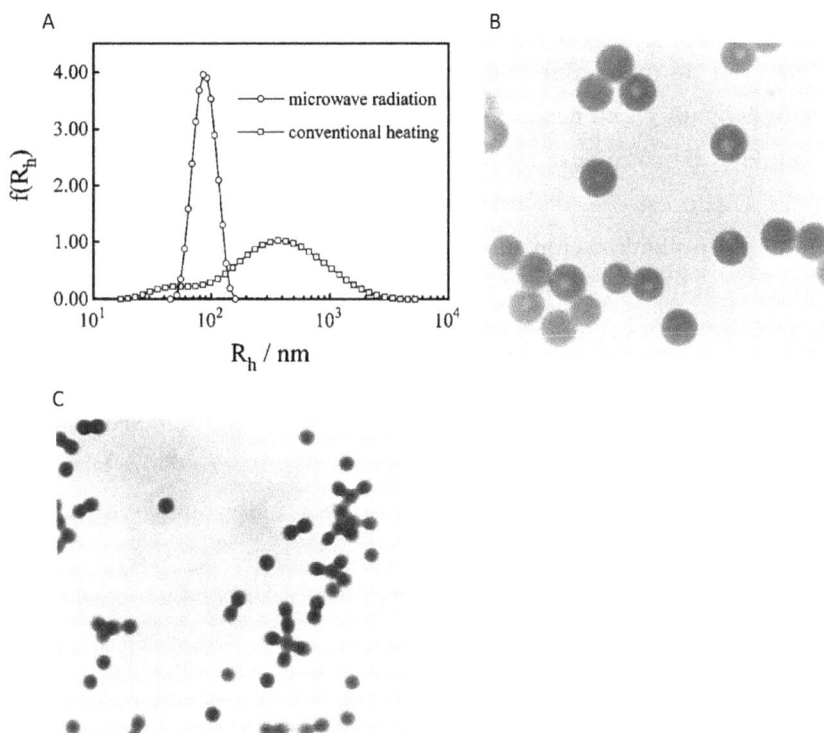

Figura 7.11. (A) Comparación del radio hidrodinámico de nanoesferas de poliestireno preparadas por dos metodologías diferentes por difracción dinámica de luz láser. (B,C) Micrografía de microscopía electrónica de transmisión de NPs de (B) poliestireno y (C) poli(metilmetacrilato), preparadas por radiación de microondas. Magnificación = 50.000 veces (Reproducido y adaptado de Ref. 210 con permiso de American Chemical Society).

## 7.6. Síntesis de biomateriales poliméricos inorgánicos

Los polímeros inorgánicos se definen como estructuras que presentan una cadena principal formada por unidades de repetición que no contienen carbono [225-227]. Los derivados más comunes en el campo biomédico son los derivados de polidimetilsiloxano y otros polímeros de Si con la cadena formada por uniones siloxano (-Si-O-). Los polifosfacenos son polímeros a base de fósforo que presentan una cadena principal a base uniones -P=N- con sustituyentes en la cadena lateral que condicionan las propiedades de hidrofilicidad/hidrofobicidad y también pertenecen a este grupo de materiales [228-230]. El polifosfaceno precursor presenta grupos laterales Cl los cuales pueden ser reemplazados por otros sustituyentes para ajustar dichas propiedades (Figura 7.12).

Las ventajas de la síntesis asistida por radiación de microondas en la sinterización de materiales cerámicos de fosfato de calcio bioactivos han sido investigadas extensamente [231,232]. Sin embargo, la descripción de materiales de naturaleza no polimérica escapa a los objetivos del presente capítulo. Dicho esto, se discutirá el empleo de materiales cerámicos como sustratos de polimerización para la producción de materiales compuestos híbridos. La aplicación de esta tecnología ha sido muy limitada y se estudió exclusivamente la producción de materiales por el método sol-gel, el cual comprende inicialmente la hidrólisis de un precursor de siloxano y la posterior condensación de grupos silanol para formar una red tridimensional reticulada [233]. Al igual que en estudios previos de polimerización, la velocidad de reacción se puede reducir de varias horas en las condiciones normales a pocos minutos con las microondas. También, cuando se empleó para producir partículas, los tamaños fueron menores y más homogéneos [234,235].

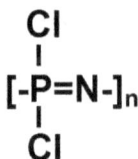

$$\begin{array}{c} Cl \\ | \\ [-P=N-]_n \\ | \\ Cl \end{array}$$

**Figura 7.12.** Estructura química del polifosfaceno precursor.

## 7.7. Producción de materiales compuestos de matriz polimérica

Los materiales compuestos están formados por dos o más constituyentes de naturaleza química similar o diferente donde el componente comúnmente conocido como refuerzo (fase dispersa) está disperso en la matriz (fase dispersante), existiendo una interfase entre ambos [236]. El refuerzo puede ser polimérico, metálico o cerámico y en forma de partículas, fibras o láminas, mientras que la matriz es generalmente de naturaleza polimérica. La capacidad de la matriz de transferir al refuerzo un esfuerzo aplicado hace que estos materiales presenten mejores propiedades mecánicas, especialmente, adecuadas para cumplir funciones estructurales y mecánicas en la reparación de tejidos duros y en aplicaciones odontológicas. El proceso de transferencia de energía depende de la íntima interacción entre el refuerzo y la matriz. Por lo tanto, al mejorar las propiedades de la interfaz y aumentar dicha interacción mejoran las propiedades mecánicas del material. Por ejemplo, el empleo de las microondas ha permitido optimizar la producción de materiales compuestos de matriz epoxi con refuerzo de fibras de carbono [237]. En este caso, el calentamiento a mayor temperatura y más homogéneo permitió aumentar la interacción refuerzo/matriz mejorando la transferencia del esfuerzo. Sin embargo, pocos grupos de investigación capitalizaron esta tecnología para la polimerización *in situ* de la matriz en presencia de diferentes refuerzos que desempeñen el rol de iniciador de la reacción. Se ha llevado a cabo la ROP de lactonas como CL y LA empleando refuerzos inorgánicos y orgánicos con la superficie funcionalizada como iniciadores de la reacción. Entre ellos se pueden mencionar hidroxiapatita y fosfato tricálcico [238,239], nanotubos de carbono [240-242], diferentes tipos de arcillas [243,244] y almidón nanocristalino [245]. Tang y colaboradores sintetizaron materiales nanocompuestos híbridos de poliacrilamida y fosfato de calcio en un solo paso [246]. Los cristales cilíndricos de hidroxiapatita se distribuyeron homogéneamente en la matriz polimérica (Figura 7.13). Por otro lado, estos estudios no compararon las propiedades mecánicas obtenidas por ambas metodologías. Kajiwara y colaboradores prepararon un híbrido de poli(2-hidroxietil metacrilato) y sílice mediante la polimerización de 2-hidroxietil metacrilato durante el proceso sol-gel de metiltrimetoxisilano [247]. La velocidad de reacción y el grado de polimerización se incrementaron sustancialmente con las microondas, mientras que las propiedades térmicas fueron similares a las del material obtenido por métodos convencionales.

Otros trabajos exploraron el efecto del tratamiento con microondas luego de la síntesis sobre las propiedades mecánicas, mostrando sistemáticamente el aumento de la resistencia y el módulo elástico [248,249].

## 7.8. Procesamiento de andamiajes y partículas poliméricas

Estructuras porosas e interconectadas en forma tridimensional han sido reconocidas desde la década de 1970 como componentes clave para el desarrollo de tejidos y órganos artificiales y el desarrollo de matrices extracelulares artificiales para servir como sustratos para la adhesión, migración y proliferación celular.

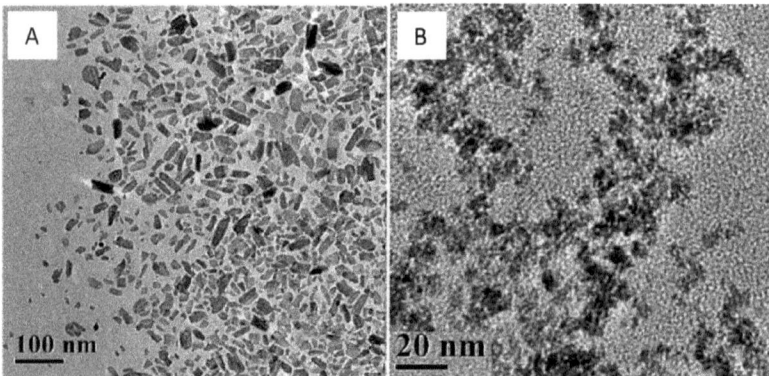

Figura 7.13. Micrografía de microscopía electrónica de transmisión de materiales compuestos de poliacrilamida e (A) hidroxiapatita y (B) fosfato de calcio amorfo. (Reproducido de Ref. 246 con permiso de Elsevier).

Se han desarrollado numerosos métodos para obtener este tipo de estructuras [250]. Muchas de ellas proporcionan sistemas que cumplen con los requisitos básicos de inter-conectividad de los poros y propiedades mecánicas adecuadas y la mayoría de ellos permiten producir estructuras para un número limitado de aplicaciones. El procesamiento de andamiajes poliméricos con radiación de microondas fue reportado inicialmente por el grupo de Reis [251] para la producción de estructuras porosas biodegradables a base de almidón que combinaron propiedades morfológicas y mecánicas similares a las del hueso trabecular humano. Para mejorar las propiedades mecánicas e introducir componentes bioactivos se empleó hidroxiapatita como material de relleno [252].Este tratamiento también puede alterar la estructura de matrices poliméricas reticuladas y por lo tanto, modificar el perfil de liberación de fármacos encapsulado [253,254]. Un inconveniente de este enfoque es que, para evitar la degradación del fármaco durante la irradiación, la carga del fármaco puede ser realizada por inmersión, un procedimiento que a veces es poco eficiente. Por otro lado, el uso de condiciones más leves puede permitir la exposición del fármaco a la radicación sin su degradación.

La modificación de la superficie de los biomateriales para dirigir la interacción con el entorno biológico ha ganado mucha popularidad. El plasma es un estado de la materia compuesto por especies atómicas, iónicas, moleculares y radicalarias altamente excitadas que son generadas por irradiación con diferentes fuentes de energía y que permiten la modificación química de la superficie [255]. En este contexto, el proceso de plasma asistido por radiación de microondas también ha sido empleado para la modificación de la superficie de andamiajes poliméricos con mayor eficiencia que la técnica de plasma estándar [256]. Así, se ha mejorado la respuesta condrogénica de matrices porosas fibroína de seda [257].

## 7.9. Aspectos tecnológicos

Al momento de diseñar un sistema de síntesis asistida por microondas como fuente de energía es relevante discutir un número de propiedades físicas. Estas propiedades se relacionan con la propagación de las ondas electromagnéticas en la cavidad del reactor y su absorción por el medio de reacción. Dependiendo de su estructura molecular y sus propiedades dieléctricas, los materiales responden de forma diferente a las microondas. Así, pueden reflejar las microondas, ser completamente transparentes a las mismas dejando pasar la energía sin atenuarla o absorbiéndola. Entre los primeros se encuentran los metales; de hecho las paredes de la cavidad son metálicas, y su forma determina el patrón de distribución de energía en su interior. Entre los materiales transparentes, encontramos vidrio, poli(tetrafluoroetileno), polipropileno y poli(cloruro de vinilo). Finalmente, la gran mayoría de los materiales sean solventes o reactivos, absorben la energía de microondas en grado variable.

### 7.9.1. Modos de propagación de la radiación. Reactores monomodo y multimodo

Según como se propague la energía de microondas en la cavidad y alcance el recipiente de reacción, se pueden definir cavidades monomodo o multimodo (Figura 7.14). En una cavidad monomodo, la energía se concentra en una zona específica del recipiente y su cercanía. En las cavidades multimodo en cambio, se trata de distribuir la radiación en forma uniforme utilizando dos métodos, o un agitador de modo que es una paleta metálica rotativa que distribuye la energía en todas direcciones reflejándola en su superficie o directamente ubicando zonas cóncavas en su superficie interna, de tal forma de no formar patrones regulares.

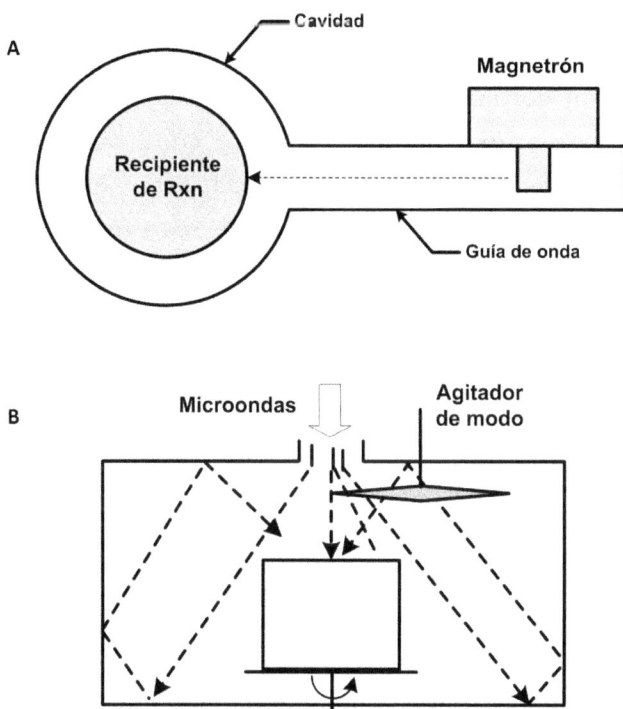

**Figura 7.14.** Modalidades de reactor de microondas. (A) Monomodo y (B) multimodo.

## 7.9.2. Absorción de microondas

La profundidad de penetración de las microondas en un medio determinado (PD o *penetration depth*) depende de la longitud de onda $\lambda_0$ de la radiación incidente, de la constante dieléctrica $\varepsilon'$ y del factor de pérdida dieléctrica ($\varepsilon''$) del material irradiado [258].

$$PD = \frac{\lambda_0}{2\pi} \cdot \frac{\sqrt{\varepsilon'}}{\varepsilon''}$$

El factor de pérdida dimensiona la cantidad de la energía incidente transformada en calor; cuanto más absorbe un material, menor energía queda disponible. Tanto $\varepsilon'$ como $\varepsilon''$ cambian a su vez en función de la temperatura y la frecuencia de la onda incidente. En consecuencia, PD también dependerá de la temperatura. Ahora bien, como la composición del medio de reacción cambia a medida que avanza la reacción, este es un segundo factor que condiciona la penetración de las microondas a lo largo de la misma. Esto permite plantear un comportamiento no lineal del sistema de reacción, como se esquematiza en la Figura 7.15.

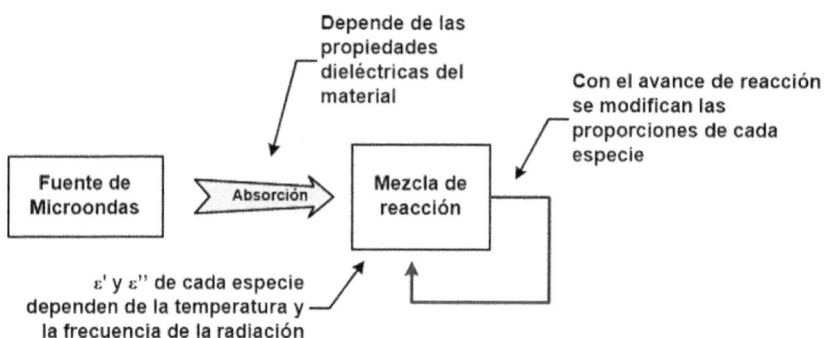

**Figura 7.15.** Esquema conceptual para un modelo de patrones de absorción de energía

## 7.10. Reactores comerciales

Desde el comienzo de la utilización de la radiación de microondas con fines de investigación en 1986 se han usado hornos hogareños. Si bien es válido este recurso como primera aproximación tecnológica para explorar esta tecnología en ciertas aplicaciones, los mismos son limitados por varias razones. En primer lugar no disponen de sensores de temperatura y presión; además del peligro inherente que ello implica, también es difícil reproducir las condiciones experimentales, ya que no se registra el perfil de temperatura a la cual está sometida la muestra durante la reacción. Tampoco disponen de un sistema de enfriamiento que permita una operación continua o por largos períodos, lo cual conlleva ciclos de operación manual de arranque y parada para verificar el avance de la reacción, lo que introduce variabilidad difícil de estimar.

Otra limitación es que en un horno hogareño la distribución de potencia en el interior de la cavidad no es uniforme y se pueden producir importantes gradientes de temperatura en la muestra a consecuencia de esto, dependiendo del tamaño y forma del recipiente. Para salvar estas dificultades, se ofrecen en el mercado varias alternativas comerciales. Todos estos equipos poseen cierto grado de sofisticación en alguno de los siguientes aspectos (Tabla 7.4).

A continuación haremos una revisión de los reactores comerciales, a escala laboratorio y para aplicaciones de tipo industrial.

### 7.10.1. Anton Paar®

El modelo más destacado es Synthos 3000 y su reciente versión optimizada Microwave Reaction System Multiwave PRO [259]. Posee amplia variedad de tipos de recipientes y rotores que permiten realizar la misma síntesis en paralelo en todos los recipientes o una variación de condiciones cada uno. Implementa control independiente de atmósfera de gas en cada recipiente de reacción, lo que permite llevar a cabo reacciones hasta presiones de 20 bar. Además dispone de agitador magnético programable y un sistema de seguridad para proteger al operador en caso de reacciones en condiciones extremas. Este equipo utiliza dos magnetrones con guías de onda optimizadas.

**Tabla 7.4.** Prestaciones generales de los reactores de microondas comerciales.

| | |
|---|---|
| **Control de temperatura** | Fibra óptica o infrarrojo |
| **Temperatura de trabajo** | Hasta 300°C, dependiendo del recipiente |
| **Presión de trabajo** | Hasta 120 bar |
| **Volumen de recipiente** | Usualmente, en el orden de 100 ml<br>casos especiales, llegan hasta 2 litros |
| **Cantidad de recipientes independientes** | Entre 1 y 64, dependiendo de la compañía y el modelo |
| **Sistema de enfriamiento** | Según la compañía y el modelo |
| **Control automático de operación y registro de variables de roceso por software** | Todos |

### 7.10.2 CEM Corporation®

Junto a la anterior, es una de las marcas líderes en el mercado para modelos a escala laboratorio. Presenta varios modelos con opciones que permite programar el escrutado de condiciones de reacción y realizarlo en forma totalmente automática, lo que ahorra una gran cantidad de trabajo manual [260]. También hay un modelo adaptado para flujo continuo denominado Voyager®, el cual también es totalmente automatizado y con la modalidad de *stop-flow*, que permite un modelo de flujo intermitente para reacciones con reactivos sólidos y en atmósfera inerte.

### 7.10.3 Milestone®

La empresa Milestone es líder en modelos de equipos para entornos industriales, presenta amplia alternativas de configuraciones diferentes en función de las aplicaciones y también dispone de un equipo para flujo continuo. Milestone MicroSynth® es la plataforma básica sobre la que se agregan módulos adicionales para distintas funciones [261]. Es así que esta arquitectura permite escalar las condiciones de reacción desde un modelo por lote a uno de flujo continuo. En su variante de escalado en paralelo brinda un volumen máximo de reacción de 1,6 litros. Esto se logra por la uniformidad de la cavidad y las guías de onda que minimizan la variabilidad entre los diferentes recipientes. En modo lote, el volumen máximo es de 2 litros, lo que está en el mismo orden de magnitud. La ventaja del modelo de proceso de flujo continuo es que se puede adecuar el tiempo de residencia del material en la zona de irradiación y con ello el tiempo de exposición a microondas desde 2 a 16 minutos, lo que está en el orden de lo requerido para muchas de las reacciones de química orgánica.

### 7.10.4. Biotage®

Esta empresa es otra de las que produce equipos para aplicaciones industriales. El equipo Advanced Kilobatch® es muy sólido tecnológicamente y muy versátil en las opciones de programación de los ciclos de procesamiento [262]. Tiene gran variedad de recipientes que brindan versatilidad para acomodar diversas condiciones de reacción, lo que lo hace adecuado para desarrollos en la industria farmacéutica.

## 7.11. Perspectivas futuras

El presente capítulo discutió las diferentes aplicaciones de la radiación de microondas como herramienta novedosa para la síntesis rápida, reproducible y escalable de biomateriales poliméricos. Una limitación que debe ser abordar para extender la aplicabilidad de esta tecnología a la industria farmacéutica y biotecnológica es la disponibilidad comercial de reactores profesionales que permitan no sólo el control preciso de las condiciones de reacción sino también el escalado, ya que la producción a granel bajo estándares de alta calidad sigue siendo dificultosa debido a la falta de equipos apropiados. Hasta el momento se han diseñado procesos de síntesis por lote y reactores de flujo semi-continuo y continuo pero estos desarrollos han sido de grupos de investigación individuales, no son desarrollos a nivel industrial. Otra perspectiva interesante se refiere a la posible aplicación de esta tecnología en la química fina de polímeros para llevar a cabo modificaciones específicas como por ejemplo, la conjugación de ligandos para el direccionamiento de fármacos a células, tejidos y órganos. El establecimiento de la primera planta industrial por microondas para la síntesis de PLA en Japón, representa un punto de inflexión en las perspectivas del área aunque no existe información disponible sobre el estado de avance de dicho desarrollo inicial. Esto posiciona a esta tecnología como una de las más versátiles y prometedoras para la síntesis y procesamiento de biomateriales, pero al mismo tiempo como una de las menos explotadas dejando al alcance un campo de investigación muy extenso y fértil.

## 7.12. Referencias

[1] O.A. El Seoud, T. Heinze, Adv Polym Sci 2005, 186, 103-149.
[2] J.L. Tucker, Org Process Res Dev 2010, 14, 328–331.

[3] T. Erdmenger, C. Guerrero-Sanchez, J. Vitz, R. Hoogenboom, U.S. Schubert, Chem Soc Rev 2010, 39, 3317-3333.

[4] R. Gedye, F. Smith, K. Westaway, H. Ali, L. Baldisera, L. Laberge, J. Rousell, Tetrahedron Lett 1986, 27, 279-282.

[5] R.J. Giguere, T.L. Bray, S.M. Duncan, G. Majetich, Tetrahedron Lett 1986, 27, 4945-4958.

[6] C.O. Kappe, Angew Chem Int Ed 2004, 43, 6250–6284.

[7] V. Santagada, F. Frecentese, E. Perissutti, L. Favretto, G. Caliendo, QSAR Comb Sci 2004, 23, 919-944.

[8] B. S. Sekhon, Int J PharmTech Res 2010, 2, 827-833.

[9] V. Santagada, E. Perissutti, G. Caliendo, Curr Med Chem 2002, 9, 1251-1283.

[10] V. Santagada, F. Frecentese, E. Perissutti, F. Fiorino, B. Severino, G. Caliendo, Mini-Rev Med Chem 2009, 9, 340-358.

[11] N.R. Candeias, L.C. Branco, P.M.P Gois, C.A.M Afonso, A.F. Trindade, Chem Rev 2009, 109, 2703–2802.

[12] D. Bogdal, P. Penczek, J. Pielichowski, A. Prociak, Adv Polym Sci 2003, 163, 193–263.

[13] J.D. Moseley, S.J. Lawton, Chem Today 2007, 25, 16-19.

[14] T.N. Glasnov, C.O. Kappe, Macromol Rapid Commun 2007, 28, 395–410.

[15] T. Erdmenger, R.M. Paulus, R. Hoogenboom, U.S. Schubert, Aust J Chem 2008, 61, 197-203.

[16] R. Martínez-Palou, Mol Divers 2010, 14, 3-25.

[17] N.J Winterton, Mater Sci 2006, 16, 4281-4293.

[18] D. Obermayer, B. Gutmann, C.O. Kappe, Angew Chem Int Ed 2009, 48, 8321-8324.

[19] S. Mitragotri, J. Lahann, Nat Mater 2009, 8, 15-23.

[20] J. Kohn, W.J. Welsh, D. Knight, Biomaterials 2007, 28, 4171-4177.

[21] P.F. Holmes, M. Bohrer, J. Kohn, Prog Polym Sci 2008, 33, 787-796.

[22] S.M. Moghimi, A.C. Hunter, J.C. Murray, Pharmacol Rev 2001, 53, 283-318.

[23] O. Al-Hanbali, N.M. Onwuzo, K.J. Rutt, C.M. Dadswell, S.M. Moghimi, A.C. Hunter, Analytical Biochem 2007, 361, 287-293.

[24] F. Wiesbrock, R. Hoogenboom, U.S. Schubert. Macromol Rapid Comm 2004, 25, 1739-1764.

[25] R. Hoogenboom, U.S. Schubert, Macromol Rapid Commun 2007, 28, 368-386.

[26] S.J. Kalita, S. Verma, Mat Sci Eng C 2010, 30, 295-303.

[27] J.L. Cabrera, R. Velázquez-Castill, E.M. Rivera-Munoz, J Nanosci Nanotechnol 2011, 11, 5555-5561.

[28] Y.V. Bykov, K.I. Rybakov, V.E. Semenov, Nanotechnologies in Rússia 2011, 6, 647-61.

[29] Website: National Institute of Advanced Industrial Science and Technology (AIST). Microwave-assisted polymer synthesis: first commercial plant for mass production of lactic acid polymer using a microwave heating; 2009. http://www.aist.go.jp/aist e/latest research/2009/20091216/20091216.html (accesed November 2012).

[30] M.A. Woodruff, D.W. Hutmacher, Prog Polym Sci 2010, 35, 1217-1256.

[31] D.W. Hutmacher, Biomaterials 2000, 21, 2529-2543.

[32] B.D. Ulery, L.S. Nair, C.T. Laurencin, J Polym Sci B : Polym Phys 2011, 49, 832-864.

[33] H. Seyednejad, A.H. Ghassemi, C.F. Van Nostrum, T. Vermonden, W.E. Hennink, J Control Release 2011, 152, 168-176.

[34] K. Madhavan Nampoothiri, N.R. Nair, R.P. John, Bioresource Tech 2010, 101, 8493-8501.

[35] R.M. Rasal, A.V. Janorkar, D.E. Hirt, Prog Polym Sci 2010, 35, 338-356.

[36] L. T. TLim, R. Auras, M. Rubino, Prog Polym Sci 2008, 33, 820-852.

[37] A.P. Gupta, V. Kumar, Eur Polym J 2007, 43, 4053-4074.

[38] H. Tsuji, Macromol Biosci 2005, 5, 569-597.

[39] M.L. Gou, X.W. Wei, K. Men, B.L. Wang, F. Luo, X. Zhao, Y.Q. Wei, Z.Y. Qian, Curr Drug Target 2011, 12, 1131-1150.

[40] X. Wei, C. Gong, M. Gou, S. Fu, Q. Guo, S. Shi, F. Luo, G. Guo, L.Y. Qiu, Z. Qian, Int J Pharm 2009, 381, 1-18.

[41] C.K.S. Pillai, C.P. Sharma, J Biomater Appl 2010, 25, 291-366.

[42] J. Tiainen, Y. Soini, P. Tormala, T. Waris, N. Ashammakhi, J Biomed Mater Res B 2004, 70, 49-55.

[43] N. Ashammakhi, A.M. Gonzalez, P. Törmälä, I.T. Jackson, Eur J Plastic Surg 2004, 26, 383-390.

[44] A. Pandey, G.C. Pandey, P.B. Aswath, J Mech Behav Biomed Mater 2008, 1, 227–33.

[45] L.J. Liu, C. Zhang, L.Q. Liao, X.L. Wang, R.X. Zhuo, Chin Chem Lett 2001, 12, 663–4.

[46] K.E. Uhrich, S.M. Cannizzaro, R.S. Langer, K.M. Shakesheff, Chem Rev 1999, 99, 3181-3198.

[47] C. Zhang, L. Liao, L. Liu, Macromol Rapid Commun 2004, 25, 1402–2140.

[48] B. Koroskenyi, S.P. McCarthy, J Polym Environ 2002, 10, 93–104.

[49] L. Nikolic, I. Ristic, B. Adnadjevic, V. Nikolic, J. Jovanovic, M. Stankovic, Sensors 2010, 10, 5063–73.

[50] Y. Zhang, P. Wang, N. Han, H. Lei, Shiyou Huagong/Petrochem Tech 2009, 38, 861–5.

[51] M. Frediani, D. Sémeril, D. Matt, F. Rizzolo, A.M. Papini, P. Frediani, M. Santella, G. Giachi, L. Rosi, E-Polymers 2010, 019, 1–8.

[52] S. Kéki, I. Bodnár, J. Borda, G. Deák, M. Zsuga, Macromol Rapid Commun 2001, 22, 1063–1065.

[53] B. Ildikó, B. Jeno, K. Sándor, D. György, Z. Miklós, Plast Rubber 2002, 39, 341–348.

[54] R. Nagahata, D. Sano, H. Suzuki, K. Takeuchi, Macromol Rapid Commun 2007, 28, 437–42.

[55] L.H. Cao, P. Wang, W.B. Yuan, Macromol Chem Phys 2009, 210, 2058–62.

[56] A. Pandey, P.B. Aswath, J Biomater Sci Polym Ed 2009, 20, 33–48.

[57] R. Nagahata, S. Suemitsa, K. Takeuchi, Polymer 2010, 51, 329–33.

[58] X.G. Yang, L.J. Liu, Polym Bull 2008, 61, 177–88. [

[59] K. Hirao, K. Masutani, H. Ohara, J Chem Eng Jpn 2009, 42, 687–90.

[60] D. Perrin, J. English. In: A. Domb, Y. Kost, D. Wiseman (Eds.), Handbook of biodegradble polymers. Drug targeting and delivery, vol. 7, 1997, p. 63–77.

[61] A. Carcaboso, D.A. Chiappetta, C. Höcht, M.M. Blake, M.M. Boccia, C.M. Baratti, A. Sosnik, Eur J Pharm Biopharm 2008, 70, 666-673.

[62] A. Carcaboso, D.A. Chiappetta, A.W. Opezzo, C. Höcht, A.C. Fandiño, J.O. Croxatto, M.C. Rubio, A. Sosnik, G.F. Bramuglia, D.H. Abramson, G.L. Chantada, Invest Ophthamol Vis Sci 2010, 51, 2126-2134.

[63] P. Albert, H. Warth, R. Mülhaupt, R. Janda, Macromol Chem Phys 1996, 197, 1633–41.

[64] D. Barbier-Baudry, C.H. Brachais, A. Cretu, A. Loupy, D. Stuerga, Macromol Rapid Commun 2002, 23, 200–204.

[65] L.Q. Liao, L.J. Liu, C. Zhang, F. He, R.X. Zhuo, K. Wan, J Polym Sci Part A Polym Chem 2002, 40, 1749–1755.

[66] G. Sivalingam, N. Agarwal, G. Madras, J Appl Polym Sci 2003, 91, 1450–1456.

[67] P. Kerep, H. Ritter, Macromol Rapid Commun 2006, 7, 707–710.

[68] L. Liao, L. Liu, C. Zhang, S. Gong, Macromol Rapid Commun 2006, 27, 2060–2064.

[69] X. Fang, C.D. Simone, E. Vaccaro, S.J. Huang, D.A. Scola, J Polym Sci Part A Polym Chem 2002, 40, 2264–2275.

[70] H. Li, L. Liao, L. Liu, Macromol Rapid Commun 2007, 28, 411–416.

[71] L.Q. Liao, L.J. Liu, C. Zhang, F. He, R.X. Zhuo, J Appl Polym Sci 2003, 90, 2657–2664.

[72] Y. Song, L.J. Liu, R.X. Zhuo, Chin Chem Lett 2003, 14, 32–34.

[73] Y. Song, L. Liu, X. Weng, R. Zhuo, J Biomater Sci Polym Ed 2003, 14, 241–253.

[74] Z.J. Yu, L.J. Liu, Eur Polym J 2004, 40, 2213–2220.

[75] Q. Xu, C. Zhang, S. Cai, P. Zhu, L. Liu, J Ind Eng Chem 2010, 16, 872–875.

[76] L.J. Liu, S.J. Cai, Y. Tan, J.J. Du, H.Q. Dong, X.J. Wu, M.Y. Wu, L.Q. Liao, J Polym Sci Part B Polym Phys 2009, 47, 6214–6222.

[77] Y. Tan, S. Cai, L. Liao, Q. Wang, L. Liu, Polym J 2009, 41, 849–854.

[78] Z.J. Yu, L.J. Liu, R.X. Zhuo, J Polym Sci Part B Polym Phys 2002, 41, 13–21.

[79] L.J. Liu, S.J. Cai, Y. Tan, J.J. Du, H.Q. Dong, X.J. Wu, M.Y. Wu, L.Q. Liao. J Polym Sci Part B Polym Phys 2009, 47, 6214–6222.

[80] Y. Tan, S. Cai, L. Liao, Q. Wang, L. Liu, Polym J 2009, 41, 849–854.

[81] D. Cohn, H. Younes, J Biomed Mater Res 1988, 22, 993–1009.

[82] D. Cohn, T. Stern, M.F. González, J. Epstein, J Biomed Mater Res 2002, 59, 273–281.

[83] A. Sosnik, D. Cohn, Polymer 2003, 44, 7033-7042.

[84] D. Cohn, A. Hotovely-Salomon, Polymer 2005, 46, 2068-2075.

[85] D. Cohn, A. Hotovely-Salomon, Biomaterials 2005, 26, 2297-2305.

[86] F. Ahmed, D.E. Discher, J Control Release 2004, 96, 37-53.

[87] S.J. Bae, M.K. Joo, Y. Jeong, S.W. Kim, W.K. Lee, Y.S Sohn, B. Jeong, Macromolecules 2006, 39, 4873-4879.

[88] A.S. Mikhail, C. Allen, Biomacromolecules 2010, 11, 1273-1280.

[89] Z. Yu, L. Liu, J Biomater Sci Polym Ed 2005, 16, 957–71.

[90] M.A. Moretton, R.J. Glisoni, D.A. Chiappetta, A. Sosnik, Colloids Surf B: Biointerfaces 2010, 79, 467-479.

[91] M.A. Moretton, Tesis doctoral, Facultad de Farmacia y Bioquímica, Universidad de Buenos Aires, 2013.

[92] G. Gotelli, P. Bonelli, G. Abraham, A. Sosnik, J Appl Polym Sci 2011, 121, 1321-1329.

[93] H. Ahmed, B. Trathnigg, C.O. Kappe, R. Saf, Eur Polym J. 2009, 45, 2338–2347.

[94] N. Adams, U.S. Schubert, Adv Drug Deliv Rev 2007, 59, 1504–1520.

[95] H. Schlaad, C. Diehl, A. Gress, M. Meyer, A. Levent Demirel, Y. Nur, A. Bertin, Macromol Rapid Commun 2010, 31, 511–525.

[96] R. Hoogenboom, Angew Chem Int Ed 2009, 48, 7978–7994.

[97] R. Jordan, K. Martin, J.H. Rader, K.K. Unger, Macromolecules 2001, 34, 8858–8865.

[98] C. Giardi, V. Lapinte, C. Charnay, J.J. Robin, React Funct Polym 2009, 69, 643–649.

[99] G. Volet, V. Chanthavong, V. Wintgens, C. Amiel, Macromolecules 2005, 38, 5190–5197.

[100]. R. Luxenhofer, A. Schulz, C. Roques, S. Li, T.K. Bronich, E.V. Batrakova, R. Jordan, A.V. Kabanov, Biomaterials 2010, 31, 4972-4979.

[101] H. Huang, R. Hoogenboom, M.A.M. Leenen, P. Guillet, A.M. Jonas, U.S. Schubert, J.F. Gohy, J Am Chem Soc 2006, 128, 3784–3788.

[102] R. Hoogenboom, F. Wiesbrock, M.A.M. Leenen, H.M.L. Thijs, H. Huang, C.A. Fustin, P. Guillet, J.F. Gohy, U.S. Schubert, Macromolecules 2007, 40, 2837–2843.

[103] M. Lobert, R. Hoogenboom, C.A. Fustin, J.F. Gohy, U.S. Schubert, J Polym Sci Part A Polym Chem 2008, 46, 5859–5868.

[104] C.R. Becer, R.M. Paulus, S. Hoppener, R. Hoogenboom, C.A. Fustin, J.F. Gohy, U.S. Schubert. Macromolecules 2008, 41, 5210–5215.

[105] K. Kempe, S. Jacobs, H.M.L Lambermont-Thijs, M.M.W.M. Fijten, R. Hoogenboom, U.S. Schubert, Macromolecules 2010, 43, 4098–4104.

[106] J. Rueda, R. Suica, H. Komber, B. Voit, Macromol Chem Phys 2003, 204, 954–60.

[107] B. Brissault, A. Kichler, C. Leborgne, O. Danos, H. Cheradame, J. Gau, L. Auvray, C. Guis, Biomacromolecules 2006, 7, 2863–2870.

[108] S. Zalipsky, C.B. Hansen, J.M. Oaks, T.M. Allen, J Pharm Sci 1996, 85, 133–137.

[109] F.C. Gaertner, R. Luxenhofer, B. Blechert, R. Jordan, M. Essler, J Control Release 2007, 119, 291–300.

[110] A. Mero, G. Pasut, K. Dalla Via, M.W.M Fijten, U.S. Schubert, R. Hoogenboom, F.M. Veronese, J Control Release 2008, 125, 87–95.

[111] R. Hoogenboom, F. Wiesbrock, M.A.M. Leenen, M.A.R. Meier, U.S. Schubert, J Comb Chem 2005, 7, 10–13.

[112] R. Hoogenboom, M.P. Renzo, A. Pilotti, U.S. Schubert, Macromol Rapid Commun 2006, 27, 1556–1566.

[113] M.P. Renzo, T. Erdmenger, C.R. Becer, R. Hoogenboom, U.S. Schubert, Macromol Rapid Commun 2007, 28, 484–491.

[114] C. Guerrero-Sanchez, R. Hoogenboom, U.S. Schubert, Chem Commun 2006, 36, 3797–3799.

[115] R.J. Zdrahala, I.J. Zdrahala, J Biomater Appl 1999, 14, 67–90.

[116] S.A. Guelcher, Tissue Eng B: Reviews 2008, 14, 3-17.

[117] M. Atai, M. Ahmadi, S. Babanzadeh, D.C. Watts, Dental Mater 2007, 24, 1030-1041.

[118] S. Kiran, N.R. James, A. Jayakrishnan, R. Joseph, J Biomed Mater Res A 2012, 100, 34723479.

[119] J.P. Santerre, K.A. Woodhouse, G. Laroche, R.S. Labow, Biomaterials 2005, 26, 7457–7470.

[120] I.C. Parrag, K.A. Woodhouse, J Biomater Sci Polym Ed 2010, 21, 843–862.

[121] P.C. Caracciolo, A.A.A. de Queiroz, O.Z. Higa, F. Buffa, G.A. Abraham. Acta Biomater 2008, 4, 976–988.

[122] P.C. Caracciolo, F. Buffa, G.A. Abraham, J Mater Sci Mater Med 2009, 20, 145–155.

[123] P.C. Caracciolo, V. Thomas, Y.K. Vohra, F. Buffa, G.A. Abraham, J Mater Sci Mater Med 2009, 20, 2129-2137.

[124] B. Silinski, C. Kuzmycz, A. Gourdenne, Eur Polym J 1987, 23, 273–277.

[125] S. Mallakpour, F. Rafiemanzelat, Iran Polym J 2005, 14, 909–919.

[126] S. Mallakpour, F. Rafiemanzelat, K. Faghihi, Dyes Pigments 2007, 74, 713–722.

[127] S. Mallakpour, Z. Rafiee, Polymer 2007, 48, 5530–5540.

[128] J.M.S.S. Esperança, J.N.C. Lopes, M. Tariq, L.M.N.B.F. Santos, J.W. Magee, L.P.N. Rebelo, J Chem Eng Data 2010, 55, 3–12.

[129] K. Hiroki, Y. Ichikawa, H. Yamashita, J. Sugiyama, Macromol Rapid Commun 2008, 29, 809–814.

[130] K.J. Zhu, R.W. Hendren, K. Jensen, C.G. Pitt, Macromolecules 1991, 24, 1736–1740.

[131] F.Q. Yu, R.X. Zhuo, Polym J 2003, 35, 671–676.

[132] X.L. Wang, R.X. Zhuo, L.J. Liu, F. He, G. Liu, J Polym Sci Part A Polym Chem 2002, 40, 70–75.

[133] J. Watanabe, S. Amemori, M. Akashi, Polymer 2008, 49, 3709–3715.

[134] S.L. Bourke, J. Kohn, Adv Drug Deliv Rev 2003, 55, 447–466.

[135] C. Yu, J. Kohn, Biomaterials 1999, 20, 253–264.

[136] V. Tangpasuthadol, S.M. Pendharkar, R.C. Peterson, J. Kohn, Biomaterials 2000, 21, 2379-2387.

[137] R.I. Sharma, J. Kohn , P.V. Moghe, J Biomed Mater Res A 2004, 69, 114-123.

[138] W.Y. Seowa, Y.Y. Yang, J Control Release 2009, 139, 40–47.

[139] C. Zhang, L.J. Liu, L.Q. Liao, R.X. Zhuo, Polym Prepr Am Chem Soc 2003, 44, 874–875.

[140] L. Liao, C. Zhang, S. Gong, Eur Polym J 2007, 43, 4289–4296.

[141] L. Liao, C. Zhang, S. Gong, J Polym Sci Part A Polym Chem 2007, 45, 5857–5863.

[142] L. Liao, C. Zhang, S. Gong, React Funct Polym 2008, 68, 751–758.

[143] C. Zhang, L. Liao, S. Gong, J Appl Polym Sci 2008, 110, 1236–1241.

[144] S.A. Rahman, A. El Kafrawy, A. Hattaba, M.F. Anwer, Amino Acids 2007, 33, 531–536.

[145] A. Perdih, M. Sollner Dolenc, Curr Org Chem 2007, 11, 801–832.

[146] M. Ito, N. Handa, H. Yanagawa, J Mol Evol 1990, 31, 187–194.

[147] K. Muthusamy, F. Albericio, P.I. ArvidssonI, P. Govender, H.G. Kruger, G.E. Maguire, T. Govender, Pept Sci 2010, 94, 323–330.

[148] S.J. Tantry, R.V. Ramana Rao, V.V. Suresh Babu, Arkivoc 2005, 1, 21–30.

[149] K.A. Woodhouse, P. Klement, V. Chen, M.B. Gorbet, F.W. Keeley, R. Stahl, J.D. Fromstein, C.M. Bellingham, Biomaterials 2004, 25, 4543–4553.

[150] J.L. Osborne, R. Farmer, K.A. Woodhouse, Acta Biomater 2008, 4, 49–57.

[151] S.M. Thombre, B.D. Sarwade, J Macromol Sci Part A 2005, 42, 1299–1315.

[152] M.H. Sung, C. Park, C.J. Kim, H. Poo, K. Soda, M. Ashiuchi, Chemical Rec 2005, 5, 352–366.

[153] T. Kurosaki, T. Kitahara, S. Kawakami, Y. Higuchi, A. Yamaguchi, H. Nakagawa, Y. Kodama, T. Hamamoto, M. Hashida, H. Sasaki, J Control Release 2010, 142, 404–410.

[154] B. Manocha, A. Margaritis, J Nanomater 2010, 780171, 1–9.

[155] J. Guo, Y. Wei, D. Zhou, P. Cai, X. Jing, X.S. Chen, Y. Huang, Biomacromolecules 2011, 12, 737–746.

[156] S.L. Pedersen, A. Pernille Tofteng, L. Malik, K.J. Jensen, Chem Soc Rev 2012, 41, 1826-1844.

[157] S. Zalipsky, Bioconj Chem 1995, 6, 150–165.

[158] K. Knop, R. Hoogenboom, D. Fischer, U.S. Schubert, Angew Chem Int Ed 2010, 49, 6288–6308.

[159] J.M. Harris. In: S. Zalipsky, J.M. Harris editors, Poly(ethylene glycol): chemistry and biological applications. ACS symposium series, vol. 680. Washington, DC: American Chemical Society; 1997. p. 1–13.

[160] D.F. Williams, The Williams dictionary of biomaterials, Liverpool University Press, 1999.

[161] M.M. Dharman, J.Y. Ahn, M.K. Lee, H.L. Shim, K.H. Kim, I. Kim, D.W. Park, Res Chem Intermed 2008, 34, 835–844.

[162] S. Chatti, M. Bortolussi, A. Loupy, J.C. Blais, D. Bogdal, M. Majdoub, Eur Polym J 2002, 38, 1851–1861.

[163] S. Chatti, M. Bortolussi, A. Loupy, J.C. Blais, D. Bogdal, P. Roger, J Appl Polym Sci 2003, 90, 1255–1266.

[164] H.B. Rosen, J. Chang, G.E. Wnek, R.J. Linhardt, R. Langer, Biomaterials 1983, 4, 131–133.

[165] N. Kumar, R.S. Langer, A.J. Domb, Adv Drug Deliv Rev 2002, 54, 889–910.

[166] J. Prakash Jaina, S. Modia, A.J. Domb, N. Kumar, J Control Release 2005, 103, 541–563.

[167] Website: Guilford Pharmaceuticals, About GLIADELR Wafer, http://www.gliadel.com, (Último acceso Diciembre 10, 2012).

[168] M. Westphal, D.C. Hilt, E. Bortey, P. Delavault, R. Olivares, P.C. Warnke, I.R. Whittle, J. Jääskeläinen, Z. Ram, Neuro-Oncology 2003, 5, 79-88

[169] B.M. Vogel, S.K. Mallapragada, B. Narasimhan, Macromol Rapid Commun 2004, 25, 330–333.

[170] G.A. Abraham, A. Gallardo, J. San Román, A. Fernández-Mayoralas, M. Zurita, J. Vaquero, J Biomed Mater Res A 2003, 64, 638–647.

[171] V. Singh, A. Tiwaria, D.N. Tripathi, R. Sanghi, Carbohyd Polym 2004, 58, 1–6.

[172] V. Singh, D.N. Tripathi, A. Tiwari, R. Sanghi, J Appl Polym Sci 2005, 95, 820–825.

[173] V. Singh, A. Tiwari A, D.N. Tripathi, R. Sanghi, Polymer 2006, 47, 254–260.

[174] V. Singh, D.N. Tripathi, A. Tiwari, R. Sangh, Carbohyd Polym 2006, 65, 35–41.

[175] K. Xu, W.D. Zhang, Y.M. Yue, P.X Wang, J Appl Polym Sci 2005, 98, 1050–1054.

[176] A. Mishra, J.H. Clark, A. Vij, S. Daswal, Polym Adv Tech 2007, 19, 99–104.

[177] V. Vijan, S. Kaity, S. Biswas, J. Isaac, A. Ghosh, Carbohydr Polym 2012, 90, 496–506.

[178] K. Duan, H. Chen, J. Huang, J. Yu, S. Liu, D. Wang, Y. Li, Carbohyd Polym 2010, 80, 498–503.

[179] L. Liu, Y. Li, Y. Fang, L. Chen, Carbohyd Polym 2005, 60, 351–356.

[180] B.H. Luo, C.H. Zhong, Z.G. He, C.R. Zhou, Bioinform Biomed Eng 2009, 5163057, 1–3.

[181] Z. Yu, L. Liu, J Appl Polym Sci 2007, 104, 3973–3979.

[182] P.R. Chang, Z. Zhou, P. Xu, Y. Chen, S. Zhou, J. Huang, J Appl Polym Sci 2009, 113, 2973–2979.

[183] N.A. Peppas, P. Bures, W. Leobandung, H. Ichikawa, Eur J Pharm Biopharm 2000, 50, 27-46.

[184] N.A. Peppas, J.Z. Hilt, A. Khademhosseini, R. Langer, Adv Mater 2006, 18, 1345-1360.

[185] B.V. Slaughter, S.S. Khurshid, O.Z. Fisher, A. Khademhosseini, N.A. Peppas, Adv Mater 2009, 21, 3307-3329.

[186] A. Crabbe, P. Thompson, Optometry Vision Sci 2004, 81, 471–477.

[187] K. Prasad, G. Mehta, R. Meena, A.K. Siddhanta, J Appl Polym Sci 2006, 102, 3654–3663.

[188] R. Meena, K. Prasad, G. Mehta, A.K. Siddhanta. J Appl Polym Sci 2006, 102, 5144–5152.

[189] O. Kretschmann, S. Schmitz, H. Ritter, Macromol Rapid Comm 2007, 28, 1265–1269.

[190] A. Sosnik, D. Cohn, J. San Román, G.A. Abraham, J Biomater Sci Polym Ed 2003, 14, 227–239.

[191] A. Sosnik, D. Cohn, Biomaterials 2004, 25, 2851–2858.

[192] D. Cohn, A. Sosnik, S. Garty, Biomacromolecules 2005, 6, 1168–1175.

[193] A. Sosnik, M.V. Sefton, Biomaterials 2005, 26, 7425–7435.

[194] A. Sosnik, B. Leung, A.P. McGuigan, M.V. Sefton, Tissue Eng 2005, 11, 1807–1816.

[195] S. Lin-Gibson, S.I. Bencherif, J.A. Cooper, S.J. Wetzel, J.M. Antonucci, B.M. Vogel, F. Horkay, N.R. Washburn, Biomacromolecules 2004, 5, 1280–1287.

[196] A. Sosnik, ARS Pharm 2007, 48, 83–102.

[197] S. Shi, L. Liu, J Appl Polym Sci 2006, 102, 4177–4184.

[198] Z. Zhao, Z. Li, Q. Xia, H. Xi, Y. Lin, Eur Polym J 2008, 44, 1217–1224.

[199] Z.X. Zhao, Z. Li, Q.B. Xia, E. Bajalis, H.X. Xi, Y.S. Lin, Chem Eng J 2008, 142, 263–270.

[200] J. Jovanovic, B. Adnadjevic, J Appl Polym Sci 2010, 116, 55–63.

[201] H.C. Kolb, M.G. Finn, K.B. Sharpless, Angew Chem Int Ed 2001, 40, 2004–2021.

[202] M. Bardts, H. Ritter, Macromol Chem Phys 2010, 211, 778–781.

[203] A. Sosnik, A. Carcaboso, D.A. Chiappetta, Recent Pat Biomed Eng 2008, 1, 43–59.

[204] M. Antonietti, K. Tañer, Macromol Chem Phys 2003, 204, 207-219.

[205] X.J. Xu, L.M. Gan, Curr Op Colloid Interf Sci 2005, 10, 239-244.

[206] H.L. Kutscher, P. Chao, M. Deshmukh, Y. Singh, P. Hu, L.B. Josephc, D.C. Reimerd, S. Steina, D.L. Laskin, P.J. Sinko, J Control Release 2010, 143, 31–37.

[207] L.C. du Toit, V. Pillay, Y.E. Choonara, Adv Drug Deliv Rev 2010, 62, 532–546.

[208] A. Elaissari, H. Fessi, Macromol Symp 2010, 288, 115–120.

[209] P. Tallury, A. Malhotra, L.M. Byrne, A. Santra, Adv Drug Deliv Rev 2010, 62, 424–437.

[210] W. Zhang, J. Gao, C. Wu, Macromolecules 1997, 30, 6388–6390.

[211] R. Correa, G. Gonzalez, V. Dougar, Polymer 1998, 39, 1471–1474.

[212] J. Palacios, C. Valverde, New Polym Mater 1996, 5, 93–101.

[213] Z. Cheng, X. Zhu, M. Chen, J. Chen, L. Zhang, Polymer 2003, 44, 2243–2247.

[214] J. Bao, A. Zhang, J Appl Polym Sci 2004, 93, 2815–2820.

[215] W.D. He, C.Y. Pan, T. Lu, J Appl Polym Sci 2001, 80, 2455–2459.

[216] Z. Deng, X. Hu, L. Li, C. Yi, Z. Xu, Acta Polym Sin 2005, 2, 293–296.

[217] C. Yi, Z. Deng, Z. Xu, Colloid Polym Sci 2005, 283, 1259–1266.

[218] B. Yang, H. He, R. Chen, D. Jia, E-Polymers 2008, 057, 1–8.

[219] Y. Tang, S. Luo, Z. Fu, M. Shao, Y. Sun, Acta Polym Sin 2003, 6, 887–890.

[220] H. Zhao, H. Chen, Z. Li, W. Su, Q. Zhang, Eur Polym J 2006, 42, 2192–2198.

[221] Z. An, Q. Shi, W. Tang, C.K. Tsung, C.J. Hawker, G.D. Stucky, J Am Chem Soc 2007, 129, 14493–14499.

[222] W. Zhang, C. Wu, T. Ngai, C. Lou, Acta Phys Chim Sin 2000, 16, 116–120.

[223] L.S. You, H.Q. Wu, W.M. Zhang, Z. Fu, L.J. Shen, Chin J Chem 2001, 19, 814–816.

[224] X. Zhu, J. Chen, Z. Cheng, J. Lu, J. Zhu, J Appl Polym Sci 2003, 89, 28–35.

[225] Labes MM, Love P, Nichols LF. Chem Rev 1979;79:1–15.

[226] V.F.F. Barbosa, K.J.D. MacKenzie, C. Thaumaturgo, Int J Inorg Mat 2000, 2, 309–317.

[227] R.D. Archer, Inorganic and organometallic polymers. NewYork: John Wiley & Sons; 2001.

[228] H.R. Allcock, J Inorg Organomet Polym 1992, 2, 197-211.

[229] H.R. Allcock, Appl Organomet Chem 1998, 12, 659-666.

[230] H.R. Allcock, Soft Mat 2012, 8, 7521-7532.

[231] J. Liu, K. Li, H. Wang, M. Zhu, H. Xu, H. Yan, Nanotechnology 2005, 16, 82–87.

[232] B. Li, X. Chen, B. Guo, X. Wang, H. Fan, X. Zhang, Acta Biomater 2009, 5, 134-143.

[233] M. Geppi, G. Mollica, S. Borsacchi, M. Marini, M. Zoselli, F. Pilati, J Mater Res 2007, 22, 3516-3525.

[234] E. Mily, A. González, J.J. Iruin, L. Hirsuta, M.J. Fernández-Berridi, J Sol–Gel Sci Technol 2010, 53, 667–672.

[235] L. Feng, B. Pamidighantam, P.C. Lauterbur, Anal Bioanal Chem 2010, 396, 1607–1612.

[236] C. Migliaresi, H. Alexander, Composites. In: B.D. Ratner, A.S. Hoffman, F.J. Schoen, J.E. Lemons, editors. Biomaterials science: an introduction to materials in medicine, 2nd Ed. London: Elsevier Academic Press 2004, 181–97.

[237] D.A. Papargyris, R.J. Day, A. Nesbitt, D. Bakavos, Compos Sci Technol 2008, 68, 1854–1861.

[238] H.C. Park, H.H. Jin, Y.T. Hyun, W.K. Lee, S.Y. Yoon, Key Eng Mater 2007, 342–343, 205–208.

[239] J. Li, X.L. Lu, Y.F. Zheng, Appl Surf Sci 2008, 255, 494–497.

[240] F. Buffa, H. Hu, D.E. Resasco, Macromolecules 2005, 38, 8258–8263.

[241] H. Zeng, C. Gao, D. Yan, Adv Funct Mater 2006, 16, 812–818.

[242] K. Chrissafis, G. Antoniadis, K.M. Paraskevopoulos, A. Vassiliou, D.N. Bikiaris, Compos Sci Technol 2007, 67, 2165–2174.

[243] X.L. Wang, F.Y. Huang, Y. Zhou, Y.Z. Wang, J Macromol Sci Part B 2009, 48, 710–722.

[244] L. Liao, C. Zhang, S. Gong, Macromol Chem Phys 2007, 208, 1301–9.

[245] J. Yu, F. Ai, A. Dufresne, S. Gao, J. Huang, P.R. Chang, Macromol Mater Eng 2008, 293, 763–770.

[246] Q.L. Tang, K.W. Wang, Y.J. Zhu, F. Chen, Mater Lett 2009, 63, 1332–1334.

[247] Y. Kajiwara, A. Nagai, Y. Chujo, Polym J 2009, 41, 1080–1084.

[248] P. Cheang, K.A. Khor, Mater Sci Eng A 2003, 345, 47–54.

[249] A. Guha, S. Nayar, H.N. Thatoi, Bioinsp Biomim 2010, 5, 24001/1–6.

[250] D.W. Hutmacher, Biomaterials 2000, 21, 2529–2543.

[251] P.B. Malafaya, C. Elvira, A. Gallardo, J. San Roman, R.L. Reis, J Biomater Sci Polym Ed 2001, 12, 1227–1241.

[252] V.M. Correlo, M.E. Gomes, K. Tuzlakoglu, J.M. Olivera, P.M. Malafaya, J.F. Mano, N.M. Neves, R.L. Reis. In: Jenkins M, editor. Biomedical polymers. Cambridge, England, CRC Press, Woodhead Publishing Limited, 2007, 197–217.

[253] M.A. Vandelli, M. Romagnoli, A. Monti, M. Gozzi, P. Guerra, F. Rivasi, F.J. Forni, Control Release 2004, 96, 67–84.

[254] S. Nurjaya, T.W. Wong, Carbohyd Polym 2005, 62, 245–257.

[255] P.K. Chu, J.Y. Chen, L.P. Wang, N. Huang, Mat Sci Eng R 2002, 36, 143–206.

[256] B.T. Ginn, O. Steinbock, Langmuir 2003, 19, 8117–8118.

[257] H.S. Baek, Y.H. Park, C.S. Ki, J.C. Park, D.K. Rah, Surf Coat Techol 2008, 202, 5794–5797.

[258] J. Suhm, M. Moller, H. Linn, International Scientific Colloquium, Modelling for Electromagnetic Processing, Hannover, 2003, March 24-26.

[259] Website: http://www.anton-paar.com/Microwave-Reaction-System-Multiwave-PRO/Sample-Preparation/60_Corporate_en?product_id=467#Features (último acceso Diciembre 2012).

[260] Website: http://cem.com/voyager.html (último acceso Diciembre 2012).

[261] Website: http://milestonesci.com/index.php/product-menu/synth.html (último acceso Diciembre 2012).

[262] Website: http://www.biotage.com/DynPage.aspx?id=56907 (último acceso Diciembre 2012).

# CAPÍTULO 8. DESENVOLVIMENTO DE APLICAÇÕES FARMACÊUTICAS E BIOMÉDICAS ATRAVÉS DE MÉTODOS DE IMPREGNAÇÃO/DEPOSIÇÃO COM FLUIDOS SUPERCRÍTICOS

**Mara E. M. Braga, Maria B. C. de Matos, Ana M. A. Dias, Hermínio C. de Sousa**
*CIEPQPF, Departamento de Engenharia Química, FCTUC, Universidade de Coimbra, Rua Sílvio Lima, Pólo II – Pinhal de Marrocos, 3030-790 Coimbra, Portugal.*

**Resumo:**

Neste capítulo, e além de uma discussão breve dos principais métodos convencionais de incorporação (impregnação/deposição) de aditivos em materiais sólidos (e semi-sólidos), são apresentados e discutidos detalhadamente os métodos de impregnação/deposição de aditivos usando solventes supercríticos (SSI/SSD, do inglês *"Supercritical Solvent Impregnation/Deposition"*) e, em particular, os casos onde se usa o dióxido de carbono supercrítico ($scCO_2$) como solvente de impregnação/deposição para o desenvolvimento de aplicações farmacêuticas e biomédicas. São apresentadas as suas principais características e requisitos bem como as suas potenciais aplicabilidades e vantagens/desvantagens. É feita uma revisão bibliográfica exaustiva dos trabalhos e sistemas específicos já estudados e são ainda apresentados e discutidos, de uma forma breve, os principais requisitos e enquadramentos regulamentares necessários ao desenvolvimento de medicamentos, dispositivos médicos e produtos de combinação usando os métodos SSI/SSD. Por tudo o que é apresentado, pode-se então concluir que estas metodologias, e em particular aquelas que usam $scCO_2$ como solvente, têm vindo a ser

DOI: http://dx.doi.org/10.14195/978-989-26-0881-5_8

cada vez mais estudadas e aplicadas no desenvolvimento de potenciais e inovadoras aplicações farmacêuticas e biomédicas, esperando-se que, nos próximos anos, algumas destas técnicas e aplicações consigam ser transpostas com sucesso para escalas industriais de produção de produtos farmacêuticos e biomédicos comerciais.

**Palavras-chave:** incorporação de aditivos; materiais sólidos e semi--sólidos; métodos de impregnação/deposição de aditivos usando solventes supercríticos (SSI/SSD); aplicações farmacêuticas e biomédicas.

**Abstract:**

In this chapter, and in addition to a brief discussion on the conventional methods commonly used for the incorporation of additives into solid/semi-solid materials, the so-called Supercritical Solvent Impregnation/Deposition (SSI/SSD) methodologies are presented, detailed and discussed, namely those employing supercritical carbon dioxide ($scCO_2$) as the impregnation/deposition solvent for the development of pharmaceutical and biomedical applications. The main features and requisites of these methods, as well as their potential applications and advantages/disadvantages, are presented and discussed in detail. The state-of-the-art of the already studied specific works/systems is presented, and the main regulatory framework for the development of medicines, medical devices and combination products using the SSI/SSD methodologies are also briefly presented and discussed. It can be concluded that, in recent years, the SSI/SSD methodologies and particularly those employing $scCO_2$, have been increasingly studied and applied for the development of several innovative pharmaceutical and biomedical applications which, in the near future, may be successfully transposed to industrial-scale production of commercial pharmaceutical and biomedical products.

**Keywords:** Additive incorporation; solid/semi-solid materials; supercritical solvent impregnation/deposition methods (SSI/SSD); pharmaceutical and biomedical applications.

## 8.1. Introdução

A incorporação e dispersão de aditivos em materiais sólidos ou semi-sólidos (do tipo orgânico, inorgânico ou compósito) é um procedimento habitual para conseguir a funcionalização específica de materiais/ produtos, tendo como principal objectivo conferir-lhes determinadas propriedades (químicas, termomecânicas, reológicas, morfológicas e de superfície, biológicas, eléctricas, magnéticas, ópticas, etc.) de forma a se conseguirem atingir as propriedades funcionais necessárias para as aplicações finais pretendidas ou, simplesmente, para facilitar/possibilitar o seu processamento. Estas propriedades irão sempre ser dependentes das propriedades intrínsecas destes mesmos aditivos, das interacções específicas que se podem estabelecer com os materiais sólidos/semi--sólidos (e das interacções entre os aditivos) bem como da composição relativa com que são incorporados nesses materiais/produtos. Por outro lado, estes aditivos podem ser de muitas e diferentes naturezas, e apresentar propriedades químicas, físicas e biológicas muito distintas. Isto irá possibilitar a preparação de uma vasta gama de materiais/produtos funcionalizados para aplicações específicas em diferentes áreas como, por exemplo, em aplicações farmacêuticas e biomédicas, cosméticas, alimentares, electrónicas, têxteis, revestimentos e ambientais. De entre estes aditivos podem-se referir: fármacos, proteínas e factores de crescimento, peptídeos e enzimas, vitaminas, extractos e produtos naturais, antioxidantes, corantes e pigmentos, adoçantes, acidificantes, aromas, biocidas/pesticidas, plastificantes, protectores de UV e de ozono, agentes de enchimento, agentes compatibilizantes, agentes de dissolução, agentes anti-estáticos, lubrificantes, metais, cerâmicos, polímeros, monómeros, iniciadores, oligómeros, etc. A incorporação destes aditivos pode conduzir à obtenção de materiais homogéneos ou heterogéneos, híbridos ou compósitos, e incluindo incorporação/deposição superficial. A incorporação de aditivos pode ser feita de várias maneiras: i) através de processos de mistura/"*blending*" (exemplos: fusão e mistura no estado líquido, vazamento/evaporação de solvente, mistura física no estado sólido/semi-sólido, etc.); ii) durante os processos reaccionais que levam

311

à formação/modificação dos materiais sólidos/semi-sólidos onde irão ser incorporados (exemplos: reacções de polimerização, enxerto, reticulação, métodos sol-gel, etc.); iii) através da absorção/deposição a partir de soluções líquidas/gasosas (ou de suspensões) seguidas da remoção dos solventes utilizados; ou iv) através de deposição superficial (com ou sem posterior difusão para camadas interiores do material através do uso de solventes e/ou calor) [1-26].

No entanto, existem ainda muitas dificuldades e desafios na optimização e implementação (a várias escalas) de algumas das vias sintéticas e de processamento mais usadas para a obtenção destes materiais/produtos. Estas questões têm essencialmente a ver com o controlo da eficiência e da heterogeneidade de incorporação, com a ocorrência de reacções químicas indesejadas, com o uso de condições que põem em causa a compatibilidade e a estabilidade química das substâncias envolvidas (temperaturas e pressões elevadas, uso de substâncias/solventes que promovem a degradação de determinadas substâncias, etc.), com a eficiência energética e com os custos associados a alguns processos, e com questões de segurança e de toxicidade dos processos e dos materiais/produtos neles envolvidos. A grande maioria destes problemas são ainda mais importantes no caso de materiais e de produtos para aplicações farmacêuticas, biomédicas, cosméticas e alimentares, e onde existem regulamentações muito apertadas em termos de pureza, de homogeneidade, de estabilidade e da presença de resíduos/substâncias que possam afectar a eficiência, a segurança e a toxicidade dos mesmos.

No caso específico dos produtos farmacêuticos e biomédicos, e além das instituições reguladoras existentes em cada país, existem várias entidades reguladoras que são consideradas como as referências a nível mundial e que, desta forma, acabam por desempenhar o papel mais relevante e por estabelecer a grande maioria dos aspectos técnicos e das regulamentações relacionadas com o desenvolvimento, teste, fabrico, autorização de mercado e vigilância pós-comercialização destes tipos de produtos. São elas: a FDA (*"Food and Drug Administration"*, Estados Unidos da América, EUA), a EMA (*"European Medicines Agency"*, União Europeia, UE), o MHLW (*"Ministry of Health, Labour and Welfare"*, Japão) e a ICH (*"International Conference on Harmonization*"). Refira-se que a ICII é uma organização transnacional, envolvendo as entidades reguladoras e a indústria farmacêutica dos EUA, UE e Japão, e que tem como principais objectivos a formulação, harmonização e normalização dos aspectos científicos, técnicos e de toda legislação envolvida no desenvolvimento e fabrico de produtos farmacêuticos para uso humano [27-30].

Assim, e de forma a melhorar a eficiência, custos associados, segurança e a evitar alguns constrangimentos regulamentares, nos últimos anos tem-se procurado activamente desenvolver métodos e processos alternativos para o fabrico de produtos farmacêuticos e biomédicos para uso humano. De entre estes e devido às suas bem conhecidas propriedades e vantagens, os métodos/processos que envolvem o uso de fluidos supercríticos (FSCs), e em particular os que envolvem o uso de dióxido de carbono supercrítico (scCO$_2$), têm vindo a ser cada vez mais estudados e/ou aplicados no desenvolvimento de muitas destas aplicações [23, 31-56].

Neste capítulo começaremos por abordar e descrever brevemente os principais métodos de incorporação/deposição de aditivos em matrizes sólidas e semi-sólidas para o desenvolvimento de aplicações farmacêuticas e biomédicas, para depois abordarmos com maior detalhe o método de impregnação/deposição de aditivos usando solventes supercríticos (SSI/SSD, do inglês "*Supercritical Solvent Impregnation/Deposition*") e, em particular, os casos em que se usa o scCO$_2$ como solvente de impregnação/deposição para o desenvolvimento de aplicações farmacêuticas e biomédicas. É ainda apresentada uma revisão bibliográfica exaustiva, não só dos principais trabalhos referentes à aplicação de FSCs para diversas aplicações farmacêuticas e biomédicas, mas também, e em particular, dos trabalhos e sistemas já estudados usando as metodologias SSI/SSD para estas mesmas aplicações.

## 8.2. Impregnação/deposição de aditivos para aplicações farmacêuticas e biomédicas

A impregnação/deposição ou, simplesmente, a incorporação/mistura de aditivos em matrizes sólidas/semi-sólidas (do tipo orgânico, inorgânico ou compósito) para aplicações farmacêuticas e biomédicas tem normalmente como principais objectivos: i) o desenvolvimento de sistemas com a capacidade de entregar e libertar determinadas substâncias bioactivas de uma forma controlada e reprodutível; ii) o desenvolvimento de materiais e produtos com capacidade antimicrobiana; e iii) conferir determinadas propriedades químicas (e.g., estabilidade, degradabilidade), físicas (e.g., propriedades termomecânicas, reológicas, de absorção de água e morfológicas/superfície), biológicas (e.g., biocompatibilidade, adesão e proliferação celular, degradabilidade e libertação de substâncias bioactivas), ou de outro tipo (e.g., cor, aroma, sabor), e que possam melhorar a sua processabilidade e, obviamente, o seu desempenho final para as aplicações específicas pretendidas [2, 4, 8-21, 24, 26].

Para se atingirem a maioria destes objectivos, há que ter em consideração alguns factores extremamente importantes como sejam: a estabilidade (química e térmica), toxicidade e os perfis farmacocinético e farmacodinâmico das substâncias bioactivas envolvidas; o aumento da biodisponibilidade de substâncias bioactivas com baixa solubilidade em sistemas aquosos; o "design" apropriado das formulações em termos de processabilidade, eficiência terapêutica e de segurança (incluindo o uso dos solventes e dos excipientes/aditivos adequados); e a preparação de sistemas que permitam uma boa adesão pelos pacientes aos sistemas terapêuticos (do inglês, "compliance"), e ainda que sejam o menos invasivos possível [10-26, 57, 58].

As aplicações farmacêuticas e biomédicas (de base sólida ou semi-sólida) mais importantes a considerar são as seguintes: i) sistemas terapêuticos e medicamentos (que têm como objectivo primário a entrega/libertação de substâncias bioactivas - fármacos e biofármacos, i.e., fármacos de baixo peso molecular e fármacos à base de proteínas) e as respectivas formas de dosagem sólidas (ou semi-sólidas); ii) produtos biológicos (de base sólida ou semi-sólida); iii) dispositivos médicos implantáveis de base sólida/semi-sólida, incluindo aqueles com carácter temporário que podem ser usados em aplicações específicas na área da engenharia de tecidos e da medicina regenerativa (normalmente designados por "scaffolds"), e com ou sem a capacidade de libertarem substâncias bioactivas; e iv) outros dispositivos médicos como, por exemplo, lentes de contacto, materiais de sutura, ferramentas cirúrgicas, bioadesivos, pensos e "*dressings*", cateteres, sacos de sangue, etc. (com ou sem a capacidade de libertarem substâncias bioactivas) [11-12, 14-19, 21-22, 24-26].

Convém explicitar quais são as principais diferenças existentes entre os sistemas terapêuticos/medicamentos, os produtos biológicos, os dispositivos médicos e uma outra categoria, designada por produtos de combinação. Assim, e por exemplo, a FDA considera que fármacos (ou sistemas terapêuticos/medicamentos, "*drugs*") são produtos/artigos que podem ser usados para fins de diagnóstico, cura, mitigação, tratamento ou prevenção de doenças em seres humanos (ou em outros animais), e artigos destinados a afectar a estrutura ou qualquer função do corpo humano (ou de outros animais) [18, 22, 26-27, 59]. Por outro lado, a FDA faz uma distinção clara entre os produtos anteriores e os chamados produtos biológicos ("*biological products*"), os quais são, por exemplo, vírus, soros terapêuticos, toxinas, anti-toxinas, vacinas, sangue e componentes/derivados de sangue, produtos alergénicos, e proteínas (excepto qualquer polipeptídeo sintetizado quimicamente), e que sejam aplicados na prevenção, tratamento ou cura de uma doença ou condição em seres humanos [18, 22, 26-27, 60]. Além disso, a FDA classifica um dispositivo médico ("*device*") como sendo um instrumento, "*apparatus*", utensílio, ferramenta, máquina, dispositivo, implante, reagente "*in vivo*", ou outro artigo similar ou relacionado (incluindo os seus componentes ou acessórios), que possa ser usado no diagnóstico de doenças ou de outras condições, na cura, mitigação, tratamento ou prevenção de doenças em seres humanos (ou em outros animais), ou para afectar a estrutura ou qualquer função do corpo humano (ou de outros animais), mas que não atinja os seus propósitos principais (primários) através de reacções químicas no corpo humano (ou de outros animais) e que não seja dependente da sua metabolização para atingir os seus propósitos principais [18, 22, 26-27, 59]. Por fim, a FDA considera que um produto de combinação ("*combination product*") é, e conforme o seu nome indica, a combinação dos diferentes produtos/ entidades singulares acima descritos, ou seja: um fármaco combinado com um dispositivo médico, um fármaco combinado com um produto biológico, um dispositivo médico combinado com um produto biológico, ou um dispositivo médico combinado com um fármaco e com um produto biológico. No entanto, não são considerados produtos de combinação: um fármaco com um fármaco, um produto biológico com um produto biológico, um dispositivo médico com um dispositivo médico, um produto alimentar com um fármaco, dispositivo médico ou produto biológico, e um produto cosmético com um fármaco, dispositivo médico ou produto biológico. Estes produtos podem ser "combinados" através de mistura química e/ou física (numa única entidade), por co-embalagem (em "*kits*") ou embalados/vendidos separadamente mas rotulados especificamente para uso em conjunto [18, 22, 26-27, 59-61]. Alguns exemplos de produtos de combinação (segundo a FDA) são, por exemplo: um "*stent*" cardiovascular dotado com a capacidade de libertação de um fármaco, um catéter revestido com um agente anti-microbiano, um implante ortopédico carregado com um factor de crescimento, um conjugado anti-corpo/fármaco, um dispositivo de entrega de fármaco (ou de produto biológico) pré-cheio (e.g., seringas ou inaladores que contenham fármacos ou produtos biológicos), um fármaco activável por acção da luz e uma fonte luminosa, etc. Saliente-se que, e para cada aplicação farmacêutica ou biomédica em estudo/desenvolvimento, é necessário definir muito bem qual é o tipo de produto que se deve considerar (se sistema terapêutico/medicamento, se produto biológico, se dispositivo médico ou se produto de combinação), uma vez que os correspondentes processos regulatórios, legislação e comités/centros de avaliação/aprovação competentes (pertencentes às autoridade reguladoras) podem ser bastante diferentes. Esta definição é particularmente importante no caso dos produtos de combinação onde, e no caso da FDA, é necessário estabelecer qual é o chamado "Modo de Acção Primário" (PMOA, do inglês "*Primary Mode of Action*") e, assim, definir qual será o enquadramento legal e a jurisdição competente para a sua avaliação/aprovação [18, 22, 26-27, 59-62]. Na EMA, que é a entidade competente na UE, as definições, distinções, processos regulatórios, legislação e comités/centros de avaliação/aprovação competentes (para os produtos farmacêuticos/biomédicos e para as situações acima descritas) são ligeiramente diferentes das consideradas pela FDA [22, 26, 28, 63]. No entanto, os pressupostos, os objectivos subjacentes e a legislação aplicável são, na sua essência, muito semelhantes aos da FDA pelo que não serão descritos aqui em detalhe.

De entre os aditivos mais usados no desenvolvimento e fabrico dos diferentes tipos de produtos farmacêuticos e biomédicos acima indicados, devem ser consideradas em primeiro lugar as substâncias bioactivas com capacidade terapêutica ou de substituição (e.g., fármacos do tipo pequena-molécula, fármacos de base proteica, enzimas, peptídeos, factores de crescimento, hormonas, etc.). No entanto, devem-se igualmente considerar outros casos, tais como: substâncias bioactivas com capacidade antimicrobiana (i.e., substâncias com actividade biocida específica ou de largo espectro), biomarcadores, agentes de contraste, vitaminas, extractos vegetais e produtos naturais, antioxidantes, conservantes, plastificantes, agentes de enchimento, agentes compatibilizantes, surfactantes, lubrificantes, corantes/pigmentos e protectores de radiação UV, adoçantes, acidificantes e aromas. Além dos requisitos terapêuticos específicos necessários para cada aplicação particular pretendida, os exigentes requisitos regulamentares necessários para o desenvolvimento deste tipo de aplicações e para a sua introdução no mercado impõem ainda que todos estes aditivos tenham uma segurança, biocompatibilidade e toxicidade comprovada (bem como os seus eventuais produtos de degradação) e que apresentem todas as características necessárias em termos de pureza, homogeneidade e estabilidade [10-26].

A incorporação/dispersão de substâncias bioactivas em matrizes sólidas/semi-sólidas bem como a preparação de formas de dosagem sólidas/semi-sólidas com vista ao desenvolvimento ou ao aperfeiçoamento de sistemas de entrega e libertação controlada representa, sem qualquer dúvida, a maior parte das aplicações nestas áreas. De acordo com várias considerações de índole prática e com a farmacocinética e farmacodinâmica requeridas para os processos terapêuticos envolvidos, estes sistemas devem ser preferencialmente desenhados e preparados de forma a libertar as substâncias bioactivas de um modo muito específico, ou seja, apenas nos locais desejados e com uma taxa/velocidade de libertação adequada. Por exemplo e para substâncias bioactivas com baixa solubilidade em água, a melhoria das taxas de dissolução dos ingredientes bioactivos pode ser conseguida através da preparação de formulações cujas matrizes sólidas/semi-sólidas são bastante solúveis em meios aquosos (a valores específicos de pH e de força iónica). No caso oposto e para substâncias bioactivas muito solúveis em água e/ou com tempos de meia vida curtos, é normalmente necessária a incorporação e a preparação de sistemas sólidos/semi-sólidos hidrofóbicos e com baixa solubilidade em água. No entanto sabe-se que, para qualquer uma das situações acima descritas e de modo a se obterem os melhores efeitos terapêuticos possíveis, as substâncias bioactivas devem preferencialmente encontrar-se dispersas nas matrizes sólidas/semi-sólidas de suporte a um nível molecular, i.e., homogeneamente misturadas, caso contrário a dissolução e a biodisponibilidade das mesmas podem ser grandemente afectadas [9-17, 19-21, 25-26, 64-69].

A grande maioria dos métodos de produção destas formas sólidas/semi-sólidas de dosagem envolve o uso de processos clássicos de processamento farmacêutico, i.e., processos baseados na mistura física (seca ou húmida) e na dispersão heterogénea dos ingredientes activos e dos excipientes adequados (a temperaturas relativamente baixas), aos quais se seguem, por exemplo, os processos de granulação, secagem, "pelletização", compressão e enchimento de cápsulas/saquetas, esterilização, etc. [11-12, 14-17, 19-21, 70-74].

Outra maneira relativamente simples de incorporar aditivos em matrizes sólidas/semi-sólidas consiste na mistura física das várias substâncias envolvidas (normalmente no estado sólido, embora alguns líquidos possam ser usados) e no posterior aquecimento até à fusão (total ou parcial) destas misturas. Alguns aditivos podem/devem ser introduzidos na fase inicial do processo (antes da fusão) ou, preferencialmente e no caso das substâncias bioactivas lábeis, apenas quando as matrizes de suporte já estão fundidas. Estas misturas (homogéneas ou heterogéneas) são depois arrefecidas, daí resultando a incorporação dos aditivos de interesse em variadas formas tridimensionais. Por exemplo, este é o método que serve de base à formação de materiais e dispositivos sólidos de base polimérica (através do uso de diversos processos de extrusão e moldagem - por injecção e/ou por sopro), em diversas formas e geometrias e usando polímeros termoplásticos (ou ligas poliméricas - "blends" – de polímeros termoplásticos)

[11, 16]. A grande maioria das matrizes sólidas/semi-sólidas envolvidas (normalmente de natureza polimérica) tem de ter a capacidade de fundir (sem degradar) a temperaturas até cerca de 100-150 °C. No entanto e apesar destas matrizes poderem não sofrer degradação térmica até à sua fusão, há que considerar que a grande maioria dos aditivos de interesse para aplicações farmacêuticas e biomédicas são substâncias termicamente lábeis (quer com o aquecimento a temperaturas elevadas, quer com processos de aquecimento/arrefecimento rápidos). Além disso, e com o uso de temperaturas relativamente elevadas, existe ainda a possibilidade de ocorrerem reacções químicas indesejáveis entre as substâncias envolvidas e entre estas e os ingredientes bioactivos [11, 16, 75-76].

Em alternativa e para evitar o uso de altas temperaturas de fusão, a incorporação de aditivos em matrizes sólidas/semi-sólidas para fins farmacêuticos ou biomédicos pode também ser feita recorrendo a métodos em que se usam substâncias líquidas voláteis como solventes ou como agentes de dispersão para os aditivos. As matrizes e os aditivos a incorporar são assim dissolvidos (ou dispersos) nestes líquidos e, posteriormente, os mesmos são removidos de diversas maneiras (e.g., liofilização, evaporação, secagem supercrítica, "spray-drying", electrofiação ("electro-spinning") etc.), obtendo-se assim as matrizes sólidas/semi-sólidas (sob diversas formas) com os aditivos nelas incorporados. No entanto e embora não sejam normalmente requeridas temperaturas tão elevadas como nos processos que envolvem a fusão das substâncias envolvidas, será quase sempre necessário o uso de processos térmicos e/ou sob vácuo para a remoção dos líquidos usados e/ou para a secagem completa dos materiais sólidos obtidos. Se estas substâncias líquidas apresentarem problemas de segurança e toxicidade, então a sua remoção a níveis aceitáveis (e normalmente muito baixos) poderá ser muito difícil de conseguir [11, 13, 16, 20-21, 70-71, 74, 77-81].

A incorporação de aditivos pode também ser feita durante os processos reaccionais que levam à formação (ou à modificação) dos materiais sólidos/semi-sólidos onde irão ser incorporados. Existem inúmeras maneiras de aplicar este tipo de procedimentos, as quais derivam dos muitos tipos de reacções químicas e de modos de reacção que podem ser utilizados para estes fins. Como exemplos podemos referir as reacções de polimerização/copolimerização, enxerto e reticulação (para a formação de materiais poliméricos), e os métodos sol-gel (para a obtenção de matrizes sólidas/semi-sólidas inorgânicas ou híbridas). Assim, os aditivos a incorporar são inicialmente misturados com solventes líquidos, reagentes (monómeros, co-monómeros, pré-polímeros, e outros precursores químicos), e com outras substâncias químicas necessárias ao processo (iniciadores, agentes de transferência de cadeia, surfactantes, catalisadores, ácidos/bases, etc.). À medida que as reacções decorrem, irão formar-se as matrizes desejadas ficando os aditivos retidos fisicamente, por oclusão, no seu interior. Além de processos que envolvem reacções químicas (i.e., formação de ligações covalentes), podem também ser usadas estratégias semelhantes para a oclusão de aditivos em matrizes sólidas/semi-sólidas mas onde está apenas envolvido o estabelecimento de interacções físicas (interacções iónicas, de pontes de hidrogénio e hidrofóbicas) para a formação de estruturas tridimensionais de materiais poliméricos e/ou inorgânicos (e.g., técnicas de auto-organização, do inglês "self-assembly"). No entanto, a maioria destes métodos podem trazer algumas complicações uma vez que normalmente implicam o uso temperaturas relativamente elevadas, de solventes e de outras espécies químicas (muitas vezes tóxicas ou perigosas e que terão de ser removidas), e a possibilidade de ocorrência de reacções indesejáveis (que podem promover a degradação das substâncias de interesse e/ou a formação de compostos perigosos) [7, 11, 13, 81-86].

Por fim, uma outra técnica muito usada consiste no contacto das matrizes sólidas/semi-sólidas previamente preparadas com soluções líquidas (ou mesmo com emulsões ou dispersões finas) contendo os aditivos a incorporar. Isto pode ser feito através da imersão das matrizes nas soluções/emulsões/dispersões líquidas ou por adição de determinadas quantidades das soluções/emulsões/dispersões líquidas às matrizes. Nestas situações, as matrizes usadas (poliméricas, inorgânicas ou compósitas/híbridas) não se devem dissolver nos solventes líquidos usados, embora possam (e devam) absorver grandes quantidades dos mesmos para, desta forma, incharem e facilitarem o processo de difusão dos aditivos para o seu interior. Após este processo difusional, os aditivos ficam incorporados através das interacções específicas estabelecidas com as matrizes sólidas/semi-sólidas. No entanto e na maioria dos casos, estes processos são demorados, conduzem a incorporações pouco homogéneas e não são muito eficientes em termos das quantidades incorporadas. Isto acontece essencialmente devido à baixa difusividade dos aditivos empregues, às baixas capacidades dos solventes líquidos para inchar as matrizes e/ou às fracas interacções que se conseguem estabelecer entre os aditivos e as matrizes. O aumento da temperatura pode ser usado para melhorar esta eficiência mas também pode provocar a degradação das substâncias envolvidas. Além disso e uma vez mais, poderão estar envolvidas substâncias líquidas tóxicas ou perigosas, e será assim necessário usar procedimentos adicionais de remoção destes líquidos e de secagem dos materiais. No entanto, estes procedimentos também requerem normalmente o uso de temperaturas relativamente elevadas e que podem degradar as substâncias envolvidas [87-90].

Pode-se assim concluir que, e em termos gerais, todos os métodos convencionais de incorporação de aditivos em matrizes sólidas/semi-sólidas para aplicações farmacêuticas e biomédicas podem apresentar alguns problemas e desvantagens importantes, em particular as relacionadas com a baixa heterogeneidade e com os baixos rendimentos de incorporação, com a possível ocorrência de reacções químicas indesejadas, com a necessidade de remoção das substâncias líquidas usadas e com a secagem dos materiais obtidos, com o uso de condições de processamento que podem degradar e diminuir a estabilidade das substâncias envolvidas (em particular, das substâncias bioactivas), com a pureza, segurança e toxicidade dos substâncias químicas e solventes usados (e com a presença de quantidades residuais dos mesmos), bem como com a eficiência energética e custos associados a estes métodos.

Como já referido na Introdução e embora todos os problemas acima referidos sejam também muito relevantes de um ponto de vista tecnológico e/ou económico, as questões relacionadas com a pureza, segurança e toxicidade tornam-se críticas para as aplicações farmacêuticas e biomédicas, onde existem várias entidades reguladoras (a nível nacional e internacional) que definem e fiscalizam a grande maioria dos aspectos científicos, técnicos e regulamentares como, por exemplo, quais as substâncias que podem ser usadas e que estabelecem ainda limitações muito restritivas em termos de pureza, de homogeneidade, de reprodutibilidade, de estabilidade e de quantidades residuais de substâncias/aditivos que possam afectar a segurança e toxicidade dos produtos farmacêuticos, dispositivos médicos e produtos de combinação para uso humano. Além das instituições reguladoras existentes em cada país, estas entidades reguladoras de referência a nível mundial para estes propósitos são, como já foi referido, a FDA (EUA), a EMA (UE), o MHLW (Japão) e a ICH (organização transnacional) [9-19, 22-23, 26-30].

Desta forma, torna-se necessário desenvolver e aplicar métodos e processos alternativos que possam permitir a incorporação dos aditivos pretendidos em produtos farmacêuticos, dispositivos médicos e produtos de combinação para uso humano, de uma forma eficiente e economicamente viável e que, simultaneamente, possam evitar as questões de segurança acima referidas e estar de acordo com as regulamentações existentes.

## 8.3. O uso de fluidos supercríticos no desenvolvimento de aplicações farmacêuticas e biomédicas

De entre as alternativas aos métodos convencionais de incorporação de aditivos em matrizes sólidas/semi-sólidas para aplicações farmacêuticas e biomédicas e devido às suas bem conhecidas propriedades e vantagens, os métodos/processos que envolvem o uso de fluidos supercríticos (FSCs), e em particular os que envolvem o uso de dióxido de carbono supercrítico ($scCO_2$), têm vindo a ser cada vez mais estudados e/ou aplicados. Este facto acontece essencialmente porque, e na grande maioria dos casos, são técnicas "livres-de-solventes" (do inglês, *"solvent-free")* e *porque* permitem processamentos bastante versáteis e que podem ser realizados a temperaturas relativamente próximas da temperatura ambiente. Em termos muito gerais, pode-se dizer que os FSCs possuem algumas propriedades com valores semelhantes às dos líquidos (e.g., densidade) e outras propriedades com valores próximos das dos gases (e.g., propriedades de transporte como a viscosidade e a difusividade). Isto pode permitir que, em determinadas condições, um FSC possa penetrar com relativa facilidade para o interior de determinadas matrizes sólidas/semi-sólidas e assim extrair ou depositar determinadas substâncias dessas/nessas mesmas matrizes. Além disso, estas propriedades são facilmente ajustáveis através da variação das condições de pressão e/ou temperatura. Em certos casos, os FSCs apresentam também excelentes propriedades enquanto agentes plastificantes temporários, uma vez que conseguem difundir-se e dissolver-se em muitas matrizes poliméricas, promovendo assim seu intumescimento e a posterior difusão de substâncias no seu interior. Assim e por exemplo, os processos de extracção e de impregnação/deposição que se pretendam realizar irão ser beneficiados com esta situação. Finalmente, uma outra vantagem muito importante é a que resulta da sua fácil eliminação (por passagem ao estado gasoso por despressurização simples), com a consequente recuperação dos produtos finais de uma forma fácil, barata, e sem a presença de quaisquer vestígios residuais [23, 31-56].

O dióxido de carbono supercrítico ($scCO_2$) é, sem qualquer dúvida, o FSC mais utilizado. Para esta substância química, o estado supercrítico pode ser facilmente atingido e o processamento nestas condições pode assim ser efectuado a temperaturas imediatamente acima dos 32 °C e a pressões acima dos 7.4 MPa (uma vez que a sua temperatura crítica e pressão crítica são 31.1 °C e 7.4 MPa, respectivamente). Além disso, o $CO_2$ é uma substância considerada segura no desenvolvimento de aplicações alimentares (é considerado como uma substância GRAS - do inglês *"Generally Recognized As Safe"* - pela FDA, EUA) [91], é ambientalmente aceitável (podendo ser recuperado e reutilizado, não contribuindo assim para o efeito de estufa), tem baixa ou inexistente toxicidade, e não é inflamável. É barato e abundante, possui uma reactividade relativamente baixa (nas condições em que é normalmente usado), é inerte à oxidação e, mais recentemente, tem também sido usado como agente esterilizante terminal para várias aplicações, incluindo para materiais biológicos e aplicações biomédicas [23, 31-56, 73, 92-94].

Assim, e em termos de aplicações farmacêuticas e biomédicas, os FSCs podem ser usados como solventes, antisolventes, solutos e, embora seja muito raro, podem até ser utilizados como reagentes. De entre as vastas aplicações possíveis nestas áreas, podem salientar-se: reacções em FSCs com vista à produção de ingredientes farmacêuticos activos (APIs, do inglês "*Active Pharmaceutical Ingredients*"), de compostos intermediários e de excipientes; secagem de APIs, excipientes e de formulações farmacêuticas; controlo de morfologia e obtenção de polimorfos de alta pureza; separação de misturas racémicas de substâncias bioactivas; fraccionamento de substâncias bioactivas (proteínas, polímeros, lípidos, compostos polifenólicos) e de excipientes; "*refolding*" de proteínas; produção de lipossomas e de complexos de inclusão; revestimento de formas finais de dosagem e de implantes e dispositivos médicos; agentes esterilizantes; cromatografia supercrítica; extracção de substâncias bioactivas e de impurezas/solventes residuais; auxiliares de processamento (redutores de viscosidade e plastificantes temporários); agentes morfológicos, porogénicos e espumantes; produção de micro- e nanopartículas (e de micro- e nanocápsulas); e ainda impregnação/deposição de substâncias bioactivas em matrizes sólidas ou semi-sólidas. Todas estas potenciais e efectivas aplicações foram já apresentadas e revistas em muitos trabalhos que podem ser encontrados na literatura científica e técnica [23, 31-56, 74, 80, 92-94, 95-133].

Nas secções seguintes, iremos abordar em detalhe estas últimas metodologias, ou seja, iremos apresentar e descrever a técnica de impregnação/ deposição de aditivos em matrizes/materiais sólidos (ou semi-sólidos) usando solventes supercríticos (SSI/SSD, do inglês "*Supercritical Solvent Impregnation/Deposition*") e, em particular, a situação mais comum que é a que envolve o uso de scCO$_2$ como solvente de impregnação/deposição para o desenvolvimento de aplicações farmacêuticas e biomédicas para uso humano.

## 8.4. Impregnação/deposição com solventes supercríticos para aplicações farmacêuticas e biomédicas

Os métodos de impregnação/deposição com solventes supercríticos (SSI/ SSD) foram inicialmente sugeridos e/ou aplicados para o desenvolvimento de aplicações farmacêuticas há cerca de 30 anos, por Berens, Sand, Paulaitis, Perman e colaboradores [128, 134-139]. Desde aí, e como veremos adiante, têm sido cada vez mais estudados, explorados e aplicados no desenvolvimento de algumas destas aplicações. Em termos muito gerais, estas técnicas consistem na aplicação sequencial de 3 passos principais [23, 38, 40-41, 45, 52, 128-129, 134, 136, 138-139, 140-147].

(i) Dissolução do(s) aditivo(s) num fluido comprimido muito volátil (normalmente um gás à pressão atmosférica), ou numa mistura de fluidos comprimidos, em gamas adequadas de composição, temperatura e pressão (muito próximas ou acima da temperatura e pressão crítica do fluido - ou da mistura de fluidos comprimidos). Para aumentar a solubilidade dos aditivos nas condições usadas, podem-se adicionar pequenas quantidades de co-solventes (ou de surfactantes);

ii) Colocação da mistura fluida comprimida (resultante do passo anterior) em contacto com a matriz sólida (ou semi-sólida) a ser processada, durante um período de tempo conveniente, e em gamas adequadas de pressão e de temperatura (que podem ser diferentes das usadas para a dissolução dos aditivos). Durante este passo do processo, a mistura fluida comprimida, que contém o(s) aditivo(s) dissolvido(s), ir-se-á difundir para o interior da matriz sólida/semi-sólida e, nalguns casos, podendo/ devendo também dissolver-se na matriz e assim actuar como um agente plastificante temporário e/ou como um agente de intumescimento dessa mesma matriz;

iii) Após o tempo de contacto considerado conveniente, é feita a remoção da mistura fluida comprimida, através de uma despressurização e expansão controlada (a qual pode ser feita de uma forma lenta ou rápida). No final, recupera-se a matriz sólida (ou semi-sólida) com o(s) aditivo(s) nela impregnado(s) ou depositado(s) (com determinados níveis de incorporação e de homogeneidade) e num estado "livre-de--solvente" (caso não se usem quaisquer outras substâncias líquidas no processo).

Estas técnicas podem assim permitir a impregnação/deposição de aditivos (que sejam solúveis nos FSCs usados em várias matrizes sólidas/ semi-sólidas: poliméricas, inorgânicas e híbridas/compósitas) e, quando desejado e adequadamente usadas (i.e., usando o FSC adequado e as condições operacionais apropriadas), sem alterar as propriedades químicas e físicas (incluindo as propriedades termomecânicas e morfológicas) dos materiais usados e sem degradar termicamente e/ou quimicamente as substâncias envolvidas no processo. Além disso, e como veremos adiante, a eficiência e a homogeneidade de impregnação/deposição podem ser facilmente controladas através da manipulação de várias condições experimentais (pressões, temperaturas, tempos de processamento, velocidades de despressurização, uso de co-solventes e de surfactantes, etc.). No final, e caso não se usem quaisquer substâncias líquidas em condições de temperatura e pressão ambientais, os materiais serão sempre recuperados numa forma seca e sem a presença de quaisquer solventes residuais. Finalmente e não menos importante: estas técnicas permitem também a incorporação de vários aditivos de interesse em materiais e outros dispositivos sólidos/semi-sólidos (e.g., produtos acabados) que já foram previamente preparados por outras técnicas, com diferentes formas e geometrias, sem com isso interferir com os processos de produção e de processamento destes mesmos materiais/dispositivos [38, 40, 129, 140-141, 143-147].

O rendimento final dos processos de SSI/SSD e as propriedades dos sistemas obtidos serão sempre função das interacções específicas que existem e/ou que se podem estabelecer entre todas as substâncias envolvidas (FSCs, aditivos, matrizes sólidas/semi-sólidas, co-solventes, etc.), bem como das suas magnitudes/intensidades relativas, e das condições de processamento utilizadas, como se verá mais adiante e com mais detalhe. No entanto e como já brevemente referido, existem alguns requisitos prévios fundamentais que se devem ter em consideração quando se pretende desenvolver e aplicar o processo SSI/SSD. Assim e em primeiro lugar, os aditivos a incorporar devem ter uma solubilidade elevada ou, pelo menos, apreciável no FSC, i.e., as interacções aditivo/FSC devem/têm de ser bastante favoráveis. Como já referido, esta solubilidade pode ser melhorada através da adição de pequenas quantidades de co-solventes específicos (ou de surfactantes), os quais são escolhidos de forma a melhorar estas interacções aditivo/FSC. No caso do FSC mais utilizado, i.e., no caso do uso de $scCO_2$, deve-se referir que se trata de uma substância apolar (i.e., sem momento dipolar permanente), apesar de apresentar um forte quadrupólo. Tem uma baixa polarizabilidade (semelhante à do metano) e comporta-se geralmente como um ácido de Lewis fraco (embora também tenha também algumas características de base de Lewis fraca devido ao seu quadrupólo permanente). Como tal e também devido ao seu baixo peso molecular, geralmente o $scCO_2$ só consegue dissolver substâncias apolares (ou de baixa polaridade) e de peso molecular relativamente baixo. No entanto, e devido ao seu quadrupólo e à adição de co-solventes polares e/ou de surfactantes adequados, poderá conseguir dissolver substâncias com alguma polaridade (embora numa extensão limitada) [38, 40, 129, 140-164].

Por outro lado e para que a técnica seja aplicável, as matrizes sólidas/semi-sólidas não devem ser solúveis nos FSCs usados, i.e., as interacções matriz/FSC não devem ser tão favoráveis que possibilitem esta mesma dissolução. No entanto e para que o processo SSI/SSD seja eficiente, é desejável que existam algumas interacções relativamente favoráveis entre os FSCs e as matrizes sólidas/semi-sólidas em uso, para que estes se consigam difundir facilmente no seu interior, promover o seu intumescimento, e assim facilitar o processo de incorporação dos aditivos. Mas e mais uma vez, esta afinidade entre os FSCs e as matrizes não pode ser muito grande uma vez que pode levar a uma outra situação relativamente comum para alguns sistemas sólidos de base orgânica e polimérica: a quantidade de FSC que se solubiliza nos materiais sólidos é tão elevada que irá promover um nível de plastificação temporária extremamente alto, o qual acabará por levar à "fusão" do material sólido. Este fenómeno é a base de três tipos de outros processos envolvendo FSCs e que podem também ser utilizados no desenvolvimento de aplicações farmacêuticas e biomédicas: os processos PGSS (do inglês, *"Particles from Gas-Saturated Solutions"*) [23, 31, 35, 45, 52, 97, 99-101, 103, 106-108, 165-166], e os processos SFM (do inglês *"Supercrical-assisted Foaming and Mixing"*), e de extrusão/injecção com *"foaming"* por FSCs (do inglês *"Supercrical fluid extrusion/injection foaming"*) [33-41, 98, 111-121, 167-168]. No entanto, estes processos não serão aqui desenvolvidos uma vez que saem fora do âmbito deste trabalho.

Refira-se uma vez mais que, e no caso do uso de $scCO_2$ e quando se usam de matrizes sólidas/semi-sólidas de base orgânica e polimérica, só as substâncias de baixo peso molecular (e.g., ceras, oligómeros) ou os polímeros pertencentes às famílias dos poli(siloxanos) (devido às ligações -Si-O-Si- muito flexíveis da cadeia polimérica) e dos poli(perfluoroalcanos) (devido às interacções favoráveis entre o $CO_2$ e as ligações C-F), conseguem ser solúveis numa quantidade apreciável em $scCO_2$ [38-41, 45, 48-50, 52, 98, 119, 142, 154-155, 169-172]. Por oposição e devido aos seus pesos moleculares normalmente muito elevados e à ausência de interacções favoráveis com o $scCO_2$, os polissacarídeos e as proteínas são praticamente insolúveis em $scCO_2$ (mesmo com a adição de co-solventes e/ou surfactantes específicos). No entanto e do ponto de vista da solubilidade do $scCO_2$ nas matrizes sólidas/semi-sólidas de base orgânica e polimérica, são essencialmente as estruturas químicas e físicas destes materiais (e não tanto os seus pesos moleculares) que irão condicionar e ter maior influência no processo de sorpção e de solubilização do $CO_2$ nestas matrizes. Por fim, deve também referir-se que outras propriedades físicas destes materiais (como a cristalinidade, índice de polidispersão, tacticidade e grau de ramificação) irão também condicionar a solubilidade recíproca entre o $scCO_2$ e estes materiais [38-41, 45, 48-50, 52, 98, 119, 129, 140-164, 169-172].

Na Figura 8.1 são indicadas as três situações que podem ocorrer no processo SSI/SSD. No caso da Figura 8.1 A), o FSC é muito pouco solúvel ou insolúvel na matriz sólida a processar e são apresentadas 2 situações: i) em cima, é apresentado o caso em que uma matriz sólida, quando em contacto com um FSC contendo um aditivo dissolvido, não consegue absorver e dissolver esta mistura em quantidades apreciáveis. Esta matriz sólida e os poros existentes nela podem, no entanto, sofrer pequenas deformações e aumentar ligeiramente de volume (devido a uma pequena absorção da mistura, às altas pressões usadas e ao aumento da quantidade da mistura FSC+aditivo no interior dos poros do material) mas o sistema é incapaz de inchar verdadeiramente (por absorção). Isto pode também promover a ruptura de partes do material levando à criação de novos poros e assim a um aumento da porosidade do material. Por exemplo, este é o caso de polímeros onde o scCO$_2$ é muito pouco solúvel mas que têm propriedades mecânicas que permitem a ocorrência de deformações por acção mecânica da pressão de operação (exemplos: polissacarídeos como a quitina e o quitosano e alguns dos seus derivados). Após a despressurização controlada do sistema (lenta ou rápida), o FSC é removido e a matriz sólida retorna às suas dimensões iniciais (se a pequena deformação ocorrida for completamente elástica) ou, como é mais frequente, fica com dimensões muito próximas das originais. A diminuição da pressão vai provocar a diminuição da solubilidade do aditivo na fase fluida móvel, fazendo com que este precipite (por um processo de nucleação e crescimento), e ficando assim depositado na forma sólida na superfície dos poros do material ou em regiões muito próximas da superfície do material; ii) em baixo, é mostrada uma situação em que a matriz sólida não consegue absorver e dissolver o FSC no seu interior. Nem consegue ser deformada por acção do FSC e das altas pressões usadas. Por exemplo, este é o caso de materiais porosos do tipo cerâmico/inorgânico ou de alguns polímeros porosos termoendurecíveis (exemplo: sílicas mesoporosas). Assim e após a despressurização, o material retém as dimensões iniciais e, de novo, o aditivo é precipitado e depositado na superfície dos poros do material.

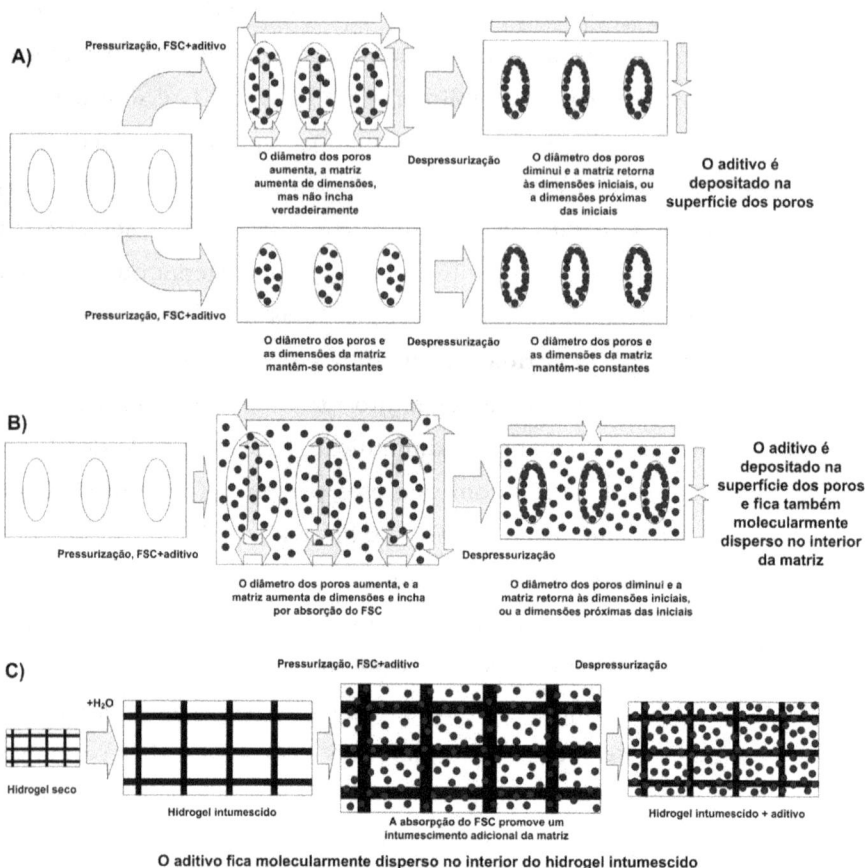

**A)**
Pressurização, FSC+aditivo

O diâmetro dos poros aumenta, a matriz aumenta de dimensões, mas não incha verdadeiramente

Despressurização

O diâmetro dos poros diminui e a matriz retorna às dimensões iniciais, ou a dimensões próximas das iniciais

O aditivo é depositado na superfície dos poros

Pressurização, FSC+aditivo

O diâmetro dos poros e as dimensões da matriz mantêm-se constantes

Despressurização

O diâmetro dos poros e as dimensões da matriz mantêm-se constantes

**B)**
Pressurização, FSC+aditivo

O diâmetro dos poros aumenta, e a matriz aumenta de dimensões e incha por absorção do FSC

Despressurização

O diâmetro dos poros diminui e a matriz retorna às dimensões iniciais, ou a dimensões próximas das iniciais

O aditivo é depositado na superfície dos poros e fica também molecularmente disperso no interior da matriz

**C)**
Pressurização, FSC+aditivo

Despressurização

+H₂O

Hidrogel seco

Hidrogel intumescido

A absorção do FSC promove um intumescimento adicional da matriz

Hidrogel intumescido + aditivo

O aditivo fica molecularmente disperso no interior do hidrogel intumescido

**Figura 8.1.** Possíveis situações que podem ocorrer durante o processo SSI/SSD. A) Matrizes sólidas onde os FSCs não são solúveis (ou são muito pouco solúveis); B) Matrizes sólidas onde os FSCs são solúveis em quantidades apreciáveis; C) Matrizes semi-sólidas previamente inchadas por outros solventes líquidos (e.g., hidrogel intumescido em água) e em que os FSCs são relativamente solúveis.

A Figura 8.1 B) representa a situação típica e desejável do método SSI/SSD e que corresponde à situação em que o FSC tem uma solubilidade apreciável na matriz sólida a processar. Por exemplo, este é o caso da maioria dos polímeros termoplásticos (reticulados ou não) como o poli(metacrilato de metilo) ou outros poli(acrilatos), o polietileno e o polipropileno, etc. A difusão da mistura FSC+aditivo para o interior da matriz sólida e a sua dissolução nela em quantidades apreciáveis, vai fazer com que esta inche e altere as suas dimensões. O efeito mecânico do aumento de volume e da pressão de operação também vai promover a deformação temporária dos poros do material sólido. Após a despressurização lenta ou rápida do sistema, o FSC é removido e a matriz sólida retorna às suas dimensões iniciais (ou a dimensões próximas da original) ficando, neste caso, o aditivo molecularmente disperso no interior da matriz sólida e ainda depositado (sob a forma sólida) na superfície dos poros do material.

Por fim e na Figura 8.1 C) é apresentada uma situação particular e onde a matriz a processar (normalmente constituída por materiais química- ou fisicamente reticulados) pode ser considerada como sendo uma matriz semi-sólida, uma vez que já foi previamente inchada com um outro solvente líquido. Por exemplo, esta situação traduz o caso de hidrogéis de base polimérica (i.e., contendo água) ou de materiais inorgânicos produzidos por uma via húmida (e.g., através de um método sol-gel em etanol/metanol e/ou água).

Neste caso, a difusão da mistura FSC+aditivo para o interior da matriz semi-sólida e a sua dissolução no líquido já aí presente, irá promover um inchaço adicional desta matriz, com a consequente alteração das suas dimensões, e fazendo com que a matriz se comporte, em termos gerais, como um líquido expandido por um gás (do inglês, "*gas-expanded liquid*") [173-177]. Após a despressurização (lenta ou rápida) do sistema, o FSC é removido do sistema (podendo arrastar igualmente algum do solvente líquido) e a matriz semi-sólida retorna às suas dimensões iniciais (ou a dimensões muito próximas da original). Neste caso, o aditivo fica apenas molecularmente disperso no interior da matriz semi-sólida.

Em termos experimentais, existem diferentes variações da técnica SSI/SSD, embora todas elas envolvam sempre um passo descontínuo (devido à necessidade de carga dos aditivos sólidos e de carga/recuperação das matrizes sólidas ou semi-sólidas a processar). Obviamente, não se pretende descrever aqui, e em grande detalhe, os modos de funcionamento e os procedimentos específicos de qualquer uma das maneiras de aplicar a técnica SSI/SSD. Há no entanto uma condição essencial e prévia a ter em consideração: devido às condições experimentais normalmente usadas, é indispensável que todos os equipamentos e acessórios usados para estes métodos sejam adequados e seguros para o uso de altas pressões. Normalmente e quando se usa scCO$_2$, esta gama de pressões pode variar normalmente desde os 60-70 bar até aos 350-400 bar. No entanto, e embora seja muito raro, por vezes podem até ser utilizadas pressões de operação superiores a 1000 bar. De entre os equipamentos e acessórios preparados para altas pressões que podem ser usados devem-se salientar: compressores, bombas de líquidos, misturadores, manómetros, tubagens, válvulas (de vários tipos), acessórios de ligação, medidores de caudal, discos de ruptura, filtros de linha e, obviamente, os vasos/células de alta pressão onde irá ser feita a dissolução dos aditivos e o contacto das misturas contendo os aditivos com as matrizes sólidas/semi-sólidas.

A gama de temperaturas a utilizar terá obviamente de ter em conta a temperatura crítica do FSC em uso e a estabilidade térmica das substâncias envolvidas. Quando se usa scCO$_2$, a gama de temperaturas de operação pode variar normalmente entre 31 °C e uma temperatura que não possa promover a degradação das substâncias presentes (normalmente e no máximo até 60-100 °C). No entanto, outras condições de temperatura podem ser limitantes como, por exemplo, aquelas que podem levar à transição vítrea e/ou "fusão" de matrizes sólidas poliméricas a certas pressões de operação (por absorção e solubilização do scCO$_2$). Além disso, a conjugação das condições de temperatura com as de pressão de operação irá permitir "ajustar" a densidade e as propriedades de transporte da fase fluida para a aplicação pretendida. Desta forma, consegue-se assim também controlar a solubilidade dos aditivos na fase fluida, bem como a viscosidade e difusividade da fase fluida e a sua solubilidade nas matrizes sólidas (ou semi-sólidas) a processar.

Na Figura 8.2 estão representadas, de uma forma muito genérica, os esquemas das variações experimentais mais habituais na técnica SSI/SSD. Nas Figuras 8.2 A) e B) são apresentados dois esquemas de instalações experimentais puramente descontínuas e onde a principal diferença entre elas consiste na forma em como é feita a dissolução dos aditivos nos fluidos comprimidos (ou nos FSCs): no mesmo recipiente onde é feito o contacto com as matrizes sólidas/semi-sólidas (A) ou em recipientes separados (B).

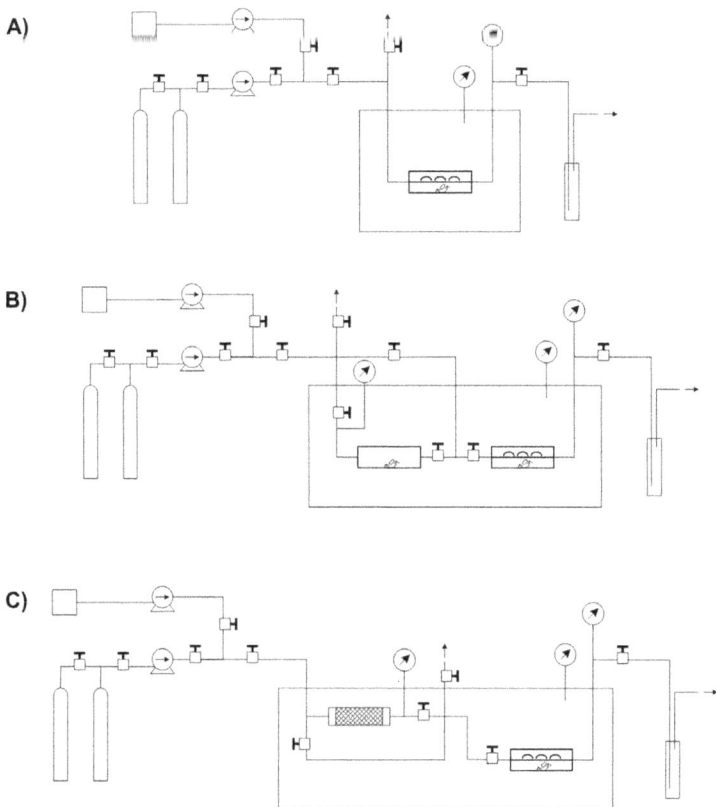

**Figura 8.2.** Representação esquemática de diferentes equipamentos laboratoriais para realizar ensaios experimentais de SSI/SSD. A) Sistema descontínuo, onde os aditivos são dissolvidos nos fluidos comprimidos (ou nos FSCs) no mesmo recipiente de alta-pressão onde é feito o contacto com as matrizes sólidas/semi--sólidas a processar; B) Sistema descontínuo, onde os aditivos são previamente dissolvidos nos fluidos comprimidos (ou nos FSCs) num recipiente de alta-pressão e, posteriormente, são colocados em contacto com as matrizes sólidas/semi-sólidas a processar num outro recipiente a alta pressão; C) Sistema semi-descontínuo, onde um fluxo contínuo dos fluidos comprimidos (ou dos FSCs) vai dissolver os aditivos (imobilizados num recipiente de alta-pressão) e, posteriormente, vai entrar em contacto (também em modo contínuo) com as matrizes sólidas/semi-sólidas a processar (num outro recipiente a alta pressão) (adaptado das referências 140-141).

Já na Figura 8.2 C) é apresentado um esquema experimental onde os aditivos são dissolvidos através da passagem de uma corrente contínua de FSCs (ou de fluidos comprimidos) através de um recipiente contendo os aditivos imobilizados, a qual é depois feita passar pelo recipiente onde se encontram as matrizes sólidas/semi-sólidas a processar (num outro recipiente).

Como se pode observar, todos estes esquemas experimentais são constituídos por 4 partes fundamentais: i) sistema de pressurização de FSC ou de misturas de fluidos comprimidos (incluindo a adição de co-solventes ou de soluções de surfactantes); ii) sistema de dissolução de aditivos nas misturas comprimidas ou nos FSCs; iii) sistema de contacto entre as matrizes sólidas/sólidas a processar e as misturas de fluidos comprimidos+aditivos ou de FSCs+aditivos; e iv) sistema de despressurização.

Cada um destes sistemas experimentais genéricos pode depois, por questões práticas e/ou considerando as especificidades de cada sistema aditivo/FSC/matriz sólida (ou semisólida) a estudar, sofrer algumas alterações/modificações, nomeadamente em termos de: sistema de compressão e mistura de fluidos comprimidos/FSCs e de co-solventes; sistemas de refrigeração e aquecimento; sistemas de medida e de controlo de temperatura e de pressão; sistemas de controlo de pressurização/ despressurização; sistemas de medida e controlo de caudais; sistemas de segurança; e, os mais importantes, os sistemas de dissolução de aditivos e os sistema de contacto entre as matrizes sólidas/semi-sólidas e as misturas de fluidos comprimidos+aditivos ou de FSCs+aditivos (incluindo diferentes maneiras de adição/imobilização de aditivos, presença/ausência de agitação magnética (ou de ultrassons), modos de imobilização/ acondicionamento das matrizes a processar; estratégias de protecção das matrizes durante a despressurização, uso de filtros e "traps", etc.).

Em termos de aplicações industriais e apesar da existência de muitos estudos académicos já publicados na literatura e de muitos pedidos de patentes registados (em vários países), não temos conhecimento da existência de nenhuma aplicação industrial/comercial (em larga escala) que esteja actualmente implementada e que use a técnica de SSI/SSD para o desenvolvimento de aplicações e produtos nas áreas farmacêutica e biomédica. No entanto, já existem vários equipamentos comercialmente disponíveis (a várias escalas e com varias capacidades de processamento) e processos industriais em funcionamento que usam a metodologia SSI/SSD para a incorporação de corantes e pigmentos em fibras têxteis (sintéticas e naturais) [38, 40, 46, 178-185] bem como para o tratamento e curtimenta de peles de animais e impregnação de biocidas em madeiras e em compósitos de madeira [46, 186-192]. Nestes casos e apesar de terem sido introduzidas algumas modificações necessárias para cada uma destas aplicações específicas, os equipamentos desenvolvidos e usados têm todos como base os já acima referidos métodos descontínuo e semi-descontínuo. Quer isto dizer que, havendo já fabricantes de equipamentos à escala industrial para este tipo de metodologias e processos, não será certamente muito difícil modificá-los e adaptá-los para futuras aplicações farmacêuticas e biomédicas comerciais. No entanto, o fabrico e a instalação dos equipamentos, bem como os procedimentos, condições de operação, controlo biológico, limpeza e validação destes equipamentos (entre outras condições), terão de ter sempre em conta e de respeitar os indispensáveis requisitos cGMP (do inglês, "*Current Good Manufacturing Practices*") para a área dos medicamentos para uso humano (ou dos dispositivos médicos e dos produtos de combinação) [13-14, 16, 18, 22-23, 27-30, 32, 41, 43, 193-195].

Como já foi referido e devido às suas bem conhecidas propriedades, particularmente aquelas relacionadas com a sua segurança e não-toxicidade, o $scCO_2$ é o FSC mais usado na técnica SSI/SSD. No entanto, e embora isso implique a adopção de medidas de segurança mais restritivas bem como o uso de gamas operacionais de temperatura e de pressão relativamente diferentes das usadas para o $scCO_2$, outros FSCs podem também ser usados, em princípio, na técnica SSI/SSD (puros ou na forma de misturas), nomeadamente: etano, etileno, propano, propileno, n-propano, trifluorometano, hexafluoreto de enxofre, etc. [50-52]. Outras substâncias poderiam igualmente ser consideradas mas, e para as aplicações farmacêuticas e biomédicas, é fundamental ter em conta as gamas de temperaturas/pressões desejadas, e que a substância que se use como FSC seja um gás à temperatura ambiente e à pressão atmosférica (de forma a que, e após o processamento, as matrizes fiquem secas e praticamente livres de quaisquer resíduos perigosos).

Há assim que ter em conta as questões de segurança (e.g, inflamabilidade) e de toxicidade no uso destes solventes (no estado supercrítico ou noutro – líquido subcrítico ou gasoso). Como se sabe, existem fortes limitações em relação ao uso e à presença residual de solventes nos produtos farmacêuticos e biomédicos para uso humano (ou animal). Estas limitações para o uso de solventes estão bem estabelecidas pelas autoridades regulatórias competentes como, por exemplo, pela FDA (nos EUA), EMA (na UE) e pela ICH. Desta forma, estes solventes são classificados como: i) solventes a serem evitados (Classe 1, solventes com elevado e comprovado potencial tóxico e/ou apresentando riscos elevados para o meio ambiente). Estes solventes não devem ser usados no fabrico de APIs, de excipientes e de medicamentos, e só em situações muito específicas e bem justificadas é que podem ser usados (i.e., quando não existam quaisquer alternativas e que permitam o desenvolvimento de medicamentos de grande e inovadora relevância terapêutica); ii) solventes fortemente limitados no seu uso (Classe 2, solventes apresentando toxicidade inerente conhecida) e que têm limites residuais de concentração (em ppm) muito restritivos; e iii) solventes de baixo potencial tóxico (Classe 3, solventes que não apresentam riscos comprovados para a saúde humana) mas cujo uso, e por precaução, deve ser sempre regulado e limitado por considerações cGMP (ou por outros requisitos de Qualidade). Existem muitos solventes já listados nestas três categorias (bem como as concentrações residuais máximas permitidas em produtos farmacêuticos e dispositivos médicos para uso humano). No caso de solventes que não sejam já considerados nas três classes acima referidas, ou tratando-se de solventes sem dados e resultados de toxicidade devidamente comprovados, se o seu uso for do interesse para o fabrico de APIs, de excipientes, e de medicamentos, dispositivos médicos e produtos de combinação para uso humano, então os fabricantes terão sempre de justificar convenientemente o seu uso, as quantidades residuais presentes bem como determinar os seus limites de exposição diária permitidos (PDE, do inglês *"Permitted Daily Exposure"*) e as concentrações máximas permitidas (em ppm) [16-19, 22, 193-200].

Da mesma forma e para este tipo de aplicações, os co-solventes que podem ser usados para aumentar a solubilidade dos aditivos nos FSCs (ou na mistura de fluidos comprimidos) devem igualmente ser escolhidos criteriosamente. Assim, isto deve ser feito não só tendo em conta os efeitos pretendidos na polaridade dos FSCs e na solubilidade dos aditivos a processar, mas também considerando as questões relacionadas com a segurança e toxicidade dos mesmos e com a sua facilidade de remoção (tanto das matrizes sólidas/semi-sólidas processadas como do FSC ou da mistura de fluidos comprimidos – e se a recuperação e reutilização destes fluidos for pretendida). Assim e para além da água, os co-solventes mais usados para estas aplicações são: etanol, isopropanol, acetona e acetato de etilo. Apesar de existirem limites para a sua presença residual em produtos farmacêuticos, dispositivos médicos e produtos de combinação (que são definidos pelas cGMP ou por outros requisitos de Qualidade), estes solventes são classificados como sendo solventes de baixo potencial tóxico (Classe 3). Outros co-solventes como metanol, hexano e tolueno (considerados como solventes de uso limitado - Classe 2) podem também ser utilizados mas têm de se ter cuidados especiais e acrescidos com o controlo da presença dos seus resíduos nas matrizes sólidas/semi-sólidas processadas. Tal como no caso dos solventes, os co-solventes classificados na Classe 1 devem ser evitados [16-19, 22, 193-200].

Em relação aos surfactantes que podem ser usados, estes podem ser considerados como sendo agentes ou "impurezas" de processamento, ou como sendo um dos "excipientes" nas formulações, embora esta última situação seja (e deva ser) a mais comum e a mais correcta. Por exemplo, nos EUA os polisorbatos (como o Polisorbato 20, Polisorbato 60 ou Polisorbato 80) podem ser usados com o $scCO_2$ (em pequenas quantidades) e estão autorizados pela FDA para uso como excipientes (substâncias não-activas - ou inactivas). No entanto e para outros agentes tensioactivos, deve-se sempre verificar junto das autoridades reguladoras quais são as substâncias que já estão aprovados para o fabrico de medicamentos, de dispositivos médicos e de produtos de combinação para uso humano, quais são os limites/quantidades que podem ser usados para cada aplicação específica pretendida e quais os métodos/normas de teste para quantificar a sua presença e para avaliar as suas biocompatibilidades. Os surfactantes que foram já especificamente desenvolvidos para o uso com $scCO_2$, i.e., surfactantes que apresentam domínios $CO_2$-fílicos e que permitem o aumento de solubilidade e mesmo a emulsificação de substâncias numa fase fluida a alta pressão contendo $CO_2$ (como sejam os surfactantes de base poli(fluoroéter), de base poli(siloxano) ou de base poli(fluoroacrilato), podem também ser usados embora não estejam ainda aprovados pelas entidades reguladoras, nem existam ainda dados de segurança e toxicidade devidamente avaliados e comprovados [11-19, 21-23, 26, 32, 38, 40, 43-49, 52, 98, 142, 154, 169-172, 201-206].

Quanto aos aditivos que podem ser usados na técnica SSI/SSD no desenvolvimento de aplicações farmacêuticas e biomédicas para uso humano, e tendo em consideração as questões já referidas em relação à solubilidade dos aditivos nos FSCs e nas misturas de fluidos comprimidos (i.e., a técnica está limitada a aditivos apolares - ou pouco polares - e de peso molecular relativamente baixo), estes poderão ser sólidos (o que acontece na maioria dos casos) ou líquidos, e das seguintes famílias de compostos de interesse: substâncias bioactivas com capacidade terapêutica ou de substituição (e.g., fármacos do tipo pequena-molécula, hormonas, etc.), biomarcadores e agentes de contraste, substâncias bioactivas com capacidade antimicrobiana, extractos e produtos naturais bioactivos, vitaminas, antioxidantes, conservantes, plastificantes, agentes compati-bilizantes, surfactantes, lubrificantes, corantes/pigmentos e protectores de radiação UV, adoçantes, acidificantes e aromas. Para aplicações mais específicas e onde se pressupõe a realização de uma reacção química no interior/superfície das matrizes sólidas (ou semi-sólidas) a serem pro-cessadas, podem-se ainda considerar outros tipos de substâncias como monómeros, iniciadores, precursores metálicos e de óxidos metálicos, etc. [1-2, 6, 10-19, 21-26, 31-31, 34-35, 37, 40, 44-46, 49-50, 52-56, 97-99, 103, 105, 114, 122-123, 184-185, 203].

Na Tabela 8.1 apresentam-se alguns dos aditivos específicos já estu-dados e que foram usados em técnicas SSI/SSD para o desenvolvimento de materiais e dispositivos sólidos/semi-sólidos para fins farmacêuticos e biomédicos. Os resultados apresentados permitem concluir que a maior parte dos aditivos incorporados em matrizes sólidas/semi-sólidas (as quais são quase sempre de natureza polimérica) corresponde, sem qualquer dúvida, aos fármacos de baixo peso molecular (Tabela 8.1 a). No entanto, outros tipos de substâncias bioactivas sintéticas de baixo peso molecular e potenciais biomarcadores foram já também impregnadas/depositadas através destas técnicas (Tabela 8.1 b). Mais recentemente, tem sido também estudada a impregnação/deposição de produtos naturais (ou mesmo de extractos contendo produtos naturais) com actividade biológica. A maior parte destes aditivos de origem natural são metabolitos secundários de origem vegetal (como lípidos, terpenoides e flavonoides) (Tabela 8.1 c), ou outras substâncias de origem natural (ou modificadas) (Tabela 8.1 d). Apresentam-se também alguns monómeros e precursores químicos que já foram impregnados pelas técnicas SSI/SSD, os quais podem depois ser polimerizados ou participarem noutras reacções químicas, e de forma a se obterem materiais quimicamente modificados e/ou compósitos.

Apesar de a tabela apresentar apenas os aditivos/extractos já usados na técnica SSI/SSD e descritos na literatura, muitos outros aditivos/extractos foram também já estudados para outros tipos de técnicas/aplicações que usam FSCs como um solvente (condição necessária para a técnica). Sendo assim, estes aditivos/extractos poderão também ser futuramente usados nas técnicas SSI/SSD (desde que satisfaçam os já referidos requisitos de solubilidade nos FSCs - e no scCO$_2$ em particular).

Como a maioria dos aditivos apresentados na Tabela 8.1 correspondem a ingredientes farmacêuticos activos (APIs) que já são utilizados em medicamentos de uso humano (ou seja, já aprovados pelas autoridades competentes para serem comercializados sob diversas formas de dosagem - podendo mesmo serem usados em medicamentos genéricos), o processo regulatório associado ao desenvolvimento de formulações usando a técnica SSI/SSD e contendo estes mesmos aditivos poderá estar bastante facilitado. No entanto, a avaliação da toxicidade, da biodisponibilidade e a definição das doses para estas novas formulações deverá ser sempre avaliada, tendo em conta a formulação específica desenvolvida e a forma final de dosagem pretendida e, em particular, prestando especial atenção aos excipientes usados.

No caso de quaisquer outras substâncias bioactivas sintéticas de baixo peso molecular que não estejam ainda aprovadas pelas autoridades competentes enquanto APIs, as mesmas (e as suas formulações e formas finais de dosagem) terão de passar pelos morosos, exigentes e dispendiosos processos de autorização de introdução no mercado enquanto medicamentos, dispositivos médicos e produtos de combinação para uso humano (incluindo a realização de testes não-clínicos e de todas as fases de ensaios clínicos em humanos). O mesmo será exigido no caso de substâncias puras de origem natural (ou modificadas a partir de produtos naturais) e das suas formulações, quando as mesmas se pretendam comercializar sob a forma de medicamentos, dispositivos médicos e produtos de combinação para uso humano. Convém não esquecer que muitas substâncias de origem natural apresentam toxicidades e riscos relativamente elevados (incluindo alguns riscos de contaminação biológica) e, como tal, não se deve aceitar a ideia tanta vez difundida de que todos os produtos de origem natural são seguros e não apresentam quaisquer riscos para a saúde humana (ou mesmo para o meio ambiente). Finalmente e no caso de extractos bioactivos contendo produtos naturais, é ainda necessário considerar que um extracto bioactivo é quase sempre uma mistura complexa de várias substâncias bioactivas e, como tal e considerando os quadros regulató-rios actuais, nunca poderá ser aprovado como sendo um API (no estrito sentido dado a esta designação pelas entidades regulatórias).

No entanto, algumas substâncias bioactivas não aprovadas enquanto APIs (de origem natural ou mesmo sintética), ou os extractos contendo produtos naturais, poderão encontrar outro tipo de aplicações terapêuticas reconhecidas pelas autoridades competentes como, por exemplo, enquanto medicamentos homeopáticos ou como medicamentos à base de plantas. Um medicamento homeopático é definido como sendo um medicamento obtido a partir de determinadas substâncias bioactivas (denominadas como "stocks" ou como matérias-primas homeopáticas), e de acordo com um processo de fabrico descrito numa farmacopeia reconhecida (como a Farmacopeia Europeia). Por outro lado e por definição, um medicamento à base de plantas, é um medicamento que contém exclusivamente como substâncias bioactivas uma ou mais substâncias químicas derivadas de plantas, uma ou mais formulações à base de plantas ou uma ou mais substâncias derivadas de plantas em associação com uma ou mais formu-lações à base de plantas. Estes dois tipos específicos de medicamentos têm processos de autorização de introdução do mercado diferentes e mais simplificados do que os processos correspondentes e referentes aos medicamentos para uso humano [18, 22, 27-30]. Apesar de não es-tarem no âmbito deste trabalho, podem-se ainda referir outros tipos de aplicações onde a bioactividade dos aditivos a incorporar nos materiais sólidos/semi-sólidos é uma característica distintiva e fundamental para as aplicações pretendidas, como sejam as aplicações veterinárias, cosméticas, alimentares e nutracêuticas. No entanto, existem também várias autoridades regulatórias e disposições regulamentares específicas para a sua aprovação e autorização para estes fins.

**Tabela 8.1.** Aditivos usados em técnicas SSI/SSD para o desenvolvimento de materiais e dispositivos sólidos/semi-sólidos para potenciais aplicações farmacêuticas e biomédicas.

| a) Fármacos sintéticos de baixo peso molecular | | |
|---|---|---|
| Flurbiprofeno [143-145, 175, 207]<br>Ibuprofeno [163, 208-214]<br>Ketoprofeno [215-219]<br>Naproxeno [220-221]<br>Triflusal [37, 222-225]<br>Ácido Flufenâmico [226]<br>Ácido Salicílico [211, 227--229]<br>Ácido Acetilsalicílico [211]<br>Ácido o-Hidroxibenzóico [230] | Piroxicam [231]<br>Nimesulide [218, 232]<br>Dexametasona [167, 233]<br>Indometacina [234-238]<br>Norfloxacina [177]<br>Roxitromicina [239]<br>Natamicina [240]<br>Diacetato de Clorohexidina [241]<br>Cefuroxime Sal de Sódio [176] | Acetazolamida [146, 174]<br>Maleato de Timolol [143, 145- 147]<br>Carbamazepina [242]<br>Paclitaxel [243]<br>5-Fluorouracilo [244-246]<br>Molsidomina [247]<br>Tranilast [248]<br>Acetato de Megestrol [218]<br>Fenofibrato [249] |
| b) Outras substâncias bioactivas sintéticas e potenciais biomarcadores (de baixo peso molecular) | | |
| Colesterol [250-251]<br>β-Estradiol [246, 252] | α-Tocoferol, vitamina E [253-254]<br>Rodamina B [255-257] | Fluoresceina [257]<br>7-Hidroxicumarina [257] |
| c) Produtos naturais e extractos contendo produtos naturais | | |
| Artemisinina [258]<br>Vanilina [259]<br>Curcumina [260]<br>Quercetina [261]<br>Timol [261-263]<br>l-Mentol [259]<br>Juglona [264]<br>1,4–Naftoquinona [264] | Plumbagina [264]<br>Cinamaldeído [265]<br>Ácido Oleico [266]<br>Jucá (*Libidibia ferrea*) [267]<br>Líquens de *Usnea* [268]<br>Lavanda (*Lavandula hybrida*) [269]<br>β-Caroteno [270]<br>Linho (*Linum usitatissimum*) [266, 271] | α-Pineno [272]<br>D-Limoneno [273-274]<br>Hinokitiol [273-274]<br>trans-2-Hexenal [274]<br>*Thujopsis dolabrata* var. *hondae* [275]<br>Oregão (*Origanum vulgare*) [276] |
| d) Outras substâncias de origem natural (ou modificadas) | | |
| Lactulose [277]<br>Lecitina de Soja [278] | Eritorbato de Sódio [278]<br>Lisina [216] | Sericina de seda [279]<br>Lisozima [280] |
| e) Monómeros e outros precursores químicos | | |
| N-Isopropilacrilamida [281--282]<br>Ácido Acrílico [150, 283]<br>Ácido Metacrílico [284] | Acrilatos vinílicos [284-286]<br>Estireno [216, 284, 287-288]<br>Acetato de vinilo [289] | Anidrido maleico [290]<br>Silano-precursores [291-294]<br>Divinilbenzeno [295] |

Por fim, refira-se que é também possível encontrar na literatura científica muitos outros trabalhos que visam a preparação de materiais sólidos/

semi-sólidos (híbridos ou compósitos), de base polimérica e/ou inorgânica, através da impregnação/deposição (usando a técnica SSI/SSD) de espécies químicas reactivas (como, por exemplo, monómeros, agentes de reticulação, precursores metálicos ou de óxidos metálicos, iniciadores, catalisadores, etc.) e da subsequente reacção que leva à formação de novos materiais (na superfície e/ou no interior das matrizes sólidas/semi-sólidas iniciais). Apesar de muitos destes trabalhos não visarem as aplicações biomédicas e farmacêuticas em particular, os princípios e alguns dos objectivos subjacentes a estas técnicas são, na sua essência, muito semelhantes. Por isso, apresentam-se igualmente alguns exemplos destas situações (Tabela 8.1 e).

Como já referido e como esperado, a grande maioria das matrizes sólidas/semi-sólidas que foram já processadas através da técnica SSI/SSD para aplicações farmacêuticas e biomédicas são essencialmente matrizes de base polimérica, biodegradáveis ou não-biodegradáveis, quer de origem sintética quer de origem natural e/ou modificada. No entanto, existem já bastantes trabalhos publicados na literatura que descrevem a impregnação/deposição de aditivos pela técnica SSI/SSD em materiais cerâmicos/inorgânicos e em materiais compósitos (do tipo inorgânico/polimérico, polimérico/polimérico e inorgânico/ inorgânico). Existem também já alguns trabalhos que aplicam as metodologias SSI/SSD no processamento de produtos acabados, i.e., de potenciais dispositivos médicos e produtos de combinação de base sólida/semi-sólida. Estes materiais sólidos/semi-sólidos já usados/estudados nas metodologias SSI/SSD estão compilados na Tabela 8.2.

As matrizes sólidas a processar pela técnica SSI/SSD podem estar num estado perfeitamente seco, molhado/húmido ou pré-inchado num solvente (i.e., num estado semi-sólido), e apresentarem-se na forma de pós, micro- e nanopartículas, granulados, "*pellets*", filmes, espumas, fibras/fios, dispersões, géis, ou mesmo num qualquer outro formato tridimensional (já pré-formado). Assim, e como também já foi referido, as matrizes a processar podem também ser potenciais dispositivos médicos e produtos de combinação já pré-formados (de base polimérica, inorgânica ou compósita, como fios de sutura, lentes de contacto e intraoculares, pensos/"*dressings*" para feridas, implantes, etc. (Tabela 8.2 c). Além das outras vantagens já anteriormente referidas, existe ainda uma vantagem adicional no uso da técnica SSI/SSD para processar materiais/produtos já pré-formados: a incorporação dos aditivos pretendidos pode ser feita sem interferir com os métodos de síntese e processamento que levam à formação destes materiais e produtos.

Além disso, apesar de não existirem na literatura quaisquer referências específicas para este tipo de aplicações mas devido a natureza dos materiais envolvidos, a técnica de SSI/SSD poderá também apresentar um grande potencial para a incorporação homogénea ou heterogénea de aditivos (substâncias bioactivas ou de outra natureza e carácter funcional) noutros materiais e dispositivos médicos ainda não estudados como fitas cirúrgicas, agrafos, tubos e cateteres, *"grafts"* e *"stents"* cardiovasculares, peças/componentes de *"pacemakers"* e válvulas cardíacas, pregos, parafusos e placas ósseas, cimentos ósseos/dentários, peças/ componentes de implantes de anca, joelho e ombro, peças/componentes de implantes dentários, etc.

Tal como no caso dos FSCs, co-solventes e surfactantes, é preciso ter particular cuidado com a biocompatibilidade e segurança dos materiais que constituem as matrizes sólidas/semi-sólidas a usar e com a presença de quantidades residuais de quaisquer outras substâncias que sejam usadas na sua síntese/processamento (e.g., solventes, plastificantes e outras espécies químicas). Além disso, é preciso ter também em consideração os riscos e a toxicidade dos eventuais produtos de degradação, erosão e dissolução resultantes destas mesmas matrizes.

Além do conhecimento profundo de toda a legislação existente e de todos os procedimentos regulamentares específicos que se devem considerar, será também necessário averiguar junto das autoridades reguladoras competentes quais são as substâncias (poliméricas, inorgânicas e compósitas) que estão já aprovadas (ou proibidas) para uso em medicamentos, dispositivos médicos e produtos de combinação (e em que condições particulares é que podem ser utilizadas). Caso não existam ainda dados de segurança e de toxicidade/biocompatibilidade devidamente avaliados e comprovados, será então igualmente necessário que os fabricantes justifiquem adequadamente o seu uso, bem como avaliem aprofundadamente os riscos e segurança a ele associados, e tendo sempre em consideração o uso final pretendido e o tipo e tempo previsto de exposição/contacto biológico.

Assim e no caso das matrizes sólidas/semi-sólidas para aplicações farmacêuticas e biomédicas, há que distinguir três situações distintas: i) quando são usadas como excipientes, i.e., como ingredientes não-activos de um medicamento ou de um produto biológico; ii) quando constituem um dispositivo médico (ou fazem parte dele); e iii) quando constituem (ou fazem parte) de um produto de combinação.

No primeiro caso, i.e., no caso de serem ingredientes não-activos de um medicamento ou produto biológico, e de um ponto de vista regulató- rio, as matrizes sólidas/semi-sólidas devem obviamente ser tratadas como excipientes e deve-se assim verificar se estes materiais e o seu uso estão autorizados para as aplicações terapêuticas e formas finais de dosagem pretendidas [2, 4, 8, 10-14, 16-19, 22, 25-28, 62-63, 85, 193-194, 196- -203]. Por exemplo e no caso dos EUA, isto pode também ser verificado junto da autoridade regulatória competente (FDA) e da IPEC-Americas ("*International Pharmaceutical Excipients Council of the Americas*"), que já estabeleceram também quais são os estudos não-clínicos necessários e que devem ser realizados de forma a obter a autorização para o uso e teste de novos excipientes. Situações e procedimentos relativamente semelhantes ocorrem e são necessários na UE (neste caso, com a EMA e a IPEC-Europe) e noutros países [370-374].

**Tabela 8.2.** Matrizes sólidas/semi-sólidas já usadas/estudadas em técnicas SSI/SSD e que podem ser usadas para potenciais aplicações farmacêuticas/biomédicas.

| a) Matrizes de base polimérica (de origem sintética, natural e/ou modificada) | |
|---|---|
| Poli(ácido láctico) (isómeros L-, D-, e DL-) (PLA) | [37, 211, 235, 238-239, 243-244, 246, |
| Poli(ácido láctico-co-glicólico) (PLGA) | 248, 275] |
| Outros copolímeros de PLA (que não o PLGA) | [217, 235, 238, 244, 246-247, 280] |
| Poli (caprolactona) (PCL) e outros copolímeros de | [235, 248, 272-275] |
| PCL | [147, 167, 210, 250, 255-256, 268, 270, |
| Outros poli(α-hidroxiácidos) | 272-275, 296] |
| Poli(hidroxibutirato-co-hidroxibutirato) (PHBV) | [272] |
| Poli(etilenoglicol) (PEG) e outros | [260] |
| copolímeros/"*blends*" de PEG | [147, 212, 235] |
| Poli(dimetilsiloxano) e outros poli(siloxanos) | [164, 206, 257, 291, 297-299] |
| Polímeros/copolímeros de base acrilato | [37, 140-141, 144-146, 159, 174-177, 207, |
| Polímeros/copolímeros de base acrilato | 213] |
| (continuação) | [221-223, 230, 241, 250-251, 300-302] |
| Poli(vinilpirrolidona) (PVP) | [163, 212-213, 215, 218-219, 231, 242, |
| Poli(álcool vinílico) (PVA) | 252] |
| Fluoro-polímeros e fluoro-copolímeros (PTFE, PVDF, | [303] |
| Nafion, etc.) | [284-285, 304-309] |
| Poli(propileno) (PP) | [290, 294, 310-315] |
| Poli(etileno) (PE) | [254, 262, 285, 287, 289, 297-298, 316- |
| Poli(cloreto de vinilo) (PVC) | -323] |
| Poli(estireno) (PS) e copolímeros de PS | [284, 306, 324] |
| Poli(carbonato) (PC) | [288, 325-329] |
| Poli(tereftalato de etileno) (PET) | [210, 284, 324, 330-332] |
| Poli(acetato de vinilo) e copolímeros de poli(acetato | [260, 303, 333-335] |
| de etilenovinilo) | [147, 221, 289, 336] |
| Poli(amidas), nylons e outros copolímeros de amida | [150, 177, 322, 337-339] |
| Poli(imidas) | [340-342] |
| Poli(uretanos) | [257, 343-346] |
| Quitina, quitosano e derivados | [143, 233-234, 258, 261, 267, 277, 282, |
| Celulose e derivados | 347] |
| Amido e derivados | [220, 237, 259, 263, 267, 348-351] |
| Ciclodextrinas, agarose, alginato e outros polissacá- | [265-266, 269, 276] |
| rideos | [216, 232, 240, 261, 271, 286, 352-353] |
| Colagénio, gelatina, albumina e outras proteínas | [256, 267, 301, 354] |
| b) Matrizes de base inorgânica | |
| Materiais porosos à base de sílica (incluindo nano-argilas) | [167, 253, 292, 294, 325, 355-363] |
| Nanotubos de carbono | [364-367] |
| Outros materiais porosos inorgânicos | [228, 368-369] |
| c) Produtos acabados comerciais | |
| Fios de sutura | [156] |
| Lentes intraoculares | [176] |
| Lentes de contacto | [145-146, 174-175] |
| Implantes de anca e joelho | [254] |
| Pensos para feridas | [267] |
| Gazes de algodão | [263] |
| Dispositivos médicos de base silicone e uretano | [299] |

No caso de materiais sólidos/semi-sólidos para uso em dispositivos médicos, e devido à grande variedade de dispositivos médicos que podem ser considerados bem como os seus múltiplos fins, as situações e os procedimentos específicos a considerar podem aumentar bastante de complexidade. Na grande maioria dos casos, os materiais para estes fins são do tipo polimérico (que normalmente são designados como "plásticos") e, mesmo antes da realização de quaisquer ensaios clínicos posteriores, será sempre necessário que estes materiais sejam testados para a biocompatibilidade e para vários tipos de toxicidade, tanto para os materiais poliméricos individuais usados, como para os dispositivos acabados e para os aditivos neles incorporados. Por exemplo e no caso dos EUA, estes procedimentos/métodos foram claramente definidos pela FDA, a qual adoptou as Normas ISO-10993, Partes 1-20, em particular no que dizem respeito aos critérios de selecção dos testes de biocompatibilidade a serem realizados (e.g., citoxicidade, hemocompatibilidade, sensibilidade, toxicidade aguda/crónica, carcinogenicidade e genotoxicidade, degradabilidade, etc.) [375-376]. No entanto, muitos fabricantes destes tipos de dispositivos exigem aos seus fornecedores e/ou usam ainda os testes de biocompatibilidade estabelecidos pela USP ("*United States Pharmacopeial Convention*") para testarem estes dispositivos ou materiais (através da USP 26 NF1). Na realidade, a maioria destes testes são muito similares (senão iguais) aos requeridos pelas Normas ISO-10993, em particular no que diz respeito ao Capítulo 87 (referente a testes "*in vitro*") e ao Capítulo 88 (referente a testes "*in vivo*") [377]. Por exemplo e mais uma vez no caso de materiais poliméricos ("plásticos"), deve ser feita a certificação/classificação dos mesmos numa das classes definidas pela USP (i.e., como "plásticos" das Classes I-VI, e sendo a Classe VI a classe mais restritiva - e por conseguinte exigindo níveis de segurança maiores) e tendo em conta o uso final pretendido, o tipo e tempo de exposição/contacto biológico (limitado, prolongado ou permanente.

Já na Europa, o uso de materiais sólidos/semi-sólidos para uso em dispositivos médicos deve ser enquadrado nas várias "*guidelines*" MEDDEV e Directivas Europeias que regulam o seu uso e desenvolvimento, incluindo a Certificação de acordo com as regras de marcação CE [9, 10, 13, 18, 22, 24-26, 63, 378-379].

Tal como no caso do ICH (para medicamentos), foram e estão a ser desenvolvidos esforços internacionais no sentido de se conseguir uma harmonização regulatória para a área dos dispositivos médicos, primeiro com a *"Global Harmonization Task Force on Medical Devices"* (GHTF), e mais recentemente com a *"International Medical Device Regulators Forum"* (IMDRF) [380].

Existem também algumas bases de dados que podem ser consultadas e que compilam informação relevante e descrevem muitos materiais que podem ser usados no desenvolvimento de dispositivos biomédicos (já aprovados ou com potencial para o serem). De entre estas, podemos referir a base de dados *"online"* de materiais médicos da ASM International [381], que inclui dados e outra informação relevante acerca de potenciais aplicações biomédicas para determinados materiais, das suas propriedades químicas, físicas e biológicas (incluindo as de biocompatibilidade), de critérios de selecção de materiais para fins biomédicos, de métodos de teste e avaliação, de estratégias de *"design"* de produtos, de submissão de propostas para autorização de mercado, etc.).

Por fim, e para os materiais de suporte sólidos que podem usados no desenvolvimento de produtos de combinação através dos métodos SSI/SSD, há que ter em conta as já anteriormente referidas especificidades associadas aos produtos de combinação, isto é e em termos muitos gerais, será primeiramente necessário ter em consideração qual é o Modo de Acção Primário" (PMOA, do inglês *"Primary Mode of Action"*) do produto de combinação em análise (se será um sistema terapêutico/medicamento, se será um produto biológico, ou se será um dispositivo médico). Só depois de se fazer esta avaliação e classificação é que será possível definir qual a jurisdição competente e o procedimento regulatório adequado que os materiais sólidos/ semi-sólidos devem seguir para a sua avaliação/aprovação junto da FDA (e/ou da EMA, e de acordo com o já antes referido para cada um destes casos) [382].

## 8.5. Optimização das técnicas de impregnação/deposição usando solventes supercríticos (SSI/SSD).

Como já foi brevemente referido, as interacções físico-químicas que se estabelecem entre todas as substâncias presentes num determinado sistema acabam por ser as principais responsáveis, de forma directa ou indirecta, pelo sucesso (ou pelo insucesso) relativo dos processos SSI/SSD que se pretendam desenvolver. Isto acontece porque, e em termos muitos gerais, o rendimento final de incorporação dos aditivos pretendidos nas matrizes sólidas ou semi-sólidas em processamento, bem como algumas das propriedades físicas finais destes sistemas, são fortemente dependentes destas interacções físico-químicas específicas que existem e/ou que se podem estabelecer entre FSCs, aditivos, matrizes sólidas/semi-sólidas, co-solventes ou outras substâncias, e, principalmente, das suas magnitudes/intensidades relativas.

Estas interacções físico-químicas (muitas vezes também chamadas de forças intermoleculares) dependem obviamente das funcionalidades químicas específicas existentes nas moléculas das substâncias presentes no sistema, e podem ser de vários tipos: i) interacções electroestáticas de van der Waals: dipolo-permanente/dipolo-permanente (ou forças de Keesom), dipolo-permanente/dipolo induzido (ou forças de Debye), e dipolo-induzido/dipolo-induzido (ou forças de dispersão de London); ii) interacções electroestáticas envolvendo iões: ião-dipolo, ião-dipolo induzido; e ii) ligações de hidrogénio (ou "pontes" de hidrogénio). De uma forma genérica e uma vez que a magnitude relativa destas interacções vai depender muito das moléculas particulares que estão envolvidas e da sua estereoquímica, pode-se dizer que, dos tipos de interacções acima descritos, as interacções mais fortes são normalmente as ligações de hidrogénio e as interacções ião-dipolo e ião-dipolo induzido, seguidas pelas ligações dipolo-permanente/dipolo-permanente e, finalmente, pelas interacções dipolo-permanente/dipolo induzido e dipolo-induzido/dipolo-induzido.

O estabelecimento destas interacções (favoráveis ou desfavoráveis, i.e., de atracção ou de repulsão) irá, em primeiro lugar, determinar a compatibilidade e as solubilidades mútuas das espécies presentes (i.e., equilíbrio de solubilidade de aditivos no FSC ou na mistura de fluidos comprimidos, equilíbrio de absorção do FSC ou da mistura de fluidos comprimidos nas matrizes sólidas/semi-sólidas, e equilíbrio de adsorpção dos aditivos nas matrizes sólidas/semi-sólidas), os coeficientes de partição finais dos aditivos entre a fase sólida/semi-sólida e a fase fluida, e algumas propriedades termofísicas e de transporte da fase fluida. Além da natureza e magnitude das interacções físico-químicas específicas, têm ainda que se considerar outros factores relevantes (como a já referida estereoquímica) e outras propriedades físicas como as propriedades morfológicas e de superfície (e.g., a composição química superficial e a área de superfície, a porosidade, os diâmetros de poros das matrizes sólidas, etc.) dos compostos e materiais sólidos envolvidos, e que podem ter igualmente papel muito importante na eficiência global do processo SSI/SSD. Algumas propriedades termofísicas e de transporte das fases fluidas presentes no sistema (FSCs ou líquidos/gases comprimidos) como sejam, por exemplo, a densidade, polaridade (i.e., momento dipolar), polarizabilidade, tensão superficial, difusividade e viscosidade, poderão ser também cruciais para o sucesso/insucesso dos métodos SSI/SSD na incorporação de aditivos em matrizes sólidas/semi-sólidas para aplicações farmacêuticas e biomédicas.

No entanto, muitas destas propriedades podem ser manipuladas e ajustadas através do controlo de algumas condições operacionais, como sejam a temperatura, a pressão e a adição de co-solventes, surfactantes ou de outros aditivos/substâncias (e a respectiva composição relativa). Desta forma e em primeiro lugar, pode-se actuar sobre a densidade da fase fluida e sobre o grau de solvatação dos solutos (e logo sobre a solubilidade dos aditivos no FSC ou na mistura de fluidos comprimidos), sobre a polaridade da fase fluida e sobre algumas das interacções físico--químicas existentes entre as espécies presentes no sistema (e logo sobre a solubilidade de aditivos no FSC ou na mistura de fluidos comprimidos, sobre a solubilidade do FSC (ou mistura de fluidos comprimidos) nas matrizes sólidas/semi-sólidas, e sobre os processos de adsorpção/desorpção, i.e., sobre a "solubilidade" dos aditivos nas matrizes). Em segundo lugar, a manipulação das acima referidas condições operacionais permite ainda actuar sobre algumas das propriedades de transporte da fase fluida, as quais podem afectar a difusão da fase móvel para o interior das matrizes sólidas/semi-sólidas (ou, pelo contrário, do interior das matrizes para o exterior) e, desta forma, condicionar a velocidade global do processo de impregnação/deposição e até o grau de plastificação e de intumescimento/contracção (*"swelling/deswelling"*) dessas mesmas matrizes (nos casos em que estes fenómenos possam acontecer). Isto permite, por exemplo, controlar os graus de profundidade e de homogeneidade pretendidos para a incorporação do aditivo.

Por fim, convém referir que existem ainda outras condições do processo, como o tempo de operação e a velocidade de despressurização, que podem ser também muito relevantes para a eficiência global do processo SSI/SSD, uma vez que o seu adequado controlo poderá facilitar/impedir que se atinjam determinadas condições de equilíbrio específicas (e.g. solubilidades de aditivos no FSC, do FSC nas matrizes e equilíbrio de adsorpção/desorpção aditivos/matrizes), bem como alterar a morfologia dos aditivos sólidos depositados (precipitados) e da própria matriz sólida/semi-sólida, incluindo a sua integridade dimensional.

Todos estes aspectos e situações têm sido abundantemente descritos, discutidos e compilados na literatura, em termos teóricos e experimentais, e tanto para os métodos SSI/SSD em geral, como para os sistemas particulares que foram sendo estudados ao longo dos últimos anos. [38, 40, 128-129, 134-137, 140-164, 170-171, 174-175, 177, 211-218, 222-224, 228-232, 251, 253, 259, 261, 264, 267, 284, 288, 296-297, 300, 302, 312, 317, 327, 330, 332-334, 357, 383-404].

De seguida, ir-se-ão abordar com mais detalhe os diferentes tipos de interacções físico-químicas que estão normalmente envolvidos nos processos SSI/SSD (Figura 8.3) e, em particular e pelos motivos já antes referidos, para os sistemas que usam o scCO$_2$ como FSC. Serão também referidos alguns métodos experimentais que podem ser usados para medir e correlacionar algumas das propriedades mais relevantes para o processo bem como para medir/inferir algumas das interacções físico-químicas (e respectivas intensidades relativas) que se estabelecem no processo.

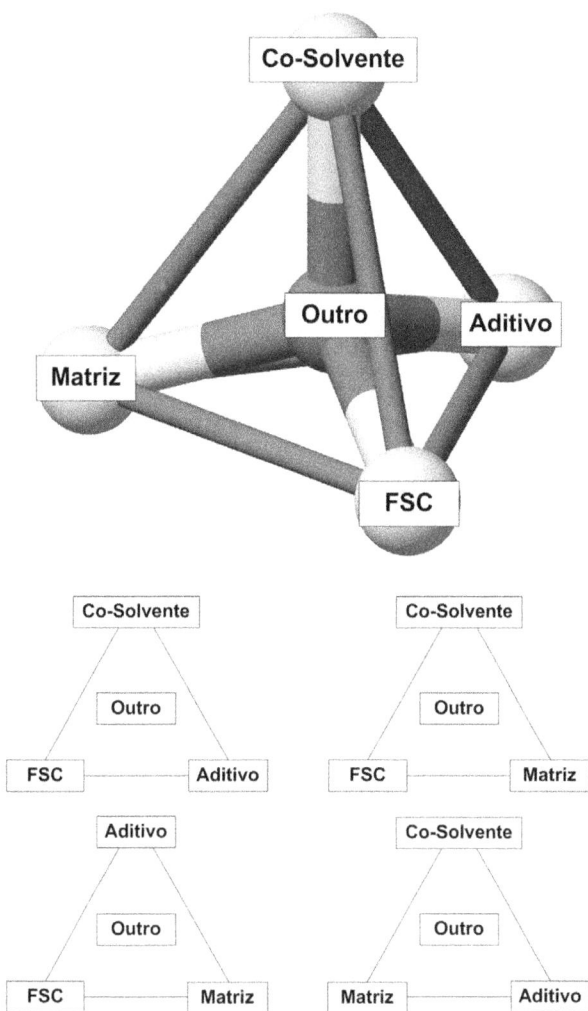

**Figura 8.3.** Diferentes interacções que se podem estabelecer entre todas as substâncias presentes nos métodos SSI/SSD.

## 8.5.1. Interacções FSC/aditivo/co-solvente/outro composto

Como já foi referido e para garantir elevados rendimentos no processo SSI/SSD, os aditivos a incorporar nas matrizes sólidas/semi-sólidas devem ter uma solubilidade relativamente elevada no FSC a ser usado no processo (ou numa mistura de fluidos comprimidos). Sendo assim e para que isto seja possível, as interacções físico-químicas que se devem estabelecer entre o FSC (ou a mistura de fluidos comprimidos), o(s) co-solvente(s), os aditivos e outras substâncias presentes no sistema devem ser bastante favoráveis, e uma vez que serão elas que, de alguma forma, irão controlar a solubilidade dos aditivos na fase fluida móvel a alta pressão.

No caso da fase fluida móvel ser constituída essencialmente por $scCO_2$, é preciso ter em consideração que se trata de uma substância de baixo peso molecular, apolar (i.e., sem momento dipolar permanente, apesar de poder apresentar um momento quadrupolar permanente apreciável), com uma baixa constante dieléctrica e de baixa polarizabilidade (semelhante à do metano). O $scCO_2$ é geralmente considerado como um ácido de Lewis fraco (i.e., um receptor de par de electrões, ou electrófilo). Esta é, sem dúvida, a sua característica dominante e que faz com que o $scCO_2$ interaja preferencialmente com moléculas contendo grupos do tipo base de Lewis fraca (i.e., dadores de par de electrões, ou nucleófilos): No entanto, o seu quadrupólo permanente pode fazer com que, em certas situações, o $scCO_2$ se possa comportar também como uma base de Lewis fraca. Isto acontece devido à deslocalização de electrões para os átomos de oxigénio exteriores da molécula e à consequente separação de cargas parciais entre o átomo de carbono central (que se comportará como um ácido de Lewis fraco, com carga parcial positiva) e os dois átomos externos de oxigénio, que se comportarão como bases de Lewis fracas (com cargas parciais negativas) [38, 40, 98, 128-129, 134, 137, 142, 148, 150-164, 383-404].

Por tudo isto, o $scCO_2$ conseguirá estabelecer interacções favoráveis (e terá a capacidade para as dissolver) com aditivos de peso molecular relativamente baixo (tipicamente menores que 500-600 g/mol), que sejam genericamente apolares (ou de baixa polaridade), e que contenham preferencialmente também grupos pouco polares e/ou do tipo base de Lewis fraca. Estes grupos funcionais são normalmente do tipo fenilo, metilo, etilo, carbonilo, éster ou fluoro. O $scCO_2$ pode também estabelecer algumas interacções físico-químicas favoráveis (embora não tão intensas) com grupos do tipo ácido carboxílico e amina (com grupos primários, secundários ou terciários). No entanto, existe um grande risco de ocorrência de reacções químicas (reversíveis ou irreversíveis) com as alquilaminas (ou com outras aminas) e que podem levar à formação de carbamatos ou de ácidos carbâmicos (em particular com moléculas contendo grupos amina primários e/ou secundários) [38, 349, 405-407].

Como já várias vezes referido e para aplicações farmacêuticas e biomédicas, estas interacções (e consequentemente a solubilidade dos aditivos no $scCO_2$) podem ser incrementadas através da adição quantidades relativamente pequenas de co-solventes que apresentem baixos riscos de toxicidade e que sejam mais polares que o $scCO_2$, que tenham volatilidades apreciáveis e pesos moleculares relativamente baixos como, por exemplo: água, etanol, isopropanol, acetona, ácido acético e acetato de etilo. Devido ao facto de serem usados em quantidades relativamente baixas, estes co--solventes deverão ser ainda completamente miscíveis na fase fluida (de $scCO_2$) e irão assim provocar um ligeiro aumento da polaridade desta fase, bem como promover o estabelecimento de novas interacções favoráveis (ou aumentar as já existentes) com aditivos contendo grupos hidroxilo, carbonilo, ácido carboxílico, amina, éster e fluoro. Convém salientar que, por exemplo, as estruturas típicas da maioria dos fármacos de baixo peso molecular contêm estes tipos de grupos funcionais, pelo que as suas solubilidades em fases móveis contendo $scCO_2$ podem assim ser facilmente aumentadas usando estas estratégias e este tipo de co-solventes.

Por outro lado, o uso de pequenas quantidades de surfactantes (normalmente de peso molecular relativamente baixo e de baixo risco de toxicidade) também pode ser considerado para os mesmos fins ou, em alternativa, para promover a formação de emulsões (ou de microemulsões) de aditivos insolúveis ou com baixa solubilidade em scCO2. Como possíveis exemplos de surfactantes comuns, de biocompatibilidade comprovada, e com potencial para serem usados em aplicações biomédicas e farmacêuticas, podem-se referir os polisorbatos (e.g, Tween 60 e Tween 80), os poloxâmeros (e.g, Pluronics e Kollophor) e as fosfatidilcolinas (como a lecitina de ovo ou de soja).

Os possíveis efeitos das outras variáveis de processo nestas interacções (como sejam a temperatura, pressão, tempo de operação e velocidade de despressurização) e na eficiência global do processo SSI/SSD foram já brevemente discutidos anteriormente (na introdução da Secção 8.5.), enquanto a influência da presença de outros compostos no sistema será discutida mais adiante, na Secção 8.5.3.

Devido à grande complexidade destes sistemas e ao tipo de medidas que se pretendem realizar, é extremamente difícil determinar e quantificar todas as interacções mútuas que se estabelecem entre aditivos, FSC (ou mistura de fluidos comprimidos), co-solvente e outras substâncias que se pretendam usar num processo SSI/SSD, bem como a sua dependência das variáveis de processo (em particular da pressão, temperatura e composição). No entanto, e como alternativa o como complemento a esta determinação experimental, podem-se efectuar cálculos teóricos (usando vários modelos e teorias) e/ou usar métodos de simulação molecular e métodos computacionais *ab initio*, de *Quantum Monte Carlo*, etc. [408-416].

Assim, este tipo de interacções físico-químicas são normalmente inferidas indirectamente através de outros tipos de medidas experimentais, i.e., através das medidas de outras propriedades termofísicas, nomeadamente aquelas cujo conhecimento é indispensável para definir as condições operacionais dos processos SSI/SSD: medidas de solubilidade e de equilíbrio de fases a altas pressões entre aditivos, FSC (ou mistura de fluidos comprimidos), co-solventes ou outras substâncias presentes no sistema. Apesar destas medidas também poderem ser relativamente difíceis de realizar (além de poderem ser dispendiosas e morosas), elas são na realidade extremamente importantes para o sucesso dos processos SSI/SSD (bem como para outras metodologias envolvendo FSCs e misturas fluidas a alta pressão) e devem ser efectuadas em gamas adequadas de pressão, temperatura e composição (as chamadas medidas de equilíbrio $P$, $T$, $x$, $y$). Conforme o tipo de fases presentes (ou que se possam formar), estas medidas podem ser do tipo: equilíbrio líquido-vapor (ELV); equilíbrio líquido-líquido (ELL); equilíbrio líquido-líquido-vapor (ELLV); equilíbrio sólido-líquido (ESL); e equilíbrio sólido-vapor (ESV). Isto pode ser feito usando vários métodos e técnicas experimentais, de base sintética ou analítica, e através de métodos estáticos/descontínuos ou dinâmicos/contínuos. Além da necessidade de obtenção de dados de equilíbrio de fases, na maioria dos casos existe ainda a necessidade de correlacionar os dados experimentais obtidos (e normalmente para que se possa evitar a realização de muitos ensaios experimentais de equilíbrio). Esta correlação pode ser feita através: i) de modelos empíricos (ou semi-empíricos) baseados na densidade da fase fluida, como sejam os modelos de Chrastil, de Bartle, de Méndez-Santiago-Teja, etc.; ii) de modelos baseados em equações de estado cúbicas, como sejam as equações de Peng-Robinson (PR), Soave-Redlich-Kwong (SRK), Patel-Teja-Valderrama (PTV), etc., e usando diferentes regras de mistura (van der Waals, Panagiatopoulos-Reid, Mukhopadhyay-Rao, Wong-Sandler, etc.) e de combinação; iii) e de outros modelos teóricos como sejam equações de estado não-cúbicas, modelos baseados nas teorias de associação de fluidos, em coeficientes de actividade, na teoria das soluções regulares e no modelo de Flory-Huggins, etc.) [38, 40-41, 45-46, 49-53, 56, 417-432].

A grande maioria dos modelos empíricos/teóricos e os dados experimentais de solubilidade e de equilíbrio de fases de aditivos (e co-solventes) em sistemas a alta pressão (FSCs e misturas de fluidos comprimidos), bem como a sua respectiva correlação através dos vários modelos acima referidos, são normalmente publicados em revistas científicas das áreas da termodinâmica, química-física, propriedades termofísicas, equilíbrio de fases, engenharia química e fluidos supercríticos, como por exemplo: *Journal of Chemical & Engineering Data*, *Journal of Physical and Chemical Reference Data*, *Fluid Phase Equilibria*, *Journal of Chemical Thermodynamics*, *Termochimica Acta*, *Industrial & Engineering Chemistry Research*, *Chemical Engineering Science*, *Journal of Supercritical Fluids*, etc. Existem ainda excelentes livros, compilações de dados de equilíbrio de fases e artigos de revisão sobre todos estes assuntos, incluindo os métodos experimentais de determinação de equilíbrio de fases a altas pressões [56, 417, 421-423, 435-445].

## 8.5.2. Interacções FSC/matriz/co-solvente/outro composto

Tal como no caso anterior (para as interacções FSC/aditivo/co-solvente/outro composto), as interacções FSC/matriz/co-solvente/outro composto vão ser também muito importantes para o sucesso ou insucesso relativo dos processos SSI/SSD no desenvolvimento de aplicações farmacêuticas e biomédicas. Se nos casos descritos na Figura 8.1 A), e onde as matrizes sólidas não conseguem absorver grandes quantidades de FSCs (ou de misturas de fluidos comprimidos), estas interacções não sejam muito importantes, elas irão ser fundamentais para todos os outros casos onde isso seja possível de acontecer.

Como seria de esperar, estas interacções físico-químicas (e as suas intensidades relativas) vão essencialmente depender dos grupos constituintes e da estereoquímica de todas as moléculas presentes. A estereoquímica pode ainda desempenhar um papel adicional muito relevante nas matrizes sólidas/semi-sólidas (de base polimérica) uma vez que poderá alterar algumas das propriedades físicas destas matrizes, as quais podem, por sua vez, condicionar o processo SSI/SSD. No entanto, outros factores poderão ser igualmente relevantes para estas interacções e para a eficiência global do processo, como sejam: algumas das propriedades termofísicas específicas (tanto da matriz sólida/semi-sólida como da fase fluida); determinadas propriedades morfológicas e de superfície (especialmente relevantes para as matrizes sólidas/semi-sólidas); as condições de operação (temperatura, a pressão e a adição de co-solventes, surfactantes ou de outros aditivos/substâncias - e respectiva composição relativa – tempo de operação e velocidade de despressurização).

Assim, todos os factores acima referidos irão determinar, em conjunto, vários aspectos e situações que podem ocorrer num processo SSI/SSD (bem como o seu grau relativo de extensão), como sejam: i) a solubilidade do FSC (ou da mistura de fluidos comprimidos) e do co-solvente na matriz sólida/semi-sólida (e o grau de absorção/solubilização); ii) a solubilidade da matriz sólida no FSC (ou na mistura de fluidos comprimidos), i.e., se a matriz sólida se consegue dissolver na fase fluida e em que extensão é que isto pode acontecer; iii) se a matriz sólida consegue sofrer um intumescimento ou se, pelo contrário, sofre antes uma contracção de volume (e em que grau é que estes processos podem ocorrer); iv) se a matriz sólida/semi-sólida pode "fundir" e ficar num estado de "líquido viscoso" por acção da absorção e solubilização da fase fluida móvel; e v); se uma matriz semi-sólida (já pré-inchada por outro soluto) pode sofrer um intumescimento adicional (ou se, pelo contrário, pode sofrer uma contracção de volume), por absorção difusão e solubilização da fase fluida móvel. Todas estas situações, propriedades e fenómenos envolvidos, bem como as justificações para os resultados até aqui obtidos, têm sido apresentadas, discutidas e compiladas na literatura ao longo dos últimos anos, tanto para o método SSI/SSD em geral, como para os casos particulares que foram estudados [33-38, 40-41, 45, 48-50, 52, 98, 113-120, 128-129, 134, 137, 140-172, 174-177, 204-206, 209-215, 221-224, 230-234, 236-251, 255--257, 284-290, 296, 303, 330, 332, 334, 383-404, 410-413, 438-441, 444-450].

Em resumo e para as condições normalmente exigidas num processo SSI/SSD, as interacções FSC/matriz/co-solvente/outro composto devem ser bastante favoráveis uma vez que, desta forma, podem permitir e/ou facilitar que ocorram os fenómenos de absorção, difusão e solubilização da fase fluida móvel (contendo o aditivo) no interior das matrizes sólidas/ semi-sólidas a processar. Para as matrizes sólidas onde estes processos sejam possíveis (como é o caso de muitos materiais poliméricos), estas interacções (e algumas variáveis operacionais) vão assim também afectar o grau de intumescimento/contracção e o nível de plastificação das matrizes, bem como os processos/velocidades de difusão da fase fluida móvel para o interior das mesmas (facilitando assim o transporte e incorporação dos aditivos nela dissolvidos) ou do interior das matrizes para o exterior (durante a despressurização). No entanto, as interacções que se estabelecem não devem ser tão favoráveis e intensas que possam levar à dissolução (total ou parcial) das matrizes sólidas/semi-sólidas nos FSCs (ou nas misturas de fluidos comprimidos), nem que possam promover graus de absorção e de plastificação tão elevados que façam com que ocorra a "fusão" do material sólido às condições de temperatura e pressão do processo. Uma maneira relativamente simples de evitar ou limitar estas situações, e também usada para outros solventes e/ou outras aplicações, consiste em usar polímeros de peso molecular muito elevado, e em modificar quimicamente (alterando o tipo e a intensidade das interacções que se podem estabelecer) e/ou em reticular estes materiais (através de ligações covalentes ou de fortes interacções físicas).

No caso da fase fluida móvel ser constituída essencialmente por $scCO_2$ é preciso ter em consideração o que já foi antes referido na Secção 8.5.1, nomeadamente em relação à sua polaridade, polarizabilidade e baixo peso molecular, bem como no que isto poderá influenciar em termos das interacções que o $scCO_2$ pode estabelecer com todas as outras substâncias presentes. Neste caso, essas substâncias serão as matrizes sólidas/semi-sólidas em processamento (normalmente de base polimérica), bem como eventuais co-solventes, ou outros compostos presentes no sistema. Assim, e sendo essencialmente uma substância apolar e um ácido de Lewis fraco, o $scCO_2$ irá interagir mais favoravelmente com polímeros de peso molecular relativamente baixo, que contenham grupos tipicamente apolares (e.g., fenilo, metilo, etilo), grupos com características de bases de Lewis fracas (e.g., carbonilo, éster), ou grupos organofluorados (i.e., com ligações C-F). Estes factos justificam, por exemplo, os diferentes polímeros já estudados na técnica SSI/SSD e que vêm indicados na Tabela 2. Uma situação ligeiramente diferente envolve os polímeros pertencentes à família dos poli(siloxanos) que, para além das interacções favoráveis que podem ser estabelecidas com o $scCO_2$ (e.g., grupos metilo, etilo), têm ainda cadeias poliméricas(*"backbones"*) -Si-O-Si- muito mais "flexíveis" e com maior "mobilidade" que as cadeias –C-C-C- da maioria dos polímeros. Assim, ao interagirem muito favoravelmente com o $scCO_2$ e ao absorverem grandes quantidades da fase fluida móvel, conseguem mesmo ser solúveis em $scCO_2$ em quantidades apreciáveis. Como isto é indesejável para o processo SSI/SSD, esta potencial dissolução em $scCO_2$ pode ser normalmente evitada através, por exemplo, da modificação química destes polímeros (e.g., reticulação covalente).

Finalmente, e por oposição ao que foi acima referido, isto é, devido aos seus pesos moleculares normalmente muito elevados, devido à presença de muitos grupos polares e com fraca interacção com o $scCO_2$ (normalmente grupos funcionais do tipo hidroxilo, ácido carboxílico, amina ou amida) e à ausência de outras interacções mais favoráveis com o $scCO_2$, os polissacarídeos e as proteínas são praticamente insolúveis em $scCO_2$ e não possuem a capacidade para absorverem grandes quantidades de $scCO_2$ e, desta maneira, de adquirirem elevados níveis de intumescimento e de plastificação. Apesar disto, é possível melhorar este comportamento dos polissacarídeos e das proteínas em contacto com $scCO_2$ usando as mesmas estratégias que se usam para aumentar a solubilidade de aditivos numa fase móvel constituída por $scCO_2$, i.e., com a adição de pequenas quantidades de co-solventes mais polares e com a capacidade de interagirem favoravelmente com os biopolímeros em processamento, usando biopolímeros de peso molecular mais baixo ou, alternativamente, modificando quimicamente estes biopolímeros através da introdução de grupos funcionais que interajam mais favoravelmente com o scCO2 [143, 258, 261].

Além da já referida forte influência que a estrutura química e o peso molecular dos polímeros usados podem ter no processo SSI/SSD, deve ainda referir-se que outras propriedades destes materiais podem igualmente ter um grande efeito no processo, como por exemplo: morfologia e microestrutura, grau de cristalinidade, índice de polidispersão, estrutura (linear, ramificada, tipo-estrela, tipo e tamanho de grupos pendentes, etc.), estereoquímica e tacticidade, grau de ramificação e de reticulação, etc. [154].

Em termos gerais, os efeitos da adição de pequenas quantidades de co-solventes nas interacções FSC/matriz/co-solvente/outro composto na eficiência global do processo SSI/SSD são muito semelhantes aos efeitos já descritos para as interacções FSC/aditivo/co-solvente/outro composto (Secção 8.5.1) e devem ser tomados em atenção considerando agora também as funcionalidades químicas específicas existentes nas matrizes sólidas/semi-sólidas em processamento. Por outro lado, os efeitos das variáveis de processo nestas interacções e no processo global SSI/SSD também já foram brevemente discutidos anteriormente na introdução desta secção (Secção 8.5). Quer isto dizer que estratégias operacionais seme-lhantes às aí referidas podem ser igualmente adoptadas com o objectivo de melhorar as interacções FSC/matriz. Por fim, a presença de outros compostos no sistema será discutida na próxima secção (Secção 8.5.3).

Tal como no caso da determinação e quantificação das interacções mútuas que se estabelecem entre aditivos, FSCs (ou mistura de fluidos comprimidos), co-solventes e outras substâncias que se pretendam usar num processo SSI/SSD, também é bastante difícil medir e quantificar as interacções que se estabelecem entre os FSCs, as matrizes, os co-solventes e outras substâncias presentes no sistema. Mas existem várias técnicas (a alta pressão) que permitem obter esta informação de uma forma quase directa ou, alternativamente, que permitem inferi-las a partir da medida de outras propriedades, tais como sejam: métodos de queda de pressão e de aumento de volume por absorção de gases (dilatometria), métodos gravimétricos simples de desorpção; outros métodos gravimétricos de sorpção/desorpção (microbalanças de suspensão magnética, microbalanças de cristal de quartzo, etc.), métodos de ressonância magnética nuclear (RMN), métodos cromatográficos, métodos de espectroscopia (UV/vis ou de infravermelhos: de Raman, NIR ou de transformada de Fourier – FTIR), métodos de microscopia confocal, calorimetria, etc. [40, 127-129, 137, 142, 151-153, 156, 159-160, 162-169, 211-212, 218, 222-224, 296, 300, 312, 317, 319, 330, 332, 334, 389-391, 393-394, 396-398, 400-404, 412-413, 449-450].

Também nestes casos será possível efectuar cálculos teóricos e/ou usar métodos de simulação molecular dinâmica para determinar e aferir estas propriedades e interacções, bem como para correlacionar os dados experimentais obtidos. De entre os modelos teóricos que podem ser usados para estes fins, devem-se referir: i) modelos empíricos de sorpção (*"dual mode"*); ii) modelos baseados em equações de estado cúbicas; iii) equações de estado baseadas em teorias de estrutura de rede (*"lattice--fluid"*), como seja as equação de Sanchez-Lacombe, bem como as suas posteriores modificações (modelos NRHB, QCHB, NELF); iv) equações de estado baseadas em modelos *"off-lattice"* (e.g., PHSC, SAFT, PC-SAFT); e v) modelos de plastificação de polímeros (como os modelos de Condo ou de *"lattice-fluid"*, e as suas combinações com as teorias de Gibbs--DiMarzio). A grande maioria dos dados/modelos teóricos, experimentais e de correlação que podem ser obtidos para este tipo de interacções são normalmente publicados nas mesmas revistas científicas já referidas na Secção 8.5.1., ou em outros livros de referência, compilações de dados de equilíbrio de fases e artigos de revisão sobre todos estes assuntos. Deve-se salientar que uma dificuldade associada ao uso destes modelos é a necessidade de estimar algumas propriedades termofísicas das substâncias envolvidas no sistema, e uma vez que estes valores não foram medidos experimentalmente [38, 40-41, 45, 50, 52, 129, 137, 142, 154-155, 162, 170, 386-388, 396-402, 417-420, 451-469].

### 8.5.3. Interacções aditivo/matriz/FSC/outro composto e interacções aditivo/matriz/co-solvente/outro composto

Em termos gerais, as interacções aditivo/matriz/FSC/outro composto e aditivo/matriz/co-solvente/outro composto, bem como as suas intensidades relativas, vão essencialmente afectar a "solubilidade" do aditivo na matriz sólida/semi-sólida em estudo e o seu coeficiente de partição entre a matriz e a fase fluida móvel (geralmente constituída por um FSC - ou por uma mistura de fluidos comprimidos – contendo o aditivo - ou o aditivo e um co-solvente – nela dissolvidos). Como nos casos já anteriormente discutidos, estas interacções físico-químicas (e as suas intensidades relativas) vão depender essencialmente do tipo e número de grupos funcionais constituintes (e da estereoquímica) de todas as moléculas presentes. Mas e nestas situações específicas, as propriedades morfológicas e de superfície das matrizes sólidas/semi-sólidas, i.e., as propriedades químicas e físicas das suas superfícies vão desempenhar um papel muito mais importante do que anteriormente. E, como também já discutido antes, as condições de processo (temperatura, pressão, adição de co-solventes, presença de outros aditivos/substâncias, tempo de operação e velocidade de despressurização) podem também ter muita influência no rendimento final do processo.

Em primeiro lugar, e nas condições específicas de processamento, se as interacções específicas entre o aditivo e a matriz forem muito mais favoráveis e intensas que as interacções aditivo/FSC (Secção 8.5.1), então o aditivo terá uma maior tendência a ficar incorporado no seio (ou na superfície) da matriz sólida/semi-sólida, i.e., o seu coeficiente de partição entre a matriz e a fase fluida móvel será relativamente elevado. Por exemplo, isto explica porque é que determinados aditivos, que apresentam solubilidades relativamente baixas em $scCO_2$ (ou em misturas $scCO_2$/co--solvente), conseguem ser impregnados/depositados em matrizes sólidas/

semi-sólidas através do método SSI/SSD: simplesmente porque os aditivos interagem muito favoravelmente com a matriz [40, 126, 142-147, 174-177].

Se, por outro lado, as interacções entre o aditivo e o FSC (ou a mistura de fluidos comprimidos) forem muito mais favoráveis e intensas que as interacções entre o aditivo e a matriz então, e o aditivo terá uma maior tendência para não ser impregnado/depositado e em permanecer dissolvido na fase fluida móvel, i.e., terá um baixo coeficiente de partição entre a matriz e a fase fluida móvel. Além disso e durante a despressurização, o aditivo tenderá preferencialmente a manter-se na fase fluida, sendo removido conjuntamente com o FSC ou sendo precipitado noutros pontos do sistema que não as matrizes sólidas/semi-sólidas em processamento. Esta é a situação típica que acontece quando os aditivos têm uma muito elevada solubilidade no FSC (ou na mistura de fluidos comprimidos) e uma baixa compatibilidade com as matrizes a serem processadas: assim, e apesar de se esperarem elevados rendimentos de impregnação/ deposição, tal não irá acontecer porque os aditivos optam sempre por permanecer na fase fluida móvel [40, 126, 142-147, 174-177].

No entanto, e tal como nos casos já anteriormente vistos, estas duas situações podem ser substancialmente alteradas devido às interacções adicionais que podem ser estabelecidas através da adição de um-solvente (ou até de um anti-solvente). Por exemplo, o co-solvente (ou o anti- -solvente) usado pode alterar as interacções aditivo/FSC inicialmente existentes (e assim alterar a solubilidade do aditivo na fase fluida móvel) e/ou as interacções aditivo/matriz (no caso de estabelecerem interacções favoráveis e de serem também solúveis na matriz sólida/semi-sólida). Além disso, a presença de outras substâncias no sistema como sejam, por exemplo, outros solventes usados para pré-inchar matrizes semi-sólidas a serem processadas, podem também desempenhar um papel relevante no processo uma vez que poderão alterar substancialmente as interacções aditivo/matriz (e assim alterar a "solubilidade" do aditivo na matriz) ou, no caso de serem também solúveis no FSC, as interacções aditivo/FSC (e assim alterar a solubilidade do aditivo no FSC). Por fim e também no caso de matrizes semi-sólidas em contacto com uma fase fluida móvel de $scCO_2$, mas estando estas pré-inchadas com água (como, por exemplo, no caso hidrogéis de base polimérica ou de base inorgânica), um outro fenómeno importante pode acontecer e que poderá ter muita influência na impregnação/deposição dos aditivos nessa mesma matriz: o $scCO_2$ ir-se-á dissolver nesta matriz semi-sólida e também na água que a constitui (devido à elevada solubilidade do $scCO_2$ em água). Desta forma, o $scCO_2$ irá alterar a polaridade e as interacções no seio da matriz, além de poder alterar, por vezes drasticamente, o valor do pH local do sistema (baixando-o, através da formação de ácido carbónico). Ora, esta alteração de pH local poderá assim mudar o estado de protonação de várias das substâncias presentes no sistema, como sejam polímeros e copolímeros do tipo polielectrólito e/ou de aditivos também protonáveis (como por exemplos vários fármacos de baixo peso molecular e proteínas/factores de crescimento). Isto irá provocar mudanças drásticas nas interacções específicas aditivo/matriz (devido ao possível estabelecimento de interacções fortes, do tipo iónico) e, consequentemente, no rendimento final do processo SSI/SSD. No entanto, é preciso também considerar que este abaixamento de pH, provocado pela dissolução do $scCO_2$ em água, pode também provocar a degradação de algumas substâncias que sejam sensíveis ao pH [143-147, 174-177].

A "solubilidade" de aditivos em matrizes sólidas/semi-sólidas e o coeficiente de partição entre a matriz e a fase fluida móvel podem ser determinados experimentalmente de uma forma directa e combinada, ou através de vários métodos complementares entre si, i.e., através de métodos que são usados para determinar a solubilidade de aditivos em FSCs e a solubilidade de FSCs em matrizes sólidas e semi-sólidas (e já anteriormente indicados) e da realização de balanços mássicos apropriados (para se obter aos valores experimentais pretendidos). Embora passíveis da introdução de alguns erros experimentais nos valores obtidos (se não forem apropriadamente usados), podem ainda ser usados métodos gravimétricos simples para a quantificação da massa total impregnada/depositada em matrizes sólidas/semi-sólidas (após o processamento), métodos de lexiviação/remoção total dos aditivos incorporados seguidos pela respectiva quantificação (e.g., por técnicas de análise elemental, de espectroscopia de UV-visível, de cromatografia líquida de alta *"performance"* (ou HPLC) ou de cromatografia gasosa (GC), ou, quando possível (e.g., com matrizes inorgânicas) por termogravimetria. Algumas das técnicas referidas na Secção 8.5.2. podem também ser usadas para obter este tipo de resultados: métodos gravimétricos *"online"* (microbalanças de suspensão magnética, microbalanças de cristal de quartz, etc.), métodos de ressonância magnética nuclear (RMN) a alta pressão, métodos modificados de espectroscopia (UV/vis ou de infravermelhos: de Raman, NIR ou de transformada de Fourier – FTIR) etc. A correlação destes resultados pode ser feita através de alguns dos métodos já indicados nas Secções 8.5.1 e 8.5.2, bem como através de alguns modelos de adsorpção/desorpção de solutos em sólidos e em interfaces líquido-sólido.

## 8.6. Conclusões

Neste capítulo, e além da discussão breve dos principais métodos convencionais de incorporação (impregnação/deposição) de aditivos em matrizes/materiais sólidos (e semi-sólidos), foram abordados em detalhe aqueles métodos que envolvem o uso de solventes supercríticos (ou de misturas comprimidas a alta pressão), os quais são normalmente designados por métodos (ou técnicas) SSI/SSD. Em particular, foi dada ênfase aos métodos que envolvem o uso de dióxido de carbono supercrítico (scCO$_2$) como solvente de impregnação/deposição para o desenvolvimento de aplicações farmacêuticas e biomédicas. Foram apresentadas e revistas as suas principais características, bem como as suas aplicabilidades e as suas potenciais vantagens/desvantagens para as aplicações em vista. Foram ainda apresentados e discutidos os princípios, fenómenos e requisitos subjacentes às metodologias SSI/SSD, os principais modos de operação e as variáveis operacionais relevantes para os processos, os principais tipos de substâncias (aditivos, matrizes sólidas/semi-sólidas, co-solventes, surfactantes, etc.) normalmente envolvidas no método (bem como uma revisão bibliográfica exaustiva dos sistemas já estudados e publicados na literatura), e a relevância de algumas das propriedades físico-químicas (e até biológicas e de toxicidade) destas mesmas substâncias para os métodos SSI/SSD. Foram também apresentados e discutidos brevemente alguns aspectos indispensáveis a ter conta no desenvolvimento de aplicações farmacêuticas e biomédicas, nomeadamente em termos das entidades reguladoras e dos requisitos regulamentares para o desenvolvimento de medicamentos, dispositivos médicos e produtos de combinação. Por fim, e em muito maior detalhe, foram apresentados os aspectos mais importantes a ter em consideração para a optimização dos métodos SSI/SSD, nomeadamente as interacções físico-químicas, mútuas e específicas, que se devem (ou não) estabelecer entre as substâncias presentes, o efeito das variáveis operacionais (nestas interacções e noutras propriedades relevantes que possam levar a rendimentos elevados no processo SSI/ SSD), bem como alguns métodos teóricos e experimentais que permitem obter e/ou inferir estas interacções e propriedades.

Em termos muito gerais e em jeito de conclusão, podemos dizer que as técnicas SSI/SSD podem ser usadas com evidentes vantagens para impregnar/depositar aditivos em matrizes sólidas/semi-sólidas de base polimérica, inorgânica ou híbrida/compósita), e de forma a se poderem obter materiais/produtos com actividade terapêutica ou para outros fins e aplicações na área biomédica. São técnicas muito versáteis e quando são adequadamente usadas, i.e., quando se usam os FSCs adequados (ou as misturas de fluidos comprimidos adequadas) e as condições operacionais apropriadas, a incorporação dos aditivos pretendidos pode ser feita sem alterar a grande maioria das propriedades químicas e físicas dos materiais sólidos/semi-sólidos em processamento e sem degradar as substâncias mais sensíveis envolvidas no processo. O rendimento final dos processos de SSI/SSD e algumas propriedades finais dos sistemas processados serão sempre função das interacções mútuas e específicas que existem e/ou que se podem estabelecer entre todas as substâncias envolvidas (FSCs, aditivos, matrizes sólidas/semi-sólidas, co-solventes, etc.), bem como das suas magnitudes/intensidades relativas, e ainda das condições de processamento utilizadas (e/ou alteradas) durante o processo. Isto quer dizer que se podem controlar, de uma forma relativamente fácil, a eficiência e a homogeneidade da impregnação/deposição dos aditivos pretendidos através da adequada manipulação de várias condições operacionais (pressão, temperatura, tempo de processamento, velocidade de despressurização, uso de co-solventes e de surfactantes, etc.).

Se não forem utilizadas quaisquer outras substâncias líquidas (em condições ambientais), os materiais/produtos processados poderão ser sempre recuperados num estado seco, i.e., sem a presença de quaisquer solventes residuais. Estas metodologias permitem também a incorporação dos vários aditivos de interesse em materiais e outros produtos sólidos/semi-sólidos (e.g., diferentes tipos de dispositivos biomédicos) que já foram previamente preparados por outras técnicas (e com diferentes formas e geometrias), e sem com isso interferir nos processos de síntese e de processamento/produção destes mesmos materiais/dispositivos.

Devido a tudo o que foi apresentado e discutido, as metodologias SSI/SSD, e em particular as que usam $scCO_2$, têm revelado o seu elevado potencial e vindo a ser cada vez mais estudadas e aplicadas no desenvolvimento de aplicações farmacêuticas e biomédicas, esperando-se assim que, e nos próximos anos, consigam ser transpostas com sucesso para escalas industriais de produção nestas áreas.

## 8.7. Agradecimentos

Os autores agradecem o apoio de: FCT-MCTES/MEC, FUP, FEDER, COMPETE, Programa Ciência 2008 (Portugal), CAPES (Brasil), e Rede CYTED, através dos contratos: PEst-C/EQB/UI0102/2011, PEst-C/EME/UI0285/2013, POCTI/FCB/38213/2001, PTDC/SAU-BEB/71395/2006, PTDC/SAU-FCF/71399/2006, Acções Integradas Luso-Espanholas 2010 Ref. E-7/10, Cooperação Científica e Tecnológica FCT/CAPES 2011/2012 Ref. 4.4.1.00, e Rede "*RIMADEL – Rede Iberoamericana de Nuevos Materiales para el Diseño de Sistemas Avanzados de Liberación de Fármacos en Enfermidades de Alto Impacto Socioeconómico*". Mara E.M. Braga e Ana M.A. Dias agradecem ainda à FCT.MCTES/MEC as bolsas de pós-doutoramento SFRH/BPD/21076/2004 e SFRH/BPD/40409/2007.

## 8.8. Referências

[1] E.L. Paul, V.A. Atiemo-Obeng, S.M. Kresta, (Eds.), Handbook of industrial mixing: science and practice, Wiley-Interscience, 2004.

[2] H. Zweifel, R. Maier, M. Schiller, (Eds.), Plastics additives handbook, 6th Ed., Hanser, 2009.

[3] J. Bieleman, (Ed.), Additives for coatings, Wiley-VCH, 2000.

[4] G. Wypych, (Ed.), Handbook of plasticizers, 2nd Ed., William Andrew, 2012.

[5] M. Chanda, S.K. Roy, (Eds.), Plastics technology handbook, 4th Ed., CRC Press, 2006.

[6] E.W. Flick, Cosmetics additives: an industrial guide, Noyes Publications, 1991.

[7] G. Kickelbick, (Ed.), Hybrid materials: synthesis, characterization, and applications, Wiley-VCH, 2007.

[8] S.M. Kenny, M. Buggy, J. Mater. Sci. Mater. Med. 2003, 14(11), 923-38.

[9] B.D. Ratner, A.S. Hoffman, F.J. Schoen, J.E. Lemons, (Eds.), Biomaterials science: an introduction to materials in medicine, 3rd Ed., Academic Press, 2012.

[10] T.S. Hin, (Ed.), Engineering materials for biomedical applications, World Scientific Pub Co, 2004.

[11] S.K. Niazi, (Ed.), Handbook of pharmaceutical manufacturing formulations, 2nd Ed., CRC Press, 2009.

[12] R.C. Rowe, P.J. Sheskey, W.G. Cook, M.E. Fenton, (Eds.), Handbook of pharmaceutical excipients, 7th Ed., Pharmaceutical Press, 2009.

[13] P.K. Chu, X. Liu, (Eds.), Biomaterials Fabrication and Processing Handbook, CRC Press, 2008.

[14] J.A. Wesselingh, S. Kiil, M.E. Vigild, Design & development of biological, chemical, food and pharmaceutical products, Wiley, 2007.

[15] Y. Qiu, Y. Chen, G.G.Z. Zhang, L. Liu, W.Porter, (Eds.), Developing solid oral dosage forms: pharmaceutical theory & practice, Academic press, 2009.

[16] J. Swarbrick, (Ed.), Encyclopedia of pharmaceutical technology, 3rd Ed., CRC Press, 2006.

[17] A. Katdare, M. Chaubal, (Eds.), Excipient development of pharmaceutical, biotechnology, and drug delivery systems, CRC Press, 2006.

[18] D.J. Pisano, D.S. Mantus, (Eds.), FDA regulatory affairs: a guide for prescription drugs, medical devices, and biologics, 2nd Ed., CRC Press, 2008.

[19] E-M. Hoepfner, S. Lang, A. Reng, P.C. Schmidt, (Eds.), Fiedler encyclopedia of excipients: for pharmaceuticals, cosmetics and related areas, Buch + CD-ROM, Editio Cantor, 2007.

[20] S.K. Niazi, (Ed.), Handbook of Pre-Formulation: Chemical, Biological, and Botanical Drugs, CRC Press, 2006.

[21] D.M. Parikh, (Ed.), Handbook of pharmaceutical granulation technology, 3rd Ed., CRC Press, 2009.

[22] J.J. Tobin, G. Walsh, Medical product regulatory affairs: pharmaceuticals, diagnostics, medical devices, Wiley-VCH, 2008.

[23] P. York, U.B. Kompella, B. Y. Shekunov, (Eds.), Supercritical fluid technology for drug product development, CRC Press, 2004.

[24] R.C. Fries, Reliable design of medical devices, 3rd Ed., CRC Press, 2012.

[25] J.D. Bronzino, (Ed.), The biomedical engineering handbook, 3rd Ed., CRC Press, 2006

[26] S.S. Mehta, Commercializing successful biomedical technologies: basic principles for the development of drugs, diagnostics and devices, Cambridge University Press, 2008.

[27] Website: FDA, U.S. Food and Drug Administration, USA, http://www.fda.gov/, (accessed April 15, 2014).

[28] Website: EMA, European Medicines Agency, EU, http://www.ema.europa.eu/ema/, (accessed April 15, 2014).

[29] Website: MHLW, Ministry of Health, Labour, and Welfare, Japan, http://www.mhlw.go.jp/english/, (accessed April 15, 2014).

[30] Website: ICH, International Conference on Harmonisation of Technical Requirements for Registration of Pharmaceuticals for Human Use, Switzerland, http://www.ich.org/, (accessed April 15, 2014).

[31] U.B. Kompella, K. Koushik, Crit. Rev. Ther. Drug Carr. Syst. 2001, 18, 173-199.

[32] B. Subramaniam, R.A. Rajewski, W.K. Snavely, J. Pharm. Sci. 1997, 86, 885-890.

[33] O.R. Davies, A.L. Lewis, M.J. Whitaker, H. Tai, K.M. Shakesheff, S.M. Howdle, Adv. Drug Deliv. Rev. 2008, 60, 373-387.

[34] H. Tai, V.K. Popov, K.M. Shakesheff, S.M. Howdle, Biochem. Soc. T. 2007, 35 516-521.

[35] E. Reverchon, R. Adami, S. Cardea, G. Della Porta, J. Supercrit. Fluids 2009, 47(3), 484-492.

[36] R.A. Quirk, R.M. France, K.M. Shakesheff, S.M. Howdle, Curr. Opin. Solid State Mater. Sci. 2004, 8, 313-321.

[37] A.M. López-Periago A. Vega, P. Subra, A. Argemí, J. Saurina, C.A. García-González, C. Domingo, J. Mater. Sci. 2008, 43(6), 1939-1947.

[38] E. Beckman, J. Supercrit. Fluids 2004, 28, 121-191.

[39] A.I. Cooper, Adv. Mater. 2003, 15(13), 1049-1059.

[40] S.G. Kazarian, Polym. Sci. Ser. C 2000, 42, 78-101.

[41] M.F. Kemmere, T. Meyer, (Eds.), Supercritical carbon dioxide in polymer reaction engineering, Wiley-VCH, 2006

[42] M.O. Balaban, G. Ferrentino, (Eds.), Dense phase carbon dioxide: food and pharmaceutical applications, Wiley-Blackwell, 2012.

[43] M. Perrut, J-Y. Clavier, Ind. Eng. Chem. Res. 2003, 42(25), 6375-6383.

[44] I. Pasquali, R. Bettini, Int. J. Pharm. 2008, 364(2), 176-187.

[45] A. Bertucco, G. Vetter, (Eds.), High pressure process technology: fundamentals and applications, Elsevier Science, 2001.

[46] G. Brunner, Annu. Rev. Chem. Biomol. Eng. 2010, 1, 321-342.

[47] F. Cansell, C. Aymonier, J. Supercrit. Fluids 2009, 47(3), 508-516.

[48] J.L. Kendall, D.A. Canelas, J.L. Young, J.M. DeSimone, Chem. Rev. 1999, 99, 543-563.

[49] Y-P. Sun, Supercritical fluids in materials science and engineering: syntheses: properties, and applications, CRC Press, 2002.

[50] M.A. McHugh, V.J. Krukonis, Supercritical fluid extraction: principles and practice, 2nd Ed., Butterworth-Heinemann, 1994.

[51] G. Brunner, Gas extraction: a introduction to fundamentals of supercritical fluids and the application to separation processes, Dr Verlag Steinkipff Dietrich, 1994.

[52] E. Kiran, P.G. Debenedetti, C.J. Peters, (Eds.), Supercritical fluids: fundamentals and applications, Kluwer Academic Publishers, 2000.

[53] M. Mukhopadhyay, Natural extracts using supercritical carbon dioxide, CRC Press, 2000.

[54] P.D. Webb, P.C. Marr, A.J. Parsons, H.S. Gidda, S.M. Howdle, Pure Appl. Chem. 2000, 72(7), 1347-1355.

[55] M. Herrero, J.A. Mendiola, A. Cifuentes, E. Ibanez, J. Chromatogr. A. 2010, 1217(16), 2495-511.

[56] R.B. Gupta, J-J. Shim, Solubility in supercritical carbon dioxide, CRC Press, 2012.

[57] K. Mishima, Adv. Drug Deliv. Rev. 2008, 60(3), 411-32.

[58] G. Pilcer, K. Amighi, Int. J. Pharm. 2010, 392(1-2), 1-19.

[59] Website: FDA, Federal Food, Drug, and Cosmetic Act (FD&C Act, Sec. 201(g) and Sec. 201(h)), USA, http://www.fda.gov/regulatoryinformation/legislation/federalfooddrugandcosmeticactfdcact/fdcactchaptersiandiishorttitleanddefinitions/ucm086297.htm, (accessed April 15, 2014).

[60] Website: FDA, Public Health Service Act (PHSA, Sec. 262(i)), USA, http://www.fda.gov/regulatoryinformation/legislation/ucm149278.htm, (accessed April 15, 2014).

[61] Website: FDA, Code of Federal Regulations Title 21 (21CFR Sec. 3.2(e)), USA, http://www.accessdata.fda.gov/scripts/cdrh/cfdocs/cfcfr/CFRSearch.cfm?CFRPart=3&showFR=1, (accessed April 15, 2014).

[62] Website: FDA, Code of Federal Regulations Title 21 (21CFR Sec. 3.2(m)), USA, http://www.accessdata.fda.gov/scripts/cdrh/cfdocs/cfcfr/CFRSearch.cfm?CFRPart=3&showFR=1, (accessed April 15, 2014).

[63] Websites: European Commission; Eudralex/Medical Devices, EU, http://ec.europa.eu/health/documents/eudralex/index_en.htm; http://ec.europa.eu/health/medical-devices/index_en.htm; (accessed April 15, 2014).

[64] V.V. Ranade, M.A. Hollinger, J.B. Cannon, Drug delivery systems, 2nd Ed., CRC Press, 2003.

[65] W. Mark Saltzman, Drug delivery: engineering principles for drug therapy, Oxford University Press, 2001.

[66] X. Li, Design of controlled release drug delivery systems, McGraw-Hill, 2005.

[67] R.O. Williams III, D.R. Taft, J.T. McConville, Advanced drug formulation design to optimize therapeutic outcomes, CRC Press, 2007.

[68] R. Liu, Water-insoluble drug formulation, 2nd Ed., CRC Press, 2008.

[69] M. Grassi, G. Grassi, R. Lapasin, I. Colombo, Understanding drug release and absorption mechanisms. A physical and mathematical approach, CRC Press, 2006.

[70] B. Bennett, G. Cole, Pharmaceutical production: an engineering guide, 2nd Ed., Institution of Chemical Engineers, 2007.

[71] A.J. Hickey, D. Ganderton, Pharmaceutical process engineering, 2nd Ed., CRC Press, 2009.

[72] E.J. McNally, J.E. Hastedt, Protein formulation and delivery, 2nd Ed., CRC Press, 2007.

[73] W. Rogers, Sterilisation of polymer healthcare products, Smithers Rapra Press, 2008.

[74] M.J. Maltesen, M. van de Weert, Drug Discov. Today Technol. 2008, 5(2-3), e81-e-88.

[75] M. Maniruzzaman, J.S. Boateng, M.J. Snowden, D. Douroumis, ISRN Pharmaceutics, 2012, Article ID 436763.

[76] D. Douromis, (Ed.), Hot-melt extrusion: pharmaceutical applications, John Wiley & Sons, 2012.

[77] J.H. Wendorff, S. Agarwal, A. Greiner, Electrospinning: materials, processing and applications, Wiley-VCH, 2012.

[78] R. Vehring, Pharm. Res. 2008, 25(5), 999-1022.

369

[79] X. Tang, M.J. Pikal, Pharm. Res. 2004, 21(2), 191-200.

[80] C.A. García-González, M. Alnaief, I. Smirnova, Carbohydrate Polym. 2011, 86(4), 1425-1438.

[81] S. Yoshioka, V.J. Stella, Stability of drugs and dosage forms, Kluwer Academic Publishers, 2002

[82] M.E. Byrne, K. Park, N.A. Peppas, Adv. Drug Deliv. Rev. 2002, 54(1), 149-161.

[83] V. Ojijoa, S.S. Raya, Prog. Polym. Sci. 2013, 38(10-11), 1543-1589.

[84] G.T. Kulkarni, Pharmaceutical and biotechnological applications of natural hydrogels: hydrogel technology for drug delivery systems and enzyme immobilization, VDM Verlag Dr. Müller, 2010.

[85] Y. Zhang, H.F. Chan, K.W. Leong, Adv. Drug Deliv. Rev. 2013, 65(1), 104-120.

[86] A.S. Hoffman, Adv. Drug Deliv. Rev. 2012, 64, 18-23.

[87] C.C. Peng, A. Ben-Shlomo, E.O. Mackay, C.E. Plummer, A. Chauhan, Curr. Eye Res. 2012, 37(3), 204-11.

[88] C-C. Li, A. Chauhan, Ind. Eng. Chem. Res. 2006, 45(10), 3718-3734.

[89] D.S. Zimnitsky, T.L Yurkshtovich, P.M. Bychkovsky, J. Colloid Interface Sci. 2006, 295(1), 33-40.

[90] C. Charnay, S. Bégu, C. Tourné-Péteilh, L. Nicole, D.A. Lerner, J.M. Devoisselle, Eur. J. Pharm. Biopharm. 2004, 57(3), 533-40.

[91] Website: FDA, Code of Federal Regulations Title 21 (Part 184), USA, http://www.accessdata.fda.gov/scripts/cdrh/cfdocs/cfcfr/CFRSearch.cfm?CFRPart=184&showFR=1, (accessed April 15, 2014).

[92] J. Zhang, T.A. Davis, M.A. Matthews, M.J. Drews, M. LaBerge, Y.H. An, J. Supercrit. Fluids 2006, 38(3), 354-372.

[93] A. White, D. Burns, T.W. Christensen, J Biotechnol. 2006, 123(4), 504-515.

[94] M. Perrut, Sterilization and virus inactivation by supercritical fluids (a review). J. Supercrit. Fluids 2012, 66, 359-371.

[95] K. Moribe, Y. Tozuka, K. Yamamoto, Adv. Drug Deliv. Rev. 2008, 60(3), 328-338.

[96] L.S. Daintree, A. Kordikowski, P. York, Adv. Drug Deliv. Rev. 2008, 60(3), 351-372.

[97] N. Foster, R. Mammucari, F. Dehghani, A. Barrett, K. Bezanehtak, E. Coen, G. Combes, L. Meure, A. Ng, H.L. Regtop, A. Tandya, Ind. Eng. Chem. Res. 2003, 42(25),6476-6493.

[98] H.M. Woods, M.M.C.G. Silva, C. Nouvel, K.M. Shakesheff, S.M. Howdle, J. Mater. Chem. 2004, 14, 1663-1678.

[99] M.J Cocero, A. Martín, F. Mattea, S. Varona, J. Supercrit. Fluids 2009, 47(3), 546-555.

[100] M. Bahrami S. Ranjbarian, J. Supercrit. Fluids 2007, 40(2), 263-283.

[101] A. Martín, M.J. Cocero, Adv. Drug Deliv. Rev. 2008, 60(3), 339-350.

[102] E. Reverchon, R. Adami, G. Caputo, I. De Marco, J. Supercrit. Fluids 2008, 47(1), 70-84.

[103] J. Jung, M. Perrut, J. Supercrit. Fluids 2001, 20(3), 179-219.

[104] E. Reverchon, I. De Marco, E. Torino, J. Supercrit. Fluids 2007, 43(1), 126-138.

[105] I. Pasquali, R. Bettini, F. Giordano, Adv. Drug Deliv. Rev. 2008, 60(3), 399-410.

[106] A. Tabernero, E.M. Martín del Valle, M.A. Galán, Chem. Eng. Process. Process Intensif. 2012, 60, 9-25

[107] K. Byrappa, S. Ohara, T. Adschiri, Adv. Drug Deliv. Rev. 2008, 60(3), 299-327.

[108] S-D. Yeo, E. Kiran, J. Supercrit. Fluids 2005, 34(3), 287-308.

[109] C. Aymonier, A. Loppinet-Serani, H. Reverón, Y. Garrabos, F. Cansell, J. Supercrit. Fluids 2006, 38(2), 242-251.

[110] Y. Zhang, C. Erkey, J. Supercrit. Fluids 2006, 38(2), 252-267.

[111] E. Reverchon, R. Adami, J. Supercrit. Fluids 2006, 37(1), 1-22.

[112] A. Tandya, R. Mammucari, F. Dehghani, N.R. Foster, Int. J. Pharm. 2007, 328(1), 1-11.

[113] Y. Haldorai, J-J. Shim, K.T. Lim, J. Supercrit. Fluids 2012, 71, 45-63.

[114] E. Reverchon, S. Cardea, J. Supercrit. Fluids 2012, 69, 97-107.

[115] S.P. Nalawade, F. Picchioni, L.P.B.M. Janssen, Prog. Polym. Sci. 2006, 31(1), 19-43.

[116] Martial Sauceau, J. Fages, A. Common, C. Nikitine, E. Rodier, Prog. Polym. Sci. 2011, 36(6), 749-766.

[117] A.I. Cooper, Adv. Mater. 2001, 13(14), 1111-1114.

[118] D.L. Tomasko, A. Burley, L. Feng, S-K. Yeh, K. Miyazono, S. Nirmal-Kumar, I. Kusaka, K. Koelling, J. Supercrit. Fluids 2009, 47(3), 493-499.

[119] D.L. Tomasko, H. Li, D. Liu, X. Han, M.J. Wingert, L. James Lee, K.W. Koelling, Ind. Eng. Chem. Res. 2003, 42(25), 6431-6456.

[120] L.J.M. Jacobs, M.F. Kemmere, J.T.F. Keurentjes, Green Chem. 2008, 10, 731-738.

[121] R.B. Yoganathan, R. Mammucari, N.R. Foster, Polym. Rev. 2010, 50(2), 144-177.

[122] E. Reverchon, I. De Marco, J. Supercrit. Fluids 2006, 38(2), 146-166.

[123] M.E.M. Braga, I.J. Seabra, A.M.A. Dias, H.C. de Sousa, in: Natural product extraction: principles and applications, M.A. Rostagno, J.M. Prado (Eds.), RSC Green Chemistry Series, Vol. 21, RSC Press - Royal Society of Chemistry, UK, 231-284, 2013.

[124] S. Keskin, D. Kayrak-Talay, U. Akman, O. Hortaçsu, J. Supercrit. Fluids 2007, 43(1), 150-180.

[125] K. Kalíková, T. Šlechtová, J. Vozka, E. Tesařová, Anal. Chim. Acta 2014, 821, 1-33.

[126] J.M. Płotka, M. Biziuka, C. Morrison, J. Namieśnika, Trends Anal. Chem. 2014, 56, 74-89.

[127] C.R. Yonker, J.C. Linehan, Prog. Nucl. Magn. Reson. Spectrosc. 2005, 47(1), 95-109.

[128] A.R. Berens, G.S. Huvard, R.W. Korsmeyer, F.W. Kunig, J. Appl. Polym. Sci. 1992, 46, 231-242.

[129] I. Kikic, F. Vecchione, Curr. Opin. Solid State Mater. Sci. 2003, 7(4-5), 399-405.

[130] T. Matsuda, J. Biosci. Bioeng. 2013, 115(3), 233-241.

[131] Z. Knez, J. Supercrit. Fluids 2009, 47(3), 357-372.

[132] R.J. St John, J.F. Carpenter, C. Balny, T.W. Randolph, J. Bio. Chem. 2001, 276(50), 46856-46863.

[133] R.J. St John, J.F. Carpenter, T.W. Randolph, Proc. Natl. Acad. Sci. USA 1999, 96(23), 13029-13033.

[134] A.R. Berens, G.S. Huvard, in: Supercritical Fluid Science and Technology, ACS Symposium Series 406, K.P. Johnston, J.M.L. Penninger, Eds., American Chemical Society, Chapter 14, 207-223, 1989.

[135] A.R. Berens, Makromol. Chem. Macromol. Symp. 1989, 29, 95-108.

[136] A.R. Berens, G.S. Huvard, R.W. Korsmeyer, U.S. Pat. 4820752, 1989.

[137] R.G. Wissinger, M.E. Paulaitis, J. Polym. Sci. Part B: Polym. Phys. 1987, 25(12), 2497-2510.

[138] M.L. Sand, U.S. Pat. 4598006, 1986.

[139] C.A. Perman, M.E. Riechert, U.S. Pat. 5340614, 1994.

[140] H.C. de Sousa, M.H.M. Gil, E.O.B. Leite, C.M.M. Duarte, A.R.C. Duarte, E.P. 1611877, 2006.

[141] H.C. de Sousa, M.H.M. Gil, E.O.B. Leite, C.M.M. Duarte, A.R.C. Duarte, U.S. Pat. 20060008506, 2006.

[142] I. Kikic, J. Supercrit. Fluids 2009, 47(3), 458-465.

[143] M.E.M. Braga, M.T. Vaz Pato, H.S.R.C. Silva, E.I. Ferreira, M.H. Gil, C.M.M. Duarte, H.C. de Sousa, J. Supercrit. Fluids 2008, 44(2), 245-257.

[144] A.R.C. Duarte, A.L. Simplício, A. Vega-Gonzalez, P. Subra-Paternault, P. Coimbra, M.H. Gil, H.C. de Sousa, C.M.M. Duarte, J. Supercrit. Fluids 2007, 42(3), 373-377.

[145] V.P. Costa, M.E.M. Braga, J.P. Guerra, A.R.C. Duarte, C.M.M. Duarte, E.O.B. Leite, M.H. Gil, H.C. de Sousa, J. Supercrit. Fluids 2010, 52(3), 306-316.

[146] V.P. Costa, M.E.M. Braga, C.M.M. Duarte, C. Alvarez-Lorenzo, A. Concheiro, M.H. Gil, H.C. de Sousa, J. Supercrit. Fluids 2010, 53(1-3), 165-173.

[147] M.V. Natu, M.H. Gil, H.C. de Sousa, J. Supercrit. Fluids 2008, 47(1), 93-102.

[148] P. Raveendran, Y. Ikushima, S.L. Wallen, Acc. Chem. Res. 2005, 38(6), 478-485.

[149] H. Zhou, J. Fang, J. Yang, X. Xie, J. Supercrit. Fluids 2003, 26, 137-145.

[150] Q. Xu, Y. Chang, J. Appl. Polym. Sci. 2004, 93(2), 742-748.

[151] P.D. Condo, S.R. Sumpter, M.L. Lee, K.P. Johnston, Ind. Eng. Chem. Res. 1996, 35(4), 1115-1123.

[152] S.G. Kazarian, M.F. Vincent, F.V. Bright, C.L. Liotta, C.A. Eckert, J. Am. Chem. Soc. 1996, 118(7), 1729-1736.

[153] J.C. Meredith, K.P. Johnston, J.M. Seminario, S.G. Kazarian, C.A. Eckert, J. Phys. Chem. 1996, 100(26), 10837-10848.

[154] E. Kiran, J. Supercrit. Fluids 2009, 47(3), 466-483.

[155] C.F. Kirby, M.A. McHugh, Chem. Rev. 1999, 99, 565-602.

[156] M. Champeau, J-M. Thomassin, C. Jérôme, T. Tassaing, J. Supercrit. Fluids 2014, 90, 44-52.

[157] K.H. Kim, Y. Kim, Bull. Korean Chem. Soc. 2007, 28(12), 2454-2458.

[158] O. Kajimoto, Chem. Rev. 1999, 99, 355-389.

[159] S.G. Kazarian, N.H. Brantley, B.L. West, M.F. Vincent, C.A. Eckert, Appl. Spectrosc. 1997, 51(4), 491-494.

[160] Y.P. Handa, P. Kruus, M. O'Neill, J. Polym. Sci. Part B: Polym. Phys. 1996, 34(15), 2635-2639.

[161] V.M. Shah, B.J. Hardy, S.A. Stern, J. Polym. Sci. Part B: Polym. Phys. 1993, 31(3), 313-317.

[162] I. Kikic, M. Lora, A. Cortesi, P. Sist, Fluid Phase Equilib. 1999, 158-160, 913-921.

[163] S.G. Kazarian, G.G. Martirosyan, Int. J. Pharm. 2002, 232(1-2), 81-90.

[164] S.G. Kazarian, M.F. Vincent, B.L. West, C.A. Eckert, J. Supercrit. Fluids 1998, 13(1-3), 107-112.

[165] Z. Knez, E. Weidner, Curr. Opin. Solid State Mater. Sci. 2003, 7(4-5), 353-361.

[166] A.R.S. de Sousa, A.L. Simplício, H.C. de Sousa, C.M.M. Duarte, J. Supercrit. Fluids 2007, (43(1), 120-125.

[167] M.B.C de Matos, A.P. Piedade, C. Alvarez-Lorenzo, A. Concheiro, M.E.M. Braga, H.C. de Sousa, Int. J. Pharm. 2013, 456(2), 269-281.

[168] M.D. Wilding, Melt processing thermally unstable and high molecular weight polymers with supercritical carbon dioxide. PhD Thesis, Virginia Polytechnic Institute and State University, USA, 2007.

[169] J. Eastoe, A. Dupont, D.C. Steytler, Curr. Opin. Colloid Interface Sci. 2003, 8(3), 267-273.

[170] B. Bonavoglia, Phase equilibria in polymer-supercritical CO2 systems, PhD Thesis, Swiss Federal institute of Technology Zurich (EHTZ), Switzerland, 2005.

[171] M.A. Jacobs, Measuring and modeling of thermodynamic properties for the processing if polymers in supercritical fluids, PhD Thesis, Technische Universiteit Eindhoven, The Netherlands, 2004.

[172] J. Eastoe, C. Yan, A. Mohamed, Curr. Opin. Colloid Interface Sci. 2012, 17(5), 266-273

[173] P.G. Jessop, B. Subramaniam, Chem Rev. 2007, 107(6), 2666-2694.

[174] M.E.M. Braga, V.P. Costa, M.J. Pereira, P.T. Fiadeiro, A.P. Gomes, C.M.M. Duarte, H.C. de Sousa, Int. J. Pharm. 2011, 420(2), 231-243.

[175] F. Yañez, L. Martikainen, M.E.M. Braga, C. Alvarez-Lorenzo, A. Concheiro, C.M.M. Duarte, M.H. Gil, H.C. de Sousa, Acta Biomater. 2011, 7(3), 1019-1030.

[176] Y. Masmoudi, L. Ben Azzouk, O. Forzano, J-M. Andre, E. Badens, J. Supercrit. Fluids 2011, 60, 98-105.

[177] C. González-Chomón, M.E.M. Braga, H.C. de Sousa, A. Concheiro, C. Alvarez-Lorenzo, Eur. J. Pharm. Biopharm. 2012, 82(2), 383-391.

[178] Website: Uhde High Pressure Technologies, Germany, http://www.uhde-hpt.com (accessed April 15, 2014).

[179] Website: DyeCoo, The Netherlands, http://www.dyecoo.com (accessed April 15, 2014).

[180] Website: Feyecon, The Netherlands, http://www.feyecon.com (accessed April 15, 2014).

[181] Website: Applied Separations, USA, http://www.appliedseparations.com (accessed April 15, 2014).

[182] Website: Nantong Supercritical Extraction, China, http://www.supercritical.co (accessed April 15, 2014).

[183] Website: Hisaka Works Ltd., Japan, http://www.hisaka.co.jp (accessed April 15, 2014).

[184] G.A. Montero, C.B. Smith, W.A. Hendrix, D.L. Butcher, Ind. Eng. Chem. Res. 2000, 39(12), 4806-4812.

[185] M. Banchero, Color. Technol. 2013, 129(1), 2-17.

[186] Website: Superwood AS, Denmark, http://www.superwood.dk (accessed April 15, 2014).

[187] A.W. Kjellow, O. Henriksen, J. Supercrit. Fluids 2009, 50(3), 297-304.

[188] A.W. Kjellow, Supercritical wood impregnation. PhD Thesis, University of Copenhagen, Denmark, 2010.

[189] J. Fernandes, A.W. Kjellow, O. Henriksen, J. Supercrit. Fluids 2012, 66, 307-314.

[190] M. Renner, E. Weidner, B. Jochems, H. Geishler, J. Supercrit. Fluids 2012, 66, 291-296.

[191] M. Renner, H. Geishler, E. Weidner, Pat. DE 102009018232, 2009.

[192] M. Renner, E. Weidner, G. Brandin, Chem. Eng. Res. Des. 2009, 87(7), 987-996.

[193] J.D. Nally, (Ed.), Good manufacturing practices for pharmaceuticals, 6th Ed., CRC Press, 2006.

[194] I.R. Berry, R.P. Martin, (Eds.), The pharmaceutical regulatory process, 2nd Ed., CRC Press, 2008.

[195] M. Levin, (Ed.), Pharmaceutical process scale-up, 2nd Ed., CRC Press, 2007.

[196] Website: FDA, Guidances (Drugs), USA, http://www.fda.gov/Drugs/GuidanceComplianceRegulatoryInformation/Guidances/default.htm, (accessed April 15, 2014).

[197] Website: FDA, Guidance for industry, Q3C impurities: residual solvents, USA, http://www.fda.gov/downloads/Drugs/GuidanceComplianceRegulatoryInformation/Guidances/UCM073394.pdf, (accessed April 15, 2014).

[198] Website: FDA, Guidance for industry, Q3C - tables and list, USA, http://www.fda.gov/downloads/Drugs/GuidanceComplianceRegulatoryInformation/Guidances/UCM073395.pdf, (accessed April 15, 2014).

[199] Website: EMA, Impurities: guideline for residual solvents, EU, http://www.ema.europa.eu/docs/en_GB/document_library/Scientific_guideline/2011/03/WC500104258.pdf, (accessed April 15, 2014).

[200] Website: ICH, Impurities: guideline for residual solvents, Q3C(R5), http://www.ich.org/fileadmin/Public_Web_Site/ICH_Products/Guidelines/Quality/Q3C/Step4/Q3C_R5_Step4.pdf, (accessed April 15, 2014).

[201] Website: FDA, Inactive ingredient search for approved drug products, USA, http://www.accessdata.fda.gov/scripts/cder/iig/, (accessed April 15, 2014).

[202] Website: FDA, Inactive ingredients database download, USA, http://www.fda.gov/Drugs/InformationOnDrugs/ucm113978.htm, (accessed April 15, 2014).

[203] M. Malmsten, Surfactants and polymers in drug delivery. CRC Press, 2002.

[204] K.P. Johnston, S.R.P. da Rocha, J. Supercrit. Fluids 2009, 47(3), 523-530.

[205] K.P. Johnston, Curr. Opin. Colloid Interface Sci. 2003, 5(5-6), 350-355.

[206] P. Alessi, I. Kikic, A. Cortesi, A. Fogar, M. Moneghini, J. Supercrit. Fluids 2003, 27(3), 309-315.

[207] A.R.C. Duarte, A.L. Simplício, A. Vega-Gonzalez, P. Subra-Paternault, P. Coimbra, M.H. Gil, H.C. de Sousa, C.M.M. Duarte, Curr. Drug Deliv. 2008, 5(2) 102-107.

[208] A. Cosijns, D. Nizet, I. Nikolakakis, C. Vervaet, T. De Beer, F. Siepmann, J. Siepmann, B. Evrard, J.P. Remon, Drug Develop. Ind. Pharm. 2009, 35(6), 655-662.

[209] R. Yoganathan, R. Mammucari, N.R. Foster, J. Phys. Conf. Ser. 2010, 215(1) 012087.

[210] R. Yoganathan, R. Mammucari, N.R. Foster, Materials 2010, 3(5), 3188-3203.

[211] S-L. Ma, Z-W. Lu, Y-T. Wu, Z-B. Zhang, J. Supercrit. Fluids 2010, 54(2), 129-136.

[212] P.W. Labuschagne, S.G. Kazarian, R.E. Sadiku, J. Supercrit. Fluids 2011, 57(2), 190-197.

[213] Y.A. Hussain, C.S. Grant, J. Supercrit. Fluids 2012, 71, 127-135.

[214] M. Nia, Q-Q. Xua, J-Z. Yin, J. Mater. Res. 2012, 27(2), 2902-2910.

[215] L. Manna, M. Banchero, D. Sola, A. Ferri, S. Ronchetti, S. Sicardi, J. Supercrit. Fluids 2007, 42(3), 378-384.

[216] M. Banchero, L. Manna, J. Supercrit. Fluids 2012, 67, 76-83.

[217] J. Kluge, M. Mazzotti, Int. J. Pharm. 2012, 436(1-2), 394-402.

[218] A. Cortesi, P. Alessi, I. Kikic, S. Kirchmayer, F. Vecchione, J. Supercrit. Fluids 2000, 19(1), 61-68.

[219] P. Marizza, S.S. Keller, A. Müllertz, A. Boisen, J. Control. Release 2014, 173, 1-9.

[220] A.R.C. Duarte, M. Sousa Costa, A.L. Simplício, M.M. Cardoso, C.M.M. Duarte, Int. J. Pharm 2006, 308(1 2), 168-174.

[221] A. Argemí, J.L. Ellis, J. Saurina, D.L. Tomasko, J. Pharm. Sci. 2010, 100(3), 992-1000.

[222] A. López-Periago, A. Argemí, J.M. Andanson, V. Fernández, C.A. García-González, S.G. Kazarian, J. Saurina, C. Domingo, J. Supercrit. Fluids 2009, 48(1), 56-63.

[223] A. Argemí, A. López-Periago, C. Domingo, J. Saurina, J. Pharm. Biomed. Anal. 2008, 46(3), 456-462.

[224] J.M. Andanson, A. López-Periago, C.A. García-González, C. Domingo, S.G. Kazarian, Vibrat. Spectrosc. 2009, 49(2), 183-189.

[225] N. Murillo-Cremaes, A. López-Periago, J. Saurina, A. Roig, C. Domingo, J. Supercrit. Fluids 2013, 73, 34-42.

[226] M. Soares da Silva, F.L. Nobrega, A. Aguiar-Ricardo, E.J. Cabrita, T. Casimiro, J. Supercrit. Fluids 2011, 58(1), 150-157.

[227] C. Domingo, J. García-Carmona, M.A. Fanovicha, J. Saurina, Analyst 2001, 126, 1792--1796.

[228] C. Domingo, J. García-Carmona, M.A. Fanovich, J. Llibre, R. Rodriíguez-Clemente, J. Supercrit. Fluids 2001, 21(2), 147-157.

[229] C. Domingo, J. García-Carmona, M.A. Fanovich, J. Saurina, Anal. Chim. Acta 2002, 452(2), 311-319.

[230] S. Diankov, D. Barth, A. Vega-Gonzalez, I. Pentchev, P. Subra-Paternault, J. Supercrit. Fluids 2007, 41(1), 164-172.

[231] M. Banchero, L. Manna, S. Ronchetti, P. Campanelli, A. Ferri, J. Supercrit. Fluids 2009, 49(2), 271-278.

[232] M. Moneghini, I. Kikic, B. Perissutti, E. Franceschinis, A. Cortesi, Eur. J. Pharm. Biopharm. 2004, 58(3), 637-644.

[233] A.R.C. Duarte, J.F. Mano, R.L. Reis, Eur. Polym. J. 2009, 45(1), 141-148.

[234] K. Gong, J.A. Darr, I.U. Rehman, Int. J. Pharm. 2006, 315(1-2), 93-98.

[235] H. Liu, N. Finn, M.Z. Yates, Langmuir 2005, 21(1), 379-385.

[236] K. Gong, I.U. Rehman, J.A. Darr, Int. J. Pharm. 2007, 338(1-2), 191-197.

[237] K. Gong, I.U. Rehman, J.A. Darr, J. Pharm. Biomed. Anal 2008, 48(4), 1112-1119.

[238] L.I. Cabezas, V. Fernández, R. Mazarro, I. Gracia, A. de Lucas, J.F. Rodríguez, J. Supercrit. Fluids 2012, 63, 155-160.

[239] J-P. Yu, Y-X. Guan, S-J. Yao, Z-Q. Zhu, Ind. Eng. Chem. Res. 2011, 50(24), 13813-13818.

[240] A.C.K. Bierhalz, M.A. da Silva, H.C. de Sousa, M.E.M. Braga, T.G. Kieckbusch, J. Supercrit. Fluids 2013, 76, 74-82.

[241] K. Gong, M. Braden, M.P. Patel, I.U. Rehman, Z. Zhang, J.A. Darr, J. Pham. Sci. 2007, 96(8), 2048-2056.

[242] S. Ugaonkar, T.E. Needham, G.D. Bothun, Int. J. Pharm. 2011, 403(1-2), 96-100.

[243] S. Yoda, K. Sato, H.T. Oyama, RSC Adv. 2011, 1, 156-162.

[244] L.I. Cabezas, I. Gracia, M.T. García, A. de Lucas, J.F. Rodríguez, J. Supercrit. Fluids 2013, 80, 1-8.

[245] S. Zhan, C. Chen, Q. Zhao, W. Wang. Z. Liu, Ind. Eng. Chem. Res. 2013, 52(8), 2852--2857.

[246] O. Guney, A. Akgerman, AIChE J. 2002, 48(4), 856-866.

[247] H.S. Ganapathy, M.H. Woo, S.S. Hong, K.T. Lim, Key Eng. Mater. 2007, 342-343, 501-504.

[248] K. Sugiura, S. Ogawa, I. Tabata, T. Hori, Sen'i Gakkaishi 2005, 61(6), 159-165.

[249] R.J. Ahern, J.P. Hanrahan, J.M. Tobin, K.B. Ryan, A.M. Crean, Eur. J. Pharm. Sci. 2013, 50(3-4), 400-409.

[250] C. Elvira, M.A. Fanovich, M. Fernández, J. Fraile, J. San Román, C. Domingo, J. Control. Release 2004, 99(2), 231-240.

[251] C. Domingo, A. Vega, M.A. Fanovich, C. Elvira, P. Subra, J. Appl. Polym. Sci. 2003, 90(13), 3652-3659.

[252] J.R. Bush, A. Akgerman, K.R. Hall, J. Supercrit. Fluids 2007, 41(2), 311-316.

[253] F. Belhadj-Ahmed, E. Badens, P. Llewellyn., R. Denoyel, G. Charbit, J. Supercrit. Fluids 2009, 51(2), 278-286.

[254] T. Gamse, R. Marr, C. Wolf, K. Lederer, Hemijska Industrija 2007, 61(5), 229-232.

[255] O. Ayodeji, E. Graham, D. Kniss, J. Lannutti, D. Tomasko, J. Supercrit. Fluids 2007, 41(1), 173-178.

[256] M.T. Nelson, H.R. Munj, D.L. Tomasko, J.J. Lannutti, J. Supercrit. Fluids 2012, 70, 90-99.

[257] J. Zhang, D.J. Martin, E. Taran, K.J. Thurecht, R.F. Minchin, Macromol. Chem. Phys. 2014, 215(1), 64-64.

[258] M.E.M. Braga, M.S. Ribeiro, M.H. Gil, H.S.R. Costa Silva, E.I. Ferreira, H.C. de Sousa, Proceedings of the 2007 AIChE Annual Meeting, Salt Lake City, Utah, USA, November 4 -9, 2007.

[259] Z. Shen, G.S. Huvard, C.S. Warriner, M.A. McHugh, J.L. Banyasz, M.K. Mishra, Polymer 2008, 49(6), 1579-1586.

[260] L.C.S. Herek, R.C. Oliveira, A.F. Rubira, N. Pinheiro, Braz. J. Chem. Eng. 2006, 23(2), 227-234.

[261] A.M.A. Dias,M.E.M. Braga, I.J. Seabra, P. Ferreira, M.H. Gil, H.C. de Sousa, Int. J. Pharm. 2011, 408(1-2), 9-19.

[262] A. Torres, J. Romero, A. Macan, A. Guarda, M.J. Galotto, J. Supercrit. Fluids 2014, 85, 41-48.

[263] S. Milovanovic, M. Stamenic, D. Markovic, M. Radetic, I. Zizovic, J. Supercrit. Fluids 2013, 84, 173-181.

[264] N.A. Gañán, A.M.A. Dias, J. Zygadlo, E. Brignole, M.E.M. Braga, H.C. de Sousa, Proceedings of Prosciba 2013 - III Iberoamerican Conference on Supercritical Fluids, Cartagena de Indias, Colombia, April 1-5, 2013.

[265] A.C. de Souza, A.M.A. Dias, H.C. de Sousa, C.C. Tadini, Carbohydr. Polym. 2014, 102, 830-837.

[266] L.M. Comin, F. Temelli, M.D.A. Saldaña, J. Supercrit. Fluids 2012, 61, 221-228.

[267] A.M.A. Dias, A. Rey-Rico, R.A. Oliveira, S. Marceneiro, C. Alvarez-Lorenzo, A. Concheiro, R.N.C. Júnior, M.E.M. Braga, H.C. de Sousa, J. Supercrit. Fluids 2013, 64, 34-45.

[268] M.A. Fanovich, J. Ivanovic, D. Misic, M.V. Alvarez, P. Jaeger, I. Zizovic, R. Eggers, J. Supercrit. Fluids 2013, 78, 42-53.

[269] S. Varona, S. Rodríguez-Rojo, A. Martín, M.J. Cocero, C.M.M. Duarte, J. Supercrit. Fluids 2011, 58(2), 313-319.

[270] E. de Paz, S. Rodríguez, J. Kluge, A. Martín, M. Mazzotti, M.J. Cocero, J. Supercrit. Fluids 2013, 84, 105-112.

[271] L.M. Comin, F. Temelli, M.D.A. Saldaña, J. Food Eng. 2012, 111(4), 625-631.

[272] C. Tsutsumi, T Hara, N. Fukukawa, K. Oro, K. Hata, Y. Nakayama, T. Shiono, Green Chem 2012, 14, 1211-1219.

[273] C. Tsutsumi, N. Fukukawa, J. Sakafuji, K. Oro, K. Hata, Y. Nakayama, T. Shiono, J. Appl. Polym. Sci. 2011, 121(3), 1431-1441.

[274] C. Tsutsumi, J. Sakafuji, M. Okada, K. Oro, K. Hata, J. Mater. Sci. 2009, 44(13), 3533--3541.

[275] C. Tsutsumi, A. Tsuzuki, T. Hara, Y. Nakayama, T. Shiono, Kobunshi Ronbunshu 2014, 71(1), 1-10.

[276] A.P. Almeida, S. Rodríguez-Rojo, A.T. Serra, H. Vila-Real, A.L. Simplício, I. Delgadilho, S.B. da Costa, L.B. da Costa, I.D. Nogueira, C.M.M. Duarte, Innov. Food Sci. Emerg. Technol. 2013, 20, 140-145.

[277] M. Díez-Municio, A. Montilla, M. Herrero, A. Olano, E. Ibañez, J. Supercrit. Fluids 2011, 57(1), 73-79.

[278] E.D. Cardona, M.P. Noriega, J.D. Sierra, J. Plast. Film Sheet. 2012, 28(1), 63-78.

[279] A. Kongdee, S. Okubayashi, I. Tabata, T. Hori, J. Appl. Polym. Sci. 2007, 105(4), 2191--2097.

[280] K. Vezzù, V. Betto, N. Elvassore, Biochem. Eng. J. 2008, 40(2), 241-248.

[281] M. Temtem, T. Casimiro, J.F. Mano, A. Aguiar-Ricardo, Green Chem. 2007, 9, 75-79.

[282] M. Temtem, T. Barroso, T. Casimiro, J.F. Mano, A. Aguiar-Ricardo, J. Supercrit. Fluids 2012, 66, 398-404.

[283] Q. Peng, Q. Xu, H. Xu, M. Pang, J. Li, D. Sun, J. Appl. Polym. Sci. 2005, 98(2), 864-868.

[284] O. Muth, Th. Hirth, H. Vogel, J. Supercrit. Fluids 2000, 17(1), 65-72.

[285] A. Naylor, S.M. Howdle, J. Mater. Chem. 2005, 15, 5037-5042.

[286] S. Partap, A.K. Hebb, I. ur Rehman, J.A. Darr, Polym. Bull. 2007, 58(5-6), 849-860.

[287] D. Li, B. Han, Ind. Eng. Chem. Res. 2000, 39(12), 4506-4509.

[288] L.N. Nikitin, M.O. Gallyamov, R.A. Vinokur, A.Y. Nikolaec, E.E. Said-Galiyev, R. Khokhlov, H.T. Jespersen, K. Schaumburg, J. Supercrit. Fluids 2003, 26(3), 263-273.

[289] T. Hoshi, T. Sawaguchi, R. Matsuno, T. Konno, M. Takai, K. Ishihara, J. Supercrit. Fluids 2008, 44(3), 391-399.

[290] A. Galia, R. De Gregorio, G. Spadaro, O. Scialdone, G. Filardo, Macromolecules 2004, 37(12), 4580-4589.

[291] L. Su, S. Pei, L. Li, H. Li, Y. Zhang, W. Yu, C. Zhou, Int. J. Hydrogen Energy 2009, 34(16), 6892-6901.

[292] P. López-Aranguren, J. Fraile, L.F. Vega, C. Domingo, J. Supercrit. Fluids 2014, 85, 68-80.

[293] P. López-Aranguren, J. Saurina, L.F. Vega, C. Domingo, Micropor. Mesopor. Mater. 2012, 148(1), 15-24.

[294] D. Sun, Y. Huang, B. Han, G. Yang, Langmuir 2006, 22(10), 4793-4798.

[295] J. Byun, J. Sauk, H. Kim, Int. J. Hydrogen Energy 2009, 34(15), 6437-6442.

[296] M.A. Fanovich, P. Jaeger, Mater. Sci. Eng. C, 2012, 32(4), 961-968.

[297] Z. Bayraktar, E. Kiran, J Supercrit. Fluids 2008, 44(1), 48-61.

[298] R. Zhu, T. Hoshi, Y. Muroga, T. Hagiwara, S. Yano, T. Sawaguchi, J. Appl. Polym. Sci. 2013, 127(5), 3388-3394.

[299] F. Furno, K.S. Morley, B. Wong, B.L. Sharp, P.L. Arnold, S.M. Howdle, R. Bayston, P.D. Brown, P.D. Winship, H.J. Reid, J. Antimicrob. Chemother. 2004, 54(6), 1019-1024.

[300] T.T. Ngo, C.L. L. Liotta, C.A. Eckert, S.G. Kazarian, J. Supercrit. Fluids 2003, 27(2), 215-221

[301] T.L. Sproule, J.A. Lee, H. Li, J.J. Lannutti, D.L. Tomasko, J. Supercrit. Fluids 2004, 28(3), 241-248.

[302] S. Uzer, U. Akman, O. Hortaçsu, J. Supercrit. Fluids 2006, 38(1), 119-128.

[303] R. Silva; M.H. Kunita; E.M. Girotto; E. Radovanovic; E.C. Muniz; G.M. Carvalho; A.F. Rubira, Braz. J. Chem. Eng. 2008, 19(6), 1224-1229.

[304] E-B. Kim, J-T. Kim, S-Y. Kim, C-S. Ju, Korean J. Chem. Eng 2011, 28(2), 440-444.

[305] J. Sauk, J. Byun, H. Kim, J. Power Sources 2004, 132(1-2), 59-63.

[306] N.N. Glagolev, A.B. Solovyeva, A.V. Cherkasova, V.P. Melnikov, A.Y. Lyapunov, P.S. Timashev, A.V. Kotova, B.I. Zapadinsky, V.N. Bagratashvili, Russ. J. Phys. Chem. B 2010, 4(7), 1092-1096.

[307] R. Jiang, Y. Zhang, S. Swier, X. Wei, C. Erkey, H.R. Kunz, J.M. Fenton, Electrochem. Solid-State Lett. 2005, 8(11), A611-A615.

[308] Y. Zhang, C. Erkey, Ind. Eng. Chem. Res. 2005, 44(14), 5312-5317.

[309] D. Kim, J. Sauk, J. Byun, K.S. Lee, H. Kim, Solid State Ionics 2007, 178(11-12), 865-870.

[310] J. Wang, Y. Ran, E. Zou, Q. Dong, J. Polym. Res. 2009, 16(6), 739-744.

[311] R. Zhu, T. Hoshi, Y. Chishima, Y. Muroga, T. Hagiwara, S. Yano, T. Sawaguchi, Macromolecules 2011, 44(15), 6103-6112.

[312] Y. Wang, C. Yang, D. Tomasko, Ind. Eng. Chem. Res. 2002, 41(7), 1780-1786.

[313] Z. Hou, Q. Xu, Q. Peng, J. Li, H. Fan, S. Zheng, J. Appl. Polym. Sci. 2006, 100(6), 4280-4285.

[314] S. Tengsuwan, M. Ohshima, J. Supercrit. Fluids 2012, 69, 117-123.

[315] S. Tengsuwan, M. Ohshima, J. Supercrit. Fluids 2014, 85, 123-134.

[316] M.J. Clarke, S.M. Howdle, M. Jobling, M. Poliakoff, Inorg. Chem. 1993, 32(24), 5643--5644.

[317] S.M. Howdle, J.M. Ramsay, A.I. Cooper, J. Polym. Sci. B: Polym. Phys. 1994, 32(3), 541-549.

[318] X. Ma, D.L. Tomasko, Ind. Eng. Chem. Res. 1997, 36(5), 1586-1597.

[319] J. Zhang, A.J. Busby, C.J. Roberts, X. Chen, M.C. Davies, S.J.B. Tendler, S.M. Howdle, Macromolecules 2002, 35(23), 8869-8877.

[320] A.J. Busby, J. Zhang, A. Naylor, C.J. Roberts, M.C. Davies, S.J.B. Tendler, S.M. Howdle, J. Mater. Chem. 2003, 13, 2838-2844.

[321] K.S. Morley, P.B. Webb, N.V. Tokareva, A.P. Krasnov, V.K. Popov, J. Zhang, C.J. Roberts, S.M. Howdle, Eur. Polym. J. 2007, 43(2), 307-314.

[322] K. Hachiya, T. Kichikawa, T. Takajo, Tribol. T. 2008, 51(5), 636-642.

[323] T. Hoshi, T. Sawaguchi, R. Matsuno, T. Konno, M. Takai, K. Ishihara, J. Mater. Chem. 2010, 20, 4897-4904.

[324] V.N. Bagratashvili, A.B. Solovyeva, N.N. Glagolev, A.V. Cherkasova, I.V. Andreeva, P.S. Timashev, Russ. J. Phys. Chem. B 2011, 5(7), 1144-1154.

[325] K.S. Morley, P.C. Marr, P.B. Webb, A.R. Berry, F.J. Allison, G. Moldovan, P.D. Brown, S.M. Howdle, J. Mater. Chem. 2002, 12, 1898-1905.

[326] G.A. Baker, M.L. Campbell, M.Z. Yates, T.M. McCleskey, Langmuir 2005, 21(9), 3730--3732.

[327] W. Yin, Z. Dong, X. Chen, N. Finn, M.Z. Yates, J. Supercrit. Fluids 2007, 41(2), 293-298.

[328] J.L. Ellis, D.L. Tomasko, F. Dehghani, Biomacromolecules 2008, 9(3), 1027-1034.

[329] H.M. Yu, J-H. Yim, K.Y. Choi, J.S. Lim, J. Supercrit. Fluids 2012, 67, 71-75.

[330] M. Tang, T-B. Du, Y-P. Chen, J. Supercrit. Fluids 2004, 28(2-3), 207-218.

[331] M.R. Mauricio, T.S. Silva, M.H. Kunita, E.C. Muniz, G.M. de Carvalho, A.F. Rubira, J. Mater. Sci. 2012, 47(12), 4965-4971.

[332] J.J. Zhao, Y.P. Zhao, B. Yang, J. Appl. Polym. Sci. 2008, 109(3), 1661-1666.

[333] S. Sicardi, L. Manna, M. Banchero, Ind. Eng. Chem. Res. 2000, 39(12), 4707-4713.

[334] O.S. Fleming, F. Stepanek, S.G. Kazarian, Macromol. Chem. Phys. 2005, 206(11), 1077-1083.

[335] W-X. Ma, C. Zhao, S. Okubayashi, I. Tabata, K. Hisada, T. Hori, J. Appl. Polym. Sci. 2010, 117(4), 1897-1907.

[336] R.D. Weinstein, J.J. Gribbin, D. Najjar, Ind. Eng. Chem. Res. 2005, 44(10), 3480-3484.

[337] A. Ohnishi, E. Fujioka, K. Kosuge, N. Ikuta, Compos. Interfaces 2004, 11(3), 263-269.

[338] S.K. Liao, J. Polym. Res. 2005, 11(4), 285-291.

[339] N. Martinez, K. Hisada, I. Tabata, K. Hirogaki, S. Yonezawa, T. Hori, J. Supercrit. Fluids 2011, 56(3), 322-329.

[340] B-H. Woo, M. Sone, A. Shibata, C. Ishiyama, S. Edo, M. Tokita, J. Watanabe, Y. Higo, Surf. Coat. Technol. 2010, 204(11), 1785-1792.

[341] B. Krause, M. Kloth, N.F.A. van der Vegt, M. Wessling, Ind. Eng. Chem. Res. 2002, 41(5), 1195-1204.

[342] S. Yoda, A. Hasegawa, H. Suda, Y. Uchimaru, K. Haraya, T. Tsuji, K. Otake, Chem. Mater. 2004, 16(12), 2363-2368.

[343] Q. Xu, Y. Zhao, J. Appl. Polym. Sci. 2005, 96(6), 2016-2020.

[344] S.L. Shenoy, I. Kaya, C. Erkey, R.A. Weiss, Synth. Met. 2001, 123(3), 509-514.

[345] S. Ito, K. Matsunaga, M. Tajima, Y. Yoshida, J. Appl. Polym. Sci. 2007, 106(6), 3581--3586.

[346] N. Inoglu, D. Kayrak-Talay, O. Hortaçsu, Proc. Biochem. 2008, 43(3), 271-279.

[347] C. Ji, A. Barrett, L.A. Poole-Warren, N.R. Foster, F. Dehghani, Int. J. Pharm. 2010, 391(1-2), 187-196.

[348] Q. Yu, P. Wu, P. Xu, L. Li, T. Liu, L. Zhao, Green Chem. 2008, 10, 1061-1067

[349] C. Yin, X. Shen, Eur. Polym. J. 2007, 43(5), 2111-2116.

[350] B.H. Hutton, I.H. Parker, Colloid Surface A 2009, 334(1-3), 59-65.

[351] S. Kivotidi, C. Tsioptsias, E. Pavlidou, C. Panayiotou, J. Therm. Anal. Calorim. 2013, 111(1), 475-482.

[352] M. Banchero, S. Ronchetti, L. Manna, J. Chem. 2013, Article ID 583952.

[353] M. Boissière, A. Tourrette, J.M. Devoisselle, F. Di Renzo, F. Quignard, J. Colloid Interface Sci. 2006, 294(1), 109-116.

[354] H-O. Choi, C. Perman, Pharm. Res. 1995, 9 Suppl., S257-S257.

[355] S Yoda, K. Otake, Y. Takebayashi, T. Sugeta, T. Sato, J. Non-Cryst. Solids 2001, 285(1--3), 8-12.

[356] P.L. Dhepe, A. Fukuoka, M. Ichikawa, Chem. Commun. 2003, 590-591.

[357] Shimin Li, Q. Xu, J. Chen, Y. Guo, Ind. Eng. Chem. Res. 2008, 47(21), 8211-8217.

[358] Q-Q. Xu, C-J. Zhang, X-Z. Zhang, J-Z. Yin, Y. Liu, J. Supercrit. Fluids 2012, 62, 184-189.

[359] M.J. Tenorio, C. Pando, J.A.R. Renuncio, J.G. Stevens, R.A. Bourne, M. Poliakoff, A. Cabañas, J. Supercrit. Fluids 2012, 69, 21-28.

[360] J. Morère, M.J. Tenorio, M.J. Torralvo, C. Pando, J.A.R. Renuncio, A. Cabañas, J. Supercrit. Fluids 2011, 56(2), 213-222.

[361] J. Pan, J. Liu, S. Guo, Z. Yang, Catal. Lett. 2009, 131(1-2), 179-183.

[362] A.M. López-Periago, J. Fraile, C.A. García-González, C. Domingo, J. Supercrit. Fluids 2009, 50(3), 305-312.

[363] S. Yoda, Y. Sakurai, A. Endo, T. Miyata, H. Yanagishita, K. Otake, T. Tsuchiya, J. Mater. Chem. 2004, 14, 2763-2767.

[364] Z. Liu, X. Dai, J. Xu, B. Han, J. Zhang, Y. Wang, Y. Huang, G. Yang, Carbon 2004, 42(2), 458-460.

[365] C-Y. Chen, J-K. Chang, W-T. Tsai, C-H. Hung, J. Mater. Chem. 2011, 21, 19063-19068.

[366] S. Xu, P. Zhang, H. Li, H. Wei, L. Li, B. Li, X. Wang, RSC Adv. 2014, 4, 7079-7083.

[367] N. Petkov, B. Platschek, M.A. Morris, J.D. Holmes, T. Bein, Chem. Mater. 2007, 19(6), 1376-1381.

[368] H. Wakayama, Y. Fukushima, Ind. Eng. Chem. Res. 2000, 39(12), 4641-4645.

[369] G. Incera Garrido, F.C. Patcas, G. Upper, M. Türk, S. Yilmaz, B. Kraushaar-Czarnetzk, Appl. Catal. A 2008, 338(1-2), 58-65.

[370] Website: FDA, Guidance for Industry: nonclinical studies for the safety evaluation of pharmaceutical excipients, USA, http://www.fda.gov/downloads/Drugs/GuidanceComplianceRegulatoryInformation/Guidances/ucm079250.pdf, (accessed April 15, 2014).

[371] Website: IPEC-Americas, International Pharmaceutical Excipients Council of the Americas, http://ipecamericas.org, (accessed April 15, 2014).

[372] Website: IPEC-Americas, Reference Center – Regulatory Reference, http://ipecamericas.org/reference-center/regulatory-reference-page, (accessed April 15, 2014).

[373] Website: IPEC-Europe, International Pharmaceutical Excipients Council of Europe, IPEC Guidelines, http://www.ipec-europe.org/page.asp?pid=59, (accessed April 15, 2014).

[374] Website: IPEC Federation, International Pharmaceutical Excipients Council Federation, http://www.ipec.org, (accessed April 15, 2014).

[375] Website: ISO, International Organization for Standardization, Switzerland, http://www.iso.org/iso/home.htm, (accessed April 15, 2014).

[376] Website: FDA, Use of International Standard ISO-10993, "Biological Evaluation of Medical Devices Part 1: Evaluation and Testing - Draft Guidance for Industry and Food and Drug Administration Staff, USA, http://www.fda.gov/downloads/MedicalDevices/DeviceRegulationandGuidance/GuidanceDocuments/UCM348890.pdf, (accessed April 15, 2014).

[377] Website: USP, United States Pharmacopeial Convention; Reference Standard USP 26 NF1, Chapter 87 and Chapter 88, USA, http://www.usp.org, (accessed April 15, 2014).

[378] Website: European Commission, Medical Devices - Guidance MEDDEVs, EU, http://ec.europa.eu/health/medical-devices/documents/guidelines, (accessed April 15, 2014).

[379] Website: European Commission, Medical Devices - What process does a Medical Device have to follow to be placed on the market? EU, http://ec.europa.eu/health/medical-devices/faq/market_en.htm, (accessed April 15, 2014).

[380] Website: IMDRF, International Medical Device Regulators Forum, http://www.imdrf. org, (accessed April 15, 2014).

[381] Website: ASM International, ASM Medical Materials Database, http://products. asminternational.org/meddev/index.aspx, (accessed April 15, 2014).

[382] K.J. Lauritsen, T. Nguyen, Clin. Pharmacol. Ther. 2009, 85(5), 468-470.

[383] S-H. Chang, S-C. Park, J-J. Shim, J. Supercrit. Fluids 1998, 13(1-3), 113-119.

[384] P. Diep, K.D. Jordan, J.K. Johnson, E.J. Beckman, J. Phys. Chem. A 1998, 102(12), 2231-2236.

[385] P. Raveendran, S.L. Wallen, J. Phys. Chem. B 2003, 107(6), 1473-1477.

[386] J. von Schnitzler, R. Eggers, J. Supercrit. Fluids 1999, 16(1), 81-92.

[387] I. Kikic, F. Vecchione, P. Alessi, A. Cortesi, F. Eva, N. Elvassore, Ind. Eng. Chem. Res. 2003, 42(13), 3022-3029.

[388] P. Alessi, A. Cortesi, I. Kikic, F. Vecchione, J. Appl. Polym. Sci. 2003, 88(9), 2189-2183.

[389] A.R.C. Duarte, L.E. Anderson, C.M.M. Duarte, S.G. Kazarian, J. Supercrit. Fluids 2005, 36(2), 160-165.

[390] T. Guadagno, S.G. Kazarian, J. Phys. Chem. B 2004, 108(37), 13995- 13999.

[391] I. Pasquali, J.M. Andanson, S.G. Kazarian, R. Bettini, J. Supercrit. Fluids 2008, 45(3), 384-390.

[392] S.P. Nalawade, F. Picchioni, J.H. Marsman, L.P.B.M. Janssen, J. Supercrit. Fluids 2006, 36 (3), 236-244.

[393] P. Vitoux, T. Tassaing, F. Cansell, S. Marre, C. Aymonier, J. Phys. Chem. B 2009, 113(4), 897-905.

[394] A.R.C. Duarte, C. Martins, P. Coimbra, M.H.M. Gil, H.C. de Sousa, C.M.M. Duarte, J. Supercrit. Fluids 2006, 38(3), 392-398.

[395] C. Cravo, A.R.C. Duarte, C.M.M. Duarte, J. Supercrit. Fluids 2007, 40(2), 194-199.

[396] M. Pantoula, C. Panayiotou, J. Supercrit. Fluids 2006, 37(2), 254-262.

[397] M. Pantoula, J. von Schnitzler, R. Eggers, C. Panayiotou, J. Supercrit. Fluids 2007, 39(3), 426-434.

[398] N. Von Solms, N. Zecchin, A. Rubin, S.I. Andersen, E.H. Stenby, Eur. Polym. J. 2005, 41(2), 341-348.

[399] Z. Lei, H. Ohyabu, Y. Sato, H. Inomata, R.L. Smith Jr., J. Supercrit. Fluids 2007, 40(3), 452-461.

[400] J.H. Aubert, J. Supercrit. Fluids 1998, 11(3), 163-172.

[401] D. Liu, D.L. Tomasko, J. Supercrit. Fluids 2007, 39(3), 416-425.

[402] L.A. Madsen, Macromolecules 2006, 39(4), 1483-1487.

[403] M. Temtem, T. Casimiro, A.G. Santos, A.L. Macedo, E.J. Cabrita, A. Aguiar-Ricardo, J. Phys. Chem. B 2007, 111(6), pp. 1318-1326.

[404] E. Aionicesei, M. Skerget,Z. Knez, J. Supercrit. Fluids 2008, 47(2), 296-301.

[405] S. Inoue, N. Yamazaki, Organic and Bioorganic Chemistry of Carbon Dioxide, John Wiley & Sons, 1982.

[406] C.A. Eckert, C.L. Liotta, D. Bush, J.S. Brown, J.P. Hallett, J. Phys. Chem. B 2004, 108(47), 18108-18118.

[407] K.N. West, C. Wheeler, J.P. McCarney, K.N. Griffith, D. Bush, C.L. Liotta, C.A. Eckert, J. Phys. Chem. A 2001, 105(16) 3947-3948.

[408] M. Saharay, S. Balasubramanian, J. Phys. Chem. B 2006, 110(8), 3782-3790.

[409] W. Xu, J. Yang, Y. Hu, J. Phys. Chem. B, 2009, 113(14), 4781-4789.

[410] J. Zagrobelny, F.V. Bright, J. Am. Chem. Soc. 1993, 115(2), 701-707.

[411] Y. Iwai, D. Tanabe, M. Yamamoto, T. Nakajima, M. Uno, Y. Arai, Fluid Phase Equilib. 2002, 193(1-2), 203-216.

[412] J.R. Fried, W. Li, J. Appl. Polym. Sci. 1990, 41(5-6), 1123-1131.

[413] M. Kanakubo, T. Aizawa, T. Kawakami, O. Sato, Y. Ikushima, K. Hatakeda, N. Saito, J. Phys. Chem. B 2000, 104(12), 2749-2758.

[414] K.E. Anderson, J.I. Siepmann, J. Phys. Chem. B 2008, 112(36), 11374-11380

[415] B. Tomberli, S. Goldman, C.G. Gray, Fluid Phase Equilib. 2001, 187-188, 111-130.

[416] B. Tomberli, S. Goldman, C.G. Gray, M.D.A. Saldaña, F. Temelli, J. Supercrit. Fluids 2006, 37(3), 333-341.

[417] B.E. Poling, J.M. Prausnitz, J.P. O'Connell, The properties of gases and liquids, 5th Ed., McGraw-Hill, 2001.

[418] J.M. Prausnitz, R.N. Lichtenthaler, E. Gomes de Azevedo, Molecular thermodynamics of fluid-phase equilibria, 3rd Ed., Prentice Hall, 1998.

[419] J.V. Sengers, R.F. Kayser, C.J. Peters, H.J. White, (Eds.), Equations of state for fluids and fluid mixtures, Elsevier, 2000.

[420] S.I Sandler, (Ed.), Models for thermodynamic and phase equilibria calculations, CRC Press, 1993.

[421] J. Chrastil, J. Phys. Chem. 1982, 86(15), 3016-3021.

[422] K.D. Bartle, A.A. Clifford, S.A. Jafar, G.F. Shilstone, J. Chem. Phys. Ref. Data 1991, 20(4) 713-756.

[423] J. Méndez-Santiago, A.S. Teja, Fluid Phase Equilib. 1999, 158-160, 501-510.

[424] A. Jouyban, H-K. Cha, N.R. Foster, J. Supercrit. Fluids 2002, 24(1), 19-35.

[425] D.B. Robinson, D.Y. Peng, Ind. Eng. Chem. Fundamen. 1976, 15(1), 59-64.

[426] G. Soave, Chem. Eng. Sci. 1972, 27(6), 1197-1203.

[427] G. Soave, Fluid Phase Equilib. 1993, 84(1), 339-342.

[428] J.O. Valderrama, J. Chem. Eng. Jpn. 1990, 23(1), 87-90.

[429] J.O. Valderrama, Ind. Eng. Chem. Res. 2003, 42(8), 1603-1618.

[430] A.Z. Panagiotopoulos, R.C. Reid, in: K.C. Chao, R.L. Robinson (Eds.), Equations of State: Theories and Applications, ACS Symposium Series, Vol. 300, American Chemical Society, 571-582, 1986.

[431] M. Mukhopadhyay, G.V. Rao, Ind. Eng. Chem. Res. 1993, 32(5), 922-930.

[432] P. Coimbra, C.M.M. Duarte, H.C. de Sousa, Fluid Phase Equilib. 2006, 239(2), 188-196.

[433] P. Gosh, Chem. Eng. Technol. 1999, 22(5), 379-399.

[434] T. Adrian, M. Wendland, H. Hasse, G. Maurer, J. Supercrit. Fluids 1998, 12(3), 185-221.

[435] F.P. Lucien, N.R. Foster, J. Supercrit. Fluids 2000, 17(2), 111-134.

[436] M. Skerget, Zeljko Knez, M. Knez-Hrncic, J. Chem. Eng. Data 2011, 56(4), 694-719.

[437] D.E. Knox, Pure Appl. Chem. 2005, 77(3), 513-530.

[438] R. Dohrn, G. Brunner, Fluid Phase Equilib. 1995, 106(1-2), 213-282.

[439] M. Christov, R. Dohrn, Fluid Phase Equilib. 2002, 202(1), 153-218.

[440] R. Dohrn, S. Peper, J.M.S. Fonseca, Fluid Phase Equilib. 2010, 288(1-2), 1-54.

[441] J.M.S. Fonseca, R. Dohrn, S. Peper, Fluid Phase Equilib. 2011, 300(1-2), 1-69.

[442] U.K. Deiters, G.M. Schneider, Fluid Phase Equilib. 1986, 29, 145-160.

[443] R. Dohrn, J.M.S. Fonseca, S. Peper, Annu. Rev. Chem. Biomol. Eng. 2012, 3, 343-367.

[444] Z-H Chen, K. Cao, Z. Yao, Z-M. Huang, J. Supercrit. Fluids 2009, 49(2), 143-153.

[445] H. Higashi, Y. Iwai, Y. Arai, Chem. Eng. Sci. 2001, 56(10), 3027-3044.

[446] J. Crank, The mathematics of diffusion, 2nd Ed., Oxford University press, 1980.

[447] O.J. Catchpole, M.B. King, Ind. Eng. Chem. Res. 1994, 33(7), 1828-1837.

[448] J.J. Suárez, I. Medina, J.L. Bueno, Fluid Phase Equilib. 1998, 153(1), 167-212.

[449] I. Medina, J. Chromatogr. A 2012, 1250, 124-140.

[450] V. Carlà, Supercritical fluid polymer processing: anomalous sorption and dilation behaviour. PhD Thesis, Università di Bologna, Italy, 2007.

[451] P. Arce, M. Aznar, Fluid Phase Equilib. 2005, 238(2), 242-253.

[452] H-S. Byun, M.A. McHugh, J. Supercrit. Fluids 2007, 41(3), 482-491.

[453] I.C. Sanchez, R.H. Lacombe, J. Phys. Chem. 1976, 80(21), 2352-2362.

[454] I.C. Sanchez, R.H. Lacombe, Macromolecules 1978, 11(6) 1145-1156.

[455] E. Kiran, Y. Xiong, W. Zhuang, J. Supercrit. Fluids 1993, 6(4) 193-203.

[456] E. Neau, Fluid Phase Equilib. 2002, 203(1-2), 133-140.

[457] C. Panayiotou, Fluid Phase Equilib. 2005, 237(1-2) 130-139.

[458] C. Panayiotou, J. Chem. Thermodyn. 2003, 35(2), 349-381.

[459] C. Panayiotou, M. Pantoula, E. Stefanis, I. Tsivintzelis, Ind. Eng. Chem. Res. 2004, 43(20), 6592-6606.

[460] W.G. Chapman, K.E. Gubbins, G. Jackson, M. Radosz, Ind. Eng. Chem. Res. 1990, 29(8), 1709-1721.

[461] S.H. Huang, M. Radosz, Ind. Eng. Chem. Res. 1990, 29(11), 2284-2294.

[462] J. Gross, G. Sadowski, Ind. Eng. Chem. Res. 2001, 40(4), 1244-1260.

[463] J.H. Gibbs, E.A. Dimarzio, J. Chem. Phys. 1958, 28(3), 373-383.

[464] E.A. DiMarzio, J.H. Gibbs, J. Polym. Sci. Part A: Gen. Papers 1963, 1(4), 1417-1428.

[465] J. Prinos, C. Panayiotou, Polymer 1995, 36(6), 1223-1227.

[466] V. Carla, K. Wang, Y. Hussain, K. Efimenko, J. Genzer, C. Grant, G.C. Sarti, R.G. Carbonell, F. Doghieri, Macromolecules 2005, 38(24), 10299-10313.

[467] P.D. Condo, I.C. Sanchez, C. Panayiotou, K.P. Johnston, Macromolecules 1992, 25(23), 6119-6127.

[468] D. Boudouris, L. Constantinou, C. Panayiotou, Ind. Eng. Chem. Res. 1997, 36(9), 3968--3973.

[469] D.W. Van Krevelen, K. Te Nijenhuis, Properties of polymers, their correlation with chemical structure, their numerical estimation and prediction from additive group contributions, 4th Ed., Elsevier, 2009.

# CAPÍTULO 9. NANOFIBRAS ELECTROHILADAS PARA USOS TERAPÉUTICOS

**Florencia Montini Ballarin, Pablo R. Cortez Tornello, Gustavo A. Abraham**
*Instituto de Investigaciones en Ciencia y Tecnología de Materiales, INTEMA (UNMDP-CONICET). Av. Juan B. Justo 4302, B7608FDQ, Mar del Plata, Argentina.*

**Resumen:**

Los materiales nanofibrosos poseen un enorme potencial para el desarrollo de matrices extracelulares de aplicación en ingeniería de tejidos y de nuevos sistemas para liberación de agentes terapéuticos. En este capítulo se presentan brevemente los fundamentos de la obtención de matrices nanofibrosas poliméricas o compuestas mediante la tecnología de electrohilado de soluciones. Aunque la técnica de electrohilado constituye una vía versátil para la producción de nanofibras, el proceso es sumamente complejo y depende de numerosos parámetros de procesamiento y propiedades intrínsecas de la solución. Se describen las principales variables que afectan el proceso, el equipamiento disponible comercialmente y los desarrollos recientes. En el campo biomédico, se presentan diversas formas de incorporación de células en matrices nanofibrosas, técnicas para incrementar el tamaño de poros y mejorar la infiltración celular y el comportamiento celular en estructuras nanofibrosas. Entre las principales aplicaciones en este campo, se discuten los actuales avances en investigación de matrices para ingeniería de tejidos (óseo, cartilaginoso, vascular, nervioso y piel) y en el desarrollo de matrices multifuncionales que permiten la liberación controlada de agentes

DOI: http://dx.doi.org/10.14195/978-989-26-0881-5_9

terapéuticos. Finalmente se menciona una perspectiva futura del desarrollo y las nuevas aplicaciones de los biomateriales nanofibrosos.

**Palabras clave:** Electrohilado; procesos electrohidrodinámicos; nanofibras; matrices porosas; ingeniería de tejidos; liberación de agentes terapéuticos.

## Abstract

Nanofibrous materials have a huge potential for the development of both extracellular matrices for tissue engineering applications and new systems for therapeutic agents delivery. In this chapter, the fundamentals for preparation of polymeric or composite nanofibrous matrices by electrospinning of solutions are briefly presented. Although electrospinning is a versatile technique for nanofiber production, the process is very complex and it depends on numerous processing parameters and intrinsic properties of the solution. The main variables that affect the process, the commercially available equipment and recent developments are described. In the biomedical field, several strategies for cell incorporation, techniques for pore enlargement and cellular infiltration improvement as well as cell behavior in nanofibrous structures, are presented. Among the main applications in the biomedical field, the ongoing research advances in tissue engineering (bone, cartilage, vascular, nerve and skin) and the development of multifunctional matrices for controlled release of therapeutic agents are discussed. Future perspectives on development and new applications of nanofibrous biomaterials are finally mentioned.

**Keywords:** Electrospinning; electrohydrodynamic processes; nanofibers; scaffolds; tissue engineering; therapeutic agent release.

# 9. Introducción

## 9.1. Nanofibras

Las nanofibras son estructuras nanométricas en forma de fibras, tubos, cintas, varillas y cables, que debido a su escala presentan propiedades nuevas que no están presentes en estructuras de igual composición y tamaño macroscópico. La *National Science Foundation* (NSF) considera que las nanofibras presentan un diámetro inferior a 100 nm. En la industria de los hilados no tejidos y en la literatura científica del ámbito biomédico, no obstante, se consideran las propiedades que presentan los sistemas nanofibrosos y no tan estrictamente las dimensiones, abarcando diámetros inferiores al micrón. Existen numerosas técnicas para la obtención de nanofibras, como por ejemplo estiramiento, patrones de diseño, separación de fases, auto-ensamblado, electrohilado, entre otras [1]. Las nanofibras presentan un enorme potencial para mejorar significativamente las tecnologías actuales, así como también para desarrollar nuevas aplicaciones. El diámetro submicrométrico, la elevada relación superficie volumen (por ejemplo, las nanofibras con diámetros de 100 nm presentan una superficie de 50 $m_2$ por gramo de material), la baja densidad y alta porosidad presente entre las fibras genera excelentes propiedades en los productos nanofibrosos finales. Las nanofibras presentan alta reactividad superficial, conductividad térmica y eléctrica, y propiedades mecánicas superiores como resultado de su dimensión [2].

La posibilidad de producir fibras de distintos materiales, con morfología y porosidad a medida, sumado a las excelentes propiedades intrínsecas a su tamaño, hacen que estas estructuras resulten apropiadas para numerosas aplicaciones [1, 3-6]. Entre los más estudiados se encuentran dispositivos biomédicos, tales como sistemas de liberación controlada de fármacos y principios activos e ingeniería de tejidos; productos de consumo, tales como prendas de vestir, productos de limpieza y de cuidado personal; hasta productos industriales de catálisis, filtrado, barrera y aislamiento, almacenamiento de energía, pilas de combustible, capacitores, transistores, separadores de baterías, microfluídica, sensores, óptica y nanocables para aplicaciones en nanoelectrónica, fibras compuestas para refuerzo de materiales, tecnología de la información y aplicaciones de alta tecnología en el sector aeroespacial.

## 9.2. Procesos electrohidrodinámicos

Los procesos electrohidrodinámicos han sido de interés por muchos años [7]. En 1745, Bose creó un spray en aerosol al aplicar una alta tensión a un líquido en la punta de un capilar de vidrio. Lord Rayleigh calculó la máxima carga que una gota puede soportar antes de que las fuerzas eléctricas superen la tensión superficial de la gota. En 1917, Zeleny describió y fotografió el fenómeno de electrospraying. Taylor analizó las condiciones a las que es sometida una gota deformada por un campo eléctrico, y mostró que una interface cónica es estable si el cono tiene un semi-ángulo de 49,3°. En 1934, Formhals publicó la primera patente de electrohilado, pero la aplicación de estos procesos en ciencia de materiales no ocurrió hasta principios de los 90 como se observa en el enorme incremento de publicaciones y patentes en el tema [8].

Los procesos electrohidrodinámicos más usados en nanotecnología de materiales involucran las técnicas de electropulverizado (*electrospraying*) y electrohilado (*electrospinning*). El electropulverizado consiste en la atomización de un líquido (típicamente una solución diluida) mediante el empleo de un campo eléctrico de alta tensión. El campo eléctrico produce fuerzas eléctricas que estiran el menisco de la gota pendiente de un capilar, formando entonces un microchorro que luego es atomizado en gotas finas. Estas gotas pueden ser de tamaño submicrónico, con una distribución de tamaños angosta. La técnica de electropulverizado se usa en la producción de nanopartículas, deposición de films finos, y para la formación de capas funcionales. Cuando la viscosidad del líquido alcanza un valor crítico, el microchorro sufre otro tipo de inestabilidades y se forma una fibra continua de tamaño submicrónico, proceso conocido como electrohilado. Estos procesos electrodinámicos son impulsados solamente por el efecto del campo eléctrico aplicado. La morfología de las fibras o gotas depende fuertemente del peso molecular del polímero, los enmarañamientos de las cadenas poliméricas, el/los solvente/s empleados, y la concentración de la solución, entre otros factores [9].

### 9.2.1. Proceso de electrohilado

La tecnología de electrohilado constituye uno de los métodos de procesamiento de vanguardia que presenta mayores ventajas para la producción de nanofibras. La técnica tiene la habilidad única de producir nanofibras de diferentes materiales y geometrías, bajo costo, relativamente alta velocidad de producción y simplicidad en el diseño del equipamiento. En los últimos años, se han electrohilado numerosos tipos de materiales que incluyen prácticamente todos los polímeros sintéticos y naturales que sean solubles o puedan fundirse, y nanocompuestos, para obtener fibras continuas de unos pocos nanómetros hasta algunos micrones que generan una membrana hilada no tejida altamente porosa [10]. Las fibras resultantes no requieren de una etapa extensa de purificación como, por ejemplo, los whiskers submicrométricos, las nanovarillas inorgánicas y los nanotubos de carbono.

Aunque la técnica de electrohilado constituye una vía versátil para la producción de nanofibras, el proceso es sumamente complejo y depende de numerosos parámetros. El diseño experimental básico para electrohilado de soluciones consta de cuatro componentes (Figura 9.1): un *reservorio* de solución o material fundido, una *bomba de infusión* que permite suministrar un flujo constante y controlado de solución, una *fuente de alta tensión* y un *sistema colector* sobre el que se deposita el material electrohilado. Al aplicar una tensión de 5 - 30 kV, la solución polimérica se electrifica fuertemente. Se generan cargas inducidas que se distribuyen sobre la superficie de la gota de solución polimérica que pende de una boquilla. La gota experimenta un conjunto de fuerzas: fuerza de repulsión coulómbica entre las cargas presentes, fuerza electroestática producto del campo eléctrico externo generado al aplicar la tensión, fuerza gravitatoria, fuerzas viscoelásticas que dependen del polímero y solvente, y la tensión superficial que se opone al estiramiento y afinamiento de la gota. Bajo la acción de estas interacciones, la gota se distorsiona en forma cónica, fenómeno conocido como cono de Taylor.

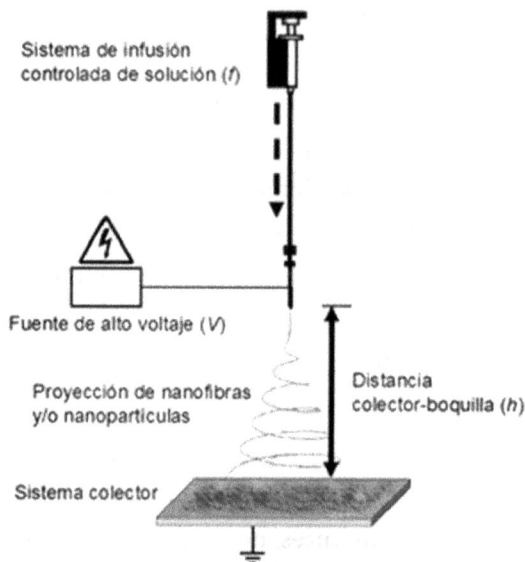

**Figura 9.1.** Montaje experimental básico para electrohilado de soluciones.

En estas condiciones el balance de fuerzas llega a un equilibro. Cuando las fuerzas electroestáticas repulsivas superan la tensión superficial del polímero, se produce una situación inestable que provoca la expulsión de un microchorro líquido cargado desde la boquilla del capilar. Este microchorro electrizado sufre estiramiento y movimientos tipo latigazo *(whipping)*, dando lugar a la formación de hilos largos y delgados. A medida que el chorro líquido se deforma continuamente y se evapora el solvente (o solidifica el fundido), las cargas superficiales aumentan conduciendo a una disminución drástica del diámetro de las fibras. Los entrecruzamientos físicos de las cadenas poliméricas permiten dar continuidad al microchorro, formando fibras que se depositan en el sistema colector que se encuentra conectado a tierra [2-3].

Las propiedades intrínsecas de la solución y los parámetros que afectan el procesamiento tienen un efecto directo en las fuerzas que dominan al proceso de electrohilado y la obtención de fibras con distinta morfología, estructura y tamaño.

### 9.2.2. Parámetros de la solución

Se ha demostrado que los parámetros de la solución influyen notablemente en la obtención de fibras y en la morfología de las mismas. Se describen a continuación algunos de los parámetros más importantes a considerar [2, 11-12].

*Efecto de la concentración:* Se requiere de una concentración crítica para que los entrecruzamientos físicos de las cadenas poliméricas permitan la formación de fibras bajo la acción del campo eléctrico aplicado. Si la concentración de polímero se encuentra debajo de una concentración crítica, los entrecruzamientos físicos entre las cadenas poliméricas no alcanzan a contrarrestar estas fuerzas y el microchorro se rompe, obteniendo un pulverizado de gotas (Figura 9.2a). Un incremento de la concentración puede formar una morfología de gotas conectadas por fibras. La concentración crítica para la cual se obtienen fibras uniformes varía con cada sistema analizado, y depende del peso molecular del polímero (a mayor peso molecular del mismo polímero, menor concentración para igual sistema de solventes), y de la viscosidad de la solución entre otros. Por otro lado, una vez alcanzada la concentración crítica para la obtención de nanofibras (Figura 9.2b), el incremento de la misma produce un aumento en el diámetro medio de las fibras.

*Viscosidad:* La viscosidad de la solución polimérica está relacionada con el peso molecular del polímero disuelto y el solvente. A mayor peso molecular, mayor es la viscosidad de la solución. La viscosidad actúa contrarrestando las fuerzas de estiramiento producidas por la repulsión electroestática del microchorro cargado. Aumentar la viscosidad ayuda a obtener un microchorro estable y por lo tanto fibras libres de gotas. La viscosidad de la solución se puede aumentar incrementando el peso molecular del polímero, la concentración de la solución polimérica, o incluso también con el agregado de polielectrolitos en pequeñas cantidades que permiten incrementar la viscosidad sin modificar la concentración. Si bien la viscosidad de la solución influye significativamente en generar fibras lisas, no necesariamente determina la concentración crítica a la cual se obtienen fibras por electrohilado.

*Solventes:* Los solventes utilizados influyen y determinan varios aspectos del proceso de electrohilado. En primer lugar afectan la conformación de las cadenas poliméricas en solución, e influyen en la facilidad del transporte de la carga del microchorro. Tanto el momento dipolar como la conductividad de la solución determinan la obtención o no de fibras electrohiladas, así como también el tamaño de las mismas. A mayor polaridad del solvente se obtienen fibras de menor diámetro. La velocidad de solidificación del microchorro también está determinada por el solvente o mezclas de solventes utilizados. Cuanto menor es la temperatura de ebullición del solvente mayor será la velocidad de solidificación del microchorro. No obstante, en ocasiones la solidificación puede ser muy rápida produciendo una obstrucción en la boquilla. Por otra parte cuando la temperatura de ebullición es muy elevada, las fibras alcanzan el colector con una cantidad considerable de solvente que produce un film por aglomeramiento. El empleo de mezclas de solventes de bajo y alto punto de ebullición permite balancear esta situación.

*Conductividad:* La conductividad de la solución polimérica es fundamental en la producción de fibras por electrohilado, dado que influye en la repulsión electroestática de las cargas superficiales presentes en la solución. La conductividad puede incrementarse por agregado de partículas conductoras o iones a la solución o seleccionando un solvente con mayor polaridad. El aumento de la conductividad de la solución también tiene un efecto en la disminución el diámetro medio de fibras.

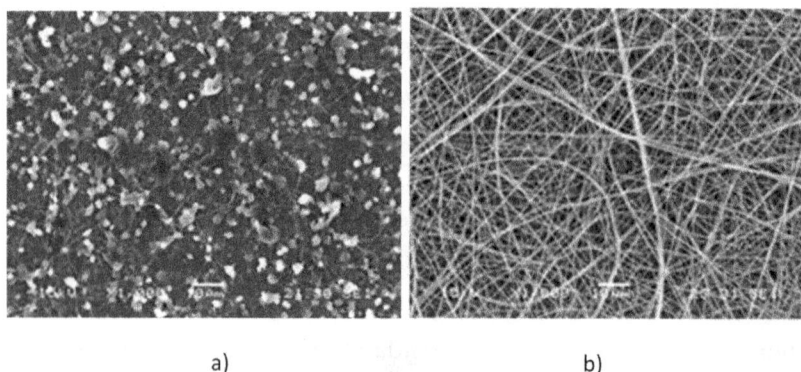

a)                                      b)

**Figura 9.2.** Micrografía de SEM de la estructura poliuretánica electrohilada de una solución en DMF:THF 50:50 (a) 6% m/V y (b) 12,5% m/V, $f$ = 1 mL/h; $V$ = 12 kV; $d$ =10 cm.

*Tensión superficial:* La tensión superficial de la solución es la fuerza principal a vencer para lograr el estiramiento del microchorro y la producción de nanofibras. Cuanto mayor es la tensión superficial, mayor cantidad de cargas superficiales y tensión aplicada se requerirá en el proceso. Dado que el solvente determina la tensión superficial de la solución, sería ideal emplear un solvente con baja tensión superficial. Sin embargo, la concentración y la naturaleza química del polímero también determinan la tensión superficial. En general, el aumentar la concentración polimérica de la solución disminuye la tensión superficial. Otra forma de disminuir la tensión superficial, es con el agregado de surfactantes a la solución.

*Constante dieléctrica:* La constante dieléctrica de una solución es una medida de la capacidad para mantener cargas eléctricas en la solución. Cuanto mayor es la constante dieléctrica de la solución, con más facilidad se obtendrán fibras uniformes y de menor diámetro medio. La constante dieléctrica de una solución se puede variar reemplazando el solvente o una fracción del mismo por uno con mayor o menor constante dieléctrica.

*Factores ambientales:* Por último, si bien en la mayoría de los casos se realiza el proceso de electrohilado en atmósfera de aire, también puede realizarse en presencia de nitrógeno u otros gases que modifican el proceso de secado del microchorro y la pérdida de cargas eléctricas superficiales al ambiente. Otras condiciones ambientales que afectan el secado del microchorro son la temperatura y humedad ambiente. En particular, la elevada humedad ambiente genera nanofibras con poros superficiales. Esto se debe a que gotas de agua se depositan sobre la superficie del microchorro, debido al enfriamiento del mismo por la evaporación del solvente. Los poros se producen cuando el solvente y el agua se evaporan.

### 9.2.3. Parámetros de procesamiento

Los parámetros del proceso de electrospinning también poseen una notable influencia en la obtención de fibras y en la morfología de las mismas. A continuación se describen resumidamente los aspectos más importantes a tener en cuenta: [2, 11-12].

*Tipo de colector:* El colector conductor plano es el más usado para producir una membrana nanofibrosa con orientación al azar (Figura 9.3a). Existe una variedad de colectores para favorecer la obtención de membranas con una orientación determinada o para definir estructuras macroscópicas en la membrana. Uno de los colectores más populares es el colector rotatorio, ya sea en la forma de cilindro o como disco (Figura 9.3b). La velocidad de rotación es el factor dominante en el grado de alineación de las fibras. Si bien el colector de disco produce una mejor alineación, el cilindro de diámetro grande genera una membrana de mayor tamaño. Para mejorar la alineación, se han desarrollado cilindros con barras paralelas con separación de 2-3 cm, combinando el efecto de la rotación con la modificación del campo eléctrico. Otro tipo de colectores rotatorios son los cilindros de pequeño diámetro (< 6 mm), estos son de gran interés ya que permiten desarrollar estructuras 3D ideales para ingeniería de injertos vasculares. Este tipo de colector no presenta un efecto significativo en la morfología o el tamaño de fibra obtenido. Los colectores de placas paralelas (Figura 9.3c) también pueden producir membranas con fibras alineadas. Si bien estos colectores logran alinear las nanofibras, algunos con gran efectividad, el tamaño de la membrana obtenida es reducido. El colector de punta produce membranas de gran superficie con nanofibras alineadas, y se presenta como una alternativa a los colectores existentes. En este caso las fibras son eyectadas una a la vez y se alinean por repulsión electroestática entre la fibra ya depositada y la nueva (Figura 9.3d).

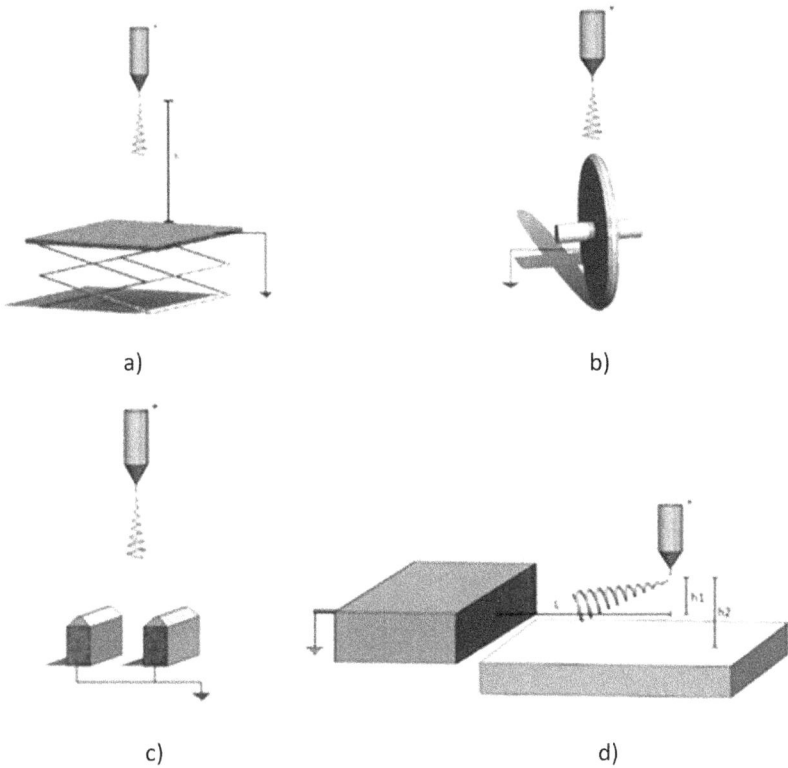

**Figura 9.3.** Algunos tipos de colectores utilizados en el proceso de electrohilado: (a) colector plano, (b) colector rotatorio de disco, (c) placas paralelas, y (d) colector de punta.

*Material del colector:* El material del colector influye en la estructura de la membrana obtenida. Por lo general, se utilizan colectores conductores conectados a tierra, ya que de esta manera el exceso de carga presente en la nanofibras depositadas es eliminado permitiendo un empaquetamiento compacto de las mismas. No obstante, en algunas aplicaciones se han utilizado colectores no conductores y se han obtenido empaquetamientos menos densos de fibras. Incluso, altos tiempos de deposición o una alta velocidad de flujo pueden producir empaquetamientos poco densos de fibras. En estos casos, donde una capa considerable de fibras no conductoras cubre el colector, la eliminación de cargas se dificulta obteniendo un efecto similar al de tener un colector no conductor. La deposición de nanofibras en agua antes de la colección por un colector conectado a tierra produce un efecto significativo en la morfología de las fibras obtenidas y también aumenta la densidad de empaquetamiento.

*Tensión aplicada:* La tensión aplicada a la solución polimérica, carga superficialmente la misma, generando las fuerzas electroestáticas necesarias para vencer la tensión superficial. El efecto que tiene este parámetro en las nanofibras obtenidas depende fuertemente del sistema estudiado y de las otras variables en juego, como la concentración o la distancia boquilla-colector. Se ha demostrado que al aumentar la tensión aplicada se producen mayores cargas superficiales, lo que favorece el afinamiento del microchorro, resultando en fibras de menor diámetro. Sin embargo, una tensión alta aplicada también produce la evaporación más rápida del solvente y en consecuencia puede suprimir etapas de estiramiento y disminución del diámetro del microchorro, obteniéndose en algunos casos fibras de mayor tamaño del esperado. En algunos casos no se observa ninguna tendencia en el diámetro al variar la tensión aplicada.

*Velocidad de flujo:* Para que el proceso de electrohilado sea satisfactorio debe existir un equilibrio entre la velocidad a la cual la solución es dosificada y la velocidad de remoción de la misma por efecto del campo eléctrico aplicado. Por lo general, la velocidad de flujo es controlada mediante una bomba que infunde la solución a una velocidad constante determinada por el usuario. Si bien el mayor efecto de este parámetro es la obtención o no de un microchorro continuo, el aumento de la velocidad de flujo aumenta el diámetro medio de fibras, aunque se debe tener en cuenta que si la cantidad de solvente en el colector es apreciable se perderá la estructura fibrosa por disolución de las fibras.

*Boquilla capilar:* El diámetro interno de la boquilla influye en el diámetro de las nanofibras, y en la velocidad de evaporación del solvente en la boquilla. Al disminuir el diámetro interno de la boquilla aumenta la tensión superficial de la solución, por lo tanto a igual tensión aplicada se necesita de una mayor fuerza coulómbica para vencerla. La aceleración del microchorro disminuye y posee mayor tiempo de estiramiento y elongación antes de ser depositado en el colector, generando fibras de menor diámetro. Los sistemas de producción industrial emplean un sistema de dosificación sin boquillas evitando la interferencia eléctrica que se genera cuando se utilizan simultáneamente múltiples boquillas. Las boquillas coaxiales permiten obtener nanofibras con un núcleo interno y un recubrimiento exterior o nanofibras huecas.

*Distancia boquilla-colector:* Este parámetro influye directamente en el tiempo de vuelo del microchorro y en la fuerza del campo eléctrico aplicado. En consecuencia, variar este parámetro influye en el diámetro medio de fibras obtenidas y en su morfología. Si la distancia es alta, hay un mayor tiempo para que el microchorro se elongue y estire, lo que produce membranas con tamaño medio de fibra menor. No obstante, el aumentar la distancia se debilita la magnitud del campo eléctrico, resultando en menor estiramiento del microchorro y un mayor tamaño medio de fibra. Si la distancia es muy pequeña, la fuerza del campo eléctrico es mayor y se produce una mayor aceleración del microchorro, pero como el tiempo de vuelo también disminuye la evaporación del solvente es pobre.

### 9.2.4. Equipamiento

El equipamiento básico para el proceso de electrohilado, como se mencionó anteriormente, consiste en un reservorio de solución que alimenta una boquilla mediante una bomba de infusión, una fuente de alta tensión y un sistema colector. Con estos elementos se han montado equipos a escala laboratorio y se han obtenido nanofibras de muy buena calidad. Existe una amplia variedad de configuraciones que incluyen boquillas con desplazamiento en el plano x-y, boquillas rotacionales, rotocolectores con traslación, arreglos con electrodos auxiliares, colectores criogénicos, entre otras posibilidades. En base a los requerimientos y descubrimientos de los distintos grupos de investigación, se han desarrollado equipos comerciales que contemplan todas estas modificaciones con particular cuidado en el control y automatización del proceso. Los equipos NEU® de Kato Tech Co., Nanon® de MECC Co., NaBond Technologies Co., Limited, Electroris® de Fanavaran Nano-Meghyas, ElectroSprayer® de Fuence Co.,Ltd. Yflow® Nanotechnology Solutions, e IME Technologies se encuentran actualmente en el mercado y cuentan con distinto tipo de boquillas, colectores y otros accesorios.

Para la producción industrial de membranas electrohiladas existen varias estrategias [13-14]. El equipo NanoSpinner de NanoFMG Group emplea un sistema de multi-boquilla para aumentar el área de membrana producida, permitiendo la producción en masa. No obstante, estos equipos presentan repulsión entre los microchorros, que pueden disminuir la velocidad de producción y la calidad de las fibras obtenidas. Eliminar estas interferencias por completo no es factible, y más aún la limpieza de las boquillas resulta difícil de realizar. Por estos motivos se han desarrollado una gran variedad de sistemas para sobrellevar estas dificultades. Como por ejemplo se puede mencionar el empleo de cilindros con orificios, alambres enroscados cónicos, electrohilado a partir de placas conductoras, cilindros y conos rotatorios [15], para nombrar algunos. Los sistemas sin boquillas se presentan como la solución para evitar los problemas producidos por los sistemas de boquillas. En estos equipos un cilindro, colocado en un reservorio de solución polimérica, rota a una velocidad dada, se impregna de la solución y luego por la aplicación de un campo eléctrico (de mayor intensidad que cuando se emplean boquillas) forma conos de Taylor en la superficie del cilindro. Esta tecnología está patentada por la empresa Elmarco® y aplicada a su equipo nanospider™ para producción industrial.

### 9.2.5. Desarrollos recientes

El procesamiento de electrohilado presenta una nueva tecnología novedosa para el desarrollo de membranas nanofibrosas para diversas aplicaciones. No obstante, para algunas aplicaciones específicas puede presentar limitaciones. En los últimos años el equipamiento clásico se ha adaptado para cubrir aplicaciones específicas.

*Electrohilado con distancia reducida entre los electrodos:* La necesidad de producir patrones superficiales mediante la deposición selectiva de nanofibras en arreglos espaciales y geometrías específicas resulta de interés en aplicaciones de nanofluídica, superficies hidrofóbicas, y el desarrollo de estructuras jerárquicas para circuitos de nanofotónica y nanoelectrónica [16]. Estos diseños se obtienen mediante el arreglo de los electrodos en geometrías específicas o el conformado de las nanofibras en el patrón deseado luego del electrohilado de las mismas. En los últimos años se ha desarrollado el electrohilado de campo cercano (*near field electrospinning*) [17], en donde una gota de solución pende de una punta de microscopio de fuerza atómica y con la aplicación de un campo eléctrico es dirigida a un electrodo opuesto situado a una distancia menor a los micrones. La solución se elonga y estira, depositándose en forma de fibras cortas en un colector en movimiento. Otro enfoque, llamado electrohilado de alta precisión (*high precision deposition electrospinning*) toma el sistema de boquilla-colector estándar y reduce la distancia entre los electrodos a un rango de unos pocos micrones hasta el milímetro. La disminución de la distancia en esa magnitud disminuye el área de deposición de las fibras, lo que produciría problemas con la evaporación del solvente y/o supresión de inestabilidades y consecuentemente del afinamiento de las fibras. Sorprendentemente, se obtienen nanofibras depositadas selectivamente, de tamaño, orientación y geometría controladas. Esta tecnología permite aplicaciones del proceso de electrohilado en el área de sensores, microfluídica y modificación superficial de implantes.

*Electrohilado coaxial y triaxial:* Como se mencionó anteriormente, El empleo de dos o más boquillas concéntricas permite la obtención de nanofibras con estructura de cáscara-núcleo. Esta técnica también es útil para electrohilar soluciones que no son óptimas para el proceso de electrohilado, utilizando la solución difícilmente electrohilable en el núcleo central y una solución fácil de procesar en la cáscara que puede ser removida posteriormente de manera selectiva. De igual modo se obtienen fibras huecas al eliminar selectivamente el componente del núcleo. También se han producido fibras cerámicas huecas, al realizar un tratamiento de sinterizado posterior a la extracción del núcleo. Otra ventaja de esta técnica es la obtención de fibras con doble funcionalidad, utilizando un material con integridad estructural en la cáscara y un fármaco, agente bioactivo o biológico en el interior, de alto interés en aplicaciones terapéuticas [16]. En particular, dado que las cargas eléctricas se encuentran en la superficie del microchorro, los agentes dispersos en la solución del núcleo no están sometidos a estas interacciones pero si al proceso de estiramiento y elongación. Es importante mencionar que durante la infusión las dos soluciones no están en contacto, solo toman contacto en la punta de la boquilla. De este modo la solución destinada al núcleo de la nanofibra se infunde en el centro del dispositivo y la solución de la cáscara en la cavidad anular entre los tubos concéntricos.

*Fibras con estructura de cascara-núcleo y huecas por medio de plantillas:* Otra forma de obtener nanofibras con estructura de cáscara-núcleo o tubos huecos es utilizando las nanofibras electrohiladas como plantillas (*tubes by fiber templates, TUFT*) y depositando sobre ellas un recubrimiento polimérico, metálico o cerámico mediante deposición por fase vapor (*vapor phase deposition*) o recubrimiento por inmersión (*dip coating*) [16]. Empleando la técnica de deposición por fase vapor se obtuvieron recubrimientos delgados uniformes de 50 nm Esta metodología permite la obtención de nanofibras con multicapas de distintos materiales con morfología específica. Esto es de particular utilidad para la liberación controlada de agentes bioactivos. Los agentes bioactivos se suspenden en la solución electrohilada y luego se realiza un recubrimiento sobre las nanofibras obtenidas por esta técnica, en donde se puede seleccionar el o los materiales del mismo para la liberación del fármaco en un tiempo o ambiente determinado. Con los mismos efectos se ha utilizado la técnica de recubrimiento por inmersión, para obtener nanofibras con estructura de cáscara-núcleo. Sin embargo, la solución puede no cubrir uniformemente toda la superficie. También se obtuvieron nanofibras huecas al remover el polímero usado como plantilla luego de la deposición del material de la cáscara y tubuladuras con rugosidad interna al usar plantillas de nanofibras con porosidad superficial.

*Nanofibras con porosidad superficial:* El área superficial de membranas electrohiladas se puede aumentar más aún al introducir porosidad superficial en las fibras. Esta morfología resulta atractiva para aplicaciones en sensores, catalizadores o liberación de agentes bioactivos. Entre las técnicas disponibles se encuentra la remoción de un componente en fibras de dos componentes. Ésta consiste en disolver dos polímeros termodinámicamente inmiscibles en un mismo solvente. Se procesa la solución mediante electrohilado y se produce una separación de fases de los dos componentes *in situ*. Luego de la extracción de uno de los polímeros con un solvente que solo disuelve uno de los componentes, se obtienen nanofibras con porosidad superficial. Otra técnica se basa en la separación de fases durante el proceso de electrohilado de una solución de un solo polímero con un solvente volátil. Bajo ciertas condiciones de procesamiento se produce la separación de fases inducida termodinámicamente en la superficie del microchorro. Las zonas en donde el solvente es pobre solidifican en fibras, mientras que las zonas donde hay mayor contenido de solvente forman poros superficiales. Esta técnica puede ser promovida al enfriar el colector o el microchorro y obtener el mismo efecto para solventes no tan volátiles [2].

### 9.2.6. Otros métodos para producción de nanofibras

Las nanofibras poliméricas se pueden fabricar empleando diferentes métodos que utilizan técnicas físicas, químicas y térmicas. En el ámbito biomédico, los métodos más comúnmente usados incluyen, además de electrohilado, separación de fases, auto-ensamblado, y en menor extensión métodos bacteriales, patrones de diseño y extracción [18-20].

*Separación de fases* [18]: la separación de fases de una solución polimérica puede inducirse por un cambio en la temperatura, por la introducción de un líquido que no es solvente de la fase polimérica, o bien por polimerización.

La separación de fases inducida térmicamente *(thermally-induced phase separation, TIPS)* permite obtener morfologías nanofibrosas. En esta técnica se parte de un sistema multicomponente homogéneo que en determinadas condiciones se torna termodinámicamente inestable y tiende a separar en fases para disminuir la energía libre del sistema. La separación de fases líquido-líquido de una solución polimérica con temperatura crítica de solución superior se induce disminuyendo la temperatura. El sistema se separa en dos fases, una fase rica en polímero y otra pobre, formando una estructura bicontinua. La fase rica en polímero solidifica después de la eliminación del solvente mediante liofilización y se obtiene la matriz con arquitectura macroporosa. Aunque originalmente esta técnica se ha empleado con poli(ácido L-láctico) (PLLA), poli(ácido glicólico) (PGA), poli(ácido láctico-co-glicólico (PGLA), su empleo se ha extendido a otros polímeros tales como polihidroxialcanoato, quitosano, gelatina y materiales compuestos con biocerámicos. Entre las ventajas de esta técnica se encuentran la posibilidad de incorporar moléculas bioactivas a las matrices sin disminuir la actividad de las moléculas por medio térmico o químico, la alta reproducibilidad, la producción de muestras en moldes que pueden adoptar una geometría particular y el empleo de equipamiento no especializado. Las desventajas están asociadas al escaso número de polímeros que pueden procesarse y la dificultad para el escalado comercial. Por otra parte, un pequeño cambio en los parámetros del proceso: tipo de polímero, concentración de la solución polimérica, relación disolvente/no disolvente y principalmente el programa térmico, puede afectar significativamente la morfología del soporte poroso resultante.

*Auto-ensamblado molecular (molecular self-assembly)* [21]: constituye otro campo de investigación emergente, especialmente cuando se trata de estructuras biológicas de tamaño nanométrico o texturizado. El auto-ensamblado es la organización autónoma de átomos, moléculas y agregados moleculares en patrones o estructuras sin intervención externa. El auto-ensamblado está mediado por fuerzas secundarias no covalentes tales como interacciones iónicas (electrostáticas), enlaces puente de hidrógeno, interacciones hidrofóbicas e interacciones de van der Waals para formar entidades estructuralmente bien definidas y estables (filmes, bicapas, membranas, nanopartículas, fibras, micelas, cápsulas, tubos, mesofases o vesículas). El auto-ensamblado de macromoléculas naturales o sintéticas produce estructuras con arquitectura supramolecular nanométrica y en determinadas condiciones nanofibras. Esta estrategia también se emplea en el desarrollo de materiales nanofibrosos con potencial aplicación como matrices para ingeniería de tejidos. Los hidrogeles basados en proteínas proporcionan, además de su capacidad de gelación *in situ*, las condiciones necesarias para la proliferación celular y formación de tejidos.

Para emular la estructura triple helicoidal del colágeno se han sintetizado diversos péptidos anfifílicos, que forman nanofibras supramoleculares de 5-8 nm de diámetro y más de 1 µm de longitud. Los copolímeros en dibloque y dendrímeros pueden también formar nanofibras. En comparación con la técnica de electrospinning, el auto-ensamblado produce nanofibras de menor diámetro (menores a 10 nm), pero requiere de procedimientos más complejos y técnicas extremadamente elaboradas. Estas desventajas se suman a la baja productividad de la técnica.

*Métodos bacteriales* [18]: las nanofibras de celulosa pueden obtenerse por síntesis bacterial empleando acetobacter, que polimeriza residuos de glucosa en cadenas seguida por la secreción extracelular, ensamblado y cristalización de cadenas en forma de cintas. De esta manera se producen nanofibras de celulosa de menos de 10 nm de diámetro, pudiendo también emplear diferentes cepas y agregar polímeros al medio de cultivo para producir copolímeros.

*Patrones de diseño (templating)* [18]: las nanofibras poliméricas también pueden obtenerse empleando patrones de diseño tales como redes de alúmina porosa. Las nanofibras se separan por despegado mecánico o destrucción del molde. Los procesos de extracción mediante tratamientos mecánicos y químicos de materiales naturales permiten obtener fibras de celulosa de 10 a 120 nm de diámetro y longitud de hasta varios micrones.

## 9.3. Aplicaciones biomédicas

Las matrices nanofibrosas poseen la capacidad de imitar la estructura de las matrices extracelulares ejerciendo una marcada influencia en la proliferación y diferenciación celular tanto *in vitro* como *in vivo*. Dos de sus características, elevada relación área/volumen y elevada porosidad, resultan de primordial importancia para esta aplicación, dado que facilitan la migración celular a través del implante, permitiendo la difusión de productos tales como sustancias propias de desecho celular y/o agentes terapéuticos que estimulen la adhesión, proliferación y diferenciación celular. El control del diámetro de fibras, área superficial, porosidad y tamaño de poro permite la obtención de matrices biomiméticas para la regeneración de diversos tejidos.

### 9.3.1. Incorporación de células en matrices nanofibrosas

La incorporación de células en matrices nanofibrosas es aún un desafío de la ingeniería de tejidos [18]. Entre los métodos explorados se encuentran, la incorporación de células en el interior de las matrices nanofibrosas durante el proceso de fabricación y la migración de células *in vitro* en la matriz o mediante el implante de células huésped del tejido *in vivo*.

La incorporación directa de las células en materiales nanofibrosos durante el proceso de fabricación se realiza mediante pipeteado de suspensiones celulares durante la deposición de las nanofibras. Otro método consiste en la deposición de nanofibras sobre un anillo cargado incorporado en un medio de cultivo, realizando dosificaciones intermitentes de células durante el proceso. En este caso se consigue la incorporación uniforme de células y la ausencia de toxicidad por eliminación de solvente residual. La posibilidad de infiltrar células de músculo liso mediante electropulverizado durante el proceso de electrohilado es una estrategia abordada recientemente para favorecer la integración celular uniforme en matrices nanofibrosas [22].

### 9.3.2. Estructura de poros e infiltración celular

El control de la estructura de poros es un aspecto importante en la fabricación de matrices porosas y afecta directamente la infiltración celular. El electrohilado permite un control limitado de la estructura de poros y el tamaño de poros depende del diámetro de las fibras. El tamaño de poro puede disminuir la infiltración celular. Inclusive en algunos casos, la infiltración puede verse limitada a una delgada capa de células en la parte superior de la matriz, reduciendo la interacción célula-nanofibra sólo a las regiones externas, disminuyendo así su potencialidad para regeneración de tejidos en tres dimensiones [23].

La importancia de las estructuras porosas ha llevado al desarrollo de estrategias destinadas a aumentar el tamaño de poro de los materiales electrohilados, manteniendo al mismo tiempo las características nanofibrosas [18, 24]. Estas estrategias incluyen la lixiviación de partículas de sal mezcladas con las fibras durante la fabricación [25], la inclusión de cristales de hielo en el colector durante el procesamiento [26], la incorporación de fibras de sacrificio que se eliminan luego del proceso [27] y la introducción de micro-orificios mediante litografía ultravioleta de matrices nanofibrosas [28]. Aunque estas estrategias han conseguido aumentar efectivamente el tamaño de poros, se disminuye significativamente la resistencia mecánica. La utilización de un colector esférico con clavijas metálicas dispersas produce la formación de membranas nanofibrosas con mayor diámetro de poro y mejor infiltración celular. La combinación de capas de microfibras con nanofibras (por ejemplo PCL y colágeno) y de electrohilado con electropulverizado de partículas de hidrogel incrementa el tamaño de los poros y al mismo tiempo se favorece la interacción con las células [18].

La infiltración celular en poros pequeños se puede mejorar con la aplicación de fuerzas físicas tales como, vacío, perfusión de flujo o centrifugado, que incrementan la velocidad de infiltración celular, y el transporte de nutrientes para mejorar la viabilidad hacia las regiones más profundas [24]. A pesar de las mejoras alcanzadas, la infiltración celular en matrices nanofibrosas continúa siendo limitada.

### 9.3.3. Comportamiento celular en nanofibras poliméricas

En el medio biológico natural las células están expuestas a un complejo contexto de estímulos químicos y estructurales. Por lo tanto es muy importante imitar el medio natural en un cultivo celular in vitro. Las funciones celulares de proliferación, diferenciación, morfología y migración se controlan comúnmente mediante la modulación de la química del medio de cultivo. Existen cuatro componentes involucrados en el crecimiento, diferenciación, funciones y morfología de las células en la superficie de un biomaterial [18, 29], adsorción de componentes del suero sanguíneo, secreción de componentes de matriz extracelular, adhesión celular y mecánica del citoesqueleto. La rugosidad superficial puede causar una adsorción selectiva de proteínas, comportamiento que adquiere importancia en materiales con una nanotopografía que muestra un área superficial extremadamente alta. Las nanoestructuras con dimensiones similares a las dimensiones de la matriz extracelular natural pueden influir en el comportamiento celular a través de mecanismos aún poco conocidos. El mayor conocimiento de las interacciones célula-sustrato podría proporcionar una información valiosa para el diseño de mejores matrices para ingeniería de tejidos.

La morfología celular es una característica importante para el diseño de matrices debido a su significado en el control del arreglo celular y los efectos traslacionales que la morfología tiene en otras funciones. Las células adoptan una morfología diferente frente a sustratos nanofibrosos (forma más redondeada) comparados con los sustratos planos, debido a la falta de organización de las fibras de actina del citoesqueleto. El comportamiento depende también del diámetro de las nanofibras. La alineación celular en forma unidireccional se encuentra en muchos tejidos tales como nervios, músculos esquelético y cardiaco, tendones, ligamentos y vasos sanguíneos, por lo tanto, es deseable que las matrices diseñadas para estos tipos de tejidos sean capaces de inducir arreglos celulares altamente alineados.

La fijación celular es otro factor críticamente importante. La arquitectura nanofibrosa tiene capacidad para fijación de células tales como fibroblastos, células madre de adipocitos, y células de músculo liso, significativamente superior a la fijación en superficies planas. La fijación puede incrementarse a través de una mejora del atrapamiento físico de las células que penetran hacia el interior de la matriz nanofibrosa y de la adhesión. Dependiendo de las condiciones y del tipo de célula, las nanofibras también incrementan o disminuyen la viabilidad y proliferación celular, comparadas con un sustrato plano. Además, algunos estudios muestran que las matrices nanofibrosas pueden incrementar la producción de matriz extracelular de las células residentes y que la matriz depositada se encuentra más organizada. El efecto de las nanofibras en la diferenciación selectiva de células madre hacia un linaje celular específico depende del tipo celular y las condiciones, pudiendo promover, evitar o no tener un efecto apreciable en la diferenciación celular cuando se lo compara con una superficie plana. Finalmente, la migración celular en matrices extracelulares nanofibrosas es un proceso crítico para determinar el éxito de la regeneración de tejidos. El diseño de la matriz debe contemplar una conducción celular controlada, minimizando la formación de agregados y facilitando la migración a través de toda la matriz.

### 9.3.4. Matrices para ingeniería de tejidos

Los biomateriales empleados en un gran número de aplicaciones en ingeniería de tejidos y órganos deben interactuar con las células, y las estructuras tridimensionales que adopten deben comportarse como verdaderas matrices extracelulares. Sus características biomiméticas y sus excelentes propiedades físico-químicas, desempeñan un rol clave en la estimulación del crecimiento celular, participando en la regeneración del tejido como una guía [30]. Las propiedades mecánicas y biomiméticas de los nanomateriales, sumado a las modificaciones superficiales que pueden lograrse mediante funcionalización de la superficie, promueven una mayor cantidad de interacciones con las células y por lo tanto también el crecimiento del nuevo tejido [18, 31]. Las siguientes secciones presentan brevemente los aspectos interesantes de algunas aplicaciones seleccionadas.

### 9.3.4.1. Ingeniería de tejido óseo y cartílago

Los polímeros naturales tales como gelatina, colágeno y quitosano y los polímeros sintéticos, principalmente PLLA, PGA, PLGA y PCL son biocompatibles y biorreabsorbibles y presentan propiedades adecuadas para la obtención de matrices nanofibrosas para aplicaciones en ingeniería de tejido óseo y cartilaginoso [31]. El trabajo de Jang y colaboradores presenta un excelente resumen las estrategias seguidas actualmente en este campo [32]. Existen numerosos estudios de matrices poliméricas nanoestructuradas biomiméticas que encapsulan células madre u osteoblastos. Las matrices fibrosas nanocompuestas de PCL/hidroxiapatita/gelatina mostraron niveles de proliferación osteoblástica, actividad de fosfatasa alcalina y mineralización, mayores a los observados en matrices nanofibrosas de PCL pura. Las nanofibras compuestas promueven la actividad de la fosfatasa alcalina osteoblástica y la expresión de genes marcadores de osteoblastos (RNAm), que participan en la diferenciación y crecimiento del tejido óseo tanto *in vitro* como *in vivo*.

Las matrices nanofibrosas poseen propiedades mecánicas que resultan ideales para el trasplante de células madre durante la reparación clínica del cartílago. El principal interés reside en la incorporación de condrocitos o células madre dentro de la matriz polimérica durante el proceso de electrohilado. Existen estudios de condrogénesis in vitro de células mesenquimales pluripotenciales en matrices nanofibrosas de PCL. Sin embargo, debido al pequeño tamaño de poros que poseen las matrices electrohiladas, la infiltración celular se dificulta produciendo una distribución irregular de las células. La estrategia utilizada actualmente, consiste en el sembrado de condrocitos para obtener una distribución homogénea de células en matrices nanofibrosas incubadas en biorreactores dinámicos.

### 9.3.4.2. Ingeniería de tejido vascular

Según reportó en 2011 la organización mundial de la salud, las enfermedades cardíacas isquémicas se presentan en la actualidad como las principales causas de mortalidad a nivel mundial. Debido a la prevalencia de enfermedades vasculares, existe la necesidad de disponer de injertos vasculares de mayor eficacia que permitan reemplazar los vasos sanguíneos dañados u obstruidos, ya sea por engrosamiento de las paredes vasculares o formación de placas de ateroma (ateroesclerosis).

El tejido vascular es una estructura multicapa, que posee diversas características nanoestructuradas de acuerdo a la composición de colágeno y elastina presentes en las diferentes capas. Los materiales electrohilados presentan una alternativa prometedora para mejorar las funciones de los tejidos vasculares dañados, tanto a nivel de músculo liso como de células endoteliales, para inhibir la trombosis e inflamaciones graves de las paredes vasculares [33]. Las matrices de colágeno/elastina/PLLA muestran una extensa infiltración celular de músculo liso. La estructura de fibrillas orientadas en la capa media de una arteria se ha imitado con estructuras nanofibrosas alineadas de PLLA-PCL obtenidas en un colector rotacional de disco. Las células del músculo liso de la arteria coronaria no sólo interactuaron favorablemente con la matriz polimérica, sino que además se orientaron a lo largo de las fibras, emulando el entorno natural. Por otro lado, se ha aprovechado la versatilidad de utilizar un colector rotatorio de diámetro pequeño para obtener injertos vasculares electrohilados. Se desarrollaron tubuladuras nanofibrosas a partir de polímeros sintéticos biodegradables o bioestables, y naturales; con estructura simple o bicapa; topología al azar y/o alineada. Las matrices poliuretánicas electrohiladas resultan adecuadas para aplicaciones en ingeniería de tejidos blandos, en particular en tejidos vasculares [34].

### 9.3.4.3. Ingeniería de tejido nervioso

Las matrices empleadas en ingeniería de tejidos nervioso deben cumplir propiedades de histocompatibilidad, mecánicas y eléctricas. La ausencia de histocompatibilidad en los materiales empleados, no sólo dificulta el crecimiento de nuevo tejido neuronal sino que además puede provocar inflamación o infecciones graves. Las propiedades mecánicas son necesarias para asegurar la durabilidad de la matriz durante el tiempo necesario para soportar físicamente la regeneración del tejido. Finalmente, las propiedades eléctricas ayudan a estimular y controlar el comportamiento de las neuronas bajo estimulación eléctrica, lo que permite a la matriz actuar como una guía eficaz para la reparación del tejido nervioso [12].

Existen aún muchas deficiencias en los materiales utilizados. Los soportes de silicona empleados como guías para la reparación de tejido neuronal, poseen limitaciones por la extensa formación de tejido cicatrizal alrededor del material. Las estructuras nanofibrosas poseen excelentes características de histocompatibilidad y conductividad para impulsar la actividad neuronal y permiten encapsular células madre neuronales, células de Schwann, y laminina favoreciendo aún más la regeneración neuronal [31]. Dado que los nanotubos de carbono poseen excelente conductividad eléctrica y propiedades mecánicas y dimensiones nanométricas similares a las neuritas, se han empleado como guía para la regeneración axonal y mejora de la actividad neuronal. Además los nanotubos de carbono estimulan la diferenciación de las células madre, lo que resulta favorable para reparar el tejido nervioso dañado.

### 9.3.4.4. Ingeniería de tejido de la piel

La regeneración de piel empleando nanofibras electrohiladas ha recibido mucha atención para el tratamiento de pacientes que sufren daños por quemaduras agudas y heridas crónicas tales como pie diabético y úlceras de distinta etiología. Las propiedades biomiméticas de las matrices extra-celulares electrohiladas resultan atractivas para estas aplicaciones, dado que poseen un comportamiento mecánico, físico y biológico adecuado para restaurar funcionalmente la dermis y epidermis [12]. Aunque las membranas electrohiladas poseen una enorme área superficial para el contacto con células, existen limitaciones en la infiltración celular. Sin embargo, las técnicas avanzadas para controlar el diseño de matrices, mencionadas brevemente en la Sección IX-3.2, permiten mejorar la infiltración y vascularización. La combinación con factores de crecimiento que promueven la regeneración de la piel, así como nuevos biomateriales que mejoran la interacción celular y angiogénesis en ausencia completa de contracción de la herida y fibrosis es actualmente un campo de intensa investigación.

### 9.3.5. Liberación controlada de agentes terapéuticos

La liberación de agentes terapéuticos e ingeniería de tejidos son dos áreas íntimamente relacionadas. Además de servir como matrices extracelulares para la infiltración celular y el crecimiento de tejidos, las matrices nanofibrosas pueden diseñarse y funcionalizarse para actuar como portadores de factores bioactivos que induzcan una respuesta celular o tisular determinada [18]. La técnica de electrohilado ofrece una gran flexibilidad para seleccionar materiales poliméricos biodegradables o no degradables para aplicaciones en liberación controlada de agentes terapéuticos que incrementen la eficiencia de la ingeniería de tejidos. La investigación de nanofibras en el campo de liberación controlada se encuentra en una etapa inicial de exploración [35]. El proceso de liberación puede ocurrir por distintos mecanismos que incluyen difusión o mecanismos más complejos de difusión simultánea con degradación de la matriz [23]. En general el perfil de liberación depende de la calidad de la dispersión del agente en la matriz polimérica, el cual normalmente se disuelve en la solución polimérica antes del proceso de electrohilado (Figura 9.4). Dependiendo de las propiedades de los factores bioactivos y del polímero, este método puede conducir a que los agentes se encuentren homogéneamente dispersos en las fibras, o en forma agregados distribuidos aleatoriamente en las fibras o localizados en la superficie de la matriz nanofibrosa (Figura 9.5a). Esta aproximación posee algunas desventajas inherentes a la técnica, por ejemplo la liberación muy significativa de la droga en un periodo muy corto de tiempo en la etapa inicial [36]. Esta liberación puede considerarse indeseable en ingeniería de tejidos pero es necesaria en los casos en los que se requiere una liberación rápida, como es en el caso de las infecciones que pueden ocurrir en las primeras horas después de una cirugía. El perfil de liberación puede modificarse disminuyendo la extensión de la liberación inicial, mediante cambios en la composición del polímero por mezcla con otro polímero o copolimerización con otro monómero, o recubrimiento la superficie de las fibras con otro polímero.

Un método alternativo que permite sobrellevar alguna de estas desventajas consiste en la encapsulación de agentes terapéuticos en el centro de nanofibras poliméricas mediante electrohilado coaxial. Esta técnica produce nanofibras que incorporan el agente en el núcleo (*core*) que se recubre con una capa exterior de polímero (*shell*) (Figura

9.5b). Los dos componentes tienen normalmente diferente solubilidad en solventes orgánicos o en agua, lo que evita el mezclado de las dos fases durante el proceso. La liberación se produce a través de poros de la cubierta polimérica o simultánea con la degradación de la misma. Este sistema coaxial permite una eficiencia de carga elevada y un comportamiento de liberación controlada que en muchos casos supera al observado en otros métodos convencionales de encapsulación. La encapsulación de la enzima lactato dehidrogenasa (LDH) en nanofibras de poli(vinilalcohol) (PVA) se realiza empleando electrospinning coaxial [37]. Esta metodología tiene en cuenta la pobre solubilidad de la enzima en la solución de PVA. La enzima conserva su función catalítica después del procesamiento en nanofibras. Los perfiles de liberación de LDH muestran la potencialidad de este sistema de liberación controlada para el tratamiento clínico de la deficiencia de LDH.

La incorporación de factores bioactivos puede realizarse después de la fabricación de la matriz nanofibrosa, mediante técnicas de modificación superficial de adsorción o inmovilización, cada una de las cuales posee ventajas y desventajas propias (Figura 9.5c y 9.5d). Finalmente, los hidrogeles de péptidos auto-ensamblados pueden emplearse también como portadores, con perfiles de liberación dependientes de la estructura del hidrogel y del factor a liberar.

**Figura 9.4.** Micrografía de SEM de una membrana de PCL electrohilada incorporando embelina, principio activo pobremente soluble en agua.

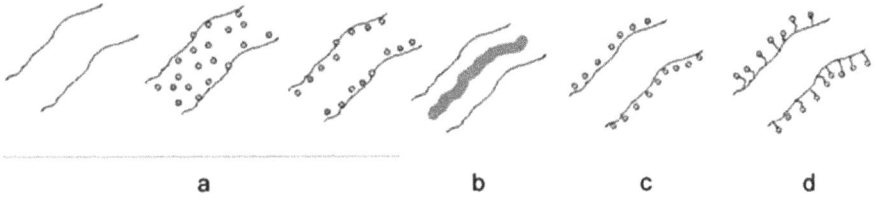

**Figura 9.5.** Formas de incorporación de agentes bioactivos en nanofibras. a) Incorporación por mezclado en la solución de electrohilado; b) electrohilado coaxial; c) adsorción superficial; d) inmovilización superficial.

Entre los agentes terapéuticos que se estudian en sistemas electrohilados se encuentran antibióticos con distinta solubilidad (hidrocloruro de tetraciclina, rifampicina, cefoxitina, ciprofloxacina, sulfato de gentamicina, ornidazol, mupirocin), antiinflamatorios no-esteroideos (naproxeno, salicilato sódico, diclofenaco sódico, ketoprofeno, indometacina), corticoides (acetato de dexametasona), anestésicos (lidocaína), antioxidantes (resveratrol), vitaminas (A y E), antifungicos (itraconazol, ketanserin, ketoconazol), anticancerígenos (paclitaxel, doxorrubicina, carmustina BCNU, cucurbitacin B, cucurbitacin I), anticoagulantes (heparina), extractos vegetales (centella asiática, embelina, chalconas), proteínas (principalmente factores de crecimiento, albúmina, lisozima) y plásmidos de ADN [38-40].

Aunque se han preparado muchos tipos de dispositivos de liberación empleando sistemas electrohilados, hasta la fecha no se reportaron resultados de experimentos clínicos, y los únicos trabajos realizados *in vivo* están principalmente asociados con la investigación en cáncer [35].

La liberación de antibióticos en la región abdominal luego de una cirugía invasiva es una estrategia común para evitar las complicaciones asociadas a infecciones. El empleo de barreras físicas para evitar la adhesión abdominal posquirúrgica entre tejidos adyacentes en conjunto con la incorporación de antibióticos permite disponer de un dispositivo con una doble funcionalidad. El tamaño de poro submicrométrico evita la migración celular, requerimiento fundamental para actuar como barrera, mientras que la elevada área superficial permite una carga de antibiótico mayor que en otras morfologías.

Como se mencionó anteriormente, una de las áreas de mayor investigación en el campo de liberación controlada es la liberación controlada y vectorizada de drogas anticancerígenas [41-42]. Las membranas electrohiladas poseen la capacidad de evitar las limitaciones en la carga de fármacos que poseen las micelas y liposomas usadas actualmente para el tratamiento de tumores. La utilización de membranas nanofibrosas también tiene notable interés para liberación de agentes bioactivos tales como factores de crecimiento capaces de promover la fijación, proliferación y diferenciación celular en ingeniería de tejidos, así como para la liberación de plásmidos de ADN para terapia génica. En este último caso resulta importante proteger los agentes biológicos que son incorporados a las matrices, dado que el proceso de electrohilado puede degradar el ADN, perdiendo la capacidad de transfección del plásmido.

Otro ejemplo de sistema de liberación constituye la administración tópica de óxido nítrico (NO) para el tratamiento de la úlcera de pié diabético así como de las úlceras generadas por leishmaniasis. Esta estrategia que está siendo actualmente explorada con el desarrollo de un parche nanofibroso para liberación de NO con un diseño que permite la liberación constante de NO durante 12 horas o más dependiendo de la dosis [43-44].

### 9.3.6. Dispositivos implantables

La combinación de dispositivos implantables con matrices nanofibrosas permite mejorar el comportamiento de éstos con el medio biológico [45]. El recubrimiento de una prótesis con nanofibras aumenta la superficie expuesta permitiendo un mayor e íntimo contacto con el medio, favoreciendo la fijación del dispositivo y mejorando su biocompatibilidad. En los recubrimientos nanofibrosos de la superficie de catéteres para angioplastia, la superficie externa del balón del catéter se recubre con una matriz nanofibrosa que tiene la capacidad de expandirse y contraerse junto con el balón. En algunas de estas aplicaciones se incorpora óxido nítrico que permite la vasodilatación arterial y relajación del músculo liso del vaso sanguíneo. Este dispositivo puede utilizarse directamente para tratar una obstrucción en un vaso, o en combinación con un stent. La modificación superficial de un implante ortopédico a nanoescala mejora las propiedades del dispositivo como la hidrofobicidad, adhesión y biointegración.

Entre otros desarrollos se encuentran los dispositivos vaso-oclusivos que poseen un núcleo metálico y una matriz nanofibrosa que funciona como cubierta en la superficie. Estos dispositivos se utilizan para generar embolias u obstrucciones en aneurismas localizadas dentro de los vasos sanguíneos. Los dispositivos oftalmológicos poseen una matriz nanofibrosa para tratar glaucoma o deficiencia óptica de transmisión neural. El implante nanofibroso se inserta en el canal de Schlem, permitiendo desviar el humor acuoso desde la cámara anterior del ojo. Este tipo de dispositivos implantables mejoran la biocompatibilidad y reducen la fricción por la gran flexibilidad que presenta el material [45].

## 9.4. Perspectivas futuras

Los materiales nanofibrosos poseen un enorme potencial para el desarrollo de matrices extracelulares de aplicación en ingeniería de tejidos y para la obtención de nuevos sistemas para liberación de agentes terapéuticos. Aunque existen avances importantes en el diseño y obtención de estructuras nanofibrosas para aplicaciones biomédicas y tanto en aspectos conceptuales como tecnológicos, la mayoría de los ensayos realizados y sus conclusiones están basados en experiencias *in vitro*. En latinoamérica el desarrollo es incipiente aunque sostenido, y algunos grupos de investigación se están consolidando en esta área [46]. El desarrollo de estructuras y métodos adecuados para infiltración celular y el conocimiento de los mecanismos y señales químicas y mecánicas que modulan el comportamiento celular en estructuras nanofibrosas, abrirán el camino para la utilización de estos sistemas en aplicaciones *in vivo*. Sumado a esto, el incremento del número publicaciones interdisciplinarias y la aparición de equipos comerciales a escala de laboratorio, planta piloto e industrial son indicadores claros del amplio futuro que tienen los biomateriales nanofibrosos.

## 9.5. Referencias

[1] Z-M. Huang, Y-Z. Zhang, M. Kotaki, S. Ramakrishna, Compos. Sci. Technol. 2003, 63, 2223.

[2] A.L. Andrady, Science and technology of polymer nanofibers, John Wiley & Sons Inc., Hoboken, New Jersey, 2008.

[3] S. Ramakrishna, K. Fujihara, W-E. Teo, T. Yong, Z. Ma, R. Ramaseshan, Mater. Today 2006, 9, 40.

[4] S. Tan, X. Huang, B. Wu, Polym. Int. 2007, 56, 1330.

[5] J. Fang, H. Niu, T. Lin, X. Wang, Chin. Sci. Bull. 2008, 53, 2265.

[6] R. Dersch, M. Steinhart, U. Boudriot, A. Greiner, J. H. Wendorff, Polym. Adv. Technol. 2005, 16, 276.

[7] N. Tucker, J.J. Satnger, M.P. Staiger, H. Razzaq, K. Hofman, J. Eng. Fibers Fabrics 2012, July issue, 63.

[8] J. Doshi, D.H. Reneker, J. Electrostatics 1995, 35, 151.

[9] A. Jaworek, A. Krupa, M. Lackowski, A.T. Sobczyk, T. Czech, S. Ramakrishna, S. Sundarrajan, D. Pliszka, J. Electrostatics 2009, 67, 435.

[10] A. Greiner, J.H. Wendorff, Angew. Chem. Int. Ed. 2007, 46, 2.

[11] S. Ramakrishna, K. Fujihara, W-E. Teo, T-Ch. Lim, Z. Ma, An Introduction to Electrospinning and Nanofibers, World Scientific Publishing Co. Pte. Ltd, New Jersey, London, Singapour, 2005.

[12] L.A. Bosworth, S. Downes, Electrospinning for tissue regeneration, Woodhead publishing, Oxford-Cambridge-Philadelphia-New Delhi, 2011.

[13] Y. Yoshihiro, J. Text. Eng. 2008, 54, 109.

[14] S. Petrik, M. Maly, MRS Proceedings 2009, 1240, 1240-WW03-07.

[15] T. Lin, Nanofibers Production, Properties and Functional Applications, InTech, Croatia, 2011.

[16] A. Greiner, J.H. Wendorff, Adv. Polym. Sci. 2008, 219, 107.

[17] D. Sun, Ch. Chang, S. Li, L. Lin, Nano Lett. 2006, 6, 839.

[18] V. Beachley, X. Wen, Progr. Polym. Sci. 2010, 35, 868.

[19] Z. Ma, M. Kotaki, R. Inai, S. Ramakrishna, Tissue Eng. 2005, 11, 101.

[20] E. Engel, A. Michiardi, M. Navarro, D. Lacroix, J.A. Planell, Trends Biotech. 2008, 26, 39.

[21] N. Kimizuka, Adv. Polym. Sci. 2008, 219, 1.

[22] J.J. Stankus, L. Soletti, K. Fujimoto, Y. Hong, D.A. Vorp, W.R. Wagner, Biomaterials 2007, 28, 2738.

[23] R.L. Dahlin, F.K. Kasper, A.G. Mikos, Tissue Eng. Part B 2011, 17, 349.

[24] S. Zhong, Y. Zhang, C.T. Lim, Tissue Eng. Part B 2012, 18, 77.

[25] J. Nam, Y. Huang, S. Agarwal, J. Lanutti, Tissue Eng. 2007, 13, 2249.

[26] M.F. Leong, M.Z. Rasheed, TCh. Lim, K.S. Chian, J. Biomed. Mater Res. Part A 2009, 91, 231.

[27] B.M. Baker, A.O. Gee, R.B. Metter, A.S. Nathan, R.A. Marklein, J.A. Burdick, R.L. Mauck, Biomaterials 2008, 29, 2348.

[28] H.W. Choi, J.K. Johnson, J. Nam, D.F. Farson, J. Lannutti, J. Laser Appl. 2007, 19, 225.

[29] J. Venugopal, S. Low, A.T. Choon, S. Ramakrishna, J. Biomed Mater. Res. Part B. Appl. Biomater. 2008, 84B, 34.

[30] C.P. Barnes, S.A. Sell, E.D. Boland, D.G. Simpson, G.L. Bowlin, Adv. Drug Deliv. Rev. 2007, 59, 1413.

[31] L. Zhang, T.J. Webster, Nano Today, 2009, 4, 66.

[32] J-H. Jang, O. Castano, H-W. Kim, Adv. Drug Deliv. Rev. 2009, 61, 1065.

[33] S. Agarwal, J.H. Wendorff, A. Greiner, Adv. Mater. 2009, 21, 3343.

[34] P.C. Caracciolo, V. Thomas, Y.K. Vohra, F. Buffa, G. A. Abraham, J. Mater. Sci.: Mater. Med. 2009, 20, 2129.

[35] D.G. Yu, L.M. Zhu, K. White, C. Branford-White, Health 2009, 1, 67.

[36] P.R. Cortez Tornello, G.E. Feresin, A. Tapia, I.G. Veiga, Â.M. Moraes, G.A. Abraham, T.R. Cuadrado, Polym. J. 2012, 44, 1105.

[37] I. Moreno, V. González-González, J. Romero-García, Eur. Polym. J. 2011, 47, 1264.

[38] T.J. Sill, H.A. von Recum, Biomaterials 2008, 29, 1989.

[39] J. Xie, X. Li, Y. Xia, Macromol. Rapid. Commun. 2008, 29, 1775.

[40] S. Agarwal, J.H. Wendorff, A. Greiner, Polymer 2008, 49, 5603.

[41] H.H. Huang, C.L. He, H.S. Wang, X.M. Mo, J. Biomed. Mater. Res. 2009, 90, 1243.

[42] S.H. Ranganath, C.H. Wang, Biomaterials 2008, 29, 2996.

[43] D.J. Smith, M. Lopez, P. Lopez-Jaramillo, Topical Nitric Oxide Donor Devices. [WO/2006/058318]. Ref Type: Patent 2006.

[44] P. López-Jaramillo, M.Y. Rincón, R.G. García, S.Y. Silva, E. Smith, P. Kampeerapappun, C. García, D.J. Smith, M. López, I.D. Vélez, Am. J. Trop. Med. Hyg. 2010, 83, 97.

[45] S.G. Kumbara, S.P. Nukavarapua, R. Jamesb, M.V. Hogana, C.T. Laurencin, Recent Pat. Biomed. Eng. 2008, 1, 68.

[46] P.C. Caracciolo, P.R. Cortez Tornello, F. Montini Ballarin, G.A. Abraham, J. Biomater. Tissue Eng. 2013, 3, 39-60.

# CAPÍTULO 10. PRODUÇÃO DE MICRO E NANOPARTÍCULAS UTILIZANDO FLUIDOS SUPERCRÍTICOS

**Gabriela Bevilaqua, Paulo de Tarso Vieira e Rosa**
*Departamento de Físico-Química, Instituto de Química, Universidade Estadual de Campinas (UNICAMP). Rua Josué de Castro S/N, 13083-970, Campinas, Brasil.*

**Resumo:**

A formação de partículas com tamanho e morfologia bem definidas apresenta grande interesse nas indústrias farmacêuticas. A redução do tamanho de partículas de compostos bioativos leva a um aumento na taxa de dissolução do fármaco no organismo e por consequência aumenta sua biodisponibilidade, permitindo reduzir a dose de medicamento ingerida, diminuindo efeitos colaterais e minimizando custos. Tecnologias que empregam fluidos supercríticos, geralmente dióxido de carbono, têm sido comumente empregadas para este fim. Diversos métodos foram desenvolvidos para a produção de partículas de compostos hidrofílicos ou hidrofóbicos. Além disto, os princípios ativos podem ser co-precipitados com polímeros para formação de sistemas para liberação controlada do fármaco. Neste capítulo são apresentadas as principais tecnologias supercríticas empregadas na formação de partículas, a rápida expansão de solução supercrítica (RESS) com o fluido supercrítico agindo como solvente, a utilização do antisolvente supercrítico (SAS) para precipitar compostos mais hidrofílicos presentes em soluções de solventes orgânicos e a produção de partículas a partir de soluções gasosas saturadas (PGSS), com o fluido

DOI: http://dx.doi.org/10.14195/978-989-26-0881-5_10

supercrítico agindo como soluto, demonstrando as especificidades de cada método e exemplos de aplicações. As influências das variáveis operacionais tais como temperatura, pressão, vazão, concentração de soluções e diâmetro de capilares nos tamanhos e morfologias das partículas também são discutidas.

**Palavras-Chave:** Formação de partículas; tecnologias supercríticas; expansão rápida de soluções supercríticas; antisolvente supercrítico; solução gasosa saturada.

**Abstract:**

The production of particles with well-defined size and morphology is of large interest in pharmaceutical industries. The bioactive compound particle size reduction leads to an increase of its dissolution rate in the organism, increasing its bioavailability, allowing the administration of lower dosages, decreasing side effects, and decreasing treatment costs. Supercritical fluid technologies, mainly using carbon dioxide, are used to produce such particles. Several methods were developed to produce particles of hydrophilic or hydrophobic compounds. Furthermore, the active molecules can be co-precipitated with polymer in order to produce controlled release systems. In this chapter the main supercritical technologies to produce particles (the rapid expansion of supercritical solution (RESS) with the supercritical fluid acting as a solvent, the anti-solvent supercritical (SAS) to precipitate more polar drugs from organic solvent solutions, and particles from gas saturated solution (PGSS) with the supercritical fluid being used as a solute) are presented, showing the methods specificities and some applications. The influence of operational variables such as temperature, pressure, flow rate, concentrations, and capillary diameters in the particle size and morphology are discussed.

**Keywords:** Particle formation; supercritical technologies; rapid expansion of supercritical solution; supercritical antisolvent; gas saturated solution.

## 10.1. Introdução

Embora a formação de partículas com tamanho e morfologia bem definidas seja uma demanda de vários setores de pesquisa e produção (catalisadores, explosivos, adsorventes, etc.), é na área farmacêutica que esta necessidade se torna mais evidente. A redução do tamanho de partículas de compostos bioativos é importante para aumentar a taxa de dissolução do fármaco no organismo uma vez que partículas menores apresentam maior biodisponibilidade. Deste modo, é possível reduzir a dose de medicamentos ingerida, diminuindo efeitos colaterais e minimizando custos. Além disso, por meio do ajuste de tamanho de partículas farmacológicas, é possível promover a liberação controlada de princípios ativos, aumentando o tempo de circulação da droga no organismo do paciente. Além de tamanhos pequenos, é desejável que partículas apresentem a menor distribuição de tamanho possível, uma vez que partículas com características diferentes podem apresentar ações farmacológicas distintas [1].

As técnicas convencionais de formação de partículas, tais como *spray-drying* e evaporação da emulsão/solvente, apresentam algumas desvantagens, como o uso de altas temperaturas, que podem promover a degradação térmica do material a ser micronizado. Além disso, estas técnicas podem gerar partículas com grande distribuição de tamanho, o que não é conveniente para fármacos. Outras técnicas convencionais, como liofilização, extrusão e granulação, não permitem o controle adequado do tamanho das partículas formadas, além de necessitar de processos com várias etapas [2].

Nesse contexto, o uso de tecnologias supercríticas tem se mostrado interessante na formação de partículas orgânicas. Nestas tecnologias, um fluido em condições supercríticas é utilizado como solvente, anti-solvente ou soluto e as características do fluido podem ser alteradas facilmente com variações na pressão e temperatura do sistema [1, 3].

Uma das vantagens destas tecnologias é a versatilidade das condições operacionais de processo, o que torna possível alterar com facilidade as condições de solvência do fluido empregado [3]. As tecnologias supercríticas permitem controlar características das partículas formadas, dando origem a drogas com maior funcionalidade farmacêutica. Desta forma, é possível sintetizar partículas de menor tamanho, com distribuição de tamanho homogênea e com morfologia específica, de modo a aumentar a biodisponibilidade do fármaco no organismo [4]. Além disso, as partículas formadas em meio supercrítico apresentam, de modo geral, menor quantidade de solvente residual que as partículas formadas pelos métodos tradicionais [5].

O fluido comumente utilizado na produção de partículas é o dióxido de carbono supercrítico ($CO_2$), que apresenta as vantagens de apresentar baixa toxicidade, ter baixo custo, ser inerte nas condições empregadas e não ser poluente. Além disso, seu ponto crítico permite a formação de partículas em condições operacionais amenas, o que é desejável para compostos termolábeis [1]. Por apresentar alto coeficiente de difusão [5], pode se difundir em cadeias poliméricas e atuar como agente plastificante, tornando possível a composição de partículas de drogas em polímeros biocompatíveis [6].

Há várias técnicas para a produção de partículas utilizando tecnologias supercríticas, tais como a Expansão Rápida de Soluções Supercríticas (RESS), o Anti-solvente Gasoso (GAS), o Anti-Solvente Supercrítico (SAS) e o Aumento da Dispersão da Solução por Fluido Supercrítico (SEDS) e a Precipitação a partir de Soluções Gasosas Saturadas (PGSS) [1].

A aplicação destas técnicas depende das características da droga utilizada. Desta forma, o $CO_2$ pode exercer diferentes funções, dependendo da solubilidade do fármaco no meio supercrítico. Para drogas solúveis no meio supercrítico, utiliza-se a técnica RESS. Para fármacos que apresentam pequena solubilidade no meio supercrítico, utilizam-se técnicas onde o fluido atua como anti-solvente. Deste grupo, a técnica mais difundida é a SAS, discutida na Seção 10-2.2. Por último, a técnica PGSS será abordada, uma vez que representa um processo onde o fluido supercrítico não atua como solvente nem como anti-solvente e sim como um soluto capaz de permitir o escoamento do material que irá ser utilizado para a formação da partícula.

## 10.2. Técnicas para produção de partículas

### 10.2.1. Rápida Expansão da Solução Supercrítica (RESS)

A técnica RESS baseia-se na solubilização do soluto na fase super-crítica e posterior expansão da mistura. Deste modo, é necessário que a droga a ser utilizada seja solúvel no meio supercrítico. Devido a des-pressurização do sistema, ocorre uma diminuição da densidade do meio e consequente supersaturação do soluto de interesse, que promove a rápida nucleação e formação de partículas com pequena distribuição de tamanho [1, 3, 7, 8]. Esta técnica tem sido apontada com grande potencial para combinar a produção de partículas de menor tamanho e produção de microesferas biopoliméricas carregadas, sendo interes-sante para transporte de drogas. Além disso, por meio da RESS, pode-se co-precipitar polímeros com ingredientes ativos, a fim de melhorar o processo de liberação de fármacos [3].

Uma das vantagens da técnica RESS é a possibilidade de obtenção de partículas submicrométricas com diâmetros menores que 500 nm [9], de modo a atender uma demanda significativa da indústria farmacêutica. É possível também, por meio desta técnica, obter partículas com peque-na distribuição de tamanho, de modo a evitar efeitos indesejáveis em fármacos, como imprevisibilidade de ação farmacocinética e diferentes perfis de liberação [1]. O tamanho médio e sua distribuição serão fun-ções das condições experimentais utilizadas no processo de produção das partículas. Um esquema de unidade de produção de partículas por RESS pode ser observada na Figura 10.1.

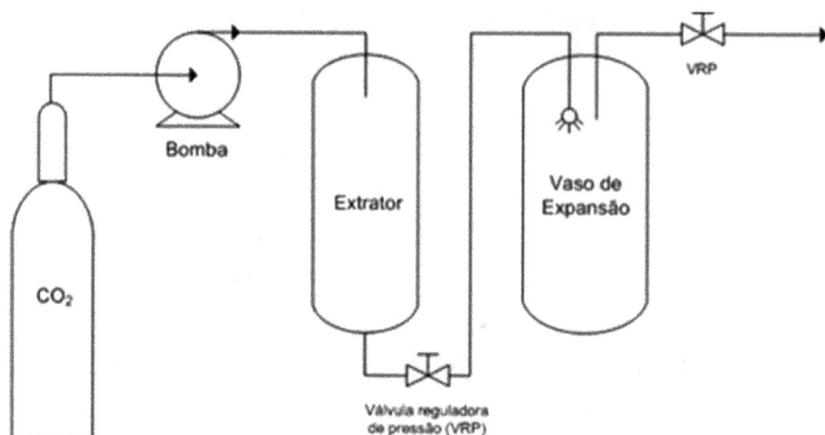

Figura 10.1. Representação esquemática do sistema de formação de partículas pela técnica RESS.

Vários parâmetros podem influenciar o tamanho das partículas formadas pela técnica RESS. As condições operacionais de utilizada para micronizar substâncias bioativas pela técnica RESS são mostradas na Tabela 10.1.

**Tabela 10.1.** Micronização de substâncias bioativas utilizando a técnica RESS. [1]condição da extração; [2] condição da pré-expansão.

| Substrato | Pressão (bar) | Temp (K) | Diâmetro do orifício (mm) | Tamanho (μm) | Dist. Spray (cm) | Co-solvente | Refe-rência |
|-----------|---------------|----------|---------------------------|--------------|------------------|-------------|-------------|
| colesterol | 100-160[1] | 313-333[1] | 0,15-0,24 | 0,62-4,83 | - | - | 10 |
| raloxifeno | 100-180[1] | 313-353[1] | 0,03 | 0,018-0,136 | 5-10 | - | 11 |
| linestrenol | 150-300[2] | 318-333[2] | 0,6 | < 0,2 | - | mentol | 9 |
| nabumetona | 150-200[1] | 308-328[1] | 0,25 e 0,5 | 6,9-19,7 | 2,5 e 7,0 | - | 12 |
| creatina | 140-220[1] | 313-333[1] | 0,45-1,7 | 0,36-9,06 | 1-7 | - | 13 |
| digitoxina | 100[1] | 363-383[2] | 0,05 | 0,068-0,458 | 3-7 | etanol | 15 |
| diclofenaco | 140-220[1] | 313-333[1] | 0,45-1,7 | 1,33-10,92 | 1-10 | - | 16 |
| naproxeno | 200-300[2] | 323-363[2] | 0,05 | 0,56-0,82 | - | - | 8 |

#### 10.2.1.1. Tamanho das partículas

### 10.2.1.1.1. Temperatura

Nos experimentos utilizando a técnica, verificou-se que o aumento da temperatura de extração resulta em um aumento no tamanho da partícula para experimentos com pressão na faixa de 200 a 230 bar, sendo que este efeito foi menor em pressões mais altas. A mesma tendência é observada com a variação de temperatura de pré-expansão, definida como a temperatura da mistura da droga e fluido supercrítico antes de passar pelo orifício de expansão. No entanto, Satvati e Lotfollahi [10] obtiveram partículas de colesterol por meio da técnica RESS e o aumento da temperatura promoveu uma diminuição do tamanho das partículas, contrariando a tendência inicial observada em outros trabalhos. Os autores sugerem que há dois fenômenos competitivos que explicam este fato. O primeiro é que o aumento da temperatura causa a diminuição do poder solvente do fluido supercrítico, diminuindo a concentração de colesterol neste fluido logo na entrada da câmara de extração, diminuindo a taxa de nucleação no vaso de expansão. Por outro lado, a diminuição da concentração de colesterol na fase supercrítica também diminui a taxa de crescimento das partículas. Desta forma, o segundo efeito seria o predominante, levando a menores partículas.

Na produção de partículas nanométricas de raloxifeno, o aumento da temperatura de 313 para 333 K foi responsável pela diminuição do tamanho das partículas. O contrário foi observado em temperaturas mais altas, de modo que o incremento da temperatura de 333 para 353 K foi responsável pela produção de partículas maiores, com aumento do diâmetro médio de 18,9 para 23,0 nm. No entanto, esta variação foi estatisticamente pouco significativa [11]. Partículas de linestrenol também sofreram influência negativa da temperatura, sendo que partículas produzidas a 318 K apresentaram maior tamanho que as partículas produzidas a 333 K [9].

De modo geral, o aumento da temperatura provoca uma diminuição da densidade do fluido supercrítico, diminuindo também sua capacidade de solvência. Por outro lado, o aumento da temperatura promove um aumento da pressão de vapor do soluto, de modo a aumentar a solubilidade da droga no meio supercrítico. Existe assim um valor de pressão abaixo do qual o primeiro efeito é o mais importante e há uma diminuição da solubilidade do composto com o aumento da temperatura. Acima deste valor de pressão, conhecida como pressão de cruzamento, ocorre o efeito contrário. Este valor da pressão é uma característica de cada composto e, portanto, fica complexa a compreensão do efeito da temperatura para todos os sistemas. A não concordância do efeito da temperatura no tamanho da partícula pode também ter ocorrido por diferenças em outros parâmetros, tais como diâmetro de orifício do capilar, pressão ou distância do spray. A influência da temperatura de pós-expansão, ou seja, na câmara de expansão, no tamanho de partículas de nabumetona também foi analisada, mostrando que o aumento deste parâmetro foi responsável pela produção de partículas de maior tamanho. O mesmo estudo, no entanto, mostra que a temperatura de pré-expansão não influencia significativamente o tamanho da partícula [12].

### 10.2.1.1.2. Pressão

O aumento da pressão de extração no sistema tende a gerar partículas de menor tamanho, uma vez que aumenta a densidade do fluido supercrítico, aumentando sua capacidade de solvência. Deste modo, maior quantidade de droga será solubilizada na fase supercrítica, estimulando as etapas de supersaturação e nucleação. A formação de partículas menores foi mais evidente em faixas de maior valor de pressão de extração. O efeito da pressão no tamanho de colesterol micronizado foi considerado desprezível na faixa de 100 a 130 bar. No entanto, quando se eleva a pressão à 160 bar, o tamanho médio de partícula passa de 2,25 para 1,91 μm [10]. O aumento da pressão de pré-expansão, por sua vez, mostrou efeito positivo no tamanho, de modo que maiores partículas de linestrenol foram produzidas em maior valor de pressão. Partículas formadas à pressão de pré-expansão igual a 150 bar apresentaram tamanho máximo de 172,6 nm. Já à pressão de 300 bar, as partículas atingiram tamanho de 325,6 nm [9]. A temperatura de extração em geral não apresenta uma grande amplitude, ficando em todos os experimentos na faixa de 313 e 333 K.

### 10.2.1.1.3. Diâmetro de orifício do capilar

O diâmetro de orifício do capilar também mostrou influenciar o tamanho das partículas, sendo que partículas com menor tamanho médio foram produzidas em sistemas cujo diâmetro de orifício era menor. Esse efeito pode ser explicado pelo fato de que a supersaturação na câmara de expansão aumenta, assim como a taxa de nucleação, com a diminuição do diâmetro do capilar, de modo a produzir partículas menores devido à maior concentração da substância bioativa no fluido supercrítico. Hezave *et al.* [13] produziram partículas de creatina monoidratada e o aumento do diâmetro de 450 para 1.700 μm foi responsável pelo aumento do tamanho médio das partículas de 0,36 para 5,69 μm. O mesmo efeito foi observado por Su *et al.* [12] ao aumentar o diâmetro do orifício de 25 para 50 μm. Nestas condições, o tamanho das partículas de nabumetona aumentaram de 4,2 para 19,4 μm. No entanto, na micronização de colesterol percebeu-se o efeito contrário do observado. O aumento do diâmetro do capilar de 150 para 240 μm promoveu a redução do tamanho médio das partículas de colesterol micronizadas (de 2,54 para 1,53 μm) [10]. Segundo os autores, a velocidade de passagem aumenta com a diminuição do diâmetro do capilar. Desta forma, o tempo de residência das partículas durante o processo de expansão diminui, minimizando o fenômeno de crescimento das partículas. Além disso, quando o diâmetro aumenta, a probabilidade de colisão das partículas diminui, evitando sua aglomeração. No entanto, Hezave *et al.* [13] atribui o aumento do tamanho médio da partícula ao fato de que a diminuição do diâmetro promove o aumento da supersaturação e, consequentemente, das taxas de nucleação, estimulando a produção de partículas menores. Esta diferença no tamanho das partículas pode ser devido à diferença de solubilidade das drogas na fase fluida. Nabumetona apresenta solubilidade cerca de 40 vezes maior que a solubilidade do colesterol em $CO_2$ supercrítico nas condições experimentais da região estudada [12, 14]. O aumento do diâmetro do orifício no experimento com a droga menos solúvel (colesterol) talvez não tenha sido suficientemente grande para reduzir drasticamente a taxa de nucleação das partículas, uma vez que solubilidade do colesterol é menor que a solubilidade da nabumetona. Consequentemente, há produção de partículas de colesterol de menor tamanho. O efeito do aumento do diâmetro de orifício no tempo de residência pode ter sido determinante para a droga mais solúvel, promovendo a aglomeração das partículas de nabumetona.

### 10.2.1.1.4. Distância do spray

A distância do spray em relação ao sistema de coleta das partículas também é um parâmetro que interfere no tamanho das partículas produzidas pela técnica RESS e seu efeito também é regido por fenômenos concorrentes. Se a distância for grande o suficiente, as partículas podem se romper durante a expansão, de modo que seu tamanho tende a diminuir. Partículas de raloxifeno sofreram diminuição do seu tamanho médio (de 33,7 para 18,9 nm) com o aumento da distância de spray de 7 para 10 cm [11]. O mesmo foi observado por Atila *et al.* [15] ao aumentar a distância de spray de 3 para 7 cm na micronização de partículas de digitoxina. O outro efeito possível, contrário a este primeiro, é a aglomeração das partículas de droga causada pela diminuição da distância do spray, que pode ser explicado pela diminuição do ângulo entre as partículas, favorecendo a aglomeração. Partículas de diclofenaco sofreram aumento do seu tamanho médio (de 3,64 para 5,99 μm) com o aumento da distância de spray de 1 para 10 cm [16]. A variação, no entanto, da distância de spray na micronização de nabumetona e creatina não afetou significativamente o tamanho médio das partículas, como mostrado por Su *et al.* [12] e Hezave *et al.* [13], respectivamente.

## 10.2.1.2. Morfologia

A morfologia das partículas também é afetada pelas condições operacionais do processo. Uma vez que polimorfos podem alterar propriedades físico-químicas e diminuir a estabilidade de drogas sólidas, sua presença é indesejável em formulações farmacêuticas. Além disso, diferentes formas cristalinas de partículas de fármacos podem apresentar diferentes ações terapêuticas e biodisponibilidade, além de interferirem na liberação da droga no organismo [1, 13]. As análises por difração de raio-X mostraram que existe uma grande tendência de a técnica RESS diminuir a cristalinidade do material [8, 10, 11, 13, 16, 17]. As partículas originais apresentam diversas morfologias, podendo apresentar características retangulares, alongadas ou até mesmo morfologia irregular. As partículas processadas, por sua vez, passaram a apresentar morfologia próxima do formato esférico [13, 16] e irregular [17]. No entanto, ao analisar, utilizando cromatografia líquida associada à espectrometria de massas, digitoxina processada pela técnica RESS, os autores [15] não observaram alterações na estrutura da droga. Vemavarapu *et al.* [18], ao estudar a dopagem de matrizes com substâncias bioativas utilizando a técnica RESS, observaram que a presença de aditivos pode alterar a cinética de nucleação dos compostos, assim como interferir no crescimento de cristais e que a redução da cristalinidade das matrizes, por outro lado, auxiliou a coprecipitação. Satvati e Lotfollahi [10] observaram poucas diferenças no formato das partículas originais e processadas. Entretanto, dependendo das condições operacionais, foram produzidas partículas com morfologia semi-esférica, com uma tendência à formação de partículas aglomeradas.

Nos testes *in vitro* realizados foi observado um aumento da taxa de dissolução das drogas processadas por RESS quando comparada com a taxa de dissolução de fármacos não processados. Uma vez que a taxa de dissolução está relacionada com a biodisponibilidade do fármaco no organismo, seu incremento representa um efeito positivo na produção de partículas de substâncias bioativas, desde que se possa prolongar a ação farmacológica das mesmas. Partículas de naproxeno apresentaram tamanho vinte e duas vezes menor que as partículas do fármaco não processado. A taxa de dissolução, como consequência da diminuição do tamanho, é maior no fármaco processado. No entanto, as partículas processadas também apresentaram diminuição do seu grau de cristalinidade. Partículas de naproxeno foram estabilizadas por meio desta técnica (temperatura de extração igual a 313 K, pressão de extração igual à pressão de pré-expansão de 200 bar e temperatura de pré-expansão igual a 343 K). Partículas com diâmetro de 0,3 μm foram estabilizadas em solução aquosa de polímeros [8].

Além do processo de micronização, que tem como objetivo diminuir o tamanho das partículas e as tornarem mais biodisponíveis, é possível, por meio da técnica RESS, a formação de sistemas de liberação de substâncias bioativas, tais como lipossomas. Lipossomas são vesículas compostas de uma ou mais camadas lipídicas concêntricas contendo um núcleo aquoso. As camadas são formadas por fosfolipídios que, na presença de água, se arranjam de modo a minimizar interações não favoráveis. Lipossomas têm sido utilizados com bastante frequência em sistemas controlados de liberação de drogas. Com isso, minimiza-se problemas como a degradação de compostos bioativos e uso de doses elevadas de drogas, entre outros [19]. As técnicas tradicionais de formação de lipossomas (evaporação de fase reversa, formação de emulsão, etc.), de modo geral, apresentam baixa eficiência de encapsulamento. Nesse contexto, as tecnologias que utilizam $CO_2$ supercrítico apresentam vantagens na formação de compostos encapsulados, uma vez que o uso do dióxido de carbono promove uma diminuição da temperatura de transição de fase do surfactante fosfolipídico (gel-fluido), maior controle das características dos lipossomas, tais como tamanho e estabilidade dos mesmos [20]. Os parâmetros do processo, tais como temperatura e pressão, também exercem influência nas características das partículas formadas, como eficiência de encapsulamento e carga da droga.

O óleo essencial extraído do rizoma *Atractylodes macrocephala* Koidz, fármaco utilizado na terapia de doenças digestivas e tumores, foi encapsulado em fosfatidilcolina por meio da técnica RESS modificada, utilizando etanol como cossolvente. Foi utilizado colesterol a fim de aumentar a estabilidade do lipossoma formado. O óleo essencial é formado por componentes lipofílicos que apresentam baixa solubilidade em água. Foi observado baixos valores de carga de droga no lipossoma em valores mais baixos de pressão, possivelmente devido à redução da habilidade de empacotamento das bicamadas fosfolipídicas. Já a influência dos valores de temperatura do fluido supercrítico foi analisada na faixa de 313 a 343 K. O aumento da temperatura apresentou maior eficiência de encapsulamento até um valor máximo de temperatura (338 K), com posterior queda da eficiência de encapsulamento. O cossolvente (etanol) utilizado na técnica aumenta a interação entre as moléculas do material lipossômico e a fase supercrítica. Houve melhor eficiência de encapsulamento utilizando teores de cossolvente na faixa de 5 a 15% (fração molar de etanol em $CO_2$), com pressão de 300 bar e temperatura de 338 K. Os autores afirmam que a membrana fosfolipídica é destruída em quantidades de etanol acima de 15%. As condições operacionais ótimas obtidas foram pressão de 300 bar, temperatura de 338 K e fração molar de etanol de 15%. A técnica permitiu a obtenção de partículas com pequena distribuição de tamanho e a taxa de dissolução dos óleos essenciais presentes no rizoma aumenta consideravelmente quando incorporado nos lipossomas [21].

Existem algumas variações do processo de expansão rápida de solução supercrítica. Enquanto na técnica RESS a expansão ocorre em uma câmara vazia, na técnica RESSA (Rápida Expansão da Solução Supercrítica em Solução Aquosa) a expansão da solução ocorre na presença de água. A técnica RESOLV (Rápida Expansão da Solução Supercrítica no Solvente Líquido) é também uma variação da técnica RESS, onde o vaso de expansão é preenchido por uma solução líquida. Partículas menores tendem a ser formadas por esta técnica, uma vez que a expansão em meio líquido, tende a inibir fenômenos de coalescência e, consequentemente, a produção de partículas com menores diâmetros [22].

### 10.2.2. Anti-Solvente Supercrítico (SAS)

Nem sempre é possível dissolver a droga de interesse na fase supercrítica. Assim, as substâncias bioativas são dissolvidas em um solvente orgânico solúvel no fluido supercrítico, que atua como anti-solvente. A solução orgânica e o $CO_2$ supercrítico são injetados em uma câmara pressurizada de precipitação na qual ocorre a remoção do solvente solvente orgânico pelo $CO_2$, promovendo a precipitação da droga. A transferência de massa entre a fase supercrítica e o solvente orgânico faz com que ocorra a supersaturação da droga no meio, de modo a precipitá-la com a expansão da mistura. A técnica SAS tem se mostrado eficiente na micronização de vários tipos de partículas, tais como polímeros e biopolímeros, supercondutores, explosivos, entre outros compostos [1].

Os fatores que afetam o tamanho das partículas obtidas e sua morfologia são temperatura, pressão, concentração e vazão da solução droga, relação entre as vazões da solução orgânica e do fluido supercrítico, entre outros. O tamanho das partículas obtidas por SAS são, em geral, menores que as obtidas pela técnica RESS. Um dos fatores que pode explicar esta tendência é que a atomização na técnica SAS é muito eficiente devido à baixa tensão interfacial entre a solução orgânica e o fluido utilizado como anti-solvente [23]. Essa rápida transferência de massa entre solvente e anti-solvente faz com que ocorra diminuição do poder de solvência do solvente orgânico, promovendo a supersaturação e gerando partículas pequenas e com pequena distribuição de tamanho [24].

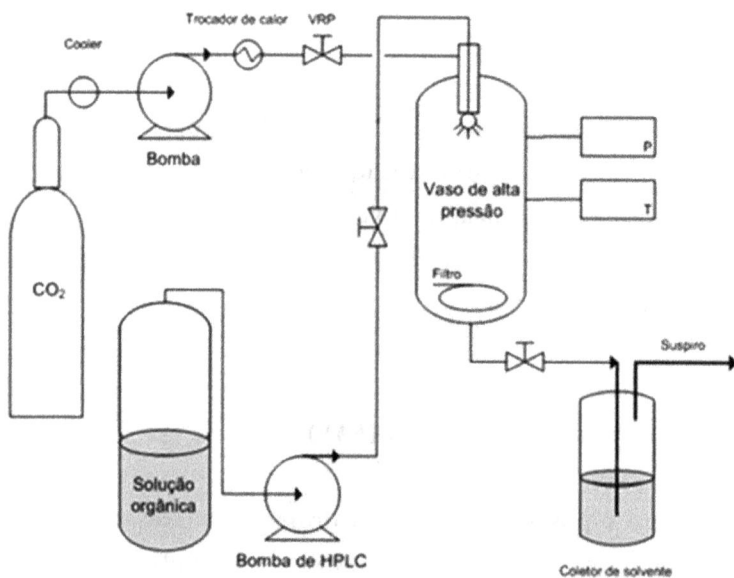

Figura 10.2. Representação esquemática do sistema de formação de partículas pela técnica (SAS).

A representação esquemática de um processo de produção de partículas usando o fluido supercrítico como um anti-solvente pode ser visualizada na Figura 10.2. Neste processo, a solução orgânica forma um jato na entrada da câmara de precipitação. Este jato, devido aos processos de transferência de massa e de instabilidade mecânica causada pelo escoamento a altas velocidades que a solução orgânica desenvolve no capilar, tende a se romper favorecendo à formação de partículas pequenas. Vazões muito baixas da solução orgânica devem ser evitadas para não favorecer a difusão do $CO_2$ supercrítico pelo capilar com a precipitação do material na linha. Esta precipitação pode acarretar no entupimento do capilar com a interrupção do processo. O filtro presente na parte inferior da coluna deve ter abertura de poro tal que consiga reter as menores partículas formadas durante o processo. Da mesma forma que na RESS, a bomba de $CO_2$ deve ser refrigerada para garantir que o fluido esteja líquido neste ponto. Devido ao mesmo fato, o cilindro de $CO_2$ deve ter tubos pescadores para coletar a fase líquida presente na parte inferior do reservatório. A Tabela 10.2 apresenta alguns exemplos de partículas produzidas por tecnologina supercrítica utilizando o método SAS.

Tabela 10.2. Produção de substâncias bioativas utilizando a técnica SAS

| Substrato | Pressão (bar) | Temp. (K) | Solvente | Conc. de soluto (mg. $mL^{-1}$) | Vazão solução (mL. $min^{-1}$) | Tamanho (µm) | Ref. |
|---|---|---|---|---|---|---|---|
| acetato de gadolínio | 90-200 | 308-363 | DMSO | 20-30 | - | 0,23-0,56 | 25 |
| extrato de *Ginkgo biloba* | 100-400 | 308-363 | etanol | 1,25-5 | 3,0-12,0 | < 0,16 | 26 |
| vitexina | 150-300 | 313-343 | DMSO | 1-2,5 | 3,3-8,4 | 0,138--0,9616 | 27 |
| aztreonam | 308,2--318,2 | 70-250 | DMSO | 10 | 30 g.$min^{-1}$ | 0,109-1,454 | 28 |
| camptotecina | 100-250 | 308-341 | DMSO | 1,25-5 | 3,3-13,2 | 0,38-0,93 | 29 |
| sulfatiazol | 100-200 | 313-343 | acetona | 5-18 | - | 0,78-16,57 (esferas) | 30 |
| calceína (lipossoma) | 308 | 90-130 | etanol | 150-250 | 0,38 | 0,1-500 | 38 |
| axetil cefuroxima/PVP | 70-200 | 308-323 | metanol | 50-150 | - | 1,88-3,97 | 2 |
| cetirizina/β-CD | 150 | 308,15 | DMSO | - | 0,91 g.$min^{-1}$ | < 4,16 | 35 |

## 10.2.2.1. Tamanho das partículas

### 10.2.2.1.1. Pressão

Os estudos que analisam a influência da pressão como variável do processo mostram que o aumento deste parâmetro causa, quase sempre, uma diminuição do tamanho médio das partículas e da sua distribuição de tamanho. Isso pode ser explicado pelo aumento da densidade do anti--solvente, $CO_2$, que promove rápida transferência de massa e maiores taxas de supersaturação, gerando partículas de tamanho reduzido [2]. De Marco e Reverchon [25] observaram a diminuição do diâmetro médio de partícula de acetato de gadolínio dissolvido em dimetilsulfóxido (DMSO) com o aumento da pressão. Partículas de tamanho micro foram obtidas até 180 bar, com obtenção de partículas submicrométricas em maiores valores de pressão. A mesma tendência foi observada na produção de partículas de extrato de *Ginkgo biloba* utilizando etanol como solvente. A variação da pressão de 100 a 400 bar promoveu uma redução do tamanho da partícula. No entanto, foi observado que a influência da pressão se apresenta significativa apenas até 200 bar, com a obtenção de partículas de tamanho médio de 81,2 nm [26]. Em valores mais altos de pressão, o diâmetro médio sofre pouca alteração com o incremento da pressão. Isso pode ser explicado pelo fato de que fenômenos competitivos ocorrem nas diferentes condições do processo. Embora o aumento da pressão seja responsável pelo aumento da densidade da fase fluida, promovendo maior supersaturação do meio, o incremento da pressão diminui a difusividade do solvente orgânico no fluido, diminuindo a taxa de transferência de massa e produzindo partículas de tamanho maiores, anulando o efeito da pressão na redução do tamanho das partículas [2]. Os resultados mostrados por Zu *et al.* [27] na produção de partículas vitexina utilizando DMSO como solvente de corroboram esta ideia, uma vez que houve diminuição do tamanho das partículas quando a pressão foi aumentada de 150 a 250 bar, com ligeiro aumento do diâmetro médio das partículas com a variação de pressão de 250 a 300 bar. Nas condições operacionais ótimas, com pressão igual a 250 bar, foram obtidas partículas nanométricas com tamanho médio de 126 ± 18 nm. A mesma tendência foi verificada na produção de partículas aztreonam com DMSO como solvente obtidas pela técnica SAS, sendo que as menores partículas foram produzidas em maiores valores de pressão. No entanto, é importante observar que, embora a faixa de pressão estudada seja relativamente extensa (de 70 a 250 bar), o rápido decréscimo no tamanho da partícula ocorreu no estreito intervalo de pressão entre 80 e 85 bar, com produção da droga micronizada com tamanho médio na faixa entre 109 e 154 nm. Acima de 85 bar a influência deste parâmetro não se mostrou significativa no tamanho das partículas [28]. A inflexão da influência da pressão também foi observada na micronização de camptotecina utilizando DMSO como solvente. Desta forma, de 100 a 200 bar, o aumento da pressão causou diminuição do tamanho das partículas. Na faixa de 200 a 250 bar, foi observado o efeito contrário. No valor de pressão considerado ótimo, 200 bar, foram produzidas partículas de 0,25 ± 0,02 µm [29].

Se na maioria dos estudos foi observada a diminuição do tamanho da partícula com o aumento da pressão, com redução desta influência em maiores valores de pressão, alguns autores registraram o aumento do tamanho da partícula com o incremento da pressão.

Partículas de sulfatiazol foram micronizadas utilizando acetona como solvente. A faixa de pressão estudada foi de 100 a 200 bar, sendo que o aumento da pressão aumenta o tamanho da partícula. Os autores acreditam que o aumento da pressão causa um aumento da solubilidade da droga, de modo a aumentar o gradiente de concentração entre a fase liquida dispersa e a fase leve contínua, diminuindo a rapidez dos fenômenos de transferência de massa. Deste modo, o tamanho médio das partículas aumenta, assim como sua distribuição de tamanho. No entanto, houve discrepâncias nas concentrações de soluto dissolvido no solvente orgânico, o que pode explicar a comportamento diferente do tamanho das partículas em diferentes valores de pressão. Outro fato a ser observado é o solvente empregado. Uma vez que o aumento da pressão diminui a difusividade do solvente no $CO_2$ supercrítico com consequente influência nos fenômenos de transferência de massa, diferentes solventes apresentam comportamentos diversos frente a mudanças nas condições experimentais

[30]. Além disso, a acetona apresenta menor viscosidade e tensão superficial que o DMSO. Estas características influenciam a dinâmica da interação da solução orgânica com o fluido supercrítico. Quando a fase orgânica é injetada no vaso de expansão junto ao $CO_2$, existe, momentaneamente, uma interface entre o líquido e o fluido supercrítico. Acima do ponto crítico da mistura, em soluções contendo acetona como solvente, a interface tende a desaparecer mais rapidamente, quando comparada com o tempo de desaparecimento da interface de soluções onde DMSO é utilizado [23]. O tamanho e a morfologia das partículas são regidos pelo tempo de desaparecimento da interface das fases e o tempo de quebra do jato. A quebra do jato, fenômeno no qual a solução líquida injetada se desestabiliza e é arrastada pelo anti-solvente, é influenciada pela pressão, mas também por características do solvente empregado [25].

O dimetilsulfóxido é frequentemente usado por atender requisitos necessários para um solvente adequado, como versatilidade e por não interagir fortemente com as substâncias bioativas (soluto). Além disso, apresenta baixa toxicidade [29]. No caso de produção de partículas de polímeros, muitas vezes o diclorometano é utilizado.

### 10.2.2.1.2. Temperatura

A temperatura também é um parâmetro operacional que influencia as características das partículas micronizadas por SAS. Em geral, o aumento da temperatura é responsável pelo aumento do tamanho e distribuição de tamanho das partículas devido à menor capacidade de remoção de solvente pelo fluido supercrítico.

Micropartículas de acetato de gadolínio foram obtidas por SAS e o aumento da temperatura, de 308 a 333 K, foi responsável pelo aumento do diâmetro médio das partículas. Não há evidência de formação de nanopartículas [25]. O mesmo efeito da temperatura foi observado na micronização de partículas de sulfatiazol utilizando acetona como solvente. Porém, em maiores valores de temperatura, em vez de partículas separadas, foram produzidos agregados de partículas com maior distribuição de tamanho.

A faixa estudada foi de 313 a 343 K. Esta tendência pode ser explicada pelo fato de que o aumento da temperatura diminui a supersaturação do meio. Deste modo, a taxa de nucleação é diminuída e, como consequência, partículas de maior tamanho são produzidas, sendo isto válido apenas para altos valores de pressão da câmara de expansão [30]. O aumento da temperatura também pode ser responsável pela formação de filmes, como observado na micronização de aztreonam [28]. O aumento do tamanho de partícula também foi observada por Zhao *et al.* [29] na formação de partículas de camptotecina. No entanto, embora a faixa analisada seja de 308 a 341 K, a influência deste parâmetro é mais evidente entre 319 e 341 K.

Ao contrário da tendência observada até agora, alguns autores relatam a diminuição do tamanho da partícula, assim como distribuição de tamanho com o aumento da temperatura. O tamanho das partículas de extrato de *Ginkgo biloba* micronizadas por SAS diminui com o aumento da temperatura, sendo a diminuição mais acentuada entre 308 e 338 K. Acima disto, até 353 K, a temperatura pouco influenciou o tamanho de partícula. A temperatura ótima encontrada foi de 338 K. Uma das razões para esta diferença de comportamento pode ser atribuída ao solvente orgânico usado. Enquanto os autores supracitados tenham usado DMSO como solvente, na micronização de extrato de *Ginkgo biloba* foi utilizado etanol [26].

Zu *et al.* [27], no entanto, observaram diferentes efeitos na produção de vitexina dentro da faixa de temperatura estudada. Na primeira parte da faixa de temperatura, entre 313 e 323 K, houve a diminuição do tamanho de partícula com o aumento da temperatura. Este efeito é acentuado. Já entre 323 e 343 K, ocorre um ligeiro aumento do tamanho das partículas. A temperatura ótima encontrada pelos autores foi de 323 K.

### 10.2.2.1.3. Concentração da solução orgânica

A concentração da substância bioativa no solvente orgânico também influencia a formação de partículas e suas características. Os estudos sugerem que o aumento da concentração do soluto no solvente orgânico aumenta o tamanho e distribuição de tamanho das partículas. O aumento da concentração aumenta a viscosidade da solução orgânica. Deste modo, há um aumento das forças coesivas entre os componentes do jato que, por sua vez, retarda a sua quebra [25]. Além disso, o aumento da concentração faz com que a supersaturação necessária para dar início ao processo de nucleação ocorra próximo da saída do capilar. Uma vez que o início da nucleação ocorre rapidamente, o tempo de crescimento das partículas aumenta, dando origem a partículas de maior tamanho e maior distribuição de tamanho. Por outro lado, em baixas concentrações, a nucleação se inicia em uma mistura de única fase. Assim, o tempo de crescimento das partículas diminui, diminuindo as taxas de transferência de massa com consequente diminuição do diâmetro médio das partículas, como observado na produção de partículas de paracetamol utilizando etanol como solvente. Neste caso as partículas tiveram seu tamanho aumentado de 2 para 4 µm com o aumento da concentração de paracetamol na solução orgânica de 1 para 4%, à 313 K e pressão de injeção de 200 bar [31].

O aumento da concentração de 10 a 150 mg.mL$^{-1}$ da solução de acetato de ítrio em DMSO promoveu o aumento de tamanho das partículas da escala nano para a escala micro. Os autores observaram que concentração da solução orgânica pode ou não afetar o tempo de desaparecimento da interface líquido-fluido. Em concentrações mais baixas a duração da interface não é sensível à presença do soluto. No entanto, em maiores valores de concentração, o tempo de duração da interface aumenta com o aumento da concentração. Nas pressões estudadas, 120 e 160 bar, o aumento da concentração promove o aumento do tamanho das partículas [32].

De Marco e Reverchon [25] verificaram a influência da concentração de acetato de gadolínio em DMSO entre 20 e 300 mg.mL$^{-1}$. Em concentrações mais baixas, entre 20 e 90 mg.mL$^{-1}$, foram obtidas partículas entre 86 e 90 nm, ao passo que em maiores valores de concentração, as partículas apresentaram tamanho micrométrico. A pressão se manteve fixa em 150 bar. A mesma tendência foi descrita na micronização de camptotecina, ainda que a faixa de concentração estudada tenha sido bastante inferior a utilizada por De Marco e Reverchon [25]. Houve um aumento do tamanho da partícula com o aumento da concentração de 1,25 a 3,75 mg.mL$^{-1}$, com posterior estabilização do tamanho até concentração de 5 mg.mL$^{-1}$ [26].

Na micronização de vitexina, a concentração foi uma dos fatores considerados significativos no tamanho das partículas. O aumento da concentração de soluto na fase orgânica foi responsável por efeitos antagônicos nas características das partículas. Em concentrações de 1,0 a 2,0 mg.mL⁻¹ o tamanho das partículas diminuiu drasticamente, ao passo que na faixa de concentração de 2,0 a 2,5 mg.mL⁻¹ o tamanho das partículas aumentou. A variação de outros parâmetros operacionais pode ter influenciado a não concordância do efeito da concentração no tamanho das partículas [27]. Na produção de partículas de extrato de *Ginkgo biloba* a variação da concentração não causou nenhum efeito no tamanho das partículas dentro da faixa de concentração estudada, que ficou compreendida entre 1,25 a 3,75 mg.mL⁻¹ [26].

### 10.2.2.1.4. Vazão da solução orgânica

A influência da vazão da solução contendo a droga também foi estudada por diversos autores. Zu *et al*. [27] não verificou nenhuma tendência no diâmetro médio de partícula com o aumento da vazão, corroborando os dados obtidos por Zhao *et al*. [29] que não observou nenhuma relação entre variação de vazão e tamanho das partículas, sendo que as faixas de vazão estudadas foram bastante próximas. Na micronização de extrato de *Ginkgo biloba* houve diminuição do tamanho da partícula com aumento da vazão de 3 para 6 mL.min⁻¹. No entanto, efeito contrário foi observado em vazões superiores a 9 mL.min⁻¹.

Para partículas de axetil cefuroxima precipitadas com polivinilpirrolidona, o aumento da vazão da solução aumenta a distribuição de tamanho das partículas. Segundo os autores, isso pode ser explicado pelo fato de que a vazão interfere no regime de quebra do jato e cinética de nucleação. Maior vazão implica em maior possibilidade de quebra, além de aumentar o volume de solvente por transferência de massa, sendo mais difícil removê-lo. Se ocorre menor remoção do solvente, a supersaturação diminui, aumentando o tamanho da partícula. Além disso, maior vazão aumenta a probabilidade de colisão entre as partículas, com tendência a aglomeração [2]. Por outro lado, Careno *et al.* [30] observou que o aumento da velocidade do jato diminui o diâmetro médio das partículas e sua distribuição de tamanho. Isso porque o aumento da velocidade promove uma mistura mais efetiva entre as fases, promovendo maior transferência de massa e maior frequência de nucleação. Com o aumento da vazão da solução aumenta-se a concentração de solvente na câmara de expansão, favorecendo a fusão das partículas formadas. O efeito do aumento da vazão da solução sobre o diâmetro das partículas depende do valor da vazão de $CO_2$ utilizada. Se a razão entre as vazões for mantida constante, provavelmente irá ocorrer a diminuição do diâmetro das partículas formadas. Caso o aumento da vazão da solução orgânica ocorra mantendo-se a vazão de $CO_2$ constante, a concentração de solvente orgânico aumenta na câmara de precipitação, o que pode levar a uma maior tendência de aglomeração das partículas formadas.

### 10.2.2.2. Morfologia

As partículas produzidas por esta técnica apresentam diferentes morfologias dependendo das condições operacionais do processo. Como ocorre na técnica RESS, há uma diminuição da cristalinidade das partículas durante o processamento [24, 27, 29, 33, 34]. As partículas obtidas podem apresentar formato esférico, como ocorre com partículas de *Ginkgo biloba* [26], partículas de vitexina [27] e camptotecina micronizadas em condições supercríticas do diagrama de fases [29]. Enquanto Careno *et al.* [30] não observaram influência da temperatura da câmara de expansão na morfologia das partículas, Chang *et al.* [28] verificaram que o aumento da temperatura de 318,2 para 328,2 K modifica a transformação de partículas esféricas em filmes com pequena quantidade de partículas dispersas sobre o mesmo. Para a mesma droga, aztreonam, o aumento da pressão para acima da pressão crítica da mistura promove a formação de partículas com formato esférico definido. Em condições subcríticas, houve formação de placas da droga camptotecina com tendência à aglomeração, como também observado por Zu *et al.* [27, 29]. Partículas de acetaminofeno processadas por SAS apresentaram formato regular e tamanho de partículas homogêneo, quando produzidas em pressão de 110 bar e temperatura de 308 K [34]. Nos testes *in vitro* realizados, a taxa de dissolução da droga micronizada aumenta significativamente quando comparada com a droga não processada.

A técnica SAS também tem sido utilizada para a complexação de substâncias bioativas com ciclodextrinas, polímeros e lipossomas a fim de mascarar sabores não palatáveis, aumentar a biodisponibilidade de fármacos, direcionar a droga ao seu alvo no organismo, diminuindo a dose diária ingerida, entre outras aplicações [35].

As variáveis operacionais da técnica SAS interferem não apenas no tamanho das partículas geradas, mas também na carga da droga na matriz e eficiência de encapsulamento, complexação ou co-precipitação [37].

Além disso, $CO_2$ supercrítico como anti-solvente dilui a solução orgânica, diminuindo a fração molar do soluto. Com isto, ocorre uma diminuição do potencial químico, o que induz uma transição de fase, aumentando a eficiência de encapsulamento [36].


### 10.2.2.3. Sistemas encapsulados/complexados

Lipossomas apresentam grande potencial de uso na indústria farmacêutica e também podem ser produzidos utilizando a técnica SAS. No entanto, ainda há poucos estudos de encapsulamento de drogas em lipossomas que utilizam tecnologias supercríticas.

Lesoin *et al.* [38] estudou a formação de micropartículas de lecitina de soja, uma fonte recorrente de fosfolipídio por seu baixo custo, utilizando a técnica SAS, com posterior hidratação para formação dos lipossomas. A influência da variação da pressão formação de partículas de lecitina foi estudada na faixa de 90 a 130 bar. Todos os experimentos ocorreram à temperatura de 308 K e vazão 22,8 mL.h$^{-1}$ e foram utilizados 2 g de lecitina. Os autores observaram que as partículas se agregam em valores mais baixos de pressão. O tamanho das partículas de lecitina em etanol, assim como a morfologia das mesmas não foram influenciadas pela variação de pressão, o que contradiz a maioria dos estudos que aponta uma diminuição do tamanho da partícula com o aumento da pressão. Já para a formação do lipossoma com calceína como substância a ser encapsulada, o aumento da pressão de precipitação diminui a população de lipossomas de menor tamanho, sendo obtidas duas faixas: de 0,1 a 1 μm e 8 a 500 μm. A população de lipossomas de tamanho médio, entre 1 e 10 μm não foi afetada pela variação da pressão, uma vez que a alta velocidade de agitação promove a homogeneidade da mistura de fosfolipídios e água. As partículas apresentaram morfologia esférica.

A razão molar de $CO_2$/etanol foi analisada e observou-se que este parâmetro não exerceu influência no tamanho da lecitina processada. No entanto, em valores mais baixos (razão de 50), não houve uma micronização eficiente. Já o aumento da razão molar $CO_2$/etanol causou um efeito positivo no tamanho das partículas dos lipossomas [20].

Embora na micronização da lecitina pura o incremento da concentração na solução orgânica tenha aumentado o tamanho da partícula, o mesmo efeito não foi observado para os lipossomas, cujo tamanho se mostrou independente de variações de concentração. O aumento do tamanho da partícula pode ser explicado pelo fenômeno conhecido como "Ostwald ripening", onde as partículas se agregam a fim de minimizar interações não favoráveis energeticamente [20]. O mesmo fenômeno pode ser observado na formação de lipossomas por meio de microemulsões em meio supercrítico quando há variação dos parâmetros experimentais. Assim, a influência da taxa de despressurização na formação de lipossomas pode ser explicada pela variação das características físicas do meio operacional. Na etapa de despressurização o fosfolipídio sofre uma transição de fase (fluida para gel). As interações entre as caudas do surfactante induz a formação da bicamada lipídica e conferem estabilidade ao lipossoma. De modo geral, maiores taxas de despressurização tendem à formação de lipossomas de tamanho menor. A temperatura também afeta a estrutura dos lipossomas formados. Baixas temperaturas favorecem a fase lamelar gel, de modo que as caudas hidrofóbicas estejam mais unidas e a bicamada mais compacta. Temperaturas mais altas favorecem a fase fluida cristalina, que também é favorecida a altas pressões, onde as caudas estão mais separadas, o que representa uma vantagem, uma vez que se pode utilizar temperaturas mais amenas na produção de partículas de substância termolábeis [38].

Matrizes poliméricas têm sido bastante utilizadas como suporte para fármacos. Estes arranjos são importantes na aplicação de sistemas de liberação controlada de substâncias bioativas. Desta forma, a droga encapsulada pode ser liberada por difusão, através da membrana porosa ou polimérica ou por degradação da estrutura do polímero. Podem ocorrer também mudanças nas propriedades de difusão das moléculas da matriz devido ao inchaço do polímero por entrada do solvente O uso de $CO_2$ supercrítico apresenta a vantagem de mimetizar o aquecimento no meio operacional, de modo que a incorporação de drogas sensíveis termicamente seja possível [1]. Tendência semelhante à observada na formação de lipossomas foi notada na co-precipitação de partículas de axetil cefuroxima com o polímero polivinilpirrolidona (PVP) utilizando metanol como solvente. A variação de pressão não influenciou significativamente o tamanho das partículas na faixa entre 100 e 150 bar. Entre 150 e 200 bar, o diâmetro médio das partículas de compósito aumenta de 2,72 para 3,97 µm (temperatura de 313 K, concentração de 100 mg.$L^{-1}$) com o aumento da pressão, assim como aumenta também a distribuição de tamanho das mesmas, não corroborando os dados da literatura. Uma das explicações dadas pelos autores é que, uma vez que a pressão influencia o regime da quebra do jato, a mudança do mesmo pode causar discrepâncias nas tendências esperadas [2]. No encapsulamento de alecrim em polaxâmeros utilizando etanol como solvente foram obtidas partículas isoladas com tamanho menor que 1 µm. A vazão de $CO_2$ foi fixada em 0,7 kg.$h^{-1}$ e a vazão da solução orgânica em 1 mL.$min^{-1}$. No entanto, houve também formação de agregados maiores que 200 µm. O aumento da pressão para 140 bar, ao contrário do observado por Uzun *et al.* [2], diminui o tamanho dos aglomerados para valores entre 5 e 20 µm [39]. Esta diminuição de tamanho pode ser devida ao efeito inibidor causado pelo polímero ao inibir o crescimento das partículas, bloqueando sua superfície e tornando-a menos vulnerável à agregação [2].

A eficiência de impregnação da droga na matriz polimérica também pode ser afetada por parâmetros operacionais, uma vez que o preenchimento do polímero com a substância bioativa pode enfraquecer as interações químicas entre o polímero e a droga [40].

A técnica SAS também tem sido utilizada para a complexação de substâncias bioativas com ciclodextrinas. As ciclodextrinas são oligossacarídeos cíclicos hidrossolúveis devido à presença de grupos hidroxilas na parte externa de seu anel. A cavidade interna das ciclodextrinas apresenta caráter hidrofóbico e, por este motivo, pode abrigar moléculas. As ciclodextrinas (CD) naturais se diferenciam pelo número de grupos glicopiranose que formam sua estrutura troncocônica. A α-ciclodextrina, a β-ciclodextrina e a γ-ciclodextrina apresentam 6, 7 e 8 grupos glicopiranose em sua estrutura, respectivamente. A α-CD se mostra insuficiente para a complexação de várias drogas e a γ-CD apresenta um custo muito elevado, dificultando sua utilização na síntese farmacológica. A β-CD possui uma cavidade interna que consegue alocar uma grande variedade de drogas e apresenta grande disponibilidade [35]. Possui ampla aplicação em várias áreas, como alimentícia e agrícola. Na área farmacêutica é utilizada para aumentar a solubilidade de fármacos em meio aquoso, melhorando, consequentemente, a biodisponibilidade de drogas [25]. Além disso, podem formar complexos de inclusão que aumentam a estabilidade de ingredientes ativos e melhoram características organolépticas de medicamentos [41].

Há vários métodos para complexação de drogas/ciclodextrinas em solução, tais como métodos *spray drying*, evaporação e métodos de precipitação. No entanto, estes métodos apresentam a desvantagem de apresentarem processos em várias etapas e operações em altas temperaturas, além da baixa eficiência. Com frequência o complexo originado por meio destes métodos apresenta grande quantidade de solvente residual. Tecnologias supercríticas tem se mostrado importantes na complexação de fármacos sensíveis termicamente com ciclodextrinas [24, 41].

Partículas esféricas de dicloridrato de cetirizina complexado com ⊠-ciclodextrina foram obtidas por meio da técnica SAS, utilizando dimetilsulfóxido como solvente. Embora as partículas tenham apresentado morfologia homogênea, foi possível notar algumas estruturas aglomeradas. As partículas precessadas apresentaram pequena distribuição de tamanho (2,12 a 4,16 μm) devido à rápida transferência de massa entre o solvente e o fluido supercrítico. Já a complexação de sinvastatina com hidroxipropil-β-ciclodextrina originou partículas amorfas, com redução drástica da cristalinidade. A técnica SAS mostrou ser vantajosa quando comparada com o processo envolvendo a mistura física da droga e β-ciclodextrina, uma vez que, em meio supercrítico, é possível complexar a droga no interior da cavidade hidrofóbica. A complexação, nas condições de pressão igual a 150 e temperatura igual a 308,15 K, foi analisada por ressonância nuclear de hidrogênio (RMN-H[1]). Assim, a cetirizina não atinge os receptores orais de sabor, tornando a ingestão do fármaco mais palatável que a droga complexada mistura física ou por *freeze-drying*. Foi analisada a quantidade solvente residual no fármaco, indicando que a técnica pode contribuir de maneira eficiente para sua eliminação, uma vez que valores bem abaixo do permitido pela legislação foram encontrados. Embora o processo SAS tenha influenciado nas características das partículas de maneira distinta de outras técnicas, não há diferença no perfil de dissolução do complexo em testes *in vitro* [35].

Embora a complexação não afete a estrutura da sinvastatina, verifica-se alteração em sua morfologia quando complexada com hidroxipropil--β-ciclodextrina por SAS. As análises por difração de raio-X indicam redução da cristalinidade das partículas, com transição para o estado amorfo. A taxa de dissolução da droga, intimamente relacionada com sua biodisponibilidade, aumentou, segundo o resultado dos testes *in vitro*, devido à possível formação de ligação de hidrogênio entre a droga e a cavidade da ciclodextrina [42]. Uma alternativa para a complexação de ciclodextrinas com drogas hidrofóbicas é a utilização de agentes auxiliares, uma vez que eles podem aumentar a eficiência de inclusão do fármaco na matriz utilizada [41].

### 10.2.3. Partículas a partir de Soluções Gasosas Saturadas (PGSS)

Esta técnica (Figura 10.3) se baseia na capacidade do $CO_2$ supercrítico em se dissolver no soluto de interesse à alta pressão com posterior expansão por meio da passagem da mistura por um orifício até o vaso de expansão. Como consequência, ocorre a precipitação do soluto, uma vez que o gás é removido com o abaixamento da pressão [43].

Como o $CO_2$ supercrítico pode atuar na plastificação de materiais utilizados para encapsular substâncias bioativas, tais como polímeros, a técnica PGSS também se mostra adequada para a formação de compósitos de sistemas de liberação controlada de fármacos [44]. Além disso, apresenta a vantagem de dispensar o uso de co-solventes [1].

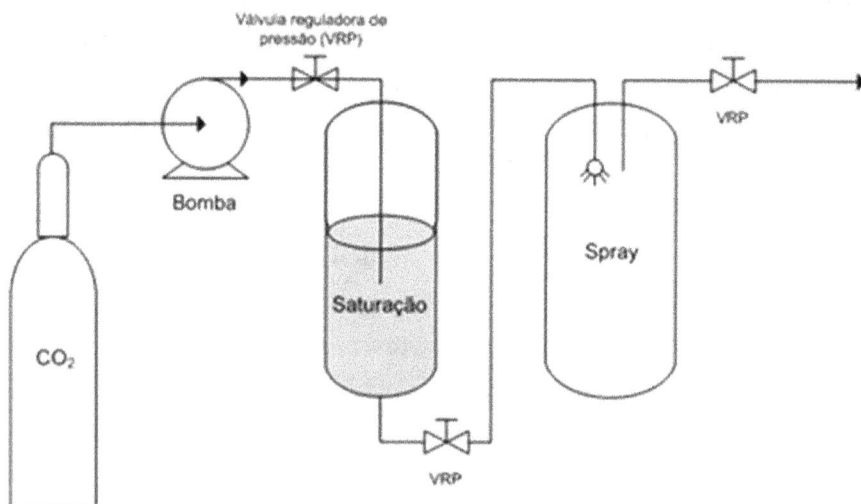

**Figura 10.3.** Desenho esquemático do sistema de formação de partículas pela técnica PGSS.

Durante a expansão, na técnica PGSS, assim como na RESS e SAS, ocorre o resfriamento da mistura por efeito Joule-Thompson, de modo a promover a solidificação do soluto de interesse. Como baixas temperaturas de pré-expansão favorecem este efeito, espera-se que partículas de menor diâmetro médio sejam formadas nestas condições. Esta tendência é corroborada por Yun *et al.* [45] que estudaram a produção de partículas de lecitina encapsuladas em polietilenoglicol (PEG), um polímero hidrofílico, por meio de PGSS. Foram obtidas partículas com diâmetro médio de 1,13 μm, analisadas por microscopia eletrônica de varredura (MEV). O aumento da temperatura de 313 para 323 K promoveu um aumento do tamanho das partículas.

446

O mesmo efeito foi verificado na produção de partículas de óleo essencial de lavandina encapsulado também em PEG. As partículas também foram analisadas por MEV. O aumento da temperatura promoveu o aumento do tamanho das partículas, assim como se pode verificar a existência de alguns aglomerados. As partículas processadas apresentaram morfologia esférica e com pequena distribuição de tamanho [40].

Efeito semelhante pode ser verificado em técnicas modificadas. Partículas de β-caroteno encapsuladas em lecitina de soja foram obtidas por PGSS--drying, no qual o soluto está disperso em meio aquoso e o fluido supercrítico atua como secante. O aumento da temperatura de pré-expansão causou um aumento do tamanho das partículas, sendo esta tendência mais evidente na condição de pressão de 90 bar e menos evidente a pressão de 100 bar [46].

A mesma substância bioativa, β-caroteno, encapsulada poli-(ε-prolactona) (PCL) apresentou comportamento oposto diante da variação do mesmo parâmetro operacional, uma vez que o aumento da temperatura de 323 a 343 K foi responsável pela diminuição do tamanho das partículas, embora esta influência tenha sido pouco consistente. As partículas em cápsulas poliméricas alcançaram tamanho entre 110 e 130 μm [47]. A mesma tendência foi observada na micronização de partículas de polietilenoglicol (PEG) utilizando PGSS-drying. O aumento da temperatura de pré-expansão de 353 para 414 K causou a diminuição do tamanho das partículas, que apresentaram morfologia esférica e tamanho médio menor que 10 μm. Uma das razões para o observado, segundo os autores, é que a remoção da água ocorre de forma mais eficiente em temperaturas mais altas [43] .

A pressão é outro parâmetro operacional que influencia o tamanho e morfologia das partículas produzidas pela técnica PGSS. Maiores valores de pressão intensificam o efeito Joule-Thompson, de modo que a atomização se torna mais eficiente, gerando partículas de menor tamanho. Além disso, maiores valores de pressão aumentam a concentração de $CO_2$ solubilizado no polímero, diminuindo a viscosidade da solução [40, 43].

O aumento da pressão na pré-expansão de 65 a 151 bar originou partículas de PEG de menores tamanhos obtidas por PGSS-drying. Isso porque ocorre um aumento da concentração de $CO_2$ dissolvido na solução e este, por sua vez, intensifica o efeito Joule-Thompson, dando origem a partículas de menor tamanho [40, 43]. Os autores observaram o mesmo efeito da pressão, na faixa de 50 a 90 bar, no compósito de óleo essencial de lavandina em PEG. O aumento da pressão de 200 a 300 bar levou à diminuição do diâmetro médio de partículas de lecitina encapsulada [45].

Efeito contrário foi observado na produção de β-caroteno encapsulado em PCL [47]. Uma das razões para o observado advém do fato de que maiores partículas são produzidas em maiores razões molares de β-caroteno encapsulado/PCL. Como a quantidade de β-caroteno em PCL é sensível à variação de pressão, o aumento desta variável faz com que a concentração de β-caroteno seja maior, dando origem a partículas de maior tamanho.

A razão entre a solução e $CO_2$ e a razão entre droga e aditivo influenciou o tamanho da partícula. Para β-caroteno em polímero ocorre o aumento do tamanho das partículas até um platô com o aumento da razão droga/polímero. A impregnação também aumenta com o aumento da razão [47]. Martín et al. [43], por outro lado observou uma diminuição do tamanho da partícula com o aumento da razão $CO_2$/solução. O aumento da concentração de $CO_2$ na solução saturada torna a atomização mais efetiva, estimulando a produção de partículas menores.

Os parâmetros operacionais também influenciam a carga da droga na matriz carreadora. A concentração de β-caroteno em PCL aumenta com o aumento da temperatura e pressão, como já citado [47]. O aumento da temperatura aumenta a eficiência da impregnação de óleo essencial de lavandina em PEG. Já o aumento da pressão diminui a eficiência de encapsulamento, uma vez que solubilidade do óleo essencial no fluido supercrítico tende a aumentar, diminuindo a interação entre óleo e polímero [40].

As partículas produzidas por PGSS apresentaram morfologia esférica [43, 48]. Partículas de polibutileno tereftalato (PBT) foram micronizadas, sendo que as temperaturas pré e pós-expansão foram os parâmetros operacionais de maior influência no formato das partículas. As diferentes condições de jato também influenciaram as características do polímero processado [49]. Partículas pequenas de β-caroteno encapsuladas e com tamanho regular foram obtidas com polímeros de menor massa molar.

Os autores acreditam que isso se deve a maior solubilidade de $CO_2$ em polímeros de menor massa molar [47].

## 10.2.4. Outras técnicas

Micropartículas de poli(ácido L-láctico) foram produzidas pela técnica de Aumento da Dispersão da Solução por Fluido Supercrítico (SEDS) modificada como sistema de liberação controlada de morfina. Na técnica SEDS, a solução orgânica e o fluido supercrítico, que atua como anti-solvente, são injetados no vaso de expansão por diferentes capilares concomitanetemente. Partículas do complexo atingiram diâmetro médio de 2,45 µm, observadas por MEV, com morfologia de esferóides. Neste estudo foi usado um orifício triaxial. Ao $CO_2$ supercrítico foi adicionado etanol e a solução orgânica foi composta de diclorometano como solvente. A eficiência de impregnação foi pequena pela solubilidade da droga em etanol, que arrastou a morfina [50].

Baldyga *et al.* [51] estudaram a micronização de partículas de nicotina e diclofenaco e observaram pela mesma técnica e observaram que o tamanho das partículas é intimamente relacionado com a o tamanho das gotículas e pode auxiliar na previsão de regiões onde se formam agregados.

Apesar deste método, em geral, produzir partículas com menores diâmetros [1], a mistura entre a solução orgânica e o anti-solvente ocorre no interior do atomizador que pode levar a precipitação no seu interior com possíveis interrupções do processo.

A técnica Anti-Solvente Gasoso (GAS) foi utilizada na produção de partículas de alecrim encapsulado em policaprolactona. Esta técnica se baseia na introdução de um gás pressurizado em uma solução líquida composta da droga e de um solvente orgânico. Com a introdução de $CO_2$ no precipitador, há uma diminuição do poder de solvatação do líquido, causando precipitação do sólido [1]. Neste estudo, diclorometano foi utilizado como solvente. A razão droga/polímero foi de 1:2. A técnica foi responsável por partículas de menor distribuição de tamanho quando comparadas com a produção de partículas pelo método de evaporação.

As partículas atingiram tamanhos menores que 254,5 µm, sendo que o aumento da pressão favorece a diminuição do tamanho das partículas. A eficiência de encapsulamento também se mostrou mais eficiente que pelo método tradicional. Ensaios de liberação *in vitro* mostram comportamento semelhante à morfina encapsulada por SEDS, sugerindo que a alta taxa de liberação inicial seja em decorrência de partículas da droga localizadas na superfície do polímero [36].

## 10.3. Conclusão

Há várias técnicas para produção de nano e micropartículas. As condições operacionais dos diversos processos influenciam as características das partículas, tais como tamanho e distribuição de tamanho e morfologia. Estas características, por sua vez, são responsáveis pelo comportamento da droga no organismo, de modo que é possível modificar parâmetros de operação a fim de atender alguma necessidade fisiológica específica.

Em todas as técnicas citadas, é recorrente o uso de $CO_2$ como fluido supercrítico. Dependendo do processo, o $CO_2$ pode atuar como solvente, anti-solvente ou soluto. As técnicas podem ser usadas na micronização, complexação, encapsulamento, entre outros, e apresentam várias vantagens, como diminuição do uso de solventes orgânicos, diminuição de solvente residual no produto final. Mudanças nas propriedades físico-químicas do fluido supercrítico podem ser obtidas com a variação das condições operacionais e os processos podem ocorrer em condições brandas de temperatura e pressão, sendo adequadas para a produção de partículas de drogas termolábeis.

A possibilidade da co-precipitação de substâncias diferentes também é uma das vantagens das tecnologias supercríticas, que se mostraram adequadas para sintetizar partículas de substâncias bioativas em lipossomas, polímeros, ciclodextrinas a fim de mascarar sabor de fármacos, direcionar drogas a uma região específica do corpo, proteção de substâncias com ação biopesticida, proteger compostos da indústria cosmética, entre outros.

As tecnologias supercríticas se mostraram adequadas para a micronização de partículas e formação de complexos ou materiais encapsulados,
gerando partículas pequenas e com pequena distribuição de tamanho.
Espera-se que o desenvolvimento de aparatos instrumentais aplicados às
técnicas supercríticas torne a produção de partículas alvo de estudo tanto
em escala laboratorial como em escala industrial, tornando o processo
economicamente viável e com ampla aplicação.

## 10.4. Referências

[1] P. York, U.B. Kompella, B.Y. Shekunov. Supercritical Fluid Technology for Drug Product Development, Marcel Dekker: Nova York, 2004.

[2] I.N. Uzun, O. Sipahigil, S. Dinçer, J. Supercrit. Fluids 2011, 55, 1059-1069.

[3] S. Yeo, S. Kiran, J. Supercrit. Fluids 2011, 34, 287-308.

[4] D.A. Chiappetta, C. Hocht, C. Taira, A. Sosnik, Biomaterials 2011, 32, 2379-2387.

[5] M.S. da Silva, R. Viveiros, P.I. Morgado, A. Aguiar-Ricardo, I.J. Correia, T. Casimiro, Int. J. Pharm. 2011, 416, 61-68.

[6] M. Vijayaraghavan, S. Stolnik, S.M. Howdle, L. Illum, Int. J. Pharm. 2012, 438, 225-231.

[7] K. Mishima, Adv. Drug Deliv. Rev. 2008, 60, 411-432.

[8] M. Türk, D. Bolten, J. Supercrit. Fluids 2010, 55, 778-785.

[9] M. Pourasghar, S. Fatemi, A. Vatanara, A.R. Najafabadi, Powder Technol. 2012, 225, 21-26.

[10] H.R. Satvati, M.N. Lotfollahi, Powder Technol. 2011, 210, 109-114.

[11] A. Keshavarz, J. Karimi-Sabet, A. Fattahi, A. Golzary, M. Rafiee-Tehrani, F.A. Dorkoosh, J. Supercrit. Fluids 2012, 63, 169-179.

[12] C. Su, M. Tang, Y. Chen, J. Supercrit. Fluids 2009, 50, 69-76.

[13] A. Z. Hezave, S. Aftab, F. Esmaeilzadeh, J. Supercrit. Fluids 2010, 55, 326-324.

[14] Z. Huang, S. Kawi, Y.C. Chiew, J. Supercrit. Fluids 2004, 30, 25-39.

[15] C. Atila, N. Yildiz, A. Çalimli, J. Supercrit. Fluids 2010, 51, 404-411.

[16] A. Z. Hezave, F. Esmaeilzadeh, Adv. Powder Technol. 2011, 22, 587-595.

[17] M. Türk, J. Supercrit. Fluids 2009, 47, 537-545.

[18] C. Vemavarapu, M.J. Mollan, T.E. Needham, Powder Technol. 2009, 189, 444-453.

[19] N.C. Santos, M.A.R.B. Castanho, Química Nova 2002, 25, 1181-1185.

[20] L. Lesoin, O. Boutin, C. Crampon, E. Badens, Colloid Surface A 2011, 377, 1-14.

[21] Z. Wen, B. Liu, Z. Zheng, X. You, Y. Pu, Q. Li, Chem. Eng. Res. Des 2010, 88, 1102-1107.

[22] A. Sane, J. Limtrakul, J. Supercrit. Fluids 2009, 51, 230-237.

[23] E. Reverchon, E. Torino, S. Dowy, A. Braeuer, A. Leipertz, Chem. Eng. J. 2010, 156, 446-458.

[24] M.Y. Lee, H.S. Ganapathy, K.T. Lim, J. Phys. Chem. Solids 2010, 71, 630-633.

[25] I. De Marco, E. Reverchon, J. Supercrit. Fluids 2011, 58, 295-302.

[26] C. Zhao, L. Wang, Y. Zu, C. Li, S. Liu, L. Yang, X. Zhao, B. Zu, Powder Technol. 2011, 209, 73-80.

[27] Y. Zu, Q. Zhang, X. Zhao, D. Wang, W. Li, X. Sui, Y. Zhang, S. Jiang, Q. Wang, C. Gu, Powder Technol. 2012, 228, 47-55.

[28] S. Chang, T. Hsu, Y. Chu, H. Lin, M. Lee, J. Taiwan Inst. Chem. Eng. 2012, 43, 790-797.

[29] X. Zhao, Y. Zu, Q. Li, M.Wang, B. Zu, X. Zhang, R. Jiang, C. Zu, J. Supercrit. Fluids 2010, 51, 412-419.

[30] S. Careno, O. Boutin, E. Badens, J. Crystal Growth 2012, 342, 34-41.

[31] S. Dowy, A. Braeuer, K. Reinhold-López, A. Leipertz, J. Supercrit. Fluids 2010, 55, 282-291.

[32] A. Braeuer, S. Dowy, E. Torino, M. Rossmann, S.K. Luther, E. Schluecker, A. Leipertz, E. Reverchon, Chem. Eng. J. 2011, 173, 258-266.

[33] M. Rossmann, A. Braeuer, S. Dowy, T. Gottfried Gallinger, A.Leipertz, E. Schluecker, J. Supercrit. Fluids 2012, 66, 350-358

[34] G.H. Chong, R. Yunus, T.S.Y. Choong, N. Abdullah, S.Y. Spotar, J. Supercrit. Fluids 2011, 60, 69-74.

[35] C. Lee, S. Kim, Y. Youn, E. Widjojokusumo, Y. Lee, J. Kim, Y. Lee, R.R. Tjandrawinata, J. Supercrit. Fluids 2010, 55, 348-357.

[36] O. Yesil-Celiktas, E.O. Cetin-Uyanikgi, J. Supercrit. Fluids 2012, 62, 219-225.

[37] A. Galia, O. Scialdone, G. Filardo, T. Spanò, Int. J. Pharm. 2009, 377, 60-69.

[38] L. Lesoin, O. Boutin, C. Crampon, E. Badens, Colloid Surface A 2011, 377, 1-14.

[39] A. Visentin, S. Rodríguez-Rojo, A. Navarrete, D. Maestri, M.J. Cocero, J. Food Eng. 2012, 109, 9-15.

[40] S. Varona, S. Rodríguez-Rojo, Á. Martín, M.J. Cocero, C.M.M. Duarte, J. Supercrit. Fluids 2011, 58, 313-319.

[41] M. Banchero, L. Mann, J. Supercrit. Fluids 2011, 57, 259-266.

[42] S.W. Jun, M. Kim, J. Kim, H.J. Park, S. Lee, J. Woo, S. Hwang, Eur. J. Pharm. Biopharm. 2007, 66, 413-421.

[43] Á. Martín, H.M. Pham, A. Kilzer, S. Kareth, E. Weidner, Chem. Eng. Process. 2010, 49, 1259-1266.

[44] M. Vijayaraghavan, S. Stolnik, S.M. Howdle, L. Illum, Chem. Eng. Process. 2012, 438, 225-231.

[45] J. Yun, H. Lee, A.K.M. Asaduzzaman, B.Chun, J. Ind. Eng. Chem. 2013, 19, 686-691.

[46] E. de Paz, Á. Martín, M.J. Cocero, J. Supercrit. Fluids 2012, 72, 125-133.

[47] E. de Paz, Á. Martín, C.M.M. Duarte, M.J. Cocero, Powder Technol. 2012, 217, 77-83.

[48] M. Pemsel, S. Schwab, A. Scheurer, D. Freitag, R. Schatz, E. Schlücker, J. Supercrit. Fluids 2010, 53, 174-178.

[49] S. Pollak, S. Kareth, A. Kilzer, M. Petermann, J. Supercrit. Fluids 2011, 56, 299-303.

[50] Y.Zhang, X. Liao, G. Yin, P.Yuan, Z. Huang, J. Gu, Y. Yao, X. Chen, Powder Technol. 2012, 221, 343-350.

[51] J. Bałdyga, D. Kubicki, B. Y. Shekunov, K. B. Smith, Chem. Eng. Res. Des. 2010, 88, 1131-1141.

# CAPÍTULO 11. APLICACIONES DE RADIACIÓN GAMMA Y UV PARA EL INJERTO MOLECULAR Y EL DISEÑO DE MATRICES PARA APLICACIONES TERAPÉUTICAS

Héctor I. Meléndez Ortiz, Guillermina Burillo, Emilio Bucio
*Centro de Investigación en Química Aplicada, Saltillo, México*
*Departamento de Química de Radiaciones y Radioquímica, Instituto de Ciencias Nucleares, Universidad Nacional Autónoma de México, Circuito Exterior, Ciudad Universitaria, 04510 México DF, México.*

**Resumen:**

Los polímeros han comenzado a ser prevalentes en muchos productos comerciales debido a su fácil manufactura y su relativo bajo costo (comparado con productos metálicos y cerámicos). Las propiedades de estos materiales pueden ser adaptadas mediante la copolimerización con otros polímeros para darles una gran variedad de usos. La copolimerización mediante rayos gamma resulta un interesante método para modificar matrices poliméricas de interés biomédico. Esta técnica ha sido empleada para funcionalizar las superficies de polímeros con diferentes grupos funcionales así como también para injertar nuevas cadenas de polímero sobre los existentes materiales funcionalizados con el objetivo de alterar sus propiedades. Generalmente, la polimerización mediante radiación gamma procede mediante el mecanismo por radicales libres pero sin el uso de iniciadores químicos. Los métodos de injerto normalmente incluyen el método de pre-irradiación oxidativa así como el método directo. Este capítulo

DOI: http://dx.doi.org/10.14195/978-989-26-0881-5_11

describe las diferentes técnicas de injerto y los efectos de varios parámetros en las reacciones de polimerización de injerto iniciada con
radiación gamma. Además, describe las diferentes técnicas analíticas
usadas para la caracterización de copolímeros de injerto.

**Palabras clave:** Radiación gamma; métodos de injerto; pre-irradiación;
copolímeros; caracterización de polímeros.

## Abstract:

Polymers have become prevalent in many commercial products due
to their easy manufacture and relative low cost (compared with metals and ceramic products). The properties of these materials can be
tailored by copolymerization with others polymers in order to give
them a variety of engineering and scientific uses. Copolymerization
via gamma-rays is an interesting method to modify polymeric matrices
of biomedical interest. It has been used to functionalize the surfaces
of polymers with different chemical groups, as well as to graft new
polymer chains onto existing functional materials to alter their properties. Usually, polymerization using gamma-rays proceeds via the free
radical initiation mechanism but without the use of chemical initiators.
Grafting methods normally include the oxidative preirradiation, as well
as the mutual or the simultaneous method. This chapter describes the
different grafting techniques and the effect of various parameters in
the grafting polymerization initiated with gamma radiation. Also, it
describes the different analytical techniques used for the characterization of graft copolymers.

**Keywords:** gamma radiation; grafting methods; preirradiation; copolymers;
polymer characterization.

## 11.1. Introducción

Recientemente ha cobrado una gran relevancia la modificación de polímeros en la superficie mediante métodos químicos y radiación ionizante: electrones acelerados y rayos gamma. Esta modificación se puede llevar a cabo mediante un fotoiniciador (en el caso de radiación UV) o mediante radiación ionizante empleando un disolvente que penetre (se absorba) solo en la superficie del polímero. La modificación de superficies en materiales poliméricos es una técnica indispensable ya que se pueden obtener materiales con mejores propiedades mecánicas; así como tambien permite la funcionalización de polímeros con grupos de interés, biomoléculas e inmovilización de enzimas, etc.

Por ejemplo, la inmovilización por medio de membranas tiene numerosas aplicaciones, tales como, liberación controlada de fármacos en el cuerpo humano, cromatografía, producción de órganos artificiales, inmovilización de lípidos en membranas o sólidos, etc. En resumen, la modificación superficial de matrices poliméricas tiene una amplia gama de aplicaciones tanto industriales como biológicas.

Para obtener películas modificadas en la superficie o copolímeros de injerto, existen varios tipos de radiación: fotónica (radiación UV) y radiación ionizante (por ejemplo, la radiación gamma y electrones acelerados). La radiación gamma es utilizada para estudios fundamentales y para irradiación a dosis bajas y de alta penetración de materiales poliméricos. Por otro lado, la irradiación por electrones se obtiene generalmente por medio de aceleradores y la penetración correspondiente es de solo unos milímetros. Entre otros tipos de irradiación se pueden encontrar los rayos X, fotones, partículas alfa, etc.

Ente los métodos de irradiación con rayos gamma, se consideran los siguientes por su disponibilidad: i) irradiación directa, en este método, se coloca la matriz polimérica que se desea injertar en una ampolleta de vidrio y se agrega una concentración conocida de solución monómero-disolvente. Se elimina él oxigeno del sistema, se sella la ampolleta al vacío y finalmente es irradiada. Por este método algunas veces predomina la homopolimerización sobre la copolimerización cuando el monómero es muy reactivo y para evitar este problema usualmente se agregan sales inorgánicas que actúan como inhibidores de la homopolimerización. ii) pre-irradiación, en este caso, la matriz polimérica se irradia previamente a una dosis e intensidad deseada, posteriormente se coloca la matriz en una ampolleta de vidrio, la cual contiene una solución monómero-disolvente, en la cual se elimina el oxígeno y es sellada al vacío. Finalmente la ampolleta se coloca en un baño a temperatura controlada para dar paso a la copolimerización.

## 11.2. Macromoléculas

### 11.2.1. Polímeros

Los polímeros naturales y sintéticos son moléculas esenciales para nuestra existencia y bienestar ya que son constituyentes de nuestra comida (almidón, proteínas, etc.) y en nuestra vida diaria (electrodomésticos, muebles, computadoras, automóviles etc.). Los polímeros se producen por la unión en secuencia de cientos de miles de moléculas denominadas monómeros, una unidad después de la otra, para formar largas cadenas de las formas más diversas.

### 11.2.2. Copolímeros

Cuando un polímero se forma por medio de uniones entre sí de un solo monómero, se le conoce como homopolímero, mientras que un copolímero es una macromolécula compuesta por dos o más unidades repetitivas distintas, que se pueden unir de diferentes formas por medio de enlaces químicos. Estas combinaciones de monómeros se realizan para modificar las propiedades de los polímeros y lograr nuevas aplicaciones. Al variar las proporciones de los monómeros, las propiedades de los copolímeros varían también de manera que el proceso de copolimerización permite hasta cierto punto sintetizar polímeros con propiedades y características deseadas.

### 11.2.2.1. Copolímeros alternados

Cuando los dos monómeros están dispuestos según un ordenamiento alternado, el polímero es denominado copolímero alternado (Figura 11.1).

**Figura 11.1.** Representación de un copolímero alternado.

### 11.2.2.2. Copolímeros al azar

En un copolímero al azar, los dos monómeros pueden seguir cualquier orden (Figura 11.2).

**Figura 11.2.** Representación de un copolímero al azar.

### 11.2.2.3. Copolímeros de bloque

En un copolímero de bloque, las cadenas poliméricas están formadas por largas secuencias (bloques) de una misma unidad monomérica covalentemente unidas a otra larga secuencia de otra unidad monomérica diferente. Los bloques pueden estar conectados en diversas formas, como por ejemplo dibloques o tribloques. Un copolímero de bloque puede ser imaginado como dos homopolímeros unidos por sus extremos (Figura 11.3).

**Figura 11.3.** Representación de un copolímero en bloques.

## 11.3. Injertos inducidos por radiación ionizante

Debido a que los copolímeros son el resultado de la combinación química de dos moléculas de diferente naturaleza y que las radiaciones son creadoras de sitios activos en los polímeros, esto nos conduce a numerosos procesos de química de radiaciones en macromoléculas, dando como resultado copolímeros de injerto. El injerto inducido por radiación es un método bien conocido, el cual ha sido reportado desde la década de los 60's [1-3]. Este se puede obtener en substratos tales como fibras o películas, con un monómero en fase líquida, vapor o solución. Actualmente existen cuatro métodos para obtener injertos mediante radiación: pre-irradiación, pre-irradiación oxidativa, irradiación directa e irradiación directa en fase vapor.

### 11.3.1. Copolímeros de injerto

Se tiene un copolímero de injerto cuando las cadenas de un polímero formado a partir de un monómero se encuentran injertadas en una matriz polimérica (Figura 11.4). Una característica de estos copolímeros es que conservan las propiedades de los polímeros que lo componen.

La síntesis de un copolímero de injerto requiere la formación de un centro reactivo sobre una matriz polimérica en la presencia de un monómero polimerizable. La mayoría de los métodos para sintetizar copolímeros de injerto involucran la polimerización vía radicales libres. La copolimerización mediante injerto puede ser llevada a cabo en un sistema homogéneo ó heterogéneo dependiendo si la matriz polimérica es soluble o insoluble en el monómero y disolvente empleados.

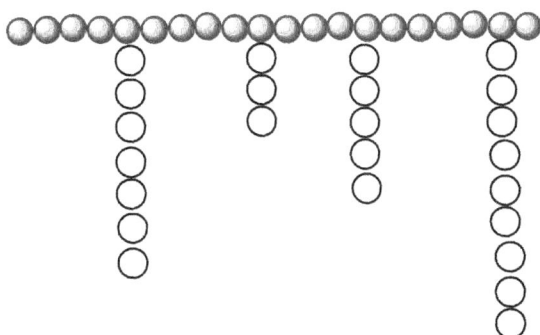

**Figura 11.4.** Representación de un copolímero de injerto.

El injerto puede proceder como se ilustra a continuación:

a) Un sitio activo generado sobre la matriz polimérica ($P_1$) inicia la etapa de propagación agregando moléculas de monómero (M) y de esta manera formar el copolímero de injerto (Figura 11.5).

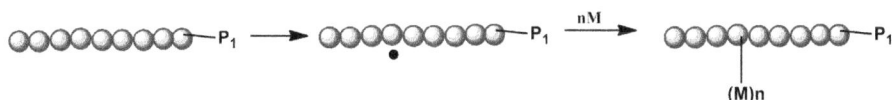

**Figura 11.5.** Generación de radicales libres sobre la matriz polimérica y su propagación.

b) Una cadena polimérica en la etapa de propagación ($P_2$) que reacciona con el radical libre formado sobre la matriz polimérica ($P_1$) (Figura 11.6).

c) Una etapa de terminación mediante combinación de los radicales en propagación o mediante una reacción de desproporción.

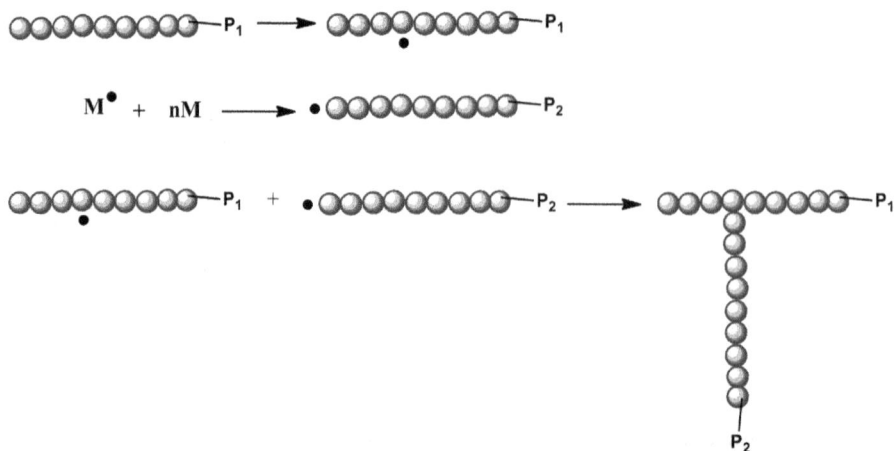

**Figura 11.6.** Etapa de propagación en la preparación de copolímeros de injerto.

Durante la síntesis de un copolímero de injerto se asume que: los injertos sobre la matriz polimérica son al azar [4-6]; cada segmento de la matriz polimérica tiene la misma probabilidad de ser injertada (un segmento es definido como la parte de la matriz polimérica en la cual solo un injerto puede ser llevado a cabo); la probabilidad de que ocurra un nuevo injerto sobre la matriz polimérica no es afectada por las cadenas poliméricas injertadas previamente.

La eficiencia del injerto depende de las reacciones en competencia por el radical iniciador entre el monómero, disolvente y la matriz polimérica. Además, si la terminación ocurre a través de dos cadenas poliméricas en crecimiento, la eficiencia de injerto disminuye.

El grado de esas transformaciones depende de la naturaleza del polímero, de las condiciones de reacción, así como del tratamiento que se le dé antes y después de la irradiación [7-9].

### 11.3.2. Ventajas de los copolímeros de injerto sintetizados mediante radiación ionizante

i) El número y longitud de las cadenas injertadas pueden ser controlados seleccionando cuidadosamente la dosis e intensidad de dosis de irradiación.

ii) No se requiere iniciador químico, por lo que no es necesaria la posterior purificación del copolímero de injerto.

iii) El efecto de la temperatura es de poca importancia en la formación del radical por lo que se puede controlar la etapa de propagación.

iv) El efecto de aditivos, disolventes, etc. puede ser controlado usando un amplio rango de dosis de radiación y temperatura.

v) La polimerización puede llevarse a cabo en fase sólida.

vi) Fácil preparación cuando se compara con los métodos químicos convencionales.

vii) Aplicabilidad para una gran mayoría de combinación de polímeros debida a que la absorción de energía por parte de la materia no es selectiva.

viii) Mayor eficiencia de la transferencia de energía proveniente de la radiación cuando se compara con los métodos químicos que requieren calentamiento.

### 11.3.2.1. Injerto por método directo

En éste método, el polímero y el monómero (en fase gaseosa ó líquida) son irradiados simultáneamente [10-17]. La irradiación permite la formación de sitios activos en la matriz polimérica y en el monómero (Figura 11.7). La dosis e intensidad de dosis son parámetros muy importantes en este método. Una de las desventajas que presenta este método es la considerable formación de homopolímero, generalmente esto sucede cuando se emplea una proporción mayor en volumen de monómero con respecto al disolvente [1] o si el rendimiento de radicales provenientes del monómero es considerablemente mayor que el rendimiento de radicales provenientes de la matriz polimérica. Además, el injerto puede predominar si la matriz polimérica es tratada antes de la irradiación como por ejemplo hinchándola en una solución del monómero, en un disolvente sensible a la radiación o bien por la adición de ciertos compuestos como ácidos (ácido sulfúrico), sales inorgánicas ($LiClO_4$, $LiNO_3$), etc. [18-21]

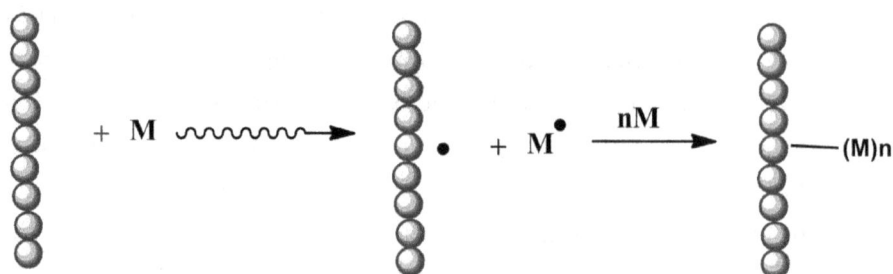

**Figura 11.7.** Proceso de injerto llevado a cabo por el método directo.

### 11.3.2.2. Método de pre-irradiación oxidativa

Alternativamente el injerto puede ser conseguido irradiando inicialmente la matriz polimérica en presencia de aire para formar hidroperóxidos y peróxidos, los cuales posteriormente con calentamiento forman radicales libres que comiencen el proceso de injerto (Figura 11.8). Una ventaja de este método es la posibilidad de almacenar el polímero irradiado a baja temperatura por un tiempo considerable. Además se reduce considerablemente la formación de homopolímero [22-28]. Una desventaja es la posible degradación del polímero.

### 11.3.2.3. Método de pre-irradiación

En este método la matriz polimérica es irradiada en ausencia de aire o en atmósfera de un gas inerte para formar sitios activos [29]. Posteriormente, la matriz polimérica irradiada se pone en contacto con el monómero en fase gaseosa o líquida (Figura 11.9). Una de las ventajas de este método es la poca formación de homopolímero. Se aconseja para este método llevar a cabo la irradiación y la difusión del monómero a bajas temperaturas para prevenir la recombinación de radicales. Una de las desventajas de este método es que el porcentaje de injerto suele ser muy bajo.

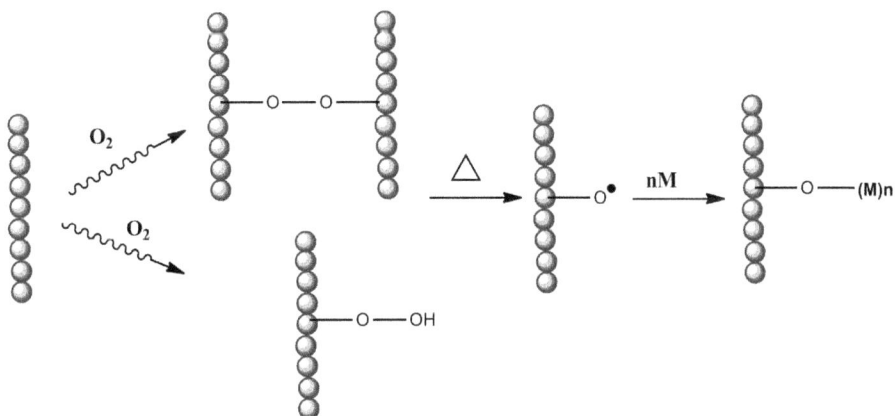

**Figura 11.8.** Proceso de injerto llevado a cabo por el método de pre-irradiación oxidativa.

### 11.3.2.4. Irradiación directa en presencia de vapor

En este método se emplea una ampolleta diseñada de tal forma que el monómero no esté en contacto con la película que se desee injertar, se elimina el oxígeno presente en el sistema; en un dispositivo de plomo se coloca la ampolleta cubriendo (blindando) únicamente el monómero, permitiendo que la radiación ionizante incida sobre la película, la cual estará en contacto con los vapores del monómero con lo que se iniciará el injerto. El mecanismo de injerto es igual al del método irradiación directa [30].

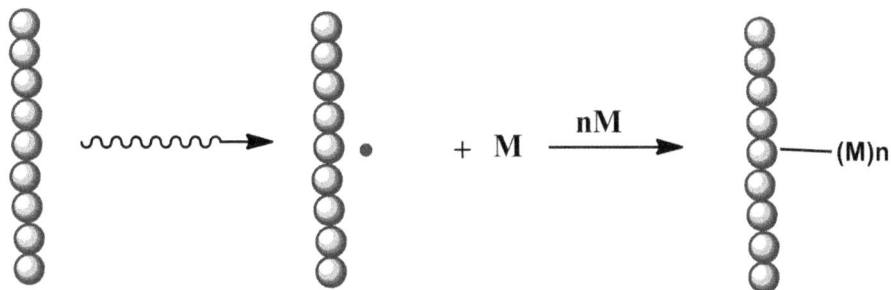

**Figura 11.9.** Proceso de injerto llevado a cabo por el método de pre-irradiación.

### 11.3.3. Otras técnicas de injerto

### 11.3.3.1. Injerto por activación química

El injerto por activación química puede proceder mediante un mecanismo de radicales libres o un mecanismo iónico. En este método el papel del iniciador es muy importante tanto que determina el mecanismo del proceso de injerto. En el mecanismo por radicales libres, éstos son generados de iniciadores y transferidos a la matriz polimérica para que reaccionen con el monómero y obtener el copolímero de injerto. Entre los iniciadores empleados se pueden encontrar peróxido de benzoilo (BPO), azoisobuti-ronitrilo (AIBN), persulfatos, iones metálicos tales como $Ce^{4+}$, $Mn^{3+}$ etc. La generación de radicales libres puede darse a través de una reacción de óxido-reducción [31], por oxidación directa de la cadena polimérica en presencia de ciertos metales [32], usando metales quelatados [33]. Una de las limitaciones de esta técnica es que se debe seleccionar un apropiado proceso oxidativo, por ejemplo, un sistema con alto potencial redox podría reaccionar con los monómeros incrementando la homopolimerización.

### 11.3.3.2. Injerto fotoquímico

Cuando un cromóforo que forma parte de una macromolécula absorbe luz se excita, lo cual puede resultar en una disociación de enlace y generar radicales libres causando el proceso de injerto. Si la absorción de luz no permite la formación de radicales libres a través de la ruptura de enlaces, este proceso puede ser promovido por la adición de foto-sensibilizadores como, por ejemplo, ésteres de benzoina, benzofenona, iones metálicos de $UO_{22}^+$ etc. Esto significa que el proceso de injerto inducido fotoquímicamente puede proceder mediante dos rutas: con o sin un fotosensibilizador [34-40]. El mecanismo sin fotosensibilizador involucra la generación de radicales libres sobre la matriz polimérica, los cuales reaccionan con el monómero para formar el copolímero de injerto. Por otro lado, en el mecanismo con fotosensibilizador, éste forma los radicales libres que pueden abstraer átomos de hidrógeno de la matriz polimérica produciendo sitios reactivos que son requeridos para que el proceso de injerto sea llevado a cabo.

Entre las características de esta técnica se encuentran: i) el injerto puede proceder a temperatura ambiente obteniendo altas conversiones de monómero, ii) el injerto puede ser controlado sobre la superficie polimérica sin afectar las propiedades en masa del polímero a injertar. Entre las desventajas de este método se puede mencionar que el injerto ocurre principalmente sobre la superficie y el polímero puede degradarse si se sobrepasa la dosis óptima.

### 11.3.3.3. Injerto inducido por plasma

En años recientes, la copolimerización de injerto inducida por la técnica de plasma ha recibido gran interés. Los principales procesos en plasmas son la excitación de electrones, la ionización y disociación del polímero o monómero. Es decir, los electrones acelerados del plasma tienen la suficiente energía para inducir el rompimiento de enlaces químicos en la matriz polimérica, generando radicales libres los cuales pueden subsecuentemente iniciar el proceso de injerto. Esencialmente, los radicales formados en las cadenas poliméricas pueden iniciar reacciones similares a aquellas generadas con radiación de alta energía (por ejemplo, radiación gamma). La formación de radicales libres sobre la superficie del polímero predomina sobre su ionización. Debido a que los cambios sobre la matriz polimérica están confinados solamente a una profundidad de unos cuantos nanómetros sobre la superficie, las propiedades de la matriz polimérica (grado de polimerización y cristalinidad) no se ven muy influenciados en comparación con la radiación gamma. Entre las características de este tipo de injerto se encuentran: i) El injerto sobre la superficie es más favorecido, ii) el injerto puedo ser llevado a cabo sin añadir un fotosensibilizador, iii) los polímeros son primeramente expuestos al plasma para crear los radicales libres en la superficie y entonces puestos en contacto con el monómero, iv) diferentes tipos de plasma pueden ser empleados (plasma de argón, oxígeno) [41, 42]. Entre las limitaciones de esta técnica se encuentra su costo y que el injerto se restringe a la superficie del material a modificar.

### 11.3.3.4. Injerto enzimático

El principio involucrado en este método es que una enzima inicia la reacción de injerto. Por ejemplo la tirosinasa es capaz de convertir fenol a una o-quinona, la cual subsecuentemente será capaz de llevar a cabo el proceso de injerto [43, 44]. El uso de enzimas en reacciones de injerto ha sido extensamente estudiado en mayor proporción en biopolímeros que para polímeros sintéticos. [45, 46]. Entre las principales características de este tipo de injerto se encuentran: i) el injerto ocurre en condiciones suaves de reacción y usualmente no se requiere el uso de materiales peligrosos, ii) la etapa de iniciación requiere de la enzima para formar los radicales libres, iii) la selectividad de la enzima hace que la reacción sea simple y ofrece un mejor control sobre la estructura macromolecular. Sin embargo, esta técnica presenta varias limitaciones entre las cuales se encuentra su costo y que no puede ser llevada a cabo a altas temperaturas.

### 11.4. Interacción de la radiación con la materia

La materia está constituida por átomos, y la radiación ionizante interactúa con los electrones orbitales de los mismos con una probabilidad de ocurrencia que depende del tipo y energía de la radiación, así como también de la naturaleza del material. En todos los casos los resultados de la interacción de la radiación con la materia son la excitación y/o la ionización de los átomos del medio.

Entre los tipos de radiación ionizante utilizados se encuentran las partículas alfa, las partículas beta y las radiaciones electromagnéticas (radiación gamma).

Los efectos de la radiación gamma o electromagnética con la materia que prevalecen para energías de algunas decenas de kilo electron voltios (keV) y aproximadamente 10 mega electronvoltios (MeV) son tres y el predominio de cada uno de ellos depende de la energía de radiación. Estos son: el efecto fotoeléctrico, efecto Compton y la producción de pares. Los dos primeros involucran interacciones con electrones orbitales de los átomos del absorbente. La producción de pares se manifiesta para energías superiores a 1.02 MeV. La interacción de los fotones con electrones origina el efecto fotoeléctrico y el efecto Compton mientras que la interacción con los núcleos origina la formación de pares.

En los átomos radiactivos, los núcleos atómicos emiten partículas subnucleares, o radiación electromagnética característica, sin masa ni carga, teniendo lugar un intercambio de energía al mismo tiempo.

### 11.4.1. Radiación Gamma (γ)

La radiación gamma (γ) es producida generalmente por elementos radioactivos. Debido a las altas energías que poseen, constituyen un tipo de radiación ionizante capaz de penetrar en la materia más profundamente que la radiación alfa o beta provocando la formación de partículas cargadas eléctricamente llamadas iones. Los rayos γ son radiaciones electromagnéticas, similares a los rayos X, la luz u ondas de radio, pero con mucho menor longitud de onda y en consecuencia mucho mayor energía. Los rayos γ al igual que los rayos X, tienen energías bien definidas ya que son producidos por la transición entre niveles de energía del átomo. Sin embargo, los rayos γ son emitidos por el núcleo mientras que los rayos X resultan de las transiciones de energía de los electrones fuera del núcleo u orbitales. La energía de este tipo de radiación se mide en megaelectronvoltios (MeV). Un Mev corresponde a fotones gamma de longitudes de onda inferiores a $10^{-11}$ m o frecuencias superiores a $10^{19}$ Hertz (Hz). Los rayos γ se producen con la desintegración de isótopos radiactivos como el $^{60}Co$.

## 11.4.2. Partículas Beta (β)

Son partículas de masa despreciable (su masa es la del electrón o sea aproximadamente 1/1836 de aquella del protón y 1/1834 de aquella del neutrón) y presentan carga negativa o positiva. Las partículas β⁻ o negatrón es un electrón emitido por el núcleo, el cual aumenta en 1 unidad su carga positiva, al transformar un neutrón en protón y un negatrón. Por tanto, el número atómico aumenta 1 unidad, el átomo se convierte en el elemento situado un lugar a la derecha en la tabla periódica y su número de masa permanece sensiblemente el mismo. La partícula, β⁺ o positrón, es emitida cuando un protón se transforma en neutrón y una partícula de la misma masa que el electrón pero con carga positiva es emitida por el núcleo. El número atómico decrece una unidad y el elemento se corre un lugar a la izquierda en la tabla periódica.

Las partículas β de origen nuclear, tienen velocidades que pueden llegar a ser cercanas a la velocidad de la luz. Pese a ello sus energías son mayores, en general, a las de las partículas α, ya que estas últimas en su mayoría no alcanzan los 4 MeV. Las partículas β son mucho más penetrantes. Para tener una idea comparativa, una partícula α de 3 MeV tiene un alcance en aire de 2.8 centímetros y produce alrededor de 4000 pares iónicos por milímetro de recorrido, mientras que una partícula β de igual energía tiene un alcance en aire de más de 100 centímetros, y sólo produce 4 pares iónicos por milímetro.

## 11.4.3. Partículas Alfa (α)

Las partículas α son núcleos de helio compuesto por dos neutrones y dos protones. Las partículas α emitidas por los núcleos atómicos, con energías comprendidas entre los 3 y los 9 MeV, se absorben fácilmente en la materia. Una hoja de papel o unos pocos centímetros de aire bastan para absorber totalmente partículas α producidas en reacciones nucleares. La pérdida de energía de estas partículas en el medio absorbente se debe principalmente a la ionización y excitación.

### 11.4.4. Unidades de interacción de la radiación ionizante con la materia

Para entender el concepto de interacción de la radiación con la materia es necesario definir algunas unidades; el primero es el roentgen "R" que representa la generación de una unidad electrostática de carga en un centímetro cúbico de aire en condiciones normales de presión y temperatura. Esta unidad entiende a todo lo referente a exposición pero al estudiar la materia lo importante es la dosis absorbida; este concepto se explica mediante el "rad" que equivale a una transferencia de 100 ergios por cada gramo de materia. Actualmente en el Sistema Internacional de Unidades la dosis absorbida se expresa en gray (Gy) que se define como la cantidad de energía absorbida por cada kg de materia y se mide en Joules kg$^{-1}$.

### 11.5. Cinética del proceso de injerto inducido por radiación

Los injertos inducidos por radiación se pueden producir por mecanismos vía radicales libres, iónico y mezcla de ambos. En un mecanismo vía radicales libres, el injerto dependerá de la difusión del monómero en el polímero, de la reactividad de los radicales producidos y de la polimerización del monómero, principalmente.

### 11.5.1. Cinética de polimerización e injerto por radiación vía radicales libres

En el primer paso, la irradiación de monómeros o polímeros da como resultado la ionización de moléculas:

$$M \text{ o } P \rightsquigarrow M^+ \text{ o } P^+ + e^- \qquad \text{Ecuación (11.1)}$$

Donde M = monómero y P = matriz polimérica.

En un segundo paso, el electrón es capturado por un ión $M^+$ o $P^+$ produciendo moléculas excitadas

$$M^+ \text{ o } P^+ + e^- \rightsquigarrow M^* \text{ o } P^* \qquad \text{Ecuación (11.2)}$$

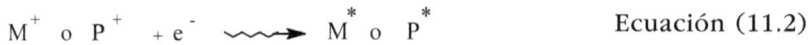

Y finalmente en un tercer paso, la molécula con energía de excitación de 8 a 15 eV se descompone en radicales (R):

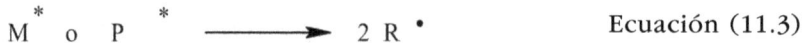

$$M^* \text{ o } P^* \longrightarrow 2 R^{\bullet} \qquad \text{Ecuación (11.3)}$$

Análogamente, las moléculas pueden quedar excitadas inicialmente formando M** o P** cuando la energía de irradiación es pequeña para su ionización:

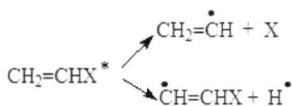

$$M^{**}, P^{**} \longrightarrow 2 R^{\bullet} \qquad \text{Ecuación (11.4)}$$

$$CH_2=CHX^* 
\begin{cases}
CH_2=\overset{\bullet}{C}H + X \\
\overset{\bullet}{C}H=CHX + H^{\bullet}
\end{cases}$$

$$\text{Ecuación (11.5)}$$

$$CH_2=CHX^* + CH_2=CHX^* \longrightarrow \overset{\bullet}{C}HX-CH_2-CH_2-\overset{\bullet}{C}HX$$

$$\xrightarrow{\text{DESPROPORCIÓN}} \overset{\bullet}{C}HX=CH + CH_3-\overset{\bullet}{C}HX$$

En la irradiación de polímeros se pueden formar varios radicales. Los macro-radicales formados en una matriz polimérica con sitios activos promueven la iniciación del injerto. La velocidad de iniciación de polimerización (Vi) se expresa mediante la ecuación 11.6:

$$Vi = \frac{G_R \, I}{100 \, N_A} \; [=] \; \frac{mol}{l \, sec} \qquad I \, [=] \, eV/l \, sec$$

$$\text{Ecuación (11.6)}$$

Donde: $\quad G_R = \dfrac{[M] \, N_A \, 100}{I \, t}$

I = Intensidad de irradiación, [M] = concentración de monómero, $N_A$ = número de Avogadro, t = tiempo, $G_R$ = rendimiento radioquímico.

La ecuación 11.7 expresa la velocidad de propagación (Vp) mediante el siguiente esquema de reacción:

$$Vp = kp\,[RM^{\bullet}]\,[M] \qquad\qquad \text{Ecuación (11.7)}$$

La ecuación 11.8 expresa la velocidad de terminación (Vt) mediante el mecanismo de radicales libres.

$$Vt = kt[RM^{\bullet}]^{2*} \qquad\qquad \text{Ecuación (11.8)}$$

Por último, la velocidad total de polimerización (V) se expresa:

$$V = -d[M]/dt = \ kp[RM^{\bullet}]\,[M] \qquad\qquad \text{Ecuación (11.9)}$$

En el estado estacionario la concentración de radicales en el sistema está determinada por las expresiones mostradas en la ecuación 11.10.

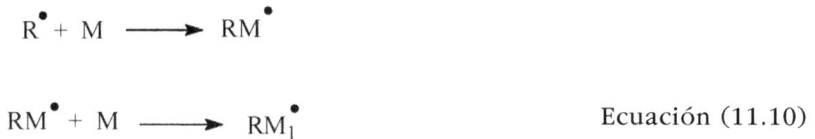

$$R^{\bullet} + M \longrightarrow RM^{\bullet}$$

$$RM^{\bullet} + M \longrightarrow RM_1^{\bullet} \qquad\qquad \text{Ecuación (11.10)}$$

La velocidad de polimerización mediante radiación y radicales libres es proporcional a $I^{0.5}$ y [M]. A continuación se muestra el proceso de polimerización por radicales libres iniciada con radiación:

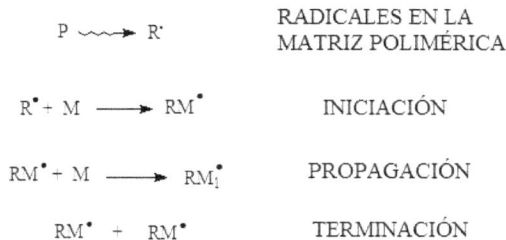

| | |
|---|---|
| $P \rightsquigarrow R^{\cdot}$ | RADICALES EN LA MATRIZ POLIMÉRICA |
| $R^{\bullet} + M \longrightarrow RM^{\bullet}$ | INICIACIÓN |
| $RM^{\bullet} + M \longrightarrow RM_1^{\bullet}$ | PROPAGACIÓN |
| $RM^{\bullet} + RM^{\bullet}$ | TERMINACIÓN |

Utilizando el principio del estado estacionario y considerando las ecuaciones de cinética vistas anteriormente, la velocidad de injerto se expresa en la ecuación 11.11:

Donde $\quad V_i = V_t$

$$ki\,[R^\bullet]\,[M] = kt[RM^\bullet]^2$$

$$[RM^\bullet] = \frac{ki^{0.5}[R^\bullet]^{0.5}[M]^{0.5}}{kt^{0.5}} \qquad \text{Ecuación (11.11)}$$

Velocidad de Injerto

$$V\,injerto = \frac{ki^{0.5}\,kp\,[R^\bullet]^{0.5}[M]^{1.5}}{kt^{0.5}}$$

Nota: Si $[R^\bullet]$ es proporcional a I, el número de radicales producidos en la reacción de injerto será proporcional a $I^{0.5}$ y $[M]^{1.5}$ lo cual corresponde a numerosos datos experimentales, la masa molecular es proporcional a $I^{-0.5}$.

Por otro lado, el índice de polimerización (Pn) está determinado por la relación de velocidad de polimerización e iniciación (ecuación 11.12).

$$Pn = \frac{V}{Vi} = \frac{ki^{0.5}\,kp\,I^{0.5}}{kt^{0.5}\,ki\,I}[M] = \frac{ki^{-0.5}\,kp\,I^{-0.5}}{kt^{0.5}}\,[M] \qquad \text{Ecuación (11.12)}$$

## 11.6. Efecto de varios factores en polimerización y velocidad de injerto

La velocidad de polimerización depende de la naturaleza del monómero; por ejemplo el acetato de vinilo polimeriza 100 veces más rápido que el estireno así para tener mayor rendimiento $G_{R'\,(P)} > G_{R'\,(M)}$ (el rendimiento radioquímico de formación de radicales del polímero deberá ser mayor que el del monómero).

Hasta el momento no hay ninguna regla que nos indique cuales son las variables o condiciones adecuadas para obtener un copolímero de injerto con el rendimiento deseado o con las mejores propiedades mecánicas.

### 11.6.1. Efecto de la intensidad de radiación

A altas intensidades (razones de dosis) la polimerización vía radicales decrece debido a la recombinación de los radicales producidos [47, 48]. La velocidad de radicales en injertos en muchos casos es proporcional a la raíz cuadrada de la intensidad de radiación $V \sim I^{0.5}$.

### 11.6.2. Efecto de la dosis

A altas dosis de radiación la velocidad de polimerización se incrementa debido a un proceso de autoaceleración y se incrementa el porcentaje de injerto [49], el cual también depende de la naturaleza del monómero y de la intensidad de radiación. La auto-aceleración es causada por un incremento de viscosidad en el sistema ocasionado por una posible disminución de la velocidad de terminación sin afectar la velocidad de propagación de la cadena (efecto gel). De esta forma, se presenta la formación de nuevos radicales no sólo en el monómero sino también en las cadenas poliméricas en crecimiento que pueden iniciar una polimerización (auto-catálisis).

### 11.6.3. Efecto de la temperatura

La velocidad de polimerización o de injerto se incrementa con la temperatura; en este caso también dependerá de la naturaleza del monómero ya que al llegar a una cierta temperatura combinada con factores como la difusión, concentración, dosis etc. puede ocurrir la homopolimerización [50, 51]. Como se mencionó anteriormente, a mayor temperatura se incrementa el porcentaje de injerto hasta llegar a una temperatura óptima que no disuelva al copolímero de injerto o a la matriz a injertar.

### 11.6.4. Efecto de la concentración de monómero

En este caso, la concentración de monómero utilizada dependerá del método empleado (pre-irradiación o directo). Por ejemplo, si se escoge el método directo para llevar a cabo el injerto, no es conveniente manejar concentraciones de monómero superiores a 80% porque hay una mayor tendencia a formar homopolímero que hacia el proceso de injerto. Por otro lado, si se utiliza el método de pre-irradiación debemos utilizar concentraciones de monómero superiores al 50% ya que a concentraciones más pequeñas el injerto será muy pobre porque hay menor cantidad de radícales que copolimerizará con la matriz polimérica [52-55].

### 11.6.5. Efecto del disolvente

En el caso de la irradiación del sistema: polímero-monómero-disolvente (método directo), es importante que la estructura química del monómero y el disolvente sea similar así como también para el método de pre-irradiación [56-58]. En ambos casos es muy importante tomar en cuenta que el disolvente empleado debe ser soluble en el monómero, pero no-disolvente de la matriz polimérica a injertar así como del copolímero de injerto, dicho disolvente debe ser capaz de hinchar el polímero a injertar. En el caso más simple, cuando no existe transferencia de energía de excitación entre los componentes. La velocidad de iniciación es:

$$Vi = [G\ (R)m\ fm + G\ (R)s\ fs] \times [I/100N_A] \qquad \text{Ecuación (11.13)}$$

Donde $G(R)m$ y $G(R)s$ son los rendimientos de radicales del monómero y del disolvente, fm y fs son las fracciones molares de los mismos, en este caso la velocidad de polimerización se expresa como:

$$V = Kp \ kt^{0.5} \ [M] \ x \ \{[G(R)m \ fm + G \ (R)s \ fs] \ x \ [I/100N_A]\}^{0.5} \quad \text{Ecuación (11.14)}$$

### 11.6.5. Efecto del espesor de la matriz polimérica

En el proceso de injerto de polímeros, el incremento depende de la difusión del monómero en la película. Existen varios trabajos en los cuales se estudia la cinética de injerto con respecto al espesor. El efecto de la difusión del monómero trae como resultado una reducción de la velocidad de injerto de películas gruesas comparadas con películas delgadas [59, 60].

### 11.6.6. Sensibilidad a la radiación ionizante en el sistema polímero/monómero

La radiación ionizante no es selectiva y tiene efecto sobre la matriz polimérica, monómero, disolvente y cualquier otra especie presente en el sistema. La sensibilidad a la radiación de una especie química es medida en términos de su valor de rendimiento radioquímico (G). El injerto es favorecido cuando el valor del rendimiento radioquímico de la matriz polimérica es mayor que el del monómero [61, 62].

### 11.7. Técnicas de caracterización

En la actualidad es muy importante la síntesis de nuevos materiales, para una posible aplicación en la industria; es aquí donde juega un papel importante la caracterización de un nuevo material , ya que existen técnicas complementarias con las cuales podemos saber los grupos químicos presentes, comportamiento térmico, grado de cristalinidad, resistencia mecánica, etc.

### 11.7.1. Espectroscopia de infrarrojo (FT-IR)

La radiación infrarroja en el rango de 10000-100 $cm^{-1}$ es absorbida y convertida por una molécula a energía de vibración molecular. Esta absorción puede ser cuantificada y la longitud de onda de absorción depende de las masas relativas de los átomos, la fuerza de enlaces y la geometría de los átomos. Las intensidades de las bandas pueden ser expresadas en términos de transmitancia (T) o absorbancia (A). Existen dos tipos de vibración molecular: estiramiento y torsión. Un estiramiento es un movimiento a través del enlace tal que la distancia interatómica se incrementa o decrece mientras que una torsión consiste en un cambio en el ángulo entre enlaces con un átomo en común

La formación del copolímero de injerto se puede comprobar mediante espectroscopia de infrarrojo comparando los espectros de la matriz polimérica y el copolímero de injerto. El copolímero de injerto mostrará señales adicionales (estiramientos y torsiones) debidas a los átomos pertenecientes a las cadenas injertadas en la matriz polimérica [63, 64].

### 11.7.2. Análisis termogravimétrico (TGA)

Esta técnica permite observar la resistencia térmica de los copolímeros con respecto a la temperatura, es decir, en una gráfica de porcentaje de pérdida de peso contra temperatura se puede determinar la temperatura a la cual se descompone el copolímero [65, 66]. El TGA mide la variación de masa en un compuesto en función de la temperatura. Entre los cambios térmicos que se acompañan de un cambio de masa se encuentran la descomposición, la sublimación, la reducción, la desorción, la absorción y la vaporización. Las mediciones son normalmente llevadas a cabo en aire o en atmósfera inerte de helio, argón ó nitrógeno y el peso es registrado como una función de la temperatura.

### 11.7.3. Calorimetría diferencial de barrido (DSC)

Cuando un material pasa por un cambio de estado físico, por ejemplo, una fusión o una transición cristalina de una forma a otra, o cuando reacciona químicamente, tiene lugar una absorción o un desprendimiento de calor. Muchos de estos procesos pueden ser iniciados simplemente aumentando la temperatura del material. Los calorímetros diferenciales de barrido están diseñados para determinar las entalpías de estos procesos, midiendo el flujo calorífico diferencial requerido para mantener una muestra del material, y una referencia inerte a la misma temperatura. El método es uno de los más importantes en la determinación de las mesofases de un cristal líquido.

En polímeros que presentan un cierto grado de cristalinidad, el estudio de DSC es empleado para determinar el calor de fusión y consecuentemente los cambios en el grado de cristalinidad de la matriz polimérica y en el copolímero de injerto. De los experimentos de DSC se puede obtener información sobre la temperatura de transición vítrea (Tg) y temperatura de fusión (Tm) [67-70]. La calorimetría diferencial de barrido (DSC) es una técnica muy empleada para la determinación de la Tg de sistemas poliméricos debido a la mínima cantidad de polímero requerido y lo confiable de sus mediciones. La Tg se puede entender de forma bastante simple cuando se entiende que en esa temperatura el polímero deja de ser rígido y comienza a ser blando. Se entiende que es un punto intermedio de temperatura entre el estado fundido y el estado rígido del polímero. A temperaturas superiores de la Tg los enlaces de las moléculas son mucho más débiles que el movimiento térmico de las mismas, por ello el polímero adquiere cierta elasticidad y capacidad de deformación plástica. Este cambio no ocurre repentinamente, sino que tiene lugar a través de un rango de temperaturas. Esto hace que resulte un poco complicado escoger una Tg discreta pero generalmente se determina como Tg el punto medio de ese rango de temperaturas. Por otro lado, cuando se alcanza la temperatura de fusión del polímero los cristales poliméricos comenzarán a separarse, es decir, se funden. Las cadenas abandonan sus arreglos ordenados y comienzan a moverse libremente. Cuando los cristales poliméricos funden deben absorber calor para poder hacerlo, es decir, la fusión es una transición endotérmica. La fusión sólo se presenta en aquellos polímeros capaces de formar cristales mientras que los polímeros completamente amorfos no la presentan.

### 11.7.4. Hinchamiento

Algunos polímeros (tales como los hidrogeles) son capaces de captar grandes cantidades de agua, manteniendo su estructura tridimensional, en cantidades que dependen de la hidrofilicidad de los polímeros constituyentes. Este proceso además es reversible y dependiente de las condiciones ambientales. El mecanismo por el que los polímeros son capaces de absorber un cierto volumen de solución acuosa no es solamente físico, sino que depende de la naturaleza química del polímero. Por un lado, la diferencia entre la concentración de iones, el hidrogel hinchado y la solución externa produce una presión osmótica, que sólo puede reducirse a través de la dilución de carga, es decir, por el hinchamiento del gel, y por la densidad de carga neta entre las cadenas que genera repulsiones electrostáticas que tienden a expandir el gel, lo que contribuye al hinchamiento. La técnica de hinchamiento se utiliza con frecuencia para determinar el parámetro de solubilidad de los polímeros. Se basa en evaluar el hinchamiento del polímero en una serie de disolventes de parámetros de solubilidad conocidos. Se asume que se alcanzará el máximo hinchamiento cuando el parámetro de solubilidad del disolvente sea igual al del polímero. El hinchamiento puede definirse en términos de velocidad y de equilibrio de máxima absorción y define la capacidad de penetración de las moléculas de disolvente en el polímero, dependiendo de la naturaleza del disolvente [71-73].

### 11.7.5. Difracción de rayos-X

Esta técnica nos ayuda a determinar el ordenamiento en la estructura de un compuesto, es decir; si el compuesto tiene un alto ordenamiento presentará una estructura cristalina; si por el contrario, no hay ordenamiento el compuesto presenta una estructura amorfa. Las gráficas representativas de esta técnica se llaman difractogramas. Cuando se presentan máximos orientados se considera que el compuesto es cristalino y cuando no hay máximos, sino una zona ancha de dispersión el compuesto es amorfo

[74-77]. Cuando se utiliza esta técnica con una platina de calentamiento controlado, es muy útil en la determinación de un cristal líquido polimérico.

### 11.7.6. Ángulo de contacto

Es una medida cuantitativa de la capacidad para humedecerse de un sólido por un líquido. Para el análisis de superficie de películas poliméricas se define geométricamente como el ángulo formado por un líquido en el límite de tres fases donde un líquido (usualmente agua), un gas (aire) y un sólido (copolímero) se intersectan. Cuanto más grande es el ángulo tanto menor es la interacción que existe entre el líquido (agua) y el sólido (polímero). Si el líquido (agua) es fuertemente atraído hacia la superficie de un sólido hidrofílico, la gota se extenderá completamente sobre la superficie y los valores de ángulo serán cercanos a 0° [78, 79]. Los sólidos menos fuertemente hidrofílicos tendrán valores de ángulo de contacto menores de 90° mientras que para superficies hidrofóbicas el ángulo de contacto será mayor de 90° [80]. Incluso para superficies altamente hidrofóbicas se pueden observar ángulos de contacto mayores de 150°.

Mediante la medición del ángulo de contacto no solo se pueden determinar las propiedades hidrofílicas/hidrofóbicas de la superficie de un material sino que además el ángulo de contacto es un parámetro de interés en la flotación para la obtención de minerales, en la determinación de la tensión superficial de sólidos, análisis de superficies de materiales para uso biomédico (por ejemplo para evaluar la limpieza de estos materiales) y en el estudio de adhesión/ repelencia sobre superficies poliméricas. Sin embargo, varios factores pueden afectar los resultados cuando se lleva a cabo la medición del ángulo de contacto, tales como, la contaminación, humedad y rugosidad de la superficie.

### 11.7.7. Microscopio electrónico de barrido

Con esta técnica podemos conocer la morfología de la superficie de la película injertada ya que esta técnica hace un barrido de la superficie.

La preparación de las muestras requiere un recubrimiento de oro o de algún otro metal tal como plata o platino; además con la ayuda del microscopio podemos saber el tamaño aproximado de los poros en caso de polímeros reticulados y observar el grado de homogeneidad de la cadena injertada [81, 82].

## 11.7.8. Injerto de diferentes monómeros derivados de acrilatos

Los injertos pueden ser con un solo monómero o binario en presencia de dos monómeros; en este último caso el injerto puede realizarse en un paso (los dos monómeros y la matríz polimérica) o en pasos sucesivos injertando primero uno de ellos y a continuación el segundo.

El injerto inducido mediante radiación ionizante de N-isopropilacrilamida (NIPAAm) sobre PP-g-AAc, PP-g-DMAAm, PP-g-DMAEMA, y PTFE-g-AAc; 4VP sobre PP-g-DMAEMA fueron investigados en función de la dosis de irradiación. El efecto de la dosis de irradiación sobre el porcentaje de injerto (segundo paso) fue evaluado llevando a cabo polimerizaciones de injerto con diferentes monómeros (NIPAAm y 4VP) y matrices poliméricas (PP y PTFE) usando los métodos directo y de pre-irradiación. El NIPAAm fue injertado en diferentes copolímeros de injerto (ver Figura 11.10): PP-g-DMAEMA, 100 % de injerto (●); PP-g-AAc, 50 % de injerto (■); PP-g-DMAAm, 35 % de injerto (▲); PTFE-g-AAc, 100 % de injerto (♦).

Por otro lado, la 4VP fue injertada en PP-g-DMAEMA por método directo en diclorometano, obteniendo un 40 % de injerto. Se espera que el número de sitios activos para llevar a cabo el injerto incremente con el aumento en la dosis de irradiación. Los resultados muestran que la eficiencia de injerto es una función de las matrices poliméricas así como de las condiciones de reacción. El valor más bajo de injerto fue obtenido para la combinación DMAEMA/NIPAAm en PP mientras que el más alto fue para DMAAm/NIPAAm en PP. El injerto de DMAAm en PP incrementa la hidrofilicidad del sistema (mayor hinchamiento en agua) y por lo tanto se incrementa el injerto del segundo monómero

(NIPAAm). El injerto de 4VP en PP-g-DMAEMA (sintetizado por el método directo) tuvo un máximo de eficiencia de injerto de 95 % a 30 kGy; el injerto llevado a cabo a valores superiores de esta dosis de irradiación permaneció casi constante. Es de importancia resaltar que este último sistema fue imposible de obtenerse por el método de pre-irradiación [6, 58, 83-86].

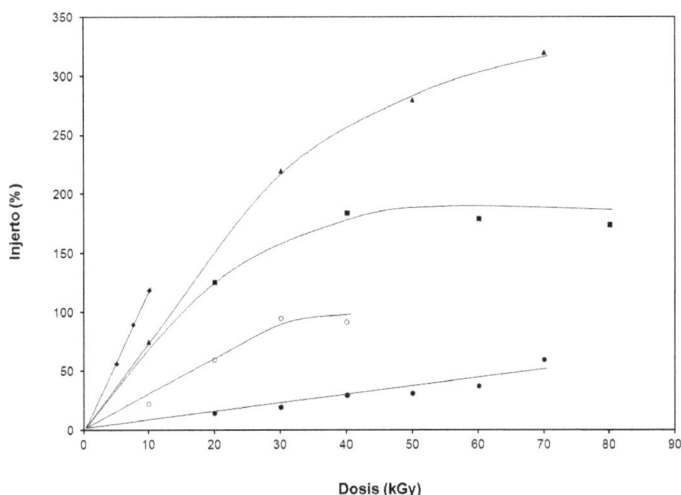

**Figura 11.10.** Injerto en función de la dosis, de NIPAAm injertado en diferentes matrices, por el método de pre-irradiación: (PP-g-DMAEMA 100%) (●), (PP-g-AAc 50%) (■), (PP-g-DMAAm 35%) (▲), (PTFE-g-AAc 100%) (◆). 4VP sobre (PP-g--DMAEMA 40%) (○) por el método de irradiación directa

## 11.8. Agradecimientos

Los autores agradecen a la M.L. Escamilla, M. Cruz y E. Palacios de ICN-UNAM por la asistencia técnica. Este trabajo fue apoyado por DGAPA-UNAM IN200714, CONACYT-CNPq 174378, y "Red iberoamericana de nuevos materiales para el diseño de sistemas avanzados de liberación de fármacos en enfermedades de alto impacto socioeconómico" (RIMADEL), CYTED 211RT0423.

## 11.9. Referencias

[1] A. Chapiro, Radiation Chemistry of Polymeric Systems, Wiley and Sons: New York, 1962.

[2] A. Chapiro, Radiat. Phys. Chem. 1977, 9, 55.

[3] G. Odian, M. Sobel, A. Rossi, R. Klein, J. Polym. Sci. 1961, 55, 663.

[4] T.R. Dargaville, G.A. George, D.J.T. Hill, A.K. Whittaker, Prog. Polym. Sci. 2003, 28, 1355.

[5] R. Mazzei, G. García, G. Massa, A. Filevich, Nucl. Instrum. Meth. B 2007, 255, 314.

[6] Y.S. Ramírez-Fuentes, E. Bucio, G. Burillo, Nucl. Instrum. Meth. B 2007, 265, 183.

[7] G. Moad, D.H. Solomon, The Chemistry of Radical Polymerization, Elsevier Ltd: Oxford, 2006.

[8] E. Rizzardo, J. Chiefari, B.Y.K. Chong, F. Ercole, J. Krstina, J. Jeffery, T.P.T. Le, R.T.A. Mayadunne, G.F. Meijs, C.L. Moad, G. Moad, S.H. Thang, Macromol. Symp.1999, 143, 291.

[9] G. Moad, E. Rizzardo, S.H. Thang, Aust. J. Chem. 2005, 58, 379.

[10] K. Abrol , G.N. Qazi, A.K. Ghosha, J. Biotechnol. 2007, 128, 838.

[11] K. Kumar, B.S. Kaith, R. Jindal, H. Mittal, J. Appl. Polym. Sci. 2012, 124, 4969.

[12] N.K. Goel, V.Kumar, M.S. Rao, Y.K. Bhardwaj, S. Sabharwal, Radiat. Phys. Chem. 2011, 80, 1233.

[13] A. El-Hag Ali, N.M. El-Sawy, E.S.A. Hegazy, A. Awadallah-F, Polym. Bull. 2011, 67, 1837.

[14] B. Singh, V. Sharma, A. Kumar, S. Kumar, Int. J. Biol. Macromol. 2009, 45, 338.

[15] H.H. Sokker, A.M.A. Ghaffar, Y.H. Gad, A. S. Aly, Carbohyd. Polym. 2009, 75, 222.

[16] T.B. Mostafa, J. Appl. Polym. Sci. 2009, 111, 11.

[17] G. González, G. Burillo, Radiat. Phys. Chem. 2010, 79, 870.

[18] J. Kunze and H.P. Fink, Macromol. Symp. 2005, 223, 175.

[19] E. Takacs, L. Wojnarovits, J. Borsa, J. Papp, P. Hargittai, L. Korecz, Nucl. Instrum. Meth. B 2005, 236, 259.

[20] L. Andreozzi, V. Castelvetro, G. Ciardelli, L. Corsi, M. Faetti, E. Fatarella, F. Zulli, J. Colloid Interface Sci. 2005, 289, 455.

[21] A. Contreras-García, C. Alvarez-Lorenzo, A. Concheiro, E. Bucio, Radiat. Phys. Chem. 2010, 79, 615.

[22] F. Muñoz-Muñoz, J.C. Ruiz, C. Alvarez-Lorenzo, A. Concheiro, E. Bucio, Radiat. Phys. Chem. 2012, 81, 531.

[23] L. García-Uriostegui, G. Burillo, E. Bucio, Radiat. Phys. Chem. 2012, 81, 295.

[24] J.Y. Lee, HS. Wang, M.J. Han, G.C. Cha, S.H. Jung. S. Lee, J.Y. Jho, Macromol. Res. 2011, 19, 1014.

[25] S. Cetin, T. Tincer, J. Appl. Polym. Sci. 2008, 108, 414.

[26] S. Chawla, A.K. Ghosh, D.K. Avasthi, P. Kulriya, S. Ahmad, J. Appl. Polym. Sci. 2007, 105, 3578.

[27] Y. Kimura, M. Asanob, J. Chenb, Y. Maekawab, R. Katakaia, M. Yoshida, Radiat. Phys. Chem. 2008, 77, 864.

[28] F. Muñoz-Muñoz, J.C. Ruiz, C. Alvarez-Lorenzo, A. Concheiro, E. Bucio, Eur. Polym. J. 2009, 45, 1859.

[29] A. Bhattacharya, Prog. Polym. Sci. 2000, 25, 371.

[30] E. Bucio, G. Cedillo, G. Burillo, T. Ogawa, Polymer Bull. 2001, 46, 115.

[31] J.A.G. Barros, G.J.M. Fechine, M.R. Alcantara, L.H. Catalani, Polymer 2006, 47, 8414.

[32] M.D. Kurkuri, J.R. Lee, J.H. Han, I. Lee, Smart Mater. Struc. 2006, 15, 417.

[33] B.N. Misra, J.K. Jassal, R. Dogra, J. Macromol. Sci. Chem. A 1981, 16, 1093.

[34] J.E. Kennedy, C.L. Higginbotham, Mat. Sci. Eng. C 2011, 31, 246.

[35] H. Zhao, Y. Feng, J. Guo, J. Appl. Polym. Sci. 2011, 119, 3717.

[36] C. Ignacio, I.A.S. Gomes, R.L. Oréfice, J. Appl. Polym. Sci. 2011, 121, 3501.

[37] M. Taniguchi, J. Pieracci, W.A. Samsonoff, G. Belfort, Chem. Mater. 2003, 15, 3805.

[38] G.S. Irwan, S.I. Kuroda, H. Kubota, T. Kondo, J. Appl. Polym. Sci. 2002, 83, 2454.

[39] D. He, M. Ulbricht, J. Mater. Chem. 2006, 16, 1860.

[40] T. Rohr, D.F. Ogletree, F. Svec, M.J. Frecht, Adv. Func. Mat. 2003, 13, 264.

[41] T. Kai, S. Yamaguchi, S. Nakao, Ind. Eng. Chem. Res. 2000, 39, 3284.

[42] A. Wenzel, H. Yanagishita, D. Kitamoto, A. Endo, K. Haraya, T. Nakane, N. Hanai, H. Matsuda, N. Koura, H. Kamusewitz, D. Paul, J. Membr. Sci. 2000, 179, 69.

[43] R. Jayakumar, M. Prabaharan, R.L. Reis, J.F. Mano, Carbohyd. Polym. 2005, 62, 142.

[44] S. Kobayashi, H. Hideyuk, Prog. Polym. Sci. 2003, 289, 1015.

[45] J. C. Zhao, Z.H. Xie, Z.A. Guo, G.J. Liang, J.L. Wang, Appl. Surf. Sci. 2004, 229, 124.

[46] J. Zhao, G. Fan, Z. Guo, Z. Xie, G. Liang, Polym. Bull. 2005, 55, 1.

[47] M.M. Nasef, E.A. Hegazy, Prog. Polym Sci. 2004, 29, 499.

[48] G.M. Iskander, L.E. Baker, D.E. Wiley, T.P. Davis, Polymer 1998, 39, 4165.

[49] E.S.A. Hegazy, H. Kamal, N. Maziad, A.M. Dessouki, Nucl. Instrum. Meth. B, 1999, 151, 386.

[50] R.J. Woods, A.K. Pikaev, Applied Radiation Chemistry: Radiation Processing, Wiley: New York, 1994

[51] L. Gubler, N. Prost, S.A. Gürsel, G.G. Scherer, Solid State Ionics, 2005, 176, 2849.

[52] M. Dole, Radiation Chemistry of Macromolecules, Academic Press: New York, 1973.

[53] Z. Xu, J. Wang, L. Shen, D. Men, Y. Xu, J. Membr. Sci. 2002, 196, 221.

[54] S.H. Choi, Y.C. Nho, Radiat. Phys. Chem. 2000, 58, 157.

[55] N. Walsby, M. Paronen, J. Juhanoja, F. Sundholm. J. Polym. Sci. A Chem. 2000, 38, 1512.

[56] B. Gupta, N. Anjum, A.P. Gupta, J. Appl. Polym. Sci. 2000, 77, 1401.

[57] F. Ranogajec, Radiat. Phys. Chem. 2007, 76, 1381.

[58] E. Bucio, G. Burillo, Radiat. Phys. Chem. 1996, 48, 805.

[59] F. Ranogajec, I. Dvornik, J. Dobo, Eur. Polym. J. 1970, 6, 1169.

[60] H.P. Brack, H.G. Bührer, L. Bonorand, G.G. Scherer, J. Mater. Chem. 2000, 10, 1975.

[61] F. Cardona, G.A. George, D.J.T. Hill, F. Rasoul, J. Maeji, Macromolecules 2002, 35, 355.

[62] H. Sakurai, M. Shiotani, H. Yahiro, Radiat. Phys. Chem. 1999, 56, 309.

[63] C. Qiu, F. Xu, Q.T. Nguyen, Z. Ping, J. Membr. Sci. 2005, 255, 107.

[64] M. Kallrot, U. Edlund, A.C. Albertsson, Biomaterials 2006, 27, 1788.

[65] M.E. Brown, Introduction to Thermal Analysis: Techniques and Applications, Kluwer Academic Publisher/Springer: Dordrecht, 2001.

[66] P.J. Haines, Principles of Thermal Analysis and Calorimetry, Royal Society of Chemistry: Cambridge, 2002.

[67] H.P. Brack, D. Ruegg, H. Buhrer, M. Slaski, S. Alkan S, G.C. Schrer, J. Polym. Sci. Part B: Polym. Phys. 2004, 42, 2612.

[68] R. Gangopadhyay, P. Ghosh, Eur. Polym. J. 2000, 36, 1597.

[69] K. Zheng, L. Chen, Y. Li, P. Cui, Polym. Eng. Sci. 2004, 44, 1077.

[70] J.M. Gohil, A. Bhattacharya, P. Ray, J. Polym. Res. 2006, 13, 161.

[71] A. Ortega, E. Bucio, G. Burillo, Polym. Bull. 2007, 58, 565.

[72] M. Sen, M. Sari, Eur. Polym. J. 2005, 41, 1304.

[73] B. Wang , X. Xu, Z. Wang, S. Cheng, X. Zhang, R. Zhuo, Colloid Surface B 2008, 64, 34.

[74] L. Wang, W. Dong, Y. Xu. Carbohyd. Polym. 2007, 68, 626.

[75] Z. Dong, Z. Liu, B. Han, J. He, T. Jiang, G. Yang, J. Mater. Chem. 2002, 12, 3565.

[76] D.R. Bhumkar, V.B. Pokharkar, AAPS Pharmscitech. 2006, 7, E1.

[77] S. Phadnis, M. Patri, B.C. Chakraborty, P.K. Singh, P.C. Deb, J. Appl. Polym. Sci. 2005, 97, 1426.

[78] J. Chen, Y.C. Nho, O.H. Kwon, A.S. Hoffman, Radiat. Phys. Chem. 1999, 55, 87.

[79] J.Y. Park, M.H. Acar, A. Akthakul, W. Kuhlman, A.M. Mayes, Biomaterials 2006, 27, 856.

[80] N. Abidi, E. Hequet, S. Tarimala, Text. Res. J. 2006, 77, 668.

[81] Z.M. Liu, Z.K. Xu, J.Q. Wang, J. Wu, J.J. Fu, Eur. Polym. J. 2004, 40, 2077.

[82] V. Freger, J. Girlon, S. Belfer, J. Membr. Sci. 2002, 209, 283.

[83] E. Bucio, R. Aliev, G. Burillo, Polymer Bull. 2002, 47, 571.

[84] J.C. Ruiz, E. Bucio, R. Aliev, G. Burillo, Soc. Quím. Méx. 2004, 48, 208.

[85] A. Contreras-García, G. Burillo, R. Aliev, E. Bucio, Radiat. Phys. Chem. 2008, 77, 936.

[86] H.I. Meléndez-Ortiz, E. Bucio, Polymer Bull. 2008, 61, 619.

# CAPÍTULO 12. RADIACIÓN GAMMA PARA EL DISEÑO DE SISTEMAS INTELIGENTES EN LIBERACIÓN CONTROLADA DE FÁRMACOS E INGENIERÍA DE TEJIDOS

**Franklin Muñoz-Muñoz, Angel Contreras-García, Guillermina Burillo, Emilio Bucio**
*Centro de Nanociencias y Nanotecnología, Universidad Nacional Autónoma de México, Km. 107 Carretera Tijuana-Ensenada, Baja California, México.*
*Laboratorio de Investigación y Desarrollo, Signa S.A. de C.V. Av. Industrial Automotriz 301, Zona Industrial, 50071, Toluca, Estado de México, México.*
*Departamento de Química de Radiaciones y Radioquímica, Instituto de Ciencias Nucleares, Universidad Nacional Autónoma de México, Circuito Exterior, Ciudad Universitaria, 04510 México DF, México.*

**Resumen:**

El presente capítulo describe la síntesis y funcionalización de matrices poliméricas con polímeros inteligentes o estimulo-sensibles mediante radiación gamma. Estos sistemas inteligentes fueron revisados desde su preparación, propiedades y aplicaciones potenciales. La preparación de estos materiales como sistemas de administración de fármacos proporcionan características específicas para el diseño de nuevos polímeros con gran potencial en aplicaciones de biotecnología. En especial, el uso de la radiación gamma para la síntesis de copolímeros de injerto y modificación de hidrogeles utilizando monómeros sensibles a pH y temperatura, se discute en este capítulo. Los efectos de la dosis absorbida, la concentración de monómero y el tiempo de reacción con respecto al porcentaje de injerto, también son mencionados. La poli(N-isopropilacrilamida) (PNIPAAm) y el poli(ácido acrílico) (PAAc)

DOI: http://dx.doi.org/10.14195/978-989-26-0881-5_12

son algunos de los polímeros estimulo-sensibles más populares que se han injertado en diferentes matrices poliméricas. PNIPAAm es termo-sensible con una transición de fase (LCST) de aproximadamente 32 °C, en medios acuosos. Por otro lado, PAAc es un polímero sensible al pH que tiene una capacidad de incluirse en reacciones químicas para producir nuevos grupos funcionales. Como ejemplo, una combinación de estos productos puede desempeñar un papel importante como productos sanitarios o sistemas locales de liberación controlada de fármacos, con fines curativos o profilácticos. Actualmente se están llevando a cabo numerosas investigaciones con la finalidad de diseñar dispositivos biomédicos que mejoren las características de biocompatibilidad y desempeño terapéutico.

**Palabras clave:** Rayos-gamma; polímeros inteligentes; liberación de fármacos; dispositivos médicos; IPNs; hidrogeles.

**Abstract:**

This chapter discusses the synthesis and functionalization of polymeric matrices with smart or stimuli-sensitive polymers by gamma-rays. These smart components were reviewed from their preparation, properties and potential applications. The performance of these materials as drug delivery systems provide specific characteristics for the design of novel polymers with enormous chances in biotechnology applications. Specifically, the use of gamma radiation for the synthesis of graft copolymers and modification of hydrogels using pH and thermo sensitive monomers, are discussed in this chapter. The effects of the absorbed dose, monomer concentration and reaction time on the amount of graft, are also mentioned. Poly(N-isopropylacrylamide) (PNIPAAm) and poly(acrylic acid) (PAAc) are some of the most popular stimuli-sensitive polymers that have been grafted onto different polymeric matrices. PNIPAAm is thermo-sensitive material which undergoes a phase transition (LCST) of about 32 °C, in aqueous media. On the other hand, PAAc is pH sensitive polymer which has a capability to undergo further chemical reaction to produce new functional groups. As an example, a combination of these products can play an important role as medical device or delivery systems for the local release of drugs for curative or prophylactic purposes. Currently, intense research is being carried out to design medical devices with improved features regarding biocompatibility and therapeutic performance.

**Keywords:** Gamma-rays; smart polymers; drug delivery; medical devices; IPNs; hydrogels.

## 12.1. Introducción

La definición de sistemas inteligentes abarca, entre una creciente diversidad de materiales, a aquellos sistemas poliméricos que presentan cambios significativos en sus propiedades físicas o químicas en respuesta a pequeñas variaciones sobre las condiciones del medio que los rodea. Este estímulo se puede atribuir a la acción de diferentes agentes externos, tales como temperatura, pH, concentración de iones específicos, solventes, campo eléctrico o magnético, estrés mecánico, sustratos enzimáticos o agentes bioquímicos; mientras que su magnitud o características, pueden variar considerablemente de un sistema a otro, dependiendo de la estructura, estado, forma, conformación o composición del polímero. Es así como en las últimas décadas, la investigación y desarrollo en el campo de los polímeros inteligentes, también llamados "estimulo-sensibles"- se ha destacado por sus contribuciones y avances en la producción de múltiples sistemas con la capacidad de adaptarse a las aplicaciones deseadas. Materiales en estado sólido, en solución, en forma de geles, micelas o suspensiones, polímeros con diferentes arquitecturas moleculares (lineales, ramificados, reticulados, en forma de copolímeros injertados, redes poliméricas interpenetrantes [IPNs, por sus siglas en inglés: *"Interpenetrating Polymer Neworks"*]), sistemas poliméricos sintetizados en forma de capas superficiales, sistemas con inclusión de componentes receptores para la interacción con moléculas específicas o la incorporación de grupos que promueven la biodegradación; son algunos de los innumerables aportes con los que la ciencia de los polímeros inteligentes ha contribuido en los últimos años. No obstante, las cualidades y características de una gran parte de los polímeros inteligentes producidos hasta el momento, sumado a la biocompatibilidad, naturaleza inerte, propiedades mecánicas, resistencia química y térmica, han posicionado a esta clase de materiales en un lugar privilegiado, principalmente para el desarrollo de aplicaciones biomédicas, en especial para el campo de los sistemas de liberación controlada de fármacos e ingeniería de tejidos.

Los polímeros usados como biomateriales, que han surgido como resultado del esfuerzo interdisciinario en campos como la ingeniería, la química de polímeros, bioquímica, medicina y farmacia, encuentran cada día aplicaciones más sofisticadas y complejas en las áreas de la biotecnología y la biomedicina. Es así como hoy existe una gran necesidad de desarrollar y diseñar polímeros compatibles con sistemas vivos, estas interacciones incluyen la biocompatibilidad con sangre y tejidos, por ejemplo en implantes o materiales suplementarios (injertos vasculares, corazones artificiales, suturas, lentes intraoculares y catéteres). Esta clase de materiales también requieren de ciertos criterios para su uso en aplicaciones médicas, quirúrgicas y farmacéuticas, los cuales toman en cuenta las propiedades mecánicas, compatibilidad, hidrofilicidad y la respuesta inmune o biológica que pueda presentar el material en su sitio de acción [1]. Por su parte, el uso de implantes y dispositivos biomédicos está estrechamente asociado a la frecuente aparición de infecciones con considerable morbilidad y mortalidad, o al predominio de reacciones adversas en forma de inflamación en el momento de interaccionar con los tejidos circundantes [2-5]. En muchos casos, un material polimérico en contacto con sangre también puede experimentar la adhesión celular, lo que podría conducir al desarrollo de una trombogénesis.

La funcionalización de polímeros se ha destacado como una herramienta útil en la prevención de infecciones sobre dispositivos biomédicos, aquellos que por una inadecuada manipulación o por la propia etiopatología del proceso de uso, son fácilmente colonizados por microorganismos oportunistas presentes en el proceso de inserción. Una vez en contacto con el dispositivo invasivo, la posibilidad de que estos microorganismos (como las bacterias y hongos) se adsorban y proliferen sobre sus paredes y formen "biofilms" es significativa, lo que prácticamente imposibilita su erradicación por los procedimientos terapéuticos convencionales. Por consiguiente, la incorporación de agentes antimicrobianos, fármacos antiinflamatorios o de agentes de inmunosupresión sobre la superficie del dispositivo a implantar, es un camino efectivo para tratamientos profilácticos o para la prevención de respuestas inmune e inflamatorias, evitando simultáneamente, el predominio de efectos colaterales provenientes del empleo de altas o inadecuadas dosis con los sistemas convencionales de liberación de fármacos [6-11].

En general, la modificación de un polímero puede ser localizada en su superficie o distribuida en toda su masa, puede ser lograda aplicando diferentes métodos físico-químicos, y requiere el uso de monómeros u otros polímeros que se caracterizan por poseer ciertos grupos funcionales a lo largo de su estructura. Estos compuestos tienen la capacidad de conferir un comportamiento inteligente al sustrato, tales como grupos amidas, aminas, ácidos carboxílicos o epóxidos, entre otros [12-15]. Es aquí donde se resalta la participación de la energía ionizante, como la radiación gamma (γ) y los electrones acelerados, para promover la activación de polímeros, de tal forma que los monómeros o moléculas específicas puedan ser unidos covalentemente sobre la estructura polimérica, por medio de una reacción química para formar un copolímero de injerto. El grado o nivel de modificación, como son la proporción de material injertado o la variación en sus propiedades mecánicas, pueden ser fácilmente controladas por variación de la exposición a la radiación (dosis de exposición e intensidad de radiación) y demás condiciones de reacción implícitas (concentración de monómeros, atmósfera inerte, temperatura y tiempo de reacción). El estudio y control de la radiación ionizante, en especial de la radiación γ, ha sido de interés creciente durante las últimas décadas, hasta el punto en que su uso en la síntesis o la transformación de materiales para lograr la funcionalidad deseada o requerida en aplicaciones especializadas, es cada vez más frecuente.

Las reacciones de polimerización y formación de copolímeros de injerto, estimuladas por radiación γ, es un proceso conocido desde la década de los 60, que actualmente tiene una gran importancia y preferencia por no requerir el uso de iniciadores químicos, por la pureza con la que se obtienen los productos finales y por ser aplicables a la mayoría de combinaciones o forma de polímeros o monómeros, tales como fibras o películas, monómeros en fase líquida, vapor o solución [16-17]. Además, la síntesis de copolímeros de injerto usando radiación γ se puede llevar a cabo por diferentes métodos: pre-irradiación e irradiación directa. El método de injerto por irradiación directa tiene ventajas asociadas cuando se usan rayos γ al ser comparados con los electrones acelerados, ya que estos últimos, ofrecen un menor grado de penetración sobre los materiales a modificar, lo que limita a la funcionalización del sustrato en su superficie y no facilita su modificación en su masa [18]. Por su parte, entre las cualidades a resaltar sobre los copolímeros de injerto, figuran la conservación o la mejora de propiedades mecánicas del sustrato y la incorporación de componentes sensibles a estímulos (inteligentes) con respuesta inmediata en su cambio de espesor, cargas en la superficie, humectabilidad o capacidad de hinchamiento [19]. Estas propiedades son de especial interés en aplicaciones biomédicas relacionadas con sistemas implantables de liberación controlada de fármacos con capacidad de liberar el principio activo en dependencia de las condiciones del medio, de manera dirigida hacia sitios específicos del organismo. Generalmente, los sistemas de liberación controlada presentan importantes ventajas como son: el incremento en la eficiencia de los tratamientos, reducción de dosis administrada, probabilidad de combinar tratamientos y la reducción de efectos secundarios.

En los últimos años, el Laboratorio de Química de Radiaciones en Macromoléculas del Instituto de Ciencias Nucleares (ICN) de la Universidad Nacional Autónoma de México (UNAM), ha participado en proyectos multidisciplinarios relacionados directamente con la modificación, por medio de radiación ionizante, de sustratos poliméricos que presentan un uso restringido en aplicaciones como dispositivos biomédicos implantables. Estas limitaciones surgen debido a que por sus características físico-químicas, estos materiales provocan reacciones adversas e indeseadas al interaccionar con sangre o tejidos, o se tornan vulnerables a la colonización con microorganismos patógenos, ampliando así, los factores de riesgo y peligro para el paciente. De igual forma, matrices poliméricas usadas convencionalmente en el área biomédica y que presentan características que los hacen inadecuados para la interacción con biomoléculas y/o productos farmacéuticos, han sido funcionalizados por medio de radiación γ para aumentar su biocompatibilidad, reducir su citotoxicidad y, además de favorecer la interacción del componente bioactivo-polímero, presentando un comportamiento inteligente que intervenga en el funcionamiento del material a diferentes condiciones fisiológicas de temperatura y pH.

## 12.2. Polímeros en aplicaciones biomédicas

Actualmente se puede encontrar un gran número de estructuras que componen el vasto mundo de los polímeros y copolímeros. Los polímeros se pueden representar de manera lineal, ramificada, en forma de peine, estrella, como micelas, macrocíclos o estructuras reticuladas. Por su parte, los copolímeros se pueden distribuir en orden aleatorio, alternante, en bloques o en forma de injerto (ver Figura 12.1). El orden de la unidad repetitiva en un copolímero interviene directamente sobre sus propiedades.

En el ámbito de la tecnología farmacéutica, los polímeros clásicos encontraron interesantes aplicaciones como componentes de diversos dispositivos biomédicos comerciales, pero con el constante desarrollo de nuevas técnicas de síntesis de polímeros y su funcionalización, son cada vez más los polímeros diseñados y desarrollados principalmente como componentes de sistemas de liberación controlada de fármaco e ingeniería de tejidos. No obstante, la modificación química de polímeros por medio de radiación γ para crear nuevos materiales y aplicaciones, representan una alternativa efectiva para reintegrar a aquellos polímeros, como el polipropileno (PP), a aplicaciones biomédicas en las que sus usos están siendo limitados debido a los problemas asociados con biocompatiblidad, toxicidad o colonización bacteriana.

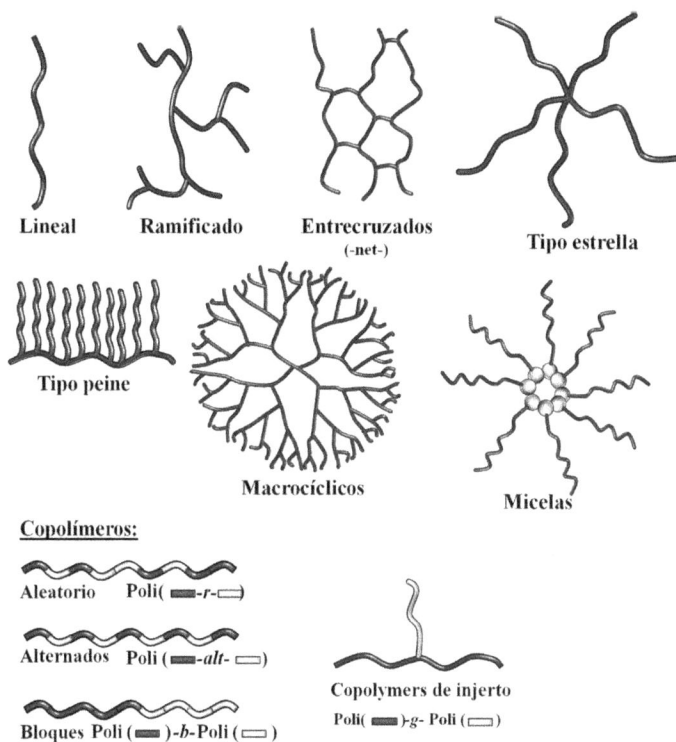

**Figura 12.1.** Diferentes morfologías de polímeros sensibles a estímulos y tipos de copolímeros.

## 12.3. Polímeros inteligentes

La principal característica de este tipo de polímeros es su habilidad para responder a pequeños cambios en las condiciones del medio que lo rodea. Estos materiales pueden experimentar una transición de fase (TF) manifestada con cambios macroscópicos y reversibles en su estructura cuando son alteradas variables del medio como la temperatura, pH, la fuerza iónica, presencia de ciertos metabolitos químicos, adición de polímeros con cargas opuestas, formación de complejos policatión-polianión, incidencia de campos magnéticos y eléctricos, luz u otro tipo de radiación electromagnética y composición química del disolvente, entre otros (ver Figura 12.2) [20-26]. Generalmente, las repuestas son mostradas como cambios reversibles en uno o más de los siguientes aspectos del material: volumen, forma, características de la superficie, solubilidad, transición sol-gel y otros que también se evidencian visualmente.

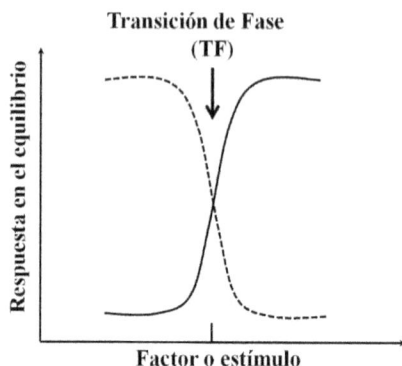

**Figura 12.2.** Respuestas de un polímero inteligente a un estimulo en el medio. La línea sólida y la punteada representan una respuesta positiva y negativa, respectivamente.

Concretamente, un estímulo físico aplicado al material afecta sus niveles de energía y altera las interacciones moleculares al atravesar ciertos puntos críticos [27]. Cuando el medio es acuoso, los cambios en la microestructura son producto del paso de un estado hidrofílico a uno hidrofóbico. Por consiguiente, es necesario que la estructura molecular del polímero presente una proporción adecuada de hidrofobicidad e hidrofilicidad para que la TF se produzca en medios acuosos [28]. La Figura 12.3 muestra esquemáticamente los dos posibles estados de estos polímeros cuando la TF se presenta, el estado colapsado y el hinchado, los cuales dependen de las condiciones del medio.

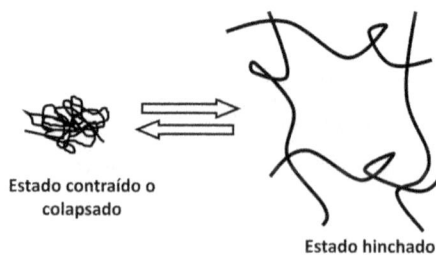

**Figura 12.3.** Representación esquemática de un polímero reticulado en su estado contraído e hinchado

El estudio de este fenómeno se inició por la predicción teórica de Dusek y Patterson en 1968 [29]. Sin embargo, la TF en volumen fue experimentalmente demostrada por Tanaka en 1978 con geles de poliacrilamida (PAm) parcialmente ionizados en una mezcla de acetona/agua [30]. Concretamente, esta transición resulta del balance competitivo entre las fuerzas repulsivas y atractivas del sistema. Existen cinco tipos de interacciones a nivel molecular responsables del comportamiento fisicoquímico de sistemas poliméricos: fuerzas de tipo Van der Waals, interacciones hidrófobas, enlaces de hidrógeno, interacciones electrostáticas e interacciones originadas por fenómenos de transferencia de carga. En la Figura 12.4 se representan los cuatro tipos de interacciones más importantes que determinan el comportamiento de fases a nivel molecular, ya sea en un medio homogéneo o heterogéneo, y son las que determinan la aparición de puntos críticos en variables como temperatura y pH.

El interés sobre los polímeros inteligentes se centra en su capacidad para ser aplicados en un sin número de funciones biomédicas especializadas, entre ellas se destaca la liberación de fármacos, la construcción de membranas de bioseparación, diseño de implantes, ingeniería de tejidos, entre otras. Algunos sistemas han sido desarrollados combinando dos o más mecanismos sensibles en un mismo polímero, como es el caso de los polímeros duales con respuesta simultánea al pH y temperatura. Recientemente, se adelantan investigaciones para el diseño de polímeros inteligentes con respuesta a estímulos bioquímicos como a antígenos, enzimas y agentes bioquímicos.

En casos específicos, la sensibilidad al pH y temperatura en un polímero son aprovechadas para la liberación controlada de fármacos en tejidos tumorales, puesto que éstos presentan un ambiente ácido debido al ácido láctico producido por hipoxia y por organélos intracelulares ácidos [31]. Además, el mecanismo de liberación desde el polímero debe facilitarse a los rangos de la temperatura corporal. Teniendo en cuenta estos factores, es como varios polímeros inteligentes han sido diseñados para liberar fármacos anti cancerígenos en los sitios tumorales, específicamente bajo las condiciones ácidas en las que prevalecen y a temperaturas por encima del nivel normal.

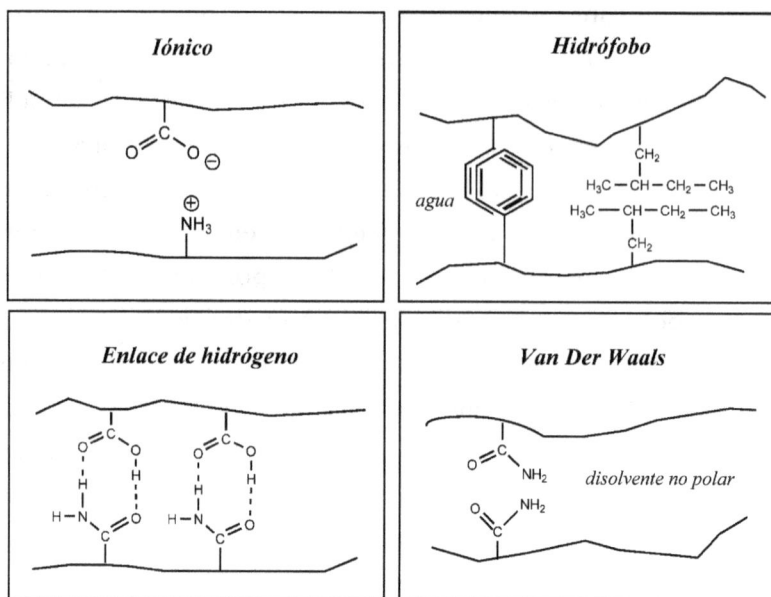

**Figura 12.4.** Representación de las cuatro interacciones moleculares fundamentales entre las cadenas de polímeros.

Dependiendo de su forma física, los polímeros inteligentes pueden ser clasificados en tres clases (Figura 12.5):

a. Polímeros con cadenas lineales libres en solución. En estos las cadenas experimentan un colapso reversible al ser aplicado un estímulo externo.

b. Geles reticulados covalentemente o geles físicos. El hinchamiento o colapso reversible de las redes poliméricas se desencadena por cambios en el medio que los rodea.

c. Cadenas injertadas sobre superficies. Estos polímeros presentan hinchamientos o colapsos reversibles pasando por estados hidrofílicos o hidrofóbicos, según sea su caso, cuando una condición del medio es modificada.

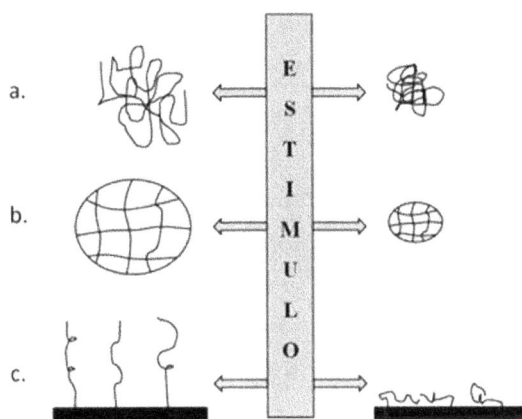

**Figura 12.5.** Clasificación de los polímeros inteligentes dependiendo de su estructura.

### 12.3.1. Hidrogeles

Los hidrogeles son redes poliméricas tridimensionales, compuestas de polímeros hidrofílicos, con la capacidad de absorber grandes cantidades de agua o fluidos biológicos, sin disolverse bajo condiciones fisiológicas [32-34]. Son considerados como los primeros biomateriales diseñados para uso en el cuerpo humano. La clasificación de hidrogeles físicos e hidrogeles químicos depende de la naturaleza de las uniones involucradas en la conformación de la estructura entrecruzada. Por ejemplo, en los hidrogeles físicos la reticulación entre las cadenas del polímero se constituye por uniones débiles que pueden ser originadas por las interacciones entre los grupos funcionales específicos que conforman la molécula, tales como uniones de tipo Van der Waals o de enlaces de hidrógeno. Por otro lado, los hidrogeles químicos son aquellos en los que la red se encuentra formada a través de enlaces covalentes, por lo que su ruptura implicarían la degradación del material. En materia de hinchamiento una notable diferencia entre los hidrogeles químicos y los hidrogeles físicos reside en que, para los primeros, su estructura entrecruzada químicamente es indisoluble en el medio de hinchamiento, mientras que en los segundos, la disolución del polímero es inminente al encontrarse que la entrada del líquido puede separar las cadenas debido a que las fuerzas que las sujetan son sólo de origen físico. No obstante, en cadenas poliméricas entrecruzadas químicamente la entrada del líquido alcanza un límite o grado máximo de hinchamiento, ya que la estructura covalente no puede deformarse indefinidamente. Por el contrario, el hinchamiento de un polímero no entrecruzado (sin entrecruzamiento químico) carece de límite, puesto que la incorporación progresiva del líquido puede conducir a la disolución del polímero y pérdida en la conservación de la forma [35]. No necesariamente todas las redes poliméricas capaces de absorber disolvente e hincharse en dicho medio adquieren la apariencia de un hidrogel y deben denominarse como tal. Un hidrogel puede estar constituido por IPNs, mientras que una IPN no necesariamente conduce a la formación de un gel o hidrogel, más aún, si alguna de sus redes se compone de polímeros hidrófobicos. Así, la diferencia entre estas dos clases de redes radica en la consistencia viscoelástica que adquieren los hidrogeles en su estado hinchado.

El grado de reticulación o entrecruzamiento determina la solubilidad, el porcentaje de hinchamiento, el tamaño de poro del material, el área total superficial y la resistencia mecánica del polímero. Por consiguiente, la elección del agente entrecruzante y de otros monómeros modificadores de propiedades depende del tipo de monómeros base elegido y es fundamental a la hora de optimizar las propiedades de la red polimérica a sintetizar. Existen varios procedimientos para la síntesis de hidrogeles que incluyen los siguientes métodos de reticulación: por copolimerización con monómeros polifuncionales, la presencia de precursores poliméricos, o por la reacción directa o facilitada entre dos cadenas poliméricas (ver Figura 12.6) [36]. La reticulación puede ser inducida por medio de radiación o reacciones químicas. En el primer caso, la radiación puede estar compuesta por la emisión de electrones acelerados, rayos gamma ($\gamma$), rayos X o luz ultravioleta (UV) [37-38]. En el segundo caso, las reacciones químicas para unir cadenas poliméricas pueden promoverse por la adición de agentes de reticulación (moléculas de bajo peso molecular capaces de enlazar dos cadenas poliméricas en propagación, a través de sus grupos di- o multifuncionales) [39-40]. Un agente de reticulación comúnmente utilizado es N,N'-methylenebisacrylamide (MBAAm).

Uno de los polímeros ampliamente utilizado en forma de hidrogel para aplicaciones en medicina y farmacia es el poli(N-vinil-2-pirrolidona) (P2VP) [41]. Mientras que la reticulación de este y otros polímeros mediante radiación γ fue reportada por Charlesby y Alexander [42], Nagaoka [43] aplicó radiación γ para inducir la polimerización y reticulación en la síntesis de hidrogeles de PNIPAAm, un polímero que se caracteriza por su termosensibilidad. Ortega y colaboradores [44] estudiaron y compararon las propiedades de hidrogeles de PNIPAAm preparado por tres métodos diferentes, usando rayos γ en cada uno de ellos. Entre sus resultados encontraron que la irradiación de soluciones acuosas del monómero N-isopropilacrilamida (NIPAAm) en presencia y ausencia de MBAAm conduce a la formación de microestructuras diferentes a las obtenidas por la irradiación de NIPAAm en estado sólido compactado. Otros estudios realizados por Jabbari y Nozari [45] sobre hidrogeles sintetizadas por la irradiación de soluciones acuosas de PAAc, un polímero con sensibilidad al pH del medio, demostraron que la densidad de reticulación aumentaba con la dosis de irradiación (energía) empleadas (de 5 a 25 kGy). Una de las aplicaciones reconocidas de los hidrogeles de PAAc es en sistemas de liberación gastrointestinal [46-47].

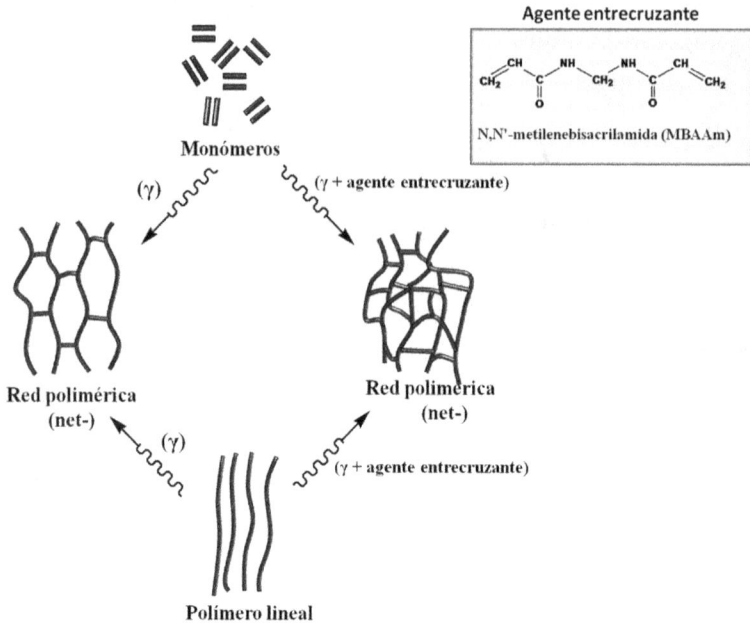

**Figura 12.6.** Diferentes métodos para el entrecruzamiento de cadenas poliméricas en presencia o ausencia de agente entrecruzante.

Las aplicaciones biomédicas de hidrogeles con respuesta a la temperatura comenzaron a atraer la atención en la década de los 80's, particularmente basándose en los trabajos del grupo de Hoffman [48]. Las diferencias entre los polímeros reticulados por irradiación en presencia y ausencia de un agente reticulante también fueron reveladas por este reconocido investigador. En dichos estudios se estableció que la presencia del agente reticulante afecta el comportamiento del polímero a reticular en la disolución, conduciendo así a estructuras menos homogéneas que las obtenidas sólo por radiación [49].

Los hidrogeles son comúnmente usados en la clínica práctica y medicina experimental en una amplia variedad de aplicaciones, incluyendo ingeniería de tejidos y medicina regenerativa [50], diagnóstico [51], inmovilización celular [52], separación de biomoléculas o células [53] y acarreadores de fármacos [54]. Muchos de estos dispositivos beneficiarían particularmente las áreas médica y biotecnológica si se lograra un control efectivo de las interacciones moleculares y celulares en la superficie del material [55]. Sin embargo, otras de las desventajas incorporadas al campo de hidrogeles son: presentan un control limitado de su conformación estructural desde el momento de la síntesis, responden lentamente a estímulos externos, y presentan bajas propiedades mecánicas. Pero la mejora de propiedades biomecánicas de los hidrogeles, la síntesis de hidrogeles injertadas con estructuras tipo peine que le garantizan una rápida respuesta a estímulos externos, el desarrollo de mezclas poliméricas para formar IPNs y la preparación de hidrogeles injertados sobre soportes poliméricos; son algunos de los muchos ejemplos de los biomateriales desarrollados con un futuro promisorio.

### 12.3.2. Cadenas de polímeros inteligentes injertadas sobre superficies

En similitud a los polímeros reticulados inteligentes, aquellos que se componen de cadenas poliméricas lineales inteligentes injertadas sobre superficies o membranas, también poseen la cualidad de absorber agua en su estructura hasta alcanzar un equilibrio fisicoquímico, aunque su capacidad de retención depende de la estructura general de la macromolécula y de la hidrofilicidad tanto del polímero injertado como de la superficie modificada. La cantidad de agua absorbida en estos polímeros no es considerable si la superficie que los soporta tiene un carácter netamente hidrofóbico. Por otro lado, la absorción de agua puede ser extremadamente elevada cuando las cadenas inteligentes hidrofílicas se injertan sobre matrices o superficies que también poseen un alto carácter hidrofílico e inteligente. Como ejemplo de estos dos casos se tienen los copolímeros de PP injertados con PNIPAAm y los hidrogeles de PAAc a los que se les injertó cadenas tipo peine, unas del mismo polímero PAAc y otras de PNIPAAm [56]. Las reacciones para la síntesis de estos copolímeros de injerto fueron promovidas por electrones acelerados y radiación γ. Estos trabajos fueron realizados por Burillo y Bucio en el Laboratorio de Química de Radiaciones en Macromoléculas en el ICN de la UNAM.

La fuerza conductora de la TF de estos polímeros la brindan las cadenas del polímero injertado sobre una superficie. La conformación de dichas cadenas inducen los cambios de estado en el polímero. Cuando las cadenas injertadas adquieren una conformación que las hace solubles en el medio acuoso, la superficie gana propiedades hidrofílicas; mientras que a las condiciones en que las cadenas injertadas logran colapsar o ser insolubles, la superficie se torna hidrofóbica.

### 12.3.2.1. Polímeros termosensibles

La mayoría de moléculas son más solubles a mayor temperatura, pero algunos polímeros solubles en agua presentan una separación de fase cuando son sometidos a mayor temperatura (solubilidad inversa). Aquellos polímeros, sensibles a la temperatura, exhiben un punto crítico o temperatura de solución crítica inferior (LCST, por sus siglas en inglés: *Lower Critical Solution Temperature*) en medios acuosos. En este punto, partes de la macromolécula son solubles en agua a bajas temperaturas, pero son insolubles a temperaturas superiores a la LCST [57]. El valor o posición de la LCST puede experimentar variaciones por modificaciones hechas sobre la estructura química del polímero. La incorporación de grupos hidrofílicos incrementa el valor de temperatura en que la TF ocurre, mientras que la adición de grupos hidrofóbicos disminuye dicho valor [58]. Las diferentes técnicas de copolimerización pueden ser empleadas para la introducción de estos grupos sobre la macromolécula, siendo de gran utilidad las reacciones de injerto inducidas por radiación ionizante.

Desde una perspectiva fisicoquímica, la LCST corresponde a la región en un diagrama de fases donde la contribución entálpica del agua enlazada a la cadena polimérica por puentes de hidrógeno se vuelve menor que la entropía ganada por el sistema en total, y por tanto, depende en gran medida de las capacidades de las cadenas para establecer enlaces de hidrógeno intramoleculares [28].

Generalmente, los polímeros sensibles a la temperatura son sintetizados a partir de monómeros que aportan segmentos hidrofílicos e hidrofóbicos que intervienen en el establecimiento de interacciones inter e intramoleculares asociadas a la estructura del sistema. Esto permite clasificarlos en los siguientes grupos:

a) *Poli(acrilamidas N-alquil-sustituidas):* entre estas se destaca el PNIPAAm, que presenta una LCST entre un rango de 30 a 35 °C, dependiendo de la microestructura de la macromolécula [59-60]. PNIPAAm es uno de los polímeros termosensibles más estudiado por sus características que lo hace especial para su uso en aplicaciones biomédicas, tales como la liberación controlada de fármacos y la ingeniería de tejidos [61-63]. Sus aplicaciones van desde la purificación de proteínas, bioseparación de ácidos nucleicos como el ARN, de ADN plasmídico y esteroides, inmovilización de enzimas, biosensores, absorción de iones metálicos y nanopartículas, tejidos artificiales, liberación de fármacos, cromatografía termosensible, renaturalización de proteínas, membranas de microfiltración, entre muchas otras [28, 64-68].

b) *Poli(N-vinilalquilamidas):* la poli(N-vinilcaprolactama) (PVCL) con una LCST entre 32-35 °C, que depende del peso molecular del polímero, representa un ejemplo importante de esta clase de materiales.

c) *Algunos polióxidos, poliglicoles o derivados de celulosa*: entre estos se destacan el poli(óxido de etileno) (POE), polietilenglicol (PEG), etilhidroxietil celulosa (EHC) [22]; copolímeros de poli(óxido de propileno-co-óxido de etileno) (POPP-co-PO) y el copolímero tribloque de poli(ácido láctico)/polietilenglicol/poli(ácido láctico) (PAL-PEG-PAL) [28].

Transiciones como la LCST han mostrado un gran potencial para aplicaciones en bioingeniería y biotecnología. Para los dispositivos implantables se requiere que la respuesta de estos sistemas se asocie a la temperatura del paciente. Por consiguiente, se quiere diseñar materiales inteligentes que liberen sustancias bioactivas cuando la temperatura corporal rebasa un determinado valor, para que actúe inmediatamente sobre la restauración de la temperatura del paciente. Una vez restablecida la temperatura corporal a valores normales, la salida del fármaco de la matriz polimérica debe disminuir drásticamente o incluso inhibirse completamente debido a la recuperación del volumen inicial del polímero. En definitiva, para estos sistemas, la liberación de un fármaco depende de la temperatura del paciente en donde se implante el módulo.

El estudio sobre los polímeros termosensibles inició en 1978, cuando Tanaka observó la TF en polielectrolitos de derivados de PAm, tales como: NIPAAm, dietilacrilamida (DEAAm) y dimetilacrilamida (DMAAm), entre otros [30]. Por otro lado, existen polímeros termosensibles que exhiben un comportamiento opuesto al presentado en la LCST. Estos materiales se comportan de manera hidrofóbica a temperaturas bajas e hidrofílicamente a temperaturas altas. El punto crítico que demarca esta transición se conoce como Temperatura de Solución Critica Superior (*Upper Critical Solution Temperature*, UCST por sus siglas en inglés) y ha sido observado en mezclas de poliestireno/polimetilmetacrilato (PS/PMMAc) [69]. Burillo y colaboradores han sintetizado copolímeros de injerto en forma de películas empleando radiación γ como iniciador de la polimerización. Al final obtuvieron resultados interesantes y novedosos en el comportamiento de estos materiales, presentando una LCST en medios neutros (pH = 7.0), y exhibiendo una UCST a valores de pH ácido (pH = 2.0) [70]. Estas transiciones fueron atribuidas a la presencia del poli(N,N´-dimetilaminoetilmetacrilato) (PDMAEMA) en las cadenas del polímero. Los sistemas sintetizados en aquella investigación fueron:

a) *PP-g-PDMAEMA*: este material presenta una LCST a 29 °C en medio neutro. Cuando se introduce en soluciones acuosas a pH 2.2 la LCST desaparece y se observa una UCST a alrededor de 38 y 42 °C [71].

b) *PP-g-(DMAEMA/4-vinilpiridina (4VP):* en este sistema se injertó la mezcla monomérica de DMAEMA/4VP en un solo paso, por efecto de la radiación gamma. En iguales condiciones que el sistema anterior, presenta una LCST a 34 °C y una UCST a 30 °C [72].

c) *(PP-g-PDMAEMA)-g-4VP*: su síntesis se realizó secuencialmente. En primera instancia se injertó el monómero DMAEMA sobre la película de PP para formar el sistema PP-g-PDMAEMA. Seguidamente, se injertó el monómero 4VP sobre dicho sistema. La UCST de estos materiales a pH neutro se presentó sobre los 30 °C. Sin embargo, al aumentar el porcentaje de 4VP injertado, se evidencia la aparición simultánea de una segunda UCST alrededor de los 45 °C [72].

d) *(PP-g-PDMAEMA)-g-PNIPAAm*: al igual que el sistema anterior, la síntesis de este copolímero se llevó a cabo en dos etapas [73]. Este sistema presenta dos LCST debido al PDAMEMA (29 °C) y al PNIPAAm (32 °C), presenta una UCST en medios ácidos.

Tal como lo evidencian estos polímeros, contrario a como sucede en la LCST, la adición de grupos o monómeros hidrofílicos al sistema disminuye el valor de la UCST de un polímero, mientras que la incorporación de grupos hidrófilos aumenta dicho valor. Tanto la LCST como la UCST son transiciones de vital importancia para el estudio y caracterización de los polímeros sintetizados en la investigación de polímeros para aplicaciones médicas.

### 12.3.2.2. Polímeros sensibles al pH

Los polímeros sensibles al pH usualmente contienen grupos ionizables entre su estructura, tales como grupos carboxílicos y amino. Cuando estos grupos son ionizados, la presión osmótica de hinchamiento es generada dentro del polímero, causando una alteración del volumen hidrodinámico de las cadenas del polímero o que su capacidad de absorción de agua se incremente significativamente (este hinchamiento frecuentemente se presenta en mayor grado en estructuras reticuladas como hidrogeles) [74-76]. La ionización de los grupos funcionales depende de un aparente $pK_a$ en el polímero. En el PAAc, por ejemplo, el establecimiento y preferencia de formación de enlaces de hidrógeno entre los grupos ionizados (carboxilatos, -COO⁻) y el agua del medio, hacen que el grado de hinchamiento aumente. Además, la repulsión de cargas entre esos aniones también favorece el hinchamiento, ya que obliga a que las cadenas del polímero permanezcan lo más separadas posibles, permitiendo el paso de las moléculas de agua hacia el interior de la matriz. Las cadenas poliméricas que contienen grupos carboxilo sin ionizar adoptan arreglos en forma de ovillos (contraído) cuando se encuentran en solución. Cuando la cadena contiene un número considerable de grupos ionizados (grupos carboxilato) prefiere expandirse o estirarse sobre el medio, lo que conduce a la absorción de grandes cantidades de agua. Esta TF experimentada en estos polímeros se denomina "pH crítico", se presenta en rangos cortos de pH y es una característica que incide en el comportamiento inteligente. En la Figura 12.7 se observa los arreglos adoptados por las cadenas de un polímero en solución en sus estados neutro e ionizado, dependiendo del ajuste de pH del medio. Cabe resaltar que este comportamiento es similar para redes poliméricas o cadenas injertadas sobre una superficie.

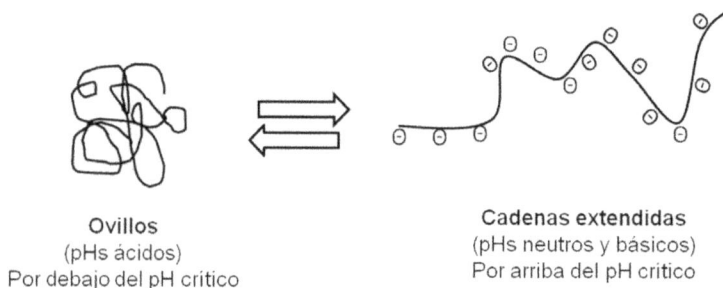

Ovillos
(pHs ácidos)
Por debajo del pH crítico

Cadenas extendidas
(pHs neutros y básicos)
Por arriba del pH crítico

**Figura 12.7.** Conformaciones estructurales de las cadenas de un polielectrolito en dependencia del pH de la solución.

El AAc es uno de los monómeros más relevantes a la hora de sintetizar injertos sobre diferentes sustratos poliméricos para obtener sistemas sensibles al pH del medio. Para el PAAc se ha reportado un pH crítico sobre 5.0 y 6.0. Su uso se ha evidenciado en la combinación con otros polímeros para la construcción de variados materiales sensibles al pH y la temperatura, entre ellos se destacan: IPNs compuestas de alcohol polivinilico (PAV) y PAAc, sintetizadas por irradiación UV para su aplicación como sensores en áreas biológicas y químicas [77]; hidrogeles de poli(hidroxietilmetacrilato (HEMA)-co-PAAc) preparados por fotopolimerización para la construcción de válvulas biomiméticas [78]; copolímeros aleatorios de PAAc y acido poli(vinil sulfónico) para el diseño de músculos artificiales [79], entre muchos otros. Burillo sintetizó copolímeros de injerto de la mezcla monomérica NIPAAm/AAc sobre películas de politetrafluoroetileno (PTFE), generando así el sistema PTFE-g-(PAAc/PNIPAAm), el cual presenta una sensibilidad dual (temperatura y pH). Las reacciones de injerto se indujeron por radiación γ, empleando el método de pre-irradiación en presencia de aire [80]. Seguidamente, Bucio y Burillo modificaron el sistema anterior injertando NIPAAm y AAc en dos pasos, produciendo así el sistema (PTFE-g-PAAc)-g-PNIPAAm [81]. La incorporación de grupos carboxílicos sobre determinados polímeros ofrecen además una alternativa de actuar como intermediarios en un posterior acople o reacción con otros grupos funcionales presentes en otros materiales, como lo son los grupos terminales aminos de algunos POE, que por medio del método de activación con carbodiimida, forman un polímero que puede ser usado directamente para la interacción con heparina. En general, los grupos carboxílicos tienen la capacidad de someterse a futuras reacciones químicas, para producir así nuevos grupos funcionales [82].

Los copolímeros de metacrilato de metilo (MAcM) y ácido metacrílico (AMAc) colapsan a valores de pH alrededor de 5.0, mientras que copolímeros de MAcM con DMAEMA son solubles a pH ácido, pero colapsan en soluciones alcalinas [83]. DMAEMA es uno de los pocos polímeros con respuesta dual: exhibe una LCST entre 38 - 42 °C y un pH crítico a 5.4 [70].

Los sistemas de rápida respuesta son de amplio requerimiento en el desarrollo de sistemas de liberación de drogas para el tratamiento de tumores. Se conoce que el pH extracelular alrededor del tumor está 0.2 unidades por debajo de los valores representativos para los tejido sanos [84-85]. El uso de radiación γ puede combinar polímeros sensibles al pH que presentan propiedades de rápida respuesta, con diferentes matrices poliméricas utilizadas comercialmente, para con ellos desarrollar sistemas efectivos de liberación controlada de fármacos que actúen sobre sitios específicos del organismo. Muchas reacciones de injerto sobre la superficie o en masa de matrices poliméricas están soportadas en este concepto.

El primer trabajo sobre el hinchamiento dinámico de redes sensibles al pH fue realizado por Katchalsky, quien estableció que el colapso y la expansión de geles de PAMAc ocurren reversiblemente ajustando el pH del medio [86]. Khare y Peppas estudiaron la cinética de hinchamiento del PAAc, encontrando que tal hinchamiento depende directamente del pH y de la fuerza iónica [87]. De esta manera, hasta la fecha se han realizado y publicado un sinnúmero de investigaciones de polímeros sensibles al pH, empleando monómeros o polímeros como los mencionados.

### 12.3.2.3. Redes inteligentes interpenetradas (IPNs)

Las IPNs son una combinación de dos o más polímeros en forma de red, con por lo menos uno de esos polímeros polimerizado y/o reticulado en la inmediata presencia del otro(s). Las IPNs pueden ser principalmente secuenciales o simultáneas. Durante la formación de las IPNs, una primera red polimérica es afectada a nivel molecular con la interpenetración de otro polímero o red polimérica. En la Figura 12.8 se muestra dos tipos de IPNs: Semi-IPN, compuesta de dos polímeros, uno lineal y uno reticulado; e IPN, compuesta de dos polímeros reticulados, formando así un material termofijo ya que sus redes no pueden fluir sin el rompimiento de los enlaces químicos.

**Figura 12.8.** Esquema de formación de una semi-IPN y una IPN.

Entre las IPNs que incluyen la presencia de un polímero termosensible como el PNIPAAm y un polímero con sensiblidad al pH como el PAAc, se destacan aquellas en forma de microgeles para la liberación controlada de dextrano [54]. El grupo de macromoléculas del ICN ha trabajado en la síntesis de IPNs secuenciales (en etapas) en matrices poliméricas hidrófobas activadas mediante radiación γ e injertando estos dos polímeros inteligentes: PNIPAAm y PAAc. Recientemente, Burillo y colaboradores sintetizaron IPNs de PNIPAAm y PAAc, empleando radiación γ para construir inicialmente la red de PAAc, e iniciadores redox y MBAAm como agente entrecruzante para la polimerización de la segunda red de PNIPAAm [88]. Ruiz [89] sintetizó IPNs con estos dos polímeros estimulo-sensibles, incluyendo una matriz de PP como soporte, para su aplicación en la carga y liberación local de vancomicina, un antibiótico eficaz en el tratamiento contra bacterias gram positivas resistentes a la metilicina, como el *Staphylococcus aureus*. La IPN sintetizada fue *net*-PP-*g*-PAAc-*inter-net*-PNIPAAm y las etapas de preparación se muestra en la Figura 12.9. Para dicho proceso fue utilizada una fuente de radiación γ de $^{60}$Co, a dosis de 30 kGy, para injertar el PAAc sobre el PP por medio del método de pre-irradiación oxidativa, mientras que la reticulación de las cadenas de PAAc fue realizada por irradiación directa. La inclusión de la segunda red de PNIPAAm se llevó a cabo por polimerización redox. Al final, el contenido de PNIPAAm fue bajo (12 %), lo que condujo a una baja sensibilidad del polímero a la temperatura.

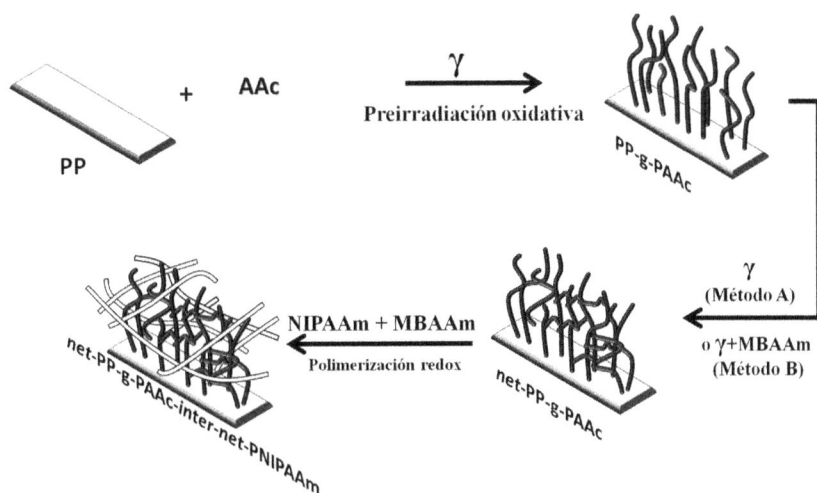

**Figura 12.9.** Esquema de síntesis de la IPN *net*-PP-*g*-PAAc-*inter-net*-PNIPAAm.

La calorimetría de titulación isotérmica (CTI) es una herramienta eficaz y de alta sensibilidad para cuantificar las interacciones entre fármacos y ciclodextrinas o monómeros [90-91]. Una cuantificación realizada sobre la interacción de vancomicina con NIPAAm, el AAc y su sal sódica, el acrilato de sodio (NaAc), reveló que la interacción del fármaco con NaAc era cuatro veces mayor a la del AAc, lo que indica su preferencia por monómeros en estado ionizado. Por su lado, la interacción con NIPAAm fue prácticamente despreciable. Teniendo en cuenta estos estudios, se realizó la síntesis del sistema *net*-PP-*g*-PNIPAAm-*inter-net*-PAAc, injertando primero PNIPAAm por el método de pre-irradiación oxidativa, luego reticulando por irradiación directa y finalmente interpenetrando la red de PAAc por polimerización redox estimulada por UV [92]. Este polímero presentó una alta sensibilidad a la temperatura y al pH del medio, y adicionalmente mostró alta capacidad de carga de vancomicina. Sin embargo, luego fue realizada la síntesis de estas IPNs, utilizando radiación γ en todas las etapas involucradas en su síntesis, con la finalidad de reducir los riesgos tóxicos de incluir iniciadores redox para la polimerización de AAc [93]. En este trabajo, la primera red de PNIPAAm injertada sobre PP fue realizada por irradiación γ en presencia y ausencia de MBAAm. La red de PAAc se realizó a dosis relativamente bajas de irradiación (2.5 kGy). Las IPNs *net*-PP-*g*-PNIPAAm-*inter-net*-PAAc obtenidas presentaron respuesta dual al pH y temperatura e incrementaron su capacidad de carga de vancomicina, debido a que la cantidad de PAAc polimerizada por irradiación directa fue mayor a las IPNs obtenidas con otro método (ver Figura 12.10).

Recientemente se evaluó el efecto de la dosis y la inclusión de agente reticulante (MBAAm) sobre la síntesis de la primera red (*net*-PP-*g*-PNIPAAm), encontrándose que la irradiación a 10 kGy y en ausencia de MBAAm conduce a IPNs con una mayor respuesta inteligente y una mayor capacidad de carga y liberación de vancomicina [94]. Entre las aplicaciones que se buscan para este polímero se destaca su uso como dispositivo biomédico implantable con la capacidad de inhibir el crecimiento y la colonización bacteriana, riesgos presentes desde el momento de su inserción.

Los resultados de estas investigaciones centradas en la síntesis y caracterización de polímeros inteligentes sensibles a la temperatura y al pH, a partir de PNIPAAm y PAAc, han despertado un gran interés debido a que su comportamiento reversible en respuesta a la variación de las condiciones del medio, puede ser aplicado a funciones biomédicas como liberadores o dosificadores de fármacos específicos, proteínas y ADN.

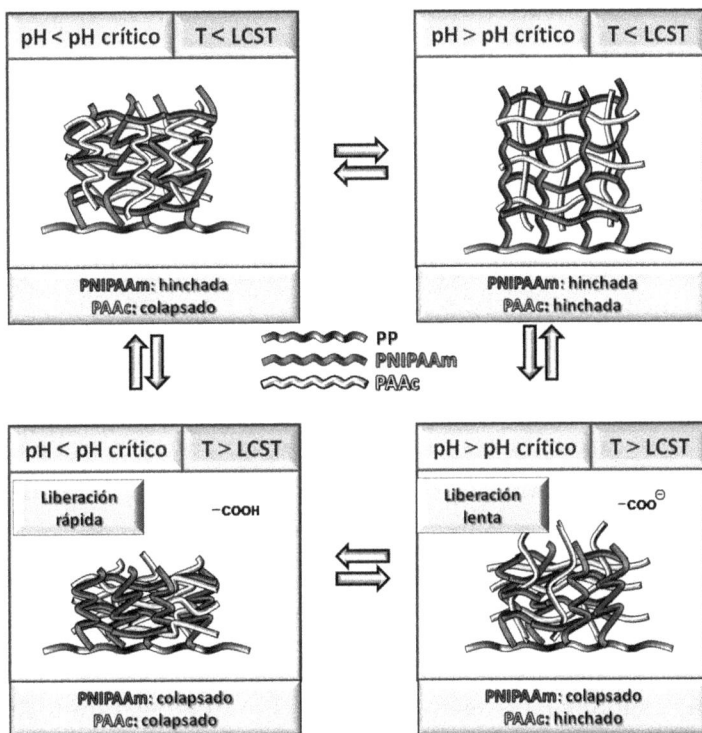

**Figura 12.10.** Esquema de respuesta a la temperatura y al pH para las IPNs *net*-PP-*g*-PNIPAAm-*inter-net*-PAAc.

## 12.4. Aplicaciones médicas

El uso de hidrogeles o materiales injertados como biomateriales ha ganado gran importancia dada su baja toxicidad y alta biocompatibilidad [95]. Una de las ventajas de los polímeros sensibles a estímulos radica en su capacidad para experimentar TF de primer orden con el cambio de algún parámetro externo como pH, temperatura, fuerza iónica y campo eléctrico [96]. Los polímeros inteligentes son materiales que perciben una modificación del entorno (sensor), experimentando un cambio conformacional proporcional al estímulo y de carácter reversible. Estos polímeros inteligentes tienen gran potencial en aplicaciones farmacéuticas e industria biotecnológica [97].

### 12.4.1. Dispositivos combinados

La combinación de dispositivos médicos con productos farmacéuticos representa una nueva tendencia en terapias con usos de dispositivos implantables. Los dispositivos combinados han atraído la atención de compañías farmacéuticas como una estrategia para superar complicaciones clínicas asociadas con la inserción. La liberación controlada de fármacos a nivel local, combinando productos farmacéuticos y dispositivos médicos, ya ha encontrado aplicaciones en varias áreas, como las enfermedades cardiovasculares, la diabetes, la ortopedia y el cáncer [98]. La combinación de fármacos con dispositivos médicos se puede diseñar como una estrategia coordinada para obtener efectos que se refuerzan mutuamente y proporcionar ventajas significativas sobre la administración de fármacos [99]. Los fármacos son clínicamente administrados por diversas vías: tópica (nasal, cutánea, ocular), oral, intravenosa, intramuscular, subcutánea, sublingual o se aplican a nivel local [100]. Con la liberación local se busca alcanzar concentraciones terapéuticas de los fármacos únicamente en los sitios de interés durante tiempos prolongados, para producir el efecto farmacológico deseado. Debido a numerosas ventajas, a menudo se aplican estrategias de liberación local de fármacos para tratar la trombosis, osteomielitis, periodontitis, infecciones relacionadas con dispositivos biomédicos y otras patologías microbianas, así como complicaciones inflamatorias refractarias a los métodos convencionales de administración sistémica de fármacos. Un sistema de liberación de fármacos ideal debe (a) proveer dosis de manera continua en un sitio específico y (b) ofrecer la posibilidad para mantener la liberación durante un tiempo prolongado [101]. La velocidad y la duración de la liberación del fármaco que se requiere depende del contexto clínico, incluyendo la terapia, enfermedad o patógeno, diseño del dispositivo, sitio del implante y mecanismos de eliminación del fármaco. En el caso de los antimicrobianos, también se deben considerar otros factores, como las concentraciones inhibitorias mínimas (MIC; por sus siglas en inglés) de fármaco necesarias para prevenir complicaciones en infecciones o favorecer resistencia bacteriana [102]. Por lo tanto, los perfiles de liberación local de antibióticos deben mostrar una liberación inicial muy rápida para contrarrestar cualquier riesgo de infección inmediatamente después de la implantación del dispositivo, seguido por un largo periodo de liberación lenta para mantener niveles eficaces e impedir una infección latente [103].

## 12.4.2. Infecciones relacionadas con dispositivos médicos

El uso de dispositivos médicos para implantación transitoria, como lentes de contacto, catéteres urinarios y tubos endotraqueales, y de dispositivos permanentes, como válvulas cardiacas, bobinas embolicas, injertos vasculares, articulaciones, marcapasos, stents coronarios y para cirugía estética implica altos riesgos de infección [104]. A menudo se produce la colonización del dispositivo por agentes patógenos, lo que resulta en morbilidad del paciente y obliga a retirar el dispositivo llevando incluso, a provocar la muerte. Las bacterias invaden los dispositivos por dos mecanismos: (a) acceso directo al sitio del implante de patógenos exógenos provenientes de la piel, de instrumentación quirúrgica o del ambiente local, durante la colocación del dispositivo; o (b) bacterias oportunistas circulando sistémicamente, que pueden alterar espontáneamente su fenotipo para convertirse en patógenos en el sitio del implante.

### 12.4.2.1. Biofilm o biopelícula

Una vez que la bacteria se adhiere a una superficie, prolifera rápidamente y produce células hijas, que eventualmente forman colonias residentes. Muchos organismos patógenos, una vez adheridos, usan mecanismos de detección en grupo para adaptarse [105-106], creando barreras protectoras en forma de películas, compuestas de complejos de mucopolisacáridos, conocidos como biopelículas o biofilms, que mejoran la estabilidad de la colonia y no sufren la respuesta inmune del organismo anfitrión. La formación de biofilm consta generalmente de varios pasos principales: depósito de los microorganismos, fijación por adhesión microbiana y anclaje a la superficie por producción de un exopolímero. Después de este proceso se produce su crecimiento, multiplicación y diseminación [107]. Una vez que se forma el biofilm, las bacterias pueden convertirse en organismos satélites que se liberan del biofilm, migrando y adhiriéndose a otras superficies no colonizadas. Mediante la señalización en grupo, la estructura del biofilm también facilita la comunicación entre células, promoviendo alteraciones fenotípicas, adaptación en contra de la respuesta del sistema inmune y mestizaje que promueve el intercambio genético, y procesos de resistencia a antibióticos [104]. Las bacterias de una colonia de biofilm maduro y adherido resultan muy difíciles de eliminar, al ser poco sensibles a los antimicrobianos (resistencia intrínseca y extrínseca) o a los mecanismos del sistema inmunológico. En consecuencia, las bacterias de un biofilm pueden sobrevivir al uso de agentes antibacterianos a concentraciones de 1000 - 1500 veces más altas que las necesarias para erradicar bacterias planctónicas de la misma especie [108]. La diseminación sistémica de infecciones inducidas por un implante es una complicación seria (sepsis). Por lo tanto, hay que remover el dispositivo frecuentemente para tratar la infección local y sistémicamente [109, 110].


### 12.4.2.2. Infecciones urinarias asociadas a catéteres

Las infecciones del tracto urinario son las infecciones bacterianas más comunes en humanos y representa el 40 % de las infecciones nosocomiales. La epidemiología de la infección varía con el sexo, la edad y la presencia de patologías genitourinarias. Las infecciones del tracto urinario pueden limitarse a las vías inferiores o la vejiga (cistitis aguda), o implicar el riñón como en una infección renal o del tracto superior (pielonefritis aguda). En hombres, la próstata es otro lugar potencial de infección. Algunos grupos presentan excepcionalmente altas tasas de infección urinaria. Por ejemplo, las personas con catéteres crónicos son siempre bacteriúricos [111]. Los pacientes con evacuación controlada por cateterización intermitente tienen una frecuencia de infección de 30 a 70 % [112]. Las infecciones de tracto urinario asociadas al catéter son las infecciones más frecuente relacionadas con los cuidados de la salud. El uso de catéteres urinarios es muy común, a 1 de cada 5 pacientes admitidos en los hospitales para cuidados agudos se le inserta un catéter permanente. Las infecciones suelen ocurrir después de la colocación del catéter urinario; cada día de uso de catéter se asocia con un 8 % de aumento en bacteriuria [113], que muchas veces no necesita cuidado especial y un 50 % de los pacientes desarrolla bacteriuria después de 10 días de permanecer con el catéter. Sin embargo, hasta un 48 % de los pacientes cateterizados adquiere una infección. En muchos casos, los catéteres se colocan por un tiempo corto; más de una tercera parte por menos de un día; la duración media es de 2 a 4 días [114]. En la cateterización por tiempos cortos, las especies bacteriúricas más comúnmente aisladas son Gram-negativas, como *Escherichia Coli* con 85 % de incidencia. Otros organismos patógenos encontrados son *Pseudomonas aeruginosa*, *Klebsiellap neumoniae*, *Proteus mirabilis*, *Staphylococcus epidermidis*, *enterococci* y de especie *Candida* [115-116].

## 12.5. Agradecimientos

Los autores agradecen a la M.L. Escamilla, M. Cruz y E. Palacios de ICN-UNAM por la asistencia técnica. Este trabajo fue apoyado por DGAPA-UNAM IN200714, CONACYT-CNPq 174378, y "Red iberoamericana de nuevos materiales para el diseño de sistemas avanzados de liberación de fármacos en enfermedades de alto impacto socioeconómico" (RIMADEL), CYTED 211RT0423.

## 12.6. Bibliografía

[1] B. Gupta, N. Anjum, Adv. Polym. Sci. 2003, 162, 35-61.

[2] J.M. Schierholz, J. Beuth, J. Hosp. Infect. 2001, 49, 87-93.

[3] D.G. Castner, B.D. Ratner, Surf. Sci. 2002, 500, 28–60.

[4] I.I. Raad, H.A. Hanna, Arch. Intern. Med. 2002, 162, 871-878.

[5] I.I. Raad, H. Hanna, D. Maki, Lancet. Infect. Dis. 2007, 7, 645-657.

[6] M. Cosson, P. Debodinance, M. Boukerrou, M.P. Chauvet, P. Lobry, G. Crépin, A. Ego, Int. Urogynecol. J. 2003, 14, 169-178.

[7] C.C. Freytag, F.L. Thies, W. Konig, T. Welte, Infection. 2003, 31, 31-37.

[8] B.L. Schneider, F. Schwenter, W.F. Pralong, P. Aebischer, Mol. Ther. 2003, 7, 506-514.

[9] A. Piozzi, I. Francolini, L. Occhiaperti, M. Venditti, W. Marconi, Int, J, Pharm. 2004, 280, 173-183.

[10] N. Anjum, S.K.H. Gulrez, H. Singh, B. Gupta, J. Appl. Polym. Sci. 2006, 101, 3895-3901.

[11] I. Raad, R. Reitzel, Y. Jiang, T. Dvorak, R. Hachem, J. Antimicrob. Chemother. 2008, 62, 746-750.

[12] J. Friedrich, G. Kühn, R. Mix, W. Unger, Plasma Process Polym. 2004, 1, 28-50.

[13] K.S. Siow, L. Britcher, S. Kumar, H. J. Griesser, Plasma Process Polym. 2006, 3, 392-418.

[14] W. Wang, L. Wang, X. Chen, Q. Yang, T. Sun, J. Zhou, Macromol. Mater. Eng. 2006, 291, 173-180.

[15] F. Truica-Marasescu, S. Pham, M.R. Wertheimer, Nucl. Instrum. Methods B. 2007, 265, 31-36.

[16] A. Chapiro (Editors: H. Mark, C.S. Marvel, H.W. Melville). Radiation Chemistry of Polymerics Systems, Wiley and Sons: New York, 1962.

[17] R.L. Clough, Nucl, Instrum, Methos. B. 2001, 185, 8-33.

[18] B. Gupta, N. Anjum, R. Jain, N. Revagade, H. Singh, Polym. Rev. 2004, 44, 275-309.

[19] I. Kaetsu, Nucl, Instrum, Methods B. 1995, 105, 294-301.

[20] A.R. Khare, N.A. Peppas, Polymer News. 1991, 16, 230-236.

[21] E. Ayano, Y. Suzuki, M. Kanezawa, C. Sakamoto, Y. Morita-Murase, Y. Nagata, H. Kanazawa, A. Kikuchi, T. Okano, J. Chromatogr. A. 2007, 1156, 213-219.

[22] M.K. Yoo, Y.K. Sung, Y.M. Lee, Polymer. 2000, 41, 5713-5719.

[23] M. Bradley, J. Ramos, B.M. Vincent, Lagmuir. 2005, 21, 1209-1215.

[24] N. Lomadze, H.J. Schneider, Tetrahedron Lett. 2005, 46, 751-754.

[25] V.A. Kabanov, Polym. Sci. 1994, 36, 143-156.

[26] L. Leclercq, M. Boustta, M. Vert, J Drug Target. 2003, 11, 129-138.

[27] I. Galaev, M.N. Gupta, B. Mattiasson, CHEMTECH. 1996, 26, 19-25.

[28] A. Kumar, L. Galaev, B. Mattiasson, Prog. Polym. Sci. 2007, 32, 1205-1235.

[29] K. Dusek, D.J. Patterson, Polym. Sci. Part. A-2. 1968, 6, 1209-1216.

[30] T. Tanaka, Phys. Rev. Lett. 1978, 40, 820-823.

[31] T. Krasia, R. Soula, H.G. Borner, Chem. Commun. 2003, 4, 538-539.

[32] G. Chen, A.S. Hoffman, Nature. 1995, 373, 49-52.

[33] J.H. Holtz, S.A. Asher, Nature 1997, 389, 829-832.

[34] R. Yoshida, K. Ucida, Y. Kaneko, K. Sakai, A. Kikuchi, Y. Sakurai, T. Okano, Nature. 1995, 374, 240-242.

[35] P.G. De Gennes, Scaling Concepts in Polymer Physics. 1st ed. Cornell University Press, Ithaca, New York. 1979.

[36] A. Borzacchiello, L. Ambrosio. (Editor: R. Barbucci). Structure-property relationships in Hydrogels. In Hydrogels: Biological properties and applications, ed. R. Barbucci. Springer-Verlag. 9-20, 2009.

[37] Y. Ikada, T. Mita, F. Horii, I. Sakurada, M. Hatada, Radiat. Phys. Chem. 1977, 9, 633-645.

[38] I. Kaetsu, Advances in polymer science. Berlin: Springer. 1993, 105, 81-97.

[39] J.D. Andrade, ACS Symposium. American Chemical Society. 1976, 31, 1-37.

[40] N.A. Peppas, Hydrogels in Medicine and Pharmacy, Vol. I. Boca Raton: CRC Press. 1987.

[41] N.A. Peppas, J. Klier, J. Control Release. 1991, 16, 203-214.

[42] A. Charlesby, P. Alexander, Chim. Phys. PCB. 1955, 52, 699-709.

[43] N. Nagaoka, A. Safranj, M. Yoshida, H. Omichi, H. Kubota, R. Katakait, Macromolecules. 1993, 26, 7386-7388.

[44] A. Ortega, E. Bucio, G. Burillo, Polym. Bull. 2007, 58, 565-573.

[45] E. Jabbari, S. Nozari, Eur. Polym. J. 2000, 36, 2685-2692.

[46] R. Gurny, H.E. Junginger, Bioadhesion: possibilities and future trends. Stuttgart: Wissen Schaftliche Verlagsgesellschaft. 1990.

[47] V. Lenaert, R. Gurny, Bioadhesive drug delivery systems. Boca Raton: CRC Press. 1990.

[48] A. S. Hoffman, J. Control. Release. 1987, 6, 297-305.

[49] A.S. Hoffman, Radiat. Phys. Chem. 1977, 9, 207-219.

[50] K.Y. Lee, D.J. Mooney, Chem. Rev. 2001, 101, 1869-1879.

[51] H. J. Van der Linden, S. Herber, W. Olthuis, P. Bergveld, Analyst. 2003, 128, 325-331.

[52] A.C. Jen, M.C. Wake, A.G. Miko, Biotechnol. Bioeng. 1996, 50, 357-364.

[53] K. Wang, J. Burban, E. Cussler, Hydrogels as separation agents. Responsive gels: volume transitions II. 1993, 67-79.

[54] T. R. Hoare, D.S. Kohane, Polymer. 2008, 49, 1993-2007.

[55] M. A. Cole, N. H. Voelcker, H. Thissen, H.J. Griesser, J. Biomaterials. 2009, 30, 1827-1850.

[56] E. Bucio, G. Burillo, E. Adem, Macromol. Mater. Eng. 2005, 290, 745-752.

[57] L. Yan, Q. Zhu, P.U. Kenkare, J. Appl. Polym. Sci. 2000. 78, 1971-1976.

[58] W. Xue, S. Champ, M.B. Huglin, Eur. Polym. J. 2004, 40, 703-712.

[59] M. Heskin, J.E. Guillet, J. Macromol. Sci. Chem. A2. 1968, 1441-1455.

[60] A.S. Hoffman, P.S Stayton, V. Bulmus, G. Chen, J. Chen, C. Cheung, A. Chilkoti, Z. Ding, L. Dong, R. Fong, C.A. Lackey, C.J. Long, M. Miura, J.E. Morris, N. Murthy, Y. Nabeshima, T. G. Park, O.W. Press, T. Shimoboji, S. Shoemaker, H.J. Yang, N. Monji, R.C. Nowinski, C.A. Cole, J.H. Priest, J.M. Harris, K. Nakamae, T. Nishino, T. Miyata, J. Biomed. Mater. Res. 2000, 52, 577-586.

[61] L.E. Bromberg, E.S. Ron, Adv. Drug Deliv. Rev. 1998, 31, 197-221.

[62] X.Z. Zhang, D.Q. Wu, C.C. Chu, Biomaterials. 2004. 25, 3793-3805.

[63] X.D. Xu, H. Wei, X.Z. Zhang, S.X. Cheng, R.X. Zhuo, J. Biomed. Mater. Res. A. 2007, 81, 418-426.

[64] L. Liang, M. Shi, V.V. Viswanathan, J. Membrane. Sci. 2000, 177, 97-108.

[65] M.Y. Arica, H.A. Oketem, Z. Oketem, Polym. Int. 1999, 48, 879-884.

[66] B. Jeong, A. Gutowska, Biotechnology. 2002, 20, 305-311.

[67] S. Balan, J. Murphy, I. Galaev, Biotechnol. Lett. 2003. 25. 1111-1116.

[68] S. Somnath, C. Dean, J. Webster, Int. J. Pharmaceut. 2007, 341, 68-77.

[69] A. Percot, X.X. Zhu, M. Lafleur, J. Polym Sci Pol. Phys. 2000, 38, 907-915.

[70] G. Burillo, E. Bucio, E. Arenas, G.P. Lopez, Macromol. Mater. Eng. 2007, 292, 214-219.

[71] J.C Ruiz,. E. Bucio, G. Burillo, Rev. Soc. Quim. Mex. 2004, 48, 208-210.

[72] E. Bucio, R. Aliev, G. Burillo, Polym. Bull. 2002, 47, 571-577.

[73] H.I. Melendez, E. Bucio, Polym. Bull. 2008, 61, 619-629.

[74] R.A. Siegel, Adv. Polym. Sci. 1993, 109, 233-267.

[75] E.S. Gil, S.M. Hudson, Prog. Polym. Sci. 2004, 29, 1173-1222.

[76] I. Dimitrov, B. Trzebicka, A.H.E. Müller, A. Dworak, C.B. Tsvetanov, Prog. Polym. Sci. 2007, 32, 1275-1343.

[77] Y.M. Lee, S.H. Kim, C.S. Cho, J. Appl. Polym. Sci. 1996, 62, 301-311.

[78] R.H. Liu, Q. Yu, D.J. Beebe, J. Microelectromech. Syst. 2001, 11, 45-53.

[79] S.J. Kim, S.J. Park, S.I. Kim, Smart Mater. Struct. 2004, 13, 317-322.

[80] O. Palacios, R. Aliev, G. Burillo, Polym. Bull. 2003, 51, 191-197.

[81] E. Bucio, G. Burillo, Radiat. Phys. Chem. 2007, 76, 1724-1727.

[82] E. Rogel-Hernández, A. Licea-Claverie, J.M. Cornejo-Bravo, K.F. Arndt, Rev. Soc. Quim. Mex. 2003, 47, 251-257.

[83] A. Kumar, A. Srivastava, I.Y. Galaev, B. Mattiasson, Prog. Polym. Sci. 2007, 32, 1205-1237.

[84] M. Stubbs, P.M.J. McSheehy, J.R. Griffiths, Adv. Enzyme Reg. 1999, 39, 13-30.

[85] E.S. Lee, K. Na, Y.H. Bae, J. Control Release. 2003, 91, 103-113.

[86] A. Katchalsky, I. Michaeli, J. Polym. Sci. 1995, 15, 69-86.

[87] A.R. Khare, N.A. Peppas, Biomaterials. 1995, 16, 559-567.

[88] G. Burillo, M. Briones, E. Adem, Nucl. Instrum. Meth. B. 2007, 265, 104-108.

[89] J.C. Ruiz, G. Burillo, E. Bucio, Macromol. Mater. Eng. 2007, 292, 1176-1188.

[90] A.I. Rodriguez-Perez, C. Rodriguez-Tenreiro, C. Alvarez-Lorenzo, A. Concheiro, J.J. Torres-Labandeira, J. Pharm. Sci. 2006, 95, 1751-1762.

[91] C. Alvarez-Lorenzo, F. Yañez, R. Barreiro-Iglesias, A. Concheiro, J. Control Release. 2006, 113, 236-244.

[92] J.C. Ruiz, C. Alvarez-Lorenzo, P. Taboada, G. Burillo, E. Bucio, K. De Prijck, H.J. Nelis, T. Coenye, A. Concheiro, Eur. J. Pharm. Biopharm. 2008, 70, 467-477.

[93] F. Muñoz-Muñoz, J.C. Ruiz, C. Alvarez-Lorenzo, A. Concheiro, E. Bucio, Eur. Polym. J. 2009, 45, 1859-1867.

[94] F. Muñoz-Muñoz, J.C. Ruiz, C. Alvarez-Lorenzo, A. Concheiro, E. Bucio, Radiat. Phys. Chem. 2012, 81, 531-540.

[95] R. Dinarvand, A. DšEmanuele, J. Control. Release. 1995, 36, 221-227.

[96] N. Kayaman, D. Kazan, A. Erarslan, O. Okay, B. M. Baysal, J. Appl. Polym. Sci. 1998, 67, 805-814.

[97] H.H. Sokker, A.M.A. Ghaffar, Y.H. Gad, A.S. Aly, Carbohyd. Polym. 2009, 75, 222-229.

[98] C.H. Dubin, Drug. Deliv. Technol. 2004, 4, 298-303.

[99] P. Wu, D.W. Grainger, Biomaterials. 2006, 27, 2450-2467.

[100] H.C. Ansel, N.G. Popovich, L.V. Allen, Pharmaceutical dosage forms and drug delivery systems, 6a. ed. Williams &Wikins 1995.

[101] S.J. Liu, S.W. Ueng, S.S. Lin, E.C. Chan, J. Biomed. Mater. Res. 2002, 63, 807-813.

[102] W.R. Gransden, J. Med. Microbiol. 1997, 46, 436-439.

[103] X. Zhang, U. P. Wyss, D. Pichora, M.F.A. Goosen, J. Pharm. Pharmacol. 1994, 46, 718-724.

[104] N. Khardori, M. Yassien, J. Ind. Microbiol. 1995, 15, 141-147.

[105] R.G. Finch, D.I. Pritchard, B.W. Bycroft, P. Williams, G.S.A.B. Stewart, J. Antimicrob. Chemother. 1998, 42, 569-571.

[106] J.C. March, W.E. Bentley, Curr. Opin. Biotechnol. 2004, 15, 495-502.

[107] F. Biering-Sorensen, Curr. Opin. Urol. 2002,12, 45-49.

[108] B. Liedl, Curr. Opin. Urol. 2001, 11, 75-79.

[109] A.J. Barton, R.D. Sagers, W.G. Pitt, J. Biomed. Mater. Res. 1996, 30, 403-410.

[110] P. Tenke, C.R. Riedl, G.L. Jones, G.J., Williams, D. Stickler, E. Nagy, Int. J. Antimicrob. Ag. 2004, 23S1, S67-S74.

[111] L.E. Nicolle, Infect. Control Hosp. Epidemiol. 2001, 22, 316-321.

[112] W. Kuhn, M. Rist, G.A. Zaech, Paraplegia. 1991, 29, 222-232.

[113] S. Saint, J.A. Meddings, D. Calfee, C.P. Kowalski, S.L. Krein, Ann. Intern. Med. 2009, 150, 877-884.

[114] K. Billote-Domingo, M.T. Mendoza, T.T. Torres, Phil. J Microbiol Infect Dis. 1999, 28. 133-138.

[115] J. W. Warren, Int. J. Antimicrob. Ag. 2001, 17, 299-303.

[116] L.E. Nicolle, Clinical Microbiology Newsletter. 2002, 24, 135-140.

# CAPÍTULO 13. INTRODUCCIÓN AL USO DE SISTEMAS DE INTELIGENCIA ARTIFICIAL PARA MODELIZAR, COMPRENDER Y OPTIMIZAR FORMULACIONES FARMACÉUTICAS

**Mariana Landín**
*Departamento de Farmacia y Tecnología Farmacéutica, Facultad de Farmacia, Universidad de Santiago de Compostela, España.*

**Resumen:**

En este capítulo se presentan los aspectos básicos de diversas técnicas de inteligencia artificial (las redes neuronales artificiales, la lógica difusa y los algoritmos genéticos), sus ventajas y sus limitaciones. La aplicación de redes neuronales artificiales al diseño de formas farmacéuticas contribuye al conocimiento en profundidad de cómo las variables implicadas en la producción de una formulación farmacéutica afectan las propiedades del producto final y los riesgos asociados a su cambio, y por lo tanto, al establecimiento de su espacio de diseño. Ello facilita, no solamente el desarrollo de nuevas formulaciones, sino la mejora de las existentes y también la investigación en el ámbito de las formas de dosificación. El caso de estudio empleado pretende ilustrar la aplicabilidad de estas tecnologías utilizando un ejemplo sencillo, la mejora de la solubilidad de rifampicina dentro de un proceso de desarrollo y optimización de cápsulas duras para la vía oral. En este caso, el empleo de las redes neuronales artificiales permite la modelización del efecto de las variables (composición) implicadas en las características de la formulación (solubilidad de

DOI: http://dx.doi.org/10.14195/978-989-26-0881-5_13

rifampicina). Su combinación con la lógica difusa genera reglas explícitas que contribuyen a la comprensión de los sistemas generados. Los algoritmos genéticos permiten seleccionar la/s combinaciones más adecuadas en función de requerimientos específicos. Es decir la optimización de las formulaciones.

**Palabras clave:** modelización; inteligencia artificial; redes neuronales artificiales; lógica difusa; algoritmos genéticos; optimización.

**Abstract:**

The basics of various Artificial Intelligence techniques (artificial neural networks (ANN), fuzzy logic and genetic algorithms), its advantages and limitations are presented in this chapter. The application of ANN to the design of dosage forms contributes to the in-depth knowledge of how the variables involved in the production of a pharmaceutical formulation affect the properties of the final product and the risks associated with the changes, and therefore, to its design space. This facilitates the research in the dosage forms field, the development of new formulations, and/or the improvement of the existing ones. The case study is intended to illustrate the applicability of these technologies through a simple example; the improvement of rifampicin solubility into the development process and optimization of hard capsules for oral administration. ANN allows the modelling of the effect of the variability of ingredients (composition) on the properties of the formulation (rifampicin solubility). The combination ANN-fuzzy logic generates explicit rules that contribute to the understanding of generated systems. Genetic algorithms allow selecting the most appropriate combination depending on specific requirements, and therefore, the optimal formulation.

**Keywords:** modeling; artificial intelligence; artificial neural networks; fuzzy logic; genetic algorithms; optimization.

## 13.1. Introducción

En el desarrollo de nuevos sistemas farmacéuticos o la mejora de los existentes, están implicadas numerosas variables –relacionadas con las materias primas y las condiciones de proceso- que convierten este tipo de trabajo en una tarea difícil de controlar y optimizar. Tradicionalmente, el diseño de nuevas formulaciones se ha llevado a cabo mediante la metodología de *"prueba y error"* sobre la sólida base de la experiencia y los conocimientos previos del experto en desarrollo. El resultado final tras un proceso de este tipo era una "forma farmacéutica aceptable", cuya calidad se verificaba mediante ensayos de producto final. Muchas de las formulaciones que todavía se comercializan fueron diseñadas según estas premisas. Sin embargo, las compañías farmacéuticas registran a menudo problemas asociados a cambios relativamente pequeños en las materias primas (variaciones interlote o interfabricante) o en el proceso de producción que desencadenan consecuencias nefastas en la calidad de las formulaciones producidas, convirtiéndolas en inaceptables para su comercialización.

La causa que subyace a este tipo de problemática es que, aunque los materiales y las formulaciones cumplen las especificaciones, no se conocen en profundidad las complejas relaciones existentes entre las variables implicadas en el proceso y las características de los productos resultantes, por lo que sus posibles efectos negativos no se encuentran bajo control.

En los años 80, el método de prueba y error fue parcialmente sustituido por los métodos de optimización de formulaciones que hacían uso de diseños experimentales adecuados y sus correspondientes tratamientos estadísticos. Este tipo de aproximación se generalizó por ejemplo, para el desarrollo de formas de dosificación sólidas, permitiendo establecer parámetros críticos en procesos complejos, comparar materias primas o mejorar u optimizar las formulaciones existentes [1-2]. Algunos de los trabajos realizados en esta área fueron publicados, pero muchos constituyen información reservada y engrosan los archivos de las compañías farmacéuticas que los realizaron.

En el año 2002, la FDA (Food and Drug Administration) anunció una iniciativa que llevaba por título "cGMPs for the 21th century: A risk-Based

Approach" con el objetivo de modernizar el marco regulatorio para el desarrollo de formas de dosificación de uso humano. Según ella, la calidad de los productos farmacéuticos se fundamenta en la calidad del diseño (QbD, quality by design), la gestión de riesgos y la implementación de sistemas de calidad adecuados [3].

Las normas de la conferencia internacional sobre armonización [4] definen la QbD como una aproximación global al desarrollo farmacéutico que comienza definiendo previamente el objetivo perseguido con la formulación (requerimientos de la formulación) y que presta particular atención al conocimiento en profundidad, sobre bases científicas, de cómo las variables implicadas en la producción afectan las propiedades del producto final y los riesgos asociados a su cambio. El concepto de QbD implica una comprensión profunda del efecto de la composición y las condiciones de producción sobre la calidad de las formulaciones (espacio de conocimiento o "*knowledge space*") y el establecimiento de un área dentro de ese espacio de conocimiento en la que las características de las formulaciones resultantes presenten la calidad adecuada (espacio de diseño o "*design space*") [5].

La norma ICH Q8 define el espacio de diseño como un área multidimensional en la que se ha demostrado que la combinación de variables implicadas en el proceso (materias primas y variables de proceso) da lugar a formulaciones que cumplen con los requisitos de calidad [4].

El experto en desarrollo farmacéutico, debe identificar todas las variables implicadas en el proceso, distinguir aquellas que son críticas de las que no lo son, establecer los espacios de conocimiento y de diseño y definir una estrategia que le permita asegurar la robustez de proceso y garantizar la calidad de la formulación producida.

La aplicación del concepto QbD por las compañías farmacéuticas supone un reto, pero también ciertas ventajas importantes. Su aplicación debe reducir costes y tiempo de producción, mejorar la eficacia de los procesos e incrementar la calidad de las formulaciones. Además, cualquier modificación que se realice dentro del espacio de diseño no será considerada un cambio desde el punto de vista regulatorio, por lo que no requiere re-evaluación [6]. Solamente se consideran cambios sujetos a aprobación específica, las modificaciones fuera del espacio de diseño [3]

La modelización de procesos [7] y del comportamiento de las formulacio nes [8] es un aspecto reiteradamente estudiado en el ámbito farmacéutico, ya que *modelizar* implica comprender en profundidad un proceso y, si es necesario, predecir su resultado en función de las variables implicadas. El desarrollo de modelos matemáticos, empíricos o semiempíricos, ha permitido dilucidar el mecanismo de diferentes procesos, comparar formulaciones, enunciar reglas generales o encontrar las condiciones de producción óptimas [9].

Entre los métodos recomendados para modelizar los procesos implicados en el desarrollo de formulaciones con el fin de establecer el espacio de diseño, y en último término, su optimización hay que señalar el de construcción de superficies de respuesta, generalmente derivadas de análisis de regresión múltiple, a partir de diseños factoriales, completos o fraccionados. Este método presenta como principal inconveniente la dificultad para incorporar factores o variables nominales, discretas o binarias, lo que obliga a repetir el diseño de la superficie de respuesta para cada uno de los niveles de la variable discreta [10].

Otro aspecto interesante y que dificulta el establecimiento del espacio de diseño, es resultado de los importantes avances tecnológicos actuales, que sitúan a los investigadores y a los expertos en desarrollo ante un panorama sin precedentes. Las herramientas de la tecnología más actual permiten generar datos de diferentes características, en muchos casos muy complejos como imágenes, registros gráficos o secuencias, cuyo tratamiento con los métodos de optimización clásicos como las superficies de respuesta resulta imposible.

Si el número de variables es elevado, la modelización y su solución para conseguir su optimización es difícil y requiere el empleo de métodos estadísticos muy complejos [11-12] y la obtención de ecuaciones polinómicas que, como se ha demostrado en diversas ocasiones, dan lugar a predicciones de las condiciones óptimas no siempre correctas [13].

En los últimos años, la incorporación de los sistemas informáticos en todos los ámbitos del conocimiento, ha dado lugar al desarrollo de métodos de inteligencia artificial de aplicación en el campo farmacéutico [14]. Sin duda, hasta el momento, el más utilizado para la modelización de procesos y control de calidad de formulaciones farmacéuticas ha sido el empleo de redes neuronales artificiales (*Artificial Neural Networks, ANNs*) cuyos fundamentos se describirán en el apartado siguiente.

## 13.2. Fundamentos de las Redes Neuronales Artificiales

Las redes neuronales artificiales son modelos matemáticos empíricos generados por procedimientos informáticos que pretenden simular el funcionamiento de las redes neuronales biológicas.

Hasta hace unos años el concepto de que un sistema computarizado pudiera aprender de la experiencia solo podía formar parte de un guión cinematográfico. Hoy en día este tipo de sistemas son una realidad, en ocasiones cotidiana como los equipos de limpieza robotizados o los teléfonos inteligentes. La inteligencia artificial se aplica en campos tan dispares como los diseños de ingeniería, la detección del fraude telefónico [15] o la investigación biomédica [16-17].

La tecnología de redes neuronales artificiales ha sido ampliamente revisada en los últimos tiempos [15, 18-21]. Sin embargo, para comprender su utilidad en el desarrollo y la optimización de formulaciones es necesario tener presente su estructura y funcionamiento, aspectos que se describen en los párrafos siguientes.

Las redes neuronales artificiales (*Artificial Neural Networks, ANNs*) son sistemas bioinspirados, por lo que presentan acusadas similitudes con los sistemas neuronales biológicos. En éstos, el elemento básico es la neurona biológica que es un tipo de célula excitable con estímulos eléctricos o químicos. Las neuronas reciben los estímulos a través de las conexiones sinápticas de sus dendritas, los procesan en el cuerpo celular, y si el estímulo es suficientemente intenso, superior a un umbral, lo transmiten a la/s neurona/s adyacentes a través de su axón. Cada neurona puede tener muchas dendritas pero solamente un axón. De esta manera, se establecen millones de conexiones sinápticas entre neuronas, formando redes neuronales tridimensionales que constituyen los sistemas nerviosos biológicos.

La unidad básica de una red neuronal artificial es la neurona artificial que también se denomina "nudo" o "perceptron" (Figura 13.1). Las neuronas artificiales se organizan en estructuras diversas formadas por capas interconectadas. Tal como sucede con las neuronas biológicas, cada nudo recibe información de una o varias neuronas vecinas (entradas o *inputs*), procesan la información y transmiten una salida única (*output*) a la neurona adyacente. Cada conexión entre neuronas artificiales se caracteriza por un valor de peso determinado (*weight*=$W_i$) [22].

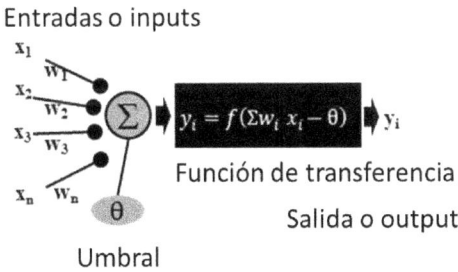

**Figura 13.1.** Estructura general de una neurona artificial, nudo o perceptrón.

En cada neurona, el sistema informático pesa la información recibida de las neuronas vecinas mediante la multiplicación de cada valor de entrada ($X_i$) por el peso correspondiente ($W_i$). Si la suma de todos esos estímulos es superior a un valor umbral ($\theta$), el resultado se transmite mediante una función de transferencia adecuada (Figure 13.2; Ecuación 13.1) y se obtiene una salida o output.

$y_i = f\ (\Sigma Wn.Xn - \theta_i)$                    (Ecuación 13.1)

Las funciones de transferencia son funciones matemáticas lineales o no lineales (Figura 13.2). Entre las no lineales, la más utilizada es la función sigmoidal. Las funciones de transferencia que se presentan en la Figura 13.2 a modo de ejemplo, toman valores de entrada entre más infinito y menos infinito y restringen las salidas entre cero y uno, de forma lineal o sigmoidal.

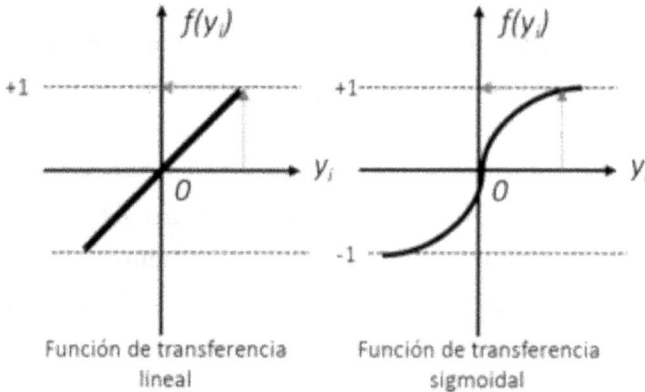

**Figura 13.2.** Ejemplos de función matemática de transferencia lineal y sigmoidal utilizadas por las redes neuronales artificiales.

Las redes neuronales artificiales pueden aprender de la experiencia (aprendizaje supervisado) mediante procesos similares a los que utilizan los humanos. Al igual que un niño aprenderá que no debe tocar una fuente de calor después de varias experiencias negativas con fuego, una red neuronal "aprende" y es capaz de predecir el resultado de un proceso, utilizando experiencias previas, es decir, un conjunto de entradas (inputs) y salidas (outputs) experimentales con los que establecerá los parámetros que definen la red neuronal de forma que pueda generalizar la relación entre ellos.

Estos parámetros son: a) la estructura de la red, que ha de ser asignada por el usuario, b) los pesos que caracterizan las conexiones entre neuronas ($W_i$), c) el valor de un umbral interior ($\theta$), y d) la función matemática de transferencia. Estos últimos son asignados por el sistema informático por un procedimiento completamente empírico.

## 13.3. Modelización mediante Redes Neuronales Artificiales

El desarrollo de un modelo matemático que defina un proceso requiere la consecución de diferentes etapas: a) identificación del problema o el proceso que se quiere modelizar, entender, controlar y/u optimizar; b) selección de los datos, clasificación de las variables en independientes (inputs) y/o dependientes (outputs) basada en el fin del modelo, la razón por la que se modeliza ese proceso o la pregunta que se desea responder; c) selección del tipo de procedimiento para la modelización entre los existentes. Cuando se utilizan modelos transparentes (*white box models*) es necesario predefinir las ecuaciones o los algoritmos que se han de utilizar. En el caso de modelos en caja negra (*black box models*) como los que se generan con las redes neuronales artificiales, esta información no es necesaria *a priori*, sino que tanto la estructura de la red neuronal como los parámetros que la definen se establecerán durante el propio procedimiento de modelización, en la fase que se denomina de entrenamiento o "*training*"; y d) evaluación de la validez del modelo mediante la comparación de los datos experimentales con los predichos. Para que un modelo sea válido, las diferencias entre ambos grupos de valores no pueden ser estadísticamente significativas, pero además, un buen modelo debe permitir predecir adecuadamente los resultados del proceso dentro del rango de variables estudiado, incluso para valores de entrada no utilizados para la obtención del modelo.

La Figura 13.3 presenta de forma comparativa, los requerimientos, el proceso y el resultado de dos procedimientos de modelización. En la parte superior, se ha representado la secuencia del ajuste de datos a un modelo lineal, muy conocido y utilizado por investigadores de cualquier ámbito científico. En la parte inferior se han representado las etapas equivalentes de un proceso de modelización mediante redes neuronales artificiales.

En un modelo lineal, el conjunto de datos estará formado por una variable independiente $(X_1)$ y una dependiente $(Y_1)$ asociados por pares $(x_{11}, y_{11}; x_{12}, y_{12}; x_{13}, y_{13}... x_{1i}, y_{1i})$. Mediante el procedimiento de mínimos cuadrados podemos calcular la pendiente de la recta y la ordenada en el origen, dando lugar a una ecuación que permite predecir el valor de la variable dependiente para cualquier valor de $x_i$. De igual forma podemos calcular el valor de $x_i$ que da lugar a un valor dado de la variable dependiente $y_i$ dentro de los límites estudiados.

La secuencia es similar si se utilizan redes neuronales artificiales, pero en este caso es posible procesar un importante número de variables independientes (entradas o inputs) y dependientes (salidas o outputs) simultáneamente. El entrenamiento o *"training"* se corresponde con el proceso de ajuste, en el cual el usuario debe seleccionar la estructura de la red neuronal y el sistema informático calcula los pesos, el valor umbral y la función de transferencia que mejor relaciona los inputs y los outputs experimentales. Establecido el modelo (modelo en *caja negra*), el sistema puede calcular automáticamente el conjunto de valores de salida a partir de un set de valores de entrada y viceversa dentro de los límites estudiados.

En un ajuste de regresión lineal, tendremos que evaluar la bondad del ajuste mediante el cálculo del coeficiente de determinación ($R_2$) que es un indicativo del porcentaje de variabilidad de Y que es explicado por X, y su validez mediante el análisis de la varianza de la regresión. De igual forma, la evaluación de la bondad del modelo de ANNs para cada parámetro de salida se hará mediante el coeficiente de determinación $R_2$:

$$R^2 = 1 - \frac{\sum_{i=1}^{n}(y_i - \hat{y}_i)^2}{\sum_{i=1}^{n}(y_i - \overline{y}_i)^2}$$

(Ecuación 13.2)

Donde, $\overline{y}_i$ es la media de la variable dependiente e $\hat{y}_i$ es el valor predicho por el modelo. $R_2$ es un indicativo del porcentaje de variación del parámetro salida que se explica en función de las variables de entrada introducidas en el modelo. La predictibilidad del modelo se considera razonablemente buena si los valores de $R_2$ se encuentran entre 70 y 99.9% [23].

Mediante un ANOVA se puede confirmar la validez y aplicabilidad del modelo. Para ello, no han de existir diferencias significativas entre los valores predichos y los experimentales.

Un aspecto conocido, pero no banal y que merece puntualización expresa cuando se pretende la modelización de un proceso, es la calidad de los datos. El modelo será excelente y útil si los datos con los que se elabora son de calidad. Datos poco precisos, muy dispersos o con una gran variabilidad, no dan lugar a modelos de gran predictibilidad, especialmente si se emplean modelos en caja negra como los obtenidos con las redes neuronales artificiales. Si la red neuronal artificial no logra establecer la relación entre inputs y outputs, debe reflexionarse sobre la calidad de los datos y/o el efecto de las variables estudiadas sobre los parámetros determinados en el estudio.

El número de datos experimentales necesario para conseguir un buen aprendizaje de la red neuronal (*training data*) varía en función del problema y la calidad de los resultados. A pesar de que no existe una regla general, se acepta que el número de datos experimentales ha de estar entre tres y diez veces el número de conexiones entre neuronas [24-25]. Para evaluar la calidad del modelo es necesario reservar entre un 10 y un 20% de los datos experimentales que se empleará para establecer la magnitud del error (*test data*).

Las estructuras de las redes neuronales pueden ser muy variadas y complejas, especialmente si el número de perceptrones es importante. En la Figura 13.3 se ha presentado la topología de una de las estructuras de red más utilizadas, denominada perceptron multicapa (*multi-layer perceptron*, MLP) cuya arquitectura presenta varias capas: una correspondiente a las entradas, capas ocultas intermedias y una correspondiente a las salidas. La topología más simple, con solamente una capa intermedia ha resultado ser útil en la práctica para resolver la mayor parte de los problemas en el ámbito del diseño de formulaciones farmacéuticas [18, 24, 26].

Para realizar el proceso de aprendizaje, el sistema informático puede utilizar diversos tipos de algoritmos que le permiten variar los pesos adecuados hasta obtener la mejor relación entre los inputs y los outputs. El más utilizado es el denominado "*back-propagation*" que retroalimenta el valor del error para recalcular los pesos de cada conexión [24].

El aprendizaje o la memoria de la red, se fundamenta en los pesos asignados a cada conexión, el valor de umbral seleccionado y la función de transferencia, factores que determinan el flujo a su través. Cuando las salidas predichas son aceptables comparadas con sus correspondientes valores experimentales, la utilización de la red permite la generalización del problema y por lo tanto puede, en segundos, calcular la salida para un conjunto de valores nunca caracterizado experimentalmente o por el contrario, predecir qué entradas serían las adecuadas para conseguir determinado valor de salida [14]. La evaluación de las diferencias entre los valores experimentales y los valores predichos por la red neuronal se establecen por medio de la evaluación del error, de igual forma que en otros procedimientos estadísticos.

Diferentes autores han realizado estudios comparativos entre este tipo de procedimientos de modelización mediante redes MLP y las aproximaciones estadísticas clásicas [27] para una amplia gama de aplicaciones entre las que se incluyen la selección de materias primas y variables de proceso en el desarrollo y optimización de comprimidos [28], micropartículas [29], microsferas [30], nanopartículas [31], emulsiones [32-35], cápsulas de gelatina [36], geles [37]; el desarrollo de métodos analíticos y/o interpretación de datos [38-39], el establecimiento de correlaciones *in vivo-in vitro* [40-42] o relaciones estructura-actividad [43] o estructura-eficacia [44-45]. En todos ellos, los resultados de la aplicación de herramientas de inteligencia artificial igualan o superan en su capacidad predictiva a los métodos convencionales.

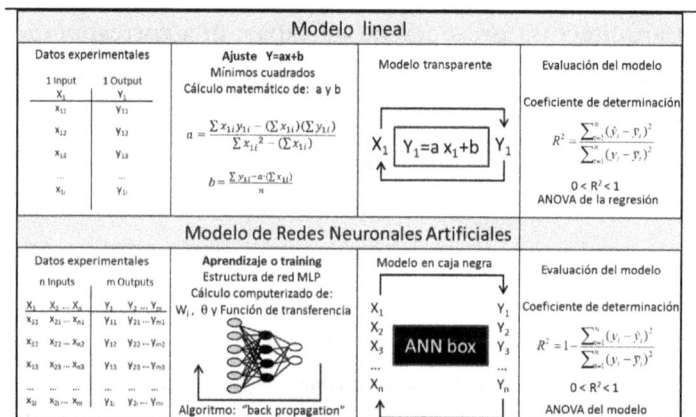

**Figura 13.3.** Esquema que muestra el paralelismo de dos procesos de modelización: lineal y modelización mediante redes neuronales artificiales.

### 13.3.1. Inconvenientes y limitaciones de la modelización mediante de Redes Neuronales Artificiales

El primer inconveniente con el que se encuentra el especialista en formulación galénica cuando se inicia en el ámbito de las redes neuronales artificiales es la terminología empleada, muy alejada de los términos que habitualmente maneja. La intención de este capítulo es que esta limitación, que provoca gran rechazo, sea parcialmente superada al finalizar su lectura. Para ello, se ha pensado que el paralelismo establecido en la sección anterior entre un modelo simple como la regresión lineal y los modelos mediante ANNs puede ser de gran ayuda.

Otra dificultad en el empleo de estas tecnologías surge a la hora de elegir la estructura de la red neural que se utilizará para la resolución del problema y el algoritmo más adecuado para la obtención del modelo. Hasta el momento se carece de métodos establecidos para llevar a cabo esta selección, por lo que se realiza mediante un procedimiento de prueba y error. La estructura MLP y el algoritmo "back propagation" que se señalaron anteriormente, se han mostrado útiles en la resolución de un importante número de problemas en el ámbito de la tecnología farmacéutica, pero no pueden considerarse universales a la hora de emplear esta metodología [26, 30]. Las diferencias entre los programas existentes en el mercado radican fundamentalmente en el algoritmo que utilizan para el entrenamiento de la red, las funciones de activación que aplican y los mecanismos que emplean para evitar que la red neuronal interprete el error como un efecto entre variables (*"over-training"*).

Por otro lado, tampoco está establecido el número óptimo de casos experimentales necesarios para modelizar un proceso adecuadamente [46-47]. Algunos autores han intentado establecer reglas generales relacionando el número de datos experimentales con parámetros característicos de la red neuronal como el número de neuronas ocultas y el número de inputs y outputs. Wei y colaboradores [34] propusieron que el número de datos necesarios para el entrenamiento de la red podría establecerse en función de la expresión siguiente:

$$N_{datos\ para\ el\ entrenamiento} > N_{neuronas\ ocultas} \times N_{inputs} + N_{neuronas\ ocultas} \times N_{outputs}$$

El hecho de que las redes neuronales artificiales den lugar a modelos empíricos en caja negra dificulta su interpretación [23], es decir alcanzar conocimiento explícito sobre variables y que magnitud tienen un efecto significativo sobre las características de los sistemas farmacéuticos modelizados. Si el número de variables es reducido, 2 ó 3, los resultados pueden interpretarse mediante la utilización de gráficas 2D o 3D, pero si es elevado, una excelente colección de gráficos 3D puede fácilmente transformarse en una pesadilla indescifrable.

Para soslayar esta dificultad se han desarrollado herramientas de inteligencia artificial, que combinadas con las ANNs, contribuyen a interpretar sus resultados, como la lógica difusa, o a implementar nuevas aplicaciones como los algoritmos genéticos, que permiten llevar a cabo procesos de optimización [48-49]. Estos sistemas híbridos tienen gran potencial para ayudar al experto a interpretar, generalizar u optimizar formulaciones [50-53].

### 13.3.2. Ventajas de las Redes Neuronales Artificiales

En oposición a las limitaciones señaladas, las redes neuronales artificiales presentan múltiples ventajas. Su gran potencialidad radica en su capacidad para detectar y cuantificar relaciones no lineales complejas entre inputs y outputs, así como para generalizar a partir de datos poco definidos o captar efectos poco evidentes o patrones parcialmente ocultos [18, 51, 54]

La modelización mediante ANNs presenta ciertas ventajas frente a los métodos estadísticos tradicionales: a) son capaces de integrar datos de naturaleza diversa (variables continuas, binomiales, discretas); b) pueden dar lugar a modelos complejos sin establecer *a priori* una función matemática concreta, ni presuponer la existencia de relaciones entre variables; c) requieren un muestreo adecuado del espacio de conocimiento, pero la distribución de la muestra que constituye la base de datos experimental no está marcada por la estructura de un diseño experimental específico. Puede conseguirse un modelo adecuado a partir de muestras de datos incompletas, valores procedentes de series de prueba y error, o incluso de resultados históricos procedentes de bibliografía [14, 23] d) permiten, según algunos autores utilizar como inputs, variables dependientes entre sí [24].

Los modelos mediante ANNs permiten establecer el espacio de diseño inscrito en el espacio de conocimiento con un número relativamente pequeño de datos [55] y generar modelos complejos multidimensionales de solución numérica sencilla y rápida.

## 13.4. Combinación de las Redes Neuronales Artificiales con sistemas de Lógica Difusa

El conocimiento humano se cimienta en la palabra, que es imprecisa *per se*. Si alguien dice "hace calor" todos recibimos una información y adquirimos un conocimiento, sin embargo no sabemos cuantitativamente la temperatura del entorno. Tanto en la vida cotidiana como en la profesional, el conocimiento adquirido a través de la palabra conduce a otros procesos como la clasificación o la toma de decisiones. Así, SI "hace calor" ENTONCES seleccionaremos un tipo de ropa para nuestras vacaciones, abriremos la ventana o pondremos el aire acondicionado. Durante décadas, el desarrollo de formulaciones farmacéuticas ha estado fundamentalmente basado en el conocimiento previo del experto en formulación que indefectiblemente está fundamentado en la palabra. Los sistemas de lógica difusa utilizan la palabra para generar conocimiento.

El concepto de lógica difusa fue establecido en los años sesenta por el profesor iraní, Lotfi Zadeh [56], como una extensión a la lógica de conjuntos clásica. La lógica difusa permite el manejo de información imprecisa mediante la palabra y el concepto de razón de pertenencia (*"membership degree"*). Para ilustrar este concepto, el profesor Zadeh utilizaba lo que denominaba ejemplo del "hombre alto" (Figura 13.4). Si consideramos que un hombre será alto si su altura sobrepasa 1.80m, según la lógica clásica una persona que mida 1.81m será clasificada como alta y una, cuya estatura sea 1.79m, será clasificada como no alta. Este tipo de clasificación "poco lógica" para una diferencia de tan solo 2 cm, dificultaría la realización de un trabajo en el que se requirieran dos hombres altos.

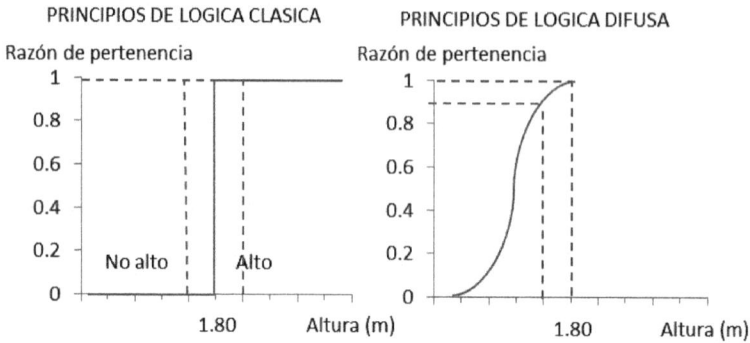

**Figura 13.4.** Comparación entre la lógica clásica y la lógica difusa para el ejemplo del "hombre alto" (Modificada a partir de [56]).

Según las premisas de la lógica difusa, a cada valor de altura podemos asignarle una razón de pertenencia entre 0 y 1 (Figura 13.4). Así, un hombre de 1.79 según la lógica difusa será clasificado como un hombre alto con una razón de pertenencia de 0.90, mientras que un hombre de 1.81 será clasificado como alto con una razón de pertenencia de 1.00. La diferencia entre ambas razones de pertenencia refleja la diferencia en alturas de ambos.

Siguiendo las pautas derivadas de la lógica difusa, cada valor de una variable numérica puede transformarse en palabras asociadas a razones de pertenencia, para lo que tendrá que realizarse un proceso denominado de difuminación o"fuzzyfication". Ilustremos este concepto mediante un ejemplo conocido en formulación farmacéutica. En un proceso de formación de micelas para la solubilización de un fármaco se emplea un polímero A cuya proporción en la formulación condiciona las características del sistema. La proporción de polímero A en la formulación es una variable continua del proceso que puede expresarse en porcentaje (p/p) en un rango comprendido entre 1 y 6 %. El proceso de difuminación podría ilustrarse mediante la Figura 13.5 según la cual a cada valor de concentración del polímero A le correspondería la palabra ALTA o BAJA con una razón de pertenencia asociada. Por ejemplo, una concentración de polímero A=5% puede expresarse como una concentración ALTA con una razón de pertenencia de 0.80 o bien BAJA con una de 0.20. La expresión de las razones de pertenencia al grupo de altas (0.80) o bajas (0.20) proporciona un conocimiento adicional sobre el valor de porcentaje de polímero del 5% empleado. El establecimiento de la relación entre los valores de una variable y las palabras y razones de pertenencia correspondientes es de naturaleza subjetiva, debe definirse en cada caso y constituye el aspecto crítico del proceso de difuminación [57] ya que determina la comprensión que el ordenador hace de los datos.

Razón de pertenencia

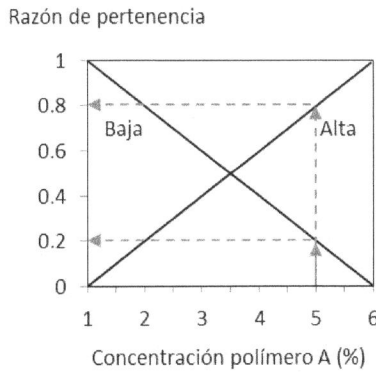

**Figura 13.5.** Ejemplo de un posible proceso de difuminación o fuzzyficación de la variable continua "concentración de polímero A en la formulación" llevado a cabo por los sistemas de lógica difusa para transformar la variable numérica en combinaciones de palabras con razones de pertenencia asociadas.

Las herramientas de inteligencia artificial que integran redes neuronales artificiales con sistemas de lógica difusa, combinan la capacidad de aprendizaje de las primeras con la representación de valores mediante palabras y razones de pertenencia de la lógica difusa [51, 58]. Los modelos elaborados con estas herramientas se transforman, de modelos en "*caja negra*" de difícil interpretación, a modelos en "*caja gris*" cuya salida es un conjunto de reglas escritas del tipo SI...ENTONCES. Estas reglas están constituidas por dos partes, una inicial que incluye lo/s input/s que explican determinado output, seguida de una segunda parte que describe las características del output, definidas mediante una palabra y su correspondiente razón de pertenencia. El análisis del conjunto de reglas generado, permite alcanzar conocimiento cualitativo o semicuantitativo sobre el efecto de las variables de formulación y de proceso sobre las características de la formulación estudiada, de la misma manera que un cerebro humano realizaría esta tarea [59].

Estas herramientas permiten con gran flexibilidad la extracción de información a partir de extensas colecciones de datos incluso poco precisos, su modelización y la detección de tendencias consistentes o relaciones no lineales entre las variables que afectan a un proceso. El enunciado y la interpretación del conjunto de reglas, facilita su comprensión y la adquisición de conocimiento general [60-63].

### 13.5. Combinación de las Redes Neuronales Artificiales con Algoritmos Genéticos

Los algoritmos genéticos (GA) son herramientas de inteligencia artificial bioinspiradas, basadas en los principios biológicos básicos de la evolución [64]. Están diseñados para simular los procesos naturales de variación genética y selección natural de los individuos mejor adaptados. Como los sistemas biológicos, los algoritmos genéticos seleccionan la mejor solución a un problema planteado y por lo tanto, pueden emplearse en la optimización de distintos procesos farmacéuticos [27].

Si se combinan sistemas de ANN con algoritmos genéticos (Figura 13.6) es posible seleccionar, de entre un conjunto de posibles soluciones generadas aleatoriamente, aquellas cuyos resultados mejor se adapten a los atributos críticos de calidad (Critical Quality Attributes, CQAs) que se pretenden.

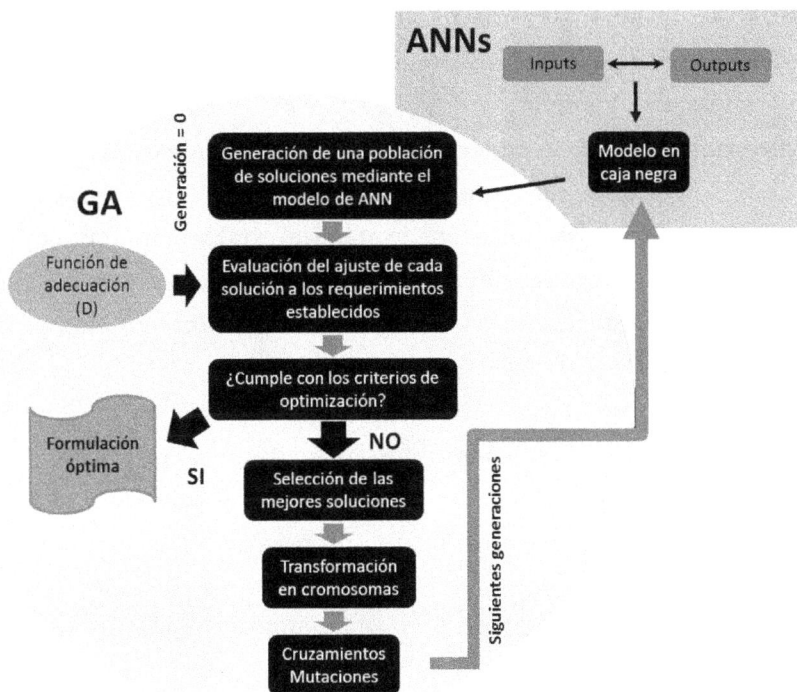

**Figura 13.6.** Etapas implicadas en la búsqueda de la combinación de variables óptima cuando se combinan redes neuronales artificiales y algoritmos genéticos.

La optimización de formulaciones farmacéuticas implica la resolución de problemas de naturaleza multivariante. Es necesario encontrar la mejor combinación de inputs (ingredientes y variables de proceso) posible para generar un producto que presente *simultáneamente* múltiples características (outputs) óptimas. Frecuentemente, las propiedades finales deseables en un producto responden a objetivos antagónicos y la optimización de la formulación requiere encontrar una solución de compromiso [48]. Por ejemplo, en el diseño de unos comprimidos de un fármaco para su cesión inmediata, es necesario encontrar la combinación adecuada de ingredientes y variables de proceso para obtener sistemas de buenas propiedades mecánicas y rápida liberación de fármaco. Sin embargo, la mejora en las propiedades mecánicas, por ejemplo mediante un incremento en la fuerza de compresión utilizada, produce simultáneamente un empeoramiento en la cesión de fármaco, por lo que la obtención de un sistema óptimo requiere encontrar una solución de compromiso que asegure valores mínimos para ambos tipos de propiedades [64-65].

La combinación de redes neuronales artificiales y algoritmos genéticos se ha utilizado con éxito en el ámbito farmacéutico para el diseño optimizado de fármacos mediante establecimiento de relaciones estructura-actividad [66], la selección o producción de materias primas [67-68] adecuadas o el desarrollo de procedimientos analíticos mejorados [69]

Para la realización del proceso de selección de un óptimo existen diferentes requisitos indispensables: a) realizado el proceso de modelización, las posibles soluciones generadas por la red neuronal artificial deben seleccionarse en función de criterios previamente establecidos, para lo que es necesaria una definición numérica de la bondad de una solución al problema. A esto se le denomina "función de adecuación" ("*desirability function*"). Si el problema planteado implica la optimización de diversas características simultáneamente, es necesario generar una función de adecuación ($d_i$) para cada una de ellas y obtener una función global (D) conjunta que deberá ser maximizada durante el proceso de optimización. La función D tomará valores entre 0 (valores completamente diferentes de los aceptables) y 100 (todos los parámetros en el rango de valores deseables; b) las soluciones seleccionadas (soluciones parentales) son transformadas por el sistema informático en unidades lineales codificadas denominadas *cromosomas*, que al igual que el material biológico son susceptibles de reproducción con ligeras modificaciones; c) los cromosomas deben sufrir cruzamientos y mutaciones con el fin de generar nuevas poblaciones de soluciones al problema. Si se repite el proceso sucesivamente (>100 veces) es factible alcanzar una solución óptima ya que las combinaciones más adecuadas tienen mayor probabilidad de ser reproducidas [70-71].

En los últimos años diversas empresas como Intelligensys (Stokesley, UK), Neuralware (Carnegie, USA) or NeuroDimension (Gainsville, USA) han desarrollado programas comerciales que combinan ambas tecnologías para la modelización y optimización de procesos.

## 13.6. Caso de estudio: aproximación al desarrollo y optimización de capsulas de rifampicina para la vía oral mediante herramientas de IA

Para ilustrar el uso de estas tecnologías en el desarrollo, comprensión y optimización de formas farmacéuticas hemos seleccionado datos procedentes de un estudio de nanoencapsulación de un fármaco activo frente a tuberculosis en micelas poliméricas, ya publicados y discutidos en el artículo "Molecular implications in the nanoencapsulation of the anti-tuberculosis drug rifampicin with flower-like polymeric micelles" de Moretton y colaboradores [72]. Este tipo de investigación podría constituir el primer paso en el desarrollo de una nueva forma de dosificación para un fármaco ampliamente utilizado como la rifampicina, por ejemplo, nanopartículas derivadas de la encapsulación del fármaco mediante micelas poliméricas acondicionadas en cápsulas de gelatina dura. La Figura 13.7 muestra un posible diagrama de Ishikawa, que sería necesario analizar siguiendo la recomendación de la norma ICH Q8[4] para la puesta a punto de una formulación de este tipo que, aunque no extremadamente compleja, reúne un número importante de variables a tener cuenta durante las fases de desarrollo y producción.

En este desarrollo, como mínimo deberían determinarse las características del principio activo (API) (p.j. solubilidad, contenido en agua, propiedades cristalinas...), del polímero/s (estructura, peso molecular, solubilidad, concentración crítica micelar, temperatura crítica micelar), las condiciones del proceso de elaboración (equipos y variables en las fases de microencapsulación, mezclado, secado, llenado de cápsulas...) y acondicionamiento del producto. El experto en desarrollo debe establecer cuáles son los criterios de calidad, las variables críticas para garantizarla y definir una estrategia para su control. El programa de desarrollo de la formulación deberá establecer los atributos críticos de calidad (CQAs) o propiedades físicas, químicas, biológicas o microbiológicas adecuadas y determinar sus límites. Los CQAs están asociados tanto a APIs, como a polímeros y otros excipientes, productos intermedios y producto final.

En el trabajo señalado [72] se analizan las repercusiones que presentan las variaciones en las características estructurales de los polímeros tribloque empleados (poly-epsilon caprolactona-polietilenglicol- poly-epsilon caprolactona, PCL-PEG-PCL) y su concentración sobre la capacidad de solubilización de rifampicina y la estabilidad de las micelas poliméricas. De su análisis debe derivarse la selección del polímero anfifílico formador de las micelas y avanzarse en el establecimiento de la fórmula cuantitativa del producto.

En la Figura 13.7 aparecen en cajas sombreadas aquellos puntos del proceso sobre los que incide el estudio. Brevemente, se sintetizaron diversos polímeros con variedades de PEG y PCL de diferentes pesos moleculares. Se elaboraron sistemas micelares con los polímeros preparados a diferentes concentraciones (1-6%) y se determinaron parámetros dirigidos a establecer su capacidad de incorporación de fármaco, sus propiedades físico-químicas y sus características de estabilidad. Entre ellos, como ejemplo para ilustrar el uso de las tecnologías de IA hemos seleccionado dos como variables dependientes (outputs):

- El factor de solubilidad ($f_s$), definido como el cociente entre la solubilidad del fármaco en el sistema y su solubilidad en agua;
- La estabilidad de las micelas, representada por el porcentaje de solubilización de rifampicina que se conserva después de una semana de almacenamiento;

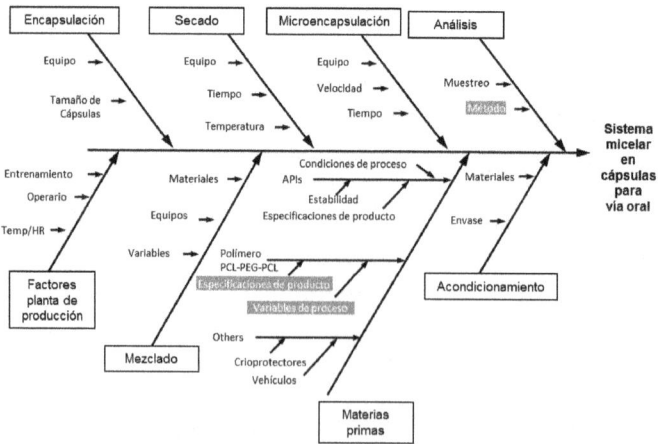

**Figura 13.7.** Diagrama de Ishikawa que identifica las potenciales variables con posible impacto sobre los sistemas micelares acondicionados en cápsulas de gelatina dura para administración oral de rifampicina.

A partir de estas consideraciones podemos construir la base de datos de la Tabla 13.1, en la que se recogen las tres variables independientes o inputs) estudiadas: peso molecular del PEG (3 niveles), peso molecular de PCL (10 niveles) y porcentaje de polímero en el sistema (3 niveles), así como las dos propiedades del sistema resultante seleccionadas como outputs.

Una vez identificados los inputs y outputs y elaborada la base de datos, siguiendo con la segunda etapa de las propuestas para un proceso de modelización, podemos plantear ciertas preguntas a las que intentaremos dar respuesta mediante la modelización con tecnologías de IA. Por ejemplo: ¿Qué implicaciones tiene la modificación del peso molecular de la PCL y el PEG en el proceso de formación de micelas que solubilizan rifampicina? ¿Cuáles son las características estructurales de los polímeros que condicionan la incorporación del fármaco? ¿Es la concentración de polímero un factor crítico en la inclusión de rifampicina? ¿Y en la estabilidad de las micelas cargadas? ¿Cuál sería la mejor combinación posible?

La tecnología combinada de redes neuronales artificiales y lógica difusa (programa utilizado FormRules v3.31 (Intelligensys Ltd, Stokesley, UK) ha permitido modelizar con éxito las dos variables simultáneamente y determinar si existe un efecto, simple o combinado, de las variables seleccionadas sobre la solubilización de la rifampicina y la estabilidad de los preparados. La evaluación de la calidad del modelo y su capacidad de predicción se llevó a cabo mediante los coeficientes de determinación ($R_2$)y los parámetros del ANOVA que permiten evaluar la existencia de diferencias significativas entre los valores experimentales y los predichos por el modelo (Tabla 13.2). La obtención de valores de coeficiente de determinación superiores al 75%, unido a valores de f superiores al valor crítico de f para los grados de libertad del modelo son indicativos de su buen ajuste y su elevada capacidad de predicción [51].

**Tabla 13.1.** Base de datos generada a partir del estudio de Moretton y colaboradores [72] en la que se recogen los valores de las variables objeto de estudio (Peso molecular de PCL, peso molecular de PEG y porcentaje de polímero en la formulación) y dos de las características de los sistemas producidos (el factor de solubilidad de fármaco y la solubilidad remanente tras una semana de almacenamiento, como parámetro indicativo de estabilidad del sistema).

| Peso molecular PCL | Peso molecular PEG | [Polímero] (%p/v) | Factor de solubilidad (fs) | Solubilidad remanente 1 semana (%) |
|---|---|---|---|---|
| 1050 | 6000 | 1 | 0.75 | 70 |
| 1050 | 6000 | 4 | 1.53 | 55 |
| 1300 | 10000 | 1 | 1.88 | 92 |
| **1300** | **10000** | **4** | **4.01** | **38** |
| 1300 | 10000 | 6 | 5.18 | 27 |
| 1450 | 6000 | 1 | 0.8 | 62 |
| 1450 | 6000 | 4 | 1.58 | 30 |
| 1500 | 20000 | 1 | 0.74 | 63 |
| 1500 | 20000 | 4 | 1.01 | 80 |
| 2550 | 6000 | 1 | 0.83 | 60 |
| 2550 | 6000 | 4 | 1.78 | 45 |
| **2600** | **10000** | **1** | **1.95** | **86** |
| 2600 | 10000 | 4 | 4.05 | 36 |
| 2600 | 10000 | 6 | 5.37 | 26 |
| 3700 | 10000 | 1 | 1.99 | 95 |
| 3700 | 10000 | 4 | 4.1 | 37 |
| 3700 | 10000 | 6 | 5.39 | 25 |
| 3800 | 20000 | 1 | 0.79 | 90 |
| **3800** | **20000** | **4** | **1.35** | **79** |
| 3800 | 20000 | 4 | 1.35 | 79 |
| 4500 | 10000 | 1 | 2.02 | 94 |
| 4500 | 10000 | 4 | 4.23 | 38 |
| 4500 | 10000 | 6 | 5.43 | 38 |
| 7850 | 20000 | 1 | 1.1 | 13 |
| 7850 | 20000 | 4 | 1.38 | 70 |

**Tabla 13.2.** Variables independientes que explican la variabilidad de cada uno de los parámetros seleccionados y parámetros indicativos de la calidad del modelo generado mediante FormRules v3.31. Se presentan en negrita las variables con mayor incidencia sobre el parámetro indicado.

| | Factor de solubilidad (fs) | Solubilidad remanente (%) 1 semana |
|---|---|---|
| $R_2$ | 99.53 | 78.57 |
| f calculado | 533.29 | 7.33 |
| Grados de libertad | 6 y 21 | 5 y 21 |
| α | <0.01 | <0.01 |
| Variables independientes que explican las dependientes | | |
| | Interacción PEG*[Polímero] | Interacción PCL*[Polímero] PEG |

El modelo indica que las variaciones en el factor de solubilización de rifampicina se explican en un 99.53% en función del efecto combinado del peso molecular del PEG y la concentración de polímero en el sistema mientras que el peso molecular del PCL no tiene un efecto significativo sobre la capacidad de solubilización de las micelas.

Por el contrario, las variaciones observadas en la estabilidad del preparado se explican en un 78.57% en función de la interacción del peso molecular de PCL y la concentración de polímero (en negrita por la magnitud de la incidencia), junto al efecto significativo simple del peso molecular del PEG.

La lógica difusa permite, tras el proceso de difuminación de las variables, generar un conjunto de reglas (SI...ENTONCES) para cada output en función de los factores o inputs estudiados cuyas variaciones explican sus diferencias (Tabla 13.3).A modo de ejemplo, esta tabla presenta el conjunto de reglas generadas para el factor de solubilidad de la rifampicina.

Cada una de estas reglas es un mensaje que aporta información sobre el proceso. Su lectura debe hacerse de la siguiente manera. Por ejemplo, la regla número 1: SI el peso molecular del PEG empleado es bajo y la proporción de polímero empleada es baja ENTONCES el factor de solubilidad que conseguimos es bajo con una razón de pertenencia de 0.99 (el valor más alto entre los valores de solubilidad bajos).

El conjunto de reglas facilita la obtención de conclusiones generales y por lo tanto, la comprensión de la formulación y la respuesta a algunas de las preguntas planteadas en los párrafos anteriores.

Recordemos las preguntas planteadas respecto a la capacidad de solubilización de rifampicina en las micelas ¿Qué implicaciones tiene la modificación del peso molecular del PCL y el PEG en el proceso de formación de micelas que solubilizan rifampicina? ¿Cuáles son las características estructurales de los polímeros que condicionan la incorporación del fármaco? ¿Es la concentración de polímero un factor crítico en la inclusión de rifampicina?

**Tabla 13.3.** Conjunto de reglas generadas por el programa"FormRules 3.31" para el factor de solubilidad de rifampicina.

| Regla | Peso molecular PEG | [Polímero] (%) | | Factor de solubilidad (fs) | Razón de pertenencia |
|---|---|---|---|---|---|
| Submodelo 1 | | | | | |
| 1 | BAJO | BAJO | | BAJO | 0.99 |
| 2 | BAJO | ALTO | | BAJO | 0.69 |
| 3 | MEDIO | BAJO | ENTONCES | BAJO | 0.54 |
| 4 | MEDIO SI | ALTO | | ALTO | 1.00 |
| 5 | ALTO | BAJO | | BAJO | 0.97 |
| 6 | ALTO | ALTO | | BAJO | 0.84 |

Si leemos el conjunto de reglas en su totalidad, podemos deducir fácilmente que: a) la modificación del peso molecular de PCL no tiene un efecto significativo sobre el factor de solubilidad; b) el incremento en la proporción de polímero incrementa la solubilización del fármaco y c) la interacción entre las variables peso molecular del PEG y la concentración de polímero es el factor crítico en la solubilización de rifampicina. La combinación más adecuada para obtener factores de solubilidad elevados con este tipo de sistemas, incorpora PEG de peso molecular medio y una alta proporción de polímero entre las ensayadas. Si, como en este caso, las variables con un efecto significativo son dos, los resultados pueden también presentarse simplemente mediante gráficos 3D como el que muestra la Figura 13.8.

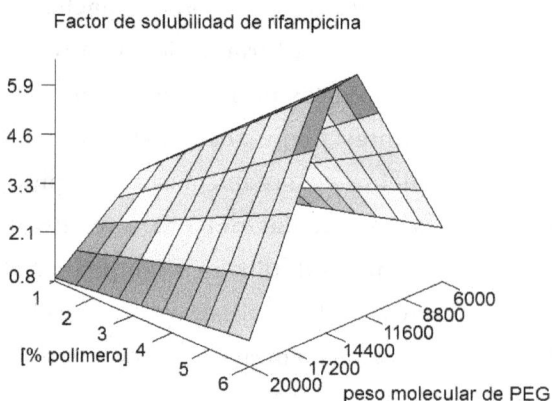

**Figura 13.8.** Efecto del peso molecular y la proporción de polímero en el sistema sobre el factor de solubilidad de rifampicina en los sistemas micelares.

Mediante este ejemplo podemos visualizar como, la combinación de ANN y lógica difusa permite modelizar datos difuminados previamente y establecer relaciones entre ellos. La ventaja de la difuminación de datos se transforma en una limitación,cuando se pretende predecir el resultado de una combinación de inputs concreta. Si el objetivo es optimizar una formulación, es decir encontrar la *mejor combinación posible* de variables, los resultados de este tratamiento pueden resultar poco definidos, especialmente cuando el número de variables es elevado. En estos casos puede recurrirse a la combinación de las ANNs con métodos de IA diseñados específicamente para procesos de selección, como los algoritmos genéticos.

Volviendo al ejemplo que nos ocupa, para optimizar la formulación de rifampicina deberemos seleccionar los pesos moleculares de PEG y PCL y la concentración de polímero adecuados para que proporcionen el mayor factor de solubilidad de fármaco y simultáneamente, la mayor estabilidad (mayor solubilidad remanente después de una semana).

El programa utilizado INFormv4.11 (Intelligensys Ltd, Stokesley, UK) que combina ANN y algoritmos genéticos permitió modelizar con éxito ambos parámetros. En este proceso de modelización hemos señalado las variables PEG y PCL como discretas ya que no es posible obtener polímeros de cualquier peso molecular, siendo preciso utilizar las variedades comerciales disponibles. Se seleccionó una red neuronal MLP de tres capas (capa de 3 inputs, capa intermedia y capa de outputs). Los datos de la Tabla 13.1 se dividieron en dos grupos, los destinados al entrenamiento de la red (*training data*) y un pequeño grupo de valores (en negrita en la Tabla 13.1) (*test data*) no incluidos en el proceso de obtención del modelo, cuya función es la evaluación del error. Las funciones de transferencia fueron sigmoidal asimétrica para la capa intermedia y lineal para la capa de salida. Los resultados que muestran la calidad del modelo se presentan en la Tabla 13.4.

**Tabla 13.4.** Parámetros indicativos de la calidad del modelo generado mediante INForm v4.11.

| | Factor de solubilidad (fs) | Solubilidad remanente (%) 1 semana |
|---|---|---|
| $R_2$datos de entrenamiento | 99.85 | 95.27 |
| $R_2$datos de evaluación error | 98.66 | 95.91 |
| f calculado | 206.86 | 6.02 |
| Grados de libertad | 16 y 21 | 16 y 21 |
| α | <0.01 | <0.01 |

El proceso de modelización llevado a cabo, introduciendo el peso molecular de PEG y PCL como variables discretas no permite representaciones gráficas 3D como la elaborada para el factor de solubilidad mediante ANN y lógica difusa (Figura 13.8).

Para el desarrollo de la formulación micelar, se podría definir un factor de solubilidad en función de la dosis terapéutica de rifampicina y una estabilidad mínima de las micelas para garantizar la adecuación del proceso de microencapsulación hasta la obtención de las micropartículas. La selección de un óptimo requiere en primer lugar, establecer una definición numérica de la bondad de una solución al problema mediante una "función de adecuación". A modo de ejemplo, hemos definido las funciones de adecuación de la Figura 13.9, con la pretensión de que el sistema encuentre aquella combinación de variables que maximice el factor de solubilidad (adecuación del 100% cuando fs>3) y cuya estabilidad sea también máxima, por lo que el porcentaje de solubilidad remanente no ha de ser en ningún caso inferior al 10 por ciento y preferiblemente sea superior al 40%.

En este caso, considerando ambas propiedades de igual importancia en el diseño de la formulación, tras el proceso de selección se obtiene como solución óptima la presentada en la Tabla 13.5 según la cual la formulación más adecuada en función de las funciones de adecuación establecidas, sería aquella cuyo polímero incorporase PEG 10000 y PCL 2550 y una proporción de polímero del 3.13%.

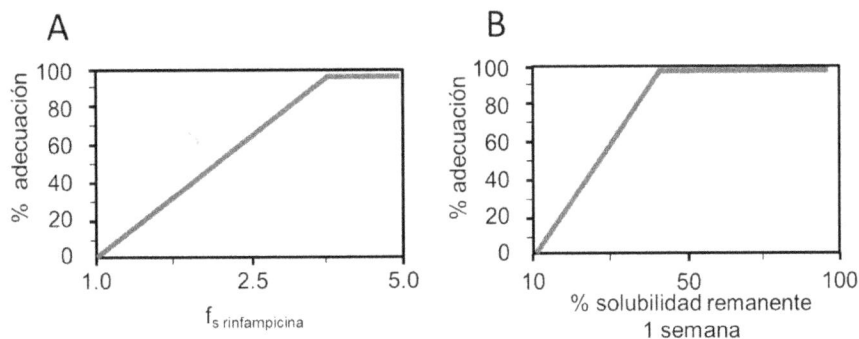

**Figura 13.9.** Ejemplo de funciones de adecuación para los parámetros, factor de solubilidad y porcentaje remanente de solubilidad tras una semana de almacenamiento.

**Tabla 13.5.** Selección de valores de entrada óptimos y salidas predichas por el modelo obtenidos tras el proceso de selección mediante algoritmos genéticos combinados con redes neuronales artificiales utilizando las funciones de aceptabilidad representadas en la Figura 13.9.

| Entradas óptimas | Valor | Salidas predichas | Valor | % adecuación |
|---|---|---|---|---|
| Peso molecular PEG | 10000 | $f_{srifampicina}$ | 3.41 | 78.00 |
| Peso molecular PCL | 2550 | | | |
| % polímero | 3.13 | % solubilidad remanente tras 1 semana | 79.98 | 97.99 |

Para este tipo de formulación, la selección mediante las restricciones establecidas no alcanza una solución cuya adecuación sea del 100% en ambos parámetros, sino una solución de compromiso ya que la que más se ajusta a las condiciones mencionadas tendría un factor de solubilidad de 3.41 y mantendría una solubilidad de fármaco del 79.98% tras una semana de almacenamiento con porcentajes de adecuación del 78.00 y el 97.99%. Evidentemente, la selección está condicionada por los criterios de adecuación impuestos.

## 13.7. Perspectivas de futuro

Si tradicionalmente el diseño de formulaciones farmacéuticas ha sido una tarea compleja y difícil, en la que se implicaban numerosas variables, las perspectivas futuras dirigidas a una medicina personalizada, con firme base biotecnológica, sitúan al investigador farmacéutico ante un panorama sin precedentes. Nuevos métodos de análisis que permiten determinar en tiempo real resultados tan complejos como secuencias biológicas o imágenes, plantean retos asociados al tratamiento de grandes bases de datos que integren una amplia variedad de tipos de registros.

El análisis de esos datos y la generación de nuevo conocimiento podrían resultar imposibles si paralelamente al diseño de nuevas técnicas de cuantificación, no introducimos métodos para su tratamiento, alternativos a los convencionales, que permitan la extracción de conclusiones generales como resultado del análisis conjunto de los datos.

Las tecnologías de inteligencia artificial disponibles en la actualidad (redes neuronales artificiales, algoritmos genéticos, lógica difusa, *Gene Expression Programming...*) y las que muy probablemente se diseñarán en el futuro deben ayudar al investigador en esta ardua tarea, permitiéndole integrar la información de las diferentes variables, comprender el resultado de un proceso, y en último término, predecir sus resultados en determinadas condiciones.

Como se describió en las secciones anteriores, las herramientas de inteligencia artificial ya han demostrado su utilidad para diversas aplicaciones en el ámbito farmacéutico, generando modelos al menos de la misma calidad o superior que las técnicas de modelado convencionales.

Las combinaciones de redes neuronales artificiales con algoritmos genéticos o sistemas de lógica difusa permiten, como ha intentado demostrarse a lo largo del capítulo, explicar y/u optimizar procesos multivariantes complejos, cuyas relaciones entre variables son de naturaleza no lineal. Son capaces de integrar variables de diferentes tipos (continuas, discretas...) en un único modelo e incluso procesar series de datos de diversos orígenes o incompletas. Además, son de gran versatilidad ya que permiten la implementación de datos de forma secuencial, a medida que se va disponiendo de ellos.

El análisis de la bibliografía sobre aplicaciones de las herramientas de inteligencia artificial al desarrollo farmacéutico, indica que a pesar de que en los últimos diez años el número de artículos se ha incrementado notablemente, no es una metodología que haya recibido especial atención en este ámbito. Sin embargo, la situación económica actual y el panorama de competitividad creciente obligan a los expertos en formulación a desarrollos en tiempos record y dentro de una normativa compleja que exige considerar todas las variables que intervienen en la formulación. Las herramientas de IA permiten el manejo de espacios multidimensionales complejos de forma sencilla, sin necesidad de un conocimiento en profundidad de matemáticas o estadística y suponen una oportunidad para la mejora de los procesos farmacéuticos, como lo ha sido en otros muchos campos como el diseño de automóviles o frigoríficos.

Esperamos que la lectura de este capítulo introductorio haya servido para vencer la reticencia de los investigadores a utilizar las herramientas de inteligencia artificial, y les sirva de iniciación para abordar su empleo en el diseño e investigación de medicamentos.

## 13.8. Agradecimientos

La autora agradece colaboración de la Dra. M. Echezarreta López y P. Díaz-Rodríguez en la corrección del manuscrito y la financiación recibida del Ministerio de SAF 2012-39878-C02-01y la Xunta de Galicia (grupos de referencia competitiva Exp. 2012/045).

## 13.9. Bibliografía

[1] R. Wehrlé, A. Stamm, Drug Dev. Ind. Pharm. 1994, 20, 141-146.

[2] G.A. Lewis, D. Mathieu, R. Phan-Tan-Luu, Pharmaceutical and experimental Design. Marcel Dekker. New York. 1999.

[3] W. Jiang, L.X. Yu, Modern Pharmaceutical Quality Regulations: Question-based Review. In "Developing solid oral dosage forms: pharmaceutical theory and practice. Y.Qiu, Y. Chen, L. Liu, G.G.Z. Zhang (Eds). Academic Press, New York, 2009, 885-901.

[4] ICH Q8. International Conference on Harmonisation of technical requirements for registration of pharmaceuticals for human use (2009) Pharmaceutical Development Q8 (R2). http://www.ich.org/fileadmin/Public_Web_Site/ICH_Products/Guidelines/Quality/Q8_R1/Step4/Q8_R2_Guideline.pdf. UltimaconsultaOctubre 2012.

[5] T. García, G. Cook, R. Nosal, J. Pharm. Innov. 2008, 3, 60-68.

[6] S. Zomer, M. Guptam, A. Scott, J. Pharm. Innov. 2010, 5, 109–118.

[7] D.M. Kremer, B.C. Hancock, J. Pharm. Sci. 2006, 95, 517-29.

[8] J. Siepmann, F. Siepmann, Int. J. Pharm. 2008, 364, 328-343.

[9] M. Gibson, Product optimization In. Pharmaceutical preformulation and formulation 2nd Ed. M.Gibson(Ed) Informa Healthcare, New York. 2009, 289-324.

[10] P.D.Lunney, R.P. Cogdill, J.K. Drennen, J. Pharm. Innov.2008, 3,188-203.

[11] B. Singh, M. Dahiya, V. Saharan, N. Ahuja, Crit. Rev. Ther. Drug Carr. Syst. 2005, 22, 215-293.

[12] B. Singh, R. Kumar, N. Ahuja, Crit. Rev. Ther. Drug. Carr. Syst. 2005, 22, 27-105.

[13] K. Takayama, J. Takahara, M. Fujikawa, H. Ichikawa, T. Nagai, J. Control. Release 1999, 62, 161-170.

[14] E.A. Colbourn, R.C. Rowe, Future Med. Chem. 2009, 1, 713-726.

[15] A. Krenker, J. Bešter, A. Kos, Introduction to the Artificial Neural Networks In: Artificial Neural Networks - Methodological Advances and Biomedical Applications, K. Suzuki (Ed). 2011, 1-18.

[16] N. Hartnell, N.J. MacKinnon, Am. J. Health. Syst. Pharm. 2003, 60, 1908-1909.

[17] J. Shiraishi, Q. Li, D. Appelbaum, K. Doi, Semin. Nucl. Med. 2011, 41, 449-62.

[18] H. Ichikawa, Adv. Drug Deliv. Rev. 2003, 55, 1119-1147.

[19] S.J. Russell, P. Norvig, Artificial Intelligence: A Modern Approach (2nd ed.), Upper Saddle River, NJ: Prentice Hall, USA. 2003.

[20] R.C. Rowe, R.J. Roberts, Intelligent Software for Product Formulation, Taylor & Francis, London. 2005.

[21] M.Wesolowski, B. Suchacz, J. AOAC. Int. 2012, 95, 652-668.

[22] K. Takayama, M. Fujikawa, T. Nagai, Pharm. Res. 1999, 16, 1-6.

[23] E.A. Colbourn, R.C. Rowe, Neural computing and pharmaceutical formulation. In: Encyclopaedia of pharmaceutical technology, J.Swarbrick & J.C. Boylan (Eds), Marcel Dekker, New York. 2005.

[24] R.J. Erb, Pharm. Res. 1993, 10, 165-170.

[25] Y. Sun, Y. Peng, Y. Chen, A.J. Shukla, Adv. Drug Deliv. Rev. 2003, 55, 1201-1215.

[26] M. Rafienia, M. Amiri, M. Janmaleki, A. Sadeghian, Appl. Artif. Intell. 2010, 24, 807-820.

[27] R.C. Rowe, R.J. Roberts, Pharm. Sci. Technol. Today 1998, 1, 200-205.

[28] K. Takagaki, H. Arai, K. Takayama,. J. Pharm. Sci. 2010, 99, 4201-4214.

[29] D. Leonardi, C.J. Salomón, M.C. Lamasa, A.C. Olivieria, Int. J. Pharm. 2009, 367, 140-147.

[30] H.I. Labouta, L.K. El-Khordagui, A.M. Molokhia, G.M. Ghaly, J. Pharm. Sci. 2009, 98, 4603-4615.

[31] H.S.M. Ali, N. Blagden, P. York, A. Amani, T. Brook, Eur. J. Pharm. Sci. 2009, 37, 514-522.

[32] S. Agatonovic-Kustrin, B.D. Glass, M.H. Wisch, R.G. Alany, Pharm, Res. 2003, 20, 1760-1765.

[33] B.D. Glass, S. Agatonovic-Kustrin, M.H. Wisch, Curr. Drug Disc. Technol. 2005, 2, 195-201.

[34] H. Wei, F. Zhong, J. Ma, Z. Wang, J. Dispersion Sci. Technol. 2008, 29, 319-326.

[35] M. Gasperlin, F. Podlogar, R. Sibanc, J Pharm. Pharmaceut. Sci. 2008, 11, 67-76.

[36] M. Guo, G. Kalra, W. Wilson, Y. Peng, L.L. Augsburger, Pharm. Technol. North America 2002, 26, 44-60.

[37] Y. Lee, A. Khemka, J. Yoo, C.H. Lee, Int. J. Pharm. 2008, 351, 119-126.

[38] S. Agatonovic-Kustrin, M. Zecevic, L.J. Zivanovic, I.G. Tucker, J. Pharm. Biomed. Anal. 1998, 17, 69-76.

[39] S. Agatonovic-Kustrin, V. Wu, T. Rades, D. Saville, I.G. Tucker, J. Pharm. Biomed. Anal. 2000, 22, 985-992.

[40] M. De Matas, Q. Shao, C.H. Richardson, H. Chrystyn, Eur. J. Pharm. Sci. 2008, 33, 80-90.

[41] M. De Matas, Q. Shao, V.L. Silkstone, H. Chrystyn, J. Pharm. Sci. 2007, 96, 3293-3303.

[42] D.G. Fatouros, F.S. Nielsen, D. Douroumis, L.J. Hadjileontiadis, A. Mullertz, Eur. J. Pharm. Biopharm. 2008, 69, 887-898.

[43] T.A. Andrea, H. Kalayeh, J. Med. Chem. 1991, 34, 2824-2836.

[44] S. Qiao, C. Tang, H. Jin, J. Peng, D. Davis, N. Han, Appl. Intell. 2010, 32, 346-363.

[45] X. Zhou, S. Chen, B. Liu, R. Zhang, Y. Wang, P. Li, Y. Guo, H. Zhang, Z. Gao, X. Yan, Artif. Intell Med. 2010, 48, 139-152.

[46] Z. Su, K. Khorasani, IEEE Trans Ind Electron. 2001, 48, 1074-1086.

[47] S. Lawrence, C.L.Giles, A.C. Tsoi, What Size Neural Network Gives Optimal Generalization? Convergence Properties of Backpropagation. (1996) University of Maryland Technical Report CS-TR-3617 (http://clgiles.ist.psu.edu/papers/UMD-CS-TR-3617.what.size.neural. net.to.use.pdf ). (Ultima consulta Octubre 2012).

[48] S. Agatonovic-Kustrin, R. Beresford, J. Pharm. Biomed. Anal. 2000, 22, 717-727.

[49] S. Agatonovic-Kustrin, R.G. Alany, Pharm. Res. 2001, 18, 1049-1055.

[50] A.P. Plumb, R.C. Rowe, P. York, M. Brown, Eur. J. Pharm. Sci. 2005, 25, 395-405.

[51] Q. Shao, R.C.Rowe, P. York, Eur. J. Pharm. Sci. 2006, 28, 394-404.

[52] Q. Shao, R.C. Rowe, P. York, Eur. J. Pharm. Sci. 2007, 31, 129-136.

[53] J. Gago, M. Landín, P.P. Gallego, J. Plant. Physiol. 2010, 167, 1226-1231.

[54] J.G. Taylor, Neural networks and their applications. J. G.Taylor (Eds) John Wiley & Sons Ltd. England. 1996.

[55] A.D. Woolfson, M.L. Umrethia, V.L, Kett, R.K. Malcolm, Int. J. Pharm. 2010, 388, 136-143.

[56] L. Zadeh, Inform. Contr. 1965, 8, 338-353.

[57] Q. Chen, A.E. Mynett, Ecol. Model. 2003, 162, 55-67.

[58] V. Adriaenssens, B. De Baets, P.L.M.Goethals, N. De Pauw, Sci. Total. Environ. 2004, 319, 1-12.

[59] R. Babuska, Fuzzy modeling for control, In: International Series in Intelligent Technologies. R.Babuska (Ed.) Kluwer Academic Publishers, Massachusetts. 1998, 1-8.

[60] M. Setnes, R. Babuska, H.B. Verbruggen, IEEE Trans, Syst, Man Cybern, Part C-App. Rev. 1998, 28, 165-169.

[61] J.S. Yuan, D.W. Galbraith, S.Y. Dai, P. Griffin, N. Jr. Stewart, Trends Plant Sci. 2008, 13, 165-171.

[62] M. Landin, R.C. Rowe, P. York, Eur. J. Pharm. Sci. 2009, 38, 325-331.

[63] J. Gago, M. Landín, P.P. Gallego, Plant Sci. 2010, 179, 241-249.

[64] H.M. Cartwright. Applications of Artificial Intelligence in Chemistry. Oxford University Press, Oxford. 1993.

[64] M.M. Leane, I. Cumming, O.I. Corrigan, AAPS Pharm. Sci. Tech. 2003, 4, E26.

[65] P. Díaz-Rodríguez, M. Landín, Int. J. Pharm. 2012, 433, 112-118.

[66] B.J. Neely, S.V. Madihally, R.L. Robinson Jr., K.A. Gasem, J. Pharm. Sci. 2009, 98, 4069-84.

[67] S.S. Godavarthy, K.M. Yerramsetty, V.K. Rachakonda, B.J. Neely, S.V. Madihally, R.L. Robinson Jr., K.A.M. Gasem. J. Pharm. Sci. 2009, 98, 4085-4099.

[68] H.Valizadeh, M. Pourmahmood, J.S. Mojarrad, M. Nemati, P. Zakeri-Milani, Drug Dev. Ind. Pharm. 2009, 35, 396-407.

[69] Z. Xiaobo, Z. Jiewen, M.J Povey, M. Holmes, M. Hanpin, Anal. Chim. Acta 2010, 667, 14-32.

[70] M. Mitchell, An introduction to genetic algorithm. The MIT Press, Mitchell, E. (Eds) Massachussets, 1998.

[71] T.J. Glezakos, G.Moschopoulou, T.A.Tsiligiridis, S. Kintzios, C.P. Yialouris, Comput. Electron. Agric. 2010, 70, 263-275.

[72] M.A. Moretton, R. J. Glisonia, D. A. Chiappetta, A. Sosnik, Colloids Surf. B Biointerfaces 2010, 79, 467–479.

# CAPÍTULO 14. EXTRAÇÃO DE FITOQUÍMICOS COM FLUIDOS SUB- E SUPERCRÍTICOS E IMPREGNAÇÃO DESTES EM BIOMATERIAIS

Mara E. M. Braga, Ana M. A. Dias, Hermínio C. de Sousa

*CIEPQPF, Departamento de Engenharia Química, FCTUC, Universidade de Coimbra, Rua Sílvio Lima, Pólo II – Pinhal de Marrocos, 3030-790 Coimbra, Portugal.*

**Resumo:**

Neste capítulo são apresentadas as principais vantagens do uso da tecnologia supercrítica na obtenção de compostos ou frações bioativas a partir de diferentes matrizes vegetais que podem ter aplicações na indústria médico-farmacêutica (como fitoterápicos com as mais diversas ações terapêuticas), alimentar (como nutracêuticos, estabilizantes, aromas, pigmentos, espessantes, etc), cosmética (como agentes de coloração, aromas, óleos, protetores solares, etc) e na agricultura (como pesticidas naturais por exemplo). Tendo em consideração a enorme diversidade vegetal presente na natureza, é referida a importância dos estudos etnobotânicos no descobrimento de novos fitoquímicos e consequentemente nos avanços que tem sido conseguidos na prevenção e/ou tratamento de diversos tipos de doenças. Com o objetivo de otimizar a extração dos referidos compostos bioativos usando fluidos supercríticos apresentam-se as variáveis/estratégias de processo normalmente estudadas (densidade do solvente, uso de co-solvente, fracionameto, seleção da matriz vegetal e geometria do leito) assim como o seu efeito no rendimento e seletividade do processo para compostos/frações alvo, através de exemplos específicos de casos

DOI: http://dx.doi.org/10.14195/978-989-26-0881-5_14

de estudo com diferentes matrizes vegetais (incluindo resíduos agro-
-industriais), nomeadamente a casca de pinheiro, o rizoma de açafrão,
a baga de fruto de sabugueiro, a casca de semente de tara e as flores,
caules e folhas de jambu. Apresentam-se ainda vantagens da integração dos processos de extração e impregnação/deposição com fluidos
supercríticos no desenvolvimento de dispositivos médico-farmacêuticos
para libertação controlada de fitofármacos, com exemplos de casos de
sucesso já reportados na literatura.

**Palavras-chave:** extração de compostos bioativos; fitofármacos; im-
pregnação/deposição de compostos bioativos; fluidos pressurizados
e supercríticos; aplicações farmacêuticas e biomédicas.

**Abstract:**
This chapter presents the main advantages of using supercritical fluid
technology to extract bioactive compounds or bioactive fractions from
different vegetal matrices and which may find applications in industries
such as medical and pharmaceutical (as phytotherapics with diverse
therapeutic actions), food (as nutraceuticals, stabilizers, flavors, pigments, thickeners, etc.), cosmetics (as coloring and flavoring agents,
oils, UV-protectors, etc.) and agriculture (as natural pesticides for
example). Given the enormous nature's biodiversity, this chapter high-
lights the importance of ethnobotanic studies in the discovery of new
phytochemicals and consequent advances that have been achieved so
far in the prevention and/or treatment of different kind of diseases.
Several process variables/strategies that are usually studied in order
to optimize the extraction of those bioactive compounds/fractions
using supercritical fluids are described (solvent's density, use of co-
-solvent, fracionation, selection of plant matrix and bed geometry)
as well as its effect on the yield and selectivity of the process for
target compound/fractions, showing examples of case studies using
different vegetal matrices (including agro-industrial residues) namely
pine bark, turmeric rhizome, elderberry pomace, tara seed coat and
flowers, stems and leaves of jambu. Finally, the advantages of using

the supercritical fluid technology to simultaneously extract bioactive compounds from vegetal matrices and impregnate/deposite those compounds into polymeric matrices are also described and presented (providing successful examples already reported in the literature) as an efficient procedure to develop medical and pharmaceutical devices for controlled release of phytochemicals.

**Keywords:** extraction of bioactive compounds; phytochemicals; impregnation/deposition of bioactive compounds; pressurized and supercritical fluids; biomedical and pharmaceutical applications.

# 14. Introdução

## 14.1. A importância dos fitoquímicos e sua utilização

A busca de cuidados com a saúde mais eficazes, nomeadamente para o alívio de sintomas e a prevenção ou cura de doenças, remonta a tempos pré-históricos, com o descobrimento de moléculas como a morfina, a atropina, o quinino e a digoxina [1]. A obtenção de compostos naturais e suas aplicações nas áreas alimentar, cosmética, agricultura e médica (em formulações com pré-dosagem para a promoção da saúde e com propriedades terapêuticas para prevenção ou cura de doenças) data de muitos anos atrás, desde as civilizações Mesopotâmica, Egípcia e Chinesa.

A História relata o uso de formulações à base de plantas medicinais em todo o mundo antigo [2,3]. Escritos antigos, como por exemplo os textos médicos Anglo-Saxões do século X, relatam o estudo e uso de plantas, descrevendo formulações à base de ervas envolvendo mais de 250 espécies de plantas, muitas das quais já testadas em relação à sua composição química e propriedades farmacológicas [3]. Alguns desses produtos naturais ainda são utilizados pela sociedade moderna, e de acordo com a Organização Mundial de Saúde (World Health Organization, WHO) cerca de 75% da população mundial ainda depende de medicamentos tradicionais de base natural para cuidado de saúde primário (em países Asiáticos e Africanos 80% da população depende da medicina tradicional para cuidados primários de saúde). Em muitos países desenvolvidos, entre 70 a 80% da população usa alguma forma de medicina alternativa ou complementar à convencional, como por exemplo a acupunctura. A Organização Mundial de Saúde reconhece a importância das espécies utilizadas como medicamentos pelos Ameríndios e recomenda o estudo e avaliação da sua eficácia através de ensaios farmacológicos e toxicológicos. Nos últimos anos, a flora Americana [4] e Africana [5] têm sido estudadas por se reconhecer que há uma diversidade inexplorada nestas regiões, capaz de levar ao avanço da cura e tratamento de doenças através da fitoterapia. Os tratamentos à base de ervas são a forma mais popular da medicina tradicional, e são altamente lucrativos no mercado internacional. As receitas anuais na Europa Ocidental alcançaram US$ 5 biliões entre 2003 e 2004. Na China a venda de produtos totalizou US$ 14 biliões em 2005, enquanto no Brasil as receitas foram de US$ 160 milhões em 2007 (WHO).

Muitos dos medicamentos utilizados na medicina desenvolvida nos países ocidentais têm por base a medicina tradicional, com mecanismos de ação identificados muito recentemente. O conhecimento destes mecanismos proporciona a descoberta de novos compostos bioativos, assim como o desenho de estruturas similares e posterior síntese [1].

Muitas das informações farmacológicas obtidas sobre plantas medicinais e alimentos funcionais são de base empírica e a seleção destas plantas está relacionada com as características cognitivas, fatores ecológicos e história cultural da população (como por exemplo o resultado de migrações populacionais). Como exemplo pode citar-se o caso de migrações da Turquia para a Alemanha que levaram à inserção na cultura local de 167 fitoterápicos (com uso de 79 espécies botânicas) e 115 preparações à base de plantas, assim como outros medicamentos à base de derivados de animais e minerais. Contudo, e embora a aculturação possa acontecer em caso de migração populacional, as comunidades acabam por manter registos de usos e costumes ancestrais que relacionam o uso de alimentos (alimentos funcionais) e medicamentos naturais com o seu bem-estar e saúde [6]. Um estudo etnofarmacológico realizado numa província do centro da Itália mostrou que nesta região o uso de plantas medicinais e alimentos funcionais na cultura local sobreviveu a gerações por esta província estar isolada geograficamente [7].

A busca de novas moléculas bioativas tem feito uso da etnobotânica e etnofarmacologia a nível mundial [8]. A Tabela 14.1 mostra vários estudos etnofarmacológicos realizados na última década, indicando a diversidade de espécies e substâncias com atividades farmacológicas encontradas em todo o mundo, independentemente de terem ou não comprovação clínica (apesar de a maior parte dos relatos indicarem aplicações médicas específicas). Desta forma, a flora e a diversidade natural tem um importante papel no descobrimento de novas moléculas com potencial para serem usadas na medicina moderna. Contudo esta enorme biodiversidade não se limita à descoberta de moléculas com atividade farmacológica para aplicações na área da saúde, mas também para diversas outras aplicações como suplementos alimentares [9], produtos cosméticos [10], assim como aplicações industriais como pesticidas naturais [11].

Os produtos de origem botânica são regulamentados de forma diferente nos estados membros da União Europeia, assim como nos demais países. Esta regulamentação está relacionada com as diferenças na utilização do produto, na aplicação cultural e histórica do mesmo e na base científica que suporta a utilização e a legislação local. A regulamentação tem sido revista na Europa, bem como os métodos atuais de avaliação da qualidade, eficácia e segurança, e há propostas para que os produtos de origem botânica sejam regulamentados em categorias como fitoterápicos ou nutracêuticos (alimentos funcionais) [12, 13]. No caso dos nutracêuticos, e até ao ano de 2006, não havia regulamentação para o seu uso na União Europeia. As regras a serem aplicadas nestes produtos são numerosas pois são as mesmas que para os alimentos em geral. A regulamentação de nutracêuticos segundo critérios nutricionais e de promoção da saúde foram introduzidas na União Europeia em 2007. Era esperada a sua implementação em 2010 (alguns países da Europa já aplicam voluntariamente estes códigos) contudo, as avaliações científicas sobre a aplicação de nutracêuticos na saúde estão directamente dependentes de recomendações e critérios nutricionais específicos para cada produto [14], o que atrasa o processo de regulamentação e legislação.

A União Europeia tem legislado produtos para uso medicinal através da Traditional Herbal Medicinal Product Directive (THMPD), como alimento através da General Food Law Regulation (GFLR) 178/2002, o uso de espécies botânicas através da Food Supplements Directive (FSD) 2002/46/ EC e através das alegações de nutrição e saúde pela Nutrition and Health Claims Regulation (NHCR) e na adição de vitaminas e minerais e outras substâncias para alimentos (Addition of Vitamins and Minerals and Other Substances to foods Regulation, AVMOSR) adotadas em 2006 [15]. Além disso a legislação para alimentos dietéticos, suplementos alimentares ou novos alimentos pode ser aplicável a alimentos funcionais dependendo da natureza do produto e do seu uso [16].

As etapas e considerações necessárias para a introdução de um produto nutracêutico no mercado, e que vão desde a identificação da espécie botânica até estudos de eficácia e validação científica, foram descritas por Gulati et al [17]. O Center for Drug Evaluation and Research (CDER) da Food and Drug Administration (FDA) desenvolveu um guia para a indústria sobre a elaboração de produtos à base de espécies botânicas para fins médico-farmacêuticos, que com informação importante e abrangente desde regulamentação até estratégias de marketing para comercialização do produto natural [18].

O processo de seleção, identificação e aplicação final de um produto botânico é extenso, tal como descrito no diagrama geral de extração e separação de compostos bioativos para aplicações farmacêuticas, alimentar ou cosmética, apresentado na Figura 14.1. Além de longo, o processo apresenta custos elevados. Uma avaliação realizada pelo FDA em 2003 revelou que somente 21 produtos botânicos foram colocados no mercado no período de 1981 a 2002. De 877 novos fármacos desenvolvidos, 6% eram compostos por produtos naturais, 27% eram derivados de produtos naturais e 16% eram medicamentos sintéticos desenvolvidos a partir de um modelo de um produto natural [19]. Verpoorte et al [1] também descreve que os custos de desenvolvimento de um novo fármaco podem chegar a valores que variam entre 800 a 1000 milhões de Euros, e para encontrar um novo fármaco são testados/estudados de 10.000 a 100.000 compostos, com uma média de 15 anos para o desenvolvimento deste processo.

Um exemplo de estudo foi registrado no Brasil (país com grande biodiversidade), com foco no uso de plantas medicinais com efeitos no sistema nervoso central utilizadas entre os séculos XVI e XIX. Das trinta e quatro plantas estudadas, 13 foram registadas em estudos etnofarmacológicos em comunidades modernas Brasileiras e 16 espécies foram estudadas fitoquimicamente. Somente oito espécies foram objeto de estudos farmacológicos na altura da publicação, sendo que seis tiveram um pedido de patente. Estes resultados revelam o potencial de aplicação das plantas com atividades farmacológicas e o atual estado da investigação de moléculas bioativas para a indústria farmacêutica no contexto Brasileiro [20], mostrando que de um universo de 34 espécies quase 18% foram propostas para se tornarem medicamentos de acordo com os pedidos de patentes indicados.

**Tabela 14.1.** Exemplos de estudos realizados em vários países e regiões do globo sobre espécies endémicas e exóticas com indicações médico-farmacêuticas.

| Países e Regiões | Espécies originárias | Indicações | Referência |
|---|---|---|---|
| África do Sul | 33 espécies vegetais | Doenças infeciosas transmitidas sexualmente como gonorréia, feridas, verrugas e sífilis | [21] |
| África do Sul | 90 espécies vegetais | Várias | [5] |
| Alemanha | 221 espécies vegetais | Epilepsia | [22] |
| Argentina | 48 espécies vegetais | Saúde infanto-maternal | [23] |
| Argentina e Chile | 22 espécies vegetais | Tuberculose | [24] |
| Bósnia e Herzegovina | 228 espécies vegetais | Várias | [25] |
| Brasil | 34 espécies vegetais | Doenças do sistema nervoso central | [26] |
| Brasil (Monges Beneditinos) | 67 espécies vegetais | Várias | [27] |
| Coreia, China e Japão | 20 espécies vegetais | Problemas no sistema vascular | [28] |
| Equador (grupos étnicos: Loja e Zamora-Chinchipe) | 275 espécies vegetais | Várias | [29] |
| Europa e Estados Unidos | *Hypericum perforatum* L. | Depressão | [30] |
| Espanha (Granada, Andaluzia) | 26 espécies animais | Várias | [31] |
| Índia | 577 espécies | Regulação da fertilidade em mulheres considerando o efeito abortivo, contraceptivo, emenagogo e esterilizante. | [32] |
| Índia | 64 espécies vegetais | Cortes, feridas e queimaduras | [37] |
| Índia | 40 espécies vegetais | Diabetes | [34] |
| Itália | *Ruta* spp. | Abortivo e emenagogo, além de doenças pulmonares | [35] |
| Mediterrâneo | 439 espécies vegetais, animais e minerais | Várias | [8] |
| Mediterrâneo: Albânia, Argélia, Chipre, Egipto, Itália, Marrocos e Espanha | 985 espécies vegetais | Várias | [36] |
| México (grupos étnicos: Mixe e Popoluca) | 15 espécies vegetais | Várias | [37] |
| Mongólia | 152 espécies vegetais | Doenças gastrointestinais, dermatológicas e cardiovasculares | [38] |
| Peru | 203 espécies vegetais | Malária e leishmaniose | [39] |
| Peru | 55 espécies vegetais | Vários | [40] |
| Rússia | 17 espécies vegetais | Câncer e antitrombina | [41] |
| Sérvia | 69 espécies vegetais | Doenças gastrointestinais, dermatológicas e problemas respiratórios | [42] |
| Tailândia | 79 espécies vegetais | Saúde feminina | [43] |
| Tailândia | 11 espécies vegetais | Herpes vírus tipo 1 (HSV-1) | [44] |
| Tailândia | 38 espécies vegetais | Hemorragia interna provocada por *E. coli* 0157:H7 | [45] |
| Turquia | 81 espécies vegetais | Várias | [46] |
| Vietname | 14 espécies vegetais | Malária | [47] |
| Europa e Estados Unidos | *Hypericum perforatum* L. | Depressão | [30] |
| Mediterrâneo (Albânia, Argélia, Chipre, Egipto, Itália, Marrocos e Espanha) | 985 espécies vegetais | Várias | [36] |

Muitos dos compostos já isolados têm grande interesse na indústria alimentar e/ou médico-farmacêutica como por exemplo as antocianinas e carotenóides, ou compostos mais voláteis como a cânfora, o ácido carnosóico ou o álcool perílico, entre outros. Talansier et al [48] estudou a extração de compostos bioativos (khusimol, isovalencenol, ácido zizanóico e vetivona) a partir de raízes de vetiver (*Vetiveria zizanioides*) mostrando que estes têm aplicações na indústria cosmética, mas também como aditivos alimentares na adição de aromas em bebidas, ou para aplicações médico-farmacêuticas no tratamento de comportamentos relacionados com demência, aumentando a função cognitiva e agilidade mental.

Após a obtenção do produto este deve estar devidamente caracterizado e identificado para garantir ao consumidor a distinção entre produto medicinal à base de produtos naturais com finalidade terapêutica, e suplementos alimentares à base de plantas com a finalidade de promover a saúde. Coppens et al [15] sugere um formato simples para resumir as informações sobre um determinado produto natural e seus benefícios para a saúde (Tabela 14.2).

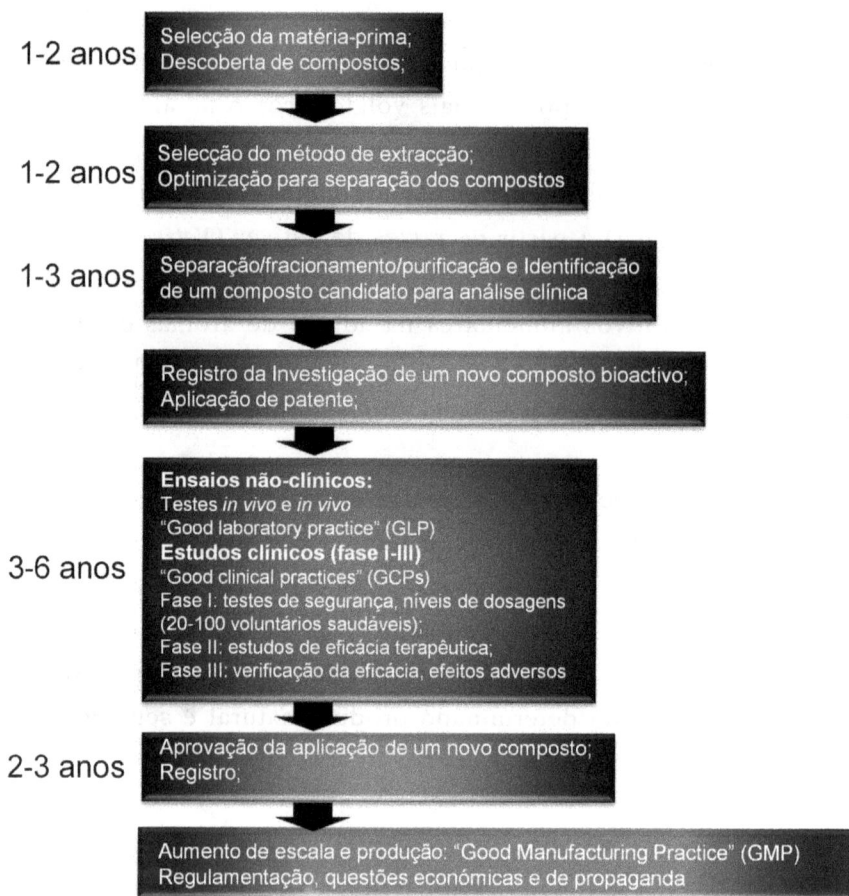

**1-2 anos** — Selecção da matéria-prima; Descoberta de compostos;

**1-2 anos** — Selecção do método de extracção; Optimização para separação dos compostos

**1-3 anos** — Separação/fracionamento/purificação e Identificação de um composto candidato para análise clínica

Registro da Investigação de um novo composto bioactivo; Aplicação de patente;

**3-6 anos** — **Ensaios não-clínicos:** Testes in vivo e in vivo "Good laboratory practice" (GLP) **Estudos clínicos (fase I-III)** "Good clinical practices" (GCPs) Fase I: testes de segurança, níveis de dosagens (20-100 voluntários saudáveis); Fase II: estudos de eficácia terapêutica; Fase III: verificação da eficácia, efeitos adversos

**2-3 anos** — Aprovação da aplicação de um novo composto; Registro;

Aumento de escala e produção: "Good Manufacturing Practice" (GMP) Regulamentação, questões económicas e de propaganda

**Figura 14.1.** Desenvolvimento de um novo fármaco à base de produto natural (baseado em Verpoorte et al [1], Braga et al [49] e Newman et al [19]).

## 14.2. Obtenção de compostos e frações naturais

Os compostos bioativos podem ser obtidos por vários métodos de extração sólido-líquido, líquido-líquido ou utilizando um solvente em estado supercrítico. Após a obtenção do extrato é importante identificar a necessidade de fracionamento e/ou purificação para a sua utilização. Neste sentido muitos métodos são otimizados para obter não somente o máximo rendimento, mas também para atingirem uma seletividade tal que a fração obtida contenha a molécula ou moléculas com ação pretendida.

**Tabela 14.2.** Resumo de algumas informações necessárias para a identificação de um fitofármaco.

| Alimento ou componente de um alimento/composto bioactivo | Indicação | Dosagem | Natureza da evidência[a] | Nível de evidência | Exemplos de resultados |
|---|---|---|---|---|---|
| Mirtilo [b] (proantocianidinas) | Trato urinário | 200 mg/dia de sumo de mirtilo | Experiência a longo prazo; reduzido número de casos clínicos | Provável | Mantém a saúde do trato urinário |
| Alho (compostos organo-sulfurosos) | Coração e sistema circulatório | 600-900 mg/dia | Experiência a longo prazo; casos clínicos | Provável | Mantém a saúde do coração e do sistema circulatório (em relação ao colesterol total e LDL) |
| Chá verde (catequinas) | Cancro | Desconhecido | Utilização generalizada | Possível/ provável | Redução de riscos de certos tipos de câncer |

[a] Os níveis de evidência são temporários e não são baseados numa revisão científica sistemática.
[b] A "Agence Française de Sécurité Sanitaire des Aliments" (AFSSA) tem aprovado o uso do mirtilo. Baseado em Coppens et al [15].

Assim, neste capítulo pretende-se fazer uma breve descrição de parte dos trabalhos de investigação que o Laboratório de Processos Verdes e Sustentáveis (GSP do inglês *Green and Sustainable Processes Laboratory*), do Centro de Investigação em Engenharia dos Processos Químicos e dos Produtos da Floresta do Departamento de Engenharia Química da Universidade de Coimbra tem desenvolvido nos últimos anos. Pretende-se enfatizar os trabalhos que visam a otimização da metodologia de extração usando fluidos supercríticos para a obtenção de fitoquímicos a partir de fontes renováveis, como por exemplo matérias-primas vegetais e resíduos agro-industriais. Também será apresentado o desenvolvimento de produtos para aplicações médico-farmacêuticas (nomeadamente curativos medicados para tratamento de feridas) com base na ação de fitoquímicos de base natural, alguns dos quais foram extraídos e impregnados usando a tecnologia supercrítica em ambos os processos.

## 14.2.1. Extração com dióxido de carbono supercrítico (scCO$_2$)

Com o objetivo de otimizar o processo de separação/fracionamento e isolamento dos compostos bioativos de interesse, as técnicas de extração e as tecnologias desenvolvidas para aumentar a eficiência dos processos de extração/separação têm sido alvo de intenso estudo. A combinação de técnicas, mistura de solventes ou solventes alternativos são constantemente apresentados na literatura, assim como o uso de aditivos e novos equipamentos que promovem máxima eficiência [49].

O dióxido de carbono é um solvente considerado seguro, limpo, não inflamável, não tóxico, de relativo baixo custo, ambientalmente aceite, não-poluente em determinadas concentrações e que pode ser reciclado. Além disso duas das principais vantagens do uso do dióxido de carbono em estado supercrítico (scCO$_2$) são o facto de que, sendo um solvente ligeiramente apolar, favorece a extração de compostos apolares (pela sua afinidade com estes) substituindo os solventes orgânicos normalmente usados e que apresentam maior toxicidade como o hexano; outra vantagem é que a manipulação do estado físico do solvente permite que este seja eliminado do sistema de extração em estado gasoso, ficando o produto final livre de solvente, evitando assim etapas posteriores de separação do soluto extraído [50].

Neste sentido a tecnologia que utiliza CO$_2$ como fluido supercrítico ou pressurizado tem mostrado vantagens em relação às técnicas convencionais uma vez que permite o processamento a baixas temperaturas, evitando a degradação de compostos termolábeis, e a ocorrência de ligeira acidificação da matéria-prima no leito de extração, através da formação de ácido carbónico, que pode potenciar a solubilidade de alguns compostos como as antocianinas [51] ou ainda levar à redução da carga microbiana do meio [52]. As vantagens da tecnologia supercrítica estendem-se ainda à obtenção de compostos não sintetizáveis de alto valor agregado, de compostos que possuam alta atividade biológica com a mínima concentração, moléculas instáveis térmica ou enzimaticamente, ou ainda frações que não podem conter traços de solventes.

A tecnologia permite ainda o uso de co solventes, principalmente para promover a extração de compostos com maior polaridade, atendendo à baixa polaridade do $scCO_2$ anteriormente referida. Os co-solventes mais comummente usados são o etanol (EtOH) e/ou a água ($H_2O$), que podem ser usados sem restrições, principalmente para aplicações nas áreas farmacêutica, alimentar e cosmética.

Com o objetivo de reduzir as etapas de seleção e obtenção de compostos bioativos, a otimização dos processos de extração tornam possível o fracionamento de um extrato durante o próprio processo de extração, evitando etapas posteriores exaustivas de purificação de compostos. As características dos fluidos supercríticos destacam-se por possuírem propriedades intermédias às dos líquidos e dos gases, promovendo a transferência de massa entre a matriz vegetal e o solvente. Além disso, essas propriedades podem ser controladas com a variação da pressão e temperatura de processo (Figura 14.2), e consequentemente da densidade do solvente.

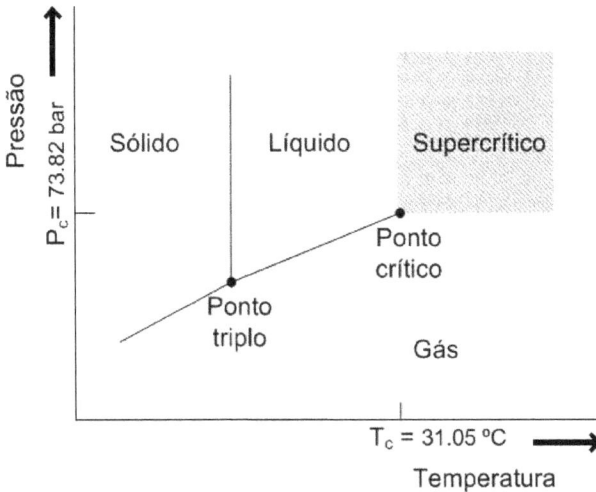

**Figura 14.2.** Diagrama de fases do dióxido de carbono supercrítico.

Além da otimização das propriedades dos solventes, através da variação da temperatura e pressão de processamento, diferentes gradientes podem ser realizados para mudar a densidade do solvente e consequentemente a solubilidade de compostos diferenciados neste. O uso de separadores é comum em equipamentos mais versáteis, contudo outras variáveis podem ser alteradas como o caudal do solvente, o uso de um co-solvente ou de uma mistura de solventes pressurizados, ou ainda a variação sequencial de solventes no sistema de extração, levando ao fracionamento do extrato de acordo com a polaridade/afinidade com o solvente utilizado. Diferentes geometrias de leito podem ainda ser utilizadas, assim como a agitação do mesmo ou extração em contra-corrente, extração estática e/ou em contínuo [53]. Os mecanismos de transportes que envolvem este processo são semelhantes aos processos de extração convencionais, sendo o transporte através da matriz sólida do soluto desejado dependente da distribuição inicial dos compostos extratáveis, da distribuição do tamanho de partículas no leito de extração, da geometria do leito de partículas, da presença ou não de agitação no processo [53]. Assim, para cada matriz a extrair as variáveis de processo devem ser optimizadas, uma vez que a composição inicial da matéria-prima, assim como a geometria e tamanho da partícula a ser extraída vão ditar os mecanismos de transferência de massa.

Finalmente, e em relação aos custos de energia associados ao processo de extração supercrítica, estes podem até ser menores que os custos associados aos métodos tradicionais de extração com solventes orgânicos [50]. Claramente o custo da matéria-prima e do produto final influenciarão o custo do processo, e neste sentido já existem vários estudos que discutem a viabilidade económica do processo para produtos naturais [54-56].

### 14.2.2. Estudo das variáveis de extração

Devido à sua complexidade, a otimização de processos de extração requer a análise prévia de um conjunto de diferentes parâmetros que vão desde a identificação: de potenciais origens naturais dos extratos/compostos-alvo de interesse; de rendimento e seletividade necessários de acordo com os potenciais produtos/aplicações finais; da estabilidade térmica e química dos extratos; de questões económicas e de mercado; da legislação envolvida (principalmente no caso de aplicações nas áreas alimentar, cosmética e farmacêutica) até questões relacionadas com o aumento de escala e possíveis problemas de produção/separação/purificação adicionais associados. Estes tópicos ajudam a definir a matéria-prima mais apropriada para ser extraída (e necessidade de pré-tratamento), a seleção de solventes mais apropriados (em termos de propriedades físico-químicas, pureza/composição e os riscos potenciais e toxicidade) e/ou a metodologia e condições operacionais de extração mais eficientes para cada caso em particular. Uma vez definidos os extratos/compostos-alvo e questões relevantes relativas à sua extração, é também necessário identificar outros problemas físicos, químicos e de engenharia (por exemplo, o equilíbrio de fases soluto(s)/solvente(s) e questões de transferência de massa), a fim de otimizar a metodologia de extração (em termos de rendimento de extração e seletividade do composto alvo) e evitar (ou reduzir) o número de etapas de separação e purificação adicionais. Todos estes fatores são igualmente dependentes das condições de processamento (tais como o tempo de processamento, a composição, a temperatura, a pressão, a razão de sólido/solvente, taxa de fluxo, e outros modos de funcionamento e de contato) o que aumenta significativamente a complexidade destes processos. Finalmente é importante considerar que, para a obtenção de um composto alvo específico, é possível usar matérias-primas vegetais diferentes assim como diferentes solventes e metodologias de extração. Assim, e embora seja possível transpor algumas informações úteis adquiridas a partir de sistemas de extração já estudadas, cada novo sistema deve ser sempre considerado como único e, portanto, estudado, definido e desenvolvido de acordo com essa premissa.

Com esta ideia em mente, apresentam-se em seguida alguns dos parâmetros mais importantes a considerar na otimização de processos de extração assim como o efeito da sua variação na obtenção de compostos bioativos a partir de diferentes matrizes vegetais.

### 14.2.2.1. Estudo das condições ótimas de pressão e temperatura de processamento

É possível otimizar o processo de extração com scCO$_2$ para a obtenção do máximo rendimento dos compostos de interesse se for conhecida a solubilidade desses compostos puros em scCO$_2$. Com o objetivo de otimizar as condições experimentais de extração de limoneno e carvona a partir de folhas de lipia (*Lippia alba*), os diagramas de equilíbrio de fases para cada sistema binário foram modelados com uma equação de estado cúbica (Peng-Robinson) [57]. A literatura descreve os extratos de *L. alba* como eficazes no tratamento de doenças do sistema respiratório, digestivo e neuro degenerativas como Alzheimer. Depois de identificadas as melhores condições para aumentar a solubilidade destes compostos em scCO$_2$, estas foram utilizadas para o processo de extração comprovando que pressões e temperaturas baixas melhoram o rendimento para a carvona (~80 bar e 313 K) enquanto condições mais elevadas de pressão e temperatura aumentam a solubilidade do limoneno (~120 bar e 323 K), tal como comprovado pela análise quantitativa dos compostos analisados por CG. Este trabalho apresenta a importância do estudo teórico preliminar, que pode reduzir significativamente os tempo de ensaios em laboratório, ainda que tenha que ser considerada a complexidade da matriz vegetal e o fato de o estudo teórico envolver apenas o composto de interesse puro.

### 14.2.2.2. Estudo do fracionamento do extrato: efeito do co-solvente e do caudal de solvente no rendimento de extração

O fracionamento durante o processo de extração tem-se tornado uma prática comum pois permite reduzir etapas posteriores de separação/ purificação do extrato com solventes orgânicos, obtendo-se frações enriquecidas no composto de interesse como produto final. Neste sentido alguns autores têm realizado extração fracionada em equipamentos com ciclones/coletores, ou através da alteração de solventes (tipo e quantidade de solvente), ao longo do processo de extração. A vantagem do uso de um equipamento simples sem ciclones/coletores é ter apenas um sistema de recolha de extratos e uma única linha de controle do processo. Os extratos podem ser extraídos primeiramente com o solvente mais apolar como o $scCO_2$, extraindo compostos mais voláteis, lípidos e algumas ceras. Sequencialmente, no mesmo leito onde as partículas foram deslipidificadas, é inserido um segundo solvente (ou co-solvente), que extrai compostos mais polares e de maior massa molecular. Nas aplicações alimentares e farmacêuticas a conveniência do uso da água e etanol reflete-se na facilidade de remoção, não havendo riscos de toxicidade por existirem traços destes solventes no produto final.

Um estudo do efeito de diferentes co-solventes (e suas misturas) no rendimento e seletividade de extratos obtidos a partir de rizomas de curcuma (*Curcuma longa*) foi realizado por forma a otimizar a extração de curcuminóides, cuja literatura relacionada indica apresentarem atividade anti-mutagênica e anti-carcinogénica [58]. Os curcuminóides são carotenóides com características polares, sendo necessário a utilização de um co-solvente para alterar ligeiramente a polaridade do $CO_2$ e aumentar o rendimento de extração para estes compostos. Nesta proposta foram utilizados álcoois como o etanol e o isopropanol e a mistura destes (em proporções iguais), todos numa proporção de 6% em relação ao $CO_2$. Foram ainda estudadas duas condições de pressão de processamento dos rizomas (200 e 300 bar). Como os curcuminóides e seus derivados possuem massa molar entre 300 e 370 g/mol, o uso de um co-solvente em maior proporção e condições mais elevadas de pressão (dentro das condições usadas para compostos naturais) são necessárias. Assim, o maior rendimento de extrato foi obtido operando a 300 bar, usando como co-solvente a mistura etanol/isopropanol a 16% (molar em relação ao $CO_2$) e baixo caudal ($\sim 1 \times 10^{-5}$ kg/s) para aumentar o tempo de residência do solvente no leito, e consequentemente o contacto com a matéria--prima, proporcionando e aumentando a solubilidade dos compostos de interesse (Figura 14.3).

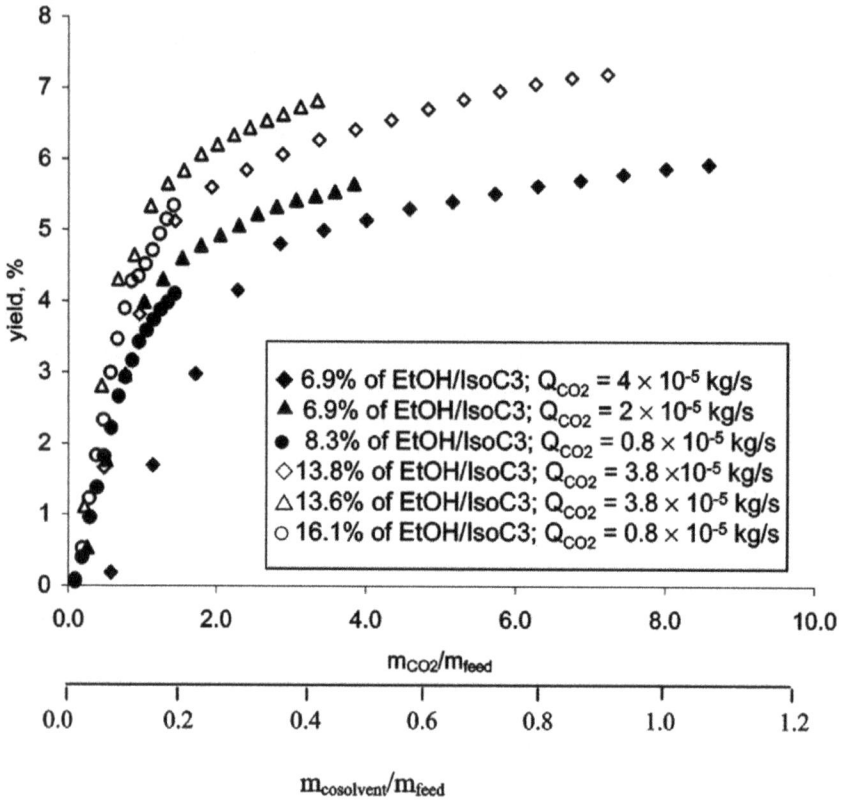

**Figura 14.3.** Curvas globais de extração de *C. longa* usando várias condições de solventes e caudais a 300 bar e 30°C [Braga et al, com permissão da ACS [53]].

A fração leve do extrato de curcuma, composta maioritariamente por compostos da família das atlantonas e turmeronas, apesar de apresentar baixa atividade antioxidante, apresenta citoxicidade seletiva para as células de cancro de ovário e mama e para células de mama com resistência a múltiplos fármacos, assim como atividade citostática para as células de pulmão [58]. A relação da composição dos extratos com as suas atividades não foi diretamente analisada, mas o extrato obtido nestas condições, composto por uma mistura rica em compostos mais voláteis (como as turmeronas e atlantonas) e curcuminóides, categorizam os extratos de curcuma como um potencial agente para tratamentos na área da oncologia (Figura 14.4).

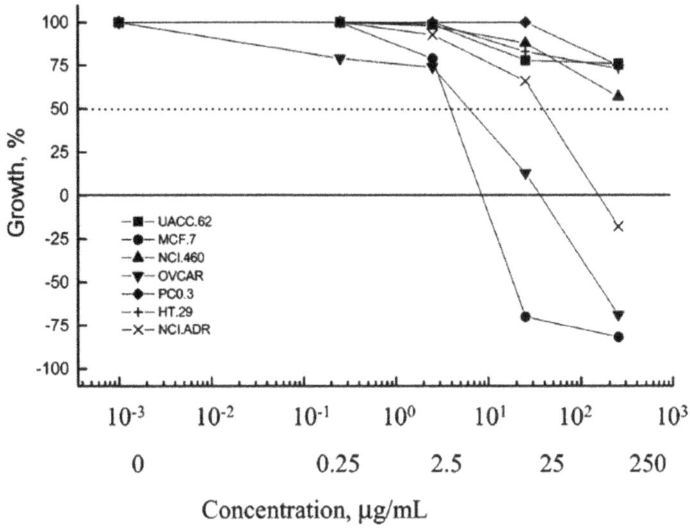

**Figura 14.4.** Atividade anti carcinogénica para linhagens de células cancerosas para óleo essencial de *C. longa*: UACC.62 (melanoma), MCF.7 (mama), NCI.460 (pulmão), OVCAR (ovário), PC0.3 (próstata), HT.29 (cólon), e NCI.ADR (mama expressando fenótipo de resistência a múltiplas drogas) [Braga et al, com permissão da ACS [58]].

Como exemplo da importância do fracionamento no processo de extração, refere-se a obtenção de extratos a partir da casca de pinheiro (*Pinus pinaster*), com elevado teor de compostos com atividade antioxidante, como catequinas e epicatequinas, visando valorizar um importante resíduo da indústria madeireira em Portugal. O fracionamento consistiu na realização de uma primeira etapa usando apenas scCO$_2$ puro como solvente, até máxima extração do leito, e uma segunda etapa com uma mistura de scCO$_2$ e 10% (v/v) de etanol (nesta composição mantem-se o estado supercrítico do solvente) [59]. Este trabalho mostra que os extratos obtidos a partir das cinéticas de extração sequenciais (Figure 14.5), apresentam atividades antioxidantes distintas para as frações obtidas: para os extratos mais apolares (obtidos somente com scCO$_2$) a atividade antioxidante variou entre 30 e 60% e para os extratos mais polares (obtidos com 10% de etanol) os extratos apresentaram atividades antioxidantes entre 60 e 90% (Figura 14.6). Estes resultados indicam que o fracionamento é necessário se o objetivo é obter como produto final uma fração enriquecida com compostos antioxidantes [59].

Num segundo estudo, com a mesma matriz vegetal (casca de pinheiro), foi estudado não só o efeito do fracionamento mas também da variação do caudal de solvente por forma a identificar as condições que favorecem a extração de procianidinas a partir desta matriz vegetal. As procianidinas têm recebido muita atenção nos últimos anos, nas áreas de nutrição e medicina, devido às suas atividades biológicas, nomeadamente anti-bacteriana, anti-viral, anti-carcinogénica, anti-inflamatória e de prevenção de doenças do sistema cardiovascular. Atualmente já existem produtos no mercado à base de extrato de casca do pinheiro, sendo o mais conhecido o Pycnogenol®, o qual é vendido em todo o mundo como suplemento alimentar ou como medicamento à base de ervas.

Os resultados obtidos com este trabalho mostraram que, no caso de haver fracionamento, o segundo extrato recolhido (2ª etapa com $scCO_2$ e EtOH) após a deslipidificação do extrato (1ª etapa com $scCO_2$), apresentou uma quantidade superior ao dobro de compostos fenólicos e três vezes mais o teor de procianidinas, para o maior caudal estudado [60]. Tal como no estudo anterior, o maior rendimento de extrato foi obtido com o menor caudal, independentemente de haver ou não fracionamento, devido ao aumento do tempo de contato do solvente com a matriz vegetal. Considerando que o solvente está homogeneamente disperso no leito, a extração embora mais lenta, atinge o seu máximo na razão de solvente/sólido de 300 (razão mássica), confirmando que o tempo de contacto do solvente com a matriz vegetal é muito importante para a transferência de massa, sendo neste caso o factor limitante do processo (Figura 14.7).

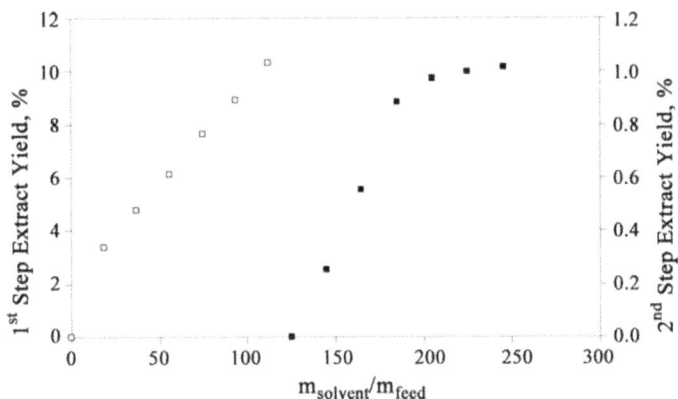

**Figura 14.5.** Cinéticas de extração de casca de pinheiro. Ensaios realizados a 40°C e ~20 MPa: (□) 1ª etapa com $CO_2$ e (■) 2ª etapa com $CO_2$ + EtOH (10%) [Braga et al, com permissão da Elsevier [59]].

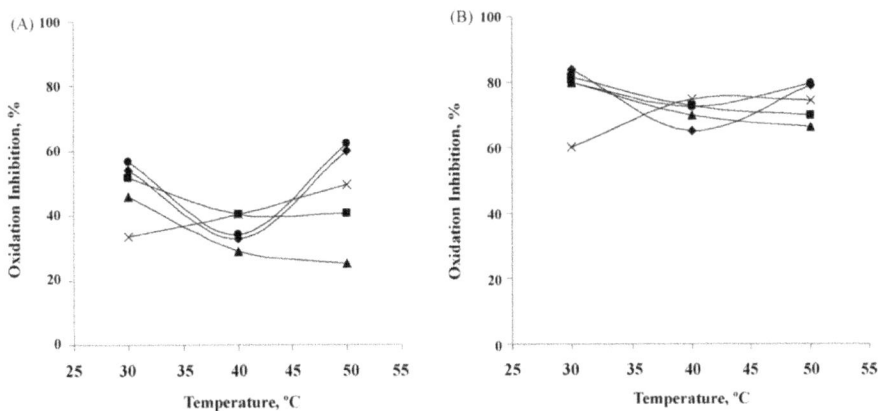

**Figura 14.6.** Perfis de inibição da oxidação dos extratos de casca de pinheiro (obtidos depois de 3h de inibição). 1ª etapa só com $scCO_2$ (A) e 2ª etapa com mistura de $scCO_2$ + EtOH (10%, v/v) (B) (♦) 10 MPa; (■) 15 MPa; (▲) 20 MPa; (●) 25 MPa; (×) 30 MPa [Braga et al, com permissão da Elsevier [59]].

No caso da extração não-fracionada foi estudado o aumento do teor de co-solvente, obtendo-se desta forma uma mistura de solvente heterogénea pressurizada. Os teores de etanol utilizados foram 30, 50, 70 e 90% (v/v) e os resultados mostram uma tendência de crescimento da atividade antioxidante quando se aumenta o teor de etanol, atingindo-se

575

o máximo em 70%, com valores de atividade antioxidante entre 70 e 80% até às primeiras 3h de análise. O decréscimo da atividade observada para os extratos obtidos com 90% de etanol deve-se provavelmente à extração de compostos indesejáveis devido ao alto teor de etanol usado. Os perfis cromatográficos dos diferentes extratos obtidos confirmam a diferença na composição química consoante a proporção do solvente utilizado [60].

Por comparação dos perfis cromatográficos é possível concluir que diferentes composições de extrato são obtidas para as diferentes condições de fracionamento e caudais de solventes estudados. Embora os perfis apresentem semelhanças, verifica-se que o fracionamento aumentou o rendimento de extração, promovida pelo aumento de concentração de compostos de interesse na matriz após a deslipidificação da mesma (Figura 14.8).

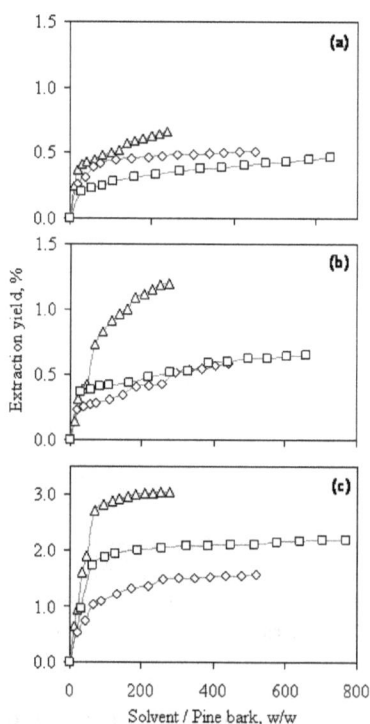

**Figura 14.7.** Curvas de extração de casca de pinheiro marítimo utilizando três diferentes caudais (Δ baixo; ◊ médio; □ alto): (a) 1ª etapa $scCO_2$ – 323 K, ~20 MPa; (b) 2ª etapa $scCO_2$:EtOH (90:10, v/v) – 303 K, ~25 MPa; (c) Sem fracionamento e usando como solvente uma mistura de $scCO_2$:EtOH (90:10, v/v) – 303 K, ~25 MPa. [Seabra et al, com permissão da Elsevier [60]].

A obtenção de extratos ricos em polifenóis, antocianinas e álcool perílico (com atividade anti-carcinogénica comprovada), foi também realizada de forma fracionada a partir de extração de cerejas (variedade saco, endémica de Portugal). A segunda etapa de extração (usando como solvente uma mistura de $CO_2$ e EtOH) também originou extratos com maiores teores de compostos fenólicos, e um acréscimo de 10 a 100% de etanol levou a um acréscimo considerável de antocianinas totais máximas com valores de 0.99 mg de cyanidin-3-glucoside/g de extrato, para 100% de etanol pressurizado. As maiores atividades antioxidantes foram encontradas nos extremos das concentrações de etanol de 10 e 100% (181 e 170 µmol TEAC/g de extrato, respetivamente) provavelmente relacionada com os teores de compostos fenólicos e antocianinas presentes nos respetivos extratos. A maior atividade anti-proliferativa foi encontrada em extratos com etanol de 60 a 100% [61] que pode estar relacionada à presença do álcool perílico e dos compostos fenólicos. A importância deste estudo foi reconhecida tendo este trabalho recebido o 1° Prémio Nutrition Awards 2011, Categoria de Inovação e Desenvolvimento em Produtos e Serviços da Associação Portuguesa dos Nutricionistas/GCI, Portugal.

### 14.2.2.2.1. Estudo do uso de misturas ternárias de solventes

O uso de uma mistura de solventes (frequentemente $H_2O$ e EtOH) tem sido utilizado para atingir a máxima solubilidade/extração de antociani-nas, uma vez que pequenas variações na polaridade do solvente tornam possível alterar a sua seletividade para estes compostos. Além disso, a acidificação do solvente é necessária para estabilizar estas moléculas e impedi-las de se oxidarem. Neste sentido a inserção de dióxido de carbono numa mistura de EtOH/$H_2O$ promoverá a formação de ácido carbónico em pequenas quantidades, que podem ser suficientes para estabilizar as moléculas de antocianinas durante a extração. Assim, o estudo da extração destas moléculas foi realizado utilizando como solvente com mistura ternária de dióxido de carbono, etanol e água ($CO_2$/EtOH/$H_2O$) a alta pressão e com temperatura (20.9 MPa e 313K) [51]. A composição das misturas de solvente varia desde proporções de 90:10:0 até 0:5:95, passando por várias composições em estado líquido e misturas de líquido--vapor. O rendimento das frações ricas em antocianinas é variável, sendo os maiores valores encontrados, de 20 a 24%, obtidos com as misturas de solventes com composições 80/1/19, 60/8/32 e 0/20/80.

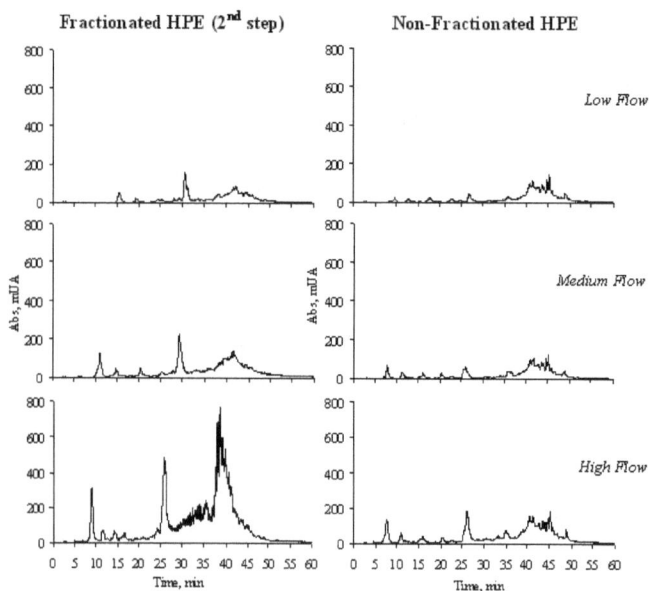

**Figura 14.8.** HPLC com fase reversa de extratos obtidos de casca de pinheiro marítimo utilizando o solvente $CO_2$:EtOH (90:10) com diferentes caudais: baixo ($7.6 \times 10^{-5}$ kg/s), médio ($13.2 \times 10^{-5}$ kg/s) e alto ($19.1 \times 10^{-5}$ kg/s). A concentração das amostras injetadas foi mantida constante e igual a 40 mg/mL [Seabra et al, com permissão da Elsevier [60]].

A tara (*Caesalpinia spinosa*), espécie nativa do Perú, tem sido utilizada na indústria do curtume pela sua composição em taninos hidrolisáveis. As sementes são fontes de galatomananas e utilizadas como agente espessante na indústria alimentar. Após o processamento do fruto restam ainda resíduos agro-industriais como a casca da semente utilizada para a obtenção das galatomananas. Este resíduo é abundante e foi explorado para identificar a possibilidade de obter extratos ricos em compostos polifenólicos com atividade antioxidante. Neste sentido, um desenho experimental foi proposto para otimizar a mistura de solventes a serem usados na extração seletiva de compostos fenólicos a partir da casca da semente dos frutos de tara. Tal como anteriormente, a mistura homogénea ternária de solventes envolveu o uso de etanol, água e dióxido de carbono. Esta mistura foi pressurizada e mantida em estado subcrítico a 313 K e 20 MPa [62]. A Figura 14.9 apresenta o diagrama ternário de fases para a mistura de solventes proposta, onde se indicam as concentrações estudadas e a fase em que se encontram. A utilização de uma fase homogénea do solvente no sistema favorece a extração de compostos de forma também homogénea, evitando que o produto final possua uma grande variabilidade pela separação de fases dos solventes utilizados. Para os extratos ricos em compostos fenólicos foram realizadas análises de atividades antioxidante (medida pela oxidação acoplada de β-caroteno e ácido linoleico) e anti-inflamatória (medida pela inibição da atividade da lipoxigenase). Através de um modelo matemático linear para estudo do rendimento de extratos foi verificado que a água foi o solvente mais efetivo para o aumento do rendimento dos extratos. Um modelo quadrático indicou que a $H_2O$ e o $CO_2$ tiveram um efeito antagónico, e que o teor máximo de compostos fenólicos foi obtido para misturas ricas em etanol. Por fim, um modelo cúbico indicou que a atividade anti-inflamatória máxima também foi obtida para misturas etanólicas. Os extratos revelaram também alta atividade antioxidante, igual a 80% e 70% após 3h e 6h de reacção, respetivamente. Desta forma, o extrato do resíduo do fruto da tara, tem grande potencial para ser valorizado tendo em conta as suas atividades antioxidante e anti-inflamatória, provavelmente relacionadas com a presença de compostos fenólicos existentes na espécie (Figura 14.10).

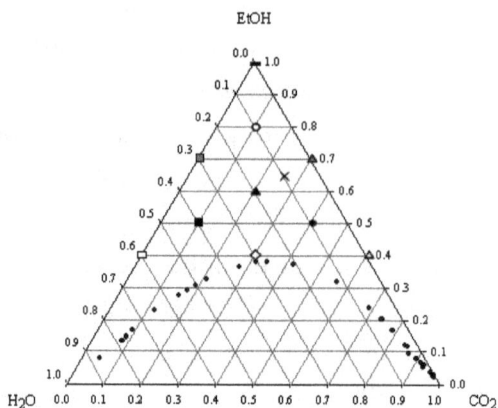

**Figura 14.9.** Representação da mistura de solvente utilizado com diversas frações molares de $CO_2$–EtOH–$H_2O$: ☐ (0.0–0.4–0.6), ◊ (0.3–0.4–0.3), Δ (0.6–0.4–0.0); (b) ■ (0.1–0.5–0.4), ▲ (0.2–0.6–0.2), ♦ (0.4–0.5–0.1), × (0.25–0.65–0.1), ○ (0.1–0.8–0.1); (c) ☐ (0.0–0.7–0.3), △ (0.3–0.7–0.0), — (0.0–1.0–0.0), e valores de equilíbrio de fases experimental para o sistema ternário a 313 K e 20 MPa, (●).[Seabra et al, com permissão da Elsevier [62]].

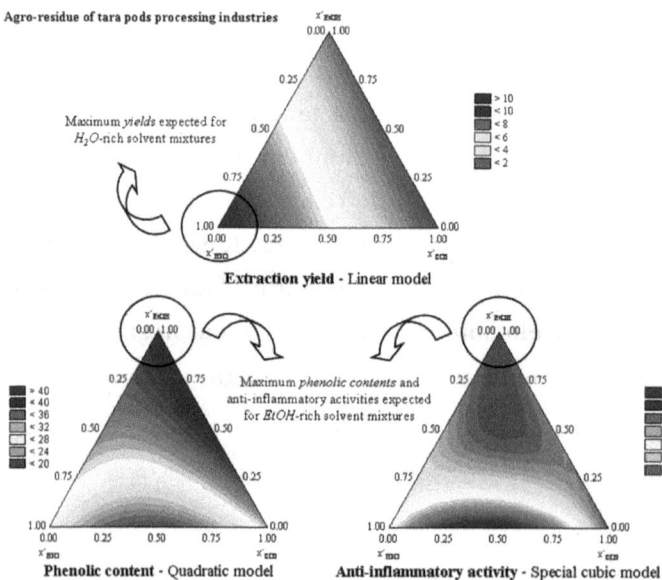

**Figura 14.10.** Resultados representados por curvas de superfícies de resposta para rendimento de extração, compostos fenólicos totais presentes nos extratos e valores de $IC_{50}$ para extratos de casca da semente de tara obtidos por solvente pressurizado [Seabra et al, com permissão da Elsevier [62]].

## 14.2.2.3. A matriz vegetal e a estratégia de extração

Os compostos extratáveis de interesse podem estar contidos na superfície de uma folha ou no interior de um rizoma, e todo o processo de extração deve considerar os diferentes mecanismos envolvidos em cada caso por forma a otimizar o rendimento de extração [49]. A Figura 14.11 apresenta a estrutura secretora existente na superfície de uma folha de lipia (*L. alba*) observada por microscopia electrónica de varrimento, mostrando a sua morfologia e a presença de estruturas rompidas e intactas mesmo depois do processamento com $scCO_2$ [57].

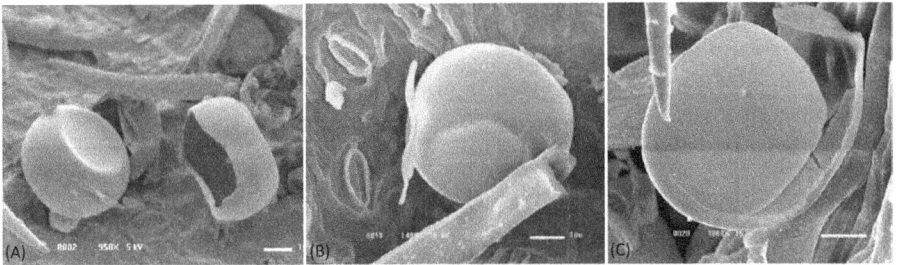

**Figura 14.11.** Estruturas secretoras da folha de lipia (*L. alba*) observadas por microscopia eletrónica de varrimento, 15 kV. (A) Estruturas intactas (esquerda) e rompidas (direita) antes da extração, (B) estruturas intactas depois da extração, e (C) estruturas rompidas depois da extração [Braga et al, com permissão da Elsevier [57]].

Este exemplo mostra a necessidade de optimização de condições de processo de extração por forma a esgotar o leito da matriz vegetal a ser estudada, sendo que estas condições são significativamente influenciadas pela natureza e composição da matriz vegetal. Os mecanismos de difusão do solvente no interior da matriz, que definem a eficiência da transferência de massa do processo, são certamente diferentes dependendo da estrutura da matéria prima a utilizar e que pode incluir cascas do tronco, cascas e sementes de frutos, rizomas, folhas, caules, flores ou misturas destas. Algumas estratégias de processamento a considerar que dependem do tipo de matriz a extrair incluem: o uso de co-solvente (diferentes tipos e concentrações) para extração (com ou sem fracionamento) de compostos de maior massa molecular (tal como já referido no item 14.2.2.2.1 onde foram focados os exemplos de matrizes como a casca de pinheiro [59, 60], o rizoma do açafrão [58, 63], a baga do fruto de sabugueiro [61, 64] e a casca da semente de tara [62] uso de um período estático no início do processo para matrizes com maior teor de fibras e amido, como o caso de cascas e rizomas, para garantir a difusão do solvente no interior da matriz; uso de temperaturas moderadas no caso de rizomas (e.x. açafrão e gengibre) para evitar reações indesejadas de hidrólise do amido e açúcares em presença de água ou garantir a presença de água na extração com $CO_2$ para promover a formação de ácido carbónico e assim estabilizar ou tornar mais eficiente a extração de compostos sensíveis ao pH do meio (como é o caso das antocianinas).

Como caso de estudo refere-se a extração de espilantol a partir da espécie *Spilanthes acmella*, vulgarmente chamada de jambu e originária da Ásia e da América do Sul. O espilantol tem actividade analgésica e tem sido utilizado em tratamentos dentários como analgésico, apresentando também ação anti-microbiana, anti-inflamatória, diurética, vasorelaxante e antioxidante [65-68].

Neste estudo foram analisados as flores, folhas e caules de jambu separadamente, e para cada parte foi estudada uma primeira etapa de extracção com $scCO_2$ puro, e sequencialmente uma segunda extracção, na matéria-prima deslipidificada, usando um co-solvente, como o etanol, a água ou a mistura destes dois. Os resultados mostraram a alta selectividade do $scCO_2$ para a extração do espilantol, cerca de 65% (b.s., quantificados por cromatografia gasosa, GC) (Figura 14.12), tendo-se identificado que a maior concentração deste composto se encontra na flor (confirmando o motivo do seu uso preferencial na medicina tradicional). Os extratos enriquecidos apresentaram uma atividade antioxidante relativamente elevada que foi associada à presença de compostos fenólicos no extrato, sendo a razão da actividade antioxidante pelo conteúdo total de compostos fenólicos de quase 93%. Este mesmo extrato apresentou atividade anti-inflamatória acima de 50%, para uma concentração de 20 mg/ml quantificada através de um método indireto da inibição da atividade da enzima lipoxigenase [69].

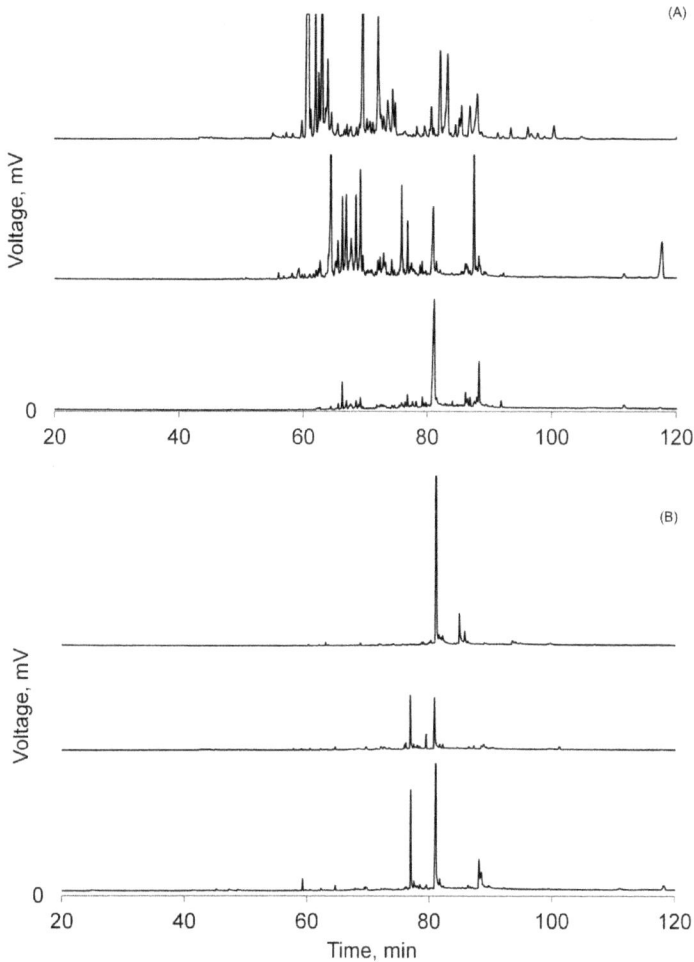

**Figura 14.12.** Cromatogramas (GC-FID) obtidos a partir da análise dos extratos de flores (posição superior), folhas (posição intermediária) e caules (posição inferior) de jambu utilizando o método da hidrodestilação (A) e o extração com scCO$_2$ (B). [Dias et al, com permissão da Elsevier [69]].

## 14.2.2.4. Estudo da geometria do leito e modelação da cinética de extração

A otimização de parâmetros geométricos do sistema de extração, como por exemplo a razão altura/diâmetro do extrator, é outro fator a ser considerado por forma a maximizar os rendimentos de extração. A definição destes parâmetros permite ainda avaliar a possibilidade/vantagem de aumento de escala (*scale-up*) do processo. O estudo da influência deste parâmetro foi realizado por forma a maximizar a extração de curcuminóides a partir de curcuma tendo-se concluído que os melhores rendimentos para estes compostos bioativos foram obtidos com a menor razão altura/diâmetro estudada (igual a 1.8) [63]. A sobreposição das curvas cinéticas estudadas para as diferentes razões altura/diâmetro estudadas é uma indicação de que o controle do processo pode ser feito através das variáveis do processo (pressão, temperatura e caudal) por forma a aumentar a escala e manter a mesma resposta num processo industrial. Tendo em conta as vantagens anteriormente descritas, este estudo foi também feito com fracionamento do extrato constando de duas etapas, uma primeira com $scCO_2$ puro e uma segunda com uma mistura de $scCO_2$+etanol/isopropanol (1:1, 50% v/v). Os resultados mostram que as turmeronas e atlantonas continuam a ser extraídas no segundo passo, com concentração semelhante ao primeiro para as turmeronas e em maior quantidade para as atlantonas. A adição de co-solvente permite quadruplicar o rendimento da extração para os curcuminóides quando usado numa concentração superior a 50% (v/v) [63].

Estudos de efeito de escala foram também realizados por forma a otimizar a extração da cânfora, 1,8-cineol e ácido carnósico a partir de alecrim (*Rosmarinus officinalis*) usando $scCO_2$ como solvente [70]. Estes compostos possuem atividades antioxidante, anti-inflamatória, anti-carcinogénica, analgésica e repelente [71]. Neste trabalho, diferentes modelos matemáticos foram estudados para descrever as cinéticas de extração, tendo os melhores ajustes sido obtidos pelos modelos de Goto, Sovová e Esquível [70]. Os modelos matemáticos auxiliam na predição dos valores de rendimento de extração ou de um composto puro, permitindo avaliar tendências e otimizar o processo de extração, além de auxiliar o aumento de escala do processo para equipamentos industriais.

## 14.3. Incorporação de compostos bioativos em matrizes poliméricas para aplicações biomédicas

Após obtenção (extração e/ou separação) do composto, ou fração bioativa, a partir de determinada matriz vegetal é necessário avaliar a forma mais eficiente de aplicação do mesmo visando potenciar a sua ação (terapêutica ou outra). Algumas das questões mais importantes a considerar incluem a proteção da bioatividade do composto/extrato por tempo prolongado (evitando processos de oxidação e/ou degradação por radiação UV-Vísivel, térmica, etc) e o aumento da sua biodisponiblidade, idealmente de forma controlada, no que respeita a tempo de terapêutica e local de aplicação. Várias abordagens têm sido propostas por forma a atingir estes objetivos através de: i) encapsulamento dos compostos/extratos bioativos em matrizes poliméricas ou lipídicas [72-76]; ii) mistura (física) dos compostos/extratos bioativos com matrizes poliméricas orgânicas/inorgânicas e posterior processamento através de processos de evaporação, fusão, etc [77-78]; iii) absorção de soluções de compostos/extratos bioativos em matrizes poliméricas orgânicas/inorgânicas seguida da remoção dos solventes utilizados [77-78]; ou iv) impregnação dos compostos/extratos bioativos com matrizes poliméricas orgânicas/inorgânicas com fluidos supercríticos [63, 79-90].

Esta última abordagem tem sido aplicada pelo GSP para a impregnação de diferentes compostos bioativos sintéticos e de base natural, incluindo frações ativas de extratos obtidas também por extração supercrítica. Em seguida apresentam-se casos de estudo de impregnação de matrizes poliméricas, indicando vantagens do uso de processos integrados de extração e impregnação usando a mesma tecnologia, para o desenvolvimento de materiais para aplicação nas áreas médico-farmacêutica, cosmética e alimentar.

### 14.3.1. Impregnação com scCO$_2$

A tecnologia de impregnação/deposição supercrítica (em inglês *Supercritical Solvent Impregnation (SSI) ou Supercritical Solvent Deposition (SSD)* apresenta as vantagens já referidas anteriormente considerando ainda que a utilização de scCO$_2$ para impregnar matrizes poliméricas orgânicas/inorgânicas tem o mesmo princípio da extração supercrítica no que se refere à solubilização de compostos que tenham afinidade com o solvente neste estado físico. Contudo neste caso é também de particular importância o tipo e força das interação que o scCO$_2$ e o próprio extrato/fração bioativa podem estabelecer com a matriz de suporte e que vão condicionar o rendimento de impregnação (quantidade total de extrato/fração bioativa impregnada/depositada na matriz) assim como a homogeneidade da dispersão do soluto na matriz (usando como vantagem a possibilidade de controlar a difusividade do scCO$_2$ na matriz em função das condições de processamento).

Assim, o processo de impregnação é viável quando o composto(s) bioativo(s) é solúvel no fluido supercrítico e tem interação preferencial para a matriz sólida a impregnar onde fica retido após despressurização do sistema [91]. Durante o processo o polímero incha por ação do scCO$_2$ (o que se traduz num efeito plastificante temporário) e o coeficiente de partição é favorável o suficiente para permitir que a matriz polimérica fique carregada com o soluto, ocorrendo uma dispersão molecular no interior do polímero, ou apenas adsorção à superfície da matriz (incluindo a superfície dos poros da matriz). A Figura 14.13 ilustra as interações que acontecem no sistema composto bioativo/matriz polimérica orgânica ou inorgânica/scCO$_2$. As condições de processamento (pressão, temperatura, tempo de contacto e taxa de despressurização) podem ser alteradas para aumentar a solubilidade do composto bioativo ou o grau de inchamento da matriz polimérica, o que permite ajustar o processo para cada sistema a ser produzido, obtendo-se desta forma matrizes diferenciadas, impregnadas com diferentes concentrações de composto bioativo.

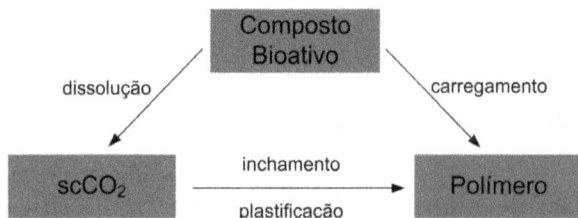

**Figura 14.13.** Interações entre os componentes de um sistema de impregnação utilizando scCO$_2$, baseado em Kikic et al, 2003 [91].

Desta forma vários dispositivos previamente preparados (incluindo comercialmente disponíveis) podem ser posteriormente carregados não alterando assim o processo de fabricação destes, nem alterando as suas características originais [92].

A tecnologia supercrítica pode assim ser usada para simultaneamente extrair compostos de interesse de uma matriz vegetal e impregnar esses mesmos compostos numa matriz polimérica orgânica/inorgânica utilizando um único solvente, permitindo a integração de processos (o que pode levar à diminuição do custo do processo e do período de obtenção do mesmo) e mantendo as características de processo ambientalmente correto com utilização de solventes "verdes" e inertes [93].

Esta vertente tem sido também abordada pelo grupo de investigação GSP, que tem usado ambas as tecnologias, ainda que de forma independente, para o desenvolvimento de curativos para feridas à base de compostos bioativos e polímeros de base natural.

Neste âmbito, um caso de estudo recente consistiu no uso de um derivado de quitosano (*N*-carboxibutilquitosano, CBC) como matriz sólida de suporte para o desenvolvimento de curativos bioativos após impregnação com quercetina e timol, compostos naturais que possuem atividade anti-inflamatória e analgésica, respetivamente [80]. A escolha do quitosano prende-se com o facto de ser um polímero usado para aplicações farmacêuticas (como *scaffolds*, hidrogéis, filmes, esponjas e fibras) devido à sua já provada biocompatibilidade, biodegradabilidade e atividades biológicas, nomeadamente anti-bacteriana e anti-fúngica (com mecanismos de atuação já reconhecidos), sendo aceite pelo FDA (Food and Drug Administration) para aplicações em pensos para feridas [94]. Além disso este biopolímero pode ser processado com scCO$_2$ nas suas diversas formas, mantendo as suas características físico-químicas após o processamento. Neste trabalho, estudou-se a influência de condições de processamento (nomeadamente pressão e temperatura) na quantidade de compostos bioativos impregnados, assim como a influência da interação destes compostos com a matriz a impregnar, tendo-se usado a agarose como biopolímero de comparação. A Figura 14.14 apresenta a curva de libertação de cada uma das moléculas impregnadas a partir da CBC, onde se verifica que o timol é libertado mais rapidamente (por ser uma molécula menor, e portanto com difusividade favorecida através da estrutura da CBC, e com maior solubilidade em água, usada como meio de liberação) enquanto que a quercetina apresenta uma taxa de liberação mais lenta e portanto mais controlada. A conjugação de duas moléculas com biodisponibilidades diferentes pode ser aplicada com a intenção de conjugar também as suas ações em benefício das necessidades do paciente. Desta forma a aplicação farmacêutica pode ser otimizada conseguindo-se uma ação analgésica imediata e uma ação anti-inflamatória prolongada no tempo.

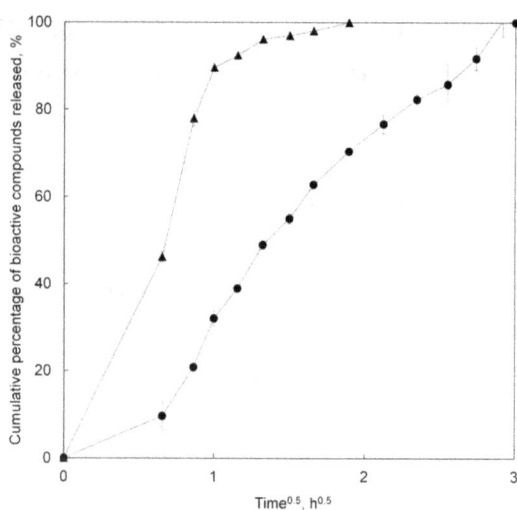

**Figura 14.14.** Gráfico de Higuchi para percentagem acumulada de libertação de compostos bioactivos. Espumas de CBC impregnadas com quercetina (●) e timol (▲) a 20 MPa e 323K [Dias et al, com permissão da Elsevier [80]].

Os resultados mostraram ainda que o processo de impregnação com $scCO_2$ promoveu a micronização da quercetina (Figura 14.15), o que aumenta significativamente a solubilidade desta molécula em soluções aquosas e consequentemente a sua biodisponibilidade no organismo. Por fim foi ainda demonstrado que o processamento não afeta significativamente as propriedades físico-químicas e morfológicas da matriz de CBC e os sistemas preparados apresentaram adequada permeabilidade a oxigénio e vapor de água, com valores típicos e desejados para curativos utilizados em feridas.

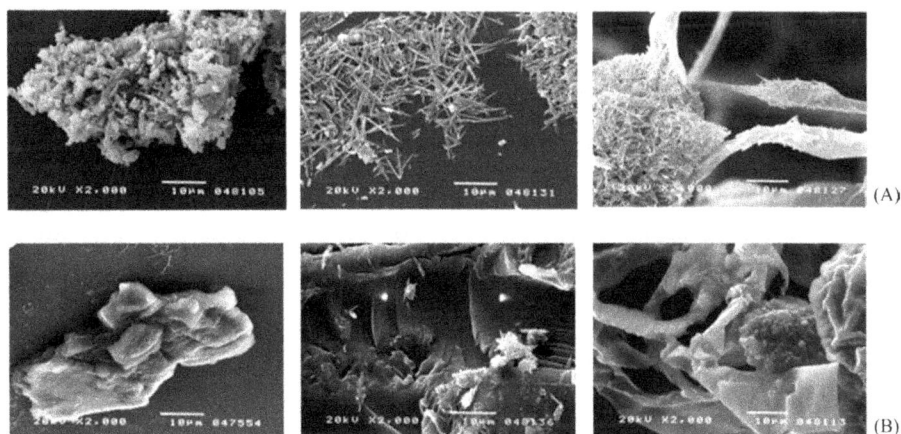

**Figura 14.15.** Microscopia electrónica de varrimento (SEM) para quercetina, timol para filmes e espumas de CBC. Amostras impregnadas com scCO$_2$ para quercetina (A) e para timol (B) a 20 MPa e 323 K. Da esquerda para a direita: compostos bioactivos não-processados, filmes de CBC impregnados e espumas de CBC impregnadas [Dias et al, com permissão da Elsevier] [80].

Um outro caso de estudo desenvolvido pelo grupo GSP consistiu na obtenção de um extrato com actividade anti-inflamatória, por extração de jucá (*Libidibia ferrea*) com scCO$_2$, e posterior impregnação, usando o mesmo solvente, em diferentes matrizes poliméricas (comerciais e sintetizadas no laboratório) à base de quitosano, mistura de colágeno e dextrano oxidado e ácido hialurónico. A vantagem da impregnação do extrato em vez de compostos puros é que, sendo confirmada a bioatividade da fração (composta por uma mistura mais ou menos complexa de compostos diferentes), evitam-se procedimentos posteriores de separação e purificação de um composto em particular. Além disso em alguns casos os diferentes compostos presentes no extrato podem apresentar sinergismo o que potencia a ação do extrato comparativamente à ação de um composto puro. Devido à multiplicidade de compostos presentes na fração ativa torna-se particularmente importante a escolha da matriz a ser impregnada por forma a garantir que o coeficiente de partição matriz/scCO$_2$ seja favorecido (tendo em conta que o extrato é solúvel em scCO$_2$, uma vez que foi extraido com este solvente). De acordo com a Figura 14.16, os maiores rendimentos de impregnação foram obtidos usando a matriz de CBC (matriz sintetizada no laboratório) em comparação com as matrizes comerciais estudadas à base de colágeno e dextrano oxidado (Promogran®) e ácido hialurónico (Hyalofill®). Todos os materiais impregnados revelaram ser citocompatíveis e apresentaram atividade anti-inflamatória quando testado em macrófagos. Tendo em conta a composição química do extrato é de prever que esta atividade seja promovida por compostos terpénicos (como o sitosterol e/ou a lupenona) e/ou ácidos gordos insaturados (como os ácidos linoléico, palmítico e esteárico) presentes na fração de extrato de jucá estudada [85].

Nos últimos anos a tecnologia de impregnação supercrítica tem sido cada vez mais usada e para diferentes aplicações, principalmente na área médico-farmacêutica e alimentar, devido às características vantajosas anteriormente referidas (ver referências indicadas no Capítulo 8 deste livro). A impregnação de compostos puros ou frações ativas de origem natural tem tido um crescimento mais acentuado apenas nos últimos anos, provavelmente devido à complexidade acrescida de análise e de numerosos parâmetros a otimizar (principalmente no caso de frações compostas por mais do que um componente), mas também devido à dificuldade acrescida na legislação dos produtos finais obtidos. Contudo, é de esperar que o crescente número de trabalhos publicados na área e o conhecimento mais aprofundado dos fenómenos envolvidos, assim como em técnicas de caracterização capazes de comprovar de forma efetiva a vantagem do processo, venha a facilitar/acelerar o processo de regulamentação, e assim a aplicabilidade da técnica à escala industrial. Alguns casos de sucesso já reportados na literatura incluem, na área biomédica, a impregnação de artimisinina em derivados de quitosano para o tratamento de malária [79] e de timol em gaze de algodão para tratamento de feridas [86] na área alimentar, a impregnação de timol em filmes de LLDPE [89] e de amido [90] para o desenvolvimento de embalagens com atividade anti-microbiana ou de ácido oleico em partículas de amido [82] e β-caroteno em poli-(ε-caprolactona) [87] para liberação controlada de nutracêuticos. Alguns exemplos de estudos de impregnação de frações bioativas (com solubilidade elevada em $scCO_2$) em matrizes poliméricas já reportados na literatura incluem a impregnação de óleo essencial de lavanda (com atividade biocida) em amido modificado [81], de óleo de cipreste (com atividade repelente) em copolímeros à base de ácido lático [83], de óleo de linho em aerogéis de um polissacarídeo da cevada [84] e de óleo essencial de orégão em amido [88] visando proteger a capacidade antioxidante destes óleos por períodos de tempo mais prolongados na indústria alimentar.

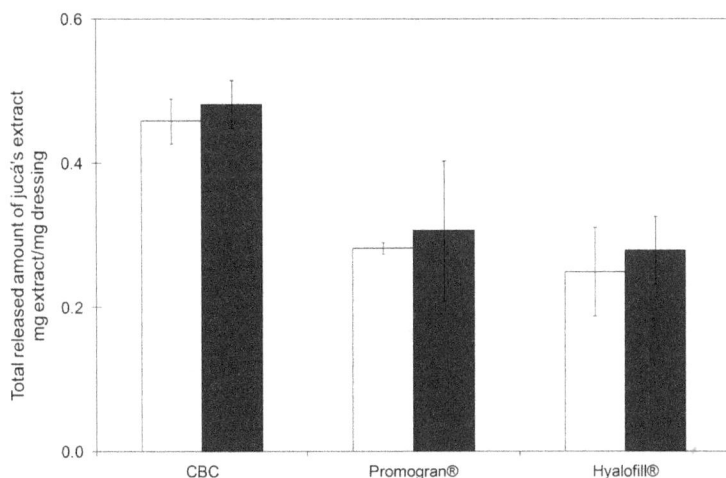

**Figura 14.16.** Massa de extrato de jucá impregnada em diferentes matrizes po-liméricas (a 27 MPa e 50 °C). Taxa de despressurização a 3MPa min$^{-1}$ (■) e 10 MPa min $^{-1}$ (■) [Dias et al, com permissão da Elsevier] [85].

## 14.4. Conclusões

Com este capítulo pretendeu-se apresentar de forma resumida al-gumas das estratégias que o grupo de investigação do Laboratório de Processos Verdes e Sustentáveis, do Centro de Investigação em Engenharia dos Processos Químicos e dos Produtos da Floresta do Departamento de Engenharia Química da Universidade de Coimbra, tem aplicado com o objetivo de extrair e caracterizar compostos bioativos (compostos pu-ros ou frações constituídas por misturas de vários compostos) a partir de diferentes matrizes vegetais (destacando-se a valorização de resíduos agro-industriais e renováveis) que podem ser aplicados como suplementos alimentares, fitoterápicos, nutracêuticos, cosméticos ou pesticidas naturais.

O capítulo começa por reforçar a importância do uso de fitoquímicos (compostos bioativos produzidos pelo metabolismo secundário das plantas para proteção) tendo em conta a sua enorme biodisponibilidade, variedade e grande diversidade de benefícios que apresentam para a saúde humana. Refere-se ainda o longo percurso necessário para que um fitoquímico dê origem a um fitoterápico (medicamento obtido exclusivamente a partir de matérias-primas ativas vegetais) o que implica o conhecimento da eficácia e dos riscos de seu uso (obtidos numa primeira fase através de levantamentos etnofarmacológicos de utilização), assim como da repro-dutibilidade da sua qualidade e da sua ação.

Em seguida refere-se a vantagem do uso da tecnologia de fluidos supercríticos para a extração, fracionamento, separação e/ou isolamento deste tipo de compostos principalmente quando se pretende a sua apli-cação na indústria medico-farmacêutica ou alimentar tendo em conta o caráter não tóxico dos solventes usados com esta tecnologia (ausência de traços de solventes orgânicos tóxicos nas fracções obtidas e redução de etapas posteriores de fraccionamento). Além disso, e através da cor-reta otimização de diferentes variáveis de processo, é possível aumentar a eficiência e seletividade do processo para determinado composto (ou fração bioativa) alvo. Entre as variáveis de processo normalmente variadas, e referidas neste capítulo, destacam-se o estudo das condições ótimas de pressão e temperatura de processamento; o efeito dos co-solventes e do caudal de solvente (ou mistura de solventes) no rendimento de extração e no fracionamento do extrato; a influência da matriz vegetal (tipo e composição) na estratégia de extração a usar e a importância do estudo da geometria do leito e modelação da cinética de extracção para efeito de aumento de escala e valorização económica do processo. Por fim descreve-se o uso da tecnologia de fluidos supercríticos como processo eficiente e seguro para impregnar/depositar os compostos bio-ativos extraídos de matrizes vegetais em matrizes poliméricas por forma a prolongar a sua bioatividade e controlar a sua libertação no meio em que se pretende que atuem.

Apesar de serem tecnologias ainda relativamente recentes, espera-se que as vantagens da extração e impregnação/deposição usando fluidos supercríticos permitam, num futuro próximo, reduzir custos inerentes ao processo de desenvolvimento de novos fármacos ou dispositivos médico-farmacêuticos através da otimização das tecnologias e integração de processos (extração/impregnação), com o objetivo de desenvolver produtos de base natural mais eficientes e sustentáveis para a prevenção ou cura de problemas de saúde de amplo espectro deste indução de efeito analgésico até ao tratamento do cancro. A simplificação do processo de desenvolvimento de produtos médico-farmacêuticos de origem natural e redução de custos associados ao processo podem trazer novas perspectivas para países com poucos recursos económicos aplicados à assistência social da população carenciada.

## 14.5. Agradecimentos

Os autores agradecem o apoio de: FCT-MCTES/MEC, FUP, FEDER, COMPETE, Programa Ciência 2008 (Portugal), CAPES (Brasil), e Rede CYTED, através dos contratos: PEst-C/EQB/UI0102/2011, PEst-C/EME/UI0285/2013, POCTI/FCB/38213/2001, PTDC/SAU-BEB/71395/2006, PTDC/SAU-FCF/71399/2006, Acções Integradas Luso-Espanholas 2010 Ref. E-7/10, Cooperação Científica e Tecnológica FCT/CAPES 2011/2012 Ref. 4.4.1.00, e Rede "*RIMADEL – Rede Iberoamericana de Nuevos Materiales para el Diseño de Sistemas Avanzados de Liberación de Fármacos en Enfermidades de Alto Impacto Socioeconómico*". Mara E.M. Braga e Ana M.A. Dias agradecem ainda à FCT.MCTES/MEC as bolsas de pós-doutoramento SFRH/BPD/21076/2004 e SFRH/BPD/40409/2007.0

## 14.6. Bibliografia

[1] R.Verpoorte, H.K. Kim, Y.H. Choi, In: Medicinal and Aromatic Plants, R.J. Bogers, L.E. Craker and D.Lange (eds.). Springer. Chapter 19, 261-273, 2006.

[2] S. D. Sarker, Z. Latif, A. I. Gray. Natural Products Isolation. 2nd ed. Humana Press 2006.

[3] F. Watkins, B. Pendry, A. Sanchez-Medina, O. Corcoran. J. Ethnopharmacol. 2012, 144, 408-41.

[4] M.G.L. Brandão, N.N.S. Zanetti, P. Oliveira, C.F.F. Grael, A.C.P. Santos, R.L.M. Monte-Mór J. Ethnopharmacol. 2008, 120, 141-148.

[5] B.E. Van Wyk. South African J. Botany, 2011, 77, 812-829.

[6] A. Pieroni, H. Muenz, M. Akbulut, K.H.C. Baser, C. Durmuskahya. J. Ethnopharmacol. 2005, 102, 69-88.

[7] A. Pieroni. J. Ethnopharmacol. 2000, 70, 235-273.

[8] P. J. De Vos. Ethnopharmacol. 2010, 132, 28-47.

[9] I. Siró, E. Kapolna, B. Kapolna, A. Lugasi. Appetite, 2008, 51, 456-467.

[10] E. Antignac, G.J. Nohynek, T. Re, J. Clouzeau, H. Toutain. Food Chem. Toxicol. 2011, 49, 324-341.

[11] E. Panagiotakopulu, P.C. Buckland, P.M. Day, A.A. Sarpaki, C. Doumas. J.Archaeol. Sci. 1995, 22, 705-710.

[12] R.F. Bast, P.C. Chandler, L.M. Choy, J. Delmulle, S.B.A. Gruenwald, K.K. Halkes, J.H. Koeman, P. Peters, H. Przyrembel, E.M. de Ree, A.G. Renwick, I.T.M. Environ.Toxicol. Pharmacol. 2002, 12, 195-211.

[13] A.Gurib-Fakim. Mol. Asp. Med. 2006, 27, 1-93.

[14] N.G. Asp, S. Bryngelsson. J. of Nutrition, Health claims in Europe, 2008, 1210-1215 Supplement.

[15] P. Coppens, L. Delmulle, O. Gulati, D. Richardson, M. Ruthsatz, H. Sievers, S. Sidani. Ann. Nutr. Metab. 2006a, 50, 538-554.

[16] P. Coppens, M.F. da Silva, S. Pettman. Toxicology, 2006b, 221, 59-74.

[17] O.P.Gulati, P.B. Ottaway. Toxicology, 2006, 221, 75-87.

[18] Food and Drug Administration (FDA) U.S. Department of Health and Human Services, Center for Drug Evaluation and Research (CDER), Chemistry. Guidance for Industry – BotanicalDrugProducts,2004.www.fda.gov/downloads/Drugs/GuidanceCompliance RegulatoryInformation/Guidances/UCM070491.pdf (accessed July 15, 2014).

[19] D.J. Newman, G.M. Cragg, K.M. Snader. J. Nat. Prod. 2003, 66, 1022-1037.

[20] M. Giorgetti, G. Negri, E. Rodrigues. J. Ethnopharmacol. 2007, 109, 338-347.

[21] H. De Wet, V.N. Nzama, S.F. Van Vuuren. Afr. J. Bot. 2012, 78, 12-20.

[22] M. Adams, S.V. Schneider, M. Kluge, M. Kessler, M. Hamburger. J. Ethnopharmacol. 2012, 143, 1-13.

[23] G.J. Martínez. Midwifery, 2008, 24, 490-502.

[24] G.A. Wachter, S. Valcic, M.L. Flagg, S.G. Franzblau, G. Montenegro, E. Suarez, B.N. Timmermann. Phytomedicine, 1999, 6, 341-345.

[25] B. Saric-Kundalic, C. Dobes, V. Klatte-Asselmeyer, J. Saukel. J. Ethnopharmacol. 2010, 131, 33-55.

[26] M. Giorgetti, G. Negri, E. Rodrigues. J. Ethnopharmacol. 2007, 109 338–347.

[27] M.F.T. Medeiros, U.P. de Albuquerque. J. Ethnopharmacol. 2012, 139, 280– 286.

[28] M.H. Yin, D.G. Kang, D.H. Choi, T.O. Kwon, H.S. Lee. J. Ethnopharmacol. 2005, 99, 113-117.

[29] V. Tene, O. Malagon, P.V. Finzi, G. Vidari, C. Armijos, T. Zaragoza. J. Ethnopharmacol. 2007, 111, 63-81.

[30] A.R. Bilia, S.Gallori, F.F. Vincieri. Life Sciences, 2002, 70, 3077-3096.

[31] G. Benítez. Andalusia (Spain). J. Ethnopharmacol. 2011, 137, 1113-1123.

[32] Kumar, A. Kumar, O. Prakash. J. Ethnopharmacol. 2012, 140, 1-32.

[33] B. Kumar, M. Vijayakumar, R. Govindarajan, P. Pushpangadan. J. Ethnopharmacol. 2007, 114, 103-113.

[34] T. Thirumalai, B.C. David, K. Sathiyaraj, B. Senthilkumar, E. David. Asian Pac. J. Trop. Biomed. 2012, S910-S913.

[35] A. Pollio, A. De Natale, E. Appetiti, G. Aliotta, A. Touwaid. J. Ethnopharmacol. 2008, 116, 469-482.

[36] M.R. Gonzalez-Tejero, M. Casares-Porcel, C.P. Sanchez-Rojas, J.M. Ramiro-Gutierrez, J. Molero-Mesa, A. Pieroni, M.E. Giusti, E. Censorii, C. de Pasquale, A. Della, D. Paraskeva--Hadijchambi, A. Hadjichambis, Z. Houmanie, M. El-Demerdash, M. El-Zayat, M. Hmamouchi, S. ElJohri. J. Ethnopharmacol. 2008, 116, 34-357.

[37] M. Leonti, O. Sticher, M. Heinrich. J. Ethnopharmacol. 2003, 88, 119-124.

[38] M.H. Li, Y. Liu, Z.W. Wang, Cui, L.Q. Huang, P.G. Xiao. Chinese Herbal Medicines, 2012, 2, 301-313.

[39]. L.P. Kvist, S.B. Christensen, H.B. Rasmussen, K. Mejia, A. Gonzalez. J. Ethnopharmacol. 2006, 106, 390-402.

[40] X. Jauregui, Z.M. Clavo, E.M. Jovel, M. Pardo-de-Santayana. J. Ethnopharmacol. 2011, 134, 739-752.

[41] E.A. Goun, V.M. Petrichenko, S.U. Solodnikov, T.V. Suhinina, M.A. Kline, G. Cunningham, C. Nguyen, H. Miles. J. Ethnopharmacol. 2002, 81, 337-342.

[42] K. Savikin, G. Zdunic, N. Menkovic, J. Zivkovic, N. Cujic, M. Terescenko, D. Bigovic. J. Ethnopharmacol. 2013, 146, 803-810.

[43] K.Srithi, C.Trisonthi, P. Wangpakapattanawong, H. Balslev. J. Ethnopharmacol. 2012, 139, 119-135..

[44] V. Lipipun, M. Kurokawa, R. Suttisri, P. Taweechotipatr, P. Pramyothin, M. Hattori, K. Shiraki Antiviral Res. 2003, 60, 175-180.

[45] S. Voravuthikunchai, A. Lortheeranuwat, W. Jeeju, T. Sririrak, S. Phongpaichit, T. Supawita. J. Ethnopharmacol. 2004, 94, 49-54.

[46] U. Cakilcioglu, I. Turkoglu. J. Ethnopharmacol. 2010, 132, 165-175.

[47] Q. Le Tran, Y. Tezuka, J. Ueda, N.T. Nguyen, Y. Maruyama, K. Begum, H.S. Kim, Y. Wataya, Q.K. Tran, S. Kadota. J. Ethnopharmacol. 2003, 86, 249-252.

[48] E. Talansier, M.E.M. Braga, P.T.V. Rosa, D. Paolucci-Jeanjean, M.A.A. Meireles. J. of Supercritical Fluids, 2008, 47, 200-208.

[49] M.E.M. Braga, I.J. Seabra, A.M.A. Dias, H.C. de Sousa. In: Natural Products Extraction: Principles and Applications, Royal Society of Chemistry (RSC Publishing), M. Rostagno and J. Prado (Eds), Chapter 7, 231-284, 2013.

[50] M. Mukhopadhyay. Natural Extracts Using Supercritical Carbon Dioxide. CRC Press, 2000.

[51] I.J. Seabra, M.E.M. Braga, M.T. Batista, H.C. de Sousa. J. Supercrit. Fluids, 2010, 54, 145-152.

[52] T. Norton, D.W. Sun. Food Bioprocess Tech. 2008, 1, 2-34.

[53] M.A.A. Meireles (Ed.), Extracting bioactive compounds: theory and applications, on the Contemporary Food Engineering book series, organized by Professor Da-Wen Sun, National University of Ireland, Dublin. CRC press, Taylor and Francis, 2009.

[54] P.T.V. Rosa, M.A.A. Meireles. J. Food Eng. 2005, 67, 235-240.

[55] C.L.C. Albuquerque, M.A.A Meireles. J. Supercrit. Fluids, 2012, 66, 86-95.

[56] A.M. Farías-Campomanes, M.A. Rostagno, M.A.A. Meireles. J. Supercrit. Fluids, 2013, 77, 70-78.

[57] M.E.M. Braga, Ehlert, P.A.D.; Ming, L.C.; Meireles, M.A.A. J. Supercrit. Fluids, 2005, 34, 149-156.

[58] M.E.M. Braga, P.F. Leal, J.E. Carvalho, M.A.A. Meireles. J. Agri. Food Chem. 2003, 51, 6604-6611.

[59] M.E.M. Braga, R. Santos, I. Seabra, H.C. De Sousa. J. Supercrit. Fluids, 2008, 47, 37-48.

[60] I.J. Seabra, A.M.A. Dias, M.E.M. Braga, H.C. De Sousa. J. Supercrit. Fluids, 2012a, 62, 135-148.

[61] A.T. Serra, I.J. Seabra, M.E.M. Braga, M.R. Bronze, H.C. De Sousa, C.M.M. Duarte. J. Supercrit. Fluids, 2010, 54, 184-191 .

[62] I.J. Seabra, M.E.M. Braga, H.C. de Sousa. J. Supercrit. Fluids, 2012b, 64, 9-18.

[63] M.E.M. Braga, M.A.A. Meireles. J. Food Process Eng., 2007, 30, 501-521.

[64] I.J. Seabra, A.M.A. Dias, M.E.M. Braga, H.C. De Sousa. J. Supercrit. Fluids, 2010, 54, 145-152.

[65] L. Jirovetz, G. Buchbauer, G.T. Abraham, M.P. Shafi. Flavour Frag. J. 2006, 21, 88-91.

[66] J. Boonen, B. Baert, N. Roche, C. Burvenish, B. De Spiegeleer. J. Ethnopharmacol. 2010, 127 77-84.

[67] W.D. Ratnasooriya, K.P.P. Pieris, U. Samaratunga, J.R.A.C. Jayakody. J. Ethnopharmacol. 2004, 91, 317-320.

[68] O. Wongsawatkul, S. Prachayasittikul, C.I. Ayudhya, J. Satayavivad, S. Ruchirawat, Int. J. Molecular Sci. 2008, 9, 2724-2744.

[69] A.M.A. Dias, P. Santos, I. J. Seabra, R. N. C. Júnior, M. E. M. Braga, H. C. de Sousa, J. Supercrit. Fluids, 2012, 61, 62-70.

[70] R.N. Carvalho, L.S. Moura, P.T.V. Rosa, M.A.A. Meireles. J. Supercrit. Fluids, 2005, 35, 197-204.

[71] V.G. Kontogianni, G. Tomic, I. Nikolic, A.A. Nerantzaki, N. Sayyad, S. Stosic-Grujicic, I. Stojanovic, I.P. Gerothanassis, A.G. Tzakos. Food Chem. 2013, 136, 120-129.

[72] M.P. Souza, A.F.M. Vaz, M.T.S. Correia, M.A. Cerqueira, A.A. Vicente, M.G. Carneiro-da--Cunha. Food Bioprocess Technol. 2014, 7, 1149-1159.

[73] D.F. Cortés-Rojas, C.R.F. Souza, W.P. Oliveira. J.Food Eng. 2014, 127, 34-42.

[74] E. Pinho, M. Grootveld, G. Soares, M. Henriques. Carbohydr. Polym. 2014, 101, 121-135.

[75] D. Hennig, S. Schubert, H. Dargatz, E. Kostenis, A. Fahr, U.S. Schubert, T. Heinzel, D. Imhof. Macromol. Biosci. 2014, 14, 69-80.

[76] E. Mascheroni, C.A. Fuenmayor, M.S. Cosio, G. Di Silvestro, L. Piergiovanni, Mannino, S., A. Schiraldi. Carbohydr. Polym. 2013, 98, 17-25.

[77] E. M. Hoepfner, S. Lang, A. Reng, P.C. Schmidt, (Eds.), Fiedler encyclopedia of excipients: for pharmaceuticals, cosmetics and related areas, Buch + CD-ROM, Editio Cantor, 2007.

[78] S.K. Niazi, (Ed.), Handbook of Pre-Formulation: Chemical, Biological, and Botanical Drugs, CRC Press, 2006.

[79] M.E.M. Braga, M.S. Ribeiro, M.H. Gil, H.S.R. Costa Silva, E.I. Ferreira, H.C. de Sousa. Proceedings of the 2007 AIChE Annual Meeting, Salt Lake City, Utah, USA, November 4-9, 2007.

[80] A.M.A. Dias, M.E.M. Braga, I.J. Seabra, P. Ferreira, M.H. Gil, H.C. de Sousa. Int. J. Pharm 2011, 408, 9 19.

[81] S. Varona, S. Rodríguez-Rojo, A. Martín, M.J. Cocero, C.M.M. Duarte. J. Supercrit. Fluids 2011, 58, 313-319.

[82] L.M. Comin, F. Temelli, M.D.A. Saldaña. J. Supercrit. Fluids, 2012, 61, 221-228.

[83] C. Tsutsumi, T. Hara, N. Fukukawa, K. Oro, K. Hata, Y. Nakayama, T. Shiono. Green Chem. 2012, 14, 1211-1219.

[84] L.M. Comin, F. Temelli, M.D.A. Saldaña. J. Food Eng. 2012, 111, 625-631.

[85] A.M.A. Dias, A. Rey-Rico, R.A. Oliveira, S. Marceneiro, C. Alvarez-Lorenzo, A. Concheiro, R.N. Carvalho Júnior, M.E.M. Braga, H.C. de Sousa. J. Supercrit. Fluids, 2013, 74, 34-45.

[86] S. Milovanovic, M. Stamenic, D. Markovic, M. Radetic, I. Zizovic. J. Supercrit. Fluids, 2013, 84, 173-181.

[87] E. Paz, S. Rodríguez, J. Kluge, A. Martín, M. Mazzotti, M.J. Cocero. J. Supercrit. Fluids, 2013, 84, 105-112.

[88] A.P. Almeida, S. Rodríguez-Rojo, A.T. Serra, H. Vila-Real, A.L. Simplício, I. Delgadilho, S.B. da Costa, L.B. da Costa, I.D. Nogueira, C.M.M. Duarte. Innov. Food Sci. Emerg. Technol. 2013, 20, 140-145.

[89] A.Torres, J. Romero, A. Macan, A. Guarda, M.J. Galotto. J. Supercrit. Fluids, 2014, 85, 41-48.

[90] A.C. Souza, A.M.A. Dias, H.C. de Sousa, C.C. Tadini. Carbohydr. Polym. 2014, 102, 830-837.

[91] I. Kikic, F. Vecchione. Curr. Opin. Solid State Mater. Sci. 2003, 7, 399-405.

[92] M.E.M. Braga, V.P. Costa, M.J.T. Pereira, P.T. Fiadeiro, A.P.A.R. Gomes, C.M.M. Duarte, H.C. De Sousa. Int. J. Pharm. 2011, 420, 231-243.

[93] M.A. Fanovich, J. Ivanovic, D. Misic, M.V. Alvarez, P. Jaeger, I. Zizovic, R. Eggers, J. Supercrit. Fluids, 2013, 78, 42-53.

[94] F. Croisier, C. Jérôme. Eur. Polym. J. 2013, 49, 780-792.

# CAPÍTULO 15. UTILIZAÇÃO DE CROMATOGRAFIA SUPERCRÍTICA NA PURIFICAÇÃO DE COMPOSTOS BIOATIVOS

**Paulo de Tarso Vieira e Rosa**

*Departamento de Físico-Química, Instituto de Química, Universidade Estadual de Campinas (UNICAMP). Rua Josué de Castro S/N, 13083-970, Campinas, Brasil.*

## Resumo:

A cromatografia supercrítica foi introduzida em 1962 com a promessa de que iria substituir tanto a cromatografia gasosa quanto a líquida. Passados cerca de 50 anos, pode-se observar que este processo de separação ainda procura um local de destaque, sendo empregado somente em algumas análises específicas. Razões como a pouca robustez dos sistemas experimentais inicialmente disponíveis, os quais foram adaptados das cromatografias convencionais, e o pouco entendimento do comportamento do fluido supercrítico podem ser causas para esta lenta disseminação da técnica. Sistemas comerciais desenvolvidos especificamente para esta modalidade de cromatografia tem favorecido o aumento da utilização da técnica com a possibilidade do uso das vantagens específicas dos fluidos supercríticos como a baixa viscosidade e o alto coeficiente de difusão, se comparado com o fluido líquido, levando a separações mais rápidas e com grande eficiência e pela possibilidade de redução do consumo de solventes orgânicos, trazendo ganhos ambientais para os processos. Neste capítulo é apresentada uma revisão das principais características e desenvolvimentos da cromatografia supercrítica

DOI: http://dx.doi.org/10.14195/978-989-26-0881-5_15

utilizadas como ferramenta analítica e na purificação de compostos tanto nas escalas semi-preparativa como preparativa. Além disto, as principais fases estacionárias, métodos de detecção do material separado e parâmetros relevantes para a otimização dos processos de separação são discutidos.

**Palavras-chave:** cromatografia supercrítica, dióxido de carbono supercrítico, cromatografia analítica, cromatografia semi-preparativa, cromatografia preparativa.

**Abstract:**
Supercritical chromatography was originally introduced in 1962 aiming to substitute both the gas and the liquid chromatography. After almost 50 years, this separation technique is still trying to find its place in the marked, been used only in some special cases. The main reasons for that can be the lack of robustness of the developed equipment, in general adapted from the conventional chromatographies, and the poor comprehension of the supercritical fluids by the users of the technique. The new commercial systems developed exclusively for supercritical chromatography are increasing the use of this separation method and are allowing to exploit the advantages of the supercritical fluids such as low viscosity and high diffusion coefficient, leading to faster and more efficient separations, and also permitting lower quantity organic solvent necessary in the process, resulting in some interesting environmental advantages. In this chapter, the main characteristics and advances of the supercritical chromatography used in the analytical, semi-preparative, and preparative scales are reviewed. Furthermore, the more relevant stationary phases, detection methods, and parameters used in the process optimization are discussed.

**Keywords:** supercritical chromatography, supercritical carbon dioxide, analytical chromatography, semi-preparative chromatography, preparative chromatography.

## 15.1. Introdução

Cromatografia é um processo físico-químico de separação baseado nas diferentes intensidades de interações que solutos presentes em uma fase móvel tem com uma fase estacionária localizada em uma coluna. As duas principais categorias de cromatografia são classificadas de acordo com o estado físico da fase móvel sendo estas a gasosa (GC) e a líquida (LC). A cromatografia gasosa apresenta altas eficiências de separação devido às características de transferência de massa dos gases e podem utilizar detectores universais como os condutométricos e os de ionização de chama. Como desvantagem são restritas para a identificação de compostos voláteis e que sejam termicamente estáveis. Já a cromatografia líquida pode ser utilizada para compostos não voláteis e termicamente instáveis, porém com baixa eficiência de separação devido às limitações de transferência de massa características dos líquidos.

Quando um fluido supercrítico é utilizado como fase móvel em um processo de separação cromatográfico este é denominado de cromatografia supercrítica (SFC). Um fluido é considerado como supercrítico quando tanto a temperatura quanto a pressão do sistema estiverem acima das condições do seu ponto crítico. Os fluidos nestas condições apresentam propriedades físico-químicas intermediárias entre as apresentadas em seu estado líquido e gasoso. Em geral, as densidades são elevadas devido à altas pressões, o que resulta em grandes poderes de solvatação se comparados com o mesmo fluido no estado gasoso, e baixas viscosidades e altos coeficientes de difusão se comparados com o fluido no estado líquido. Os valores característicos às duas últimas propriedades físico-químicas favorecem os sistemas que utilizam fluidos supercríticos a terem altas taxas de transferência de massa, se comparados com sistemas em fase líquida.

Historicamente, a cromatografia supercrítica teve início em 1962 com a separação de derivados de porfirina termolábeis utilizando misturas de clorofluorometanos supercríticos como fase móvel [1]. A motivação deste experimento foi a baixa pressão de vapor das porfirinas o que levava a decomposição das mesmas quando analisadas por cromatografia gasosa. A coluna tinha 75 cm de comprimento e era preenchida com polietileno glicol sobre polímero poliaromático reticulado (Chromosorb W). Após sua introdução, a cromatografia supercrítica seguiu a tendência da cromatografia gasosa de utilizar colunas capilares abertas e recobertas com filmes de materiais adsorventes depositados. Nestas aplicações, as colunas capilares empregadas apresentavam diâmetros internos menores que as usualmente utilizadas na cromatografia gasosa e os filmes de fase estacionária tiveram que começar a serem reticulados para diminuir a tendência de serem removidos da coluna pela fase móvel supercrítica. A cromatografia supercrítica utilizada como uma extensão da cromatografia gasosa apresentou diversos problemas operacionais tais como a aplicação para compostos praticamente apolares, baixo poder de solvatação do $CO_2$ puro, pouca robustez da injeção das amostras, tempos longos de separação devido a menor eficiência do sistema se comparado com a cromatografia gasosa, entupimentos da coluna e a quebra de partes do sistema devido a altas pressões [2]. Devido a estas dificuldades, no final dos anos 80 foram realizados estudos mais sistemáticos de utilização de cromatografia supercrítica em colunas empacotadas, onde os melhores resultados foram obtidos. Hoje, praticamente todos os sistemas de cromatografia supercrítica são extensões da cromatografia líquida de alta eficiência (HPLC).

Taylor em 2009 [3] apresentou uma classificação de diversos métodos cromatográficos dependente das condições de temperatura e pressão utilizadas na separação dos solutos. Assim, de fases móveis menos densas para mais densas temos a cromatografia gasosa, a cromatografia gasosa a altas pressões, cromatografia gasosa de solvatação, cromatografia com fluido supercrítico, cromatografia com fluido subcrítico, cromatografia com fluidez aumentada, cromatografia líquida a altas temperaturas e, finalmente, cromatografia líquida. Estas diversas modalidades de cromatografias permitem que estes métodos de separações sejam utilizados na identificação e purificação de uma ampla gama de compostos. Quando colunas abertas ou empacotadas utilizando dióxido de carbono supercrítico como fase móvel são empregadas, podemos ter qualquer uma das modalidades acima citadas em um único equipamento [4]. Como seria possível realizar todos os tipos de separações em um único equipamento, iniciou-se uma série de tentativas para tentar unificar os métodos cromatográficos [5]. Apesar destes esforços, devido às diversas restrições mecânicas e econômicas ainda não foi possível chegar a esta unificação.

Dependendo da escala e objetivo dos métodos cromatográficos empregados, seguindo a classificação proposta por Berger [6], eles podem ser classificados como cromatografia analítica, cromatografia semi-preparativa e cromatografia preparativa. Neste capítulo, serão apresentadas as principais características da cromatografia supercrítica bem como algumas aplicações desta tanto para a identificação quanto para a purificação de compostos bioativos. Em geral, a cromatografia que empregue o dióxido de carbono na fase móvel em condições de temperatura e pressão acima de seu ponto crítico (304,25 K e 7,38 MPa) são apresentadas na literatura como cromatografia supercrítica. Como é possível utilizar quantidades pequenas ou moderadas de solventes orgânicos para modificar as características de polaridade do dióxido de carbono, nem sempre as condições empregadas na separação estão acima do ponto crítico da mistura. Mesmo assim, neste texto, estes sistemas serão considerados como de cromatografia supercrítica.

## 15.2. Cromatografia analítica

Da mesma forma que na cromatografia líquida ou gasosa, a separação dos solutos presentes na fase móvel sub ou supercrítica se dá por suas diferentes interações com a fase estacionária presente em uma coluna. Quanto maior for a interação de um soluto, maior será o seu tempo necessário para eluir da coluna e assim ocorre a separação. A intensidade da interação que levará à separação é dada pela correta seleção das fases estacionária e móvel, bem como das condições operacionais utilizadas. O objetivo da cromatografia analítica é separar da melhor maneira possível os solutos de interesse de forma que quando saem da coluna cromatográfica possam ser detectados como bandas únicas e assim, possam ser identificados e/ou quantificados. Para tal, pequenas quantidades de amostras são introduzidas na coluna, com a finalidade de estreitar e manter uma forma mais simétrica os picos de cada soluto.

Colunas cromatográficas com diâmetros inferiores a 10 mm e a utilização de vazões da fase móvel de 0,1 a 10 mL/min podem ser frequentemente encontradas na cromatografia supercrítica analítica.

Dentre as três modalidades de utilização da cromatografia, a analítica é a mais empregada, presente em diversos laboratórios. A Figura 15.1 apresenta uma representação esquemática de unidade de cromatografia supercrítica analítica.

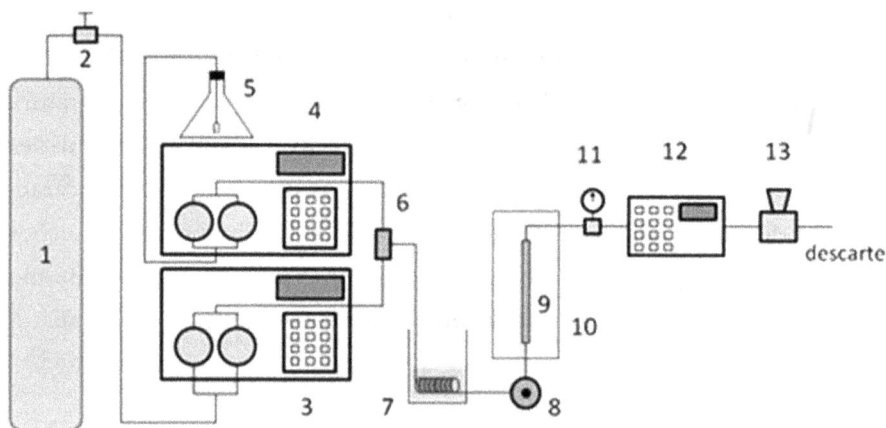

**Figura 15.1.** Representação esquemática de um cromatógrafo supercrítico analítico. (1) representa o reservatório de $CO_2$, (2) uma válvula de bloqueio do dióxido de carbono, (3) a bomba de $CO_2$, (4) a bomba de cossolvente, (5) o reservatório de cossolvente, (6) um misturador, (7) um pré-aquecedor, (8) a válvula de injeção, (9) a coluna cromatográfica, (10) um forno, (11) um manômetro ou transdutor de pressão, (12) um detector e (13) uma válvula controladora de pressão.

Como pode ser observado na Figura 15.1, os sistemas de cromatografia líquida e supercrítica são bem parecidos, mas algumas particularidades da cromatografia supercrítica devem ser ressaltadas. A bomba de $CO_2$ deve ser refrigerada para garantir que este esteja no estado líquido durante o bombeamento, permitindo assim que a vazão seja mantida em um valor constante durante a separação. Como a eficiência da bomba pode variar com as temperaturas ambiente e do $CO_2$, em alguns sistemas as bombas são controladas utilizando os dados de vazão mássica do fluido em sua entrada, geralmente medidos utilizando um medidor de vazão mássica do tipo coriolis, para garantir uma boa estabilidade da vazão no sistema. Outra alternativa é a utilização de bombas seringas refrigeradas de alta pressão para o escoamento do fluido supercrítico. Estas bombas são capazes de fornecer vazões constantes de $CO_2$ em uma ampla faixa de vazões, apesar do custo consideravelmente mais elevado. As bombas de cossolventes podem ser as tradicionalmente utilizadas em cromatografia líquida. As válvulas de injeção do tipo Rheodyne, similares às empregadas em HPLC, são empregadas na cromatografia supercrítica. A pressão do sistema durante a separação é mantida constante com o auxílio de válvulas controladoras de pressão (as mais utilizadas são do tipo BPR – back pressure regulator). Desta forma, os detectores operam sob alta pressão e devem ser robustos para suportarem as condições de pressão empregadas durante o processo de separação. As principais fases estacionárias e os principais detectores utilizados na cromatografia supercrítica são apresentados a seguir.

## 15.2.1. Fases Estacionárias

As fases estacionárias utilizadas para a cromatografia supercrítica seguem os mesmos tipos utilizadas na cromatografia líquida. Diversas forças intermoleculares ou até mesmo reações químicas superficiais podem ocorrer entre os solutos e grupos de reconhecimento presentes na fase estacionária. Os principais tipos de adsorção envolvidos podem ser classificados como físicas ou químicas. Nas adsorções físicas, interações não-covalentes tais como forças de van der waals, interações eletrostáticas, interações hidrofóbicas e ligações de hidrogênio podem ocorrer de forma isolada ou em conjunto e levar ao retardo dos compostos que tiverem interações mais intensas com a fase estacionária, realizando assim a separação entre os solutos. No caso da adsorção química, interações covalentes são formadas entre o soluto e a fase estacionária, sendo geralmente necessária a mudança das propriedades físico-químicas da fase móvel para que ocorra a dessorção do soluto adsorvido. Assim, fases estacionárias normais, reversas, e de resolução quiral podem ser empregadas para na separação de diversas classes de solutos por cromatografia supercrítica. Apesar das fases estacionarias estarem apresentadas na seção de cromatografia em escala analítica, as mesmas são também utilizadas em escala semi-preparativa e preparativa.

### 15.2.1.1. Fases estacionárias normais

O termo fase estacionária normal representa que a polaridade desta fase é maior do que a da fase móvel. Assim, materiais adsorventes hidrofílicos como sílicas, alumina, óxido de magnésio, entre outros podem ser empregados. Com o avanço da utilização das técnicas de cromatografia líquida de alta eficiência, a fase estacionária normal perdeu sua importância sendo praticamente trocada pela cromatografia em fase reversa [6]. A cromatografia supercrítica marca o retorno das fases normais, uma vez que o dióxido de carbono é uma molécula apolar com grande momento quadrupolar. Desta forma ela é capaz de solubilizar compostos hidrofóbicos e com polaridades intermediárias que podem ter nitrogênio, flúor, cloro, enxofre ou oxigênio em suas estruturas. Estes heteroátomos podem interagir com a fase estacionária normal através de interações do tipo dipolo-dipolo e/ou com ligações de hidrogênio. Como uma consequência destas interações, os compostos que apresentem átomos mais eletronegativos serão mais retardados na coluna cromatográfica e, então, podem ser separados. Neste tipo de separação, o dióxido de carbono supercrítico puro pode ser utilizado como fase móvel, desde que os solutos de interesse sejam solúveis neste solvente. Devido a possíveis grandes interações entre os solutos e a fase estacionária, ou quando se deseja aumentar a solubilidade de determinados compostos, pequenas quantidades de modificadores mais polares, tais como o metanol e o etanol, podem ser adicionados a fase móvel [7].

Na Figura 15.2 é apresentada uma representação esquemática de uma partícula de fase estacionária de sílica.

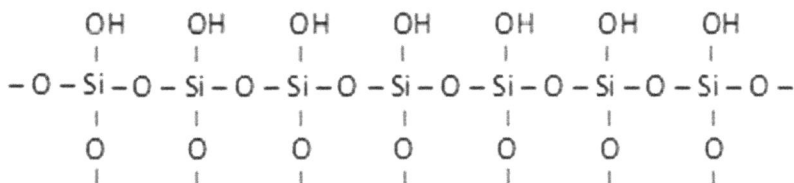

**Figura 15.2.** Estrutura da parte superficial de partícula de sílica utilizada como fase estacionária normal.

Além das fases estacionárias normais anteriormente citadas, modificações nos grupos hidroxilas da sílica permitem a introdução de outros grupos hidrofílicos amino, ciano, dióis e 2-etil piridina na superfície das partículas. Estes grupos têm características diferentes das hidroxilas isoladas e podem provocar interações mais específicas com os solutos, favorecendo suas separações quando presentes em misturas de compostos.

A cromatografia supercrítica pode ser conduzida de maneira isocrática, onde a composição e propriedades físico-químicas da fase móvel são mantidas constantes durante toda a separação ou em modo gradiente. Assim como na HPLC, o gradiente na SFC pode ser realizado através da mudança da composição de modificadores na fase móvel. Outra forma de gradiente que pode ser utilizada na SFC é o aumento de pressão durante a separação. Com este aumento, há um incremento na densidade do fluido supercrítico o que leva a um maior poder solvatante do mesmo. Com o aumento na solubilidade de alguns solutos no $CO_2$ ocorre uma diminuição na interação dos mesmos com a fase estacionária facilitando o escoamento dos mesmos no interior da coluna. Outra propriedade físico-química que é alterada pelo aumento da pressão do sistema é a constante dielétrica do fluido supercrítico. No caso do dióxido de carbono, uma maior densidade do solvente leva a um aumento na intensidade do momento quadrupolar o que resulta em um solvente levemente mais polar. Este aumento da polaridade também pode interferir nas constantes de associação dos solutos com a fase estacionária, favorecendo a separação dos mesmos.

Através da escolha correta da fase estacionária normal e da fase móvel é possível realizar a separação de diversas classes de compostos por cromatografia. Assim, misturas de compostos orgânicos com grupos funcionais carboxílicos, amino, ésteres, éteres, aldeídos, cetonas, alcoóis, fenólicos, ácidos graxos, hidroxi ácidos, anilinas, sulfonamidas, fenil uréias, sulfonil uréias, triazinas, carbamatos, organo clorados e organo fosforados podem ser analisados utilizando estas colunas [6]. Para melhorar a eluição de compostos muito polares que tendem a ficar retidos na fase estacionário ou que formam picos de eluição muito distorcidos, pode ser necessária a utilização de aditivos além dos modificadores. Em geral, estes aditivos são bases como a dimetil etil amina ou ácidos como o trifluoroacético.

### 15.2.1.2. Fases estacionárias reversas

Nas fases estacionárias reversas, geralmente as hidroxilas presentes na superfície das partículas de sílica utilizadas como fases estacionárias normas são reagidas com silanos monoméricos para que ocorra a inversão da polaridade da superfície das mesmas. As fases reversas mais comumente utilizadas são a C8 e a C18, com 8 ou 18 átomos de carbono presentes na cauda hidrofóbica de hidrocarbonetos. Além destas, fases estacionárias contendo grupos fenil na superfície de partículas de sílica também podem ser utilizadas. A Figura 15.3 apresenta um esquema de fase estacionária de fase reversa do tipo C18.

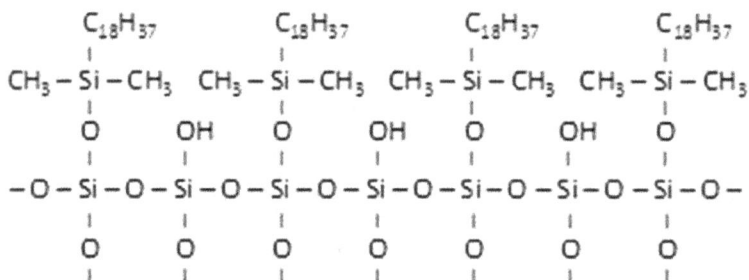

$$
\begin{array}{cccc}
C_{18}H_{37} & C_{18}H_{37} & C_{18}H_{37} & C_{18}H_{37} \\
| & | & | & | \\
CH_3-Si-CH_3 & CH_3-Si-CH_3 & CH_3-Si-CH_3 & CH_3-Si-CH_3 \\
| & | & | & | \\
O \quad OH & O \quad OH & O \quad OH & O \\
\end{array}
$$

$$-O-Si-O-Si-O-Si-O-Si-O-Si-O-Si-O-Si-O-$$

**Figura 15.3.** Estrutura da superfície de uma partícula utilizada como adsorvente para cromatografia em fase reversa.

Na cromatografia utilizando adsorventes em fase reversa, principalmente as interações do tipo van der Waals são responsáveis pelo retardo dos solutos no interior da coluna. Devido ao dióxido de carbono ser um solvente hidrofóbico, a amplitude de aplicação destes adsorventes é bem mais restrita do que das fases normais, sendo empregados na separação de hidrocarbonetos, aminas terciarias, éteres, ésteres, aldeídos, cetonas e ácidos graxos monofuncionais [6]. Em geral, dióxido de carbono puro ou com pequenas quantidades de metanol ou etanol são utilizados como fase móvel destas separações.

### 15.2.1. 3. Fases estacionárias de reconhecimento quiral

A quantificação de isômeros óticos presentes em uma amostra é uma prática cada vez mais empregada, principalmente quando o soluto (ou analítos) de interesse for um fármaco. Há diversos relatos de diferentes atividades biológicas dos dois enantiômeros presentes na mistura racêmica, inclusive de reações adversas. Nas fases estacionárias de reconhecimento quiral, onde um isômero ótico adsorve mais intensamente que o outro, geralmente há diversos tipos de interações entre os solutos e os grupos seletores. As principais interações encontradas são ligações de hidrogê-nio, dipolo-dipolo, p-p e, diferentemente das outras fases estacionárias, complexos de inclusão e impedimentos estéricos, são responsáveis para a separação dos enantiômeros.

Em geral, matrizes de sílica são recobertas química ou fisicamente com ligantes ou seletores quirais. Os principais ligantes utilizados podem ser moléculas pequenas, conhecidas como ligantes de Pirkle, molécu-las intermediárias como ciclodextrinas ou ainda macromoléculas como derivados de amilose e celulose, glicopeptídeos macrocíclicos ou ainda proteínas imobilizadas [8-10]. As principais modificações nas cadeias de amilose e de celulose são introdução de grupos acetato, benzoato, tris(4-metilbenzoatos) e diversos tipos de carbamatos para atuarem como grupos de reconhecimento quiral.

Diversas fases estacionárias de reconhecimento quiral estão disponí-veis no mercado utilizando todos os tipos de grupos acima mencionados. O diâmetro da partícula, dos poros e a área superficial da sílica, bem como a distribuição espacial dos ligantes, têm efeito significativo sobre a eficiência de separação destas colunas.

A Figura 15.4 apresenta um esquema de uma fase estacionária de reconhecimento quiral de β-ciclodextrina, na qual R representa os grupos espaçadores utilizados para distanciar as ciclodextrinas da superfície da sílica e assim se orientarem de forma adequada para que ocorra a separação. Tridimensionalmente as ciclodextrinas tem forma toroidal de tronco de cones com grupos hidroxilas na parte externa e com cavidade (parte interna) hidrofóbica. O tamanho da cavidade hidrofóbica pode ser alterado pelo número de açúcares presentes na estrutura. Assim, a, b e g ciclodextrinas apresentam 6, 7 e 8 unidades de glicopiranoses em suas estruturas, respectivamente. Modificações químicas dos açúcares também podem resultar em diferentes interações com os enantiômeros.

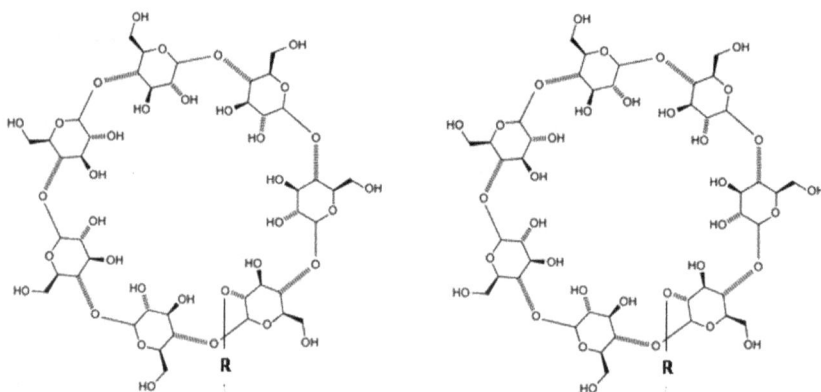

**Figura 15.4.** Representação esquemática de uma fase estacionária com grupos de reconhecimento quiral de β-ciclodextrina.

## 15.2.2. Detectores utilizados na cromatografia supercrítica

Há uma grande gama de detectores que podem ser utilizados para a detecção de compostos na cromatografia supercrítica uma vez que ela é capaz de realizar a separação de solutos voláteis ou líquidos e podem ser realizadas em colunas abertas ou preenchidas. A detecção dos compostos separados pode ser feita diretamente na pressão de saída da coluna ou a baixa pressão. No último caso, o material que sai da coluna, passando ou não por um divisor de fluxo, escoa por um restritor de área, que pode ter diversas geometrias, onde ocorre a diminuição de pressão. Em geral, os detectores a alta pressão são adaptados da cromatografia líquida e apresentam alta densidade do fluido no momento da detecção enquanto que os que operam a baixas pressões são os adaptados da cromatografia gasosa [11].

Como as primeiras aplicações de SFC foram extensões naturais da cromatografia gasosa (CG), os detectores empregados nesta cromatografia foram os primeiros a serem testados. O detector de ionização de chama (FID) pôde ser diretamente conectado aos cromatógrafos supercríticos quando o $CO_2$ foi utilizado com fase móvel, uma vez que ele não se ioniza na chama. No início das aplicações destes detectores eram observadas instabilidades nas linhas bases devido a formação de pequenos agregados de solutos com o dióxido de carbono [11]. Desta forma, algumas modificações nos equipamentos já amplamente utilizados na CG foram necessárias para utilização na cromatografia supercrítica [12]. As pontas dos injetores dos queimadores foram estreitadas para servirem como restritores para o $CO_2$. Estes restritores devem permitir uma descompressão rápida e constante do material que deixa a coluna de separação [11]. Além disto, o hidrogênio ou metano começou a ser misturado na entrada anteriormente utilizada para admissão de ar e este começou a ser inflado diretamente na câmara de combustão [12]. Mesmo com estas adaptações, os detectores do tipo FID apresentavam resultados satisfatórios para a análise do material que saia da coluna de separação. Apesar do sucesso relativo da adaptação do detector de ionização de chamas para a cromatografia supercrítica, os outros detectores utilizados na cromatografia gasosa não se mostraram efetivos para a cromatografia supercrítica devido a uma quantidade intensa de ruídos e flutuações na temperatura devido a expansão da fase móvel. Mais recentemente, devido a melhoria dos sistemas de controle de separação das correntes da saída das colunas de separação empacotadas e utilização de séries de restritores aquecidos para a descompressão da fase móvel permitiram o retorno dos detectores universais utilizados na cromatografia gasosa além da extensão de detectores a baixa pressão utilizados na cromatografia líquida. Assim, detectores tais como de ionização de chama (FID), de chama acústicos (AFD), de aerossóis carregados por efeito corona (CAD), de espalhamento de luz evaporativos (ELSD) [2] e de emissão atômica em plasma induzida por micro-ondas [13] são empregados na cromatografia supercrítica.

Além dos detectores a baixa pressão, o detector UV-Vis utilizado extensivamente em HPLC é o mais empregado na SFC, porém a altas pressões. O dióxido de carbono não apresenta absorção de luz significante na faixa do UV, e, portanto não dificulta a medida de solutos que apresentem absorção nesta faixa. A restrição encontrada nestas medidas é a necessidade de construção de células de medida que resistam às altas pressões empregadas sem grandes atenuações dos sinais [11]. Sistemas espectrofotométricos de matriz de diodo (UV/DAD) estão disponíveis comercialmente. No caso da separação de misturas racêmicas, detectores de dicroísmo circular (CD), também disponíveis comercialmente para utilização a altas pressões, podem ser utilizados para realização da detecção dos enantiômeros puros.

A detecção pela medida da absorção de luz na região do infravermelho (IR) pode ser realizada tanto a alta quanto a baixa pressão. As medidas sem a descompressão da fase móvel é, teoricamente, mais fácil, porém a absortividade do dióxido de carbono a altas pressões é relativamente alta, principalmente nas faixas de 3800 a 3500 $cm^{-1}$ e de 2500 a 2200 $cm^{-1}$ [11].

Finalmente, detectores baseados em espectrometria de massas também são empregados na cromatografia supercrítica. As dificultadas iniciais encontradas para sair de um sistema de alta pressão utilizado na coluna de separação para um sistema a vácuo de detecção parecem ter sido suplantadas sendo que há diversos sistemas comerciais de cromatografia supercrítica que tem a opção de detectores de espectrometria de massas.


### 15.2.3. Parâmetros cromatográficos

Alguns parâmetros cromatográficos são de vital importância na avaliação de um sistema de separação. A Figura 15.5 apresenta uma representação de picos detectados após uma coluna de cromatografia supercrítica.

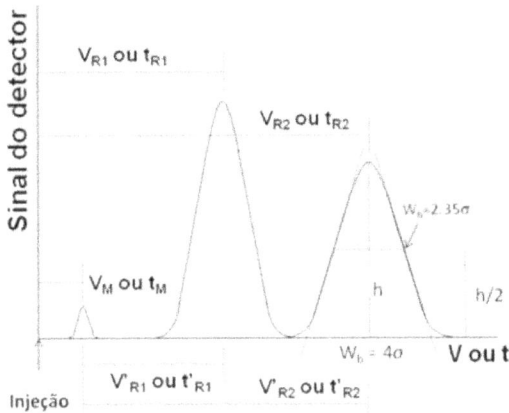

**Figura 15.5.** Representação esquemática de uma separação cromatográfica.

Na Figura 15.5 pode ser observada a variação da medida do sinal do detector presente após a coluna de separação como uma função do tempo ou volume de fase móvel que passa no sistema após a injeção da mistura de solutos no sistema. $V_M$ ou $t_M$ representam o volume ou tempo morto (hold-up) do sistema cromatográfico, ou seja, o tempo (ou volume) que um material que não tenha interação com a fase estacionária e com nenhuma para interna do sistema cromatográfico demora desde sua injeção até a passagem pelo detector. $V_{R1}$ e $t_{R1}$ representam o volume ou tempo de retenção do soluto com menor interação com a coluna cromatográfica enquanto que $V_{R2}$ e $t_{R2}$ de um composto maior interação com a fase estacionária. Estas variáveis podem ser corrigidas pelo tempo morto do sistema e, neste capítulo, são expressos com o sobrescrito '. Estes valores representam somente o efeito da interação da fase estacionária sobre o volume ou tempo de retenção dos solutos com maior ou menor interação no sistema. $w_h$ representa a largura do pico na metade de sua altura (h/2) enquanto que $w_b$ representa a largura do pico em sua base. s representa o desvio padrão do pico considerando que o mesmo seja gaussiano. Além destes parâmetros dos picos dos solutos na saída da coluna, outros parâmetros são importantes de serem definidos.

O fator de retenção, k, representa a diferença entre os tempos de retenção do pico de um soluto com o tempo morto do sistema e dividido pelo tempo morto. Este fator representa a intensidade de interação do soluto com a fase estacionária. Este fator pode ser utilizado como uma primeira tentativa para a identificação de um soluto, que pode ter seu fator de retenção comparado com o obtido pela injeção de padrões do soluto puro. Assim, pela Figura 15.5 pode-se concluir que o soluto 2 tem fator de retenção maior que o soluto 1. A expressão matemática do fator de retenção é então dada por:

$$k_1 = \frac{t_{R1} - t_M}{t_M} \qquad \text{(Eq. 15.1)}$$

O fator de separação, α, por sua vez, representa a relação entre os fatores de retenção de dois picos de solutos adjacentes e é dado por:

$$\alpha = \frac{k_2}{k_1} = \frac{t_{R2} - t_M}{t_{R1} - t_{R2}} \qquad \text{(Eq. 15.2)}$$

Quanto mais longe o valor do fator de separação for do valor unitário, maior será a distância entre os valores máximos entre os picos adjacentes. Isto é um desejável para a separação do soluto mas não garante que os mesmos apresentem interpenetração dos picos devido a espessura de suas bases. Assim, um terceiro parâmetro é definido como resolução e é dado, para dois picos adjacentes, como

$$R_s = \frac{t_{R2} - t_{R1}}{(w_{b2} + w_{b1})/2} = \frac{2(t_{R2} - t_{R1})}{w_{b2} + w_{b1}} \qquad \text{(Eq. 15.3)}$$

Quando a resolução é maior do que 1, temos que os picos adjacente não estão sobrepostos e, pode assim, ser analisados para a identificação do soluto e/ou para sua quantificação. Desta forma, as condições da cromatografia supercrítica tais como pressão, temperatura, quantidade e tipo de modificadores, quantidade e tipo de aditivos e tipo de fase estacionária utilizada devem ser otimizadas para que ocorra a resolução completa dos solutos de interesse.

A eficiência de uma coluna de separação pode ser obtida pela determinação do número de estágios de equilíbrio que estão presentes em seu interior. Assim, quanto maior for o número de interações que ocorram na coluna maior será a resolução do sistema. O número de estágios de equilíbrio, também conhecido como número de pratos teóricos (N), pode ser calculado pelas seguintes relações, se os picos puderem ser considerados como gaussianos:

$$N = \left(\frac{V_R}{\sigma}\right)^2 = \left(\frac{t_R}{\sigma}\right)^2$$
$$N = 16 \left(\frac{V_R}{w_b}\right)^2 = 16 \left(\frac{t_R}{w_b}\right)^2 \qquad \text{(Eq. 15.4)}$$
$$N = 5{,}545 \left(\frac{V_R}{w_h}\right)^2 = 5{,}545 \left(\frac{t_R}{w_h}\right)^2$$

Assim, uma coluna com um valor de N maior será mais eficiente para a separação do soluto. Outra forma de verificar a eficiência de uma coluna cromatográfica é através da determinação da altura dos estágios de equilíbrio. Isto pode ser realizado através da divisão da altura da coluna pelo número de pratos teóricos, ou seja:

$$H = \frac{L}{N} \qquad \text{(Eq. 15.5)}$$

Uma coluna terá grande eficiência de separação quando a altura de um estágio de separação for muito pequeno. A altura do prato de separação pode ser alterada pelas limitações a transferência de massa e zonas de mistura que ocorrem na coluna cromatográfica. A equação de van Deemter é utilizada para a determinação da vazão ótima para um processo de separação e é dada por:

$$H = A + \frac{B}{v} + Cv \qquad \text{(Eq. 15.6)}$$

Na equação 15.6 A representa a contribuição para a altura do prato de equilíbrio devido a dispersão do pico causada pelos múltiplos caminhos que um soluto pode ter durante sua passagem pela coluna cromatográfica, B representa a dispersão do pico devido a difusão do soluto presente na banda de separação e C a facilidade de transferência de massa de um soluto da fase estacionária para a fase móvel. Ainda nesta equação, v representa a velocidade linear (o fluxo de material na coluna), dado pela relação entre a vazão da fase móvel pela área da seção transversal da coluna. Desta forma, a velocidade linear da fase móvel deve ser tal que a altura do estágio teórico, H, seja mínima. Como o segundo e terceiro termos do lado direito da equação 15.6 apresentam comportamentos distintos em relação a velocidade linear, a altura do prato teórico deve ter um valor mínimo para um determinado valor da velocidade linear. A Figura 15.6 apresenta um comportamento típico da equação de van Deemter.

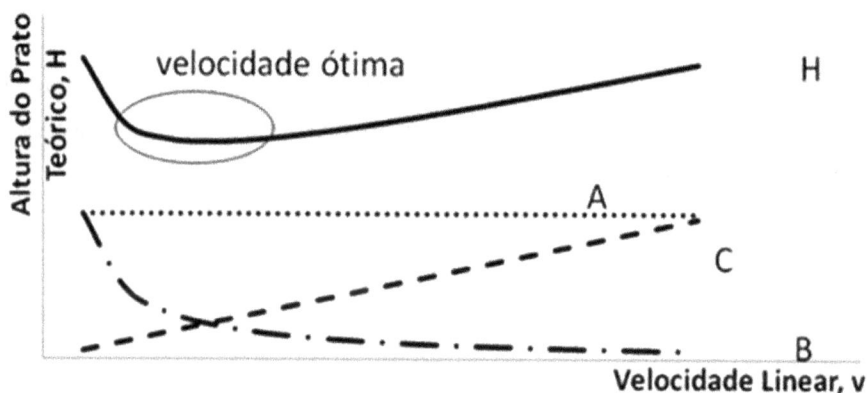

**Figura 15.6.** Representação da importância dos termos da equação de van Deemter sobre a altura dos pratos teóricos de uma coluna cromatográfica.

O gráfico de van Deemter para diversos tamanhos de partícula da fase estacionária utilizando cromatografia supercrítica foi apresentada por Gere *et al.* em 1982 [14]. Com a diminuição do tamanho das partículas há uma diminuição na altura do prato teórico e um deslocamento das velocidades ótimas para valores mais elevados de velocidade linear. Estes dois efeitos tem importância para a separação. Uma diminuição da altura do estágio de equilíbrio leva a uma maior resolução de picos adjacentes utilizando uma mesma altura de coluna e o aumento da velocidade linear representa um aumento na produtividade do sistema. Assim, um número maior de amostras podem ser analisadas por unidade de tempo. De fato, o curva de van Deemter para partículas de 3 mm mostram que há uma diminuição da altura do prato teórico para velocidades lineares até cerca de 0,6 cm/s ficando praticamente constante até velocidade lineares de 1,2 cm/s. Neste mesmo artigo é apresentada uma comparação dos gráficos de van Deemter para partículas utilizadas em HPLC e SFC. Para partículas com 10 mm de diâmetro o gráfico para HPLC apresenta maiores alturas de prato teórico e menor velocidade linear ótima do que o apresentado para o SFC com mesmo diâmetro de partícula. Quando a comparação é realizada para as partículas de 3 mm, a altura dos pratos teóricos são praticamente iguais, porém a velocidade ótima para o HPLC é de cerca de 0,2 cm/s enquanto que, para o SFC, velocidades da ordem de 0,6 a 1,2 cm/s não alteram a altura do prato teórico de maneira significativa. Recentemente Grand-Guillaume Perrenoud *et al.* [15] apresentaram uma comparação entre os gráficos de van Deemter para partículas de 3,5 e 1,7 mm de diâmetro utilizadas nas cromatografias líquida e supercrítica de ultra alta eficiência. Os resultados obtidos para as alturas dos pratos teóricos ótimos foram bem similares para ambos os sistemas e novamente a velocidade ótima foi maior para a SFC. Além do gráfico de van Deemter estes autores apresentaram as curvas de perda de carga na coluna para cada sistema. Os valores observados para o sistema de SFC foram bem inferiores aos observados para o HPLC o que realmente possibilita as maiores velocidades lineares e produtividade no sistema supercrítico.

### 15.2.4. Aplicações de cromatografias supercríticas analíticas

Existem diversos relatos na literatura da aplicação da cromatografia supercrítica em fase normal, em fase reversa e na separação de enantiômeros. Neste item, serão apresentados alguns sistemas estudados bem como as principais vantagens e desvantagens apresentadas pela cromatografia supercrítica. Devido às características físico-químicas do dióxido de carbono supercrítico, a modalidade de cromatografia menos frequente é a de fase reversa, apesar de alguns bons resultados obtidos.

Em relação ao tipo de coluna empregada, a partir da metade dos anos 90, grande parte dos sistemas utilizam colunas empacotadas, as quais terão maior enfoque neste item. Recentemente, somente o artigo de Thiébaut [16], focado na separação de compostos de petróleo, utilizou colunas abertas para realização de cromatografia supercrítica. A SFC apresentou melhores reultados na caracterização de hidrocarbonetos de alta massa molar do que a CG devido a maior solubilidade destes compostos no $CO_2$ supercrítico. A cromatografia supercrítica foi hifenada a detectores do tipo espectroscopia de infravermelho com transformada de Fourier (FTIR), FID, UV e MS. O autor ainda sugere a utilização de cromatografias 2D em associação com CG ou do tipo SFC-SFC. Esta expansão da aplicabilidade de análise para compostos pouco voláteis é a principal vantagem da SFC se comparada a CG, apesar de apresentar menores números de pratos teóricos e maiores tempo de análise [17, 18].

O sucesso de utilização da SFC para separação de compostos mais polares utilizando fluidos supercríticos pode ser observada na extensa lista de artigos científicos com este tema presente na literatura. Comparado com a utilização da fase estacionária normal em sistemas de HPLC a SFC apresenta as vantagens de menores tempos de separação, maiores eficiências, reequilíbrio da coluna mais rápido, maior faixa de variáveis para otimização, menores tempos de otimização de um método, menores perdas de carga na coluna devido a menor viscosidade da fase móvel, menor custo do solvente, menores quantidade de solvente orgânico utilizado e de resíduos gerados, menores limites de detecção e maior reprodutividade [2, 6, 17, 19-22].

Diversos sistemas de análise foram desenvolvidos utilizando cromatografia supercrítica com fase estacionária normal. Heaton et al. [23] apresentaram uma comparação entre a análise de extratos supercríticos de folhas de Taxus baccata utilizando diversas colunas cromatográficas para a identificação e quantificação de taxanas usadas na semi-síntese do taxol. A análise forneceu melhores resultados quando uma coluna de nitrila foi utilizada. A eficiência de separação de felodipina, droga utilizada no tratamento da hipertensão, utilizando colunas de sílica tanto por HPLC quanto por SFC utilizando diversas concentrações de metanol como modificador foi testada através da comparação dos parâmetros cromatográficos obtidos em cada sistema [24]. Em todos os casos a eficiência de separação da SFC foi superior chegando a apresentar até 60% mais pratos teóricos que a HPLC. Outro estudo comparativo entre a HPLC e a SFC foi realizado por Steuer *et al.* [25] para verificar as características de utilização de eluição dos solutos em utilizando gradiente de concentração de modificador (n-heptano). Os autores concluíram que a aplicação de gradientes de concentração do modificador foi mais efetiva para a SFC devido ao longo tempo de equilíbrio requerido pela HPLC. A SFC em coluna empacotada com sílica também foi testada para a separação de misturas petroquímicas com melhores separações observadas a maiores valores de pressão do sistema [26].

A análise de sistemas compostos por extratos vegetais [27-30], lubrificante para carro [31], princípios ativos de drogas [31-36] são encontrados na literatura. Apesar das fases estacionárias de sílica serem as mais importantes, colunas com diol e etil-piridina são frequentemente encontradas.

Colunas cromatográficas com fases estacionárias reversas também são empregadas na cromatografia supercrítica. A seletividade de fases estacionárias de C18 por hidrocarbonetos aromáticos policíclicos foi estudada por Williams *et al.* [37]. Os autores concluíram que a retenção dos solutos depende das variáveis cromatográficas de maneira similar à HPLC O reconhecimento aumenta com a diminuição da temperatura e com o aumento da quantidade de modificador (acetonitrila), tendo pouca influência da pressão do sistema. Os autores ainda observaram a inversão da ordem de eluição de solutos quando a mesma coluna era utilizada em HPLC e em SFC. West e Lesellier [7] realizaram um amplo estudo da interação de um grande número de solutos com 28 fases estacionárias distintas, muitas delas de fase reversa. Os autores apresentam cromatogramas de separação de misturas de cafeína, nicotinamida e fenil ureia com resolução completa para colunas contendo grupos fenil e com tempos de retenção menores dos que os obtidos com fase estacionária de sílica. Estes autores também discutem a dificuldade de classificação das fases estacionárias em termos de polaridade, como utilizada neste capítulo, devido à ampla variação da polaridade da fase móvel na cromatografia supercrítica, sugerindo que a classificação siga a da HPLC. Bamba *et al.* [20] utilizaram diversos tipos de coluna para realizar separação de lipídios utilizando cromatografia supercrítica e detector de espectrometria de massas, obtendo boas separações com colunas de fase reversa. Fases estacionárias contendo líquidos iônicos foram testadas para a separação de compostos como ibuprofeno, testosterona, fenoprofeno, acetaminofeno, metoprolol e naftaleno. Os resultados obtidos com esta fase estacionária foram superiores aos obtidos com colunas de C18.

A utilização de cromatografia supercrítica para análise de misturas racêmicas de 40 drogas comerciais foi estudada por Maftouh *et al.* [39]. Neste estudo foram testados os efeitos de diversas fases estacionárias quirais de polissacarídeos, composições da fase móvel e uso de aditivos na resolução dos enantiômeros. Somente na etapa de testes das fases estacionárias os autores conseguiram a separação das misturas racêmicas em cerca de 70% das drogas chegando a quase 100% de separação após uma etapa de otimização das condições de separação. A fase estacionária Chiralpak AD de sílica recoberta com tris(3,5-dimetilfenil carbamato) foi a que obteve maior sucesso na separação dos enantiômeros. Apesar do sucesso de separação e a facilidade para chegar aos resultados, os autores sugerem o desconhecimento da técnica cromatográfica, a complexidade do equipamento, o alto custo de capital e o desinteresse da maioria dos fornecedores dos equipamentos sejam os principais motivos para que a cromatografia supercrítica não seja a primeira opção para análise da pureza ótica de drogas.

Uma comparação da eficiência de separação de uma série de misturas racêmicas usando diversas fases estacionárias de reconhecimento quiral por HPLC e SFC foi realizada por Williams et al. [40]. Dependendo da fase estacionária e da mistura racêmica a resolução e o tempo de separação pode ser melhor por uma ou pela outra modalidade de cromatografia. Apesar disto, os autores concluíram que o equilíbrio da coluna e a otimização das condições de separação foram mais rápidas para a SFC do que para a HPLC. Trabalhos mais recentes [41-43] demonstraram que a separação de misturas racêmicas por SFC foi mais efetiva do que por HPLC e com tempos de separações menores.

### 15.2.5. Equipamentos comerciais para cromatografia analítica

Um dos motivos do retardo na aplicação da cromatografia supercrítica analítica em larga escala foi o desenvolvimento lento de equipamentos robustos e confiáveis [6]. Devido aos menores impactos ambientais relacionados com a menor utilização de solventes orgânicos, aos nichos de aplicações onde as cromatografias líquida e a gasosa não apresentam bons resultados e ao esforço de pesquisadores da área, principalmente do Dr. Terry Berger, da Berger Instruments, diversos sistemas comerciais foram desenvolvidos e estão disponíveis para comercialização. Dentre as peças críticas do sistema, válvulas controladoras de pressão automáticas e climatizadas e bombas para admissão do fluido supercrítico com vazões constantes, como as do tipo seringa, foram desenvolvidas e podem fazer parte destes sistemas cromatográficos.

Sistemas comerciais como o Analytical SFC – SF 2000 da Jasco, o Method Station SFC System e o Acquity UPSFC System da Waters, o 1260 Infinity Analytical SFC System da Agilent, o SF3™ Supercritical Fluid Chromatography System da Gilson, entre outros, podem ser adquiridos com detectores do tipo UV-vis, UV/DAD, CD, ELSD, FID e MS.

### 15.3. Cromatografia semi-preparativa

Enquanto que na cromatografia analítica o objetivo é separar o máximo possível os solutos para permitir da melhor maneira a identificação ou quantificação dos mesmos, na cromatografia supercrítica semi-preparativa a separação é realizada para permitir a recuperação dos picos puros para posterior utilização. No caso analítico a otimização do sistema é realizada tentando diminuir o tempo da análise de forma que o número de análises por unidade de tempo seja maximizada. No sistema semi-preparativo a otimização é realizada para maximizar a quantidade de material puro recuperado por unidade de fase estacionária utilizada. Para tal, além da diminuição do tempo das separações, a quantidade de material injetado na coluna deve ser máxima de forma que ainda seja possível a resolução dos picos adjacentes. Na cromatografia semi-preparativa colunas com diâmetros até 50 mm de diâmetro e vazões intermediárias podem ser verificadas. Nestas condições, são possíveis produções de material puro da ordem de microgramas a gramas por dia. Um esquema de um cromatógrafo supercrítico em escala semi-preparativa pode ser observado na Figura 15.7.

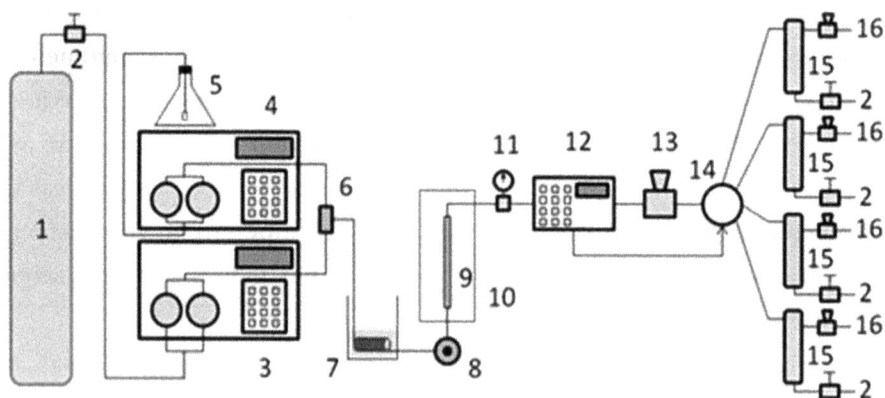

**Figura 15.7.** Representação esquemática de um cromatógrafo supercrítico em escala semi-preparativa. Os números de 1 a 13 representam os mesmos itens da Figura 15.6. (14) representa uma válvula seletora automática acionada pelo detector (12), (15) são frascos de coleta de frações e (16) geralmente são válvulas controladoras de pressão manuais.

Nesta escala de separação, o consumo de solventes orgânicos utilizados para a purificação por HPLC são muito grandes e, consequentemente, o custo de tratamento de efluentes também será elevado. Assim, a utilização da SFC passa ser mais atrativa uma vez que somente uma fração do solvente orgânico utilizado na HPLC é empregada.

O dióxido de carbono como um fluido supercrítico tem, em geral, um bom poder se solvatação dos compostos que estão sendo separados, mas no estado gasoso ele é não tem capacidade de solubilizar estes materiais. Assim, a descompressão do material que deixa a coluna cromatográfica leva a precipitação das frações que são retidas nos frascos de coleta. Esta fácil separação do soluto purificado do solvente é uma das principais vantagens da cromatografia supercrítica. A pressão ótima de separação pode ser um valor relativamente baixo, porém frequentemente com valores maiores do que o da pressão atmosférica, o que leva a frascos de separação que tem que ser resistente a valores intermediários de pressão. O projeto dos frascos de coleta é relativamente complexo uma vez que durante a descompressão pode ser formadas partículas pequenas que são facilmente arrastadas pelo $CO_2$ gasoso. Um tipo de separador bastante utilizado é na forma de ciclones que diminuem a energia cinética das pequenas partículas através de seu atrito com a parte interna do separador.

### 15.3.1. Otimização de processos de separação

A otimização do processo de separação para a cromatografia supercrítica em escala semi-preparativa é relativamente fácil de ser realizado. Inicialmente, a seleção da fase estacionária e da fase móvel é realizada em um sistema de cromatografia em escala analítica, no qual a maior resolução de um ou vários solutos de interesse é maximizada. Após esta etapa inicial, a vazão da fase móvel no sistema semi-preparativo é otimizada e estudos de capacidade de injeção são realizados para identificar a quantidade máxima de material que pode ser injetado na coluna em escala semi-preparativa são realizados [44] , conforme esquematizado na Figura 15.8.

Os ensaios podem ser realizados tanto pelo aumento da concentração da solução de injeção quanto pelo aumento de seu volume. Em ambos os casos pode-se perceber um alargamento do pico dos solutos separados. Quando o aumento da concentração é utilizado, além do alargamento do pico ocorre uma perda da simetria do mesmo (Figura 15.8) devido ao desvio da lei de Henry apresentada pela isoterma de adsorção (relação linear entre a concentração do soluto na fase móvel e estacionária). Diversas formas de desvio da lei de Henry podem ser observadas nos sistemas empregados em cromatografia supercrítica tais como apresentarem isotermas do tipo Langmuir ou com múltiplas camadas de adsorção

[45]. Este estudo deve determinar o ponto no qual a resolução dos picos de interesse chegue a valores próximos do valor unitário e que maiores injeções iriam acarretar na produção de frações contaminadas com o material presente nos picos adjacentes.

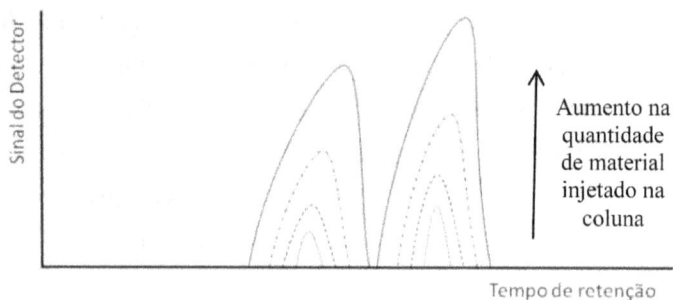

**Figura 15.8.** Representação esquemática de experimentos de determinação de capacidade de injeção em colunas de cromatografia supercrítica semi-preparativa.

Apesar do fluido supercrítico apresentar um bom poder de solvatação se comparado com o mesmo fluido em seu estado gasoso, em geral as baixas solubilidades observadas de diversos compostos não permitem uma grande variação da concentração da solução de injeção utilizada na SFC semi-preparativa.

Após esta etapa de otimização, o sistema é operado com injeções de solução a tempos pré-definidos de forma que não haja um grande tempo entre a saída de diversas injeções na saída da coluna, conforme ilustrada na Figura 15.9.

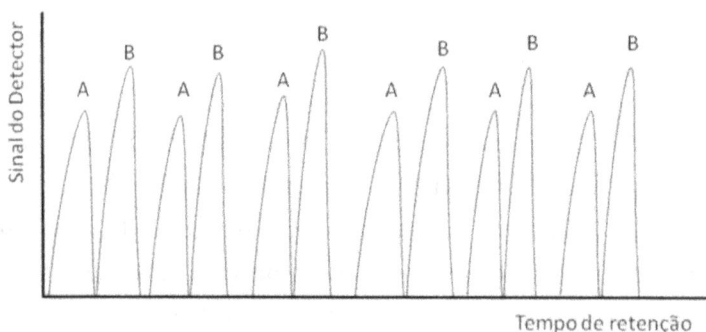

**Figura 15.9.** Esquema de operação de uma coluna cromatográfica supercrítica operando em escala semi-preparativa com múltiplas injeções.

Na Figura 15.9, A pode representar o composto de interesse puro e B um segundo composto puro, como geralmente é o caso da purificação de misturas racêmicas, ou uma mistura de solutos não resolvidos, se estes não forem de interesse. Este esquema de múltiplas injeções pode ser realizado durante dias para a obtenção das quantidades requeridas do composto de interesse puro para posterior aplicação.

### 15.3.2. Aplicações de cromatografia supercrítica semi-preparativa

A cromatografia supercrítica em escala semi-preparativa é uma ferramenta importante no desenvolvimento de processos de produção de princípios ativos, nos estudos em pequenas escalas de aplicações de diversos compostos de interesse e no desenvolvimento de processos de purificação em escala preparativa. Um esquemas de purificação em escala semi-preparativa usando cromatografia supercrítica foi apresentada para o fracionamento de extrato de casca de limão obtido por prensagem a frio usando fase estacionária de sílica [46]. Os autores conseguiram três frações com composições bem distintas. Este método também foi utilizado para a purificação de uma série de compostos obtidos por química combinatorial com purezas maiores que 99% nas frações coletadas [47]. Os autores conseguiram produtividades de 3 a 10 vezes maiores que em um sistema de HPLC com a mesma escala e com a mesma resolução. A separação de misturas racêmicas também foi realizada com sucesso em escala semi-preparativa para auxiliar o processo de desenvolvimento de drogas [48]. Apesar de haver outros artigos presentes na literatura utilizando o termo "cromatografia semi-preparativa", muitos autores acabam utilizando o termo de cromatografia preparativa mesmo para purificação de pequenas quantidades de material por SFC.

### 15.3.3. Equipamentos comerciais para cromatografia semi-preparativa

Apesar da definição de escala de processos cromatográficos utilizados neste capítulo seguir a classificação apresentada por Berger [6], os principais fabricantes de equipamentos comerciais de cromatógrafos acabam chamando de equipamentos preparativos o que aqui é definido como semi-preparativo. Como citado no item 15.3, um dos principais problemas encontrados nesta modalidade de cromatografia está associado com a dificuldade de recuperação completa do material purificado após a etapa de descompressão do fluido supercrítico com a consequente precipitação do soluto. Apesar de ocorrer a fácil separação do soluto do dióxido de carbono pela descompressão, parte dos modificadores e aditivos utilizados na separação também irão precipitar e estarão presentes nas frações de produtos purificados. Assim, etapas de remoção dos modificadores e aditivos deverão ocorrer para ter-se os produtos finais. Como a quantidade destes materias são bem menores do que as envolvidas na HPLC, os tempos e custos destes processos serão inferiores para a SFC.

Os equipamentos comerciais apresentam distintas formas e número de coletores de frações, o que possibilitam a obtenção de diversos picos cromatográficos puros em uma única separação. Os principais sistemas de separação em escala semi-preparativa encontrados comercialmente são o Semi-Prep SFC- SP-2086 e da Jasco, o SF3™ Supercritical Fluid Chromatography System da Gilson, o SFC 80 Preparative Systems da Waters, o Prochrom® Supersep da Novasep, o SFC PICLab PREP™ 150 da PIC Solutions Inc., entre outros. O detector destas aplicações não podem ser destrutivos e geralmente os do tipo UV-vis, UV/DAD e CD são encontrados nestes equipamentos. Desta forma, produções da ordem de até gramas de composto puro podem ser obtidos nestes sistemas. Se o composto desejado for um principio ativo utilizado na preparação de fármacos para doenças mais raras, estes equipamentos podem ter capacidade industrial.

## 15.4. Cromatografia preparativa

Na cromatografia preparativa quantidades comerciais do composto de interesse puro são produzidas. Para tal, colunas com diâmetros de até 1,0 m e vazões de fase móvel maiores que 100 mL/min são observadas. Estas colunas podem operar de forma descontínua, como no caso da cromatrografia semi-preparativa, ou podem simular uma operação contínua, utilizando os leitos móveis simulados (SMB). Os SMB são utilizados na indústria de petróleo para a purificação de misturas de xilenos e serão discutidos no próximo subitem.

### 15.4.1. Leito móvel simulado

O leito móvel simulado é uma forma de cromatografia onde a introdução de alimentação da mistura de compostos e de dessorvente bem como a remoção de refinado (compostos com menores afinidades pela fase estacionária), extrato (materiais com maiores afinidades pela fase estacioária) e de dessorvente são realizados de forma contínua na série de colunas que compões estes sistemas. O desenvolvimento desta complexa unidade de separação ocorreu devido a impossibilidade da manutenção de admissão de fase estacionária em contracorrente com a fase móvel em uma única coluna, o que caracterizaria o leito móvel real. O movimento das fases móvel e estacionária ocorre pela mudança das posições das válvulas que controlam as corrente de entrada e de saída. No sentido apresentado na Figura 15.10, o movimento das fases ocorrem em contracorrente, aumentando a eficiência de separação. O SMB pode ser dividido em quatro zonas distintas. Na zona I ocorre a limpeza do adsorvente, na II ocorre o enriquecimento do soluto (ou solutos) que interage mais fortemente com a fase estacionária, que neste caso é o componente B, na III ocorre o enriquecimento do composto (ou compostos) que tem menor interação com a fase estacionária (A) e na IV ocorre a limpeza do desorvente. O número de colunas presentes nas zonas do SMB podem variar. Alguns sistemas tem até 3 colunas em cada zona, o que favorece a sua estabilidade. Este tipo de equipamento tem como principais vantagens a recuperação quase total do $CO_2$ e parcial dos modificadores (cerca de 76% [3]), permite a obtenção de frações com altas concentrações do material de interesse, operação contínua [44] e uma melhor utilização da fase estacionária [49]. A eficiência de separação pode ser obtida através da variação das vazões das correntes de extrato, refinado e dessorvente bem como do tempo de troca das correntes no sistema. Devido a presença de um grande quantidade de colunas em série, a perda de carga nestes sistemas deve ser elevada quando a fase móvel for líquida. Neste ponto a cromatografia supercrítica em leito móvel simulado permite a separação dos compostos com pequenas perdas de carga e com grande eficiência.

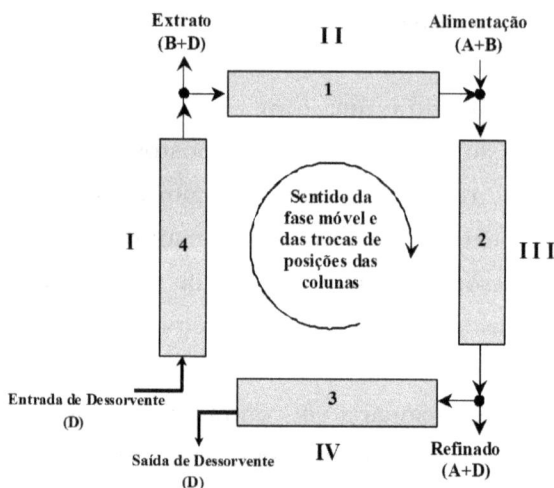

**Figura 15.10.** Representação esquemática de um sistemas de leito móvel simulado.

## 15.4.2. Aplicações de cromatografia supercrítica preparativa

Diversos relatos sobre o fracionamento de extratos de produtos naturais por cromatografia supercrítica em escala preparativa estão presentes na literatura. O enriquecimento de etil ester do ácido eicosapentaenóico (EPA) presente em misturas de etil ésteres obtidos a partir de óleo de peixe, com concentração inicial de 64% deste composto, foi estudado por Pettinello *et al.* [50] desde uma escala de bancada até em uma escala piloto, composta por duas colunas cromatográficas com 5 litros de volume e com vazões de $CO_2$ de 20 a 25 kg/h. Neste trabalho foi utilizada fase estacionária de sílica e fase móvel contendo somente $CO_2$. Os autores conseguiram uma fração contendo 93% de EPA com 24% de recuperação deste composto. Em relação ao aumento de escala, Rajandran [51] apresentou um esquema bem detalhado para a ampliação de escala em sistemas de cromatografia supercrítica em escala preparativa. Ramirez *et al.* [52, 53] realizaram o fracionamento de extratos de alecrim obtidos por extração supercrítica com o objetivo de obter frações com altas concentrações de compostos com atividade antioxidante. García-Risco *et al.*[54] utilizaram SFC em escala preparativa para enriquecer timol presente em extratos supercríticos de tomilho.

Um número considerável de aplicações de cromatografia supercrítica em escala preparativa está relacionada com a purificação de enantiômeros. Miller [55] apresentou uma extensa lista de aplicações de separações preparativas de misturas racêmicas de diversas drogas realizadas em laboratórios de empresas farmacêuticas por cromatografia supercrítica. Ren-Qi *et al.* [56] e de Klerck *et al.* [57] também apresentaram listas de misturas racêmicas que foram separadas com sucesso por cromatografia supercrítica. Estes autores reforçam a importância da utilização desta técnica de separação para o desenvolvimento de indústrias farmacêuticas "verdes".

A separação de compostos por cromatografia flash usando fluidos supercríticos foi estudada por Miller e Mahoney [58]. Nestes sistemas, uma certa quantidade da mistura de compostos é inserida na parte superior de uma coluna de adsorção e é utilizado um gás inerte para impulsionar o solvente na coluna. Ela permite a utilização e partículas menores que na coluna gravitacional e equipamentos mais simples e baratos que na HPLC. Os autores conseguiram boas separações para um número considerável de compostos com uma redução ainda maior do consumo de solvente se comparada a SFC convencional.

A posição da mistura entre o dióxido de carbono supercrítico e do modificador foi estudado por Miller e Sebastian [59]. No primeiro caso, foi utilizada a forma convencional da mistura, ou seja, antes da válvula de injeção. No segundo caso, o modificador puro passa pelo injetor e a mistura com o fluido supercrítico acontece entre a válvula de injeção e a coluna cromatográfica. Os autores concluíram que a forma de injeção pode ter grande impacto na forma do pico, dependendo da quantidade de modificador utilizada e do volume de amostra injetada. Em geral, a mistura do $CO_2$ com o modificador após a válvula de injeção resultou em melhores resultados de separação.

Os sistemas de leito móvel simulado com cromatografia supercrítica foram utilizados nas separações de enantiômeros de tetralol [60], Ibuprofeno [61], misturas racêmicas de bi-naftol e isômeros de fitol [62], misturas racêmicas de 1-fenil-1-propanol [63], cis e trans fitol [44], etil linoleato de etil oleato [64].

Apesar das vantagens técnicas que o leito móvel simulado tem sobre o sistemas de separação em batelada, Peper et al. [65] demonstraram que o custo de purificação de misturas racêmicas de ibuprofeno e de isômeros de tocoferol apresentaram maiores custos de purificação utilizando o SF-SMB do que o processo em batelada. Este resultado está relacionado com o alto impacto do investimento sobre o processo de separação, o que dilui a influência do adsorvente e do solvente sobre o custo final do produto. Já em relação a purificação por HPLC ou SFC, os autores concluem que são semelhantes e, portanto, devem ser verificados caso a caso para a seleção do melhor processo.

### 15.4.3. Equipamentos comerciais para cromatografia supercrítica preparativa

Boa parte dos produtores de equipamentos para cromatografia supercrítica semi-preparativa também oferecem equipamentos com maiores capacidades para a obtenção de compostos purificados com capacidade de dezenas de gramas até kilos por dia. Assim, o sistema Prep SFC-PR-2088 é capaz de produções de até dezenas de gramas por dia com vazões máximas de 120 mL de $CO_2$/min e com até 8 frascos coletores, o sistemas SFC 350 é capaz de produzir até 100 g de material purificado por dia, com vazões máximas de $CO_2$ de 300 g/min e até seis frascos de coleta, o SFC PICLab PREP™ 1000 da PIC Solutions Inc., com produções de 100 a 1.000 g por dia, vazões de $CO_2$ de até 1 L/min e de 4 a 6 frascos de coleta e o Prochrom® Supersep 80-100 da Novasep com capacidade de produção de até dezenas de kilos, com vazões de até 3.000 g de $CO_2$/min e com número variável de frascos de coleta. Como a vazões de dióxido de carbono nestes sistemas são consideráveis, estes possuem sistemas de reciclo de $CO_2$ para diminuir o consumo do solvente, aumentar a viabilidade econômica do processo e aumentar o tempo de autonomia de utilização do equipamento. Provavelmente devido aos altos custos de instalação, não foram encontrados sistemas comerciais de cromatografia supercrítica utilizando leitos móveis simulados.

## 15.5. Conclusão

Desde o início de utilização até hoje, a cromatografia supercrítica passou por diversos estágios. Começou como uma alternativa para a cromatografia gasosa passando por uma época na qual se acreditava que ela iria substituir tanto a cromatografia gasosa como a líquida até chegar ao estágio atual onde procura o seu local entre as técnicas cromatográficas. Apesar de ter algumas vantagens técnicas sobre a cromatografia líquida como a maior eficiência de separação devido às menores limitações a transferência de massa, a maior facilidade de desenvolvimento de métodos e maiores produtividades tanto em escala analítica quanto em escala preparativa, aspectos econômicos ainda limitam a utilização desta técnica de uma forma mais ampla.

A utilização desta técnica de purificação é uma ferramenta útil no processo de desenvolvimento de princípios ativos de fármacos, principalmente os que necessitam purificações de isômeros óticos. A possibilidade de utilização de fases estacionárias de sílica, as quais são geralmente mais baratas, também representa uma vantagem da SFC.

A expansão do número de usuários de cromatografia supercrítica provavelmente irá impulsionar o desenvolvimento das técnicas e dos equipamentos que podem ser utilizados.

## 15.6. Referências

[1] E. Klesper, A. H. Corwin, D.A. Turner. J. Org. Phys. 1962, 27, 700.

[2] L. T. Taylor. Anal. Chem. 2010, 82, 4925.

[3] L. T. Taylor. J. Supercrit. Fluid 2009, 47, 566.

[4] K.D. Bartle, A.A. Clifford, P. Myers, M.M. Robson, K. Sealy, D. Tong. ACS Symposium Series 2000, 748, 142.

[5] C. von Mühlen, F. M. Lanças. Quim. Nova 2004, 27, 747.

[6] T.A. Berger, In Drug Discovery, Supercritical Fluid Technology for Drug Product Development, P. York, U.B. Kompella, B.Y. Shekunov (Eds.), Marcel Dekker Inc., New York, Chapter 12, 460-497, 2004.

[7] C. West, E. Lesellier. J. Chromatogr. A. 2008, 1191, 21.

[8] J. Lindholm, T. Fornstedt. J. Chromatogr. A. 2005, 1095, 50.

[9] D.W. Armstrong, J. Zucowski. J. Chromatogr. A. 1994, 666, 445.

[10] W.H. Pirkle, J.M. Finn. J. Org. Chem. 1991, 558, 1.

[11] P.J. Schoenmakers, L.G.M. Uunk. Supercritical-Fluid Chromatography. In: Advances of Chromatography, vol. 30, J. D. Giddings, E. Crushka, P.R. Brown (Eds.), Marcel Dekker Inc., New York, Chapter 1, 1-80, 1989.

[12] M.G. Rawdon. Anal. Chem. 1984, 56, 831.

[13] F. Bertoncini, D. Thiébaut, M. Caude, M. Gagean, B. Carrazé, P. Beurdouche, X. Duteurtre. J. Chromatogr. A 2001, 910, 127.

[14] D. R. Gere, R. Board, D. McManigill. Anal. Chem. 1982, 54, 736.

[15] A. Grand-Guillaume Perrenoud, J. L. Veuthey, D. Guillarme. J. Chromatogr. A in press.

[16] D. Thiébaut. J. Chromatogr. A 2012, 1252, 177.

[17] C. F. Poole. J. Biochem. Biophys. 2000, 43, 3.

[18] R. P. Rodgers, A. M. McKenna. Anal. Chem. 2011, 83, 4665.

[19] T. A. Berger, W. H. Wilson. J. Biochem. Biophys. Methods 2000, 43, 77.

[20] T. Bamba, N. Shimonishi, A. Matsubara, K. Hirata, Y. Nakazawa, A. Kobayashi, E. Fukuzaki. J. Biosci. Bioeng. 2008, 105, 460.

[21] E. Lesellier. J. Chromatogr. A 2009,1216, 1881.

[22] A. J. Alexander, T. F. Hooker, F. P. Tomasella. J. Pharm. Biomed. Anal. 2012, 70, 77.

[23] D. Heaton, K. D. Bartle, C. M. Rayner, A. A. Clifford. J. High Resol. Chromatogr. 1993, 16, 666.

[24] J.T.B. Strode III, L.T. Taylor, A.L. Howard, D. Ip, M.A. Brooks. J. Pharmaceut. Biomed. 1994, 12, 1003.

[25] W. Steuer, M. Schindler, F. Erni. J. Chromatogr. 1988, 454, 253.

[26] A. Venter, E. R. Rohwer, A. E. Laubscher. J. Chromatogr. A 1999, 847, 309.

[27] S. Buskov, H. Sorensen, S. Sorensen. J. High Resol. Chromatogr. 1999, 22, 339.

[28] S. Buskov, J. Hasselstrom, C. E. Olsen, H. Sorensen, J. C. Sorensen, S. Sorensen. J. Biochem. Biophys. Methods 2000, 43, 157.

[29] S. Buskov, C. E. Olsen, H. Sorensen, S. Sorensen. J. Biochem. Biophys. Methods 2000, 43, 175.

[30] S. Li, T. Lambros, Z. Wang, R. Goodnow, C. T. Ho. J. Chromatogr. B 2007, 846, 291.

[31] G. Lavington, F. Bertoncini, D. Thiébaut, J. F. Beziau, B. Carrazé, P. Valette, X. Duteurtre. J. Chromatogr. A 2007,1161, 300.

[32] Y. Hsieh, L. Favreau, J. Schwerdt, K. C. Cheng. . J. Pharmaceut. Biomed. 2006, 40, 799.

[33] H. Bui, T. Masquelin, T. Perun, T. Castle, J. Dage, M. S. Kuo. J. Chromatogr. A 2008, 1206, 186.

[34] C. Brunelli, Y. Zhao, M. H. Brown, P. Sandra. J. Chromatogr. A 2008, 1185, 263.

[35] A. Cazenave-Gassiot, R. Boughtflower, J. Caldwell, R. Coxhead, L. Hitzel, S. Lane, P. Oakley, C. Holyoak, F. Pullen, G. J. Langley. J. Chromatogr. A 2008, 1189, 254.

[36] A. Cazenave-Gassiot, R. Boughtflower, J. Caldwell, L. Hitzel, C. Holyoak, S. Lane, P. Oakley, F. Pullend, S. Richardson, G. J. Langley. J. Chromatogr. A 2009, 1216, 6441.

[37] K.L. Williams, L.C. Sander, S.H. Page, S.A. Wise. J. High Resol. Chromatogr. 1995, 18, 477.

[38] F. M. Chou,W. T. Wang, G. T. Wei. J. Chromatogr. A 2009, 1216, 3594.

[39] M. Maftouh, C. Granier-Loyaux, E. Chavana, J. Mirini, A. Pradines, Y. V. Heyden, C. Picard. J. Chromatogr. A 2005, 1088, 67.

[40] K. L. Williams, L. C. Sander, S. A. Wise. J. Pharm. Biomed. Anal. 1997, 15, 1789.

[41] J. L. Bernal, L. Toribio, M. J. del Nozal, E. M. Nieto, M. I. Montequi. J. Biochem. Biophys. Methods 2002, 54, 245.

[42] L. Toribio, M. J. del Nozal, J. L. Bernal, C. Alonso, J. J. Jimenez. J. Chromatogr. A 2005, 1091, 118.

[43] C. Zhang, L. Jin, S. Zhou, Y. Zhang, S. Feng, Q. Zhou. Chirality 2011, 23, 215.

[44] A. Depta, T. Giese, M. Johannsen, G. Brunner. J. Chromatogr. A 1999, 865, 175.

[45] M. Lübbert, G. Brunner, M. Johannsen. J. Supercrit. Fluids 2007, 42, 180.

[46] Y. Yamauchi, M. Saito. J. Chromatogr. 1990, 505, 237.

[47] T. A. Berger, K. Fogleman, T. Staats, P. Bente, I. Crocket , W. Farrell, M. Osonubi. J. Biochem. Biophys. Methods 2000, 43, 87.

[48] Y. Zhao, G. Woo, S. Thomas, D. Semin, P. Sandra. J. Chromatogr. A 2003, 1003, 157.

[49] M. Mazzotti, G. Storti, M. Morbidelli. J. Chromatogr. A 1997, 786, 309.

[50] G. Pettinello, A. Bertucco, P. Pallado, A. Stassi. J. Supercrit. Fluids 2000, 19, 51.

[51] A. Rajendran. J. Chromatogr. A 2012, 1250, 227.

[52] P. Ramirez, M. R. García-Risco, S. Santoyo, F. J. Señoráns, E. Ibáñes, G. Reglero. J. Pharmaceut.Biomed. 2006, 41, 1606.

[53] P. Ramirez, S. Santoyo, M. R. García-Risco, F. J. Señoráns, E. Ibáñes, G. Reglero. J. Chromatogr. A 2007, 1143, 234.

[54] M. R. García-Risco, G. Vicente, G. Reglero, T. Fornari. J. Supercrit. Fluids 2011, 55, 949.

[55] L. Miller. J. Chromatogr. A 2012, 1250, 250.

[56] W. Ren-Qi, O. Teng-Teng, T Weihua, N. Siu-Choon. Trends Anal. Chem. 2012, 37, 83.

[57] K. de Klerck, D. Mangelings, Y. V. Heyden. J. Pharmaceut. Biomed. 2012, 69, 77.

[58] L. Miller, M. Mahoney. J. Chromatogr. A 2012, 1250, 264.

[59] L. Miller, I. Sebastian. J. Chromatogr. A 2012, 1250, 256.

[60] F. Denet, W. Hauck, R. M. Nicoud, O. Giovanni, M. Mazzotti, J. N. Jaubert, M. Morbidelli. Ind. Eng. Chem. Res. 2001, 40, 4603.

[61] S. Peper, M. Lubbert, M. Johannsen, G. Brunner. Sep. Sci. Technol. 2002, 37, 2545.

[62] M. Johannsen, S. Peper, G. Brunner. J. Biochem. Biophys. Methods 2002, 54, 85.

[63] A. Rajendran, S. Peper, M. Johannsen, M. Mazzoti, M. Morbidelli, G. Brunner. J. Chromatogr. A 2005, 1092, 55.

[64] C. A. M. Cristancho, S. Peper, M. Johannsen. J. Supercrit. Fluids 2012, 66, 129.

[65] S. Peper, M. Johannsen, G. Brunner. J. Chromatogr. A 2007, 1176, 246.

# PARTE III
# TRANSLAÇÃO / TRANSFERENCIA A LA CLÍNICA / CLINICAL TRANSLATION

# CAPÍTULO 16. TERAPIA FOTODINÂMICA PARA TRATAMENTO DO CANCRO

**Luís B. Rocha**[1,2], **Luís G. Arnaut**[1,3], **Mariette M. Pereira**[1,3], **Luís Almeida**[1], **Sérgio Simões**[1,2]

[1]*Luzitin, SA, S. Martinho do Bispo, 3045-016 Coimbra, Portugal.*

[2]*Bluepharma – Indústria Farmacêutica, SA, S. Martinho do Bispo, 3045-016 Coimbra, Portugal.*

[3]*Departamento de Química, Universidade de Coimbra, 3004-535 Coimbra, Portugal.*

**Resumo:**

A Terapia Fotodinâmica (PDT) é um procedimento não invasivo, seguro e clinicamente aprovado que tem sido reconhecido como uma estratégia terapêutica anticancerígena promissora. O protocolo de PDT envolve a administração de um composto fotossensibilizador seguido da irradiação do tecido alvo com luz de comprimento de onda específico, que, na presença de oxigénio, dá origem a uma série de reacções fotoquímicas que levam a formação local de espécies reactivas de oxigénio (ROS). Para além do efeito directo das ROS, responsáveis pela destruição selectiva das células e vasculatura tumoral, actualmente é unanimemente aceite que alguns protocolos de PDT podem também induzir uma resposta imunitária antitumoral específica e sistémica. A PDT pode ser muito eficaz no tratamento de tumores em fase precoce e também pode ser aplicada no tratamento paliativo de doentes com cancro avançado. Os efeitos secundários associados à PDT são reduzidos, sendo o mais comum a fotossensibilidade cutânea temporária. Não são conhecidos mecanismos intrínsecos ou adquiridos de resistência e o efeito cosmético após o tratamento de lesões cutâneas é muito bom. Nos últimos anos, tem

DOI: http://dx.doi.org/10.14195/978-989-26-0881-5_16

sido empreendido um enorme esforço no desenvolvimento de fotos-sensibilizadores mais eficazes, na produção de fontes de luz mais económicas e dispositivos versáteis para a sua aplicação precisa e principalmente na optimização de protocolos de PDT que, para além da eliminação do tumor primário, possam induzir o sistema imunitário do paciente a reconhecer e eliminar metástases distantes. Com estes progressos a PDT poderá aspirar a entrar para a primeira linha de terapias na luta contra o cancro.

**Palavras-chave:** Terapia fotodinâmica; cancro; fotossensibilizadores; espécies reativas de oxigénio; imunidade antitumoral.

**Abstract:**
Photodynamic Therapy (PDT) is a non-invasive, safe and clinically--approved procedure that is increasingly been recognized as a promising anticancer therapeutic strategy. The PDT procedure involves the administration of a photosensitizing agent followed by irradiation of the target tissue with light of a specific wavelength, which, in the presence of oxygen, originates a series of photochemical events that lead to the local formation of reactive oxygen species (ROS). Besides the direct effect of ROS, responsible for the selective destruction of tumour cells and vasculature, it is now widely accepted that some PDT protocols can also induce a systemic and tumour-specific immune response. PDT can be very effective against early stage tumours and can also be used as a palliative treatment in advanced cancer patients. There are only minimal side-effects associated with PDT, the most common being temporary skin photosensitivity. No intrinsic or acquired resistance mechanisms are known and the cosmetic outcome after the treatment of skin lesions is very good. Over the last years, great efforts have been made on the development of more effective photosensitizers, on the design of economic and versatile light sources and light delivery devices, and especially on the optimization of PDT protocols that, besides the elimination of the primary tumour, will be able to induce the patient immune system to target and eliminate

distant metastasis. With this achievements PDT can move forward to the first line of therapies in the fight against cancer.

**Keywords:** Photodynamic therapy; cancer; photosensitizers; reactive oxygen species; antitumour immunity.

## 16.1. Introdução

Os constantes progressos científicos na área das ciências da vida têm permitido compreender, cada vez com maior detalhe, a complexidade associada à fisiologia do organismo humano e a muitas das suas patologias. O cancro é uma das principais causas de morte a nível global (8,2 milhões de mortes em 2012) [1] constituindo por isso um dos principais focos de atenção de muitos grupos de investigação.

As estratégias terapêuticas tradicionais – cirurgia, quimioterapia e radioterapia – atualmente permitem a obtenção de taxas de cura bastante elevadas em alguns tipos de cancro. No entanto, a sua baixa eficácia em alguns pacientes, conjuntamente com a elevada incidência de efeitos secundários graves, tem motivado a procura de novas terapias mais seguras e eficazes [2]. O crescente conhecimento sobre os mecanismos de génese, evolução e disseminação do cancro tem permitido a concepção e optimização de estratégias terapêuticas alternativas: direcionamento ativo de fármacos citostáticos, agentes anti-angiogénicos, terapia génica, imunoterapia, ou terapia fotodinâmica. As várias terapias alternativas aprovadas podem ser específicas para determinados tipos de cancro ou para populações restritas de doentes (e.g. que expressam fenótipos específicos), para os quais apresentam taxas de eficácia e segurança superiores às terapias tradicionais.

Este capítulo aborda uma das mais promissoras estratégias terapêuticas alternativas para o tratamento do cancro, a Terapia Fotodinâmica (PDT). O conceito baseia-se na interacção dinâmica entre um composto fotossensibilizador (PS), luz de comprimento de onda específico e o oxigénio molecular, para promover a destruição selectiva do tecido alvo. A aplicação clínica da PDT tem demonstrado taxas de cura elevadas em alguns tipos de tumores em fase inicial de desenvolvimento, especialmente em dermatologia no tratamento de lesões pré-cancerígenas e cancerígenas não melanómicas [3]. Para além disso, a PDT demonstrou a capacidade em prolongar a sobrevivência e melhorar a qualidade de vida dos doentes em alguns casos de tumores da cabeça e pescoço em estado avançado, apresentando, nestes casos, uma relação custo-benefício mais favorável relativamente à cirurgia [4]. Apesar do conceito da PDT ter surgido há mais de 100 anos, só em 1993 foi aprovado o primeiro medicamento para PDT do cancro, o porfímero sódico (Photofrin®). Atualmente, os constantes avanços que resultam em novos PS, mais seguros e eficazes, e em melhores fontes de luz, com menor custo e de fácil utilização, permitem que a PDT seja encarada na prática clínica como uma alternativa terapêutica com elevado potencial, com aplicação em áreas como a oncologia, dermatologia e oftalmologia.

## 16.2. O princípio da Terapia Fotodinâmica

A PDT tem como objectivo final a destruição seletiva de um tecido alvo. Para esse efeito é necessária a combinação simultânea nesse tecido de três componentes: o composto fotossensibilizador, luz visível com comprimento de onda apropriado e oxigénio molecular.

O efeito fotodinâmico inicia-se com a absorção de luz pelo PS, desencadeando uma série de reações fotoquímicas que conduzem à geração de espécies reativas de oxigénio (ROS[1]) no local da irradiação. As ROS produzidas, tipicamente moléculas de oxigénio eletronicamente excitadas – oxigénio singuleto – causam danos oxidativos extensos em biomoléculas e estruturas celulares, conduzindo assim à morte celular do tecido alvo [5]. Outras ROS, como o ião superóxido ($O_2^{-\bullet}$), o peróxido de hidrogénio ($H_2O_2$), ou o radical hidroxilo ($OH^\bullet$), também têm sido implicadas nos efeitos citotóxicos observados em PDT [6, 7].

A Figura 16.1 ilustra o princípio base da PDT: o PS no estado fundamental (singuleto) absorve luz passando para um estado energeticamente excitado (singuleto) com um tempo de vida muito curto (nanosegundos). Este, por sua vez, sofre conversão intersistemas originando um estado excitado (tripleto) com tempo de vida mais elevado (microssegundos), permitindo a sua interação com o oxigénio molecular presente nos tecidos.

---

[1] Do inglês *Reactive Oxygen Species*.

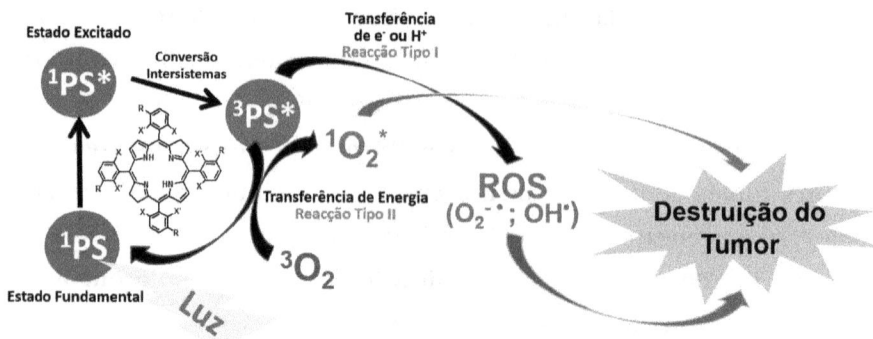

Figura 16.1. Representação esquemática das reações fotofísicas e fotoquímicas que estão na base do mecanismo da PDT que conduz à destruição do tecido tumoral por ação direta do oxigénio singuleto e outros radicais de oxigénio formados. PS - composto fotossensibilizador; ROS - espécies reativas de oxigénio.

Existem duas vias possíveis para a interação do estado excitado tripleto do PS com o oxigénio molecular [8]: transferência direta de energia para o $O_2$ (tripleto) originando oxigénio singuleto ($^1O_2$) – mecanismo de tipo II; ou reação direta com o $O_2$ ou com uma molécula orgânica, com transferência de um electrão. No primeiro caso forma-se diretamente anião superóxido ($O_2^{-\bullet}$), enquanto no segundo se forma um radical anião. Este radical pode depois reagir com o oxigénio molecular e originar também $O_2^{-\bullet}$, ou receber um protão e originar outros radicais – mecanismo de tipo I. Por si só, o anião $O_2^{-\bullet}$ não causa grandes danos oxidativos nos tecidos mas, sofrendo uma reação de dismutação catalisada pela enzima dismutase do superóxido (SOD[2]), dá origem a peróxido de hidrogénio ($H_2O_2$). O $O_2^{-\bullet}$ e o $H_2O_2$, na presença do ião ferroso ($Fe_2^+$), originam a produção do radical hidroxilo ($OH^\bullet$) que, sendo um agente oxidante extremamente reativo, inicia uma série de reações oxidativas em cadeia, responsáveis por extenso dano oxidativo nos tecidos. Este mecanismo de formação do radical hidroxilo é conhecido por reação de Fenton (descrito em [9]).

O mecanismo de tipo II, por ter um mecanismo mais simples e ser geralmente termodinamicamente favorecido, tende a ocorrer preferencialmente relativamente à reação de tipo I. Na prática a extensão de cada

---

[2] Do inglês *Superoxide Dismutase*.

uma das vias é determinada pelas caraterísticas do PS, do protocolo de PDT aplicado e da concentração local de oxigénio [6, 10].

## 16.3. Percurso histórico da Terapia Fotodinâmica

Desde a antiguidade que a luz tem sido usada como agente terapêutico. Na Índia e na Grécia antiga já eram utilizadas diferentes formas de fototerapia, mas o conceito atual e a aplicação clínica da PDT foram descritos nos primeiros anos do século XX por Raab, von Tappeiner e Jesionek, que após uma década de trabalho utilizaram a aplicação tópica de eosina seguida de exposição à luz solar para tratar cancro de pele (descrito em [11, 12]). No entanto, os resultados obtidos não tiveram o alcance e o impacto desejados e a PDT ficou adormecida durante muitos anos. O interesse na PDT apenas ressurgiu a partir de 1960 com a descoberta do derivado de hematoporfirina (HPD) por Lipson e Baldes, que demonstrou alguma eficácia terapêutica após PDT num doente com cancro na bexiga [13]. Mas o potencial da PDT só se tornou aparente após o extenso trabalho de Dougherty e colaboradores que, entre 1975 e 1978, reportaram a cura completa de tumores malignos através da aplicação combinada de HPD e luz vermelha: inicialmente num modelo de cancro da mama em ratinho e mais tarde em doentes com tumores de pele, próstata, mama e cólon [14, 15]. Os resultados promissores foram sendo confirmados em ensaios clínicos com versões melhoradas de HPD em doentes com cancro da pele e da bexiga. Um marco histórico para a PDT foi alcançado no Canadá em 1993, com a aprovação regulamentar do porfímero sódico (Photofrin®), uma versão semi-purificada de HPD, para tratamento do cancro da bexiga [13].

Posteriormente, assistiu-se à aprovação do porfímero sódico noutros países, incluindo os EUA, encontrando-se actualmente aprovado no cancro esofágico, cancro brônquico e esófago de Barrett. No entanto, cedo se constatou a necessidade de encontrar novas moléculas mais eficazes e com menos efeitos adversos, ou seja, uma 2ª geração de PS para PDT. Com esse objectivo, a atenção focou-se na descoberta e desenvolvimento de novas moléculas, de que resultou a aprovação da temoporfina (Foscan®), da família das clorinas, que está indicada no tratamento do cancro da cabeça e pescoço, e da verteporfina (Visudyne®) para o tratamento da degenerescência macular relacionada com a idade. Atualmente, encontram-se PS de 3ª geração, da família das bacterioclorinas, em fase avançada de desenvolvimento clínico (Figura 16.2).

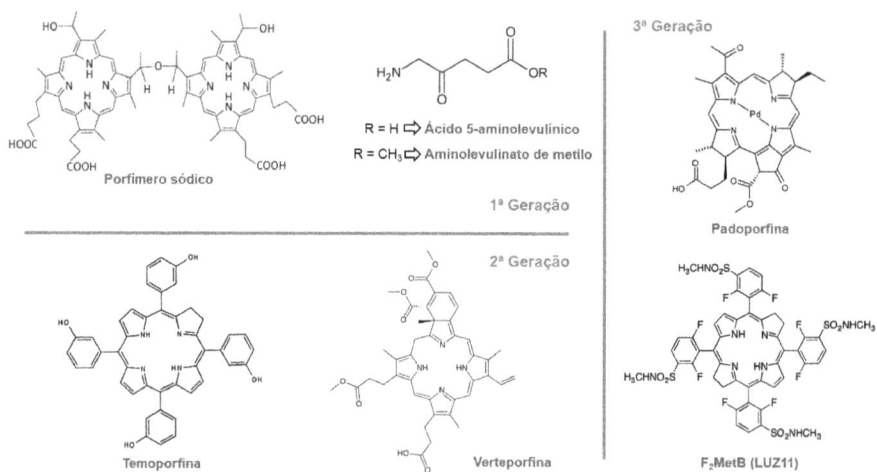

Figura 16.2. Estrutura química de alguns fotossensibilizadores usados ou em desenvolvimento para PDT. (F₂MetB - 5,10,15,20-tetrakis(2,6-difluoro-3-N-metilsulf amoilfenil)bacterioclorina [16]).

## 16.4. A Terapia Fotodinâmica como alternativa terapêutica no tratamento do cancro

### 16.4.1. Áreas de aplicação

O mecanismo da PDT tem como objectivo final a destruição seletiva de um tecido alvo. Este conceito foi aplicado em diferentes áreas terapêuticas, nomeadamente a oncologia.

Os alvos terapêuticos incluem tumores sólidos, não metastizados e que possam ser acedidos por uma fonte de luz. Uma das mais bem-sucedidas aplicações da PDT tem sido no tratamento de tumores não melanómicos da pele, como o carcinoma basocelular (BCC) ou o carcinoma espinocelular, e lesões pré-cancerosas, como a queratose actínica [3]. Tem também sido usada, em regime "off-label", no tratamento da acne [17]. Este sucesso é explicado quer pela facilidade de aplicação tópica do fármaco e da luz necessária ao tratamento, quer pelas vantagens cosméticas comparativamente a outras estratégias terapêuticas, como a cirurgia ou a crioterapia. Para além disso, nas aplicações cutâneas a PDT tem a vantagem de permitir tratar várias lesões em simultâneo [18]. Outros alvos terapêuticos tumorais para os quais existem PS em desenvolvimento são os tumores da bexiga, fígado, ductos biliares, pâncreas, colo uterino e cérebro [19].

### 16.4.2. Protocolo terapêutico

O protocolo da PDT é composto por dois passos sequenciais: primeiro, é necessário fazer chegar o PS ao local que se pretende tratar e depois procede-se à irradiação do tecido alvo com luz de um comprimento de onda adequado. A conjugação do PS e da luz inicia a reação fotoquímica, que dá origem à produção de ROS, responsáveis pelas respostas biológicas que levam à destruição do tecido alvo.

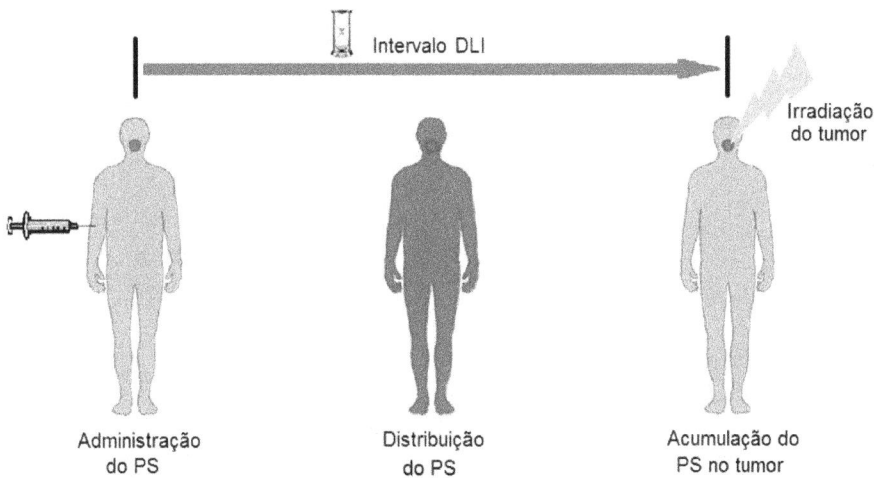

Figura 16.3. Esquema ilustrativo da aplicação clínica de um protocolo de PDT em oncologia.

Após a administração do PS é necessário aguardar um determinado período de tempo, para que este chegue e, de preferência, se acumule no tecido alvo. Este período tem a designação de "intervalo fármaco-luz" (DLI[3]) e depende da via de administração do PS, do tipo de PS e da sua farmacocinética e biodistribuição. No momento em que a quantidade de PS no tecido alvo atinge o seu valor óptimo (que maximiza o efeito fotodinâmico), o local a tratar é irradiado com luz de comprimento de onda específico (normalmente corresponde à banda de absorção mais intensa do PS), durante o tempo necessário à obtenção da dose de luz predeterminada. Durante a irradiação são produzidas as ROS que promovem a destruição do tumor, maioritariamente oxigénio singuleto (via reação tipo II), mas também os radicais superóxido e hidroxilo (via reação tipo I), tal como descrito anteriormente (Figura 16.3) [10].

O mecanismo da PDT depende da conjugação precisa de muitas variáveis, o que representa um enorme desafio na prática clínica, tornando bastante difícil a optimização dos protocolos. A obtenção do resultado terapêutico pretendido está dependente do tipo de PS, da dose administrada, da sua localização aquando da irradiação, da dose total de luz aplicada, da sua taxa de fluência, do comprimento de onda, do DLI, do tipo de tumor, e da concentração de oxigénio no seu interior [20].

A complexidade inerente à conjugação dos vários componentes do mecanismo da PDT e da multiplicidade de factores que afecta cada um deles, permite compreender a dimensão do desafio que constitui a optimização de todo o processo, para que se possa chegar a um tratamento oncológico seguro e altamente eficaz [21].

### 16.4.3. Vantagens e limitações

A elevada capacidade de destruição do tecido tumoral, preservando o tecido saudável circundante, é uma das caraterísticas principais da PDT, sendo reconhecida como uma das suas maiores vantagens relativamente

---

[3] Do inglês *Drug-Light Interval*.

a outras opções terapêuticas. Para este elevado nível de seletividade contribuem dois factores críticos: (1) a capacidade intrínseca de muitos PS se cumularem preferencialmente no tecido tumoral, e (2) a aplicação da luz exclusivamente na área a tratar [22]. A acumulação seletiva do PS no tumor é mais facilitada se a aplicação for tópica, uma vez que o PS é aplicado localmente apenas sobre a lesão a tratar. Nos casos em que a administração é intravenosa (IV), é necessário que o PS se mantenha em circulação durante o tempo suficiente para chegar e se poder acumular no tumor, tirando partido do micro-ambiente específico da maioria dos tumores sólidos. Estes apresentam capilares sanguíneos fenestrados, drenagem linfática reduzida e pH baixo, originando o chamado efeito de EPR[4] que favorece a passagem e acumulação de PS no local (descrito em [23]).

O carácter local da PDT, que se pode considerar simultaneamente uma vantagem e uma limitação, como se explicará mais à frente, é reforçado pelo facto da produção das ROS no tecido alvo ocorrer apenas durante o tempo e no local onde se verificar interação da luz com o PS. Para além disso, tanto o oxigénio singuleto como o radical hidroxilo têm tempos de vida de alguns nanosegundos, o que limita o seu raio de ação destrutiva ao local onde são produzidos, evitando a propagação dos fenómenos oxidativos aos tecidos saudáveis circundantes [10].

Os reduzidos efeitos secundários, que advêm da elevada seletividade, e a inexistência de mecanismos específicos de resistência à PDT, permitem que o tratamento possa ser repetido em caso de necessidade, como em situações de recorrência ou de existência de múltiplas lesões. A PDT pode ser também utilizada em conjugação com cirurgia, quimioterapia ou radioterapia, uma vez que não interfere com estas modalidades de tratamento nem apresenta os efeitos secundários que as caracterizam. Muitas combinações de PDT com fármacos convencionais estão também a ser estudadas com o objectivo de encontrar efeitos de sinergismo [24].

A ausência de sequelas significativas depois de tratamentos de PDT constitui também uma enorme vantagem. Durante o tratamento não se verifica o aumento da temperatura do tecido, ainda que em tratamentos

---

[4] Do inglês *Enhanced Permeability and Retention*.

dermatológicos com frequência os pacientes reportem a sensação de queimadura, e também não há destruição do tecido conjuntivo, o que permite manter a integridade dos tecidos em termos anatómicos e funcionais. Exemplo disso é o excelente efeito cosmético que normalmente se obtém depois do tratamento de lesões na pele, em oposição às cicatrizes que frequentemente subsistem após uma cirurgia [22].

Na área da oncologia, em tumores sólidos localizados e em fase inicial de desenvolvimento, a PDT pode ser uma alternativa terapêutica extremamente eficaz com apenas um tratamento. No entanto, em casos de cancro avançado onde os tumores são normalmente de maiores dimensões, a PDT tem sido aplicada apenas como tratamento paliativo, devido a capacidade limitada de penetração da luz nos tecidos. Nestes casos, permite atrasar a progressão da doença e aumentar a qualidade de vida dos doentes. O carácter localizado da PDT também tem sido visto como uma das suas principais limitações, uma vez que até agora não permitia o tratamento de tumores metastizados [13, 22]. Com o intuito de ultrapassar esta limitação, muitos grupos de investigação estão empenhados em compreender e modular a resposta do sistema imunitário após o tratamento de PDT. O objectivo é favorecer a geração de uma resposta imunitária anti-tumoral especifica com capacidade para eliminar células tumorais espalhadas pelo organismo (*e.g.* metástases) [25, 26].

As reações de fotossensibilidade cutânea têm sido apontadas até agora como o efeito adverso mais significativo da PDT. Este é um problema que ocorre devido à acumulação de PS na pele dos doentes. As moléculas de PS acumuladas na pele podem iniciar a reação fotodinâmica, por ação da luz solar ou iluminação artificial forte, originando lesões cutâneas de fotossensibilidade. O mesmo fenómeno pode ocorrer a nível ocular. Para evitar este problema, os pacientes devem permanecer em casa algumas semanas após o tratamento, até que os níveis de PS na pele diminuam para valores seguros. Ainda que à primeira vista esta limitação possa ser considerada um preço baixo a pagar pelo doente, tendo em conta os benefícios obtidos, o risco de fotossensibilidade sempre foi mal aceite quer por doentes quer por médicos, tendo contribuído para a lenta penetração da PDT na prática clínica. No tratamento com porfímero sódico (Photofrin®) o período de fotossensibilidade pode durar entre 4 e 12 semanas, enquanto com a temoporfina (Foscan®) é de 2 a 4 semanas [12, 13]. Alguns PS de 3ª geração atualmente em desenvolvimento já presentam perfis farmacocinéticos que se caracterizam por uma rápida eliminação do composto do organismo, minimizando a sua acumulação na pele, o que se traduz numa redução significativa do risco de ocorrência de reacções de fotossensibilidade [27, 28]

## 16.4.4. Fontes de luz, fotossensibilizadores e oxigénio

### 16.4.4.1. Fontes de luz

Acompanhando os progressos que se têm verificado ao nível do desenvolvimento de novas moléculas para PDT, o conhecimento da interação da luz com tecidos biológicos e o desenvolvimento tecnológico de fontes de luz também conheceram grandes avanços. Atualmente é possível fazer chegar luz em doses adequadas e de forma precisa à maioria dos locais no organismo. Os sistemas de irradiação utilizados em PDT variam consoante o tipo de tumor a irradiar e a sua localização. Para tratamentos na pele, lâmpadas adequadas, associadas a sistemas de filtros ópticos, ou sistemas de LED[5] são boas alternativas devido ao baixo custo e ao fácil acesso à zona a tratar. Para tratamento de tumores internos e/ou de maiores dimensões recorre-se frequentemente a um laser cuja luz é direcionada para o tecido alvo por intermédio de fibra óptica, através de endoscopia. Atualmente os lasers de díodo são muito usados em PDT devido à sua fiabilidade e simplicidade de utilização. Cada laser emite num determinado comprimento de onda que é fixo, o que obriga a existência de dispositivos de irradiação específicos para cada PS com bandas de absorção distintas [13, 22].

A luz é um componente-chave da PDT, como tal é necessário fazê-la chegar de forma precisa e em quantidade adequada ao tecido alvo para

---

[5] Do inglês *Light-Emitting Diode.*

que o tratamento produza o efeito desejado. A propagação da luz nos tecidos é influenciada principalmente por fenómenos de dispersão e absorção, que dependem da composição do tecido e do comprimento de onda da luz. A estrutura dos tecidos não é homogénea devido à presença de macromoléculas, organitos celulares e outras estruturas, o que contribui para uma grande dispersão de luz, especialmente para comprimentos de onda mais baixos. A influência da absorção é bastante menor mas ainda assim, moléculas como a hemoglobina ou a melanina possuem cromóforos responsáveis pela absorção de luz abaixo dos 600 nm, enquanto acima dos 1300 nm a absorção de luz pela água nos tecidos aumenta substancialmente. Para além disso, a luz de comprimento de onda superior a 800 nm não possui energia suficiente para iniciar a reação fotodinâmica. Devido a estes constrangimentos a gama útil de comprimentos de onda da luz para PDT, designada por janela terapêutica, situa-se entre os 600 e os 800 nm [10, 25].

A profundidade de penetração efetiva média da luz varia de forma significativa dentro desta gama de comprimentos de onda. Por exemplo, um PS que seja excitado com luz de 630 nm permite uma profundidade efetiva de tratamento de 3-5 mm, enquanto outro PS com absorção a 750 nm permite aumentar profundidade efetiva para cerca de 10 mm. Este facto explica o grande esforço que se tem verificado no desenvolvimento de novas moléculas para PDT com elevada absorção a comprimentos de onda mais elevados, que visam garantir maior eficácia em zonas mais profundas ou em tumores de maior dimensão [6].

Sendo um dos componentes essenciais da PDT, a luz a utilizar deve ser controlada de forma rigorosa em termos de precisão da aplicação, área de aplicação, intensidade e dose total. Para cada protocolo de irradiação estão definidos rigorosamente os parâmetros chave a respeitar e que consistem normalmente em:

Energia em Joule (J);
Potência em Watt (W)[6];

---

[6] 1 W = 1 J/segundo.

Fluência – energia por unidade de área ($J/cm_2$);

Taxa de fluência – velocidade de aplicação da luz por unidade de área ($W/cm_2$);

Tempo de irradiação.


### 16.4.4.2. Fotossensibilizadores

A maioria das moléculas usadas como PS em PDT é baseada na estrutura do anel tetrapirrólico da porfirina, semelhante ao encontrado no grupo heme da hemoglobina, ou nas clorofilas, que são conhecidas pela sua grande capacidade de absorção de luz.

Como referido anteriormente (Secção 16.3), os primeiros compostos a demonstrar potencial terapêutico em PDT foram derivados da hematoporfirina (HPD), cuja versão purificada e aprovada comercialmente, o porfímero sódico (Photofrin®), representa a 1ª geração de fármacos para PDT. O porfímero sódico caracteriza-se por ser uma mistura de moléculas foto-ativas e apresenta um espectro com várias bandas de absorção, que diminuem de intensidade quanto maior for o comprimento de onda, até aos 630 nm. Uma vez que a capacidade de penetração da luz nos tecidos aumenta com o comprimento de onda, a excitação do porfímero sódico é efectuada com luz de 630 nm, o que obrigada à aplicação de doses de luz elevadas (100 – 200 $J/cm_2$) para compensar a sua reduzida absorção de luz nessa região do espectro. Apesar de atualmente continuar a ser utilizado na clínica, cedo se percebeu que o porfímero sódico apresentava alguns pontos fracos: (1) baixa eficácia, devido à reduzida capacidade de absorver luz e à limitada capacidade da luz de 630 nm em penetrar nos tecidos, e (2) longo período de fotossensibilade cutânea como principal efeito secundário [13].

A aprovação do ácido 5-aminolevulínico (Levulan®), seguida pela do seu éster mais apolar aminolevulinato de metilo (Metvix®), constituiu outro importante marco na história da PDT. Ambas as moléculas são pró-fármacos, uma vez que são metabolizadas no interior das células para formar o verdadeiro PS, a protoporfirina IX (um PS de

1ª geração). As suas principais indicações são o tratamento de lesões pré-cancerígenas da pele, como a queratose actínica, ou cancerígenas não melanómicas, como o BCC [12].

Como resultado da procura de melhores PS, em 2001 foi aprovado na Europa um novo fármaco para PDT, a temoporfina (Foscan®), um PS de 2ª geração. A temoporfina é um composto puro, com maior absorção de luz num comprimento de onda mais longo (652 nm) relativamente às porfirinas, necessitando de doses de luz cerca de dez vezes inferiores e permitindo uma profundidade efetiva de tratamento ligeiramente superior à do porfímero sódico. De realçar também que o período de fotossensibilidade cutânea da temoporfina é significativamente menor (2 a 4 semanas contra 4 a 12 semanas para o porfímero sódico) [13]. Contudo, a aprovação da temoporfina para PDT deixou ainda uma grande margem de progressão para o desenvolvimento de novos PS, com propriedade farmacocinéticas mais favoráveis e com maiores índices fototerapêuticos. Neste contexto, entende-se o índice fototerapêutico como a razão entre toxicidade do PS na ausência de luz e a sua fototoxicidade, ou seja, um índice que traduz a vantagem de um PS que é bem tolerado pelo organismo mas que se torna localmente muito citotóxico quando é iluminado por luz de comprimento de onda adequado.

As caraterísticas de um fotossensibilizador ideal para aplicação em PDT no tratamento do cancro encontram-se descritas e discutidas em vários artigos de revisão [10, 12, 22], revelando a existência de um elevado consenso. Assim, um PS ideal deve ser um composto puro, com boa estabilidade em armazenamento e com baixo custo de produção. Deve apresentar uma forte absorção de luz em comprimentos de onda elevados, dentro da janela terapêutica (600 – 800 nm) e elevada capacidade para geração de ROS, para maximizar a sua eficácia e a profundidade efetiva de tratamento. Deve ter caraterísticas físico-químicas que facilitem a sua administração em formulações biocompatíveis e que favoreçam a sua acumulação preferencial no tecido alvo. Não deve ser tóxico na ausência de luz e deve ser rapidamente eliminado dos tecidos saudáveis de forma a minimizar a ocorrência de efeitos secundários.

Na última década tem-se assistido à procura de uma 3ª geração de PS para PDT que deverá apresentar moléculas ativadas por luz de comprimentos de onda mais longos, que minimizem ou eliminem a ocorrência de reações de fotossensibilidade cutânea e que tenham uma maior capacidade de acumulação seletiva no tumor [13]. Inserindo-se nesta nova geração de PS, recentemente foi desenvolvida a síntese de uma família de macrociclos tetrapirrólicos da família das bacterioclorinas [29, 30], que se têm evidenciado por apresentar caraterísticas fotofísicas e

Tabela 16.1. Medicamentos para PDT aprovados para tratamento de tumores ou lesões pré-cancerígenas na Europa e nos EUA [31, 32].

| Molécula | Excitação λ (nm) | Nome Comercial | Indicação Aprovada |
|---|---|---|---|
| Porfímero sódico | 630 | Photofrin (EUA) | • Displasia grave do esófago (esófago de Barret) • Cancro do esófago • Cancro do pulmão |
| Ácido 5-aminolevulínico (5-ALA) | 635 | Levulan (EUA) | • Queratose actínica |
| | | Ameluz (Europa) | • Queratose actínica |
| | | Gliolan (Europa) | • Glioma (em combinação com cirurgia) |
| Aminolevulinato de metilo (MAL) | 635 | Metvixia (EUA) | • Queratose actínica |
| | | Metvix (Europa) | • Queratose actínica • Carcinoma basocelular • Carcinoma espinocelular *in situ* |
| Temoporfina | 652 | Foscan (Europa) | • Cancro da cabeça e pescoço |

fotoquímicas muito próximas do PS ideal [16, 33], tendo revelado resultados muito promissores na fase de desenvolvimento não-clínico [34-36]. Um outro exemplo, é a padoporfina, um derivado de bacterio-clorofila que se encontra em desenvolvimento clínico para o cancro da próstata [37]. Na Tabela 16.1 encontram-se listados os PS aprovados para PDT do cancro na Europa e nos Estados Unidos da América (EUA). A Tabela 16.2 apresenta os PS em fase de desenvolvimento clínico para indicações oncológicas.

### 16.4.4.3. Oxigénio

Apesar do oxigénio molecular ser um dos três componentes chave do mecanismo da PDT, a sua importância para a eficácia do tratamento pode ser facilmente negligenciada ao assumir-se como certa a sua presença em quantidade suficiente no tecido alvo. Na realidade a concentração de $O_2$ pode variar de forma significativa entre diferentes tumores e mesmo entre diferentes regiões do mesmo tumor, dependendo principalmente da densidade da vasculatura que o irriga. Especialmente em tumores sólidos mais profundos, frequentemente caraterizados pelo seu micro-ambiente anóxico, a falta de oxigénio pode ser um factor muito limitante. Num tratamento de PDT, a irradiação do tumor com luz de potência elevada pode facilmente levar a que a velocidade a que o $O_2$ é consumido pela reação fotodinâmica supere a taxa de difusão do $O_2$ no tecido. Esta situação pode originar o esgotamento local temporário do $O_2$, levando à interrupção da produção de ROS e à consequente redução da eficácia do tratamento. De facto, num ambiente anóxico, um PS com estado tripleto mais longo tem mais probabilidade de interagir com uma molécula de oxigénio antes de retornar ao seu estado electrónico fundamental. Consequentemente, nestas condições, poderá ser mais eficaz do que um PS com estado tripleto mais curto. Existem estratégias que devem ser consideradas durante a fase de optimização do protocolo de PDT para controlar os níveis de $O_2$ no tumor. Através de técnicas de monitorização da quantidade de $O_2$ nos tecidos [39] é possível ajustar a potência da luz (compensada com o aumento do tempo de irradiação para manter a dose total de luz) até que a taxa de consumo de $O_2$ se equipare à taxa de difusão. Este equilíbrio também pode ser conseguido recorrendo ao fraccionamento da dose de luz, isto é, aplicação intermitente da dose de luz (descrito em [40, 41]).

Tabela 16.2. Moléculas em fase desenvolvimento clínico para PDT do cancro [38].

| Molécula | Excitação λ (nm) | Indicação em Estudo | Fase Clínica |
|---|---|---|---|
| 5-ALA | 635 | • Cancro da cabeça e pescoço<br>• Neurofibroma dérmico benigno<br>• Carcinoma basocelular<br>• Cancro do cólon | I<br>I<br>II<br>II |
| Hexaminolevulinato | 635 | • Cérvix uterino | II |
| HPPH | 665 | • Cancro da cabeça e pescoço<br>• Mesotelioma<br>• Cancro do pulmão | II<br>I<br>II |
| Padelioporfina | 753 | • Cancro do rim<br>• Cancro da próstata | II<br>III |
| Porfímero sódico | 630 | • Tumores do SNC<br>• Metástases de carcinoma da mama na pele<br>• Hepatocarcinoma<br>• Cancro da bexiga<br>• Cancro da cabeça e pescoço<br>• Mesotelioma<br>• Colangiocarcinoma | I<br>I<br><br>I<br>II<br>II<br>II<br>III |
| Ftalocianina de silício 4 | 675 | • Tumores cutâneos (não-melanoma) | I |
| Temoporfina | 652 | • Cancro do pulmão | I |
| LUZ11 | 749 | • Cancro da cabeça e pescoço | I/II |

HPPH – 2-(1-hexyloxyethyl]-2-devinyl pyropheophorbide-$\alpha$; SNC – Sistema nervoso central; LUZ11 - 5,10,15,20-tetrakis(2,6-difluoro-3-$N$-metilsulfamoilfenil) bacterioclorina.

## 16.5. Efeitos da Terapia Fotodinâmica no organismo

### 16.5.1. Biodistribuição e acumulação intracelular do PS

#### 16.5.1.1. Aplicação tópica

A identificação visual e o fácil acesso às lesões localizadas na pele conduziram à seleção da via de administração tópica como via preferencial para aplicação cutânea de PDT. No entanto, o elevado peso molecular dos PS que têm como estrutura base a molécula de porfirina, que dificulta a permeação cutânea, levou ao desenvolvimento de novos PS com menor peso molecular. O ácido 5-aminolevulínico (5-ALA) e o metilaminolevulinato (MAL) são moléculas bastante mais pequenas e, por isso, em formulações adequadas para aplicação tópica, apresentam uma capacidade muito maior para atravessar a barreira física da pele, especialmente o MAL por ser mais hidrofóbico. Ambos são precursores metabólicos da protoporfirina IX (PP IX), uma molécula fotossensibilizadora produzida pela via biossintética do grupo heme em todos os tipos de células nucleadas do organismo (Figura 16.4) [12].

O protocolo de tratamento inicia-se com a aplicação de uma formulação tópica da molécula percursora diretamente sobre as lesões a tratar. Após a aplicação são necessárias algumas horas de espera antes da irradiação, para que o composto penetre nas células alvo e seja convertido em protoporfirina IX (PP IX), que é sintetizada na mitocôndria e depois acumula-se noutros sistemas membranares intracelulares [22]. Esta acumulação ocorre devido à saturação da enzima ferroquelatase, que converte a PP IX no grupo heme e que em alguns tipos de tumor também apresenta menor atividade do que nos tecidos normais, contribuindo de forma significativa para a seletividade do tratamento [42].


### 16.5.1.2. Administração sistémica

Quando a lesão a tratar se encontra em locais mais internos do organismo é necessário que o PS, formulado num veículo adequado às suas caraterísticas físico-químicas, seja injetado na corrente sanguínea, para que se distribua pelo organismo e preferencialmente se acumule nas células alvo. Os perfis de farmacocinética e de biodistribuição, que dependem muito do tipo de PS, permitem a determinação dos parâmetros do protocolo de PDT, especialmente o momento em que é realizada a irradiação [43]. A polaridade da molécula é um dos principais factores que determinam o modo como a molécula se distribui pelo organismo quando entra no sistema vascular, quanto tempo permanece em circulação, como interage com os componentes sanguíneos e qual a sua capacidade para se acumular no tecido tumoral. Estes factores também estão muito dependentes da composição da formulação selecionada para administrar o PS [23].

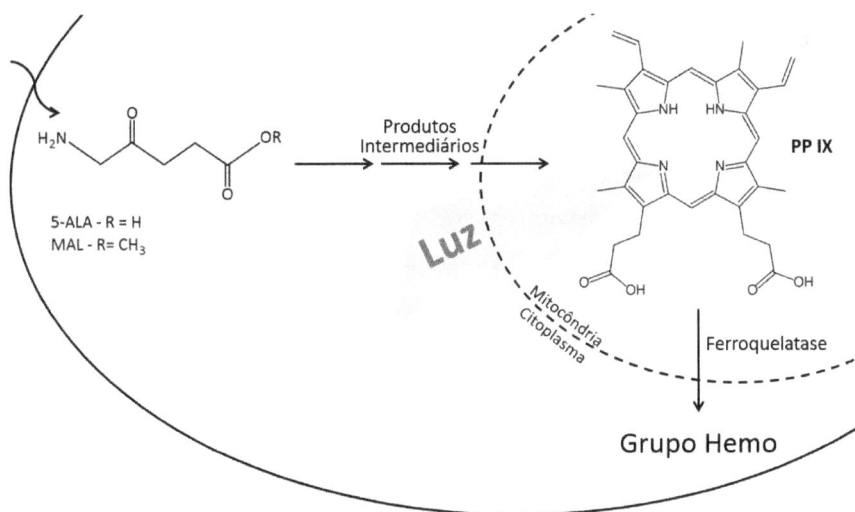

Figura 16.4. Esquema resumido da via biossintética do grupo heme. A entrada de 5-ALA ou MAL exógeno nas células favorece a síntese e acumulação de PP IX. Após a aplicação da formulação tópica o intervalo de tempo DLI tem uma duração de 3 a 6h, após o qual o tecido alvo é irradiado com luz de 635 nm.

Compostos com caraterísticas hidrofílicas, por serem mais solúveis em meio aquoso, são mais simples de formular e administrar sem causar precipitação e, quando em circulação, ligam-se preferencialmente à albumina. No entanto, a sua elevada polaridade dificulta a sua passagem através da membrana celular (com caraterísticas apolares), o que resulta em baixos níveis de acumulação nas células tumorais. Por outro lado, moléculas com caraterísticas hidrofóbicas têm solubilidade muito reduzida em meio aquoso pelo que a sua administração IV não é tão simples.

Este tipo de PS requer formulações mais complexas como micelas, lipossomas, nanopartículas poliméricas ou conjugação com polímeros hidrofílicos. Para além deste tipo de formulações para entrega passiva, têm sido desenvolvidas outras que permitem aumentar a seletividade do PS através de direcionamento ativo para o tecido tumoral, fazendo a sua conjugação com lipoproteínas de baixa densidade (LDL), anticorpos monoclonais específicos ou outras moléculas com elevada afinidade para os tumores alvo. A formulação ideal deve ser biodegradável, não-imunogénica e permitir a acumulação do PS no tecido alvo em quantidade terapêutica, minimizando ou eliminando a sua interação com os tecidos saudáveis. Deve proporcionar também a entrega do PS na sua forma monomérica e sem alteração da sua atividade terapêutica [44].

Muitos dos PS com caraterísticas hidrofóbicas após entrarem na circulação têm tendência para se ligarem ao núcleo lipídico de lipoproteínas, principalmente as LDL, tirando partido da sobre-expressão de receptores para as LDL em muitas células tumorais para aí conseguirem uma acumulação mais seletiva. Este aumento da expressão dos receptores de LDL permite às células neoplásicas captar o colesterol extra de que necessitam para a biossíntese de membranas celulares que necessitam para o seu rápido desenvolvimento [23].

### 16.5.1.3. Localização intracelular do PS

Como referido na Secção 16.4.3, um dos factores que contribui para a seletividade da PDT é o tempo de vida muito curto das ROS formadas no local da irradiação, o que limita o seu raio de ação destrutiva a apenas alguns nanómetros. Este facto obriga a que, nos protocolos de PDT que visam tirar partido duma acumulação preferencial do PS nas células tumorais, o PS tenha capacidade de chegar e interagir com as células do tecido alvo. Esta interação compreende a sua entrada na célula e a sua localização intracelular, e depende sobretudo da carga iónica, polaridade e grau de assimetria da molécula de PS. Compostos com caraterísticas hidrofóbicas e com até 2 cargas negativas podem entrar nas células atravessando a membrana celular por difusão e posteriormente localizar-se no ambiente apolar de estruturas membranares intracelulares, como o retículo endoplasmático ou a aparelho de Golgi. Os PS deste tipo tendem a ser captados em maior quantidade, mesmo quando a sua concentração no meio extracelular é baixa. Já as moléculas com caraterísticas hidrofílicas e com mais de 2 cargas negativas são demasiado polares para atravessar a membrana celular por difusão e, por isso, são captadas pelas células por endocitose, podendo depois localizar-se nos lisossomas formados nesta via de internalização [6, 43].

Outra das possibilidades de localização intracelular para um PS é a mitocôndria. Compostos hidrofóbicos e com cargas positivas tendem a localizar-se na mitocôndria atraídos pelo seu potencial de membrana e ambiente apolar. A mitocôndria é considerada um alvo intracelular muito importante em PDT, isto porque a sua destruição pela reação fotodinâmica está associada ao desencadear do mecanismo de morte celular programada por apoptose [6].

Os PS não têm tendência para se localizarem no núcleo das células e, por isso, as ROS geradas pela aplicação da PDT não têm efeito direto sobre o seu ADN, o que reduz bastante o risco da ocorrência de efeitos mutagénicos, frequentemente associados aos tratamentos de quimioterapia ou radioterapia [20, 45].

O estudo da localização intracelular dos PS utilizados em PDT é considerado de grande importância, uma vez que permite relacionar os locais de acumulação dos compostos no interior das células com o efeito fotodinâmico obtido e assim suportar a escolha do PS mais adequado para a aplicação pretendida. Estes estudos são normalmente realizados recorrendo à microscopia confocal de fluorescência onde se identifica, por co-localização, a fluorescência das moléculas de PS com a fluorescência de sondas marcadoras que se localizam de forma específica nos diversos organitos celulares.

### 16.5.2. Modos de ação da PDT

Em oncologia, o resultado esperado de um tratamento de PDT é a eliminação definitiva do tumor tratado e para este resultado contribuem 3 efeitos distintos, mas que parecem estar interligados [23]. Na Figura 16.5 encontram-se representados os efeitos associados ao mecanismo da PDT.

## 16.5.2.1. Efeito direto sobre as células tumorais

A ação direta da PDT sobre as células tumorais constitui o efeito mais estudado e procurado quando se aplica esta estratégia terapêutica no cancro. Os três mecanismos principais de morte celular – necrose, apoptose e autofagia – podem ser ativados como resposta à cascata oxidativa iniciada pelas ROS formadas na reação fotodinâmica. O dano oxidativo destrói de forma irreversível biomoléculas e estruturas celulares chave conduzindo à morte celular. O mecanismo de morte celular está diretamente relacionado com os organitos celulares onde as moléculas de PS se localizavam no momento da irradiação, uma vez que serão esses que sofrerão os danos mais severos [20, 23]. O efeito citotóxico direto sobre as células tumorais é favorecido por protocolos com intervalo DLI suficientemente elevado (*e.g.* >24 horas) que permitam a entrada e acumulação preferencial do PS nas células tumorais, relativamente aos tecidos saudáveis circundantes e ao compartimento vascular, contribuindo para um tratamento de PDT bastante seletivo.

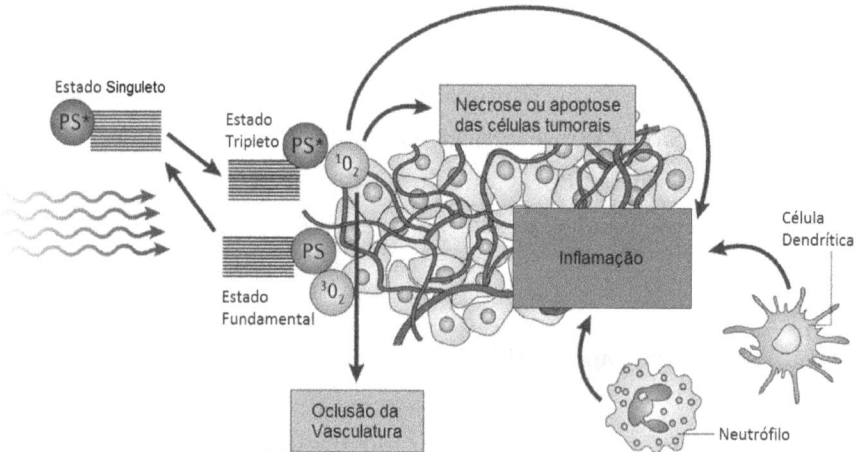

Figura 16.5. Representação esquemática dos modos de ação da PDT no tratamento do cancro (adaptado com permissão de Macmillan Publishers Ltd: Nature Reviews Cancer [25], © 2006).

## 16.5.2.2. Efeito vascular

Para além dos danos oxidativos causados diretamente nas células tumorais pela PDT, frequentemente a aplicação da PDT também leva à destruição da microvasculatura tumoral, originando a morte do tecido tumoral devido à interrupção do fornecimento de oxigénio e nutrientes [46]. Vários estudos demonstraram que este efeito tem um papel muito importante para a eficácia da PDT a longo prazo (descrito em [10]), sendo por isso uma estratégia muito explorada atualmente. Em termos práticos, opta-se por um protocolo de PDT com administração IV e com um intervalo DLI muito curto (e.g. <30 minutos), para que a irradiação do tumor seja realizada quando a maior parte do PS ainda se encontra no compartimento vascular [28]. Desta forma sacrifica-se o ganho de seletividade obtido com uma possível acumulação seletiva do composto no tumor (que requer um intervalo DLI maior) para obter um ganho de eficácia por via da destruição da vasculatura tumoral. Neste tipo de protocolo a seletividade continua a ser assegurada pela forma precisa de aplicação de luz sobre o tumor, evitando o mais possível a irradiação de tecido saudável circundante [47].

Os efeitos da PDT na microvasculatura tumoral estarão relacionados sobretudo com danos sobre o endotélio. Dependendo do PS utilizado, estes efeitos podem estar relacionados com alteração dos níveis de óxido nítrico, ativação plaquetar e libertação de tromboxanos, que originam vasoconstrição, adesão de leucócitos, agregação plaquetar e formação de trombos [23].

## 16.5.2.3. Efeito sobre o sistema imunitário

As terapias oncológicas tradicionais apresentam frequentemente efeitos secundários indesejáveis. Entre outros efeitos adversos, as doses terapêuticas utilizadas em quimioterapia ou radioterapia causam normalmente imunossupressão, devido à sua toxicidade sobre a medula óssea (responsável pela produção das células que compõem o sistema imunitário) [25].

A PDT foi durante muitos anos considerada como um tratamento local que exercia o seu efeito unicamente através da ação tóxica das ROS diretamente sobre as células e a microvasculatura tumoral. Recentemente, provou-se que a ação da PDT provoca frequentemente uma resposta inflamatória aguda localizada, o que leva à ativação do sistema imunitário do paciente. A resposta imunitária gerada também contribui de forma significativa para a eficácia da terapia, conseguindo mesmo atuar em tumores estabelecidos em locais afastados do local de irradiação (descrito em [48, 49]). Estas importantes descobertas foram realizadas sobretudo em modelos animais, mas existem relatos de tratamentos clínicos de PDT que confirmam a existência de uma resposta anti-tumoral sistémica induzida pela PDT [50, 51]. A resposta imunitária induzida pela PDT será abordada em maior profundidade na Secção 16.5.4.

### 16.5.3. Mecanismos de morte celular em PDT

Os estudos até agora realizados demonstram que não existe um mecanismo único responsável pela morte celular provocada pela PDT. Na Secção 16.5.2.1 foi referido que os três principais mecanismos de morte celular (apoptose, necrose ou autofagia) poderão estar envolvidos. O contributo de cada um deles para o efeito final da PDT depende do tipo de tumor, das caraterísticas do PS e dos múltiplos factores que definem o protocolo de tratamento. Os resultados conhecidos sugerem que em protocolos de PDT mais agressivos (elevada dose de PS, elevada dose de luz, ou ambas e tempos DLI curtos) tendem a provocar extensa morte celular por necrose, ao contrário de protocolos menos intensos, que parecem favorecer a morte celular por apoptose [52].

### 16.5.3.1. Autofagia

A autofagia é um mecanismo celular catabólico que permite às células eucarióticas reciclar os seus componentes. Numa situação normal este mecanismo permite às células a digestão de proteínas e organitos danificados ou agentes patogénicos, mas em situações de emergência pode permitir a redistribuição de nutrientes para processos essenciais à sua sobrevivência. No entanto, em situações mais extremas também pode levar à morte celular, devido a excessiva digestão de componentes essenciais [20, 52].

A autofagia também pode apresentar esta dicotomia funcional como resposta à PDT. Em determinadas condições pode permitir às células recuperar dos danos infligidos pela PDT e noutras pode favorecer a morte das células atingidas pelo tratamento. Os dados disponíveis parecem indicar que nos protocolos de PDT em que a apoptose é a principal via de morte celular, a autofagia funciona como um mecanismo de reparação celular, protegendo as células afectadas pela destruição oxidativa e contrariando o efeito do tratamento. Noutras situações, quando o mecanismo de apoptose nas células afectadas pela PDT se encontra danificado, ocorre um aumento brutal da atividade autofágica que promove a morte celular, favorecendo a destruição do tumor. No entanto, o mecanismo responsável pela alternância entre o efeito protetor e o efeito destruidor da via autofágica ainda é pouco conhecido [10, 53].

### 16.5.3.2. Apoptose

A apoptose é descrita como um mecanismo de morte celular programada que se encontra geneticamente codificado e dependente de energia (sob a forma de ATP). Em termos morfológicos, carateriza-se pela condensação da cromatina, clivagem do ADN cromossómico, contração celular, enrugamento da membrana com formação dos corpos apoptóticos, e exposição de fosfatidilserina no folheto externo da membrana celular [52, 53]. O processo de apoptose leva à secreção de moléculas sinalizadoras para o meio extracelular que atraem células fagocíticas responsáveis pela eliminação dos corpos apoptóticos resultantes, evitando o processo inflamatório e a consequente ativação do sistema imunitário [45].

O facto de protocolos de PDT menos agressivos favorecerem a morte celular por apoptose pode ser explicado pela necessidade de que toda a complexa maquinaria celular necessária se encontre funcional, o que poderá não acontecer após protocolos de PDT mais agressivos [52].

### 16.5.3.3. Necrose

A necrose é um mecanismo de morte celular descrito como uma forma de degeneração rápida e marcada de populações celulares relativamente grandes, e que se carateriza pela expansão do citoplasma, destruição de organitos e desintegração da membrana celular, provocando a libertação do conteúdo do citoplasma para o meio extracelular e consequente reação inflamatória. Este mecanismo é favorecido por protocolos de PDT mais agressivos, com doses elevadas de PS, de luz, ou de ambos, e também por PS que tendem a acumular na membrana celular [52].

Devido à capacidade de originar uma extensa resposta inflamatória aguda local, que pode levar à ativação do sistema imunitário, o mecanismo de morte celular por necrose poderá ser o mais relevante para protocolos de PDT com eficácia sistémica e de longo prazo.

As vias de morte celular ativadas pela PDT dependem das estruturas celulares diretamente atingidas pelo dano oxidativo e a extensão dos danos determinará a resposta celular. Possivelmente, o mecanismo de autofagia será ativado como forma de defesa pelas células afetadas pela PDT, para tentar conter e eliminar proteínas e estruturas danificadas. A partir de um determinado limiar de destruição, quando a reparação celular deixa de ser possível, ocorrerá a ativação da via apoptótica. Nos casos em que o protocolo de PDT é extremamente agressivo, destruindo a maquinaria celular responsável pelos mecanismos de autofagia e apoptose e levando à perda de integridade celular, a necrose será a única via de morte celular possível [52]. Note-se, porém, que no tratamento de um tumor sólido a distribuição da luz no tecido tumoral não será homogénea devido à forte atenuação da luz pelos tecidos. Assim, a região mais superficial do tumor estará sujeita a uma dose de luz mais elevada do que uma região mais profunda, o que poderá significar que os mecanismos de morte celular a ocorrer sejam diferente nas várias regiões do tecido tumoral.

Assim, uma melhor compreensão da relação entre os mecanismos de autofagia, apoptose e necrose ao nível intracelular, juntamente com um maior conhecimento do seu impacto no desenvolvimento da resposta imunitária, são requisitos essenciais para melhorar as estratégias terapêuticas em PDT.

### 16.5.4. Resposta imunitária induzida pela PDT

Em oncologia, para além da destruição definitiva do tumor principal, a terapia ideal deve ser capaz também de ativar o sistema imunitário para o reconhecimento e destruição das células tumorais no local, ou em metástases noutros locais do organismo. A PDT tem sido descrita como sendo capaz de provocar alterações significativas no sistema imunitário. Estas alterações podem traduzir-se em efeitos de ativação ou de supressão da resposta imunitária. Os efeitos imunossupressores apenas têm sido associados a uma reação local a tratamentos de lesões na pele com áreas de irradiação elevadas [25, 54].

O dano oxidativo infligido sobre as células que fazem parte do estroma tumoral (células tumorais, células endoteliais, macrófagos, etc.) pela PDT leva à sua morte por necrose ou apoptose. Por oposição à apoptose, onde o conteúdo do citoplasma das células permanece isolado em vesículas membranares, a necrose carateriza-se pela desintegração da membrana plasmática e libertação do conteúdo do citoplasma para o meio extracelular, originando a exposição de antigénios tumorais que normalmente se encontram confinados ao meio intracelular. Esta alteração súbita da integridade e da homeostasia do tecido desencadeia uma resposta inflamatória aguda iniciada pela secreção de mediadores pro--inflamatórios como o factor de necrose tumoral $\alpha$ (TNF-$\alpha$), interleucina-1 (IL-1) ou interleucina-6 (IL-6), que atraem elementos responsáveis pela resposta imunitária não específica que se infiltram no tecido danificado: neutrófilos, mastócitos, macrófagos e células dendríticas [52].

Esta mobilização das células da componente inata do sistema imunitário tem como função repor a homeostasia na região afectada, através da destruição das células danificadas e remoção dos detritos resultantes da morte das células do tecido tumoral, e é fundamental para a subsequente ativação da componente adaptativa.

As células dendríticas desempenham um papel de relevo na ponte entre os dois braços do sistema imunitário, o inato e o adaptativo. Ao infiltrarem--se na região afectada pela PDT, as células dendríticas são ativadas pelos mediadores de inflamação presentes, captando antigénios tumorais presentes no meio extracelular e dirigindo-se depois para os nódulos linfáticos mais próximos. Aí chegadas as células dendríticas expõem os antigénios tumorais, tornando-os acessíveis ao contacto com linfócitos T CD4$^+$ que ficam ativados. Estes por sua vez estimulam linfócitos T citotóxicos CD8$^+$, que assim adquirem a capacidade de reconhecer e destruir de forma específica as células tumorais, podendo circular por todo o organismo durante longos períodos de tempo, assegurando uma resposta imunitária anti-tumoral sistémica (descrito em [10, 23, 25]). A Figura 16.6 mostra de forma esquemática o mecanismo de ativação do sistema imunitário como resposta ao tratamento de PDTO. O equilíbrio entre a ocorrência de apoptose ou necrose depende das caraterísticas do PS e dos factores que definem o protocolo de PDT e tem influência direta na extensão da resposta imunitária induzida pela PDT [53]. No entanto, não é consensual qual das vias é mais eficaz na ativação do sistema imunitário. A hipótese com maior número de apoiantes defende que os protocolos de PDT anti-tumoral que favore-cem a morte celular por necrose são muito mais efetivos na estimulação da resposta imunitária. Esta hipótese baseia-se no facto de, ao contrário da morte celular por apoptose, a morte celular por necrose causar uma forte resposta inflamatória local que é necessária para a ativação do sistema imunitário a nível sistémico [10, 25].

O estudo aprofundado dos mecanismos envolvidos na resposta imuni-tária induzida pela PDT tem concentrado uma enorme atenção de muitos grupos de investigação. Existem muitos relatos de estudos em modelos animais, sobretudo em roedores que, para além de ajudarem a compreen-der o fenómeno, também têm abordado várias estratégias de combinação da PDT com agentes adjuvantes, com o objectivo de potenciar a resposta do sistema imunitário para aumentar a eficácia da PDT [55-58].

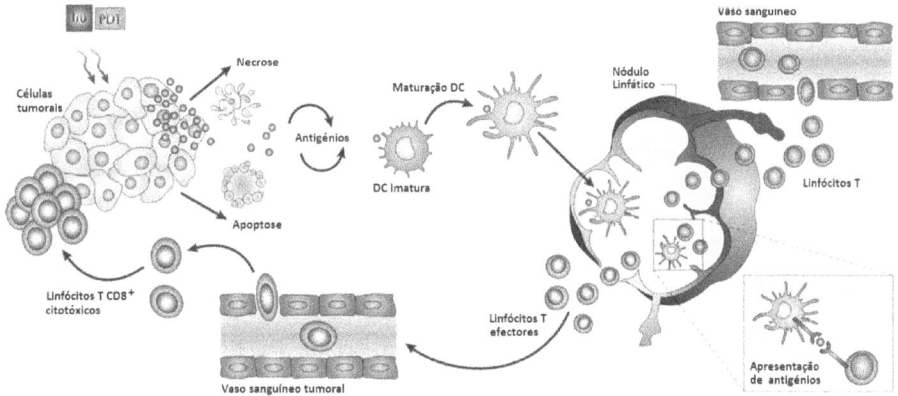

Figura 16.6. Representação esquemática do processo de ativação do sistema imunitário pela PDT. DC – células dendrítica (adaptado com permissão de Macmillan
Publishers Ltd: Nature Reviews Cancer [25], © 2006).

Um destes estudos, realizado por P. Mroz e colaboradores [51], demonstrou num modelo de ratinho BALB/c com tumor do cólon CT26
subcutâneo que a aplicação de um protocolo de PDT de ação vascular
resultou numa elevada taxa de cura a longo prazo. Esta elevada eficácia
deveu-se à ativação do sistema imunitário, confirmada pela análise de
marcadores moleculares específicos. Foi também demonstrado que a
resposta imunitária foi sistémica e suficientemente forte, para permitir
a cura de um tumor estabelecido fora do campo de irradiação, e prolongada, permitindo a animais previamente curados com PDT rejeitarem
uma segunda inoculação das mesmas células tumorais três meses após o
tratamento. A necessidade de um sistema imunitário adaptativo funcional
foi confirmada quando, nas mesmas condições, o protocolo foi utilizado
para tratar o mesmo tumor em animais imunodeprimidos. Neste caso não
se verificou qualquer cura definitiva do tumor primário e não houve nenhuma influência no crescimento de um segundo tumor localizado fora
do campo de irradiação [51].

Este efeito de imunidade anti-tumoral sistémica induzida pela PDT é
atualmente descrito como fundamental para o aumento da eficácia da
PDT a longo prazo, complementando o efeito das ROS na destruição
das células tumorais no local tratado. Numa situação ideal, o tratamento

com PDT poderá funcionar como uma vacina anti-tumoral com alcance sistémico e duradouro capaz de eliminar possíveis metástases existentes noutros locais do organismo [59].

## 16.6. A PDT na prática clínica

Apesar do conceito da PDT aplicado ao tratamento do cancro já ter surgido há mais de um século, a penetração da PDT na prática clínica em oncologia tem sido bastante lenta. A falta de PS com as características adequadas e a complexidade inerente à definição das condições de tratamento e aos recursos tecnológicos envolvidos poderá desencorajar a sua aplicação clínica, acabando em muitos casos por ser apenas utilizada como tratamento paliativo quando já não existem alternativas. Adicionalmente, os períodos relativamente longos de fotossensibilidade cutânea, associados aos fotossensibilizadores comercializados, causam desconforto para o doente ao obrigá-lo a permanecer em ambientes com luz restringida [10].

Correntemente, a PDT por administração tópica de PS está aprovada para o tratamento de lesões dermatológicas (queratose actínica, carcinoma basocelular e carcinoma espinocelular *in situ*) e, por via sistémica, está aprovada para o tratamento do esófago de Barret, cancro do esófago, carcinoma endobrônquico e cancro da cabeça e pescoço.

Até há algum tempo as principais limitações da PDT eram a localização do tumor em zonas dificilmente acessíveis pela luz e tumores com dimensões superiores à capacidade de penetração da luz nos tecidos. Contudo, têm sido desenvolvidos esforços com o objectivo de contornar estas dificuldades, nomeadamente através da utilização de fontes de luz acopladas a fibras ópticas, que recorrendo a endoscopia ou cateterismo, poderão conseguir fazer chegar luz a, virtualmente, todos os locais do organismo [10]. Por outro lado, para irradiar de forma eficaz tumores de maiores dimensões, tem-se recorrido a técnicas de monitorização da dose de luz mais elaboradas em combinação com PDT intersticial (iPDT), que consiste na introdução de fibras ópticas no interior do tumor, guiada por técnicas de imagiologia, para que a luz possa chegar em quantidade suficiente a todas as células alvo [60].

Apesar das dificuldades referidas, a PDT apresenta-se como uma estratégia terapêutica com enorme potencial. Esta convicção é suportada pela contínua aposta no aprofundar do conhecimento dos mecanismos fisiológicos envolvidos, no desenvolvimento de novos e melhores PS e na evolução tecnológica ao nível das fontes de luz. Os resultados estão a revelar progressos importantes, no sentido da maximizar as vantagens e eliminar ou reduzir as limitações (abordadas na Secção 16.4.3), traduzindo-se num número considerável de moléculas em desenvolvimento para PDT do cancro e de outras doenças.

## 16.7. Perspectivas futuras

No futuro próximo a PDT para tratamento do cancro deverá continuar o trabalho desenvolvido até aqui, procurando novas indicações terapêuticas e melhorando os protocolos de tratamento existentes. Os avanços tecnológicos conduzirão ao melhoramento das técnicas de dosimetria, das fontes de luz e da capacidade de a fazer chegar ao tumor, o que irá permitir tirar melhor partido dos PS já existentes, bem como de novos PS com caraterísticas mais próximas do ideal [12].

A longo prazo, a PDT em oncologia poderá ser revolucionada com a introdução de estratégias inovadoras, algumas das quais já em desenvolvimento. Uma das abordagens tem-se focado no aumento da especificidade do PS para o tecido alvo através da manipulação das suas propriedades farmacocinéticas e de biodistribuição, nomeadamente recorrendo à encapsulação das moléculas de PS em nanopartículas, como lipossomas, com ou sem direcionamento ativo, ou ao seu acoplamento com ligandos para receptores específicos do tecido alvo [61, 62]. No entanto, esta abordagem é algo controversa, uma vez que os protocolos de PDT que têm demonstrado maior eficácia são aqueles que visam a destruição do sistema vascular tumoral, não sendo necessário neste caso a acumulação do PS nas células tumorais (descrito em [10, 12]).

Uma estratégia para aumentar a profundidade efetiva de tratamento em PDT está a ser estudada há já algum tempo e tem a designação de *two-photon* PDT. Esta técnica utiliza pulsos de lazer (aproximadamente $100\times10^{-15}$ segundos) de elevada potência de pico, o que permite que cada molécula de PS absorva simultaneamente dois fotões de luz. Uma vez que a energia dos dois fotões absorvidos se soma, é possível utilizar luz com comprimento de onda superior a 800 nm e, ainda assim, ter energia suficiente para desencadear a reação fotodinâmica, contrariamente ao que ocorre com a PDT tradicional. Ao utilizar luz de maior comprimento de onda consegue-se aumentar de forma significativa a capacidade de penetração da luz nos tecidos, o que torna possível o tratamento de tumores de maiores dimensões ou localizados em maior profundidade. Com a utilização do laser pulsado é também possível aumentar de forma substancial a seletividade na aplicação da luz, através da focagem do feixe apenas num determinado ponto em profundidade, permitindo o tratamento de áreas muito pequenas e reduzindo os danos nos tecidos adjacentes. Os desafios técnicos a ultrapassar ainda são significativo e estão relacionados principalmente com a necessidade de desenvolvimento de novos PS que absorvam luz a comprimentos de onda mais longos (entre 800 e 950 nm) e que simultaneamente apresentem propriedade farmacológicas adequadas [63]. Para além disso, o elevado custo e complexidade dos sistemas de laser pulsado, ou a dificuldade de acoplamento em fibra óptica, podem desencorajar a aplicação desta estratégia na clínica [64].

A aplicação de PDT em doses baixas de PS e de luz tem sido usada para favorecer a ocorrência de apoptose, minimizando a ocorrência de necrose. Esta abordagem está a ser explorada, numa estratégia conhecida como *metronomic* PDT, para aplicação da PDT em situações em que a resposta inflamatória originada pelo mecanismo de necrose celular é desaconselhada. Esta técnica tem sido aplicada no tratamento de glioma, para eliminação das células tumorais nas margens deixadas após a cirurgia, minimizando a destruição de tecido adjacente saudável e evitando a ocorrência de resposta inflamatória aguda, que neste caso é prejudicial [65].

O tema das vacinas anti-tumorais aborda sem dúvida um dos tópicos mais apetecíveis da medicina moderna. A possibilidade de reduzir substancialmente a mortalidade e a morbilidade em doenças com elevada taxa incidência, constitui uma enorme motivação para a comunidade científica. A estratégia de uma vacina convencional baseia-se na introdução no organismo do agente infeccioso inativado, o que leva à produção de anticorpos específicos que, num futuro contacto com o mesmo agente, darão início à resposta imunitária para o eliminar [49, 66]. A capacidade da PDT induzir uma resposta imunitária contra o tumor tratado poderá servir de base a uma vacina anti-tumoral criada com PDT. De forma resumida, células tumorais seriam removidas do doente através de biopsia ou cirurgia e cultivadas. A essas células seria aplicado um protocolo de PDT *ex vivo* para as destruir, criando um lisado tumoral com elevado potencial imunogénico que depois seria reintroduzido no organismo. Em termos clínicos, esta abordagem teria a capacidade de impedir o desenvolvimento de metástases to tumor. O desenvolvimento desta estratégia ainda se encontra numa fase inicial, mas espera-se que os resultados possam confirmar as suas potencialidades [67].

## 16.8. Conclusão

A PDT é considerada uma estratégia terapêutica anti-tumoral muito promissora. No entanto, as suas potencialidades ainda não foram totalmente desenvolvidas, sendo esperado que a sua gama de aplicações seja largamente ampliada num futuro próximo.

A PDT apresenta vantagens relativamente às terapias oncológicas tradicionais – cirurgia, quimioterapia e radioterapia – sendo valorizada principalmente pelo bom perfil de tolerabilidade, ausência de mecanismos específicos de resistência e possibilidade de repetição de tratamentos.

Uma caraterística ainda pouco explorada da PDT começa a revelar-se como um dos seus mais importantes factores de diferenciação relativamente a outras estratégias anti-tumorais: a capacidade para mobilizar o sistema imunitário para o desenvolvimento de uma resposta imunitária anti-tumoral específica e sistémica capaz de destruir metástases e de assegurar uma maior eficácia do tratamento a longo prazo.

# 16.9. Referências

[1] J. Ferlay, M. Ervik, R. Dikshit, S. Eser, C. Mathers, M. Rebelo, D.M. Parkin, D. Forman, F. Bray, Cancer Incidence and Mortality Worldwide. GLOBOCAN 2012 v1.0 2013 [cited 2014 12-05-2014]; Available from: http://globocan.iarc.fr.

[2] B.J. Coventry, M.L. Ashdown, Cancer Manag. Res. 2012, 4, 137-149.

[3] S.H. Ibbotson, Photodiagn. Photodyn. Ther. 2010, 7(1), 16-23.

[4] C. Hopper, C. Niziol, M. Sidhu, Oral Oncol. 2004, 40(4), 372-382.

[5] Z. Huang, H. Xu, A.D. Meyers, A.I. Musani, L. Wang, R. Tagg, A.B. Barqawi, Y.K. Chen, Technol. Cancer Res. Treat. 2008, 7(4), 309-320.

[6] A.P. Castano, T.N. Demidova, M.R. Hamblin, Photodiagn. Photodyn. Ther. 2004, 1(4), 279-293.

[7] E.F. Silva, C. Serpa, J.M. Dabrowski, C.J. Monteiro, S.J. Formosinho, G. Stochel, K. Urbanska, S. Simoes, M.M. Pereira, L.G. Arnaut, Chemistry 2010, 16(30), 9273-9286.

[8] C.S. Foote, Photochem. Photobiol. 1991, 54(5), 659.

[9] K. Plaetzer, B. Krammer, J. Berlanda, F. Berr, and T. Kiesslich, Lasers Med. Sci. 2009, 24(2), 259-268.

[10] P. Agostinis, K. Berg, K.A. Cengel, T.H. Foster, A.W. Girotti, S.O. Gollnick, S.M. Hahn, M.R. Hamblin, A. Juzeniene, D. Kessel, M. Korbelik, J. Moan, P. Mroz, D. Nowis, J. Piette, B.C. Wilson, J. Golab, CA Cancer J, Clin. 2011, 61(4), 250-281.

[11] M.D. Daniell, J.S. Hill, Aust. N. Z. J. Surg. 1991, 61(5), 340-348.

[12] R.R. Allison, C.H. Sibata, Photodiagn. Photodyn. Ther. 2010, 7(2), 61-75.

[13] M. Triesscheijn, P. Baas, J.H.M. Schellens, F.A. Stewart, The Oncologist 2006, 11(9), 1034-1044.

[14] T.J. Dougherty, G.B. Grindey, R. Fiel, K.R. Weishaupt, D.G. Boyle, J. Natl. Cancer Inst. 1975, 55(1), 115-121.

[15] T.J. Dougherty, J.E. Kaufman, A. Goldfarb, K.R. Weishaupt, D. Boyle, A. Mittleman, Cancer Res. 1978, 38(8), 2628-1635.

[16] M.M. Pereira, C.J.P. Monteiro, A.V.C. Simões, S.M.A. Pinto, A.R. Abreu, G.F.F. Sá, E.F.F. Silva, L.B. Rocha, J.M. Dąbrowski, S.J. Formosinho, S. Simões, L.G. Arnaut, Tetrahedron 2010, 66(49), 9545-9551.

[17] F.H. Sakamoto, J.D. Lopes, R.R. Anderson, J. Am. Acad. Dermatol. 2010, 63(2), 183-193.

[18] T.J. Dougherty, J. Clin. Laser Med. Surg. 2002, 20(1), 3-7.

[19] T.C. Zhu, J.C. Finlay, Med. Phys. 2008, 35(7), 3127-3136.

[20] E. Buytaert, M. Dewaele, P. Agostinis, Biochim. Biophys. Acta 2007, 1776(1), 86-107.

[21] L.G. Arnaut, in Advances in Inorganic Chemistry, Volume 63, E. Rudi van and S. Grażyna, Editors. 2011, Academic Press. p. 187-233.

[22] S.B. Brown, E.A. Brown, I. Walker, Lancet Oncol. 2004, 5(8), 497-508.

[23] A.P. Castano, T.N. Demidova, M.R. Hamblin, Photodiagn. Photodyn. Ther. 2005, 2(2), 91-106.

[24] I. Postiglione, A. Chiaviello, G. Palumbo, Cancers 2011, 3(2), 2597-2629.

[25] A.P. Castano, P. Mroz, M.R. Hamblin, Nat. Rev. Cancer 2006, 6(7), 535-545.

[26] T.G. St Denis, K. Aziz, A.A. Waheed, Y.-Y. Huang, S.K. Sharma, P. Mroz, M.R. Hamblin, Photochem. Photobiol. Sci., 2011, 10(5), 792-801.

[27] R.A. Weersink, J. Forbes, S. Bisland, J. Trachtenberg, M. Elhilali, P.H. Brún, B.C. Wilson, Photochem, Photobiol, 2005, 81(1), 106-113.

[28] O. Mazor, A. Brandis, V. Plaks, E. Neumark, V. Rosenbach-Belkin, Y. Salomon, A. Scherz, Photochem. Photobiol. 2005, 81(2), 342-351.

[29] C.J. Monteiro, J. Pina, M.M. Pereira, L.G. Arnaut, Photochem Photobiol Sci, 2012, 11(7), 1233-8.

[30] M.M. Pereira, A.R. Abreu, N.P.F. Goncalves, M.J.F. Calvete, A.V.C. Simoes, C.J.P. Monteiro, L.G. Arnaut, M.E. Eusebio, J. Canotilho, Green Chem. 2012, 14(6), 1666-1672.

[31] Approved Drug Products. Food and Drug Administration (FDA) - Center for Drug Evaluation and Research [cited 2013 10-01-2013]; Available from: http://www.accessdata. fda.gov/scripts/cder/drugsatfda/index.cfm.

[32] Human Medicines. European Medicines Agency (EMA) [cited 2013 10-01-2013]; Available from: http://www.ema.europa.eu/ema/index.jsp?curl=pages/medicines/landing/epar_ search.jsp&mid=WC0b01ac058001d124.

[33] J.M. Dabrowski, L.G. Arnaut, M.M. Pereira, C.J. Monteiro, K. Urbanska, S. Simoes, G. Stochel, Chem. Med. Chem. 2010, 5(10), 1770-1780.

[34] M.M. Pereira, C.J.P. Monteiro, A.V.C. Simões, S.M.A. Pinto, L.G. Arnaut, G.F.F. Sá, E.F.F. Silva, L.B. Rocha, S. Simões, S.J. Formosinho, J. Porphyr. Phthalocyan. 2009, 13(04n05), 567-73.

[35] J.M. Dabrowski, L.G. Arnaut, M.M. Pereira, K. Urbanska, S. Simoes, G. Stochel, L. Cortes, Free Radic. Biol. Med. 2012, 52(7), 1188-1200.

[36] J.M. Dabrowski, L.G. Arnaut, M.M. Pereira, K. Urbanska, G. Stochel, Med. Chem. Comm. 2012, 3(4), 502-505.

[37] J. Trachtenberg, R.A. Weersink, S.R. Davidson, M.A. Haider, A. Bogaards, M.R. Gertner, A. Evans, A. Scherz, J. Savard, J.L. Chin, B.C. Wilson, M. Elhilali, BJU Int. 2008, 102(5), 556-562.

[38] ClinicalTrials.gov. U.S. National Institutes of Health [cited 2014 15-05-2014]; Available from: http://www.clinicaltrials.gov/ct2/home.

[39] J.H. Woodhams, A.J. Macrobert, S.G. Bown, Photochem. Photobiol. Sci. 2007, 6(12), 1246-1256.

[40] S. Anand, B.J. Ortel, S.P. Pereira, T. Hasan, E.V. Maytin, Cancer Lett. 2012, 326(1), 8-16.

[41] B.W. Henderson, T.M. Busch, J.W. Snyder, Lasers Surg. Med. 2006, 38(5), 489-493.

[42] Z. Ji, G. Yang, V. Vasovic, B. Cunderlikova, Z. Suo, J.M. Nesland, Q. Peng, J. Photochem. Photobiol. B 2006, 84(3), 213-220.

[43] C.A. Robertson, D.H. Evans, H. Abrahamse, J Photochem Photobiol B, 2009, 96(1), 1-8.

[44] Y.N. Konan, R. Gurny, E. Allemann, J. Photochem. Photobiol. B 2002, 66(2), 89-106.

[45] A.P. Castano, T.N. Demidova, M.R. Hamblin, Photodiagn.Photodyn. Ther. 2005, 2(1), 1-23.

[46] C. Abels, Photochem. Photobiol. Sci. 2004, 3(8), 765-771.

[47] B. Chen, B.W. Pogue, P.J. Hoopes, T. Hasan, Crit. Rev. Eukaryot. Gene Expr. 2006, 16(4), 279-305.

[48] E. Kabingu, L. Vaughan, B. Owczarczak, K.D. Ramsey, S.O. Gollnick, Br. J. Cancer 2007, 96(12), 1839-1848.

[49] S.O. Gollnick, C.M. Brackett, Immunol. Res. 2010, 46(1-3), 216-226.

[50] P.S. Thong, K.W. Ong, N.S. Goh, K.W. Kho, V. Manivasager, R. Bhuvaneswari, M. Olivo, K.C. Soo, Lancet Oncol. 2007, 8(10), 950-952.

[51] P. Mroz, A. Szokalska, M.X. Wu, M.R. Hamblin, PLoS one, 2010, 5(12), e15194-e15205.

[52] P. Mroz, A. Yaroslavsky, G.B. Kharkwal, M.R. Hamblin, Cancers 2011, 3(2), 2516-2539.

[53] A.D. Garg, D. Nowis, J. Golab, P. Agostinis, Apoptosis 2010, 15(9), 1050-1071.

[54] P. Mroz, M.R. Hamblin, Photochem. Photobiol. Sci. 2011, 10(5), 751-758.

[55] H. Saji, W. Song, K. Furumoto, H. Kato, E.G. Engleman, Clin. Cancer Res. 2006, 12(8), 2568-2574.

[56] A.P. Castano, P. Mroz, M.X. Wu, M.R. Hamblin, Proc. Natl. Acad. Sci. USA 2008, 105(14), 5495-5500.

[57] Y.G. Qiang, C.M. Yow, Z. Huang, Med. Res. Rev. 2008, 28(4), 632-644.

[58] M. Kwitniewski, A. Juzeniene, R. Glosnicka, J. Moan, Photochem. Photobiol. Sci. 2008, 7(9), 1011-1017.

[59] P. Mroz, A.P. Castano, M.R. Hamblin, in Biophotonics and Immune Responses IV, W.R. Chen, Editor 2009, SPIE: San Jose, CA, USA. p. 717803-03.

[60] S.A. de Visscher, P.U. Dijkstra, I.B. Tan, J.L. Roodenburg, M.J. Witjes, Oral Oncol. 2013, 49(3), 192-210.

[61] A.S.L. Derycke P.A.M. de Witte, Adv. Drug Deliv. Rev. 2004, 56(1), 17-30.

[62] M.J. Bovis, J.H. Woodhams, M. Loizidou, D. Scheglmann, S.G. Bown, A.J. Macrobert, J. Control. Release 2012, 157(2), 196-205.

[63] J.R. Starkey, A.K. Rebane, M.A. Drobizhev, F. Meng, A. Gong, A. Elliott, K. McInnerney, C.W. Spangler, Clin. Cancer Res. 2008, 14(20), 6564-6573.

[64] B.C. Wilson, M.S. Patterson, Phys. Med. Biol. 2008, 53(9), R61-109.

[65] M.S. Mathews, E. Angell-Petersen, R. Sanchez, C.-H. Sun, V. Vo, H. Hirschberg, S.J. Madsen, Lasers Surg. Med., 2009, 41(8), 578-584.

[66] P. Mroz, J.T. Hashmi, Y.-Y. Huang, N. Lang, M.R. Hamblin, Expert Rev. Clin. Immun. 2011, 7(1), 75-91.

[67] M. Korbelik, Photochem. Photobiol. Sci. 2011, 10(5), 664-669.

# CAPÍTULO 17. QUIMIOTERAPIA COMBINADA NO TRATAMENTO DO CANCRO: PRINCÍPIOS E ESTRATÉGIAS NANOTECNOLÓGICAS DE ENTREGA DE FÁRMACOS

**Ana Catarina Pinto[1], João Nuno Moreira[2,3], Sérgio Simões[1,2,3]**

[1] *Bluepharma, Indústria Farmacêutica S.A., São Martinho do Bispo, Coimbra, Portugal*
[2] *Laboratório de Tecnologia Farmacêutica, Faculdade de Farmácia, Universidade de Coimbra, Coimbra, Portugal*
[3] *Centro de Neurociências e Biologia Celular, Coimbra, Portugal*

**Resumo:**

A quimioterapia combinada tem sido o tratamento padrão do cancro uma vez que pode permitir aumentar a resposta antitumoral assim como reduzir a resistência a fármacos. Uma combinação de fármacos pode resultar em efeitos sinergísticos, aditivos ou antagonistas dependendo do rácio de concentração. Vários métodos para avaliação quantitativa dos efeitos combinados de fármacos em linhas celulares têm sido usados e serão comparativamente revistos. A aplicação de sistemas nanotecnológicos de libertação controlada de fármacos, como os lipossomas, podem melhorar o índice terapêutico de alguns fármacos anticancerígenos ao aumentar a actividade antitumoral e/ou ao reduzir o seu perfil de toxicidade. A importância de desenvolver sistemas nanotecnológicos no sentido de modular as propriedades de fármacos anticancerígenos será discutida. A translação clínica de rácios de fármacos, previamente seleccionados in vitro, é complexa devido à farmacocinética e biodistribuição independentes revelada

DOI: http://dx.doi.org/10.14195/978-989-26-0881-5_17

pelos fármacos individuais após administração intravenosa da sua combinação. A farmacocinética dissimilar resulta numa exposição das células tumorais a concentrações de fármaco inferiores à concentração mínima terapêutica ou a rácios antagonistas, com concomitante perda de actividade terapêutica. A aplicação de lipossomas como veículos de combinações de fármacos anticancerígenos tem sido descrita na literatura apenas recentemente. Os lipossomas têm a capacidade de sincronizar a farmacocinética e a biodistribuição de fármacos em combinação e entregá-los ao tecido tumoral num rácio fármaco-fármaco específico. A importância de manter um rácio óptimo de combinação de fármacos in vivo mediante encapsulação em lipossomas e a abordagem de "dosagem raciométrica" proposta por Lawrence Mayer e colegas será discutida.

**Palavras-Chave**: Quimioterapia combinada; método de análise do efeito médio; sistemas de libertação controlada de fármacos; lipossomas, rácio fármaco:fármaco

**Abstract:**
Combination chemotherapy has been the standard of cancer treatment since it is a rationale strategy to increase efficacy and tolerability and to decrease resistance. A drug combination can result in synergistic, antagonistic or additive interaction effects at different concentration ratios. Several methods for the quantitative evaluation of drug-combined effects in cell culture systems have been used and will be comparatively reviewed. The application of nanotechnology-based drug delivery systems, such as liposomes, may improve overall therapeutic index of anticancer drugs by increasing their antitumor activity and/or by reducing their toxicity profile. The importance of developing drug delivery systems to modulate anticancer drug properties will be discussed. The translation of specific drug ratios, previously selected in vitro, to the clinical setting is complex due to the independent pharmacokinetics and biodistribution of individual drugs intravenously administered as free drug cocktail. The referred

uncoordinated pharmacokinetics results in exposure of tumor cells to drug concentrations below therapeutic threshold level or to antagonistic drug ratios with concomitant loss of therapeutic activity. The application of liposomes as carriers for anticancer drug combinations has been described in literature only in the last few years. Liposomes can synchronize pharmacokinetics and biodistribution of drug combinations and deliver them to tumor tissue at a specific drug ratio. The importance of maintaining an optimal drug combination ratio in vivo through drug encapsulation in liposomes and the "ratiometric dosing" approach proposed by Lawrence Mayer and colleagues will be discussed.

**Keywords**: Combination chemotherapy; median effect analysis; drug delivery systems; liposomes; drug-drug ratio.

## 17.1. Introdução

O cancro é um sério problema de saúde pública, sendo a segunda causa de morte, apenas ultrapassado pelas doenças cardiovasculares [1]. O cancro é considerado o resultado de alterações quantitativas e estruturais em moléculas que controlam diferentes aspectos do ciclo de vida das células [2]. As alterações genéticas representam provavelmente o principal mecanismo molecular responsável pelo aparecimento, desenvolvimento e progressão do cancro [3]. Nos últimos anos têm sido realizados esforços significativos no sentido de identificar as modificações genéticas (hereditárias ou exógenas) mais comuns e os genes subjacentes responsáveis. Um artigo de revisão recente [2] classificou as 6 alterações na fisiologia celular características de uma doença oncológica: alterações na sinalização proliferativa, alterações nos mecanismos supressores de crescimento, ativação da invasão e de metástases, permissão de replicação imortalizada, indução de angiogénese, resistência à morte celular. Os agentes quimioterapêuticos utilizados na prática clínica atual têm revelado um impacto significativo na redução da mortalidade/morbilidade e no aumento da qualidade de vida dos pacientes [4].

Apesar dos avanços consideráveis no diagnóstico precoce e nos protocolos clínicos para tratamento do cancro, o desenvolvimento de fármacos que combinam eficácia, segurança e conveniência para o paciente são ainda um grande desafio para os investigadores [5].

Alguns fármacos anticancerígenos apresentam um índice terapêutico reduzido, desenvolvem resistência a múltiplos fármacos e revelam uma biodistribuição não específica após administração intravenosa, conduzindo a efeitos adversos inaceitáveis em tecidos saudáveis, nomeadamente na medula óssea e no trato gastrointestinal. Estas limitações das estratégias quimioterapêuticas convencionais resultam frequentemente em dosagens sub-terapêuticas, atraso no tratamento e reduzida aceitação do paciente [6].

## 17.2. Introdução quimioterapia combinada

### 17.2.1. Princípios e vantagens

A quimioterapia combinada tem sido a estratégia padrão no tratamento de cancro uma vez que se trata de uma abordagem terapêutica que pode permitir aumentar a resposta antitumoral assim como reduzir a resistência a fármacos. No presente, observa-se um interesse crescente em combinar fármacos anticancerígenos ambicionando um aumento de eficácia e/ou uma redução ou minimização da toxicidade sistémica mediante entrega de uma dose menor de fármacos [6-8].

Os princípios da quimioterapia combinada têm permanecido inalterados ao longo das últimas décadas: a) os fármacos devem apresentar toxicidades não sobreponíveis para que cada fármaco possa ser usado numa dose próxima da dose máxima tolerada; b) os fármacos devem ter mecanismos de ação distintos e que minimizem a ocorrência de resistência; c) os fármacos devem demonstrar atividade anti-tumoral enquanto individuais; d) a administração deve ocorrer, preferencialmente, num estádio inicial da doença e em ciclos espaçados no tempo de forma a permitir a recuperação dos tecidos mais sensíveis à quimioterapia [6-9].

As vantagens apresentadas pela quimioterapia combinada incluem uma maior adesão do doente a terapêutica devido à redução no número de administrações, a possibilidade de ocorrência de aditividade ou sinergia dos efeitos anti-tumorais que permita a redução da dose de pelo menos um fármaco, com consequente redução dos efeitos adversos associados [7, 10, 11]. Dada a complexidade, heterogeneidade e resistência a tratamento da maioria dos cancros, uma combinação de fármacos racionalmente desenvolvida é necessária para alcançar um progresso significativo no tratamento desta doença.

## 17.2.2. Estudos pré-clínicos e clínicos de combinação de fármacos

A maioria dos protocolos clínicos inclui uma combinação de fármacos escolhida de forma algo empírica, sem dados experimentais de suporte e baseados no estudo retrospetivo dos resultados obtidos em ensaios clínicos anteriores [8, 12]. Estes estudos, dispendiosos e morosos, investigam a sequência e a posologia de administração dos fármacos mas não têm em conta os efeitos interativos resultantes da combinação dos dois fármacos [8].

É muito difícil determinar se uma combinação de fármacos resulta em efeitos anti-tumorais sinergísticos, aditivos ou antagonistas. Normalmente, é sim possível determinar se um tratamento combinado promove um aumento estatisticamente significativo de um *endpoint*, como por exemplo a redução do tamanho de um tumor, a redução dos efeitos secundários ou o aumento da esperança de vida [6].

Os estudos pré-clínicos de interação de fármacos anticancerígenos permitem a preparação de um protocolo clínico de quimioterapia mais adequado e eficaz. O princípio de que "quanto maior a dose de fármacos melhor" é um pressuposto incorreto pois pode resultar numa maior toxicidade e/ou menor eficácia do tratamento uma vez que a maioria dos efeitos resultantes da interação entre os fármacos são dependentes das suas concentrações. Indiscutivelmente, existem fatores moleculares e farmacológicos que determinam a eficácia de uma combinação de fármacos anticancerígenos [7, 13]. A preparação experimental de um estudo pré-clínico de combinação de fármacos anti-tumorais realizado com linhas celulares ou modelos animais tem de ter em conta diversos fatores, nomeadamente a concentração de cada fármaco, o tempo de exposição, a posologia e o método utilizado para quantificar a interação entre os fármacos [8].

## 17.2.3. Estudos *in vitro* e *in vivo* com combinação de fármacos

A avaliação dos efeitos anti-tumorais resultantes de uma quimioterapia combinada é normalmente realizada em cultura de linhas celulares.

Estes estudos *in vitro* apresentam diversas vantagens: a) as condições experimentais são flexíveis e podem ser rigorosamente controladas; b) a quantificação de ácidos nucleicos e de proteína é fácil e c) a avaliação quantitativa da inibição de crescimento e/ou de morte celular é rigorosa [8]. No entanto, os estudos *in vitro* com linhas celulares têm uma utilidade limitada uma vez que as condições experimentais são artificiais e não refletem a heterogeneidade e complexidade clínicas de uma doença cancerígena [14]. Os modelos animais com tumor representam um sistema dinâmico, onde os fármacos sofrem absorção, distribuição, metabolismo e eliminação, conduzindo, portanto, a alterações na concentração plasmática dos fármacos [15]. Quando comparados com os estudos *in vitro*, a determinação de sinergismo ou antagonismo em estudos *in vivo* é mais difícil, morosa e dispendiosa. Neste sentido, geralmente a avaliação *in vitro* ocorre em primeiro lugar com diversas combinações de fármacos, enquanto nos estudos em animais são apenas selecionadas as combinações de fármacos que produziram os melhores efeitos anti-tumorais *in vitro* [10, 11].

## 17.3. Efeitos de interação de fármacos na quimioterapia combinada

### 17.3.1. Definição e avaliação quantitativa *in vitro*

Uma combinação de fármacos pode resultar em efeitos de interação sinergísticos, aditivos ou antagonistas dependendo do rácio de concentração dos fármacos. Sinergismo, aditividade e antagonismo são definidos como o resultado da interação de dois fármacos em que o efeito combinado é superior, igual ou inferior, respetivamente, à soma dos efeitos individuais [11, 15].

A ocorrência de sinergismo num ensaio *in vitro* com células demonstra uma forte dependência do rácio fármaco: fármaco, e essa dependência têm sérias implicações na utilização clínica uma vez que a atividade da combinação *in vivo* depende da manutenção do rácio terapêutico no local alvo, como por exemplo um tumor [6, 9, 13].

Vários métodos têm sido usados para realizar a avaliação quantitativa dos efeitos de interação resultantes da combinação de dois fármacos [8, 15]. A revisão destes métodos não é um objectivo do presente capítulo mas uma breve descrição dos seus princípios e limitações é apresentada na Tabela 17.1. No entanto, o método de análise do efeito médio será descrito em maior detalhe na próxima seção uma vez que é o método mais utilizado e revisto na literatura.

**Tabela 17.1.** Métodos para avaliação quantitativa dos efeitos de interação resultantes da combinação de dois fármacos.

| Método | Autor | Princípio | Limitações |
|---|---|---|---|
| Produto fracional | Webb (1963) | A soma dos efeitos de dois inibidores é expressa pelo produto das atividades fracionais | O método não tem em conta a possível sigmoicidade da curva dose-resposta (m> 1 ou m <1) e não é aplicável a fármacos com o mesmo mecanismo de ação ou semelhante |
| Isobolograma clássico | Loewe (1957) | Linhas no gráfico unem doses de fármaco que exercem o mesmo efeito | O método requer um número elevado de dados, não possui um *software* computacional aplicável, a abordagem estatística é incompleta. Não é aplicável a combinações com mais de 2 fármacos |
| Isobolograma modificado | Stell and Peckham (1979) | Existência de um "envelope de aditividade": região delimitada por limites de confiança, em que os fármacos não interagem significativamente | |
| Análise do efeito médio | Chou and Talalay (1984) | Sistema de cinética enzimática: lei de ação das massas, equações de Michaelis-Menten. | Método mais usado e revisto literatura mas não é aplicável quando as curvas dose-resposta não são sigmoidal dada a dificuldade de aplicar uma regressão linear posteriormente |

Adaptação de diferentes referências bibliográficas [8, 11, 15, 16]

## 17.3.2. O método de Análise do efeito médio

O método mais utilizado e referido na literatura para análise quantitativa dos efeitos gerados por uma combinação de fármacos é o método da Análise do Efeito Médio proposto por Chou e Talalay [10, 11, 16, 17]. As equações fundamentais deste método foram derivadas dos modelos de cinética enzimática, previamente estabelecidos para as interações enzima-substrato e, posteriormente, aplicáveis a combinações de fármacos [18].

Independente da forma da curva dose-resposta (Figura 17.1) ou do mecanismo de ação, a equação do efeito médio correlaciona, para cada fármaco, a dose e o seu efeito correspondente (ex. inibição do crescimento celular) e é descrita pela fórmula:

$$f_a / f_u = (D/D_m)^m \qquad\qquad\text{(Eq. 17.1)}$$

Em que "$f_a$" e "$f_u$" são as frações celulares afetadas e não afetadas, respetivamente, por uma dose "D". "$D_m$" é a dose que induz o efeito médio e "m" é o coeficiente que traduz a forma da curva dose-efeito (m = 1, m > 1 e m < 1, indicam curvas hiperbólica, sigmoidal e sigmoidal negativa, respectivamente). Os parâmetros "m" e "$D_m$" são facilmente determinados a partir recta do efeito médio uma vez que correspondem ao declive e interseção na origem [11, 19]. Uma vez determinados os parâmetros "m" e $D_m$", a relação dose-efeito é completamente descrita, ou seja, para uma determinada dose do fármaco 1 e fármaco 2 combinados é possível calcular o efeito correspondente ($f_a$) e vice-versa [10, 17]. A aplicação da Equação 17.1 permite a linearização da das curvas hiperbólicas (m = 1) ou sigmoidais (m ≠ 1). A aplicação do logaritmo à Equação 17.1 (x = log(D) vs. y = log($f_a/f_u$)) origina o gráfico do efeito médio (*median effect plot*) [10, 11] (1).

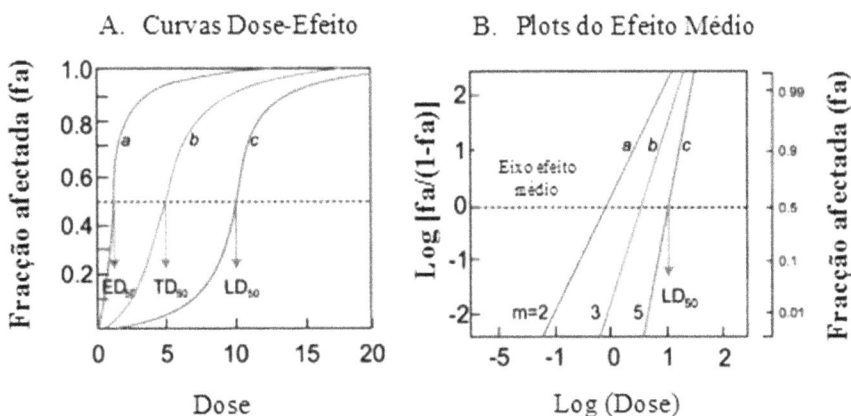

Figura 17.1. Representações gráficas originadas pelo método de análise do efeito médio. Três curvas sigmoidais (a, b, c) (gráfico à esquerda) são transformadas na respetiva forma linear originando as rectas do efeito médio, em que y = log($f_a/f_u$) vs. x = log(D). Adaptado da referência bibliográfica [11].

A conformidade dos dados com o Principio do Efeito Médio é facilmente traduzida pelo coeficiente de correlação linear da recta (r) que quanto mais perto do valor 1, traduz maior conformidade [10, 11, 17]. O gráfico do efeito médio (*median effect plot*) apresenta rectas paralelas se os fármacos apresentarem mecanismos de ação iguais ou semelhantes e, assim, os efeitos resultantes da combinação denominam-se mutuamente exclusivos. Se as rectas de cada fármaco forem paralelas mas o gráfico correspondente à combinação não é uma recta mas sim uma linha côncava que intersecta a recta do gráfico mais potente significa que os fármacos atuam independentemente e os seus efeitos são considerados mutuamente não exclusivos [16].

O Índice de Combinação (do Inglês *combination index* (CI)) traduz quantitativamente o tipo de interação entre os fármacos e é definido pela seguinte equação:

$$CI = \frac{(D)_1}{(D_x)_1} + \frac{(D)_2}{(D_x)_2} + \alpha \frac{(D)_1 (D)_2}{(D_x)_1 (D_x)_2}$$

(Eq. 17.2)

Onde $\alpha = 0$ e $\alpha = 1$ para fármacos com mecanismos de ação mutuamente exclusivos e não exclusivos, respectivamente [10, 11, 16, 17].

Os denominadores $(D_x)_1$ and $(D_x)_2$ são as doses de cada fármaco necessárias para originar um nível de efeito $(f_a)$. Os numeradores $(D)_1$ and $(D)_2$ são as doses de cada fármaco que quando combinados originam o mesmo nível de efeito $(f_a)$. No caso de combinações de três fármacos, um terceiro termo $(D)_3/(D_x)_3$ é adicionado à equação 17.2.

O gráfico que traduz o Índice de combinação (CI) em função do efeito $(f_a)$ está exemplificado na Figura 17.2. Valores de CI inferiores, iguais ou superiores a 1 traduzem sinergismo, aditividade e antagonismo, respectivamente.

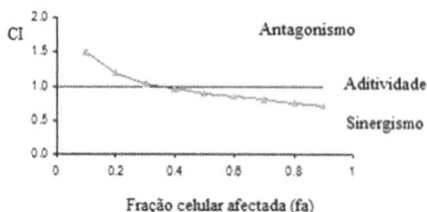

Figura 17.2. Representações gráfica exemplificativa de uma curva CI vs $f_a$. Valores de CI <1, = 1,> 1, indicam sinergismo, aditividade e antagonismo, respectivamente.

Se o tipo de mecanismo de ação dos fármacos testados não é conhecido ou não é claro, os autores do método sugerem que o valor do Índice de Combinação seja calculado assumindo que os efeitos resultantes da combinação são mutuamente exclusivos ($\alpha = 0$) e mutuamente não exclusivos ($\alpha = 1$). A segunda determinação é mais conservadora uma vez que a adição do terceiro resulta em valores de CI mais elevados que a primeira abordagem [11, 16, 17].

Apesar de o índice de Combinação poder ser calculado para qualquer nível de efeito ($f_a$), a determinação mais rigorosa ocorre para $f_a = 0.5$ uma vez que o *plot* do efeito médio apresenta-se pouco fidedigno nos extremos uma vez que se trata da representação linear de uma função não linear [20].

Em suma, a Análise do Efeito Médio é um método quantitativo simples de realizar e que tem em conta não só a dose de cada fármaco (D) mas também a forma (hiperbólica ou sigmoidal) da curva dose-resposta [17, 19]. Adicionalmente, este método permite avaliar os efeitos de interação para diferentes rácios de fármaco e três fármacos podem ser combinados e avaliados [16, 19]. É recomendado que a experiência *in vitro* seja realizada com o rácio fármaco 1: fármaco 2 equipotente (ex. $(IC_{50})_1/(IC_{50})_2$) para que a contribuição de efeito de cada fármaco na mistura seja semelhante [10, 11, 16]. Quando se avaliam combinações de fármacos anticancerígenos, a gama de doses testada deve ser suficientemente abrangente para permitir a extrapolação de resultados para níveis de atividade antitumoral elevados ($f_a \geq 0.5$) uma vez que valores inferiores não têm significado clínico [9, 10, 15].

O Índice de redução da dose (do Inglês, *Dose Reduction Index* (DRI)) é um valor que traduz quantas vezes a dose de um fármaco pode ser reduzida por ele se encontrar em combinação para um dado nível de efeito anti-tumoral, comparativamente com o fármaco individual [11, 13]. O DRI é um parâmetro muito importante na prática clínica uma vez que o valor superior a significa uma redução da dose de 1 ou dos 2 fármacos por se encontrarem combinados, com consequente redução da toxicidade sistémica nos tecidos saudáveis, mantendo porém a mesma eficácia terapêutica [10, 11, 16, 21].

## 17.4. Nanopartículas como sistema de entrega de fármacos

Perante as dificuldades e custos crescentes associados ao desenvolvimento de novas entidades químicas com atividade terapêutica, a estratégia de algumas indústrias farmacêuticas adotada baseado na optimização dos seus fármacos já comercializados, principalmente aqueles com menor índice terapêutico, como por exemplo os fármacos anticancerígenos.

Em particular, a aplicação de estratégias nanotecnológicas como sistema de entrega de fármacos na quimioterapia do cancro tem se revelando uma área de investigação muito prometedora e constitui um esforço significativo para melhorar a especificidade e eficácia dos fármacos anticancerígenos.

### 17.4.1. Os diferentes tipos de nanopartículas

Vários fármacos possuem propriedades físicas e biológicas que limitam a sua aplicação clínica, nomeadamente baixa solubilidade em água, rápido metabolismo, instabilidade sob condições fisiológicas, farmacocinética desfavorável e distribuição não específica para tecidos saudáveis [22]. No caso particular dos fármacos anticancerígenos estas propriedades originam entrega de concentrações sub-terapêuticas aos tecidos tumorais e/ou efeitos secundários inaceitáveis [23-24]. Nesse sentido, é crucial o desenvolvimento de sistemas nanotecnológicos (de base lipídica ou polimérica) de entrega de fármacos (lipossomas, micelas, nanoparticulas polimérica, dendrímeros) para promover e controlar a entrega de fármaco(s) aos tecidos tumorais [25-27]. Nanopartículas com aplicação médica diferem em termos de estrutura, tamanho e composição, o que se traduz em diferentes características, nomeadamente capacidade de carga de fármaco, estabilidade física e especificidade de entrega de fármaco [28]. Não é objetivo do presente capítulo rever o tipo, a aplicação e as propriedades das diferentes nanotransportadores mas este tema encontra-se amplamente descrito e discutido em várias referências bibliográficas [25-31]. O presente capítulo irá apresentar uma revisão global dos lipossomas como sistema de entrega de fármacos, individuais ou combinados.

## 17.4.2. Lipossomas

### 17.4.2.1 Definição geral e principais propriedades

Os lipossomas, descritos pela primeira vez por Bangham *et al.* [32] são vesículas lipídicas (Figura 17.3) com um elevado potencial para a entrega de fármacos dadas as suas características inerentes: biocompatibilidade, biodegradabilidade, simplicidade de desenvolvimento, produção em escala, toxicidade reduzida, fraca imunogenicidade e versatilidade na sua estrutura e nas suas características físico-químicas (tamanho, composição lipídica, carga, conjugação com ligando à superfície) [24, 33, 34]. Mediante estas propriedades tão específicas, os lipossomas têm a capacidade de controlar o comportamento *in vivo* (farmacocinética e perfil de biodistribuição) e/ou modular a solubilidade dos fármacos e protegê-los da degradação precoce após administração intravenosa [33, 35, 36]. De uma maneira geral, quando um fármaco é encapsulado num transportador, com por exemplo o lipossoma (Figura 17.3), o volume de distribuição e a eliminação plasmática diminuem, enquanto o tempo de permanência no plasma e a área sob a curva concentração vs. tempo aumentam [37].

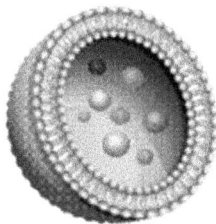

**Figura 17.3**. Representação esquemática geral de um lipossoma enquanto veículo transportador de moléculas de fármaco encapsuladas no seu compartimento aquoso central.

O desenvolvimento bem-sucedido de uma formulação lipossomal encapsulando um ou mais fármacos deve cumprir com três requisitos fundamentais: a) compreensão da fisiologia e biologia da doença a tratar; b) conhecimento profundo das propriedades físico-químicas do transportador e do fármaco(s) e c) determinação das alterações na farmacocinética e biodistribuição do fármaco induzidas pelo veículo lipossomal [22].

Os tipos de lipossomas, as diferentes composições lipídicas e métodos de preparação não serão alvo de revisão no presente capítulo mas essa informação poderá ser consultada em diversas referências bibliográficas publicadas pelos grupos de investigação da Dra. Allen [22, 38, 39] e do Dr. Lasic [40].

## 17.4.2.2 Aplicações médicas

Nas últimas décadas o desenvolvimento de formulações lipossomais de fármacos tem sofrido uma grande evolução, o que permitiu aumentar a sua gama de aplicações médicas: tratamento do cancro, de infeções, de doenças oftalmológicas, terapia génica, imagiologia de diagnóstico, vacina, terapia fotodinâmica, dermatologia, transportador de hemoglobina ou de enzimas [33, 35, 41-43]. O principal objetivo de uma formulação lipossomal destinada ao tratamento do cancro é melhorar o índice terapêutico do(s) fármaco(s) encapsulados mediante aumento da atividade antitumoral e/ou redução do perfil de toxicidade devido a uma entrega e acumulação preferencial no tumor comparativamente com os fármacos na forma livre após administração intravenosa [36, 44].

## 17.4.2.3. Comportamento *in vivo* dos lipossomas

Idealmente, uma formulação lipossomal de um fármaco deve possuir um diâmetro próximo de 100 nm, um rácio fármaco: lípido elevado, uma boa retenção do(s) fármaco(s) durante a circulação sanguínea e um tempo de circulação longo (desde horas até dias) [45].

De uma forma geral, um tempo de circulação sanguínea reduzido e a libertação precoce do(s) fármaco(s) a partir do lipossoma convencional limita a sua aplicabilidade clínica. Os lipossomas convencionais são reconhecidos e ligados por proteínas (opsoninas) e pelo sistema complemento plasmático e, de seguida, são removidos da circulação sistémica pelas células do sistema reticulo-endotelial do fígado, baço e medula óssea [33, 46, 47]. As propriedades físico-químicas dos lipossomas (tamanho, carga, hidrofobicidade, fluidez da bicamada) influenciam a estabilidade física em termos de retenção do(s) fármaco(s) e o tipo de proteínas e lipoproteínas plasmáticas que se ligam [33, 46]. O uso de lípidos saturados na bicamada lipossomal (que possuam uma temperatura de transição de fase elevada) conjuntamente com colesterol, mas principalmente o acoplamento à superfície dos lipossomas de polímeros hidrofílicos (ex. polietilenoglicol - PEG) aumentam significativamente (de horas para dias) o tempo de circulação plasmática e a estabilidade das formulações lipossomais [33, 37, 39, 47]. Os lipossomas que apresentam ligando hidrofílicos à superfície revelam menor adsorção e ligação de opsoninas e são denominados lipossomas estabilizados estereamente (do inglês, *sterically stabilized liposomes* (SSL) *or Stealth*®)[23, 33, 37].

### 17.4.2.4. Comportamento *in vivo* dos lipossomas

A maioria dos tumores sólidos possui características fisiológicas únicas que se encontram ausentes em tecidos saudáveis, nomeadamente angiogénese muito extensa e descontrolada, arquitetura vascular caótica, permeabilidade vascular aumentada e drenagem linfática limitada [48, 49]. Este fenómeno denominado efeito da permeabilidade e da retenção aumentados (do inglês, *enhanced permeability and retention* (EPR) *effect*) (Figura 17.4) [36, 49] tem sido amplamente descrito em diversos tumores experimentais e depende do tipo, volume e vascularização tumoral, assim como da permeabilidade dos vasos sanguíneos [48, 50]. Devido a este efeito os lipossomas estabilizados estereamente e com um diâmetro na gama dos 100-200 nm demonstram extravasação preferencial através da vasculatura tumoral muito permeável e acumulação passiva no espaço intersticial devido à drenagem linfática ineficaz (Figura 17.4).

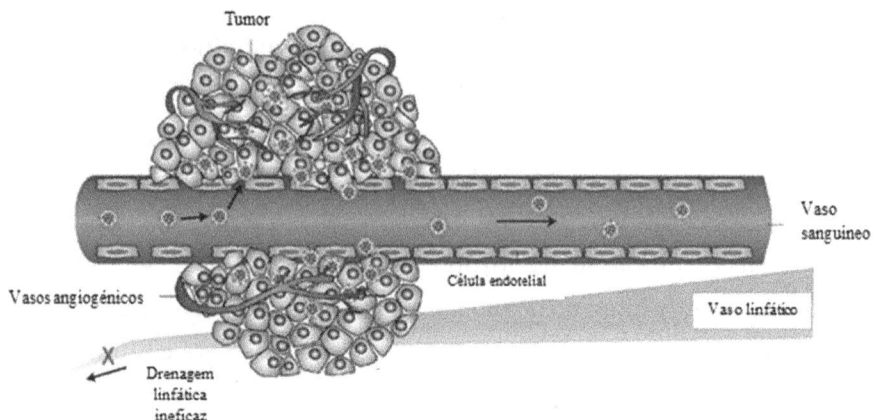

**Figura 17.4.** Efeito da permeabilidade e da retenção aumentados (do inglês, *enhanced permeability and retention* (EPR) *effect*). Os lipossomas são representativos de nanopartículas. O direcionamento para o tumor é conseguido de forma passiva devido à extravasação dos lipossomas da corrente sanguínea para o espaço intersticial tumoral devido à vasculatura muito permeável e à retenção e acumulação preferenciais devido a um sistema de drenagem linfática ineficaz. Adaptado da referência bibliográfica [26].

## 17.4.2.5. Formulações lipossomais de fármacos individuais aprovadas ou em desenvolvimento clínico

O sucesso dos lipossomas enquanto sistema de transporte e entrega de fármaco(s) é refletido pelo número significativo de produtos aprovados para uso clínico pelas autoridades regulamentares (FDA – *Food and drug Administration* e EMA – *European Medicines Agency*) (Tabela 17.2) ou em desenvolvimento em ensaios clínicos (Tabela 17.3).

Exemplos de formulações lipossomais de um fármaco individual são o Doxil® e o Myocet® e que estão aprovados no tratamento de diversos cancros (Tabela 17.2). A encapsulação da doxorrubicina num lipossoma permitiu reduzir significativamente os efeitos tóxico associados a este fármaco, nomeadamente cardiomiopatia, efeitos hematológicos, alopecia e náuseas, sem alterar a sua atividade terapêutica [37, 51, 52].

690

**Tabela 17.2.** Formulações lipossomais de um fármaco individual aprovadas para aplicação clínica.

| Nome comercial | Substância ativa | Tipo de formulação | Via de administração | Indicação terapêutica |
|---|---|---|---|---|
| Abelcet® | Anfotericina B | Complexo lipídico | Intravenosa | Infeção fúngica sistémica |
| Ambisome® | Anfotericina B | Lipossoma | Intravenosa | Infeção fúngica sistémica |
| Amphotec® | Anfotericina B | Complexo lipídico | Intravenosa | Infeção fúngica sistémica |
| DaunoXome® | Daunorrubicina | Lipossoma | Intravenosa | Tumores hematológicos |
| Doxil® (USA) Caelyx® (EU) | Doxorrubicina | Lipossoma PEGuilado | Intravenosa | Sarcoma de Kaposi Cancro ovário e da mama avançados Mieloma múltiplo |
| Lipo-dox | Doxorrubicina | Lipossoma PEGuilado | Intravenosa | Sarcoma de Kaposi Cancro ovário e da mama avançados |
| Myocet® | Doxorrubicina | Lipossoma | Intravenosa | Cancro da mama (combinação com ciclofosfamida) |
| Visudyne® | Verteporfina | Lipossoma | Intravenosa | Degeneração macular relacionada à idade Miopia patológica |
| DepoCyt® | Citarabina | Lipossoma | Vertebral | Meningite linfomatosa Meningite neoplásica |
| DepoDur® | Sulfato de morfina | Lipossoma | Epidural | Controlo da dor |
| Epaxal® | Vírus Hepatite A inativado (estirpe RG-SB) | Lipossoma | Intramuscular | Hepatite A |
| Inflexal V | Hemaglutinina inativada do vírus influenza (estirpes A e B) | Lipossoma | Intramuscular | Infeção pelo vírus Influenza |
| Exparel® | Bupivacaína | Lipossoma | i.v. | Controlo da dor |

Informações recolhidas na referência bibliográfica [53] e nas páginas oficiais na internet da USA *Food and Drug Administration* (FDA) - http://www.fda.gov (2012) e da *European Medicines Agency* (EMA) - http://www.ema.europa.eu (2012).

**Tabela 17.3.** Exemplos de formulações lipossomais de um fármaco individual em desenvolvimento clínico para tratamento do cancro.

| Nome comercial[a] | Substância ativa | Via de administração | Indicação terapêutica | Fase |
|---|---|---|---|---|
| LEP-ETU | Paclitaxel | Intravenosa | Cancros do ovário, mama e pulmão | I/II |
| LEM-ETU | Mitoxantrona | Intravenosa | Leucemia e cancros da mama, estômago, fígado e ovário | I |
| EndoTAG-1 | Paclitaxel | Intravenosa | Cancros da mama e do pâncreas | II |
| Arikace | Amicacina | Aerossol | Infeção pulmonar | III |
| Marqibo | Vincristina | Intravenosa | Melanoma metastático | III |
| ThermoDox | Doxorrubicina | Intravenosa | Cancro hepático não ressecável | III |
| Atragen | Tretinoína | Intravenosa | Leucemia aguda promielocítica Cancro da próstata refratário a hormonas | II |
| Nyotran | Nistatina | Intravenosa | Infeções fúngicas sistémicas | I/II |
| LE-SN38 | Metabolito ativo do irinotecano (SN-38) | Intravenosa | Cancro coloretal metastático | I/II |
| Aroplatin | Análogo da cisplatina (L-NDDP) | Intrapleural | Cancro coloretal metastático | II |
| Liprostin | Prostaglandina E1 | Intravenosa | Doença vascular periférica | II/III |
| SPI-077 | Cisplatina | Intravenosa | Cancros da cabeça / pescoço e do pulmão | I/II |
| Lipoplatin | Cisplatina | Intravenosa | Cancros do pâncreas, cabeça/ pescoço, mama, gástrico, pulmão e mesotelioma | III |
| S-CKD602 | Análogo da camptotecina | Intravenosa | Cancro do útero recorrente | I/II |
| OSI-211 | Lurtotecano | Intravenosa | Cancros da cabeça/pescoço e ovário | II |
| INX-0125 | Vinorrelbina | Intravenosa | Tumores sólidos avançados | I |
| INX-0076 | Topotecano | Intravenosa | Tumores sólidos avançados | I |
| Anamicina lipossomal | Anamicina | Intravenosa | Leucemia linfoblástica aguda | I/II |

[a]Atualmente alguns fármacos ainda não têm nome comercial atribuído e por isso são designados por código. A informação apresentada na tabela foi compilada a partir da referência bibliográfica [53].

692

## 17.4.2.6. Formulações lipossomais de combinações de fármacos anticancerígenos

### 17.4.2.6.1. Considerações gerais

O uso de combinações de fármacos anticancerígenos tem sido a prática padrão no tratamento do cancro ao longo das últimas décadas. No entanto, a aplicação de lipossomas como nanotransportadores de combinações de fármacos anticancerígenos foi apenas descrita nos últimos anos [9, 13, 34].

Até ao momento não existem formulações lipossomais encapsulando uma combinação de fármacos na prática clínica (Tabela 17.4).

Como referido anteriormente na seção 17.3.1, as combinações de fármacos podem originar efeitos sinergísticos, aditivos ou antagonistas dependendo do rácio em que os fármacos são combinados [11]. Durante uma experiência *in vitro*, o rácio entre dois fármacos pode ser facilmente controlado. No entanto a translação do rácio considerado terapêutico *in vitro* para a prática clínica é muito difícil devido à farmacocinética, bio-distribuição e metabolismo distintos assumidos pelos fármacos, na forma livre, após administração intravenosa [13, 55]. Sendo assim, a referida farmacocinética não controlada de cada fármaco resulta na exposição das células tumorais a concentrações de fármaco abaixo do nível terapêutico ou na exposição a um rácio antagonista que resulta numa perda de atividade terapêutica [6, 9]. A incapacidade de controlar o rácio dos dois fármacos administrados durante a circulação sistémica e, principalmente, no tecido tumoral, pode explicar em parte a reduzida eficácia terapêutica de algumas combinações de fármacos em quimioterapia do cancro [6].

Os sistemas de entrega de fármacos, tais como os lipossomas, podem controlar a libertação dos dois fármacos encapsulados, mantendo um rácio específico de combinação durante a circulação sanguínea. Vários estudos demonstraram que este controlo rigoroso permite um aumento significativo de eficácia terapêutica comparando com os fármacos na forma livre administrados em combinação ou com formulações de cada fármaco individualmente [6, 9, 13, 54, 55].

Em 2006, Mayer *et al.* [13] foram os primeiros a investigar a importância de manter o rácio óptimo de combinação *in vivo*, mediante encapsulação em lipossomas. Estudos adicionais [9, 54] demonstraram que os efeitos resultantes da interação de dois fármacos *in vitro* podem ser transpostos para o cenário *in vivo* uma vez que os lipossomas podem sincronizar a farmacocinética e a biodistribuição dos fármacos encapsulados em combinação e, assim, permitir a entrega dos fármacos ao tecido tumoral no rácio pretendido (Figura 17.5, em baixo). Pelo contrário, após a injeção intravenosa de dois fármacos combinados na forma livre verifica-se que os fármacos se distribuem rapidamente para os tecidos saudáveis além do tumor, e o seu rácio torna-se diferente do rácio administrado (Figura 17.5, em cima) [6].

Sendo assim, é possível concluir que a nanotecnologia, por exemplo os lipossomas, constituem uma ferramenta valiosa para a avaliação pré--clínica de uma combinação de fármacos antes do desenvolvimento clínico. As vantagens da aplicação de uma combinação de fármacos lipossomais podem ser resumidas da seguinte forma [56]:

a) Injeção de múltiplos fármacos simultaneamente;
b) Perfil farmacocinético semelhante dos fármacos refletindo o perfil de farmacocinética do lipossoma transportador;
c) Controlo rigoroso da concentração dos fármacos no tecido tumoral alvo mediante controlo do rácio de combinação dos fármacos;
d) Métodos de preparação e composição lipídica das formulações lipossomais podem ser modelados para controlar a libertação dos fármacos;
e) Maior aceitação por parte do paciente e aumento da qualidade de vida pois o número de administrações e de efeitos adversos são reduzidos.

A empresa *Celator Pharmaceuticals* foi pioneira no desenvolvimento de formulações lipossomais de uma combinação de fármacos para tratamento do cancro. No presente momento, esta empresa possui algumas formulações em desenvolvimento clínico e pré-clínico, como indicado na Tabela 17.4.

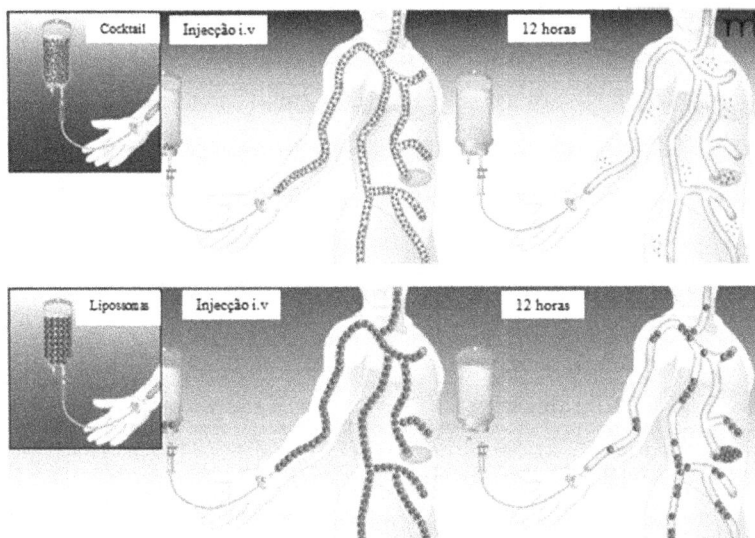

**Figura 17.5.** Descrição de como o sucesso da aplicação clínica de uma combinação de fármacos depende da manutenção *in vivo* e entrega tumoral dos fármacos no rácio de combinação pretendido. Em cima – após administração intravenosa de uma mistura de fármacos na forma livre, os fármacos distribuem-se independentemente e rapidamente pelos tecidos saudáveis e pelo tumor. Os fármacos alcançam o tumor num rácio de combinação diferente daquele que foi administrado. Em baixo – Os lipossomas mantêm na circulação sanguínea os fármacos encapsulados durante um longo período de tempo e entregam os mesmos ao tumor no rácio de combinação pretendido. Adaptado da referência bibliográfica [6].

**Tabela 17.4.** Formulações lipossomais de combinações de fármacos em desenvolvimento pela empresa Celator Pharmaceuticals (http://www.celatorpharma.com (2012)).

| Código | Combinação de fármacos lipossomal | Indicação terapêutica | Fase |
|--------|-----------------------------------|----------------------|------|
| CPX-351 | Citarabina : daunorrubicina | Leucemia mieloide aguda | II |
| CPX-1 | Hidroclorato de irinotecano:floxuridina | Cancro coloretal | II |
| CPX-571 | Hidroclorato de irinotecano:cisplatina | Cancro do pulmão de pequenas células | Pré-clínico |
| CPX-8XY | Desconhecido | Desconhecido | Investigação |

## 17.4.2.6.2. Desenvolvimento de formulações lipossomais para entrega de uma combinação de fármacos

O conceito de combinar fármacos, com propriedades físico-químicas distintas, num único nanotransportador (ex. lipossoma) que encapsula

695

eficazmente esses fármacos e os liberta *in vivo* com a mesma taxa, representa um grande desafio científico e técnico.

Presentemente, a encapsulação lipossomal de uma combinação de fármacos anticancerígenos representa um novo paradigma. Apesar desta abordagem nanotecnológica ser extremamente promissora, na literatura existe um número reduzido de artigos científicos publicados que reportam estudos bem-sucedidos de encapsulação eficaz de dois fármacos num único lipossoma [9, 13, 54, 57]. Esta limitação resulta das dificuldades técnicas associadas à obtenção de uma encapsulação eficiente e estável dos dois fármacos, assim como à manutenção e entrega tumoral do rácio fármaco 1: fármaco 2 após administração sistémica [9, 58].

Existem três diferentes estratégias para formular uma combinação de dois fármacos usando lipossomas:

a) Combinação de um fármaco lipossomal com um fármaco na forma livre

b) Encapsulação de cada fármaco num lipossoma individualmente e, posteriormente, combinação das duas formulações lipossomais

c) Combinação dos dois fármacos num único lipossoma mediante encapsulação simultânea ou sequencial.

As vantagens e limitações de cada estratégia são discutidas de seguida mantendo a ordem descrita:

a) Uma formulação lipossomal de um fármaco pode ser administrado simultaneamente com um fármaco livre mas interações lipossoma – fármaco livre podem ocorrer, tais como interações hidrofóbicas ou encapsulação do fármaco livre se o lipossoma apresentar um gradiente de pH [59-60]. Sendo assim, a ocorrência de interações desfavoráveis pode induzir alteração nos parâmetros farmacocinéticos dos fármacos livre e/ou encapsulado, podendo resultar numa redução da eficácia terapêutica e/ou aumento da toxicidade [59].

b) Talvez a abordagem mais simplista para coordenar a farmacocinética de uma combinação de fármacos seja encapsular cada fármaco individualmente num lipossoma e, posteriormente combinar numa única suspensão, as duas formulações lipossomais no rácio fármaco 1: fármaco 2 pretendido. No entanto, esta estratégia de desenvolver formulações lipossomais independentes e posteriormente administrá-las em conjunto a pacientes seria extremamente dispendiosa dados os custos elevados dos constituintes lipídicos e do processo de produção das duas formulações em separado [9].

c) A co-encapsulação de dois fármacos num único lipossoma é uma estratégia mais favorável em relação ao desenvolvimento de formulações lipossomais de fármacos individualmente uma vez que os custos de produção são reduzidos, a administração de carga lipídica ao paciente é minimizada (associada a efeitos adversos associados à infusão) e uma possível interferência de um lipossoma na farmacocinética do outro é eliminada [9, 58]. Adicionalmente, uma co-encapsulação permite ultrapassar dúvidas quanto à biodistribuição dos fármacos que depende da composição lipídica do lipossoma que o transporta. Combinando dois fármacos num único lipossoma já não se irá verificar um metabolismo e eliminação independentes mas sim uma farmacocinética única induzida pelas características do veículo transportador (lipossoma). No entanto, esta estratégia representa um grande desafio técnico de forma a desenvolver uma formulação lipossomal que demonstre uma cinética de libertação semelhante para ambos os fármacos. Para tal, é necessário otimizar diversos parâmetros durante o desenvolvimento da formulação lipossomal (método de preparação, composição lipídica do lipossoma, rácio fármaco 1: lípido total, rácio fármaco 2: lípido total, rácio fármaco 1: fármaco 2 [9].

## 17.5. Conclusões

O desenvolvimento de uma combinação quimioterapêutica para tratamento do cancro deve ser baseada numa seleção racional de fármacos a combinar e numa avaliação *in vitro* sistemática e quantitativa dos efeitos de interação dependentes do rácio de combinação. Estudos *in vitro* que avaliam o efeito antiproliferativo de uma combinação de fármacos incubados com uma linha celular antitumoral mediante a utilização de um método quantitativo, permite uma preparação mais racional de um futuro protocolo quimioterapêutico na prática clínica.

A transposição de rácios de combinação específicos, previamente selecionados em estudos *in vitro*, para o cenário clínico é complexa devido à farmacocinética independente de cada fármaco presente na combinação após administração intravenosa. Esta farmacocinética não coordenada pode resultar na exposição das células tumorais a concentrações sub-terapêuticas ou a um rácio antagonista com concomitante perda de atividade terapêutica.

A extensa informação obtida nos estudos *in vitro* sobre a dependência dos efeitos antiproliferativo do rácio de combinação pode ser usada para formular combinações de fármacos em sistemas de entrega de fármaco nanotecnológicos. Os lipossomas são um excelente exemplo deste tipo de sistema uma vez que têm demonstrado capacidade de aumentar o índice terapêutico dos fármacos anticancerígenos mediante aumento da atividade antitumoral e/ou redução dos efeitos tóxicos nos tecidos saudáveis.

O sucesso clínico desta estratégia nanotecnológica no tratamento do cancro está dependente do desenvolvimento de uma formulação lipossomal, com propriedades específicas, que consiga encapsular os dois fármacos de uma forma eficiente e estável e, posteriormente, manter o rácio de combinação após administração intravenosa e expor o tumor ao rácio efetivo de combinação.

## 17.6 Referências

[1] R. Siegel, D. Naishadham, A. Jemal. CA Cancer. J. Clin. 2012, 62,10-29.

[2] D. Hanahan,R.A. Weinberg. Cell. 2011, 144, 646-74.

[3] J.T. Dong. J. Cell. Biochem. 2006, 97, 433-47.

[4] M. Suggitt, M.C. Bibby. Clin. Cancer Res. 2005, 11, 971-81.

[5] G.F. Ismael, D.D. Rosa, M.S. Mano,A. Awada. Cancer Treat. Rev. 2008, 34, 81-91.

[6] L.D. Mayer,A.S. Janoff. Mol. Interv. 2007, 7, 4, 216-23.

[7] E.C. Ramsay, N. Dos Santos, W.H. Dragowska, J.J. Laskin, M.B. Bally. Curr. Drug Deliv. 2005, 2, 341-51.

[8] W. Zoli, L. Ricotti, A. Tesei, F. Barzanti, D.Amadori. Crit. Rev. Oncol. Hematol. 2001, 37, 69-82.

[9] T.O. Harasym, P.G. Tardi, N.L. Harasym, P. Harvie, S.A. Johnstone, L.D. Mayer. Oncol. Res. 2007, 16, 361-74.

[10] T.C. Chou. Cancer Res. 2010, 70, 440-6.

[11] T.C. Chou. Pharmacol Rev. 2006, 58, 621-81.

[12] J.H. Goldie. Cancer Metastasis Rev. 2001, 20, 63-8.

[13] L.D. Mayer, T.O. Harasym, P.G. Tardi, N.L. Harasym, C.R. Shew, S.A. Johnstone, E.C. Ramsay, M.B. Bally, A.S. Janoff. Mol. Cancer Ther. 2006, 5, 1854-63.

[14] D.R. Budman, A. Calabro,W. Kreis. Anticancer Drugs 2002, 13, 1011-6.

[15] J.L. Merlin. Anticancer Res. 1994, 14, 2315-9.

[16] T.C. Chou, P. Talalay. Adv. Enzyme Regul. 1984, 22, 27-55.

[17] T.C. Chou. Contrib. Gynecol. Obstet. 1994, 19, 91-107.

[18] T.C. Chou. J. Theor. Biol. 1976, 59, 253-76.

[19] T.C. Chou, R.J. Motzer, Y. Tong,G.J. Bosl. J. Natl. Cancer Inst. 1994, 86, 1517-24.

[20] W. Kreis, D.R. Budman, A. Calabro. Cancer Chemother Pharmacol. 2001, 47, 78-82.

[21] T.C. Chou. J. Lab. Clin. Med. 1998, 132, 6-8.

[22] T.M. Allen. Drugs 1998, 56, 747-56.

[23] T.L. Andresen, S.S. Jensen,K. Jorgensen. Prog. Lipid Res. 2005, 44, 68-97.

[24] L. Cattel, M. Ceruti,F. Dosio. Tumori 2003, 89, 237-49.

[25] H. Devalapally, A. Chakilam,M.M. Amiji. J. Pharm. Sci. 2007, 96, 2547-65.

[26] D. Peer, J.M. Karp, S. Hong, O.C. Farokhzad, R. Margalit, R. Langer. Nat. Nanotechnol. 2007, 2, 751-60.

[27] R.C. Dutta. Curr. Pharm. Des. 2007, 13, 761-9.

[28] B. Haley,E. Frenkel. Urol. Oncol. 2008, 26, 57-64.

[29] F. Alexis, J.W. Rhee, J.P. Richie, A.F. Radovic-Moreno, R. Langer, O.C. Farokhzad. Urol. Oncol. 2008, 26, 74-85.

[30] K. Cho, X. Wang, S. Nie, Z.G. Chen, D.M. Shin. Clin. Cancer Res. 2008, 14, 1310-6.

[31] T. Lammers, W.E. Hennink,G. Storm. Br J. Cancer 2008, 99, 392-7.

[32] A.D. Bangham, M.M. Standish,J.C. Watkins. J. Mol. Biol. 1965, 13, 238-52.

[33] M.L. Immordino, F. Dosio,L. Cattel. Int. J. Nanomedicine 2006, 1, 297-315.

[34] R.D. Hofheinz, S.U. Gnad-Vogt, U. Beyer,A. Hochhaus. Anticancer Drugs 2005, 16, 691-707.

[35] D.B. Fenske, A. Chonn,P.R. Cullis. Toxicol Pathol 2008, 36, 21-9.

[36] D.C. Drummond, O. Meyer, K. Hong, D.B. Kirpotin, D. Papahadjopoulos. Pharmacol. Rev. 1999, 51, 691-743.

[37] A. Gabizon, H. Shmeeda,Y. Barenholz. Clin. Pharmacokinet. 2003, 42, 419-36.

[38] T.M. Allen. Drugs 1997, 54 Suppl. 4, 8-14.

[39] T.M. Allen. Trends Pharmacol. Sci. 1994, 15, 215-20.

[40] D.D. Lasic, J.J. Vallner, P.K. Working. Curr. Opin. Mol. Ther. 1999, 1, 177-85.

[41] V.P. Torchilin. AAPS J. 2007, 9, E128-47.

[42] V.P. Torchilin. Nat. Rev. Drug Discov. 2005, 4, 145-60.

[43] G. Gregoriadis, A.T. Florence. Drugs. 1993, 45, 15-28.

[44] A.A. Gabizon. Cancer Res. 1992, 52, 891-6.

[45] D.B. Fenske,P.R. Cullis. Methods Enzymol. 2005, 391, 7-40.

[46] A. Chonn, S.C. Semple,P.R. Cullis. J. Biol. Chem. 1992, 267, 18759-65.

[47] D. Papahadjopoulos, T.M. Allen, A. Gabizon, E. Mayhew, K. Matthay, S.K. Huang, K.D. Lee, M.C. Woodle, D.D. Lasic, C. Redemann, et al. Proc. Natl. Acad. Sci. U S A 1991, 88, 11460-4.

[48] A.A. Gabizon, H. Shmeeda,S. Zalipsky. J. Liposome. Res. 2006, 16, 175-83.

[49] H. Maeda, J. Wu, T. Sawa, Y. Matsumura, K. Hori. J. Control. Release. 2000, 65, 271-84.

[50] F. Yuan, M. Dellian, D. Fukumura, M. Leunig, D.A. Berk, V.P. Torchilin, R.K. Jain. Cancer Res. 1995, 55, 3752-6.

[51] S.A. Abraham, D.N. Waterhouse, L.D. Mayer, P.R. Cullis, T.D. Madden, M.B. Bally. Methods Enzymol. 2005, 391, 71-97.

[52] A. Gabizon, D. Goren, R. Cohen,Y. Barenholz. J. Control. Release. 1998, 53, 275-9.

[53] H.I. Chang,M.K. Yeh. Int. J. Nanomedicine. 2012, 7, 49-60.

[54] P. Tardi, S. Johnstone, N. Harasym, S. Xie, et al. Leuk. Res. 2009, 33, 129-39.

[55] R.J. Lee. Mol. Cancer Ther. 2006, 5, 1639-40.

[56] Y. Bae, T.A. Diezi, A. Zhao,G.S. Kwon. J. Control. Release. 2007, 122, 324-30.

[57] X. Zhao, J. Wu, N. Muthusamy, J.C. Byrd, R.J. Lee. J. Pharm. Sci. 2008, 97, 1508-18.

[58] P.G. Tardi, R.C. Gallagher, S. Johnstone, N. Harasym, M. Webb, M.B. Bally, L.D. Mayer. Biochim. Biophys. Acta. 2007, 1768, 678-87.

[59] D.N. Waterhouse, N. Dos Santos, L.D. Mayer,M.B. Bally. Pharm. Res. 2001, 18, 1331-5.

[60] L.D. Mayer, J. Reamer, M.B. Bally. J. Pharm. Sci. 1999, 88, 96-102.

# CAPÍTULO 18. DESAFÍOS PARA LA IMPLEMENTACIÓN CLÍNICA DE PRODUCTOS DE INGENIERÍA DE TEJIDOS Y MEDICINA REGENERATIVA EN LATINOAMÉRICA

**Marta R. Fontanilla, Edward Suesca, Sergio Casadiegos**
*Grupo de Trabajo en Ingeniería de Tejidos, Laboratorio 318, Departamento de Farmacia, Universidad Nacional de Colombia. Avda Carrera 30 # 45-03, Bogotá, Colombia.*

**Resumen:**

La ingeniería de tejidos y la medicina regenerativa (ITMR) usan soportes, células y factores de crecimiento, solos o combinados, para reparar o regenerar tejidos lesionados o perdidos. Los principales avances en ITMR se han hecho en los países desarrollados, a pesar de que los problemas de salud que solucionan estas tecnologías prevalecen en países en desarrollo como los nuestros. Por ésta razón, es importante conocer que ocurre en investigación, desarrollo e implementación de terapias basadas en productos ITMR en la región. En éste capítulo se revisa la investigación, transferencia y producción de medicamentos ITMR (incluyendo información sobre los bancos de sangre de cordón), en Latinoamérica. La búsqueda llevada a cabo, demuestra la necesidad de formar más personal en el área y aumentar el apoyo financiero a la investigación y desarrollo, ya que aunque las tecnologías ITMR que son costosas pueden llegar a impactar favorablemente a los sistemas de salud de la región.

**Palabras clave:** Ingeniería de tejidos en Latinoamérica; implementación de terapias regenerativas; ingeniería de tejidos; medicina regenerativa.

DOI: http://dx.doi.org/10.14195/978-989-26-0881-5_18

**Abstract:**

Tissue engineering and regenerative medicine (TERM) approaches use scaffolds, cells and growth factors, alone or combined, to promote repair or regeneration of tissue that has been injured or lost. Major advances in TERM research and translation have been made in developed countries although the health problems that TERM-based therapies solve prevail in developing regions like ours. Therefore, identifying the challenges faced by Latin American scientists working in the field becomes a priority. The aim of this chapter was to survey research groups, clinical translation initiatives, TERM products manufactured locally and cord blood banks found in the region. The survey carried out indicates that TERM development in the region demands training of human resources and the increase of financial support. This effort must be made despite their high cost, because implementation of TERM technologies can have a good impact in the health systems of the Latin American countries.

**Keywords:** Tissue engineering in Latin America; implementation of regenerative therapies; tissue engineering; regenerative medicine.

## 18.1. Introducción

La ingeniería de tejidos es un campo multidisciplinario, cuyo objetivo es desarrollar tejidos y órganos artificiales que al injertarse estimulen la regeneración morfológica y funcional de los tejidos y órganos que reemplazan [1, 2]. Al congregar diferentes profesiones, crea el espacio necesario para encontrar soluciones a los desafíos que se presentan cuando se quiere imitar a la naturaleza; sin embargo, por ahora sus alcances están limitados por la capacidad que sus productos tienen de estimular la regeneración del cuerpo y por su baja implementación clínica.

Estados Unidos fue el país que desarrolló y aprobó los primeros sustitutos de tejidos para el tratamiento de lesiones de piel, hueso y cartílago en humanos [3, 4]; igualmente, inició la investigación y desarrollo de sustitutos artificiales de otros tejidos y órganos del cuerpo [5, 6]. Los beneficios terapéuticos de su aplicación, despertaron el interés mundial en el tema; por lo cual, se crearon centros académicos y grupos de investigación, asociados o no a universidades, con el fin de investigar e innovar en ésta área. La aplicación clínica de los resultados investigativos, condujeron a la formación de compañías que después de escalar la producción de sustitutos (e.g: Integra®, Apligraf® y Carticel®), lograron su comercialización [7, 8]. Actualmente, países considerados emergentes cuyas economías están dentro de las de mayor crecimiento, como India y China [9], también investigan y desarrollan productos de ingeniería de tejidos constituyéndose en centros importantes de innovación.

Más de 30 años de investigación y algunos de aplicación de este tipo de productos, han mostrado su efecto en favorecer el poder regenerador del cuerpo [10]. Lo anterior sumado al descubrimiento de las bondades de las células madre y de los factores secretados por ellas y otras células, para promover la regeneración de órganos y tejidos, llevó a que la ingeniería de tejidos y la terapia celular confluyeran en un campo de gran potencial hoy conocido como Medicina Regenerativa [11, 12]. Los productos de ingeniería de tejidos y medicina regenerativa (ITMR), varían en complejidad dependiendo del tipo de lesión y del órgano o tejido en que se van a aplicar. Por ejemplo, colocar soportes tridimensionales porosos de biomateriales biodegradables en pérdidas de continuidad de piel, mucosa o hueso promueve su regeneración; mientras que un órgano como la vejiga no puede ser reemplazado únicamente por el soporte, ya que necesita de componentes celulares que *in situ* estimulen su recambio y regeneración [5, 6, 13, 14]. Como consecuencia de sus diferencias en complejidad, la gama de productos ITMR comercializados o en desarrollo es muy variada y amplia.

Los problemas de salud tratados con medicina regenerativa, incluida la ingeniería de tejidos, prevalecen en los países emergentes; sin embargo, la mayoría de la investigación e innovación en este campo se ha llevado a cabo en los países desarrollados [15]. De ahí, la importancia de identificar los factores que limitan su aplicación en el tratamiento de los problemas de salud que afectan a países en desarrollo, como los nuestros. Con tal fin, este capítulo habla sobre la naturaleza de los productos ITMR, presenta el estado del campo en Latinoamérica, discute algunos de los desafíos que se enfrentan en la implementación de la ingeniería de tejidos y la medicina regenerativa en esta zona y señala algunas aproximaciones a seguir para conseguir que los países latinoamericanos participen activamente en sus desarrollos y beneficios.

## 18.2. Naturaleza y regulación de los productos de ingeniería de tejidos

Se han desarrollado una gran diversidad de productos de ingeniería de tejidos constituidos por células, soportes, factores de crecimiento, solos o combinados, los cuales fundamentan las aproximaciones terapéuticas de la medicina regenerativa. Su complejidad varía dependiendo de la función que desempeñan cuando se colocan en el organismo, su composición y la tecnología utilizada para su manufactura. Por ejemplo, un soporte tridimensional elaborado con un material biodegradable en el que no se han sembrado y cultivado células, es más simple que aquel en el que se han sembrado; por ende, los requerimientos de las agencias regulatorias de medicamentos para aprobar su comercialización son diferentes.

Debido a que muchos de estos productos están constituidos por tejidos tratados y células vivas o sus derivados, los productos ITMR conforman un grupo especial dentro de los medicamentos biológicos y los dispositivos médicos. Su común denominador es que son bioactivos y no son producidos con los métodos químicos usados en la manufactura de los medicamentos convencionales (los cuales integran un principio activo o fármaco sintético, semi-sintético o natural en una forma farmacéutica). Su bioactividad depende del tipo de producto y se manifiesta en que señalizan a las células del sitio implantado, para que desencadenen las respuestas biológicas que activan la capacidad de regeneración del cuerpo [16, 17]. Es importante notar que la regulación de otros medicamentos biológicos como las proteínas recombinantes, ha sido complicada y muy controversial; por lo tanto, es de esperar que los productos ITMR de mayor complejidad que estas últimas, tengan que recorrer un camino sinuoso antes de que existan regulaciones armonizadas que garanticen que en los diferentes países se produzcan con características de eficacia y seguridad similares.

Algunos de los productos ITMR han sido aprobados para comercialización como dispositivos médicos. Sin embargo, la Farmacopea de los Estados Unidos (USP) incluye a los tejidos formados por soportes y células en el grupo de "Productos derivados de células y tejidos" y solo considera como dispositivos médicos a las membranas o soportes acelulares elaborados con biomateriales sintéticos o naturales; exceptuando, los soportes obtenidos a partir de tejidos humanos por diferentes tratamientos [18]. La Administración de Medicamentos y Alimentos (FDA) de los Estados Unidos incluye a los productos de ingeniería de tejidos y medicina regenerativa dentro de los medicamentos biológicos, clasificándolos en: i) Células humanas, tejidos y productos basados en células y tejidos [Human cells, tissues, and cellular and tissue-based products (HCT/P)]; ii) Combinación de HCT/P y dispositivos; iii) Productos de terapia celular somática y de terapia génica. La FDA no considera como productos HCT/P a los tejidos humanos o células para uso autólogo que han sido removidos y posteriormente implantados durante el mismo procedimiento quirúrgico, a las células reproductivas o a los tejidos para transferir a un compañero sexual íntimo, a las células o tejidos donados como parte de un programa de tecnología de reproducción asistida, a los órganos donados para trasplante, a la sangre o componentes de ella (Células rojas, células blancas, plaquetas y plasma para transfusión), excepto células progenitoras hematopoyéticas, y a los tejidos o células humanas que se utilicen en investigaciones científicas no-clínicas o con propósitos educativos [19].

La Agencia Europea de Medicamentos (EMA), afirma que "los progresos en biotecnología celular y molecular han llevado al desarrollo de terapias avanzadas, como la terapia génica, terapia celular somática e ingeniería de tejidos". Reconoce que este tipo de productos va más allá del ámbito farmacéutico y del ámbito de los productos biológicos y los dispositivos médicos; en consecuencia, a los productos empleados en este tipo de terapias los agrupa y clasifica como medicamentos de terapias avanzadas [20].

Inicialmente los productos ITMR fueron aprobados por la FDA como dispositivos médicos y actualmente aquellos de baja complejidad como los soportes elaborados con biomateriales degradables aun se clasifican en esta categoría [21], por lo tanto en su regulación se han tenido en cuenta los principios de clasificación de dispositivos médicos establecidos por la Fuerza Especial para la Armonización Global [Global Harmonization Task Force (GHTF)], un grupo voluntario constituido por representantes de agencias regulatorias [22]. Hasta el momento en Colombia el Instituto Nacional de Vigilancia de Medicamentos y Alimentos (INVIMA), solo ha regulado a los productos ITMR que solicitan registro como dispositivos médicos; para esto, incluyó la clasificación propuesta por la GHTF en el decreto 4725 del 2005, elaborado por el Ministerio de la Protección Social. El decreto en mención establece que debido al tiempo que duran en contacto con el cuerpo, el grado de invasión y la relación que existe entre el efecto local y el efecto sistémico, los soportes empleados en ingeniería de tejidos deben ser clasificados como dispositivos médicos clase III. Está en curso la aprobación de un proyecto de decreto sobre medicamentos biológicos y biotecnológicos que incluye a los productos de ingeniería de tejidos y medicina regenerativa [22]. En general se puede considerar que debido a su reciente desarrollo y aplicación, en los países latinoamericanos hasta ahora se está implementado la utilización y reglamentación de los productos ITMR.

## 18.3. Estado actual de la ingeniería de tejidos y la medicina regenerativa

Las lesiones de cartílago articular y las pérdidas de continuidad de piel y mucosa, son frecuentes en todas las poblaciones del planeta. Sin embargo, los países con ingresos bajos y moderados, que representan el 85% de la población mundial, enfrentan el 90% de muertes ocasionadas por lesiones o trauma y poseen el 80% de las personas que en el mundo sufren algún tipo de discapacidad [23]. En estos países las prácticas saludables son poco comunes, además, la prevención y el acceso a una atención en salud de calidad en los estratos socieconómicos medios y bajos son limitados [24]. En consecuencia, las enfermedades crónicas que resultan en el daño de órganos o en pérdida de tejidos son frecuentes. Por ejemplo, se ha postulado que entre el 2000 y el 2020, el porcentaje de personas con cáncer habrá aumentado el 73% en los países en desarrollo mientras que en los desarrollados el incremento será solo del 29% [25, 26]. Además, los conflictos sociales y la violencia incrementan la incidencia de heridas por quemadura, explosiones, minas antipersonales, armas de fuego y armas cortopunzantes [27].

Muchos de los problemas de salud arriba descritos, se tratan con trasplantes de órganos o injertos de tejidos. La escasez de donantes y las complicaciones asociadas con la utilización de tejidos que no son autólogos (homo y xenoinjertos), han impulsado la elaboración *in vitro* de órganos y tejidos; sin embargo, la complejidad de algunos de estos ha obstaculizado su obtención y su uso clínico. En consecuencia órganos complejos, como las glándulas o el riñón, hasta el momento no han podido ser llevados del laboratorio de investigación a la práctica clínica [15]. A pesar de lo anterior, en el siglo XXI se han tratado con productos ITMR pacientes que presentan lesiones de piel, cartílago, hueso, válvulas cardiacas, vejiga, esófago, zonas infartadas de corazón, córnea y tráquea [28-32]. Los resultados clínicos de estos tratamientos, mejores que los obtenidos con los métodos convencionales, son los que han promovido el crecimiento de la ingeniería de tejidos y de la medicina regenerativa en el mundo y en Latinoamérica.

Un estudio sobre los beneficios potenciales de la medicina regenerativa en los sistemas de salud de países de ingresos medios y bajos, reportó la existencia de grupos de investigación, generalmente asociados con universidades, que trabajan en el campo. Por el contrario, su éxito en la creación de compañías dedicadas a ofrecer productos y servicios en ingeniería de tejidos evidenció ser muy bajo [33, 34]. Para mostrar el panorama actual de la ingeniería de tejidos y medicina regenerativa en Latinoamérica, hicimos una búsqueda en internet a través del motor de búsqueda Google asociando el nombre de cada país latinoamericano a cada una de las siguientes palabras claves: Ingeniería de tejidos, tejido artificial, medicina regenerativa, terapia celular y células madre. Adicionalmente, se revisaron los eventos académicos en las áreas de ingeniería biomédica, biomateriales, ingeniería de tejidos y medicina regenerativa para identificar a los latinoamericanos participantes y se buscó en la base de datos MedLine la producción bibliográfica de los grupos de investigación identificados. La información encontrada se organizó en tres secciones: Investigación, producción comercial y bancos de sangre de cordón umbilical.

### 18.3.1. Investigación en ingeniería de tejidos y medicina regenerativa

Durante la revisión se encontró que hay grupos vinculados a universidades y centros de investigación que investigan en ITMR. La información del grupo, los temas de investigación y la institución a la que pertenece, fue agrupada por país y es presentada en la Tabla 18.1. En ella se observa que en 10 de los 20 países Latinoamericanos, se realizan investigaciones con el potencial de desarrollar productos ITMR.

### 18.3.2. Producción comercial

Se buscó información sobre empresas netamente latinoamericanas que produjeran y comercializaran productos ITMR. Los datos encontrados (Tabla 18.2), muestran que hay empresas latinoamericanas dedicadas a las siguientes actividades: producción de dispositivos médicos utilizando biomateriales biodegradables; aplicación de terapias con plasma rico en plaquetas o células madre mesenquimales derivadas de médula ósea; láminas de queratinocitos (Autólogos y homólogos) y cartílago. Además, laboratorios Craveri en Argentina, aunque no cuenta con productos ITMR en el mercado, fue la primera empresa de la región en incorporar una división de bioingeniería en el año 1995 y ahora tiene líneas de investigación en cartílago, oftalmología y piel; sin embargo, parte de sus desarrollos todavía se encuentran en ensayos clínicos y otros están esperando su aprobación para ser comercializados [29].

**Tabla 18.1.** Grupos Latinoamericanos de investigación en ITMR.

| Grupo | Investigación | Institución |
|---|---|---|
| Argentina | | |
| Centro de Investigación en Ingeniería de Tejidos y Terapias Celulares (CIITTC) [35, 36]. | Páncreas, sistema cardiovascular y nervioso. | Universidad Maimónides, Buenos Aires. |
| Laboratorio de Ingeniería Tisular y Medicina Regenerativa [37-39]. | Células madre, ingeniería de tejidos de piel. | CUCAIBA (Centro Único Coordinador de Ablación e Implante, Buenos Aires) |
| Instituto de Investigaciones en Ciencia y Tecnología de Materiales (INTEMA) [35, 40]. | Biomateriales, soportes y nanofibras para ingeniería de tejidos. | Facultad de Ingeniería de la Universidad Nacional de Mar del Plata |
| Brasil | | |
| Biomateriais para Implante em tecido ósseo [41, 42]. | Biomateriales e ingeniería de tejido óseo. | Universidade de São Paulo, Faculdade de Odontologia de Ribeirão Preto |
| Reparo e Biocompatibilidade [43, 44]. | Sistema óseo y biomateriales para uso odontológico y médico. | Universidade de São Paulo, Faculdade de Odontologia de Ribeirão Preto |
| Laboratório de Investigação Médica do Sistema Músculo Esquelético [45, 46]. | Regeneración del sistema musculo esquelético. | Universidade de São Paulo. |
| Heart Institute (InCor) [47, 48]. | Ingeniería de tejidos del sistema cardiovascular. | Universidade de São Paulo. Escuela de Medicina. |
| Chile | | |
| Centro de Investigación en Criogenia e Ingeniería de Tejidos en Chile (Cicrit) [49, 50]. | Regeneración de piel. | Universidad de Valparaíso. |
| Biorreactores y Biosensores [16, 51, 52]. | Biorreactores para la producción de Factores de crecimiento. | Centro de Biotecnología de la Universidad Técnica Federico Santa María. |
| Centro de Investigación Biomédica [53]. | Tratamiento de úlceras crónicas en pie diabético. | Universidad Austral de Chile – Fundación Instituto Nacional de Heridas. |
| Departamento de Polímeros [53]. | Aplicaciones biomédicas de quitosán. | Universidad de Concepción, Facultad de Ciencias Químicas. |

| Grupo | Investigación | Institución |
|---|---|---|
| **Colombia** | | |
| Grupo de Trabajo en Ingeniería de Tejidos (GTIT) [16, 54, 55]. | Biosensores en ITMR, biorreactores, soportes para ingeniería de tejidos de mucosa oral, ocular, cartílago y piel. | Universidad Nacional de Colombia. |
| Biología de Células Madre [42]. | Células madres mesenquimales y su potencial angiogénico. | Universidad Nacional de Colombia. |
| Grupo de Ingeniería Biomédica [56, 57]. | Biomecánica, hemosustitutos. Ingeniería de tejidos y biomateriales | Universidad de los Andes |
| Grupo Ingeniería de tejidos y terapias celulares [58, 59]. | Producción de sustitutos biológicos Terapias celulares | Universidad de Antioquia. |
| Grupo de Investigación en Biomateriales – BIOMAT [60]. | Biomateriales, soportes para ingeniería de tejidos, materiales biocerámicos. | Universidad de Antioquia. |
| Terapia Regenerativa [61, 62]. | Concentrados de plaquetas en patología músculo-esquelética, modelos animales de enfermedad músculo-esquelética. | Universidad de Caldas. |
| Grupo de Investigación en Ingeniería Biomédica EIA-CES (GIBEC) [48, 63]. | Biotecnología en salud y biomateriales. | Universidad CES. |
| **Costa Rica** | | |
| Laboratorio de Ingeniería de Tejidos [64]. | Producción de piel artificial. | Centro de Investigación en Biotecnología del Instituto Tecnológico Costa Rica (TEC) |
| **Cuba** | | |
| Centro de Biomateriales [15, 65]. | Biomateriales | Universidad de la Habana |
| Centro de Ingeniería Genética y Biotecnología [66]. | Medicina regenerativa mediante factores de crecimiento recombinantes. | Centro de Ingeniería Genética y Biotecnología |
| **Ecuador** | | |
| Laboratorio Acelerador de Electrones [67]. | Aplicaciones de un acelerador de electrones en la obtención de piel. | Escuela Politécnica Nacional. |
| **México** | | |
| Unidad de Ingeniería de Tejidos, Terapia Celular y Medicina Regenerativa [18, 68]. | Regeneración ósea. | Instituto Nacional de Rehabilitación. |
| Grupo de Investigación en Ingeniería Tisular [69]. | Ingeniería de tejidos de piel y hueso | Universidad Autónoma de San Luis Potosí. |
| Unidad Guaymas en Aseguramiento de Calidad y Aprovechamiento Sustentable de Recursos Naturales [70, 71]. | Ingeniería de tejidos de piel, aplicaciones biomédicas de quitosán. | Centro de Investigación en Alimentación y Desarrollo. |
| Laboratorio de Inmunoterapia e ingeniería de Tejidos [72]. | Ingeniería de tejidos de piel y hueso | Universidad Autónoma de México. |
| **Uruguay** | | |
| Facultad de Química [73]. | Ingeniería de tejidos de piel, soportes a base de colágeno | Universidad de la República |
| **Venezuela** | | |
| Departamento de Biología Celular [74]. | Ingeniería de tejidos de cartílago y piel | Universidad Simón Bolívar, |
| Laboratorio de Bioingeniería de Tejidos [75, 76]. | Regeneración ósea, ingeniería de tejidos de piel, regeneración nervios periféricos | Universidad Simón Bolívar. |

Algunas de las compañías incluidas en la Tabla 18.2, tienen origen en grupos de investigación vinculados a universidades, públicas o privadas, o licencian tecnologías desarrolladas en ellas. Ejemplo de esto son Biomaster, una spin-off de la Universidad de los Andes en Bogotá, Colombia, y Recalcine, compañía chilena que licenció productos desarrollados en la Universidad de Concepción, Chile [77]. La mayoría de estos productos están indicados para el tratamiento de lesiones de piel y de cartílago.

### 18.3.3. Bancos de sangre de cordón umbilical

En la última década ha aumentado el interés por la sangre de cordón umbilical como fuente de células madre hematopoyéticas y mesenquimales, lo cual se refleja en la implementación a nivel mundial de bancos privados y públicos para su criopreservación. En muchos países los bancos privados de sangre de cordón umbilical han surgido debido a la oportunidad de negocio, creada por la promesa de curar con células madre enfermedades graves como leucemia, diabetes, autoinmunidades y otros padecimientos o lesiones. Hasta el momento estas células solo han sido aprobadas para el trasplante de médula ósea, en el tratamiento de desórdenes hematológicos y del sistema inmune; sin embargo, su eficacia y seguridad en el tratamiento de otras patologías aún no ha sido demostrada [78]. La Sociedad Argentina de Hematología ha manifestado "que la utilidad demostrada de las células progenitoras hematopoyéticas de cordón umbilical es el trasplante alogénico como reconstituyente hematopoyético y que no existen evidencias concluyentes sobre la utilización de estas células para la reconstitución de otros tejidos". Además "la Sociedad promueve y apoya el sistema voluntario, altruista y solidario sobre el que se basa el programa argentino de donación de órganos y tejidos".

El primer banco de sangre de cordón se estableció en el año 1993 en el centro de sangre de Nueva York, iniciativa pública que hasta el momento se mantiene como el banco de sangre de cordón más grande del mundo [79]. Los bancos encontrados en Latinoamérica, localizados en nueve países, son incluidos en la Tabla 18.3. El primer banco latinoamericano, fue creado en la Argentina en 1996 en el Hospital de Pediatría Garrahan como un programa relacionado (familiar) de banco de sangre de cordón; en la misma institución, más adelante en el 2005 surgió el programa no relacionado (público) [80]. En Argentina, INCUCAI (Instituto Nacional Centro Único Coordinador, Ablación e Implante) perteneciente al Ministerio de Salud de la Nación, tiene un programa de trasplante de progenitores hematopoyéticos, que incluye al banco de sangre de cordón del Hospital de Pediatría Garrahan, así como otros centro de colecta, criopreservación y trasplante de médula ósea del país.

En el año 2001, México vio surgir su primer banco de sangre de cordón umbilical; esta entidad privada, en la actualidad cuenta con filiales en 28 oficinas en las principales ciudades de México, Colombia, Brasil y Estados Unidos [81]. Fue también en México donde se creó el primer banco latinoamericano público (CordMX), el cual se fundó en la ciudad de México en el 2003, como parte del Centro Nacional de la Transfusión Sanguínea, dependiente de la Secretaría de Salud [82].

Los únicos países en Latinoamérica, además de México y Argentina, que cuentan con bancos públicos son Brasil y Colombia. Sin embargo, ningún banco de cordón latinoamericano público o privado, está en la lista de bancos acreditados por la Fundación para la Acreditación de Terapia Celular (FACT), creada por NETCORD con el propósito de establecer estándares internacionales de calidad y seguridad. NETCORD es la red encargada de mantener el registro internacional de bancos de sangre de cordón umbilical y de las unidades de sangre de cordón que ellos almacenan. En el mundo, FACT es la única entidad con autoridad para acreditar la colecta, procesamiento, evaluación, almacenamiento, selección y aprobación de unidades de cordón umbilical. Se debe resaltar que hasta el momento, FACT solo ha acreditado 47 bancos de sangre de 19 países: Australia, Austria, Bélgica, Canadá, Francia, Alemania, Grecia, Hong Kong, Israel, Italia, Holanda, San Marino, Singapur, España, Suiza, Suecia, Taiwán, Reino Unido y Estados Unidos [85]. Aunque los bancos de cordón brasileños no están acreditados por FACT, este es el único país latinoamericano que posee un programa de terapia celular basado en células progenitoras hematopoyéticas de médula ósea, u obtenidas por aféresis, acreditado por esta entidad [86].

**Tabla 18.2.** Compañías que producen u ofrecen productos ITMR en Latinoamérica.

| Empresa | Producto/ Descripción | Uso |
|---|---|---|
| **Argentina** | | |
| Laboratorios Celina [83] | MEMBRACEL® /Apósito de colágeno en membrana | Tratamiento de úlceras, quemaduras y lesiones por trauma. |
| | MEMBRACEL®-G/ Colágeno en gránulos | |
| | MEMBRACEL®-O/Apósito de colágeno en membrana | |
| | MEMBRACEL®-O con Clorhexidina | Cirugía maxilofacial, implantología y enfermedad periodontal. Cobertura de cualquier relleno en cavidad de tejido óseo, cobertura de implante rodeado por coágulo sanguíneo, cobertura de alveolo post-extracción. |
| | MEMBRACEL®-O con Metronidazol | |
| | MEMBRACEL®-G/ Colágeno en Gránulos | |
| | MEMBRACEL®-GY/ Colágeno en Gránulos | |
| | MEMBRACEL®-E/ Esponja de Colágeno | |
| | MEMBRACEL®-EH/ Esponja de Colágeno con Matriz Ósea | |
| | MEMBRACEL®-ORL /Membrana de colágeno entrecruzada | Promoción de la oclusión de fístulas antrobucales y meníngeas y perforaciones timpánicas. |
| | MEMBRACEL®-Q /Membrana de colágeno | Prevención de adherencias post-operatorias y cubrimiento de áreas desperitonealizadas. |
| Hyaltec Argentina S.A [84] | Jaloskin/ Film transparente de HYAFF (ester bencílico de ácido hialurónico) | Úlceras, quemaduras, heridas quirúrgicas y por trauma |
| | Hyalogran/ Microgránulos de alginato de sodio y HYAFF | Úlceras y heridas profundas con abundante exudado |
| | Hyalofill-F/ Soporte de HYAFF | Úlceras y preparación del lecho para el implante de injertos de piel |
| | Hyalomatrix-PA/ Soporte de HYAFF cubierto por una capa de silicona | Quemaduras profundas o pérdidas cutáneas de espesor total |
| | Hyalofast/ Soporte de HYAFF y un importante componente de cartílago humano | Atrapamiento de células madre mesenquimales para la reparación de lesiones condrales y osteocondrales |
| | Hyalonect/ malla de HYAFF | Rápida estabilización del material de hueso injertado |
| | Hyaloglide/ gel de ácido hilarónico | Barrera contra la formación de adherencias post-operatorias de tendón y nervios |
| | Hyalograft 3D/ soporte de HYAFF con fibroblastos autólogos | Úlceras, quemaduras, heridas quirúrgicas y por trauma, cirugía plástica |
| | Laseskin/ / soporte de HYAFF con microperforaciones efectuadas con sistema láser y queratinocitos autólogos | Reemplazar autoinjerto en úlceras, quemaduras, heridas quirúrgicas y trauma, cirugía plástica |
| **Brasil** | | |
| Baumer | GenOx Org® | Procedimientos de implantología buco maxilofacial y cirugías óseas en general. |
| | GenDerm® | |
| | GenOx Inorg® | |
| | GenMix® | |
| | OrthoGen® | |
| | GenPhos® HA TCP | |
| Cellpraxis® | ReACT® / Infusión de células madre mesenquimales autólogas de médula ósea | Angina refractaria. |
| **Chile** | | |
| Inbiocriotec | SIOp/Membrana porosa biocompatible y biodegradable de composición no especificada en el sitio web de la empresa | Heridas cutáneas (quemaduras, úlceras, trauma, zonas donantes) |
| | SIOc / Membrana porosa biocompatible y biodegradable de composición no especificada en el sitio web de la empresa | Tratamiento de lesiones de cartílago |

| Laboratorios Recalcine | Biopiel®, membrana de quitosano | Heridas cutáneas (quemaduras, ulceras, trauma, zonas donantes) |
|---|---|---|
| **Colombia** | | |
| Inst. de Regeneración Tisular | Cytogel®, plasma rico en plaquetas | Regeneración ósea, tratamiento de lesiones articulares, úlceras en piel, medicina estética. |
| BioMaster® | Bio M Colágeno/ Submucosa intestinal porcina decelularizada | Heridas cutáneas (quemaduras, úlceras, trauma, zonas donantes), urología y neurología. |
| | Bio M.3D/ Submucosa intestinal porcina reforzada con titanio | Aumento vertical de rebordes, regeneración ósea alrededor de mucosa, implantes dentales, defectos periodontales, preservación de alvéolos. |
| 3Biomat | Biomec®/ Submucosa intestinal porcina decelularizada | Heridas cutáneas (quemaduras, úlceras, trauma, zonas donantes) |
| | Biomec Cx® Refuerzo de tejidos blandos/ Submucosa intestinal porcina decelularizada | Eventrorrafias y herniorrafias (inguinales, umbilicales, hiatales y paraesofágicas). |
| | Biomec Cx® Sustituto dural/ Submucosa intestinal porcina decelularizada | Reemplazo de tejido dural en neurocirugía. |
| | Biomec Cx® Conducto nervioso / Submucosa intestinal porcina decelularizada | Regeneración de nervios periféricos. |
| | Biomec Cx® Peyronie/ Submucosa intestinal porcina decelularizada | Urología. |
| Keraderm SAS | Keraderm®/ Queratinocitos autólogos | Heridas cutáneas (quemaduras, ulceras, trauma, zonas donantes). |
| **México** | | |
| BioSkinCo | Epifast® Queratinocitos heterólogos criopreservados sobre una gasa vaselinada | Heridas cutáneas (quemaduras, ulceras, trauma, zonas donantes) |

**Tabla 18.3.** Bancos de sangre de cordón umbilical en Latinoamérica

| | |
|---|---|
| *Argentina* | BioCells, CrioCenter, Bioprocrearte, Protectia, Banco de Sangre del Cordón Umbilical de Nueva Inglaterra, Matercell, Hospital Garrahan. |
| *Brasil* | Cord Vida, Cryopraxis, HemoMed, Banco de Sangre del Cordón Umbilical de Nueva Inglaterra |
| *Chile* | Banco de Sangre del Cordón Umbilical de Nueva Inglaterra, Banco de Vida, Babycord, Vida Cell, Inbiocriotec, Hemastem. |
| *Colombia* | Incelma, Instituto Antioqueño de Reproducción, STEM Medicina Regenerativa, Cordón de Vida, RedCord, Hemocentro Distrital de la Secretaría de Salud de Bogotá, Distrito Capital. |
| *Ecuador* | Cryo-med, Biocells |
| *México* | DNA Vita Therapeutics, Banco de Cordón Umbilical, Mas Vision, Cryo-cell, Cordon Vital, Biolife, Banco Central de Sangre, Banco de Células Madre del Hospital Universitario de la Universidad Autónoma de Nuevo León. |
| *Panamá* | Cryocell, Cordón de Vida, Banco de Sangre del Cordón Umbilical de Nueva Inglaterra. |
| *Perú* | Centro Peruano de Terapia Celular Regenerativa, Instituto de Criopreservación y Terapia Celular, TERACELL Group, Banco de Cordón Umbilical del Perú, Células Madre Brazzini, Lazo de Vida. |
| *Venezuela* | Células Madre, Banco de Sangre de Cordón Umbilical, Celulab, Banco de Sangre del Cordón Umbilical de Nueva Inglaterra |

## 18.4. Algunos obstáculos para la transferencia del laboratorio a la aplicación clínica

Con base en nuestra experiencia y en la interacción con otros grupos de Colombia y Argentina que trabajan en ingeniería de tejidos y medicina regenerativa, así como, en las referencias bibliográficas encontradas [33, 34], en Latinoamérica los desafíos que enfrentan los científicos para desarrollar productos de aplicación clínica están relacionados con:

- Acceso limitado a recursos para investigación;
- Falta de formación académica de posgrado en el área;
- Dependencia de materiales importados;
- Falta de visibilidad de los grupos que trabajan en el área;
- Falta de redes de cooperación efectivas entre los grupos de investigación de cada país y de los diferentes países;
- Falta de alianzas entre las universidades y centros académicos con los hospitales y empresas.

Algunos de los grupos de investigación encontrados tienen filiación a instituciones que no se dedican a temas relacionados con la medicina regenerativa, como es el caso de los laboratorios de acelerador de electrones en Ecuador y de aprovechamiento sostenible de recursos naturales en México. Trasladar la investigación de estos grupos puede dificultarse, debido a que por el interés de la institución a la que están vinculados, no tienen comunicación directa con el desarrollo de productos ITMR y su aplicación clínica en el campo de la salud humana y veterinaria. De las limitaciones mencionadas, a continuación solo comentaremos las que consideramos más importantes.

### 18.4.1. Acceso limitado a recursos para investigación

La falta de recursos para investigación es resultado del bajo presupuesto que los gobiernos de la región destinan para este rubro. La Red de Indicadores de Ciencia y Tecnología Iberoamericana e Interamericana estableció que en el 2009 el promedio de la inversión en investigación y desarrollo experimental en los países latinoamericanos, fue de 52.5 dólares por habitante; la inversión más baja fue la de Guatemala con 1,49 y la más alta la de Brasil con 98.79. En este mismo periodo, Estados Unidos invirtió 1306 dólares por habitante, monto 25 veces mayor que el promedio en Latinoamérica. En la información publicada por la misma fuente, se encuentra que en Latinoamérica y el Caribe el aumento del Producto Interno Bruto (PIB) destinado a investigación fue solo del 0.06 % en el periodo comprendido entre 1999 y el 2009; contrariamente, en los Estados Unidos el aumento fue de 0.2% del PIB [87]. Aunque estos datos corresponden al total de los dineros invertidos en todos los campos de investigación, es de esperar que dada la baja divulgación de la naturaleza y bondades de los productos ITMR, la inversión en su investigación sea muy baja.

### 18.4.2. Formación académica en ingeniería de tejidos y medicina regenerativa

En Latinoamérica no hay programas formales de posgrado, maestría y doctorado, de formación en ingeniería de tejidos y medicina regenerativa. Existen posgrados en materiales, ingeniería biomédica, bioingeniería, ciencias farmacéuticas, odontología, biotecnología, ciencias biomédicas, etc., que alimentan con sus profesores y estudiantes a los grupos de investigación en esta área. Por ejemplo, en Colombia, los investigadores y estudiantes de posgrado se han ido formando en el transcurso de la ejecución de sus tesis y a través de la participación en cursos locales o internacionales, como: "Advances on Tissue Engineering" Rice University, Houston, Texas, USA; Primer Curso Congreso Internacional en Ingeniería de Tejidos y Medicina Regenerativa, Universidad Nacional de Colombia, Bogotá, Colombia (Avalado por la Sociedad Internacional de Ingeniería de Tejidos y Medicina Regenerativa-TERMIS); Segundo Curso Congreso Internacional en Ingeniería de Tejidos y Medicina Regenerativa,

Universidad de Antioquia, Medellín, Colombia; Curso Internacional de Ingeniería de Tejidos y Medicina Regenerativa, Universidad Peruana Cayetano Heredia, Lima, Perú [4, 88-90].

En la región existe una sociedad científica denominada "Sociedad Latinoamericana de Biomateriales, Ingeniería de Tejidos y Órganos Artificiales" (SLABO), que se originó y tiene su sede en Brasil. Cada dos años, lleva a cabo talleres internacionales en los que participan profesores y estudiantes de pre y posgrado especialmente de países del cono sur (Chile, Argentina, Brasil, Uruguay, Paraguay). Los dos últimos talleres fueron organizados en el 2009 y en el 2011, en Argentina, con la Facultad de Ciencias Bioquímicas y Farmacéuticas de la Universidad de Rosario y con la Facultad de Ingeniería de la Universidad Nacional del Mar del Plata, respectivamente [91]. La Sociedad Internacional de Ingeniería de Tejidos y Medicina Regenerativa (TERMIS), que agrupa internacionalmente a la comunidad científica del área, cuenta con un capítulo de las Américas de reciente creación, en el que participan investigadores de varios países latinoamericanos. Éste inició cuando el capítulo de Norteamérica cambio su denominación para incluir a investigadores de Centro y Suramérica, con el fin de fortalecer la comunicación y el intercambio académico en el continente [92].

### 18.4.3. Manufactura local de productos ITMR

En general los productos de ingeniería de tejidos dependiendo de su complejidad, requieren tiempos de producción prolongados, son costosos y deben ser aplicados por profesionales de la salud con experiencia en su manejo para evitar fallas terapéuticas. Su producción enfrenta limitaciones impuestas por su composición y naturaleza y por la carencia de modelos de negocio que exitosamente permitan el paso del laboratorio a la clínica. Estos factores han contribuido a que en el mundo su implementación clínica se haya llevado a cabo con lentitud y a que su popularización haya sido limitada [93, 94]. Considerando la baja inversión estatal y de la empresa privada que en Latinoamérica se hace en investigación y desarrollo en el campo, es posible que el posicionamiento de estos productos como alternativas terapéuticas reales lleve más tiempo. Lo descrito, aunado al hecho de que el grueso de los profesionales de la salud que los deben aplicar desconocen la mayoría de los tratamientos con productos ITMR y la forma de aplicación de los mismos, muestra la importancia de hacer una divulgación extensiva de las ventajas que estas terapias tienen sobre las terapias convencionales.

Como se muestra en las Tablas 18.2 y 18.3, en Latinoamérica hay producción y comercialización de soportes, terapias celulares y servicios de criopreservación de sangre de cordón umbilical. Los soportes producidos localmente son distribuidos como dispositivos médicos y al no contener células, pueden llegar a ser los que más rápido se comercialicen porque no son tan complejos y ya han sido introducidos por compañías farmacéuticas multinacionales [95], esto a pesar de ser su competencia en el mercado. Nuestro grupo de investigación (Grupo de trabajo en ingeniería de tejidos de la Universidad Nacional de Colombia), ha incursionado en el desarrollo de soportes tridimensionales de colágeno I y su evaluación pre-clínica en modelos de herida de mucosa oral [16, 55] y clínica, en pacientes con úlceras venosas, diabéticas y por presión. En su implementación clínica, se han encontrado obstáculos relacionados con la falta de relación entre los científicos que llevan a cabo los desarrollos y el personal de salud que debe prescribirlos, demoras en el proceso de patente y en el acondicionamiento de la logística requerida para su escalamiento a nivel industrial y aprobación por parte de la entidad regulatoria nacional. A pesar de nuestra participación en procesos de emprendimiento, la transferencia de este producto a la clínica se ha retrasado por la falta de mecanismos que faciliten la creación de alianzas Universidad- Empresa y la creación de empresas spin-off en la Universidad Nacional de Colombia, sitio en el que se adelantaron las investigaciones que condujeron a este desarrollo.

La implementación clínica de los tejidos y órganos artificiales puede ser más difícil, debido a su viabilidad y a que la tendencia es que sean elaborados con células provenientes de cultivos obtenidos a partir de muestras del mismo paciente [93, 94]. El empleo de tejido artificial autólogo requiere tomar y procesar tejido para aislar y cultivar las células de interés; también, sembrar las células en soportes y el cultivo de estos hasta que el tejido artificial esté listo para ser injertado en el paciente. Por consiguiente, en su producción y uso es necesario contar con instalaciones que brinden condiciones de esterilidad para tomar biopsias, aislar las células, cultivar el tejido, empacar y finalmente garantizar su entrega para el procedimiento quirúrgico. Lo anterior, implica la existencia de una infraestructura de producción adecuada y de una red de clínicos entrenados en el manejo y aplicación del tejido artificial; además, la existencia de una logística que garantice su transporte adecuado y aplicación en el margen de tiempo determinado por la viabilidad del producto (generalmente pocos días).

## 18.5. Conclusiones

En Latinoamérica los soportes tridimensionales bioactivos acelulares (sin células), son un insumo importante de los tratamientos adelantados por las clínicas de heridas, médicos, odontólogos y veterinarios, para mejorar la curación de lesiones de piel, mucosa y hueso. Como ya mencionamos, algunos países del área los producen, sin embargo, la mayoría siguen siendo elaborados e importados por multinacionales como Johnson & Johnson, Biomet 3I INC, Tecnoss, Biomantle, Baumer-Genius, Zimmer Dental, Biomantle, Audio Technologies, etc. En Colombia, el acceso de la mayoría de la población a estos productos está limitado por los precios de venta y por el hecho de que el sistema de seguridad social no los cubre [96]. Por eso, es importante ampliar su producción local con tecnologías que aseguren la calidad y disminuyan su costo.

En la región latinoamericana los sustitutos vivos de piel constituyen una buena oportunidad de promover la aplicación de los productos ITMR, debido a que no son fáciles de conseguir e importar. En 1998 Apligraf®, piel artificial elaborada con soportes de colágeno tipo I sembrados con células de prepucio de neonato (fibroblastos y queratinocitos), fue aprobado por la FDA para el tratamiento de úlceras crónicas en pacientes diabéticos o con problemas vasculares; sin embargo, solo puede ser adquirida y aplicada por médicos entrenados por Organogenesis, la compañía que la elabora [3]. Adicionalmente, por tratarse de un tejido vivo hay dificultades asociadas con su costo, transporte e importación que dificultan su adquisición y aplicación. Otra oportunidad de implementar clínicamente las terapias ITMR, son los sustitutos de cartílago elaborados cultivando condrocitos autólogos en soportes de colágeno tipo II. Debido a que requieren que las células sean obtenidas a partir de biopsias del cartílago articular de la rodilla del paciente, solo pueden ser aplicados en donde existe la logística requerida para su producción. Un ejemplo de estos productos es BioCart™, desarrollado por una compañía Israelí el cual solo se vende en este país y en Italia en donde la compañía productora avala una clínica para su aplicación [97]. En los casos descritos, los pacientes latinoamericanos que pueden y quieren acceder a estos tejidos artificiales deben desplazarse a las clínicas autorizadas para aplicar el procedimiento, lo cual aumenta considerablemente el costo.

La implementación de tratamientos basados en el injerto de tejidos y órganos artificiales en Latinoamérica, no ha superado la barrera de los ensayos clínicos, algunos de los cuales evalúan productos desarrollados por centros de investigación consolidados de países desarrollados. En este marco, un grupo latinoamericano tuvo la iniciativa de formar una red con el Instituto McGowan para Medicina Regenerativa de la Escuela Médica de la Universidad de Pittsburgh y el Instituto Wake Forest para Medicina Regenerativa de la Universidad de Wake Forest, de los Estados Unidos. Dentro de esta colaboración se desarrolló en el Hospital Universitario Austral de Buenos Aires el concepto de la "Unidad de Traslación Clínica" (CTU-Clinical Translation Unit). Las instalaciones de la CTU integraban completamente un cuarto de cultivo celular con la sala de cirugía, evitando que las células abandonaran la sala de cirugía [98]. Creemos que el modelo de la unidad de traslación clínica muestra uno de los posibles caminos para la implementación clínica de productos de ingeniería de tejidos en Latinoamérica. Sin embargo, pocos años después de ser inaugurada fue cerrada sin alcanzar sus proyecciones, al resultar económicamente inviable debido a la poca conexión entre la academia y las empresas privadas y al poco interés de estas últimas en invertir en investigación y desarrollo en los países emergentes (comunicación personal con el Dr. Alejandro Nieponice, ex-director).Para que en los países latinoamericanos se pueda dar el crecimiento de la ingeniería de tejidos y la medicina regenerativa además de desarrollar investigación, se necesita formar personal con la experiencia que soporte el proceso de desarrollo y aplicación de tejido artificial autólogo; así como, contar con una infraestructura especializada. También, es indispensable llevar a cabo una labor extensiva de difusión y educación orientada a lograr que los gobiernos, los sistemas de salud y el personal clínico que lo conforma entiendan las ventajas de implementar clínicamente estas terapias. Una vez se haya logrado este convencimiento, será más fácil lograr que los pacientes acepten la aplicación de productos ITMR.

## 18.6. Agradecimientos

A la Universidad Nacional de Colombia, por estar dando los primeros pasos hacia la creación de una empresa spin-off basada en productos ITMR, desarrollados por el Grupo de Trabajo en Ingeniería de Tejidos de la Universidad Nacional de Colombia. A RIMADEL, por crear el espacio de colaboración que hizo posible la existencia de este capítulo. A Colciencias-SENA y a la División de Investigaciones de la Sede Bogotá de la Universidad Nacional de Colombia (DIB) por financiar la investigación que hemos adelantado y a Edward Suesca (Proyecto 10287 Colciencias y Proyecto 7795 DIB) y Sergio Casadiegos (Proyectos 9339 y 14704 DIB).

## 18.7. Referencias

[1] R. Langer, J.P. Vacanti, Science. 1993, 260, 920-6.

[2] E. Lavik, R. Langer, Appl Microbiol Biotechnol. 2004, 65, 1-8.

[3] L. Zaulyanov, R.S. Kirsner, Clin Interv Aging. 2007, 2, 93-8.

[4] C.S. Hankin, J. Knispel, M. Lopes, A. Bronstone, E. Maus, J Manag Care Pharm. 2012, 18, 375-84.

[5] A. Atala, J Endourol. 2000, 14, 49-57.

[6] A. Atala, Curr Stem Cell Res Ther. 2008, 3, 21-31.

[7] C. De Bie, Regen Med. 2007, 2, 95-7.

[8] K.H. Lee, Yonsei Med J. 2000, 41, 774-9.

[9] L. Chan, T. Daim, Futures. 2012, 44 618–630.

[10] I.V. Yannas, Biomaterials. 2013, 34, 321-30.

[11] L.A. Fortier, Vet Surg. 2005, 34, 415-23.

[12] J.M. Moraleda, M. Blanquer, P. Bleda, P. Iniesta, F. Ruiz, S. Bonilla, C. Cabanes, L. Tabares, S. Martinez, Transpl Immunol. 2006, 17, 74-7.

[13] A. Atala, J Tissue Eng Regen Med. 2007, 1, 83-96.

[14] S.V. Murphy, A. Atala, Bioessays. 2012.

[15] M.B. Fisher, R.L. Mauck, Tissue Eng Part B Rev. 2013, 19, 1-13.

[16] M.R. Fontanilla, L.G. Espinosa, Tissue Eng Part A. 2012, 18, 1857-66.

[17] D.P. Bottaro, A. Liebmann-Vinson, M.A. Heidaran, Ann N Y Acad Sci. 2002, 961, 143-53.

[18] Website: Instituto Nacional de Rehabilitación (INR), http://www.inr.gob.mx/i20.htm, (accessed June 20, 2014).

[19] Website: FDA, U.S. Food and Drug Administration, USA, http://www.fda.gov/ BiologicsBloodVaccines/GuidanceComplianceRegulatoryInformation/ComplianceActivities/ Enforcement/CompliancePrograms/ucm095207.htm#a, (accessed June 20, 2014).

[20] Website: REGULATION (EC) No 1394/2007 OF THE EUROPEAN PARLIAMENT AND OF THE COUNCIL of 13 November 2007 on advanced therapy medicinal products and amending Directive 2001/83/EC and Regulation (EC) No 726/2004, http://eur-lex.europa.eu/LexUriServ/ LexUriServ.do?uri=OJ:L:2007:324:0121:0137:en:PDF, (accessed June 20, 2014).

[21] K.J. Burg, S. Porter, J.F. Kellam, Biomaterials. 2000, 21, 2347-59.

[22] Website: International Medical Device Regulators Forum (IMDRF). , http://www.imdrf. org/docs/ghtf/final/sg1/technical-docs/ghtf-sg1-n77-2012-principles-medical-devices-classification-121102.pdf, (accessed June 20, 2014).

[23] K. Hofman, A. Primack, G. Keusch, S. Hrynkow, Am J Public Health. 2005, 95, 13-7.

[24] I.P. Chudi, Medical Practice and Reviews. 2010, 1, 9-11.

[25] A. Boutayeb, S. Boutayeb, Int J Equity Health. 2005, 4, 2.

[26] S.J. Marshall, Bull World Health Organ. 2004, 82, 556.

[27] C. Giannou, M. Baldan, (Eds.), Cirugía de Guerra Trabajar con Recursos Limitados en Conflictos Armados y Otras Situaciones de Violencia. capitulos 3,4,5, 2011.

[28] Y. Sawa, S. Miyagawa, T. Sakaguchi, T. Fujita, A. Matsuyama, A. Saito, T. Shimizu, T. Okano, Surg Today. 2012, 42, 181-4.

[29] M.J. Elliott, P. De Coppi, S. Speggiorin, D. Roebuck, C.R. Butler, E. Samuel, C. Crowley, C. McLaren, A. Fierens, D. Vondrys, L. Cochrane, C. Jephson, S. Janes, N.J. Beaumont, T. Cogan, A. Bader, A.M. Seifalian, J.J. Hsuan, M.W. Lowdell, M.A. Birchall, Lancet. 2012, 380, 994-1000.

[30] P. Fagerholm, N.S. Lagali, D.J. Carlsson, K. Merrett, M. Griffith, Clin Transl Sci. 2009, 2, 162-4.

[31] S. Cebotari, A. Lichtenberg, I. Tudorache, A. Hilfiker, H. Mertsching, R. Leyh, T. Breymann, K. Kallenbach, L. Maniuc, A. Batrinac, O. Repin, O. Maliga, A. Ciubotaru, A. Haverich, Circulation. 2006, 114, I132-7.

[32] M. Nagata, H. Hoshina, M. Li, M. Arasawa, K. Uematsu, S. Ogawa, K. Yamada, T. Kawase, K. Suzuki, A. Ogose, I. Fuse, K. Okuda, K. Uoshima, K. Nakata, H. Yoshie, R. Takagi, Bone. 2012, 50, 1123-9.

[33] H.L. Greenwood, P.A. Singer, G.P. Downey, D.K. Martin, H. Thorsteinsdottir, A.S. Daar, PLoS Med. 2006, 3, e381.

[34] H.L. Greenwood, H. Thorsteinsdóttir, G. Perry, James Renihan, P.A. Singer, A.S. Daar, Int. J. Biotechnology. 2006, 8, 60-77.

[35] Website: Centro de Investigación en Ingeniería de Tejidos y Terapias Celulares (CIITTC). Universidad Maimónides, http://www.maimonides.edu.ar/es/invesCIITT.php, (accessed June 20, 2014).

[36] G.A. Moviglia, N. Blasetti, J.O. Zarate, D.E. Pelayes, Ophthalmic Research. 2012, 48, 1-5.

[37] Website: Centro Único Coordinador de Ablación e Implante, Buenos Aires, http://www.cucaiba.gba.gov.ar/ingenieria.htm, (accessed June 20, 2014).

[38] E. Mansilla, R. Spretz, G. Larsen, L. Nunez, H. Drago, F. Sturla, G.H. Marin, G. Roque, K. Martire, V. Diaz Aquino, S. Bossi, C. Gardiner, R. Lamonega, N. Lauzada, J. Cordone, J.C. Raimondi, J.M. Tau, N.R. Biasi, J.E. Marini, A.N. Patel, T.E. Ichim, N. Riordan, A. Maceira, Transplant Proc. 2010, 42, 4275-8.

[39] E. Mansilla, K. Mártire, G. Roque, J.M. Tau, G.H. Marín, M.V. Gastuma, G. Orlandi, A. Tarditti, Journal of Transplant Technolies & Research. 20|3, 3.

[40] P.C. Caracciolo, V. Thomas, Y.K. Vohra, F. Buffa, G.A. Abraham, J Mater Sci Mater Med. 2009, 20, 2129-37.

[41] Biomateriais para Implante em tecido ósseo. http://www.forp.usp.br/pesquisa/index.php?option=com_content&view=article&id=157:biomateriais-para-implante-em-tecido-osseo&catid=22:depcirurgiatraumat-buco-maxilo-facial-e-period&Itemid=9: (accessed

[42] S. Saska, R.M. Scarel-Caminaga, L.N. Teixeira, L.P. Franchi, R.A. Dos Santos, A.M. Gaspar, P.T. de Oliveira, A.L. Rosa, C.S. Takahashi, Y. Messaddeq, S.J. Ribeiro, R. Marchetto, J Mater Sci Mater Med. 2012, 23, 2253-66.

[43] REPARO E BIOCOMPATIBILIDADE. http://www.forp.usp.br/pesquisa/index.php?option=com_content&view=article&id=152:reparo-e-biocompatibilidade&catid=17:dep-morfologia-estomatologia-e-fisiologia&Itemid=9: (accessed

[44] S.A. Lacerda, J.F. Lanzoni, K.F. Bombonato-Prado, A.A. Campos, C.A. Prata, L.G. Brentegani, Implant Dent. 2009, 18, 521-9.

[45] S.M. Friedman, C.A. Gamba, P.M. Boyer, M.B. Guglielmotti, M.I. Vacas, P.N. Rodriguez, C. Guerrero, F. Lifshitz, International Journal of Food Sciences and Nutrition. 2001, 52, 225-233.

[46] M.A. Batista, T.P. Leivas, C.J. Rodrigues, G.C. Arenas, D.R. Belitardo, R. Guarniero, Clinics (Sao Paulo). 2011, 66, 1787-92.

[47] Website: Heart Institute (InCor). Universidade de São Paulo. Escuela de medicina., http://www.incor.usp.br/sites/webincor.15/, (accessed June 20, 2014).

[48] A. Kaasi, I.A. Cestari, N.A. Stolf, A.A. Leirner, O. Hassager, I.N. Cestari, J Tissue Eng Regen Med. 2011, 5, 292-300.

[49] Website: Centro de Investigación en Criogenia e Ingeniería en Tejidos (CICRIT), http://sitios.upla.cl/contenidos/2009/06/30/se-inauguro-1er-centro-en-criogenia-e-ingenieria-de-tejidos-de-chile/, (accessed June 20, 2014).

[50] C.R. Weinstein-Oppenheimer, A.R. Aceituno, D.I. Brown, C. Acevedo, R. Ceriani, M.A. Fuentes, F. Albornoz, C.F. Henriquez-Roldan, P. Morales, C. Maclean, S.M. Tapia, M.E. Young, J Transl Med. 2010, 8, 59.

[51] C.A. Acevedo, R.A. Somoza, C. Weinstein-Oppenheimer, S. Silva, M. Moreno, E. Sanchez, F. Albornoz, M.E. Young, W. Macnaughtan, J. Enrione, Bioprocess Biosyst Eng. 2013, 36, 317-24.

[52] C.A. Acevedo, R.A. Somoza, C. Weinstein-Oppenheimer, D.I. Brown, M.E. Young, Biotechnol Lett. 2010, 32, 1011-7.

[53] A. Vidal, A. Giacaman, F.A. Oyarzun-Ampuero, S. Orellana, I. Aburto, M.F. Pavicic, A. Sanchez, C. Lopez, C. Morales, M. Caro, I. Moreno-Villoslada, M. Concha, Am J Ther. 2013, 20, 394-8.

[54] Website: Grupo de Trabajo en Ingeniería de Tejidos. Universidad Nacional de Colombia, http://www.tringtejidos.unal.edu.co/index.html, (accessed June 20, 2014).

[55] L. Espinosa, A. Sosnik, M.R. Fontanilla, Tissue Eng Part A. 2010, 16, 1667-79.

[56] Website: Universidad de Los Andes. Grupo de Ingenieria Biomedica. , https:// ingbiomedica.uniandes.edu.co/, (accessed June 20, 2014).

[57] T. Gardeazabal, M. Cabrera, P. Cabrales, M. Intaglietta, J.C. Briceno, J Appl Physiol. 2008, 105, 588-94.

[58] Website: Universidad De Antioquia - Grupo Ingeniería de tejidos y terapias celulares. , http://201.234.78.173:8080/gruplac/jsp/visualiza/visualizagr.jsp?nro=00000000000840, (accessed June 20).

[59] M. Arango, C. Chamorro, O. Cohen-Haguenauer, M. Rojas, L.M. Restrepo, Dermatol Online J. 2005, 11, 2.

[60] Grupo de Investigación en Biomateriales. BIOMAT. http://jaibana.udea.edu.co/programas/ bioingenieria/index/index.php?page=grupos_investigacion: (accessed

[61] Website: Universidad de Caldas http://201.234.78.173:8080/gruplac/jsp/visualiza/ visualizagr.jsp?nro=00000000006822, (accessed June 20, 2014).

[62] J.U. Carmona, C. Lopez, Journal of Equine Veterinary Science. 2011, 31, 506-510.

[63] N. Higuita-Castro, D. Gallego-Perez, A. Pelaez-Vargas, F. Garcia Quiroz, O.M. Posada, L.E. Lopez, C.A. Sarassa, P. Agudelo-Florez, F.J. Monteiro, A.S. Litsky, D.J. Hansford, J Biomed Mater Res B Appl Biomater. 2011.

[64] Website: Instituto Tecnológico de Costa Rica. Centro de Investigación en Biotecnolgía (CIB), http://www.tec.ac.cr/sitios/Docencia/biologia/cib/Paginas/default.aspx, (accessed June 20, 2014).

[65] H. Peniche, F. Reyes-Ortega, M.R. Aguilar, G. Rodriguez, C. Abradelo, L. Garcia-Fernandez, C. Peniche, J.S. Roman, Macromol Biosci. 2013.

[66] J. Berlanga, J.I. Fernandez, E. Lopez, P.A. Lopez, A. del Rio, C. Valenzuela, J. Baldomero, V. Muzio, M. Raices, R. Silva, B.E. Acevedo, L. Herrera, MEDICC Rev. 2013, 15, 11-5.

[67] T. Ramırez, Revista Politecnica. 2008, 1, 138–142.

[68] A. Fonseca-Garcia, J.D. Mota-Morales, I.A. Quintero-Ortega, Z.Y. Garcia-Carvajal, V. Martinez-Lopez, E. Ruvalcaba, J. Solis, C. Ibarra, M.C. Gutierrez, M. Terrones, I.C. Sanchez, F. Del Monte, M.C. Velasquillo, G. Luna-Barcenas, J Biomed Mater Res A. 2013.

[69] D. Guzman-Uribe, K.N. Estrada, J. Guillen Ade, S.M. Perez, R.R. Ibanez, Open Dent J. 2012, 6, 226-34.

[70] Website: Centro de Investigación en Alimentación y Desarrollo, A.C. SubPrograma: Polímeros Naturales., http://www.ciad.mx/tecnologia-alimentos/polimeros-naturales. htm, (accessed June 20, 2014).

[71] M. Recillas, L.L. Silva, C. Peniche, F.M. Goycoolea, M. Rinaudo, W.M. Arguelles-Monal, Biomacromolecules. 2009, 10, 1633-41.

[72] Departamento de Biología Celular y Tisular. http://www.facmed.unam.mx/deptos/ biocetis/laboratorio%20de%20inmunoterapia%20experimental.html: (accessed

[73] H. Pérez Campos, M. Saldias, G. Sanchez, P. Martucci, M. Acosta, R. Faccio, L. Suescun, M. Romero, A. Mombru, Cryobiology. 2012, 65, 340-341.

[74] I.A. Chaim, M.A. Sabino, M. Mendt, A.J. Muller, D. Ajami, J Tissue Eng Regen Med. 2012, 6, 272-9.

[75] Website: Laboratorio de Bioingeniería de Tejidos. Universidad Simón Bolívar, https://sites.google.com/site/bioingenieriadetejidosusb/, (accessed June 20, 2014).

[76] A.M. Ferreira, G. Gonzalez, R.J. Gonzalez-Paz, J.L. Feijoo, J. Lira-Olivares, K. Noris-Suarez, Acta Microscopica. 2009, 18, 278-286.

[77] Biomaster. http://biomaster.co/producto_detalle.php?recordID=4: (accessed

[78] Website: FDA, U.S. Food and Drug Administration, USA, http://www.fda.gov/NewsEvents/Newsroom/PressAnnouncements/2007/ucm108829.htm, (accessed June 20, 2014).

[79] P. Rubinstein, Bone Marrow Transplant. 2009, 44, 635-42.

[80] C. Gamba, M.A. Marcos, H. Trevani, J. Van der Velde, C.Y. Marcos, G. Theiler, J. Rossi, M. Zelasko, L. Fainboim, A.E. Del Pozo, Acta Bioquím Clín Latinoam. 2006, 40 491-497.

[81] Website: Banco de Cordón Umbilical BCU . http://www.bcu.com.mx/historia/, (accessed June 20, 2014).

[82] E.D. Calderón, Rev Med Inst Mex Seguro Soc. 2005, 43, 127-129.

[83] Website: Membracel, http://www.membracel.com.ar/, (accessed June 20, 2014).

[84] Website: Hyaltec, http://www.hyaltec.com.ar/, (accessed June 20, 2014).

[85] Website: Foundation for the Accreditation of Cellular Therapy., http://factwebsite.org/CordSearch.aspx?&type=CordBloodBank&country=&state=, (accessed June 20, 2014).

[86] Y.C. Hsu, E. Fuchs, Nat Rev Mol Cell Biol. 2012, 13, 103-14.

[87] La Red de Indicadores de Ciencia y Tecnología -Iberoamericana e Interamericana- (RICYT): (accessed

[88] Website: Rice University. Department of Bioengineering, http://www.ruf.rice.edu/~mikosgrp/pages/ATE/ate.htm, (accessed June 20, 2014).

[89] J.E. Tengood, R. Ridenour, R. Brodsky, A.J. Russell, S.R. Little, Tissue Eng Part A. 2011, 17, 1181-9.

[90] Website: Universidad Peruana Cayetano Heredia. Escuela de Posgrado Victor Alzamora Castro., http://www.upch.edu.pe/epgvac/curso/62/curso-internacional-de-ingenieria-de-tejidos-y-medicina-regenerativa, (accessed June 20, 2014).

[91] Website: Sociedad Latinoamericana de Biomateriales, Ingeniería de Tejidos y Órganos Artificiales (SLABO), http://www.bioomat.fi.mdp.edu.ar/, (accessed June 20, 2014).

[92] S. Mirmalek Sani, Linking the international community of TERMIS. 2012, 7, 6.

[93] D.O. Fauza, Curr Opin Pediatr. 2003, 15, 267-71.

[94] D.J. Williams, I.M. Sebastine, IEE Proc Nanobiotechnol. 2005, 152, 207-10.

[95] R. Vernal, Revista Dental de Chile. 2001, 92., 33-44.

[96] Website: Ministerio de Salud y Protección Social, http://www.pos.gov.co/Paginas/Medicamentos.aspx, (accessed June 20, 2014).

[97] Website: ProChon Biotech, Ltd., http://www.prochon.com/about-2/market-overview/, (accessed June 20, 2014).

[98] A. Nieponice, Clinical Translation of Tissue Engineering and Regenerative Medicine Technologies Alejandro Niepo, in Biomaterials and Stem Cells in Regenerative Medicine, C. Press, Editor. 2012. p. 521-532.

# CAPÍTULO 19. ASPECTOS ECONÔMICOS DO DESENVOLVIMENTO DE PRODUTOS PARA APLICAÇÕES BIOMÉDICAS

Cecilia Z. Bueno[1], Itiara G. Veiga[1], Fábio L. Oliveira[2], Paulo de Tarso Vieira e Rosa[2], Ângela M. Moraes[1]

[1]*Departamento de Engenharia de Materiais e de Bioprocessos, Faculdade de Engenharia Química, Universidade Estadual de Campinas, Brasil.*
[2]*Departamento de Físico-Química, Instituto de Química, Universidade Estadual de Campinas, Brasil.*

**Resumo:**

Neste capítulo é discutido o desenvolvimento de produtos para aplicações biomédicas sob o ponto de vista de análise de sua viabilidade econômica. São abordadas as etapas comumente envolvidas no desenvolvimento de produtos biomédicos, partindo-se da concepção e do desenvolvimento do produto em si, seguida pelos testes pré-clínicos e clínicos, pelo projeto da planta produtiva e finalizando-se na fase de comercialização do produto. São discutidos os custos usualmente associados a cada etapa e mostradas as formas clássicas de se estimar o investimento inicial requerido para a instalação e partida de uma nova planta industrial e o custo de produção. São também abordadas estratégias de análise de rentabilidade do investimento, pela estimativa do período de recuperação do investimento, do valor presente líquido, da taxa interna de retorno e da taxa simples de retorno. Como estudo de caso, é apresentada em detalhes a estimativa de custo para a implantação e operação de uma unidade industrial de produção de partículas

DOI: http://dx.doi.org/10.14195/978-989-26-0881-5_19

do polímero biodegradável poli(L-ácido lático) incorporando o agente bioativo 17 alfa-metiltestosterona, um composto andrógeno sintético de uso alternativo à testosterona, e a análise de rentabilidade do investimento resultante. As partículas seriam produzidas através de tecnologia empregando $CO_2$ em condições supercríticas da modalidade SAS (*supercritical fluid as an anti-solvent*) e seriam aplicáveis, por exemplo, em terapias de substituição hormonal, como andrógeno funcional e como inibidor esteroidal da produção de estrogênio endógeno, além de na prevenção e tratamento de tumores sensíveis a hormônios.

**Palavras chave:** análise de viabilidade técnico-econômica; projeto de processos; custos; investimento inicial; custo de produção.

**Abstract:**
In this chapter we discuss the development of products for biomedical applications from the point of view of analysis of their economic viability. The steps commonly involved in the development of biomedical products are covered, starting with the conception and development of the product itself, followed by preclinical and clinical testing, the production plant design and, ending at the stage of marketing the product. The costs usually associated with each step and the classical ways of estimating the initial investment required for the installation and startup of a new manufacturing plant and its production are discussed. Strategies for analyzing the investment profitability are discussed, such as the period of return on investment, the net present value calculation, and the internal/ simple rates of return. As a case study, we present in detail the procedure to estimate the cost for the installation and operation of a plant for the production of particles of the biodegradable polymer poly(L- lactic acid) incorporating the bioactive agent 17 alpha-methyltestosterone, a synthetic androgen compound that may be used as an alternative to testosterone. Profitability analysis of the resulting investment is also presented. Particles would

be produced by the use of $CO_2$ in supercritical conditions, in the SAS (supercritical fluid as an anti-solvent) modality and would be useful, for example, in hormone replacement therapies, as a functional androgen and as an steroidal inhibitor of endogenous estrogen production, in addition to in the prevention and treatment of hormone-sensitive tumors.

**Keywords:** analysis of technical and economic feasibility; process design; costs; initial investment; cost of production.

## 19.1. Introdução

Os produtos para aplicações biomédicas são todos aqueles que necessitam de aprovação das agências reguladoras antes de serem aplicados em pacientes. Neste grupo encontram-se os dispositivos médicos e de diagnóstico, os fármacos e combinações entre estes tipos, por exemplo, um dispositivo médico incorporando um fármaco. Na indústria de produtos para aplicações biomédicas, o ciclo de vida dos produtos é curto devido à constante inovação tecnológica, que se traduz em cada vez maior eficácia e facilidade de uso e de produção. Pode-se citar como exemplos das tendências atuais de inovação o uso de materiais biologicamente ativos e de tecnologias como a eletrônica, empregada em dispositivos como marcapassos e implantes de cóclea [1].

Durante o processo de desenvolvimento de um novo produto para aplicações biomédicas, assim como de qualquer outro produto industrializado, é necessário realizar a análise da viabilidade econômica, que consiste em estabelecer os custos envolvidos desde a concepção à produção em escala industrial do produto, assim como os potenciais lucros que poderão ser obtidos com a comercialização. Esta análise pode ser empregada para comparar diferentes alternativas de investimento (como a obtenção de diferentes produtos ou a produção por diferentes métodos), aumentando as chances de retorno mais rápido do capital investido pela empresa. É recomendado que esta análise seja um processo contínuo, iniciando-se na concepção do produto e continuando até o fim do ciclo de desenvolvimento, produzindo estimativas de custo e lucratividade cada vez mais exatas na medida em que se avança na implantação do projeto [2].

Se, ao longo do desenvolvimento do produto, o investimento se mostrar economicamente inviável, o projeto deve ser descartado. É necessário que o profissional responsável verifique frequentemente a viabilidade econômica, para não correr o risco de levar um projeto não rentável à fase final de desenvolvimento [3].

Para que um produto biomédico atraia a atenção do mercado e gere lucros significativos para a empresa, deve atender a alguns requisitos, como ser bem projetado e de fácil aplicação [4]. É necessário também que o investimento inicial tenha retorno rápido, e que o produto seja colocado rapidamente no mercado, preferencialmente logo após a sua concepção. Quanto à planta de produção, é desejável que a mesma tenha alta produtividade, com equipamentos de pequena dimensão e de baixo custo. De acordo com Holtzman e Figgatt [5], as três características comuns entre as 25 empresas de tecnologia biomédica de maior sucesso são: produção de produtos diferenciados com alto valor agregado, uso constante de estratégias de marketing e investimentos crescentes em pesquisa e desenvolvimento, mesmo em tempos de crise econômica.

No campo dos produtos para aplicações biomédicas, que engloba os dispositivos biomédicos e de diagnóstico e os medicamentos, existem poucos estudos econômicos. A maior parte dos estudos existentes diz respeito à indústria farmacêutica, que já foi examinada sob vários aspectos [6].

Neste contexto, percebe-se a importância de realizar estudos da viabilidade econômica para o desenvolvimento de produtos para aplicações biomédicas. Os tópicos abordados neste capítulo procuram preencher esta lacuna existente na literatura, abordando as etapas envolvidas no desenvolvimento de um produto biomédico, desde a concepção do produto até a sua comercialização, e os custos comumente associados a cada etapa. Como estudo de caso, é abordada em detalhes a estimativa de custo para a implantação e operação de uma unidade industrial de produção de partículas poliméricas incorporando um hormônio e a análise de rentabilidade do investimento resultante.

## 19.2. Processo de desenvolvimento do produto biomédico

A tradução de uma nova ideia em um novo produto é um processo complexo, dispendioso e demorado que consiste de várias etapas, as quais não ocorrem necessariamente em sequência, podendo se sobrepor [4].

Primeiramente, é essencial angariar fundos para a realização das etapas de desenvolvimento do produto, da concepção da ideia até o momento em que o produto entra no mercado, garantindo que o projeto seja realizado dentro do orçamento previsto [4]. Infelizmente, não é possível prever com exatidão o retorno deste investimento antes do cumprimento das diversas etapas apontadas ao longo deste capítulo [6].

As etapas descritas a seguir referem-se: à concepção e ao desenvolvimento inicial do produto, que envolvem desde a ideia original até a fase preliminar de pesquisa e desenvolvimento; aos testes pré-clínicos e testes clínicos, que são os testes realizados em células animais ou humanos antes da colocação do produto no mercado; e por fim ao projeto da planta de produção do produto biomédico, que é uma etapa complexa que envolve decisões em diferentes níveis, cobrindo desde a localização da planta até o projeto de equipamentos individuais. As estimativas de custo envolvidas nas etapas de desenvolvimento serão mais detalhadas no item 19.3.

### 19.2.1. Concepção do produto e desenvolvimento inicial

Assim como no caso de produtos advindos do ramo de variadas Engenharias, o processo de desenvolvimento de um produto biomédico se inicia tipicamente com a ideia do produto, a qual pode ser originada no departamento de vendas de uma empresa, como resultado de um pedido de um cliente ou da necessidade do mercado, ou pode ser fruto da concorrência com outro produto existente. A ideia também pode ser originada espontaneamente por parte de um profissional que possua conhecimento das necessidades e objetivos de uma empresa em particular, ou ainda pode ser o resultado de um programa de pesquisa [1,3].

Neste último contexto, o programa de pesquisa pode ter a finalidade de encontrar soluções para determinado problema, por exemplo, a cura de determinada doença, ou encontrar novos problemas a serem solucionados. Uma das técnicas para criar novas ideias é baseada no chamado *Biodesign Process*, desenvolvido por Paul Yock, Josh Makower e colaboradores da Universidade de Stanford. O processo se inicia no trabalho de campo, através da observação dos procedimentos médicos. As observações são utilizadas para verificar as necessidades existentes e então formular soluções [4].

No entanto, não é isso que ocorre normalmente. Frequentemente, um cientista ou inventor faz uma descoberta e começa a conceber como e onde esta ideia poderia ser utilizada. Diversas aplicações são consideradas e estudadas, escolhendo-se aquela que represente uma solução eficaz e com baixa relação custo/benefício para um determinado problema clínico [4].

Verifica-se, assim, que existe uma gama de caminhos para a concepção de um novo produto biomédico. Se a análise da ideia indicar que desenvolver um novo projeto pode valer a pena, uma pesquisa preliminar ou programa de investigação é iniciado [3].

Neste estágio, a literatura médica deve ser lida e absorvida, pacientes devem ser consultados, tratamentos existentes e produtos concorrentes devem ser cuidadosamente analisados. Também é a fase de expandir a ideia, de modo a compreender como ela irá funcionar na prática, de que forma irá se transformar em um novo produto e qual será seu valor clínico. Neste momento, deve-se considerar qual a real necessidade do produto, qual o mercado almejado, quais testes clínicos devem ser realizados e qual é o procedimento para se obter a aprovação do produto pelas agências reguladoras. Enquanto a ideia progride em direção a uma nova invenção, é importante criar esboços e modelos tridimensionais para utilizá-los na redação e defesa de pedidos de patenteamento, assim como produzir protótipos do produto [4].

Dentre uma gama de candidatos a produtos comerciais que se encontram nas fases iniciais de pesquisa e desenvolvimento, poucos chegam efetivamente ao mercado, como ilustrado na Figura 19.1. Alguns dos motivos pelos quais uma ideia pode ser abandonada são: o produto não é considerado seguro ou eficiente para o paciente, a ideia infringe outras patentes, o mercado é limitado para garantir o retorno do investimento, o lucro potencial é muito pequeno ou a empresa não possui financiamento [4,7]. Por exemplo, no caso particular do desenvolvimento de medicamentos nos EUA, apenas um de cada 10.000 potenciais medicamentos pesquisados pelas companhias farmacêuticas passa pela fase de pesquisa e desenvolvimento e é aprovado pelos órgãos federais para uso em pacientes [7].

**Figura 19.1.** Processo de desenvolvimento de um novo produto em diferentes fases (adaptado de Harrison *et al.* [8]).

Quando se trata do desenvolvimento de novos medicamentos, os custos relacionados a esta etapa variam muito dependendo do tipo do produto, uma vez que este pode ser considerado como uma nova entidade molecular ou um medicamento já existente modificado (por exemplo, pelo uso de uma diferente forma de veiculação ou pela sua utilização em uma aplicação terapêutica distinta da original). No último caso, os custos diretos médios com pesquisa e desenvolvimento não excedem 25% dos custos com pesquisa e desenvolvimento de uma nova entidade molecular. Além disso, o tempo necessário para o desenvolvimento é reduzido, uma vez que se trata de uma molécula cujo comportamento já é relativamente bem conhecido. Por este motivo, os novos medicamentos desenvolvidos a partir da modificação de medicamentos já existentes representam cerca de 67% de todos os novos produtos farmacêuticos que surgem constantemente no mercado [9].

### 19.2.2. Testes pré-clínicos e testes clínicos

As agências públicas de saúde, como a FDA (*Food and Drug Administration*, Estados Unidos da América), a EMA (*European Medicines Agency*, Europa), a ANMAT (*Administración Nacional de Medicamentos*,

*Alimentos y Tecnología Médica*, Argentina) e a ANVISA (Agência Nacional de Vigilância Sanitária, Brasil) são responsáveis pela aprovação da realização dos testes clínicos em humanos (em conjunto com Comitês de Ética) e pela aprovação da comercialização de produtos biomédicos. Estas agências analisam os riscos associados aos produtos e seu desempenho no tratamento [4].

De acordo com a *Medical Device Amendments* (MDA), antecessora da FDA, conforme discutido por Ratner *et al.* [4], existem três classes de dispositivos biomédicos:

a) Classe 1: Dispositivos de baixo risco, sujeitos a controles gerais apenas;
b) Classe 2: Dispositivos de maior risco, e sujeitos a controles especiais;
c) Classe 3: Dispositivos de risco ainda mais elevado, que requerem pré-aprovação de mercado, necessitando de estudos clínicos;

Para a aprovação dos dispositivos da classe 3, os órgãos governamentais dependem de evidências científicas válidas para determinar se há garantia razoável de que o dispositivo é seguro e eficaz sob suas condições de uso. Evidências científicas válidas são definidas como os resultados de pesquisas bem controladas e casos documentados conduzidos por especialistas qualificados, por exemplo. Estas evidências são conseguidas através dos testes pré-clínicos e dos testes clínicos [4].

Os testes pré-clínicos consistem em ensaios *in vitro* ou *in vivo* realizados em laboratório com o protótipo do produto. Por exemplo, testes de dispositivos de diagnóstico *in vitro* são feitos tipicamente com células de mamíferos ou células humanas ou em amostras clínicas humanas às quais a companhia tenha acesso. Se os testes obtêm sucesso, o protótipo é aprimorado e a empresa recorre a uma agência pública de saúde para a aprovação da realização dos testes clínicos [1,7].

Os testes clínicos, por sua vez, são realizados em humanos com o objetivo de validar a utilização do produto biomédico em pacientes. Esta etapa é composta por três fases diferentes: a fase 1 consiste em testes com 20 a 100 voluntários saudáveis para determinar a segurança e dosagem correta do produto; a fase 2 consiste em testes com 100 a 300 pacientes voluntários para estabelecer a efetividade do produto e buscar efeitos colaterais e a fase 3 consiste em testes com 1000 a 5000 pacientes voluntários para verificar a efetividade do produto e monitorar as reações adversas decorrentes do uso prolongado. Quando as três fases dos testes clínicos são concluídas, a empresa analisa todos os dados coletados. Se as descobertas demonstram que o produto é seguro e efetivo, a empresa procura novamente as agências públicas de saúde para posterior lançamento do produto no mercado [7].

Os custos com testes clínicos são influenciados principalmente pelo tipo de problema clínico e pelo objetivo do estudo. Valores típicos de testes clínicos com produtos farmacêuticos são mostrados na Tabela 19.1.

Uma das dificuldades referentes à etapa de testes pré-clínicos e clínicos é que alguns dispositivos, especialmente os que envolvem biomateriais, podem requerer muito tempo e dinheiro e um grande número de pacientes para que sejam validados. Um *stent* impregnado com um fármaco, por exemplo, demanda no mínimo 6 a 12 meses (ou mais) de acompanhamento de centenas ou milhares de pacientes para que a maioria dos médicos tenha confiança no desempenho do produto. Já um implante ortopédico pode levar muitos anos para alcançar a aprovação [4].

**Tabela 19.1.** Custos típicos dos testes clínicos (adaptado de Hemels *et al.* [2] e Goldfarb [10]).

| Fase de estudo | Custo médio por paciente (US$)* | Custo médio por fase (US$) |
|---|---|---|
| Fase 1 | ~15.700 (20-100 pacientes) | >15 milhões |
| Fase 2 | ~19.300 (100-300 pacientes) | ~30 milhões |
| Fase 3 | >26.000 (300-3000 pacientes) | 6 a 7 vezes o custo da fase 1 |

*baseado em mais de 70 testes envolvendo em torno de doze áreas terapêuticas

No que se refere ao desenvolvimento de um novo medicamento, uma das grandes dificuldades é o fato que a maioria dos compostos que passa por testes clínicos é abandonada sem obter aprovação. As razões para o abandono da pesquisa são geralmente agrupadas em três grandes categorias: segurança (por exemplo, toxicidade verificada em humanos ou animais); eficácia (por exemplo, baixa ou nenhuma atividade); economia (por exemplo, mercado limitado ou insuficiente para garantir o retorno do investimento). Equipes de químicos, em geral, enviam uma média de 10.000 novos compostos para a unidade de estudos pré-clínicos, na qual estes compostos serão testados. Apenas 250 destes compostos serão aprovados no critério de atividade e falta de efeitos colaterais indesejáveis, sendo que a companhia envia o pedido de aprovação à FDA para cada um destes compostos. Destes 250, apenas 30 irão completar a fase 1 dos estudos clínicos e passar à fase 2. Cerca de 5 compostos irão completar a fase 2 e passar à fase 3 e cerca de 3 destes 250 serão aprovados na fase 3. Às vezes os compostos devem ser abandonados durante este processo. Uma característica muito única ao projeto de investimento é que, em geral, o valor completo de um projeto se perde se os testes laboratoriais falharem. Como consequência, se o composto falhar em um destes estágios, o projeto se encerra [7].

Verifica-se assim que a realização de testes pré-clínicos e clínicos representa uma etapa muito importante do processo de desenvolvimento de um produto biomédico, pois é somente através destes testes que as empresas fundamentam a argumentação para o marketing dos produtos e atraem investimentos [4].

### 19.2.3. Projeto de uma planta de produção

Existem basicamente dois caminhos para trazer o produto ao mercado: licenciar o produto para outra empresa ou criar uma nova planta de produção [4].

As pequenas empresas normalmente buscam parcerias para manufaturar os seus produtos, uma vez que desenvolver capacidade operacional e especializar-se na produção de biomateriais e implantes requerem esforço, capital e gerenciamento significativos. Contudo, apesar dos custos e das complexidades, quando se trata de biomateriais, é importante criar processos únicos para garantir manufatura eficiente e bom desempenho dos produtos [4].

O projeto de uma planta industrial passa por uma série de estágios, que envolvem uma ampla variedade de habilidades, como pesquisa, análise de mercado, estimativa de custo, projeto de peças individuais de equipamentos, dentre outras. Este projeto pode ser realizado com diferentes graus de detalhamento, dependendo da precisão requerida para a estimativa de custo, do propósito da estimativa e dos recursos disponíveis para tal análise. Quanto maior a precisão requerida, mais capital deve ser investido no projeto [3,11]. Peters e Timmerhaus [3] propuseram a seguinte classificação de acordo com o grau de detalhamento do projeto de uma planta industrial.

1) Projeto preliminar ou estimativa rápida

Refere-se a um estudo baseado em métodos aproximados e na estimativa grosseira dos custos. Nesta etapa, poucos detalhes são incluídos e o tempo consumido nos cálculos é pequeno. O projeto preliminar é usado apenas para comparar alternativas de investimento e identificar as mais rentáveis em termos de custos e benefícios, possibilitando determinar se é conveniente ou não continuar trabalhando no processo proposto.

2) Projeto com estimativas detalhadas

Neste tipo de estimativa, uma análise mais detalhada e cálculos são efetuados, estabelecendo-se o potencial custo/benefício do processo. O projeto com estimativas detalhadas é usado apenas para as alternativas mais rentáveis identificadas na fase de análise do projeto preliminar. Contudo, as especificações exatas dos equipamentos da planta não são fornecidas, e a elaboração do trabalho é reduzida.

3) Projeto definitivo do processo

Neste tipo de projeto, realizado apenas para a alternativa mais rentável segundo a análise dos projetos com estimativas detalhadas, especificações completas são apresentadas para todos os componentes da planta, e os custos exatos são estabelecidos, obtendo-se cotações de mercado. O projeto definitivo inclui as planilhas de dados, diagramas e informações suficientes para permitir a construção da planta, como a quantidade de matéria-prima requerida, as instalações e equipamentos disponíveis ou que precisam ser adquiridos ou construídos, as estimativas dos custos de investimento total e de produção, dos lucros prováveis e do tempo de retorno do investimento e a localização da planta, entre outras informações essenciais.

A construção de uma planta piloto pode permitir a obtenção de dados mais detalhados acerca do projeto definitivo do processo. Os protótipos produzidos na planta piloto podem ser enviados aos possíveis consumidores para determinar se o produto é realmente satisfatório e se há um potencial de vendas razoável. Testes pré-clínicos para determinar a eficácia e a segurança do produto podem ser executados concomitantemente a esta etapa.

O estágio final consiste na aquisição dos equipamentos, na construção da planta, no *start up*, em melhorias gerais na operação e desenvolvimento de procedimentos operacionais padrão para fornecer os melhores resultados possíveis [3].

É importante ressaltar que poucos projetos grandes são finalizados e iniciam a produção em um único ano. Geralmente, as etapas de aquisição dos terrenos e equipamentos, a construção da planta e o início efetivo das atividades produtivas propriamente ditas leva em média três anos, sendo que a capacidade de produção é reduzida no início das atividades. No caso de produtos farmacêuticos, este período pode ser ainda maior, uma vez que a planta deve ser certificada para estar em conformidade com as normas de fabricação específicas de cada produto. Assim, deve ser considerado o tempo de inspeção e aprovação pelos órgãos regulatórios responsáveis (FDA, EMA, ANMAT, ANVISA ou correlato) antes de se dar início à produção. Um exemplo é o tempo entre o início da construção até a produção de um novo produto farmacêutico obtido por fermentação, de cerca de seis anos [12].

## 19.3. Estimativas de custo

Nos itens a seguir são discutidos os valores típicos dos custos de cada etapa de desenvolvimento de um produto para aplicação biomédica, de acordo com dados da literatura. Também são abordadas algumas das principais estratégias para a estimativa dos custos inicial e de produção, assim como para a análise de rentabilidade do investimento, com base nas estimativas de custo.

### 19.3.1. Custos envolvidos no desenvolvimento do produto

Na Tabela 19.2 é mostrada uma comparação entre os custos típicos relativos às etapas de desenvolvimento de um dispositivo biomédico (valores referentes ao ano de 2012 para os Estados Unidos). Nota-se que os maiores gastos dizem respeito à obtenção de aprovação do produto pelas agências reguladoras, tanto para a realização dos testes clínicos como para a comercialização. Percebe-se ainda que o custo total acumulado para o desenvolvimento de um dispositivo biomédico pode atingir cerca de US$ 38 milhões e que o processo leva, em média, 8 anos. No entanto, foram computados somente os gastos iniciais antes do início da comercialização do produto, não sendo considerados os gastos com o projeto e operação da planta de produção, que serão detalhados no próximo item deste capítulo.

**Tabela 19.2.** Custos típicos envolvidos nas etapas de desenvolvimento de um dispositivo biomédico (adaptado de Ratner *et al.* [4]).

| Ano | 1 | 2 | 3 | 4 | 5 | 6 | 7 | 8 | Custo (US$ milhões) |
|---|---|---|---|---|---|---|---|---|---|
| Idéia e desenvolvimento de protótipo | | | | | | | | | 4 |
| Testes pré-clínicos | | | | | | | | | 2 |
| Aprovação pelas agências reguladoras para testes em humanos | | | | | | | | | 12 |
| Testes clínicos | | | | | | | | | 9 |
| Aprovação pelas agências reguladoras para comercialização | | | | | | | | | 11 |
| **Custo total acumulado** | | | | | | | | | **38** |

Em comparação com a indústria farmacêutica, o processo de desenvolvimento de um novo medicamento leva, em média, 12 a 15 anos, sendo gastos em torno de US$800 milhões de dólares até que o medicamento seja aprovado para uso em humanos [7]. Na Europa e nos Estados Unidos, por exemplo, as etapas iniciais de desenvolvimento neste mesmo ramo industrial podem envolver investimentos de cerca de US$35 bilhões, enquanto a etapa de testes clínicos, que tem em média de 8 a 9 anos de duração, pode representar 70% dos custos totais [13].

## 19.3.2. Estimativa de custo para uma nova planta de produção

A avaliação econômica preliminar de um projeto para implantação de um processo industrial geralmente envolve três partes, a estimativa do capital de investimento ou inicial, a determinação do custo de produção ou operacional e a análise da viabilidade ou rentabilidade [8].

### 19.3.2.1. Custo inicial

Antes de iniciar o processo de produção de qualquer tipo de produto é necessário construir a planta industrial e esta fase demanda investir uma grande quantia de dinheiro. Este investimento é chamado capital inicial total, sendo definido pela soma do custo total do projeto, construção e instalação da planta industrial (conhecido como capital fixo), do capital de giro e do custo de partida [14].

O capital fixo, conforme já mencionado, é o montante necessário para projetar, construir e instalar todos os equipamentos e pode ser classificado em direto e indireto:

1) Capital fixo direto: abrange a construção e instalação dos equipamentos, o material e a mão de obra envolvida diretamente na edificação permanente. O capital fixo direto depende do ramo industrial. Por exemplo, para indústrias pequenas na área de biotecnologia, abrange cerca de US$ 30 a 60 milhões, enquanto para indústrias maiores, pode chegar a US$ 100 a 250 milhões [8].

2) Capital fixo indireto: engloba todos os custos que não fazem parte da instalação final, mas são requeridos para que esta seja finalizada, como engenharia, contingências, despesas gerais e frete, dentre outros [12].

Para se estimar o custo do capital fixo utilizam-se diversos procedimentos, como o escalonamento do custo de uma planta de tamanho ou capacidade diferente, pela projeção de valores do passado para o presente ou futuro e a estimativa dos custos de aquisição e instalação dos equipamentos. Também é preciso considerar outros fatores que podem alterar o custo de capital fixo, como diferenças nos materiais de construção, condições extremas de operação e maturidade tecnológica do projeto [11].

O primeiro passo para a estimativa do custo de capital fixo é a construção dos diagramas de fluxo do processo e determinação das capacidades e dimensões dos equipamentos e de características específicas requeridas para o processo. Assim é possível obter os preços de cada equipamento com fornecedores ou através de referências e dados levantados anteriormente. Uma das equações mais utilizadas para esta determinação (inclusive para o escalonamento de custos de plantas inteiras) é a Equação 19.1, que se baseia em dados de custo de equipamentos similares, considerando a capacidade do item e o efeito da inflação [14]:

$$C_{v,s} = C_{u,r} \left(\frac{V}{U}\right)^a \left(\frac{I_s}{I_r}\right) \qquad \text{Equação 19.1}$$

onde $C_{v,s}$ é o preço do equipamento em questão, de tamanho ou capacidade V, no ano s; $C_{u,r}$ é o preço do mesmo tipo de equipamento no ano r, de tamanho ou capacidade U; a é o expoente aplicado à razão entre as capacidades para relacionar o custo de equipamentos de diferentes tamanhos (o coeficiente a varia de 0,38 a 0,9 e tem valor médio de 0,64) e I é o índice de custo no ano s ou r.

Para se considerar os efeitos da inflação na aquisição de equipamentos em anos diferentes, os índices comumente empregados na indústria química para a atualização de preços são o ENR (*Engineering News-Record Constructions Index*) para elementos ligados à construção civil, o M&S (*Marshal e Swift Process Industry Index*) para a análise de custo de equipamento instalado, mas não especificamente na planta concluída, e o CEPCI (*Chemical Engineering Plant Cost Index*), um dos índices mais acessíveis e precisos no ramo químico [14]. Na área farmacêutica, pode-

-se utilizar o CPI/PP (*Producer Price Index-Commodities/Pharmaceutical Preparations*) e o PPI (*Producer Price Index/Drugs and Pharmaceuticals*).

Outro fator importante a se considerar é o custo de instalação dos equipamentos, que pode ser muito maior do que seu preço de aquisição. Estão incluídos neste custo o transporte e a descarga no local, o aço estrutural, as tubulações, a instrumentação, o isolamento térmico e a pintura, dentre outros componentes. Na Tabela 19.3 estão indicadas faixas e valores médios de fatores de multiplicação comumente utilizados para estimar os custos de instalação a partir do preço de aquisição dos equipamentos [8], assim como os fatores relativos ao cálculo aproximado do investimento total a ser requerido em capital fixo (CF) de uma planta industrial. CF pode, como se nota na Tabela 19.3, ser estimado como um múltiplo direto (variando entre 5 a 8 vezes) do custo de aquisição dos equipamentos [14].

Outro custo incluso no capital inicial é o capital de giro (CG), o custo para manter a planta em funcionamento. Este capital servirá para a aquisição de insumos e peças de reposição, além de prover verba disponível para eventuais gastos de natureza mais imediata. São estimados os custos de matérias-primas por 1 a 2 meses, custos com mão de obra por 2 a 3 meses, além de utilidades e tratamento de resíduos para um mês de produção. Também se inclui no capital de giro a diferença entre o dinheiro devido por clientes (contas a receber) e o dinheiro devido aos fornecedores (contas a pagar). O capital de giro é recuperado caso a empresa venha a cessar as atividades e não sofre depreciação [11,12]. Para indústrias químicas, o capital de giro é geralmente de 10 a 20 % do capital total investido [11,14], porém para bioprocessos este valor pode ser maior, em torno de 15 a 20 % do capital fixo direto investido [8]. Entretanto, o capital de giro pode exceder 50% do capital fixo investido no caso de indústrias de serviço, sazonais ou com produtos de alto valor agregado como os biomateriais e fármacos [11]. Em alguns tipos de processos, o capital de giro pode ser melhor estimado através do custo de produção ou da porcentagem de vendas anuais (por exemplo, frações de 15 a 49% das vendas, ou mais comumente, de 30 a 35%) e não do capital investido inicialmente.

O terceiro e último componente do custo inicial é o custo de partida (CP) ou de *start-up*, que marca a transição entre a construção da planta e sua operação de fato. Este pode ser estimado em função do capital fixo e geralmente não ultrapassa 12% [14]. Para plantas químicas sugere-se 10% do custo do projeto [11] e para plantas biofarmacêuticas, de 5 a 10 % do custo fixo direto [8], incluindo a etapa de validação. Pode-se também calcular o custo de partida com base nos custos anuais de produção, como uma fração aproximada de 20% deste [15].

**Tabela 19.3.** Estimativa do custo de capital fixo com base no custo de aquisição dos equipamentos (adaptado de Harrison *et al.* [8]).

| Item de custo | Faixa típica do fator de multiplicação | Valor médio comumente empregado |
|---|---|---|
| Custo direto da planta (CD) | | |
| Custo de aquisição dos equipamentos (CC) | 1,0 a 1,0 | 1,00 x CC |
| Instalação | 0,2 a 1,5 | 0,50 x CC |
| Tubulação | 0,3 a 0,6 | 0,40 x CC |
| Instrumentação | 0,2 a 0,6 | 0,35 x CC |
| Isolamento | 0,01 a 0,05 | 0,03 x CC |
| Instalação elétrica | 0,1 a 0,2 | 0,15 x CC |
| Construção civil | 0,1 a 2,0 | 0,45 x CC |
| Melhoria do terreno | 0,05 a 0,20 | 0,15 x CC |
| Instalações auxiliares | 0,2 a 1,0 | 0,50 x CC |
| | | *Total = 3,53 x CC* |
| Custo indireto da planta (CI) | | |
| Engenharia | 0,2 a 0,3 | 0,25 x CD |
| Construção | 0,3 a 0,4 | 0,35 x CD |
| | | *Total = 2,12 x CC* |
| Custo total da planta (CTP = CD + CI) | | *Total = 5,65 x CC* |
| Honorários do empreiteiro (HE) | 0,03 a 0,08 | 0,05 x CTP |
| | | *Total = 0,28 x CC* |
| Contingências (C) | 0,07 a 0,15 | 0,10 x CTP |
| | | *Total = 0,57 x CC* |
| Capital fixo final a ser investido (CF = CTP + HE + C) | | *Total = 6,5\*CC* |

## 19.3.2.2. Custo de produção

O custo de produção para uma planta industrial é a soma de todas as despesas relacionadas com o dia a dia operacional da indústria, como matérias-primas, mão de obra, serviços públicos, coleta de lixo e outras despesas [8]. Estes custos são classificados em três categorias: custos diretos, custos fixos e despesas gerais.

Os custos diretos envolvem todos os itens que variam de acordo com a taxa de produção. Quando há necessidade de diminuir a produção, estes itens também têm seu consumo diminuído de forma diretamente proporcional à redução do nível de produção. Fazem parte do custo de produção direto os seguintes itens:

1) Matéria-prima: custo das matérias-primas consumidas no processo de acordo com o diagrama de fluxo de material.
2) Utilidades: custo das utilidades requeridas pelo processo, como combustível, carvão, vapor de água, água para refrigeração, energia elétrica, água de suprimento, ar de instrumentação, gás inerte (como nitrogênio), refrigeração e outros serviços requeridos pela planta.
3) Tratamento de resíduos: custo de tratamento de água residual, eliminação de sólidos e materiais perigosos.
4) Mão de obra: custo dos operários requeridos para a operação da planta.
5) Trabalho de supervisão direta e serviços de escritório: custo administrativo, de engenharia e de suporte de pessoal. Alguns autores sugerem que os salários pagos aos operadores das centrais e supervisores sejam classificados como um custo fixo de produção para quase todas as fábricas de produtos químicos, visto que a operação da planta exige experiência e treinamento em segurança e não é usual a variação do quadro de trabalho com mudanças de curto prazo na demanda [12].
6) Manutenção e reparos: custo de mão de obra e materiais associados à manutenção dos equipamentos. Estes custos podem variar de 1 a 15% do custo inicial do projeto por ano. Para plantas industriais mais simples, operando em condições brandas e não corrosivas, uma provisão de 3 a 5% é indicada. Porém, para plantas complexas e que operam em condições severas de corrosão, este fator pode ser de 10 a 12% ou mesmo maior [11].

7) Suprimentos de operação: custo de suprimentos diversos para dar suporte à operação diária da planta, como lubrificantes, filtros e dispositivos de proteção pessoal. Tais despesas podem ser geralmente assumidas como sendo 6% da mão de obra ou de 0,5% a 1% do capital inicial por ano. Para processos altamente complexos e automatizados, estes custos podem aumentar substancialmente como uma porcentagem dos custos de mão de obra [11].

8) Taxas laboratoriais e outros serviços: custo de análises de rotina e especiais requeridas para o controle de qualidade da matéria-prima e do produto e a resolução de problemas. Este custo é normalmente de 10 a 20% do custo da mão de obra. No entanto, para certos produtos biofarmacêuticos que requerem um grande número de ensaios onerosos, este custo pode ser tão elevado quanto o da mão de obra em si. Para tais casos, é importante considerar o número e a frequência dos ensaios em detalhes [8].

9) Patentes e royalties: custo de uso de patentes ou de licenciamento de tecnologia. Estas despesas são geralmente incluídas nos custos de produção quando são pagas de acordo com a produção ou em montantes anuais, mas podem estar inclusas no capital inicial quando são feitas em um pagamento único [11].

Os custos de produção fixos incluem todos os itens que são independentes da taxa de produção, ou seja, que não são afetados diretamente pela operação da planta:

1) Depreciação: custos associados com a planta física (construções, equipamentos), geralmente com taxas de depreciação especificadas pelo governo federal de cada país. Para uma estimativa preliminar, o capital fixo é geralmente depreciado linearmente em um período de 10 anos. Porém, as taxas de depreciação podem variar com o tipo de bem envolvido (por exemplo, depreciação de equipamentos em 5 a 7 anos e de construções em 25 a 30 anos) e com número de turnos diários de operação da planta industrial, sofrendo drás-

tica redução nos casos de funcionamento ininterrupto da planta. O terreno não sofre depreciação [11].

2) Taxas locais e seguro: custos associados com taxas da propriedade e seguro sobre responsabilidades legais. As taxas do seguro dependem em grande parte da manutenção segura e do bom estado de conservação da planta. Para bioprocessos é indicado estimar um seguro de 0,5 a 1% do capital inicial, porém o processamento de materiais inflamáveis, explosivos, ou tóxicos geralmente aumenta este valor. O imposto sobre a propriedade é geralmente atribuído em 2 a 5% do custo inicial [8].

3) Despesas com a planta (*overhead*): custos inerentes à operação das instalações auxiliares que dão suporte ao processo de produção, que não podem ser cobrados ou identificados como parte da obra, produto ou ativo, independente do volume de produção. Envolvem serviços de contabilidade, proteção contra incêndios e serviços de segurança, serviços médicos, refeitório, instalações recreativas e benefícios para os funcionários [11,14]. Tais despesas podem ser estimadas como 5 a 10 % do capital inicial [8].

A terceira categoria de custos de produção engloba as despesas gerais, custos associados a atividades de administração e gerência não diretamente associadas ao processo de produção, detalhados conforme se segue:

1) Custos administrativos: todos os custos para a administração da indústria, incluindo gerência, recursos humanos, compras e aquisições, contabilidade, serviços legais e outras atividades relacionadas. Em empresas de pequeno porte muitos destes serviços são terceirizados. Uma estimativa inicial usando uma abordagem baseada no quadro de funcionários sugere o custo de 65% da mão de obra [12].

2) Custo de distribuição e venda: despesas com a venda e a propaganda necessárias para vender os produtos, incluindo salários dos representantes e outros itens associados. Despesas com marketing incluem as despesas de pesquisa e análise de mercado, estudos de concorrência, e quaisquer outros custos agregados. Dispêndios com

vendas e marketing são muito dependentes do tipo de produto, a exemplo dos produtos de consumo ou produtos especiais, quem podem chegar a até 5% do custo total de produção [12,14].

3) Pesquisa e desenvolvimento: custo de atividades de pesquisa relacionadas ao processo e ao produto, incluindo o desenvolvimento de novos produtos, estudos de escalonamento, testes clínicos para produtos médicos, salários e fundos de pesquisa relacionados à aquisição de equipamentos e suprimentos. As despesas com pesquisa e desenvolvimento variam de acordo com o tipo de indústria, podendo chegar a 15% das receitas para empresas biotecnológicas e farmacêuticas [12,14].

Uma metodologia sugerida por Turton e colaboradores [14] utiliza fatores multiplicativos para a estimativa de alguns dos itens de custo de produção anteriormente citados e está sumarizada na Tabela 19.4. Ressalta-se que cada tipo de produto apresenta custos diferenciados, que devem então ser levados em consideração na hora de realizar esta estimativa.

**Tabela 19.4.** Fatores de multiplicação típicos para a estimativa dos itens do custo de produção de produtos químicos (adaptado de Turton e colaboradores (2003) [14]).

| Item de custo | Faixa típica do fator de multiplicação | Valor médio |
|---|---|---|
| 1. Custos diretos* | | |
| A. Matéria-prima ($C_{MP}$) | Dado requerido do processo | - |
| B. Tratamento de resíduos ($C_{TR}$) | Dado requerido do processo | - |
| C. Utilidades ($C_{UT}$) | Dado requerido do processo | - |
| D. Mão de obra operacional ($C_{MOP}$) | Dado requerido do processo | - |
| E. Supervisão direta e serviços de escritório | (0,1 a 0,25) $C_{MOP}$ | 0,18 $C_{MOP}$ |
| F. Manutenção e reparos | (0,02 a 0,1) CF | 0,06 CF |
| G. Suprimentos de operação | (0,1 a 0,2) item anterior (1F) | 0,009 CF |
| H. Taxas laboratoriais | (0,1 a 0,2) $C_{MOP}$ | 0,15 $C_{MOP}$ |
| I. Patentes e royalties | (0 a 0,06) $C_{TP}$ | 0,03 $C_{TP}$ |
| Custos diretos totais de produção ($C_{DTP}$) | $C_{MP} + C_{TR} + C_{UT} +$ $1,33\ C_{MOP} + 0,03\ C_{TP} + 0,069\ CF$ | |
| 2. Custos fixos | | |
| A. Depreciação | 0,1 CF | 0,1 CF |
| B. Taxas locais e seguro | (0,014 a 0,05) CF | 0,032 CF |
| C. Despesas com a planta | (0,5 a 0,7) (itens 1D + 1E + IF) | 0,708 $C_{MOP}$ + 0,036 CF |
| Custos fixos totais de produção ($C_{FTP}$) | $0,708\ C_{MOP} + 0,168\ CF$ | |
| 3. Despesas gerais | | |
| A. Custos administrativos | (0,15) (itens 1D + 1E + 1F) | 0,177 $C_{MOP}$ + 0,009 CF |
| B. Custo de distribuição e venda | (0,02 a 0,2) $C_{TP}$ | 0,11 $C_{TP}$ |
| C. Pesquisa e desenvolvimento | 0,05 $C_{TP}$ | 0,05 $C_{TP}$ |
| Custos totais de despesas gerais de produção ($C_{TDGP}$) | $0,177\ C_{MOP} + 0,009\ CF + 0,16\ C_{TP}$ | |
| Custos totais de produção ($C_{TP}$) | $C_{TP} = C_{DTP} + C_{FTP} + C_{TDGP}$ $C_{TP} =$ 1,23 ($C_{MP} + C_{TR} + C_{UT}$)+ 2,73 $C_{MOP}$ + 0,304 CF | |

* custos determinados das informações providas no diagrama de fluxo do processo e no custo unitário; CF: Capital Fixo Investido.

Geralmente as empresas dividem seu custo operacional anual pela taxa de produção anual, resultando no custo do produto final em unidades monetárias por quilograma ou por unidade de produto produzida. Para empresas de novos produtos no setor de biotecnologia, este custo pode apresentar uma faixa muito ampla de valores, por exemplo, de US$1/ kg até US$ 10.000.000/kg, dependendo do dispêndio em certas áreas do custo de produção (tratamento de resíduos, testes clínicos, etc) [8].

### 19.3.2.3. Análise de rentabilidade de um investimento

Para que uma empresa recupere o valor investido em sua instalação, deve gerar receitas que excedam seus dispêndios com a produção e, preferencialmente, se traduzam em lucros. Para tanto, são produzidos produtos com valor de mercado no mínimo maior que o das matérias--primas utilizadas em sua obtenção. Para se estimar a lucratividade anual do empreendimento é necessário construir um diagrama do fluxo de caixa da empresa que represente todos os investimentos, despesas e receitas conforme exemplo fornecido na Figura 19.2 para um investimento com duração prevista de cinco anos.

As saídas e entradas de caixa são representadas por uma seta vertical e a soma destas movimentações anuais gera um fluxo de caixa líquido como o representado na Figura 19.2. O tamanho da linha vertical é proporcional ao valor que esta descreve e convencionalmente utiliza-se a linha abaixo do eixo horizontal quando há despesa e acima quando há receita [14].

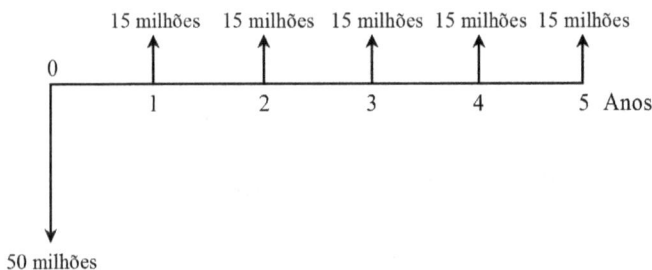

**Figura 19.2.** Exemplo de um diagrama típico de construção, instalação e operação de uma planta industrial.

Com as estimativas de capital de investimento, custo de produção e receitas de um projeto, pode-se avançar para a avaliação de sua rentabilidade e atratividade do ponto de vista de investimento [8]. Há diversos parâmetros de lucratividade para avaliar a viabilidade de um projeto e neste capítulo serão abordados os quatro principais, explicitamente o período de recuperação do investimento, o valor presente líquido, a taxa interna de retorno e a taxa simples de retorno do investimento.

## 1) Período de Recuperação

Este parâmetro de lucratividade considera o período que o investimento levaria para recuperar o capital inicial investido, podendo ser calculado utilizando a Equação 19.2 [14]:

$$T_r = \frac{CF + CP}{FM}$$    Equação 19.2

onde $T_r$ é o tempo de recuperação do capital em anos; $CF$ o capital fixo total, $CP$ o custo de partida e $FM$ o fluxo monetário ou receita líquida anual (se repetitivo) resultante do funcionamento efetivo da planta (não inclui, neste caso, os dispêndios para a implantação do investimento). Caso o fluxo monetário anual não seja repetitivo, pode-se calcular o valor presente líquido ($VPL$) das movimentações anuais distintas das envolvidas no investimento inicial e converter o total para equivalente anual [14]. A estimativa do $T_r$ não contabiliza o capital de giro, pois considera-se que este é recuperado ao final do investimento.

Este parâmetro apresenta três pontos fracos, o primeiro é que considera apenas o período necessário para pagar o investimento, sem considerar as receitas a longo prazo. Neste caso, um projeto que tenha o período de retorno menor e que pode ter suas receitas diminuídas no decorrer dos anos poderia ser considerado melhor que um projeto com retorno maior em um prazo mais longo. Outro ponto fraco é que este método deixa de considerar o padrão de rendimentos, não diferenciando projetos com receitas crescentes e decrescentes, apenas o valor final até o tempo de retorno [11]. Finalmente, este parâmetro não computa o efeito nem da taxa de juros e nem da inflação, que podem ter grande impacto em localidades com instabilidade econômica. Para o cômputo da taxa de juros, $T_r$ é calculado de maneira que os fluxos monetários a cada ano são considerados até que a equação abaixo seja obedecida, ou seja, até que a soma dos fluxos monetários anuais expressos em valores equivalentes aos do momento de implantação do investimento se igualem à soma do capital fixo total e dos dispêndios com a partida no mesmo ano de referência:

$$\sum_{t=0}^{T_r} FM_t (1+i)^{-t} \geq 0$$    Equação 19.3

onde $FM_t$ é o fluxo monetário a cada ano de vida da planta (em $t$ igual a zero, $FM_t$ é igual à soma de $CF$ e $CP$, com sinal negativo), $i$ a taxa de juros do investimento e $t$ o período de investimento.

2) Valor Presente Líquido

O valor presente líquido ($VPL$) de um projeto é a soma de todos os valores do fluxo de caixa trazidos para o presente, a uma dada taxa de juros, incluindo as despesas iniciais de implantação do investimento. Neste caso, uma taxa $i$ de juros ou de desconto ($i$) é escolhida, geralmente a mínima taxa atrativa de retorno, e o valor presente é calculado segundo a Equação 19.4 [11]:

$$VPL = \sum_{t=0}^{n} FM_t (1 + i)^{-t} \qquad \text{Equação 19.4}$$

onde $n$ é o número total de períodos de tempo entre o início e o fim do investimento, sendo, também neste caso, $FM_0$ é igual à soma de $CF$ e $CP$ com sinal negativo.

Este parâmetro é mais útil do ponto de vista econômico quando comparado à abordagem anterior, visto que permite determinar o valor monetário do investimento como um todo em um único momento no tempo mesmo para situações em que ocorram variações anuais de despesas e receitas [12]. Ao se comparar diferentes alternativas, o investimento considerado mais atrativo é aquele que apresenta o $VPL$ mais alto.

3) Taxa Interna de Retorno

Este parâmetro de lucratividade reflete a taxa de juros ($i_{int}$) na qual o valor presente de todas as receitas se iguala ao valor presente de todas as despesas, conforme apresentado na Equação 19.5:

$$VPL_{int} = \sum_{t=0}^{n} FM_t (1 + i_{int})^{-t} = 0 \qquad \text{Equação 19.5}$$

A análise deste parâmetro dá um indicativo do que se pode esperar do valor presente do investimento à medida que se varia a taxa de juros. Quanto mais alta for a taxa interna de retorno, mais atrativo é o investimento.

4) Taxa Simples de Retorno

Outro parâmetro de lucratividade simples de ser aplicado considera a relação entre a receita líquida anual típica (*FM*) e o investimento total (*CF* + *CP*) para determinar uma taxa de retorno $i_{ret}$ conforme a Equação 19.6:

$$i_{ret} = \frac{FM}{CF + CP}$$
Equação 19.6

Por esta abordagem, determina-se qual é a porcentagem do investimento que retorna anualmente, não se considerando juros no período e partindo-se do pressuposto que o fluxo monetário anual não se modifica com o tempo. Este parâmetro é geralmente utilizado para comparar duas ou mais alternativas de investimento, a fim de verificar se a aplicação do capital na indústria é rentável em comparação com outro tipo de investimento. Outra forma de utilização é assumir uma margem de lucro aceitável e incluí-la como uma despesa fictícia. Se a taxa de retorno simples for igual ou superior a zero, o investimento é atrativo [3].

## 19.4. Estudo de caso

Selecionou-se como caso para este estudo a produção de micropartículas do polímero biocompatível PLA (poli(L-ácido lático)) incorporando o agente bioativo 17 alfa-metiltestosterona (MT), um composto andrógeno sintético de uso alternativo à testosterona. Dentre as aplicações clínicas da MT destacam-se sua utilização em terapias de substituição hormonal, sua ação como um andrógeno funcional e como um inibidor esteroidal da produção de estrogênio endógeno, seu uso na prevenção e tratamento de tumores sensíveis a hormônios, dentre outras, sendo tal composto ativo por via oral [16,17].

Nos tratamentos com MT por via oral a dosagem é individualizada, com base na idade, sexo e diagnóstico do paciente, assim como no aparecimento de reações adversas. No caso de terapia de reposição em homens, é sugerida a dosagem de 10 a 50 mg/dia. Para mulheres com carcinoma de mama, usam-se de 50 a 200 mg/dia [18,19].

A incorporação da MT em partículas poliméricas poderia alterar favoravelmente a atividade biológica do composto bioativo, contribuindo, por exemplo, para a redução de efeitos colaterais e mesmo para a diminuição ou espaçamento da dosagem caso fossem alcançados perfis de liberação no organismo mais favoráveis.

Dados estatísticos indicam que cerca de 5% dos adolescentes masculinos apresentam retardo na puberdade aos 14 anos, e aproximadamente 1% dos homens apresenta este tipo de retardo aos 18 anos de idade [20]. Especificamente no caso de adolescentes, quando há indicação do uso da MT, a terapia consiste na administração diária de 1 a 4 cápsulas contendo 10 mg do hormônio cada uma por um período de 4 a 6 meses.

Com base nestes dados, para este estudo de caso estabeleceu-se como meta a obtenção de MT encapsulada em partículas de PLA em quantidade suficiente para o tratamento de cerca de 5000 pacientes tomando, em média 2 cápsulas de 10 mg de MT por dia por cinco meses. Optou-se pelo uso de tecnologia baseada na aplicação de $CO_2$ em estado supercrítico para a produção das partículas contendo MT, visto que a MT apresenta caráter hidrofóbico acentuado e se dispõe de uma extensa coletânea de dados experimentais para a obtenção de dispositivos constituídos de PLA para sua liberação controlada [21].

O nível de produção estabelecido possivelmente representa uma fração relativamente pequena do mercado, entretanto, como o valor a ser agregado no produto final deve ser significativo, sua implantação pode se mostrar atrativa frente a outras alternativas de investimento.

A análise da viabilidade econômica foi realizada a partir da estimativa do investimento total requerido (em escala de ordem de grandeza), por intermédio de fatores e índices baseados nos preços dos principais equipamentos, matérias-primas, utilidades, tratamento de resíduos e mão de obra operacional a serem empregados. Apesar de o desvio em relação ao valor correto do investimento necessário nesta etapa poder ser elevado, tais cálculos possibilitam obter a primeira estimativa econômica do retorno do investimento e o impacto dos principais componentes do custo.

Seguindo-se a metodologia apresentada neste capítulo, dá-se início ao estudo da viabilidade econômica com a determinação do custo dos equipamentos básicos selecionados para a constituição da unidade produtiva. Teve-se por base o trabalho de Sacchetin (2012) [21], em que a obtenção de partículas de PLA incorporando MT foi fundamentada no uso da modalidade de tecnologia supercrítica SAS (*supercritical fluid as an anti-solvent*) e que aponta como condições operacionais mais apropriadas de produção o uso de soluções de metiltestosterona e PLA em diclorometano a 1,5% m/v em uma razão mássica de 0,75:1, respectivamente, vazão de solução orgânica de 0,5 mL/min, temperatura e pressão no vaso de precipitação de 40°C e 80 bar e vazão de $CO_2$ de 17 g/min. Tal procedimento possibilita a obtenção das partículas de PLA contendo MT com tamanho médio de 21 μm contendo até 0,4 g de MT por grama de PLA. O fluxograma proposto para o processo é ilustrado na Figura 19.3.

Em linhas gerais, conforme já mencionado no capítulo sobre produção de micro e nanopartículas utilizando fluidos supercríticos, no método SAS o fluido supercrítico e a solução polimérica contendo o agente bioativo a ser encapsulado são alimentados simultaneamente e em separado dentro de um vaso de precipitação através de um bico injetor [22]. A expansão do volume e consequente diminuição da densidade resultantes da difusão do anti-solvente na mistura polímero-agente bioativo reduzem a solubilidade dos solutos. Por outro lado, a evaporação do solvente no fluido supercrítico leva ao aumento das concentrações de hormônio e polímero, com supersaturação, nucleação e formação das partículas, que são então coletadas ao fim da operação [23,24].

Nesta estimativa de custo, considerou-se que a unidade a ser montada seria parte constituinte de uma empresa já estabelecida que apresenta uma certa infra-estrutura no ramo farmacêutico, como setores equipados para a preparação de soluções, equipamentos para o monitoramento do processo e áreas específicas destinadas ao controle de qualidade do produto.

Todos os equipamentos, válvulas e outros componentes indicados na Figura 19.3 serão considerados na estimativa de custo de capital inicial,

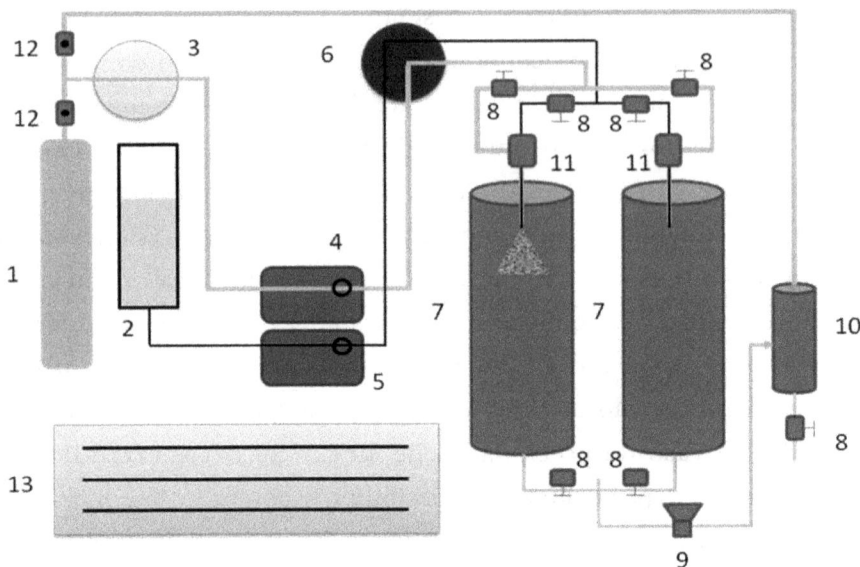

**Figura 19.3.** Representação esquemática de uma unidade de produção de partículas utilizando dióxido de carbono supercrítico como antisolvente (SAS): (1) cilindro de $CO_2$; (2) reservatório de solução de hormônio e polímero em diclorometano; (3) condensador de $CO_2$; (4) bomba de $CO_2$; (5) bomba para o transporte da solução presente em (2); (6) trocador de calor; (7) vasos de precipitação das partículas; (8) válvulas de bloqueio; (9) válvula controladora de pressão; (10) destilador *flash* de alta pressão; (11) capilares de injeção; (12) válvulas de sentido único e; (13) estufa para remoção final do solvente.

ressaltando-se que suas capacidades individuais foram selecionadas com base em sistemas comercialmente disponíveis para a extração de produtos bioativos de plantas contendo dois vasos de pressão de 12 L cada. A opção por tal abordagem fundamenta-se no fato de que uma unidade de extração pode ser facilmente convertida em um sistema de formação de partículas pela introdução dos capilares de injeção.

O sistema de produção proposto na Figura 19.3 apresenta, então, dois vasos de precipitação de 12 L de capacidade para permitir a operação contínua de produção de partículas. Os vasos de precipitação devem operar de forma alternada: enquanto um vaso está em produção, o outro se encontra em fase de despressurização, remoção das partículas, limpeza, pressurização e/ou em repouso para atingir o equilíbrio térmico. O tanque *flash* tem 2 L de capacidade, sendo utilizado para a separação da mistura $CO_2$-diclorometano contendo hormônio não precipitado após o vaso de precipitação, enquanto o condensador é utilizado para fornecer $CO_2$ líquido na entrada da bomba. O fluido refrigerante do *chiller* é recirculado na cabeça da bomba de $CO_2$ para evitar cavitação da mesma. A válvula controladora de pressão do tipo BPR (*back pressure regulator*) controla a pressão no interior dos vasos de precipitação em 80 bar (8 MPa). As válvulas de sentido único permitem a recirculação do dióxido de carbono recuperado como fase leve no destilador *flash*. O diclorometano e o hormônio que são removidos do vaso de precipitação são recuperados como fase pesada no destilador *flash* e são também recirculados no processo. Finalmente, a estufa é utilizada para remover quantidades residuais de diclorometano presentes nas partículas (teor máximo permitido de 600 ppm). Na Tabela 19.5 são apresentados os valores de comercialização dos principais componentes do sistema de produção das partículas. Tais valores foram obtidos através de cotação com fornecedores, compras anteriores de equipamentos similares e com dados típicos do custo das matérias-primas e da usinagem de equipamentos de aço inoxidável.

O material de construção de todas as partes do sistema que operam em alta pressão é aço inox 316, capaz de suportar pressões de até 200 bar. O reservatório de solução pode ser constituído de aço inox 304, com capacidade de 100 L, porém não suporta altas pressões. A bomba de $CO_2$ selecionada permite o bombeamento de $CO_2$ com vazões de até 350 g/min e a de solução orgânica de até 50 g/min. O *chiller* tem potência de 3.500 W e fornece água a 5 °C, suficientes para a operação do sistema. O dispositivo de aquecimento, de 2.500 W, opera a 40 °C, recirculando água na camisa do vaso de precipitação para manter a temperatura constante durante a produção das partículas. A estufa selecionada tem 100 L de volume interno, com circulação forçada de ar e opera a 40 °C.

Pela metodologia proposta, o custo de uma unidade de produção, sem a parte predial, pode ser calculado através da utilização dos 6 primeiros componentes do custo direto da planta (CD), ou seja, 2,43 x CC. Desta forma, os equipamentos utilizados na planta de produção de partículas, completamente montados, devem custar cerca de US$ 269.000,00. A título de exemplo, uma unidade de extração de agentes bioativos de plantas com a mesma capacidade (2 colunas de 12 L) comercializada pela empresa Thar Process (EUA) é cotada em US\$ 295.000,00. Assim, o valor estimado apresentou um desvio de apenas cerca de 10% do valor comercial. A composição total do capital fixo da unidade de produção de partículas pode ser visualizada na Tabela 19.6.

**Tabela 19.5.** Estimativa dos preços de equipamentos da planta de produção de partículas.

| Equipamento | Quantidade | Preço unitário (US\$)[*] | Custo total (US\$) |
|---|---|---|---|
| Vaso de expansão de 12 L | 2 | 27.000,00 | 54.000,00 |
| Tanque flash a alta pressão de 2 L | 1 | 5.000,00 | 5.000,00 |
| Reservatório de solução de PLA e MT em DCM | 1 | 600,00 | 600,00 |
| Bomba de $CO_2$ | 1 | 20.000,00 | 20.000,00 |
| Bomba de solução de PLA e MT em DCM | 1 | 11.100,00 | 11.100,00 |
| Válvula controladora de pressão | 1 | 2.500,00 | 2.500,00 |
| Condensador | 1 | 7.500,00 | 7.500,00 |
| Sistema de aquecimento | 1 | 2.500,00 | 2.500,00 |
| Estufa | 1 | 2.500,00 | 2.500,00 |
| Válvulas de bloqueio | 7 | 500,00 | 3.500,00 |
| Válvulas de sentido único | 2 | 750,00 | 1.500,00 |
| Custo total de compra de equipamento (CC) | | 110.700,00 | |

[*] valores unitários estimados a partir da aquisição de acessórios, cotações de equipamentos e dos custos de confecção de vasos de pressão.

**Tabela 19.6.** Estimativa do custo de capital fixo com base no custo de aquisição dos equipamentos da unidade de produção de partículas

| Item de custo | Fator de multiplicação | Valor total (US\$) |
|---|---|---|
| *Custo direto da planta (CD)* | *3,53 x CC* | 390.770,00 |
| *Custo indireto da planta (CI)* | *2,12 x CC* | 234.685,00 |
| *Custo total da planta (CTP = CD + CI)* | *5,65 x CC* | 625.455,00 |
| *Honorários do empreiteiro (HE)* | *0,28 x CC* | 30.995,00 |
| *Contingências (C)* | *0,57 x CC* | 63.100,00 |
| *Capital fixo final a ser investido (CF = CTP + HE + C)* | *6,5 x CC* | 719.550,00 |

Apesar do tamanho relativamente pequeno da unidade de produção, o capital fixo total pode ser considerado como elevado devido às altas pressões envolvidas, que exigem equipamentos com espessuras razoáveis para permitir a operação de maneira segura.

Para a estimativa do custo de produção, admitiu-se que a unidade industrial operaria durante 330 dias por ano, em três turnos diários de 8h, correspondendo a 7.920 horas/ano, de forma a maximizar a utilização das instalações industriais ao longo do período de vida da empresa, diminuindo assim o impacto do investimento inicial em termos do capital fixo sobre o custo do produto final. Visto que o processo projetado baseou-se nos dados apresentados por Sacchetin (2012) [21], que foram obtidos em escala de bancada usando uma coluna de 500 mL de capacidade, para a determinação do custo de produção das partículas de PLA contendo MT, devem ser consideradas alterações em alguns aspectos operacionais críticos para permitir a obtenção, na escala industrial pretendida, de um produto com características similares às relatadas pela autora mencionada. Mantendo constantes a concentração da solução orgânica, a pressão e a temperatura do vaso de precipitação, os principais parâmetros que poderiam ser considerados como críticos são a concentração de solvente orgânico no vaso de precipitação [25] e a velocidade da solução orgânica no capilar de injeção [26]. O primeiro parâmetro pode ser mantido constante utilizando a mesma relação entre as vazões da solução orgânica e do dióxido de carbono supercrítico nas escalas laboratorial e industrial, enquanto que o segundo pode ser mantido constante pela seleção do diâmetro do capilar. Os vasos de precipitação aqui propostos são 24 vezes maiores que o utilizado na escala laboratorial, entretanto, devido à limitação de vazão da bomba de $CO_2$, um fator de escala um pouco menor, de 20, foi selecionado para dar continuidade à análise. No caso de Sacchetin (2012) [21], uma vazão de $CO_2$ de 17 g/min foi utilizada e, portanto, a vazão na escala industrial deve ser de 340 g/min. Para manter a relação entre as vazões da solução orgânica e de $CO_2$ constante, a vazão de solução orgânica industrial deve ser de 10 mL/min. Considerando que a razão entre as massas de metiltestosterona e PLA na solução de DCM é de 0,75, que nas partículas formadas tal razão é de 0,4 e que a solução injetada contém 1,5% (m/v) de hormônio e polímero em diclorometano [21], pode-se calcular a quantidade de matéria prima gasta por ano de operação. Os valores obtidos podem ser observados na Tabela 19.7.

759

**Tabela 19.7.** Estimativa do custo das matérias-primas utilizadas na produção das partículas. Fonte: PLA - ChangChun SinoBiomaterials Co., Ltd., China); MT - Lab Express International, EUA; DCM - Labsynth Produtos para Laboratórios Ltda., Brasil; $CO_2$ – White Martins Gases Industriais Ltda., Brasil.

| Material | Quantidade (kg/ano) | Preço unitário* (US$/kg) | Custo total (US$/ano) |
|---|---|---|---|
| PLA | 40,87 | 3.200,00 | 130.784,00 |
| MT | 16,16 | 1.495,00 | 24.160,00 |
| DCM | 200,00 | 5,00 | 1.000,00 |
| $CO_2$ | 8.320,00 | 0,25 | 2.080,00 |
| Custo total da matéria-prima ($C_{RM}$) | | | 158.024,00 |

*dados de cotações realizadas em janeiro de 2013 com fornecedores de produtos para operação em escala industrial. Os valores em reais foram convertidos para dólares na cotação do Banco Central do Brasil do dia da cotação.

As quantidades de $CO_2$ e de DCM utilizadas foram obtidas considerando--se uma perda de 5 e 3% do total utilizado durante o ano, respectivamente. Estes valores estão associados às perdas durante a despressurização do sistema e por solubilização nas partículas. O $CO_2$ também é perdido por dissolução no diclorometano que deixa a unidade de destilação *flash*. É importante ressaltar que os custos com matéria prima devem ser estimados com base em orçamentos para compra de material em grande escala e com pureza em níveis adequados (por exemplo, grau USP para MT e PLA e grau analítico para os demais).

O segundo custo direto apresentado na Tabela 19.4 é o gerado pelo tratamento de resíduos produzidos durante a operação da unidade industrial. No caso da produção de partículas utilizando tecnologia supercrítica, o sólido gerado é o produto de interesse e o diclorometano e o dióxido de carbono recuperados no destilador *flash* são recirculados no processo. Assim, praticamente nenhum resíduo é gerado no processo. Cuidados especiais com a remoção de diclorometano residual podem ter algum impacto extra no investimento de sistemas de segurança da unidade de produção e não no tratamento de efluentes. Desta forma, o custo relacionado com este item será desprezado no cálculo do custo de produção.

A quantidade de utilidades necessárias para o processamento pode ser estimada através do balanço de energia na unidade industrial. Para tal, foi utilizado o simulador SuperPro Design® [27] considerando a fase vapor como não ideal. Na Tabela 19.8 são apresentados os valores obtidos para a unidade de produção considerada neste estudo de caso.

**Tabela 19.8.** Utilidades utilizadas na unidade de produção de partículas.

| Equipamento | Energia (MWh/ano) | Custo Específico (US$/MWh) | Custo total (US$/ano) |
|---|---|---|---|
| Bomba de $CO_2$ | 3,2 | 75,00 | 240,00 |
| Bomba de solvente | 1,1 | 75,00 | 83,00 |
| Condensador | 3,8 | 70,00 | 266,00 |
| Aquecedor | 1,4 | 75,00 | 105,00 |
| Destilador Flash | 0,5 | 70,00 | 35,00 |
| Custo total de utilidades ($C_{UT}$) | | | 729,00 |

O custo das utilidades requeridas no processamento é muito baixo devido à pequena escala da unidade de produção de partículas. Nestes cálculos foram utilizados os custos específicos de energia elétrica (US$ 75,00/MW) comercializados nos leilões de energia realizados em dezembro de 2012 pelo governo brasileiro e de água de refrigeração a 5 °C (US$ 70,00/MW) obtidos do simulador SuperPro Design®. Nota-se que tais valores têm impacto praticamente desprezível sobre o custo de produção das partículas contendo hormônio ao se comparar estes dados com os relatados na Tabela 19.7.

Finalmente, o custo de mão de obra operacional pode ser estimado utilizando as tabelas apresentadas por Ulrich (1984) [28] que fornecem a quantidade de horas de mão de obra (HMO) por hora de operação (HOP). Os valores obtidos para a unidade de processamento deste estudo podem ser visualizados na Tabela 19.9.

**Tabela 19.9.** Estimativa dos dispêndios com a mão de obra necessária para a produção das partículas.

| Equipamento | HMO/HOP | HMO total (h/ano) | Custo HMO (US$/h) | Custo total (US$/ano) |
|---|---|---|---|---|
| Vaso Precipitador | 2,0 | 15840 | 4,00 | 63.360,00 |
| Bomba de $CO_2$ | 0,5 | 3960 | 4,00 | 15.840,00 |
| Bomba de solvente | 0,5 | 3960 | 4,00 | 15.840,00 |
| Condensador | 1/3 | 2640 | 4,00 | 10.560,00 |
| Aquecedor | 1/3 | 2640 | 4,00 | 10.560,00 |
| Destilador Flash | 1/3 | 2640 | 4,00 | 10.560,00 |
| Custo total de mão de obra operacional ($C_{MOP}$) | | | | 126.720,00 |

Segundo Ulrich (1984) [28], a fração de horas de operador por hora de utilização dos equipamentos do tipo condensador, aquecedor e destilador *flash*, é de apenas 0,1. Esta fração foi ajustada na presente estimativa para o valor de 0,33 para resultar em um número inteiro de funcionários por turno, igual a quatro.

Com os valores dos cinco componentes básicos do custo direto, pode--se calcular os custos fixos e os custos gerais, e pela sua soma, o valor total do custo de produção das micropartículas de PLA contendo a metiltestosterona (indicado na Tabela 19.10 para a unidade de produção com duas colunas de 12 L).

O custo específico por grama de metiltestosterona encapsulada, de US$ 47,03, não pode ser considerado como o custo final do produto, visto que esse deve ser ainda formulado em um veículo apropriado. Ainda, conforme já mencionado, o custo final do produto pode sofrer aumentos consideráveis se forem requeridos também ensaios de eficácia e segurança *in vivo*, o que seria o caso do material aqui considerado, visto que não há no mercado um produto a ele equivalente.

**Tabela 19.10.** Composição do custo de produção de micropartículas de PLA encapsulando metiltestosterona obtidas por tecnologia supercrítica

| Item | Valor |
|---|---|
| Capital total de investimento (US$) | 719.550,00 |
| Custo total da matéria prima (US$/ano) | 158.024,00 |
| Custo de utilidades (US$/ano) | 729,00 |
| Custo de tratamento de efluentes (US$/ano) | 0,00 |
| Custo de mão de obra operacional (US$/ano) | 126.720,00 |
| Custo total de produção (US$/ano) | 759.976,00 |
| Capacidade da planta (kg de partículas/ano) | 57,02 |
| Custo específico (US$/kg de partículas) | 13.328,00 |
| Custo específico (US$/g de metiltestosterona) | 47,03 |

Para a continuidade da análise da viabilidade econômica do investimento, seria necessário estabelecer o valor de comercialização do produto, estimando-se com tal valor o lucro bruto do qual seriam descontadas as taxas e impostos pertinentes para a determinação do lucro líquido. Tendo--se em mãos o lucro líquido, seria possível calcular o tempo de retorno do investimento, seu valor presente e suas taxas de retorno (simples e interna).

Para ilustrar a finalização da análise econômica, será considerado, de forma bastante conservadora, que o produto formulado teria um custo final de US$ 60,00/g de metiltestosterona e que seria comercializado por US$ 75,00/g de metiltestosterona, resultando em um faturamento anual (F) de US$ 1.212.000,00.

Sabendo que os impostos sobre as receitas são calculados pela Equação 19.7, e que para a maior parte das empresas de grande porte podem atingir entre 40 e 50%, tem-se, para 40% de taxação:

$$I = (Faturamento - Despesas)xTaxação = (F - C_{TP})x0,4 \qquad \text{Equação 19.7}$$

$$I = (1.212.000,00 - 759.976,00)x0,4 = US\$ 180.810,00$$

O fluxo monetário anual após a taxação pode ser estimado como:

$$FM_t = Lucro\ Líquido + Depreciação = (F - C_{TP})(1 - 0,4) + 0,1xCF \qquad \text{Equação 19.8}$$

$$FM_t = (1.212.000,00 - 759.976,00)x0,6 + 0,1x719.550,00 = US\$ 343.169,40$$

Supondo que o investimento tenha vida útil de 10 anos, e que as despesas de partida da planta sejam estimadas como 10 % de seu custo fixo direto (CD), seu fluxo de caixa pode ser representado pela Figura 19.4. Para este investimento, o tempo de recuperação ($T_r$) sem computar juros é de 2,2 anos e, computando-se o efeito de juros anuais de 20%, tem-se um $T_r$ entre 3 e 4 anos. O valor presente líquido do investimento é de US$ 675.908,70, a taxa simples de retorno é de 45,2% ao ano e a taxa interna de retorno tem praticamente o mesmo valor, de 44,1%. Apesar de aparentemente se tratar de um bom investimento, o efeito do processamento do princípio ativo causa um aumento no seu custo específico de 40 vezes (varia de US$ 1,50/g de MT para US$ 60,00/g de MT). Isto pode ter apreciável impacto no valor de revenda ao consumidor, diminuindo a atratividade do produto. Entretanto, se houver compensadora diferença da atividade biológica do medicamento ou a redução de efeitos colaterais, da frequência ou mesmo da dosagem de administração, tal aumento do valor de comercialização pode ser ainda encarado como conveniente pelo usuário. Caso se queira reduzir o custo final do produto, pode-se, por exemplo, considerar o uso de outros tipos de polímeros biocompatíveis, de preço mais acessível que o PLA.

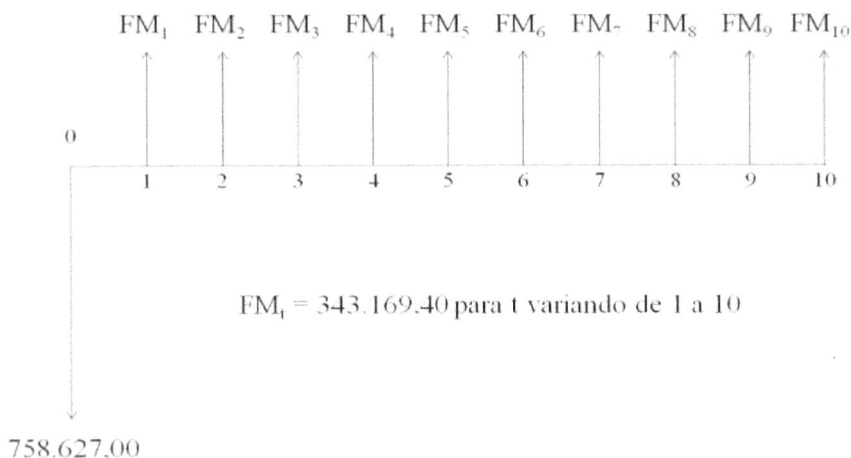

FM$_1$  FM$_2$  FM$_3$  FM$_4$  FM$_5$  FM$_6$  FM$_7$  FM$_8$  FM$_9$  FM$_{10}$

0

1    2    3    4    5    6    7    8    9    10

FM$_t$ = 343.169,40 para t variando de 1 a 10

758.627,00

**Figura 19.4.** Fluxo de caixa representativo do investimento na produção de partículas de PLA contendo MT.

A título de comparação, tomando-se por base as formulações comerciais denominadas Android e Testred, ambas da Valeant Pharmaceuticals International, em que cada cápsula para administração por via oral contém 10 mg de MT, se as características farmacológicas do material produzido fossem mantidas, seria possível produzir 1.616.000 cápsulas por ano, que atenderiam com folga a demanda inicialmente estabelecida. De fato, esta quantidade de cápsulas seria suficiente para o tratamento anual de cerca de 2.250 a 13.500 adolescentes com retardo na puberdade para os quais poderiam ser administradas respectivamente de 1 a 4 cápsulas por dia, contendo 10 mg do hormônio cada uma, por um período de 4 a 6 meses. Caso o preço final das cápsulas possa ser aumentado, os lucros podem passar para cifras bastante atrativas (por exemplo, o preço de 30 comprimidos Methitest, produzidos pela Global Pharmaceuticals e contendo cada um 10 mg de MT, é de cerca de US$ 250,00).

## 19.5. Conclusões

Discutiu-se neste capítulo que a viabilidade econômica está baseada na oportunidade de um produto apresentar melhor relação custo/benefício em comparação a produtos já existentes e a outros produtos novos. Para ganhar vantagem competitiva, as empresas precisam estabelecer a viabilidade econômica do produto e adaptar planos de desenvolvimento efetivos para estar de acordo com as necessidades do mercado [2].

Quando é necessário realizar um novo projeto industrial, a viabilidade econômica é analisada a fim de fornecer estimativas de custos que serão gerados durante a implantação e operação do projeto [12]. Ainda assim, os valores levantados não são exatos e sim uma previsão sobre um provável custo. A precisão e confiabilidade da estimativa irão depender do conhecimento do processo analisado e do nível de esforço empregado na preparação do estudo de viabilidade [11].

O estudo de caso analisado mostrou que mesmo para a obtenção de uma estimativa preliminar da ordem de grandeza do investimento selecionado, uma quantidade razoável de cálculos e levantamentos deve ser efetuada, e que os valores obtidos devem ser cuidadosamente interpretados para não conduzirem a conclusões precipitadas de viabilidade.

## 19.6. Bibliografia

[1] S.S. Mehta, Commercializing successful biomedical technologies. Basic principles of the development of drugs, diagnostics and devices, Cambridge University Press: Estados Unidos, 2008.

[2] M. Hemels, M. Wolden, T.R. Einarson, Drug. Inf. J. 2009, 43, 749-756.

[3] M.S. Peters, K.D. Timmerhaus, Plant design and economics for chemical engineers, 5th Ed. McGraw-Hill Inc.: New York, 2003.

[4] B.D. Ratner, A.S. Hoffman, F.J. Schoen, J.E. Lemons, Biomaterials Science – An introduction to materials in medicine, 3rd Edition, Elsevier Inc.: Canada, 2013.

[5] Y. Holtzman, T. Figgatt, MDDI Medical Device and Diagnostic Industry News Products and Suppliers, 2012.

[6] B.P. Schmutz, R.E. Santerre, Health Econ. 2013, 22(2), 157-167.

[7] E. Pennings, L. Sereno, Eur. J. Oper. Res. 2011, 212, 374-385.

[8] R.G. Harrison, P.W. Todd, S.R. Rudge, D. Petrides, Bioseparations science and engineering. Oxford University Press: Estados Unidos, 2003.

[9] Congressional Budget Office. Research and Development in the Pharmaceutical Industry, 2006.

[10] N.M. Goldfarb, J. Clin. Res. Best Pract. 2006, 2, 12, 1-2.

[11] K.K . Humphreys, Project and Cost Engineers' Handbook, 4th Ed., Marcel Dekker, New York, 2005.

[12] G.P. Towler, R. Sinnott, Chemical engineering design: principles, practice, and economics of plant and process design, 2nd Ed., Elsevier Ltd., United kingdom, 2013.

[13] S. Simões, Pharmaceutical industry: New trends and challenges. Palestra proferida no 20 Curso de La "Red Iberoamericana de Nuevos Materiales para el Diseño de Sistemas Avanzados de Liberación de Fármacos en Enfermedades de Alto Impacto Socioeconómico (RIMADEL)". Buenos Aires, Novembro de 2012.

[14] R. Turton, R.C. Bailie, W. Whiting, J.A. Shaewitz, Analysis, Synthesis and Design of Chemical Processes. Prentice Hall, New Jersey, 2003.

[15] J.R. Couper, Process Engineering Economics. Marcel Dekker, New York, 2003.

[16] G. Mor, M. Eliza, J. Song, B. Wiita, S. Chen, F. Naftolin, J. Steroid Biochem. Mol. Biol. 2001, 79, 239-246.

[17] IPCS-Inchem (International Programme on Chemical Safety - Chemical Safety Information from Intergovernmental Organizations). Methyltestosterone (PIM 908). Disponível em http://www.inchem.org/documents/pims/pharm/pim908.htm. Acesso em 30/01/2013

[18] PDR Network (Rede da Physician's Desk Reference). Android Capsules (Methyltestosterone). Disponível em http://www.pdr.net/drugpages/concisemonograph.aspx?concise=570. Acesso em 30/01/2013a.

[19] PDR Network (Rede da Physician's Desk Reference). Testred Capsules (Methyltestosterone). Disponível em http://www.pdr.net/drugpages/concisemonograph.aspx?concise=583. Acesso em 30/01/2013b.

[20] D.A. Wilson, P.L. Hofman, H.L. Miles, K.E. Unwin, C.E. McGrail, W.S. Cutfield, J. Pediatr. 2006, 148, 89-94.

[21] P.S.C. Sacchetin. Produção de micropartículas poliméricas por tecnologia de fluidos supercríticos para aplicação como veículo na administração oral de 17 α-metiltestosterona para tilápias do Nilo. Tese de doutorado. Faculdade de Engenharia Química, Universidade Estadual de Campinas, SP, Brasil, 2012.

[22] M.J. Cocero, Á. Martín, F. Mattea, S. Varona, J. Supercrit. Fluids 2009, 47, 545-555.

[23] I. Pasquali, R. Bettini, F. Giordano, Adv. Drug Delivery Rev. 2008, 60, 399-410.

[24] M. Bahrami, S. Ranjbarian, J. Supercrit. Fluids 2007, 40, 263-283.

[25] E. Reverchon, I. De Marco, Chem. Eng. J. 2011, 169, 358-370.

[26] S.P. Lin, R.D. Reitz, Annu. Rev. Fluid Mech. 1998, 30, 85-105.

[27] Intelligen Inc. (2013). Disponível em http://intelligen.com/downloads/SuperProInstaller. v85.b07.exe. Acesso em 30/01/2013.

[28] G.D. Ulrich, A guide to chemical engineering process design and economics. John Wiley & Sons: New York, 1984.